2022 注册结构工程师考试用书

一级注册结构工程师
专业考试考前实战训练
（含历年真题）（第二版）（下册）

兰定筠　主编

中国建筑工业出版社

目 录

（上册）

第一篇 一级实战训练试题及解答与评析

（下册）

第一篇 一级实战训练试题及解答与评析

第二篇 二级真题及解答与评析

第三篇 专 题 精 讲

第一篇　一级实战训练试题及解答与评析

实战训练试题（十五）

（上午卷）

【题 1】 现有四种不同功能的建筑：①具有外科手术的乡镇卫生院的医疗用房；②营业面积为 10000m² 的人流密集的多层商业建筑；③乡镇小学的学生食堂；④高度超过 120m 的住宅。

试问：由上述建筑组成的下列不同组合中，何项的抗震设防类别全部都应不低于重点设防类（乙类）？说明理由。

(A) ①②③   (B) ①②③④   (C) ①②④   (D) ②③④

【题 2～5】 某六层办公楼，采用现浇钢筋混凝土框架结构，抗震等级为二级，其中梁、柱混凝土强度等级均为 C30。

提示：按《建筑与市政工程抗震通用规范》GB 55002—2021 作答。

2. 已知该办公楼各楼层的侧向刚度如表 15-1 所示。试问，关于对该结构竖向规则性的判断及水平地震剪力增大系数的采用，在下列各选择项中，何项是正确的？

提示：按《建筑抗震设计规范》GB 50011—2010 解答。

某办公楼各楼层的侧向刚度   表 15-1

计 算 层	1	2	3	4	5	6
X 向侧向刚度（kN/m）	1.0×10^7	1.1×10^7	1.9×10^7	1.9×10^7	1.65×10^7	1.65×10^7
Y 向侧向刚度（kN/m）	1.2×10^7	1.0×10^7	1.7×10^7	1.55×10^7	1.35×10^7	1.35×10^7

提示：可只进行 X 方向的验算。

(A) 属于竖向规则结构

(B) 属于竖向不规则结构，仅底层地震剪力应乘以 1.15 的增大系数

(C) 属于竖向不规则结构，仅二层地震剪力应乘以 1.15 的增大系数

(D) 属于竖向不规则结构，一、二层地震剪力均应乘以 1.15 的增大系数

3. 各楼层在地震作用下的弹性层间位移如表 15-2 所示。试问，下列关于该结构扭转规则性的判断，其中何项是正确的？

各楼层在地震作用下的弹性层间位移   表 15-2

计算层	X 方向层间位移值		Y 方向层间位移值	
	最大（mm）	两端平均（mm）	最大（mm）	两端平均（mm）
1	5.00	4.80	5.45	4.00
2	4.50	4.10	5.53	4.15
3	2.20	2.00	3.10	2.38
4	1.90	1.75	3.10	2.38
5	2.00	1.80	3.25	2.40
6	1.70	1.55	3.00	2.10

(A) 不属于扭转不规则结构   (B) 属于扭转不规则结构

(C) 仅 X 方向属于扭转不规则结构　　　　(D) 无法对结构规则性进行判断

4. 该办公楼中某框架梁净跨为 6.0m；在永久荷载及楼面活荷载作用下，当按简支梁分析时，其梁端剪力标准值分别为 30kN 与 20kN；该梁左、右端截面考虑地震组合弯矩设计值之和为 850kN·m。试问，该框架梁梁端截面的剪力设计值 V（m），与下列何项数值最为接近？

提示：该办公楼中无藏书库及档案库。

(A) 180　　　　(B) 205　　　　(C) 210　　　　(D) 225

5. 该办公楼某框架底层角柱，净高 4.85m，轴压比不小于 0.5。柱上端截面考虑增大系数（含 1.1 增大系数）后的地震组合弯矩设计值 $M_c=104.8$kN·m；柱下端截面在永久荷载、活荷载、地震作用下的弯矩标准值分别为 1.5kN·m，0.6kN·m，±115kN·m。试问，该底层角柱地震组合剪力设计值 V（kN），应与下列何项数值最为接近？

(A) 85　　　　(B) 95　　　　(C) 100　　　　(D) 115

【题 6～8】　某承受竖向力作用的钢筋混凝土箱形截面梁，截面尺寸如图 15-1 所示，作用在梁上的荷载为均布荷载，混凝土强度等级为 C25（$f_c=11.9$N/mm²，$f_t=1.27$N/mm²），纵向钢筋采用 HRB400 级，箍筋采用 HPB300 级，$a_s=a_s'=35$mm。

6. 已知该梁下部纵向钢筋配置为 6 Φ 20。试问，该梁跨中正截面受弯承载力设计值 M（kN·m），与下列何项数值最为接近？

提示：不考虑侧面纵向钢筋及上部受压钢筋作用。

(A) 365　　　　　　　　　　(B) 410

(C) 425　　　　　　　　　　(D) 490

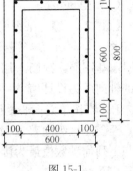

图 15-1

7. 假设该箱形梁某截面处的剪力设计值 $V=125$kN，扭矩 $T=0$，受弯承载力计算时未考虑受压区纵向钢筋。试问，下列何项箍筋配置最接近《混凝土结构设计规范》规定的最小箍筋配置的要求？

(A) Φ 6@350　　　　(B) Φ 6@250　　　　(C) Φ 8@300　　　　(D) Φ 8@250

8. 假设该箱形梁某截面处的剪力设计值 $V=60$kN，扭矩设计值 $T=65$kN·m，试问，采用下列何项箍筋配置，才最接近《混凝土结构设计规范》的要求？

提示：已求得 $\alpha_h=0.417$，$W_t=7.1\times10^7$mm³，$\zeta=1.0$，$A_{cor}=4.125\times10^5$mm²。

(A) Φ 8@200　　　　(B) Φ 8@150　　　　(C) Φ 10@200　　　　(D) Φ 10@150

【题 9】　下列关于抗震设计的概念，其中何项不正确？

提示：按《建筑抗震设计规范》GB 50011—2010 作答。

(A) 有抗震设防要求的多、高层钢筋混凝土楼屋盖，不应采用预制装配式结构

(B) 利用计算机进行结构抗震分析时，应考虑楼梯构件的影响

(C) 有抗震设防要求的乙类多层钢筋混凝土框架结构，不应采用单跨框架结构

(D) 钢筋混凝土结构构件设计时，应防止剪切破坏先于弯曲破坏

【题 10、11】　某钢筋混凝土剪力墙结构的首层剪力墙墙肢，几何尺寸及配筋如图 15-2 所示，混凝土强度等级为 C30，竖向及水平分布钢筋采用 HRB335 级。

10. 已知作用在该墙肢上的轴向压力设计值 $N_w=3000$kN，计算高度 $l_0=3.5$m。试问，该墙肢平面外轴心受压承载力与轴向压力设计值的比值，与下列何项数值最为接近？

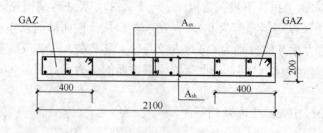

图 15-2

提示：按素混凝土构件计算。

(A) 1.17　　　　　(B) 1.31　　　　　(C) 1.57　　　　　(D) 1.90

11. 假定该剪力墙抗震等级为三级，该墙肢考虑地震作用组合的内力设计值 $N_w=2000\text{kN}$，$M_w=250\text{kN}\cdot\text{m}$，$V_w=180\text{kN}$。试问，下列何项水平分布钢筋 A_{sh} 的配置最为合适？

提示：$a_s=a'_s=200\text{mm}$。

(A) $\Phi 6@200$　　　(B) $\Phi 8@200$　　　(C) $\Phi 8@150$　　　(D) $\Phi 10@200$

【题 12、13】 某钢筋混凝土偏心受压柱，截面尺寸及配筋如图 15-3 所示，混凝土强度等级为 C30，纵筋采用 HRB400 钢筋，箍筋采用 HPB300 钢筋。考虑二阶效应影响后的轴向压力设计值 $N=300\text{kN}$，$a_s=a'_s=40\text{mm}$。

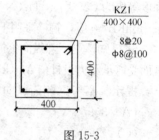

图 15-3

12. 当按单向偏心受压验算承载力时，试问，轴向压力作用点至受压区纵向普通钢筋合力点的距离 e'_s（mm）最大值，应与下列何项数值最为接近？

(A) 280　　　　　(B) 290　　　　　(C) 310　　　　　(D) 360

13. 假定 $e'_s=305\text{mm}$，试问，按单向偏心受压计算时，该柱受弯承载力设计值 M（$\text{kN}\cdot\text{m}$），与下列何项数值最为接近？

(A) 115　　　　　(B) 125　　　　　(C) 135　　　　　(D) 150

【题 14】 某高档超市为 4 层钢筋混凝土框架结构，建筑面积 25000m^2，建筑物总高度 24m，抗震设防烈度为 7 度，Ⅱ类建筑场地。纵筋采用 HRB500 级钢筋，框架柱原设计的纵筋为 $8\Phi 22$。施工过程中，因现场原材料供应原因，拟用表 15-3 中的 HRB500 级钢筋进行代换。试问，下列哪种代换方案最为合适？

提示：下列四种代换方案满足强剪弱弯要求。

钢 筋 表　　　　　　　　　　　　　　　　　　　　　　　　　　表 15-3

钢　筋	屈服强度实测值 σ_s（MPa）	抗拉强度实测值 σ_b（MPa）
$\Phi 20$	654	827
$\Phi 25$	552	760
$\Phi 20$	572	700

(A) $8\Phi 20$

(B) $4\Phi 25$（角部）$+4\Phi 20$（中部）

(C) $8\Phi 25$

(D) $4\Phi 20$（角部）$+4\Phi 25$（中部）

【题 15】 某预应力混凝土受弯构件，截面为 $b\times h=300\text{mm}\times 500\text{mm}$，要求不出现裂缝。经计算，跨中最大弯矩截面 $M_{q1}=0.8M_{k1}$，左端支座截面 $M_{q左}=0.85M_{k左}$，右端支座

截面 $M_{q右}=0.7M_{k右}$。当用结构力学的方法计算其正常使用极限状态下的挠度时，试问，刚度 B 按以下何项取用最为合适？

(A) $0.47E_cI_0$ (B) $0.42E_cI_0$ (C) $0.50E_cI_0$ (D) $0.72E_cI_0$

【题 16～23】 为增加使用面积，在现有一个单层单跨建筑内加建一个全钢结构夹层，该夹层与原建筑结构脱开，可不考虑抗震设防。新加夹层结构选用钢材为 Q235B，焊接使用 E43 型焊条。楼板为 SP10D 板型，面层做法 20mm 厚，SP 板板端预埋件与次梁焊接。荷载标准值：永久荷载为 $2.5kN/m^2$（包括 SP10D 板自重、板缝灌缝及楼面面层做法），可变荷载为 $4.0kN/m^2$。夹层平台结构如图 15-4 所示。设计使用年限为 50 年，结构安全等级为二级。

提示： 按《建筑结构可靠性设计统一标准》GB 50068—2018 作答。

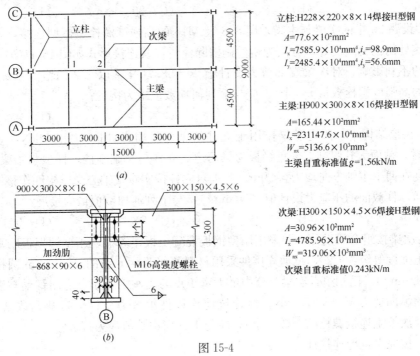

立柱:H228×220×8×14焊接H型钢
$A=77.6×10^2mm^2$
$I_x=7585.9×10^4mm^4, i_x=98.9mm$
$I_y=2485.4×10^4mm^4, i_y=56.6mm$

主梁:H900×300×8×16焊接H型钢
$A=165.44×10^2mm^2$
$I_x=231147.6×10^4mm^4$
$W_{nx}=5136.6×10^3mm^3$
主梁自重标准值g=1.56kN/m

次梁:H300×150×4.5×6焊接H型钢
$A=30.96×10^2mm^2$
$I_x=4785.96×10^4mm^4$
$W_{nx}=319.06×10^3mm^3$
次梁自重标准值0.243kN/m

图 15-4

(a) 柱网平面布置；(b) 主次梁连接

16. 在竖向荷载作用下，次梁承受的线荷载设计值为 26.8kN/m（不包括次梁自重）。试问，强度计算时，次梁的弯曲应力值（N/mm^2），与下列何项数值最为接近？

提示： 截面等级满足 S3 级。

(A) 149.2   (B) 155.8   (C) 197.1   (D) 204.7

17. 要求对次梁作刚度验算。试问，在全部竖向荷载作用下次梁的最大挠度与其跨度之比，与下列何项数值最为接近？

(A) 1/282   (B) 1/320   (C) 1/385   (D) 1/421

18. 该夹层结构中的主梁与柱为铰接支承，求得主梁在点 "2" 处（见柱网平面布置图，相当于在编号为 "2" 点处的截面上）的弯矩设计值 $M=1100.5kN\cdot m$，在点 "2" 左侧的剪力设计值 $V=120.3kN$。次梁受载情况同题 16。试问，在点 "2" 处主梁腹板上边缘的最大折算应力设计值（N/mm^2），与下列何项数值最为接近？

提示：①主梁单侧翼缘毛截面对中和轴的面积矩 $S=2121.6\times10^3\,\text{mm}^3$；

②假定局部压应力 $\sigma_c=0$。

(A) 189.5　　　　(B) 207.1　　　　(C) 215.0　　　　(D) 220.8

19. 该夹层结构中的主梁翼缘与腹板采用双面角焊缝连接，焊缝高度 $h_f=6\text{mm}$，其他条件同题 18。试问，在点"2"次梁连接处，主梁翼缘与腹板的焊接连接强度计算，其焊缝应力（N/mm^2），与下列何项数值最为接近？

(A) 20.3　　　　(B) 18.7　　　　(C) 16.5　　　　(D) 13.1

20. 夹层结构一根次梁传给主梁的集中荷载设计值为 58.7kN，主梁与该次梁连接处的加劲肋和主梁腹板采用双面直角角焊缝连接，焊缝高度 $h_f=6\text{mm}$，加劲肋的切角尺寸如图 15-4 (b) 所示。试问，该焊接连接的剪应力设计值（N/mm^2），与下列何项数值最为接近？

(A) 9　　　　(B) 14　　　　(C) 20　　　　(D) 25

21. 假设题 20 中的次梁与主梁采用 8.8 级 M16 的高强度螺栓摩擦型连接，采用标准圆孔，连接处的钢材表面处理方法为钢丝刷清除浮锈，其连接形式如图 15-4 (b)，考虑连接偏心的不利影响，对次梁端部剪力设计值 $F=58.7\text{kN}$ 乘以 1.2 的增大系数。试问，连接所需的高强度螺栓数量 n（个），应与下列何项数值最为接近？

(A) 3　　　　(B) 4　　　　(C) 5　　　　(D) 6

22. 在夹层结构中，假定主梁作用于立柱的轴向压力设计值 $N=390\text{kN}$，立柱选用 Q235B 钢材，截面无孔眼削弱，翼缘板为焰切边。立柱与基础刚接，柱顶与主梁为铰接，其计算长度在两个主轴方向均为 5.50m。要求对立柱按实腹式轴心受压构件作整体稳定性验算，试问，柱截面的压应力设计值（N/mm^2），与下列何项数值最为接近？

(A) 50　　　　(B) 70　　　　(C) 80　　　　(D) 90

23. 若次梁按组合梁设计，并采用压型钢板混凝土板作翼板，压型钢板板肋垂直于次梁，混凝土强度等级为 C20，抗剪连接件采用材料等级为 4.6 级的 $d=19\text{mm}$ 圆柱头焊钉（$f_u=360\text{N/mm}^2$）。已知组合次梁上跨中最大弯矩点与支座零弯矩点之间钢梁与混凝土翼板交界面的纵向剪力 $V_s=537.3\text{kN}$，螺栓抗剪连接件承载力设计值折减系数 $\beta_v=0.54$。试问，组合次梁上连接螺栓的个数（个），应与下列何项数值最为接近？

提示：按完全抗剪连接计算。

(A) 20　　　　(B) 34　　　　(C) 42　　　　(D) 46

【题 24～26】 非抗震的某梁柱节点，如图 15-5 所示。梁柱均选用热轧 H 型钢截面，梁采用 HN500×200×10×16（$r=20$），柱采用 HM390×300×10×16（$r=24$），梁、柱钢材均采用 Q345-B。主梁上、下翼缘与柱翼缘为全熔透坡口对接焊缝，采用引弧板和引出板施焊，梁腹板与柱为工地熔透焊，单侧安装连接板（兼做腹板焊接衬板），并采用 4×M16工地安装螺栓。过焊孔 $r=35\text{mm}$。

24. 梁柱节点采用全截面设计法，即弯矩由翼缘和腹板共同承担，剪力由腹板承担。试问，梁翼缘与柱之间全熔透坡口对接焊缝的应力设计值（N/mm^2），应与下列何项数值最为接近？

提示：梁腹板和翼缘的截面惯性矩分别为 $I_{wx}=8541.9\times10^4\,\text{mm}^4$，$I_{fx}=37480.96\times10^4\,\text{mm}^4$。

(A) 300.2　　　　(B) 280.0　　　　(C) 246.5　　　　(D) 157.1

25. 已知条件同题 24。试问，梁腹板与柱对接连接焊缝的应力设计值（N/mm^2），应

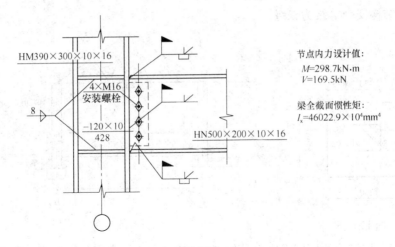

节点内力设计值：
$M=298.7$kN·m
$V=169.5$kN

梁全截面惯性矩：
$I_x=46022.9\times10^4$mm^4

图 15-5

与下列何项数值最为接近？

提示：假定梁腹板与柱对接焊缝的截面抵抗矩 $W_{焊缝}=365.0\times10^3$mm^3。

(A) 152 　　　　(B) 165 　　　　(C) 179 　　　　(D) 187

26. 该节点在柱腹板处设置横向加劲肋，试问，腹板节点域的剪应力设计值(N/mm^2)，应与下列何项数值最为接近？

(A) 165 　　　　(B) 178 　　　　(C) 186 　　　　(D) 193

【题27】 北方地区某高层钢结构建筑，其 1～10 层外框柱采用焊接箱形截面，板厚为 60～80mm，工作温度低于 -20℃，初步确定选用 Q345 国产钢材。试问，以下何种质量等级的钢材是最合适的选择？

(A) Q345D 　　(B) Q345GJC 　　(C) Q345GJD-Z15 　　(D) Q345C

【题28】 梁受固定集中荷载作用，当局部压应力不能满足要求时，采用以下何项措施才是较合理的选择？说明理由。

(A) 加厚翼缘 　　　　　　　　　(B) 在集中荷载作用处设支承加劲肋

(C) 沿梁长均匀增加横向加劲肋 　　(D) 加厚腹板

【题29】 在钢管结构中无加劲直接焊接相贯节点，应考虑材料的屈强比和钢管壁的最大厚度（mm）指标，根据下列四种管材的数据（依次为屈强比和管壁厚度），试问，何项性能的管材最适用于钢管结构？

(A) 0.9、40 　　(B) 0.8、40 　　(C) 0.9、25 　　(D) 0.8、25

【题30】 一截面尺寸 $b\times h=370$mm$\times370$mm 的砖柱，其基础平面如图 15-6 所示，柱底反力设计值 $N=170$kN。基础很潮湿，采用 MU30 毛石和水泥砂浆砌筑，砌体施工质量控制等级为 B 级。设计使用年限为 50 年，结构安全等级为二级。试问，砌筑该基础所采用的砂浆最低强度等级，应与下列何项数值最为接近？

(A) M2.5 　　　(B) M5 　　　(C) M7.5 　　　(D) M10

【题31～34】 某无吊车单层单跨库房，跨度为 7m，无柱间支撑，房屋的静定计算方案为弹性方案，其中间榀排架立面如图 15-7 所示。柱截面尺寸为 400mm$\times$600mm，采用 MU10 单排孔混凝土小型空心砌块、Mb7.5 混合砂浆对孔砌筑，砌块的孔洞率为 40%，采用 Cb20 灌孔混凝土灌孔，灌孔率为 100%，并且满足构造要求。砌体施工质量控制等级为 B 级。结构安全等级为二级。

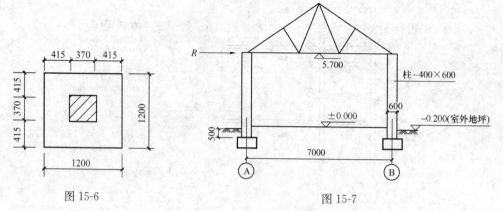

图 15-6   图 15-7

31. 试问，柱砌体的抗压强度设计值 f_g（MPa），应与下列何项数值最为接近？

(A) 3.30   (B) 3.50   (C) 4.20   (D) 4.70

32. 假设屋架为刚性杆，其两端与柱铰接。在排架方向由风荷载产生的每榀柱顶水平集中力设计值 $R=3.5$kN，重力荷载作用下柱底反力设计值 $N=83$kN。试问，柱受压承载力中 $\varphi f_g A$ 的 φ 值，应与下列何项数值最为接近？

提示：不考虑柱本身受到的风荷载。

(A) 0.29   (B) 0.31   (C) 0.34   (D) 0.37

33. 若砌体的抗压强度设计值 $f_g=4.0$MPa，试问，柱排架方向受剪承载力设计值（kN），应与下列何项数值最为接近？

提示：不考虑砌体强度调整系数 γ_a 的影响，柱按受弯构件计算。

(A) 40   (B) 50   (C) 60   (D) 70

34. 若柱改为配筋砌块砌体，采用 HRB335 级钢筋，其截面如图 15-8 所示。假定柱计算高度 $H_0=6.4$m，砌体的抗压强度设计值 $f_g=4.0$MPa。试问，该柱截面的轴心受压承载力设计值（kN），应与下列何项数值最为接近？

(A) 690   (B) 790   (C) 890   (D) 940

【题 35、36】 某底层框架-抗震墙砌体房屋，底层结构平面布置如图 15-9 所示，柱高度 $H=4.2$m。框架柱截面尺寸均为 500mm×500mm，各框架柱的横向侧向刚度 $K=2.5\times10^4$kN/m，各横向钢筋混凝土抗震墙的侧向刚度 $K=330\times10^4$kN/m（包括端柱）。

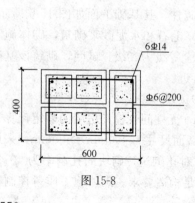

图 15-8

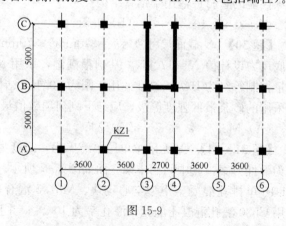

图 15-9

提示：按《建筑抗震设计规范》GB 50011—2010 解答。

35. 若底层顶的横向水平地震倾覆力矩标准值 $M_1 = 3350$kN·m，试问，由横向水平地震倾覆力矩引起的框架柱 KZ1 附加轴向力标准值（kN），应与下列何项数值最为接近？

（A）10 　　　（B）20 　　　（C）30 　　　（D）40

36. 若底层横向水平地震剪力设计值 $V = 2000$kN，其他条件同上，试问，由横向水平地震剪力产生的框架柱 KZ1 柱顶弯矩设计值（kN·m），应与下列何项数值最为接近？

（A）20 　　　（B）30 　　　（C）40 　　　（D）50

【题 37～40】 一多层砖砌体结构办公楼，其底层平面如图 15-10 所示。外墙厚 370mm，内墙厚 240mm，墙均居轴线中。底层层高 3.4m，室内外高差 300mm，基础埋置较深且有刚性地坪。墙体采用 MU10 烧结多孔砖、M10 混合砂浆砌筑，楼、屋面板采用现浇钢筋混凝土板。砌体施工质量控制等级为 B 级。

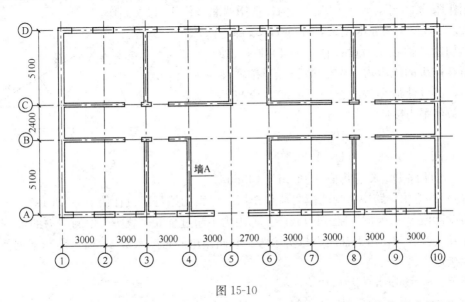

图 15-10

37. 试问，墙 A 轴心受压承载力中 $\varphi f A$ 的 φ 值，应与下列何项数值最为接近？

（A）0.70 　　　（B）0.80 　　　（C）0.82 　　　（D）0.87

38. 假定底层横向水平地震剪力设计值 $V = 3540$kN，试问，由墙体 A 承担的水平地震剪力设计值（kN），应与下列何项数值最为接近？

提示：按《建筑抗震设计规范》GB 50011—2010 解答。

（A）190 　　　（B）210 　　　（C）230 　　　（D）260

39. 假定墙 A 在重力荷载代表值作用下的截面平均压应力 $\sigma_0 = 0.51$MPa，墙体灰缝内水平配筋总截面面积 $A_s = 1008$mm² （$f_y = 300$MPa）。试问，墙 A 的截面抗震受剪承载力最大值（kN），应与下列何项数值最为接近？

提示：承载力抗震调整系数 $\gamma_{RE} = 0.9$；按《建筑抗震设计规范》GB 50011—2010 解答。

（A）280 　　　（B）290 　　　（C）330 　　　（D）355

40. 假定本工程为一中学教学楼，抗震设防烈度为 8 度（$0.20g$），各层墙上下对齐。试问，其结构层数 n 及总高度 H 的限值，下列何项选择符合规范规定？

提示：按《建筑抗震设计规范》GB 50011—2010 解答。

(A) $n=6, H=18\text{m}$ (B) $n=5, H=15\text{m}$ (C) $n=4, H=15\text{m}$ (D) $n=3, H=9\text{m}$

（下午卷）

【题 41】 有关砖砌体结构设计原则的规定，下列说法中何种选择是正确的？

Ⅰ. 采用以概率理论为基础的极限状态设计方法；

Ⅱ. 按承载能力极限状态设计，进行变形验算来满足正常使用极限状态要求；

Ⅲ. 按承载能力极限状态设计，并满足正常使用极限状态要求；

Ⅳ. 按承载能力极限状态设计，进行整体稳定性验算来满足正常使用极限状态要求。

(A) Ⅰ、Ⅱ、Ⅲ　　　(B) Ⅰ、Ⅲ　　　(C) Ⅰ、Ⅲ、Ⅳ　　　(D) Ⅱ、Ⅲ

【题 42、43】 某木屋架，其几何尺寸及杆件编号如图 15-11 所示，处于正常环境，设计使用年限为 25 年，$\gamma_0 = 0.95$。木构件选用西北云杉 TC11A 制作。

42. 若该屋架为原木屋架，杆件 D1 端部连接未经切削，轴心压力设计值 $N=144\text{kN}$，其中，恒载产生的压力占 60%。试问，当按强度验算时，其设计最小截面直径（mm），应与下列何项数值最为接近？

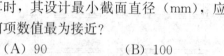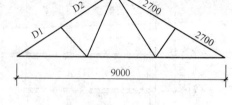

图 15-11

(A) 90　　　　　　(B) 100

(C) 120　　　　　　(D) 130

43. 若杆件 D2 采用断面 120mm×160mm（宽×高）的方木，跨中承受的横向荷载作用下最大初始弯矩设计值 $M_0 = 3.1\text{kN} \cdot \text{m}$，轴向压力设计值 $N=100\text{kN}$，已知恒载产生的内力不超过全部荷载所产生的内力的 80%。试问，按稳定验算时，考虑轴向力与初始弯矩共同作用的折减系数 φ_m 值，应与下列何项数值最为接近？

提示： $e_0 = 8\text{mm}$，$k_0 = 0.08$。

(A) 0.30　　　　(B) 0.35　　　　(C) 0.40　　　　(D) 0.45

【题 44～48】 某建筑物地基基础设计等级为乙级，其柱下桩基采用预应力高强度混凝土管桩（PHC 桩），桩外径为 400mm，壁厚 95mm，桩尖为敞口形式。有关地基各土层分布情况、地下水位、桩端极限端阻力标准值 q_{pk}、桩侧极限侧阻力标准值 q_{sk} 及桩的布置、柱及承台尺寸等，如图 15-12 所示。

44. 当不考虑地震作用时，根据土的物理指标与桩承载力参数之间的经验关系，试问，按《建筑桩基技术规范》JGJ 94—2008 计算的单桩竖向承载力特征值 R_a（kN），应与下列何项数值最为接近？

(A) 1200　　　　(B) 1235　　　　(C) 2400　　　　(D) 2470

45. 经单桩竖向静荷载试验，得到三根试桩的单桩竖向极限承载力分别为 2390kN、2230kN 与 2520kN。假设已求得承台效应系数 η_c 为 0.20。试问，不考虑地震作用时，考虑承台效应的复合基桩的竖向承载力特征值 R_a（kN），应与下列何项数值最为接近？

提示： 单桩竖向承载力特征值 R_a 按《建筑地基基础设计规范》GB 50007—2011 确定。

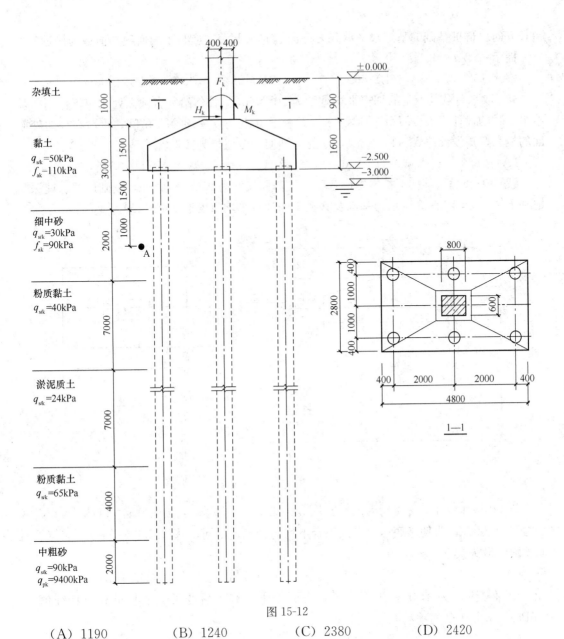

图 15-12

(A) 1190   (B) 1240   (C) 2380   (D) 2420

46. 该建筑工程的抗震设防烈度为 7 度，设计地震分组为第一组，设计基本地震加速度值为 $0.15g$。细中砂层土初步判别认为需要进一步进行液化判别，土层厚度中心 A 点的标准贯入锤击数实测值 N 为 6。试问，当考虑地震作用，按《建筑桩基技术规范》JGJ 94—2008 计算桩的竖向承载力特征值时，细中砂层土的液化影响折减系数 ψ_1，应取下列何项数值？

提示： 按《建筑抗震设计规范》GB 50011—2010 解答。

(A) 0   (B) 1/3   (C) 2/3   (D) 1.0

47. 该建筑物属于对水平位移不敏感建筑。单桩水平静载试验表明，当地面处水平位移为 10mm 时，所对应的水平荷载为 34kN。已求得承台侧向土水平抗力效应系数 η_l 为 1.35，桩顶约束效应系数 η_r 为 2.05。试问，当验算地震作用桩基的水平承载力时，沿承台长方向，群桩基础的基桩水平承载力特征值 R_h（kN），应与下列何项数值最为接近？

提示： $s_a/d < 6$。

(A) 75   (B) 86   (C) 98   (D) 106

48. 取承台及其上土的加权平均重度为 20kN/m³。柱传给承台顶面处相应于作用的基本组合时的设计值为：$M=704$kN·m，$F=4800$kN，$H=60$kN。试问，承台在柱边处截面的最大弯矩设计值 M（kN·m），应与下列何项数值最为接近？

(A) 2880   (B) 3240   (C) 3890   (D) 4370

【题 49～52】 某柱下扩展锥形基础，柱截面尺寸为 0.4m×0.5m，基础尺寸、埋深及地基条件，如图 15-13 所示。基础及其上土的加权平均重度取 20kN/m³。

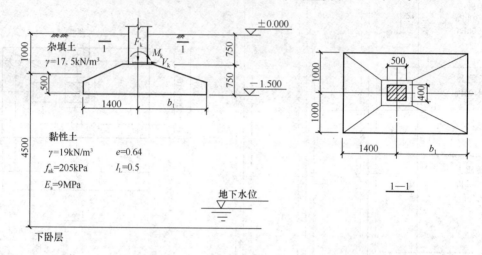

图 15-13

49. 相应于作用的标准组合时，柱底竖向力 $F_k=1100$kN，力矩 $M_k=141$kN·m，水平力 $V_k=32$kN。为使基底压力在该组合下均匀分布，试问，基础尺寸 b_1（m），应与下列何项数值最为接近？

(A) 1.4   (B) 1.5   (C) 1.6   (D) 1.7

50. 假定 b_1 为 1.4m，试问，基础底面处土层修正后的天然地基承载力特征值 f_a（MPa），应与下列何项数值最为接近？

(A) 223   (B) 234   (C) 238   (D) 248

51. 假定黏性土层的下卧层为淤泥质土，其压缩模量 $E_s=3$MPa。假定基础只受轴心荷载作用，且 b_1 为 1.4m。相应于作用的标准组合时，柱底的竖向力 $F_k=1120$kN。试问，相应于作用的标准组合时，软弱下卧层顶面处的附加压力值 p_z（kPa），应与下列何项数值最为接近？

(A) 28   (B) 34   (C) 40   (D) 46

52. 假定黏性土层的下卧层为基岩。假定基础只受轴心荷载作用，且 b_1 为 1.4m。相应于作用的准永久组合时，基底的附加压力值 p_0 为 150kPa。试问，当基础无相邻荷载影响时，基础中心计算的地基最终变形量 s（mm），应与下列何项数值最为接近？

提示： 地基变形计算深度取至基岩顶面；不考虑相对硬层的影响。

(A) 21　　　　　(B) 28　　　　　(C) 32　　　　　(D) 34

【题 53～55】 某高层住宅采用筏形基础，基底尺寸为 21m×30m，地基基础设计等级为乙级。地基处理采用水泥粉煤灰碎石桩（CFG 桩），桩直径为 400mm。地基土层分布及相关参数如图 15-14 所示。

提示： 按《建筑地基处理技术规范》JGJ 79—2012 作答。

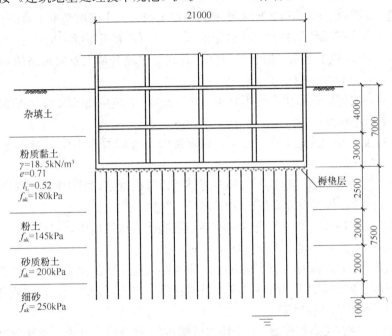

图 15-14

53. 设计要求修正后的复合地基的承载力特征值不小于 430kPa，假定基础底面以上土的加权平均重度 γ_m 为 18kN/m³，CFG 桩单桩竖向承载力特征值 R_a 为 450kN，单桩承载力发挥系数 $\lambda=0.9$，桩间土承载力发挥系数 β 为 0.8。试问，该工程的 CFG 桩面积置换率 m 的最小值，与下列何项数值最为接近？

提示： 地基处理后桩间土承载力特征值可取天然地基承载力特征值。

(A) 3%　　　　　(B) 6%　　　　　(C) 8%　　　　　(D) 10%

54. 假定 CFG 桩面积置换率 m 为 6%，桩按等边三角形布置。试问，CFG 桩的间距 s（m），与下列何项数值最为接近？

(A) 1.45　　　　　(B) 1.55　　　　　(C) 1.65　　　　　(D) 1.95

55. 假定该工程沉降计算不考虑基坑回弹影响，采用天然地基时，基础中心计算的地基最终变形量为 150mm，其中基底下 7.5m 深土的地基变形量 s_1 为 100mm，其下土层的地基变形量 s_2 为 50mm。已知 CFG 桩复合地基的承载力特征值 f_{spk} 为 360kPa。当褥垫层和粉质黏土复合土层的压缩模量相同，并且天然地基和复合地基沉降计算经验系数相同时，试问，地基处理后，基础中心的地基最终变形量 s（mm），与下列何项数值最为接近？

(A) 80　　　　　(B) 90　　　　　(C) 100　　　　　(D) 120

【题 56】 下列有关压实系数的一些认识，其中何项是不正确的？

(A) 填土的控制压实系数为填土的控制干密度与最大干密度的比值

555

（B）压实填土地基中，地坪垫层以下及基础底面标高以上的压实填土，压实系数不应小于 0.94

（C）采用灰土进行换填垫层法处理地基时，灰土的压实系数可控制为 0.95

（D）承台和地下室外墙与基坑侧壁间隙可采用级配砂石、压实性较好的素土分层夯实，其压实系数不宜小于 0.90

【题 57】 下列关于基础构造尺寸要求的一些主张，其中何项是不正确的？

（A）柱下条形基础梁的高度宜为柱距的 1/4～1/8，翼板厚度不应小于 200mm

（B）对于 12 层以上建筑的梁板式筏基，其底板厚度与最大双向板格的短边净跨之比不应小于 1/14，且板厚不应小于 400mm

（C）桩承台之间的连系梁宽度不宜小于 250mm，梁的高度可取承台间净距的 1/15～1/10，且不小于 400mm

（D）采用筏形基础的地下室，地下室钢筋混凝土外墙厚度不应小于 250mm，内墙厚度不宜小于 200mm

【题 58】 下列关于高层建筑隔震和消能减震设计的观点，其中何项相对准确？

提示：按《建筑抗震设计规范》GB 50011—2010 解答。

（A）隔震技术应用于高度较高的钢或钢筋混凝土高层结构中，对较低的结构不经济

（B）隔震技术具有隔离水平及竖向地震的功能

（C）消能部件沿结构的两个主轴方向分别设置，宜设置在建筑物底部位置

（D）采用消能减震设计的高层建筑，当遭遇高于本地区设防烈度的罕遇地震影响时，不会发生丧失使用功能的破坏

【题 59】 下列有关高层混凝土结构抗震分析的一些观点，其中何项相对准确？

（A）B 级高度的高层建筑结构应采用至少二个三维空间分析软件进行整体内力位移计算

（B）计算中应考虑楼梯构件的影响

（C）对带转换层的高层建筑，必须采用弹塑性时程分析方法补充计算

（D）规则结构控制结构水平位移限值时，楼层位移计算亦应考虑偶然偏心的影响

【题 60～64】 某高层建筑为地上 28 层，地下 2 层，地面以上高度为 90m，屋面有小塔架，平面外形为正六边形（可忽略扭转影响），如图 15-15 所示，地面粗糙度为 B 类。该工程为丙类建筑，抗震设防烈度为 7 度（0.15g），Ⅲ类建筑场地，采用钢筋混凝土框架-核心筒结构。设计使用年限为 50 年。

提示：①按《高层建筑混凝土结构技术规程》JGJ 3—2010 作答。

②按《工程结构通用规范》GB 55001—2021 作答。

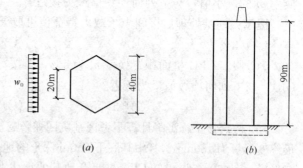

图 15-15

（a）建筑平面示意图；（b）建筑立面示意图

60. 假定基本风压重现期 50 年 w_0＝0.55kN/m²，重现期 100 年 w_0＝0.65kN/m²，结构基本周期 T_1＝1.7s（已考虑填充墙影响），当按承载能力设计时，脉动风荷载的共振分

量因子，与下列何项数值最为接近？

    (A) 1.34   (B) 1.28   (C) 1.21   (D) 1.14

61. 若已求得 90m 高度屋面处的风振系数为 1.36，假定基本风压 $w_0 = 0.7\text{kN/m}^2$，试问，按承载力设计时，计算主体结构的风荷载效应，90m 高度屋面处的水平风荷载标准值 w_k（kN/m^2），与下列何项数值最为接近？

    (A) 2.86   (B) 2.61   (C) 2.37   (D) 2.12

62. 假定作用于 90m 高度屋面处的水平风荷载标准值 $w_k = 2.0\text{kN/m}^2$，由突出屋面小塔架的风荷载产生的作用于屋面的水平剪力标准值 $\Delta P_{90} = 200\text{kN}$，弯矩标准值 $\Delta M_{90} = 600\text{kN} \cdot \text{m}$，风荷载沿高度按倒三角形分布（地面处为 0）。试问，在高度 $z = 30\text{m}$ 处风荷载产生的倾覆力矩的设计值（$\text{kN} \cdot \text{m}$），与下列何项数值最为接近？

    (A) 124000   (B) 124600   (C) 17450   (D) 186900

63. 假定该建筑物下部有面积 3000m^2 二层办公用裙房，裙房采用钢筋混凝土框架结构，并与主体连为整体。试问，裙房框架的抗震构造措施等级宜为下列何项所示？

    (A) 一级   (B) 二级   (C) 三级   (D) 四级

64. 假定本工程地下一层底板（地下二层顶板）作为上部结构的嵌固部位，试问，地下室结构一、二层采用的抗震构造措施等级，应为下列何项所示？

    (A) 地下一层二级、地下二层三级   (B) 地下一层一级、地下二层三级
    (C) 地下一层一级、地下二层二级   (D) 地下一层一级、地下二层一级

【题 65～68】 某 10 层现浇钢筋混凝土框架-剪力墙结构办公楼，如图 15-16 所示，质量和刚度沿竖向均匀，房屋高度为 40m，设一层地下室，采用箱形基础。该工程为丙类建筑，抗震设防烈度为 9 度，Ⅲ类建筑场地，设计地震分组为第一组，按刚性地基假定确定的结构基本自振周期为 0.8s。混凝土强度等级采用 C40（$f_c = 19.1\text{N/mm}^2$；$f_t = 1.71\text{N/mm}^2$）。各层重力荷载代表值相同，均为 6840kN，柱 E 承担的重力荷载代表值占全部重力荷载代表值的 1/20。

    提示： 按《建筑与市政工程抗震通用规范》GB 55002—2021 作答。

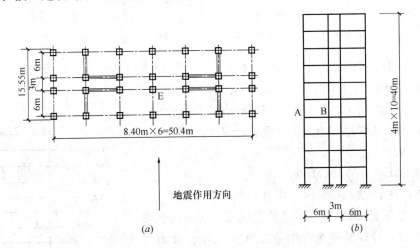

图 15-16
(a) 平面图；(b) 剖面图

65. 在重力荷载代表值、水平地震作用及风荷载作用下，首层中柱 E 的柱底截面产生的轴压力标准值依次为 2800kN、700kN 和 60kN。试问，在计算首层框架柱 E 柱底截面轴压比时，采用的轴压力设计值（kN），与下列何项数值最为接近？

(A) 3800 　　　(B) 4400 　　　(C) 4700 　　　(D) 5050

66. 某榀框架第 4 层框架梁 AB，如图 15-17 所示。考虑地震作用组合的梁端弯矩设计值（顺时针方向起控制作用）为 $M_A = 250$kN·m，$M_B = 650$kN·m，同一组合的重力荷载代表值和竖向地震作用下按简支梁分析的梁端截面剪力设计值 $V_{Gb} = 30$kN。梁 A 端实配 4⏀25，梁 B 端实配 6⏀25（4/2），A、B 端截面上部与下部配筋相同，梁纵筋采用 HRB400（$f_{yk} = 400$N/mm², $f_y = f'_y = 360$N/mm²），箍筋采用 HRB335（$f_{yv} = 300$N/mm²），单排筋 $a_s = a'_s = 40$mm，双排筋 $a_s = a'_s = 60$mm，抗震设计时，试问，梁 B 截面处考虑地震作用组合的剪力设计值 V（kN），应与下列何项数值最为接近？

(A) 245 　　　(B) 260 　　　(C) 276 　　　(D) 292

67. 在该房屋中 1~6 层沿地震作用方向的剪力墙连梁 LL-1 平面如图 15-18 所示，抗震等级为一级，截面 $b \times h = 350$mm×400mm，纵筋上、下部各配 4⏀25，$h_0 = 360$mm，箍筋采用 HRB335（$f_{yv} = 300$N/mm²），截面按构造配箍即可满足抗剪要求。试问，下面依次列出的该连梁端部加密区及非加密区的几组构造配箍，其中何项能够满足相关规范、规程的最低要求？

提示：选项中 4⏀××，代表 4 肢箍筋。

(A) 4⏀8@100；4⏀8@100

(B) 4⏀10@100；4⏀10@100

(C) 4⏀10@100；4⏀10@150

(D) 4⏀10@100；4⏀10@200

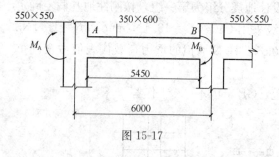

图 15-17

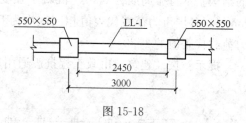

图 15-18

68. 按刚性地基假定计算的水平地震剪力，若呈现三角形分布，如图 15-19 所示。当计入地基与结构动力相互作用的影响时，试问，折减后的底部总水平地震剪力，应与下列何项数值最为接近？

提示：各层水平地震剪力折减后满足剪重比要求。

(A) 2.95F 　　　(B) 3.95F

(C) 4.95F 　　　(D) 5.95F

【题 69、70】 某 26 层钢结构办公楼，采用钢框架-支撑体系，如图 15-20 所示。该工程为丙类建筑，抗震设防烈度为 8 度，设计基本地震加速度为 0.2g，设计地震分组为第一组，Ⅱ类建筑场地。结构基本自振周期 $T = 3.0$s。钢材采用 Q345。

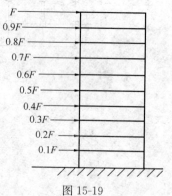

图 15-19

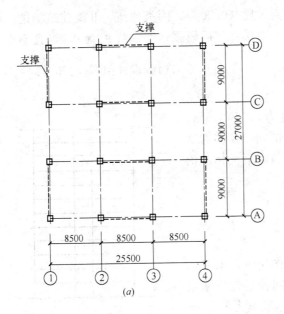

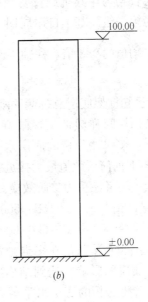

图 15-20

(a) 平面图；(b) 立面图

69. A 轴第 6 层偏心支撑框架，局部如图 15-21 所示。箱形柱断面为 $700 \times 700 \times 40$，轴线中分，等截面框架梁断面为 $H600 \times 300 \times 12 \times 32$。$N = 0.18Af$，$\rho(A_w/A) < 0.3$，为把偏心支撑中的消能梁段 a 设计成剪切屈服型，试问，偏心支撑中的 l 梁段长度的最小值（m），与下列何项数值最为接近？

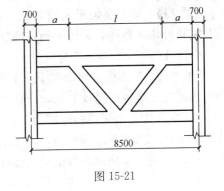

图 15-21

提示： ①按《高层民用建筑钢结构技术规程》JGJ 99—2015 作答；

②为简化计算，梁腹板和翼缘的 f_y 均按 $335N/mm^2$、f 均按 $295N/mm^2$ 取值。

(A) 3.00　　　　　　　(B) 3.70

(C) 4.40　　　　　　　(D) 5.40

70. ①轴第 12 层支撑系统的形状如图 15-21。支撑斜杆采用 H 型钢，其调整前的轴向力设计值 $N_l = 2000kN$。与支撑斜杆相连的消能梁段断面为 $H600 \times 300 \times 12 \times 20$，轴力设计值 $N < 0.15Af$，该梁段的受剪承载力 $V_c = 1105kN$、剪力设计值 $V = 860kN$。试问，支撑斜杆在地震作用下的轴力设计值 N（kN），当为下列何项数值时才能符合相关规范的最低要求？

提示： ①按《建筑抗震设计规范》GB 50011—2010 作答；

②各组 H 型钢均满足承载力及其他方面构造要求。

(A) 2400　　　　(B) 2600　　　　(C) 2800　　　　(D) 3350

【题 71、72】 某 12 层现浇钢筋混凝土框架结构，如图 15-22 所示，质量及侧向刚度沿竖向比较均匀，其抗震设防烈度为 8 度（0.20g），丙类建筑，Ⅱ类建筑场地，设计地震分组为第一组。基本自振周期 $T_1 = 1.0s$。底层屈服强度系数 ξ_y 为 0.4，且不小于上层该系数平均值的 0.8 倍，柱轴压比大于 0.4。各层重力荷载设计值 G_j 之和为：$\sum\limits_{j=1}^{12} G_j = 1 \times 10^5 \text{kN}$。

71. 已知框架底层总抗侧移刚度为 $8 \times 10^5 \text{kN/m}$。为满足结构层间弹塑性位移限值，试问，在多遇地震作用下，按弹性分析的底层水平剪力最大标准值（kN），与下列何项数值最为接近？

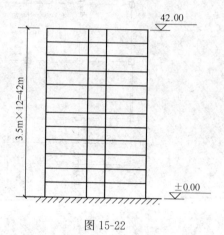

图 15-22

提示： 不考虑重力二阶效应。

(A) 4420   (B) 5000

(C) 5500   (D) 6000

72. 条件同题 71，在多遇地震作用下，未考虑重力二阶效应的影响，达到结构层间弹塑性位移限值时，按弹性分析的底层水平剪力标准值为 V_0。试问，如考虑重力二阶效应的影响，其底层多遇地震弹性水平剪力标准值不超过下列何项数值时，才能满足层间弹塑性位移限值的要求？

(A) $0.89V_0$ (B) $0.96V_0$ (C) $1.0V_0$ (D) $1.12V_0$

【题 73】 某一座位于高速公路上的特大桥梁，跨越国内内河四级通航河道。试问，该桥的设计洪水频率，采用下列何项数值最为适宜？

(A) 1/300   (B) 1/100   (C) 1/50   (D) 1/25

【题 74】 某座位于城市次干路上的桥梁，建于 6 度地震基本烈度区，采用多跨简支预应力混凝土梁桥，跨径 16m，计算跨径 15.5m，中墩为混凝土实体墩，墩帽出檐宽度为 50mm，支座中心至梁端的距离为 250mm。支座采用氯丁橡胶矩形板式支座，其平面尺寸为 180mm（顺桥向）×300mm（横桥向）。伸缩缝宽度为 80mm。试问，中墩墩顶最小宽度（mm），应与下列何项数值最为接近？

(A) 1000   (B) 1100   (C) 1200   (D) 1300

【题 75】 当一个竖向单位力在三跨连续梁上移动时，其中间支点 b 左侧的剪力影响线，应为下列何图所示？

(A)   (B)

(C)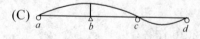   (D)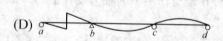

【题 76】 某公路桥梁为一座单跨简支梁桥，跨径 40m，桥面净宽 24m，双向六车道。试问，该桥每个桥台承受的制动力标准值（kN），与下列何项数值最为接近？

提示： 设计荷载为公路—Ⅰ级，其车道荷载的均布荷载标准值为 $q_k = 10.5 \text{kN/m}$，集

中力 $P_k=340kN$，三车道的折减系数为 0.78，制动力由两个桥台平均承担。

(A) 87 (B) 111 (C) 187 (D) 193

【题77】 某公路桥梁主桥为三跨变截面预应力混凝土连续箱梁结构，跨径布置为 85m+120m+85m，两引桥各为 3 孔，各孔均采用 50m 预应力混凝土 T 型梁，桥台为埋置式肋板结构，耳墙长度为 3500mm，前墙厚度 400mm，两端伸缩缝宽度均为 160mm。试问，该桥的全长（m），与下列何项数值最为接近？

(A) 590.16 (B) 597.16 (C) 597.96 (D) 590.00

【题78】 某公路梁桥为等高度预应力混凝土箱形梁结构，其设计安全等级为二级。该梁桥某截面的自重剪力标准值为 V_g，汽车引起的剪力标准值为 V_k。试问，对该桥进行承载能力极限状态计算时，其作用效应的基本组合式应为下列何项所示？

(A) $\gamma_0 V_{设}=1.1\ (1.2V_g+1.4V_k)$ (B) $\gamma_0 V_{设}=1.0\ (1.2V_g+1.4V_k)$

(C) $\gamma_0 V_{设}=0.9\ (1.2V_g+1.4V_k)$ (D) $\gamma_0 V_{设}=1.0\ (V_g+V_k)$

【题79】 某公路桥梁的上部结构为多跨 16m 后张预制预应力混凝土空心板梁，单板宽度 1030mm，板厚 900mm。每块板采用 15 根 15.20mm 的高强度低松弛钢绞线，钢绞线的公称截面面积为 140mm²，抗拉强度标准值（f_{pk}）为 1860MPa，控制应力采用 $0.73f_{pk}$。试问，每块板的总张拉力（kN），与下列何项数值最为接近？

(A) 2851 (B) 3125 (C) 3906 (D) 2930

【题80】 某桥总宽度 20m，桥墩两侧承受不等跨径的结构，一侧为 16m 跨预应力混凝土空心板，最大恒载作用下设计总支座反力为 3000kN，支座中心至墩中心距离为 270mm，另一侧为 20m 跨预应力混凝土小箱梁，最大恒载作用下设计总支座反力为 3400kN，支座中心至墩中心距离为 340mm。墩身为双柱式结构，盖梁顶宽为 1700mm。基础为双排钻孔灌注桩，如图 15-23 所示。为了使墩身和桩基在恒载作用下的受力尽量均匀，拟采用支座调偏措施。试问，两跨的最合理调偏法，应为下列何项所示？

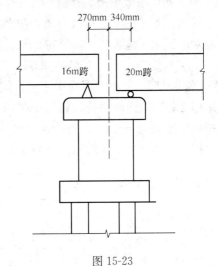

图 15-23

提示： 其他作用于中墩的外力略去不计。

(A) 16m 跨向跨径方向调偏 110mm

(B) 16m 跨向跨径方向调偏 150mm

(C) 20m 跨向墩中心调偏 100mm

(D) 16m 跨向墩中心调偏 50mm

实战训练试题（十六）

（上午卷）

【题1、2】 西藏拉萨市城关区某中学拟建一栋6层教学楼，采用钢筋混凝土框架结构，平面及竖向均规则。各层层高均为3.4m，首层室内外地面高差为0.45m。建筑场地类别为Ⅱ类。

提示：按《建筑抗震设计规范》GB 50011—2010解答。

1. 下列关于对该教学楼抗震设计的要求，其中何项正确？说明理由。

(A) 按9度计算地震作用，按一级框架采取抗震措施

(B) 按9度计算地震作用，按二级框架采取抗震措施

(C) 按8度计算地震作用，按一级框架采取抗震措施

(D) 按8度计算地震作用，按二级框架采取抗震措施

2. 该结构在x向地震作用下，底层x方向的剪力系数（剪重比）为0.075，层间弹性位移角为$\frac{1}{650}$，试问，当判断是否考虑重力二阶效应影响时，底层x方向的稳定系数θ_{1x}，与下列何项数值最为接近？

提示：不考虑刚度折减，重力荷载计算值近似取重力荷载代表值，地震剪力计算值近似取对应于水平地震作用标准值的楼层剪力。

(A) 0.015　　　　(B) 0.021　　　　(C) 0.056　　　　(D) 0.12

【题3～5】 某钢筋混凝土不上人屋面挑檐剖面如图16-1所示。屋面按混凝土强度等级采用C30。屋面面层荷载相当于150mm厚水泥砂浆的重量。板纵向受力钢筋的混凝土保护层厚度$c=20$mm。梁的转动忽略不计。

提示：按《混凝土结构通用规范》GB 55008—2021作答。

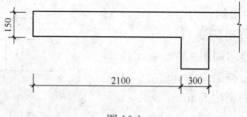

图16-1

3. 假设板顶按受弯承载力要求配置的受力钢筋为HRB400的$\Phi 12@150$，试问，该悬挑板的最大裂缝宽度w_{max}（mm），与下列何项数值最为接近？

(A) 0.18　　　　(B) 0.14　　　　(C) 0.09　　　　(D) 0.06

4. 假设挑檐根部按荷载的标准组合时计算的弯矩值$M_k=18.5$kN·m，按荷载的准永久组合时计算的弯矩值$M_q=16.0$kN·m，荷载的准永久组合作用下受弯构件的短期刚度$B_s=2.4\times10^{12}$N·mm²，考虑荷载长期作用对挠度增大的影响系数取为1.2。试问，该悬

挑板的最大挠度（mm），与下列何项数值最为接近？

(A) 20   (B) 18   (C) 14   (D) 9

5. 假设挑檐板根部每米板宽的弯矩设计值 $M=27\mathrm{kN \cdot m}$，采用 HRB400 级钢筋，试问，每米板宽范围内按受弯承载力计算所需配置的钢筋截面面积 A_s ($\mathrm{mm^2}$)，与下列何项数值最为接近？

提示： $a_s=25\mathrm{mm}$，受压区高度按实际计算值确定。

(A) 350   (B) 450   (C) 550   (D) 650

【题 6～9】 某钢筋混凝土多层框架结构的中柱，剪跨比 $\lambda>2$，截面尺寸及计算配筋如图 16-2 所示，抗震等级为四级，混凝土强度等级为 C30，考虑水平地震作用组合的底层柱底轴向压力设计值 $N_1=300\mathrm{kN}$，第二层柱底轴向压力设计值 $N_2=225\mathrm{kN}$，纵向受力钢筋采用 HRB400 钢筋（Φ），箍筋采用 HPB300 钢筋（Φ）。取 $a_s=a'_s=40\mathrm{mm}$，$\xi_b=0.518$。

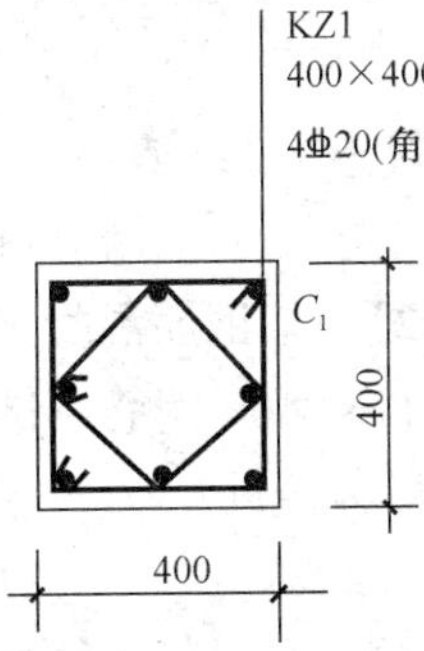

KZ1
400×400
4Φ20(角筋)+4Φ12

图 16-2

6. 若该柱为底层中柱，经计算可按构造要求配置箍筋，试问，该柱柱根加密区和非加密区箍筋的配置，选用下列何项才能符合规范要求？

(A) Φ6@100/200   (B) Φ6@90/180
(C) Φ8@100/200   (D) Φ8@90/180

7. 试问，当计算该底层中柱下端单向偏心受压的抗震受弯承载力设计值时，对应的轴向压力作用点至受压区纵向钢筋合力点的距离 e'_s (mm)，与下列何项数值最为接近？

(A) 262   (B) 284   (C) 316   (D) 380

8. 若该柱为第二层中柱，轴压力设计值 $N=225\mathrm{kN}$，其柱底轴向压力作用点至受压区纵向钢筋合力点的距离 $e'_s=440\mathrm{mm}$，试问，该柱下端按单向偏心受压计算时的弯矩设计值 $M=Ne_0$ (kN·m)，与下列何项数值最为接近？

(A) 90   (B) 110   (C) 130   (D) 150

9. 若该柱为第二层中柱，轴压力设计值 $N=225\mathrm{kN}$，已知框架柱的反弯点在柱的层高范围内，二层柱净高 $H_n=3.0\mathrm{m}$，箍筋采用Φ6@90/180。试问，该柱下端的斜截面抗震受剪承载力设计值 (kN)，与下列何项数值最为接近？

提示： $\gamma_{RE}=0.85$，斜向箍筋参与计算时，取其在剪力设计值方向的分量。

(A) 170   (B) 180   (C) 190   (D) 200

【题 10、11】 非抗震设计的某板柱结构顶层，如图 16-3 所示，钢筋混凝土屋面板板面均布荷载设计值为 $12.5\mathrm{kN/m^2}$（含板自重），混凝土强度等级为 C40，板有效计算高度 $h_0=140\mathrm{mm}$，中柱截面尺寸为 $700\mathrm{mm}\times700\mathrm{mm}$，板柱节点忽略不平衡弯矩的影响。图中 $\alpha=30°$。弯起钢筋采用 HRB335 级钢筋。

10. 当不考虑弯起钢筋作用时，试问，板受柱冲切控制的柱轴向压力设计值 (kN)，与下列何项数值最为接近？

(A) 430   (B) 465   (C) 500   (D) 530

11. 当考虑弯起钢筋作用时，试问，板受柱的冲切承载力设计值 (kN)，与下列何项

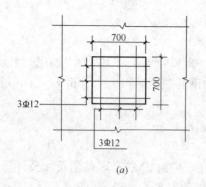
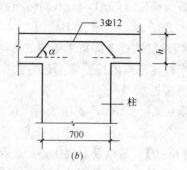

(a) (b)

图 16-3

数值最为接近？

    (A) 580   (B) 530   (C) 420   (D) 460

【题 12】 某钢筋混凝土框架结构的顶层框架梁，混凝土强度等级为 C30，纵向受力钢筋采用 HRB400 钢筋，试问，该框架顶层端节点处梁上部纵筋的最大配筋率，与下列何项数值最为接近？

    (A) 1.4%   (B) 1.7%   (C) 2.0%   (D) 2.5%

【题 13】 在混凝土结构或结构构件设计中，下列何项说法不准确？说明理由。

    (A) 倾覆、滑移验算应考虑结构构件的重要性系数

    (B) 裂缝宽度验算不应考虑结构构件的重要性系数

    (C) 疲劳验算不考虑结构构件的重要性系数

    (D) 抗震设计不考虑结构构件的重要性系数

【题 14】 根据我国现行标准、规范的规定，试判断下列说法中何项不妥？说明理由。

    (A) 材料强度标准值的保证率为 95%

    (B) 建筑结构极限状态分为承载能力、正常使用及耐久性极限状态

    (C) 设计使用年限应根据建筑物的用途和环境的侵蚀性确定

    (D) 既有建筑结构的偶然作用包括可能遭受的洪水、火灾、撞击、罕遇地震等

【题 15】 关于对设计地震分组的下列见解，其中何项符合《建筑抗震设计规范》编制中的抗震设防决策？

    (A) 是按实际地震的震级大小分为三组

    (B) 是按场地剪切波速和覆盖层厚度分为三组

    (C) 是按地震动反应谱特征周期和加速度衰减影响的区域分为三组

    (D) 是按震源机制和结构自振周期分为三组

【题 16～21】 某单层工业厂房为钢结构，厂房柱距 18m，设置有两台重级工作制的软钩吊车，吊车每侧有 4 个车轮，最大轮压标准值 $P_{k,max}=360kN$，吊车轨道高度 $h_R=150mm$，每台吊车的轮压分布图，如图 16-4 (a) 所示。吊车梁为焊接工字形截面，如图 16-4 (b) 所示。吊车梁设置纵向加劲肋，其腹板板件宽厚比满足 S4 级要求。采用 Q345C 钢制作，焊条采用 E50 型。

    提示：按《建筑结构可靠性设计统一标准》GB 50068—2018 作答。

    16. 在竖向平面内，吊车梁的最大弯矩设计值 $M_{max}=14500kN \cdot m$，试问，强度计算

中，仅考虑 M_{max} 作用时，吊车梁下翼缘的最大拉应力设计值（N/mm²），与下列何项数值最为接近？

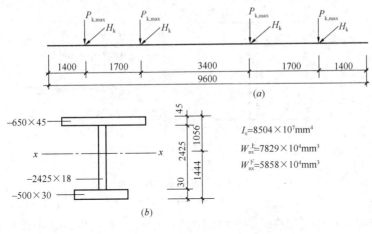

图 16-4

(A) 185   (B) 236   (C) 248   (D) 282

17. 在计算吊车梁的强度、稳定性及连接的强度时，应考虑由吊车摆动引起的横向水平力，试问，作用在每个吊车轮处由吊车摆动引起的横向水平力标准值 H_k（kW），与下列何项数值最为接近？

(A) 21.6   (B) 28.8   (C) 14.4   (D) 36

18. 在吊车最大轮压作用下，试问，吊车梁在腹板计算高度上边缘的局部承压应力设计值（N/mm²），与下列何项数值最为接近？

(A) 80   (B) 72   (C) 66   (D) 52

19. 假定吊车梁采用突缘支座，支座支承加劲肋与吊车梁腹板采用双面角焊缝连接，焊缝高度 $h_f = 10mm$，支承加劲肋下端刨平顶紧。支座剪力设计值 $V = 3200kN$，试问，该角焊缝的剪应力设计值（N/mm²），与下列何项数值最为接近？

(A) 75   (B) 95   (C) 110   (D) 190

20. 吊车梁由一台吊车荷载引起的最大竖向弯矩标准值 $M_{k,max} = 5600kN \cdot m$，试问，考虑欠载效应，吊车梁下翼缘与腹板连接处腹板的疲劳应力幅（N/mm²），与下列何项数值最为接近？

(A) 94   (B) 75   (C) 68   (D) 60

21. 厂房排架计算时，假定每台吊车同时作用，试问，柱牛腿由吊车荷载引起的最大竖向应力标准值（kN），与下列何项数值最为接近？

(A) 2005   (B) 2110   (C) 2200   (D) 1905

【题 22、23】 某平台钢柱的轴心压力设计值 $N = 3200kN$，柱的计算长度 $l_{0x} = 6m$，$l_{0y} = 3m$，采用焊接工字形截面，截面尺寸如图 16-5 所示，翼缘钢板为剪切边，每侧翼缘板上有两个螺栓 M22（$d_0 = 24mm$），钢柱采用 Q235B 钢，采用 E43 型焊条。

22. 假定柱腹板增设纵向加劲板以保证局部稳定，试问，稳定性计算时，该柱最大压应力设计值（N/mm²），与下列何项数值最为接近？

(A) 164   (B) 171   (C) 182   (D) 190

23. 假定柱腹板不增设加劲肋加强，且已知腹板的高厚比不符合要求，试问，强度计算时，该柱最大压应力设计值（N/mm²），与下列何项数值最为接近？

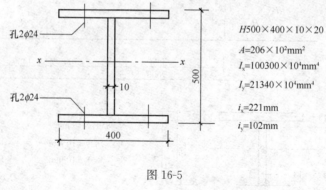

孔 $2\phi24$

$H500\times400\times10\times20$
$A=206\times10^2\text{mm}^2$
$I_x=100300\times10^4\text{mm}^4$
$I_y=21340\times10^4\text{mm}^4$

$i_x=221\text{mm}$
$i_y=102\text{mm}$

孔 $2\phi24$

图 16-5

(A) 165　　　　　(B) 170　　　　　(C) 175　　　　　(D) 180

【题 24】 某受压构件采用热轧 H 型钢 HN700×300×13×24，其腹板与翼缘相连接处两侧圆弧半径 $r=28\text{mm}$。试问，进行局部稳定验算时，腹板板件宽厚比的计算值，与下列何项数值最为接近？

(A) 54　　　　　(B) 50　　　　　(C) 46　　　　　(D) 42

【题 25～27】 某钢平台承受静荷载，支撑与柱的连接节点如图 16-6 所示，支撑杆的斜向拉力设计值 $N=680\text{kN}$，采用 Q235B 钢，E43 型焊条。

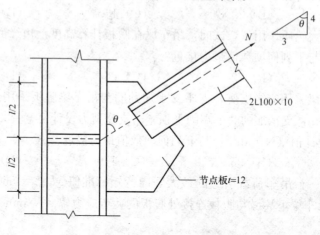

2L100×10

节点板 $t=12$

图 16-6

25. 支撑拉杆为双角钢 2L100×10，角钢与节点板采用两侧角焊缝连接，角钢肢背焊缝 $h_f=10\text{mm}$，肢尖焊缝 $h_f=8\text{mm}$，试问，角钢肢背的焊缝连接长度（mm），与下列何项数值最为接近？

(A) 235　　　　　(B) 290　　　　　(C) 340　　　　　(D) 375

26. 节点板与钢柱采用双面角焊缝连接，取焊缝高度 $h_f=8\text{mm}$，试问，焊缝连接长度（mm），与下列何项数值最为接近？

(A) 335　　　　　(B) 375　　　　　(C) 415　　　　　(D) 465

27. 假设，$N=480\text{kN}$，节点板与钢柱采用 V 型剖口焊缝，焊缝质量等级为二级，试问，焊缝连接长度（mm），与下列何项数值最为接近？

(A) 250　　　　(B) 300　　　　(C) 350　　　　(D) 390

【题28】　某多跨连续钢梁，按塑性设计，当选用工字形焊接断面，钢材采用Q235B钢，其截面能形成塑性铰发生塑性转动，试问，其翼缘板件宽厚比的限值，与下列何项数值最为接近？

(A) 9　　　　(B) 11　　　　(C) 13　　　　(D) 15

【题29】　《钢结构设计标准》中钢材的抗拉、抗压和抗弯强度设计值的确定，下列何项取值正确？

(A) 抗拉强度最小值除以抗力分项系数

(B) 抗压强度标准值除以抗力分项系数

(C) 屈服强度标准值除以抗力分项系数

(D) 抗拉强度标准值除以抗力分项系数

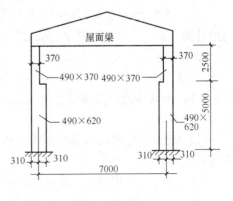

图 16-7

【题30～32】　某单层单跨有吊车砖柱厂房，剖面如图16-7所示，砖柱采用MU15烧结普通砖，M10混合砂浆砌筑，砌体施工质量控制等级为B级，屋盖为装配式无檩体系，钢筋混凝土屋盖，柱间无支撑，静力计算方案为弹性方案，荷载组合应考虑吊车作用。

30. 当对该变截面柱上段柱垂直于排架方向的高厚比按公式 $\frac{H_0}{h} \leqslant \mu_1 \mu_2 [\beta]$ 进行验算时，试问，其公式左右端数值与下列何项数值最为接近？

(A) 6＜17　　　(B) 6＜22　　　(C) 8＜22　　　(D) 10＜17

31. 当对该变截面柱下段柱排架方向的高厚比按公式 $\frac{H_0}{h} \leqslant \mu_1 \mu_2 [\beta]$ 进行验算时，试问，其公式左右端数值与下列何项数值最为接近？

(A) 8＜17　　　(B) 8＜22　　　(C) 10＜17　　　(D) 10＜22

32. 假设轴向力沿排架方向的偏心距 $e=155mm$，变截面柱下段柱的计算高厚比 $\beta=7$，试问，变截面柱下段柱的偏心受压承载力设计值（kN），与下列何项数值最为接近？

(A) 220　　　　(B) 246　　　　(C) 275　　　　(D) 305

【题33～35】　某抗震设防烈度为7度的多层砌体结构住宅，底层某道承重横墙的尺寸和构造柱的布置如图16-8所示，墙体采用MU10烧结普通砖，M7.5混合砂浆砌筑，构造柱GZ截面尺寸为240mm×240mm，采用C20混凝土，纵向钢筋为HRB335级钢筋4Φ12，箍筋采用HPB300级（$f_{yv}=270N/mm^2$）Φ6@200。砌体施工质量控制等级为B

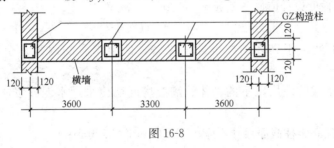

图 16-8

级，在该墙墙顶作用的竖向恒荷载标准值为 200kN/m，活荷载标准值为 70kN/m，不考虑本层墙体自重。

提示：按《建筑抗震设计规范》GB 50011—2010 计算。

33. 该墙体沿阶梯形截面破坏时，其抗震抗剪强度设计值 f_{vE}（MPa），与下列何项数值最为接近？

(A) 0.23   (B) 0.20   (C) 0.16   (D) 0.12

34. 假设砌体抗震抗剪强度的正应力影响系数 $\xi_N = 1.6$，该墙体的截面抗震受剪承载力设计值（kN），与下列何项数值最为接近？

(A) 585   (B) 625   (C) 695   (D) 775

35. 假设图 16-8 所示墙体中不设置构造柱，砌体抗震抗剪强度的正应力影响系数 $\xi_N = 1.6$，该墙体的截面抗震受剪承载力设计值（kN），与下列何项数值最为接近？

(A) 625   (B) 580   (C) 525   (D) 420

【题 36】 采用轻骨料混凝土小型空心砌块砌筑框架填充墙砌体时，试指出下列何项不妥？说明理由。

(A) 施工时所用到的小砌块的产品龄期不应小于 28d

(B) 轻骨料混凝土小型空心砌块不应与其他块材混砌

(C) 轻骨料混凝土小型空心砌块的水平和竖向砂浆饱满度均不应小于 80%

(D) 轻骨料混凝土小型空心砌块搭砌长度不应小于 90mm，竖向通缝不超过 3 皮

【题 37～39】 某住宅楼的钢筋砖过梁净跨 $l_n = $ 1500mm，墙厚 240mm，立面如图 16-9 所示，采用 MU10 烧结多孔砖，M10 混合砂浆砌筑。过梁底面配筋采用 HRB335 级钢筋 3 Φ 10，锚入支座内的长度为 250mm，多孔砖砌体自重 18kN/m³。砌体施工质量控制等级为 B 级，在离窗口顶800mm 高度处作用有楼板传来的均布恒荷载标准值 $q_k = 11$kN/m，均布活荷载标准值 $q_k = 6$kN/m。设计使用年限为 50 年，结构安全等级为二级。

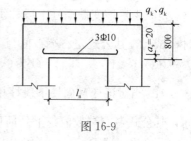

图 16-9

提示：按《建筑结构可靠性设计统一标准》GB 50068—2018 作答。

37. 试问，该过梁承受的最大均布荷载设计值（kN/m），与下列何项数值最为接近？

(A) 24   (B) 22   (C) 20   (D) 18

38. 该过梁的受弯承载力设计值（kN·m），与下列何项数值最为接近？

(A) 29   (B) 33   (C) 47   (D) 20

39. 该过梁的受剪承载力设计值（kN），与下列何项数值最为接近？

提示：砌体强度设计值调整系数 $\gamma_a = 1.0$。

(A) 25   (B) 22   (C) 15   (D) 12

【题 40】 下列关于砌体结构设计的见解，何项组合的内容是全部正确的？说明理由。

Ⅰ. 地面以下或防潮层以下的砌体、潮湿房间墙应采用水泥砂浆，强度等级不应低于 M5；

Ⅱ. 承重的独立砖柱截面尺寸不应小于 240mm×370mm；

Ⅲ．装配整体式钢筋混凝土楼（屋）盖，当有保温层时，墙体材料为混凝土砌块的房屋，其伸缩缝的最大间距为50m；

Ⅳ．多层砖砌体房屋的构造柱与圈梁连接处，构造柱的纵筋应在圈梁纵筋内侧穿过，且构造柱纵筋上下贯通。

(A) Ⅰ、Ⅳ   (B) Ⅰ、Ⅲ   (C) Ⅱ、Ⅲ   (D) Ⅱ、Ⅳ

（下午卷）

【题 41、42】 某根未经切削的东北落叶松（TC17B）原木简支檩条，标注直径为120mm，支座间的距离为6m。该檩条的安全等级为二级，设计使用年限为50年。该檩条稳定满足要求。

41. 试问，该檩条的抗弯承载力设计值（kN·m），与下列何项数值最接近？

(A) 4.2   (B) 5.3   (C) 6.1   (D) 3.3

42. 试问，该檩条的抗剪承载力设计值（kN），与下列何项数值最接近？

(A) 13.6   (B) 14.5   (C) 15.6   (D) 20.4

【题 43】 某高层建筑的地下室抗浮采用抗浮桩，桩不允许带裂缝工作。对该桩进行现场静载试验，桩身开裂时的上拔荷载为850kN，其前一级荷载为750kN，其最大上拔荷载为1300kN。试问，该单桩竖向抗拔承载力特征值（kN），与下列何项数值最为接近？

提示：按《建筑基桩检测技术规范》JGJ 106—2014 作答。

(A) 650   (B) 700   (C) 750   (D) 850

【题 44】 下列关于无筋扩展基础设计的见解，何项是不正确的？说明理由。

(A) 当基础由不同材料叠合组成时，应对接触部分作抗压验算

(B) 无筋扩展基础适用于多层民用建筑和轻型厂房

(C) 基础底面处的平均压力值不超过350kPa的混凝土无筋扩展基础，可不进行抗剪验算

(D) 采用无筋扩展基础的钢筋混凝土柱，其柱脚高度不应小于300mm，且不小于20d

【题 45】 下列关于地基基础设计等级及地基变形设计要求的见解，何项是不正确的？说明理由。

(A) 位于复杂地质条件及软土地区的单层地下室的基础工程的地基基础设计等级为乙级

(B) 场地和地基条件复杂的一般建筑物的地基基础设计等级为甲级

(C) 按地基变形设计或应作变形验算，并且需进行地基处理的建筑物或构筑物，应对处理后的地基进行变形验算

(D) 场地和地基条件简单，荷载分布均匀的6层框架结构，采用天然地基，其持力层的地基承载力特征值为120kPa时，建筑物可不进行地基变形计算

【题 46~50】 某多层钢筋混凝土框架厂房柱下矩形独立基础，柱截面尺寸为1.2m×1.2m，基础宽度为3.6m，抗震设防烈度为7度（0.15g）。基础平面、剖面，以及土层剪切波速，如图 16-10 所示。

提示：① 按《建筑抗震设计规范》GB 5011—2010 作答。

②按《建筑结构可靠性设计统一标准》GB 50068—2018 作答。

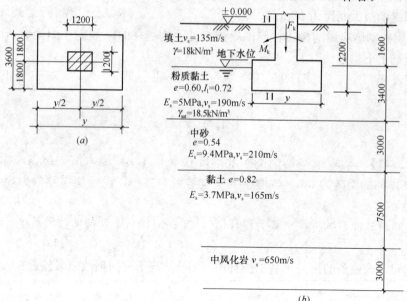

图 16-10

46. 试问，该建筑物场地类别为下列何项？

（A）Ⅰ₁类场地　　（B）Ⅱ类场地　　（C）Ⅲ类场地　　（D）Ⅳ类场地

47. 假定基础底面处粉质黏土层的地基承载力特征值 $f_{ak}=180$kPa，基础长度 $y\geqslant$ 3.6m，试问，基础底面处的地基抗震承载力 f_{aE}（kPa），与下列何项数值最为接近？

（A）246　　　　（B）275　　　　（C）290　　　　（D）332

48. 假定钢筋混凝土柱按地震作用效应标准组合传至基础顶面处的竖向力 F_k 为 1200kN，弯矩 M_k 为 1536.48kN·m，基础及其上土的自重标准值 G_k 为 560kN，基础底面处的地基抗震承载力 $f_{aE}=245$kPa，试问，按地基抗震要求确定的基础底面力矩作用方向的最小边长 y（m），与下列何项数值最为接近？

提示：①当基础地面出现零应力区时，$p_{k,max}=\dfrac{2（F_k+G_k）}{3la}$；

②偏心距 $e=\dfrac{M}{N}=0.873$m。

（A）3.6　　　　（B）3.9　　　　（C）4.1　　　　（D）4.5

49. 假定基础混凝土强度等级为 C25（$f_t=1.27$N/mm²），基础底面边长 $y=$ 4600mm，基础高度 $h=800$mm（取 $h_0=750$mm），试问，柱与基础交接处最不利一侧的受冲切承载力设计值（kN），与下列何项数项最为接近？

提示：不考虑抗震调整系数 γ_{RE}。

（A）1300　　　　（B）1400　　　　（C）1500　　　　（D）1600

50. 条件同题 49，已知基础及其上土的自重标准值 G_k 为 710kN，偏心距小于 1/6 基础长度，相应于作用的基本组合时的基底边缘的最大地基反力设计值 $p_{max}=250$kN/m²，最小地基反力设计值 $p_{min}=85$kN/m²，试问，基础柱边截面Ⅰ-Ⅰ的弯矩设计值

M_{I}（kN·m），与下列何项数值最为接近？

提示：基础柱边截面 I-I 处 $p=189\mathrm{kN/m^2}$。

(A) 650   (B) 715   (C) 750   (D) 800

【题 51～54】 某多层地下建筑采用泥浆护壁成孔的钻孔灌注桩基础，柱下设三桩等边承台，钻孔灌注桩直径为 800mm，其混凝土强度等级为 C30（$f_c=14.3\mathrm{N/mm^2}$），其重度 $\gamma=25\mathrm{kN/m^3}$，工程场地的地下水设计水位为 $-1.0\mathrm{m}$，有关地基各土层分布情况、土的参数、承台尺寸及桩身配筋，如图 16-11 所示。

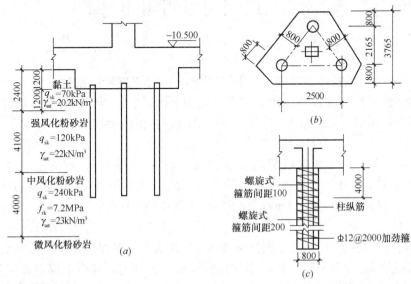

图 16-11

51. 假定按荷载的标准组合计算的单根基桩拔力 $N_k=1200\mathrm{kN}$，土层及各层的抗拔系数 λ_i 均为 0.75，试问，按《建筑桩基技术规范》JGJ 94—2008 规定，当群桩呈非整体破坏时，满足基桩抗拔承载力要求的基桩最小嵌固入岩深度 l（m），与下列何项数值最为接近？

(A) 2.0   (B) 2.3   (C) 2.7   (D) 3.0

52. 假定基桩嵌固入岩深度 $l=3200\mathrm{mm}$，试问，按《建筑桩基技术规范》JGJ 94—2008 规定，单桩竖向承载力特征值 R_a（kN），与下列何项数值最为接近？

(A) 3400   (B) 4000   (C) 4500   (D) 5000

53. 假定桩纵向钢筋采用 HRB400 钢筋 16 Φ 18，基桩成桩工艺系数 ψ_c 为 0.7，试问，按《建筑桩基技术规范》JGJ 94—2008 规定，基桩轴心受压时的正截面受压承载力设计值（kN），与下列何项数值最为接近？

(A) 5000   (B) 5500   (C) 6100   (D) 6350

54. 该工程试桩中，由单桩竖向静载试验得到 3 根试桩竖向极限承载力分别为 7800kN、8500kN、8900kN。根据《建筑地基基础设计规范》GB 5007—2011 规定，试问，工程设计中所采用的桩竖向承载力特征值 R_a（kN），与下列何项数值最为接近？

(A) 3900   (B) 4000   (C) 4200   (D) 4400

【题 55～57】 某多层建筑采用正方形筏形基础，地质剖面及土层相关参数如图 16-12 所示，现采用水泥土搅拌桩对地基进行处理，水泥土搅拌桩桩径为 550mm，桩长 10m，采用正方形均匀布桩。

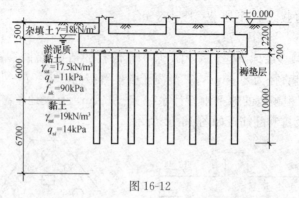

图 16-12

55. 假定桩体试块抗压桩强度 f_{cu} 为 2400kPa，桩身强度折减系数 η 为 0.25，桩端天然地基土的承载力特征值为 120kPa，桩端端阻力发挥系数 α_p 为 0.5，初步设计时水泥土搅拌桩单桩竖向承载力特征值 R_a（kN），与下列何项数值最为接近？

（A）130 　　　　（B）142 　　　　（C）200 　　　　（D）230

56. 假定水泥土搅拌桩单桩竖向承载力特征值 $R_a = 180$kN，桩间土承载力特征值 $f_{sk} = 100$kPa，桩间土承载力发挥系数 $\beta = 0.75$，欲使修正后的复合地基承载力特征值要求达到 200kPa，试问，桩间距 s（m），与下列何项数值最为接近？

（A）0.90 　　　　（B）1.10 　　　　（C）1.30 　　　　（D）1.50

57. 假定筏形基础下由水泥土搅拌桩处理土层均为单一淤泥质黏土，水泥土搅拌复合土层的压缩模量 E_{sp} 为 20MPa。相应于作用的准永久组合时，复合土层顶面附加应力 p_z 为 180kPa，复合土层底面附加应力 p_{z1} 为 60kPa，复合土层压缩变形量计算经验系数 $\psi_{s1} = 1.0$。试问，该复合土层压缩变形量（cm），与下列何项数值最为接近？

提示：按分层总和法考虑。

（A）6 　　　　（B）10 　　　　（C）12 　　　　（D）18

【题 58】 对于高层钢筋混凝土底层大空间部分框支剪力墙结构，其转换层楼面采用现浇楼板且双层双向配筋，试问，下列何项符合有关规定、规程的相关构造要求？

（A）混凝土强度等级不应低于 C25，每层每向的配筋率不宜小于 0.25%

（B）混凝土强度等级不应低于 C25，每层每向的配筋率不宜小于 0.20%

（C）混凝土强度等级不应低于 C30，每层每向的配筋率不宜小于 0.25%

（D）混凝土强度等级不应低于 C30，每层每向的配筋率不宜小于 0.20%

【题 59】 下列关于高层钢筋混凝土结构抗震设计的一些见解，其中何项不正确？说明理由。

（A）抗震等级为一、二级的框架梁柱节点，一般不需要进行节点区轴压比验算

（B）当仅考虑竖向地震作用组合时，偏心受拉柱的承载力抗震调整系数取为 1.0

（C）框架梁内贯通矩形截面中柱的每根纵向受力钢筋的直径，抗震等级为一、二级时，不宜大于框架柱在该方向截面尺寸的 1/20。

（D）一级抗震等级设计的剪力墙底部加强部位及其上一层截面弯矩设计值应按墙肢组合弯矩设计值的 1.2 倍采用

【题 60~63】 某 43 层钢筋混凝土框架-核心筒高层建筑，属于普通办公楼，建于非地

震区,如图 16-13 所示,圆形平面,直径为 30m,房屋地面以上高度为 180m;质量和刚度沿竖向分布均匀,可忽略扭转影响,按 50 年重现期的基本风压为 $0.6kN/m^2$;按 100 年重现期的基本风压为 $0.7kN/m^2$,地面粗糙度为 B 类,结构基本自振周期 $T_1=2.78s$。设计使用年限为 50 年。

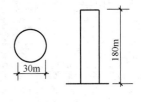

图 16-13

提示:按《工程结构通用规范》GB 55001—2021 作答。

60. 试问,设计 120m 高度处的遮阳板(小于 $1m^2$)的承载能力时,所采用风荷载标准值(kN/m^2)与下列何项数值最为接近?

(A) -2.94 (B) -3.18 (C) -3.75 (D) -4.12

61. 该建筑物底部 8 层的层高均为 5m,其余各层层高均为 4m,当按承载能力设计,校核第一振型横向风振时,试问,其临界风速起点高度位于下列何项楼层范围内?

提示:空气密度 $\rho=1.25kg/m^3$。

(A) 16 层   (B) 18 层   (C) 20 层   (D) 22 层

62. 假定建筑物 A 平面为矩形 $B \times L = 30m \times 30m$,在该建筑物 A 旁拟建一同样的矩形平面建筑物 B,如图 16-14 所示,不考虑其他因素的影响,试确定在图示风向作用下,下列何项布置方案对建筑物 A 顺风向风荷载的风力干扰最大?

(A) $x=60m$,$y=30m$ (B) $x=0m$,$y=60m$

(C) $x=60m$,$y=0m$ (D) $x=0m$,$y=90m$

63. 该圆形平面建筑物拟建于山区平坦地 A 处,或建于高度为 50m 的山坡顶 B 处,如图 16-15 所示,在两处距地面 100m 的楼高处的顺风向荷载标准值分别为 w_A 和 w_B,试确定其比值(w_B/w_A)最接近于下列何项数值?

提示:①A 处时 100m 的风振系数 $\beta_{zA}=1.248$;

②B 处时 100m 的脉动风荷载共振分量因子 $R=1.36$,$kH^{a1}\rho_x\rho_z=1.00$,$\phi_1(z)=0.42$。

(A) 1.36   (B) 1.24   (C) 1.12   (D) 1.95

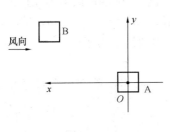

图 16-14

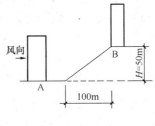

图 16-15

【题 64~67】 某 11 层办公楼,无特殊库房,采用钢筋混凝土框架-剪力墙结构,丙类建筑,首层室内外地面高差 0.45m,房屋高度为 39.45m,质量和刚度沿竖向分布均匀,抗震设防烈度为 9 度,建于 Ⅱ 类场地,设计地震分组为第一组,其标准层平面和剖面见图 16-16 所示。已知首层楼面永久荷载标准值为 11500kN,其余各层楼面永久荷载标准值均为 11000kN,屋面永久荷载标准值为 10500kN,各楼层楼面活荷载标准值均为 2400kN,屋面活荷载标准值为 800kN,折减后的基本自振周期 $T_1=0.85s$。

提示： 按《高层建筑混凝土结构技术规程》JGJ 3—2010 解答。

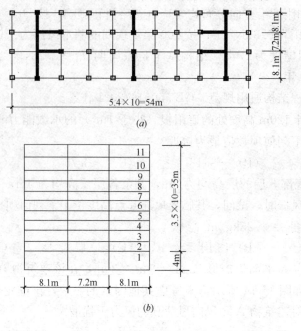

图 16-16

64. 试问，多遇地震，采用底部剪力法进行方案比较时，结构顶层附加地震作用标准值（kN），与下列何项数值最为接近？

(A) 2050   (B) 2250   (C) 2550   (D) 2850

65. 第五层某剪力墙的连梁，其截面尺寸为 300mm×300mm，净跨 $l_n = 3000$mm，混凝土强度等级为 C40（$f_c = 19.1$N/mm²，$f_t = 1.71$N/mm²），纵筋及箍筋均采用 HRB400（Φ）（$f_{yk} = 400$N/mm²，$f_y = f'_y = 360$N/mm²），在考虑地震作用组合时，该连梁端部起控制作用且同一方向逆时针（或顺时针）的弯矩设计值 $M^l_b + M^r_b = 350$kN·m，同一组合的重力荷载代表值和竖向地震作用下按简支梁分析的梁端截面剪力设计值 $V_{Gb} = 20$kN。该连梁实配纵筋上下均为 4Φ22，箍筋为Φ8@100，$a_s = a'_s = 35$mm。试问，该连梁在抗震设计时的端部剪力设计值 V_b（kN），与下列何项数值最为接近？

(A) 160   (B) 200   (C) 220   (D) 240

66. 假定结构基本自振周期 T_1 未知，但是 $T_1 \leqslant 2.0$s，若采用底部剪力法进行方案比较，试问，本工程 T_1 最大为何值时，底层水平地震剪力仍能满足规范、规程规定的剪重比（底层剪力与重力荷载代表值之比）的要求？

(A) 0.85s

(B) 1.00s

(C) 1.25s

(D) 1.75s

67. 假定本工程设有两层地下室，如图 16-17 所示，总重力荷载合力作用点与基

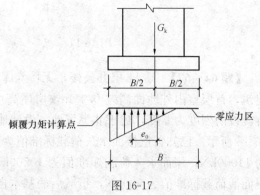

图 16-17

础底面形心重合，基础底面反力呈线性分布，上部及地下室基础总重力荷载标准值为 G_k，水平荷载与竖向荷载共同作用下基底反力的合力点到基础中心的距离为 e_0，试问，当满足规程对基础底面与地基之间压应力区面积限值时，抗倾覆力矩 M_R 与倾覆力矩 M_{ov} 的最小比值，与下列何项数值最为接近？

提示：地基承载力符合要求，不考虑土侧压力，不考虑重力二阶效应。

(A) 1.5   (B) 1.9   (C) 2.3   (D) 2.7

【题 68】 某高层钢筋混凝土框架结构，房屋高度 37m，位于 7 度抗震设防烈度区，设计基本地震加速度为 $0.15g$，丙类建筑，Ⅲ类建筑场地。第三层某框架柱截面尺寸为 $750mm \times 750mm$，混凝土强度等级为 C40（$f_c = 19.1 N/mm^2$，$f_t = 1.71 N/mm^2$），箍筋采用 HRB335 级钢筋，配置为 Φ 10 井字复合箍（加密区间距为 100mm，非加密区间距为 200mm），柱净高 2.7m，反弯点位于柱子高度中部。取 $a_s = a'_s = 45mm$。试问，该柱的轴压比限值，与下列何项数值最为接近？

提示：按《高层建筑混凝土结构技术规程》JGJ 3—2010 作答。

(A) 0.65   (B) 0.70   (C) 0.75   (D) 0.60

【题 69～72】 某底部带转换层的钢筋混凝土框架-核心筒结构，抗震设防烈度为 7 度，丙类建筑，建于Ⅱ类建筑场地。该建筑物地上 31 层，地下 2 层，地下室在主楼平面以外部分无上部结构。地下室顶板±0.000 处可作为上部结构的嵌固部位，纵向两榀框架在第三层转换层设置转换梁，如图 16-18 所示。上部结构和地下室混凝土强度等级均采用 C40（$f_c = 19.1 N/mm^2$，$f_t = 1.71 N/mm^2$）。

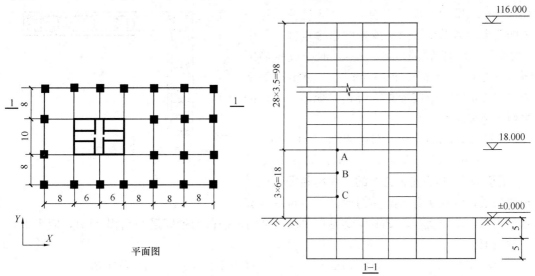

图 16-18 （单位：m）

69. 试问，主体结构第三层的核心筒、转换柱，以及无上部结构部位的地下室中地下一层框架（以下简称无上部结构的地下室框架）的抗震等级，下列何项符合规程规定？

提示：根据《高层建筑混凝土结构技术规程》JGJ 3—2010。

(A) 核心筒一级、转换柱特一级、无上部结构的地下室框架特一级

(B) 核心筒一级、转换柱特一级、无上部结构的地下室框架一级

(C) 核心筒二级、转换柱一级、无上部结构的地下室框架一级

(D) 核心筒二级、转换柱一级、无上部结构的地下室框架二级

70. 假定某根转换柱抗震等级为一级，X 向考虑地震作用组合的第二、三层 B、A 节点处的梁、柱弯矩组合值分别为：节点 A，上柱柱底弯矩 $M_c^t=600kN \cdot m$，下柱柱顶弯矩 $M_c^b=1800kN \cdot m$，节点左侧梁端弯矩 $M_b^l=480kN \cdot m$，节点右侧梁端弯矩 $M_b^r=1200kN \cdot m$；节点 B，上柱柱底弯矩 $M_c^t=600 kN \cdot m$，下柱柱顶弯矩 $M_c^b=500kN \cdot m$，节点左侧梁端弯矩 $M_b^l=520kN \cdot m$。此外，底层柱 C 节点柱底弯矩组合值 $M_c=400kN \cdot m$。试问，该转换柱配筋设计时，节点 A、B 处下柱柱顶及底层柱柱底的考虑地震作用组合的弯矩设计值 M_A、M_B、M_c（kN·m），与下列何项数值最为接近？

(A) 1800；500；400   (B) 2520；700；400

(C) 2700；500；600   (D) 2700；750；600

71. 第三层转换梁如图 16-19 所示，假定抗震等级为一级，截面尺寸为 $b \times h=1m \times 2m$，箍筋采用 HRB335 级钢筋，试问，截面 B 处的箍筋配置，下列何项最符合规范规程要求，且较为经济？

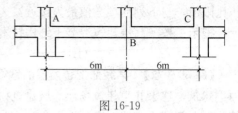

图 16-19

(A) 8ϕ10@100   (B) 8ϕ12@100

(C) 8ϕ14@150   (D) 8ϕ14@100

72. 底层核心筒外墙转角处，墙厚 400mm，如图 16-20 所示，轴压比为 0.5，满足轴压比限值的要求，如果在第四层该处设边缘构件（其中 b 为墙厚、L_1 为箍筋区域、L_2 为箍筋或拉筋区域），试问，b（mm）、L_1（mm）、L_2（mm）为下列何组数值时，最接近并符合相关规范、规程的最低构造要求？

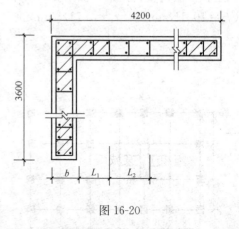

(A) 350，350，0   (B) 400；400；200

(C) 350，350，630   (D) 400；650；0

图 16-20

【题 73】 某高速公路上的一座跨越非通航河道的桥梁，洪水期有大漂浮物通过。该桥的计算水位为 2.5m（高程），支座高度为 0.20m，试问，该桥的梁底最小高程（m），应为下列何项数值？

(A) 4.0   (B) 3.4   (C) 3.2   (D) 3.0

【题 74】 某城市桥梁位于 7 度地震基本烈度区（水平地震动加速度峰值为 0.15g），位于城市主干路上，结构为多跨 20m 简支预应力混凝土空心板梁，中墩盖梁为单跨双悬臂矩形结构，支座采用氯丁橡胶板式支座，伸缩缝宽度为 80mm，试问，该桥中墩盖梁的最小宽度（mm），与下列何项数值最为接近？

提示：取板梁的计算跨径为 19.5m。

(A) 1650   (B) 1675   (C) 1800   (D) 1815

【题 75】 某公路高架桥，其主桥为三跨变截面连续钢-混凝土组合梁，跨径布置为

50m+75m+50m，两端引桥各为 5 孔 40m 的预应力混凝土 T 形梁，高架桥总长 575m，试问，其工程规模应属于下列何项？

(A) 特大桥   (B) 大桥   (C) 中桥   (D) 小桥

【题 76】 某立交桥上的一座匝道桥为单跨简支桥梁，跨径 40m，桥面净宽 8.0m，为同向行驶的两车道，承受公路—Ⅰ级荷载，采用氯丁橡胶板式支座。试问，该桥每个桥台承受的制动力标准值（kN），与下列何项数值最为接近？

提示：车道荷载的均布荷载标准值 $q_k=10.5kN/m$，集中荷载标准值 $P_k=340kN$，假定两桥台平均承担制动力。

(A) 83   (B) 90   (C) 165   (D) 175

【题 77】 某公路高架桥，其主桥为三跨变截面连续钢-混凝土组合箱型桥，跨径布置为 45m+60m+45m，两端引桥各为 4 孔 40m 的预应力混凝土 T 形梁，桥台为 U 型结构，前墙厚度为 0.90m，侧墙长 3.0m，主桥与引桥两端的伸缩缝宽度均为 160mm。试问，该桥全长（m），与下列何项数值最为接近？

(A) 478   (B) 476   (C) 472   (D) 470

【题 78】 某重要公路桥梁为等高预应力混凝土箱型梁结构，其设计安全等级为一级。该梁某截面的结构重力弯矩标准值为 M_g，汽车作用的弯矩标准值为 M_k。试问，该桥在承载能力极限状态下，其作用效应的基本组合应为下列何项？

(A) $1.1（1.2M_g+1.4M_k）$ (B) $1.0（1.2M_g+1.4M_k）$

(C) $0.9（1.2M_g+1.4M_k）$ (D) $1.1（M_g+M_k）$

【题 79】 某公路桥梁结构为预制后张预应力混凝土箱型梁，跨径为 30m，单梁宽 3.0m，采用 $\phi^s15.20mm$ 高强度钢绞线，其抗拉强度标准值（f_{pk}）为 1860MPa，公称截面面积为 140mm²。每根预应力束由 9 股 $\phi^s15.20$ 钢绞线组成。锚具为夹片式群锚，张拉控制应力采用 $0.75f_{pk}$。试问，超张时，单根预应力束的最大张拉力（kN），与下列何项数值最为接近？

(A) 1758   (B) 1810   (C) 1846   (D) 1875

【题 80】 某城市桥梁位于城市主干路上，其跨度为 110m，加载长度为 109m，其单侧人行道宽度为 3.0m。试问，其人行道的设计人群荷载 W（kPa）。最接近下列何项数值？

(A) 2.0   (B) 2.4   (C) 3.0   (D) 3.8

2011 年真题

（上午卷）

【题 1~4】 某四层现浇钢筋混凝土框架结构，各层结构计算高度均为 6m，平面布置如图 Z11-1 所示，抗震设防烈度为 7 度，设计基本地震加速度为 0.15g，设计地震分组为第二组，建筑场地类别为 Ⅱ 类，抗震设防类别为重点设防类。

提示： 按《建筑与市政工程抗震通用规范》GB 55002—2021 作答。

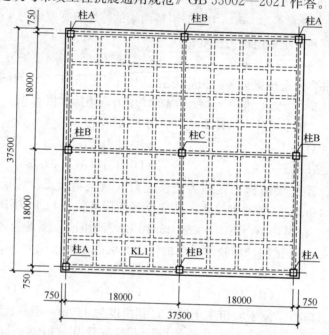

图 Z11-1

1. 假定，考虑非承重墙影响的结构基本自振周期 $T_1 = 1.08s$，各层重力荷载代表值均为 12.5kN/m²（按建筑面积 37.5m×37.5m 计算）。试问，按底部剪力法确定的多遇地震下的结构总水平地震作用标准值 F_{Ek}（kN）与下列何项数值最为接近？

提示： 按《建筑抗震设计规范》GB 50011—2010 作答。

(A) 2000　　　　(B) 2700　　　　(C) 2900　　　　(D) 3400

2. 假定，多遇地震作用下按底部剪力法确定的结构总水平地震作用标准值 F_{Ek}＝3600kN，顶部附加地震作用系数 $\delta_n = 0.118$。试问，当各层重力荷载代表值均相同时，多遇地震下结构总地震倾覆力矩标准值 M（kN·m）与下列何项数值最为接近？

(A) 64000　　　　(B) 67000　　　　(C) 75000　　　　(D) 85000

3. 假定，柱 B 混凝土强度等级为 C50，剪跨比大于 2，恒荷载作用下的轴力标准值 $N_1 = 7400kN$，活荷载作用下的轴力标准值 $N_2 = 2000kN$（组合值系数为 0.5），水平地震作用下的轴力标准值 $N_{Ehk}=500$kN。试问。根据《建筑抗震设计规范》GB 50011—2010，当未采用有利于提高轴压比限值的构造措施时，柱 B 满足轴压比要求的最小正方形截面边长 h（mm）应与下列何项数值最为接近？

提示： 风荷载不起控制作用。

(A) 750　　　　　(B) 800　　　　　(C) 850　　　　　(D) 900

4. 假定，现浇框架梁 KL1 的截面尺寸 $b×h=600$mm$×1200$mm，混凝土强度等级为 C35，纵向受力钢筋采用 HRB400 级，梁端底面实配纵向受力钢筋面积 $A'_s=4418$mm^2，梁端顶面实配纵向受力钢筋面积 $A_s=7592$mm^2，$h_0=1120$mm，$a'_s=45$mm，$\xi_b=0.518$。试问，考虑受压区受力钢筋作用，梁端承受负弯矩的正截面抗震受弯承载力设计值 M（kN·m）与下列何项数值最为接近？

(A) 2300　　　　　(B) 2700　　　　　(C) 3200　　　　　(D) 3900

【题 5～9】 某五层重点设防类建筑，采用现浇钢筋混凝土框架结构如图 Z11-2 所示，抗震等级为二级，各柱截面均为 600mm×600mm，混凝土强度等级 C40。

提示： 按《建筑与市政工程抗震通用规范》GB 55002—2021 作答。

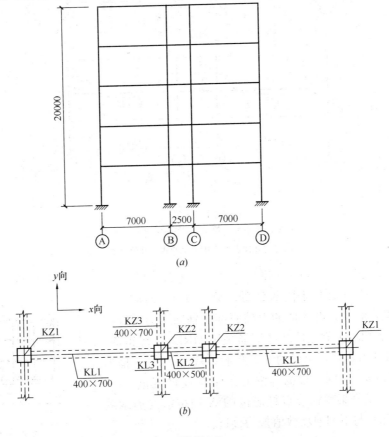

图 Z11-2

(a) 计算简图；(b) 二、三层局部结构布置

5. 假定，底层边柱 KZ1 考虑水平地震作用组合，并经调整后的弯矩设计值为 616 kN·m，相应的轴力设计值为 880kN，且已经求得 $C_m\eta_{ns}=1.22$。柱纵筋采用 HRB400 级

钢筋，对称配筋，取 $a_s=a'_s=40mm$，相对界限受压区高度 $\xi_b=0.518$，承载力抗震调整系数 $\gamma_{ER}=0.75$。试问，满足承载力要求的纵筋截面面积 $A_s=A'_s$（mm^2），与下列何项数值最为接近？

提示：柱的配筋由该组内力控制且满足构造要求。

(A) 1520　　　　(B) 2180　　　　(C) 2720　　　　(D) 3520

6. 假定，二层框架梁 KL1 及 KL2 在重力荷载代表值及 X 向水平地震作用下的弯矩图如图 Z11-3 所示，$a_s=a'_s=35mm$，柱的计算高度 $H_c=4000mm$。试问，根据《建筑抗震设计规范》GB 50011—2010，KZ2 二层节点核芯区地震作用组合的 X 向剪力设计值 V_j（kN）与下列何项数值最为接近？

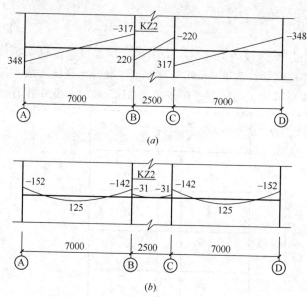

图 Z11-3

(a) 正 X 向水平地震作用下梁弯矩标准值（kN·m）；

(b) 重力荷载代表值作用下梁弯矩标准值（kN·m）

(A) 1700　　　　(B) 1950　　　　(C) 2400　　　　(D) 2800

7. 假定，三层平面位于柱 KZ2 处的梁柱节点，对应于考虑地震作用组合的剪力设计值的上柱底部的轴向压力设计值的较小值为 2300kN，节点核芯区箍筋采用 HRB335 级钢筋，配置如图 Z11-4 所示，正交梁的约束影响系数 $\eta_j=1.5$，框架梁 $a_s=a'_s=35mm$。试问，根据《混凝土结构设计规范》GB 50010—2010，此框架梁柱节点核芯区的 X 向抗震受剪承载力设计值（kN）与下列何项数值最为接近？

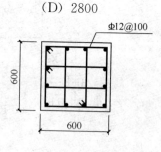

图 Z11-4

(A) 800　　　　(B) 1100

(C) 1900　　　　(D) 2200

8. 假定，二层角柱 KZ2 截面为 600mm×600mm，剪跨比大于 2，轴压比为 0.6，纵筋采用 HRB400，箍筋采用 HRB335 钢筋，箍筋采用普通复合箍，箍筋的混凝土保护层厚度取 20mm。

试问，下列何项柱加密区配筋符合《建筑抗震设计规范》GB 50011—2010 的要求？

提示：复合箍的体积配筋率按扣除重叠部位的箍筋体积计算。

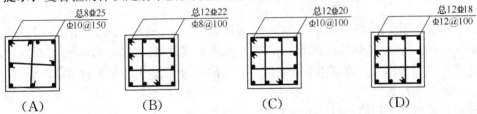

(A)　　　　　(B)　　　　　(C)　　　　　(D)

9. 已知，该建筑抗震设防烈度为 7 度，设计基本地震加速度为 0.10g。建筑物顶部附设 6m 高悬臂式广告牌，附属构件重力为 100kN，自振周期为 0.08s，顶层结构重力为 12000kN。试问，该附属构件自身重力沿不利方向产生的水平地震作用标准值 F（kN）应与下列何项数值最为接近？

(A) 16　　　　(B) 20　　　　(C) 32　　　　(D) 38

【题 10～14】 某多层现浇钢筋混凝土结构，设两层地下车库，局部地下一层外墙内移，如图 Z11-5 所示。设计使用年限为 50 年，结构安全等级为二级。已知室内环境类别为一类，室外环境类别为二 b 类，混凝土强度等级均为 C30。

提示：按《建筑结构可靠性设计统一标准》GB 50068—2018 作答。

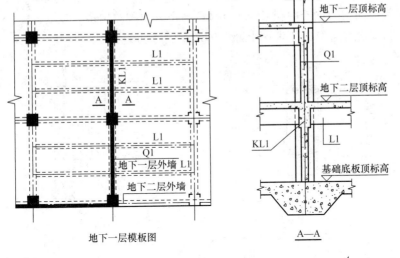

地下一层模板图　　　　　A—A

图 Z11-5

10. 假定，地下一层外墙 Q1 简化为上端铰接、下端刚接的受弯构件进行计算，如图 Z11-6 所示。取每延米宽为计算单元，由土压力产生的均布荷载标准值 $g_{1k}=10kN/m$，由土压力产生的三角形荷载标准值 $g_{2k}=33kN/m$，由地面活荷载产生的均布荷载标准值 $q_k=4kN/m$。试问，该墙体下端截面支座基本组合的弯矩设计值 M_B（kN·m）与下列何项数值最为接近？

提示：① 活荷载的组合值系数 $\psi_c=0.7$；不考虑地下水压力的作用；

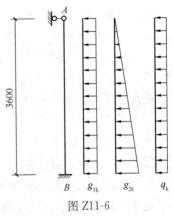

图 Z11-6

②均布荷载 q 作用下 $M_B = \dfrac{1}{8}ql^2$，三角形荷载 q 作用下 $M_B = \dfrac{1}{15}ql^2$。

(A) 46   (B) 53   (C) 63   (D) 68

11. 假定，Q1 墙体的厚度 $h=250$mm，墙体竖向受力钢筋采用 HRB400 级钢筋，外侧为 Φ 16@100，内侧为 Φ 12@100，均放置于水平钢筋外侧。试问，当按受弯构件计算并不考虑受压钢筋作用时，该墙体下端截面每米宽的受弯承载力设计值 M（kN·m），与下列何项数值最为接近？

提示：纵向受力钢筋的混凝土保护层厚度取最小值。

(A) 115   (B) 140   (C) 165   (D) 190

12. 梁 L1 在支座梁 KL1 右侧截面及配筋如图 Z11-7 所示，假定按荷载组合的准永久组合计算的该截面弯矩值 $M_q=600$kN·m，$a_s=a_s'=70$mm。试问，该支座处梁端顶面按矩形截面计算的考虑长期作用影响的最大裂缝宽度 w_{max}（mm），与下列何项数值最为接近？

(A) 0.21   (B) 0.25   (C) 0.29   (D) 0.32

13. 方案比较时，假定框架梁 KL1 截面及跨中配筋如图 Z11-8 所示。纵筋采用 HRB400 级钢筋，$a_s=a_s'=70$mm，跨中截面弯矩设计值 $M=880$kN·m，对应的轴向拉力设计值 $N=2200$kN。试问。非抗震设计时，该梁跨中截面按矩形截面偏心受拉构件计算所需的下部纵向受力钢筋面积 A_s（mm²），与下列何项数值最为接近？

提示：该梁配筋计算时不考虑上部墙体及梁侧腰筋的作用。

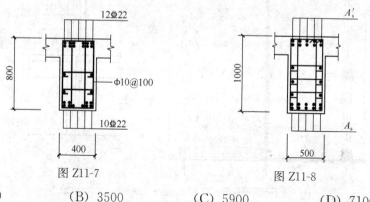

图 Z11-7   图 Z11-8

(A) 2900   (B) 3500   (C) 5900   (D) 7100

14. 方案比较时，假定框架梁 KL1 截面及配筋如图 Z11-8 所示，$a_s=a_s'=70$mm。支座截面剪力设计值 $V=1600$kN，对应的轴向拉力设计值 $N=2200$kN，计算截面的剪跨比 $\lambda=1.5$，箍筋采用 HRB335 级钢筋。试问，非抗震设计时，该梁支座截面处的按矩形截面计算的箍筋配置选用下列何项最为合适？

提示：不考虑上部墙体的共同作用。

(A) Φ 10@100 (4)   (B) Φ 12@100 (4)

(C) Φ 14@150 (4)   (D) Φ 14@100 (4)

【题 15】 8 度抗震设防区的某竖向规则的抗震墙结构，房屋高度为 90m，抗震设防类别为标准设防类。试问，下列四种经调整后的墙肢组合弯矩设计值简图，哪一种相对准确？

提示：根据《建筑抗震设计规范》GB 50011—2010 作答。

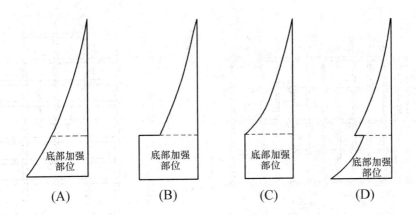

底部加强部位　(A)　　底部加强部位　(B)　　底部加强部位　(C)　　底部加强部位　(D)

【题 16】 某多层钢筋混凝土框架结构，房屋高度 20m，混凝土强度等级 C40，抗震设防烈度 8 度，设计基本地震加速度 0.30g，抗震设防类别为标准设防类，建筑场地类别Ⅱ类。拟进行隔震设计，水平向减震系数为 0.35，下列关于隔震设计的叙述，其中何项是正确的？

（A）隔震层以上各楼层的水平地震剪力可不符合本地区设防烈度的最小地震剪力系数的规定

（B）隔震层下的地基基础的抗震验算按本地区抗震设防烈度进行，抗液化措施应按提高一个液化等级确定

（C）隔震层以上的结构，水平地震作用应按 7 度（0.15g）计算，并应进行竖向地震作用的计算

（D）隔震层以上的结构，框架抗震等级可定为三级，当未采取有利于提高轴压比限值的构造措施时，剪跨比大于 2 的柱的轴压比限值为 0.75

【题 17～23】 某钢结构办公楼，结构布置如图 Z11-9 所示。框架梁、柱采用 Q345，次梁、中心支撑、加劲板采用 Q235，楼面采用 150mm 厚 C30 混凝土楼板，钢梁顶采用抗剪栓钉与楼板连接。

17. 当进行多遇地震下的抗震计算时，根据《建筑抗震设计规范》GB 50011—2010，该办公楼阻尼比宜采用下列何项数值？

（A）0.035　　　（B）0.04　　　（C）0.045　　　（D）0.05

18. 次梁与主梁连接采用 10.9 级 M16 的高强度螺栓摩擦型连接，采用标准孔，连接处钢材接触表面的处理方法为抛丸（喷砂），其连接形式如图 Z11-10 所示，采用标准圆孔，考虑了连接偏心的不利影响后，取次梁端部剪力设计值 V＝110.2kN，连接所需的高强度螺栓数量（个），最经济合理的是下列何项？

（A）2　　　　　（B）3　　　　　（C）4　　　　　（D）5

19. 次梁 AB 截面为 H346×174×6×9，当楼板采用无板托连接，按组合梁计算时，混凝土翼板的有效宽度（mm）与下列何项数值最为接近？

（A）1400　　　（B）1950　　　（C）2200　　　（D）2300

20. 假定，X 向平面内与柱 JK 上、下端相连的框架梁远端为铰接，如图 Z11-11 所示，其截面特性见表 Z11-1。试问，当计算柱 JK 在重力作用下的稳定性时，X 向平面内计算长度系数与下列何项数值最为接近？

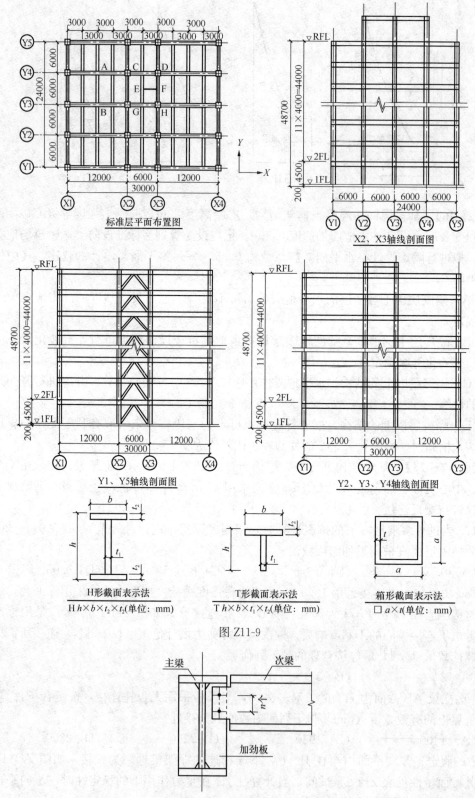

标准层平面布置图

X2、X3轴线剖面图

Y1、Y5轴线剖面图

Y2、Y3、Y4轴线剖面图

H形截面表示法
H $h \times b \times t_1 \times t_2$(单位：mm)

T形截面表示法
T $h \times b \times t_1 \times t_2$(单位：mm)

箱形截面表示法
□ $a \times t$(单位：mm)

图 Z11-9

主梁　　　　　　　次梁

加劲板

图 Z11-10　主、次梁连接示意图

584

提示：①按《钢结构设计标准》GB 50017—2017 作答；

②结构 X 向满足强支撑框架的条件，符合刚性楼面假定。

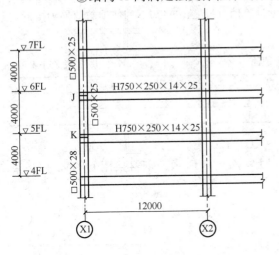

图 Z11-11

框架梁、柱截面　　表 Z11-1

截面	I_x（mm⁴）
H750×250×14×25	2.04×10⁹
□500×25	1.79×10⁹
□500×28	1.97×10⁹

（A）0.80　　　　（B）0.90　　　　（C）1.00　　　　（D）1.50

21. 框架柱截面为□500×25 箱形柱（表 Z11-2），按单向弯矩计算时，弯矩设计值见图 Z11-12，轴压力设计值 $N=2693.7$kN，在进行弯矩作用平面外的稳定性计算时，构件以应力形式表达的稳定性计算数值（N/mm²）与下列何项数值最为接近？

提示：①框架柱截面分类为 C 类，$\lambda_y/\varepsilon_k=41$；截面等级满足 S3 级。

②框架柱所考虑构件段无横向荷载作用。

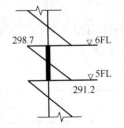

图 Z11-12　框架柱弯矩图
（单位：kN·m）

框架柱截面　　表 Z11-2

截面	A	I_x	W_x
	mm²	mm⁴	mm³
□500×25	4.75×10⁴	1.79×10⁹	7.16×10⁶

（A）75　　　　（B）90　　　　（C）100　　　　（D）110

22. 中心支撑为轧制 H 型钢 H250×250×9×14（表 Z11-3），几何长度 5000mm，考虑地震作用时，支撑斜杆的受压承载力设计值（kN）与下列何项数值最为接近？

提示：$f_{ay}=235$N/mm³，$E=2.06×10^5$N/mm²，假定支撑的计算长度系数为 1.0。

中心支撑截面　　表 Z11-3

截面	A	i_x	i_y
	mm²	mm	mm
H250×250×9×14	91.43×10²	108.1	63.2

(A) 1300　　　　(B) 1450　　　　(C) 1650　　　　(D) 1100

23. CGHD区域内无楼板，次梁 EF 均匀受弯，弯矩设计值为 4.05kN·m，当截面采用 T125×125×6×9（表 Z11-4）时，构件抗弯强度计算值（N/mm²）与下列何项数值最为接近？

提示： 截面等级满足 S3 级。

次梁截面				表 Z11-4
截　面	A	W_{x1}	W_{x2}	i_y
	mm²	mm³	mm³	mm
T125×125×6×9	1848	8.81×10⁴	2.52×10⁴	28.2

(A) 60　　　　(B) 130　　　　(C) 150　　　　(D) 160

【题 24～26】 某厂房屋面上弦平面布置如图 Z11-13 所示，钢材采用 Q235，焊条采用 E43 型。

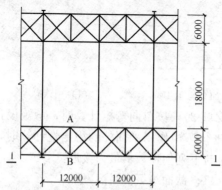
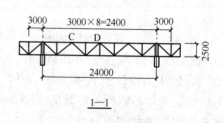

图 Z11-13

24. 托架上弦杆 CD 选用 ┓┏140×10（表 Z11-5），轴心压力设计值为 450kN，以应力形式表达的稳定性计算值（N/mm²）与下列何项数值最为接近？

上弦杆截面			表 Z11-5
截　面	A	i_x	i_y
	mm²	mm	mm
┓┏140×10	5475	43.4	61.2

(A) 100　　　　(B) 110　　　　(C) 130　　　　(D) 150

25. 腹杆截面采用 ┓┏56×5（表 Z11-6），角钢与节点板采用两侧角焊缝连接，焊脚尺寸 h_f=5mm，连接形式如图 Z11-14 所示，如采用受拉等强连接，焊缝连接实际长度 a（mm）与下列何项数值最为接近？

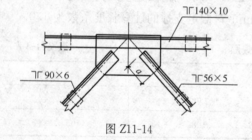

图 Z11-14

腹杆截面	表 Z11-6
截面	A（mm²）
┓┏56×5	1083

提示：截面无削弱，肢尖、肢背内力分配比例为 3：7。

(A) 140　　　　(B) 160　　　　(C) 290　　　　(D) 300

26. 图 Z11-13 中，AB 杆为双角钢十字截面，采用节点板与弦杆连接，当按杆件的长细比选择截面时，下列何项截面最为合理？

提示：杆件的轴心压力很小（小于其承载能力的 50%）。

(A) ⊥ 63×5 (i_{min}=24.5mm)　　　　(B) ⊥ 70×5 (i_{min}=27.3mm)

(C) ⊥ 75×5 (i_{min}=29.2mm)　　　　(D) ⊥ 80×5 (i_{min}=31.3mm)

【题 27】 在工作温度等于或者低于 −30℃ 的地区，下列关于提高钢结构抗脆断能力的叙述有几项是错误的？

Ⅰ. 对于焊接构件应尽量采用厚板；

Ⅱ. 应采用钻成孔或先冲后扩钻孔；

Ⅲ. 对接焊缝的质量等级可采用三级；

Ⅳ. 对厚度大于 10mm 的受拉构件的钢材采用手工气割或剪切边时，应沿全长刨边；

Ⅴ. 安装连接宜采用焊接。

(A) 1 项　　　　(B) 2 项　　　　(C) 3 项　　　　(D) 4 项

【题 28】 关于钢材和焊缝强度设计值的下列说法中，下列何项有误？

Ⅰ. 同一钢号不同质量等级的钢材，强度设计值相同；

Ⅱ. 同一钢号不同厚度的钢材，强度设计值相同；

Ⅲ. 钢材工作温度不同（如低温冷脆），强度设计值不同；

Ⅳ. 对接焊缝强度设计值与母材厚度有关；

Ⅴ. 角焊缝的强度设计值与焊缝质量等级有关。

(A) Ⅱ、Ⅲ、Ⅴ　　(B) Ⅱ、Ⅴ　　(C) Ⅲ、Ⅳ　　(D) Ⅰ、Ⅳ

【题 29】 试问，计算吊车梁疲劳时，作用在跨间内的下列何种吊车荷载取值是正确的？

(A) 荷载效应最大的一台吊车的荷载设计值

(B) 荷载效应最大的一台吊车的荷载设计值乘以动力系数

(C) 荷载效应最大的一台吊车的荷载标准值

(D) 荷载效应最大的相邻两台吊车的荷载标准值

【题 30】 材质为 Q235 的焊接工字钢次梁，截面尺寸见图 Z11-15、表 Z11-7，腹板与翼缘的焊接采用双面角焊缝，焊条采用 E43 型非低氢型焊条，不预热施焊。最大剪力设计值 V=204kN，翼缘与腹板连接焊缝焊脚尺寸 h_f（mm）取下列何项数值最为合理？

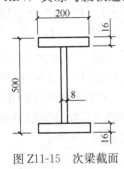

图 Z11-15　次梁截面

次梁截面		表 Z11-7
截面	I_x	S
	mm⁴	mm³
见图 Z11-15	4.43×10⁸	7.74×10⁵

提示：最为合理指在满足标准的前提下数值最小。

(A) 2　　　　　　(B) 4　　　　　　(C) 6　　　　　　(D) 8

【题 31】 关于砌体结构的设计，有下列四项论点：

Ⅰ. 某六层刚性方案砌体结构房屋，层高均为 3.3m，均采用现浇负筋混凝土楼板，外墙洞口水平截面面积约为全截面面积的 60%，基本风压 0.6kN/m²，外墙静力计算时可不考虑风荷载的影响；

Ⅱ. 通过改变砌块强度等级可以提高墙、柱的允许高厚比；

Ⅲ. 在蒸压粉煤灰普通砖强度等级不大于 MU20、砂浆强度等级不大于 M10 的条件下，为增加砌体抗压承载力，提高砖的强度等级一级比提高砂浆强度等级一级效果好；

Ⅳ. 厚度 180mm、上端非自由端、无门窗洞口的自承重墙体，允许高厚比修正系数为 1.32。

试问，以下何项组合是完全正确的？

(A) Ⅰ、Ⅲ　　　(B) Ⅱ、Ⅲ　　　(C) Ⅲ、Ⅳ　　　(D) Ⅱ、Ⅳ

【题 32】 关于砌体结构设计的设计，有下列四项论点：

Ⅰ. 当砌体结构作为刚体需验证其整体稳定性时，例如倾覆、滑移、漂浮等，分项系数应取 0.9；

Ⅱ. 烧结黏土普通砖砌体的线膨胀系数比蒸压粉煤灰砖砌体小；

Ⅲ. 当验算施工中房屋的构件时，砌体强度设计值应乘以调整系数 1.05；

Ⅳ. 砌体结构设计规范的强度指标是按施工质量控制等级为 B 级确定的，当采用 A 级时，可将强度设计值提高 5% 后采用。

试问，以下何项组合是正确的？

(A) Ⅰ、Ⅱ、Ⅲ　(B) Ⅱ、Ⅲ、Ⅳ　(C) Ⅰ、Ⅲ、Ⅳ　(D) Ⅱ、Ⅳ

【题 33～38】 某多层刚性方案砖砌体结构教学楼，其局部平面如图 Z11-16 所示。墙体厚度均为 240mm，轴线均居墙中，室内外高差 0.3m，基础埋置较深且均有刚性地坪。墙体采用 MU15 蒸压粉煤灰普通砖、M10 混合砂浆砌筑，底层、二层层高均为 3.6m；楼、屋面板采用现浇钢筋混凝土板。砌体施工质量控制等级为 B 级，设计使用年限为 50 年，结构安全等级为二级。钢筋混凝土梁的截面尺寸为 250mm×550mm。

33. 假定，墙 B 某层计算高度 $H_0 = 3.4m$。试问，每延米非抗震轴心受压承载力 (kN)，应与下列何项数值最为接近？

(A) 300　　　　　(B) 315　　　　　(C) 340　　　　　(D) 385

34. 假定，墙 B 在重力荷载代表值作用下底层墙底的荷载为 172.8kN/m，两端设有构造柱，试问，该墙段截面每延米墙长抗震受剪承载力 (kN) 与下列何项数值最为接近？

(A) 45　　　　　　(B) 50　　　　　　(C) 60　　　　　　(D) 70

35. 假定，墙 B 在两端（Ⓐ、Ⓑ轴处）及正中均设 240mm×240mm 构造柱，构造柱混凝土强度等级为 C20，每根构造柱均配 4 根 HPB300、直径 14mm 的纵向钢筋。试问，该墙段考虑地震作用组合的最大受剪承载力设计值 (kN)，应与下列何项数值最为接近？

提示：$f_y = 270N/mm^2$，按 $f_{vE} = 0.22N/mm^2$ 进行计算，不考虑Ⓐ轴处外伸 250mm 墙段的影响，按《砌体结构设计规范》GB 50003—2011 作答。

(A) 400　　　　　(B) 420　　　　　(C) 440　　　　　(D) 480

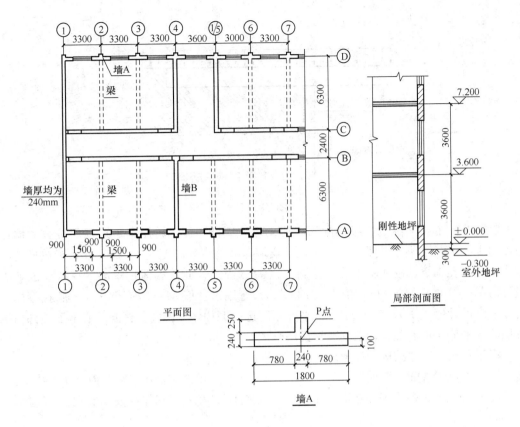

图 Z11-16

36. 试问，底层外纵墙 A 的高厚比，与下列何项数值最为接近？

提示：墙 A 截面 $I = 5.55 \times 10^9 \text{mm}^4$，$A = 4.9 \times 10^5 \text{mm}^2$。

(A) 8.5　　　　(B) 9.7　　　　(C) 10.4　　　　(D) 11.8

37. 假定，二层墙 A 折算厚度 $h_T = 360\text{mm}$，截面重心至墙体翼缘边缘的距离为 150mm，墙体计算高度 $H_0 = 3.6\text{m}$，试问，当轴力作用在该墙截面 P 点时，该墙体非抗震偏心受压承载力设计值（kN）与下列何项数值最为接近？

(A) 600　　　　(B) 550　　　　(C) 500　　　　(D) 420

38. 假定，第三层需要⑤轴梁上设隔断墙，采用不灌孔的混凝土砌块，墙体厚度 190mm，试问，第三层该隔断墙轴心受压承载力影响系数 φ，与下列何项数值最为接近？

提示：隔断墙按两侧有拉接、顶端为不动铰考虑，隔断墙计算高度按 $H_0 = 3.0\text{m}$ 考虑。砌筑砂浆采用 Mb5。

(A) 0.725　　　　(B) 0.685　　　　(C) 0.635　　　　(D) 0.585

【题 39】 某多层砌体结构房屋，顶层钢筋混凝土挑梁置于丁字形（带翼墙）截面的墙体上，端部设有构造柱，如图 Z11-17 所示；挑梁截面 $b \times h_b = 240\text{mm} \times 450\text{mm}$，墙体厚度均为 240mm。屋面板传给挑梁的恒荷载及挑梁自重标准值为 $g_k = 27\text{kN/m}$，不上人屋面，活荷载标准值为 $q_k = 3.5\text{kN/m}$。设计使用年限为 50 年，结构安全等级为二级。试问，该挑梁基本组合的最大弯矩设计值（kN·m），与下列何项数值最为接近？

提示：按《建筑结构可靠性设计统一标准》GB 50068—2018 作答。

(A) 60   (B) 65   (C) 70   (D) 75

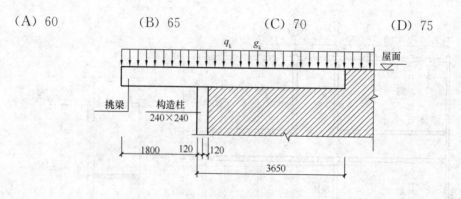

图 Z11-17

【题 40】 抗震等级为二级的配筋砌块砌体抗震墙房屋，首层某矩形截面抗震墙墙体厚度为 190mm，墙体长度为 5100mm，抗震墙截面的有效高度 $h_0 = 4800mm$，为单排孔混凝土砌块对孔砌筑，砌体施工质量控制等级为 B 级。若此段砌体抗震墙计算截面的剪力设计值 $V = 210kN$，轴力设计值 $N = 1250kN$，弯矩设计值 $M = 1050kN \cdot m$，灌孔砌体的抗压强度设计值 $f_g = 7.5N/mm^2$。水平分布筋选用 HPB300 钢筋。试问，底部加强部位抗震墙的水平分布钢筋配置，下列哪种说法合理？

提示：按《砌体结构设计规范》GB 50003—2011 作答。

(A) 按计算配筋

(B) 按构造，最小配筋率取 0.10%

(C) 按构造，最小配筋率取 0.11%

(D) 按构造，最小配筋率取 0.13%

（下午卷）

【题 41】 露天环境下某工地采用红松原木制作混凝土梁底模立柱，强度验算部位未经切削加工，试问，在确定设计指标时，该红松原木轴心抗压强度最大设计值（N/mm²），与下列何项数值最为接近？

(A) 10   (B) 12   (C) 14   (D) 15

【题 42】 关于木结构，下列哪一种说法是不正确的？

(A) 井干式木结构采用原木制作时，木材的含水率不应大于 25%

(B) 原木结构受弯或压弯构件当采用原木时，对髓心不做限制指标

(C) 木材顺纹抗压强度最高，斜纹承压强度最低，横纹承压强度介于两者之间

(D) 标注原木直径时，应以小头为准；验算原木构件挠度和稳定时，可取中央截面

【题 43~45】 某多层框架结构带一层地下室，采用柱下矩形钢筋混凝土独立基础，基础底面平面尺寸 3.3m×3.3m，基础底绝对标高 60.000m，天然地面绝对标高 63.000m，设计室外地面绝对标高 65.000m，地下水位绝对标高为 60.000m，回填土在上部结构施工后完成，室内地面绝对标高 61.000m，基础及其上土的加权平均重度为 20kN/m³，地基土层分布及相关参数如图 Z11-18 所示。

提示：按《建筑结构可靠性设计统一标准》GB 50068—2018 作答。

43. 试问，柱 A 基础底面修正后的地基承载力特征值 f_a（kPa）与下列何项数值最为接近？

(A) 270   (B) 350   (C) 440   (D) 600

44. 假定，柱 A 基础采用的混凝土强度等级为 C30 （$f_t = 1.43 \text{N/mm}^2$），基础冲切破坏锥体的有效高度 $h_0 = 750\text{mm}$。试问，图中虚线所示冲切面的受冲切承载力设计值（kN）与下列何项数值最为接近？

(A) 880   (B) 940   (C) 1000   (D) 1400

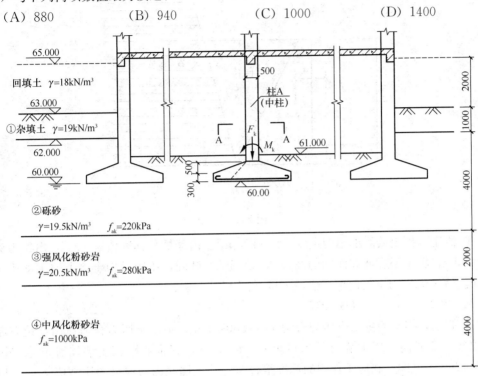

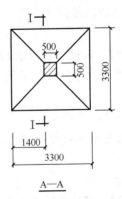

A—A

图 Z11-18

45. 假定，相应于作用的基本组合时，柱 A 基础在图示单向偏心荷载作用下，基底边缘最小地基反力设计值为 40kPa，最大地基反力设计值为 300kPa。试问，柱与基础交接处截面 I-I 的弯矩设计值（kN·m）与下列何项数值最为接近？

(A) 570   (B) 590   (C) 620   (D) 660

【题 46、47】 某混凝土挡土墙墙高 5.2m，墙背倾角 $\alpha = 60°$，挡土墙基础持力层为中风化较硬岩。挡土墙剖面如图 Z11-19 所示，其后有较陡峻的稳定岩体，岩坡的坡角 $\theta =$

$75°$，填土对挡土墙墙背的摩擦角 $\delta=10°$。

提示：不考虑挡土墙前缘土体作用，按《建筑地基基础设计规范》GB 50007—2011作答。

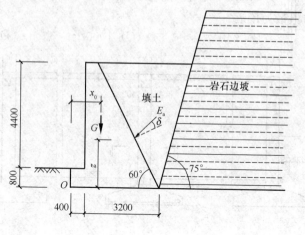

图 Z11-19

46. 假定，挡土墙后填土的重度 $\gamma=19\text{kN/m}^3$，内摩擦角标准值 $\varphi=30°$，内聚力标准值 $c=0\text{kPa}$，填土与岩坡坡面间的摩擦角 $\delta_r=10°$。试问，作用于挡土墙上的主动土压力合力 E_a（kN/m）与下列何项数值最为接近？

(A) 200 　　　　 (B) 215 　　　　 (C) 240 　　　　 (D) 260

47. 假定，挡土墙主动土压力合力 $E_a=250\text{kN/m}$，主动土压力合力作用点位置距离挡土墙底 1/3 墙高，挡土墙每延米自重 $G_k=220\text{kN}$，其重心距挡土墙墙趾的水平距离 $x_0=1.426\text{m}$。试问，相应于作用的标准组合时，挡土墙底面边缘最大压力值 p_{kmax}（kPa）与下列何项数值最为接近？

(A) 105 　　　　 (B) 200 　　　　 (C) 240 　　　　 (D) 280

【题48】 根据《建筑地基处理技术规范》JGJ 79—2012 的规定，在下述处理地基的方法中，当基底土的地基承载力特征值大于 70kPa 时，平面处理范围可仅在基础底面范围内的是：

Ⅰ. 振冲碎石桩法；　　　　　　　　　Ⅱ. 灰土挤密桩；

Ⅲ. 水泥粉煤灰碎石桩法；　　　　　　Ⅳ. 柱锤冲扩桩法。

(A) Ⅲ 　　　　　　　　　　　　　　(B) Ⅰ、Ⅱ、Ⅳ

(C) Ⅱ、Ⅳ 　　　　　　　　　　　　(D) Ⅰ、Ⅲ

【题49】 某建筑场地，受压土层为淤泥质黏土层，其厚度为 10m，其底部为不透水层。场地采用排水固结法进行地基处理，竖井采用塑料排水带并打穿淤泥质黏土层，预压荷载总压力为 70kPa，场地条件及地基处理示意如图 Z11-20 (a) 所示，加荷过程如图 Z11-20 (b) 所示。试问，加荷开始后 100d 时，淤泥质黏土层平均固结度 $\overline{U}_t$ 与下列何项数值最为接近？

提示：不考虑竖井井阻和涂抹的影响；$F_n=2.25$；$\beta=0.0244$（$1/d$）。

(A) 0.85 　　　　 (B) 0.87 　　　　 (C) 0.89 　　　　 (D) 0.92

【题50～52】 某工程采用打入式钢筋混凝土预制方桩，桩截面边长为 400mm，单桩

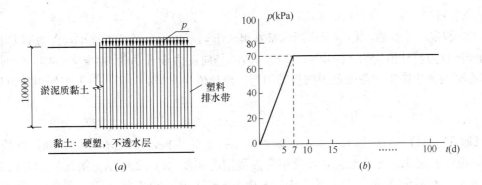

图 Z11-20

竖向抗压承载力特征值 R_a＝750kN。某柱下原设计布置 A、B、C 三桩，工程桩施工完毕后，检测发现 B 桩有严重缺陷，按废桩处理（桩顶与承台始终保持脱开状态），需要补打 D 桩，补桩后的桩基承台如图 Z11-21 所示。承台高度为 1100mm，混凝土强度等级为 C35（f_t＝1.57N/mm²），柱截面尺寸为 600mm×600mm。

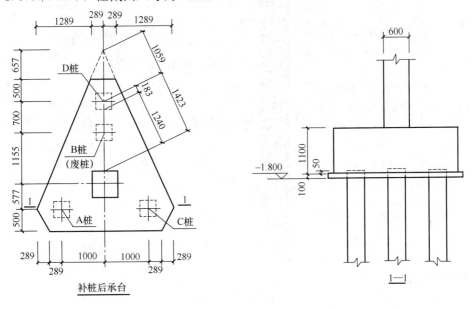

图 Z11-21

提示： 按《建筑桩基技术规范》JGJ 94—2008 作答，承台的有效高度 h_0 按 1050mm 取用。

50. 假定，柱只受轴心荷载作用，相应于作用的标准组合时，原设计单桩承担的竖向压力均为 745kN，假定承台尺寸变化引起的承台及其上覆土重量和基底竖向力合力作用点的变化可忽略不计。试问，补桩后此三桩承台下单桩承担的最大竖向压力值（kN）与下述何项最为接近？

　　(A) 750　　　　　(B) 790　　　　　(C) 850　　　　　(D) 900

51. 试问，补桩后桩台在 D 桩处的受角桩冲切的承载力设计值（kN）与下列何项数值最为接近？

(A) 1150   (B) 1300   (C) 1400   (D) 1500

52. 假定，补桩后，相应于作用的基本组合下，不计承台及其上土重，A 桩和 C 桩承担的竖向反力设计值均为 1100kN，D 桩承担的竖向反力设计值为 900kN。试问，通过承台形心至两腰边缘正交截面范围内板带的弯矩设计值 M（kN·m），与下列何项数值最为接近？

(A) 780   (B) 880   (C) 920   (D) 940

【题 53、54】 某桩基工程采用泥浆护壁非挤土灌注桩，桩径 d 为 600mm，桩长 $l =$ 30m，灌注桩配筋、地基土层分布及相关参数情况如图 Z11-22 所示，第③层粉砂层为不液化土层，桩身配筋符合《建筑桩基技术规范》JGJ 94—2008 第 4.1.1 条灌注桩配筋的有关要求。

提示： 按《建筑桩基技术规范》JGJ 94—2008 作答。

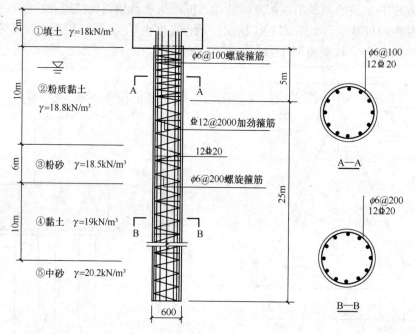

图 Z11-22

53. 已知，建筑物对水平位移不敏感。假定，进行单桩水平静载试验时，桩顶水平位移 6mm 时所对应的荷载为 75kN，桩顶水平位移 10mm 时所对应的荷载为 120kN。试问，单桩水平承载力特征值（kN）与下列何项数值最为接近？

(A) 60   (B) 70   (C) 80   (D) 90

54. 已知，桩身混凝土强度等级为 C30（$f_c = 14.3\text{N/mm}^2$），桩纵向钢筋采用 HRB400，基桩成桩工艺系数 $\psi_c = 0.7$。试问，在作用的基本组合下，轴心受压灌注桩的正截面受压承载力设计值（kN）与下列何项数值最为接近？

(A) 2800   (B) 3400   (C) 3800   (D) 4100

【题 55】 某建筑场地位于 8 度抗震设防区，场地土层分布及土性如图 Z11-23 所示，其中粉土的黏粒含量百分率为 14%，拟建建筑基础埋深为 1.5m，已知地面以下 30m 土层地质年代为第四纪全新世。试问，当地下水位在地表下 5m 时，按《建筑抗震设计规范》

GB 50011—2010 的规定，下述观点何项正确？

（A）粉土层不液化，砂土层可不考虑液化影响

（B）粉土层液化，砂土层可不考虑液化影响

（C）粉土层不液化，砂土层需进一步判别液化影响

（D）粉土层、砂土层均需进一步判别液化影响

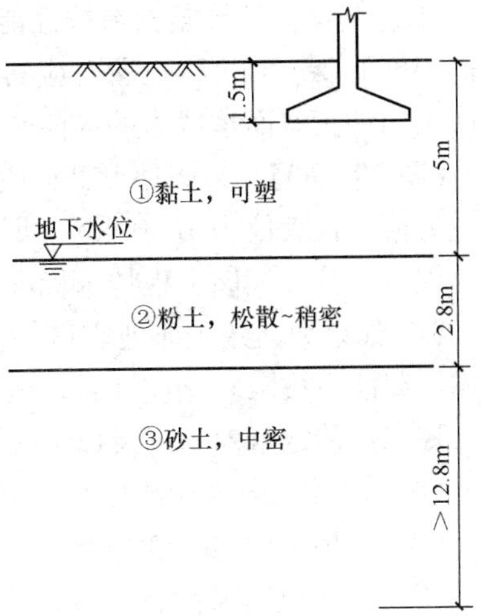

【题 56】 根据《建筑地基基础设计规范》GB 50007—2011 的规定，下述关于岩溶与土洞对天然地基稳定性的影响论述中，何项是正确的？

（A）基础位于中风化硬质岩石表面时，对于宽度小于 1m 的竖向溶蚀裂隙和落水洞近旁地段，可不考虑其对地基稳定性的影响。当在岩体中存在倾斜软弱结构面时，应进行地基稳定性验算

（B）岩溶地区，当基础底面以下的土层厚度大于三倍独立基础底宽，或大于六倍条形基础底宽时，可不考虑岩溶对地基稳定性的影响

（C）微风化硬质岩石中，基础底面以下洞体顶板厚度等于或大于洞跨，可不考虑溶洞对地基稳定性的影响

（D）基础底面以下洞体被密实的沉积物填满，其承载力超过 150kPa，且无被水冲蚀的可能性时，可不考虑溶洞对地基稳定性的影响

图 Z11-23

【题 57】 根据《建筑抗震设计规范》GB 50011—2010 及《高层建筑混凝土结构技术规程》JGJ 3—2010，下列关于高层建筑混凝土结构抗震变形验算（弹性工作状态）的观点，哪一种相对准确？

（A）结构楼层位移和层间位移控制值验算时，采用 CQC 的效应组合，位移计算时不考虑偶然偏心影响；扭转位移比计算时，不采用各振型位移的 CQC 组合计算，位移计算时考虑偶然偏心的影响

（B）结构楼层位移和层间位移控制值验算以及扭转位移比计算时，均采用 CQC 的效应组合，位移计算时，均考虑偶然偏心影响

（C）结构楼层位移和层间位移控制值验算以及扭转位移比计算时，均采用 CQC 的效应组合，位移计算时，均不考虑偶然偏心影响

（D）结构楼层位移和层间位移控制值验算时，采用 CQC 的效应组合，位移计算时考虑偶然偏心影响；扭转位移比计算时，不采用 CQC 组合计算，位移计算时不考虑偶然偏心的影响

【题 58】 下列关于高层混凝土结构抗震性能化设计的观点，哪一项不符合《建筑抗震设计规范》GB 50011—2010 的要求？

（A）选定性能目标应不低于"小震不坏，中震可修和大震不倒"的性能设计目标

（B）结构构件承载力按性能 3 要求进行中震复核时，承载力按标准值复核，不计入作用分项系数、承载力抗震调整系数和内力调整系数，材料强度取标准值

（C）结构构件地震残余变形按性能 3 要求进行中震复核时，整个结构中变形最大部位的竖向构件，其弹塑性位移角限值，可取常规设计时弹性层间位移角限值

（D）结构构件抗震构造按性能 3 要求确定抗震等级时，当构件承载力高于多遇地震提高一度的要求时，构造所对应的抗震等级可降低一度，且不低于 6 度采用，不包括影响混凝土构件正截面承载力的纵向受力钢筋的构造要求

【题 59、60】 某圆环形截面钢筋混凝土烟囱，如图 Z11-24 所示，烟囱基础顶面以上总重力荷载代表值为 18000kN，烟囱基本自振周期 $T_1=2.5\mathrm{s}$。

提示：按《烟囱工程技术标准》GB/T 50051—2021 作答。

59. 如果烟囱建于非地震区，基本风压 $w_0=0.5\mathrm{kN/m^2}$，地面粗糙度为 B 类。试问，烟囱承载能力极限状态设计时，风荷载按下列何项考虑？

提示：假定烟囱第 2 及以上振型，不出现涡激共振；取 $S_t=0.20$。

（A）由顺风向风荷载控制，可忽略横风向风荷载效应

（B）由横风向风荷载控制，可忽略顺风向风荷载效应

（C）取顺风向风荷载与横风向风荷载效应之较大者

（D）取顺风向风荷载与横风向风荷载的组合值 $\sqrt{\left(\dfrac{F_{\mathrm{Dk}}}{\beta_z}\right)^2+F_{\mathrm{Lk}}^2}$

60. 假定题 59 烟囱建于抗震设防烈度为 8 度地震区，设计基本地震加速度为 $0.2g$，设计地震分组第二组，场地类别Ⅲ类。试问，相应于基本自振周期的多遇地震下水平地震影响系数，接近下列何项数值？

（A）0.031　　　　（B）0.038

（C）0.043　　　　（D）0.048

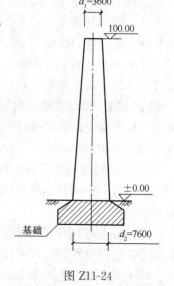

图 Z11-24

【题 61～63】 某 12 层现浇框架结构，其中一榀中部框架的剖面如图 Z11-25 所示，现浇混凝土楼板，梁两侧无洞。底层各柱截面相同，2～12 层各柱截面相同，各层梁截面均相同。梁、柱矩形截面线刚度 i_{b0}、i_{c0}（单位：$10^{10}\mathrm{N \cdot mm}$）标注于构件旁侧。假定，梁考虑两侧楼板影响的刚度增大系数取《高层建筑混凝土结构技术规程》JGJ 3—2010 中相应条文中最大值。

提示：① 计算内力和位移时，采用 D 值法。

② $D=\alpha\dfrac{12i_{\mathrm{c}}}{h^2}$，式中 α 是与梁柱刚度比有关的修正系数，

对底层柱：$\alpha=\dfrac{0.5+\overline{K}}{2+\overline{K}}$，对一般楼层柱：$\alpha=\dfrac{\overline{K}}{2+\overline{K}}$，式中，$\overline{K}$ 为有关梁柱的线刚度比。

61. 假定，各楼层所受水平作用如图 Z11-25 所示。试问，底层每个中柱分配的剪力值（kN），应与下列何项数值最为接近？

（A）3P　　　　（B）3.5P　　　　（C）4P　　　　（D）4.5P

62. 假定，$P=10\mathrm{kN}$，底层柱顶侧移值为 2.8mm，且上部楼层各边梁、柱及中梁、柱的修正系数分别为 $\alpha_{\text{边}}=0.56$，$\alpha_{\text{中}}=0.76$。试问，不考虑柱子的轴向变形影响时，该榀框架的顶层柱顶侧移值（mm），与下列何项数值最为接近？

（A）9　　　　（B）11　　　　（C）13　　　　（D）15

63. 假定，该建筑物位于 7 度抗震设防区，调整构件截面后，经抗震计算，底层框架总侧移刚度 $\Sigma D=5.2 \times 10^5 \text{N/mm}$，柱轴压比大于 0.4，楼层屈服强度系数为 0.4，不小于相邻层该系数平均值的 0.8。试问，在罕遇水平地震作用下，按弹性分析时作用于底层框架的总水平组合剪力标准值 V_{EK}（kN），最大不能超过下列何值才能满足规范对位移的限值要求？

提示：① 按《建筑抗震设计规范》GB 50011—2010 作答。

② 结构在罕遇地震作用下薄弱层弹塑性变形计算可采用简化计算法；不考虑重力二阶效应。

③ 不考虑柱配箍影响。

(A) 5.6×10^3　　　　(B) 1.1×10^4

(C) 3.1×10^4　　　　(D) 6.2×10^4

【题 64、65】 某大底盘单塔楼高层建筑，主楼为钢筋混凝土框架-核心筒，裙房为混凝土框架-剪力墙结构，主楼与裙楼连为整体，如图 Z11-26 所示。抗震设防烈度 7 度，建筑抗震设防类别为丙类，设计基本地震加速度为 $0.15g$，场地Ⅲ类，采用桩筏形基础。

64. 假定，该建筑物塔楼质心偏心距为 e_1，大底盘质心偏心距为 e_2，见图 Z11-26。如果仅从抗震概念设计方面考虑，试问，偏心距（e_1；e_2，单位 m）选用下列哪一组数值时结构不规则程度相对最小？

(A) 0.0；0.0　　　　(B) 0.1；5.0

(C) 0.2；7.2　　　　(D) 1.0；8.0

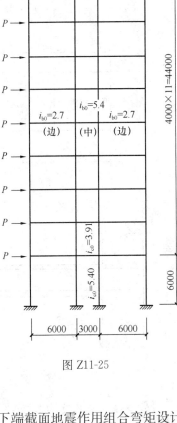

图 Z11-25

65. 裙房一榀横向框架距主楼 18m，某一顶层中柱上、下端截面地震作用组合弯矩设计值分别为 320kN·m，350kN·m（同为顺时针方向）；剪力计算值为 125kN，柱断面为 500mm×500mm，$H_n=5.2$m，$\lambda>2$，混凝土强度等级 C40。在不采用有利于提高轴压比限值的构造措施的条件下，试问，该柱截面设计时，轴压比限值 $[\mu_N]$ 及剪力设计值（kN）应取下列何组数值才能满足规范的要求？

提示：按《建筑抗震设计规范》GB 50011—2010 作答。

(A) 0.90；125　　(B) 0.75；170　　(C) 0.85；155　　(D) 0.75；155

【题 66】 某高层现浇钢筋混凝土框架结构抗震等级为一级，框架梁局部配筋图如图 Z11-27 所示。梁混凝土强度等级 C30（$f_c=14.3\text{N/mm}^2$），纵筋采用 HRB400（Φ）（$f_y=360\text{N/mm}^2$），箍筋采用 HRB335（Φ），梁 $h_0=440$mm。试问，下列关于梁的中支座（A-A 处）上部纵向钢筋配置的选项，如果仅从规范、规程对框架梁的抗震构造措施方面考虑，哪一项相对准确？

(A) $A_{s1}=4\Phi22$；$A_{s2}=4\Phi22$　　　　(B) $A_{s1}=4\Phi22$；$A_{s2}=2\Phi22$

(C) $A_{s1}=4\Phi25$；$A_{s2}=2\Phi20$　　　　(D) 前三项均不准确

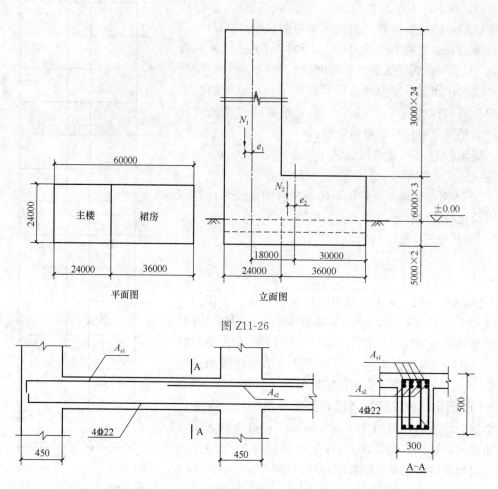

图 Z11-26

图 Z11-27

【题 67】 某钢筋混凝土框架结构，抗震等级为一级，底层角柱如图 Z11-28 所示。考虑地震作用基本组合时按弹性分析未经调整的构件端部组合弯矩设计值为：柱：$M_{cA\perp}=300$kN·m，$M_{cA下}=280$kN·m（同为顺时针方向），柱底 $M_B=320$kN·m；梁：$M_b=460$kN·m。已知梁 $h_0=560$mm，$a'_s=40$mm，梁端顶面实配钢筋（HRB400 级）截面面积 $A_s=2281$mm²（计入梁受压筋和相关楼板钢筋影响）。试问，该柱进行截面配筋设计时所采用的地震作用组合弯矩设计值(kN·m)，与下列何项数值最为接近？

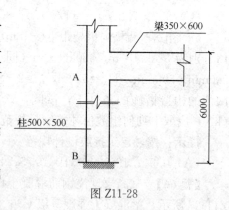

图 Z11-28

提示：按《建筑抗震设计规范》GB 50011—2010 作答。

(A) 780   (B) 600

(C) 545   (D) 365

【题 68～71】 某 24 层商住楼，现浇钢筋混凝土部分框支剪力墙结构，如图 Z11-29 所示。首层为框支层，层高 6.0m，第二至第二十四层布置剪力墙，层高 3.0m，首层室内外地面高差 0.45m，房屋总高度 75.45m。抗震设防烈度 8 度，建筑抗震设防类别为丙类，设计基本地震加速度 0.20g，场地类别为 II 类，结构基本自振周期 $T_1 = 1.6s$。混凝土强度等级：底层墙、柱为 C40 ($f_c = 19.1N/mm^2$，$f_t = 1.71N/mm^2$)，板 C35 ($f_c = 16.7N/mm^2$，$f_t = 1.57N/mm^2$)，其他层墙、板为 C30 ($f_c = 14.3N/mm^2$)。首层钢筋均采用 HRB400 级。

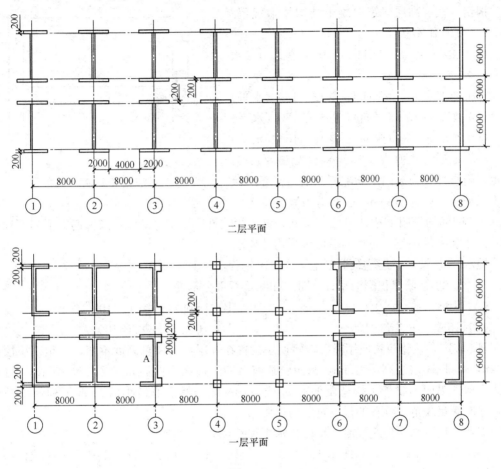

图 Z11-29

68. 在第③轴底层落地剪力墙处，由不落地剪力墙传来按刚性楼板计算的框支层楼板组合的剪力设计值为 3300kN（未经调整）。②～⑦轴处楼板无洞口，宽度 15400mm。假定剪力沿③轴墙均布，穿过③轴墙的梁纵筋面积 $A_{s1} = 10000mm^2$，穿墙楼板配筋宽度 10800mm（不包括梁宽）。试问，③轴右侧楼板的最小厚度 t_f（mm）及穿过墙的楼板双层配筋中每层配筋的最小值为下列何项时，才能满足规范、规程的最低抗震要求？

提示：①按《高层建筑混凝土结构技术规程》JGJ 3—2010 作答。

②框支层楼板按构造配筋时满足楼板竖向承载力和水平平面内抗弯要求。

(A) $t_f = 200$；$\Phi 12@200$ (B) $t_f = 200$；$\Phi 12@100$

(C) $t_f = 220$；$\Phi 12@200$ (D) $t_f = 220$；$\Phi 12@100$

69. 假定，第③轴底层墙肢 A 的抗震等级为一级，墙底截面见图 Z11-29，墙厚度 400mm，墙长 h_w＝6400mm，h_{w0}＝6000mm，A_w/A＝0.7，剪跨比 λ＝1.2，考虑地震作用组合的剪力计算值 V_w＝4100kN，对应的轴向压力设计值 N＝19000kN，已知钢筋均采用 HRB400 级，竖向分布筋为构造配置。试问，该截面竖向及水平向分布筋至少应按下列何项配置，才能满足规范、规程的抗震要求？

提示：按《高层建筑混凝土结构技术规程》JGJ 3—2010 作答。

(A) Φ 10@150（竖向）；Φ 10@150（水平）

(B) Φ 12@150（竖向）；Φ 12@150（水平）

(C) Φ 12@150（竖向）；Φ 14@150（水平）

(D) Φ 12@150（竖向）；Φ 16@150（水平）

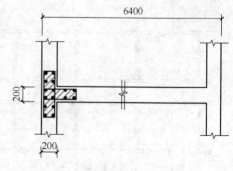

图 Z11-30

70. 第三层某剪力墙边缘构件如图 Z11-30 所示，阴影部分为纵向钢筋配筋范围，箍筋的混凝土保护层厚度为 15mm。已知剪力墙轴压比大于 0.3。钢筋均采用 HRB400 级。试问，该边缘构件阴影部分的纵筋及箍筋为下列何项选项时，才能满足规范、规程的最低抗震构造要求？

提示：① 按《高层建筑混凝土结构技术规程》JGJ 3—2010 作答。

② 箍筋体积配筋率计算时，扣除重叠部分箍筋。

(A) 16 Φ 16；Φ 10@100　　　　(B) 16 Φ 14；Φ 10@100

(C) 16 Φ 16；Φ 8@100　　　　(D) 16 Φ 14；Φ 8@100

71. 假定，该建筑物使用需要，转换层设置在 3 层，房屋总高度不变，一至三层层高为 4m，上部 21 层层高均为 3m，第四层某剪力墙的边缘构件仍如图 Z11-30 所示。试问，该边缘构件纵向钢筋最小构造配筋率 ρ_{sv}（%）及配箍特征值最小值 λ_v 取下列何项数值时，才能满足规范、规程的最低抗震构造要求？

提示：按《高层建筑混凝土结构技术规程》JGJ 3—2010 作答。

(A) 1.2；0.2　　　(B) 1.4；0.2　　　(C) 1.2；0.24　　　(D) 1.4；0.24

【题 72】 长矩形平面现浇钢筋混凝土框架-剪力墙高层结构，楼、屋盖抗震墙之间无大洞口，抗震设防烈度为 8 度时，下列关于剪力墙布置的几种说法，其中何项不正确？

(A) 结构两主轴方向均应布置剪力墙

(B) 楼、屋盖长宽比不大于 3 时，可不考虑楼盖平面内变形对楼层水平地震剪力分配的影响

(C) 两方向的剪力墙宜集中布置在结构单元的两尽端，增大整个结构的抗扭能力

(D) 剪力墙的布置宜使结构各主轴方向的侧向刚度接近

【题 73～78】 某二级干线公路上一座标准跨径为 30m 的单跨简支梁桥，其总体布置如图 Z11-31 所示。桥面宽度为 12m，其横向布置为：1.5m（人行道）＋9m（车行道）＋1.5m（人行道）。桥梁上部结构由 5 根各长 29.94m，高 2.0m 的预制预应力混凝土 T 型梁组成，梁与梁间用现浇混凝土连接；桥台为单排排架桩结构，矩形盖梁、钻孔灌注桩基础。设计荷载：公路-Ⅰ级、人群荷载 3.0kN/m²。

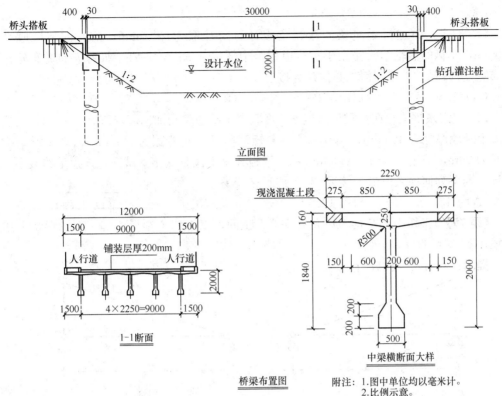

立面图

桥梁布置图

1-1断面

中梁横断面大样

附注：1. 图中单位均以毫米计。
2. 比例示意。

图 Z11-31

73. 假定，前述桥梁主梁跨中断面的结构重力作用弯矩标准值为 M_G，汽车作用弯矩标准值为 M_Q、人行道人群作用弯矩标准值为 M_R。试问，该断面承载能力极限状态下基本组合的弯矩设计值应为下列何式？

(A) $\gamma_0 M_d = 1.1\,(1.2M_G + 1.4M_Q + 0.8 \times 1.4M_R)$

(B) $\gamma_0 M_d = 1.1\,(1.2M_G + 1.4M_Q + 0.75 \times 1.4M_R)$

(C) $\gamma_0 M_d = 1.0\,(1.2M_G + 1.4M_Q + 0.8 \times 1.4M_R)$

(D) $\gamma_0 M_d = 1.0\,(1.2M_G + 1.4M_Q + 0.75 \times 1.4M_R)$

74. 假定，前述桥梁主梁结构自振频率（基频）$f = 4.5\mathrm{Hz}$。试问，该桥汽车作用的冲击系数 μ 与下列何项数值（Hz）最为接近？

(A) 0.05　　　　(B) 0.25　　　　(C) 0.30　　　　(D) 0.45

75. 前述桥梁的主梁为 T 型梁，其下采用矩形板式氯丁橡胶支座，支座内承压力颈钢板的侧向保护层每侧各为 5mm；主梁底宽度为 500mm。若主梁最大支座反力设计值为 950kN（已计入冲击系数）。试问，该主梁的橡胶支座平面尺寸 [长（横桥向）×宽（纵桥向），单位为 mm] 选用下列何项数值较为合理？

提示： $\sigma_c = 10\mathrm{MPa}$。

(A) 450×200　　(B) 400×250　　(C) 450×250　　(D) 310×310

76. 假定，前述桥主梁计算跨径以 29m 计。试问，该桥中间 T 型主梁在弯矩作用下的受压翼缘有效宽度（mm）与下列何值最为接近？

(A) 9670　　　　　(B) 2250　　　　　(C) 2625　　　　　(D) 3320

77. 假定，前述桥梁主梁间车行道板计算跨径取为 2250mm，桥面铺装层厚度为 200mm，车辆的后轴车轮作用于车行道板跨中部位。试问，垂直于板跨方向的车轮作用分布宽度（mm）与下列何项数值最为接近？

(A) 1350　　　　　(B) 1500　　　　　(C) 2750　　　　　(D) 2900

78. 假定该桥梁建在抗震设防烈度 7 度区（水平地震动加速度峰值为 0.15g），其边墩盖梁上雉墙厚度为 400mm，预制主梁端与矩墙前缘之间缝隙为 60mm，若取主梁结构总全长为 29m，采用 400mm×300mm 的矩形板式氯丁橡胶支座。试问，该盖梁的最小宽度（mm）与下列何项数值最为接近？

(A) 1150　　　　　(B) 1250　　　　　(C) 1350　　　　　(D) 1700

【题 79】 某桥上部结构为单孔简支梁，试问，以下四个图形中哪一个图形是上述简支梁在 M 支点的反力影响线？

提示：只需要定性分析。

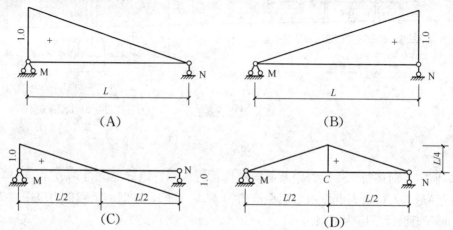

【题 80】 某城市一座人行天桥，跨越街道车行道，根据《城市人行天桥与人行地道技术规范》CJJ 69—95，对人行天桥上部结构竖向自振频率（Hz）严格控制。试问，这个控制值的最小值应为下列何项数值？

(A) 2.0　　　　　(B) 2.5　　　　　(C) 3.0　　　　　(D) 3.5

2012 年真题

（上午卷）

【题 1~6】 某钢筋混凝土框架结构多层办公楼局部平面布置如图 Z12-1 所示（均为办公室），梁、板、柱混凝土强度等级均为 C30，梁、柱纵向钢筋为 HRB400 钢筋，楼板纵向钢筋及梁、柱箍筋均为 HRB335 钢筋。

提示： 按《建筑结构可靠性设计统一标准》GB 50068—2018 作答。

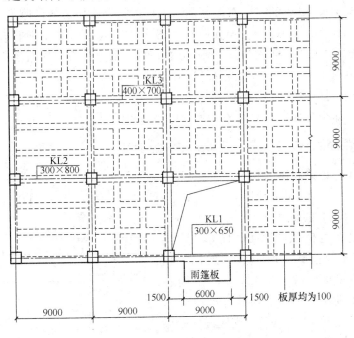

图 Z12-1

1. 假设，雨篷梁 KL1 与柱刚接，试问，在雨篷荷载作用下，梁 KL1 的扭矩图与下列何项图示较为接近？

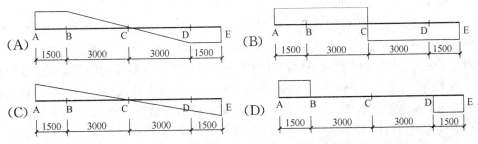

2. 假设，KL1 梁端截面的剪力设计值 $V=160\text{kN}$，扭矩设计值 $T=36\text{kN} \cdot \text{m}$，截面受扭塑性抵抗矩 $W_t = 2.475 \times 10^7 \text{mm}^3$，受扭的纵向普通钢筋与箍筋的配筋强度比 $\zeta=$

1.0，混凝土受扭承载力降低系数 $\beta_t=1.0$，梁截面尺寸及配筋形式如图 Z12-2 所示。试问，以下何项箍筋配置与计算所需要的箍筋最为接近？

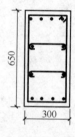

提示： 纵筋的混凝土保护层厚度取 30mm，$a_s=40$mm。

(A) $\Phi 10@200$　　(B) $\Phi 10@150$

(C) $\Phi 10@120$　　(D) $\Phi 10@100$

图 Z12-2

3. 框架梁 KL2 的截面尺寸为 300mm×800mm，跨中截面底部纵向钢筋为 4Φ25。已知该截面处由永久荷载和可变荷载产生的弯矩标准值 M_{Gk}、M_{Lk} 分别为 250kN·m、100kN·m，试问，该梁跨中截面考虑荷载长期作用影响的最大裂缝宽度 w_{max}（mm）与下列何项数值最为接近？

提示： $c_s=30$mm，$h_0=755$mm。

(A) 0.25　　　(B) 0.29　　　(C) 0.32　　　(D) 0.37

4. 假设，框架梁 KL2 的左、右端截面考虑荷载长期作用影响的刚度 B_A、B_B 分别为 9.0×10^{13} N·mm²、6.0×10^{13} N·mm²；跨中最大弯矩处纵向受拉钢筋应变不均匀系数 $\psi=0.8$，梁底配置 4Φ25 纵向钢筋。作用在梁上的均布静荷载、均布活荷载标准值分别为 30kN/m、15kN/m，试问，按规范提供的简化方法，该梁考虑荷载长期作用影响的挠度 f（mm），与下列何项数值最为接近？

提示： ① 按矩形截面梁计算，不考虑受压钢筋的作用，$a_s=45$mm；

　　　　② 梁挠度近似按公式 $f=0.00542\dfrac{ql^4}{B}$ 计算；

　　　　③ 不考虑梁起拱的影响。

(A) 17　　　　(B) 21　　　　(C) 25　　　　(D) 30

5. 框架梁 KL3 的截面尺寸为 400mm×700mm，计算简图近似如图 Z12-3 所示，作用在 KL3 上的均布静荷载、均布活荷载标准值 q_D、q_L 分别为 20kN/m、7.5kN/m；作用在 KL3 上的集中静荷载、集中活荷载标准值 P_D、P_L 分别为 180kN、60kN。试问，支座截面处梁的箍筋配置下列何项较为合适？

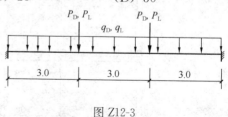

图 Z12-3

提示： $h_0=660$mm；不考虑抗震设计。

(A) $\Phi 8@200$（四肢箍）　　　　(B) $\Phi 8@100$（四肢箍）

(C) $\Phi 10@200$（四肢箍）　　　(D) $\Phi 10@100$（四肢箍）

6. 若该工程位于抗震设防地区，框架梁 KL3 左端支座边缘截面在重力荷载代表值、水平地震作用下的负弯矩标准值分别为 300kN·m、300kN·m，梁底、梁顶纵向受力钢筋分别为 4Φ25、5Φ25，截面抗弯设计时考虑了有效翼缘内楼板钢筋及梁底受压钢筋的作用。当梁端负弯矩考虑调幅时，调幅系数取 0.80，试问，该截面考虑承载力抗震调整系数的受弯承载力设计值 M_u（kN·m）与考虑调幅后的截面弯矩设计值 M（kN·m），分别与下列哪组数值最为接近？

提示： ① 考虑板顶受拉钢筋面积为 628mm²；

　　　　② 近似取 $a_s=a_s'=50$mm；

③ 按《建筑与市政工程抗震通用规范》GB 55002—2021 作答。

(A) 707；680　　　(B) 707；735　　　(C) 857；680　　　(D) 857；735

【题7】 关于防止连续倒塌设计和既有结构设计的以下说法：

Ⅰ. 设置竖直方向和水平方向通长的纵向钢筋并采取有效的连接锚固措施，是提供结构整体稳定性的有效方法之一；

Ⅱ. 当进行偶然作用下结构防连续倒塌验算时，混凝土强度取强度标准值，普通钢筋强度取极限强度标准值；

Ⅲ. 对既有结构进行改建、扩建而重新设计时，承载能力极限状态的计算应符合现行规范的要求，正常使用极限状态验算宜符合现行规范的要求；

Ⅳ. 当进行既有结构改建、扩建时，若材料的性能符合原设计的要求，可按原设计的规定取值。同时，为了保证计算参数的统一，结构后加部分的材料也应按原设计规范的规定取值。

试问，针对上述说法正确性的判断，下列何项正确？

(A) Ⅰ、Ⅱ、Ⅲ、Ⅳ均正确　　　　　(B) Ⅰ、Ⅱ、Ⅲ正确，Ⅳ错误

(C) Ⅱ、Ⅲ、Ⅳ正确，Ⅰ错误　　　　(D) Ⅰ、Ⅲ、Ⅳ正确，Ⅱ错误

【题8】 关于建筑抗震性能化设计的以下说法：

Ⅰ. 确定的性能目标不应低于"小震不坏、中震可修、大震不倒"的基本性能设计目标；

Ⅱ. 当构件的承载力明显提高时，相应的延性构造可适当降低；

Ⅲ. 当抗震设防烈度为7度设计基本地震加速度为 $0.15g$ 时，多遇地震、设防地震、罕遇地震的地震影响系数最大值分别为 0.12、0.34、0.72；

Ⅳ. 针对具体工程的需要，可以对整个结构也可以对某些部位或关键构件，确定预期的性能目标。

试问，针对上述说法正确性的判断，下列何项正确？

(A) Ⅰ、Ⅱ、Ⅲ、Ⅳ均正确　　　　　(B) Ⅰ、Ⅱ、Ⅲ正确，Ⅳ错误

(C) Ⅱ、Ⅲ、Ⅳ正确，Ⅰ错误　　　　(D) Ⅰ、Ⅱ、Ⅳ正确，Ⅲ错误

【题9～13】 某五层现浇钢筋混凝土框架-剪力墙结构，柱网尺寸 9m×9m，各层层高均为 4.5m，位于8度（$0.3g$）抗震设防地区，设计地震分组为第二组，场地类别为Ⅲ类，建筑抗震设防类别为丙类。已知各楼层的重力荷载代表值均为 18000kN。

9. 假设，用CQC法计算，作用在各楼层的最大水平地震作用标准值 F_i（kN）和水平地震作用的各楼层剪力标准值 V_i（kN）如表 Z12-1 所示。试问，计算结构扭转位移比对其平面规则性进行判断时，采用的二层顶楼面的"给定水平力 F'_2（kN）"，与下列何项数值是为接近？

表 Z12-1

楼层	一	二	三	四	五
F_i（kN）	702	1140	1440	1824	2385
V_i（kN）	6552	6150	5370	4140	2385

(A) 300　　　(B) 780　　　(C) 1140　　　(D) 1220

10. 假设，用软件计算的多遇地震作用下的部分计算结果如下所示：

Ⅰ. 最大弹性层间位移 $\Delta u = 5\text{mm}$；

Ⅱ. 水平地震作用下底部剪力标准值 $V_{Ek} = 3000\text{kN}$；

Ⅲ. 在规定水平力作用下，楼层最大弹性位移为该楼层两端弹性水平位移平均值的1.35 倍。

试问，针对上述计算结果是否符合《建筑抗震设计规范》GB 50011—2010 有关要求的判断，下列何项正确？

(A) Ⅰ、Ⅱ符合，Ⅲ不符合

(B) Ⅰ、Ⅲ符合，Ⅱ不符合

(C) Ⅱ、Ⅲ符合，Ⅰ不符合

(D) Ⅰ、Ⅱ、Ⅲ均符合

11. 假设，某框架角柱截面尺寸及配筋形式如图 Z12-4 所示。混凝土强度等级为 C30，箍筋采用 HRB335 钢筋，纵筋混凝土保护层厚度 $c = 40\text{mm}$。该柱地震作用组合的轴力设计值 $N = 3603\text{kN}$。试问，以下何项箍筋配置相对合理？

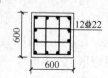
图 Z12-4

提示：① 假定对应于抗震构造措施的框架抗震等级为二级；

② 按《混凝土结构设计规范》GB 50010—2010 作答。

(A) $\Phi 8@200$

(B) $\Phi 8@100/200$

(C) $\Phi 10@100$

(D) $\Phi 10@100/200$

12. 假设，某边柱截面尺寸为 $700\text{m} \times 700\text{mm}$，混凝土强度等级 C30，纵筋采用 HRB400 钢筋，纵筋合力点至截面边缘的距离 $a_s = a'_s = 40\text{mm}$，考虑地震作用组合的柱轴力、弯矩设计值分别为 3100kN，1250kN·m。试问，对称配筋时柱单侧所需的钢筋，下列何项配置最为合适？

提示：按大偏心受压进行计算，不考虑重力二阶效应的影响。

(A) $4\Phi 22$ (B) $5\Phi 22$ (C) $4\Phi 25$ (D) $5\Phi 25$

13. 假设，该五层房屋采用现浇有粘结预应力混凝土框架结构。抗震设计时，采用的计算参数及抗震等级如下所示：

Ⅰ. 多遇地震作用计算时，结构的阻尼比为 0.05；

Ⅱ. 罕遇地震作用计算时，特征周期为 0.55s；

Ⅲ. 框架的抗震等级为二级。

试问，针对上述参数取值及抗震等级的选择是否正确的判断，下列何项正确？

(A) Ⅰ、Ⅱ正确，Ⅲ错误

(B) Ⅱ、Ⅲ正确、Ⅰ错误

(C) Ⅰ、Ⅲ正确，Ⅱ错误

(D) Ⅰ、Ⅱ、Ⅲ均错误

【题 14】 某现浇钢筋混凝土三层框架，计算简图如图 Z12-5 所示，各梁、柱的相对线刚度及楼层侧向荷载标准值如图 Z12-5 所示。假设，该框架满足用反弯点法计算内力的条件，首层柱反弯点在距本层柱底 2/3 柱高处，二、三层柱反弯点在本层 1/2 柱高处。试问，首层顶梁 L1 的右端在该侧向荷载作用下的弯

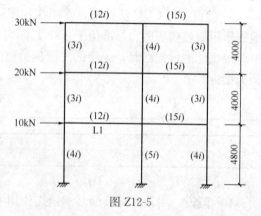
图 Z12-5

矩标准值 M_k（kN・m）与下列何项数值最为接近？

(A) 29　　　　(B) 34　　　　(C) 42　　　　(D) 50

【题 15】 某现浇钢筋混凝土梁，混凝土强度等级 C30，梁底受拉纵筋按并筋方式配置了 2×2Φ25 的 HRB400 普通热轧带肋钢筋。已知纵筋混凝土保护层厚度为 40mm，该纵筋配置比设计计算所需的钢筋面积大了 20%。该梁无抗震设防要求也不直接承受动力荷载，采取常规方法施工，梁底钢筋采用搭接连接，接头方式如图 Z12-6 所示。若要求同一连接区段内钢筋接头面积不大于总面积的 25%。试问，图中所示的搭接接头中点之间的最小间距 l（mm）应与下列何项数值最为接近？

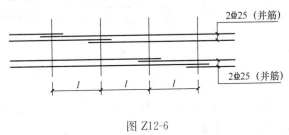

图 Z12-6

(A) 1400　　　　(B) 1600　　　　(C) 1800　　　　(D) 2000

【题 16】 某钢筋混凝土连续梁，截面尺寸 $b×h=300mm×3900mm$，计算跨度 $l_0=6000mm$，混凝土强度等级为 C40，不考虑抗震，钢筋均采用 HRB400 钢筋。梁底纵筋采用 Φ20，水平和竖向分布筋均采用双排Φ10@200 并按规范要求设置拉筋。试问，此梁要求不出现斜裂缝时，中间支座截面对应于标准组合的抗剪承载力（kN）与下列何值最为接近？

(A) 1120　　　　(B) 1250　　　　(C) 1380　　　　(D) 2680

【题 17】 关于钢结构设计要求的以下说法：

Ⅰ. 在其他条件完全一致的情况下，焊接结构的钢材要求应不低于非焊接结构；

Ⅱ. 在其他条件完全一致的情况下，钢结构受拉区的焊缝质量要求应不低于受压区；

Ⅲ. 在其他条件完全一致的情况下，钢材的强度设计值与钢材厚度无关；

Ⅳ. 吊车梁的腹板与上翼缘之间的 T 形接头焊缝均要求焊透；

Ⅴ. 摩擦型连接和承压型连接高强度螺栓的承载力设计值的计算方法相同。

试问，针对上述说法正确性的判断，下列何项正确？

(A) Ⅰ、Ⅱ、Ⅲ正确，Ⅳ、Ⅴ错误　　　　(B) Ⅰ、Ⅱ正确，Ⅲ、Ⅳ、Ⅴ错误

(C) Ⅳ、Ⅴ正确，Ⅰ、Ⅱ、Ⅲ错误　　　　(D) Ⅲ、Ⅳ、Ⅴ正确，Ⅰ、Ⅱ错误

【题 18】 不直接承受动力荷载且钢材的各项性能满足塑性设计要求的下列钢结构：

Ⅰ. 符合计算简图 Z12-7（a），材料采用 Q345 钢，截面均采用焊接 H 形钢 H300×200×8×12；

Ⅱ. 符合计算简图 Z12-7（b），材料采用 Q345 钢，截面均采用焊接 H 形钢 H300×200×8×12；

Ⅲ. 符合计算简图 Z12-7（c），材料采用 Q235 钢，截面均采用焊接 H 形钢 H300×200×8×12；

Ⅳ. 符合计算简图 Z12-7（d），材料采用 Q235 钢，截面均采用焊接 H 形钢 H300×200×8×12。

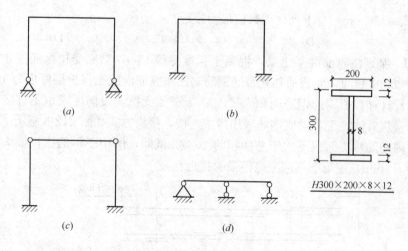

图 Z12-7

试问，根据《钢结构设计标准》GB 50017—2017 的有关规定，针对上述结构是否可采用塑性设计的判断，下列何项正确？

（A）Ⅱ、Ⅲ、Ⅳ 可采用，Ⅰ不可采用　　（B）Ⅳ可采用，Ⅰ、Ⅱ、Ⅲ不可采用

（C）Ⅲ、Ⅳ 可采用，Ⅰ、Ⅱ不可采用　　（D）Ⅰ、Ⅱ、Ⅳ可采用，Ⅲ不可采用

【题 19～21】　某钢结构平台，由于使用中增加荷载，需增设一格构柱，柱高 6m，两端铰接，轴心压力设计值为 1000kN，钢材采用 Q235 钢，焊条采用 E43 型，预热施焊，截面无削弱。格构柱如图 Z12-8 所示，截面参数见表 Z12-2。

提示：所有板厚均≤16mm。

表 Z12-2

截面	A	I_1	i_y	i_1
	mm²	mm⁴	mm	mm
[22a	3180	1.56×10^6	86.7	22.3

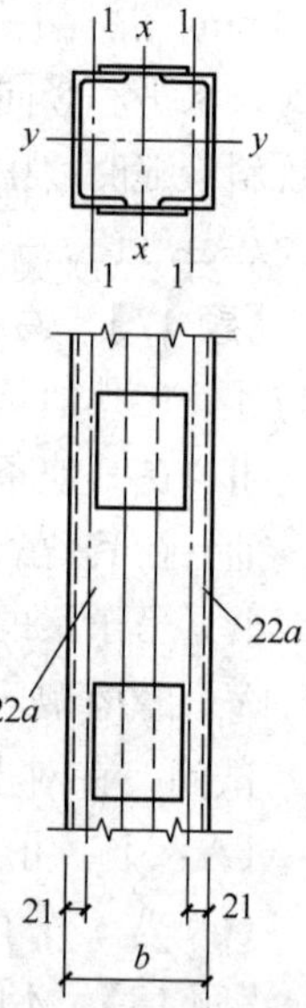

19. 试问，根据构造确定，柱宽 b（mm）与下列何项数值最为接近？

（A）150　　　　　（B）250

（C）350　　　　　（D）450

20. 缀板的设置满足《钢结构设计标准》GB 50017—2017 的规定。试问，该格构柱作为轴心受压构件，当采用最经济截面进行绕 y 轴的稳定性计算时，以应力形式表达的稳定性计算值（N/mm²）应与下列何项数值最为接近？

（A）210　　　　（B）190　　　　（C）160　　　　（D）140

21. 柱脚底板厚度为 16mm，端部要求铣平，总焊缝计算长度取 $l_w=1040mm$。试问，柱与底板间的焊缝采用下列何种做法最为合理？

（A）角焊缝连接，焊脚尺寸为 8mm　　　（B）柱与底板焊透，一级焊缝质量要求

图 Z12-8

(C) 柱与底板焊透，二级焊缝质量要求　　　(D) 角焊缝连接，焊脚尺寸为 12mm

【题 22、23】 某钢梁采用端板连接接头，钢材为 Q345 钢，采用 10.9 级高强度螺栓摩擦型连接，连接处钢材接触表面的处理方法为未经处理的干净轧制表面，其连接形式如图 Z12-9 所示，考虑了各种不利影响后，取弯矩设计值 $M=260\text{kN}\cdot\text{m}$，剪力设计值 $V=65\text{kN}$，轴力设计值 $N=100\text{kN}$（压力）。

提示： 设计值均为非地震作用组合内力。

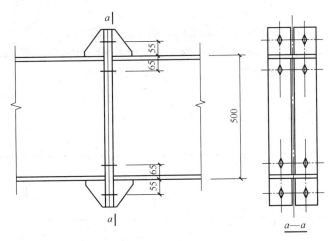

图 Z12-9

22. 试问，连接可采用的高强度螺栓最小规格为下列何项？

提示： ① 梁上、下翼缘板中心间的距离取 $h=490\text{mm}$；

② 忽略轴力和剪力影响。

(A) M20　　　　　(B) M22　　　　　(C) M24　　　　　(D) M27

23. 端板与梁的连接焊缝采用角焊缝，焊条为 E50 型，焊缝计算长度如图 Z12-10 所示，翼缘焊脚尺寸 $h_f=8\text{mm}$，腹板焊脚尺寸 $h_f=6\text{mm}$。试问，按承受静力荷载计算，角焊缝最大应力（N/mm²）与下列何项数值最为接近？

(A) 156　　　　　　　　　　　(B) 164

(C) 190　　　　　　　　　　　(D) 199

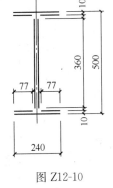

图 Z12-10

【题 24～26】 某单层工业厂房，屋面及墙面的围护结构均为轻质材料，屋面梁与上柱刚接，梁柱均采用 Q345 焊接 H 型钢，梁、柱 H 形截面表示方式为：梁高×梁宽×腹板厚度×翼缘厚度。上柱截面为 H800×400×12×18，梁截面为 H1300×400×12×20，抗震设防烈度为 7 度。框架上柱最大设计轴力为 525kN。

24. 试问，在进行构件的强度和稳定性的承载力计算时，应满足以下何项地震作用要求？

提示： 梁、柱腹板宽厚比均符合《钢结构设计标准》GB 50017—2017 弹性设计阶段的板件宽厚比限值。

(A) 按有效截面进行多遇地震下的验算

(B) 满足多遇地震下的要求

(C) 满足 1.5 倍多遇地震下的要求

(D) 满足 2 倍多遇地震下的要求

25. 试问，本工程框架上柱长细比限值应与下列何项数值最为接近？

(A) 150　　　　　　(B) 123

(C) 99　　　　　　(D) 80

26. 本工程柱距 6m，吊车梁无制动结构，截面如图 Z12-11 所示，截面参数见表 Z12-3，采用 Q345 钢，最大弯矩设计值 $M_x = 960 \text{kN} \cdot \text{m}$，试问，梁的整体稳定系数与下列何项数值最为接近？

提示：$\beta_b = 0.696$；$\eta_b = 0.631$。

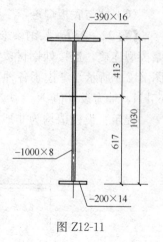

图 Z12-11

表 Z12-3

截面	A	I_x	I_y	W_{x1}	W_{x2}	i_y
	mm²	mm⁴	mm⁴	mm³	mm³	mm
见图 Z12-11	17040	2.82×10^9	8.84×10^7	6.82×10^6	4.56×10^6	72

(A) 1.25　　　　(B) 1.0　　　　(C) 0.85　　　　(D) 0.5

【题 27～29】　某车间设备平台改造增加一跨，新增部分跨度 8m，柱距 6m，采用柱下端铰接，梁柱刚接，梁与原有平台铰接的刚架结构，平台铺板为钢格栅板；刚架计算简图如图 Z12-12 所示；图中长度单位为 mm。刚架与支撑全部采用 Q235B 钢，手工焊接采用 E43 型焊条。

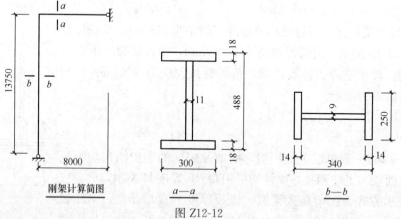

刚架计算简图

图 Z12-12

构件截面参数，见表 Z12-4。

表 Z12-4

截面	截面面积 A (mm²)	惯性矩（平面内）I_x (mm⁴)	惯性半径 i_x (mm)	惯性半径 i_y (mm)	截面模量 W_x (mm³)
HM340×250×9×14	99.53×10^2	21200×10^4	14.6×10	6.05×10	1250×10^3
HM488×300×11×18	159.2×10^2	68900×10^4	20.8×10	7.13×10	2820×10^3

27. 假设刚架无侧移，刚架梁及柱均采用双轴对称轧制 H 型钢，梁计算跨度 $l_x=8$m，平面外自由长度 $l_y=4$m，梁截面为 HM488×300×11×18，柱截面为 HM340×250×9×14；刚架梁的最大弯矩设计值为 $M_{xmax}=486.4$kN·m，且不考虑截面削弱。试问，刚架梁整体稳定验算时，以应力形式表达的稳定性计算数值（N/mm²），与下列何项数值最为接近？

提示：假定梁为均匀弯曲的受弯构件。

(A) 163   (B) 173   (C) 183   (D) 193

28. 刚架梁及柱的截面同题 27，柱下端铰接采用平板支座。试问，框架平面内，柱的计算长度系数与下列何项数值最为接近？

提示：忽略横梁轴心压力的影响。

(A) 0.79   (B) 0.76   (C) 0.73   (D) 0.70

29. 设计条件同题 27，刚架柱上端的弯矩及轴向压力设计值分别为 $M_2=192.5$kN·m，$N=276.6$kN；刚架柱下端的弯矩及轴向压力设计值分别为 $M_1=0.0$kN·m，$N=292.1$kN；且无横向荷载作用。假设刚架柱在弯矩作用平面内计算长度取 $l_{0x}=10.1$m。试问，对刚架柱进行弯矩作用平面内整体稳定性验算时，以应力形式表达的稳定性计算数值（N/mm²）与下列何项数值最为接近？

提示：截面等级满足 S3 级；$1-0.8\dfrac{N}{N'_{Ex}}=0.942$。

(A) 126   (B) 134   (C) 156   (D) 173

【题 30】 某厂房抗震设防烈度 8 度，关于厂房构件抗震设计的以下说法：

Ⅰ. 竖向支撑桁架的腹杆应能承受和传递屋盖的水平地震作用；

Ⅱ. 屋盖横向水平支撑的交叉斜杆可按拉杆设计；

Ⅲ. 柱间支撑采用单角钢截面，并单面偏心连接；

Ⅳ. 支承跨度大于 24m 的屋盖横梁的托架，应计算其竖向地震作用。

试问，针对上述说法是否符合相关规范要求的判断，下列何项正确？

(A) Ⅰ、Ⅱ、Ⅲ符合，Ⅳ不符合   (B) Ⅱ、Ⅲ、Ⅳ符合，Ⅰ不符合

(C) Ⅰ、Ⅱ、Ⅳ符合，Ⅲ不符合   (D) Ⅰ、Ⅲ、Ⅳ符合，Ⅱ不符合

【题 31】 关于砌体结构的以下论述：

Ⅰ. 砌体的抗压强度设计值以龄期为 28d 的毛截面面积计算；

Ⅱ. 砂浆强度等级是用边长为 70.7mm 的立方体试块以 MPa 表示的抗压强度平均值确定；

Ⅲ. 砌体结构的材料性能分项系数，当施工质量控制等级为 C 级时，取为 1.6；

Ⅳ. 砌体施工质量控制等级分为 A、B、C 三级，当施工质量控制等级为 A 级时，砌体强度设计值可提高 10%。

试问，针对以上论述正确性的判断，下列何项正确？

(A) Ⅰ、Ⅳ正确，Ⅱ、Ⅲ错误   (B) Ⅰ、Ⅱ正确，Ⅲ、Ⅳ错误

(C) Ⅱ、Ⅲ正确，Ⅰ、Ⅳ错误   (D) Ⅱ、Ⅳ正确，Ⅰ、Ⅲ错误

【题 32】 关于砌体结构设计与施工的以下论述：

Ⅰ. 采用配筋砌体时，当砌体截面面积小于 0.3m² 时，砌体强度设计值的调整系数为

构件截面面积（m²）加 0.7；

Ⅱ. 对施工阶段尚未硬化的新砌砌体进行稳定验算时，可按砂浆强度为零进行验算；

Ⅲ. 在多遇地震作用下，配筋砌块砌体剪力墙结构楼层最大弹性层间位移角不宜超过 1/1000；

Ⅳ. 砌体的剪变模量可按砌体弹性模量的 0.5 倍采用。

试问，针对以上论述正确性的判断，下列何项正确？

(A) Ⅰ、Ⅱ正确，Ⅲ、Ⅳ错误　　　　(B) Ⅰ、Ⅲ正确，Ⅱ、Ⅳ错误

(C) Ⅱ、Ⅲ正确，Ⅰ、Ⅳ错误　　　　(D) Ⅱ、Ⅳ正确，Ⅰ、Ⅲ错误

【题 33、34】 某多层砌体结构房屋，各层层高均为 3.6m，内外墙厚度均为 240mm，轴线居中。室内外高差 0.30m，基础埋置较深且有刚性地坪。采用现浇钢筋混凝土楼、屋盖，平面布置图和 A 轴剖面如图 Z12-13 所示。各内墙上门洞均为 1000mm×2600mm（宽×高），外墙上窗洞均为 1800mm×1800mm（宽×高）。

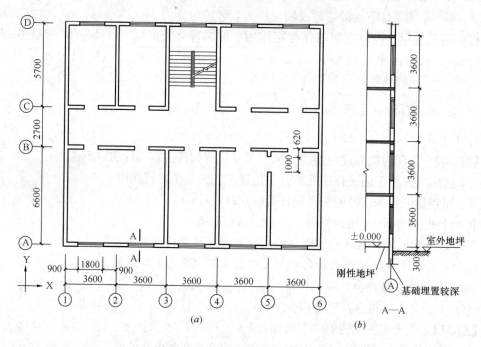

图 Z12-13
(a) 平面布置图；(b) 局部剖面示意图

33. 试问，底层②轴墙体的高厚比与下列何项数值最为接近？

提示： 横墙间距 s 按 5.7m 计算。

(A) 13　　　　　　(B) 15　　　　　　(C) 17　　　　　　(D) 19

34. 假定，该房屋第二层横向（Y 向）的水平地震剪力标准值 $V_{2k}=2000$kN。试问，第二层⑤轴墙体所承担的地震剪力标准值 V_k（kN），应与下列何项数值最为接近？

提示： ⑤轴墙体设有构造柱。

(A) 110　　　　　　(B) 130　　　　　　(C) 175　　　　　　(D) 185

【题 35、36】 某网状配筋砖砌体墙体，墙体厚度为 240mm，墙体长度为 6000mm，

其计算高度 $H_0=3600\text{mm}$。采用 MU10 级烧结普通砖、M7.5 级混合砂浆砌筑，砌体施工质量控制等级为 B 级。钢筋网采用冷拔低碳钢丝Φᵇ制作，其抗拉强度设计值 $f_y=430\text{MPa}$，钢筋网的网格尺寸 $a=60\text{mm}$，竖向间距 $s_n=240\text{mm}$。

35. 试问，轴心受压时，该配筋砖砌体抗压强度设计值 f_n（MPa），应与下列何项数值最为接近？

(A) 2.6　　　　(B) 2.8　　　　(C) 3.0　　　　(D) 3.2

36. 假如砌体材料发生变化，已知 $f_n=3.5\text{MPa}$，网状配筋体积配筋率 $\rho=0.3\%$。试问，该配筋砖砌体的轴心受压承载力设计值（kN/m）应与下列何项数值最为接近？

(A) 410　　　　(B) 460　　　　(C) 510　　　　(D) 560

【题 37、38】 某五层砌体结构办公楼，抗震设防烈度 7 度，设计基本地震加速度值为 $0.15g$，各层层高及计算高度均为 3.6m，采用现浇钢筋混凝土楼、屋盖。砌体施工质量控制等级为 B 级，结构安全等级为二级。计算简图如图 Z12-14 所示。

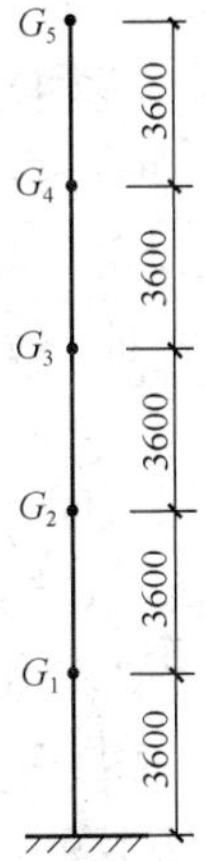

提示：按《建筑与市政工程抗震通用规范》GB 55002—2021 作答。

37. 已知各种荷载（标准值）：屋面恒载总重为 1800kN，屋面活荷载总重 150kN，屋面雪荷载总重 100kN；每层楼层恒载总重为 1600kN，按等效均布荷载计算的每层楼面活荷载为 600kN；1～5 层每层墙体总重为 2100kN，女儿墙总重为 400kN。采用底部剪力法对结构进行水平地震作用计算。试问，总水平地震作用标准值 F_{Ek}（kN），应与下列何项数值最为接近？

提示：楼层重力荷载代表值计算时，集中于质点 G_1 的墙体荷载按 2100kN 计算。

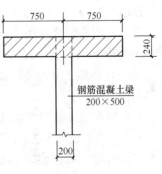

图 Z12-14

(A) 1680　　　　　　　　　(B) 1970
(C) 2150　　　　　　　　　(D) 2300

38. 采用底部剪力法对结构进行水平地震作用计算时，假设重力荷载代表值 $G_1=G_2=G_3=G_4=5000\text{kN}$、$G_5=4000\text{kN}$。若总水平地震作用标准值为 F_{Ek}，截面抗震验算仅计算水平地震作用。试问，第二层的水平地震剪力设计值 V_2（kN）应与下列何项数值最为接近？

(A) $0.9F_{Ek}$　　　(B) $1.1F_{Ek}$　　　(C) $1.2F_{Ek}$　　　(D) $1.3F_{Ek}$

【题 39】 某悬臂砖砌水池，采用 MU10 级烧结普通砖、M10 级水泥砂浆砌筑，墙体厚度 740mm，砌体施工质量控制等级为 B 级。水压力按可变荷载考虑，假定其分项系数取 1.5。试问，按抗剪承载力验算时，该池壁底部能承受的最大水压高度设计值 H（m），应与下列何项数值最为接近？

提示：① 不计池壁自重的影响；
　　　② 按《砌体结构设计规范》GB 50003—2011 作答。

(A) 2.5　　　　　　　　　(B) 3.0
(C) 3.4　　　　　　　　　(D) 4.0

【题 40】 一钢筋混凝土简支梁，截面尺寸为 200mm×500mm，跨度 5.4m，支承在 240mm 厚的窗间墙上，如图 Z12-15 所示。窗间墙长 1500mm，采用 MU15 级蒸压粉煤

图 Z12-15

613

灰砖、M10 级混合砂浆砌筑，砌体施工质量控制等级为 B 级。在梁下、窗间墙墙顶部位，设置有钢筋混凝土圈梁，圈梁高度为 180mm。梁端的支承压力设计值 N_l＝110kN，上层传来的轴向压力设计值为 360kN。试问，作用于垫梁下砌体局部受压的压力设计值 N_0＋N_l（kN），与下列何项数值最为接近？

提示：①圈梁惯性矩 I_b＝$1.1664 \times 10^8 mm^4$；

② 圈梁混凝土弹性模量 E_b＝$2.55 \times 10^4 MPa$。

(A) 190　　　　　(B) 200　　　　　(C) 240　　　　　(D) 260

（下午卷）

【题 41】 关于木结构的以下论述：

Ⅰ. 方木原木受拉构件的连接板，木材的含水率不应大于 19%；

Ⅱ. 方木原木结构受拉或拉弯构件应选用 I_a 级材质的木材；

Ⅲ. 验算原木构件挠度和稳定时，可取中央截面；

Ⅳ. 对设计使用年限为 25 年的木结构构件，结构重要性系数 γ_0 不应小于 0.9。

试问，针对以上论述正确性的判断，下列何项正确？

(A) Ⅰ、Ⅱ正确，Ⅲ、Ⅳ错误　　　　(B) Ⅱ、Ⅲ正确，Ⅰ、Ⅳ错误

(C) Ⅰ、Ⅳ正确，Ⅱ、Ⅲ错误　　　　(D) Ⅲ、Ⅳ正确，Ⅰ、Ⅱ错误

【题 42】 用北美落叶松原木制作的轴心受压柱，两端铰接，柱计算长度为 3.2m，在木柱 1.6m 高度处有一个 d＝22mm 的螺栓孔穿过截面中央，原木标注直径 d＝150mm。该受压杆件处于室内正常环境，安全等级为二级，设计使用年限为 25 年。试问，当按稳定验算时，柱的轴心受压承载力（kN），应与下列何项数值最为接近？

提示：验算部位按经过切削考虑。

(A) 95　　　　　(B) 100　　　　　(C) 105　　　　　(D) 110

【题 43】 地处北方的某城市，市区人口 30 万，集中供暖。现拟建设一栋三层框架结构建筑，地基土层属季节性冻胀的粉土，标准冻深 2.4m，采用柱下方形独立基础，基础底面边长 b＝2.7m，荷载效应标准组合时，永久荷载产生的基础底面平均压力为 144.5kPa，试问，当基础底面以下容许存在一定厚度的冻土层且不考虑切向冻胀力的影响时，根据地基冻胀性要求的基础最小埋深（m）与下列何项数值最为接近？

(A) 2.40　　　　　(B) 1.80　　　　　(C) 1.60　　　　　(D) 1.40

【题 44】 关于地基基础及地基处理设计的以下主张：

Ⅰ. 采用分层总和法计算地基沉降时，各层土的压缩模量应按土的自重压力至土的自重压力与附加压力之和的压力段计算选用；

Ⅱ. 当上部结构按风荷载效应的组合进行设计时，基础截面设计和地基变形验算应计入风荷载的效应；

Ⅲ. 对次要或临时性建筑，其天然地基基础的结构重要性系数应按不小于 1.0 取用；

Ⅳ. 采用堆载预压法处理地基时，排水竖井的深度应根据建筑物对地基的稳定性、变形要求和工期确定。对以地基抗滑稳定性控制的工程，竖井深度至少应超过最危险滑动面 2.0m；

Ⅴ. 计算群桩基础水平承载力时，地基土水平抗力系数的比例系数 m 值与桩顶水平位

移的大小有关，当桩顶水平位移较大时，m 值可适当提高。

试问：针对上述主张正确性的判断，下列何项正确？

(A) Ⅰ、Ⅱ、Ⅳ、Ⅴ正确，Ⅲ错误   (B) Ⅱ、Ⅳ正确，Ⅰ、Ⅲ、Ⅴ错误

(C) Ⅰ、Ⅲ、Ⅳ正确，Ⅱ、Ⅴ错误   (D) Ⅰ、Ⅲ、Ⅴ正确，Ⅱ、Ⅳ错误

【题 45～47】 某工程由两幢 7 层主楼及地下车库组成，统一设一层地下室，采用钢筋混凝土框架结构体系，桩基础。工程桩采用泥浆护壁旋挖成孔灌注桩，桩身纵筋锚入承台内 800mm，主楼桩基础采用一柱一桩的布置形式，桩径 800mm，有效桩长 26m，以碎石土层作为桩端持力层，桩端进入持力层 7m；地基中分布有厚度达 17m 的淤泥，其不排水抗剪经度为 9kPa。主楼局部基础剖面及地质情况如图 Z12-16 所示，地下水位稳定于地面以下 1m，λ 为抗拔系数。

提示：按《建筑桩基技术规范》JGJ 94—2008 作答。

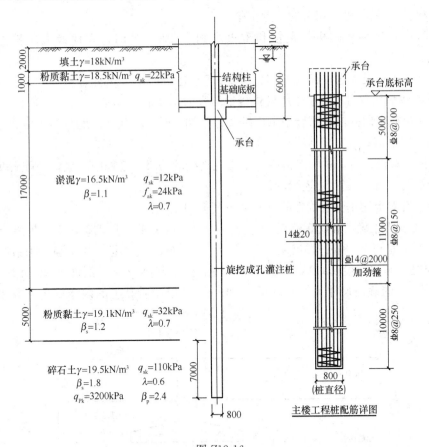

图 Z12-16

45. 主楼范围的灌注桩采取桩端后注浆措施，注浆技术符合《建筑桩基技术规范》JGJ 94—2008 的有关规定，根据地区经验，各土层的侧阻及端阻提高系数如图 Z12-16 所示。试问，根据《建筑桩基技术规范》JGJ 94—2008 估算得到的后注浆灌注桩单桩极限承载力标准值 Q_{uk}（kN），与下列何项数值最为接近？

(A) 4500   (B) 6000   (C) 8200   (D) 10000

46. 主楼范围的工程桩桩身配筋构造如图 Z12-16 所示，主筋采用 HRB400 钢筋，

f'_y为360N/mm²，若混凝土强度等级为C40，$f_c=19.1$N/mm²，基桩成桩工艺系数 ψ_c 取0.7，桩的水平变形系数 α 为 0.16m⁻¹，桩顶与承台的连接按固接考虑。试问，桩身轴心受压正截面受压承载力设计值（kN）最接近下列何项数值？

提示： 淤泥土层按液化土、$\psi_l=0$ 考虑，$l'_0=l_0+(1-\psi_l)\,d_l$，$h'=h-(1-\psi_l)\,d_l$。

(A) 4800   (B) 6500   (C) 8000   (D) 10000

47. 主楼范围以外的地下室工程桩均按抗拔桩设计，一柱一桩，抗拔桩未采取后注浆措施。已知抗拔桩的桩径、桩顶标高及桩底端标高同图 Z12-16 所示的承压桩（重度为 25kN/m³）。试问，为满足地下室抗浮要求，相应于荷载的标准组合时，基桩允许拔力最大值（kN）与下列何项数值最为接近？

提示： 单桩抗拔极限承载力标准值可按土层条件计算。

(A) 850   (B) 1000   (C) 1700   (D) 2000

【题 48】 下列与桩基相关的 4 点主张：

Ⅰ. 液压式压桩机的机架重量和配重之和为 4000kN 时，设计最大压桩力不应大于 3600kN；

Ⅱ. 静压桩的最大送桩长度不宜超过 8m，且送桩的最大压桩力不宜大于允许抱压压桩力，场地地基承载力不应小于压桩机接地压强的 1.2 倍；

Ⅲ. 在单桩竖向静荷载试验中采用堆载进行加载时，堆载加于地基的压应力不宜大于地基承载力特征值；

Ⅳ. 抗拔桩设计时，对于严格要求不出现裂缝的一级裂缝控制等级，当配置足够数量的受拉钢筋时，可不设置预应力钢筋。

试问，针对上述主张正确性的判断，下列何项正确？

(A) Ⅰ、Ⅲ正确，Ⅱ、Ⅳ错误   (B) Ⅱ、Ⅳ正确，Ⅰ、Ⅲ错误

(C) Ⅱ、Ⅲ正确，Ⅰ、Ⅳ错误   (D) Ⅱ、Ⅲ、Ⅳ正确，Ⅰ错误

【题 49】 非抗震设防地区的某工程，柱下独立基础及地质剖面如图 Z12-17 所示，其框架中柱 A 的截面尺寸为 500mm×500mm，②层粉质黏土的内摩擦角和黏聚力标准

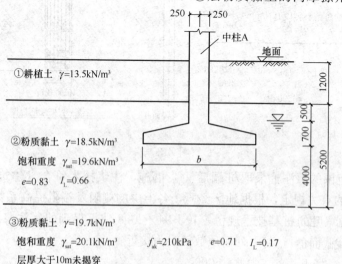

图 Z12-17

值分别为 $\varphi_k=15°$ 和 $c_k=24.0kPa$。相应于荷载效应标准组合时，作用于基础顶面的竖向压力标准值为1350kN，基础所承担的弯矩及剪力均可忽略不计。试问，当柱A下独立基础的宽度 $b=2.7m$（短边尺寸）时，所需的基础底面最小长度（m）与下列何项数值最为接近？

提示： ① 基础自重和其上土重的加权平均重度按18kN/m³取用；
② 土层②粉质黏土的地基承载力特征值可根据土的抗剪强度指标确定。

(A) 2.6　　　　(B) 3.2　　　　(C) 3.5　　　　(D) 3.8

【题50、51】 抗震设防烈度为6度的某高层钢筋混凝土框架-核心筒结构，风荷载起控制作用，采用天然地基上的平板式筏板基础，基础平面如图 Z12-18 所示，核心筒的外轮廓平面尺寸为9.4m×9.4m，基础板厚2.6m，基础板有效高度按2.5m计。

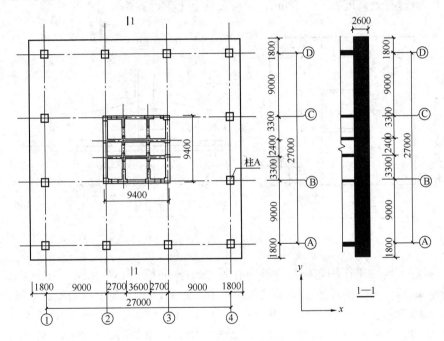

图 Z12-18

50. 假定，相应于荷载的基本组合时，核心筒筏板冲切破坏锥体范围内基底的净反力平均值 $p_n=435.9kN/m^2$，筒体作用于筏板顶面的竖向力为177500kN、作用在冲切临界面重心上的不平衡弯矩设计值为151150kN·m。试问，距离内筒外表面 $h_0/2$ 处冲切临界截面的最大剪应力（N/mm²）与下列何项数值最为接近？

提示： $u_m=47.6m$，$I_s=2839.59m^4$，$\alpha_s=0.40$。

(A) 0.74　　　　(B) 0.85　　　　(C) 0.95　　　　(D) 1.10

51. 假定，(1) 荷载的基本组合下，地基土净反力平均值产生的距内筒右侧外边缘 h_0 处的筏板单位宽度的剪力设计值最大，其最大值为2400kN/m；(2) 距离内筒外表面 $h_0/2$ 处冲切临界截面的最大剪应力 $\tau_{max}=0.90N/mm^2$。试问，满足抗剪和抗冲切承载力要求的筏板最低混凝土强度等级为下列何项最为合理？

提示： 各等级混凝土的强度指标如表 Z12-5 所示。

混凝土强度等级	C40	C45	C50	C60
f (N/mm²)	1.71	1.80	1.89	2.04

(A) C40   (B) C45   (C) C50   (D) C60

【题 52、53】 某抗震设防烈度为 8 度（0.30g）的框架结构，采用摩擦型长螺旋钻孔灌注桩基础，初步确定某中柱采用如图 Z12-19 所示的四桩承台基础，已知桩身直径为 400mm，单桩竖向抗压承载力特征值 R_a＝700kN，承台混凝土强度等级 C30（f_t＝1.43N/mm²），桩间距有待进一步复核。考虑 x 向地震作用，相应于荷载效应标准组合时，作用于承台底面标高处的竖向力 F_{Ek}＝3341kN，弯矩 M_{Ek}＝920kN·m，水平力 V_{Ek}＝320kN，承台有效高度 h_0＝730mm，承台及其上土重可忽略不计。

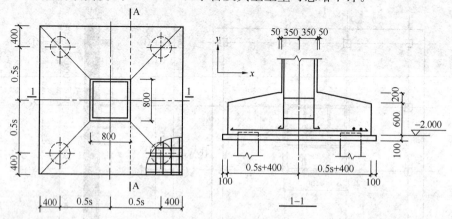

图 Z12-19

52. 假定 x 向地震作用效应控制桩中心距，x、y 向桩中心距相同，且不考虑 y 向弯矩的影响。试问，根据桩基抗震要求确定的桩中心距 s（mm）与下列何项数值最为接近？

(A) 1400   (B) 1800   (C) 2200   (D) 2600

53. 试问，当桩中心距 s＝2400mm，地震作用效应组合时，承台 A—A 剖面处的抗剪承载力设计值（kN）与下列何项数值最为接近？

(A) 3500   (B) 3200   (C) 2800   (D) 2400

【题 54】 根据地勘资料，某黏土层的天然含水量 w＝35%，液限 w_L＝52%，塑限 w_P＝23%，土的压缩系数 a_{1-2}＝0.12MPa⁻¹，a_{2-3}＝0.09MPa⁻¹。试问，下列关于该土层的状态及压缩性评价，何项是正确的？

(A) 可塑，中压缩性土   (B) 硬塑，低压缩性土

(C) 软塑，中压缩性土   (D) 可塑，低压缩性土

【题 55、56】 某砌体结构建筑采用墙下钢筋混凝土条形基础，以强风化粉砂质泥岩为持力层，底层墙体剖面及地质情况如图 Z12-20 所示。相应于荷载的基本组合时，作用于钢筋混凝土扩展基础顶面处的轴心竖向力 N＝526.5kN/m。

55. 试问，在轴心竖向力作用下，该条形基础的最大基本组合弯矩设计值（kN·m）与下列何项数值最为接近？

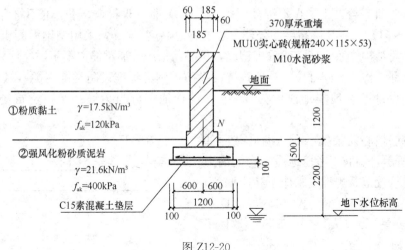

图 Z12-20

(A) 20　　　　　(B) 30　　　　　(C) 40　　　　　(D) 50

56. 方案阶段，若考虑将墙下钢筋混凝土条形基础调整为等强度的 C20（$f_t = 1.1\text{N/mm}^2$）素混凝土基础，在保持基础底面宽度不变的情况下，试问，满足抗剪要求所需基础最小高度（mm）与下列何项数值最为接近？

提示：刚性基础的抗剪验算可按下式进行：$V_s \leqslant 0.366 f_t A$

其中 A 为沿砖墙外边缘处混凝土基础单位长度的垂直截面面积。

(A) 300　　　　　(B) 400　　　　　(C) 500　　　　　(D) 600

【题 57】 以下关于高层建筑混凝土结构抗震设计的 4 种观点：

Ⅰ. 扭转周期比大于 0.9 的结构（不含混合结构）应进行专门研究和论证，采取特别的加强措施；

Ⅱ. 结构宜限制出现过多的内部、外部赘余度；

Ⅲ. 结构在两个主轴方向的振型可存在较大差异，但结构周期宜相近；

Ⅳ. 控制薄弱层使之有足够的变形能力，又不使薄弱层发生转移。

试问，针对上述观点是否符合《建筑抗震设计规范》GB 50011—2010 相关要求的判断，下列何项正确？

(A) Ⅰ、Ⅱ符合，Ⅲ、Ⅳ不符合　　　　(B) Ⅱ、Ⅲ符合，Ⅰ、Ⅳ不符合

(C) Ⅲ、Ⅳ符合，Ⅰ、Ⅱ不符合　　　　(D) Ⅰ、Ⅳ符合，Ⅱ、Ⅲ不符合

【题 58】 以下关于高层建筑混凝土结构设计与施工的 4 种观点：

Ⅰ. 分段搭设的悬挑脚手架，每段高度不得超过 25m；

Ⅱ. 大体积混凝土浇筑体的里表温差不宜大于 25℃，混凝土浇筑表面与大气温差不宜大于 20℃；

Ⅲ. 混合结构核心筒应先于钢框架或型钢混凝土框架施工，高差宜控制在 4～8 层，并应满足施工工序的穿插要求；

Ⅳ. 常温施工时，柱、墙体拆模混凝土强度不应低于 1.2MPa。

试问，针对上述观点是否符合《高层建筑混凝土结构技术规程》JGJ 3—2010 相关要求的判断，下列何项正确？

(A) Ⅰ、Ⅱ符合，Ⅲ、Ⅳ不符合　　　　(B) Ⅰ、Ⅲ符合，Ⅱ、Ⅳ不符合

（C）Ⅱ、Ⅲ符合，Ⅰ、Ⅳ不符合   （D）Ⅲ、Ⅳ符合，Ⅰ、Ⅱ不符合

【题 59～61】 某 40 层高层办公楼，建筑物总高度 152m，采用型钢混凝土框架-钢筋混凝土核心筒结构体系，楼面梁采用钢梁，核心筒采用普通钢筋混凝土，经计算地下室顶板可作为上部结构的嵌固部位。该建筑抗震设防类别为标准设防类（丙类），抗震设防烈度为 7 度，设计基本地震加速度为 0.10g，设计地震分组为第一组，建筑场地类别为Ⅱ类。

59. 首层核心筒某偏心受压墙肢截面如图 Z12-21 所示，墙肢 1 考虑地震组合的内力设计值（已按规范、规程要求作了相应调整）如下：$N = 32000$kN，$V = 9260$kN，计算截面的剪跨比 $\lambda = 1.91$，$h_{w0} = 5400$mm，墙体采用 C60 混凝土（$f_c = 27.5$N/mm²，$f_t = 2.04$N/mm²），HRB400 级钢筋（$f_y = 360$N/mm²）。试问，其水平分布钢筋最小选用下列何项配筋时，才能满足《高层建筑混凝土结构技术规程》JGJ 3—2010 的最低构造要求？

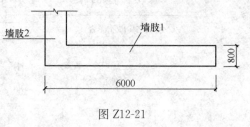

图 Z12-21

提示： 假定 $A_w = A$。

（A）Φ10@200（4）   （B）Φ12@200（4）

（C）Φ14@200（4）   （D）Φ16@200（4）

60. 该结构中框架柱数量各层保持不变，按侧向刚度分配的水平地震作用标准值如下：结构基底总剪力标准值 $V_0 = 29000$kN，各层框架承担的地震剪力标准值最大值 $V_{f,max} = 3828$kN，某楼层框架承担的地震剪力标准值 $V_f = 3400$kN，该楼层某柱的柱底弯矩标准值 $M_k = 596$kN·m，剪力标准值 $V = 156$kN。试问，该柱进行抗震设计时，相应于水平地震作用的内力标准值 M（kN·m）、V（kN）最小取下列何项数值时，才能满足规范、规程对框架部分多道防线概念设计的最低要求？

（A）600、160   （B）670、180   （C）1010、265   （D）1100、270

61. 首层某型钢混凝土柱的剪跨比不大于 2，其截面为 1100mm×1100mm，按规范配置普通钢筋，混凝土强度等级为 C65（$f_c = 29.7$N/mm²），柱内十字形钢骨面积为 51875mm²（$f_a = 295$N/mm²）如图 Z12-22 所示。试问，该柱所能承受的考虑地震组合满足轴压比限值的轴力最大设计值（kN），与下列何项数值最为接近？

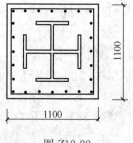

图 Z12-22

（A）34900   （B）34780

（C）32300   （D）29800

【题 62～66】 某底层带托柱转换层的钢筋混凝土框架-筒体结构办公楼，地下 1 层，地上 25 层，地下 1 层层高 6.0m，地上 1 层至 2 层的层高均为 4.5m，其余各层层高均为 3.3m，房屋高度为 85.2m。转换层位于地上 2 层，如图 Z12-23 所示。抗震设防烈度为 7 度，设计基本地震加速度为 0.10g，设计分组为第一组，丙类建筑，Ⅲ类场地，混凝土强度等级：地上 2 层及以下均为 C50，地上 3 层至 5 层为 C40，其余各层均为 C35。

提示： 按《建筑与市政工程抗震通用规范》GB 55002—2021 作答。

62. 假定，地上第 2 层转换梁的抗震等级为一级，某转换梁截面尺寸为 700mm×

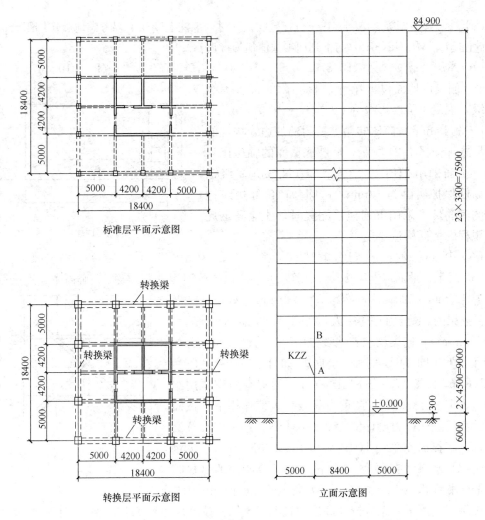

图 Z12-23

1400mm，经计算求得梁端截面弯矩标准值（kN·m）如下：恒载 $M_{gk}=1304$；活载（按等效均布荷载计）$M_{qk}=169$；风载 $M_{wk}=135$；水平地震作用 $M_{Ehk}=300$。试问，在进行梁端截面设计时，梁端考虑水平地震作用组合时的弯矩设计值 M（kN·m）与下列何项数值最为接近？

（A）2100　　　　　（B）2200　　　　　（C）2350　　　　　（D）2550

63. 假定，某转换柱的抗震等级为一级，其截面尺寸为 900mm×900mm，混凝土强度等级为 C50（$f_c=23.1N/mm^2$，$f_t=1.89N/mm^2$），纵筋和箍筋分别采用 HRB400（$f_y=360N/mm^2$）和 HRB335（$f_{yv}=300N/mm^2$），箍筋形式为井字复合箍，柱考虑地震作用效应组合的轴压力设计值为 $N=9350kN$。试问，关于该转换柱加密区箍筋的体积配箍率 ρ_v（%），最小取下列何项数值时才能满足规范、规程规定的最低要求？

（A）1.50　　　　　（B）1.20　　　　　（C）1.70　　　　　（D）0.80

64. 地上第 2 层某转换柱 KZ2，如图 Z12-23 所示，假定该柱的抗震等级为一级，柱上端和下端考虑地震作用组合的弯矩组合值分别为 580kN·m、450kN·m，柱下端节点 A 左右梁端相应的同向组合弯矩设计值之和 $\Sigma M_b=1100kN·m$。假设，转换柱 KZ2 在节点 A 处按弹性分析的上、下柱端弯矩相等。试问，在进行柱截面设计时，该柱上端和下端考虑地震作用组合的弯矩设计值 M^t、M^b（kN·m）与下列何项数值最为接近？

（A）870、770　　（B）870、675　　（C）810、770　　（D）810、675

65. 假设，地面以上第 6 层核心筒的抗震等级为二级，混凝土强度等级为 C35（$f_c=16.7\text{N/mm}^2$，$f_t=1.57\text{ N/mm}^2$），筒体转角处剪力墙的边缘构件的配筋形式如图 Z12-24 所示，墙肢底截面的轴压比为 0.42，箍筋采用 HPB300（$f_{yv}=270\text{N/mm}^2$）级钢筋，纵筋保护层厚为 30mm。试问，转角处边缘构件中的箍筋最小采用下列何项配置时，才能满足规范、规程的最低构造要求？

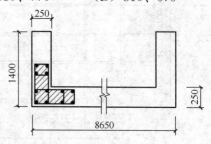

图 Z12-24

（A）$\Phi 10@80$　　（B）$\Phi 10@100$　　（C）$\Phi 10@125$　　（D）$\Phi 10@150$

66. 假定，地面以上第 2 层（转换层）核心筒的抗震等级为二级，核心筒中某连梁截面尺寸为 400mm×1200mm，净跨 $l_n=1200\text{mm}$，如图 Z12-25 所示。连梁的混凝土强度等级为 C50（$f_c=23.1\text{N/mm}^2$，$f_t=1.89\text{ N/mm}^2$）。连梁梁端有地震作用组合的最不利组合弯矩设计值（同为顺时针方向）如下：左端 $M_b^l=815\text{kN·m}$，右端 $M_b^r=-812\text{kN·m}$；梁端有地震作用组合的剪力 $V_b=1360\text{kN}$，在重力荷载代表值作用下，按简支梁计算的梁端剪力设计值为 $V_{Gb}=54\text{kN}$，连梁中设置交叉暗撑，暗撑纵筋采用 HRB400（$f_y=360\text{N/mm}^2$）级钢筋，暗撑与水平线夹角为 40°。试问，计算所需的每根暗撑纵筋的截面积 A_s（mm^2）与下列何项的配筋面积最为接近？

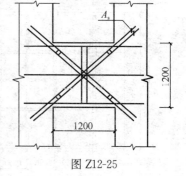

图 Z12-25

提示：连梁增大系数按《高层建筑混凝土结构技术规程》JGJ 3—2010 计算。

（A）4 Φ 28　　（B）4 Φ 32　　（C）4 Φ 36　　（D）4 Φ 40

【题 67、68】 某高层现浇钢筋混凝土框架结构，其抗震等级为二级，框架梁局部配筋如图 Z12-26 所示，梁、柱混凝土强度等级 C40（$f_c=19.1\text{N/mm}^2$），梁纵筋为 HRB400（$f_y=360\text{N/mm}^2$），箍筋 HRB335（$f_y=300\text{N/mm}^2$），$a_s=60\text{mm}$。

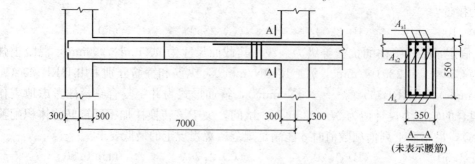

图 Z12-26

67. 关于梁端 A—A 剖面处纵向钢筋的配置，如果仅从框架抗震构造措施方面考虑，下列何项配筋相对合理？

提示：按《高层建筑混凝土结构技术规程》JGJ 3—2010 作答。

(A) A_{s1}＝4 Φ 28，A_{s2}＝4 Φ 25；A_s＝4 Φ 25

(B) A_{s1}＝4 Φ 28，A_{s2}＝4 Φ 25；A_s＝4 Φ 28

(C) A_{s1}＝4 Φ 28，A_{s2}＝4 Φ 28；A_s＝4 Φ 28

(D) A_{s1}＝4 Φ 28，A_{s2}＝4 Φ 28；A_s＝4 Φ 25

68. 假定，该建筑物较高，其所在建筑场地类别为Ⅳ类，计算表明该结构角柱为小偏心受拉，其计算纵筋截面面积为 3600mm²，采用 HRB400 级钢筋（f_y＝360N/mm²），配置如图 Z12-27 所示。试问，该柱纵向钢筋最小取下列何项配筋时，才能满足规范、规程的最低要求？

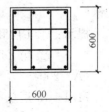

图 Z12-27

(A) 12 Φ 25　　　　(B) 4 Φ 25（角筋）＋8 Φ 20

(C) 12 Φ 22　　　　(D) 12 Φ 20

【题 69～71】 某商住楼地上 16 层地下 2 层（未示出），系部分框支剪力墙结构，如图 Z12-28 所示（仅表示 1/2，另一半对称），2-16 层均匀布置剪力墙，其中第①、②、④、⑥、⑦ 轴线剪力墙落地，第③、⑤ 轴线为框支剪力墙。设建筑位于 7 度地震区，抗震设防类别为丙类，设计基本地震加速度为 0.15g，场地类别Ⅲ类，结构基本周期 1s。墙、柱混凝土强度等级：底层及地下室为 C50（f_c＝23.1N/mm²），其他层为 C30（f_c＝14.3N/mm²），框支柱截面为 800mm×900mm。

提示：① 计算方向仅为横向；

②　剪力墙墙肢满足稳定性要求。

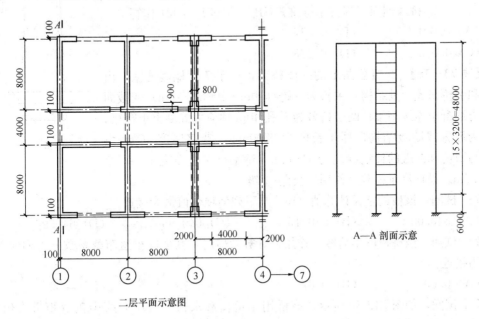

二层平面示意图

图 Z12-28

69. 假定，承载力满足要求，试判断第④轴线落地剪力墙在第 3 层时墙的最小厚度 b_w（mm）应为下列何项数值时，才能满足《高层建筑混凝土结构技术规程》JGJ 3—2010

的最低要求？

  (A) 160   (B) 180   (C) 200   (D) 220

70. 假定，承载力满足要求，第1层各轴线横向剪力墙厚度相同，第2层各轴线横向剪力墙厚度均为200mm。试问，第1层横向落地剪力墙的最小厚度 b_w（mm）为下列何项数值时，才能满足《高层建筑混凝土结构技术规程》JGJ 3—2010 有关侧向刚度的最低要求？

  提示：① 1层和2层混凝土剪变模量之比为 $G_1/G_2=1.15$；
  　　　　② 第2层全部剪力墙在计算方向（横向）的有效截面面积 $A_{w2}=22.96\text{m}^2$。

  (A) 200   (B) 250   (C) 300   (D) 350

71. 1~16 层总重力荷载代表值为 246000kN。假定，该建筑物底层为薄弱层，地震作用分析计算出的对应于水平地震作用标准值的底层地震剪力为 $V_{Ek}=16000$kN，试问，底层每根框支柱承受的地震剪力标准值 V_{Ekc}（kN）最小取下列何项数值时，才能满足《高层建筑混凝土结构技术规程》JGJ 3—2010 的最低要求？

  (A) 150   (B) 240   (C) 320   (D) 400

【题 72】 某环形截面钢筋混凝土烟囱，如图 Z12-29 所示，抗震设防烈度为 7 度，设计基本地震加速度为 0.10g，设计分组为第二组，场地类别为Ⅲ类。试确定相应于烟囱基本自振周期的水平地震影响系数与下列何项数值最为接近？

  提示：①按《建筑结构荷载规范》GB 50009—2012 计算烟囱基本自振周期；
  　　　② 按《烟囱工程技术标准》GB/T 50051—2021 作答。

  (A) 0.021   (B) 0.027
  (C) 0.033   (D) 0.038

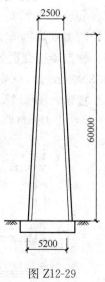

图 Z12-29

【题 73~75】 一级公路上的一座桥梁，位于 7 度地震地区，由主桥和引桥组成。其结构：主桥为三跨（70m＋100m＋70m）变截面预应力混凝土连续箱梁；两引桥各为 5 孔 40m 预应力混凝土小箱梁；桥台为埋置式肋板结构，耳墙长度为 3500mm，背墙厚度 400mm；主桥与引桥和两端的伸缩缝均为 160mm。桥梁行车道净宽 15m，全宽 17.5m。设计汽车荷载（作用）公路-Ⅰ级。

73. 试问，该桥的全长计算值（m）与下列何项数值最为接近？

  (A) 640.00   (B) 640.16   (C) 640.96   (D) 647.96

74. 试问，该桥按汽车荷载（作用）计算效应时，其横向车道布载系数与下列何项数值最为接近？

  (A) 0.60   (B) 0.67   (C) 0.78   (D) 1.00

75. 试问，如图 Z12-30 所示，该桥用车道荷载求边跨（L_1）跨中正弯矩最大值时，车道荷载顺桥向布置时，下列哪种布置符合规范规定？

  提示：三跨连续梁的边跨（L_1）跨中影响线如下：

  (A) 三跨都布置均布荷载和集中荷载

  (B) 只在两边跨（L_1 和 L_3）内布置均布荷载，并只在 L_1 跨最大影响线坐标值处布

置集中荷载

(C) 只在中间跨（L_2）布置均布荷载和集中荷载

(D) 三跨都布置均布荷载

【题76】 二级公路上的一座永久性桥梁，为单孔 30m 跨径的预应力混凝土 T 型梁结构，全宽 12m，其中行车道净宽 9.0m，两侧各附 1.5m 的人行道。横向由 5 片梁组成，主梁计算跨径 29.16m，中距 2.2m。结构安全等级为一级。设计汽车荷载为公路 I 级，人群荷载为 3.5kN/m²，由计算知，其中一片内主梁跨中截面的弯矩标准值为：总自重弯矩 2700kN·m，汽车作用弯矩 1670kN·m，人群作用弯矩 140kN·m。试问，该片梁的作用基本组合的弯矩设计值 $\gamma_0 S_{ud}$（kN·m）与下列何项数值最为接近？

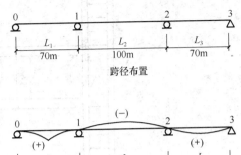

跨径布置

边跨（L_1）的跨中弯矩影响线

图 Z12-30

(A) 4500   (B) 5800   (C) 5700   (D) 6300

【题77】 某公路桥梁在二级公路上，重车较多，该桥上部结构为装配式钢筋混凝土 T 型梁，标准跨径 20m，计算跨径为 19.50m，主梁高度 1.25m，主梁距 1.8m。设计荷载为公路-I 级。结构安全等级为一级。梁体混凝土强度等级为 C30。按持久状况计算时某内主梁支点截面基本组合剪力设计值 650kN（已计入结构重要性系数）。试问，该梁最小腹板厚度（mm）与下列何项数值最为接近？

提示：主梁有效高度 h_0 为 1200mm。

(A) 180   (B) 200   (C) 220   (D) 240

【题78】 某城市桥梁位于城市主干路上，位于 6 度地震基本烈度区，为 5 孔 16m 简支预应力混凝土空心板梁结构，全宽 19m，桥梁计算跨径 15.5m；中墩为两跨双悬臂钢筋混凝土矩形盖梁，三根 $\phi 1.1m$ 的圆柱；伸缩缝宽度均为 80mm；每片板梁两端各置两块氯丁橡胶板式支座，支座平面尺寸为 200mm（顺桥向）×250mm（横桥向），支点中心距墩中心的距离为 250mm（含伸缩缝宽度）。试问，根据现行桥规的构造要求，该桥中墩盖梁的最小设计宽度（mm）与下列何项数值最为接近？

(A) 1640   (B) 1390   (C) 1000   (D) 1200

【题79】 某城市一座过街人行天桥，其两端的两侧（即四隅），顺人行道方向各修建一条梯道（图 Z12-31），天桥净宽 5.0m，若各侧的梯道净宽都设计为同宽，试问，梯道最小净宽 b（m），应为下列何项数值？

(A) 5.0   (B) 1.8   (C) 2.5   (D) 3.0

【题80】 某高速公路一座特大桥要跨越一条天然河道。试问，下列可供选择的桥位方案中，何项方案最为经济合理？

(A) 河道宽而浅，但有两个河汊

(B) 河道正处于急弯上

(C) 河道窄而深，且两岸岩石露头较多

(D) 河流一侧有泥石流汇入

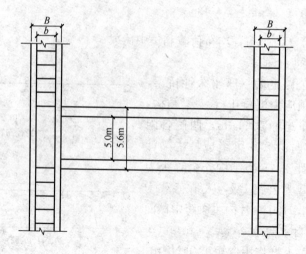

图 Z12-31

2013 年真题

（上午卷）

【题1】 某规则钢筋混凝土框架-剪力墙结构，框架的抗震等级为二级。梁、柱混凝土强度等级均为C35。某中间层的中柱净高 $H_n = 4m$，柱除节点外无水平荷载作用，柱截面 $b \times h = 1100mm \times 1100mm$，$a_s = 50mm$，柱内箍筋采用井字复合箍，箍筋采用 HRB500 钢筋，其考虑地震作用组合的弯矩如图 Z13-1 所示。假定，柱底考虑地震作用组合的轴压力设计值为 13130kN。试问，按《建筑抗震设计规范》GB 50011—2010 的规定，该柱箍筋加密区的最小体积配箍率与下列何项数值最为接近？

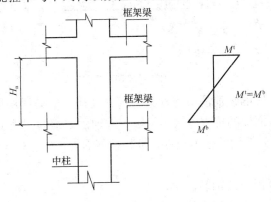

图 Z13-1

    (A) 0.5%   (B) 0.6%   (C) 1.2%   (D) 1.5%

【题2】 某办公楼中的钢筋混凝土四跨连续梁，结构设计使用年限为50年，其计算简图和支座 C 处的配筋如图 Z13-2 (a) 所示。梁的混凝土强度等级为 C35，纵筋采用 HRB500 钢筋，$a_s = 45mm$，箍筋的保护层厚度为 20mm。假定，作用在梁上的永久荷载标准值为 $q_{Gk} = 28kN/m$（包括自重），可变荷载标准值为 $q_{Qk} = 8kN/m$，可变荷载准永久值系数为 0.4。试问，按《混凝土结构设计规范》GB 50010—2010 计算的支座 C 梁顶面裂缝最大宽度 w_{max}（mm）与下列何项数值最为接近？

    提示： ①裂缝宽度计算时不考虑支座宽度和受拉翼缘的影响；

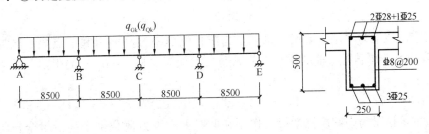

图 Z13-2 (a)

②本题需要考虑可变荷载不利分布，等跨梁在不同荷载分布作用下，支座 C 的弯矩计算公式分别为如图 Z13-2 (b)所示。

(A) 0.24　　　　(B) 0.28　　　　(C) 0.32　　　　(D) 0.36

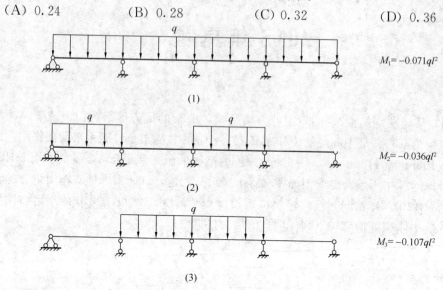

图 Z13-2 (b)

【题 3、4】 某 8 度区的钢筋混凝土框架结构办公楼，框架梁混凝土强度等级为 C35，均采用 HRB400 钢筋。框架的抗震等级为一级。Ⓐ轴框架梁的配筋平面表示法如图 Z13-3 所示，$a_s = a'_s = 60\text{mm}$。①轴的柱为边柱，框架柱截面 $b \times h = 800\text{mm} \times 800\text{mm}$，定位轴线均与梁柱中心线重合。

提示： ① 不考虑楼板内的钢筋作用；

② 按《建筑与市政工程抗震通用规范》GB 55002—2021 作答。

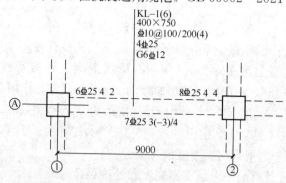

图 Z13-3

3. 假定，该梁为顶层框架梁。试问，为防止配筋率过高而引起节点核心区混凝土的斜压破坏，KL-1 在靠近①轴的梁端上部纵筋最大配筋面积（mm²）的限值与下列何项数值最为接近？

(A) 3200　　　　(B) 4480　　　　(C) 5160　　　　(D) 6900

4. 假定，该梁为中间层框架梁，作用在此梁上的重力荷载全部为沿梁全长的均布荷载，梁上永久均布荷载标准值为 46kN/m（包括自重），可变均布荷载标准值为 12kN/m

（可变均布荷载按等效均布荷载计算）。试问，此框架梁端考虑地震组合的剪力设计值 V_b（kN），应与下列何项数值最为接近？

(A) 470　　　　　(B) 540　　　　　(C) 570　　　　　(D) 600

【题 5～7】 某 7 层住宅，层高均为 3.1m，房屋高度 22.3m，安全等级为二级，采用现浇钢筋混凝土剪力墙结构，混凝土强度等级 C35，抗震等级三级，结构平面立面均规则。某矩形截面墙肢尺寸 $b_w \times h_w = 250mm \times 2300mm$，各层截面保持不变。

提示：按《建筑与市政工程抗震通用规范》GB 55002—2021 作答。

5. 假定，底层作用在该墙肢底面的由永久荷载标准值产生的轴向压力 $N_{Gk} = 3150kN$，按等效均布荷载计算的活荷载标准值产生的轴向压力 $N_{Qk} = 750kN$，由水平地震作用标准值产生的轴向压力 $N_{Ek} = 900kN$。试问，按《建筑抗震设计规范》GB 50011—2010 计算，底层该墙肢底截面的轴压比与下列何项数值最为接近？

(A) 0.35　　　　　(B) 0.45　　　　　(C) 0.48　　　　　(D) 0.55

6. 假定，该墙肢底层底截面的轴压比为 0.58，三层底截面的轴压比为 0.38。试问，下列对三层该墙肢两端边缘构件的描述何项是正确的？

(A) 需设置构造边缘构件，暗柱长度不应小于 300mm

(B) 需设置构造边缘构件，暗柱长度不应小于 400mm

(C) 需设置约束边缘构件，l_c 不应小于 500mm

(D) 需设置约束边缘构件，l_c 不应小于 400mm

7. 该住宅某门顶连梁截面和配筋如图 Z13-4 所示。假定，门洞净宽 1000mm，连梁中未配置斜向交叉钢筋。$h_0 = 720mm$，均采用 HRB500 钢筋。试问，考虑地震作用组合，根据截面和配筋，该连梁所能承受的最大剪力设计值（kN）与下列何项数值最为接近？

(A) 500　　　　　(B) 530

(C) 560　　　　　(D) 640

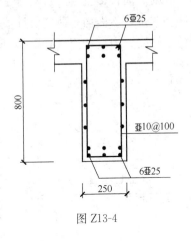

图 Z13-4

【题 8】 某钢筋混凝土框架-剪力墙结构，框架的抗震等级为三级，剪力墙的抗震等级为二级。试问，该结构中下列何种部位的纵向受力普通钢筋必须采用符合抗震性能指标要求的钢筋？

①框架梁；②连梁；③楼梯的梯段；④剪力墙约束边缘构件。

(A) ①+②　　　　(B) ①+③　　　　(C) ②+④　　　　(D) ③+④

【题 9】 钢筋混凝土梁底有锚板和对称配置的直锚筋组成的受力预埋件，如图 Z13-5 所示。构件安全等级均为二级，混凝土强度等级为 C35，直锚筋为 6Φ18（HRB400），已采取防止锚板弯曲变形的措施。锚板上焊接了一块连接板，连接板上需承受集中力 F 的作用，力的作用点和作用方向如图 Z13-5 所示。试问，当不考虑抗震时，该预埋件可以承受的最大集中力设计值 F_{max}（kN）与下列何项数值最为接近？

提示：①预埋件承载力由锚筋面积控制；

②连接板的重量忽略不计。

(A) 150　　　　　(B) 175　　　　　(C) 205　　　　　(D) 250

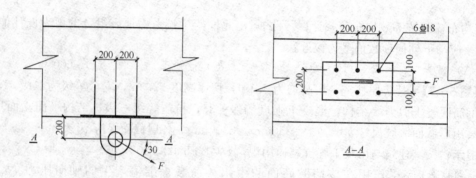

图 Z13-5

【题 10】 某外挑三脚架，安全等级为二级，计算简图如图 Z13-6 所示。其中横杆 AB 为混凝土构件，截面尺寸 300mm×400mm，混凝土强度等级为 C35，纵向钢筋采用 HRB400，对称配筋，$a_s = a'_s =45$mm。假定，均布荷载设计值 $q=25$kN/m（包括自重），集中荷载设计值 $P=350$kN（作用于节点 B 上）。试问，按承载能力极限状态计算（不考虑抗震），横杆最不利截面的纵向配筋截面面积 A_s（mm²）与下列何项数值最为接近？

(A) 980 　　　　(B) 1190 　　　　(C) 1400 　　　　(D) 1600

【题 11】 非抗震设防的某钢筋混凝土板柱结构屋面层，其中柱节点如图 Z13-7 所示，构件安全等级为二级。中柱截面 600mm×600mm，柱帽的高度为 500mm，柱帽中心与柱中心的竖向投影重合。混凝土强度等级为 C35，$u_s = a'_s =40$mm，板中未配置抗冲切钢筋。假定，板面均布荷载设计值为 15kN/m²（含屋面板自重）。试问，板与柱冲切控制的柱顶轴向压力设计值（kN）与下列何项数值最为接近？

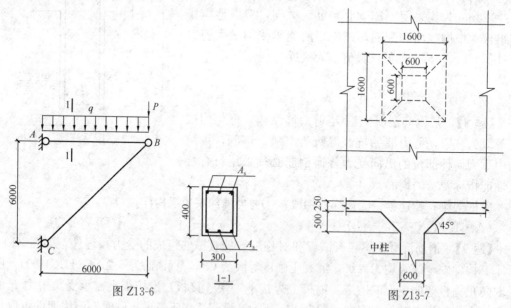

图 Z13-6　　　　　　　　　图 Z13-7

提示： 忽略柱帽自重和板柱节点不平衡弯矩的影响。

(A) 1320 　　　　(B) 1380 　　　　(C) 1440 　　　　(D) 1500

【题 12】 某地区抗震设防烈度为 7 度（0.15 g），场地类别为 Ⅱ 类，拟建造一座 4 层商场，商场总建筑面积 16000m²，房屋高度为 21m，采用钢筋混凝土框架结构，框架的最大跨度 12m，不设缝。混凝土强度等级为 C40，均采用 HRB400 钢筋。试问，此框架角柱构造要求的纵向钢筋最小总配筋率（%）为下列何值？

(A) 0.8   (B) 0.85   (C) 0.9   (D) 0.95

【题 13、14】 某钢筋混凝土边梁，独立承担弯剪扭，安全等级为二级，不考虑抗震。梁混凝土强度等级为 C35，截面 400mm×600mm，$h_0 = 550$mm，梁内配置四肢箍筋，箍筋采用 HPB300 钢筋，梁中未配置计算需要的纵向受压钢筋。箍筋内表面范围内截面核心部分的短边和长边尺寸分别为 320mm 和 520mm，截面受扭塑性抵抗矩 $W_t = 37.333 \times 10^6$ mm^3。

13. 假定，梁中最大剪力设计值 $V = 150$kN，最大扭矩设计值 $T = 10$kN·m。试问，梁中应选用下列何项箍筋配置？

(A) Φ6@200（4）   (B) Φ8@350（4）

(C) Φ10@350（4）   (D) Φ12@400（4）

14. 假定，梁端剪力设计值 $V = 300$kN，扭矩设计值 $T = 70$kN·m，按一般剪扭构件受剪承载力计算所得 $\dfrac{A_{sv}}{s} = 1.206$。试问，梁端至少选用下列何项箍筋配置才能满足承载力要求？

提示：①受扭的纵向钢筋与箍筋的配筋强度比值 $\zeta = 1.6$；

      ②按一般剪扭构件计算，不需要验算截面限制条件和最小配箍率。

(A) Φ8@100（4）   (B) Φ10@100（4）

(C) Φ12@100（4）   (D) Φ14@100（4）

【题 15】 8 度区某多层重点设防类建筑，采用现浇钢筋混凝土框架-剪力墙结构，房屋高度 20m。柱截面均为 550mm×550mm，混凝土强度等级为 C40。假定，底层角柱柱底截面考虑水平地震作用组合的、未经调整的弯矩设计值为 700kN·m，相应的轴力设计值为 2500kN。柱纵筋采用 HRB400 钢筋，对称配筋，$a_s = a'_s = 50$mm，相对界限受压区高度 $\xi_b = 0.518$，不需要考虑二阶效应。试问，该角柱满足柱底正截面承载能力要求的单侧纵筋截面面积 A'_s（mm^2）与下列何项数值最为接近？

提示：不需要验算配筋率。

(A) 1480   (B) 1830   (C) 3210   (D) 3430

【题 16】 下列关于荷载与作用的描述，哪项是正确的？

提示：按《建筑结构荷载规范》GB 50009—2012 作答。

(A) 地下室顶板消防车道区域的普通混凝土梁在进行裂缝控制验算和挠度验算时，可不考虑消防车荷载

(B) 屋面均布活荷载可不与雪荷载和风荷载同时组合

(C) 对标准值大于 4kN/m^2 的楼面结构的活荷载，其基本组合的荷载分项系数应取 1.3

(D) 计算结构的温度作用效应时，温度作用标准值应根据 50 年重现期的月平均最高气温 T_{max} 和月平均最低气温 T_{min} 的差值计算

【题 17～19】 某轻屋盖钢结构厂房，屋面不上人，屋面坡度为 1/10。采用热轧 H 型钢屋面檩条，其水平间距为 3m，钢材采用 Q235 钢。屋面檩条按简支梁设计，计算跨度 $l = 12$m。假定，屋面水平投影面上的荷载标准值：屋面自重为 0.18kN/m^2，均布活荷载为 0.5kN/m^2，积灰荷载为 1.00 kN/m^2，雪荷载为 0.65kN/m^2。热轧 H 型钢檩条型号为 H400×150×8×13，自重为 0.56 kN/m，其截面特征：$A = 70.37 \times 10^2$ mm^2，$I_x = 18600 \times$

$10^4 \, \text{mm}^4$，$W_x = 929 \times 10^3 \, \text{mm}^3$，$W_y = 97.8 \times 10^3 \, \text{mm}^3$，$i_y =$
32.2mm。屋面檩条的截面形式如图 Z13-8 所示。

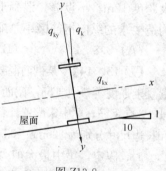

17. 试问，屋面檩条垂直于屋面方向的最大挠度
（mm）应与下列何项数值最为接近？

(A) 40   (B) 50

(C) 60   (D) 80

18. 假定，屋面檩条垂直于屋面方向的最大弯矩设计
值 $M_x = 133 \, \text{kN} \cdot \text{m}$，同一截面处平行于屋面方向的侧向
弯矩设计值 $M_y = 0.3 \, \text{kN} \cdot \text{m}$。试问，若计算截面无削弱，

图 Z13-8

在上述弯矩作用下，强度计算时，屋面檩条上翼缘的最大正应力计算值（N/mm^2）应与
下列何项数值最为接近？

提示： 檩条截面等级满足 S3 级。

(A) 180   (B) 165   (C) 150   (D) 140

19. 屋面檩条支座处已采取构造措施以防止梁端截面的扭转。假定，屋面不能阻止屋
面檩条的扭转和受压翼缘的侧向位移，而在檩条间设置水平
支撑系统，则檩条受压翼缘侧向支承点之间间距为4m。弯矩
设计值同题18。试问，对屋面檩条进行整体稳定性计算时，
以应力形式表达的整体稳定性计算值（N/mm^2）应与下列何
项数值最为接近？

提示： 檩条截面等级满足 S3 级。

(A) 205   (B) 190

(C) 170   (D) 145

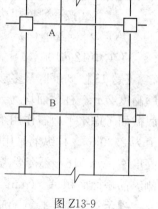

图 Z13-9

【题 20～22】 某构筑物根据使用要求设置一钢结构夹
层，钢材采用Q235钢，结构平面布置如图Z13-9所示。构件
之间连接均为铰接。抗震设防烈度为8度。

20. 假定，夹层平台板采用混凝土并考虑其与钢梁组合作用。试问，若夹层平台钢梁
高度确定，仅考虑钢材用量最经济，采用下列何项钢梁截面形式最为合理？

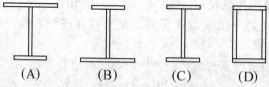

(A)   (B)   (C)   (D)

21. 假定，钢梁 AB 采用焊接工字形截面，截面尺寸为
H600×200×6×12，如图Z13-10所示。试问，下列说法何项
正确？

(A) 钢梁 AB 应符合《抗规》抗震设计时板件宽厚比的
要求

(B) 按《钢标》式（6.1.1）、式（6.1.3）计算强度，按
《钢标》第 6.3.2 条设置横向加劲肋，无需计算腹板稳定性

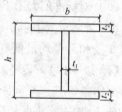

H型钢表示法
H$h \times b \times t_1 \times t_2$（单位:mm）

图 Z13-10

（C）按《钢标》式（6.1.1）、式（6.1.3）计算强度，并按《钢标》第6.3.2条设置横向加劲肋及纵向加劲肋，无需计算腹板稳定性

（D）可按《钢标》第6.4节计算腹板屈曲后强度

22. 假定，不考虑平台板对钢梁的侧向支承作用。试问，采取下列何项措施对增加梁的整体稳定性最为有效？

（A）上翼缘设置侧向支承点

（B）下翼缘设置侧向支承点

（C）设置加劲肋

（D）下翼缘设置隅撑

【题 23～25】 某轻屋盖单层钢结构多跨厂房，中列厂房柱采用单阶钢柱，钢材采用Q345钢。上段钢柱采用焊接工字形截面H1200×700×20×32，翼缘为焰切边，其截面特征：$A=675.2\times10^2\text{mm}^2$，$W_x=29544\times10^3\text{mm}^3$，$i_x=512.3\text{mm}$，$i_y=164.6\text{mm}$；下段钢柱为双肢格构式构件。厂房钢柱的截面形式和截面尺寸如图 Z13-11 所示。

23. 厂房钢柱采用插入式柱脚。试问，若仅按抗震构造措施要求，厂房钢柱的最小插入深度（mm）应与下列何项数值最为接近？

（A）2500

（B）2000

（C）1850

（D）1500

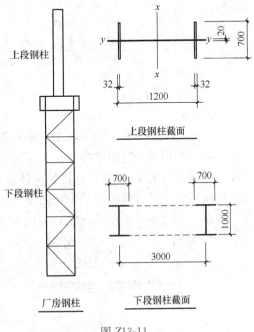

图 Z13-11

24. 假定，厂房上段钢柱框架平面内计算长度 $H_{0x}=30860\text{mm}$，框架平面外计算长度 $H_{0y}=12230\text{mm}$。上段钢柱的内力设计值：弯矩 $M_x=5700\text{kN}\cdot\text{m}$，轴心压力 $N=2100\text{kN}$。试问，上段钢柱作为压弯构件，进行弯矩作用平面内的稳定性计算时，以应力形式表达的稳定性计算值（N/mm^2）应与下列何项数值最为接近？

提示：$\alpha_0=1.71$；取等效弯矩系数 $\beta_{mx}=1.0$。

（A）215

（B）235

（C）270

（D）295

25. 已知条件同题24。试问，上段钢柱作为压弯构件，进行弯矩作用平面外的稳定性计算时，以应力形式表达的稳定性计算值（N/mm^2）应与下列何项数值最为接近？

提示：取等效弯矩系数 $\beta_{tx}=1.0$。

（A）215

（B）235

（C）270

（D）295

【题 26～28】 某钢结构平台承受静力荷载，钢材均采用Q235钢。该平台有悬挑次梁与主梁刚接。假定，次梁上翼缘处的连接板需要承受由支座弯矩产生的轴心拉力设计值 $N=360\text{kN}$。

26. 假定，主梁与次梁的刚接节点如图 Z13-12 所示，次梁上翼缘与连接板采用角焊缝连接，三面围焊，焊缝长度一律满焊，焊条采用 E43 型。试问，若角焊缝的焊脚尺寸 $h_f=8\text{mm}$，次梁上翼缘与连接板的连接长度 L（mm）采用下列何项数值最为合理？

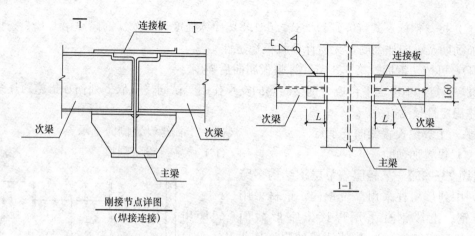

图 Z13-12

(A) 120 　　　 (B) 260 　　　 (C) 340 　　　 (D) 420

27. 假定，悬挑次梁与主梁的焊接连接改为高强度螺栓摩擦型连接，次梁上翼缘与连接板每侧各采用 6 个高强度螺栓，采用标准圆孔，其刚接节点如图 Z13-13 所示。高强度螺栓的性能等级为 10.9 级，连接处构件接触面采用喷硬质石英砂处理。试问，次梁上翼缘处连接所需高强度螺栓的最小规格应为下列何项？

提示：按《钢结构设计标准》GB 50017—2017 作答。

(A) M24 　　　 (B) M22 　　　 (C) M20 　　　 (D) M16

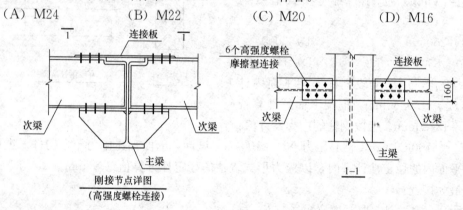

图 Z13-13

28. 假定，次梁上翼缘处的连接板厚度 $t=16\text{mm}$，在高强度螺栓处连接板的净截面面积 $A_n=18.5\times10^2\text{mm}^2$。其余条件同题 27。试问，该连接板按轴心受拉构件进行计算，在高强度螺栓摩擦型连接处的最大应力计算值（N/mm^2）应与下列何项数值最为接近？

(A) 140 　　　 (B) 165 　　　 (C) 195 　　　 (D) 215

【题 29】 某非抗震设防的钢柱采用焊接工字形截面 $H900\times350\times10\times20$，钢材采用 Q235 钢，截面无削弱孔。假定，该钢柱作为轴心受压构件，其腹板高厚比不符合《钢结构设计标准》GB 50017—2017 关于受压构件腹板局部稳定的要求。试问，若腹板不能采用纵向加劲肋加强，在计算该钢柱的强度和稳定性时，其截面面积（mm^2）应采用下列何项数值？

提示：计算截面无削弱，$\lambda_x=\lambda_y=40$。

(A) 86×10²   (B) 140×10²   (C) 180×10²   (D) 190×10²

【题30】 某高层钢结构办公楼，抗震设防烈度为8度，采用框架-中心支撑结构，如图Z13-14所示。试问，与V形支撑连接的框架梁AB，关于其在C点处不平衡力的计算，下列说法何项正确？

提示：按《建筑抗震设计规范》作答。

(A) 按受拉支撑的最大屈服承载力和受压支撑最大屈曲承载力计算

(B) 按受拉支撑的最小屈服承载力和受压支撑最大屈曲承载力计算

(C) 按受拉支撑的最大屈服承载力和受压支撑最大屈曲承载力的0.3倍计算

(D) 按受拉支撑的最小屈服承载力和受压支撑最大屈曲承载力的0.3倍计算

【题31、32】 某底层框架-抗震墙房屋，总层数四层。建筑抗震设防类别为丙类。砌体施工质量控制等级为B级。其中一榀框架立面如图Z13-15所示，托墙梁截面尺寸为300mm×600mm，框架柱截面尺寸均为500mm×500mm，柱、墙均居轴线中。

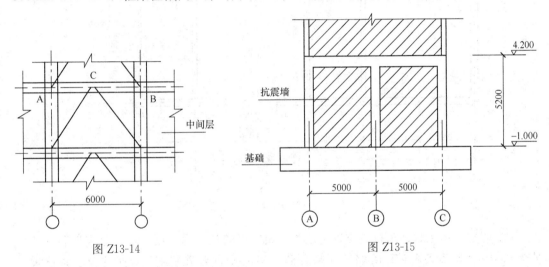

图 Z13-14   图 Z13-15

31. 假定，抗震设防烈度为6度，试问，下列说法何项错误？

(A) 抗震墙采用嵌砌于框架之间的约束砖砌体墙，先砌墙后浇筑框架。墙厚240mm，砌筑砂浆等级为M10，选用MU10级烧结普通砖。

(B) 抗震墙采用嵌砌于框架之间的约束小砌块砌体墙，先砌墙后浇筑框架。墙厚190mm，砌筑砂浆等级为Mb10，选用MU10级单排孔混凝土小型空心砌块。

(C) 抗震墙采用嵌砌于框架之间的约束砖砌体墙，先砌墙后浇筑框架。墙厚240mm，砌筑砂浆等级为M10，选用MU15级混凝土多孔砖。

(D) 抗震墙采用嵌砌于框架之间的约束小砌块砌体墙。当满足抗震构造措施后，尚应对其进行抗震受剪承载力验算。

32. 假定，抗震设防烈度为7度，抗震墙采用嵌砌于框架之间的配筋小砌块砌体墙，墙厚190mm。抗震构造措施满足规范要求。框架柱上下端正截面受弯承载力设计值均为165kN·m，砌体沿阶梯形截面破坏的抗震抗剪强度设计值 $f_{vE}=0.52$MPa。试问，其抗震受剪承载力设计值 V (kN) 与下列何项数值最为接近？

(A) 1220   (B) 1250   (C) 1550   (D) 1640

【题 33~37】 某多层砖砌体房屋，底层结构平面布置如图 Z13-16 所示，外墙厚 370mm，内墙厚 240mm，轴线均居墙中。窗洞口均为 1500mm×1500mm（宽×高），门洞口除注明外均为 1000mm×2400mm（宽×高）。室内外高差 0.5m，室外地面距基础顶 0.7m。楼、屋面板采用现浇钢筋混凝土板，砌体施工质量控制等级为 B 级。

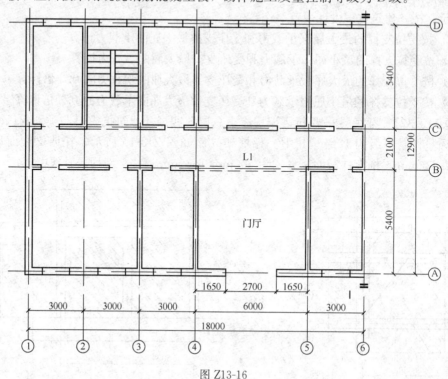

图 Z13-16

33. 假定，本工程建筑抗震类别为乙类，抗震设防烈度为 7 度，设计基本地震加速度值为 0.10g。墙体采用 MU15 级蒸压灰砂砖、M10 级混合砂浆砌筑，砌体抗剪强度设计值为 $f_v = 0.12$MPa。各层墙上下连续且洞口对齐。试问，房屋的层数 n 及总高度 H 的限值与下列何项选择最为接近？

(A) $n = 7$，$H = 21$m　　　　　　(B) $n = 6$，$H = 18$m
(C) $n = 5$，$H = 15$m　　　　　　(D) $n = 4$，$H = 12$m

34. 假定，本工程建筑抗震类别为丙类，抗震设防烈度为 7 度，设计基本地震加速度值为 0.15g。墙体采用 MU15 级烧结多孔砖、M10 级混合砂浆砌筑。各层墙上下连续且洞口对齐。除首层层高为 3.0m 外，其余五层层高均为 2.9m。试问，满足《建筑抗震设计规范》GB 50011—2010 抗震构造措施要求的构造柱最少设置数量（根）与下列何项数值最为接近？

(A) 52　　　　　(B) 54　　　　　(C) 60　　　　　(D) 76

35. 接 34 题，试问，L1 梁在端部砌体墙上的最小支承长度（mm）与下列何项数值最为接近？

(A) 120　　　　　(B) 240　　　　　(C) 360　　　　　(D) 500

36. 假定，墙体采用 MU15 级蒸压灰砂砖、M10 级混合砂浆砌筑，底层层高为

3.6m。试问，底层②轴楼梯间横墙轴心受压承载力 $\varphi f A$ 中的 φ 值与下列何项数值最为接近？

提示： 横墙间距 $s=5.4$m。

(A) 0.62   (B) 0.67   (C) 0.73   (D) 0.80

37. 假定，底层层高为 3.0m，④～⑤轴之间内纵墙如图 Z13-17 所示。砌体砂浆强度等级 M10，构造柱截面均为 240mm×240mm，混凝土强度等级为 C25，构造措施满足规范要求。试问，其高厚比验算 $\dfrac{H_0}{h} < \mu_1 \mu_1 [\beta]$ 与下列何项选择最为接近？

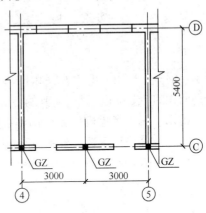

图 Z13-17

提示： 小数点后四舍五入取两位。

(A) 13.50 < 22.53

(B) 13.50 < 25.24

(C) 13.75 < 22.53

(D) 13.75 < 25.24

【题 38～40】 一单层单跨有吊车厂房，平面如图 Z13-18 所示。采用轻钢屋盖，屋架下弦标高为 6.0m。变截面砖柱采用 MU10 级烧结普通砖、M10 级混合砂浆砌筑，砌体施工质量控制等级为 B 级。

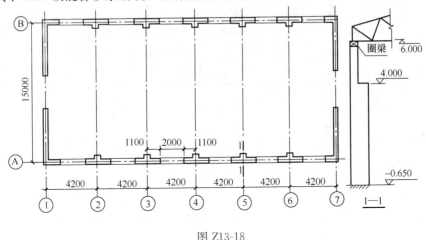

图 Z13-18

38. 假定，荷载组合不考虑吊车作用。试问，其变截面柱下段排架方向的计算高度 H_{10}（m）与下列何项数值最为接近？

(A) 5.32   (B) 6.65   (C) 7.98   (D) 9.98

39. 假定，变截面柱上段截面尺寸如图 Z13-19 所示，截面回转半径 $i_x = 147$mm，作用在截面形心处绕 x 轴的弯矩设计值 $M = 19$kN·m，轴心压力设计值 $N = 185$kN（含自重）。试问，排架方向高厚比和偏心距对受压承载力的影响系数 φ 值与下列何项数值最为接近？

提示： 小数点后四舍五入取两位。

(A) 0.46   (B) 0.50   (C) 0.54   (D) 0.58

40. 假定，变截面柱采用砖砌体与钢筋混凝土面层的组合砌体，其下段截面如图 Z13-20

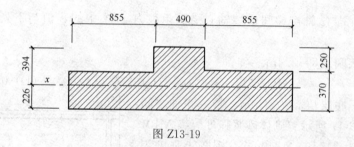

图 Z13-19

所示。混凝土采用 C20 ($f_c = 9.6\text{N/mm}^2$)，纵向受力钢筋采用 HRB400，对称配筋，单侧配筋面积为 763mm²。试问，其偏心受压承载力设计值（kN）与下列何项数值最为接近？

提示：①不考虑砌体强度调整系数 γ_a 的影响；

②受压区高度 $x = 315\text{mm}$。

(A) 530   (B) 580   (C) 750   (D) 850

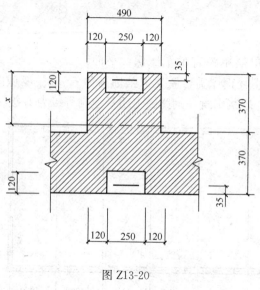

图 Z13-20

（下午卷）

【题 41、42】 一下撑式木屋架，形状及尺寸如图 Z13-21 所示，两端铰支于下部结构。其空间稳定措施满足规范要求。P 为由檩条（与屋架上弦锚固）传至屋架的节点荷载。要求屋架露天环境下设计使用年限 5 年，安全等级三级，$\gamma_0 = 0.9$。选用西北云杉 TC11A 制作。

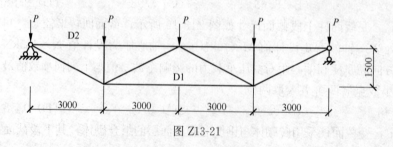

图 Z13-21

41. 假定，杆件 D1 采用截面为正方形的方木，$P = 16.7$kN（设计值）。试问，当按强度验算时，其设计最小截面尺寸（mm×mm）与下列何项数值最为接近？

提示：强度验算时不考虑构件自重。

(A) 80×80　　　(B) 85×85　　　(C) 90×90　　　(D) 95×95

42. 假定，杆件 D2 采用截面为正方形的方木。试问，满足长细比要求的最小截面边长（mm）与下列何项数值最为接近？

(A) 60　　　　(B) 70　　　　(C) 90　　　　(D) 100

【题 43～46】 某城市新区拟建一所学校，建设场地地势较低，自然地面绝对标高为 3.000m，根据规划地面设计标高要求，整个建设场地需大面积填土 2m。地基土层剖面如图 Z13-22 所示，地下水位在自然地面下 2m，填土的重度为 18kN/m³，填土区域的平面尺寸远远大于地基压缩层厚度。

提示：沉降计算经验系数 ψ_s 取 1.0。

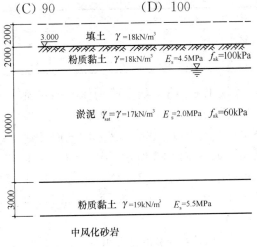

图 Z13-22

43. 假定，不进行地基处理，不考虑填土本身的压缩量。试问，由大面积填土引起的场地中心区域最终沉降量 s（mm）与下列何项数值最为接近？

提示：地基变形计算深度取至中风化砂岩顶面。

(A) 150　　　　(B) 220　　　　(C) 260　　　　(D) 350

44. 在场地中心区域拟建一田径场，为减少大面积填土产生的地面沉降，在填土前采用水泥搅拌桩对地基进行处理。水泥搅拌桩桩径 500mm，桩长 13m，桩顶绝对标高为 3.000m，等边三角形布置。已知水泥土搅拌桩 $R_a = 400$kPa，取 $\beta = 0.4$，$\lambda = 1.0$。设计要求采取地基处理措施后，淤泥层在大面积填土作用下的最终压缩计算量能控制在 72mm。试问，水泥搅拌桩的中心距（m）取下列何项数值最为合理？

提示：按《建筑地基处理技术规范》JGJ 79—2012 作答。

(A) 1.4　　　　(B) 1.5　　　　(C) 1.6　　　　(D) 1.7

45. 某 5 层教学楼采用钻孔灌注桩基础，桩顶绝对标高 3.000m，桩端持力层为中风化砂岩，按嵌岩桩设计。根据项目建设的总体部署，工程桩和主体结构完成后进行填土施工，桩基设计需考虑桩侧土的负摩阻力影响，中性点位于粉质黏土层，为安全计，取中风化砂岩顶面深度为中性点深度。假定，淤泥层的桩侧正摩阻力标准值为 12kPa，负摩阻力系数为 0.15。试问，根据《建筑桩基技术规范》JGJ 94—2008，淤泥层的桩侧负摩阻力标准值 q_s^n（kPa）取下列何项数值最为合理？

(A) 10　　　　(B) 12　　　　(C) 16　　　　(D) 23

46. 条件同题 45，为安全计，取中风化砂岩顶面深度为中性点深度。根据《建筑桩基技术规范》JGJ 94—2008、《建筑地基基础设计规范》GB 5000—2011 和地质报告对某柱下桩基进行设计，荷载效应标准组合时，结构柱作用于承台顶面中心的竖向力为 5500kN，钻孔灌注桩直径 800mm，经计算，考虑负摩阻力作用时，中性点以上土层由负摩阻引起的下拉荷载标准值为 350kN，负摩阻力群桩效应系数取 1.0。该工程对三根试桩进行了竖向抗压静载荷试验，试验结果见表 Z13-1。试问，不考虑承台及其上土的重量，根据计算和静载荷试验结果，该柱下基础的布桩数量（根）取下列何项数值最为合理？

    (A) 1   (B) 2   (C) 3   (D) 4

表 Z13-1

编号	桩周土极限侧阻力 (kN)	嵌岩段总极限阻力 (kN)	单桩竖向极限承载力 (kN)
试桩 1	1700	4800	6500
试桩 2	1600	4600	6200
试桩 3	1800	4900	6700

【题 47～51】 某多层砌体结构建筑采用墙下条形基础，基础埋深 1.5m，地下水位在地面以下 2m。其基础剖面及地质条件如图 Z13-23 所示，基础的混凝土强度等级 C25（$f_t = 1.27\text{N/mm}^2$），基础及其以上土体的加权平均重度为 20kN/m^3。

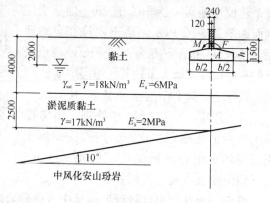

图 Z13-23

47. 假定，荷载的标准组合时，上部结构传至基础顶面的竖向力 $F = 240\text{kN/m}$，力矩 $M = 0$；黏土层地基承载力特征值 $f_{ak} = 145\text{kPa}$，孔隙比 $e = 0.8$，液性指数 $I_L = 0.75$；淤泥质黏土层的地基承载特征值 $f_{ak} = 60\text{kPa}$。试问，为满足地基承载力要求，基础底面的宽度 b（m）取下列何项数值最为合理？

    (A) 1.5   (B) 2.0   (C) 2.6   (D) 3.2

48. 假定，荷载的基本组合时，上部结构传至基础顶面的竖向力 $F = 351\text{kN/m}$，力矩 $M = 13.5\text{kN·m/m}$，基础底面宽度 $b = 1.8\text{m}$，墙厚 240mm。试问，验算墙边缘截面处基础的受剪承载力时，单位长度剪力设计值（kN）取下列何项数值最为合理？

    (A) 85   (B) 115   (C) 165   (D) 185

49. 假定，基础高度 $h = 650\text{mm}$（$h_0 = 600\text{mm}$）。试问，墙边缘截面处基础的受剪承载力（kN/m）最接近于下列何项数值？

    (A) 380   (B) 410   (C) 460   (D) 535

50. 假定，作用于条形基础的最大弯矩设计值 $M = 140\text{kN·m/m}$，最大弯矩处的基础高度 $h = 650\text{mm}$（$h_0 = 600\text{mm}$），基础均采用 HRB400 钢筋（$f_y = 360\text{N/mm}^2$）。试问，下列关于该条形基础的钢筋配置方案中，何项最为合理？

    提示：按《建筑地基基础设计规范》GB 50007—2011 作答。

    (A) 受力钢筋 ⚉12@200，分布钢筋 ⚉8@300

    (B) 受力钢筋 ⚉12@150，分布钢筋 ⚉8@200

    (C) 受力钢筋 ⚉14@200，分布钢筋 ⚉8@300

    (D) 受力钢筋 ⚉14@150，分布钢筋 ⚉8@200

51. 假定，黏土层的地基承载力特征值 $f_{ak}=140\text{kPa}$，基础宽度为 2.5m，对应于荷载效应准永久组合时，基础底面的附加压力为 100kPa。采用分层总和法计算基础底面中点 A 的沉降量，总土层数按两层考虑，分别为基底以下的黏土层及其下的淤泥质土层，层厚均为 2.5m；A 点至黏土层底部范围内的平均附加应力系数为 0.8，至淤泥质黏土层底部范围内的平均附加应力系数为 0.6，基岩以上变形计算深度范围内土层的压缩模量当量值为 3.5MPa。试问，基础中点 A 的最终沉降量（mm）最接近于下列何项数值？

提示：地基变形计算深度可取至基岩表面。

(A) 75   (B) 86   (C) 94   (D) 105

【题 52～54】 某扩建工程的边柱紧邻既有地下结构，抗震设防烈度 8 度，设计基本地震加速度值为 0.3g，设计地震分组第一组，基础采用直径 800mm 泥浆护壁旋挖成孔灌注桩，图 Z13-24 为某边柱等边三桩承台基础图，柱截面尺寸为 500mm×1000mm，基础及其以上土体的加权平均重度为 20kN/m³。

提示：承台平面形心与三桩形心重合。

52. 假定，地下水位以下的各层土处于饱和状态，②层粉砂 A 点处的标准贯入锤击数（未经杆长修正）为 16 击，图 Z13-24 给出了①、③层粉质黏土的液限 W_L、塑限 W_p 及含水量 W_s。试问，下列关于各地基土层的描述中，何项是正确的？

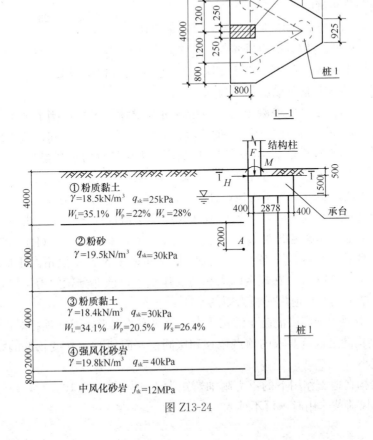

图 Z13-24

(A) ①层粉质黏土可判别为震陷性软土

(B) A点处的粉砂为液化土

(C) ③层粉质黏土可判别为震陷性软土

(D) 该地基上埋深小于2m的天然地基的建筑可不考虑②层粉砂液化的影响

53. 地震作用和荷载的标准组合时，上部结构柱作用于基础顶面的竖向力 $F=6000kN$，力矩 $M=1500kN\cdot m$，水平力为800kN。试问，作用于桩1的竖向力（kN）最接近于下列何项数值？

提示：等边三角形承台的平面面积为10.6m²。

(A) 570   (B) 2100   (C) 2900   (D) 3500

54. 假定，粉砂层的实际标贯锤击数与临界标贯锤击数之比在0.7～0.75之间，并考虑桩承受全部地震作用。试问，单桩竖向承压抗震承载力特征值（kN）最接近于下列何项数值？

(A) 4000   (B) 4500   (C) 8000   (D) 8400

【题55】 关于预制桩的下列主张中，何项不符合《建筑地基基础设计规范》GB 50007—2011和《建筑桩基技术规范》JGJ 94—2008的规定？

(A) 抗震设防烈度为8度地区，不宜采用预应力混凝土管桩

(B) 对于饱和软黏土地基，预制桩入土15天后方可进行竖向静载试验

(C) 混凝土预制实心桩的混凝土强度达到设计强度的70%及以上方可起吊

(D) 采用锤击成桩时，对于密集桩群，自中间向两个方向或四周对称施打

【题56】 下列关于《建筑桩基技术规范》JGJ 94—2008中桩基等效沉降系数 ψ_e 的各种叙述中，何项是正确的？

(A) 按Mindlin解计算沉降量与实测沉降量之比

(B) 按Boussinesq解计算沉降量与实测沉降量之比

(C) 按Mindlin解计算沉降量与按Boussinesq解计算沉降量之比

(D) 非软土地区桩基等效沉降系数取1

【题57】 下列关于高层混凝土剪力墙结构抗震设计的观点，哪一项不符合《高层建筑混凝土结构技术规程》JGJ 3—2010的要求？

(A) 剪力墙墙肢宜尽量减小轴压比，以提高剪力墙的抗剪承载力

(B) 楼面梁与剪力墙平面外相交时，对梁截面高度与墙肢厚度之比小于2的楼面梁，可通过支座弯矩调幅实现梁端半刚接设计，减少剪力墙平面外弯矩

(C) 进行墙体稳定验算时，对翼缘截面高度小于截面厚度2倍的剪力墙，考虑翼墙的作用，但应满足整体稳定的要求

(D) 剪力墙结构存在较多各肢截面高度与厚度之比大于4但不大于8的剪力墙时，只要墙肢厚度大于300mm，在规定的水平地震作用下，该部分较短剪力墙承担的底部倾覆力矩可大于结构底部总地震倾覆力矩的50%

【题58】 下列关于高层混凝土结构重力二阶效应的观点，哪一项相对正确？

(A) 当结构满足规范要求的顶点位移和层间位移限值时，高度较低的结构重力二阶效应的影响较小

(B) 当结构在地震作用下的重力附加弯矩大于初始弯矩的10%时，应计入重力二阶效应的影响，风荷载作用时，可不计入

（C）框架柱考虑多遇地震作用产生的重力二阶效应的内力时，尚应考虑《混凝土结构规范》GB 50010—2010 承载力计算时需要考虑的重力二阶效应

（D）重力二阶效应影响的相对大小主要与结构的侧向刚度和自重有关，随着结构侧向刚度的降低，重力二阶效应的不利影响呈非线性关系急剧增长，结构侧向刚度满足水平位移限值要求，有可能不满足结构的整体稳定要求

【题 59】 某拟建现浇钢筋混凝土高层办公楼，抗震设防烈度为 8 度（0.2g），丙类建筑，Ⅱ类建筑场地，平、剖面如图 Z13-25 所示。地上 18 层，地下 2 层，地下室顶板±0.000

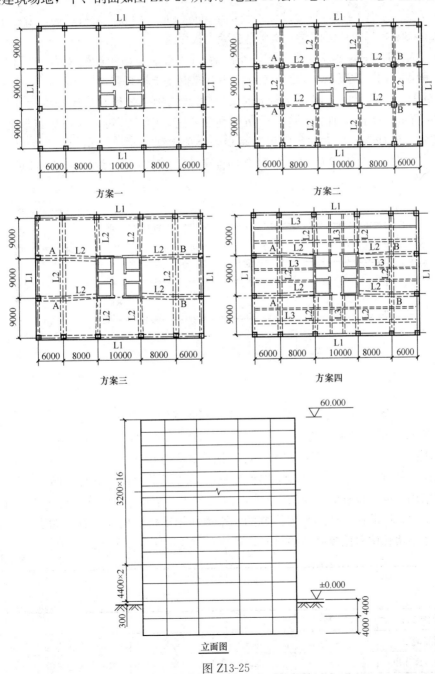

图 Z13-25

处可作为上部结构嵌固部位。房屋高度受限，最高不超过 60.3m，室内结构构件（梁或板）底净高不小于 2.6m，建筑面层厚 50mm。方案比较时，假定，±0.000 以上标准层平面构件截面满足要求，如果从结构体系、净高要求及楼层结构混凝土用量考虑，下列四种方案中哪种方案相对合理？

（A）方案一：室内无柱，外框架 L1（500×800），室内无梁，400 厚混凝土平板楼盖

（B）方案二：室内 A、B 处设柱，外框梁 L1（400×700），梁板结构，沿柱中轴线设框架梁 L2（400×700），无次梁，300 厚混凝土楼板

（C）方案三：室内 A、B 处设柱，外框梁 L1（400×700），梁板结构，沿柱中轴线设框架梁 L2（800×450）；无次梁，200 厚混凝土板楼盖

（D）方案四：室内 A、B 处设柱，外框梁 L1，沿柱中轴线设框架梁 L2，L1、L2 同方案三，梁板结构，次梁 L3（200×400），100 厚混凝土楼板

【题 60】　某 16 层现浇钢筋混凝土框架-剪力墙结构办公楼，房屋高度为 64.3m，如图 Z13-26 所示，楼板无削弱。抗震设防烈度为 8 度，丙类建筑，Ⅱ类建筑场地。假定，方案比较时，发现 X、Y 方向每向可以减少两片剪力墙（减墙后结构承载力及刚度满足规范要求）。试问，如果仅从结构布置合理性考虑，下列四种减墙方案中哪种方案相对合理？

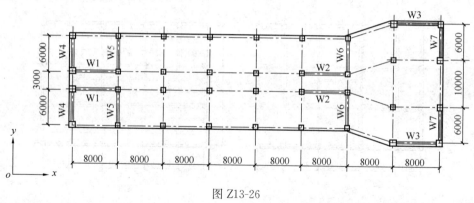

图 Z13-26

（A）X 向：W_1；Y 向：W_5　　　　　　（B）X 向：W_2；Y 向：W_6

（C）X 向：W_3；Y 向：W_4　　　　　　（D）X 向：W_2；Y 向：W_7

【题 61】　某 20 层现浇钢筋混凝土框架-剪力墙结构办公楼，某层层高 3.5m，楼板自外围竖向构件外挑，多遇水平地震标准值作用下，楼层平面位移如图 Z13-27 所示。该层层间位移采用各振型位移的 CQC 组合值，如表 Z13-2 所示；整体分析时采用刚性楼盖假定，在振型组合后的楼层地震剪力换算的水平力作用下楼层层间位移，如表 Z13-3 所示。试问，该楼层扭转位移比控制值验算时，其扭转位移比应取下列何组数值？

表 Z13-2

	Δu_A (mm)	Δu_B (mm)	Δu_C (mm)	Δu_D (mm)	Δu_E (mm)
不考虑偶然偏心	2.9	2.7	2.2	2.1	2.4
考虑偶然偏心	3.5	3.3	2.0	1.8	2.5
考虑双向地震作用	3.8	3.6	2.1	2.0	2.7

	Δu_A (mm)	Δu_B (mm)	Δu_C (mm)	Δu_D (mm)	Δu_E (mm)
不考虑偶然偏心	3.0	2.8	2.3	2.2	2.5
考虑偶然偏心	3.5	3.4	2.0	1.9	2.5
考虑双向地震作用	4.0	3.8	2.2	2.0	2.8

Δu_A——同一侧楼层角点（挑板）处最大层间
位移；

Δu_B——同一侧楼层角点处竖向构件最大层间
位移；

Δu_C——同一侧楼层角点（挑板）处最小层间
位移；

Δu_D——同一侧楼层角点处竖向构件最小层间
位移；

Δu_E——楼层所有竖向构件平均层间位移。

(A) 1.25

(B) 1.28

(C) 1.31

(D) 1.36

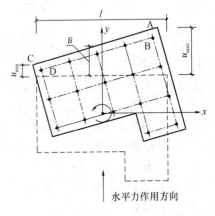

图 Z13-27

【题 62】 某平面不规则的现浇钢筋混凝土高层结构，整体分析时采用刚性楼盖假定计算，结构自振周期如表 Z13-4 所示。试问，对结构扭转不规则判断时，扭转为主的第一自振周期 T_t 与平动为主的第一自振周期 T_1 之比值最接近下列何项数值？

	不考虑偶然偏心	考虑偶然偏心	扭转方向因子
$T_1(s)$	2.8	3.0(2.5)	0.0
$T_2(s)$	2.7	2.8(2.3)	0.1
$T_3(s)$	2.6	2.8(2.3)	0.3
$T_4(s)$	2.3	2.6(2.1)	0.6
$T_5(s)$	2.0	2.2(1.9)	0.7

(A) 0.71 　　　　(B) 0.82 　　　　(C) 0.87 　　　　(D) 0.93

【题 63】 某现浇钢筋混凝土框架结构，抗震等级为一级，梁局部平面图如图 Z13-28 所示。梁 L1 截面 300×500（$h_0 = 440mm$），混凝土强度等级 C30（$f_c = 14.3N/mm^2$），纵筋采用 HRB400（Φ）（$f_y = 360N/mm^2$），箍筋采用 HRB335（Φ）。关于梁 L1 两端截面 A、C 梁顶配筋及跨中截面 B 梁底配筋（通长，伸入两端梁、柱内，且满足锚固要求），有以下 4 组配置。试问，哪一组配置与规范、规程的最低构造要求最为接近？

提示：不必验算梁抗弯、抗剪承载力。

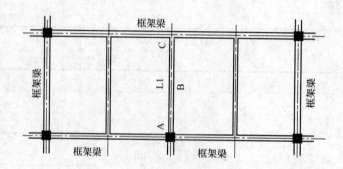

图 Z13-28

(A) A 截面：4Φ20+4Φ20； Φ10@100；
      B 截面：4Φ20； Φ10@200；
      C 截面：4Φ20+2Φ20； Φ10@100

(B) A 截面：4Φ22+4Φ22； Φ10@100；
      B 截面：4Φ22； Φ10@200；
      C 截面：2Φ22； Φ10@200

(C) A 截面：2Φ22+6Φ20； Φ10@100；
      B 截面：4Φ18； Φ10@200；
      C 截面：2Φ20； Φ10@200

(D) A 截面：4Φ22+2Φ22； Φ10@100；
      B 截面：4Φ22； Φ10@200；
      C 截面：2Φ22； Φ10@200

【题 64～66】 某现浇混凝土框架-剪力墙结构，角柱为穿层柱，柱顶支承托柱转换梁，如图 Z13-29 所示。该穿层柱抗震等级为一级，实际高度 $L=10\text{m}$，考虑柱端约束条件的计算长度系数 $\mu=1.3$，采用钢管混凝土柱，钢管钢材 Q345（$f_a=300\text{N/mm}^2$），外径 $D=1000\text{mm}$，壁厚 20mm；核心混凝土强度等级 C50（$f_c=23.1\text{N/mm}^2$）。

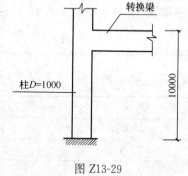

图 Z13-29

提示： ①按《高层建筑混凝土结构技术规程》JGJ 3—2010 作答；

② 按有侧移框架计算。

64. 试问，该穿层柱按轴心受压短柱计算的承载力设计值 N_0（kN）与下列何项数值最为接近？

(A) 24000   (B) 26000

(C) 28000   (D) 47500

65. 假定，考虑地震作用组合时，轴向压力设计值 $N=25900\text{kN}$，按弹性分析的柱顶、柱底截面的弯矩组合值分别为：$M^t=1100\text{kN}\cdot\text{m}$；$M^b=1350\text{kN}\cdot\text{m}$。试问，该穿层柱考虑偏心率影响的承载力折减系数 φ_e 与下列何项数值最为接近？

(A) 0.55   (B) 0.65

(C) 0.75   (D) 0.85

66. 假定，该穿层柱考虑偏心率影响的承载力折减系数 $\varphi_e = 0.60$，$e_0/r_c = 0.20$。试问，该穿层柱轴向受压承载力设计值（N_u）与按轴心受压短柱计算的承载力设计值 N_0 之比值（N_u/N_0），与下列何项数值最为接近？

(A) 0.32   (B) 0.41

(C) 0.53   (D) 0.61

【题 67、68】 某 42 层高层住宅，采用现浇混凝土剪力墙结构，层高为 3.2m，房屋高度 134.7m，地下室顶板作为上部结构的嵌固部位。抗震设防烈度 7 度，Ⅱ类场地，丙类建筑。采用 C40 混凝土，纵向钢筋和箍筋分别采用 HRB400（Φ）和 HRB335（Φ）钢筋。

67. 第 7 层某剪力墙（非短肢墙）边缘构件如图 Z13-30 所示，阴影部分为纵向钢筋配筋范围，墙肢轴压比 $\mu_N = 0.4$，纵筋混凝土保护层厚度为 30mm。试问，该边缘构件阴影部分的纵筋及箍筋选用下列何项，能满足规范、规程的最低抗震构造要求？

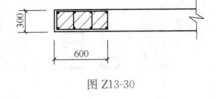

图 Z13-30

提示： ①计算体积配箍率时，不计入墙的水平
分布钢筋；

②箍筋体积配箍率计算时，扣除重叠部分箍筋；

③ 构造边缘构件的箍筋为Φ 8@100。

(A) 8 Φ 18；Φ 8@100   (B) 8 Φ 20；Φ 8@100

(C) 8 Φ 18；Φ 10@100   (D) 8 Φ 20；Φ 10@100

68. 底层某双肢剪力墙如图 Z13-31 所示。假定，墙肢 1 在横向正、反向水平地震作用下考虑地震作用组合的内力计算值见表 Z13-5；墙肢 2 相应于墙肢 1 的正、反向考虑地震作用组合的内力计算值见表 Z13-6。试问，墙肢 2 进行截面设计时，其相应于反向地震作用的内力设计值 M（kN·m）、V（kV）、N（kN），应取下列何组数值？

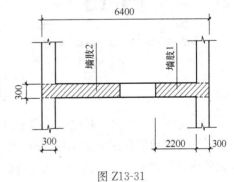

图 Z13-31

提示： ①剪力墙端部受压（拉）钢筋合力点
到受压（拉）区边缘的距离 $a_s' = a_s = $
200mm；

②不考虑翼缘，按矩形截面计算。

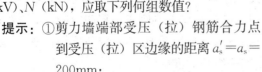

表 Z13-5（墙肢 1）

	M（kN·m）	V（kN）	N（kN）
X 向正向水平地震作用	3000	600	12000（压力）
X 向反向水平地震作用	−3000	−600	−1000（拉力）

表 Z13-6（墙肢 2）

	M（kN·m）	V（kN）	N（kN）
X 向正向水平地震作用	5000	1000	900（压力）
X 向反向水平地震作用	−5000	−1000	14000（压力）

(A) 5000、1600、14000

(B) 5000、2000、17500

(C) 6250、1600、17500

(D) 6250、2000、14000

【题 69、70】 某普通办公楼，采用现浇钢筋混凝土框架-核心筒结构，房屋高度116.3m，地上31层，地下2层，3层设转换层，采用桁架转换构件，平、剖面如图 Z13-32 所示。抗震设防烈度为 7 度（0.1g），丙类建筑，设计地震分组第二组，Ⅱ类建筑场地，地下室顶板±0.000 处作为上部结构嵌固部位。

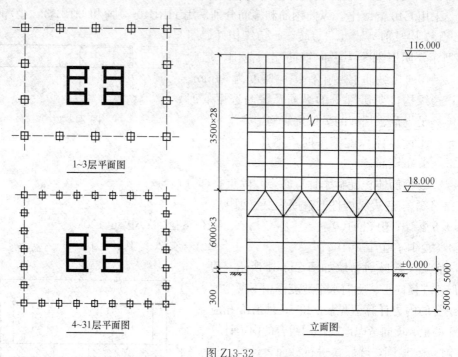

图 Z13-32

69. 该结构需控制罕遇地震作用下薄弱层的层间位移。假定，主体结构采用等效弹性方法进行罕遇地震作用下弹塑性计算分析时，结构总体上刚刚进入屈服阶段。电算程序需输入的计算参数分别为：连梁刚度折减系数 S_1；结构阻尼比 S_2；特征周期值 S_3。试问，下列各组参数中（依次为 S_1、S_2、S_3），其中哪一组相对准确？

(A) 0.4、0.06、0.45　　　　　　　　(B) 0.4、0.06、0.40

(C) 0.5、0.05、0.45　　　　　　　　(D) 0.2、0.06、0.40

70. 假定，振型分解反应谱法求得的 2～4 层的水平地震剪力标准值（V_i）及相应层间位移值（Δ_i）见表 Z13-7。在 $P=1000$kN 水平力作用下，按图 Z13-33 模型计算的位移分别为：$\Delta_1=7.8$mm，$\Delta_2=6.2$mm。试问，进行结构竖向规则性判断时，宜取下列哪种方法及结果作为结构竖向不规则的判断依据？

提示： 3 层转换层按整层计。

(A) 等效剪切刚度比验算方法，侧向刚度比不满足要求

(B) 楼层侧向刚度比验算方法，侧向刚度比不满足规范要求

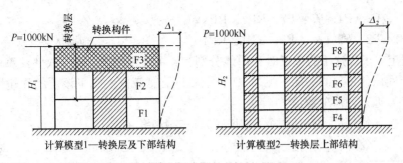

图 Z13-33

（C）考虑层高修正的楼层侧向刚度比验算方法，侧向刚度比不满足规范要求

（D）等效侧向刚度比验算方法，等效刚度比不满足规范要求

表 Z13-7

	2 层	3 层	4 层
V_i（kN）	900	1500	900
Δ_i（mm）	3.5	3.0	2.1

【题 71、72】 某 70 层办公楼，平、立面如图 Z13-34 所示，采用钢筋混凝土筒中筒结构，抗震设防烈度为 7 度，丙类建筑，Ⅱ类建筑场地。房屋高度地面以上为 250m，质量和刚度沿竖向分布均匀。已知小震弹性计算时，振型分解反应谱法求得的底部地震剪力为 16000kN，最大层间位移角出现在 k 层，$\theta_k = 1/600$。

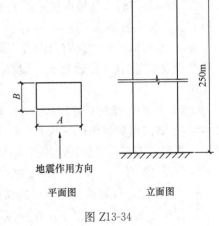

图 Z13-34

71. 该结构性能化设计时，需要进行弹塑性动力时程分析补充计算，现有 7 条实际地震记录加速度时程曲线 P1～P7 和 4 组人工模拟加速度时程曲线 RP1～RP4，假定，任意 7 条实际记录地震波及人工波的平均地震影响系数曲线与振型分解反应谱法所采用的地震影响系数曲线在统计意义上相符，各条时程曲线同一软件计算所得的结构底部剪力见表 Z13-8。试问，进行弹塑性动力时程分析时，选用下列哪一组地震波最为合理？

表 Z13-8

	P1	P2	P3	P4	P5	P6	P7	RP1	RP2	RP3	RP4
V（kN）（小震弹性）	14000	13000	9600	13500	11000	9700	12000	14500	10700	14000	12000
V（kN）（大震）	72000	66000	60000	69000	63500	60000	62000	70000	58000	72000	63500

（A）P1、P2、P4、P5、RP1、RP2、RP4

（B）P1、P2、P4、P5、P7、RP1、RP4

(C) P1、P2、P4、P5、P7、RP2、RP4

(D) P1、P2、P3、P4、P5、RP1、RP4

72. 假定，正确选用的 7 条时程曲线分别为：AP1～AP7，同一软件计算所得的第 k 层结构的层间位移角（同一层）见表 Z13-9。试问，估算的大震下该层的弹塑性层间位移角参考值最接近下列何项数值？

提示：按《建筑抗震设计规范》GB 50011—2010 作答。

表 Z13-9

	$\Delta u/h$（小震）	$\Delta u/h$（大震）
AP1	1/725	1/125
AP2	1/870	1/150
AP3	1/815	1/140
AP4	1/1050	1/175
AP5	1/945	1/160
AP6	1/815	1/140
AP7	1/725	1/125

(A) 1/90　　　　(B) 1/100　　　　(C) 1/125　　　　(D) 1/145

【题 73～78】 某城市快速路上的一座立交匝道桥，其中一段为四孔各 30m 的简支梁桥，其总体布置如图 Z13-35 所示。单向双车道，桥面总宽 9.0m，其中行车道净宽度为 8.0m。上部结构采用预应力混凝土箱梁（桥面连续），桥墩由扩大基础上的钢筋混凝土圆柱墩身及带悬臂的盖梁组成。梁体混凝土线膨胀系数取 $\alpha = 0.00001$。设计荷载：城-A 级。

73. 该桥主梁的计算跨径为 29.4m，冲击系数的 $\mu = 0.25$。试问，该桥主梁支点截面在城-A 级汽车荷载作用下的剪力标准值（kN）与下列何项数值最为接近？

提示：不考虑活载横向不均匀因素。

(A) 990　　　　(B) 1090　　　　(C) 1220　　　　(D) 1350

74. 假定，计算该桥箱梁悬臂板的内力时，主梁的结构基频 $f = 4.5$Hz。试问，作用于悬臂板上的汽车荷载作用的冲击系数的 μ 值应取用下列何项数值？

(A) 0.05　　　　(B) 0.25　　　　(C) 0.30　　　　(D) 0.45

75. 试问，当城-A 级车辆荷载的最重轴（4 号轴）作用在该桥箱梁悬臂板上时，其垂直于悬臂板跨径方向的车轮荷载分布宽度（m）与下列何项数值最为接近？

(A) 0.55　　　　(B) 3.45　　　　(C) 4.65　　　　(D) 4.80

76. 该桥为四跨（4×30m）预应力混凝土简支箱梁桥，若三个中墩高度相同，且每个墩顶盖梁处设置的普通板式橡胶支座尺寸均为（长×宽×高）600mm×500mm×90mm。假定，该桥四季温度均匀变化，升温时为+25℃，墩柱抗推刚度 $K_柱 = 20000$kN/m，一个支座抗推刚度 $K_支 = 4500$kN/m。试问，在升温状态下⑫中墩所承受的水平力标准值（kN）与下列何项数值最为接近？

(A) 70　　　　(B) 135　　　　(C) 150　　　　(D) 285

77. 该桥桥址处地震动峰值加速度为 0.15g（相当抗震设防烈度 7 度）。试问，该桥应选用下列何类抗震设计方法？

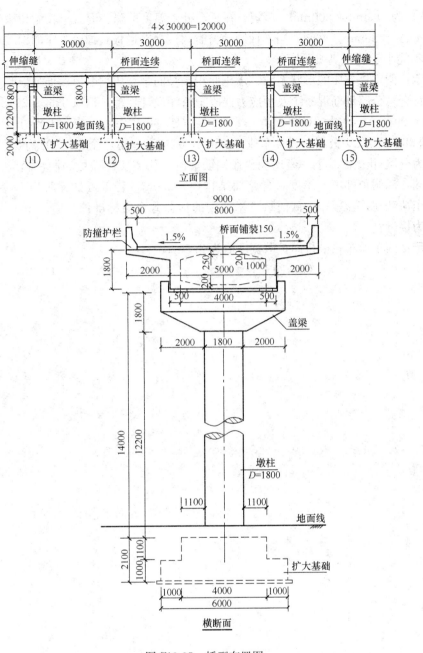

图 Z13-35　桥型布置图

（A）A 类　　　　　　（B）B 类　　　　　　（C）C 类　　　　　　（D）D 类

78. 该桥的中墩为单柱 T 型墩，墩柱为圆形截面，其直径为 1.8m，墩顶设有支座，墩柱高度 $H=14$m，位于 7 度地震区。试问，在进行抗震构造设计时，该墩柱塑性铰区域内箍筋加密区的最小长度（m）与下列何项数值最为接近？

（A）1.80　　　（B）2.35　　　（C）2.50　　　（D）2.80

【题 79】　某高速公路上的一座高架桥，为三孔各 30m 的预应力混凝土简支 T 梁桥，全长 90m，中墩处设连续桥面，支承采用水平放置的普通板式橡胶支座，支座平面尺寸

（长×宽）为 350mm×300mm。假定，在桥台处由温度下降、混凝土收缩和徐变引起的梁长缩短量 $\Delta_l = 26$mm。试问，当不计制动力时，该处普通板式橡胶支座的橡胶层总厚度 t_e（mm）不能小于下列何项数值？

提示：假定该支座的形状系数、承压面积、竖向平均压缩变形、加劲板厚度及抗滑稳定等均符合《公路钢筋混凝土及预应力混凝土桥涵设计规范》JTG 3362—2018 的规定。

(A) 29　　　　(B) 45　　　　(C) 53　　　　(D) 61

【题 80】 某二级公路，设计车速 60km/h，双向两车道，全宽（B）为 8.5m，汽车荷载等级为公路-Ⅱ级。其下一座现浇普通钢筋混凝土简支实体盖板涵洞，涵洞长度与公路宽度相同，涵洞顶部填土厚度（含路面结构厚）2.6m，若盖板计算跨径 $l_{计} = 3.0$m。试问，汽车荷载在该盖板跨中截面每延米产生的活荷载弯矩标准值（kN·m）与下列何项数值最为接近？

提示：两车道车轮横桥向扩散宽度取为 8.5m。

(A) 16　　　　(B) 21　　　　(C) 25　　　　(D) 27

2014 年真题

（上午卷）

【题 1～4】 某现浇钢筋混凝土异形柱框架结构多层住宅楼，安全等级为二级，框架抗震等级为二级。该房屋各层层高均为 3.6m，各层梁高均为 450mm，建筑面层厚度为 50mm，首层地面标高为 ±0.000m，基础顶面标高为 −1.000m，框架某边柱截面如图 Z14-1 所示，剪跨比 λ>2。混凝土强度等级：框架柱为 C35，框架梁、楼板为 C30，梁、柱纵向钢筋及箍筋均采用 HRB400（Φ），纵向受力钢筋的保护层厚度为 30mm。

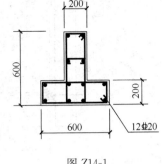

图 Z14-1

提示：按《混凝土异形柱结构技术规程》JGJ 149—2017 和《建筑与市政工程抗震通用规范》GB 55002—2021 作答。

1. 假定，该底层柱下端截面产生的竖向内力标准值如下：由结构和构配件自重荷载产生的 N_{Gk}＝980kN，由按等效均布荷载计算的楼（屋）面可变荷载产生的 N_{Qk}＝220kN，由水平地震作用产生的 N_{Ehk}＝280kN，试问，该底层柱的轴压比 μ_N 与轴压比限值 $[\mu_N]$ 之比，与下列何项数值最为接近？

(A) 0.67　　　　(B) 0.80　　　　(C) 0.91　　　　(D) 0.98

2. 假定，该底层柱轴压比为 0.5，试问，该底层框架柱柱端加密区的箍筋配置选用下列何项才能满足规程的最低要求？

(A) Φ8@150　　(B) Φ8@100　　(C) Φ10@150　　(D) Φ10@100

3. 假定，该框架边柱底层柱下端截面（基础顶面）有地震作用组合未经调整的弯矩设计值为 320kN·m，底层柱上端截面有地震作用组合并经调整后的弯矩设计值为 312kN·m，柱反弯点在柱层高范围内。试问，该柱考虑地震作用组合的剪力设计值 V_c（kN），与下列何项数值最为接近？

(A) 185

(B) 222

(C) 251

(D) 290

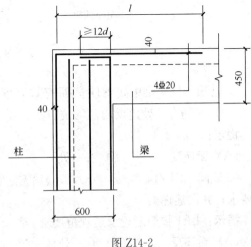

图 Z14-2

4. 假定，该异形柱框架顶层端节点如图 Z14-2 所示，计算时按刚接考虑，柱外侧按计算配置的受拉钢筋为 4Φ20。试问，柱外侧纵向受拉钢筋伸入梁内或板内的水平段长度 l（mm），取以下何项数值才能满足

《混凝土异形柱结构技术规程》JGJ 149—2017 的最低要求?

　　(A) 700　　　　　(B) 900　　　　　(C) 1100　　　　　(D) 1300

【题 5～10】　某现浇钢筋混凝土框架-剪力墙结构高层办公楼,抗震设防烈度为 8 度
(0.2g),场地类别为Ⅱ类,抗震等级:框架二级、剪力墙一级,二层局部配筋平面表示
法如图 Z14-3 所示。混凝土强度等级:框架柱及剪力墙 C50,框架梁及楼板 C35,纵向钢
筋及箍筋均采用 HRB400(Φ)。

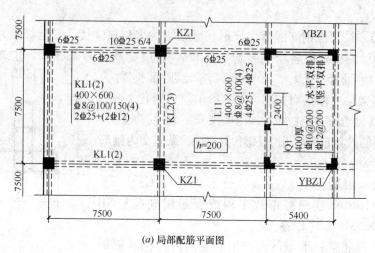

(a) 局部配筋平面图

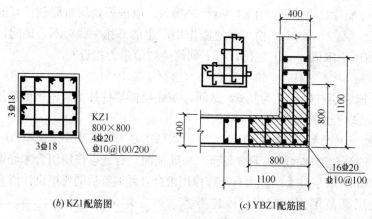

(b) KZ1配筋图　　　　　　(c) YBZ1配筋图

图 Z14-3

　　5. 已知,框架梁中间支座截面有效高度 $h_0 = 530$mm,试问,图 Z14-3 (a) 框架梁
KL1 (2) 配筋有几处违反规范的抗震构造要求,并简述理由。

　　提示: $x/h_0 < 0.35$。

　　(A) 无违反　　　　(B) 有一处　　　　(C) 有二处　　　　(D) 有三处

　　6. 试问,图 Z14-3 (a) 剪力墙 Q1 配筋及连梁 LL1 配筋共有几处违反规范的抗震构
造要求,并简述理由。

　　提示: LL1 腰筋配置满足规范要求。

　　(A) 无违反　　　　(B) 有一处　　　　(C) 有二处　　　　(D) 有三处

7. 框架柱 KZ1 剪跨比大于 2，配筋如图 Z14-3（b）所示，试问，图中 KZ1 有几处违反规范的抗震构造要求，并简述理由。

提示：KZ1 的箍筋体积配箍率及轴压比均满足规范要求。

(A) 无违反　　　(B) 有一处　　　(C) 有二处　　　(D) 有三处

8. 剪力墙约束边缘构件 YBZ1 配筋如图 Z14-3（c）所示，已知墙肢底截面的轴压比为 0.4。试问，图中 YBZ1 有几处违反规范的抗震构造要求，并简述理由。

提示：YBZ1 阴影区和非阴影区的箍筋和拉筋体积配箍率满足规范要求。

(A) 无违反　　　(B) 有一处　　　(C) 有二处　　　(D) 有三处

9. 不考虑地震作用组合时框架梁 KL1 的跨中截面及配筋如图 Z14-3（a）所示，假定，梁受压区有效翼缘计算宽度 $b'_f = 2000\text{mm}$，$a_s = a'_s = 45\text{mm}$，$\xi_b = 0.518$，$\gamma_0 = 1.0$。试问，当考虑梁跨中纵向受压钢筋和现浇楼板受压翼缘的作用时，该梁跨中正截面受弯承载力设计值 M（kN·m），与下列何项数值最为接近？

提示：不考虑梁上部架立筋及板内配筋的影响。

(A) 500　　　(B) 540　　　(C) 670　　　(D) 720

10. 框架梁 KL1 截面及配筋如图 Z14-3（a）所示，假定，梁跨中截面最大正弯矩：按荷载标准组合计算的弯矩 $M_k = 360\text{kN·m}$，按荷载准永久组合计算的弯矩 $M_q = 300\text{kN·m}$，$B_s = 1.418 \times 10^{14}\text{N·mm}^2$，试问，按等刚度构件计算时，该梁跨中最大挠度 f（mm）与下列何项数值最为接近？

提示：跨中最大挠度近似计算公式 $f = 5.5 \times 10^6 \dfrac{M}{B}$。

式中：M——跨中最大弯矩设计值；

　　　B——跨中最大弯矩截面的刚度。

(A) 17　　　(B) 22　　　(C) 26　　　(D) 30

【题 11、12】某现浇钢筋混凝土楼板，板上有作用面为 $400\text{mm} \times 500\text{mm}$ 的局部荷载，并开有 $550\text{mm} \times 550\text{mm}$ 的洞口，平面位置示意如图 Z14-4 所示。

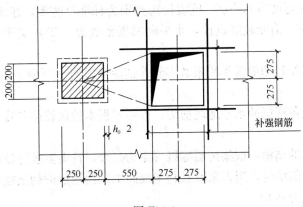

图 Z14-4

11. 假定，楼板混凝土强度等级为 C30，板厚 $h = 150\text{mm}$，截面有效高度 $h_0 = 120\text{mm}$。试问，在局部荷载作用下，该楼板的受冲切承载力设计值 F_u（kN），与下列何项数值最为接近？

提示：① $\eta=1.0$；

② 未配置箍筋和弯起钢筋。

(A) 250   (B) 270   (C) 340   (D) 430

12. 假定，该楼板板底采用 HRB400 级钢筋，并配置Φ12@100 的双向受力钢筋，试问，图 Z14-4 中洞口周边每侧板底补强钢筋，至少应选用下列何项配筋？

(A) 2Φ12   (B) 2Φ16   (C) 2Φ18   (D) 2Φ22

【题 13】 某高层钢筋混凝土房屋，抗震设防烈度为 8 度，设计地震分组为第一组。根据工程地质详勘报告，该建筑场地土层的等效剪切波速为 270m/s，场地覆盖层厚度为 55m。试问，计算罕遇地震作用时，按插值方法确定的特征周期 T_g (s)，取下列何项数值最为合适？

(A) 0.35   (B) 0.38   (C) 0.40   (D) 0.43

【题 14】 某混凝土设计强度等级为 C30，其实验室配合比为：水泥：砂子：石子 = 1.00：1.88：3.69，水胶比为 0.57。施工现场实测砂子的含水率为 5.3%，石子的含水率为 1.2%。试问，施工现场拌制混凝土的水胶比，取下列何项数值最为合适？

(A) 0.42   (B) 0.46   (C) 0.50   (D) 0.53

【题 15】 为减小 T 形截面钢筋混凝土受弯构件跨中的最大受力裂缝计算宽度，拟考虑采取如下措施：

Ⅰ. 加大截面高度（配筋面积保持不变）

Ⅱ. 加大纵向受拉钢筋直径（配筋面积保持不变）

Ⅲ. 增加受力钢筋保护层厚度（保护层内不配置钢筋网片）

Ⅳ. 增加纵向受拉钢筋根数（加大配筋面积）

试问，针对上述措施正确性的判断，下列何项正确？

(A) Ⅰ、Ⅳ正确；Ⅱ、Ⅲ错误   (B) Ⅰ、Ⅱ正确；Ⅲ、Ⅳ错误

(C) Ⅰ、Ⅲ、Ⅳ正确；Ⅱ错误   (D) Ⅰ、Ⅱ、Ⅲ、Ⅳ正确

【题 16】 某钢筋混凝土框架结构，房屋高度为 28m，高宽比为 3，抗震设防烈度为 8 度，设计基本地震加速度为 0.20g，抗震设防类别为标准设防类，建筑场地类别为 Ⅱ 类。方案阶段拟进行隔震与消能减震设计，水平向减震系数为 0.35，关于房屋隔震与消能减震设计的以下说法：

Ⅰ. 当消能减震结构的地震影响系数不到非消能减震的 50% 时，主体结构的抗震构造要求可降低一度

Ⅱ. 隔振层以上各楼层的水平地震剪力，尚应根据本地区设防烈度验算楼层最小地震剪力是否满足要求

Ⅲ. 隔震层以上的结构，框架抗震等级可定为二级，且无需进行竖向地震作用的计算

Ⅳ. 隔震层以上的结构，当未采取有利于提高轴压比限值的构造措施时，剪跨比小于 2 的柱的轴压比限值为 0.65

试问，针对上述说法正确性的判断，下列何项正确？

(A) Ⅰ、Ⅱ、Ⅲ、Ⅳ正确   (B) Ⅰ、Ⅱ、Ⅲ正确；Ⅳ错误

(C) Ⅰ、Ⅲ、Ⅳ正确；Ⅱ错误   (D) Ⅱ、Ⅲ、Ⅳ正确；Ⅰ错误

【题 17～23】 某单层钢结构厂房，钢材均为 Q235B，边列单阶柱截面及内力如

图 Z14-5 所示。上段柱为焊接工字形截面实腹柱，下段柱为不对称组合截面格构柱，所有板件均为火焰切割。柱上端与钢屋架形成刚接。无截面削弱。

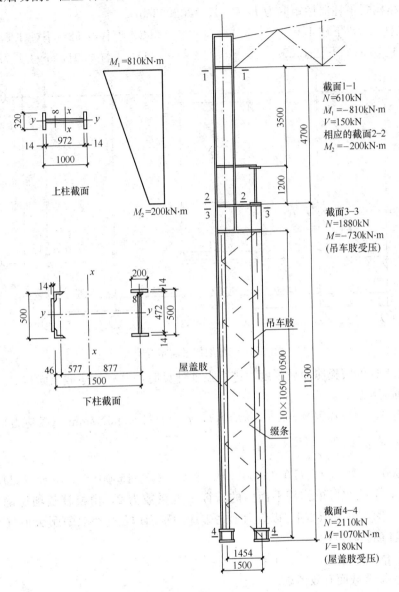

图 Z14-5

截面特性见表 Z14-1。

截 面 特 性 表

表 Z14-1

		面积 A (cm^2)	惯性矩 I_x (cm^4)	回转半径 i_x (cm)	惯性矩 I_y (cm^4)	回转半径 i_y (cm)	弹性截面模量 W_x (cm^3)
上柱		167.4	279000	40.8	7646	6.4	5580
下柱	屋盖肢	142.6	4016	5.3	46088	18.0	
	吊车肢	93.8	1867		40077	20.7	
下柱组合柱截面		236.4	1202083	71.3			屋盖肢侧 19295 吊车肢侧 13707

657

17. 假定，厂房平面布置如图 Z14-6 所示时，试问，柱平面内计算长度系数与下列何项数值最为接近？

提示：格构式下柱惯性矩取为 $I_2 = 0.9 \times 1202083 \text{cm}^4$。

（A）上柱 1.0，下柱 1.0

（B）上柱 3.52，下柱 1.55

（C）上柱 3.91，下柱 1.55

（D）上柱 3.91，下柱 1.72

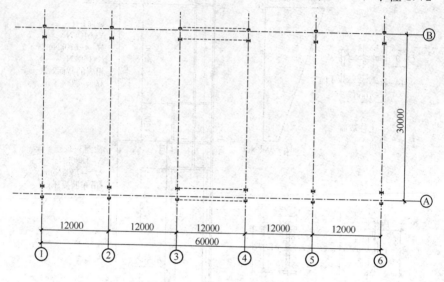

图 Z14-6　框架柱平面布置图

18. 考虑上柱的腹板屈曲后强度，进行强度计算时，其有效净截面面积 A_{ne}（mm^2），最接近于下列何项？

提示：① $\sigma_{max} = 177.54 \text{N/mm}^2$（压应力），$\sigma_{min} = -104.66 \text{N/mm}^2$（拉应力）。

② 取 $\alpha_0 = \dfrac{\sigma_{max} - \sigma_{min}}{\sigma_{max}} = 1.59$。

（A）16500　　　　　（B）16000　　　　　（C）15500　　　　　（D）15000

19. 假定，下柱在弯矩作用平面内的计算长度系数为 2，由换算长细比确定：$\varphi_x = 0.916$，$N'_{Ex} = 34476 \text{kN}$。试问，以应力形式表达的平面内稳定性计算最大值（$\text{N/mm}^2$），与下列何项数值最为接近？

提示：① $\beta_{mx} = 1$；

② 按全截面有效考虑。

（A）125　　　　　（B）143　　　　　（C）157　　　　　（D）183

20. 假定，缀条采用单角钢 ∟90×6，∟90×6 截面特性（图 Z14-7）：面积 $A_1 = 1063.7 \text{mm}^2$，回转半径 $i_x = 27.9 \text{mm}$，$i_u = 35.1 \text{mm}$，$i_v = 18.0 \text{mm}$。试问，缀条压力设计值与其稳定承载力的比值，与下列何项数值最为接近？

提示：按有节点板考虑。

（A）0.82

（C）1.05

（B）0.93

（D）1.16

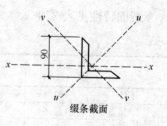

缀条截面

图 Z14-7

21. 假定，抗震设防烈度 8 度，采用轻屋面，2 倍多遇地震作用下水平作用组合值为 400kN 且为最不利组合，柱间支撑采用双片支撑，布置如图 Z14-8 所示，单片支撑截面采用槽钢 12.6，截面无削弱。槽钢 12.6 截面特性：面积 $A_1 = 1569mm^2$，回转半径 $i_x = 49.8mm$，$i_y = 15.6mm$。试问，支撑杆的强度设计值（N/mm²），与下列何项数值最为接近？

提示：① 按拉杆计算，并计及相交受压杆的影响；
② 支撑平面内计算长细比大于平面外计算长细比。

(A) 86   (B) 118   (C) 159   (D) 323

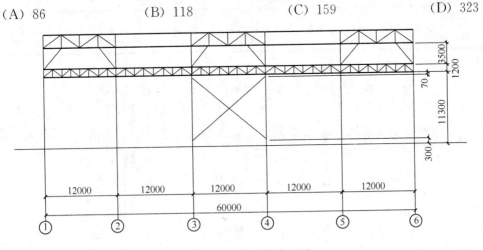

图 Z14-8　柱间支撑布置图

22. 假定，吊车肢柱间支撑截面采用 2∟90×6，其所承受最不利荷载组合值为 120kN，支撑与柱采用高强螺栓摩擦型连接，如图 Z14-9 所示。试问，单个高强螺栓承受的最大剪力设计值（kN），与下列何项数值最为接近？

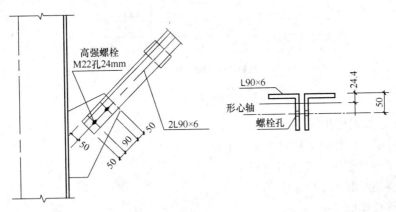

图 Z14-9

(A) 60   (B) 70   (C) 95   (D) 120

23. 假定，吊车梁需进行疲劳计算。试问，吊车梁设计时下列说法何项正确？
(A) 疲劳计算部位主要是受压板件及焊缝
(B) 尽量使腹板板件高厚比不大于 $80\varepsilon_k$
(C) 吊车梁受拉翼缘上不得焊接悬挂设备的零件

（D）疲劳计算采用以概率理论为基础的极限状态设计方法

【题 24~28】 某 4 层钢结构商业建筑，层高 5m，房屋高度 20m，抗震设防烈度 8度，采用框架结构，布置如图 Z14-10 所示。框架梁柱采用 Q345。框架梁截面采用轧制型钢 H600×200×11×17，柱采用箱形截面 B450×450×16。梁柱截面特性见表 Z14-2。

<table>
<tr><td colspan="5" align="center">梁柱截面特性　　　　　　　　　　　　　　　表 Z14-2</td></tr>
<tr><td></td><td>面积 A
（mm²）</td><td>惯性矩 I_x
（mm⁴）</td><td>回转半径 i_x
（mm）</td><td>弹性截面模量 W_x
（mm³）</td></tr>
<tr><td>梁截面</td><td>13028</td><td>$7.44×10^8$</td><td>—</td><td>—</td></tr>
<tr><td>柱截面</td><td>27776</td><td>$8.73×10^8$</td><td>177</td><td>$3.88×10^6$</td></tr>
</table>

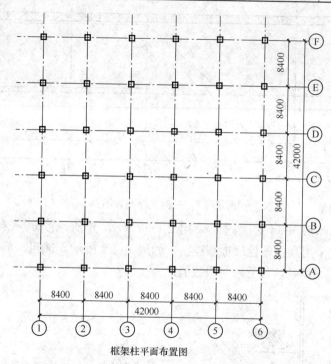

框架柱平面布置图

图 Z14-10

24. 假定，框架柱几何长度为 5m，采用二阶弹性分析方法计算且考虑假想水平力时，框架柱进行稳定性计算时下列何项说法正确？

（A）只需计算强度，无需计算稳定

（B）计算长度取 4.275m

（C）计算长度取 5m

（D）计算长度取 7.95m

25. 假定，框架梁拼接采用图 Z14-11 所示的栓焊节点，高强度螺栓采用 10.9 级 M22螺栓，连接板采用 Q345B，试问，下列何项说法正确？

（A）图（a）、图（b）均符合螺栓孔距设计要求

（B）图（a）、图（b）均不符合螺栓孔距设计要求

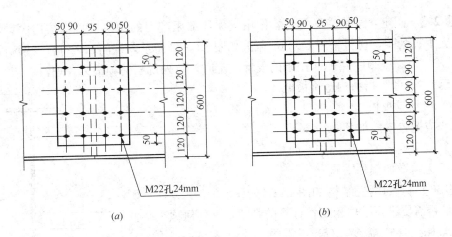

图 Z14-11

(C) 图（a）符合螺栓孔距设计要求

(D) 图（b）符合螺栓孔距设计要求

26. 假定，次梁采用钢与混凝土组合梁设计，施工时钢梁下不设临时支撑，试问，下列何项说法正确？

（A）混凝土硬结前的材料重量和施工荷载应与后续荷载累加由钢与混凝土组合梁共同承受

（B）钢与混凝土使用阶段的挠度按下列原则计算：按荷载的标准组合计算组合梁产生的变形

（C）考虑全截面塑性发展进行组合梁强度计算时，钢梁所有板件的板件宽厚比应符合《钢结构设计标准》GB 50017—2017 第 10 章中塑性设计的规定

（D）混凝土硬结前的材料重量和施工荷载应由钢梁承受

27. 假定，梁截面采用焊接工字形截面 H600×200×8×12，柱采用箱形截面 B450×450×20，试问，下列何项说法正确？

提示： 不考虑梁轴压比。

（A）框架梁柱截面板件宽厚比均符合设计规定

（B）框架梁柱截面板件宽厚比均不符合设计规定

（C）框架梁截面板件宽厚比不符合设计规定

（D）框架柱截面板件宽厚比不符合设计规定

28. 假定，①轴和⑥轴设置柱间支撑，试问，当仅考虑结构经济性时，柱采用下列何种截面最为合理？

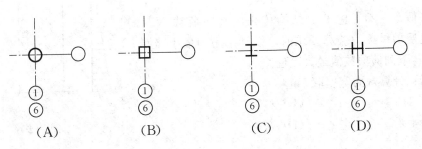

【题 29】 假定，某承受静力荷载作用且无局部压应力的两端铰接钢结构次梁，腹板仅配置支承加劲肋，材料采用 Q235，截面如图 Z14-12 所示，试问，当符合《钢结构设计标准》GB 50017—2017 第 6.4.1 条的设计规定时，下列说法何项最为合理？

提示："合理"指结构造价最低。

（A）应加厚腹板

（B）应配置横向加劲肋

（C）应配置横向及纵向加劲肋

（D）无须增加额外措施

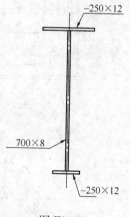

图 Z14-12

【题 30】 下列网壳结构如图 Z14-13（a）、（b）、（c）所示，针对其是否需要进行整体稳定性计算的判断，下列何项正确？

（A）（a）、（b）需要；（c）不需要

（B）（a）、（c）需要；（b）不需要

（C）（b）、（c）需要；（a）不需要

（D）（c）需要；（a）、（b）不需要

【题 31～33】 一地下室外墙，墙厚 h，采用 MU10 烧结普通砖，M10 水泥砂浆砌筑，砌体施工质量控制等级为 B 级，计算简图如图 Z14-14 所示，侧向土压力设计值 $q = 34 \ \text{kN/m}^2$。承载力验算时不考虑墙体自重，$\gamma_0 = 1.0$。

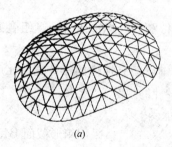 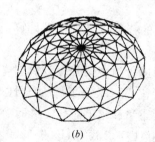 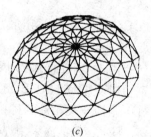

（a）　　　　　　　　　　（b）　　　　　　　　　（c）

图 Z14-13

（a）单层网壳，跨度 30m 椭圆底面网格；（b）双层网壳，跨度 50m，高度 0.9m 葵花形三向网格；

（c）双层网壳，跨度 60m，高度 1.5m 葵花形三向网格

31. 假定，不考虑上部结构传来的竖向荷载 N。试问，满足受弯承载力验算要求时，最小墙厚计算值 h（mm），与下列何项数值最为接近？

提示：计算截面宽度取 1m。

（A）620　　　　　　　　　　（B）750

（C）820　　　　　　　　　　（D）850

32. 假定，不考虑上部结构传来的竖向荷载 N。试问，满足受剪承载力验算要求时，设计选用的最小墙厚 h（mm），与下列何项数值最为接近？

提示：计算截面宽度取 1m。

（A）240　　　　　　　　　　（B）370

（C）490　　　　　　　　　　（D）620

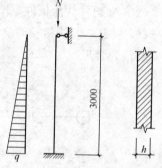

图 Z14-14

33. 假定，墙体计算高度 $H_0 = 3000\text{mm}$，上部结构传来的轴心受压荷载设计值 $N = 220\text{kN/m}$，墙厚 $h = 370\text{mm}$，试问，墙受压承载力设计值（kN），与下列何项数值最为接近？

提示： 计算截面宽度取 1m。

(A) 260   (B) 270   (C) 280   (D) 290

【题 34～37】 一多层房屋配筋砌块砌体墙，平面如图 Z14-15 所示，结构安全等级二级。砌体采用 MU10 级单排孔混凝土小型空心砌块、Mb7.5 级砂浆对孔砌筑，砌块的孔洞率为 40%，采用 Cb20（$f_t = 1.1\text{MPa}$）混凝土灌孔，灌孔率为 43.75%，内有插筋共 5 Φ12（$f_y = 270\text{MPa}$）。构造措施满足规范要求，砌体施工质量控制等级为 B 级。承载力验算时不考虑墙体自重。

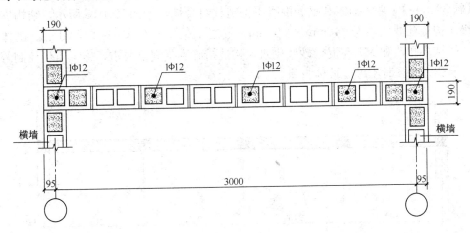

图 Z14-15

34. 试问，砌体的抗剪强度设计值 f_{vg}（MPa），与下列何项数值最为接近？

提示： 小数点后四舍五入取两位。

(A) 0.33   (B) 0.38   (C) 0.40   (D) 0.48

35. 假定，房屋的静力计算方案为刚性方案，砌体的抗压强度设计值 $f_g = 3.6\text{MPa}$，其所在层高为 3.0m。试问，该墙体截面的轴心受压承载力设计值（kN），与下列何项数值最为接近？

提示： 不考虑水平分布钢筋的影响。

(A) 1750   (B) 1820   (C) 1890   (D) 1960

36. 假定，小砌块墙在重力荷载代表值作用下的截面平均压应力 $\sigma = 2.0\text{MPa}$，砌体的抗剪强度设计值 $f_{vg} = 0.40\text{MPa}$。试问，该墙体的截面抗震受剪承载力（kN）与下列何项数值最为接近？

提示： ① 芯柱截面总面积 $A_c = 100800\text{mm}^2$；

     ② 按《建筑抗震设计规范》GB 50011—2010 作答。

(A) 470   (B) 530   (C) 590   (D) 630

37. 假定，小砌块墙改为全灌孔砌体，砌体的抗压强度设计值 $f_g = 4.8\text{MPa}$，其所在层高为 3.0m。砌体沿高度方向每隔 600mm 设 2 Φ10 水平钢筋（$f_y = 270\text{MPa}$）。墙片截面内力：弯矩设计值 $M=560kN \cdot m$、轴压力设计值 $N=770kN$、剪力设计值 $V=150kN$。墙体构造措施满足规范要求，砌体施工质量控制等级为 B 级。试问，该墙体的斜截面受剪承载力最大值（kN），与下列何项数值最为接近？

提示：① 不考虑墙翼缘的共同工作；

② 墙截面有效高度 $h_0 = 3100mm$。

（A）150　　　　　　　（B）250　　　　　　　（C）450　　　　　　　（D）710

【题 38】 下述关于影响砌体结构受压构件的计算高厚比 β 值的说法，哪一项是不对的？

（A）改变墙体厚度　　　　　　　　　　　　（B）改变砌筑砂浆的强度等级

（C）改变房屋的静力计算方案　　　　　　　（D）调整或改变构件支承条件

【题 39、40】 某砖砌体和钢筋混凝土构造柱组合墙，如图 Z14-16 所示，结构安全等级二级。构造柱截面均为 $240mm \times 240mm$，混凝土采用 C20（$f_c=9.6MPa$）。砌体采用 MU10 烧结多孔砖和 M7.5 混合砂浆砌筑，构造措施满足规范要求，施工质量控制等级为 B 级。承载力验算时不考虑墙体自重。

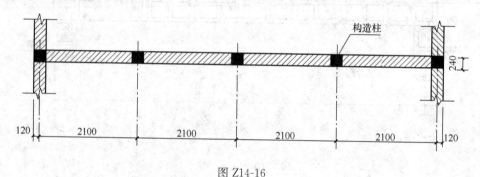

图 Z14-16

39. 假定，房屋的静力计算方案为刚性方案，其所在二层层高为 3.0m。构造柱纵向钢筋配 $4 \Phi 14(f_y = 270MPa)$，试问，该组合墙体单位墙长的轴心受压承载力设计值（kN/m），与下列何项数值最为接近？

提示：强度系数 $\eta = 0.646$。

（A）300　　　　　　　（B）400　　　　　　　（C）500　　　　　　　（D）600

40. 假定，组合墙中部构造柱顶作用一偏心荷载，其轴向压力设计值 $N = 672kN$，在墙体平面外方向的砌体截面受压区高度 $x = 120mm$。构造柱纵向受力钢筋为 HPB300 级，采用对称配筋，$a_s = a'_s = 35mm$。试问，该构造柱计算所需总配筋值（mm^2），与下列何项数值最为接近？

提示：计算截面宽度取构造柱的间距。

（A）310　　　　　　　（B）440　　　　　　　（C）610　　　　　　　（D）800

（下午卷）

【题 41】 一原木柱（未经切削）标注直径 $d=110mm$，选用西北云杉 TC11A 制作，正常环境下设计使用年限 50 年，$\gamma_0=1.0$，计算简图如图 Z14-17 所示，假定，上、下支座节点处设有防止其侧向位移和侧倾的侧向支撑，试问，当 $N=0$、$q=1.2\mathrm{kN/m}$（设计值）时，其侧向稳定验算 $\dfrac{M}{\varphi_l W}\leqslant f_\mathrm{m}$ 式，与下列何项选择最为接近？

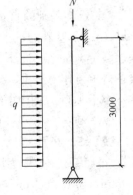

提示：① 不考虑构件自重；

   ② 小数点后四舍五入取两位。

(A) 7.30＜11.00   (B) 8.30＜11.00

(C) 7.30＜12.65   (D) 10.33＜12.65

图 Z14-17

【题 42】 关于木结构房屋设计，下列说法中何种选择是错误的？

(A) 对于木柱木屋架房屋，可采用贴砌在木柱外侧的烧结普通砖砌体，并应与木柱采取可靠拉结措施

(B) 对于有抗震要求的木柱木屋架房屋，其屋架与木柱连接处均须设置斜撑

(C) 对于木柱木屋架房屋，当有吊车使用功能时，屋盖除应设置上弦横向支撑外，尚应设置垂直支撑

(D) 对于设防烈度为 8 度地震区建造的木柱木屋架房屋，除支撑结构与屋架采用螺栓连接外，椽与檩条、檩条与屋架连接均可采用钉连接

【题 43、44】 某安全等级为二级的长条形坑式设备基础，高出地面 500mm，设备荷载对基础没有偏心，基础的外轮廓及地基土层剖面、地基土参数如图 Z14-18 所示，地下水位在自然地面下 0.5m。

提示：基础施工时基坑用原状土回填，回填土重度、强度指标与原状土相同。

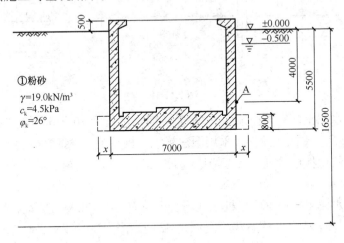

图 Z14-18

43. 根据当地工程经验，计算坑式设备基础侧墙侧压力时按水土分算原则考虑主动土压力和水压力的作用，试问，当基础周边地面无超载时，图 Z14-18 中 A 点承受的侧向压力标准值 σ_A（kPa），与下列何项数值最为接近？

提示：主动土压力按朗肯公式计算：$\sigma=\sum(\gamma_i h_i)k_\mathrm{a}-2c\sqrt{k_\mathrm{a}}$，式中，$k_\mathrm{a}$ 为主动土压力系数。

(A) 40   (B) 45   (C) 55   (D) 60

44. 已知基础的自重为 280kN/m，基础上设备自重为 60kN/m，设备检修活荷载为 35kN/m，当基础的抗浮稳定性不满足要求时，本工程拟采取对称外挑基础底板的抗浮措施。假定，基础底板外挑板厚度取 800mm，抗浮验算时钢筋混凝土的重度取 23kN/m³，设备自重可作为压重，抗浮水位取地面下 0.5m。试问，为了保证基础抗浮的稳定安全系数不小于 1.05，图中虚线所示的底板外挑最小长度 x（mm），与下列何项数值最为接近？

(A) 0   (B) 250   (C) 500   (D) 800

【题 45、46】 某钢筋混凝土条形基础，基础底面宽度为 2m，基础底面标高为 -1.4m，基础主要受力层范围内有软土，拟采用水泥土搅拌桩进行地基处理，桩直径为 600mm，桩长为 11m，土层剖面、水泥土搅拌桩的布置等如图 Z14-19 所示。

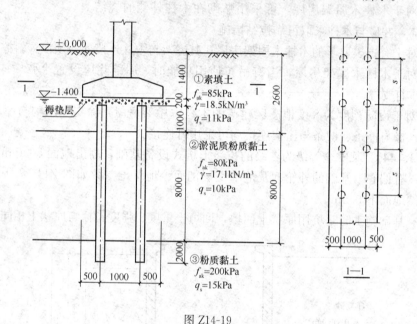

图 Z14-19

45. 假定，水泥土标准养护条件下 90 天龄期，边长为 70.7mm 的立方体抗压强度平均值 $f_{cu} = 1900kPa$，水泥土搅拌桩采用湿法施工，桩端阻力发挥系数 $\alpha_p = 0.5$。试问，初步设计时，估算的搅拌桩单桩承载力特征值 R_a（kN），与下列何项数值最为接近？

(A) 120   (B) 135   (C) 180   (D) 250

46. 假定，水泥土搅拌桩的单桩承载力特征值 $R_a = 145kN$，单桩承载力发挥系数 $\lambda = 1$，①层土的桩间土承载力发挥系数 $\beta = 0.8$。试问，当本工程要求条形基础底部经过深度修正后的地基承载力不小于 145kPa 时，水泥土搅拌桩的最大纵向桩间距 s（mm），与下列何项数值最为接近？

提示： 处理后桩间土承载力特征值取天然地基承载力特征值。

(A) 1500   (B) 1800   (C) 2000   (D) 2300

【题 47～50】 某多层框架结构办公楼采用筏形基础，$\gamma_0 = 1.0$，基础平面尺寸为 39.2m×17.4m。基础埋深为 1.0m，地下水位标高为 -1.0m，地基土层及有关岩土参数见图 Z14-20，初步设计时考虑三种地基基础方案：方案一，天然地基方案；方案二，桩基方案；方案三，减沉复合疏桩方案。

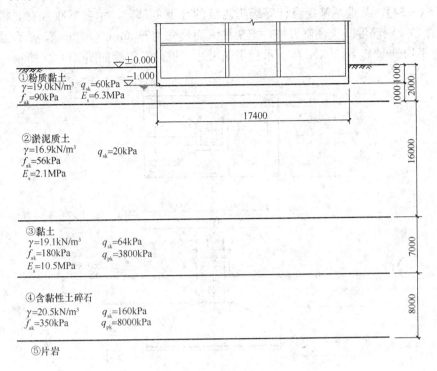

图 Z14-20

47. 采用方案一时，假定，相应于作用的标准组合时，上部结构与筏板基础总的竖向力为 45200kN；相应于作用的基本组合时，上部结构与筏板基础总的竖向力为 59600kN。试问，进行软弱下卧层地基承载力验算时，②层土顶面处的附加压力值 p_z 与自重应力值 p_{cz} 之和（$p_z + p_{cz}$）(kPa)，与下列何项数值最为接近？

(A) 65 　　　　　 (B) 75 　　　　　 (C) 90 　　　　　 (D) 100

48. 采用方案二时，拟采用预应力高强混凝土管桩（PHC 桩），桩外径 400mm，壁厚 95mm，桩尖采用敞口形式，桩长 26m，桩端进入第④层土 2m，桩端土塞效应系数 $\lambda_p = 0.8$。试问，按《建筑桩基技术规范》JGJ 94—2008 的规定，根据土的物理指标与桩承载力参数之间的经验关系，单桩竖向承载力特征值 R_a (kN)，与下列何项数值最为接近？

(A) 1100 　　　　 (B) 1200 　　　　 (C) 1240 　　　　 (D) 2500

49. 采用方案三时，在基础范围内较均匀布置 52 根 250mm×250mm 的预制实心方桩，桩长（不含桩尖）为 18m，桩端进入第③层土 1m，假定，方桩的单桩承载力特征值 R_a 为 340kN，相应于荷载效应准永久组合时，上部结构与筏板基础总的竖向力为 43750kN。试问，按《建筑桩基技术规范》JGJ 94—2008 的规定，计算由筏基底地基土附加压力作用下产生的基础中点的沉降 s_s 时，假想天然地基平均附加压力 p_0 (kPa)，与下列何项数值最为接近？

(A) 15 　　　　　 (B) 25 　　　　　 (C) 40 　　　　　 (D) 50

50. 条件同题 49，试问，按《建筑桩基技术规范》JGJ 94—2008 的规定，计算筏基中心点的沉降时，由桩土相互作用产生的沉降 s_{sp} (mm)，与下列何项数值最为接近？

（A）5　　　　　　　　（B）15　　　　　　　　（C）25　　　　　　　　（D）35

【题 51～54】 某地基基础设计等级为乙级的柱下桩基础，承台下布置有 5 根边长为 400mm 的 C60 钢筋混凝土预制方桩，框架柱截面尺寸为 600mm×800mm，承台及其以上土的加权平均重度 $\gamma_0 = 20\text{kN/m}^3$。承台平面尺寸、桩位布置等如图 Z14-21 所示。

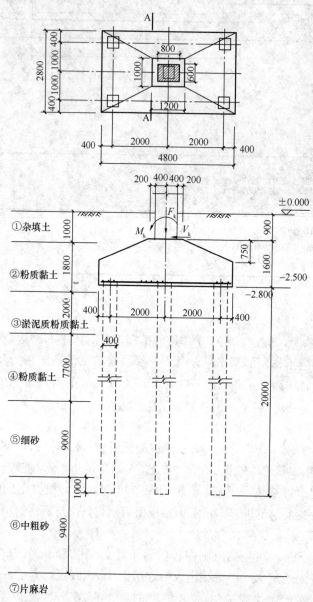

图 Z14-21

51. 假定，在荷载的标准组合下，由上部结构传至该承台顶面的竖向力 $F_k = 5380\text{kN}$，弯矩 $M_k = 2900\text{kN} \cdot \text{m}$，水平力 $V_k = 200\text{kN}$。试问，为满足承载力要求，所需单桩竖向承载力特征值 R_a（kN）的最小值，与下列何项数值最为接近？

（A）1100　　　　　　　（B）1250　　　　　　　（C）1350　　　　　　　（D）1650

52. 假定，承台混凝土强度等级为 C30（$f_t = 1.43 \text{N/mm}^2$），承台计算截面的有效高度 $h_0 = 1500\text{mm}$。试问，图中 A-A 截面承台的斜截面承载力设计值（kN），与下列何项数值最为接近？

(A) 3700   (B) 4000   (C) 4600   (D) 5000

53. 假定，桩的混凝土弹性模量 $E_c = 3.6 \times 10^4 \text{N/mm}^2$，桩身换算截面惯性矩 $I_0 = 213000 \text{cm}^4$，桩的长度（不含桩尖）为 20m，桩的水平变形系数 $\alpha = 0.63 \text{m}^{-1}$，桩的水平承载力由水平位移值控制，桩顶的水平位移允许值为 10mm，桩顶按铰接考虑，桩顶水平位移系数 $\upsilon_s = 2.441$。试问，初步设计时，估算的单桩水平承载力特征值 R_{ha}（kN），与下列何项数值最为接近？

(A) 50   (B) 60   (C) 70   (D) 80

54. 假定，相应于荷载的准永久组合时，承台底的平均附加压力值 $p_0 = 400\text{kPa}$，桩基等效沉降系数 $\psi_e = 0.17$，第⑥层中粗砂在自重压力至自重压力加附加压力之压力段的压缩模量 $E_s = 17.5\text{MPa}$，桩基沉降计算深度算至第⑦层片麻岩层顶面。试问，按照《建筑桩基技术规范》JGJ 94—2008 的规定，当桩基沉降经验系数无当地可靠经验且不考虑邻近桩基影响时，该桩基中心点的最终沉降量计算值 s（mm），与下列何项数值最为接近？

提示：矩形面积上均布荷载作用下角点平均附加应力系数 $\bar{\alpha}$ 见表 Z14-3。

(A) 10   (B) 13   (C) 20   (D) 26

表 Z14-3

z/b ＼ a/b	1.6	1.71	1.8
3	0.1556	0.1576	0.1592
4	0.1294	0.1314	0.1332
5	0.1102	0.1121	0.1139
6	0.0957	0.0977	0.0991

注：a—矩形均布荷载长度（m）；b—矩形均布荷载宽度（m）；z—计算点离桩端平面的垂直距离（m）。

【题 55】 关于基坑支护有下列主张：

Ⅰ. 验算软黏土地基基坑隆起稳定性时，可采用十字板剪切强度或三轴不固结不排水抗剪强度指标；

Ⅱ. 位于复杂地质条件及软土地区的一层地下室基坑工程，可不进行因土方开挖、降水引起的基坑内外土体的变形计算；

Ⅲ. 作用于支护结构的土压力和水压力，对黏性土宜按水土分算计算，也可按地区经验确定；

Ⅳ. 当基坑内外存在水头差，粉土应进行抗渗流稳定验算，渗流的水力梯度不应超过临界水力梯度。

试问，依据《建筑地基基础设计规范》GB 50007—2011 的有关规定，针对上述主张正确性的判断，下列何项正确？

(A) Ⅰ、Ⅱ、Ⅲ、Ⅳ 正确   (B) Ⅰ、Ⅲ 正确；Ⅱ、Ⅳ 错误

(C) Ⅰ、Ⅳ 正确；Ⅱ、Ⅲ 错误   (D) Ⅰ、Ⅱ、Ⅳ 正确；Ⅲ 错误

【题 56】 关于山区地基设计有下列主张：

Ⅰ. 对山区滑坡，可采取排水、支挡、卸载和反压等治理措施

Ⅱ. 在坡体整体稳定的条件下，某充填物为坚硬黏性土的碎石土，实测经过综合修正的重型圆锥动力触探锤击数平均值为 17，当需要对此土层开挖形成 5～10m 的边坡时，边坡的允许高宽比可为 1：0.75～1：1.00；

Ⅲ. 当需要进行地基变形计算的浅基础在地基变形计算深度范围有下卧基岩，且基底下的土层厚度不大于基础底面宽度的 2.5 倍时，应考虑刚性下卧层的影响；

Ⅳ. 某工程砂岩的饱和单轴抗压强度标准值为 8.2MPa，岩体的纵波波速与岩块的纵波波速之比为 0.7，此工程无地方经验可参考，则砂岩的地基承载力特征值初步估计在 1640～4100kPa 之间。

试问，依据《建筑地基基础设计规范》GB 50007—2011 的有关规定，针对上述主张正确性的判断，下列何项正确？

(A) Ⅰ、Ⅱ、Ⅲ、Ⅳ正确 　　　　　(B) Ⅰ正确；Ⅱ、Ⅲ、Ⅳ错误

(C) Ⅰ、Ⅱ正确；Ⅲ、Ⅳ错误 　　　(D) Ⅰ、Ⅱ、Ⅲ正确；Ⅳ错误

【题 57】 下列关于高层混凝土结构作用效应计算时剪力墙连梁刚度折减的观点，哪一项不符合《高层建筑混凝土结构技术规程》JGJ 3—2010 的要求？

(A) 结构进行风荷载作用下的内力计算时，不宜考虑剪力墙连梁刚度折减

(B) 第 3 性能水准的结构采用等效弹性方法进行罕遇地震作用下竖向构件的内力计算时，剪力墙连梁刚度可折减，折减系数不宜小于 0.3

(C) 结构进行多遇地震作用下的内力计算时，可对剪力墙连梁刚度予以折减，折减系数不宜小于 0.5

(D) 结构进行多遇地震作用下的内力计算时，连梁刚度折减系数与抗震设防烈度无关

【题 58】 下列关于高层混凝土结构地下室及基础的设计观点，哪一项相对准确？

(A) 基础埋置深度，无论采用天然地基还是桩基，都不应小于房屋高度的 1/18

(B) 上部结构的嵌固部位尽量设在地下室顶板以下或基础顶，减小底部加强区高度，提高结构设计的经济性

(C) 建于 8 度、Ⅲ类场地的高层建筑，宜采用刚度好的基础

(D) 高层建筑应调整基础尺寸，基础底面不应出现零应力区

【题 59、60】 某 A 级高度现浇钢筋混凝土框架-剪力墙结构办公楼，各楼层层高 4.0m，质量和刚度分布明显不对称，相邻振型的周期比大于 0.85。

59. 采用振型分解反应谱法进行多遇地震作用下结构弹性位移分析，由计算得知，在水平地震作用下，某楼层竖向构件层间最大水平位移 Δu 如表 Z14-4 所示。

表 Z14-4

情　况	Δu (mm)	情　况	Δu (mm)
弹性楼板假定、不考虑偶然偏心	2.2	弹性楼板假定、考虑偶然偏心	2.4
刚性楼板假定、不考虑偶然偏心	2.0	刚性楼板假定、考虑偶然偏心	2.3

试问，该楼层符合《高层建筑混凝土结构技术规程》JGJ 3—2010 要求的扭转位移比最大值为下列何项数值？

(A) 1.2　　　　　(B) 1.4　　　　　(C) 1.5　　　　　(D) 1.6

60. 假定，采用振型分解反应谱法进行多遇地震作用下结构弹性分析，由计算得知，某层框架中柱在单向水平地震作用下的轴力标准值如表 Z14-5 所示。

表 Z14-5

情　况	N_{xk}（kN）	N_{yk}（kN）
考虑偶然偏心考虑扭转耦联	8000	12000
不考虑偶然偏心考虑扭转耦联	7500	9000
考虑偶然偏心不考虑扭转耦联	9000	11000

试问，该框架柱进行截面设计时，水平地震作用下的最大轴压力标准值 N（kN），与下列何项数值最为接近？

(A) 13000　　　　　(B) 12000　　　　　(C) 11000　　　　　(D) 9000

【题 61】 某拟建 18 层现浇钢筋混凝土框架-剪力墙结构办公楼，房屋高度为 72.3m。抗震设防烈度为 7 度，丙类建筑，Ⅱ类建筑场地。方案设计时，有四种结构方案，多遇地震作用下的主要计算结果见表 Z14-6。

表 Z14-6

	T_x（s）	T_y（s）	T_t（s）	M_f/M（%）	$\Delta u/h$（X 向）	$\Delta u/h$（Y 向）
方案 A	1.20	1.60	1.30	55	1/950	1/830
方案 B	1.40	1.50	1.20	35	1/870	1/855
方案 C	1.50	1.52	1.40	40	1/860	1/850
方案 D	1.20	1.30	1.10	25	1/970	1/950

M_f/M—在规定水平力作用下，结构底层框架部分承受的地震倾覆力矩与结构总地震倾覆力矩的比值，表中取 X、Y 两方向的较大值。

假定，剪力墙布置的其他要求满足规范规定。试问，如果仅从结构规则性及合理性方面考虑，四种方案中哪种方案最优？

(A) 方案 A　　　　　(B) 方案 B　　　　　(C) 方案 C　　　　　(D) 方案 D

【题 62、63】 某高层现浇钢筋混凝土框架结构普通办公楼，结构设计使用年限 50 年，抗震等级一级，安全等级二级。其中五层某框架梁局部平面如图 Z14-22 所示。进行梁截面设计时，需考虑重力荷载、水平地震作用效应组合。

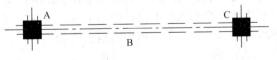

图 Z14-22

提示：按《工程结构通规规范》GB 55001—2021 和《建筑与市政工程抗震通用规范》GB 55002—2021 作答。

62. 已知，该梁截面 A 处由重力荷载、水平地震作用产生的负弯矩标准值分别为：

恒荷载：$M_{Gk} = -500kN \cdot m$

活荷载：$M_{Qk} = -100kN \cdot m$

水平地震作用：$M_{Ehk} = -260kN \cdot m$

试问，进行截面 A 梁顶配筋设计时，起控制作用的梁端负弯矩设计值（kN·m），与下列何项数值最为接近？

提示： 活荷载按等效均布计算，不考虑梁楼面活荷载标准值折减，重力荷载效应已考虑支座负弯矩调幅，不考虑风荷载组合。

（A）−740 （B）−780 （C）−810 （D）−1080

63. 框架梁截面 350mm×600mm，$h_0=540$mm，框架柱截面 600mm×600mm，混凝土强度等级 C35（$f_c=16.7$N/mm²），纵筋采用 HRB400（Φ）（$f_y=360$N/mm²）。假定，该框架梁配筋设计时，梁端截面 A 处的顶、底部受拉纵筋面积计算值分别为：$A_s^t=3900$mm²，$A_s^b=1100$mm²；梁跨中底部受拉纵筋为 6Φ25。梁端截面 A 处顶、底纵筋（锚入柱内）有以下 4 组配置。试问，下列哪组配置满足规范、规程的设计要求且最为合理？

（A）梁顶：8Φ25；梁底：4Φ25
（B）梁顶：8Φ25；梁底：6Φ25
（C）梁顶：7Φ28；梁底：4Φ25
（D）梁顶：5Φ32；梁底：6Φ25

【题 64】 某钢筋混凝土底部加强部位剪力墙，抗震设防烈度 7 度，抗震等级一级，平、立面如图 Z14-23 所示，混凝土强度等级 C30（$f_c=14.3$N/mm²，$E_c=3.0\times10^4$N/mm²）。

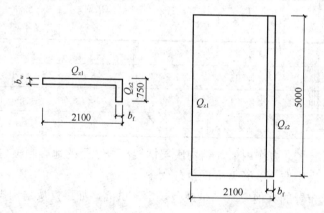

图 Z14-23

假定，墙肢 Q_{z1} 底部考虑地震作用组合的轴力设计值 $N=4800$kN，重力荷载代表值作用下墙肢承受的轴压力设计值 $N_{GE}=3900$kN，$b_f=b_w$，试问，满足 Q_{z1} 轴压比要求的最小墙厚 b_w（mm），与下列何项数值最为接近？

（A）300 （B）350 （C）400 （D）450

【题 65】 某高层建筑裙楼商场内人行天桥，采用钢—混凝土组合结构，如图 Z14-24 所示，天桥跨度 28m。假定，天桥竖向自振频率为 $f_n=3.5$Hz，结构阻尼比 $\beta=0.02$，单

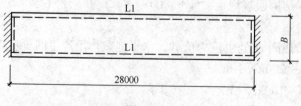

图 Z14-24

位面积有效重量$\overline{w}=5\text{kN/m}^2$。试问，满足楼盖舒适度要求的最小天桥宽度$B$(m)，与下列何项数值最为接近？

提示：① 按《高层建筑混凝土结构技术规程》JGJ 3—2010 作答；

② 接近楼盖自振频率时，人行走产生的作用力$F_p = 0.12\text{kN}$。

(A) 1.80 　　　　 (B) 2.60 　　　　 (C) 3.30 　　　　 (D) 5.00

【题 66～70】 某地上 38 层的现浇钢筋混凝土框架—核心筒办公楼，如图 Z14-25 所示，房屋高度为 155.4m，该建筑地上第 1 层至地上第 4 层的层高均为 5.1m，第 24 层的层高 6m，其余楼层的层高均为 3.9m。抗震设防烈度 7 度，设计基本地震加速度 0.10g，设计地震分组第一组。建筑场地类别为Ⅱ类，抗震设防类别为丙类，安全等级二级。

提示：按《建筑与市政工程抗震通用规范》GB 55002—2021 作答。

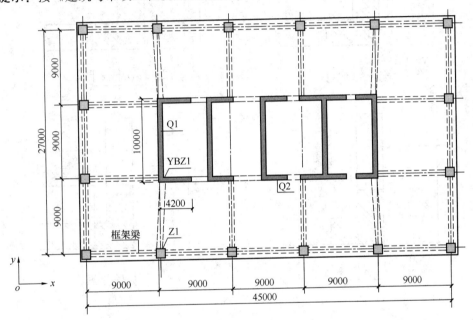

图 Z14-25

66. 假定，第 3 层核心筒墙肢 Q1 在 Y 向水平地震作用按《高层建筑混凝土结构技术规程》第 9.1.11 条调整后的剪力标准值$V_{\text{Ehk}} = 1900\text{kN}$，Y 向风荷载作用下剪力标准值$V_{\text{wk}} = 1400\text{kN}$。试问，该片墙肢考虑地震作用组合的剪力设计值$V$(kN)，与下列何项数值最为接近？

提示：忽略墙肢在重力荷载代表值及竖向地震作用下的剪力。

(A) 2900 　　　　 (B) 4000 　　　　 (C) 4600 　　　　 (D) 5000

67. 假定，第 30 层框架柱 Z1（900mm×900mm），混凝土强度等级 C40（$f_c=19.1\text{N/mm}^2$；$f_t=1.71\text{N/mm}^2$），箍筋采用 HRB400（Φ）（$f_y=360\text{N/mm}^2$），考虑地震作用组合经调整后的剪力设计值$V_y=1800\text{kN}$，轴力设计值$N=7700\text{kN}$，剪跨比$\lambda=1.8$，框架柱$h_0=860\text{mm}$。试问，框架柱 Z1 加密区箍筋计算值A_{sv}/s（mm²/mm），与下列何项数值最为接近？

(A) 1.7 　　　　 (B) 2.2 　　　　 (C) 2.7 　　　　 (D) 3.2

68. 假定，核心筒剪力墙墙肢 Q1 混凝土强度等级 C60（$f_c = 27.5 \text{N/mm}^2$），钢筋均采用 HRB400（Φ）（$f_y = 360 \text{N/mm}^2$），墙肢在重力荷载代表值下的轴压比 μ_N 大于 0.3。试问，关于首层墙肢 Q1 的分布筋、边缘构件尺寸 l_c 及阴影部分竖向配筋设计，下列何项符合规程、规范的最低构造要求？

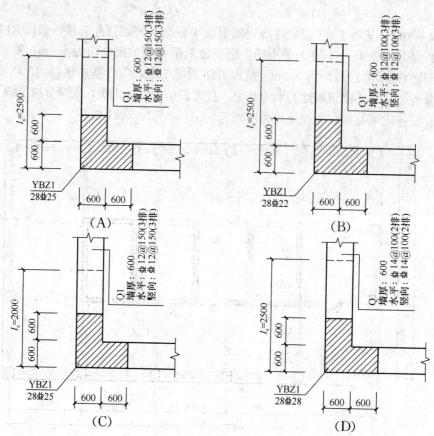

69. 假定，核心筒剪力墙 Q2 第 30 层墙体及两侧边缘构件配筋如图 Z14-26 所示，剪力墙考虑地震作用组合的轴压力设计值 N 为 3800kN。试问，剪力墙水平施工缝处抗滑移承载力设计值 V（kN），与下列何项数值最为接近？

(A) 3900　　　　　　(B) 4500　　　　　　(C) 4900　　　　　　(D) 5500

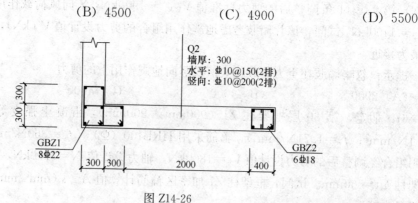

图 Z14-26

70. 假定，核心筒某耗能连梁 LL 在设防烈度地震作用下，左右两端的弯矩标准值 $M_b^{l*} = M_b^{r*} = 1355 \text{kN} \cdot \text{m}$（顺时针方向），截面为 600mm×1000mm，净跨 $l_n = 3.0 \text{m}$，混凝土强度等级 C40，纵向钢筋采用 HRB400（Φ），对称配筋，$a_s = a'_s = 40 \text{mm}$。试问，该连梁进行抗震性能设计时，下列何项纵向钢筋配置符合第 2 性能水准的要求且配筋最小？

提示：忽略重力荷载作用下的弯矩。

(A) 7 Φ 25　　　　(B) 6 Φ 28　　　　(C) 7 Φ 28　　　　(D) 6 Φ 32

【题 71、72】 某环形截面钢筋混凝土烟囱，如图 Z14-27 所示，抗震设防烈度为 8 度，设计基本地震加速度为 0.2g，设计地震分组第一组，场地类别 II 类，基本风压 $w_0 = 0.40 \text{kN/m}^2$。烟囱基础顶面以上总重力荷载代表值为 15000kN，烟囱基本自振周期为 $T_1 = 2.5 \text{s}$。

提示：按《烟囱工程技术标准》GB/T 50051—2021 作答。

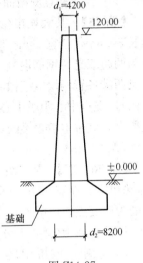

图 Z14-27

71. 已知，烟囱底部（基础顶面处）由风荷载标准值产生的弯矩 $M = 11000 \text{kN} \cdot \text{m}$，由水平地震作用标准值产生的弯矩 $M = 18000 \text{kN} \cdot \text{m}$，由地震作用、风荷载、日照和基础倾斜引起的附加弯矩 $M = 1800 \text{kN} \cdot \text{m}$。试问，烟囱底部截面进行抗震极限承载能力设计时，烟囱抗弯承载力设计值最小值 R_d（kN·m），与下列何项数值最为接近？

(A) 28700　　　　　　(B) 25500

(C) 25000　　　　　　(D) 22500

72. 烟囱底部（基础顶面处）截面筒壁竖向配筋设计时，需要考虑地震作用并按大、小偏心受压包络设计，已知，小偏心受压时重力荷载代表值的轴压力对烟囱承载能力不利，大偏心受压时重力荷载代表值的轴压力对烟囱承载能力有利。假定，小偏心受压时轴压力设计值为 N_1（kN），大偏心受压时轴压力设计值为 N_2（kN）。试问，N_1、N_2 与下列何项数值最为接近？

(A) 18000、15660　　　　　　(B) 20340、15660

(C) 18900、12660　　　　　　(D) 19500、13500

【题 73、74】 某二级公路上的一座单跨 30m 的跨线桥梁，可通过双向两列车，重车较多，抗震设防烈度为 7 度，地震动峰值加速度为 0.15g，设计荷载为公路-I 级，人群荷载 3.5kPa，桥面宽度与路基宽度都为 12m。上部结构：横向五片各 30m 的预应力混凝土 T 形梁，梁高 1.8m，混凝土强度等级 C40；桥台为等厚度的 U 形结构，桥台台身计算高度 4.0m，基础为双排 1.2m 的钻孔灌注桩。整体结构的安全等级为一级。

73. 假定，计算该桥桥台台背土压力时，汽车在台背土体破坏棱体上的作用可近似用换算等代均布土层厚度计算。试问，其换算土层厚度（m）与下列何项数值最为接近？

提示：台背竖直、路基水平，土壤内摩擦角 30°，假定土体破坏棱体的上口长度 L_0 为 2.31m，土的重力密度 γ 为 18kN/m³。

(A) 0.8　　　　　(B) 1.1　　　　　(C) 1.3　　　　　(D) 1.8

74. 上述桥梁的中间 T 型梁的抗剪验算截面取距支点 $h/2$（900mm）处，且已知该截

面的最大剪力为 $\gamma_0 V_0 = 940\text{kN}$，腹板宽度 540mm，梁的有效高度为 1360mm，混凝土强度等级 C40 的抗拉强度设计值 f_{td} 为 1.65MPa。试问，该截面需要进行下列何项工作？

提示： 预应力提高系数设计值为 α_2 取 1.25。

（A）要验算斜截面的抗剪承载力，且应加宽腹板尺寸

（B）不需要验算斜截面抗剪承载力

（C）不需要验算斜截面抗剪承载力，但要加宽腹板尺寸

（D）需要验算斜截面抗剪承载力，但不要加宽腹板尺寸

【题 75】 某大城市位于 7 度地震区，室内道路上有一座 5 孔各 16m 的永久性桥梁，全长 80.6m，全宽 19m。上部结构为简支预应力混凝土空心板结构，计算跨径 15.5m；中墩为两跨双悬臂钢筋混凝土矩形盖梁，三根 1.1m 的圆柱；伸缩缝宽度均为 80mm；每片板梁两端各置两块氯丁橡胶板式支座，支座平面尺寸为 200mm（顺桥向）×250mm（横桥向），支点中心距墩中心的距离为 250mm（含伸缩缝宽度）。试问，根据现行桥规的构造要求，该桥中墩盖梁的最小设计宽度（mm），与下列何项数值最为接近？

（A）1640　　　　　（B）1390　　　　　（C）1200　　　　　（D）1000

【题 76、77】 某二级公路立交桥上的一座直线匝道桥，为钢筋混凝土连续箱梁结构（单箱单室）净宽 6.0m，全宽 7.0m。其中一联为三孔，每孔跨径各 25m，梁高 1.3m，中墩处为单支点，边墩为双支点抗扭支座。中墩支点采用 550mm×1200mm 的氯丁橡胶支座。设计荷载为公路-Ⅰ级，结构安全等级一级。

76. 假定，该桥中墩支点处的理论负弯矩为 15000kN·m。中墩支点总反力为 6600kN。试问，考虑折减因素后的中墩支点的有效负弯矩（kN·m），取下列何项数值较为合理？

提示： 梁支座反力在支座两侧向上按 45°扩散交于梁重心轴的长度 a 为 1.85m。

（A）13474　　　　　（B）13500　　　　　（C）14595　　　　　（D）15000

77. 假定，上述匝道桥的边支点采用双支座（抗扭支座），梁的重力密度为 158kN/m，汽车居中行驶，其冲击系数按 0.15 计。若双支座平均承担反力，试问，在重力和车道荷载作用时，每个支座的组合力值 R_A（kN）与下列何项数值最为接近？

提示： 反力影响线的面积：第一孔 $\omega_1 = +0.433L$；第二孔 $\omega_2 = -0.05L$；第三孔 $\omega_3 = +0.017L$。

（A）1147　　　　　（B）1334　　　　　（C）1378　　　　　（D）1422

【题 78】 某城市主干路的一座单跨 30m 的梁桥，可通行双向两列车，其地震基本烈度为 7 度，地震动峰值加速度为 0.15g。试问，该桥的抗震措施等级应采用下列何项数值？

（A）6 度　　　　　（B）7 度　　　　　（C）8 度　　　　　（D）9 度

【题 79】 某一级公路上一座预应力混凝土桥梁中的一片预制空心板梁，预制板长 15.94m，宽 1.06m，厚 0.70m，其中两个通长的空心孔的直径各为 0.36m，设置 4 个吊环，每端各 2 个，吊环各距板端 0.37m。试问，该板梁吊环的设计吊力（kN）与下列何项数值最为接近？

提示： 板梁动力系数采用 1.2，自重为 13.5kN/m。

（A）65　　　　　（B）72　　　　　（C）86　　　　　（D）103

【题 80】 某城市一座主干路上的跨河桥，为五孔单跨各为 25m 的预应力混凝土小箱梁

（先简支后连续）结构，全长 125.8m，横向由 24m 宽的行车道和两侧各为 3.0m 的人行道组成，全宽 30.5m。桥面单向纵坡 1‰；横坡：行车道 1.5%，人行道 1.0%。试问，该桥每孔桥面要设置泄水管时，下列泄水管截面积 F（mm^2）和个数（n），下列何项数值较为合理?

提示：每个泄水管的内径采用 150mm。

(A) $F=75000$，$n=4.0$ （B) $F=45000$，$n=2.0$

(C) $F=18750$，$n=1.0$ （D) $F=0$，$n=0$

2016 年真题

（上午卷）

【题 1~3】 某办公楼为现浇混凝土框架结构，设计使用年限 50 年，安全等级为二级。其二层局部平面图、主次梁节点示意图和次梁 L-1 的计算简图如图 Z16-1 所示，混凝土强度等级 C35，钢筋均采用 HRB400。

提示： 按《建筑结构可靠性设计统一标准》GB 50068—2018 作答。

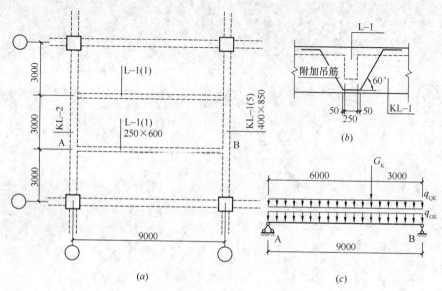

图 Z16-1

(a) 局部平面图；(b) 主次梁节点示意图；(c) L-1 计算简图

1. 假定，次梁上的永久均布荷载标准值 q_{Gk}＝18kN/m（包括自重），可变均布荷载标准值 q_{Qk}＝6kN/m，永久集中荷载标准值 G_k＝30kN，可变荷载组合值系数 0.7。试问，当不考虑楼面活载折减系数时，次梁 L-1 传给主梁 KL-1 的集中荷载设计值 F（kN），与下列何项数值最为接近？

(A) 140   (B) 155   (C) 165   (D) 172

2. 假定，次梁 L-1 传给主梁 KL-1 的集中荷载设计值 F＝220kN，且该集中荷载全部由附加吊筋承担。试问，附加吊筋的配置选用下列何项最为合适？

(A) 2⏀16   (B) 2⏀18   (C) 2⏀20   (D) 2⏀22

3. 假定，次梁 L-1 跨中下部纵向受力钢筋按计算所需的截面面积为 2480mm²，实配 6⏀25。试问，L-1 支座上部的纵向钢筋，至少应采用下列何项配置？

提示： 梁顶钢筋在主梁内满足锚固要求。

(A) 2⏀14   (B) 2⏀16   (C) 2⏀20   (D) 2⏀22

【题 4】 某预制钢筋混凝土实心板，长×宽×厚＝6000mm×500mm×300mm，四角各设有 1 个吊环，吊环均采用 HPB300 钢筋，可靠锚入混凝土中并绑扎在钢筋骨架上。试问，吊环钢筋的直径（mm），至少应采用下列何项数值？

提示：① 钢筋混凝土的自重按 25kN/m³ 计算；

② 吊环和吊绳均与预制板面垂直。

(A) 8　　　　　(B) 10　　　　　(C) 12　　　　　(D) 14

【题 5】 某工地有一批直径 6mm 的盘卷钢筋，钢筋牌号 HRB400。钢筋调直后应进行重量偏差检验，每批抽取 3 个试件。假定，3 个试件的长度之和为 2m。试问，这 3 个试件的实际重量之和的最小容许值（g）与下列何项数值最为接近？

提示：本题按《混凝土结构工程施工质量验收规范》GB 50204—2015 作答。

(A) 409　　　　　(B) 422　　　　　(C) 444　　　　　(D) 468

【题 6】 某刚架计算简图如图 Z16-2 所示，安全等级为二级。其中竖杆 CD 为钢筋混凝土构件，截面尺寸 40mm×400mm，混凝土强度等级为 C40，纵向钢筋采用 HRB400，对称配筋（$A_s=A_s'$），$a_s=a_s'=40$mm。假定，集中荷载设计值 $P=160$kN，构件自重可忽略不计。试问，按承载能力极限状态计算时（不考虑抗震），在刚架平面内竖杆 CD 最不利截面的单侧纵筋截面面积 A_s（mm²），与下列何项数值最为接近？

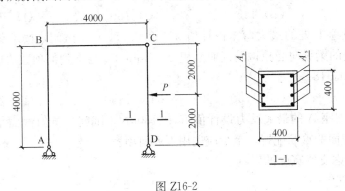

图 Z16-2

(A) 1250　　　　　(B) 1350　　　　　(C) 1500　　　　　(D) 1600

【题 7】 某民用建筑的楼层钢筋混凝土吊柱，其设计使用年限为 50 年，环境类别为二 a 类，安全等级为二级。吊柱截面 $b×h=400$mm×400mm，按轴心受拉构件设计。混凝土强度等级 C40，柱内仅配置纵向钢筋和外围箍筋。永久荷载作用下的轴向拉力标准值 $N_{Gk}=400$kN（已计入自重），可变荷载作用下的轴向拉力标准值 $N_{Qk}=200$kN，准永久值系数 $\psi_q=0.5$。假定，纵向钢筋采用 HRB400，钢筋等效直径 $d_{eq}=25$mm，最外层纵向钢筋的保护层厚度 $c_s=40$mm。试问，按《混凝土结构设计规范》GB 50010—2010（2015 年版）计算的吊柱全部纵向钢筋截面面积 A_s（mm²），至少应选用下列何项数值？

提示：需满足最大裂缝宽度的限值，裂缝间纵向受拉钢筋应变不均匀系数 $\psi=0.6029$。

(A) 2200　　　　　(B) 2600　　　　　(C) 3500　　　　　(D) 4200

【题 8～11】 某民用房屋，结构设计使用年限为 50 年，安全等级为二级。二层楼面上有一带悬臂段的预制钢筋混凝土等截面梁，其计算简图和梁截面如图 Z16-3 所示，不考虑抗震设计。梁的混凝土强度等级为 C40，纵筋和箍筋均采用 HRB400，$a_s=60$mm。未

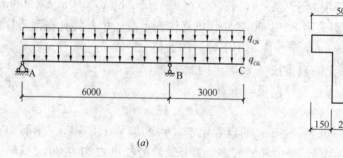

图 Z16-3

(a) 计算简图；(b) 截面示意

配置弯起钢筋，不考虑纵向受压钢筋作用。

提示：按《建筑结构可靠性设计统一标准》GB 50068—2018 作答。

8. 假定，作用在梁上的永久荷载标准值 $q_{Gk}=25kN/m$（包括自重），可变荷载标准值 $q_{Qk}=10kN/m$，组合值系数 0.7。试问，AB 跨的跨中最大正弯矩设计值 M_{max}（kN·m），与下列何项数值最为接近？

提示：假定，梁上永久荷载的分项系数均取 1.3。

(A) 110   (B) 145   (C) 160   (D) 170

9. 假定，支座 B 处的最大弯矩设计值 $M=200kN·m$。试问，按承载能力极限状态计算，支座 B 处的梁纵向受拉钢筋截面面积 A_s（mm^2），与下列何项数值最为接近？

提示：$\xi_b=0.518$。

(A) 1550   (B) 1750   (C) 1850   (D) 2050

10. 假定，支座 A 的最大反力设计值 $R_A=180kN$。试问，按斜截面承载力计算，支座 A 边缘处梁截面的箍筋配置，至少应选用下列何项？

提示：不考虑支座宽度的影响。

(A) $\Phi 6@200$（2）   (B) $\Phi 8@200$（2）

(C) $\Phi 10@200$（2）   (D) $\Phi 12@200$（2）

11. 假定，不考虑支座宽度等因素的影响，实际悬臂长度可按计算简图取用。试问，当使用上对挠度有较高要求时，C 点向下的挠度限值（mm），与下列何项数值最为接近？

提示：未采取预先起拱措施。

(A) 12   (B) 15   (C) 24   (D) 30

【题 12~14】 某 7 度（0.1g）地区多层重点设防类民用建筑，采用现浇钢筋混凝土框架结构，建筑平、立面均规则，框架的抗震等级为二级。框架柱的混凝土强度等级均为 C40，钢筋采用 HRB400，$a_s=a_s'=50mm$。

12. 假定，底层某角柱截面为 $700mm×700mm$，柱底截面考虑水平地震作用组合未经调整的弯矩设计值为 $900kN·m$，相应的轴压力设计值为 $3000kN$。柱纵筋采用对称配筋，相对界限受压区高度 $\xi_b=0.518$，不需要考虑二阶效应。试问，按单偏压构件计算，该角柱满足柱底正截面承载能力要求的单侧纵筋截面面积 A_s（mm^2），与下列何项数值最为接近？

提示：不需要验算最小配筋率。

(A) 1300   (B) 1800   (C) 2200   (D) 2800

13. 假定，底层某边柱为大偏心受压构件，截面 900mm×900mm。试问，该柱满足构造要求的纵向钢筋最小总面积（mm²），与下列何项数值最为接近？

(A) 6500   (B) 6900   (C) 7300   (D) 7700

14. 假定，某中间层的中柱 KZ-6 的净高为 3.5m，截面和配筋如图 Z16-4 所示，其柱底考虑地震作用组合的轴向压力设计值为 4840kN，柱的反弯点位于柱净高中点处。试问，该柱箍筋加密区的体积配箍率 ρ_v 与规范规定的最小体积配箍率 ρ_{vmin} 的比值 ρ_v/ρ_{min}，与下列何项数值最为接近？

提示：箍筋的保护层厚度取 27mm，不考虑重叠部分的箍筋面积。

(A) 1.2   (B) 1.4
(C) 1.6   (D) 1.8

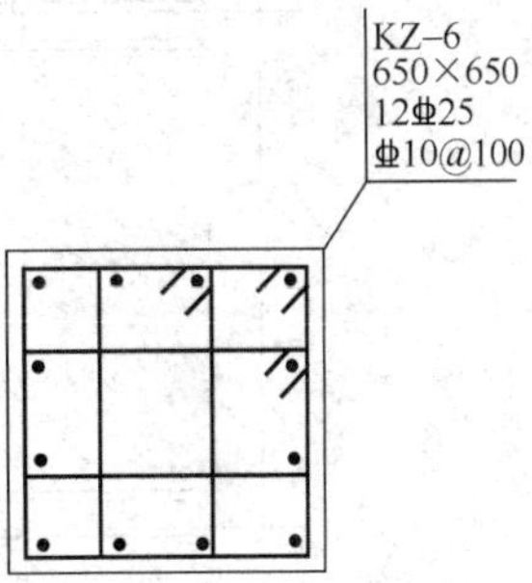

KZ-6
650×650
12Φ25
Φ10@100

图 Z16-4

【题 15、16】 某三跨混凝土叠合板，其施工流程如下：（1）铺设预制板（预制板下不设支撑）；（2）以预制板作为模板铺设钢筋、灌缝并在预制板面现浇混凝土叠合层；（3）待叠合层混凝土完全达到设计强度形成单向连续板后，进行建筑面层等装饰施工。最终形成的叠合板如图 Z16-5 所示，其结构构造满足叠合板和装配整体式楼盖的各项规定。假定，永久荷载标准值为：（1）预制板自重 $g_{k1}=3kN/m^2$；（2）叠合层总荷载 $g_{k2}=1.25kN/m^2$；（3）建筑装饰总荷载 $g_{k3}=1.6kN/m^2$。可变荷载标准值为：（1）施工荷载 $q_{k1}=2kN/m^2$；（2）使用阶段活载 $q_{k2}=4kN/m^2$。沿预制板长度方向计算跨度 l_0 取图示支座中到中的距离。

提示：按《建筑结构可靠性设计统一标准》GB 50068—2018 作答。

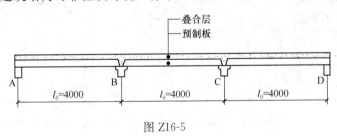

叠合层
预制板

A l_0=4000   B l_0=4000   C l_0=4000   D

图 Z16-5

15. 试问，验算第一阶段（后浇的叠合层混凝土达到强度设计值之前的阶段）预制板的正截面受弯承载力时，其每米板宽的弯矩设计值 M（kN·m），与下列何项数值最为接近？

(A) 10   (B) 13   (C) 17   (D) 20

16. 试问，当不考虑支座宽度的影响，验算第二阶段（叠合层混凝土完全达到强度设计值形成连续板之后的阶段）叠合板的正截面受弯承载力时，支座 B 处的每米板宽负弯矩设计值 M（kN·m），与下列何项数值最为接近？

提示：本题仅考虑荷载满布的情况，不必考虑荷载的不利分布。等跨梁在满布荷载作用下，支座 B 的负弯矩计算公式如图 Z16-6 所示。

(A) 9   (B) 13
(C) 16   (D) 20

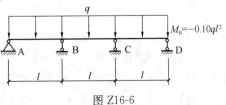

q

$M_B=-0.10ql^2$

A   B   C   D
l l l

图 Z16-6

【题 17～23】 某冷轧车间单层钢结构主厂房，设有两台起重量为 25t 的重级工作制（A6）软钩吊车。吊车梁系统布置见图 Z16-7，吊车梁钢材为 Q345。

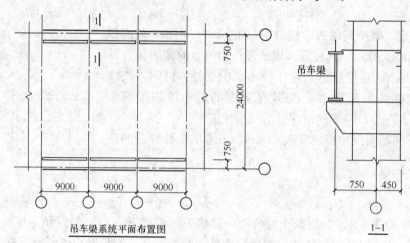

吊车梁系统平面布置图

图 Z16-7

17. 假定，非采暖车间，最低日平均室外计算温度为 $-7.2℃$。试问，焊接吊车梁钢材选用下列何种质量等级最为经济？

提示： 最低日平均室外计算温度为吊车梁工作温度。

（A）Q345A　　　　（B）Q345B　　　　（C）Q345C　　　　（D）Q345D

18. 吊车资料见表 Z16-1。试问，仅考虑最大轮压作用时，如图 Z16-8 所示，吊车梁 C 点处竖向弯矩标准值（kN·m）及相应较大剪力标准值（kN，剪力绝对值较大值），与下列何项数值最为接近？

表 Z16-1

吊车起重量 Q（t）	吊车跨度 L_k（m）	台数	工作制	吊钩类别	吊车简图	最大轮压 $P_{k.max}$（kN）	小车重 g（t）	吊车总重 G（t）	轨道型号
25	22.5	2	重级	软钩	参见图 Z16-8	178	9.7	21.49	38kg/m

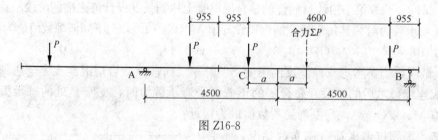

图 Z16-8

（A）430，35　　　（B）430，140　　　（C）635，60　　　（D）635，120

19. 吊车梁截面如图 Z16-9 所示，截面几何特性见表 Z16-2。假定，吊车梁最大竖向弯矩设计值为 1200kN·m，相应水平向弯矩设计值为 100kN·m。试问，在计算吊车梁抗弯强度时，其计算值（N/mm²）与下列何项数值最为接近？

提示：取全截面计算。

吊车梁对 x 轴毛截面模量（mm³）		吊车梁对 x 轴净截面模量（mm³）		吊车梁制动结构对 y_1 轴净截面模量（mm³）
$W_x^\text{上}$	$W_x^\text{下}$	$W_{nx}^\text{上}$	$W_{nx}^\text{下}$	$W_{ny1}^\text{左}$
8202×10^3	5362×10^3	8085×10^3	5266×10^3	6866×10^3

(A) 150　　　　　　　　　　　(B) 165

(C) 230　　　　　　　　　　　(D) 240

20. 假定，吊车梁腹板采用—900×10 截面。试问，采用下列何种措施最为合理？

(A) 设置横向加劲肋，并计算腹板的稳定性

(B) 设置纵向加劲肋

(C) 加大腹板厚度

(D) 可考虑腹板屈曲后强度，按《钢结构设计标准》GB 50017—2017 第 6.4 节的规定计算抗弯和抗剪承载力

21. 假定，厂房位于 8 度区，采用轻屋面，屋面支撑布置见图 Z16-10，支撑采用 Q235。试问，屋面支撑采用下列何种截面最为合理（满足规范要求且用钢量最低）？

各支撑截面特性见表 Z16-3。

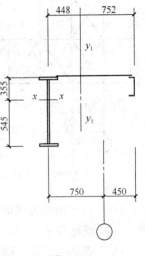

图 Z16-9

截面	回转半径 i_x（mm）	回转半径 i_y（mm）	回转半径 i_v（mm）
L70×5	21.6	21.6	13.9
L110×7	34.1	34.1	22.0
2L63×5	19.4	28.2	—
2L90×6	27.9	39.1	—

(A) L70×5　　　(B) L110×7　　　(C) 2L63×5　　　(D) 2L90×6

22. 假定，厂房位于 8 度区，支撑采用 Q235，吊车肢下柱柱间支撑采用 2L90×6，截面面积 $A = 2128\text{mm}^2$。试问，根据《建筑抗震设计规范》GB 50011—2010 的规定，图 Z16-11柱间支撑与节点板最小连接焊缝长度 l（mm），与下列何项数值最为接近？

提示：① 焊条采用 E43 型，焊接时采用绕焊，即焊缝计算长度可取标示尺寸；

　　　② 不考虑焊缝强度折减；角焊缝极限强度 $f_u^f = 240\text{N/mm}^2$；

　　　③ 肢背处内力按总内力的 70% 计算。

(A) 90　　　　　(B) 135　　　　　(C) 160　　　　　(D) 235

23. 假定，厂房位于 8 度区，采用轻屋面，梁、柱的板件宽厚比均符合《钢结构设计标准》GB 50017—2017 弹性设计阶段的板件宽厚比限值要求，但不符合《建筑抗震设计规范》GB 50011—2010 表 8.3.2 的要求，其中，梁翼缘板件宽厚比为 13。试问，在进行

构件强度和稳定的抗震承载力计算时，应满足以下何项地震作用要求？

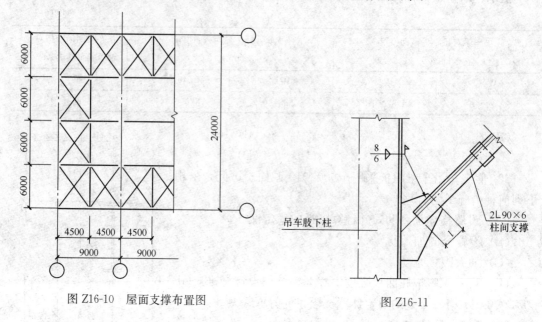

图 Z16-10　屋面支撑布置图

图 Z16-11

（A）满足多遇地震的要求，但应采用有效截面
（B）满足多遇地震下的要求
（C）满足 1.5 倍多遇地震下的要求
（D）满足 2 倍多遇地震下的要求

【题 24～30】　某 9 层钢结构办公建筑，房屋高度 $H=34.9$m，抗震设防烈度为 8 度，布置如图 Z16-12 所示，所有连接均采用刚接。支撑框架为强支撑框架，各层均满足刚性平面假定。框架梁柱采用 Q345。框架梁采用焊接截面，除跨度为 10m 的框架梁截面采用 H700×200×12×22 外，其他框架梁截面均采用 H500×200×12×16，柱采用焊接箱形截面 B500×22。梁柱截面特性见表 Z16-4。

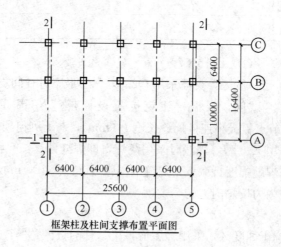

框架柱及柱间支撑布置平面图

图 Z16-12

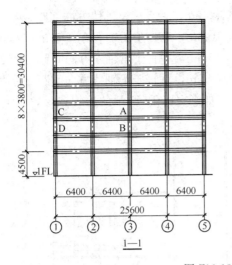 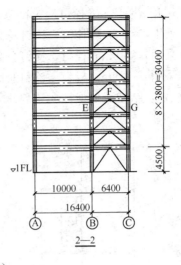

图 Z16-12（续）

表 Z16-4

截　　面	面积 A （mm²）	惯性矩 I_x （mm⁴）	回转半径 i_x （mm）	弹性截面模量 W_x （mm³）	塑性截面模量 W_{px} （mm³）
H500×200×12×16	12016	$4.77×10^8$	199	$1.91×10^6$	$2.21×10^6$
H700×200×12×22	16672	$1.29×10^9$	279	$3.70×10^6$	$4.27×10^6$
B500×22	42064	$1.61×10^9$	195	$6.42×10^6$	

　　提示： 按《建筑抗震设计规范》GB 50011—2010 和《钢结构设计标准》GB 50017—2017 作答。

　　24. 试问，当按剖面 1-1（Ⓐ轴框架）计算稳定性时，框架柱 AB 平面外的计算长度系数，与下列何项数值最为接近？

　　（A）0.89　　　　　（B）0.95　　　　　（C）1.80　　　　　（D）2.59

　　25. 假定，剖面 1-1 中的框架柱 CD 在Ⓐ轴框架平面内计算长度系数取为 2.4，平面外计算长度系数取为 1.0，试问，当按公式 $\dfrac{N}{\varphi_x A} + \dfrac{\beta_{mix}M_x}{\gamma_x W_x \left(1 - 0.8\dfrac{N}{N'_{Ex}}\right)} + \eta\dfrac{\beta_{ty}}{\varphi_{xy}}\dfrac{M_y}{W_y}$ 进行平

面内（M_x 方向）稳定性计算时，N'_{Ex} 的计算值（N）与下列何项数值最为接近？

　　（A）$2.40×10^7$　　　（B）$3.50×10^7$　　　（C）$1.40×10^8$　　　（D）$2.20×10^3$

　　26. 假定，地震作用下图 Z16-12 中 1-1 中 B 处框架梁 H500×200×12×16 弯矩设计值最大值为 $M_{x,左}=M_{x,右}=163.9\text{kN·m}$，试问，当按公式 $\psi(M_{pb1}+M_{pb2})/V_p \leqslant \dfrac{4}{3}f_{yv}$ 验算梁柱节点域屈服承载力时，剪应力 $\psi(M_{pb1}+M_{pb2})/V_b$ 计算值（N/mm²），与下列何项数值最为接近？

　　（A）36　　　　　（B）80　　　　　（C）100　　　　　（D）165

　　27. 假定，次梁采用 H350×175×7×11，底模采用压型钢板，$h_e=76\text{mm}$，混凝土楼板总厚为 130mm，采用钢与混凝土组合梁设计，沿梁跨度方向栓钉间距约为 350mm。试问，栓钉应选用下列何项？

（A）采用 $d=13$mm 栓钉，栓钉总高度 100mm，垂直于梁轴线方向间距 $a=90$mm

（B）采用 $d=16$mm 栓钉，栓钉总高度 110mm，垂直于梁轴线方向间距 $a=90$mm

（C）采用 $d=16$mm 栓钉，栓钉总高度 115mm，垂直于梁轴线方向间距 $a=125$mm

（D）采用 $d=19$mm 栓钉，栓钉总高度 120mm，垂直于梁轴线方向间距 $a=125$mm

28. 假定，结构满足强柱弱梁要求，比较如图 Z16-13 所示的栓焊连接，试问，下列说法何项正确？

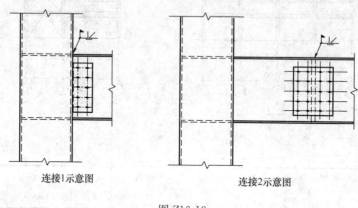

连接1示意图   连接2示意图

图 Z16-13

（A）满足规范最低设计要求时，连接 1 比连接 2 极限承载力要求高

（B）满足规范最低设计要求时，连接 1 比连接 2 极限承载力要求低

（C）满足规范最低设计要求时，连接 1 与连接 2 极限承载力要求相同

（D）梁柱连接按内力计算，与承载力无关

29. 假定，支撑均采用 Q235，截面采用 P299×10 焊接钢管，截面面积为 9079mm²，回转半径为 102mm。当框架梁 EG 按不计入支撑支点作用的梁，验算重力荷载和支撑屈曲时不平衡力作用下的承载力，试问，计算此不平衡力时，受压支撑提供的竖向力计算值（kN），与下列何项最为接近？

（A）430   （B）550   （C）1400   （D）1650

30. 以下为关于钢梁开孔的描述：

提示： 按《高层民用建筑钢结构技术规程》JGJ 99—2015 作答。

Ⅰ. 框架梁腹板不允许开孔；

Ⅱ. 距梁端相当于梁高范围的框架梁腹板不允许开孔；

Ⅲ. 次梁腹板不允许开孔；

Ⅳ. 所有腹板开孔的孔洞均应补强。

试问，上述说法有几项正确？

（A）1   （B）2   （C）3   （D）4

【题 31～33】 某砖混结构多功能餐厅，上下层墙体厚度相同，层高相同，采用 MU20 混凝土普通砖和 Mb10 专用砌筑砂浆砌筑，施工质量为 B 级，结构安全等级二级，现有一截面尺寸为 300mm×800mm 钢筋混凝土梁，支承于尺寸为 370mm×1350mm 的一字形截面墙垛上，梁下拟设置预制钢筋混凝土垫块，垫块尺寸为 $a_b=370$mm，$b_b=740$mm，$t_b=240$mm，如图 Z16-14 所示。

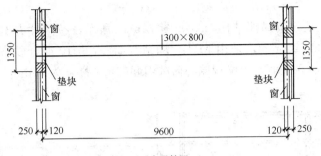

梁平面布置简图

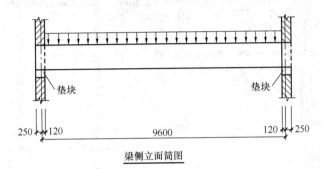

梁侧立面简图

图 Z16-14

提示：计算跨度按 $l=9.6\text{m}$ 考虑。

31. 试问，垫块外砌体面积的有利影响系数 γ_1，与下列何项数值最为接近？

(A) 1.00   (B) 1.05   (C) 1.30   (D) 1.35

32. 进行刚性方案房屋的静力计算时，假定，梁的荷载设计值（含自重）为48.9kN/m，梁上下层墙体的线性刚度相同。试问，由梁端约束引起的下层墙体顶部弯矩设计值（kN·m），与下列何项数值最为接近？

(A) 25   (B) 40   (C) 75   (D) 375

33. 假定，梁的荷载设计值（含自重）为 38.6kN/m，上层墙体传来的轴向荷载设计值为 320kN。试问，垫块上梁端有效支承长度 a_0（mm），与下列何项数值最为接近？

(A) 60   (B) 90   (C) 100   (D) 110

【题 34】 无筋砌体结构房屋的静力计算，下列关于房屋空间工作性能的表述何项不妥？

(A) 房屋的空间工作性能与楼（屋）盖的刚度有关

(B) 房屋的空间工作性能与刚性横墙的间距有关

(C) 房屋的空间工作性能与伸缩缝处是否设置刚性双墙无关

(D) 房屋的空间工作性能与建筑物的层数关系不大

【题 35】 某抗震设防烈度 7 度（0.1g）总层数为 6 层的房屋，采用底层框架-抗震墙砌体结构，某一榀框支墙梁剖面简图如图 Z16-15 所示，墙体采用 240mm 厚烧结普通砖、混合砂浆砌筑，托梁截面尺寸为 300mm×700mm。试问，按《建筑抗震设计规范》GB 50011—2010 要求，该榀框支墙梁二层过渡层墙体内，设置的构造柱最少数量（个），与下列何项数值最为接近？

(A) 9   (B) 7   (C) 5   (D) 3

【题 36~38】 某建筑局部结构布置如图 Z16-16 所示,按刚性方案计算,二层层高 3.6m,墙体厚度均为 240mm,采用 MU10 烧结普通砖,M10 混合砂浆砌筑,已知墙 A 承受重力荷载代表值 518kN,由梁端偏心荷载引起的偏心距 e 为 35mm,施工质量控制等级为 B 级。

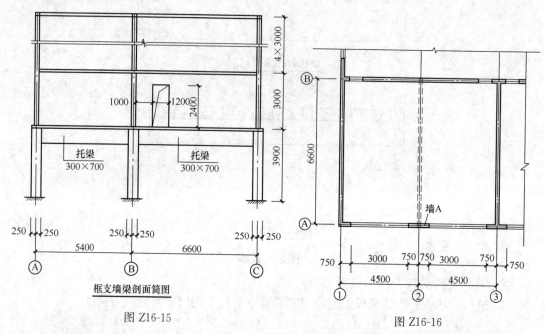

图 Z16-15

图 Z16-16

36. 试问,墙 A 沿阶梯形截面破坏的抗震抗剪强度设计值 f_{vE}（N/mm²）,与下列何项数值最为接近?

(A) 0.26   (B) 0.27   (C) 0.28   (D) 0.30

37. 假定,外墙窗洞 3000mm×2100mm,窗洞底距楼面 900mm,试问,二层Ⓐ轴墙体的高厚比验算与下列何项最为接近?

(A) 15.0<22.1   (B) 15.0<19.1

(C) 18.0<19.1   (D) 18.0<22.1

38. 假定,二层墙 A 配置有直径 4mm 冷拔低碳钢丝网片,方格网孔尺寸为 80mm,其抗拉强度设计值为 550MPa,竖向间距为 180mm,试问,该网状配筋砌体的抗压强度设计值 f_n（MPa）,与下列何项数值最为接近?

(A) 1.89   (B) 2.35

(C) 2.50   (D) 2.70

【题 39、40】 某配筋砌块砌体剪力墙结构房屋,标准层有一配置足够水平钢筋、100%全灌芯的配筋砌块砌体受压构件,采用 MU15 级混凝土小型空心砌块,Mb10 级专用砌筑砂浆砌筑,灌孔混凝土强度等级为 Cb30,采用

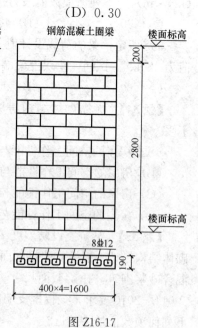

图 Z16-17

HRB400 钢筋。截面尺寸、竖向配筋如图 Z16-17 所示。

39. 假定，该剪力墙为轴心受压构件。试问，该构件的稳定系数 φ_{0g}，与下列何项数值最为接近？

(A) 1.00   (B) 0.80   (C) 0.75   (D) 0.65

40. 假定，该构件处于大偏心界限受压状态，且取 $a_s=100$mm，试问，该配筋砌块砌体剪力墙受拉钢筋屈服的数量（根），与下列何项数值最为接近？

(A) 1   (B) 2   (C) 3   (D) 4

（下午卷）

【题 41】 某设计使用年限为 50 年的木结构办公建筑中，有一轴心受压柱，两端铰接，使用未经切削的东北落叶松原木，计算高度为 3.9m，中央截面直径 180mm，回转半径为 45mm，中部有一通过圆心贯穿整个截面的缺口。试问，该杆件的稳定承载力（kN），与下列何项数值最为接近？

(A) 100   (B) 120   (C) 140   (D) 160

【题 42】 关于木结构设计的下列说法，其中何项正确？
(A) 设胶合木层板宜采用硬质阔叶林树种制作
(B) 制作木构件时，受拉构件的连接板木材含水率不应大于 25%
(C) 承重结构现场目测分级方木材质标准对各材质等级中的髓心均不做限制规定
(D) "破心下料"的制作方法可以有效减小木材因干缩引起的开裂，但标准不建议大量使用

【题 43~45】 截面尺寸为 500mm×500mm 的框架柱，采用钢筋混凝土扩展基础，基础底面形状为矩形，平面尺寸 4m×2.5m，混凝土强度等级为 C30，$\gamma_0=1.0$。荷载的基本组合时，上部结构传来的竖向压力 $F=2363$kN，弯矩及剪力忽略不计，基础平面及地勘剖面如图 Z16-18 所示。

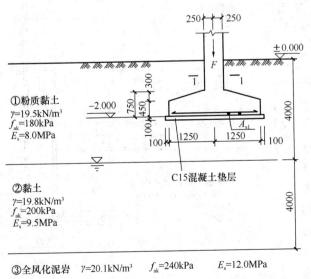
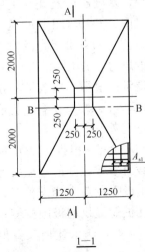

图 Z16-18

43. 试问，B-B剖面处基础的弯矩设计值（kN·m），与下列何项数值最为接近？

提示： 基础自重和其上土重的加权平均重度按 20kN/m³ 取用。

(A) 770　　　　　(B) 660　　　　　(C) 550　　　　　(D) 500

44. 试问，在柱与基础的交接处，冲切破坏锥体最不利一侧斜截面的受冲切承载力（kN），与下列何项数值最为接近？

提示： 基础有效高度 $h_0 = 700$mm。

(A) 850　　　　　(B) 750　　　　　(C) 650　　　　　(D) 550

45. 假定，相应于荷载准永久组合时，基底的平均附加压力值 $p_0 = 160$kPa，地区沉降经验系数 $\psi_s = 0.58$，基础沉降计算深度算至第③层顶面。试问，按照《建筑地基基础设计规范》GB 50007—2011 的规定（表 Z16-5），当不考虑邻近基础的影响时，该基础中心点的最终沉降量计算值 s（mm），与下列何项数值最为接近？

矩形面积上均布荷载作用下角点平均附加应力系数 $\bar{\alpha}$　　　　表 Z16-5

z/b \ l/b	1.2	1.6	2.0
0	0.2500	0.2500	0.2500
1.6	0.2006	0.2079	0.2113
4.8	0.1036	0.1136	0.1204

(A) 20　　　　　(B) 25

(C) 30　　　　　(D) 35

【题 46～48】 某多层框架结构，拟采用一柱一桩人工挖孔桩基础 ZJ-1，桩身内径 $d = 1.0$m，护壁采用振捣密实的混凝土，厚度为 150mm，以⑤层硬塑状黏土为桩端持力层，基础剖面及地基土层相关参数见图 Z16-19（图中 E_s 为土的自重压力至土的自重压力及附加压力之和的压力段的压缩模量）。

提示： 根据《建筑桩基技术规范》JGJ 94—2008 作答；粉质黏土可按黏土考虑。

46. 试问，根据土的物理指标与承载力参数之间的经验关系，确定单桩极限承载力标准值时，该人工挖孔桩能提供的极限桩侧阻力标准值（kN），与下述何项数值最为接近？

提示： 桩周周长按护壁外直径

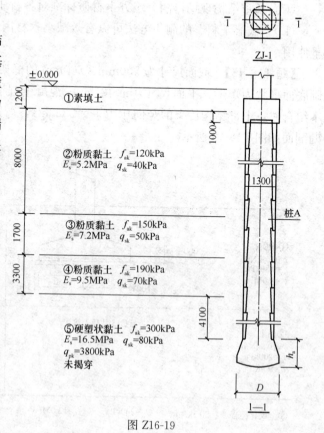

图 Z16-19

计算。

  (A) 2050   (B) 2300   (C) 2650   (D) 3000

  47. 假定，桩A的桩端扩大头直径 $D=1.6\text{m}$，试问，当根据土的物理指标与承载力参数之间的经验关系，确定单桩极限承载力标准值时，该桩提供的桩端承载力特征值（kN），与下列何项数值最为接近？

  (A) 3000   (B) 3200   (C) 3500   (D) 3750

  48. 假定，桩A采用直径为1.5m、有效桩长为15m的等截面旋挖桩。在荷载效应准永久组合作用下，桩顶附加荷载为4000kN。不计桩身压缩变形，不考虑相邻桩的影响，承台底地基土不分担荷载。试问，当基桩的总桩端阻力与桩顶荷载之比 $\alpha_j=0.6$ 时，基桩的桩身中心轴线上、桩端平面以下3.0m厚压缩层（按一层考虑）产生的沉降量 s（mm），与下列何项数值最为接近？

  提示：① 根据《建筑桩基技术规范》JGJ 94—2008 作答；

     ② 沉降计算经验系数 $\psi=0.45$，$I_{\text{p.11}}=15.575$，$I_{\text{s.11}}=2.599$。

  (A) 10.0   (B) 12.5   (C) 15.0   (D) 17.5

  【题 49～51】 某建筑地基，如图 Z16-20 所示，拟采用以④层圆砾为桩端持力层的高压旋喷桩进行地基处理，高压旋喷桩直径 $d=600\text{mm}$，正方形均匀布桩，桩间土承载力发挥系数 β 和单桩承载力发挥系数 λ 分别为 0.8 和 1.0，桩端阻力发挥系数 α_{p} 为 0.6。

  提示：根据《建筑地基处理技术规范》JGJ 79—2012 作答。

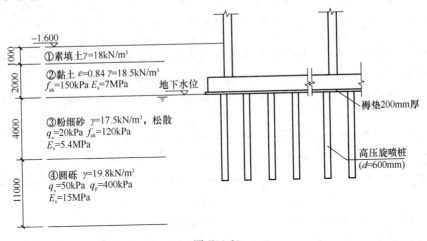

图 Z16-20

  49. 假定，③层粉细砂和④层圆砾土中的桩体标准试块（边长为 150mm 的立方体）标准养护 28d 的立方体抗压强度平均值分别为 5.6MPa 和 8.4MPa。高压旋喷桩的承载力特征值由桩身强度控制，处理后桩间土③层粉细砂的地基承载力特征值为 120kPa，根据地基变形验算要求，需将③层粉细砂的压缩模量提高至不低于 10.0MPa，试问，地基处理所需的最小面积置换率 m，与下列何项数值最为接近？

  (A) 0.06   (B) 0.08   (C) 0.10   (D) 0.12

  50. 假定，高压旋喷桩进入④层圆砾的深度为 2.4m，试问，根据土体强度指标确定的单桩竖向承载力特征值（kN），与下列何项数值最为接近？

(A) 400　　　　　(B) 450　　　　　(C) 500　　　　　(D) 550

51. 方案阶段，假定，考虑采用以④层圆砾为桩端持力层的振动沉管碎石桩（直径800mm）进行地基处理，正方形均匀布桩，桩间距为 2.4m，桩土应力比 $n=2.8$，处理后③粉细砂层桩间土的地基承载力特征值为170kPa。试问，按上述要求处理后的复合地基承载力特征值（kPa），与下列何项数值最为接近？

(A) 195　　　　　(B) 210　　　　　(C) 225　　　　　(D) 240

【题 52~54】 某框架结构商业建筑，采用柱下扩展基础，基础埋深 1.5m，基础持力层为中风化凝灰岩。边柱截面为 $1.0m \times 1.0m$，基础底面形状为正方形，边长 a 为 1.8m，该柱下基础剖面及地基情况如图 Z16-21 所示。地下水位在地表下 1.5m 处。基础及基底以上填土的加权平均重度为 $20kN/m^3$。

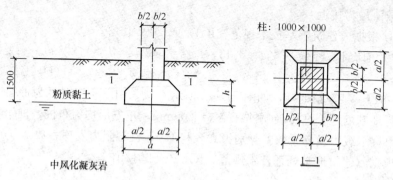

图 Z16-21

52. 假定，持力层 6 个岩样的饱和单轴抗压强度试验值如表 Z16-6 所示，试验按《建筑地基基础设计规范》GB 50007—2011 的规定进行，变异系数 $\delta=0.142$。试问，根据试验数据统计分析得到的岩石饱和单轴抗压强度标准值（MPa），与下列何项数值最为接近？

表 Z16-6

试 样 编 号	1	2	3	4	5	6
单轴抗压强度（MPa）	10.7	11.3	14.8	10.8	12.4	14.1

(A) 9　　　　　(B) 10　　　　　(C) 11　　　　　(D) 12

53. 假定，持力层岩石饱和单轴抗压强度标准值为10MPa，岩体纵波波速为600m/s，岩块纵波波速为650m/s。试问，不考虑施工因素引起的强度折减及建筑物使用后岩石风化作用的继续时，根据岩石饱和单轴抗压强度计算得到的持力层地基承载力特征值（kPa），与下列何项数值最为接近？

(A) 2000　　　　　(B) 3000　　　　　(C) 4000　　　　　(D) 5000

54. 假定，$\gamma_0=1.0$，荷载的标准组合时，上部结构柱传至基础顶面处的竖向力 $F_k=10000kN$，作用于基础底面的弯矩 $M_{xk}=500kN \cdot m$，$M_{yk}=0$。试问，荷载的标准组合时，作用于基础底面的最大压力值（kPa），与下列何项数值最为接近？

(A) 3100　　　　　(B) 3600　　　　　(C) 4100　　　　　(D) 4600

【题 55】 关于既有建筑地基基础设计有下列主张，其中何项不正确？

(A) 当场地地基无软弱下卧层时，测定的既有建筑基础再增加荷载时，变形模量的

试验压板尺寸不宜小于 $2.0m^2$

（B）在低层或建筑荷载不大的既有建筑地基基础加固设计中，应进行地基承载力验算和地基变形计算

（C）测定地下水位以上的既有建筑地基的承载力时，应使试验土层处于干燥状态，试验板的面积宜取 $0.25\sim0.50m^2$

（D）基础补强注浆加固适用于因不均匀沉降、冻胀或其他原因引起的基础裂损的加固

【题 56】 某工程所处的环境为海风环境，地下水、土具有弱腐蚀性。试问，下列关于桩身裂缝控制的观点中，何项是不正确的？

（A）采用预应力混凝土桩作为抗拔桩时，裂缝控制等级为二级

（B）采用预应力混凝土桩作为抗拔桩时，裂缝宽度限值为 0

（C）采用钻孔灌注桩作为抗拔桩时，裂缝宽度限值为 0.2mm

（D）采用钻孔灌注桩作为抗拔桩时，裂缝控制等级应为三级

【题 57】 下列关于高层混凝土结构计算的叙述，其中何项是不正确的？

（A）8 度区 A 级高度的乙类建筑可采用板柱-剪力墙结构，整体计算时平板无梁楼盖应考虑板面外刚度影响，其面外刚度可按有限元方法计算或近似将柱上板带等效为框架梁计算

（B）复杂高层建筑结构在进行重力荷载作用效应分析时，应考虑施工过程的影响，施工过程的模拟可根据实际施工方案采用适当的方法考虑

（C）房屋高度较高的高层建筑应考虑非荷载效应的不利影响，外墙宜采用各类建筑幕墙

（D）对于框架-剪力墙结构，楼梯构件与主体结构整体连接时，不计入楼梯构件对地震作用及其效应的影响

【题 58】 某现浇钢筋混凝土剪力墙结构，房屋高度 180m，基本自振周期为 4.5s，抗震设防类别为标准设防类，安全等级二级。假定，结构抗震性能设计时，抗震性能目标为 C 级，下列关于该结构设计的叙述，其中何项相对准确？

（A）结构在设防烈度地震作用下，允许采用等效弹性方法计算剪力墙的组合内力，底部加强部位剪力墙受剪承载力应满足屈服承载力设计要求

（B）结构在罕遇地震作用下，允许部分竖向构件及大部分耗能构件屈服，但竖向构件的受剪截面应满足截面限制条件

（C）结构在多遇地震标准值作用下的楼层弹性层间位移角限值为 1/1000，罕遇地震作用下层间弹塑性位移角限值为 1/120

（D）结构弹塑性分析可采用静力弹塑性分析方法或弹塑性时程分析方法，弹塑性时程分析宜采用双向或三向地震输入

【题 59～62】 某 10 层现浇钢筋混凝土剪力墙结构住宅，如图 Z16-22 所示，各层层高均为 4m，房屋高度为 40.3m。抗震设防烈度为 9 度，设计基本地震加速度为 0.40g，设计地震分组为第三组，建筑场地类别为Ⅱ类，安全等级二级。

提示：① 按《高层建筑混凝土结构技术规程》JGJ 3—2010 作答。

② 按《工程结构通用规范》GB 55001—2021 和《建筑与市政工程抗震通用规范》GB 55002—2021 作答。

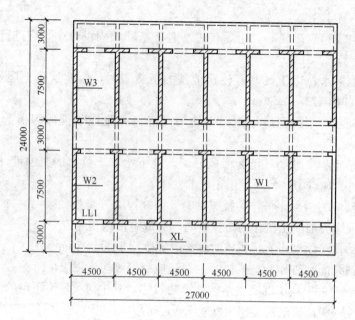

图 Z16-22

59. 假定，结构基本自振周期 $T_1 = 0.6s$，各楼层重力荷载代表值均为 $14.5kN/m^2$，墙肢 W1 承受的重力荷载代表值比例为 8.3%。试问，墙肢 W1 底层由竖向地震产生的轴力 N_{Evk}（kN），与下列何项数值最为接近？

(A) 1250　　　　　(B) 1550　　　　　(C) 1650　　　　　(D) 1850

60. 假定，对悬臂梁 XL 根部进行截面设计时，应考虑重力荷载效应及竖向地震作用效应，在永久荷载作用下梁端负弯矩标准值 $M_{Gk} = 263kN \cdot m$，按等效均布活荷载计算的梁端负弯矩标准值 $M_{Qk} = 54kN \cdot m$。试问，进行悬臂梁截面配筋设计时，起控制作用的梁端负弯矩设计值（kN·m），与下列何项数值最为接近？

(A) 355　　　　　(B) 385　　　　　(C) 425　　　　　(D) 465

61. 假定，第 3 层的双肢剪力墙 W2 及 W3 在同一方向地震作用下，内力组合后墙肢 W2 出现大偏心受拉，墙肢 W3 在水平地震作用下剪力标准值 $V_{Ek} = 1400kN$，风荷载作用下 $V_{wk} = 120kN$。试问，考虑地震作用组合的墙肢 W3 在第 3 层的剪力设计值（kN），与下列何项数值最为接近？

提示：忽略重力荷载及竖向地震作用下剪力墙承受的剪力。

(A) 2300　　　　　(B) 2700　　　　　(C) 3200　　　　　(D) 3400

62. 假定，第 8 层的连梁 LL1，截面为 $300mm \times 1000mm$，混凝土强度等级为 C35，净跨 $l_n = 2000mm$，$h_0 = 965mm$，在重力荷载代表值作用下按简支梁计算的梁端截面剪力设计值 $V_{Gb} = 60kN$，连梁采用 HRB400 钢筋，顶面和底面实配纵筋面积均为 $1256mm^2$，$a_s = a'_s = 35mm$。试问，连梁 LL1 两端截面的剪力设计值 V（kN），与下列何项数值最为接近？

(A) 750　　　　　(B) 690　　　　　(C) 580　　　　　(D) 520

【题 63~67】 某地上 35 层的现浇钢筋混凝土框架-核心筒公寓，质量和刚度沿高度分布均匀，如图 Z16-23 所示，房屋高度为 150m。基本风压 $w_0 = 0.65kN/m^2$，地面粗糙度

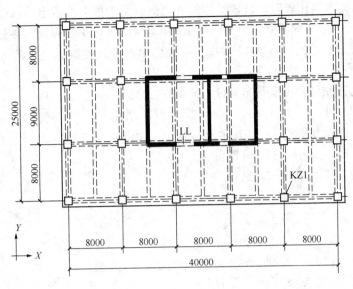

图 Z16-23

为 A 类。抗震设防烈度为 7 度，设计基本地震加速度为 0.10g，设计地震分组为第一组，建筑场地类别为 II 类，抗震设防类别为标准设防类，安全等级二级。

提示： 按《建筑与市政工程抗震通用规范》GB 55002—2021 作答。

63. 假定，结构基本自振周期 $T_1=4.0$s（Y 向平动），$T_2=3.5$s（X 向平动），各楼层考虑偶然偏心的最大扭转位移比为 1.18，结构总恒载标准值为 600000kN，按等效均布活荷载计算的总楼面活荷载标准值为 80000kN。试问，多遇水平地震作用计算时，按最小剪重比控制对应于水平地震作用标准值的 Y 向底部剪力（kN），不应小于下列何项数值？

(A) 7700   (B) 8400   (C) 9500   (D) 10500

64. 假定，某层框架柱 KZ1（1200mm×1200mm），混凝土强度等级为 C60，钢筋构造如图 Z16-24 所示，钢筋采用 HRB400，剪跨比 $\lambda=1.8$。试问，框架柱 KZ1 考虑构造措施的轴压比限值，不宜超过下列何项数值？

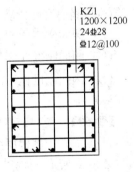

KZ1
1200×1200
24⻊28
⻊12@100

图 Z16-24

(A) 0.7   (B) 0.75

(C) 0.8   (D) 0.85

65. 假定，某层核心筒耗能连梁 L1（500mm×900mm），混凝土强度等级为 C40，风荷载作用下剪力 $V_{wk}=220$kN，在设防烈度地震作用下剪力 $V_{Ehk}=1115$kN，钢筋采用 HRB400，连梁截面有效高度 $h_{b0}=850$mm，跨高比为 2.2。试问，设防烈度地震作用下，该连梁进行抗震性能设计时，下列何项箍筋配置符合第 2 性能水准的要求且配筋最小？

提示： 忽略重力荷载及竖向地震作用下连梁的剪力。

(A) ⻊10@100（4）   (B) ⻊12@100（4）

(C) ⻊14@100（4）   (D) ⻊16@100（4）

66. 进行结构方案比较时，将该结构的外框架改为钢框架。假定，修改后的结构基本自振周期 $T_1=4.7s$（Y向平动），修改后的结构阻尼比取 0.04。试问。在进行风荷载作用下的舒适度计算时，修改后 Y 向结构顶点顺风向风振加速度的脉动系数 η_a，与下列何项数值最为接近？

提示：按《建筑结构荷载规范》GB 50009—2012 作答。

(A) 1.6　　　　(B) 1.9　　　　(C) 2.2　　　　(D) 2.5

67. 假定，该建筑位于山区山坡上，如图 Z16-25 所示。试问，该结构顶部风压高度变化系数 μ_z，与下列何项数值最为接近？

(A) 6.1　　　　(B) 4.1

(C) 3.3　　　　(D) 2.5

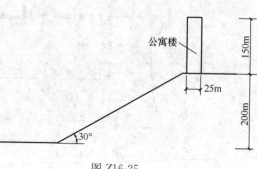

图 Z16-25

【题 68】 某 A 级高度钢筋混凝土高层建筑，采用框架-剪力墙结构，部分楼层初步计算的 X 向地震剪力、楼层抗侧力结构的层间受剪承载力及多遇地震标准值作用下的层间位移如表 Z16-7 所示。试问，根据《高层建筑混凝土结构技术规程》JGJ 3—2010 的有关规定，仅就 14 层（中部楼层）与相邻层 X 向计算数据进行比较与判定，下列关于第 14 层的判别表述何项正确？

表 Z16-7

楼层	层高 (mm)	地震剪力标准值 (kN)	层间位移 (mm)	楼层抗侧力结构的层间受剪承载力 (kN)
15	3900	4000	3.32	160000
14	6000	4300	5.48	132000
13	3900	4500	3.38	166000

(A) 侧向刚度比满足要求，层间受剪承载力比满足要求

(B) 侧向刚度比不满足要求，层间受剪承载力比满足要求

(C) 侧向刚度比满足要求，层间受剪承载力比不满足要求

(D) 侧向刚度比不满足要求，层间受剪承载力比不满足要求

【题 69】 某型钢混凝土框架-钢筋混凝土核心筒结构，层高为 4.2m，中部楼层型钢混凝土柱（非转换柱）配筋示意如图 Z16-26 所示。假定，柱抗震等级为一级，考虑地震作用组合的柱轴压力设计值 $N=30000kN$，钢筋采用 HRB400，型钢采用 Q345B，钢板厚度 30mm（$f_a=295N/mm^2$），型钢截面积 $A_a=61500mm^2$，混凝土强度等级为 C50，剪跨比 $\lambda=1.6$。试问，从轴压比、型钢含钢率、纵筋配筋率及箍筋配箍率 4 项规定来判断，该柱有几项不符合《高层建筑混凝土结构技术规程》JGJ 3—2010 的抗震构造要求？

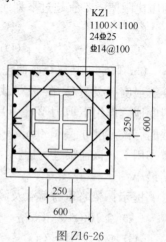

图 Z16-26

提示：箍筋保护层厚度 20mm，箍筋配箍率计算时扣除箍筋重叠部分。

(A) 1　　　　　　　(B) 2

(C) 3　　　　　　　(D) 4

【题 70】　某高层钢筋混凝土剪力墙结构住宅，地上 25 层，地下一层，嵌固部位为地下室顶板，房屋高度 75.3m，抗震设防烈度为 7 度（0.15g），设计地震分组第一组，丙类建筑，建筑场地类别为Ⅲ类，建筑层高均为 3m，第 5 层某墙肢配筋如图 Z16-27 所示，墙肢轴压比为 0.35。试问，边缘构件 JZ1 纵筋 A_s（mm²）取下列何项才能满足规范、规程的最低抗震构造要求？

(A) 12 Φ 14　　　　(B) 12 Φ 16

(C) 12 Φ 18　　　　(D) 12 Φ 20

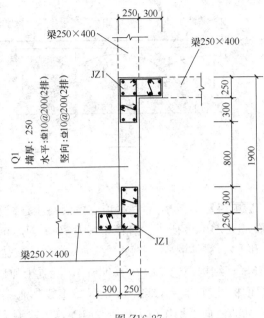

图 Z16-27

【题 71】　某高层办公楼，采用现浇钢筋混凝土框架结构，顶层为多功能厅，层高 5m，取消部分柱，形成顶层空旷房间，其下部结构刚度、质量沿竖向分布均匀。假定，该结构顶层框架抗震等级为一级，柱截面 500mm×500mm，轴压比为 0.20，混凝土强度等级 C30，纵筋直径为 Φ 25，箍筋采用 HRB400 普通复合箍筋（体积配筋率满足规范要求）。通过静力弹塑性分析发现顶层为薄弱部位，在预估的罕遇地震作用下，层间弹塑性位移为 120mm。试问，仅从满足层间位移限值方面考虑，下列对顶层框架柱的四种调整方案中哪种方案既满足规范、规程的最低要求且经济合理？

(A) 箍筋加密区 4 Φ 8@100，非加密区 4 Φ 8@100

(B) 箍筋加密区 4 Φ 10@100，非加密区 4 Φ 10@200

(C) 箍筋加密区 4 Φ 10@100，非加密区 4 Φ 10@100

(D) 箍筋加密区 4 Φ 12@100，非加密区 4 Φ 12@100

【题 72】　关于高层混凝土结构抗连续倒塌设计的观点，下列何项符合《高层建筑混凝土结构技术规程》JGJ 3—2010 的要求？

(A) 采用在关键结构构件的表面附加侧向偶然作用的方法验算结构的抗倒塌能力时，侧向偶然作用只作用在该构件表面

(B) 抗连续倒塌设计时，活荷载应采用准永久值，不考虑竖向荷载动力放大系数

(C) 抗连续倒塌设计时，地震作用应采用标准值，不考虑竖向荷载动力放大系数

(D) 安全等级为一级的高层建筑结构应采用拆除构件的方法进行抗连续倒塌设计

【题 73】　某公路上的一座跨河桥，其结构为钢筋混凝土上承式无铰拱桥，计算跨径为 100m。假定，拱轴线长度 L_a 为 115m，忽略截面变化。试问，当验算该桥的主拱圈纵向稳定时，相应的计算长度（m）与下列何值最为接近？

(A) 36　　　　(B) 42　　　　(C) 100　　　　(D) 115

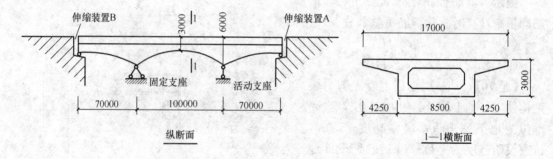

图 Z16-28　桥梁布置图

【题 74】 某公路上一座预应力混凝土连续箱形梁桥，采用满堂支架现浇工艺，总体布置如图 Z16-28 所示，跨径布置为 70m+100m+70m，在连梁两端各设置伸缩装置一道（A 和 B）。梁体混凝土强度等级为 C50（硅酸盐水泥）。假定，桥址处年平均相对湿度 R_H 为 75%，结构理论厚度 $h=600$mm，混凝土弹性模量 $E_c=3.45×10^4$MPa，混凝土轴心抗压强度标准值 $f_{ck}=32.4$MPa，混凝土线膨胀系数为 $1.0×10^{-5}$，预应力引起的箱梁截面重心处的法向平均压应力 $\sigma_{pc}=9$MPa，箱梁混凝土的平均加载龄期为 60 天。试问，由混凝土徐变引起伸缩装置 A 处的梁体缩短值（mm），与下列何值最为接近？

提示： 徐变系数按《公桥混规》JTG 3362—2018 附录 C 条文说明中表 C-2 采用。

（A）25　　　　　　（B）35　　　　　（C）40　　　　　　（D）56

【题 75】 某公路桥梁桥台立面布置如图 Z16-29 所示，其主梁高度 2000mm，桥面铺装层共厚 200mm，支座高度（含垫石）200mm，采用埋置式肋板桥台，台背墙厚 450mm，台前锥坡坡度 1∶1.5，锥坡坡面通过台帽与背墙的交点（A）。试问，台背耳墙最小长度 l（mm）与下列何值最为接近？

（A）4000　　　　　（B）3600

（C）2700　　　　　（D）2400

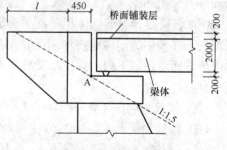

图 Z16-29　桥台立面图

【题 76】 某公路上的一座单跨 30m 的跨线桥梁，设计荷载（作用）为公路-Ⅰ级，桥面宽度为 13m，且与路基宽度相同。桥台为等厚度的 U 形结构，桥台计算高度 5.0m，基础为双排 ϕ1.2m 的钻孔灌注桩。当计算该桥桥台背土压力时，汽车在台后土体破坏棱体上的作用可换算成等代均布土层厚度计算。试问，其换算土层厚度（m）与下列何值最为接近？

提示： ① 台背竖直、路基水平，土壤内摩擦角 30°，假定台后土体破坏棱体的上口长度 $L_0=3.0$m，土的重度 $\gamma=18$kN/m³；

　　　　② 不考虑汽车荷载效应的多车道横向车道布载系数。

（A）0.9　　　　　（B）1.0　　　　　（C）1.2　　　　　（D）1.4

【题 77】 某公路跨径为 30m 的跨线桥，结构为预应力混凝土 T 形梁体，混凝土强度等级为 C40。假定，其中梁由预加力产生的跨中反拱值 f_p 为 150mm（已扣除全部预应力损失并考虑长期增长系数 2.0），按荷载频遇组合作用计算的挠度值 f_s 为 80mm。若取荷载长期效应影响的挠度长期增长系数 η_θ 为 1.45，试问，该梁的下列预拱度（mm）取何值较为合理？

(A) 0　　　　(B) 30　　　　(C) 59　　　　(D) 98

【题 78】　对某桥梁预应力混凝土主梁进行持久状况下正常使用极限状态验算时，需分别进行下列验算：①抗裂验算，②裂缝宽度验算，③挠度验算。试问，在这三种验算中，汽车荷载（作用）冲击力如何考虑，下列何项最为合理？

提示：只需定性地判断。

(A) ①计入、②不计入、③不计入　　　(B) ①不计入、②不计入、③不计入
(C) ①不计入、②计入、③计入　　　　(D) ①不计入、②不计入、③计入

【题 79】　某桥为一座预应力混凝土箱梁体桥。假定，主梁的结构基频 $f=4.5$Hz，试问，在计算其悬臂板的内力时，作用于悬臂板上的汽车作用的冲击系数 μ 值应取用下列何值？

(A) 0.45　　　　(B) 0.30　　　　(C) 0.25　　　　(D) 0.05

【题 80】　由《公路桥涵设计通用规范》JTG D60—2015 知：公路桥梁上的汽车荷载（作用）由车道荷载（作用）和车辆荷载（作用）组成，在计算下列的桥梁构件时，取值不一样。在计算以下构件时：①主梁整体，②主梁桥面板，③桥台，④涵洞，应各采用下列何项汽车荷载（作用）模式，才符合《公桥通规》的规定要求？

(A) ①、②、③、④均采用车道荷载（作用）

(B) ①采用车道荷载（作用），②、③、④采用车辆荷载（作用）

(C) ①、②采用车道荷载（作用），③、④采用车辆荷载（作用）

(D) ①、③采用车道荷载（作用），②、④采用车辆荷载（作用）

2017 年真题

（上午卷）

【题 1～4】 某五层钢筋混凝土框架结构办公楼，房屋高度 25.45m。抗震设防烈度 8 度，设防类别为丙类，设计基本地震加速度 0.2g，设计地震分组为第二组，场地类别Ⅱ类，混凝土强度等级为 C30。该结构平面和竖向均规则。

1. 按振型分解反应谱法进行多遇地震下的结构整体计算时，输入的部分参数摘录如下：①特征周期 $T_g=0.4s$；②框架抗震等级为二级；③结构的阻尼比 $\zeta=0.05$；④水平地震影响系数最大值 $\alpha_{max}=0.24$。试问，以上参数输入正确的选项为下列何项？

(A) ①②③　　　　(B) ①③　　　　(C) ②④　　　　(D) ①③④

2. 假定，采用底部剪力法计算时，集中于顶层的重力荷载代表值 $G_5=3200kN$，集中于其他各楼层的结构和构配件自重标准值（永久荷载）和按等效均布荷载计算的楼面活荷载标准值（可变荷载）见表 Z17-1。试问，结构等效总重力荷载 G_{eq} (kN)，与下列何项数值最为接近？

提示： 该办公楼内无藏书库、档案库。

表 Z17-1

楼层	1	2	3	4
永久荷载（kN）	3600	3000	3000	3000
可变荷载（kN）	760	680	680	680

(A) 14600　　　　(B) 14900　　　　(C) 17200　　　　(D) 18600

3. 假定，该结构的基本周期为 0.8s，对应于水平地震作用标准值的各楼层地震剪力、重力荷载代表值和楼层的侧向刚度见表 Z17-2。试问，水平地震剪力不满足规范最小地震剪力要求的楼层为下列何项？

表 Z17-2

楼层	1	2	3	4	5
楼层地震剪力 V_{Eki} (kN)	450	390	320	240	140
楼层重力荷载代表值 G_j (kN)	3900	3300	3300	3300	3200
楼层的侧向刚度 K_i (kN/m)	6.5×10^4	7.0×10^4	7.5×10^4	7.5×10^4	7.5×10^4

(A) 所有楼层　　(B) 第 1、2、3 层　　(C) 第 1、2 层　　(D) 第 1 层

4. 假定，各楼层的地震剪力和楼层的侧向刚度如表 Z17-2 所示，试问，当仅考虑剪切变形影响时，本建筑物在水平地震作用下的楼顶总位移 Δ（mm），与下列何项数值最为接近？

(A) 14　　　　(B) 18　　　　(C) 22　　　　(D) 26

【题5】 以下关于采用时程分析法进行多遇地震补充计算的说法，何项不妥?

(A) 特别不规则的建筑，应采用时程分析的方法进行多遇地震下的补充计算

(B) 采用七组时程曲线进行时程分析时，应按建筑场地类别和设计地震分组选用不少于五组实际强震记录的加速度时程曲线

(C) 每条时程曲线计算所得结构各楼层剪力不应小于振型分解反应谱法计算结果的 65%

(D) 多条时程曲线计算所得结构底部剪力的平均值不应小于振型分解反应谱法计算结果的 80%

【题6~9】 某民用建筑普通房屋中的钢筋混凝土 T 形截面独立梁，安全等级为二级，荷载简图及截面尺寸如图 Z17-1 所示。梁上作用有均布永久荷载标准值 g_k、均布可变荷载标准值 q_k、集中永久荷载标准值 G_k、集中可变荷载标准值 Q_k。混凝土强度等级为 C30，梁纵向钢筋采用 HRB400，箍筋采用 HPB300。纵向受力钢筋的保护层厚度 $c_s = 30\text{mm}$，$a_s = 70\text{mm}$，$a'_s = 40\text{mm}$，$\xi_b = 0.518$。

提示： 按《建筑结构可靠性设计统一标准》GB 50068—2018 作答。

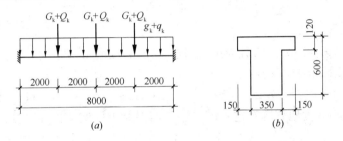

图 Z17-1

(a) 荷载简图；(b) 梁截面尺寸

6. 假定，该梁跨中顶部受压纵筋为 4 Φ 20，底部受拉纵筋为 10 Φ 25（双排）。试问，当考虑受压钢筋的作用时，该梁跨中截面能承受的最大弯矩设计值 M（kN·m），与下列何项数值最为接近?

(A) 580   (B) 740   (C) 820   (D) 890

7. 假定，$g_k = q_k = 7\text{kN/m}$，$G_k = Q_k = 70\text{kN}$。当采用四肢箍且箍筋间距为 150mm 时，试问，该梁支座截面斜截面抗剪所需箍筋的单肢截面面积（mm^2），与下列何项数值最为接近?

提示： 可变荷载的组合值系数取 1.0。

(A) 45   (B) 68   (C) 90   (D) 120

8. 假定，该梁支座截面按荷载基本组合的最大弯矩设计值 $M = 490\text{kN·m}$。试问，在不考虑受压钢筋作用的情况下，按承载能力极限状态设计时，该梁支座截面纵向受拉钢筋的截面面积 A_s（mm^2），与下列何项数值最为接近?

(A) 2780   (B) 2870   (C) 3320   (D) 3980

9. 假定，该梁支座截面纵向受拉钢筋配置为 8 Φ 25，按荷载准永久组合计算的梁纵向受拉钢筋的应力 $\sigma_s = 220\text{N/mm}^2$。试问，该梁支座处按荷载准永久组合并考虑长期作用影响的最大裂缝宽度 w_{max}（mm），与下列何项数值最为接近?

(A) 0.21   (B) 0.24   (C) 0.27   (D) 0.30

【题 10~12】 某二层地下车库，安全等级为二级，抗震设防烈度为 8 度（0.20g），建筑场地类别为Ⅱ类，抗震设防类别为丙类，采用现浇钢筋混凝土板柱-抗震墙结构。某中柱顶板节点如图 Z17-2 所示，柱网 8.4m × 8.4m，柱截面 600mm × 600mm，板厚 250mm，设 1.6m × 1.6m × 0.15m 的托板，$a_s = a'_s = 45mm$。

10. 假定，板面均布荷载设计值为 15kN/m²（含板自重），当忽略托板自重和板柱节点不平衡弯矩的影响时，试问，当仅考虑竖向荷载作用时，该板柱节点柱边缘处的冲切反力设计值 F_l（kN），与下列何项数值最为接近？

（A）950　　　　　　（B）1000

（C）1030　　　　　　（D）1090

11. 假定，该板柱节点混凝土强度等级为 C35，板中未配置抗冲切钢筋。试问，当仅考虑竖向荷载作用时，该板柱节点柱边缘处的受冲切承载力设计值（kN），与下列何项数值最为接近？

（A）860　　　　　　（B）1180

（C）1490　　　　　　（D）1560

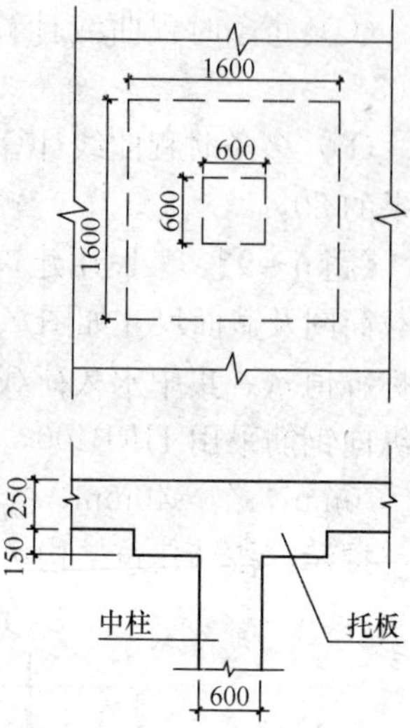

12. 试问，该板柱节点的柱纵向钢筋直径最大值 d（mm），不宜大于下列何项数值？

（A）20　　　　（B）22　　　　（C）25　　　　（D）28

图 Z17-2

【题 13】 拟在 8 度地震区新建一栋二层钢筋混凝土框架结构临时性建筑，以下何项不妥？

（A）结构的设计使用年限为 5 年，结构重要性系数不应小于 0.90

（B）受力钢筋的保护层厚度可小于《混凝土结构设计规范》GB 50010—2010 第 8.2 节的要求

（C）可不考虑地震作用

（D）进行承载能力极限状态验算时，楼面和屋面活荷载可乘以 0.9 的调整系数

【题 14~16】 某钢筋混凝土框架结构办公楼，抗震等级为二级，框架梁的混凝土强度等级 C35，梁纵向钢筋及箍筋均采用 HRB400。取某边榀框架（C 点处为框架角柱）的一段框架梁，梁截面：$b × h = 400mm × 900mm$，受力钢筋的保护层厚度 $c_s = 30mm$，梁上线荷载标准值分布图、简化的弯矩标准值如图 Z17-3 所示，其中框架梁净跨 $l_n = 8.4m$。假定，永久荷载标准值 $g_k = 83kN/m$，等效均布可变荷载标准值 $q_k = 55kN/m$。

提示：按《建筑与市政工程抗震通用规范》GB 55002—2021 作答。

14. 试问，考虑地震作用组合时，BC 段框架梁端截面组合的剪力设计值 V（kN），与下列何项数值最为接近？

（A）670　　　　（B）740　　　　（C）810　　　　（D）880

15. 考虑地震作用组合时，假定 BC 段框架梁 B 端截面组合的剪力设计值为 320kN，纵向钢筋直径 $d = 25mm$，梁端纵向受拉钢筋配筋率 $\rho = 1.80\%$，$a_s = 70mm$，试问，该截面抗剪箍筋采用下列何项配置最为合理？

（A）Φ8@150（4）　（B）Φ10@150（4）　（C）Φ8@100（4）　（D）Φ10@100（4）

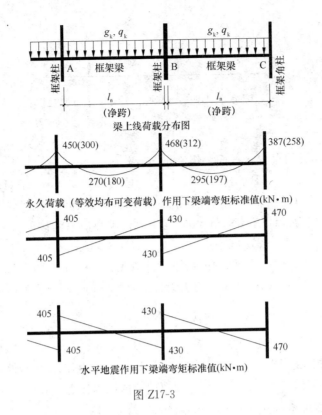

梁上线荷载分布图

永久荷载（等效均布可变荷载）作用下梁端弯矩标准值(kN·m)

水平地震作用下梁端弯矩标准值(kN·m)

图 Z17-3

16. 假定，多遇地震下的弹性计算结果如下：框架节点 C 处，柱轴压比为 0.5，上柱柱底弯矩与下柱柱顶弯矩大小与方向均相同。试问，框架节点 C 处，上柱柱底截面考虑水平地震作用组合的弯矩设计值 M_c（kN·m），与下列何项数值最为接近？

（A）810   （B）920   （C）1020   （D）1100

【题 17～23】 某商厦增建钢结构入口大堂，其屋面结构布置如图 Z17-4 所示，新增钢结构依附于商厦的主体结构。钢材采用 Q235B 钢，钢柱 GZ-1 和钢梁 GL-1 均采用热轧 H 型钢 H446×199×8×12 制作，其截面特性为：$A=8297\text{mm}^2$，$I_x=28100\times10^4\text{mm}^4$，$I_y=1580\times10^4\text{mm}^4$，$i_x=184\text{mm}$，$i_y=43.6\text{mm}$，$W_x=1260\times10^3\text{mm}^3$，$W_y=159\times10^3$ mm^3。钢柱高 15m，上、下端均为铰接，弱轴方向 5m 和 10m 处各设一道系杆 XG。

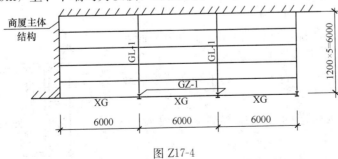

图 Z17-4

17. 假定，钢梁 GL-1 按简支梁计算，计算简图如图 Z17-5 所示，永久荷载设计值 $G=55\text{kN}$，可变荷载设计值 $Q=15\text{kN}$。试问，对钢梁 GL-1 进行抗弯强度验算时，最大弯曲应力设计值（N/mm²），与下列何项数值最为接近？

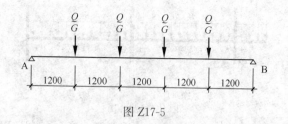

图 Z17-5

提示：不计钢梁的自重；截面等级满足 S3 级。

(A) 170　　　　　(B) 180　　　　　(C) 190　　　　　(D) 200

18. 假定，钢柱 GZ-1 轴心压力设计值 $N=330$kN。试问，对该钢柱进行稳定性验算，由 N 产生的最大应力设计值（N/mm²），与下列何项数值最为接近？

(A) 50　　　　　(B) 65　　　　　(C) 85　　　　　(D) 100

19. 假定，钢柱 GZ-1 主平面内的弯矩设计值 $M_x=88.0$kN·m。试问，对该钢柱进行平面内稳定性验算，仅由 M_x 产生的应力设计值（N/mm²），与下列何项数值最为接近？

提示：$\alpha_0=1.22, \dfrac{N}{N'_{Ex}}=0.135, \beta_{mx}=1.0$。

(A) 75　　　　　(B) 90　　　　　(C) 105　　　　　(D) 120

20. 设计条件同题 19。试问，对钢柱 GZ-1 进行弯矩作用平面外稳定性验算，仅由 M_x 产生的应力设计值（N/mm²），与下列何项数值最为接近？

提示：等效弯矩系数 $\beta_{tx}=1.0$，截面影响系数 $\eta=1.0$。

(A) 70　　　　　(B) 90　　　　　(C) 100　　　　　(D) 110

21. 假定，系杆 XG 采用钢管制作。试问，该系杆选下列何种截面的钢管最为经济？

(A) d76×5 钢管 $i=2.52$cm　　　　　(B) d83×5 钢管 $i=2.76$cm
(C) d95×5 钢管 $i=3.19$cm　　　　　(D) d102×5 钢管 $i=3.43$cm

22. 假定，次梁和主梁连接采用 8.8 级 M16 高强度螺栓摩擦型连接，接触面喷砂，采用标准圆孔，连接节点如图 Z17-6 所示，考虑连接偏心的影响后，次梁剪力设计值 $V=44$kN。试问，连接所需的高强度螺栓个数应为下列何项数值？

提示：按《钢结构设计标准》GB 50017—2017 作答。

(A) 2　　　　　(B) 3　　　　　(C) 4　　　　　(D) 5

23. 假定，构造不能保证钢梁 GL-1 上翼缘平面外稳定。试问，在计算钢梁 GL-1 整体稳定时，其允许的最大弯矩设计值 M_x（kN·m），与下列何项数值最为接近？

提示：梁整体稳定的等效临界弯矩系数 $\beta_b=0.83$。

(A) 185　　　　　(B) 200
(C) 215　　　　　(D) 230

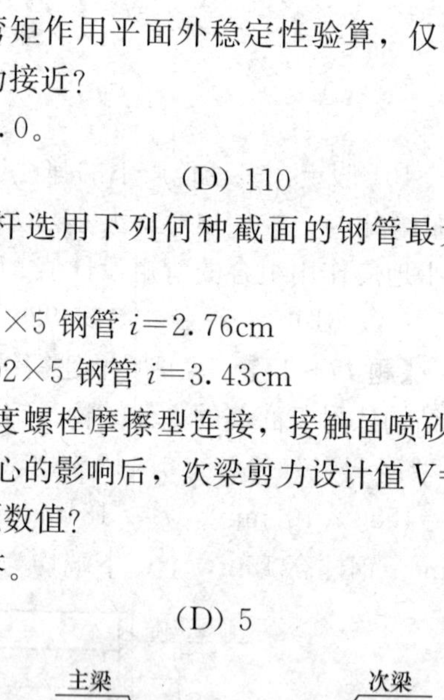

图 Z17-6

【题 24】　假定，钢梁按内力需求拼接，翼缘承受全部弯矩，钢梁截面采用焊接 H 形钢 H450×200×8×12，连接接头处弯矩设计值 $M=$

210kN·m，采用摩擦型高强度螺栓连接，如图 Z17-7 所示。试问，该连接处翼缘板的最大应力设计值 σ（N/mm²），与下列何项数值最为接近？

提示：翼缘板根据弯矩按轴心受力构件计算。

（A）219　　　（B）150　　　（C）190　　　（D）215

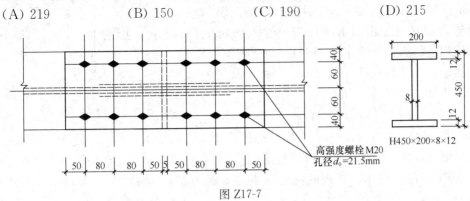

图 Z17-7

【题 25】　假定，某工字型钢柱采用 Q390 钢制作，翼缘厚度 40mm，腹板厚度 20mm。试问，作为轴心受压构件，该柱钢材的抗拉和抗压强度设计值（N/mm²），应取下列何项数值？

（A）295　　　（B）315　　　（C）325　　　（D）330

【题 26、27】　某桁架结构，如图 Z17-8 所示。桁架上弦杆、腹杆及下弦杆均采用热轧无缝钢管，桁架腹杆与桁架上、下弦杆直接焊接连接；钢材均采用 Q235B 钢，手工焊接使用 E43 型焊条。

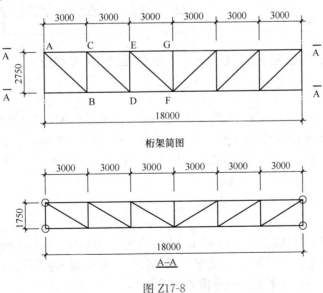

桁架简图

A—A

图 Z17-8

26. 桁架腹杆与上弦杆在节点 C 处的连接如图 Z17-9 所示。上弦杆主管贯通，腹杆支管搭接，主管规格为 d140×6，支管规格为 d89×4.5，杆 CD 与上弦主管轴线的交角为 $\theta_t = 42.51°$。假定，搭接率为 45%。试问，受拉支管 CD 的承载力设计值（kN），与下列何项数值最为接近？

(A) 200　　　　　　(B) 180

(C) 160　　　　　　(D) 140

27. 假定，上弦杆主管规格同题 26，支管 GF 规格为 d89×4.5，其与上弦主管间用角焊缝连接，焊缝全周连续焊接并平滑过渡，焊脚尺寸 $h_f = 6\mathrm{mm}$。试问，该焊缝的承载力设计值（kN），与下列何项数值最为接近？

(A) 190　　　　　　(B) 180

(C) 170　　　　　　(D) 160

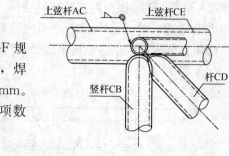

图 Z17-9

【**题 28、29**】　某综合楼标准层楼面采用钢与混凝土组合结构。钢梁 AB 与混凝土楼板通过抗剪连接件（栓钉）形成钢与混凝土组合梁，栓钉在钢梁上按双列布置，其有效截面形式如图 Z17-10 所示。楼板的混凝土强度等级为 C30，板厚 $h = 150\mathrm{mm}$，钢材采用 Q235B 钢。

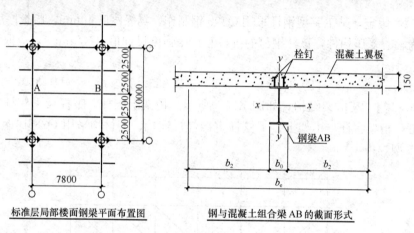

标准层局部楼面钢梁平面布置图　　　　钢与混凝土组合梁 AB 的截面形式

图 Z17-10

28. 假定，组合楼盖施工时设置了可靠的临时支撑，梁 AB 按单跨简支组合梁计算，钢梁采用热轧 H 型钢 H400×200×8×13，截面面积 $A = 8337\mathrm{mm}^2$。试问，梁 AB 按考虑全截面塑性发展进行组合梁的强度计算时，完全抗剪连接的最大抗弯承载力设计值 M（kN·m），与下列何项数值最为接近？

提示：塑性中和轴在混凝土翼板内。

(A) 380　　　　(B) 440　　　　(C) 510　　　　(D) 570

29. 假定，栓钉材料的性能等级为 4.6 级（取 $f_u = 360\mathrm{N/mm}^2$），栓钉钉杆截面面积 $A_s = 190\mathrm{mm}^2$，其余条件同题 28。试问，梁 AB 按完全抗剪连接设计时，其全跨需要的最少栓钉总数 n_f（个），与下列何项数值最为接近？

提示：钢梁与混凝土翼板交界面的纵向剪力 V_s 按钢梁的截面面积和设计强度确定。

(A) 38　　　　(B) 58　　　　(C) 76　　　　(D) 98

【**题 30**】　试问，某主平面内受弯的实腹构件，当其截面上有螺栓孔时，下列何项计算应考虑螺栓孔引起的截面削弱？

(A) 构件的变形计算

(B) 构件的整体稳定性计算

(C) 高强螺栓摩擦型连接的构件抗剪强度计算

(D) 构件的抗弯强度计算

【题 31】 关于砌体结构设计的以下论述：

Ⅰ. 计算混凝土多孔砖砌体构件轴心受压承载力时，不考虑砌体孔洞率的影响；

Ⅱ. 通过提高块体的强度等级可以提高墙、柱的允许高厚比；

Ⅲ. 单排孔混凝土砌块对孔砌筑灌孔砌体抗压强度设计值，除与砌体及灌孔材料强度有关外，还与砌体灌孔率和砌块孔洞率指标密切相关；

Ⅳ. 施工阶段砂浆尚未硬化砌体的强度和稳定性，可按设计砂浆强度 0.2 倍选取砌体强度进行验算。

试问，针对以上论述正确性的判断，下列何项正确？

(A) Ⅰ、Ⅱ正确 　　 (B) Ⅰ、Ⅲ正确 　　 (C) Ⅱ、Ⅲ正确 　　 (D) Ⅱ、Ⅳ正确

【题 32～37】 某多层无筋砌体结构房屋，结构平面布置如图 Z17-11 所示，首层层高 3.6m，其他各层层高均为 3.3m，内外墙均对轴线居中，窗洞口高度均为 1800mm，窗台高度均为 900mm。

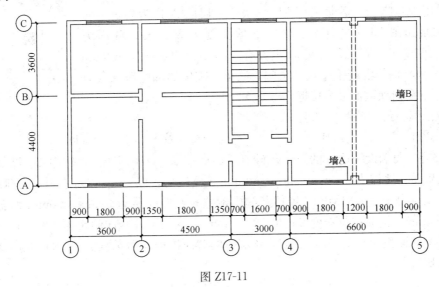

图 Z17-11

32. 假定，该建筑采用 190mm 厚单排孔混凝土小型空心砌块砌体结构，砌块强度等级采用 MU15 级，砂浆采用 Mb10 级，墙 A 截面如图 Z17-12 所示，承受荷载的偏心距 $e=44.46$mm。试问，第二层该墙垛非抗震受压承载力设计值（kN），与下列何项数值最为接近？

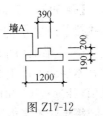

图 Z17-12

提示：$I=3.16\times10^{9}$ mm^4，$A=3.06\times10^{5}$ mm^2。

(A) 425 　　　　　 (B) 525

(C) 625 　　　　　 (D) 725

33. 假定，本工程建筑抗震设防类别为乙类，抗震设防烈度为 7 度（$0.10g$），各层墙体上下连续且洞口对齐，采用混凝土小型空心砌块砌筑。试问，按照该结构方案可以建设房屋的最多层数，与下列何项数值最为接近？

(A) 7   (B) 6   (C) 5   (D) 4

34. 假定,该建筑总层数 3 层,抗震设防类别为丙类,抗震设防烈度 7 度 (0.10g),采用 240mm 厚普通砖砌筑。试问,该建筑按照抗震构造措施要求,最少需要设置的构造柱数量 (根),与下列何项数值最为接近?

(A) 14   (B) 18   (C) 20   (D) 22

35. 假定,该建筑采用 190mm 厚混凝土小型空心砌块砌体结构,刚性方案,室内外高差 0.3m,基础顶面埋置较深,一楼地面可以看作刚性地坪。试问,墙 B 首层的高厚比与下列何项数值最为接近?

(A) 18   (B) 20   (C) 22   (D) 24

36. 假定,该建筑采用夹心墙复合保温且采用混凝土小型空心砌块砌体,内叶墙厚度 190mm,夹心层厚度 120mm,外叶墙厚度 90mm,块材强度等级均满足要求。试问,墙 B 的每延米受压计算有效面积 (m²) 和计算高厚比的有效厚度 (mm),与下列何项数值最为接近?

(A) 0.19,190   (B) 0.28,210   (C) 0.19,210   (D) 0.28,280

37. 假定,该建筑采用单排孔混凝土小型空心砌块砌体,砌块强度等级采用 MU15 级,砂浆采用 Mb15 级,一层墙 A 作为楼盖梁的支座,截面如图 Z17-13 所示,梁的支承长度为 390mm,截面为 250mm×500mm (宽×高),墙 A 上设有 390mm×390mm×190mm (长×宽×高) 钢筋混凝土垫块。试问,该梁下砌体局部受压承载力 (kN),与下列何项数值最为接近?

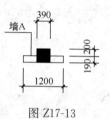

图 Z17-13

提示:偏心距 $e/h_T=0.075$。

(A) 400   (B) 450   (C) 500   (D) 550

【题 38】 两端设构造柱的蒸压灰砂普通砖砌体墙,采用强度等级 MU20 砖和 Ms10 专用砂浆砌筑,墙体为 3.6m×3.3m×240mm (长×高×厚),墙体对应于重力荷载代表值的平均压应力 $\sigma_0=0.84MPa$,墙体灰缝内配置有双向间距为 50mm×50mm 钢筋网片,钢筋直径 4mm,钢筋抗拉强度设计值 270N/mm²,钢筋网片竖向间距为 300mm,竖向截面总水平钢筋面积为 691mm²。试问,该墙体的截面抗震受剪承载力 (kN),与下列何项数值最为接近?

(A) 270   (B) 180   (C) 200   (D) 220

【题 39】 某多层砌体结构房屋,在楼层设有梁式悬挑阳台,支承墙体厚度 240mm,悬挑梁截面尺寸 240mm×400mm (宽×高) 如图 Z17-14 所示,梁端部集中荷载设计值 P=12kN,梁上均布荷载设计值 $q_1=21kN/m$,墙体面密度标准值为 5.36kN/m²,各层楼面在本层墙上产生的永久荷载标准值为 $q_2=11.2kN/m$。试问,该挑梁的最大倾覆弯矩设计值 (kN·m) 和抗倾覆弯矩设计值 (kN·m),与下列何项数值最为接近?

提示:不考虑梁自重。

(A) 80,160   (B) 80,200   (C) 90,160   (D) 90,200

【题 40】 关于砌体结构房屋设计的下列论述:

Ⅰ. 混凝土实心砖砌体砌筑时,块体产品的龄期不应小于 14d;

Ⅱ. 南方地区某工程,层高 5.1m 采用装配整体式钢筋混凝土屋盖的烧结普通砖砌体

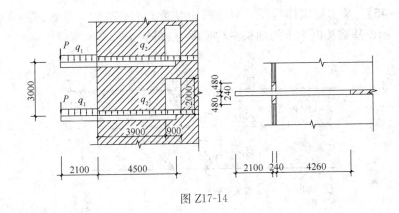

图 Z17-14

结构单层房屋，屋盖有保温层时的伸缩缝间距可取为 65m；

Ⅲ. 配筋砌块砌体剪力墙沿竖向和水平方向的构造钢筋配筋率均不应少于 0.10%；

Ⅳ. 采用装配式有檩体系钢筋混凝土屋盖是减轻墙体裂缝的有效措施之一。

试问，针对以上论述正确性的判断，下列何项正确？

（A）Ⅰ、Ⅲ正确　　　（B）Ⅰ、Ⅳ正确　　　（C）Ⅱ、Ⅲ正确　　　（D）Ⅱ、Ⅳ正确

（下午卷）

【题 41、42】　一屋面下撑式木屋架，形状及尺寸如图 Z17-15 所示，两端铰支于下部结构上。假定，该屋架的空间稳定措施满足规范要求。P 为传至屋架节点处的集中荷载，屋架处于正常使用环境，设计使用年限为 50 年，$\gamma_0 = 1.0$，材料选用未经切削的 TC17B 东北落叶松。

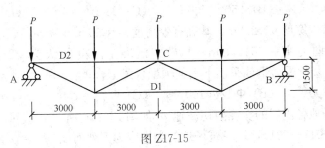

图 Z17-15

41. 假定，P 为集中恒荷载，杆件 D1 采用截面标注直径为 120mm 原木。试问，当不计杆件自重，按恒荷载进行强度验算时，能承担的节点荷载 P（设计值，kN），与下列何项数值最为接近？

（A）17　　　　　（B）19　　　　　（C）21　　　　　（D）23

42. 假定，杆件 D2 拟采用标注直径 $d = 100$mm 的原木。试问，当按照强度验算且不计杆件自重时，该杆件所能承受的最大轴压力设计值（kN），与下列何项数值最为接近？

提示：不考虑施工和维修时的短暂情况。

（A）118　　　　　（B）124　　　　　（C）130　　　　　（D）136

【题 43～45】 某多层砌体房屋，采用钢筋混凝土条形基础。基础剖面及土层分布如图 Z17-16 所示。基础及以上土的加权平均重度为 20kN/m³。

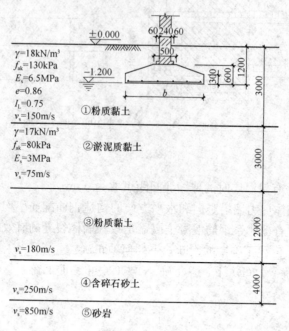

图 Z17-16

43. 假定，基础底面处相应于荷载的标准组合的平均竖向力为 300kN/m，① 层粉质黏土地基压力扩散角 θ=14°。试问，按地基承载力确定的条形基础最小宽度 b（mm），与下述何项数值最为接近？

(A) 2200 　　　　(B) 2500 　　　　(C) 2800 　　　　(D) 3100

44. 假定，基础宽度 b=2.8m，基础有效高度 h_0=550mm。在荷载的基本组合下，传给基础顶面的竖向力 F=364kN/m，基础的混凝土强度等级为 C25，受力钢筋采用 HPB300。试问，基础受力钢筋采用下列何项配置最为合理？

(A) Φ12@200 　　(B) Φ12@140 　　(C) Φ14@150 　　(D) Φ14@100

45. 假定，场地各土层的实测剪切波速 v_s 如图 Z17-16 所示。试问，根据《建筑抗震设计规范》GB 50011—2010，该建筑场地的类别应为下列何项？

(A) Ⅰ 　　　　　(B) Ⅱ 　　　　　(C) Ⅲ 　　　　　(D) Ⅳ

【题 46～49】 某公共建筑地基基础设计等级为乙级，其联合柱下桩基采用边长为 400mm 预制方桩，承台及其上土的加权平均重度为 20kN/m³。柱及承台下桩的布置、地下水位、地基土层分布及相关参数如图 Z17-17 所示。该工程抗震设防烈度为 7 度，设计地震分组为第三组，设计基本地震加速度值为 0.15g。

46. 假定，② 层细砂在地震作用下存在液化的可能，需进一步进行判别。该层土厚度中点的标准贯入锤击数实测平均值 N=11。试问，按《建筑桩基技术规范》JGJ 94—2008 的有关规定，基桩的竖向受压抗震承载力特征值（kN），与下列何项数值最为接近？

提示： ⑤层粗砂不液化。

(A) 1300 　　　　(B) 1600 　　　　(C) 1700 　　　　(D) 2600

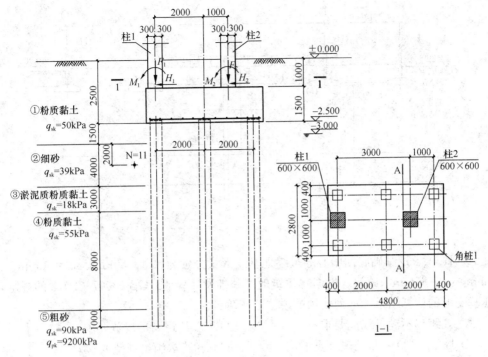

图 Z17-17

47. 该建筑物属于对水平位移不敏感建筑。单桩水平静载试验表明，地面处水平位移为 10mm，所对应的水平荷载为 32kN。假定，作用于承台顶面的弯矩较小，承台侧向土水平抗力效应系数 $\eta_l = 1.27$，桩顶约束效应系数 $\eta_r = 2.05$。试问，当验算地震作用桩基的水平承载力时，沿承台长方向，群桩基础的基桩水平承载力特征值 R_h（kN），与下列何项数值最为接近？

提示： ① 按《建筑桩基技术规范》JGJ 94—2008 作答；

② s_a/d 计算中，d 可取为方桩的边长。$n_1 = 3$，$n_2 = 2$。

(A) 60   (B) 75   (C) 90   (D) 105

48. 假定，在荷载的基本组合下，柱 1 传给承台顶面的荷载为：$M_1 = 276.75$kN·m，$F_1 = 3915$kN，$H_1 = 67.5$kN，柱 2 传给承台顶面的荷载为：$M_2 = 486$kN·m，$F_2 = 5400$kN，$H_2 = 108$kN。试问，承台在柱 2 柱边 A-A 截面的弯矩设计值 M（kN·m），与下列何项数值最为接近？

(A) 1400   (B) 2000   (C) 3600   (D) 4400

49. 假定，承台的混凝土强度等级为 C30，承台的有效高度 $h_0 = 1400$mm。试问，承台受角桩 1 冲切的承载力设计值（kN），与下列何项数值最为接近？

(A) 3200   (B) 3600   (C) 4000   (D) 4400

【题 50～52】 某三跨单层工业厂房，采用柱顶铰接的排架结构，纵向柱距为 12m，厂房每跨均设有桥式吊车，且在使用期间轨道没有条件调整。在初步设计阶段，基础拟采用浅基础。场地地下水位标高为 -1.5m。厂房的横剖面、场地土分层情况如图 Z17-18 所示。

50. 假定，②层黏土压缩系数 $a_{1-2} = 0.51$MPa^{-1}。初步确定柱基础的尺寸时，计算得

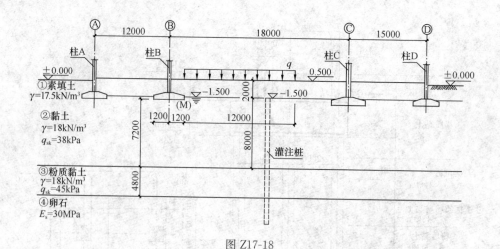

图 Z17-18

到柱 A、B、C、D 基础底面中心的最终地基变形量分别为：$s_A = 50mm$、$s_B = 90mm$、$s_C = 120mm$、$s_D = 85mm$。试问，根据《建筑地基基础设计规范》GB 50007—2012 的规定，关于地基变形的计算结果，下列何项的说法是正确的？

(A) 3 跨都不满足规范要求   (B) A-B 跨满足规范要求

(C) B-C、C-D 跨满足规范要求   (D) 3 跨都满足规范要求

51. 假定，根据生产要求，在 B-C 跨有大面积的堆载，如图 Z17-19 所示。对堆载进行换算，作用在基础底面标高的等效荷载 $q_{eq} = 45kPa$，堆载宽度为 12m，纵向长度为 24mm。②层黏土相应于土的自重压力至土的自重压力与附加压力之和的压力段的 $E_s = 4.8MPa$，③层粉质黏土相应于土的自重压力至土的自重压力与附加压力之和的压力段的 $E_s = 7.5MPa$。试问，当沉降计算经验系数 $\psi_s = 1$，对②层及③层土，大面积堆载对柱 B 基础底面内侧中心 M 的附加沉降值 s_M（mm），与下列何项数值最为接近？

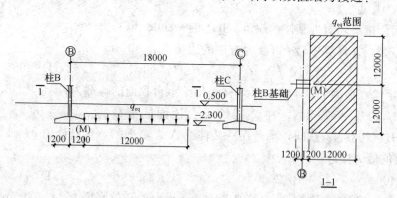

图 Z17-19

(A) 25   (B) 35   (C) 45   (D) 60

52. 假定，在 B-C 跨有对沉降要求严格的设备，采用直径为 600mm 的钻孔灌注桩桩基础，持力层为④卵石层。作用在 B-C 跨地坪上的大面积堆载为 45kPa，堆载使桩周土层对桩基产生负摩阻力，中性点位于③层粉质黏土内。②层黏土的负摩阻力系数 $\xi_{nl} = 0.27$。试问，单桩桩周②层黏土的负摩阻力标准值（kPa），与下列何项数值最为接近？

712

(A) 25　　　　　(B) 30　　　　　(C) 35　　　　　(D) 40

【题 53、54】　某多层住宅，采用筏板基础，基底尺寸为 24m×50m，地基基础设计等级为乙级。地基处理采用水泥粉煤灰碎石桩（CFG 桩）和水泥土搅拌桩两种桩型的复合地基，CFG 桩和水泥土搅拌桩的桩径均采用 500mm。桩的布置、地基土层分布、土层厚度及相关参数如图 Z17-20 所示。

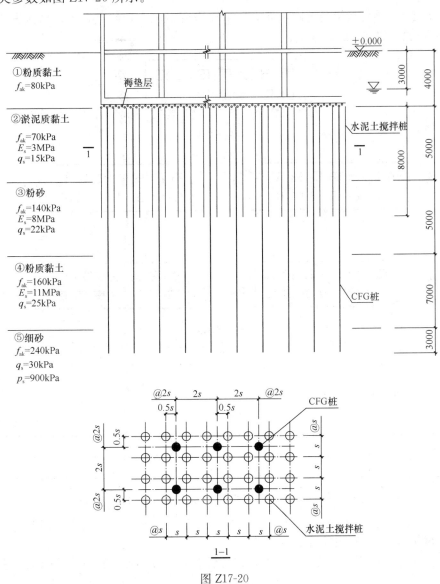

图 Z17-20

53. 假定，CFG 桩的单桩承载力特征值 $R_{a1}=680$kN，单桩承载力发挥系数 $\lambda_1=0.9$；水泥土搅拌桩单桩的承载力特征值为 $R_{a2}=90$kN，单桩承载力发挥系数 $\lambda_2=1$；桩间土承载力发挥系数 $\beta=0.9$；处理后桩间土的承载力特征值可取天然地基承载力特征值。基础底面以上土的加权平均重度 $\gamma_m=17$kN/m³。试问，初步设计时，当设计要求经深度修正后的②层淤泥质黏土复合地基承载力特征值不小于 300kPa，复合地基中桩的最大间距 s（m），与下列何项数值最为接近？

(A) 0.9　　　　(B) 1.0　　　　(C) 1.1　　　　(D) 1.2

54. 假定，基础底面处多桩型复合地基的承载力特征值 $f_{spk}=252\text{kPa}$。当对基础进行地基变形计算时，试问，第②层淤泥质黏土层的复合压缩模量 E_s（MPa），与下列何项数值最为接近？

(A) 11　　　　(B) 15　　　　(C) 18　　　　(D) 20

【题 55】　砌体结构纵墙等距离布置了 8 个沉降观测点，测点布置、砌体纵墙可能出现裂缝的形态等如图 Z17-21 所示。

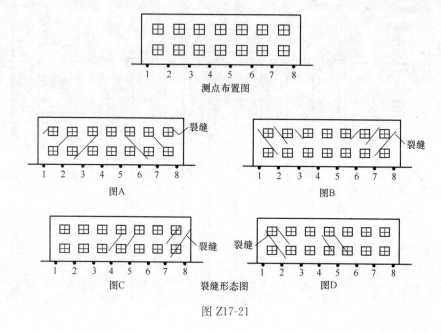

图 Z17-21

各点的沉降量见表 Z17-3 。

表 Z17-3

观测点	1	2	3	4	5	6	7	8
沉降量（mm）	102.2	116.4	130.8	157.3	177.5	180.6	190.9	210.5

试问，根据沉降量的分布规律，砌体结构纵墙最可能出现的裂缝形态，为下列何项？

(A) 图 A　　　　(B) 图 B　　　　(C) 图 C　　　　(D) 图 D

【题 56】　关于建筑边坡有下列主张：

Ⅰ. 边坡塌滑区内有重要建筑物、稳定性较差的边坡工程，其设计及施工应进行专门论证；

Ⅱ. 计算锚杆面积，传至锚杆的作用效应应采用荷载效应基本组合；

Ⅲ. 对安全等级为一级的临时边坡，边坡稳定安全系数应不小于 1.20；

Ⅳ. 采用重力式挡墙时，土质边坡高度不宜大于 10m。

试问，依据《建筑边坡工程技术规范》GB 50330—2013 的有关规定，针对上述主张的判断，下列何项正确？

(A) Ⅰ、Ⅱ、Ⅳ 正确　　　　　　　　(B) Ⅰ、Ⅳ 正确

（C）Ⅰ、Ⅱ正确　　　　　　　　　　（D）Ⅰ、Ⅱ、Ⅲ正确

【题57】 下列四项观点：

Ⅰ. 验算高位转换层刚度条件时，采用剪弯刚度比；判断软弱层时，采用等效剪切刚度比；

Ⅱ. 当计算的最大层间位移角小于规范限值一定程度时，楼层的扭转位移比限值允许适当放松，但不应大于1.6；

Ⅲ. 高度200m的框架-核心筒结构，楼层层间最大位移与层高之比的限值应为1/650；

Ⅳ. 基本周期为5.2s的竖向不规则结构，8度（0.30g）设防，多遇地震水平地震作用计算时，薄弱层的剪重比不应小于0.0414。

试问，依据《高层建筑混凝土结构技术规程》JGJ 3—2010，针对上述观点准确性的判断，下列何项正确？

（A）Ⅰ、Ⅱ准确　　（B）Ⅱ、Ⅳ准确　　（C）Ⅱ、Ⅲ准确　　（D）Ⅲ、Ⅳ准确

【题58】 高层混凝土框架结构抗震设计时，地下室顶板作为上部结构嵌固部位，下列关于地下室及相邻上部结构的设计观点，哪一项相对准确？

（A）地下一层与首层侧向刚度比值不宜小于2，侧向刚度比值取楼层剪力与层间位移比值、等效剪切刚度比值之较大者

（B）首层作为上部结构底部嵌固层，其侧向刚度与地上二层的侧向刚度比值不宜小于1.5

（C）主楼下部地下室顶板梁抗震构造措施的抗震等级可比上部框架梁低一级，但梁端顶面和底面的纵向钢筋应比计算值增大10%

（D）主楼下部地下一层柱每侧的纵向钢筋面积除应符合计算要求外，不应少于地上一层对应柱每侧纵向钢筋面积的1.1倍

【题59】 某28层钢筋混凝土框架-剪力墙高层建筑，普通办公楼，如图Z17-22所示，槽形平面，房屋高度100m，质量和刚度沿竖向分布均匀，50年重现期的基本风压为0.6kN/m²，地面粗糙度为B类。

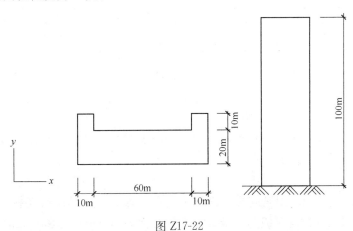

图 Z17-22

假定，风荷载沿竖向呈倒三角形分布，地面（±0.000）处为0，高度100m处风振系数取1.50，试问，承载力设计时，估算的±0.000处沿Y方向风荷载作用下的倾覆弯矩标准

值（kN·m），与下列何项数值最为接近？

(A) 637000   (B) 660000   (C) 700000   (D) 726000

【题 60】 某现浇钢筋混凝土框架结构办公楼，抗震等级为一级，某一框架梁局部平面如图 Z17-23 所示。梁截面 350mm×600mm，$h_0 = 540mm$，$a'_s = 40mm$，混凝土强度等级 C30，纵筋采用 HRB400 钢筋。该梁在各效应下截面 A（梁顶）弯矩标准值分别为：

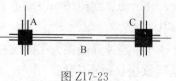

图 Z17-23

恒荷载：$M_A = -440kN·m$；活荷载：$M_A = -200kN·m$；

水平地震作用：$M_A = -205kN·m$；

假定，A 截面处梁底纵筋面积按梁顶纵筋面积的二分之一配置，试问，为满足梁端 A（顶面）极限承载力要求，梁端弯矩调幅系数至少应取下列何项数值？

提示： 按《建筑与市政工程抗震通用规范》GB 55002—2021 作答。

(A) 0.80   (B) 0.85

(C) 0.90   (D) 1.00

【题 61】 某办公楼，采用现浇钢筋混凝土框架-剪力墙结构，房屋高度 73m，地上 18 层，1～17 层刚度、质量沿竖向分布均匀，18 层为多功能厅，仅框架部分升至屋顶，顶层框架结构抗震等级为一级。剖面如图 Z17-24 所示，顶层梁高 600mm。抗震设防烈度为 8 度（0.2g），丙类建筑，进行结构多遇地震分析时，顶层中部某边柱，经振型分解反应谱法及三组加速度弹性时程分析补充计算，18 层楼层剪力、相应构件的内力及按实配钢筋对应的弯矩值见表 Z17-4，表中内力为考虑地震作用组合，按弹性分析未经调整的组合设计值，弯矩均为顺时针方向。

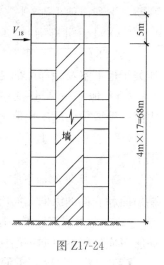

图 Z17-24

表 Z17-4

	M_c^t、M_c^b (kN·m)	M_{cua}^t、M_{cua}^b (kN·m)	V_c^t (kN)	M_{bua} (kN·m)	V_{18} (kN)
振型分解反应谱	350	450	220	350	2000
时程分析法平均值	340	420	210	320	1800
时程分析法最大值	450	550	250	380	2400

试问，该柱进行本层截面配筋设计时所采用的弯矩设计值 M（kN·m）、剪力设计值 V（kN），与下列何项数值最为接近？

(A) 350；220   (B) 450；250   (C) 340；210   (D) 420；300

【题 62、63】 某现浇钢筋混凝土部分框支剪力墙结构，其中底层框支框架及上部墙体如图 Z17-25 所示，抗震等级为一级。框支柱截面为 1000mm×1000mm，上部墙体厚度 250mm，混凝土强度等级 C40，钢筋采用 HRB400。

提示： 墙体施工缝处抗滑移能力满足要求。

62. 假定，进行有限元应力分析校核时发现，框支梁上部一层墙体水平及竖向分布钢筋均大于整体模型计算结果。由应力分析得知，框支柱边 1200mm 范围内墙体考虑风荷载、地震作用组合的平均压应力设计值为 25N/mm²，框支梁与墙体交接面上考虑风荷载、地震作用组合的水平拉应力设计值为 2.5N/mm²。试问，该层墙体的水平分布筋及竖向分布筋，宜采用下列何项配置才能满足《高层建筑混凝土结构技术规程》JGJ 3—2010 的最低构造要求？

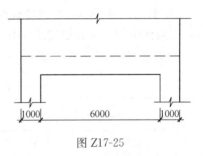

图 Z17-25

(A) 2 Φ 10@200；2 Φ 10@200
(B) 2 Φ 12@200；2 Φ 12@200
(C) 2 Φ 12@200；2 Φ 14@200
(D) 2 Φ 14@200；2 Φ 14@200

63. 假定，进行有限元应力分析校核时发现，框支梁上部一层墙体在柱顶范围竖向钢筋大于整体模型计算结果，由应力分析得知，柱顶范围墙体考虑风荷载、地震作用组合的平均压应力设计值为 32N/mm²。框支柱纵筋配置 40 Φ 28，沿四周均布，如图 Z17-26 所示。试问，框支梁方向框支柱顶范围墙体的纵向配筋采用下列何项配置，才能满足《高层建筑混凝土结构技术规程》JGJ 3—2010 的最低构造要求？

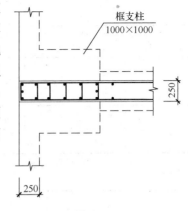

图 Z17-26

(A) 12 Φ 18
(B) 12 Φ 20
(C) 8 Φ 18+6 Φ 28
(D) 8 Φ 20+6 Φ 28

【题 64~67】 某现浇钢筋混凝土大底盘双塔结构，地上 37 层，地下 2 层，如图 Z17-27 所示。大底盘 5 层均为商场（乙类建筑），高度 23.5m，塔楼为部分框支剪力墙结构，转换层设在 5 层顶板处，塔楼之间为长度 36m（4 跨）的框架结构。6 至 37 层为住宅（丙类建筑），层高 3.0m，剪力墙结构。抗震设防烈度为 6 度，Ⅲ类建筑场地，混凝土强度等级为 C40。分析表明地下一层顶板（±0.000 处）可作为上部结构嵌固部位。

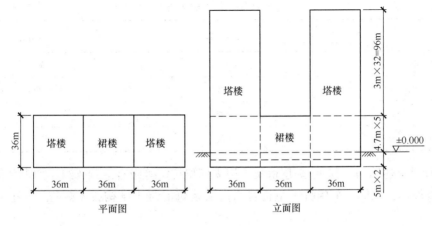

图 Z17-27

64. 针对上述结构，剪力墙抗震等级有下列 4 组，如表 Z17-5A～表 Z17-5D 所示。试问，下列何组符合《高层建筑混凝土结构技术规程》JGJ 3—2010 的规定？

(A) 表 Z17-5A   (B) 表 Z17-5B   (C) 表 Z17-5C   (D) 表 Z17-5D

剪力墙的抗震等级 A   表 Z17-5A

	抗震措施	抗震构造措施
地下二层	二级	二级
1～5 层	一级	特一级
7 层	二级	一级
20 层	三级	三级

剪力墙的抗震等级 B   表 Z17-5B

	抗震措施	抗震构造措施
地下二层		一级
1～5 层	特一级	特一级
7 层	一级	一级
20 层	三级	三级

剪力墙的抗震等级 C   表 Z17-5C

	抗震措施	抗震构造措施
地下二层		二级
1～5 层	一级	一级
7 层	二级	一级
20 层	三级	三级

剪力墙的抗震等级 D   表 Z17-5D

	抗震措施	抗震构造措施
地下二层		一级
1～5 层	一级	特一级
7 层	三级	三级
20 层	三级	三级

65. 针对上述结构，其 1～5 层框架、框支框架抗震等级有下列 4 组，如表 Z17-6A～表 Z17-6D 所示。试问，采用哪一组符合《高层建筑混凝土结构技术规程》JGJ 3—2010 的规定？

(A) 表 Z17-6A   (B) 表 Z17-6B   (C) 表 Z17-6C   (D) 表 Z17-6D

1～5 层框架、框支框架抗震等级 A   表 Z17-6A

	抗震措施	抗震构造措施
框架	一级	一级
框支框架梁	一级	特一级
框支框架柱	一级	特一级

1～5 层框架、框支框架抗震等级 B   表 Z17-6B

	抗震措施	抗震构造措施
框架	二级	二级
框支框架梁	一级	一级
框支框架柱	特一级	特一级

1～5 层框架、框支框架抗震等级 C   表 Z17-6C

	抗震措施	抗震构造措施
框架	二级	二级
框支框架梁	一级	特一级
框支框架柱	一级	特一级

1～5 层框架、框支框架抗震等级 D   表 Z17-6D

	抗震措施	抗震构造措施
框架	二级	二级
框支框架梁	一级	一级
框支框架柱	一级	特一级

66. 假定，该结构多塔整体模型计算的平动为主的第一自振周期 T_x、T_y、扭转耦联振动周期 T_t 如表 Z17-7A 所示；分塔模型计算的平动为主的第一自振周期 T_x、T_y、扭转耦联振动周期 T_t 如表 Z17-7B 所示；试问，对结构扭转不规则判断时，扭转为主的第一自振周期 T_t 与平动为主的第一自振周期 T_1 之比值，与下列何项数值最为接近？

(A) 0.7   (B) 0.8   (C) 0.9   (D) 1.0

多塔整体计算周期   表 Z17-7A

	不考虑偶然偏心	考虑偶然偏心	扭转方向因子
T_x (s)	1.4	1.6	
T_y (s)	1.7	1.8	
T_{t1} (s)	1.2	1.8	0.6
T_{t2} (s)	1.0	1.2	0.7

	不考虑偶然偏心	考虑偶然偏心	扭转方向因子
T_x (s)	1.9	2.3	
T_y (s)	2.1	2.6	
T_{t1} (s)	1.7	2.1	0.6
T_{t2} (s)	1.5	1.8	0.7

67. 假定，裙楼右侧沿塔楼边设防震缝与塔楼分开（1～5 层），左侧与塔楼整体连接。防震缝两侧结构在进行控制扭转位移比计算分析时，有 4 种计算模型，如图 Z17-28 所示。如果不考虑地下室对上部结构的影响，试问，采用下列哪一组计算模型，最符合《高层建筑混凝土结构技术规程》JGJ 3—2010 的要求？

（A）模型 1；模型 3　　　　　　　（B）模型 2；模型 3

（C）模型 1；模型 2；模型 4　　　　（D）模型 2；模型 3；模型 4

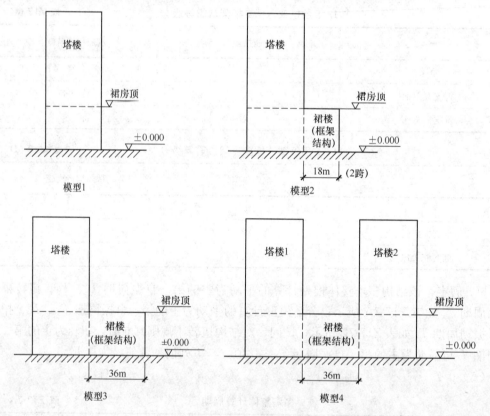

图 Z17-28

【题 68～72】某 38 层现浇钢筋混凝土框架-核心筒结构，普通办公楼，如图 Z17-29 所示，房屋高度为 160m，1～4 层层高 6.0m，5～38 层层高 4.0m。抗震设防烈度为 7 度（0.10g），抗震设防类别为标准设防类，无薄弱层。

提示：按《建筑与市政工程抗震通用规范》GB 55002—2021 作答。

68. 假定，该结构进行方案比较时，刚重比大于 1.4，小于 2.7。由初步方案分析得

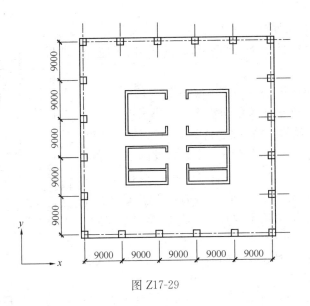

图 Z17-29

知，多遇地震标准值作用下，Y 方向按弹性方法计算未考虑重力二阶效应的层间最大水平位移在中部楼层，为 5mm。试估算，满足规范对 Y 方向楼层位移限值要求的结构最小刚重比，与下列何项数值最为接近？

（A）2.7　　　　　（B）2.5　　　　　（C）2.0　　　　　（D）1.4

69. 假定，楼盖结构方案调整后，重力荷载代表值为 1×10^6 kN，底部地震总剪力标准值为 12500kN，基本周期为 4.3s。多遇地震标准值作用下，Y 向框架部分分配的剪力与结构总剪力比例如图 Z17-30 所示。对应于地震作用标准值，Y 向框架部分按侧向刚度分配且未经调整的楼层地震剪力标准值：首层 $V = 600$ kN；各层最大值 $V_{f,max} = 2000$ kN。试问，抗震设计时，首层 Y 向框架部分按侧向刚度分配的楼层地震剪力标准值（kN），与下列何项数值最为接近？

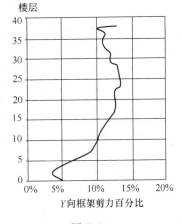

图 Z17-30

（A）2500　　　　　（B）2800
（C）3000　　　　　（D）3300

70. 假定，多遇地震标准值作用下，X 向框架部分分配的剪力与结构总剪力比例如图 Z17-31 所示。第 3 层核心筒墙肢 W1，在 X 向水平地震作用下剪力标准值 $V_{Ehk} = 2200$ kN，在 X 向风荷载作用下剪力 $V_{wk} = 1600$ kN。试问，该墙肢的剪力设计值 V（kN），与下列何项数值最为接近？

提示：忽略墙肢在重力荷载代表值下及竖向地震作用下的剪力。

（A）6200　　　　　（B）5800　　　　　（C）5300　　　　　（D）4600

71. 假定，多遇地震标准值作用下，X 向框架部分分配的剪力与结构总剪力比例如图 Z17-31 所示（见题 70）。首层核心筒墙肢 W2 轴压比 0.4。该墙肢及框架柱混凝土强度等级 C60，钢筋采用 HRB400，试问，在进行抗震设计时，下列关于该墙肢及框架柱的抗震构造措施，其中何项不符合《高层建筑混凝土结构技术规程》JGJ 3—2010 的要求？

（A）墙体水平分布筋配筋率不应小于 0.4%

（B）约束边缘构件纵向钢筋构造配筋率不应小于 1.4%

（C）框架角柱纵向钢筋配筋率不应小于 1.15%

（D）约束边缘构件箍筋体积配箍率不应小于 1.6%

72. 假定，主体结构抗震性能目标定为 C 级，抗震性能设计时，在设防烈度地震作用下，主要构件的抗震性能指标有下列 4 组，如表 Z17-8A～表 Z17-8D 所示。试问，设防烈度地震作用下构件抗震性能设计时，采用哪一组符合《高层建筑混凝土结构技术规程》JGJ 3—2010 的基本要求？

注：构件承载力满足弹性设计要求简称"弹性"；满足屈服承载力要求简称"不屈服"。

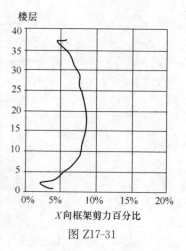

图 Z17-31

（A）表 Z17-8A　　（B）表 Z17-8B　　（C）表 Z17-8C　　（D）表 Z17-8D

结构主要构件的抗震性能指标 A　　　　　　　　表 Z17-8A

		设防烈度
核心筒墙肢	抗弯	底部加强部位：不屈服 一般楼层：不屈服
	抗剪	底部加强部位：弹性 一般楼层：不屈服
核心筒连梁		允许进入塑性，抗剪不屈服
外框梁		允许进入塑性，抗剪不屈服

结构主要构件的抗震性能指标 B　　　　　　　　表 Z17-8B

		设防烈度
核心筒墙肢	抗弯	底部加强部位：不屈服 一般楼层：不屈服
	抗剪	底部加强部位：弹性 一般楼层：弹性
核心筒连梁		允许进入塑性，抗剪不屈服
外框梁		允许进入塑性，抗剪不屈服

结构主要构件的抗震性能指标 C　　　　　　　　表 Z17-8C

		设防烈度
核心筒墙肢	抗弯	底部加强部位：不屈服 一般楼层：不屈服
	抗剪	底部加强部位：弹性 一般楼层：不屈服
核心筒连梁		抗弯、抗剪不屈服
外框梁		抗弯、抗剪不屈服

结构主要构件的抗震性能指标 D			表 Z17-8D
			设防烈度
核心筒墙肢	抗弯		底部加强部位：不屈服
			一般楼层：不屈服
	抗剪		底部加强部位：弹性
			一般楼层：弹性
核心筒连梁			抗弯、抗剪不屈服
外框梁			抗弯、抗剪不屈服

【题 73】 某标准跨径 3×30m 预应力混凝土连续箱梁桥，当作为一级公路上的桥梁时，试问，其主体结构的设计使用年限不应低于多少年？

(A) 30 　　　　(B) 50 　　　　(C) 100 　　　　(D) 120

【题 74】 某一级公路的跨河桥，跨越河道特点为河床稳定、河道顺直、河床纵向比降较小，拟采用 25m 简支 T 梁，共 50 孔。试问，其桥涵设计洪水频率最低可采用下列何项标准？

(A) 1/300 　　　(B) 1/100 　　　(C) 1/50 　　　(D) 1/25

【题 75】 某高速公路立交匝道桥为一孔 25.8m 预应力混凝土现浇简支箱梁，桥梁全宽 9m，桥面宽 8m，梁计算跨径 25m，冲击系数 0.222，不计偏载系数，梁自重及桥面铺装等恒载作用按 154.3kN/m 计，如图 Z17-32 所示，试问：桥梁跨中基本组合弯矩值 (kN·m)，与下列何项数值最为接近？

(A) 23900 　　　(B) 24400 　　　(C) 25120 　　　(D) 26290

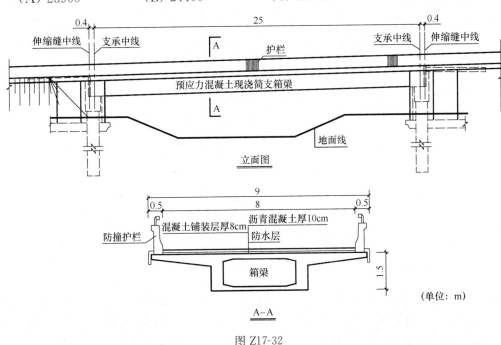

图 Z17-32

【题 76】 某梁梁底设一个矩形板式橡胶支座，支座尺寸为纵桥向 0.45m，横桥向 0.7m，剪切模量 $G_e = 1.0$MPa，支座有效承压面积 $A_e = 0.3036$m²，橡胶层总厚度 $t_e =$

0.089m；支座与梁墩相接的支座顶、底面水平，在常温下运营，由结构自重与汽车荷载标准值（已计入冲击系数）引起的支座反力为 2500kN，上部结构梁沿纵向梁端转角为 0.003rad，试问，验证支座竖向平均压缩变形时，符合下列哪种情况？

提示：$E_e = 677.4MPa$。

(A) 支座会脱空、不致影响稳定　　　　(B) 支座会脱空、影响稳定

(C) 支座不会脱空、不致影响稳定　　　(D) 支座不会脱空、影响稳定

【题 77】　某预应力混凝土弯箱梁中沿中腹板的一根钢束，如图 Z17-33 所示 A 点至 B 点，A 为张拉端，B 为连续梁跨中截面，预应力孔道为预埋塑料波纹管。假定，管道每米局部偏差对摩擦的影响系数 $k = 0.0015$，预应力钢绞线与管道壁的摩擦系数 $\mu = 0.17$，预应力束锚下的张拉控制应力 $\sigma_{con} = 1302MPa$，由 A 至 B 点预应力钢束在梁内竖弯转角共 5 处，转角 1 为 0.0873rad，转角 2～5 均为 0.2094rad，A、B 点所夹圆心角为 0.2964rad，钢束长按 36.442m 计，试问，计算截面 B 处的后张预应力束与管道壁之间摩擦引起的预应力损失值（MPa），与下列何项数值最为接近？

(A) 190　　　　　(B) 250　　　　　(C) 260　　　　　(D) 300

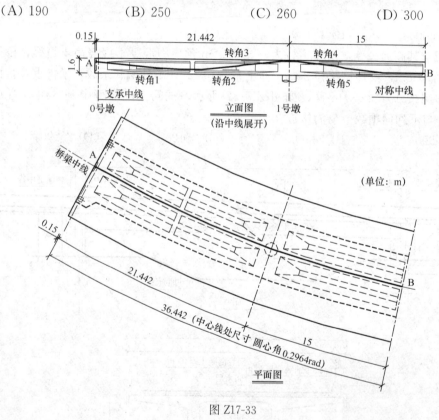

图 Z17-33

【题 78】　某预应力混凝土梁，混凝土强度等级为 C50，梁腹板宽度 0.5m，在支承区域按持久状况进行设计时，由作用标准值和预应力产生的主拉应力为 1.5MPa（受拉为正），不考虑斜截面抗剪承载力计算，假定箍筋的抗拉强度标准值按 180MPa 计，试问，下列各箍筋配置方案哪个更为合理？

(A) 4 肢Φ12 间距 100mm　　　　　　(B) 4 肢Φ14 间距 150mm

(C) 2 肢 Φ 16 间距 100mm　　　　　　(D) 6 肢 Φ 14 间距 150mm

【题 79】　某公路桥梁中墩柱采用直径 1.5m 圆形截面，混凝土强度等级 C40，柱高 8m，桥区位于抗震设防烈度 7 度区，拟采用螺旋箍筋，假定，最不利组合轴向压力为 9000kN，箍筋抗拉强度设计值为 f_{yh}＝330MPa，纵向钢筋净保护层 50mm，纵向配筋率 ρ_t 为 1％，混凝土抗压强度标准值 f_{ck}＝31.6MPa，螺旋箍筋螺距 100mm，试问，墩柱潜在塑性铰区域的加密箍筋最小体积含箍率，与下列何项数值最为接近？

(A) 0.004　　　　(B) 0.005　　　　(C) 0.006　　　　(D) 0.008

【题 80】　桥涵结构或其构件应按承载能力极限状态和正常使用极限状态进行设计，试问，下列哪些验算内容属于承载能力极限状态设计？

① 不适于继续承载的变形；

② 结构倾覆；

③ 强度破坏；

④ 满足正常使用的开裂；

⑤ 撞击；

⑥ 地震

(A) ①＋②＋③　　　　　　　　(B) ①＋②＋③＋④

(C) ①＋②＋③＋④＋⑤　　　　(D) ①＋②＋③＋⑤＋⑥

2018 年真题

（上午卷）

【题 1～3】 某办公楼为现浇混凝土框架结构，混凝土强度等级 C35，纵向钢筋采用 HRB400，箍筋采用 HPB300。其二层（中间楼层）的局部平面图和次梁 L-1 的计算简图如图 Z18-1 所示，其中 KZ-1 为角柱，KZ-2 为边柱。假定，次梁 L-1 计算时 a_s=80mm，a'_s=40mm。楼面永久荷载和楼面活荷载为均布荷载，楼面均布永久荷载标准值 q_{Gk}=7kN/m² （已包括次梁、楼板等构件自重，L-1 荷载计算时不必再考虑梁自重），楼面均布活荷载的组合值系数 0.7，不考虑楼面活荷载的折减系数。

提示： 按《建筑结构可靠性设计统一标准》作答。

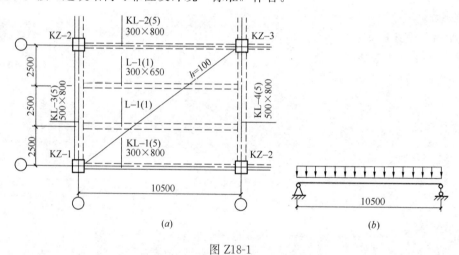

图 Z18-1

（a）局部平面图；（b）L-1 计算简图

1. 假定，楼面均布活荷载标准值 q_{Gk}=2kN/m²，准永久值系数 0.6。不考虑受压钢筋的作用，构件浇筑时未预先起拱。试问，当使用上次梁对 L-1 的挠度有较高要求时，为满足受弯构件挠度要求时，次梁 L-1 的短期刚度 B_s（10^{11}N·mm²），与下列何项数值最为接近？

提示： 简支梁的弹性挠度计算公式：$\Delta=\dfrac{5ql^4}{384EI}$

(A) 1.25　　　　　(B) 2.50　　　　　(C) 2.75　　　　　(D) 3.00

2. 假定，不考虑楼板作为翼缘对梁的影响，充分考虑 L-1 梁顶面受压钢筋 3 ⏀ 25 的作用，试问，按次梁 L-1 的受弯承载力计算，楼面允许最大活荷载标准值（kN/m²），与下列何项数值最为接近？

(A) 26.0　　　　　(B) 21.5　　　　　(C) 17.0　　　　　(D) 12.5

3. 假定，框架的抗震等级为二级，构件的环境类别为一类，KL-3 梁上部纵向钢筋⏀ 28 采用二并筋的布置方式，箍筋Φ 12@100/200，其梁上部钢筋布置和端节点梁钢筋弯折锚固的示意图如图 Z18-2 所示。试问，梁侧面箍筋保护层厚度 c（mm）和梁纵筋的锚固水平段最小长度 l（mm），与下列何项最为接近？

(A) 28，590   (B) 28，640   (C) 35，590   (D) 35，640

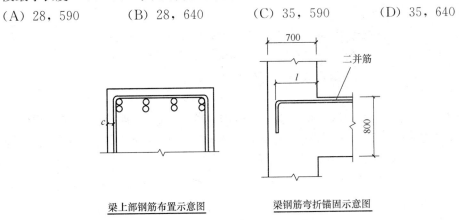

图 Z18-2

【题4】 新疆乌鲁木齐市内的某二层办公楼，附带一层高的入口门厅，其平面和剖面如图 Z18-3 所示。门厅屋面采用轻质屋盖结构。试问，门厅屋面邻近主楼处的最大雪荷载标准值 s_k（kN/m²），与下列何项数值最为接近？

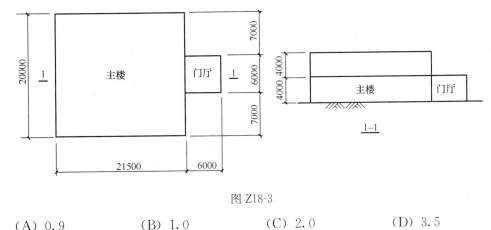

图 Z18-3

(A) 0.9   (B) 1.0   (C) 2.0   (D) 3.5

【题5】 某海岛临海建筑，为封闭式矩形平面房屋，外墙采用单层幕墙，其平面和立面如图 Z18-4 所示，P 点位于墙面 AD 上，距海平面高度 15m。假定，基本风压 $w_0 =$

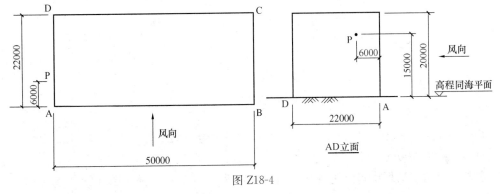

图 Z18-4

$1.3kN/m^2$，墙面 AD 的围护构件直接承受风荷载。试问，在图示风向情况下，当计算墙面 AD 围护构件风荷载时，P 点处垂直于墙面的风荷载标准值的绝对值 w_k（kN/m^2），与下列何项数值最为接近？

提示： ①按《工程结构通用规范》GB 55001—2021 和《建筑结构荷载规范》GB 50009—2012 作答，海岛的修正系数 $\eta=1.0$；

②需同时考虑建筑物墙面的内外压力。

(A) 2.9　　　(B) 3.5　　　(C) 4.1　　　(D) 4.6

【题 6】 某普通钢筋混凝土轴心受压圆柱，直径 600mm，混凝土强度等级 C35，纵向钢筋和箍筋均采用 HRB400。纵向受力钢筋 14Φ22，沿周边均匀布置，配置螺旋式箍筋Φ8@70，箍筋保护层厚度 22mm。假定，圆柱的计算长度 $l_0=7.15m$，试问，不考虑抗震时，该柱的轴心受压承载力设计值 N（kN），与下列何项数值最为接近？

(A) 4500　　　(B) 5100　　　(C) 5500　　　(D) 5900

【题 7】 下列关于混凝土结构工程施工质量验收方面的说法，何项正确？

(A) 基础中纵向受力钢筋保护层厚度的合格点率应达到 90% 及以上，且不得有超过 ±15mm 的尺寸偏差

(B) 属于同一工程项目的多个单位工程，对同一厂家生产的同批材料、构配件、器具及半成品，可统一划分检验批进行验收

(C) 爬升式模板工程、工具式模板工程及高大模板支架工程应编制施工方案，其中只有高大模板支架工程应按有关规定进行技术论证

(D) 当后张有粘结预应力筋曲线孔道波峰和波谷的高差大于 300mm，且采用普通灌浆工艺时，应在孔道波谷设置排气孔

【题 8】 某外挑三脚架，计算简图如图 Z18-5 所示。其中横杆 AB 为等截面普通混凝土构件，截面尺寸 300mm×400mm，混凝土强度等级为 C35，纵向钢筋和箍筋均采用 HRB400，全跨范围内纵筋和箍筋的配置不变，未配置弯起钢筋，$a_s=a_s'=40mm$。假定，不计 BC 杆自重，均布荷载设计值 $q=70kN/m$（含 AB 杆自重）。试问，按斜截面受剪承载力计算（不考虑抗震），横杆 AB 在 A 支座边缘处的最小箍筋配置与下列何项最为接近？

提示： 满足计算要求即可，不需要复核最小配筋率和构造要求。

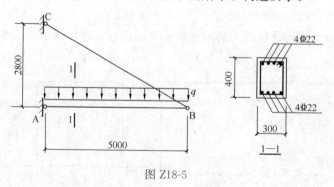

图 Z18-5

(A) Φ6@200（2）　　　　　(B) Φ8@200（2）

(C) Φ10@200（2）　　　　　(D) Φ12@200（2）

【题 9、10】 某悬挑斜梁为等截面普通混凝土独立梁，计算简图如图 Z18-6 所示。斜

梁截面尺寸 400mm×600mm（不考虑梁侧面钢筋的作用），混凝土强度等级为 C35，纵向钢筋采用 HRB400，梁底实配纵筋 4 ⌀ 14，$a'_s=40mm$，$a_s=70mm$，$\xi_b=0.518$。梁端永久荷载标准值 $G_k=80kN$，可变荷载标准值 $Q_k=70kN$，不考虑构件自重。

提示：按《建筑结构可靠性设计统一标准》GB 50068—2018 作答。

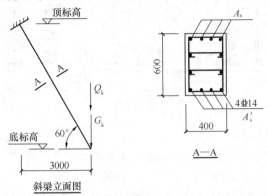

图 Z18-6

9. 试问，按承载能力极限状态计算（不考虑抗震），计入纵向受压钢筋作用，悬挑斜梁最不利截面的梁面纵向受力钢筋截面面积 A_s（mm²），与下列何项数值最为接近？

提示：不需要验算最小配筋率。

(A) 3500 　　　　(B) 3700 　　　　(C) 3900 　　　　(D) 4100

10. 假定，梁顶实配纵筋 8 ⌀ 28，可变荷载的准永久值系数为 0.7。试问，验算梁顶面最大裂缝宽度时，梁顶面纵向钢筋应力 σ_s（N/mm²），与下列何项数值最为接近？

(A) 90 　　　　(B) 115 　　　　(C) 140 　　　　(D) 170

【题 11】　某办公楼，为钢筋混凝土框架-剪力墙结构，纵向钢筋采用 HRB400，箍筋采用 HPB300，框架抗震等级为二级。假定，底层某中柱 KZ-1，混凝土强度等级 C60，剪跨比为 2.8，截面和配筋如图 Z18-7 所示。箍筋采用井字复合箍（重叠部分不重复计算），箍筋肢距约为 180mm，箍筋的保护层厚度 22mm。试问，该柱按抗震构造措施确定的最大轴压力设计值 N（kN），与下列何项数值最为接近？

KZ-1
600×600
12⌀25
φ12@100

图 Z18-7

(A) 7900 　　　　　　　　(B) 8400

(C) 8900 　　　　　　　　(D) 9400

【题 12、13】　某普通钢筋混凝土刚架，不考虑抗震设计。计算简图如图 Z18-8 所示。其中竖杆 CD 截面尺寸 600mm×600mm，混凝土强度等级为 C35，纵向钢筋采用 HRB400，对称配筋 $a_s=a'_s=80mm$，$\xi_b=0.518$。

提示：①不考虑各构件自重，不需要验算最小配筋率。

　　　②按《建筑结构可靠性设计统一标准》GB 50068—2018 作答。

12. 在图 Z18-8 所示荷载作用下，假定，重力荷载标准值 $g_k=145kN/m$，左风、右风荷载标准值 $F_{wk,l}=F_{wk,r}=90kN$。试问，按正截面承载能力极限状态计算时，竖杆 CD 最不利截面的最不利荷载组合：轴力设计值的绝对值（kN），相应的弯矩设计值的绝对值

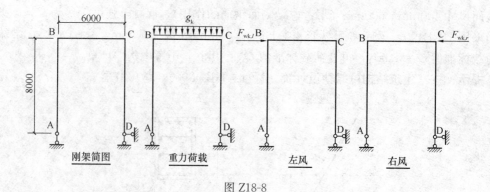

图 Z18-8

（kN·m），与下列何项数值最为接近？

提示：按重力荷载分项系数 1.3；风荷载分项系数 1.5 计算。

(A) 390，700 (B) 750，700 (C) 390，1100 (D) 750，1100

13. 假定，CD 杆最不利截面的最不利荷载的基本组合内力设计值为：$N=260$kN，$M=800$kN·m。试问，不考虑二阶效应，按承载能力极限状态计算，对称配筋，计入纵向受压钢筋作用，竖杆 CD 最不利截面的单侧纵向受力钢筋截面面积 A_s（mm²），与下列何项数值最为接近？

(A) 3700 (B) 4050 (C) 4400 (D) 4750

【题 14】 某建筑中的幕墙连接件与楼面混凝土梁上的预埋件刚性连接。预埋件由锚板和对称配置的直锚筋组成，如图 Z18-9 所示。假定，混凝土强度等级为 C35，直锚筋为 6 ⌀ 12（HRB400），已采取防止锚板弯曲变形的措施（$\alpha_b=1.0$），锚筋的边距均满足规范要求。连接件端部承受幕墙传来的集中力 F 的作用，力的作用点和作用方向如图 Z18-9 所示。试问，当不考虑抗震时，该预埋件可以承受的最大集中力设计值 F（kN），与下列何项数值最为接近？

提示：① 预埋件承载力由锚筋面积控制；

   ② 幕墙连接件的重量忽略不计。

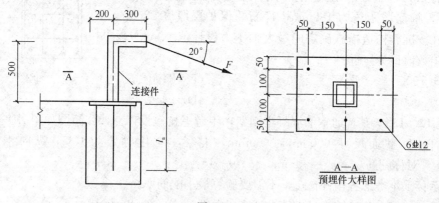

图 Z18-9

(A) 40 (B) 50 (C) 60 (D) 70

【题 15、16】 某现浇钢筋混凝土框架-剪力墙结构高层办公楼，抗震设防烈度为 8 度

(0.2g)，场地类别为Ⅱ类，抗震等级：框架二级、剪力墙一级，混凝土强度等级：框架柱及剪力墙C50，框架梁及楼板C35，纵向钢筋及箍筋均采用HRB400（Φ）。

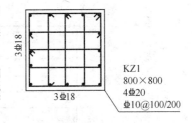

图 Z18-10　KZ1 配筋图

15. 假定，某框架中柱 KZ1 剪跨比大于2，配筋如图 Z18-10 所示。试问，图中 KZ1 有几处违反规范的抗震构造要求，并简述理由。

提示：KZ1 的箍筋体积配箍率及轴压比均满足规范要求。

（A）无违反　　　（B）有一处　　　（C）有二处　　　（D）有三处

16. 假定，某剪力墙的墙肢截面高度均为 $h_w = 7900mm$，其约束边缘构件 YBZ1 配筋如图 Z18-11 所示，该墙肢底截面的轴压比为0.4。试问，图中 YBZ1 有几处违反规范的抗震构造要求，并简述理由。

提示：YBZ1 阴影区和非阴影区的箍筋和拉筋体积配箍率满足规范要求。

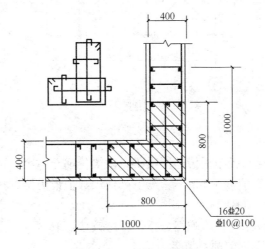

图 Z18-11　YBZ1 配筋图

（A）无违反　　　　　　　　　　（B）有一处
（C）有二处　　　　　　　　　　（D）有三处

【题 17～22】　某非抗震设计的单层钢结构平台，钢材均为 Q235B，梁柱均采用轧制 H 型钢，X 向采用梁柱刚接的框架结构，Y 向采用梁柱铰接的支撑结构，平台满铺 $t = 6mm$ 的花纹钢板，如图 Z18-12 所示。假定，平台自重（含梁自重）折算为 $1kN/m^2$（标准值），活荷载为 $4kN/m^2$（标准值），梁均采用 H300×150×6.5×9，柱均采用 H250×250×9×14，所有截面均无削弱，不考虑楼板对梁的影响。

提示：按《建筑结构可靠性设计统一标准》GB 50068—2018 作答。

截面特性表　　　　　　　　　　　　　　　　　　　表 Z18-1

	面积 A (cm²)	惯性矩 I_x (cm⁴)	回转半径 i_x (cm)	惯性矩 I_y (cm⁴)	回转半径 i_y (cm)	弹性截面模量 W_x (cm³)
H300×150×6.5×9	46.78	7210	12.4	508	3.29	481
H250×250×9×14	91.43	10700	10.8	3650	6.31	860

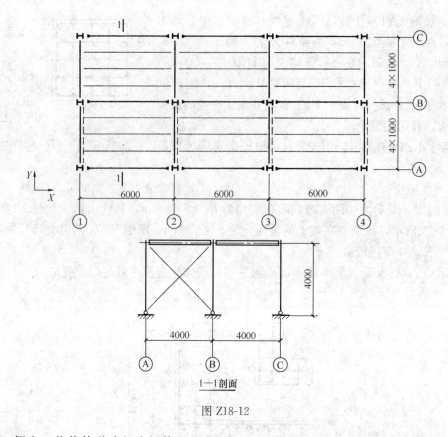

图 Z18-12

17. 假定，荷载传递路径为板传递至次梁，次梁传递至主梁。试问，在设计弯矩作用下，②轴主梁正应力计算值（N/mm²），与下列何项数值最为接近？

(A) 80 　　　　　 (B) 90 　　　　　 (C) 120 　　　　　 (D) 160

18. 假定，内力计算采用一阶弹性分析，柱脚铰接，取 $K_2=0$。试问，②轴柱 X 向平面内计算长度系数，与下列何项数值最为接近？

(A) 0.9 　　　　　 (B) 1.0 　　　　　 (C) 2.4 　　　　　 (D) 2.7

19. 假定，某框架柱轴心压力设计值为 163.2kN，X 向弯矩设计值为 $M_x=20.4$kN·m，Y 向计算长度系数取为 1。试问，对于框架柱 X 向，以应力形式表达的弯矩作用平面外稳定性计算最大值（N/mm²），与下列何项数值最为接近？

提示： 所考虑构件段无横向荷载作用。

(A) 20 　　　　　 (B) 40 　　　　　 (C) 60 　　　　　 (D) 80

20. 假定，柱脚竖向压力设计值为 163.2kN，水平反力设计值为 30kN。试问，关于图 Z18-13 柱脚，下列何项说法符合《钢结构设计标准》GB 50017—2017 规定？

(A) 柱与底板必须采用熔透焊缝

(B) 底板下必须设抗剪键承受水平反力

(C) 必须设置预埋件与底板焊接

(D) 可以通过底板与混凝土基础间的摩擦传递水平反力

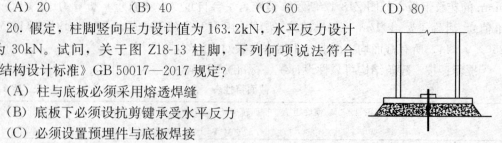

图 Z18-13

21. 由于生产需要图示处（图 Z18-14）增加集中荷载，故梁下增设三根两端铰接的轴心受压柱，其中，边柱（Ⓐ、Ⓒ轴）轴心压力设计值为 100kN，中柱（Ⓑ轴）轴心压力设计值为 200kN。假定，Y 向为强支撑框架，Ⓑ轴框架柱总轴心压力设计值为 486.9kN，Ⓐ、Ⓒ轴框架柱总轴心压力设计值均为 243.5kN。试问，与原结构相比，关于框架柱的计算长度，下列何项说法最接近《钢结构设计标准》GB 50017—2017 规定？

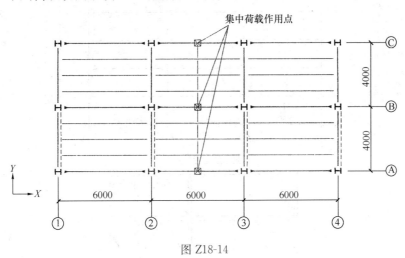

集中荷载作用点

图 Z18-14

（A）框架柱 X 向计算长度增大系数为 1.2

（B）框架柱 X 向、Y 向计算长度不变

（C）框架柱 X 向及 Y 向计算长度增大系数均为 1.2

（D）框架柱 Y 向计算长度增大系数为 1.2

22. 假定，以用钢量最低作为目标，题 21 中的轴心受压铰接柱采用下列何种截面最为合理？

（A）轧制 H 形截面　　　　　　　（B）钢管截面

（C）焊接 H 形截面　　　　　　　（D）焊接十字形截面

【题 23】　关于常幅疲劳计算，下列何项说法正确？

（A）正应力变化的循环次数越多，容许正应力幅越小；构件和连接的类别序数越大，容许正应力幅越大

（B）正应力变化的循环次数越多，容许正应力幅越大；构件和连接的类别序数越大，容许正应力幅越小

（C）正应力变化的循环次数越少，容许正应力幅越小；构件和连接的类别序数越大，容许正应力幅越大

（D）正应力变化的循环次数越少，容许正应力幅越大；构件和连接的类别序数越大，容许正应力幅越小

【题 24~27】　某 4 层钢结构商业建筑，层高 5m，房屋高度 20m，抗震设防烈度 8 度，X 方向采用框架结构，Y 方向采用框架-中心支撑结构，楼面采用 150mm 厚 C30 混凝土楼板，钢梁顶采用抗剪栓钉与楼板连接，如图 Z18-15 所示。框架梁柱采用 Q345，各框架柱截面均相同，内力计算采用一阶弹性分析。

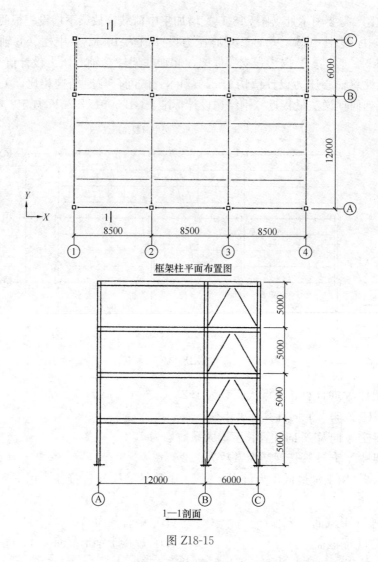

图 Z18-15

24. 假定，框架柱每层几何长度为 5m，Y 方向满足强支撑框架要求。试问，关于框架柱计算长度，下列何项符合《钢结构设计标准》GB 50017—2017 的规定？

（A）X 方向计算长度大于 5m，Y 方向计算长度不大于 5m

（B）X 方向计算长度不大于 5m，Y 方向计算长度大于 5m

（C）X、Y 方向计算长度均可取为 5m

（D）X、Y 方向计算长度均大于 5m

25. 试问，关于梁柱刚性连接，下列何种说法符合标准规范规定？

（A）假定，框架梁柱均采用 H 形截面，当满足《钢结构设计标准》GB 50017—2017 第 12.3.4 条规定时，采用柱贯通型的 H 形柱在梁翼缘对应处可不设置横向加劲肋

（B）进行梁与柱刚性连接的极限承载力验算时，焊接的连接系数大于螺栓连接

（C）柱在梁翼缘上下各 500mm 的范围内，柱翼缘与柱腹板间的连接焊缝应采用全熔透坡口焊缝

（D）进行柱节点域屈服承载力验算时，节点域要求与梁内力设计值有关

734

26. 假定，次梁采用 Q345，截面采用工字形，考虑形成塑性铰并发生塑性转动进行组合梁的强度计算，上翼缘为受压区。试问，上翼缘最大的板件宽厚比，与下列何项数值最为接近？

(A) 15　　　　　(B) 13　　　　　(C) 9　　　　　(D) 7.4

27. 假定，不按抗震设计考虑，柱间支撑采用交叉支撑，支撑两杆截面相同并在交叉点处均不中断并相互连接，支撑杆件一杆受拉，一杆受压。试问，关于受压支撑杆，下列何种说法错误？

(A) 平面内计算长度取节点中心至交叉点间距离

(B) 平面外计算长度不大于桁架节点间距离的 $\sqrt{0.5}$ 倍

(C) 平面外计算长度等于桁架节点中心间的距离

(D) 平面外计算长度与另一杆的内力大小有关

【题 28】　关于钢管连接节点，下列何项说法符合《钢结构设计标准》GB 50017—2017 的规定？

(A) 支管沿周边与主管相焊，焊缝承载力不应小于节点承载力

(B) 支管沿周边与主管相焊，节点承载力不应小于焊缝承载力

(C) 焊缝承载力必须等于节点承载力

(D) 支管轴心内力设计值不应大于节点承载力设计值和焊缝承载力设计值，至于焊缝承载力，大于或小于节点承载力均可

【题 29】　假定，某一般建筑的屋面支撑采用按拉杆设计的交叉支撑，截面采用单角钢，两杆截面相同且在交叉点处均不中断并相互连接，支撑节间横向和纵向尺寸均为 6m，支撑截面由构造确定。试问，采用下列何项支撑截面最为合理？

截面特性表　　　　　　　　　　　　　　　　　　　　　表 Z18-2

截面名称	面积 A （cm²）	回转半径 i_x （cm）	回转半径 i_{x0} （cm）	回转半径 i_{y0} （cm）
L56×5	5.415	1.72	2.17	1.10
L70×5	6.875	2.16	2.73	1.39
L90×6	10.637	2.79	3.51	1.84
L110×7	15.196	3.41	4.30	2.20

(A) L56×5　　　(B) L70×5　　　(C) L90×6　　　(D) L110×7

【题 30】　某非抗震设计的钢柱采用焊接工字型截面 H900×350×10×20，钢材采用 Q235 钢。假定，该钢柱作为压弯构件，其腹板高厚比不符合《钢结构设计标准》GB 50017—2017 关于压弯构件腹板局部稳定的要求。试问，若腹板不能采用加劲肋加强，在计算该钢柱的强度和稳定性时，其截面面积（mm²）应采用下列何项数值？

提示：计算截面无削弱；$\alpha_0 = 1.0$。

(A) $140 \times 10^2 \text{mm}^2$　　　　　　　　　(B) $180 \times 10^2 \text{mm}^2$

(C) $205 \times 10^2 \text{mm}^2$　　　　　　　　　(D) $226 \times 10^2 \text{mm}^2$

【题 31～34】　非抗震设计时，某顶层两跨连续墙梁，支承在下层的砌体墙上，如图 Z18-16 所示。墙体厚度为 240mm，墙梁洞口居墙梁跨中布置，洞口尺寸为 $b \times h$（mm× mm）。托梁截面尺寸为 240mm×500mm。使用阶段墙梁上的荷载分别为托梁顶面的荷载设计值 Q_1 和墙梁顶面的荷载设计值 Q_2。GZ1 为墙体中设置的钢筋混凝土构造柱，墙梁的

构造措施满足规范要求。

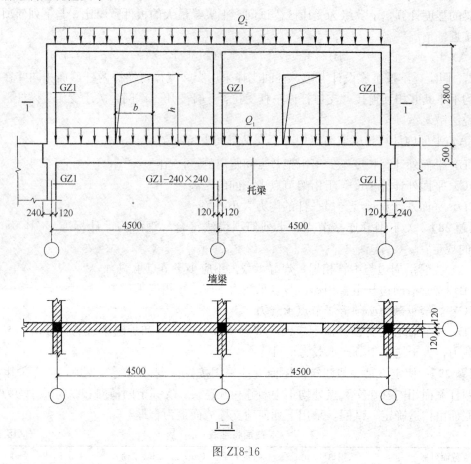

图 Z18-16

31. 试问，最大洞口尺寸 $b×h$（mm×mm），与下列何项数值最为接近？

(A) 1200×2200　　　　　　　　(B) 1300×2300

(C) 1400×2400　　　　　　　　(D) 1500×2400

32. 假定，洞口尺寸 $b×h$＝1000mm×2000mm，试问，考虑墙梁组合作用的托梁跨中截面弯矩系数 $α_M$ 值，与下列何项数值最为接近？

(A) 0.09　　　　　　　　　　(B) 0.15

(C) 0.22　　　　　　　　　　(D) 0.27

33. 假定，Q_1＝30kN/m，Q_2＝90kN/m，试问，托梁跨中轴心拉力设计值 N_{bt}（kN），与下列何项数值最为接近？

提示：两跨连续梁在均布荷载作用下跨中弯矩的效应系数为 0.07。

(A) 50　　　　　(B) 100　　　　　(C) 150　　　　　(D) 200

34. 关于本题的墙梁设计，试问，下列说法中何项正确？

Ⅰ. 对使用阶段墙体的受剪承载力、托梁支座上部砌体局部受压承载力，可不必验算；

Ⅱ. 墙梁洞口上方可设置钢筋砖过梁，其底面砂浆层处的钢筋伸入支座砌体内的长度不应小于240mm；

736

Ⅲ．托梁上部通长布置的纵向钢筋面积为跨中下部纵向钢筋面积的50%；

Ⅳ．墙体采用MU15级蒸压粉煤灰普通砖、Ms7.5级专用砌筑砂浆砌筑，在不加设临时支撑的情况下，每天砌筑高度不超过1.5m。

(A) Ⅰ、Ⅱ正确　　　　　　　　　(B) Ⅰ、Ⅲ正确

(C) Ⅱ、Ⅲ正确　　　　　　　　　(D) Ⅱ、Ⅳ正确

【题 35～38】 某单层砌体结构房屋中一矩形截面柱（$b \times h$），其柱下独立基础如图Z18-17所示，柱居基础平面中。结构的设计使用年限为50年，砌体施工质量控制等级为B级。

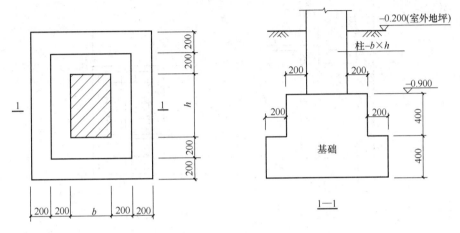

图 Z18-17

35. 假定，柱截面尺寸为370mm×490mm，柱底轴压力设计值$N = 270$kN，基础采用MU60级毛石和水泥砂浆砌筑。试问，由基础局部受压控制时，砌筑基础采用的砂浆最低强度等级，与下列何项数值最为接近？

提示： 不考虑强度设计值调整系数γ_a的影响

(A) 0　　　　　　(B) M2.5　　　　　　(C) M5　　　　　　(D) M7.5

36. 假定，基础所处环境类别为3类。试问，关于独立柱在地面以下部分砌体材料的要求，下列何项正确？

Ⅰ．采用MU15级混凝土砌块、Mb10级砌筑砂浆砌筑，但须采用Cb20级混凝土预先灌实。

Ⅱ．采用MU25级混凝土普通砖、M15级水泥砂浆砌筑。

Ⅲ．采用MU25级蒸压灰砂普通砖、M15级水泥砂浆砌筑。

Ⅳ．采用MU20级实心砖、M10级水泥砂浆砌筑。

(A) Ⅰ、Ⅱ正确　　(B) Ⅰ、Ⅲ正确　　(C) Ⅰ、Ⅳ正确　　(D) Ⅱ、Ⅳ正确

37. 假定，柱采用砖砌体与钢筋混凝土面层的组合砌体，砌体采用MU15级烧结普通砖、M10级砂浆砌筑。混凝土采用C20（$f_c = 9.6$MPa），纵向受力钢筋采用HPB300，对称配筋，单侧配筋面积为730mm²。其截面如图Z18-18所示。若柱计算高度$H_0 = 6.4$m。组合砖砌体的构造措施满足规范要求。试问，该柱截面的轴心受压承载力设计值（kN），与下列何项数值最为接近？

提示： 不考虑砌体强度调整系数γ_a的影响。

(A) 1700　　　　　(B) 1400　　　　　(C) 1000　　　　　(D) 900

38. 假定，柱采用配筋灌孔混凝土砌块砌体，钢筋采用 HPB300，砌体的抗压强度设计值 $f_g=4.0$MPa，截面如图 Z18-19 所示，柱计算高度 $H_0=6.4$m，配筋砌块砌体的构造措施满足规范要求。试问，该柱截面的轴心受压承载力设计值（kN），与下列何项数值最为接近？

提示：不考虑砌体强度调整系数 γ_a 的影响。

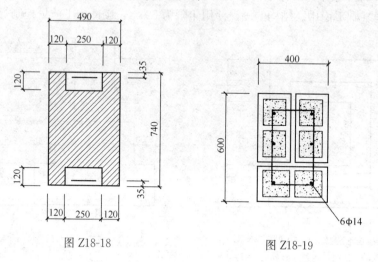

图 Z18-18　　　　　　　　　　　图 Z18-19

(A) 700　　　　　　　　　　　　　　(B) 800

(C) 900　　　　　　　　　　　　　　(D) 1000

【题 39、40】　一正方形截面木柱，木柱截面尺寸为 200mm×200mm，选用东北落叶松 TC17B 制作，正常环境下设计使用年限为 50 年。计算简图如图 Z18-20 所示。上、下支座节点处设有防止其侧向位移和侧倾的侧向支撑。

39. 假定，侧向荷载设计值 $q=1.2$kN/m。试问，当按强度验算时，其轴向压力设计值 N（kN）的最大值，与下列何项数值最为接近？

提示：不考虑构件自重。

(A) 400　　　　　　　　　　　　　　(B) 500

(C) 600　　　　　　　　　　　　　　(D) 700

40. 假定，侧向荷载设计值 $q=0$。试问，当按稳定验算时，其轴向压力设计值 N（kN）的最大值，与下列何项数值最为接近？

提示：不考虑构件自重。

(A) 450　　　　　(B) 550　　　　　(C) 650　　　　　(D) 750

图 Z18-20

（下午卷）

【题 41~45】　某地下水池采用钢筋混凝土结构，平面尺寸为 6m×12m，基坑支护采用直径 600mm 钻孔灌注桩结合一道钢筋混凝土内支撑联合挡土，地下结构平面、剖面及土层分布如图 Z18-21 所示，土的饱和重度按天然重度采用。

提示：不考虑主动土压力增大系数。

41. 假定，坑外地下水位稳定在地面以下 1.5m，粉质黏土处于正常固结状态，勘察报告提供的粉质黏土抗剪强度指标见表 Z18-3，地面超载 q 为 20kPa。试问，基坑施工以较快的速度开挖至水池底部标高后，作用于围护桩底端的主动土压力强度（kPa），与下列何项数值最为接近？

提示：①主动土压力按朗肯土压力理论计算，$p_a = (q + \Sigma \gamma_i h_i) k_a - 2c\sqrt{k_a}$，水土合算；

② 按《建筑地基基础设计规范》GB 50007—2011 作答。

(A) 80　　　　　(B) 100　　　　　(C) 120　　　　　(D) 140

表 Z18-3

抗剪强度指标	三轴不固结不排水试验		土的有效自重应力下预固结的三轴不固结不排水试验		三轴固结不排水试验	
	c (kPa)	φ (°)	c (kPa)	φ (°)	c (kPa)	φ (°)
粉质黏土	22	5	10	15	5	20

42. 假定，坑底以下淤泥质黏土的回弹模量为 10MPa。试问，根据《建筑地基基础设计规范》GB 50007—2011，基坑开挖至底部后，坑底中心部位由淤泥质黏土层回弹产生的变形量 s_c（mm），与下述何项数值最为接近？

提示：① 坑底以下的淤泥质黏土层按一层计算，计算时不考虑工程桩及周边围护桩的有利作用；

② 回弹量计算的经验系数 ψ_c 取 1.0。

(A) 8　　　　　(B) 16　　　　　(C) 25　　　　　(D) 40

43. 假定，地下结构顶板施工完成后，降水工作停止，水池自重 G_k 为 1600kN，设计拟采用直径 600mm 钻孔灌注桩作为抗浮桩，各层地基土的承载力参数及抗拔系数 λ 如图 Z18-21 所示。试问，为满足地下结构抗浮，按群桩呈非整体破坏考虑，需要布置的抗拔桩最少数量（根），与下列何项数值最为接近？

提示：① 桩的重度取 25kN/m³；

② 不考虑围护桩的作用。

(A) 4　　　　　(B) 5　　　　　(C) 7　　　　　(D) 10

44. 假定，在作用效应标准组合下，作用于单根围护桩的最大弯矩为 260kN·m，作用于内支撑的最大轴力为 2500kN。试问，分别采用简化规则对围护桩和内支撑构件进行强度验算时，围护桩的弯矩设计值（kN·m）和内支撑构件的轴力设计值（kN），分别取下列何项数值最为合理？

提示：根据《建筑地基基础设计规范》GB 50007—2011 作答。

(A) 260，2500　　　　　　　　　(B) 260，3125

(C) 350，3375　　　　　　　　　(D) 325，3375

45. 假定，粉质黏土为不透水层，圆砾层赋存承压水，承压水水头在地面以下 4m。

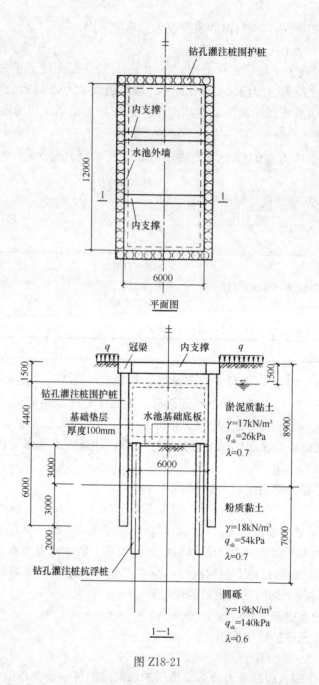

图 Z18-21

试问，基坑开挖至基底后，基坑底抗承压水渗流稳定安全系数，与下列何项数值最为接近？

(A) 0.9   (B) 1.1   (C) 1.3   (D) 1.5

【题 46～48】 某多层办公楼拟建造于大面积填土地基上，采用钢筋混凝土筏形基础；填土厚度 7.2m，采用强夯地基处理措施。建筑基础、土层分布及地下水位等如图 Z18-22 所示。该工程抗震设防烈度为 7 度，设计基本地震加速度为 0.15g，设计地震分组为第三组。

46. 设计要求对填土整个深度范围内进行有效加固处理，强夯前勘察查明填土的物理

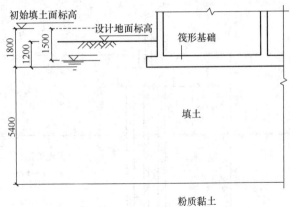

图 Z18-22

指标见表 Z18-4。

试问，按《建筑地基处理技术规范》JGJ 79—2012 预估的最小单击夯击能 E（kN·m），与下列何项数值最为接近？

(A) 3000   (B) 4000   (C) 5000   (D) 6000

表 Z18-4

含水量	土的重度	孔隙比	塑性指数	水平渗透	粒径范围					
					>20 (mm)	20～0.5 (mm)	0.5～0.25 (mm)	0.25～0.075 (mm)	0.075～0.005 (mm)	<0.005 (mm)
w_0	γ	e_0	I_P	K_h						
(%)	(kN/m³)	(%)	(%)	(cm/s)	(%)	(%)	(%)	(%)	(%)	(%)
27.0	19.04	0.765	7.5	5.40×10⁻⁴	0.0	0.0	5.0	18.0	69.5	7.5

47. 假定，填土为砂土，强夯前勘察查明地面以下 3.6m 处土体标准贯入锤击数为 5 击，砂土经初步判别认为需进一步进行液化判别。试问，根据《建筑地基处理技术规范》JGJ 79—2012，强夯处理范围每边超出基础外缘的最小处理宽度（m），与下列何项数值最为接近？

(A) 2   (B) 3   (C) 4   (D) 5

48. 假定，填土为粉土，本工程强夯处理后间隔一定时间进行地基承载力检验。试问，下列关于间隔时间（d）和平板静载荷试验压板面积（m²）的选项中，何项较为合理？

(A) 10，1.0   (B) 10，2.0

(C) 20，1.0   (D) 20，2.0

【题 49、50】某框架结构柱下设置两柱承台，工程桩采用先张法预应力混凝土管桩，桩径 500mm；桩基施工完成后，由于建筑加层，柱竖向力增加，设计采用锚杆静压桩基础加固方案。基础横剖面、场地土分层情况如图 Z18-23 所示。

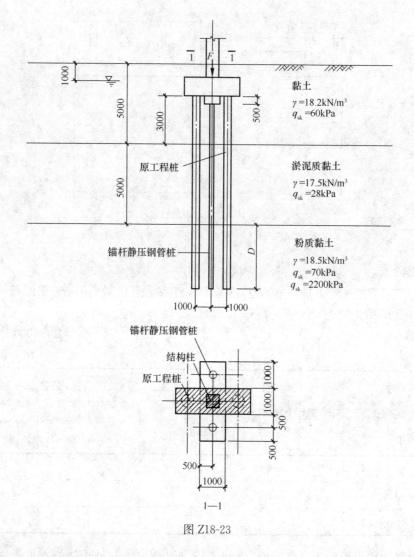

图 Z18-23

49. 假定，锚杆静压桩采用敞口钢管桩，桩直径 250mm，桩端进入粉质黏土层 $D=$ 4m。试问，根据《建筑桩基技术规范》JGJ 94—2008，根据土的物理指标与承载力参数之间的经验关系，确定的钢管桩单桩竖向极限承载力标准值（kN），与下列何项数值最为接近？

(A) 420　　　　(B) 480　　　　(C) 540　　　　(D) 600

50. 上部结构施工过程中，该加固部位的结构自重荷载变化如表 Z18-5 所示。假定，锚杆静压钢管桩单桩承载力特征值为300kN，压桩力系数取 2.0，最大压桩力即为设计最终压桩力。试问，为满足两根锚杆静压桩的同时正常施工和结构安全，上部结构需完成施工的最小层数，与下列何项数值最为接近？

表 Z18-5

上部结构施工完成的层数	1	2	3	4	5	6
加固部位结构自重荷载（kN）	500	800	1050	1300	1550	1700

742

提示：① 本题按《既有建筑地基基础加固技术规范》JGJ 123—2012 作答；

　　　② 不考虑工程桩的抗拔作用。

（A）3　　　　　　　（B）4　　　　　　　（C）5　　　　　　　（D）6

【题 51～53】 某框架结构柱基础，作用标准组合下，由上部结构传至该柱基竖向力 $F=6000kN$，由风载控制的力矩 $M_x=M_y=1000kN\cdot m$。桩基础独立承台下采用 $400mm\times400mm$ 钢筋混凝土预制桩，桩的平面布置及承台尺寸如图 Z18-24 所示。承台底面埋深 3.0m，柱截面尺寸为 $700mm\times700mm$，居承台中心位置。承台采用 C40 混凝土，$a_s=65mm$。承台及承台以上土的加权平均重度取 $20kN/m^3$。

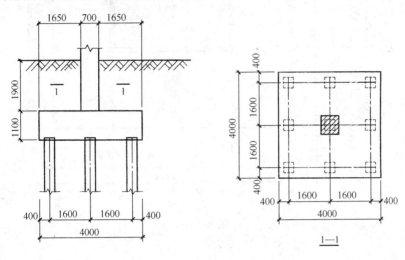

图 Z18-24

51. 试问，满足承载力要求的单桩承载力特征值最小值（kN），与下列何项数值最为接近？

（A）700　　　　　　　　　　　　　　（B）770

（C）820　　　　　　　　　　　　　　（D）1000

52. 假定，荷载基本组合下柱基础竖向力为 8100kN，试问，柱对承台的冲切力设计值（kN），与下列何项数值最为接近？

（A）5300　　　　　　　　　　　　　　（B）7200

（C）8300　　　　　　　　　　　　　　（D）9500

53. 验算角桩对承台的冲切时，试问，承台的抗冲切承载力设计值（kN），与下列何项数值最为接近？

（A）800　　　　　　　　　　　　　　（B）1000

（C）1500　　　　　　　　　　　　　　（D）1800

【题 54、55】 某高层框架-核心筒结构办公用房，地上 22 层，大屋面高度 96.8m，结构平面尺寸如图 Z18-25 所示。拟采用端承型桩基础，采用直径 800mm 混凝土灌注桩，桩端进入中风化片麻岩（$f_{rk}=10MPa$）。

54. 相邻建筑勘察资料表明，该地区地基土层分布较均匀平坦。试问，根据《建筑桩基技术规范》JGJ 94—2008，详细勘察时勘探孔（个）及控制性勘探孔（个）的最少数

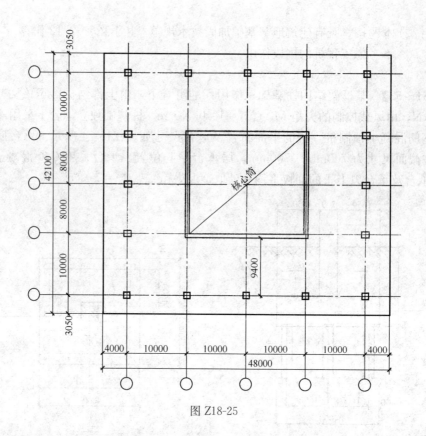

图 Z18-25

量，下列何项最为合理？

(A) 9，3

(B) 6，3

(C) 12，4

(D) 4，2

55. 试问，下列选项中的成桩施工方法，何项不适宜用于本工程？

(A) 正循环钻成孔灌注桩

(B) 反循环钻成孔灌注桩

(C) 潜水钻成孔灌注桩

(D) 旋挖成孔灌注桩

【题 56】 某建筑物地基基础设计等级为乙级，采用两桩和三桩承台基础，桩长约 30m，三根试桩的竖向抗压静载试验结果如图 Z18-26 所示，试桩 3 加载至 4000kN，24 小时后变形尚未稳定。试问，桩的竖向抗压承载力特征值（kN），取下列何项数值最为合理？

(A) 1750   (B) 2000   (C) 3500   (D) 8000

【题 57】 假定，某 6 层新建钢筋混凝土框架结构，房屋高度 36m，建成后拟由重载仓库（丙类）改变用途作为人流密集的大型商场，商场营业面积 10000m²，抗震设防烈度为 7 度，设计基本地震加速度为 0.10g，结构设计针对建筑功能的变化及抗震设计的要求提出了以下主体结构加固改造方案：

Ⅰ. 按《抗规》性能 3 的要求进行抗震性能化设计，维持框架结构体系，框架构件承载力按 8 度抗震要求复核，对不满足的构件进行加固补强以提高承载力；

Ⅱ. 在楼梯间等位置增设剪力墙，形成框架-剪力墙结构体系，框架部分不加固，剪力墙承担倾覆弯矩为结构总地震倾覆弯矩的 40%；

Ⅲ. 在结构中增加消能部件，提高结构抗震性能，使消能减震结构的地震影响系数为

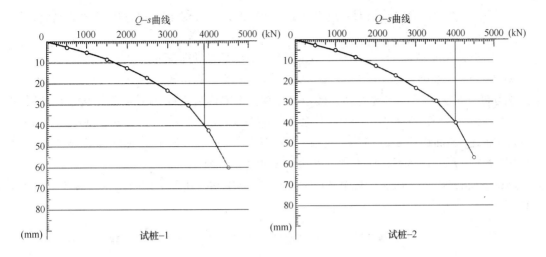

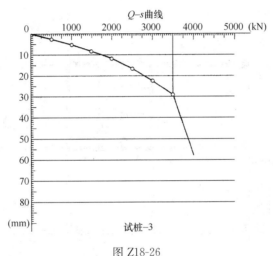

图 Z18-26

原结构地震影响系数的 40%，同时对不满足的构件进行加固。

试问，针对以上结构方案的可行性，下列何项判断正确？

（A）Ⅰ，Ⅱ可行，Ⅲ不可行 　　　（B）Ⅰ，Ⅲ可行，Ⅱ不可行

（C）Ⅱ，Ⅲ可行，Ⅰ不可行 　　　（D）Ⅰ，Ⅱ，Ⅲ均可行

【题 58】 下列四项观点：

Ⅰ. 有端桩型钢混凝土剪力墙，其截面刚度可按端桩中混凝土截面面积加上型钢按弹性模量比折算的等效混凝土面积计算其抗弯刚度和轴向刚度；墙的抗剪刚度可不计入型钢影响；

Ⅱ. 型钢混凝土框架-钢筋混凝土剪力墙结构，当楼盖梁采用型钢混凝土梁时，结构在多遇地震作用下的结构阻尼比可取为 0.05；

Ⅲ. 不考虑地震作用组合的型钢混凝土柱可采用埋入式柱脚，也可采用非埋入式柱脚；

Ⅳ. 结构局部部位为钢板混凝土剪力墙的竖向规则剪力墙结构在 7 度区的最大适用高度为 120m。

试问，依据《组合结构设计规范》JGJ 138—2016，针对上述观点准确性的判断，下列何项正确？

(A) Ⅰ、Ⅳ准确   (B) Ⅱ、Ⅲ准确

(C) Ⅰ、Ⅱ准确   (D) Ⅲ、Ⅳ准确

【题 59~62】 某 31 层普通办公楼，采用现浇钢筋混凝土框架-核心筒结构，标准层平面如图 Z18-27 所示，首层层高 6m，其余各层层高 3.8m，结构高度 120m。基本风压 $w_0 = 0.80kN/m^2$，地面粗糙度为 C 类。抗震设防烈度为 8 度（0.20g），标准设防类建筑，设计地震分组第一组，建筑场地类别为 Ⅱ 类，安全等级二级。

提示： 按《工程结构通用规范》GB 55001—2021 和《建筑与市政工程抗震通用规范》GB 55002—2021 作答。

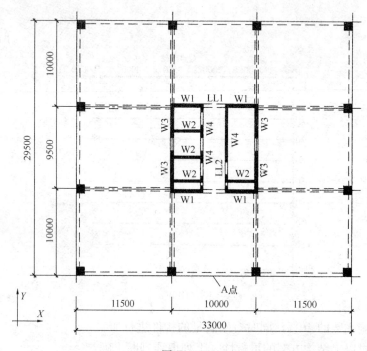

图 Z18-27

59. 围护结构为玻璃幕墙，试问，计算办公区室外幕墙骨架结构承载力时，100m 高度 A 点处的风荷载标准值 w_k（kN/m^2），与下列何项数值最为接近？

提示： 幕墙骨架结构非直接承受风荷载，从属面积为 $25m^2$；按《建筑结构荷载规范》GB 50009—2012 作答。

(A) 1.5   (B) 2.0   (C) 2.5   (D) 3.0

60. 在初步设计阶段，发现需要采取措施才能满足规范对 Y 向层间位移角、层受剪承载力的要求。假定，增加墙厚后均能满足上述要求。如果 W1、W2、W3、W4 分别增加相同的厚度，不考虑钢筋变化的影响。试问，下列四组增加墙厚的组合方案，哪一组分别对减小层间位移角，增大层受剪承载力更有效？

(A) W2，W1   (B) W3，W4

(C) W1，W4   (D) W1，W3

61. 假定，结构按连梁刚度不折减计算时，某层连梁 LL1 在 8 度（0.20g）水平地震作用下梁端负弯矩标准值 $M_{Ehk}=-660$kN·m，在 7 度（0.10g）水平地震作用下梁端负弯矩标准值 $M_{Ehk}=-330$kN·m，风荷载作用下梁端负弯矩标准值 $M_{wk}=-400$kN·m。试问，对弹性计算的连梁弯矩 M 进行调幅后，连梁的弯矩设计值 M'（kN·m），不应小于下列何项数值？

提示：忽略重力荷载及竖向地震作用产生的梁端弯矩。

(A) 490　　　　　(B) -560　　　　　(C) -600　　　　　(D) -770

62. 假定，某层连梁 LL1 截面 350mm×750mm，混凝土强度等级 C45，钢筋为 HRB400，对称配筋，$a_s=a'_s=60$mm，净跨 $l_n=3000$mm。试问，下列连梁 LL1 的纵向受力钢筋及箍筋配置，何项满足规范构造要求且最经济？

(A) 6⏀22；⏀10@150（4）　　　　(B) 6⏀25；⏀10@100（4）

(C) 6⏀22；⏀12@150（4）　　　　(D) 6⏀25；⏀12@100（4）

【题 63、64】某 11 层住宅，采用现浇钢筋混凝土异形柱框架-剪力墙结构，房屋高度 33mm，剖面如图 Z18-28 所示，抗震设防烈度 7 度（0.10g），场地类别 Ⅱ 类，异形柱混凝土强度等级 C35，纵筋、箍筋采用 HRB400。框架梁截面均为 200mm×500mm。框架部分承受的地震倾覆力矩为结构总地震倾覆力矩的 20%。

63. 假定，异形柱 KZ1 在二层的柱底轴向压力设计值 $N=2700$kN，KZ1 采用面积相同的 L 形、T 形、十字形截面（图 Z18-29）均不影响建筑使用要求，异形柱肢端设置暗柱，剪跨比均不大于 2。试问，下列何项截面可满足二层 KZ1 的轴压比要求？

(A) 各截面均满足要求

(B) T 形及十字形截面满足要求，L 形截面不满足要求

(C) 仅十字形截面满足要求

(D) 各截面均不满足要求

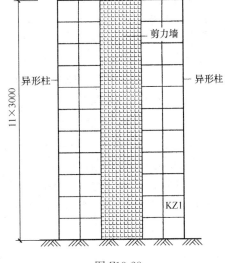

图 Z18-28

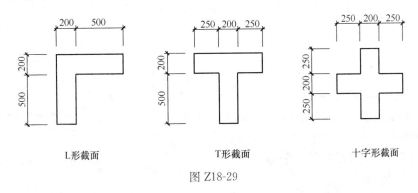

L形截面　　　　　T形截面　　　　　十字形截面

图 Z18-29

64. 异形柱 KZ2 截面如图 Z18-30 所示，截面面积 $2.2 \times 10^5 mm^2$，该柱三层轴压比为 0.4，箍筋为 $\Phi 10@100$。假定，Y 方向该柱的剪跨比 λ 为 2.2，$h_{w0}=565mm$。试问，该柱 Y 方向斜截面有地震作用组合的受剪承载力设计值（kN），与下列何项数值最为接近？

(A) 430　　　　(B) 455

(C) 510　　　　(D) 555

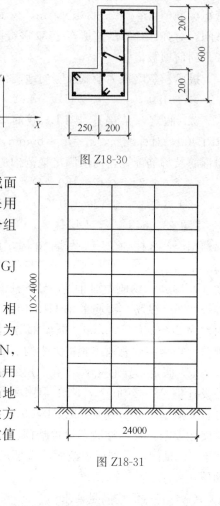

图 Z18-30

【题 65～67】 某 40m 高层钢框架结构办公楼（无库房），剖面如图 Z18-31 所示，各层层高 4m，钢框架梁采用 H500×250×12×16（全塑性截面模量 $W_p=2.6 \times 10^6 mm^3$，$A=13808mm^2$），钢材采用 Q345，抗震设防烈度为 7 度（0.10g），设计地震分组第一组，建筑场地类别为 III 类，安全等级二级。

提示：按《高层民用建筑钢结构技术规程》JGJ 99—2015 作答。

65. 假定，结构质量、刚度沿高度基本均匀，相应于结构基本自振周期的水平地震影响系数值为 0.038，各层楼（屋）盖处永久荷载标准值为 5300kN，等效活荷载标准值为 800kN（上人屋面兼作其他用途），顶层重力荷载代表值为 5700kN。试问，多遇地震标准值作用下，满足结构整体稳定要求且按弹性方法计算的首层最大层间位移（mm），与下列何项数值最为接近？

(A) 12　　　　(B) 16

(C) 20　　　　(D) 24

图 Z18-31

66. 假定，某层框架柱采用工字形截面柱，翼缘中心间距离为 580mm，腹板净高 540mm。试问，中柱在节点域不采用其他加强方式时，满足规程要求的腹板最小厚度 t_w（mm），与下列何项数值最为接近？

提示：① 腹板满足宽厚比限值要求；

② 节点域的抗剪承载力满足弹性设计要求。

(A) 14　　　　(B) 18

(C) 20　　　　(D) 22

67. 为改善结构抗震性能，在框架结构中布置偏心支撑，偏心支撑布置如图 Z18-32 所示。假定，消能梁段轴力设计值 $N=100kN$，剪力设计值 $V=450kN$。试问，消能梁段净长 a 的最大值（m），与下列何项数值最为接近？

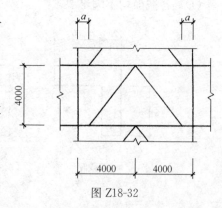

图 Z18-32

提示：消能梁段塑性净截面模量 $W_{np}=W_p$。

（A）0.8　　　　（B）1.1　　　　（C）1.3　　　　（D）1.5

【题68～70】 某25层部分框支剪力墙结构住宅，剖面如图Z18-33所示，首层及二层层高5.5m，其余各层层高3m，房屋高度80m。抗震设防烈度为8度（0.20g），设计地震分组第一组，建筑场地类别为Ⅱ类，标准设防类建筑，安全等级为二级。

提示：按《高层建筑混凝土结构技术规程》JGJ 3—2010和《建筑与市政工程抗震通用规范》GB 55002—2021作答。

68. 假定，首层一字形独立墙肢W1考虑地震组合且未按有关规定调整的一组不利内力计算值 $M_w=15000$kN·m，$V_w=2300$kN，剪力墙截面有效高度 $h_{w0}=4200$mm，混凝土强度等级C35。试问，满足规范剪力墙截面名义剪应力限值的最小墙肢厚度 b（mm），与下列何项数值最为接近？

（A）250　　　　（B）300　　　　（C）350　　　　（D）400

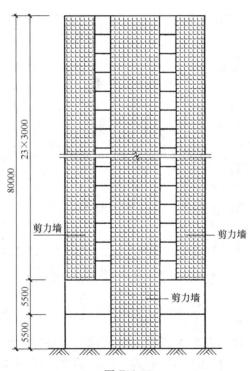

图 Z18-33

69. 假定，5层墙肢W2如图Z18-34所示，混凝土强度等级C35，钢筋采用HRB400，墙肢轴压比为0.42，试问，墙肢左端边缘构件（BZ1）阴影部分纵向钢筋配置，下列何项满足相关规范的构造要求且最经济？

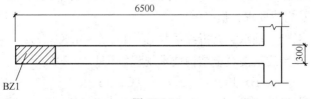

图 Z18-34

(A) 10 Φ 14   (B) 10 Φ 16

(C) 10 Φ 18   (D) 10 Φ 20

70. 假定，2 层某框支中柱 KZZ1 在 Y 向地震作用下剪力标准值 $V_{Ek}=602kN$，Y 向风荷载作用下剪力标准值 $V_{wk}=150kN$，按规范调整后的柱上下端顺时针方向截面组合的弯矩设计值 $M_c^t=1070kN\cdot m$，$M_c^b=1200kN\cdot m$，框支梁截面均为 $800mm\times2000mm$。试问，该框支柱 Y 向剪力设计值（kN），与下列何项数值最为接近？

(A) 800   (B) 850   (C) 910   (D) 1250

【题 71、72】 某现浇钢筋混凝土双塔连体结构，塔楼为办公楼，A 塔和 B 塔地上 31 层，房屋高度 130m，21～23 层连体，连体与主体结构采用刚性连接，地下 2 层，如图 Z18-35 所示。抗震设防烈度为 6 度，设计地震分组第一组，建筑场地类别为 Ⅱ 类，安全等级为二级。塔楼均为框架-核心筒结构，分析表明地下一层顶板（±0.000 处）可作为上部结构嵌固部位。

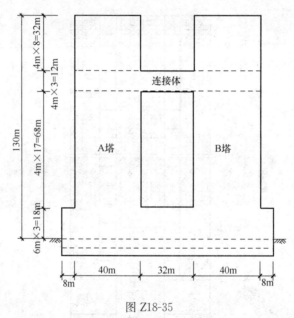

图 Z18-35

71. 假定，A 塔经常使用人数为 3700 人，B 塔（含连体）经常使用人数为 3900 人，A 塔楼周边框架柱 KZ1 与连接体相连。试问，KZ1 第 23 层的抗震等级为下列何项？

(A) 一级   (B) 二级   (C) 三级   (D) 四级

72. 假定，某层 KZ2 为钢管混凝土柱，考虑地震组合的轴力设计值 $N=34000kN$，混凝土强度等级 C60（$f_c=27.5N/mm^2$），钢管直径 $D=950mm$，采用 Q345B（$f_y=345N/mm^2$，$f_a=310N/mm^2$）钢材。试问，钢管壁厚 t（mm）为下列何项数值时，才能满足钢管混凝土柱承载力及构造要求且最经济？

提示：① 钢管混凝土柱承载力折减系数 $\varphi_l=1$，$\varphi_e=0.83$，$\varphi_l\varphi_e<\varphi_0$；

       ② 按《高层建筑混凝土结构技术规程》JGJ 3—2010 作答。

(A) 8   (B) 10   (C) 12   (D) 14

【题 73】 城市中某主干路上的一座桥梁，设计车速 60km/h，一侧设置人行道，另一侧设置防撞护栏，采用 $3 \times 40m$ 连续箱梁桥结构形式。桥址处地震基本烈度 8 度。该桥拟按照如下原则进行设计：

① 桥梁结构的设计基准期 100 年。

② 桥梁结构的设计使用年限 50 年。

③ 汽车荷载等级城-A 级。

④ 地震动峰值加速度 $0.15g$。

⑤ 污水管线在人行道内随桥敷设。

试问，以上设计原则何项不符合现行规范标准？

(A) ①②⑤   (B) ②③⑤

(C) ②④⑤   (D) ②③④

【题 74】 高速公路上某一跨 20m 简支箱梁，计算跨径 19.4m，汽车荷载按单向双车道设计。试问，该简支梁支点处汽车荷载产生的剪力标准值（kN），与下列何项数值接近？

(A) 930   (B) 920   (C) 465   (D) 460

【题 75】 某公路立交桥中的一单车道匝道弯桥，设计行车速度为 40km/h，平曲线半径为 65m。为了计算桥梁下部结构和桥梁总体稳定的需要，需要计算汽车荷载引起的离心力。假定，该匝道桥车辆荷载标准值为 550kN，汽车荷载冲击系数为 0.15。试问，该匝道桥的汽车荷载离心力标准值（kN），与下列何项数值接近？

(A) 108   (B) 118   (C) 128   (D) 148

【题 76】 某滨海地区的一条一级公路上，需要修建一座跨越海水滩涂的桥梁。桥梁宽度 38m，桥跨布置为 48+80+48m 的预应力混凝土连续箱梁，下部结构墩柱为钢筋混凝土构件。拟按下列原则进行设计：

① 主梁采用三向预应力设计，纵桥向、横桥向用预应力钢绞线；竖向腹板采用预应力钢筋，沿纵桥向布置间距为 1000mm。

② 主梁按部分预应力混凝土 B 类构件设计。

③ 桥梁墩柱的最大裂缝宽度不大于 0.2mm。

④ 桥梁墩柱混凝土强度等级采用 C30。

试问，以上设计原则何项不符合现行规范标准？

(A) ①②   (B) ③④   (C) ①③④   (D) ②③

【题 77】 某一级公路上的一座预应力混凝土梁桥，其结构安全等级为一级。经计算知：该梁的跨中截面弯矩标准值为：梁自重弯矩 2500kN·m；汽车作用弯矩（含冲击力）1800kN·m；人群作用弯矩 200kN·m。试问，该梁跨中作用效应基本组合的弯矩设计值（kN·m），与下列何项数值最接近？

(A) 6400   (B) 6300   (C) 5800   (D) 5700

【题 78】 下列关于公路钢筋混凝土及预应力混凝土桥梁的叙述，何项最为合理？

Ⅰ. 汽车荷载对箱梁的偏载增大系数可取 1.15；

Ⅱ. 作用标准组合下，简支箱梁横桥向抗倾覆稳定性系数取 2.5；

Ⅲ. A 类预应力混凝土箱梁应对腹板、顶板和底板的面内的主应力进行抗震验算；

Ⅳ. 预应力混凝土箱梁自支座中心起长度不小于 1 倍梁高范围内，箍筋间距不应大于 100mm。

(A) Ⅰ、Ⅱ、Ⅲ   (B) Ⅰ、Ⅲ

(C) Ⅰ、Ⅲ、Ⅳ   (D) Ⅲ、Ⅳ

【题 79】 某矩形钢筋混凝土受弯梁，其截面宽度 1600mm、高度 1800mm。配置 HRB400 受弯钢筋 16 根⌀28，间距 100mm 单层布置，受拉钢筋重心距离梁底 60mm。经计算，该构件的跨中截面弯矩标准值为：自重弯矩 1500kN·m；汽车作用弯矩（不含冲击力）1000kN·m。试问，该构件的跨中截面最大裂缝宽度（mm），与下列何项数值最接近？

(A) 0.05   (B) 0.08   (C) 0.12   (D) 0.18

【题 80】 某高速公路上一座 50m＋80m＋50m 预应力混凝土连续梁桥，其所处地区场地土类别为Ⅲ类，抗震设防烈度为 7 度，设计基本地震动峰值加速度 0.10g。结构的阻尼比 $\xi=0.05$。当计算该桥梁 E1 地震作用时，试问，该桥梁抗震设计，水平向设计加速度反应谱最大值 S_{max}，与下列哪个数值接近？

(A) 0.116g   (B) 0.126g

(C) 0.145g   (D) 0.156g

2019 年真题

（上午卷）

【题 1~7】 位于抗震设防烈度 7 度（0.15g），某小学单层体育馆（屋面相对标高 7.000m），屋面用作屋顶花园，其覆土（容重为 18kN/m³，厚 600mm），设计使用年限 50 年，建筑场地为Ⅱ类，双向均设置抗震墙形成现浇混凝土框架-剪力墙结构，如图 Z19-1 所示。纵向受力钢筋采用 HRB500，箍筋和附加吊筋采用 HRB400。

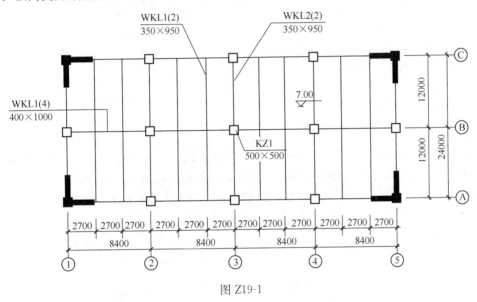

图 Z19-1

1. 试问，关于该结构的抗震等级，下列何项正确？
（A）抗震墙抗震一级、框架抗震二级
（B）抗震墙抗震二级、框架抗震二级
（C）抗震墙抗震二级、框架抗震三级
（D）抗震墙抗震三级、框架抗震三级

2. 假定，屋面结构的永久荷载（含板、抹灰、防水，但不包括覆土自重）标准值为 7kN/m²，柱自重忽略不计。试问，荷载标准组合下，按负荷从属面积计算的 KZ1 的轴力（kN），与下列何项数值最接近？

提示：① 活荷载折减系数取 1.0；
② 活荷载不考虑积灰、积水、花圃土石等其他荷载。

（A）2950   （B）2650   （C）2350   （D）2050

3. 假定，不考虑活荷载不利布置，WKL1（2）由竖向荷载控制设计且该工况下弹性内力分析得到的标准组合下支座及跨中弯矩如图 Z19-2 所示，该梁如果考虑塑性内力重分布分析方法设计。试问，当考虑支座负弯矩调幅幅度为 15% 时，荷载标准组合下梁跨度中点处弯矩值（kN·m），与下列何项数值最接近？

提示：按图中给出的弯矩值计算。

(A) 480   (B) 435   (C) 390   (D) 345

4. KZ1 为普通钢筋混凝土构件，假定不考虑地震设计状况，KZ1 近似可作为轴心受压构件设计，混凝土强度等级为 C40，如图 Z19-3 所示，计算长度 8m。试问，KZ1 轴心受压承载力设计值（kN），与下列何项数值最接近？

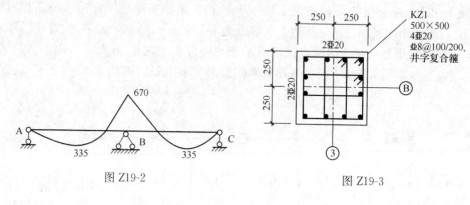

图 Z19-2   图 Z19-3

(A) 6300   (B) 5600   (C) 4900   (D) 4200

5. KZ1 柱下独立基础如图 Z19-4 所示，混凝土强度等级为 C30，试问，KZ1 处基础顶面的局部受压承载力设计值（kN），与下列何项数值最接近？

提示：① 基础顶受压区域未设置间接钢筋，且不考虑柱纵筋有利影响；

②　仅考虑 KZ1 轴力作用，且轴力在受压部位均匀分布。

(A) 7000   (B) 8500   (C) 10000   (D) 11500

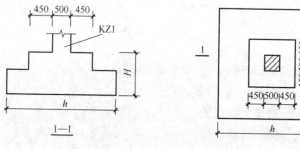

图 Z19-4

6. 假定，WKL1（4）为普通钢筋混凝土构件，混凝土强度等级为 C40，箍筋沿梁全长配置Φ 8@100（4），未设置弯起筋，梁截面有效高度 $h_0=930$mm。试问，不考虑地震设计状况时，在轴线③支座边缘处，该梁的斜梁面抗剪承载力设计值（kN），与下列何项数值最接近？

提示：WKL1 不是独立梁。

(A) 1000   (B) 1100   (C) 1200   (D) 1300

7. 假定，荷载基本组合下，次梁 WL1（2）传至 WKL1（4）的集中力设计值为

850kN。WKL1（4）在次梁两侧各 400mm 宽度范围内共布置 8 道 ϕ 8 的 4 肢附加箍筋。试问，在 WKL1（4）的次梁位置计算所需附加吊筋，与下列何项最接近？

提示：① 附加吊筋与梁轴线夹角为 60°；

② $\gamma_0 = 1.0$。

(A) 2 ϕ 18   (B) 2 ϕ 20   (C) 2 ϕ 22   (D) 2 ϕ 25

【题 8、9】 某简支斜置普通钢筋混凝土独立的设计简图如图 Z19-5 所示，构件安全等级为二级。梁截面尺寸 $b \times h = 300mm \times 700mm$，混凝土强度等级为 C30，钢筋为 HRB400，永久均布荷载设计值为 g（含自重），可变荷载设计值为集中力 F。

8. 假定，$g = 40kN/m$（含自重），$F = 400kN$，试问，梁跨度中点处弯矩设计值($kN \cdot m$)，与下列何项数值最接近？

(A) 900   (B) 840   (C) 780   (D) 720

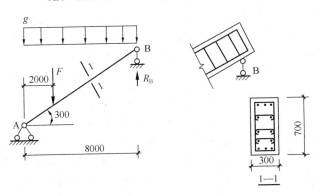

图 Z19-5

9. 假定，荷载基本组合下，B 支座的支座反力设计值 $R_B = 428kN$（其中集中力 F 产生反力设计值为 160kN），梁支座截面有效高度 $h_0 = 630mm$。试问，不考虑地震设计状况时，按斜截面抗剪承载力计算，支座 B 边缘处梁截面的箍筋配置采用下列何项最经济合理？

提示：不需要验算最小配筋率。

(A) ϕ 8@150（2）   (B) ϕ 10@150（2）

(C) ϕ 10@120（2）   (D) ϕ 10@100（2）

【题 10】 某倒 L 形普通钢筋混凝土刚架，安全等级为二级，如图 Z19-6 所示，梁柱截面均为 400mm $\times$ 600mm，混凝土强度等级为 C40，钢筋采用 HRB400，$a_s = a_s' = 50mm$，

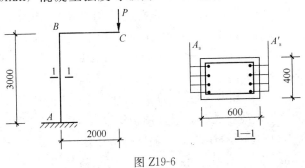

图 Z19-6

$\xi_b = 0.518$。假定，不考虑地震设计状况，刚架自重忽略不计。集中荷载设计值 $P = 224\text{kN}$，柱 AB 采用对称配筋。试问，按正截面承载力计算时，柱 AB 单侧纵向受力钢筋截面面积 A_s（mm^2），与下列何项数值最接近？

提示：① 不考虑二阶效应；

② 不必验算平面外承载力和稳定。

(A) 2550　　　　(B) 2450　　　　(C) 2350　　　　(D) 2250

【题 11】 下列关于钢筋混凝土施工检验，不正确的是何项？

(A) 混凝土结构工程采用的材料、构配件、器具及半成品应按进场批次进行检验，属于同一工程项目且同期施工的多个单位工程，对同一个厂家生产的同批材料、构配件、器具及半成品，可统一划分检验批进行验收

(B) 模板及支架应根据安装、使用和拆除工况进行设计，并应满足承载力、刚度和整体稳固性的要求

(C) 当纵向受力钢筋采用机械连接接头或焊接接头时，同一连接区段内纵向受力钢筋的接头面积百分率应符合设计要求，当设计无具体要求时，不直接承受动力荷载的结构构件中，受拉接头面积百分率不宜大于 50%，受压接头面积百分率可不受限制

(D) 成型钢筋进场时，任何情况下都必须抽取试件做屈服强度、抗拉强度、伸长率和重量偏差检验，检验结果应符合国家现行相关标准的规定

【题 12】 在 7 度（$0.15g$）抗震设防烈度区，Ⅲ类场地上的某钢筋混凝土框架结构，其设计、施工均按现行规范进行。现因功能需求，需要在框架柱间新增一根框架梁，新增梁的钢筋采用植筋技术，所有植筋采用 HRB400 钢筋、直径均为 18mm，设计要求充分利用钢筋抗拉强度。框架柱采用 C40 混凝土，植筋采用快固型胶粘剂（A 级胶），其性能满足要求。假定植筋间距和边距分别为 150mm 和 100mm，$\alpha_{spt} = 1.0$，$\psi_N = 1.265$。试问，该植筋锚固深度设计值的最小值（mm），与下列何项最接近？

(A) 540　　　　(B) 480　　　　(C) 420　　　　(D) 360

【题 13】 在某医院屋顶停机坪设计中，直升机质量按 3215kg 计算，试问，当直升机非正常着陆时，其对屋面构件的竖向等效静力撞击设计值 P（kN），与下列何项数值最接近？

(A) 170　　　　(B) 200　　　　(C) 230　　　　(D) 260

【题 14】 某先张法预应力混凝土环形截面轴心受拉构件，裂缝控制等级为一级，混凝土强度等级为 C60，环形外环 700mm，壁厚 110mm，环形截面面积 $A = 203889\text{mm}^2$，纵筋采用螺旋肋消除应力钢丝，纵筋总截面面积 $A_p = 1781\text{mm}^2$。假定，扣除全部预应力损失后，混凝土的预应力 $\sigma_{pc} = 6.84\text{MPa}$（全截面均匀受压）。试问，为满足裂缝控制要求，按荷载标准组合计算的构件最大轴拉力值 N_k（kN），与下列何项数值最接近？

(A) 1350　　　　(B) 1400　　　　(C) 1450　　　　(D) 1500

【题 15、16】 某雨篷如图 Z19-7 所示，XL-1 为层间悬挑梁，不考虑地震设计状况，截面尺寸 $b \times h = 350\text{mm} \times 650\text{mm}$，悬挑长度 L_1（比 KZ-1 柱边起算），雨篷的净悬挑长度为 L_2，所有构件均为普通混凝土构件，设计使用年限 50 年，安全等级为二级，混凝土强度等级为 C35，纵向受力钢筋为 HRB400，箍筋为 HPB300。

15. 假定，$L_1 = 3\text{m}$，$L_2 = 1.5\text{m}$，仅雨篷板上均布荷载设计值 $q = 6\text{kN/m}^2$（包括自

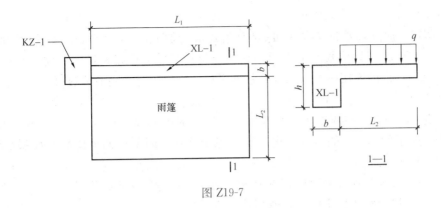

图 Z19-7

重）会对梁产生扭矩，试问，悬挑梁 XL-1 的扭矩图和支座处的扭矩设计值 T，与下列何项最为接近？

提示：板对梁的扭矩计算至梁截面中心线。

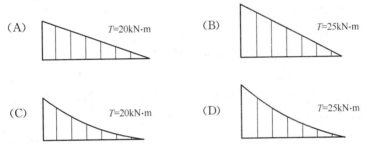

(A)　　　$T=20\text{kN·m}$　　　(B)　　　$T=25\text{kN·m}$

(C)　　　$T=20\text{kN·m}$　　　(D)　　　$T=25\text{kN·m}$

16. 假定，荷载基本组合下，悬挑梁 XL-1 支座边缘处的弯矩设计值 $M=150\text{kN·m}$，剪力设计值 $V=100\text{kN}$，扭矩设计值 $T=85\text{kN·m}$，按矩形截面计算，$h_0=600\text{mm}$，箍筋间距 $s=100\text{mm}$。受扭的纵向普通钢筋与箍筋的配筋强度比值为 1.7。试问，按承载能力极限状态计算，悬挑梁 XL-1 支座边缘处箍筋配置采用下列何项最经济合理？

提示：① 满足《混凝土结构设计规范》6.4.1 条的截面限值条件，不需要验算最小配箍率；

② 受扭塑性抵抗矩 $W_t=32.67\times10^6\text{mm}^3$，截面核心部分的面积 $A_{cor}=162.4\times10^3\text{mm}^2$。

(A)　Φ8@150（2）　　　　　　　(B)　Φ10@100（2）

(C)　Φ12@100（2）　　　　　　(D)　Φ14@100（2）

【题 17～21】 某焊接工字形等截面简支梁跨度为 12m，钢材采用 Q235，结构重要性系数取 1.0。荷载基本组合下，简支梁的均布荷载设计值（含自重）$q=95\text{kN/m}$，梁截面尺寸及截面特性如图 Z19-8 所示，截面无栓（钉）孔削弱。毛截面惯性矩：$I_x=590560\times10^4\text{mm}^4$，翼缘毛截面对梁中和轴的面积矩：$S_f=3660\times10^3\text{mm}^3$，毛截面面积：$A=240\times10^2\text{mm}^2$，截面绕 y 轴的回转半径：$i_y=61\text{mm}$。

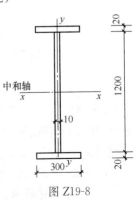

图 Z19-8

17. 试问，对梁跨中截面进行抗弯强度计算时，其正应力设计值（N/mm^2），与下列何项数值最接近？

(A) 200   (B) 190   (C) 180   (D) 170

18. 假定，简支梁翼缘与腹板的双面角焊缝焊脚尺寸 $h_f = 8mm$，两焊件间隙 $b \leqslant$ 1.5mm，试问，进行焊接截面工字形梁翼缘与腹板的焊缝连接强度计算时，在最大剪力作用下，该角焊缝的连接应力与角焊缝强度设计值之比，与下列何项数值最接近？

(A) 0.2   (B) 0.3   (C) 0.4   (D) 0.5

19. 假定，简支梁在两端及距两端 $L/4$ 处有可靠的侧向支撑（L 为简直梁跨度）。试问，作为在主平面内受弯的构件，进行整体稳定性计算时，梁的整体稳定性系数 φ_b，与下列何项数值最接近？

提示：① 梁翼缘板件宽厚比等级为 S1，腹板板件宽厚比等级为 S4；

② 取梁整体稳定的等效弯矩系数 $\beta_b = 1.2$。

(A) 0.52   (B) 0.65   (C) 0.8   (D) 0.9

20. 假定，简支梁某截面的正应力和剪应力均较大，荷载基本组合下弯矩设计值为 1282kN·m，剪力设计值为 1296kN。试问，该截面梁腹板计算高度边缘处的折算应力（N/mm^2），与下列何项数值最接近？

提示：① 不计局部压应力；

② 梁翼缘板件宽厚比等级为 S1，腹板板件宽厚比等级为 S4。

(A) 145   (B) 170   (C) 190   (D) 205

21. 假定，简支梁上的均布荷载标准值 $q_k = 90kN/m$。试问，不考虑起拱时，简支梁的最大挠度与其跨度的比值，与下列何项数值最接近？

(A) 1/300   (B) 1/400   (C) 1/500   (D) 1/600

【题 22～25】 某单层钢结构平台布置如图 Z19-9 所示，不进行抗震设计，且不承受动力荷载，结构重要性系数取 1.0。横向（Y 向）为框架，纵向（X 向）设置支撑保证结构侧向稳定。所有构件均采用 Q235 钢，且钢材各项指标均满足塑性设计要求，截面板件宽厚比等级为 S1 级。

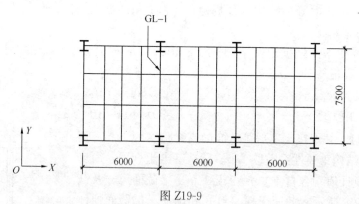

图 Z19-9

22. 框架梁 GL-1 采用焊接工字形截面 H500×250×12×16，按塑性设计。试问，该框架梁塑性铰部位的受弯承载力设计值（kN·m），与下列何项数值最接近？

提示：① 不考虑轴力对框架梁的影响；

② 框架梁剪力 $V < 0.5 h_w t_w f_v$；

③ 计算截面无栓（钉）孔削弱。

(A) 440   (B) 500   (C) 550   (D) 600

23. 设计条件同题 22，假定，框架梁 GL-1 最大剪力设计值 $V=650$kN，进行受弯构件塑性铰部位的剪切强度计算时，梁截面剪应力与抗弯强度设计值之比，与下列何项数值最接近？

(A) 0.93   (B) 0.83   (C) 0.73   (D) 0.63

24. 设计条件同题 22，假定，框架梁 GL-1 上翼缘有楼板与钢梁可靠连接，通过设置加劲肋保障梁端塑性铰的发展。试问，加劲肋的最大间距（mm），与下列何项数值最接近？

(A) 900   (B) 1000   (C) 1100   (D) 1200

25. 设计条件同题 22，假定，框架梁 GL-1 在跨内某拼接接头处基本组合的最大弯矩设计值为 250kN·m。试问，该连接能传递的弯矩设计值（kN·m），至少应为下列何项数值？

提示：截面模量 $W_x=2285\times10^3$mm^3。

(A) 250   (B) 275   (C) 305   (D) 350

【题 26～30】 某钢结构建筑采用框架结构体系，框架简图如图 Z19-10 所示。该建筑位于 8 度（0.20g）抗震设防烈度区，丙类建筑。框架柱采用焊接箱形截面，框架梁采用焊接工字形截面，梁、柱钢材均采用 Q345 钢，该结构总高度 $H=50$m。

提示：按《钢结构设计标准》GB 50017—2017 作答。

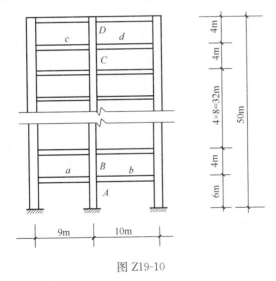

图 Z19-10

26. 在钢结构抗震性能化设计中，假定，塑性耗能区承载性能等级采用性能 7。试问，下列关于构件性能系数的描述，哪项不符合《钢结构设计标准》中有关钢结构构件性能系数的有关规定？

(A) 框架柱 A 的性能系数宜高于框架梁 a、b 的性能系数

(B) 框架柱 A 的性能系数不应低于框架柱 C、D 的性能系数

(C) 当该框架底层设置偏心支撑后，框架柱 A 的性能系数可以低于框架梁 a、b 的性能系数

(D) 框架梁 a、b 与框架梁 c、d 可有不同的性能系数

27. 在塑性耗能区的连接计算中，假定，框架柱柱底承载力极限状态最大组合弯矩设计值为 M，考虑轴力影响的柱塑性受弯承载力为 M_{pc}。试问，采用外包式柱脚时，柱脚与基础的连接极限承载力，应按下列何项取值？

(A) $1.0M$ (B) $1.2M$ (C) $1.0M_{pc}$ (D) $1.2M_{pc}$

28. 假定，梁柱节点采用梁端加强的办法来保证塑性铰外移。试问，采用下述哪些措施符合《钢结构设计标准》的规定？

Ⅰ. 上下翼缘加盖板   Ⅱ. 加宽翼缘板且满足宽厚比的规定

Ⅲ. 增加翼缘板的厚度   Ⅳ. 增加腹板的厚度

(A) Ⅰ、Ⅱ、Ⅲ   (B) Ⅰ、Ⅱ、Ⅳ

(C) Ⅱ、Ⅲ、Ⅳ   (D) Ⅰ、Ⅲ、Ⅳ

29. 假定，框架梁截面如图 Z19-11 所示，其弹性截面模量为 W，塑性截面模量为 W_p。试问，计算该框架梁的性能系数时，该构件塑性耗能区截面模量 W_E，应按下列何项取值？

(A) $1.05W_p$ (B) $1.05W$

(C) $1.0W_p$ (D) $1.0W$

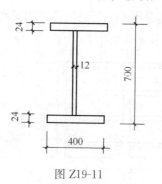

图 Z19-11

30. 假定，该框架结构增加一层，高度变为 $H = 54\text{m}$。试问，进行抗震性能化设计时，框架梁梁端塑性耗能区的截面板件宽厚比等级，采用下列何项合理经济？

(A) S1   (B) S2   (C) S3   (D) S4

【题 31】 多层砌体房屋抗震设计时，下列关于建筑布置和结构体系的论述，何项是正确的？

Ⅰ. 应优先采用砌体墙和钢筋混凝土墙混合结构体系；

Ⅱ. 房屋平面轮廓凸凹不应超过典型尺寸 50%，当超过超典型尺寸 25% 时，房屋转角处应采取加强措施；

Ⅲ. 楼板局部大洞口的尺寸未超过楼板宽度的 30%，可在墙体两侧同时开洞；

Ⅳ. 不应在房屋转角处设置转角窗。

(A) Ⅰ、Ⅲ   (B) Ⅱ、Ⅳ   (C) Ⅱ、Ⅲ   (D) Ⅰ、Ⅳ

【题 32~34】 某抗震设防烈度为 8 度（0.2g）的底层框架-抗震墙砌体房屋，如图 Z19-12 所示，共 4 层，一层柱、墙均采用钢筋混凝土，二、三、四层承重墙均采用 240mm 厚多孔砖砌体，楼屋面为现浇钢筋混凝土。丙类建筑，其结构布置及构造措施均满足规范要求。

提示：按《建筑与市政工程抗震通用规范》GB 55002—2021 作答。

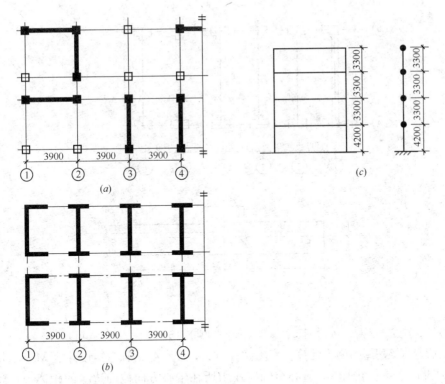

图 Z19-12

(a) 一层平面图；(b) 计算简图；(c) 二~四层平面图

32. 假定，该结构各层重力荷载代表值分别是：$G_1 = 5200kN$，$G_2 = G_3 = 6000kN$，$G_4 = 4500kN$，采用底部剪力法计算地震作用，底层地震剪力设计值增大系数为 1.5。试问，底层剪力墙剪力设计值 V_1（kN），与下列何项数值最接近？

(A) 3540   (B) 4450   (C) 5760   (D) 6120

33. 进行房屋横向地震作用分析时，假定，底层横向总抗侧刚度（全柱与全墙之和）为 K_1，其中，框架总侧向刚度 $\sum K_c = 0.28K_1$，墙总侧向刚度 $\sum K_w = 0.72K_1$，底层地震剪力设计值 $V_1 = 6000kN$。若 W_1 横向侧向刚度 $K_{w1} = 0.18K_1$。试问，W_1 的剪力设计值 V_{W1}（kN），与下列何项数值最接近？

(A) 1100   (B) 1300   (C) 1500   (D) 1700

34. 假定，条件同题 33，框架部分承担的剪力设计值 $\sum V_c$（kN），与下列何项数值最接近？

(A) 3400   (B) 2800   (C) 2200   (D) 1700

【题 35、36】 某单层单跨无吊车砌体厂房，采用装配式无檩体系钢筋混凝土屋盖，如图 Z19-13 所示，柱高度 $H = 5.6m$，采用 MU20 混凝土多孔砖，Mb10 专用砂浆砌筑，砌体施工质量控制等级为 B 级，其结构布置及构造措施均符合规范要求。

    提示：① 柱：$A = 0.9365 \times 10^6 mm^2$；

        ② 柱绕 X 轴的回转半径 $i_x = 147mm$。

35. 试问，按构造要求进行高厚比验算时，排架柱在排架方向的高厚比，与下列何项数值最接近？

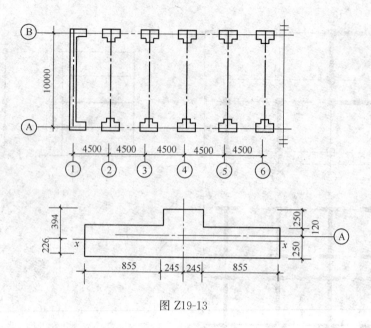

图 Z19-13

(A) 11　　　　(B) 13　　　　(C) 15　　　　(D) 17

36. 假定，该房屋的静力计算方案为弹性方案，柱底绕 x 轴弯矩设计值 $M_x = 52 \text{kN} \cdot \text{m}$，轴向压力设计值 $N = 404 \text{kN}$，重心至轴向压力所在偏心方向截面边缘的距离 $y = 394 \text{mm}$。试问，该柱底的受压承载力设计值（kN），与下列何项数值最接近？

(A) 630　　　　(B) 680　　　　(C) 730　　　　(D) 780

【题 37、38】　某房屋的窗间墙长 1600mm，厚 370mm，有一截面尺寸为 250mm×500mm 的钢筋混凝土梁支承在墙上，梁端实际支承长度为 250mm，如图 Z19-14 所示。窗间墙采用 MU15 烧结普通砖，MU10 混合砂浆砌筑，砌体施工质量控制等级为 B 级。

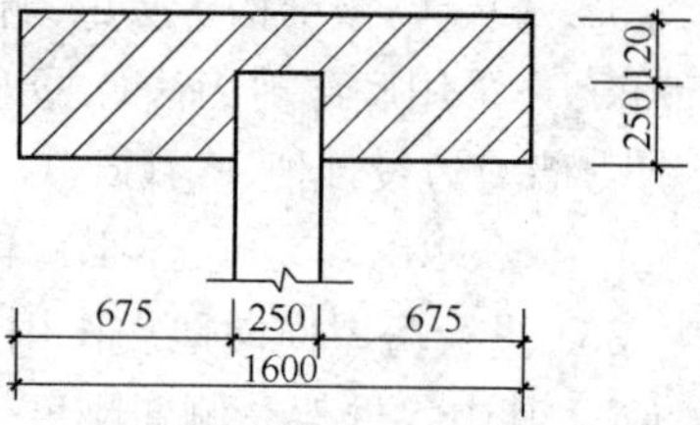

37. 试问，梁端支承处砌体的局部受压承载力设计值（kN），与下列何项数值最接近？

(A) 120　　　　(B) 140
(C) 160　　　　(D) 180

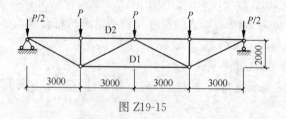

图 Z19-14

38. 假定，窗间墙在重力荷载代表值作用下的轴向压力 $N = 604 \text{kN}$，试问，该窗间墙的抗震受剪承载力设计值 $f_{vE} A / \gamma_{RE}$（kN），与下列何项数值最接近？

(A) 140　　　　(B) 160　　　　(C) 180　　　　(D) 200

【题 39、40】　某露天环境木屋架，采用云南松 TC13A 制作，计算简图如图 Z19-15

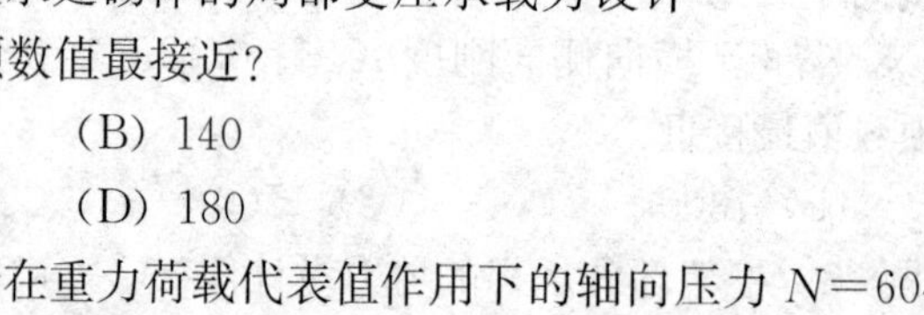

图 Z19-15

所示，其稳定措施满足《木结构设计标准》的规定，P 为檩条（与屋架上弦锚固）传至屋架的节点荷载。设计使用年限为 5 年，结构重要性系数取 1.0。

39. 假定，杆件 D1 为正方形方木，在恒载和活荷载共同作用下 $P=20kN$（设计值）。试问，按此工况进行强度验算时，其最小截面边长（mm），与下列何项数值最接近？

提示：强度验算时，不考虑构件自重。

(A) 70　　　　(B) 85　　　　(C) 100　　　　(D) 110

40. 假定，杆件 D2 采用截面为正方形方木。试问，满足长细比限值要求的最小截面边长（mm），与下列何项数值最接近？

(A) 90　　　　(B) 100　　　　(C) 110　　　　(D) 120

（下午卷）

【题 41、42】　某土质建筑边坡采用毛石混凝土重力式挡土墙支护，挡土墙墙背竖直，如图 Z19-16 所示，墙高为 6.5m，墙顶宽 1.5m，墙底宽度为 3m，挡土墙毛石混凝土重度为 24kN/m³。假定，墙后填土表面水平并且与墙齐高，填土对墙背的摩擦角 $\delta=0°$，排水良好，挡土墙基底水平，底部埋置深度为 0.5m，地下水位线在挡土墙底部以下 0.5m。

提示：① 不考虑墙前被动土压力的有利作用，不考虑地震设计状况；

② 不考虑地面荷载的影响；

③ $\gamma_0=1.0$。

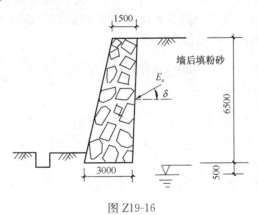

图 Z19-16

41. 假定，墙后填土的重度为 20kN/m³，主动土压力系数 $k_a=0.22$，土与挡土墙基底的摩擦系数 $\mu=0.45$，试问，挡土墙的抗滑移稳定安全系数 K，与下列何项数值最为接近？

(A) 1.35　　　　(B) 1.45　　　　(C) 1.55　　　　(D) 1.65

42. 假定，作用于挡土墙的主动土压力 E_a 为 112kN，试问，基础底面边缘最大压应力 p_{max}（kN/m²），与下列何项数值最为接近？

(A) 170　　　　(B) 180　　　　(C) 190　　　　(D) 200

【题 43～45】　某工程采用真空预压法处理地基，排水竖井采用塑料排水带，等边三角形布置，穿过 20m 软土层。上覆砂垫层厚度 $H=1.0m$，满足竖井预压构造措施和地坪设计标高要求。瞬时抽真空并保持膜下真空度 90kPa。地基处理剖面及土层分布，如图 Z19-17 所示。

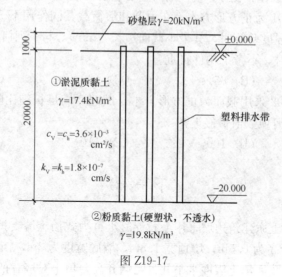

图 Z19-17

43. 设计采用塑料排水带宽度为 100mm，厚度为 6mm。试问，当井径比 $n=20$ 时，塑料排水带布置间距 L（mm），与下列何项数值最为接近？

(A) 1200　　　　(B) 1300　　　　(C) 1400　　　　(D) 1500

44. 假定，涂抹影响及井阻影响较小，忽略不计，井径比 $n=20$，竖井的有效排水直径 $d_e=1470$mm，当仅考虑抽真空荷载下径向排水固结时，试问，60 天竖井径向排水平均固结度 $\bar{u}_r$（%），与下列何项数值最为接近？

提示：① 不考虑涂抹影响及井阻影响时，$F=F_n=\ln(n)-\dfrac{3}{4}$；

② $\bar{U}_r=1-e^{-\frac{8c_h}{Fd_e^2}t}$。

(A) 80　　　　(B) 85　　　　(C) 90　　　　(D) 95

45. 假定，不考虑砂垫层本身压缩变形。试问，预压荷载下地基最终竖向变形量（mm），与下列何项数值最为接近？

提示：① 沉降经验系数 $\xi=1.2$；

② $\dfrac{e_0-e_1}{1+e_0}=\dfrac{p_0 k_v}{c_v \gamma_w}$；

③ 变形计算深度取至标高 -20.000m 处。

(A) 300　　　　(B) 800　　　　(C) 1300　　　　(D) 1800

【题 46~48】 某一六桩承台基础，采用先张法预应力混凝土管桩，桩外径 500mm，壁厚 100mm，桩身混凝土强度等级为 C80，不设桩尖。有关各层土分布情况，桩侧土极限侧阻力标准值 q_{sik}，桩端土极限端阻力标准值 q_{pk}，如图 Z19-18 所示。承台及其土的平均重度取 22kN/m³。取 $\gamma_0=1.0$。

46. 试问，按《建筑桩基技术规范》，根据土的物理指标与承载力参数之间的经验关系，估算该桩基的单桩竖向承载力特征值 R_a（kN），与下列何项数值最为接近？

(A) 800　　　　(B) 1000　　　　(C) 1500　　　　(D) 2000

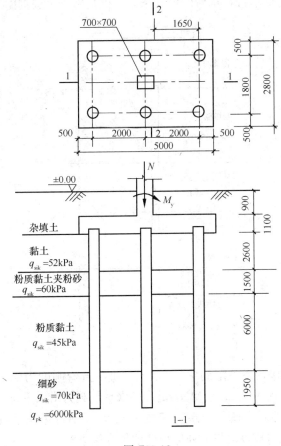

图 Z19-18

47. 假定，相应于作用的基本组合时，上部结构传至承台顶面的内力设计值：竖向力 $N=7020$kN，弯矩 $M_x=0$，$M_y=756$kN·m。试问，承载 2-2 截面（柱边）处剪力设计值（kN），与下列何项数值最为接近？

提示： 荷载组合按《建筑结构可靠性设计统一标准》GB 50068—2018 作答。

(A) 2550　　　　　(B) 2650　　　　　(C) 2750　　　　　(D) 2850

48. 假定，不考虑抗震设计状况，承台顶面中心的基本组合下弯矩设计值 $M_y=0$，最大单桩反力设计值为 1180kN，承台采用 C35 混凝土（$f_t=1.57$N/mm²），纵向受力钢筋采用 HRB400，$h_0=1000$mm。试问，承台长向受力主筋的配置，下列何项最合理？

(A) ⚫20@100　　　　　　　　　(B) ⚫22@100
(C) ⚫22@150　　　　　　　　　(D) ⚫25@100

【题 49】 某工程桩基采用钢管桩，材质 Q235（$f_y=305$N/mm²，$E=206\times10^3$N/mm²），外径 $d=950$mm，采用锤击式沉桩工艺。试问，满足打桩时桩身不出现局部压曲的最小钢管壁厚（mm），与下列何项数值最为接近？

(A) 7　　　　　　(B) 8　　　　　　(C) 9　　　　　　(D) 10

【题 50、51】 某 8 度抗震设防地区建筑，不设地下室，采用水下成孔混凝土灌注桩，桩径 800mm，混凝土采用 C40，桩长 30m，桩底进入强风化片麻岩，桩基按位于腐蚀环境设计。基础采用独立桩承台，承台间设连系梁。桩基础设工层剖面如图 Z19-19 所示。

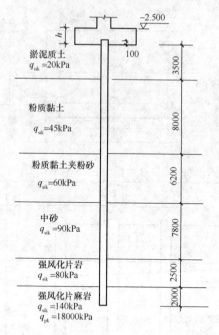

图 Z19-19

50. 假定，桩顶固接，桩身配筋率为 0.7%，桩身抗弯刚度为 $4.33 \times 10^5 kN \cdot m^2$，桩侧土水平抗力系数的比例系数 $m=4MN/m^4$，桩水平承载力由水平位移控制，允许位移为 10mm。试问，初步设计时，按《建筑桩基技术规范》，估算考虑地震作用组合的桩基的单桩水平承载力特征值（kN），与下列何项数值最为接近？

(A) 161　　　　　　(B) 201　　　　　　(C) 270　　　　　　(D) 330

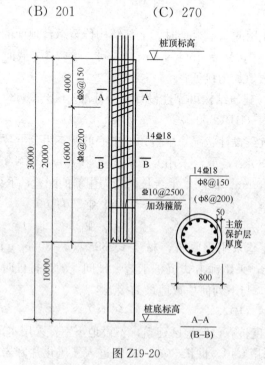

图 Z19-20

51. 图 Z19-20 的工程桩结构图中有几处不满足《建筑地基基础设计规范》《建筑桩基技术规范》的构造要求？

(A) 1   (B) 2   (C) 3   (D) ≥4

【题 52】 抗震等级为一级，六层钢筋混凝土框架结构，采用直径 600mm 的混凝土灌注桩基础，无地下室。试问，在图 Z19-21 中有几处不满足《建筑地基基础设计规范》《建筑桩基技术规范》的构造要求？

(A) 1   (B) 2   (C) 3   (D) ≥4

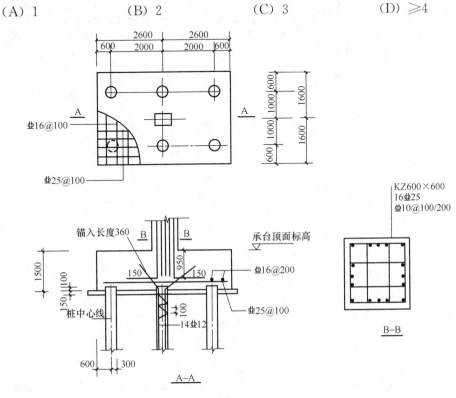

图 Z19-21

【题 53~55】 某安全等级二级的高层建筑采用钢筋混凝土框架结构体系，框架柱截面尺寸均为 900mm×900mm，基础采用平板式筏形基础，板厚 1.4m，均匀地基，如图 Z19-22 所示。

提示：$h_0 = 1.34m$。

53. 假定，中柱 KZ1 柱底按荷载基本组合计算的柱底轴力 $F_1 = 12150kN$，柱底弯矩 $M_{1x} = 0$，$M_{1y} = 202.5kN \cdot M$，基本组合下基底净反力为 $182.25kPa$（已扣除筏板及其上土自重）。已知 $I_s = 11.17m^4$，$\alpha_s = 0.4$。试问，KZ1 柱边 $h_0/2$ 处的筏板冲切临界截面的最大应力设计值 τ_{max}（kPa），与下列何项数值最为接近？

(A) 600   (B) 800   (C) 1000   (D) 1200

54. 假定，边柱 KZ2 柱底按荷载基本组合计算的柱底轴力 $F_2 = 9450kN$，其余条件同题 53，试问，筏板冲切验算时，KZ2 的冲切力设计值 F_l（kN），与下列何项数值最为接近？

(A) 7800   (B) 8200   (C) 8600   (D) 9000

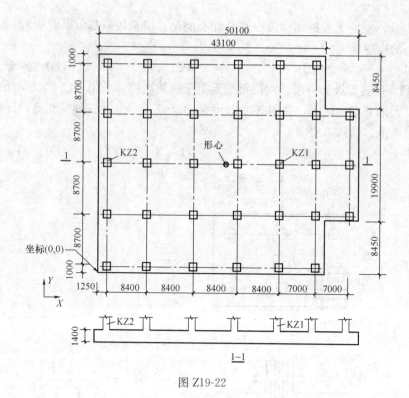

图 Z19-22

55. 假定，在荷载准永久组合作用下，当结构竖向荷载重心与筏板平面重心不能重合时，试问，按《建筑地基基础设计规范》，荷载重心左右侧偏离筏板形心的距离限值（m），与下列何项数值最为接近？（已知筏板形心坐标为：$x=23.57\mathrm{m}$，$y=18.4\mathrm{m}$）

(A) 0.710，0.580 (B) 0.800，0.580

(C) 0.800，0.710 (D) 0.880，0.690

【题 56】 下列关于水泥粉煤灰搅拌碎石柱（CFG）复合地基质量检验项目检验方法的叙述中，全部符合《建筑地基处理技术规范》规定的是哪项？

Ⅰ. 应采用静载荷试验检验处理后的地基承载力；

Ⅱ. 应采用静载荷试验检验复合地基承载力；

Ⅲ. 应采用静载荷试验检验单桩承载力；

Ⅳ. 应采用静力触探试验检验处理后的地基施工质量；

Ⅴ. 应采用动力触探试验检验处理后的地基施工质量；

Ⅵ. 应检验桩身强度；

Ⅶ. 应进行低应变试验检验桩身完整性；

Ⅷ. 应采用钻心法检验桩身混凝土成桩质量。

(A) Ⅰ、Ⅲ、Ⅳ、Ⅶ (B) Ⅰ、Ⅲ、Ⅵ、Ⅶ

(C) Ⅱ、Ⅲ、Ⅵ、Ⅶ (D) Ⅱ、Ⅲ、Ⅴ、Ⅶ

【题 57】 下列关于高层民用建筑结构抗震设计的观点，哪一项与规范要求不一致？

(A) 高层混凝土框架-剪力墙结构，剪力墙有端柱时，墙体在楼盖处宜设置暗梁

(B) 高层钢框架-支撑结构，支撑框架所承担的地震剪力不应小于总地震剪力的 75%

（C）高层混凝土结构位移比计算采用"规定水平力"，且考虑偶然偏心影响；楼层层间最大位移与层高之比计算时，应采用地震作用标准值，可不考虑偶然偏心

（D）重点设防类高层建筑应按高于本地区抗震设防烈度一度的要求提高其抗震措施，但抗震设防烈度为9度时，应适度提高；适度设防类，允许比本地区抗震设防烈度的要求适当降低其抗震措施，但6度时，不应降低

【题58】 关于高层建筑结构设计观点，下列哪一项最为准确？

（A）超长钢筋混凝土结构温度作用计算时，地下部分与地上部分应考虑不同的"温升""温降"作用

（B）高度超过60m的高层，结构设计时基本风压应增大10%

（C）复杂高层结构应采用弹性时程分析法进行补充计算，关键构件的内力、配筋应与反应谱的计算结构进行比较，取较大者

（D）抗震设防烈度为8度（0.30g），基本周期3s的竖向不规则结构的薄弱层，多遇地震水平地震作用计算时，薄弱层的最小水平地震剪力系数不应小于0.048

【题59】 抗震设防烈度为7度，丙类建筑，多遇地震水平地震标准值作用下，需控制弹性层间位移角 $\Delta u/h$，比较下列三种结构体系的弹性层间位移角限值 $[\Delta u/h]$：

体系1：房屋高度为180m的钢筋混凝土框架-核心筒结构；

体系2：房屋高度为50m的钢筋混凝土框架结构；

体系3：房屋高度为120m的钢框架-屈曲约束支撑结构。

试问，以上三种结构体系的 $[\Delta u/h]$ 之比，与下列何项最为接近？

（A）1：1.45：2.71　　　　　　（B）1：1.2：1.36

（C）1：1.04：1.36　　　　　　（D）1：1.23：2.71

【题60、61】 某平面为矩形的24层现浇钢筋混凝土部分框支剪力墙结构，房屋总高度为75m，一层为框支层，转换层楼板局部开大洞，如图 Z19-23 所示，其余部位楼板均连续。抗震设防烈度为8度（0.20g），丙类建筑，建筑场地为Ⅱ类，安全等级为二级。转换层混凝土强度等级为C40，钢筋采用 HRB400。

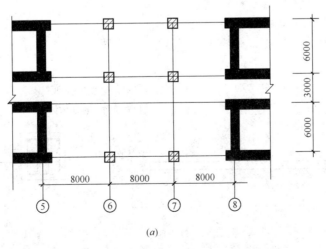

(a)

图 Z19-23

(a) 一层结构平面图

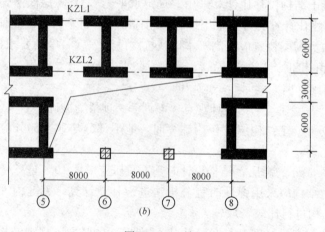

图 Z19-23（续）

(b) 二层结构平面图

60. 假定，⑤轴落地剪力墙处，由不落地剪力墙传来按刚性楼板计算的楼板组合剪力设计值 $V_0=1400kN$，KZL1 和 KZL2 穿过⑤轴墙的纵筋总面积 $A_{s1}=4200mm^2$，转换楼板配筋验算宽度按 $b_f=5600mm$，板面、板底配筋相同，且均穿过周边墙、梁。试问，该转换楼板的厚度 t_f（mm）及板底配筋最小应为下列何项才能满足规范最低要求？

提示：① 框支层楼板按构造配筋时，满足竖向承载力和水平平面内抗弯要求；

② 核算转换层楼板的截面时，楼板宽度 $b_f=6300mm$，忽略梁截面。

(A) $t_f=180mm$，$\Phi 12@200$ (B) $t_f=200mm$，$\Phi 12@200$

(C) $t_f=220mm$，$\Phi 12@200$ (D) $t_f=250mm$，$\Phi 14@200$

61. 假定，底层某一落地剪力墙如图 Z19-24 所示（配筋为示意，端柱为周边均匀布置），抗震等级为一级，抗震承载力计算时，考虑地震作用组合的墙肢组合内力计算值（未经调整）为：$M=3.9\times10^4 kN\cdot m$，$V=3.2\times10^3 kN$，$N=1.6\times10^4 kN$（压力），$\lambda=1.9$。试问，该剪力墙底部截面水平分布筋应按下列何项配筋，才能满足规范、规程的最低抗震要求？

提示：$A_w/A\approx1$，$h_{w0}=6300mm$，$\dfrac{1}{\gamma_{RE}}(0.15f_cbh_0)=6.37\times10^6 N$，$0.2f_cb_wh_w=7563600N$。

(A) $2\Phi 10@200$ (B) $2\Phi 12@200$

(C) $2\Phi 14@200$ (D) $2\Phi 16@200$

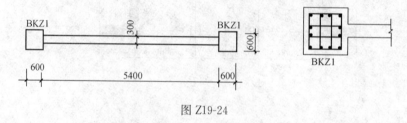

图 Z19-24

【题 62】 某拟建 12 层办公楼，采用钢支撑-混凝土框架结构，房屋高度为 43.3m，框架柱截面 700m×700mm，混凝土强度等级为 C50。抗震设防烈度为 7 度，丙类建筑，建筑场地为Ⅱ类。在进行方案比较时，有四种支撑布置方案。假定，多遇地震作用下起控制作用的主要计算结果见表 Z19-1。

表 Z19-1

	M_{Xf}/M（%）	M_{Yf}/M（%）	N（kN）	N_G（kN）
方案 A	51	52	8300	7300
方案 B	46	48	8000	7200
方案 C	52	51	8250	7250
方案 D	42	43	7800	7600

M_f——底层框架部分按刚度分配的地震倾覆力矩；M——结构总地震倾覆力矩；N——普通框架柱最大轴压力设计值；N_G——支撑框架柱最大轴压力设计值。

假定，该结构刚度、支撑间距等其他方面均满足规范规定。如果仅从支撑布置及柱抗震构造方面考虑。试问，哪种方案最为合理？

提示：① 按《建筑抗震设计规范》作答；

② 柱不采取提高轴压比限值的措施。

（A）方案 A　　　　（B）方案 B　　　　（C）方案 C　　　　（D）方案 D

【题 63】某拟建 10 层普通办公楼，现浇混凝土框架-剪力墙结构，质量和刚度沿高度分布比较均匀，房屋高度为 36.4m，一层地下室，地下室顶板作为上部结构嵌固部位，采用桩基础。抗震设防烈度为 8 度（0.20g），设计地震分组为第一组，丙类建筑，Ⅲ类建筑场地。已知总重力荷载代表值在 146000~166000kN 之间。

初步设计时，有 4 个结构布置方案（X 向起控制作用），各方案在多遇地震作用下按振型分解反应谱法计算的主要结果见表 Z19-2。

表 Z19-2

	方案 A	方案 B	方案 C	方案 D
T_x（s）	0.85	0.85	0.86	0.86
F_{Ekx}（kN）	8200	8500	12000	10200
λ_x	0.050	0.052	0.076	0.075

T_x——结构第一自振周期；F_{Ekx}——总水平地震作用标准值；λ_x——水平地震剪力系数。

假定，从结构剪重比及总重力荷载合理性方面考虑，上述 4 个方案的电算结果只有一个比较合理。试问，电算结果比较合理的是下列哪个方案？

提示：按底部剪力法判断。

（A）方案 A　　　（B）方案 B　　　（C）方案 C　　　　（D）方案 D

【题 64、65】某 7 层民用建筑，现浇混凝土框架结构，如图 Z19-25 所示，层高均为 4.0m，结构沿竖向层刚度无突变，楼层屈服强度系数 ξ_y 分布均匀，安全等级为二级。抗震设防烈度为 8 度（0.20g），丙类建筑，Ⅱ类建筑场地。

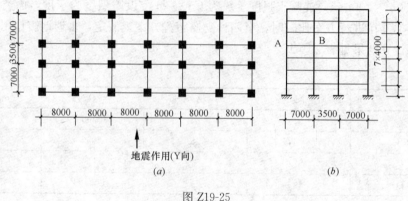

图 Z19-25

(a) 平面图；(b) 剖面图

64. 假定，该结构中部某一框架梁局部平面，如图 Z19-26 所示，框架梁截面尺寸为 350mm×700mm，$h_0=640mm$，$a'_s=40mm$，混凝土强度等级为 C40，纵筋采用 HRB500（Φ），梁端 A 的底部配筋为顶部配筋的一半（顶部纵筋截面面积

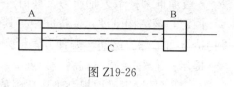

图 Z19-26

$A_s=4920mm^2$）。针对梁端 A 的配筋，试问，计入受压钢筋作用的梁端抗震受弯承载力设计值（kN·m），与下列何项数值最为接近？

提示： ① 梁抗弯承载力按 $M=M_1+M_2$，$M_1=\alpha_1 f_c b_b x(h_0-x/2)$，$M_2=f'_y(h_0-a'_s)A'_s$；

② 梁按实际配筋计算的受压区高度与抗震要求的最大受压区高度相等。

(A) 1241   (B) 1600   (C) 1820   (D) 2400

65. 假定，Y 向多遇地震作用下，首层地震剪力标准值 $V_0=9000kN$（边柱 14 根，中柱 14 根），罕遇地震作用下首层弹性地震剪力标准值 $V=50000kN$，框架柱按实配钢筋和混凝土强度标准值计算的受剪承载力：每根边柱 $V_{cua1}=780kN$，每根中柱 $V_{cua2}=950kN$。关于结构弹塑性变形验算，有下列四种观点：

Ⅰ. 不必进行弹塑性变形验算；

Ⅱ. 增大框架柱实配钢筋使 V_{cua1} 和 V_{cua2} 增加 5% 后，可不进行弹塑性变形验算；

Ⅲ. 可采用简化方法计算，弹塑性层间位移增大系数取 1.83；

Ⅳ. 可采用精力弹塑性分析方法或弹塑性时程分析法进行弹塑性变形验算。

下列何项符合规范、规程的规定？

(A) Ⅰ不符合，其余符合   (B) Ⅰ、Ⅱ符合，其余不符合

(C) Ⅰ、Ⅱ不符合，其余符合   (D) Ⅰ符合，其余不符合

【题 66～68】 某高层办公楼，地上 33 层，地下 2 层，如图 Z19-27 所示，房屋高度为 128.0m，内筒采用钢筋混凝土核心筒，外围为钢框架。钢框架柱距：1～5 层，为 9m；6～33 层，为 4.5m。5 层设转换行架。抗震设防烈度为 7 度（0.10g），设计地震分组为第一组，丙类建筑，Ⅲ类建筑场地。地下一层顶板（±0.000）处作为上部结构嵌固部位。

提示： 本题"抗震措施等级"指用于确定抗震内力调整措施的抗震等级；"抗震构造

772

措施等级"指用于确定构造措施的抗震等级。

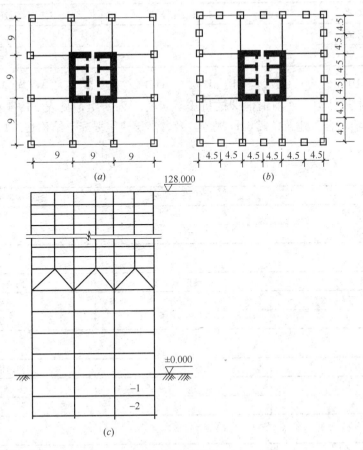

图 Z19-27（单位：m）

(a) 1～5 层平面图；(b) 6～33 层平面图；(c) 剖面图

66. 针对上述结构，部分楼层核心筒的抗震等级有下列 4 组，见表 Z19-3A～表 Z19-3D。试问，下列何项符合《高层建筑混凝土结构技术规程》规定的抗震等级？

表 Z19-3A

楼层	抗震措施等级	抗震构造措施等级
地下二层	不计算地震作用	一级
20 层	特一级	特一级

表 Z19-3B

楼层	抗震措施等级	抗震构造措施等级
地下二层	不计算地震作用	二级
20 层	一级	一级

表 Z19-3C

楼层	抗震措施等级	抗震构造措施等级
地下二层	一级	二级
20 层	一级	一级

表 Z19-3D

楼层	抗震措施等级	抗震构造措施等级
地下二层	二级	二级
20 层	二级	二级

（A）表 Z19-3A　　（B）表 Z19-3B　　（C）表 Z19-3C　　（D）表 Z19-3D

67. 针对上述结构，外围钢框架的抗震等级有下列 4 组，见表 Z19-4A～表 Z19-4D。试问，下列何项符合《建筑抗震设计规范》及《高层建筑混凝土结构技术规程》的抗震等级最低要求？

表 Z19-4A

楼层	抗震措施等级	抗震构造措施等级
1～5 层	三级	三级
6～33 层	三级	三级

表 Z19-4B

楼层	抗震措施等级	抗震构造措施等级
1～5 层	二级	二级
6～33 层	三级	三级

表 Z19-4C

楼层	抗震措施等级	抗震构造措施等级
1～5 层	二级	二级
6～33 层	二级	三级

表 Z19-4D

楼层	抗震措施等级	抗震构造措施等级
1～5 层	二级	二级
6～33 层	二级	二级

（A）表 Z19-4A　　（B）表 Z19-4B　　（C）表 Z19-4C　　（D）表 Z19-4D

68. 因方案调整，取消 5 层转换桁架，6～33 层外围钢框架柱距由 4.5m 改为 9.0m，与 15 层贯通，结构沿竖向层刚度均匀分布，扭转效应不明显，无薄弱层。假定，重力荷载代表值为 $1×10^6$ kN，底部对应于 Y 向水平地震作用标准值的剪力为 12800kN，基本周期为 4.0s。在多遇地震作用标准值作用下，Y 向框架部分按侧向刚度分配且未经调整的楼层地震剪力标准值：首层 $V_{f1}=900$ kN，各层最大值 $V_{f,max}=2000$ kN。试问，抗震设计时，首层 Y 向框架部分的楼层地震剪力标准值（kN），与下列何项数值最为接近？

提示：假定，各层地震剪力调整系数均按底层地震剪力调整系数取值。

（A）900　　　　（B）2560　　　　（C）2940　　　　（D）3450

【题 69】某 8 层钢结构民用建筑，采用钢框架-中心支撑（有侧移，无摇摆柱），房屋高度为 33m，外围局部设通高大空间，其中一榀钢框架如图 Z19-28 所示。抗震设防烈度为 8 度（0.20g），乙类建筑，Ⅱ类建筑场地，钢材采用 Q345（$f_y=345$N/mm²）。结构内力采用一阶弹性分析，框架柱 KZA 与柱顶框架梁 KLB 的承载力满足 2 倍多遇地震作用组合下的内力要求。假定，框架柱 KZA 平面外稳定及构造满足规范要求，在 XY 平面内框架柱 KZA 线刚度 i_c 与框架梁 KLB 的线刚度 i_b 相等。试问，框架柱 KZA 在 XY 平面内的回转半径 r_c（mm）最小为下列何项才能满足规范对构件长细比的要求？

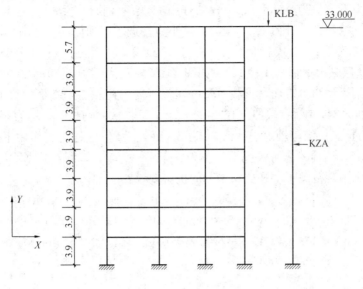

图 Z19-28（单位：m）

提示：按《高层民用建筑钢结构技术规程》作答，不考虑框架梁 KLB 的轴力影响，$\lambda = \mu H/r_c$。

(A) 610   (B) 625   (C) 870   (D) 1010

【题 70～72】 某 26 层钢结构办公楼，采用钢框架-支撑结构体系，如图 Z19-29 所示，位于 8 度（0.20g）抗震设防烈度区，丙类建筑，设计地震分组为第一组，Ⅲ 类场地。安全等级为二级。采用 Q345 钢，为简化计算，取 $f=305\text{N/mm}^2$，$f_y=345\text{N/mm}^2$。

提示：按《高层民用建筑钢结构技术规程》JGJ 99—2015 作答。

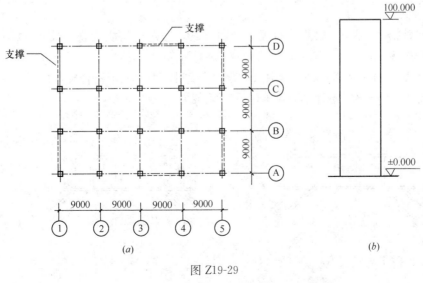

图 Z19-29

（a）平面图；（b）立面图

70. 假定①轴第 12 层支撑如图 Z19-30 所示，梁截面 H600×300×12×20，$W_{pb}=$ 4.42×10⁶mm³。已知消能梁段剪力设计值 $V=1190$kN，相应于消能梁段剪力设计值 V 的支撑组合的轴力设计值为 2000kN。支撑斜杆用 H 型钢，抗震等级为二级且满足其他构造要求。试问，支撑斜杆设计值 N_{br}（kN），最小应按近于下列何项才能满足规范要求？

(A) 2940　　　　(B) 3170　　　　(C) 3350　　　　(D) 3470

71. 中部楼层某一根框架中柱 KZA 如图 Z19-31 所示，楼层受剪承载力与上一层基本相同，所有框架梁均为等截面，承载力及位移等所需的柱左右两端框架梁 KLB 截面均为 H600×300×14×24，$W_{pb}=5.21×10⁶$mm³，上、下柱截面均相同，均为箱形截面柱。假定，柱 KZA 为抗震一级，轴力设计值 N 为 8500kN，2 倍多遇地震作用下的组合轴力设计值为 12000kN，结构的二阶效应系数小于 0.1，$\varphi=0.6$。试问，柱 KZA 截面尺寸最小取下列何项时满足规范关于"强柱弱梁"的抗震要求？

(A) 550×550×24×24（$A_c=50496$mm²，$W_{pc}=9.97×10⁶$mm³）

(B) 550×550×28×28（$A_c=58464$mm²，$W_{pc}=1.15×10⁷$mm³）

(C) 550×550×30×30（$A_c=62460$mm²，$W_{pc}=1.22×10⁷$mm³）

(D) 550×550×32×32（$A_c=66304$mm²，$W_{pc}=1.40×10⁷$mm³）

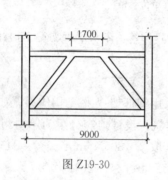

图 Z19-30

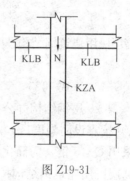

图 Z19-31

72. ⑧轴第 20 层消能梁段的腹板加劲肋设置，假定，消能梁段净长 $a=1700$mm，其截面为 H600×300×12×20（$0.15A_f=839$kN，$W_{pb}=4.42×10⁶$mm³），轴压力设计值为 800kN，剪力设计值为 850kN，采用 H 型钢。试问，下列何项符合规范最低要求？

提示：该消能梁段不计轴力影响的受剪承载力 $V_l=1345$kN。

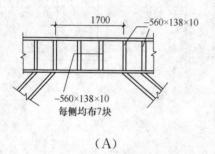

(A)

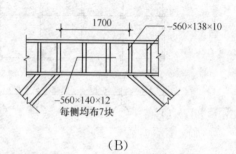

(B)

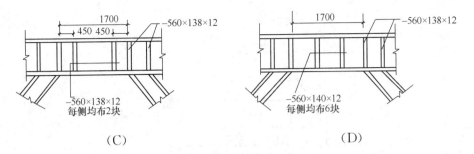

(C)　　　　　　　　　　　　　　　(D)

【题 73】 某城市主干路上一座路线桥，跨径组合为 30m＋40m＋30m 预应力混凝土连系箱梁桥，位于地震基本烈度为 7 度（0.15g）区。在确定设计标准时，下列有几条不符合规范？

① 桥梁设防丙类，地震标准为 E1 地震作用下，震后可立即使用，结构总体弹性内基本无损；E2 地震作用下，震后经抢修可恢复使用，永久性修复后恢复正常运营功能，桥体构件有限损伤；

② 桥梁抗震措施采用符合本地区地震基本烈度要求；

③ 地震调整系数，C2 值在 E1 地震作用和 E2 地震作用下分别取 0.46、2.2；

④ 抗震设计方法，采用 A 类进行 E1 地震作用和 E2 地震作用下的抗震分析和验算。

试问，上述要求中，不符合规范的个数是下列何项？

(A) 1　　　　　(B) 2　　　　　(C) 3　　　　　(D) 4

【题 74】 某桥位于气温区域为寒冷地区，当地历年最高日平均温度 34℃，最低日平均温度 −10℃，历年最高温度 46℃，历年最低温度 −21℃，该桥为正在建设的 3×50m、墩身固结的刚构式公路钢桥，施工中采用中跨跨中嵌补段完成全桥合拢。假定，该桥预计合拢温度在 15～20℃ 之间。试问，计算结构均匀温度作用效应时，温度升高和温度降低数值（℃）最接近下列何项？

(A) 14，25　　　(B) 19，30　　　(C) 31，41　　　(D) 26，36

【题 75】 某一级公路上一座直线预应力混凝土现浇连续箱桥梁，其腹板布置预应力钢绞线 6 根，沿腹板竖向布置三排，沿其水平横向布置两列，采用外径为 90mm 的金属波纹管。试问，按后张法预应力筋来布置且满足构造要求，其腹板的合理宽度（mm），最接近下列何项？

(A) 300　　　　　(B) 310　　　　　(C) 325　　　　　(D) 335

【题 76】 在设计某城市过街天桥时，在天桥两端需按要求每端分别设置 1:2.5 人行梯道和 1:4 考虑自行车推行坡道的人行梯道，全桥共设两个 1:2.5 人行梯道和 2 个 1:4 人行梯道。其中，自行车推行的方式采用梯道两侧布置推行坡道。假定，人行梯道的宽度均为 1.8m，一条自行车推行坡道的宽度为 0.4m，在不考虑设计年限内高峰小时人流量及通行能力计算时，试问，天桥主桥桥面最大净宽（mm），最接近下列何项？

(A) 3.0　　　　　(B) 3.7　　　　　(C) 4.3　　　　　(D) 4.7

【题 77～80】 某高速公路上一座预应力混凝土连续箱体桥，其跨径组合为 35m＋45m＋35m，混凝土强度等级为 C50，桥体临近城镇居住区，需增设声屏障，如图 Z19-32 所示，不计挡板尺寸，主体悬臂跨径为 1880mm，悬臂根部为 350mm。设计时需考虑风荷载、汽车撞击效应，又需分别对防护栏根部和主梁悬臂根部进行极限承载力和正常使用性能分析。

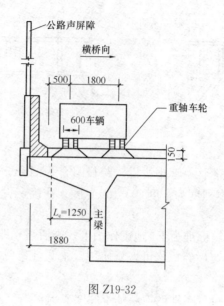

图 Z19-32

77. 主悬臂梁板上，横桥向车辆荷载后轴（重轴）的车轮按规范布置，如图 Z19-32 所示，每组轮着地宽度 600mm，长度（纵桥向）为 200mm，假设桥面铺装层厚度 150mm，平行于悬臂跨径方向（横桥向）的车轮着地尺寸的外缘，通过铺装层 45°分布线的外边线至主梁腹板外边缘的距离 $L_c=1250$mm。试问，垂直于悬臂板跨径的车轮荷载分布宽度（mm），最接近下列何项？

　　（A）3000　　　　　（B）3100　　　　　（C）3800　　　　　（D）4400

78. 在进行主梁悬臂根部抗弯极限承载力状态设计时，假定，已知如下各作用在主梁悬臂梁根部的每延米弯矩标准值：悬臂板自重、铺设屏障和护栏引起的弯矩标准值为 45kN·m，按百年一遇基本风压计算的声屏障风荷载引起的弯矩标准值为 30kN·m，汽车车辆荷载（含冲击力）引起的弯矩标准值为 32kN·m。试问，主梁悬臂根部弯矩在不考虑汽车撞击力下的承载能力极限状态下每延米的基本组合效应设计值（kN·m），最接近下列何项？

　　（A）123　　　　　（B）136　　　　　（C）144　　　　　（D）150

79. 考虑汽车撞击力下的主梁悬臂根部抗弯承载性能设计时，假定，已知汽车撞击力引起的每延米弯矩标准值为 126kN·m，利用题 78 的已知条件，并利用与偶然作用同时出现的可变作用的频遇值。试问，主梁悬臂根部每延米弯矩在承载力极限状态下的偶然组合效应设计值（kN·m），最接近下列何项？

　　（A）194　　　　　（B）206　　　　　（C）216　　　　　（D）227

80. 设计主梁悬臂根部顶层每延米布置一排 20 Φ 16 钢筋，钢筋截面面积共计 4022mm²，钢筋中心至悬臂板顶部距离为 40mm。假定，当正常使用极限状态下主梁悬臂根部每延米的作用频遇组合的弯矩值为 200kN·m，采用受弯构件在开裂截面状态下的受拉纵向钢筋应力计算公式。试问，钢筋应力值（N/mm²），最接近下列何项？

　　（A）184　　　　　（B）189　　　　　（C）190　　　　　（D）194

2020 年真题

（上午卷）

【题 1】 某钢筋混凝土刚架，安全等级为二级，如图 Z20-1 所示，其中竖杆 AB 为钢筋混凝土构件，截面尺寸为 $400mm \times 800mm$，对称配筋，混凝土强度等级为 C30，纵筋采用 HRB400 钢筋，$a_s' = a_s = 70mm$，集中荷载设计值 $P = 150kN$。不考虑自重、重力二阶效应、地震作用。试问，按正截面承载力计算时，当不考虑截面腹部钢筋，杆 AB 受力状态及 1-1 截面一侧所需的最小配筋截面面积 $A_s(mm^2)$，与下列何项数值最接近？

（A）偏压，1700　　（B）偏压，2150　　（C）偏拉，1700　　（D）偏拉，2150

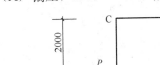

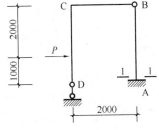
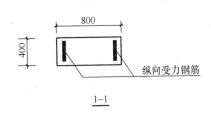

图 Z20-1

【题 2】 某钢筋混凝土墙体为偏心受压构件，安全等级为二级，如图 Z20-2 所示，截面尺寸为 $200mm \times 1800mm$，混凝土强度等级为 C30，纵筋采用 HRB400 钢筋。不考虑地震作用，墙底截面形心的荷载基本组合的内力设计值为：$M = 1710kN \cdot m$，$N = 1800kN$，$V = 690kN$，$a_s' = a_s = 40mm$。试问，按斜截面受剪承载力计算的墙底截面处的水平分布筋 A_{sh}/s_v (mm^2/mm) 的最小值，与下列何项数值最接近？

提示：① A_{sh} 为配置在同一截面的水平分布钢筋全部截面面积；

　　　② 墙体满足受剪截面限制条件要求；

　　　③ 剪跨比计算按墙底截面的弯矩设计值与相应的剪力设计值计算。

（A）0.4　　　（B）0.5　　　（C）0.6　　　（D）0.7

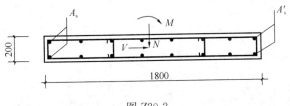

图 Z20-2

【题 3】 某钢筋混凝土三跨连续深梁，计算简图如图 Z20-3 所示，安全等级为二级，混凝土强度等级为 C30，钢筋采用 HRB400，深梁截面为矩形，截面尺寸为 $200mm \times$

1800mm。不考虑地震作用。试问，按《混凝土结构设计规范》GB 50010—2010（2015 年版），该梁在支座 B 边缘处的截面，满足受剪截面控制条件的最大剪力设计值 V（kN），与下列何项数值最接近？

(A) 510 　　　　(B) 610 　　　　(C) 710 　　　　(D) 810

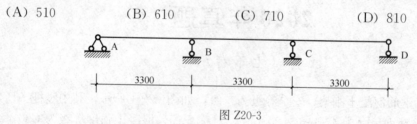

图 Z20-3

【题 4】 某钢筋混凝土牛腿，安全等级为二级，不考虑地震作用，如图 Z20-4 所示，宽度 $b=400$mm，混凝土强度等级为 C30，钢筋采用 HRB400，$a_s=40$mm。牛腿顶面的荷载基本组合的设计值为：水平拉力 $F_h=115$kN，竖向压力 $F_v=420$kN。试问，沿牛腿顶部配置的纵向受力钢筋的最小截面面积 A_s（mm²），与下列何项数值最接近？

提示： 牛腿的截面尺寸满足规范要求。

(A) 650　　　　　　　　　　　(B) 850

(C) 1050　　　　　　　　　　(D) 1250

【题 5】 某建筑外立面造型需要在梁侧设置挑板作为装饰性线脚，如图 Z20-5 所示。假定，挑板的混凝土强度等级为 C30，钢筋采用 HPB300，$a_s=30$mm，挑板根部弯矩设计值 $M=0.2$kN·m/m。试问，该挑板按全截面计算的纵筋最小配筋率（%），与下列何项数值最接近？

提示： 按次要受弯构件计算。

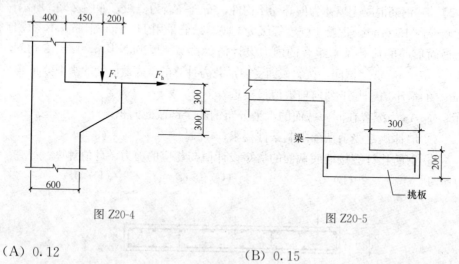

图 Z20-4 　　　　　　　　　　　　　图 Z20-5

(A) 0.12　　　　　　　　　　　(B) 0.15

(C) 0.20　　　　　　　　　　　(D) 0.24

【题 6】 某钢筋混凝土简支梁处于室内正常环境，安全等级为二级，截面尺寸为 300mm×600mm，混凝土强度等级为 C35（$f_{c0}=16.7$N/mm²），梁底纵向钢筋为 5 Φ 25（$f_{y0}=360$N/mm²，$A_{s0}=2454$mm²）。现拟采用梁底粘钢板加固提高其受弯承载力。假定，设计使用年限为 30 年，不考虑地震作用，加固前梁正截面承载力设计值为 399kN·m，$a_s=60$mm，粘钢加固的钢板总宽度为 200mm，钢板抗拉强度设计值 $f_{sp}=305N/mm^2$，钢板端部可靠锚固，加固施工时采用临时设置支撑和卸荷措施，不考虑二次受力影响。试问，加固后可获得的最大正截面受弯承载力设计值（kN·m），与下列何项数值最接近？

提示：① $\xi_b=0.518$；

② 不考虑受压钢筋及梁侧构造纵筋的作用，加固后受剪承载力满足要求；

③ 按《混凝土结构加固设计规范》GB 50367—2013 作答。

(A) 480 　　　　(B) 520 　　　　(C) 560 　　　　(D) 600

【题 7、8】 某后张法有粘结预应力的混凝土等截面悬挑梁，安全等级为二级，不考虑地震作用，混凝土强度等级为 C40，梁的计算简图及梁端部锚固示意图如图 Z20-6 所示，梁端部锚固区设置普通钢垫板和间接钢筋。

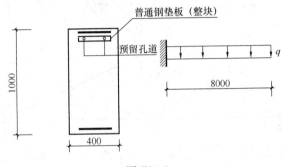

图 Z20-6

7. 假定，预留两个孔道，每个孔道内配置 6 Φ^s15.2 预应力钢绞线，$f_{ptk}=1860N/mm^2$，施工时所有钢绞线同时张拉，张拉控制应力 $\sigma_{con}=0.7f_{ptk}$，钢垫板有足够的强度和刚度。试问，锚固区进行局部受压计算时，钢垫板下的局部总压力设计值（kN），与下列何项数值最接近？

提示：Φ^s15.2 的公称截面面积为 $140mm^2$。

(A) 2250 　　　　(B) 2650 　　　　(C) 3150 　　　　(D) 3650

8. 假定，该梁要求不出现裂缝，其支座处荷载的标准组合计算的弯矩值 $M_k=860kN·m$，荷载的准永久组合计算的弯矩值 $M_q=810kN·m$，换算截面惯性矩 $I_0=4.115\times10^{10}mm^4$。试问，该梁由竖向荷载引起的最大竖向位移值 f（mm），与下列何项数值最接近？

提示：悬挑梁由均布荷载 q 引起的竖向位移 $f=ML_0^2/(4EI)$。

(A) 24 　　　　(B) 28 　　　　(C) 12 　　　　(D) 14

【题 9】 某钢筋混凝土雨篷梁，两端与柱刚接，平面布置如图 Z20-7 所示，安全等级为二级，不考虑地震作用，混凝土强度等级为 C30，梁截面为矩形，其截面尺寸 $b\times h=200mm\times400mm$，箍筋采用 HPB300。假定，$h_0=360mm$，截面核心部分的面积 $A_{cor}=47600mm^2$，受扭截面抵抗矩 $W_t=6.6667\times10^6mm^3$，受扭纵向钢筋与箍筋的配筋强度比 $\zeta=1.2$，雨篷梁支座截面的内力设计值为：弯矩 $M=12kN·m$，剪力 $V=27kN$，扭矩 $T=11kN·m$。试问，梁支座截面满足承载力要求时，其最小箍筋配置，与下列何项最接近？

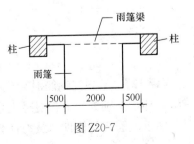

图 Z20-7

提示：① 不需要验算截面条件和最小配箍率。

② 梁上无集中荷载，不考虑轴力的影响。

(A) 2φ6@150

(B) 2φ8@150

(C) 2φ10@150

(D) 2φ12@150

【题 10】 节点荷载作用在钢筋混凝土三角形屋架上，安全等级为二级，计算简图如图 Z20-8 所示，集中荷载设计值 $P=128$kN，腹杆 1 号杆（DF 杆）为矩形截面，其截面尺寸为 250mm×250mm，对称配筋，混凝土强度等级为 C30，钢筋采用 HRB400。假定，不考虑自重，该屋架可按铰接桁架分析，按正截面承载力计算，1 号杆所需的最小全部纵向受力钢筋截面面积 A_s（mm²），与下列何项数值最接近？

提示：不需要验算最小配筋率。

(A) 250

(B) 360

(C) 470

(D) 600

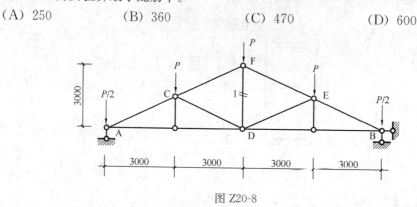

图 Z20-8

【题 11】 某钢筋混凝土等截面连续梁，安全等级为二级，其计算简图和支座 B 左侧边缘 1-1 截面处的配筋示意图如图 Z20-9 所示，梁截面尺寸 $b×h=300$mm×650mm，混凝土强度等级为 C35，钢筋采用 HRB400。假定，该连续梁为非独立梁，作用在梁上的均布荷载设计值均为 $q=48$kN/m（包括自重），集中荷载设计值 $P=600$kN，$a_s=40$mm，梁中未配置弯起钢筋。试问，按斜截面受剪承载力计算，支座 B 左侧边缘 1-1 截面处的最小抗剪箍筋配置 A_{sv}/s（mm²/mm），与下列何项数值最接近？

提示：不考虑可变荷载不利布置。

(A) 1.2

(B) 1.5

(C) 1.7

(D) 2.0

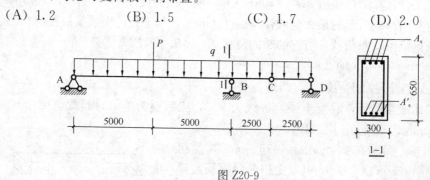

图 Z20-9

【题 12】 某现浇钢筋混凝土框架结构，抗震设防烈度为 7 度 (0.10g)，抗震等级为三级，环境类别为一类，混凝土强度等级为 C35，其施工图用平法表示，如图 Z20-10 所示，图示配筋满足构件承载力计算要求，梁支座截面负弯矩纵向受拉钢筋的截断点满足规范要求，板厚度 $h=160$mm。假定，梁均为弯剪构件。试问，图示两根框架梁的局部配筋共有几处不满足《混凝土结构设计规范》GB 50010—2010（2015 年版）的规定及《建筑抗震设计规范》GB 50011—2010（2016 年版）的抗震构造措施要求？

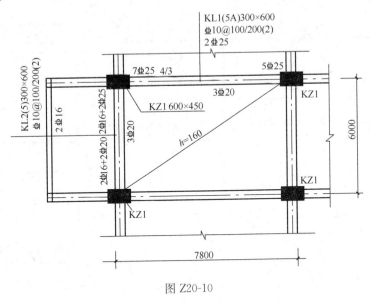

图 Z20-10

提示： 配置单排钢筋时，$h_0=550$mm，配置双排钢筋时，$h_0=520$mm。箍筋的混凝土保护层厚度 $c=25$mm。

（A）1 处　　　　（B）2 处　　　　（C）3 处　　　　（D）4 处

【题 13】 下列叙述中，按照《混凝土结构工程施工质量验收规范》GB 50204—2015，何项是正确的？

Ⅰ. 设计无具体要求时，柱纵向受力钢筋搭接长度的范围内的箍筋直径不小于搭接钢筋较大直径的 1/4；

Ⅱ. 混凝土浇筑前后，施工质量不合格的检验批，均应返工返修；

Ⅲ. 取芯法进行实体混凝土强度检验时，对同一强度等级的混凝土，当三个芯样抗压强度的算术平均值不小于设计要求的混凝土强度的 88% 时，结构实体混凝土强度等级认为合格；

Ⅳ. 当用中水作为混凝土养护用水时，应对中水的成分进行检验。

（A）Ⅰ、Ⅱ　　　　　　　　　（B）Ⅲ、Ⅳ

（C）Ⅱ、Ⅲ　　　　　　　　　（D）Ⅰ、Ⅳ

【题 14】 装配式混凝土结构，根据《混凝土结构设计规范》GB 50010—2010（2015 年版）、《混凝土结构工程施工质量验收规范》GB 50204—2015，下列何项是正确的？

（A）对计算时不考虑传递内力的连接，可不设置固定措施

（B）装配整体式的梁、柱节点，柱的纵向钢筋可不贯穿节点

（C）非承重预制构件，在框架内镶嵌时，可不考虑其对框架抗侧移刚度的影响

（D）预制构件外观质量不应有一般缺陷，其检查数量为全数检查

【题 15】 某普通办公楼为钢筋混凝土框架结构，楼盖为梁板承重体系，其楼层平面、

剖面如图 Z20-11 所示。屋面为不上人屋面，隔墙均为固定隔墙，假定二次装修荷载作为永久荷载考虑。试问，当设计柱 KZ1 时，考虑活荷载折减，在第三层柱顶 1-1 截面处楼面活荷载产生的柱轴力标准值 N_k（kN）的最小值，与下列何项数值最接近？

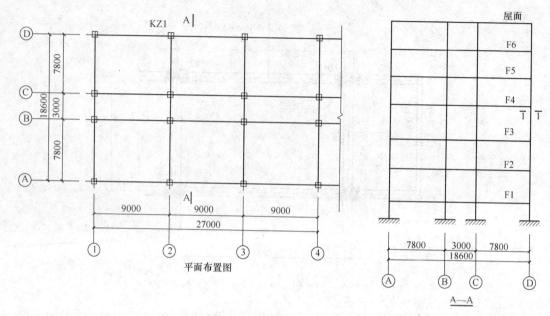

图 Z20-11

提示：①柱轴力仅按柱网尺寸对应的负荷面积计算；

②按《工程结构通用规范》GB 55001—2021 作答。

(A) 140　　　　　(B) 150　　　　　(C) 180　　　　　(D) 235

【题 16】 位于抗震设防烈度为 7 度 (0.10g) 地区的甲、乙、丙三栋建筑，如图 Z20-12 所示，抗震设防类别为标准设防类。试问，根据《建筑抗震设计规范》GB 50011—2010（2016 年版）的要求，甲乙两栋楼间、乙丙两栋楼间的最小防震缝宽度，应为下列何项？

(A) 140mm；120mm

(B) 200mm；170mm

(C) 200mm；120mm

(D) 240mm；240mm

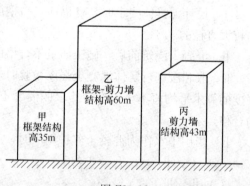

图 Z20-12

【题 17～21】 只承受节点荷载的某钢桁架，跨度为 30m，两端各悬挑 6m，桁架高度为 4.5m，钢材采用 Q345 钢，其构件截面采用 H 形，结构重要性系数取 1.0。钢桁架计算简图及采用一阶弹性分析时的内力设计值如图 Z20-13 所示，其中，正值为轴拉力，负值为轴压力。按《钢结构设计标准》GB 50017—2017 考虑塑性应力重分布。

17. 假定，杆件 AB 和 CD 的截面相同并且在交叉点处不中断，不考虑节点刚度影响。

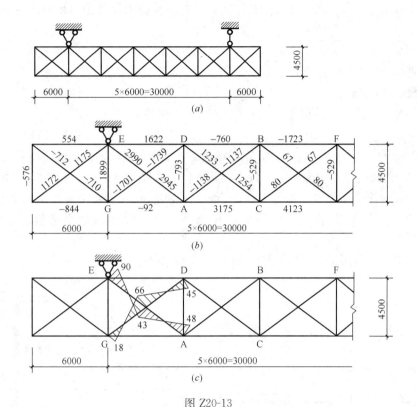

图 Z20-13

(a) 计算简图（单位：mm）；(b) 桁架轴力设计值（单位：kN）；

(c) 桁架次弯矩设计值（单位：kN·m）

试问，杆件 AB 的平面外计算长度（m），与下列何项数值最接近？

(A) 2.3　　　　　(B) 3.75　　　　　(C) 5.25　　　　　(D) 7.5

18. 假定，承受次弯矩的杆件 DG 采用轧制 H 型钢 HW344×348×10×16，其腹板位于桁架平面内，截面特性：$A=144\text{cm}^2$，$i_x=15\text{cm}$，$i_y=8.8\text{cm}$，$W_x=1892\text{cm}^3$。试问，当杆件 DG 进行稳定性计算时，以应力表达的平面内稳定性最大计算值（N/mm^2），与下列何项数值最接近？

提示：① 计算长度取 3.75m，$N'_{Ex}=4.26\times10^4\text{kN}$；

② 构件截面板件宽厚比等级满足 S3 级要求。

(A) 160　　　　　(B) 150　　　　　(C) 140　　　　　(D) 130

19. 假定，杆件 EA 采用轧制 H 型钢 HW344×348×10×16，其腹板位于桁架平面内，截面特性：$A=144\text{cm}^2$，$i_x=15\text{cm}$，$i_y=8.8\text{cm}$，$W_x=1892\text{cm}^3$。试问，根据《钢结构设计标准》GB 50017—2017 进行截面强度计算时，杆件 EA 的作用效应设计值与承载力设计值之比，与下列何项数值最接近？

提示：杆件 EA 的塑性截面模量 $W_{px}=2070\text{cm}^3$。

(A) 0.68　　　　　(B) 0.70　　　　　(C) 0.81　　　　　(D) 0.84

20. 假定，杆件 AB 和 CD 均采用热轧无缝钢管 D350×14，$A=147.8\text{cm}^2$，采用无加劲肋的直接焊接的平面节点，拉杆 CD 连续，压杆 AB 在交叉点断开且相贯焊接于 CD 管，忽略杆 AB 的次弯矩。试问，杆件 AB 在交叉点处的承载力设计值（kN），与下列何项数值最接近？

(A) 160　　　　(B) 150　　　　(C) 140　　　　(D) 130

21. 假定，设计条件同题 20。试问，杆 AB 与 CD 连接的角焊缝计算长度（mm），与下列何项数值最接近？

提示：按《钢结构设计标准》GB 50017—2017 作答。

(A) 1050　　　　(B) 1150　　　　(C) 1250　　　　(D) 1350

【题 22～29】　如图 Z20-14 所示，某二层钢结构平台布置，梁、柱截面均采用 HM294×200×8×12，其截面特性如图所示。抗震设防烈度为 7 度（0.10g），抗震设防类别为标准设防类，所有构件的安全等级均为二级，Y 向梁柱刚接形成框架结构，X 向梁与柱铰接，设置柱间支撑保证稳定性，并且满足强支撑要求，柱脚均满足刚接假定。钢材采用 Q235 钢。

提示：按《钢结构设计标准》GB 50017—2017 作答。

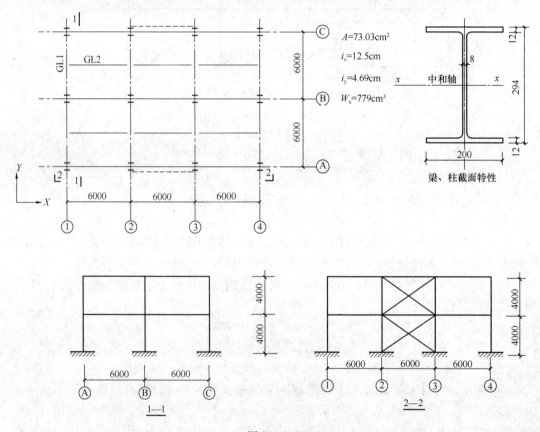

$A=73.03\text{cm}^2$

$i_x=12.5\text{cm}$

$i_y=4.69\text{cm}$

$W_x=779\text{cm}^3$

梁、柱截面特性

图 Z20-14

22. 假定，平台设置水平支撑，平台板采用钢格栅板。GL2 与 GL1 连接节点如图 Z20-15所示，均布荷载作用在 GL2 上翼缘。试问，对 GL2 进行整体稳定性计算时，梁整体稳定性系数，与下列何项数值最接近？

提示：不考虑格栅板对 GL2 受压翼缘的支承作用且水平支撑不与 GL2 相连。

(A) 160   (B) 150

(C) 140   (D) 130

23. 假定，平台板采用钢格栅板。GL2 与 GL1 连接节点如图 Z20-15 所示，GL2 梁端剪力设计值为 100.8kN，采用高强度螺栓摩擦型连接，其性能等级为 10.9 级，摩擦面的抗滑移系数取 0.4，螺栓孔为标准孔，加劲肋厚度为 10mm，不考虑格栅板刚度，主梁 GL1 的扭转刚度为零，图 Z20-15 满足构造要求。试问，满足标准要求的高强度螺栓的最小直径，应为下列何项？

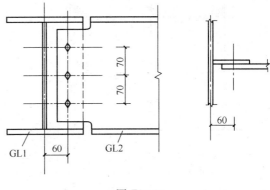

图 Z20-15

(A) M16   (B) M20   (C) M22   (D) M24

24. 假定，GL2 采用 Q345 钢板焊接而成。试问，其腹板的截面板件宽厚比限值，与下列何项数值最接近？

(A) 62   (B) 102   (C) 206   (D) 250

25. 假定，采用现浇混凝土平台板，采用一阶弹性设计分析内力，底层框架柱轴压力设计值（kN），如图 Z20-16 所示，其中仅钢柱 GZ1 为双向摇摆柱。试问，该工况时，底层框架柱 GZ2 在 Y 向平面内的计算长度（mm），与下列何项数值最接近？

提示：① 不计混凝土板对梁的刚度的贡献。

② 不要求考虑各柱 N/I 的差异进行详细分析。

(A) 3350   (B) 4000   (C) 5050   (D) 5650

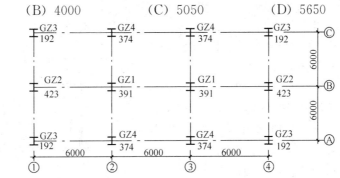

图 Z20-16

26. 假定，设计条件同题 25，框架柱 GZ1 采用 Q345 钢。试问，该工况时，底层框架柱 GZ1 受压承载力设计值（kN），与下列何项数值最为接近？

(A) 1027   (B) 1192   (C) 1457   (D) 2228

27. 假定，Y 向框架的层间位移角为 1/571，一阶弹性分析得到的弯矩图如图 Z20-17 所示。试问，按调幅幅度最大的原则采用弯矩调幅设计时，节点 A 处梁端弯矩设计值（kN·m）、柱 AB 柱下端弯矩设计值（kN·m）分别与下列何项数值最接近？

提示：轧制型钢腹板圆弧段半径按 0.5 倍翼缘厚度确定。

(A) 154；90   (B) 154；112   (C) 165；94   (D) 165；112

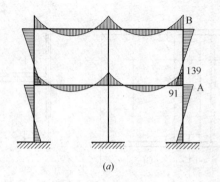 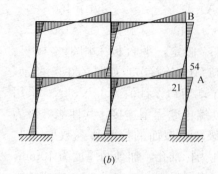

图 Z20-17

(a) 竖向荷载作用下弯矩设计值（单位：kN·m）；(b) 水平荷载作用下弯矩设计值（单位：kN·m）

28. 假定，框架梁截面板件宽厚比等级均为 S3 级，根据《钢结构设计标准》GB 50017—2017 进行抗震设计，对横向（Y 向）框架结构部分有下列观点：

Ⅰ. 必须修改截面，使框架梁柱截面板件宽厚比满足抗震等级四级的规定；

Ⅱ. 构件截面承载力设计时，地震内力及其组合均按《建筑抗震设计规范》GB 50011—2010（2016 年版）的规定采用；

Ⅲ. 节点域承载力应满足《钢结构设计标准》GB 50017—2017 式（17.2.10-2）的规定；

Ⅳ. 节点域计算必须满足《建筑抗震设计规范》GB 50011—2010（2016 年版）式（8.2.5-3）的规定。

针对上述观点的判断，下列何项是正确的？

(A) Ⅰ、Ⅱ、Ⅲ正确   (B) Ⅱ、Ⅲ正确

(C) Ⅰ、Ⅱ、Ⅳ正确   (D) Ⅲ正确

29. 假定，采用现浇混凝土平台板，GL2 采用焊接 H 形截面 H300×200×8×12，最大弯矩设计值为 238.6kN·m，按部分抗剪连接组合梁设计，采用 C30 混凝土（$f_c = 14.3$N/mm², $E_c = 3.0 \times 10^4$N/mm²），板厚为 120mm，如图 Z20-18 所示，采用满足国标的 M19 圆柱头焊钉连接件，圆柱头焊钉连接件强度满足设计要求。试问，GL2 满足承载力和构造要求的焊钉最少数量，与下列何项数值最接近？

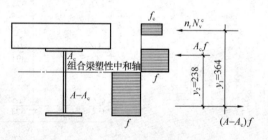

图 Z20-18 组合梁计算简图（单位：mm）

提示：不需要验算梁截面板件宽厚比。

(A) 10   (B) 20   (C) 30   (D) 40

【题 30~32】 某幕墙结构如图 Z20-19 所示，构件的安全等级均为二级，构件间的连接可采用刚性假定，支座采用铰接假定，梁、柱均采用焊接 H 形截面。结构最大二阶效应系数为 0.21。钢材采用 Q235 钢。

提示：按《钢结构设计标准》GB 50017—2017 作答。

30. 关于该结构内力分析方法，下列何项相对合理？

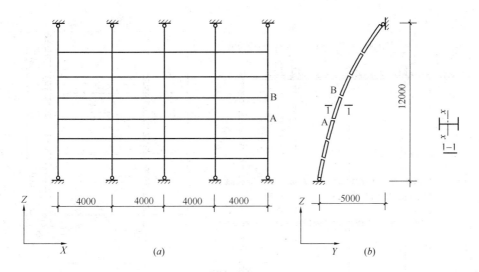

图 Z20-19

(a) X-Z 立面；(b) Y-Z 立面

（A）该结构内力分析宜采用二阶 P-Δ 弹性分析或直接分析

（B）该结构内力分析不可采用二阶 P-Δ 弹性分析

（C）该结构内力分析不可采用直接分析

（D）该结构内力分析宜采用一阶弹性分析

31. 假定，该结构内力分析采用直接分析，内力分析时不考虑材料弹塑性发展。试问，AB 构件在 YZ 平面内的初始弯曲缺陷值 e_0/l，应采用下列何项数值？

（A）1/400　　　（B）1/350　　　（C）1/300　　　（D）1/250

32. 假定，该结构工作温度为 $-30℃$，采用外露式柱脚，柱脚锚栓为 M16。试问，该锚栓采用下列何项钢材，才能满足《钢结构设计标准》GB 50017—2017 的最低要求？

（A）Q235A　　　（B）Q235B　　　（C）Q235C　　　（D）Q235D

【题 33～35】　某三层教学楼采用砌体结构，其局部平面、剖面如图 Z20-20 所示，各层平面布置相同，各层层高均为 3.6m，楼屋盖均为现浇钢筋混凝土板，静力计算方案为刚性方案。纵墙墙厚均为 200mm，采用 MU20 混凝土多孔砖、Mb7.5 专用砂浆砌筑。砌体施工质量控制等级为 B 级。

33. 假定，首层带壁柱墙 A 对截面形心 x 轴的惯性矩 $I_x = 1.20 \times 10^{10}\,\text{mm}^4$。试问，进行构造要求验算时，首层带壁柱墙 A 的高厚比 β 值，与下列何项数值最接近？

（A）6.2　　　（B）6.7　　　（C）7.3　　　（D）8.0

34. 假定，二层带壁柱墙 A 对截面形心的惯性矩 $I_x = 1.20 \times 10^{10}\,\text{mm}^4$，按轴心受压构件计算时，试问，二层带壁柱墙 A 的最大受压承载力设计值（kN），与下列何项数值最接近？

（A）940　　　（B）960　　　（C）980　　　（D）1000

35. 已知二层内纵墙门洞高度为 2100mm，试问，二层内纵墙段的高厚比验算式中，其左、右端项（$H_0/h \leqslant \mu_1 \mu_2 [\beta]$）的值，与下列何项数值最接近？

提示：$\mu_1 = 1.0$。

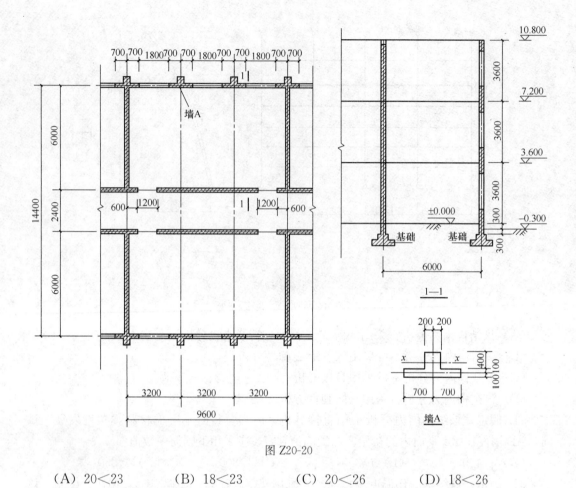

图 Z20-20

(A) 20＜23　　　　(B) 18＜23　　　　(C) 20＜26　　　　(D) 18＜26

【题 36～38】　某位于抗震设防烈度为 7 度（0.10g）的多层砌体结构住宅，底层某道承重横墙的尺寸和构造柱布置如图 Z20-21 所示，墙体采用 MU10 级烧结普通砖、M7.5级混合砂浆砌筑。构造柱 GZ 的截面为 240mm×240mm，混凝土强度等级为 C20，每根构造柱的纵向钢筋采用 HRB335 且配置 4 根直径 12mm（A_s＝452mm²），箍筋采用 HPB300且配置 Φ6@200。砌体施工质量控制等级为 B 级。在该墙体半层高处作用的永久荷载标准

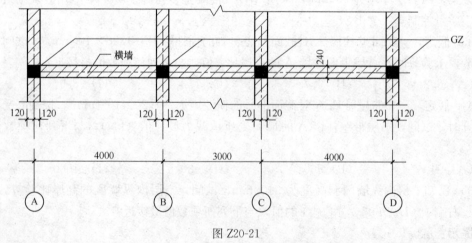

图 Z20-21

值为 200kN/m，活荷载标准值为 70kN/m。

  提示：① 按《建筑抗震设计规范》GB 50011—2010（2016 年版）作答；
         ② 砌体抗剪强度 f_v=0.14MPa；
         ③ 构造柱的混凝土抗拉强度 f_t=1.1MPa。

36. 该墙体沿阶梯形截面破坏的抗震抗剪强度设计值 f_{vE}（MPa），与下列何项数值最接近？

  (A) 0.14   (B) 0.16   (C) 0.20   (D) 0.23

37. 假定，砌体抗震抗剪强度的正应力影响系数 ζ_N=1.5，考虑构造柱对受剪承载力的提高作用，该墙体的截面抗震受剪承载力设计值（kN），与下列何项数值最接近？

  提示：η_c=1.0。

  (A) 680   (B) 650   (C) 600   (D) 550

38. 假定，图 Z20-21 的墙体不设置构造柱，砌体抗震抗剪强度的正应力影响系数 ζ_N=1.5，该墙体的截面抗震受剪承载力设计值（kN），与下列何项数值最接近？

  (A) 600   (B) 560   (C) 420   (D) 360

【题 39】 下列关于砌体结构的理解，何项是错误的？

  提示：按《砌体结构设计规范》GB 50003—2011 作答。

  (A) 带有砂浆面层的组合砌体构件的允许高厚比 $[\beta]$ 可以适当提高

  (B) 对于安全等级为一级或设计使用年限大于 50 年的房屋，不应采用砌体结构

  (C) 在冻胀地区，地面以下的砌体不宜采用多孔砖

  (D) 砌体结构房屋的静力计算方案是根据房屋空间工作性能划分的

【题 40】 下列关于木结构的理解，何项是错误的？

  (A) 原木、方木、层板胶合木可作为承重木结构的用材

  (B) 标注原木直径时，应以小头为准，验算挠度时，可取构件的中央截面

  (C) 抗震设防地区，设计使用年限 50 年的木柱木梁房屋宜建单层，高度不宜超过 3m

  (D) 抗震设防地区，设计使用年限 50 年的木结构房屋可以采用木柱与砖墙混合承重

（下午卷）

【题 41~47】 某新建 5 层建筑位于边坡坡顶，坡面与水平面夹角 β=45°，该建筑的上部结构采用钢筋混凝土框架结构，采用柱下独立基础，基础底面中心线与柱截面中心线重合。方案设计时，靠近边坡的柱截面尺寸为 500mm×500mm，基础底面形状为正方形，基础剖面及土层分布如图 Z20-22 所示。基础及其上部覆土的平均重度取 20kN/m³，场地内无地下水。不考虑地震作用。

41. 假定，①层粉质黏土 c_k=25kPa、φ_k=20°，当坡顶无荷载，不计新建建筑影响，边坡坡顶塌滑区外边缘至坡顶边缘的水平投影距离估算值 s（m），与下列何项数值最接近？

  提示：按《建筑边坡工程技术规范》GB 50330—2013 作答。

  (A) 2.20   (B) 2.85   (C) 3.55   (D) 7.85

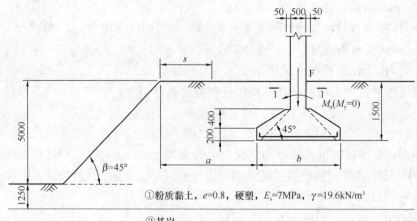

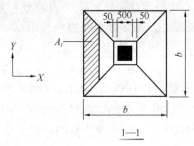

①粉质黏土, $e=0.8$, 硬塑, $E_s=7MPa$, $\gamma=19.6kN/m^3$

②基岩

图 Z20-22

42. 假定, 该土坡本身稳定, 基础宽度为 $b<3m$, 相应于荷载的标准组合时, 基础底面中心的竖向力 $F_k+G_k=1000kN$, 弯矩 $M_{xk}=0$, ①层粉质黏土的承载力特征值 $f_{ak}=150kPa$, 根据《建筑地基基础设计规范》GB 50007—2011 有关规定, 基础底面外边缘线至坡顶的水平距离 a (m), 最小应取下列何项数值?

提示: 可不必按照圆弧滑动法进行稳定性验算。

(A) 2.5　　　　(B) 3.5　　　　(C) 4.5　　　　(D) 5.5

43. 假定, 基础宽度为 $b<3m$, 相应于荷载的标准组合时, 作用于基础顶面的竖向压力 $F_k=1000kN$, 弯矩 $M_{xk}=80kN\cdot m$, 忽略水平剪力影响, 基础经深度修正后的地基承载力 $f_a=192kPa$, 试问, 基础底面最小宽度 b (m), 与下列何项数值最接近?

(A) 2.1　　　　(B) 2.3　　　　(C) 2.5　　　　(D) 2.8

44. 假定, 安全等级为二级, 柱下独立基础底面宽度 $b=2.5m$, 基础冲切破坏锥体有效高度 $h_0=545mm$, 基础混凝土强度等级为 C30 ($f_t=1.43N/mm^2$), 采用 HRB400 钢筋。相应于荷载的基本组合时, 作用于基础顶面的竖向压力设计值 $F=1500kN$, 弯矩设计值 $M_x=120kN\cdot m$, 忽略水平剪力影响。试问, 柱下独立基础抗冲切承载力验算时, 基础最不利一侧的受冲切承载力计算值与冲切力设计值之比, 与下列何项数值最接近?

提示: 最不利一侧冲切力设计值为相应于荷载的基本组合时, 作用在图 Z20-22 中 A_l 上的地基土净反力设计值, 其中, p_j 取基础边缘处最大地基土单位面积净反力值。

(A) 1.55　　　　(B) 2.15　　　　(C) 3.00　　　　(D) 4.50

45. 假定, 安全等级为二级, 基础底面宽度 $b=2.5m$, 基础及其上覆土自重的分项系数为1.35。相应于荷载的基本组合时，作用于基础顶面的竖向压力设计值 $F=1500kN$，承受单向弯矩 M_x 的作用，忽略水平剪力影响。基础底面最小地基反力设计值 $p_{min}=230kPa$。试问，柱下独立基础底板在柱边处正截面的最大弯矩设计值 M（kN·m），与下列何项数值最接近？

    (A) 210   (B) 260   (C) 285   (D) 310

    46. 假定，安全等级为一级，基础底面宽度 $b=2.5m$，基础有效高度 $h_0=545mm$。相应于荷载的基本组合时，独立基础底板在柱边处正截面弯矩设计值 $M=180kN·m$，基础采用C30混凝土，钢筋采用HRB400（$f_y=360N/mm^2$）。试问，根据《建筑地基基础设计规范》GB 50007—2011规定，基础底板受力钢筋配置，下列何项最合理？

    (A) $\oplus$12@210   (B) $\oplus$12@170   (C) $\oplus$12@150   (D) $\oplus$14@210

    47. 假定，基础底面宽度 $b=2.5m$。相应于荷载的准永久组合时，基础底面平均附加应力 $p_0=150kPa$，①层粉质黏土的承载力特征值 $f_{ak}=150kPa$，不考虑相邻基础及边坡的影响。试问，考虑基岩对压力分布影响后，基底中心点处地基最终计算变形量 s（mm），与下列何项数值最接近？

    (A) 42   (B) 47   (C) 52   (D) 57

    【题 48～50】 某位于抗震设防烈度7度（0.10g）的房屋建筑，其上部结构采用钢筋混凝土框架结构，设置一层地下室，采用预应力高强混凝土空心管桩基础，承台下布桩 3～5 根，桩径为 400mm，壁厚 95mm，无桩尖。桩基环境类别为三类，场地地下潜水水位标高为 $-0.500m\sim-1.500m$，③层粉土中承压水水位标高为 $-5.000m$，②层粉质黏土为不透水层，局部的桩基剖面及场地土层分布情况如图 Z20-23 所示。

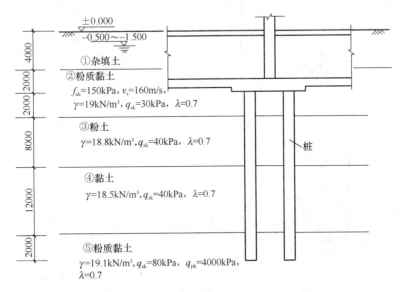

图 Z20-23

    48. 假定，基坑支护采用坡率法，试问，根据《建筑地基基础设计规范》GB 50007—2011，基坑挖至承台底标高（$-6.000m$）时，承台底抗承压水渗流稳定安全系数，与下列何项数值最接近？

    (A) 0.85   (B) 1.05   (C) 1.27   (D) 1.41

49. 假定，②层为非液化土、非软弱土，③层饱和粉土层为液化土层，标准贯入点竖向间距为 1.0m，其 λ_N 均小于 0.6。试问，按《建筑桩基技术规范》JGJ 94—2008 进行桩基抗震验算时，根据岩土的物理指标与承载力参数之间的经验关系，估算单桩竖向极限承载力标准值 Q_{uk}(kN)，与下列何项数值最接近？

(A) 1250　　　　(B) 1450　　　　(C) 1750　　　　(D) 1850

50. 假定，桩基设计等级为丙级，不考虑地震作用，各土层抗拔系数 λ 如图 Z20-23 所示。扣除全部预应力损失后的管桩混凝土有效预压应力 $\sigma_{pc}=4.9MPa$，桩每米自重为 2.49kN。试问，结构抗浮验算时，相应于荷载的标准组合下的基桩允许拔力最大值 (kN)，与下列何项数值最接近？

提示：① 按《建筑桩基技术规范》JGJ 94—2008 作答；

② 不考虑群桩整体破坏；

③ 不计桩与桩之间的连接、桩与承台的连接的影响；不计各预应力主筋的作用。

(A) 400　　　　(B) 440　　　　(C) 480　　　　(D) 520

【题 51~53】 某多层建筑采用条形基础，基础宽度 b 均为 2.0m，地基基础设计等级为乙级，地基处理采用水泥粉煤灰碎石桩（CFG 桩）复合地基，CFG 桩采用长螺旋中心压灌成桩，条形基础下按单排等间距布桩，桩径为 400mm，桩顶褥垫层厚度 200mm，地基土层分布及参数如图 Z20-24 所示。

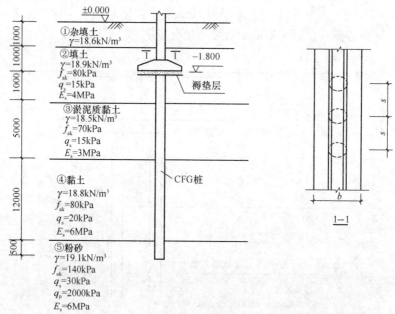

图 Z20-24

51. 工程验收时，按规范规程做了三个点 CFG 桩复合地基静载荷试验，各点的复合地基承载力特征值分别是：210kPa、220kPa 和 230kPa。试问，该单体工程 CFG 桩复合地基承载力特征值 f_{spk}(kPa)，与下列何项数值最接近？

(A) 210

(C) 230

(B) 220

(D) 增加复合地基静载荷试验点数量

52. 假定，地下水位标高-1.000m，CFG 桩单桩竖向承载力特征值 $R_a=680$kN，单桩承载力发挥系数 $\lambda=0.9$，桩间土承载力发挥系数 $\beta=1.0$，设计要求基础底面经深度修正后的基底复合地基承载力特征值 f_{spa} 不小于 250kPa。试问，初步设计时，CFG 桩的最大间距 s(m)，与下列何项数值最接近？

(A) 2.0   (B) 1.8   (C) 1.6   (D) 1.4

53. 假定，地下水位标高是-3.000m，单桩承载力发挥系数 $\lambda=0.9$，其他条件同 52 题，试问，CFG 桩体的混凝土标准试块（边长为 150mm）标准养护 28d 的立方体抗压强度平均值 f_{cu}(MPa) 的最小值，与下列何项数值最接近？

(A) 16   (B) 18   (C) 20   (D) 22

【题 54】 关于桩基设计有下列观点：

Ⅰ. 用于抗水平力的旋挖成孔及正反循环钻孔灌注桩，在灌注混凝土前，孔底沉渣厚度不应大于 200mm；

Ⅱ. 压灌桩的充盈系数宜为 1.0~1.2，桩顶混凝土超灌高度宜为 0.1~0.2m；

Ⅲ. 灌注桩后注浆量应根据桩长、桩径、桩距、注浆顺序、桩端和桩侧土质、单桩承载力增幅以及是否复式注浆等因素确定；

Ⅳ. 静压沉桩时，最大压桩力不宜小于设计的单桩竖向极限承载力标准值，必要时可由现场试验确定。

试问，根据《建筑桩基技术规范》JGJ 94—2008，下列何项是正确的？

(A) Ⅲ正确，Ⅰ、Ⅱ、Ⅳ不正确   (B) Ⅰ、Ⅲ、Ⅳ正确，Ⅱ不正确

(C) Ⅰ、Ⅳ正确，Ⅱ、Ⅲ不正确   (D) Ⅰ、Ⅱ正确，Ⅲ、Ⅳ不正确

【题 55】 关于地基处理设计有下列观点：

Ⅰ. 大面积压实填土、堆载预压及换填垫层处理后的地基，基础宽度的地基承载力修正系数取 0；基础埋深的地基承载力修正系数取 1.0；

Ⅱ. 对采用振冲碎石桩处理的堆载场地地基，应进行整体稳定性分析，可采用圆弧滑动法，稳定安全系数不应小于 1.30；

Ⅲ. 对水泥搅拌桩，采用水泥作为加固料时，对含高岭土、蒙脱石及伊利石的软土加固效果较好；

Ⅳ. 采用碱液注浆加固湿陷性黄土地基，加固土层厚度大于灌注孔长度，但设计取用的加固土层底部深度不超过灌注孔底部深度。

试问，根据《建筑地基处理技术规范》JGJ 79—2012，下列何项是正确的？

(A) Ⅰ、Ⅱ正确   (B) Ⅱ、Ⅳ正确

(C) Ⅰ、Ⅲ正确   (D) Ⅱ、Ⅲ正确

【题 56】 关于岩土工程勘察有下列观点：

Ⅰ. 建筑物地基均应进行施工验槽；

Ⅱ. 在抗震设防烈度为 7 度及高于 7 度的建筑场地勘察时，必须测定土层的剪切波速；

Ⅲ. 砂土和平均粒径不超过 50mm 且最大粒径不超过 100mm 的碎石土密实度都可采用动力触探试验评价；

Ⅳ. 对抗震设防烈度为 6 度地区不需要进行土的液化评价。

试问，根据《建筑地基基础设计规范》GB 50007—2011 和《建筑抗震设计规范》GB 50011—2010（2016 年版），下列何项是正确的？

(A) Ⅰ、Ⅱ正确　　　　　　　　(B) Ⅰ、Ⅲ正确
(C) Ⅱ、Ⅳ正确　　　　　　　　(D) Ⅱ、Ⅲ正确

【题 57】 某工程场地进行地基土浅层平板载荷试验，采用方形承压板，面积为 0.5m²，加载至 375kPa 时，承压板周围土体明显侧向挤出，实测数据见表 Z20-1。

实测数据　　　　　　　　　　　　　　表 Z20-1

P(kPa)	25	50	75	100	125	150	175	200	225	250	275	300	325	350	375
s(mm)	0.80	1.60	2.41	3.20	4.00	4.80	5.60	6.40	7.85	9.80	12.1	16.4	21.5	26.6	43.5

试问，由该试验点确定的地基承载力特征值 f_{ak}(kPa)，与下列何项数值最接近？

(A) 175　　　　(B) 188　　　　(C) 200　　　　(D) 225

【题 58】 关于高层建筑混凝土结构计算分析的下列叙述，根据《高层建筑混凝土结构技术规程》JGJ 3—2010，下列何项相对正确？

(A) 剪力墙结构体系，当非承重墙用空心砖填充墙时，结构自振周期折减系数取值 0.7～0.9

(B) 现浇钢筋混凝土框架结构，可对框架梁组合弯矩设计值进行调幅，梁端负弯矩调幅系数 0.8～0.9，跨中弯矩按平衡条件相应增大

(C) 现浇钢筋混凝土框架结构，活荷载 5kN/m²，整体计算没有考虑楼面活荷载不利布置，应适当增大楼面梁的计算弯矩

(D) 某钢筋混凝土结构，设计地震分组为第二组，建筑场地为Ⅲ类，计算罕遇地震下的特征周期为 0.65s，计算风振舒适度时结构阻尼比为 0.02

【题 59】 位于抗震设防烈度 6 度地区，某高度为 200m 的普通办公楼，拟采用钢筋混凝土框架-核心筒结构，关于该结构的下列叙述，根据《高层建筑混凝土结构技术规程》JGJ 3—2010，下列何项相对正确？

(A) 当主体结构高宽比满足规范相关规定后，可不对核心筒高宽比进行限制

(B) 当该结构的剪重比、刚重比不符合规范最小限值时，可分别进行相应地基剪力的调整、补充验算罕遇地震作用下的弹塑性层间位移，以避免引起结构的失稳倒塌

(C) 当该结构的刚重比 $EJ_D/(H^2 \Sigma G_i)$ 为 3.0 时，按弹性方法计算的在风荷载或多遇地震标准值作用下，楼层层间最大水平位移与层高之比宜小于规范限值的 1/550

(D) 当该结构的刚重比为 2.0 时，弹性计算分析应考虑重力荷载产生的二阶效应的影响，除计入对结构的内力增量外，还应验算考虑 $P\text{-}\Delta$ 效应后的水平位移，且仍应满足规程的相关规定

【题 60、61】 某 18 层普通办公楼采用现浇钢筋混凝土框架-剪力墙结构，首层层高为 4.5m，其他各层层高均为 3.6m，室外高差为 0.45m，房屋高度为 66.15m，抗震设防烈度为 8 度（0.20g），设计地震分组为第二组，建筑场地为Ⅱ类，抗震设防类别为标准设防类，安全等级为二级。

提示： 按《高层建筑混凝土结构技术规程》JGJ 3—2010 作答。

60. 该结构平面、竖向规则，各层平面布置相同，板厚为 120mm，每层建筑面积均

为 2100m²，非承重墙体采用轻钢龙骨隔墙，结构竖向荷载由恒荷载和活荷载引起的单位面积重力荷载组成。假定，每层（含屋面层）重力荷载代表值相等，重力荷载代表值按 0.9 倍重力荷载计算，主要计算结果为：第一振型为平动，基本自振周期为 1.8s，按弹性方法计算在水平地震作用下楼层层间最大水平位移与层高之比为 1/850。试问，方案估算时，在多遇地震作用下，按规范规程规定的楼层最小剪力系数计算的，相应于水平地震作用标准值的首层地震剪力（kN），与下列何项数值最接近？

　　(A) 11000　　　　(B) 15000　　　　(C) 20000　　　　(D) 25000

　　61. 假定，该办公楼由于业主需求进行方案调整，局部楼层拟取消部分剪力墙形成大空间，顶层层高由 3.6m 改为 5.4m，框架梁梁高为 800mm，剖面如图 Z20-25 所示。分析表明，多遇地震作用下，该结构调整后楼层层间最大水平位移与层高之比仍满足规范要求，X 向经振型分解反应谱法分析及七组加速度时程补充弹性分析，顶层楼层剪力 V_{18}、某边柱 AB 柱底相应的最小弯矩标准值 M_{ck} 见表 Z20-2（已经考虑地震作用下对竖向不规则结构要求的剪力放大）。试问，多遇地震作用下，在进行顶层边柱 AB 柱底截面内力地震组合时所采用的对应于地震作用标准值的弯矩值（kN·m），与下列何项数值最接近？

　　(A) 800　　　　(B) 760　　　　(C) 700　　　　(D) 600

表 Z20-2

	M_{ck}(kN·m)	V_{18}(kN)
振型分解反应谱法	500	2500
时程分析平均值	700	3500
时程分析包络值	800	3800

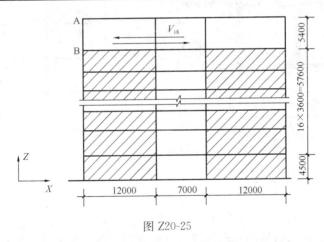

图 Z20-25

　　【题 62】　某 16 层普通办公楼，高度为 58.5m，采用现浇钢筋混凝土框架-剪力墙结构，抗震设防类别为标准设防类，房屋抗震设防烈度为 8 度（0.20g），设计地震分组为第一组，建筑场地为Ⅲ类，安全等级为二级。该结构质量和刚度沿高度分布均匀，周期折减系数为 0.8，针对两个结构方案分别进行了多遇地震作用计算，现提取首层地震剪力系数 λ_v（$\lambda_v = V_{Ek1} / \Sigma G_j$），第一自振周期 T_1 如下（其他计算结构初步判断均满足规范、规程要求）：

　　方案一：$\lambda_v = 0.055$，$T_1 = 1.50s$；方案二：$\lambda_v = 0.05$，$T_1 = 1.30s$。

　　假定，可采用底部剪力法计算结构水平地震作用标准值，不考虑其他因素的影响，仅从上述数据之间的基本关系判断电算结果的合理性。试问，下列何项是正确的？

(A) 方案一电算可信，方案二电算有误

(B) 方案一电算有误，方案二电算可信

(C) 两者均可信

(D) 两者均不可信

【题 63～66】 某地上 22 层商住楼，地下 2 层（平面同首层，未示出），房屋高度 75.25m，采用钢筋混凝土部分框支剪力墙结构，如图 Z20-26 所示，仅表示左侧 1/2，另一半对称，1～3 层墙柱布置相同，4～22 层剪力墙布置相同。③、⑤轴为框支剪力墙，其他均为落地剪力墙，水平转换构件设在 3 层顶面。该建筑的抗震设防烈度为 7 度（0.15g），设计地震分组为第一组，建筑场地为Ⅳ类，抗震设防类别为标准设防类，安全等级为二级。已知基本自振周期 2.10s，竖向构件混凝土强度等级：1～3 层及地下室为 C50；其他层为 C40。框支柱截面尺寸为 800mm×900mm。地下室顶板（±0.000）为上部结构嵌固部位。

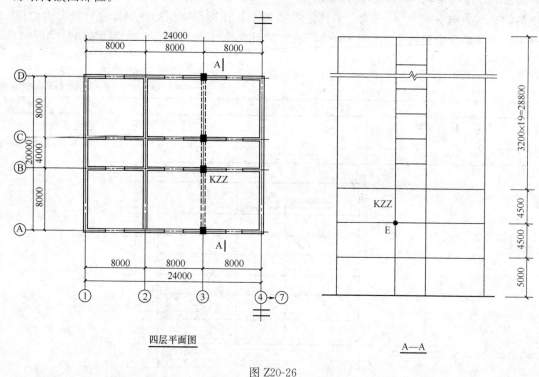

四层平面图

A—A

图 Z20-26

63. 针对②轴 Y 向剪力墙的抗震等级有下列 4 组判定，见表 Z20-3A～表 Z20-3D。试问，下列何项满足《高层建筑混凝土结构技术规程》JGJ 3—2010 的规定？

(A) 表 Z20-3A　　(B) 表 Z20-3B　　(C) 表 Z20-3C　　(D) 表 Z20-3D

表 Z20-3A

部位	抗震措施等级	抗震构造措施等级
地下二层	三级	一级
1～2 层	一级	特一级
8 层	三级	二级

部位	抗震措施等级	抗震构造措施等级
地下二层	无	一级
1~2 层	一级	特一级
8 层	三级	二级

部位	抗震措施等级	抗震构造措施等级
地下二层	三级	一级
1~2 层	特一级	特一级
8 层	一级	一级

部位	抗震措施等级	抗震构造措施等级
地下二层	无	二级
1~2 层	二级	一级
8 层	三级	二级

64. 假定，方案阶段，由反应谱法求得的 2~4 层的 Y 向水平地震剪力标准值 V_i 及相应层间位移值 Δ_i 见表 Z20-4。在 $P=10000\text{kN}$ 水平力作用下，按图 Z20-27 模型计算的位移分别为：$\Delta_1=8.1\text{mm}$，$\Delta_2=5.8\text{mm}$。试问，关于转换层上部结构与下部结构刚度差异的判断方法和结果，下列何项相对正确？

提示：① 转换层及下部与转换层上部混凝土剪力墙变形模量之比为 1.06；

② 转换层在计算方向（Y 向）全部落地墙抗剪截面有效截面面积为 28.73m²，第 4 层全部剪力墙在计算方向（Y 向）有效截面面积为 24.60m²。

(A) 采用等效剪切刚度比验算方法验算，满足规程要求

(B) 采用等效侧向刚度比验算方法验算，满足规程要求

(C) 采用楼层侧向刚度比和等效侧向刚度比验算方法验算，满足规程要求

(D) 采用楼层侧向刚度比和等效侧向刚度比验算方法验算，不满足规程要求

表 Z20-4

计算值	2 层	3 层	4 层
V_i(kN)	12500	12000	10500
Δ_i(mm)	3.5	4.2	2.5

65. 抗震分析表明，第 3 层框支柱 KZZ，柱上端和柱下端考虑地震作用组合的弯矩组合值分别为：615kN·m、450kN·m，柱下端左右梁端相应的同时针方向地震作用组合的弯矩设计值之和 $\sum M_b=1050\text{kN·m}$。假定，节点 E 处按弹性分析上、下柱端弯矩相等。试问，在进行柱截面配筋设计时，该 KZZ 柱上端和下端考虑地震作用组合的弯矩设计值 M_c^t (kN·m)、M_c^b (kN·m)，与下列何项数值最接近？

(A) 800、630   (B) 930、680   (C) 930、740   (D) 800、780

66. 框支转换层楼板厚度 180mm，采用 C40 混凝土，采用 HRB400 钢筋双层双向

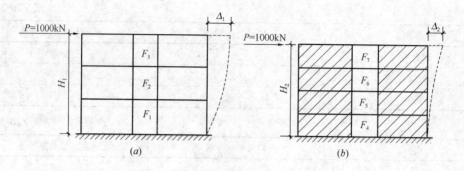

图 Z20-27

(*a*) 计算模型 1—转换层及下部结构；(*b*) 计算模型 2—转换层及上部结构

$\oplus$10@150。落地剪力墙在 1～3 层厚度为 400mm，且落地剪力墙之间楼板无洞，穿过④轴剪力墙的楼板的验算截面宽度按 16400mm，转换层楼板配筋满足楼板竖向承载力和水平面内抗弯要求。试问，由不落地剪力墙传到④轴落地剪力墙处，按刚性楼板计算且未经增大的框支转换层楼板组合剪力设计值（kN），最大不应超过下列何项？

(A) 7200   (B) 6600   (C) 4800   (D) 4400

【题 67】 假定，某底部加强部位剪力墙抗震等级为特一级，安全等级为二级，墙厚为 400mm，墙长 $h_w=8200\text{mm}$、$h_{w0}=7800\text{mm}$、$A_w/A=0.7$，采用 C50 混凝土，钢筋均采用 HRB400。计算截面处剪跨比计算值 $\lambda=2.5$，考虑地震组合剪力计算值 $V_w=4600\text{kN}$，对应的轴压力设计值 $N=21000\text{kN}$，该墙竖向分布钢筋为构造配筋。试问，该墙竖向及分布筋至少应取下列何项才能满足规范、规程的最低要求？

提示：$0.2f_cb_wh_w=15154\text{kN}$。

(A) 12$\oplus$10@150（竖向）；2$\oplus$10@150（水平向）

(B) 12$\oplus$12@150（竖向）；2$\oplus$12@150（水平向）

(C) 12$\oplus$14@150（竖向）；2$\oplus$14@150（水平向）

(D) 12$\oplus$16@150（竖向）；2$\oplus$16@150（水平向）

【题 68】 某 A 级高度的钢筋混凝土部分框支剪力墙结构，转换层设在首层，共有 8 根框支柱，地震作用方向上首层与二层结构的等效剪切刚度比为 0.90，首层楼层抗剪承载力为 15000kN，二层楼层抗剪承载力为 20000kN。抗震设防烈度为 7 度（0.15g），基本自振周期 2.0s，总重力荷载代表值为 324100kN，安全等级为二级。假定，首层相应于水平地震作用标准值的剪力 $V_{\text{Ek1}}=11500\text{kN}$。试问，根据规程中有关各楼层水平地震剪力的调整要求，底层全部框支柱承受的水平地震剪力标准值之和（kN），最小与下列何项最接近？

提示：按《高层建筑混凝土结构技术规程》JGJ 3—2010 作答。

(A) 1970   (B) 1840   (C) 2100   (D) 2300

【题 69】 假定，某转换柱的抗震等级为一级，其截面尺寸为 800mm×900mm，采用 C50 混凝土，地震组合轴压力设计值 $N=10810\text{kN}$。沿柱全高配井字复合箍，箍筋采用 HRB400 钢筋，箍筋直径为 12mm，其间距为 100mm，肢距为 200mm，柱剪跨比 $\lambda=1.95$。试问，该柱满足箍筋构造配置要求的最小配箍特征值 λ_v，与下列何项数值最接近？

(A) 0.16   (B) 0.18   (C) 0.20   (D) 0.24

【题 70、71】 某高层钢框架结构，抗震等级为三级，安全等级为二级，梁柱均采用 Q345 钢，柱截面采用箱形，梁截面采用 H 形。梁与柱为骨式连接，其翼缘等强焊接，腹板采用高强度螺栓连接。柱的水平隔板厚度均为 20mm，梁腹板过焊孔高度为 65mm。

提示：① 按《高层民用建筑钢结构技术规程》JG 99—2015 作答；

② 不进行连接板及螺栓承载力的验算。

70. 假定，底部边跨梁柱节点如图 Z20-28 所示，梁腹板连接的受弯承载力系数 $m = 0.9$。试问，抗震设计时，该节点梁端连接的极限受弯承载力（kN·m），与下列何项数值最接近？

(A) 1200　　　　(B) 1250　　　　(C) 1400　　　　(D) 1500

71. 假定，某上部楼层梁柱中间节点如图 Z20-29 所示，在多遇地震作用下，节点左右梁端地震组合弯矩设计值相等（同时针方向），均为 M。试问，M（kN·m）最大不超过下列何项数值时，节点域抗剪承载力满足规程规定？

提示：不进行节点域屈服承载力及稳定验算。

(A) 900　　　　(B) 1100　　　　(C) 1500　　　　(D) 1800

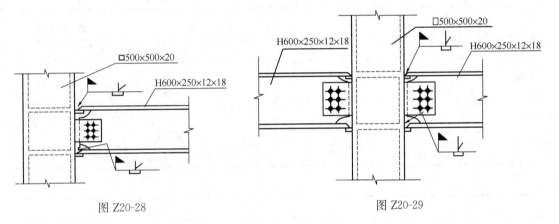

图 Z20-28　　　　　　　　　　　　图 Z20-29

【题 72】 某 16 层房屋建筑采用现浇钢筋混凝土框架-剪力墙结构，高度为 60.8m，抗震设防类别为标准设防类，房屋抗震设防烈度为 8 度（0.30g），设计地震分组为第一组，建筑场地为 Ⅱ 类，安全等级为二级。梁、板的混凝土强度等级为 C30，柱、墙混凝土强度等级为 C40。结构质量和刚度沿高度分布均匀，框架柱数量各层相等。假定，对应于多遇地震作用标准值，基底总剪力 $V_0 = 25000$kN，各层框架所承担的未经调整的地震总剪力中的最大值 $V_{f,max} = 3200$kN。第二层框架承担的未经调整的地震总剪力 $V_f = 3000$kN，该楼层某根柱调整前的柱底地震内力标准值为：弯矩 $M = \pm 280$kN·m，剪力 $V = \pm 70$kN。试问，抗震设计时，为满足二道防线要求，该柱调整后的地震内力标准值，与下列何项数值最接近？

提示：楼层剪力满足规程规定的楼层最小地震剪力系数的要求。

(A) $M = \pm 280$kN·m，$V = \pm 70$kN　　　(B) $M = \pm 420$kN·m，$V = \pm 105$kN

(C) $M = \pm 450$kN·m，$V = \pm 120$kN　　　(D) $M = \pm 550$kN·m，$V = \pm 150$kN

【题 73、74】 某高层建筑地上 28 层、地下 3 层，采用现浇钢筋混凝土框架-核心筒结构，高度为 128m，第 3 层顶设置托柱转换梁。抗震设防类别为标准设防类，抗震设防烈度为 8 度（0.20g），设计地震分组为第一组，建筑场地为 Ⅱ 类，安全等级为二级。地下室顶板作为上部结构的嵌固部位，现拟对该结构进行抗震性能化设计。

73. 假定，主体结构抗震性能目标为 C 级，在设防烈度地震作用下，某些结构构件抗震性能要求有下列 4 组，见表 Z20-5A～表 Z20-5D。试问，设防烈度地震作用下构件抗震性能的要求，下列何项最符合《高层建筑混凝土结构技术规程》JGJ 3—2010 的规定？

注："构件弹性承载力设计值不低于弹性内力设计值"简称"弹性"；"屈服承载力不低于相应内力"简称"不屈服"。

表 Z20-5A

核心筒外墙	抗弯	设防烈度地震性能要求
		底部加强部位：弹性
		一般楼层：不屈服
	抗剪	底部加强部位：弹性
		一般楼层：不屈服
转换梁		抗弯：弹性；抗剪：弹性

表 Z20-5B

核心筒外墙	抗弯	设防烈度地震性能要求
		底部加强部位：不屈服
		一般楼层：不屈服
	抗剪	底部加强部位：弹性
		一般楼层：不屈服
转换梁		抗弯：弹性；抗剪：弹性

表 Z20-5C

核心筒外墙	抗弯	设防烈度地震性能要求
		底部加强部位：不屈服
		一般楼层：不屈服
	抗剪	底部加强部位：弹性
		一般楼层：不屈服
转换梁		抗弯：不屈服；抗剪：弹性

表 Z20-5D

核心筒外墙	抗弯	设防烈度地震性能要求
		底部加强部位：不屈服
		一般楼层：不屈服
	抗剪	底部加强部位：弹性
		一般楼层：弹性
转换梁		抗弯：不屈服；抗剪：弹性

(A) 表 Z20-5A   (B) 表 Z20-5B   (C) 表 Z20-5C   (D) 表 Z20-5D

74. 假定，该结构核心筒底部加强部位按性能水准 2 进行性能设计，其中，某耗能连梁 LL 在设防烈度地震作用下，其左右两端弯矩标准值 $M_{bk}^l = M_{bk}^r = 1520\text{kN} \cdot \text{m}$（同一时针方向），截面为 500mm×1200mm，净跨 $L_n=3.6$m，混凝土强度等级为 C50，纵筋采用 HRB400，对称配筋，$a'_s=a_s=40$mm。试问，该连梁 LL 进行抗震性能设计时，下列何项纵筋配置符合性能水准 2 的要求且配筋最少？

提示：忽略重力荷载及竖向地震作用下的弯矩。

(A) 6 Φ 25　　　(B) 6 Φ 28　　　(C) 7 Φ 25　　　(D) 7 Φ 28

【题 75】 某公路桥涵结构按承载力极限状态和正常使用极限状态设计，试问，下列哪些计算内容属于承载力极限状态设计？

①整体式连续箱梁横桥向抗倾覆；　　②主梁的挠度；　　③构件强度破坏；
④作用频遇组合下的裂缝宽度；　　⑤轮船撞击。

(A) ①+②+③　　　　　　　　(B) ②+③+⑤
(C) ①+②+③+⑤　　　　　　(D) ①+③+⑤

【题 76】 某高速公路上某座 30m 简支箱梁桥，计算跨径 28.9m，汽车荷载按单向 3 车道设计。该箱梁桥距离支点 7.25m 处，汽车荷载弯矩影响线和剪力影响线如图 Z20-30 所示。试问，该箱梁桥距离支点 7.25m 处，由汽车荷载引起的弯矩标准值（kN·m）和剪力标准值（kN），与下列何项数值最接近？

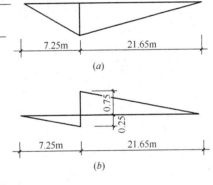

(a)

(b)

图 Z20-30

(a) 汽车荷载弯矩影响线；(b) 汽车荷载剪力影响线

(A) $M=7633$，$V=1114$

(B) $M=2544$，$V=371$

(C) $M=5966$，$V=869$

(D) $M=6283$，$V=996$

【题 77】 某城市主干路上的一座桥梁，跨径布置为 3×30m，该桥梁所处场地类别为 Ⅲ 类，分区为 2 区，地震基本烈度为 7 度，地震动峰值加速度为 0.15g，属于抗震分析规则桥梁。其结构水平一阶自振周期为 1.10s，结构阻尼比为 0.05。试问，该桥梁在 E2 地震作用下，水平向设计加速度反应谱谱值 S，与下列何项数值最接近？

(A) 0.18g　　　(B) 0.37g

(C) 0.40g　　　(D) 0.51g

【题 78】 某二级公路上的一座计算跨径为 15.5m 的钢筋混凝土简支梁桥，结构跨中截面抗弯惯性矩 $I_c=0.08$m^4，结构跨中处每延米结构自重 $G=80000$N/m、$E=3×10^4$MPa，取 $g=10$m/s^2。经计算，该结构跨中截面弯矩标准值为：梁自重弯矩为 2500kN·m，汽车作用弯矩（不含冲击力）为 1300kN·m，人群作用弯矩为 200kN·m。试问，该结构跨中截面作用基本组合的弯矩设计值（kN·m），与下列何项数值最接近？

(A) 6400　　　(B) 6259

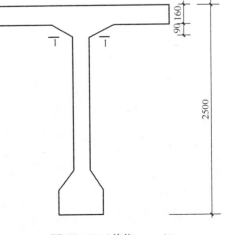

图 Z20-31（单位：mm）

(C) 5953　　　　　　　　　　　　　(D) 5734

【题 79】　某高速公路桥梁采用预应力混凝土 T 形梁桥，其截面形状和尺寸如图 Z20-31 所示。假定，该桥面铺装采用 90mm 厚沥青混凝土，且不考虑施工阶段沥青摊铺引起的温度影响。试问，计算该梁由于竖向温度梯度引起的效应时，截面 1-1 处（梁腹板与梁翼缘板加腋根部相交处）竖向日照正温差的温度值（℃），与下列何项数值最接近？

（A）5.7　　　　　（B）4.6　　　　　（C）3.5　　　　　（D）2.9

【题 80】　某一级公路上一座预应力混凝土简支梁桥，混凝土强度等级为 C50。经计算，其跨中截面处挠度值分别为：恒荷载引起的挠度值 25.04mm，汽车荷载（不计汽车冲击力）引起的挠度值为 6.01mm，预应力筋扣除全部预应力损失，按全预应力混凝土和 A 类预应力混凝土构件规定计算，预应力引起的反拱值为 −31.05mm。试问，在不考虑施工等其他因素影响下，仅考虑恒荷载、汽车荷载和预应力共同作用，该桥梁跨中截面使用阶段的挠度值（mm），与下列何项数值最接近？（反拱数值为负）

（A）0.00　　　　　（B）10.6　　　　　（C）−20.4　　　　　（D）−17.8

2021 年真题

（上午卷）

【题1】 某封闭式带女儿墙建筑，剖面如图 Z21-1 所示，地面粗糙度类别为 C 类，基本风压 $w_0=0.50\text{kN/m}^2$，按围护结构考虑。试问，垂直于 BC 的风荷载 w_k（kN/m^2），与下列何项数值最为接近？

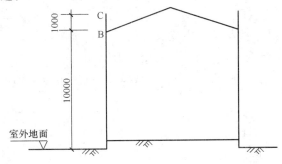

图 Z21-1

提示：① 不考虑风力干扰影响；

② 按《工程结构通用规范》GB 55001—2021 和《建筑结构荷载规范》GB 50009—2012 作答。

(A) 0.9   (B) 1.1   (C) 1.3   (D) 1.5

【题2】 某钢筋混凝土框架柱，安全等级二级，长期使用温度不超过 $60°$，属于重要构件，截面尺寸 $b\times h=600\text{mm}\times600\text{mm}$，剪跨比 $\lambda_c=3$，轴压比 $\mu_N=0.6$，混凝土强度等级为 C30，用粘贴成环形箍的芳纶纤维复合单向织物（布）（高强Ⅱ级）进行受剪加固，纤维与柱纵轴线垂直，加固后设计使用年限 30 年。不计算地震作用。环形箍截面面积 $A_f=120\text{mm}^2$，间距 $s_f=150\text{mm}$。试问，加固后该柱提高的斜截面受剪承载力设计值 V_{cf}（kN），与下列何项数值最为接近？

(A) 260   (B) 215   (C) 170   (D) 125

【题3】 某异形柱框架结构，局部梁柱节点如图 Z21-2 所示，混凝土强度等级为 C30，

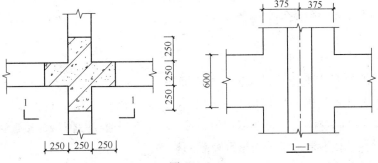

图 Z21-2

钢筋采用 HRB400，轴压比 $\mu_N=0.6$，计算地震作用。试问，该节点核心区地震组合剪力设计值 V_j（kN）的限值，与下列何项数值最为接近？

(A) 970   (B) 820

(C) 780   (D) 690

【题 4】 某双轴对称工字形截面混凝土轴心受压构件，截面与配筋如图 Z21-3 所示，计算高度 $l_0=18.7\text{m}$，混凝土强度等级为 C30，钢筋采用 HRB400，不考虑抗震。试问，该构件的轴心受压承载力设计值 N_u（kN）与下列何项数值最为接近？

(A) 10850   (B) 9850

(C) 7850   (D) 6850

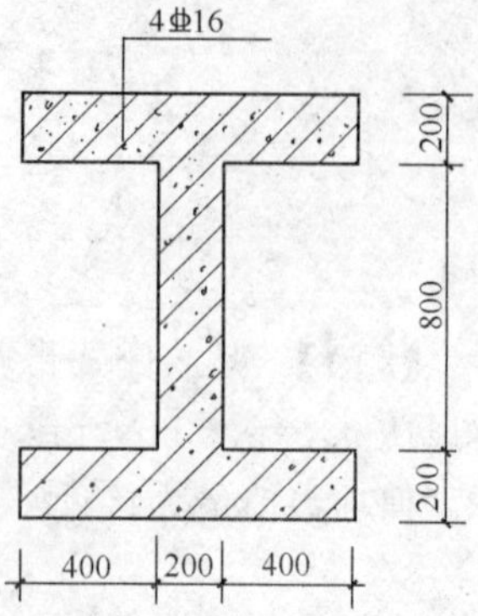

图 Z21-3

【题 5～7】 某混凝土构架，如图 Z21-4 所示，安全等级二级，混凝土强度等级为 C30，钢筋采用 HRB400，$a_s=70\text{mm}$，$a_s'=40\text{mm}$。不考虑抗震。图中的荷载设计值 $q_1=60\text{kN/m}$，$q_2=300\text{kN/m}$。

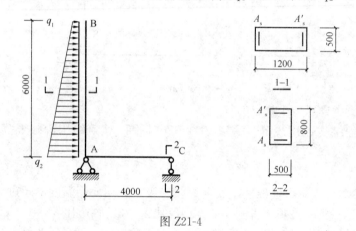

图 Z21-4

5. 假定 AB 中受压钢筋截面面积 $A_s'=1964\text{mm}^2$，试问，AB 在 A 处所需受拉钢筋截面面积 A_s（mm^2），与下列何项数值最为接近？

(A) 6300   (B) 6800   (C) 7300   (D) 8000

6. 构件 AC 的支座 C 边缘截面（截面 2-2 处），当仅配置箍筋抗剪时，根据斜截面受剪承载力计算的最小箍筋配置 A_{sv}/s（mm^2/mm），与下列何项数值最为接近？

提示： ①不需要验算最小配箍率 ρ_{min}；

         ②$\alpha_{cv}=0.7$。

(A) 0.50   (B) 0.75   (C) 1.05   (D) 1.20

7. 构件 AB 全长实配受拉纵向钢筋截面面积 $A_s=7856\text{mm}^2$，支座 A 边缘截面处，按荷载准永久组合计算的纵向钢筋应力 $\sigma=220\text{N/mm}^2$。试问，在对 B 点水平位移计算时，构件 AB 裂缝间纵向受拉钢筋应变不均匀系数 ψ，与下列何项数值最为接近？

提示： 构件 AB 不是直接承受重复荷载的构件。

(A) 0.65   (B) 0.72   (C) 0.80   (D) 0.87

【题 8~10】 某建筑屋顶构架在风荷载作用下的计算简图如图 Z21-5 所示，构件 AC 截面、构件 AC 与构件 BD 连接大样如图所示，安全等级二级。假定，该构件可能分别承受大小相等方向相反的左风或右风作用，构件 AC 为等截面混凝土构件，混凝土强度等级为 C30，钢筋采用 HRB400，$a_s = a'_s = 40mm$。BD 为钢构件，在节点 B 通过预埋件和连接板与 AC 铰接连接，BD 的形心通过锚板中心，BD 满足强度和稳定要求。作用于构件 AC 上的风荷载设计值为 q_w(kN/m)，其他作用效应不计。

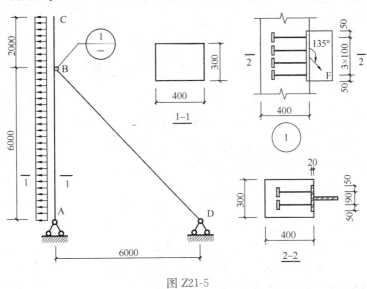

图 Z21-5

8. 假定，$q_w = 20kN/m$，沿 AC 全长满布。试问，在图示右风作用下，AC 杆件中弯矩设计值的绝对值最大截面距离 A 点的距离 x (m)，与下列何项数值作为接近？

(A) 2.55　　　　(B) 2.70　　　　(C) 3.00　　　　(D) 6.00

9. 假定 AC 采用对称配筋，配筋控制截面内力设计值为：弯矩 $M = 84kN \cdot m$，轴力 $N = 126kN$。试问，按正截面承载力计算，构件 AC 截面单侧配筋 A_s（mm^2），与下列何项数值最为接近？

提示： ①轴力需要按照拉、压分别计算；

　　　　②不需要验算最小配筋率 ρ_{min}。

(A) 360　　　　(B) 720　　　　(C) 910　　　　(D) 1080

10. 假定，节点 B 处的预埋件，钢筋直径 $d = 14mm$，共 2 列 4 层，锚板厚度 $t = 20mm$，已采取附加锚固措施保证钢筋的锚固长度，但未采取防止锚板弯曲变形的措施。试问，该预埋件可承受的构件 BD 的最大拉力设计值 F(kN)，与下列何项数值最为接近？

(A) 160　　　　(B) 200　　　　(C) 240　　　　(D) 280

【题 11~13】 某走廊两端简支，安全等级二级，如图 Z21-6 所示，节点 C 右侧边缘截面如图 Z21-6 中所示。构件 EF 为有张紧装置的钢拉杆，其轴力可通过张紧装置进行调整，其余构件均为普通钢筋混凝土构件，混凝土强度等级为 C30，钢筋采用 HRB400。假定不考虑地震设计状况，构件 AB 均布荷载设计值 $q = 80kN/m$（含自重），其他杆件自重忽略不计。

11. 假定，通过调整构件 EF 的拉力，可使构件 AB 中截面 C 处的弯矩设计值和 CD

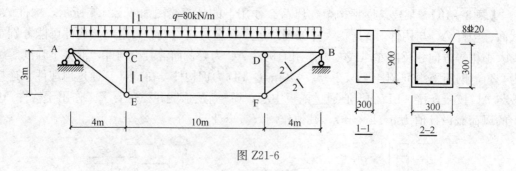

图 Z21-6

跨中最大弯矩值在数值上相等。试问，此状态下构件 EF 的拉力设计值（kN），与下列何项数值最为接近？

(A) 910   (B) 810   (C) 710   (D) 无法确定

12. 假定，按荷载准永久组合计算，BF 杆的轴向拉力值 $N=510$kN，最外层纵向受拉钢筋外边缘至截面边缘距离 $c_s=35$mm。试问，构件 BF 考虑长期作用影响的最大裂缝宽度 w_{max}（mm），与下列何项数值最为接近？

提示： $\psi=0.869$。

(A) 0.35   (B) 0.30   (C) 0.25   (D) 0.20

13. 假定，构件 EF 的轴向拉力设计值 $N=560$kN，构件 AB 的 $h_0=800$mm。试问，当构件 AB 的节点 C 右侧边缘处的截面若仅配置箍筋抗剪时，按斜截面受剪承载力计算的最小箍筋配置 A_{sv}/s（mm²/mm），与下列何项数值最为接近？

提示： ①不需要验算最小配筋率 ρ_{min}；

        ②剪跨比 $\lambda=1.5$。

(A) 0.36   (B) 0.42   (C) 0.48   (D) 0.54

【题 14】 关于混凝土异形柱结构，下列何项正确？

提示： 按《混凝土异形柱结构技术规程》JGJ 149—2017 作答。

(A) 8 度（0.30g），Ⅲ类场地的异形柱框架-剪力墙结构房屋适用最大高度为 21m

(B) 一级抗震等级框架柱及其节点的混凝土强度等级最高可用 C60

(C) 抗震设计时，各层框架贯穿十字形柱中间节点的梁上部纵向钢筋直径，对一、二级抗震等级不宜大于该方向柱肢截面高度 1/30

(D) 框架节点的核心区混凝土应采用相交构件混凝土强度等级的最高值

【题 15】 关于混凝土结构加固，下列何项错误？

提示： 按《混凝土结构加固设计规范》GB 50367—2013 作答。

(A) 采用置换混凝土加固法，置换用混凝土强度等级应比原构件提高一级，且不应低于 C25

(B) 植筋宜先焊后种植；若有困难必须后焊时，其焊点距基材混凝土表面应大于 15d，且应采用冰水浸渍的湿毛巾多层包裹植筋外露部分的根部

(C) 若采用外包型钢加固钢筋混凝土构件时，型钢表面（包括混凝土表面）必须抹厚度不小于 25mm 的高强度等级水泥砂浆（应加钢丝网防裂）作防护层

(D) 锚栓钢材受剪承载力设计值，应区分有、无杠杆臂两种情况进行计算

【题 16】 关于混凝土结构，下列何项正确？

提示：按《混凝土结构设计规范》GB 50010—2010（2015 年版）作答。

（A）若构件中纵向受力钢筋有不同牌号的钢筋时，在进行正截面承载力计算时，考虑变形协调，所有纵向钢筋的强度设计值应取所配钢筋中强度较低的钢筋强度设计值

（B）一类环境中，设计使用年限为 100 年的钢筋混凝土结构的最低混凝土等级为 C25

（D）受力预埋件中，为增加直锚筋与锚板间焊接可靠性，可将直锚筋弯折 90° 与锚板进行搭接焊

（D）对于偏心方向截面最大尺寸为 900mm 的钢筋混凝土偏心受压构件，在进行正截面承载力计算时，附加偏心距 e 应取 30mm

【题 17～19】 某多跨单层带吊车钢结构厂房，其边列柱如图 Z21-7 所示。纵向柱列设有柱间支撑和系杆以保证其侧向稳定，钢柱柱底与基础刚接，柱顶与横向实腹梁刚接，钢柱、钢梁截面均采用 Q345B 焊接 H 型钢。不考虑抗震。

17. 假定，钢柱柱脚采用埋入式柱脚，基础混凝土强度等级为 C30，柱底平面内最不利荷载组合的弯矩设计值 $M=2500$kN·m，不考虑剪力影响。试问，埋入式柱脚的钢柱埋置深度 d(mm)，与下列何项数值最为接近？

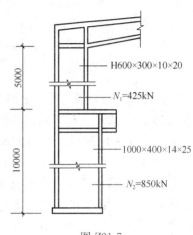

图 Z21-7

（A）1325 （B）1500

（C）1650 （D）1800

18. 假定，屋面设有纵向水平支撑，在横向平面内，梁柱线刚度比 $K_b=0.21$，$I_{1x}/I_{2x}=0.2$，上下柱线刚度比 $K_c=0.4$。试问，上柱平面内计算长度系数与下列何项数值最为接近？

（A）3.0 （B）2.7 （C）2.4 （D）2.1

19. 框架梁柱采用刚性连接，如图 Z21-8 所示，梁端基本组合弯矩设计值为 $M_b=900$kN·m。试问，满足节点域计算的腹板最小厚度 t_w（mm），与下列何项数值最为接近？

提示：$\lambda_{n,s}=0.52$。

（A）8 （B）10

（C）12 （D）14

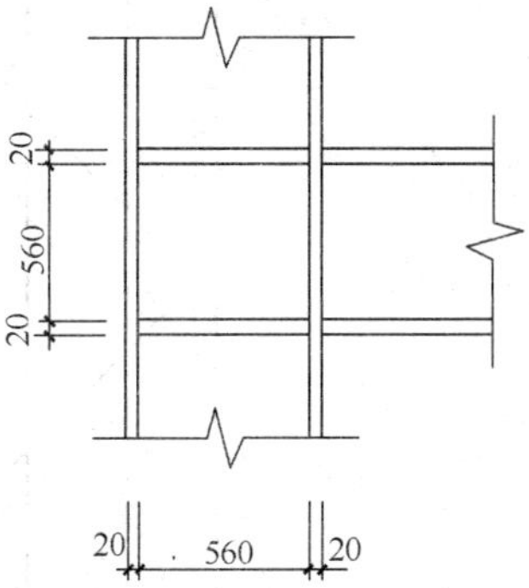

【题 20、21】 某单层单跨钢厂房，上柱柱间支撑采用等边双角钢组成的交叉支撑，支撑与柱的连接节点如图 Z21-9 所示，支撑杆的斜向拉力设计值 $N=280$kN，采用 Q235B 钢制作，E43 型焊条。不考虑抗震。

图 Z21-8

20. 假定，角钢与节点板采用双面角焊缝连接，肢背焊脚尺寸 $h_f=8$mm，肢尖焊脚尺寸 $h_f=6$mm。试问，焊缝连接长度 L_1（mm），与下列何项数值最为接近？

提示：肢背肢尖焊缝受力比例为 0.7：0.3。

（A）100 （B）125 （C）175 （D）200

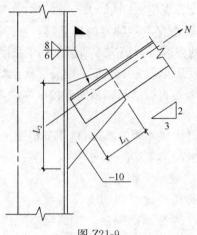

图 Z21-9

21. 假定，节点板与钢柱采用 V 形坡口熔透焊缝，焊缝质量等级为二级。试问，焊缝连接长度 L_2（mm），与下列何项数值最为接近？

提示：不考虑偏心，L_2 考虑焊缝计算长度加 2 倍节点板厚度。

(A) 135   (B) 175   (C) 210   (D) 240

【题 22～25】 某管道支架柱采用双肢格构式缀条柱，如图 Z21-10 所示，钢材采用 Q235B，柱肢采用 2 个 [28a，所有钢板厚度均不大于 16mm，缀条采用 L45×4，格构柱的计算长度 $l_{0x} = l_{0y} = 10m$，格构柱组合截面的 $I_x = 13955.8 \times 10^4 mm^4$，$I_y = 9505 \times 10^4 mm^4$。

[28a 截面特性：$A_1 = 4002 mm^2$，$I_{x1} = 4752 \times 10^4 mm^4$，$I_{y1} = 217.9 \times 10^4 mm^4$，$i_{x1} = 109mm$，$i_{y1} = 23.3mm$。

L45×4 截面特性：$A_0 = 348mm^2$，$i_x = 13.8mm$，$i_v = 8.9mm$，$i_u = 17.4mm$。

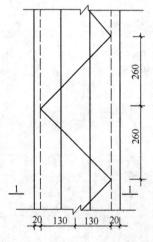
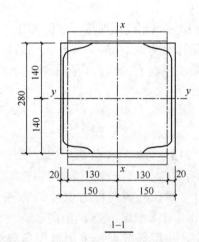

图 Z21-10

22. 假定，该支架柱为轴心受压构件，对该支架柱进行稳定性计算，试问，该支架柱所能承受的最大轴压力设计值 N（kN），与下列何项数值最为接近？

(A) 1200   (B) 1050   (C) 1000   (D) 870

23. 假定，截面无削弱，作为轴心受压构件，对格构柱缀条进行强度验算。试问，单根缀条轴压力设计值 N (kN) 和危险截面承载力设计值 N_u (kN)，与下列何项数值最为接近？

(A) 14.3；64　　　(B) 25.5；58　　　(C) 35.3；64　　　(D) 45.5；78

24. 假定，格构柱承受轴压力 N 和弯矩 M_x 共同作用，轴力设计值 $N=500$kN，如图 Z21-11 所示。试问，满足弯矩作用平面内整体稳定性要求的最大弯矩设计值 M_x (kN·m)，与下列何项数值最为接近？

提示：①$N'_{Ex}=2495$kN，$\beta_{mx}=1.0$；

②不考虑分肢稳定性；

③由换算长细比确定的轴心受压稳定系数 $\varphi_x=0.704$。

(A) 95　　　　　　(B) 130　　　　　　(C) 150　　　　　　(D) 180

25. 假定格构式柱采用缀板柱，缀板与柱肢焊接，缀板采用 $180\times260\times6$ 钢板，如图 Z21-12 所示。试问，缀板间净距 L (mm) 取下列何项数值最为合理？

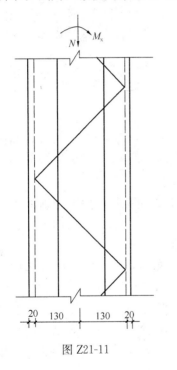

图 Z21-11

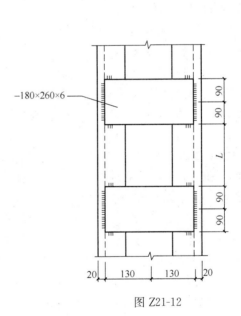

图 Z21-12

提示：格构式柱两方向长细比较大值 $\lambda_{max}=91.7$。

(A) 400　　　　　　(B) 900
(C) 1000　　　　　(D) 1250

【题 26~29】 某钢板拼接采用螺栓拼接，节点详图如图 Z21-13 所示，螺栓公称直径为 M20，钢板为 Q235 钢。

提示：剪切面不在螺纹处。

26. 假定，螺栓采用 4.6 级 C 级普通螺栓。试问，该节点及构件所能承受的

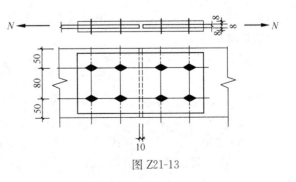

图 Z21-13

拉力设计值 N（kN），与下列何项数值最为接近？

(A) 195　　　　(B) 275　　　　(C) 310　　　　(D) 350

27. 假定，螺栓采用 8.8 级高强度螺栓，按承压型连接设计。试问，该节点及构件所能承受的拉力设计值 N（kN），与下列何项数值最为接近？

(A) 195　　　　(B) 275　　　　(C) 310　　　　(D) 350

28. 假定，螺栓采用 8.8 级高强度螺栓，按摩擦型连接设计，接触面为喷砂处理，孔型为标准孔。试问，该节点及构件所能承受的拉力设计值 N（kN），与下列何项数值最为接近？

(A) 195　　　　(B) 275　　　　(C) 310　　　　(D) 350

29. 假定，连接用紧凑形式，拼接钢板长度 L（mm）和宽度 B（mm）的最小尺寸，与以下何项数值最为接近？

提示：按高强度螺栓计算，标准孔。

(A) 320；140　　(B) 320；160　　(C) 350；140　　(D) 350；160

【题 30、31】 某 8 度抗震设防烈度地区单层钢结构厂房，轻钢结构围护，支撑布置满足规范对有檩屋盖的要求。

30. 假定，一个纵向温度区段长度为 150m，试问，厂房屋面至少需设置几道上弦横向支撑才能满足规范最低要求？

(A) 2　　　　　(B) 3　　　　　(C) 4　　　　　(D) 5

31. 假定，屋盖上弦支撑采用型钢交叉支撑，试问，支撑杆件最大容许长细比应取下列何项数值？

(A) 200　　　　(B) 250　　　　(C) 350　　　　(D) 400

【题 32】 某焊接工字型等截面简支钢梁，梁上翼缘无楼板，假定分别承受上翼缘的均布荷载 q_1 和下翼缘的均布荷载 q_2，其他条件相同，且 $\varphi_b < 1.0$。试问，对这两种情况进行验算时，q_1 与 q_2 允许值的比值 q_1/q_2 应为下列何项？

(A) >1.0　　　　(B) <1.0　　　　(C) =1.0　　　　(D) 无法确定

【题 33～37】 某二层砌体结构房屋，平面布置如图 Z21-14 所示。楼层高度均为 3.6m，采用 MU10 烧结普通砖，M10 混合砂浆进行砌筑。施工质量控制等级为 B 级。楼面梁截面尺寸为 $b \times h = 250\text{mm} \times 800\text{mm}$，端部支承在壁柱上。梁下设刚性垫块，其尺寸为 480mm（长）×360mm（宽）×180mm（高）。楼面板为现浇钢筋混凝土板，梁端支承压力设计值为 N_l，上面楼层传来的荷载轴向力设计值为 N_u。

33. 假定墙 A 截面折算厚度 $h_T = 0.4\text{m}$，作用在楼面梁上的荷载设计值（恒荷载、活荷载均计入）为 40kN/m。试问，首层楼面梁端部的约束弯矩设计值（kN·m），与下列何项数值最为接近？

提示：楼面梁计算跨度为 11.85m。

(A) 90　　　　　(B) 120　　　　(C) 240　　　　(D) 480

34. 楼面梁端部构造见图 Z21-14 中 1-1 剖面，由上部荷载产生的平均压应力设计值 $\sigma_0 = 0.756\text{MPa}$。试问，楼面梁的端部有效支承长度 a_0（mm），与下列何项数值最为接近？

(A) 360　　　　(B) 180　　　　(C) 120　　　　(D) 60

35. 楼面梁端部构造见图 Z21-14 中 1-1 剖面，由上部荷载产生的平均压应力设计值 σ_0

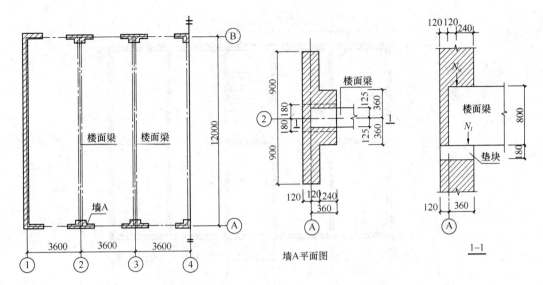

图 Z21-14

$=1.0\text{MPa}$，梁端有效支承长度 $a_0=140\text{mm}$，梁端支承压力设计值 $N_l=240\text{kN}$。试问，计算梁端垫块下砌体局部受压承载力时，垫块上 N_0 及 N_l 合力的影响系数 φ，与下列何项数值最为接近？

(A) 0.5　　　　(B) 0.6　　　　(C) 0.7　　　　(D) 0.8

36. 楼面梁端部垫块外砌体面积的有利影响系数 γ_1，与下列何项数值最为接近？

(A) 1.4　　　　(B) 1.3　　　　(C) 1.2　　　　(D) 1.1

37. 楼面梁端部垫块上 N_0 及 N_l 的偏心距 $e=96\text{mm}$，垫块下砌体局部抗压强度提高系数 $\gamma=1.5$。试问，刚性垫块下砌体的局部受压承载力设计值 $\varphi\gamma_1 fA_b$ (kN)，与下列何项数值最为接近？

(A) 220　　　　(B) 260　　　　(C) 320　　　　(D) 380

【题 38、39】　某七层砌体结构房屋，各层层高均为 2.8m，墙体采用烧结普通砖砌筑，内外墙厚度均为 240mm，轴线居中布置。室内外高差 0.6m。采用现浇钢筋混凝土楼、屋盖，采用纵横墙共同承重，砌体施工质量控制等级为 B 级，平面布置如图 Z21-15 所示。该房屋抗震设防烈度为 7 度，设计基本地震加速度值为 0.10g，抗震设防类别为丙类。

38. 试问，一层墙体内，满足《建筑抗震设计规范》GB 50011—2010（2016 年版）要求的最少构造柱数量，与下列何项数值最为接近？

(A) 32　　　　(B) 30　　　　(C) 22　　　　(D) 20

39. 试问，一层墙体内，满足《建筑抗震设计规范》GB 50011—2010（2016 年版）要求的构造柱最小截面及最小配筋，与表 Z21-1 内哪个选项最为接近？

表 Z21-1

构造柱编号	GZ1	GZ2	GZ3	GZ4
截面 b (mm) $\times h$ (mm)	240×180	240×180	240×240	240×240
纵向钢筋直径	4Φ12	4Φ12	4Φ14	4Φ14
箍筋直径及间距	Φ6@300	Φ6@250	Φ6@250	Φ6@200

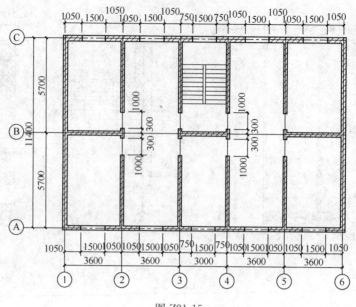

图 Z21-15

(A) GZ1   (B) GZ2   (C) GZ3   (D) GZ4

【题 40】 关于方木桁架的设计，下列说法何项是不正确的？

(A) 桁架的下弦杆可采用型钢

(B) 当木桁架采用木檩条时，桁架间距不宜大于 4m

(C) 桁架制作应按其跨度的 1/200 起拱

(D) 桁架节点可采用多种不同连接方式，计算应考虑几种连接的共同工作

（下午卷）

【题 41～44】 某多层办公楼，安全等级为二级，钢筋混凝土框架结构，采用柱下独立扩展基础，如图 Z21-16 所示。基础及其上覆土的加权平均重度按 20kN/m³ 考虑。现拟对该建筑进行增层。

41. 假定，增层后上部结构传至基础顶面的标准组合内力设计值为：$M_x = 300$kN·m，$F = 1620$kN，$V_x = 60$kN，原基础尺寸恰好能满足增层后的地基承载力要求。试问，根据《既有建筑地基基础加固技术规范》JGJ 123—2012，既有地基再加荷的承载力特征值 f_{ak}（kPa），与下列何项数值最为接近？

(A) 145   (B) 160   (C) 175   (D) 200

42. 假定，地基承载力不足，采用扩大基础加固，新旧混凝土形成整体，如图 Z21-17 所示。加固后为基础单向偏心受力，地基净反力为：$p_{jmax} = 160$kPa，$p_{jmin} = 120$kPa。$h = 1250$mm。试问，A-A（新旧相交）截面的弯矩设计值 M（kN·m），与下列何项数值最为接近？

(A) 100   (B) 150   (C) 200   (D) 250

43. 条件同题 42，假定原基础配筋Φ 16@125，采用 HRB335 钢筋，$a_s = 55$mm，B-B

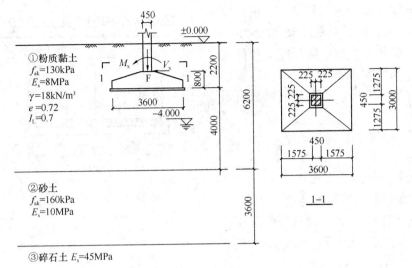

图 Z21-16

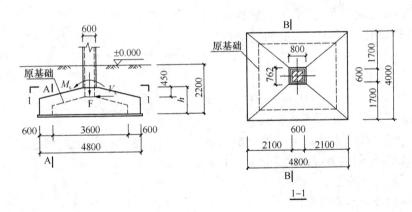

图 Z21-17

截面基本组合弯矩设计值 $M=1820$kN·m，扩大部分配筋 Φ 16@125。试问，加层后满足承载力要求的基础高度 h（mm），与下列何项数值最为接近？

（A）1000　　　　（B）1100　　　　（C）1200　　　　（D）1300

44. 假定需要扩大基础加固，加固前后如图 Z21-17 所示。在荷载准永久组合作用下，上部结构传至基础顶面的原 $F_1=1080$kN，加层后该数值为 $F_2=2136$kN，沉降经验系数 $\psi_s=0.69$。试问，只考虑荷载增加产生的基础中心下变形 s_1（mm），与下列何项数值最为接近？

提示：基底算起的变形计算深度 $z_n=7.6$m，忽略基础自重变化影响。

（A）13　　　　（B）18　　　　（C）23　　　　（D）28

【题 45～47】 某现浇钢筋混凝土地下管廊，安全等级为二级，设计使用年限为 50 年，如图 Z21-18 所示。由于地下水位较高，需要考虑抗浮设计。

提示：回填原状土，物理指标不变，忽略侧壁摩擦，土的饱和重度按天然重度取用。

45. 地面超载 $q_1=15$kPa，结构施工完成且基坑回填三个月后开始安装通廊的设施，

廊内设施等效荷载 $q_2 = 10kN/m^2$，抗浮设计水位±0.000，混凝土重度取 $23kN/m^3$。回填后不采取降水措施，保证施工和使用安全，抗浮系数要求不小于 1.1，计算顶板上覆土厚度 h（m），与下列何项数值最为接近？

提示：不需要验算局部抗浮。

(A) 1.2   (B) 2.0

(C) 2.4   (D) 3.0

46. 假定，管廊顶距离地面 $h = 2.5m$，地面超载 $q_1 = 10kPa$，廊内设备等效荷载 $q_2 = 14kN/m^2$，混凝土重度取 $25kN/m^3$，地下水位标高−1.5m，①层粉土静止土压力系数 0.45，水土分算。进行结构承载力验算时，A 点侧向压力标准值 σ_k（kPa）和底板底面平均压力标准值 p_k（kPa），与下列何项数值最为接近？

(A) 50, 80   (B) 60, 80

(C) 50, 100   (D) 60, 100

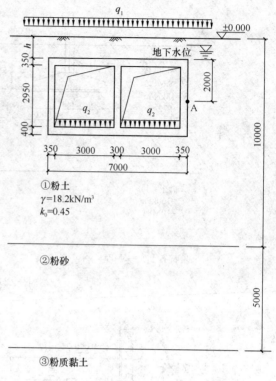

①粉土
$\gamma = 18.2kN/m^3$
$k_0 = 0.45$

②粉砂

③粉质黏土

图 Z21-18

47. 假定，该管廊需要考虑抗震设计，抗震设防烈度为 7 度，$h = 2.5m$，地下水位标高−7m，地质年代为全新世 Q4，①层土采用六偏磷酸钠作分散剂测定黏粒含量 $\rho_c = 13\%$。

Ⅰ. ①层粉土不液化；

Ⅱ. ②层粉砂可不考虑液化；

Ⅲ. 液化地基中的地下建筑应验算液化抗浮稳定；

Ⅳ. 地下建筑周边存在液化土时，可对液化土层采用注浆加固、换土等消除或减轻液化影响。

试问，上述 4 条论述中，正确的项数是下列何项？

(A) 1   (B) 2   (C) 3   (D) 4

【题 48～51】 某山区工程，如图 Z21-19 所示，场平设计地面标高±0.000m 比现状地面高 7m，需进行大面积填土回填至场平设计地面标高。

48. 采用振动碾压法分层对填土压实，填土采用粉质黏土，相对密度 $d_s = 2.71$，最优含水量 $w_{op} = 20\%$，填土分层施工分层检验，在距±0.000 以下 2m 处 A 点，取样检测粉质黏土干密度为 1.52t/m³。试问，A 点的压实系数 λ_c 与下列何项数值最为接近？

(A) 0.90   (B) 0.94

(C) 0.95   (D) 0.96

±0.000（设计地面标高）

填土

A

粉质黏土 −8.000

强风化砂岩

中风化砂岩，较完整
$f_{rk} = 8.0MPa$

图 Z21-19

49. 假定，采用先填土再大面积强夯处理，要求强夯后场地标高尽量接近±0.000，并要求整个填土深度范围得到有效加固，填料采用粉质黏土。单击夯机能 $E=4000\text{kN}\cdot\text{m}$ 时，强夯有效加固深度 6.9m，平均夯沉量 1.2m。试问，试夯设计选用夯机设备时，按《建筑地基处理技术规范》JGJ 79—2012 预估的设备应具备的最小单击夯机能力 E（$\text{kN}\cdot\text{m}$），与下列何项数值最为接近？

(A) 4000　　　　(B) 5000　　　　(C) 6000　　　　(D) 8000

50. 假定，以抛填开山碎石混合粉质黏土处理地基，填土层松散，填土上建单层仓库，其柱基拟用一柱一桩的混凝土灌注桩，桩直径 800mm，桩顶标高 −2.000m，以中风化层为持力层，桩嵌入持力层 1200mm，泥浆护壁成桩后注浆。试问，根据岩土单轴抗压强度估算单桩竖向极限承载力标准值时，单桩嵌岩段总极限阻力标准值 Q_{rk}（kN），与下列何项数值最为接近？

(A) 2800　　　　(B) 4200　　　　(C) 5000　　　　(D) 5500

51. 条件同题 50，单层仓库采用填土地平，桩基础周围存在 20kPa 的大面积堆载。新近填土重度为 18kN/m^3。负摩阻力系数 $\xi_{nl}=0.35$，正摩阻力标准值 $q_{slk}=40\text{kPa}$。试问，依据《建筑桩基技术规范》JGJ 94—2008，估算单桩在填土层中承受的负摩阻力产生的下拉荷载标准值 Q_{gk}^n（kN），与下列何项数值最为接近？

(A) 300　　　　(B) 350　　　　(C) 450　　　　(D) 500

【题 52~55】 某安全等级为二级的办公楼，框架柱截面尺寸 $b\times h=1250\text{mm}\times 1000\text{mm}$。如图 Z21-20 所示，柱下设 8 桩承台基础，采用预应力高强混凝土管桩 PHC 管桩，外径 600mm，壁厚 110mm，桩长 30m，设计为摩擦桩。承台及其上覆土的加权平均重度 $\gamma_G=20\text{kN/m}^3$，地下水位标高 −4.000m。不考虑抗震。

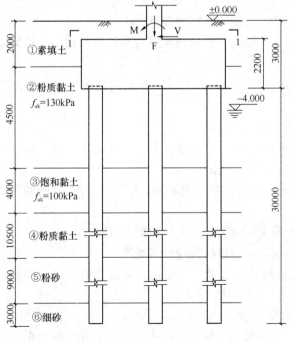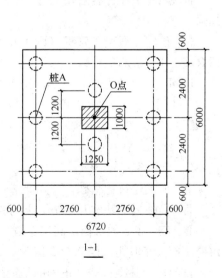

图 Z21-20

52. 假定，现场进行三根试桩，竖向极限承载力标准值分别为 3400kN、3700kN、3800kN。取承台效应系数 $\eta=0.13$，试问，考虑承台效应的基桩竖向承载力特征值 R (kN)，与下列何项数值作为接近？

(A) 1800　　　　(B) 1900　　　　(C) 2000　　　　(D) 2100

53. 假定，采用等效作用分层总和法计算桩基承台中部 O 点沉降，已知 $C_0=0.041$、$C_1=1.66$、$C_2=10.14$。试问，计算沉降过程中的参数 s_a/d 和 ψ_e，与下列何项数值最为接近？

(A) 3.25，0.2　　(B) 3.75，0.17　　(C) 3.25，0.17　　(D) 3.75，0.2

54. 假定，桩 A 为废桩，在荷载标准组合下，上部结构传至承台顶面的内力设计值：$F_k=10500kN$，$M_k=360kN \cdot m$，$V_k=60kN$。按七桩承台核算，基桩承受的最大压力标准值 N_{kmax} (kN)，与下列何项数值最为接近？

(A) 2000　　　　(B) 2300　　　　(C) 2500　　　　(D) 2800

55. 假设由于桩 A 为废桩，桩基承载力不足需要补桩，待补桩型可采用：灌注桩、PHC 桩（按部分挤土桩考虑）。试问，下列补桩方案哪一项不符合《建筑桩基技术规范》JGJ 94—2008 要求？

(A) O 点向桩 A 向 1750mm，补直径 700mm 灌注桩

(B) O 点向桩 A 向 1750mm，补原规格 PHC 桩

(C) O 点向桩 A 向 1300mm，补原规格 PHC 桩

(D) O 点向桩 A 向 2000mm，补原规格 PHC 桩

【题 56】 关于场地、地基和基础抗震有下列主张：

Ⅰ. 场地内存在发震断裂时，若抗震设防烈度低于 8 度，可忽略发震断裂错动对地面建筑的影响

Ⅱ. 对砌体房屋可不进行天然地基及基础的抗震承载力验算

Ⅲ. 地基中存在震陷软土时，震陷软土范围内桩的纵向配筋应与桩顶部相同，箍筋应加强

Ⅳ. 预应力混凝土管桩（PC）的质量稳定性优于沉管灌注桩，适用于抗震设防区内适合施工 PC 桩的工程

试问，上述主张中，正确的是下列何项？

(A) Ⅰ、Ⅲ　　(B) Ⅰ、Ⅱ、Ⅲ　　(C) Ⅱ、Ⅲ、Ⅳ　　(D) Ⅰ、Ⅲ、Ⅳ

【题 57】 关于建（构）筑物沉降变形有下列主张：

Ⅰ. 180m 高的钢筋混凝土烟囱采用桩基，其基础的倾斜不应大于 0.003，基础的沉降量不应大于 350mm

Ⅱ. 加大建筑物基础，可降低基底土附加压应力，减少建筑物的沉降

Ⅲ. 受临近深基坑开挖施工影响的建筑物，应进行沉降变形观测

Ⅳ. 高 120m 的带裙房高层建筑下的整体筏形基础，主楼边柱与相邻的裙房柱的差异沉降不应大于其距离的 0.002 倍

试问，上述主张中，正确的是下列何项？

(A) Ⅰ、Ⅱ　　(B) Ⅱ、Ⅲ　　(C) Ⅰ、Ⅲ　　(D) Ⅱ、Ⅲ、Ⅳ

【题 58】 关于高层建筑混凝土结构计算分析，有下列观点：

Ⅰ. 平面不规则而竖向规则的建筑，应采用空间结构计算模型；平面不对称且凹凸不规则时，可根据实际情况分块计算扭转位移比

Ⅱ. 平面规则而立面复杂的高层建筑，考虑横风向风振时，应按顺风向、横风向分别控制侧向层间位移角满足《高层建筑混凝土结构技术规程》JGJ 3—2010 要求，可不考虑风向角的影响

Ⅲ. 质量与刚度分布明显不对称的结构应计算双向水平地震作用下的扭转影响，双向水平地震作用计算结果可不与单向地震作用考虑偶然偏心的计算结果进行包络设计

Ⅳ. 在高层框架结构的整体计算中，宜考虑框架梁、框架柱节点区的刚域影响，考虑刚域后得结构整体计算刚度会增大

试问，针对上述观点的判断，下列何项正确？

（A）Ⅰ、Ⅱ准确　　（B）Ⅱ、Ⅲ准确　　（C）Ⅰ、Ⅳ准确　　（D）Ⅲ、Ⅳ准确

【题 59】　关于高层民用建筑钢结构设计，有下列观点：

Ⅰ. 高层为 150m 的钢框架-偏心支撑结构，其阻尼比应取 0.03

Ⅱ. 高度超过 150m 的钢结构采用框架-偏心支撑结构时，顶层可采用中心支撑

Ⅲ. 钢框架柱应至少延伸至计算嵌固端下一层，并且宜采用钢骨混凝土柱，以下可采用钢筋混凝土柱

Ⅳ. 抗震设防烈度 6～9 度时，钢框架支撑结构体系的钢结构最大适用高度均不小于钢框架结构体系适用高度的 2 倍，但当框架承担的倾覆力矩大于总倾覆力矩的 50％时，其最大适用高度应按框架结构采用

试问，针对上述观点准确性的判断，下列何项正确？

（A）Ⅰ、Ⅳ准确　　（B）Ⅱ、Ⅲ准确　　（C）Ⅰ、Ⅲ准确　　（C）Ⅲ、Ⅳ准确

【题 60～62】　某 6 层现浇钢筋混凝土办公楼，抗震设防类别为丙类，采用框架-剪力墙结构，规定水平力作用下底层框架部分承担的倾覆力矩占总倾覆力矩的 40％。首层、三层竖向构件平面图及结构剖面图如图 Z21-21 所示，各层层高 4.5m，抗震设防烈度为 7度（0.15g），设计地震分组为第一组，结构安全等级为二级。

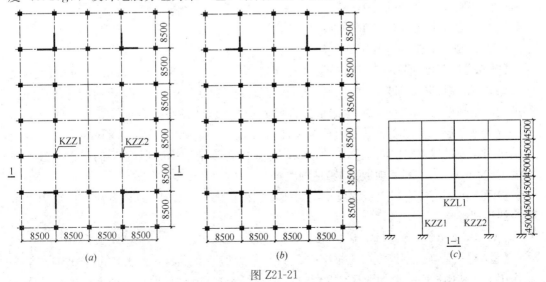

图 Z21-21

（a）首层结构布置图；（b）三层结构布置图；（c）结构立面图

提示：转换梁和转换柱按相同高度的部分框支剪力墙结构中的框支框架相关规定进行设计。

60. 假定，转换柱 KZZ1（方柱）混凝土强度等级为 C40，剪跨比为 2.2，永久荷载作用下柱底轴力标准值 $N_{Gk}=6900$kN，按等效均布活荷载计算的楼面活荷载产生的轴力标准值 $N_{Qk}=1500$kN（按办公楼考虑），屋面活荷载产生的轴力标准值 $N_{Wk}=200$kN，多遇水平地震作用产生的轴力标准值 $N_{Ehk}=50$kN，多遇竖向地震作用产生的轴力标准值 $N_{Evk}=310$kN。试问，当未采用提高轴压比限值的构造措施时，KZZ1 满足轴压比要求的最小截面边长 h（mm），与下列何项数值最为接近？

提示：①不考虑风荷载作用；

②按《建筑与市政工程抗震通用规范》GB 55002—2021 作答。

(A) 800   (B) 850   (C) 900   (D) 950

61. 假定，2 层某根转换梁 KZL1，抗震等级为二级，采用 C40 混凝土净距 l_n 为 15.8m，转换梁梁宽为 750mm，$a_s=100$mm。抗震设计时，重力荷载代表值作用下按简支梁计算的梁端截面剪力设计值 $V_{Gb}=3200$kN，梁左、右端考虑地震作用组合调整后的弯矩设计值 $M_b^l=10500$kN·m（逆时针），$M_b^r=300$kN·m（顺时针）。试问，该转换梁截面高度 h（mm）最小为下列何项数值时，该梁受剪截面才能满足规程的要求？

提示：①按《高层建筑混凝土结构技术规程》JGJ 3—2010 作答，且托柱转换梁要满足"强剪弱弯"要求；

②忽略竖向地震作用的影响。

(A) 1300   (B) 1400   (C) 1600   (D) 1800

62. 假定，该工程在设计阶段调整为乙类建筑，某托柱转换梁 KZL2 截面尺寸为 $b×h=850$mm×1650mm，混凝土强度等级为 C40，钢筋采用 HR400，支座上部纵筋为 16 Φ 32，下列选项为梁上部贯通纵筋和梁箍筋的不同配置方案。试问，下列何项符合《高层建筑混凝土结构技术规程》JGJ 3—2010 的要求且最为经济？

(A) 8 Φ 32；Φ 12@100 (6)

(B) 10 Φ 32；Φ 12@100 (6)

(C) 10 Φ 32；Φ 12@100/200 (6)

(D) 11 Φ 32；Φ 14@100/200 (6)

【题 63】 某 8 层现浇钢筋混凝土框架结构，层高均为 5m，抗震设防烈度 7 度（0.10g），抗震设防类别为丙类。计算表明，多遇地震作用下，第 3 层竖向构件的层间位移最大，按弹性分析计算（未考虑重力二阶效应）的竖向构件 X 向的最大层间位移为 8.5mm，第 3 层及上部楼层总重力荷载设计值为 $2.0×10^5$kN。假定，考虑重力二阶效应后结构刚好满足规程对层间位移限值的要求。试问，该结构第 3 层的 X 向弹性等效侧向刚度（kN/m），与下列何项数值最为接近？

提示：可采用《高层建筑混凝土结构技术规程》JGJ 3—2010 近似方法考虑重力二阶效应的不利影响。

(A) $4.9×10^5$ (B) $6.2×10^5$ (B) $8.9×10^5$ (D) $12×10^5$

【题 64】 某高层钢筋混凝土框架-剪力墙结构，房屋高度 80m，层高 5m，Y 向水平地震作用下，结构平面变形如图 Z21-22 所示，假定 Y 向多遇水平地震下楼层层间最大水

位移为 Δu，Y 向规定水平地震力作用下第 3 层的楼层角点竖向构件中的最小水平层间位移为 δ_1，同一侧的楼层角点竖向构件中的最大水平层间位移为 δ_2，Δu、δ_1 的数值见表 Z21-2。试问，第 3 层的扭转效应控制时，为满足《高层建筑混凝土结构技术规程》 JGJ 3—2010 对扭转位移比的要求，δ_2（mm）不应超过下列何项数值？

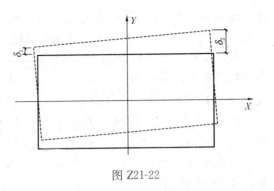

图 Z21-22

(A) 3.0   (B) 3.8

(C) 4.5   (D) 5.1

表 Z21-2

	Δu (mm)	δ_1 (mm)
不考虑偶然偏心	2.49	1.28
考虑偶然偏心	2.70	1.14

【题 65】 某高层钢筋混凝土框架-剪力墙结构，采用抗震性能化设计，性能目标为 C 级。其中某层剪力墙连梁 LL（其截面尺寸 $b \times h = 400\text{mm} \times 1000\text{mm}$），混凝土强度等级为 C40。风荷载作用下梁端剪力标准值 $V_{wk} = 300\text{kN}$。抗震设计时，重力荷载代表值作用下按简支梁计算的梁端剪力标准值 $V_{Gbk} = 150\text{kN}$。设防烈度地震下梁端剪力标准值 $V_{Ehk}^* = 1350\text{kN}$，钢筋采用 HRB400，连梁截面有效高度 $h_{b0} = 940\text{mm}$，跨高比为 2.0。试问，在设防烈度地震下，连梁箍筋配置采用下列何项符合性能水平要求且最为经济？

提示：①连梁不设交叉斜筋、集中对角斜筋、对角暗撑和型钢；

②箍筋满足最小配筋率要求。

(A) Φ 10@100 (4)   (B) Φ 12@100 (4)

(C) Φ 14@100 (4)   (D) Φ 16@100 (4)

【题 66】 某普通剪力墙结构住宅，抗震设防烈度 8 度（0.20g），房屋高度 90m，抗震设防类别为丙类，某墙肢底部加强部位的边缘构件配筋如图 Z21-23 所示，混凝土强度等级为 C60，钢筋采用 HRB400，剪力墙轴压比 $\mu_N = 0.35$。试问，下列该边缘构件阴影部分纵筋及箍筋配置的不同方案，何项满足《高层建筑混凝土结构技术规程》JGJ 3—2010 的要求且配筋最为经济？

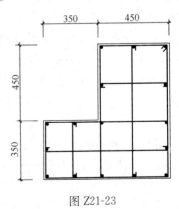

图 Z21-23

提示：①最外层钢筋保护层厚度为 15mm；

②不考虑分布钢筋箍筋重叠部分的加强作用。

(A) 16 Φ 20；Φ 14@100

(B) 16 Φ 22；Φ 14@100

(C) 16 Φ 20；Φ 12@100

(D) 16 Φ 22；Φ 12@100

【题 67、68】 某 52 层普通剪力墙结构住宅，周边地形平坦，抗震设防烈度 6 度 （0.05g），房屋高度 150m，各层平面均为双十字形平面，如图 Z21-24 所示。Y 向风荷载体型系数取 1.4，质量沿高度分布均匀，50 年重现期的基本风压 $w_0=0.8\text{kN/m}^2$，10 年重现期的风压 $w_0=0.5\text{kN/m}^2$，地面粗糙度类别为 B 类。

67. 假定，风荷载沿高度呈倒三角形分布（地面处为 0），屋面高度处 Y 向的风振系数 $\beta_z=1.57$，整体结构 Y 向风荷载计算时，建筑物顶部突出屋面的构架作用于屋面的 Y 向水平力及该水平力对应的力矩标准值分别为 $\Delta P_k=500\text{kN}$、$\Delta M_k=2000\text{kN·m}$。试问，承载力设计时，在地面位置由 Y 向风荷载产生的 Y 向倾覆力矩标准值（kN·m），与下列何项数值最为接近？

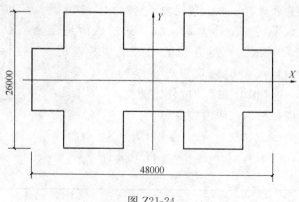

图 Z21-24

(A) 1.35×10^6　　(B) 1.50×10^6　　(C) 1.65×10^6　　(D) 1.95×10^6

68. 假定，结构基本自振周期 $T_1=4.25\text{s}$（Y 向平动），结构单位高度质量 $m=330\text{t/m}$，脉动风荷载背景分量因子 $B_z=0.45$。试问，风振舒适度分析时，屋面处 Y 向顺风向加速度计算值（m/s^2），与下列何项数值最为接近？

提示：①按《建筑结构荷载规范》GB 50009—2012 作答；

②基本风压、结构阻尼比以《高层建筑混凝土结构技术规程》JGJ 3—2010 规定为准，计算时结构阻尼比取 0.02。

(A) 0.07　　(B) 0.10　　(C) 0.13　　(D) 0.17

【题 69】　某剪力墙结构，剪力墙底部加强部位均为偏心受压承载力极限状态控制，其中某一墙肢 W1 截面尺寸为 $b_w\times h_w=250\text{mm}\times5000\text{mm}$，混凝土强度等级为 C35，钢筋采用 HRB400，$a_s=a_s'=200\text{mm}$，抗震等级为二级，轴压比 $\mu_N=0.45$。假定，W1 考虑地震组合的弯矩设计值 $M=10500\text{kN·m}$，压力设计值 $N=2500\text{kN}$，采用对称配筋，纵向受力钢筋全部配在约束边缘构件阴影区内，W1 为大偏心受压。试问，墙肢 W1 一端约束边缘构件阴影范围内纵向钢筋最小截面面积 A_s（mm^2），与下列何项数值最为接近？

提示：①按《高层建筑混凝土结构技术规程》JGJ 3—2010 作答；

②已知 $M_c=13200\text{kN·m}$，$M_{sw}=1570\text{kN·m}$。

(A) 1210　　(B) 1250　　(C) 1350　　(D) 1450

【题 70】　某 80m 高环形截面钢筋混凝土烟囱，如图 Z21-25 所示，抗震设防烈度 8 度（0.20g），设计地震分组为第一组，场地类别为 I 类。假定，烟囱基本自振周期为 1.5s，烟囱估算时划分为 4 节，每节高度均为 20m，自上而下各节重力荷载代表值分别为 5800kN、6600kN、7500kN、8800kN。试问，烟囱 20m 高度处水平截面与根部水平截面（基础顶面）竖向地震作用标准值之比（F_{Evik}/F_{Ev0k}），与下列何项数值最为接近？

提示：按《烟囱工程技术标准》GB/T 50051—2021

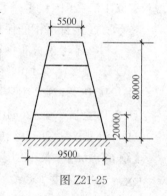

图 Z21-25

作答。

(A) 2.4　　　　　(B) 1.2　　　　　(C) 0.7　　　　　(D) 0.5

【题71】 某民用建筑钢结构建筑，主体结构采用框架-支撑结构体系，安全等级为二级，首层一榀偏心支撑框架立面如图 Z21-26 所示。消能梁段截面为 $H500 \times b_f \times t_w \times 16mm$（$W_{np} = 2.2 \times 10^6 mm^3$），消能梁段净长度 $a = 700mm$，框架梁采用 Q235 钢，框架柱采用 Q345 钢。假定，消能梁段考虑多遇地震地震组合的剪力设计值 $V = 905kN$，轴力设计值小于 $0.15Af$。试问，消能梁段腹板厚度 t_w（mm）最小取下列何项数值，才能满足规程对消能梁段抗震受剪承载力的要求？

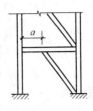

图 Z21-26

提示：①按《高层民用建筑钢结构技术规程》JGJ 99—2015 作答；

②$f = 215N/mm^2$，$f_y = 235N/mm^2$；

③不必验算腹板构造和局部稳定是否满足构造要求。

(A) 8　　　　　(B) 10　　　　　(C) 12　　　　　(D) 14

【题72】 某高层民用建筑，地上采用钢框架结构，地下一层，其层高 5.1m，钢柱采用埋入式柱脚，钢柱反弯点在地下一层范围内，钢柱截面 $H600 \times 400 \times 16 \times 20$，采用 Q345 钢，基础混凝土抗压强度标准值 $f_{ck} = 20.1kN/mm^2$。假定，钢柱考虑轴力影响时，强轴方向的全塑性受弯承载力 $M_{pc} = 1186kN \cdot m$，与弯矩作用方向垂直的柱身等效宽度 $b_c = 400mm$，钢柱脚计算时连接系数 α 取 1.2。试问，基础顶面可能出现塑性铰时，钢柱柱脚埋置深度 h_B（mm）最小取下列何项数值时，才能满足规程对钢柱脚埋置深度的计算要求？

提示：①按《高层民用建筑钢结构技术规程》JGJ 99—2015 作答；

②混凝土基础承载力满足要求，不考虑柱底局部承压计算。

(A) 800　　　　　(B) 1000　　　　　(C) 1200　　　　　(D) 1400

【题73】 某高层民用建筑，主体结构采用钢框架结构，采用 Q345 钢，梁柱按全熔透的等强连接设计（绕强轴），如图 Z21-27 所示。在持久设计状况下，框架梁弹性弯矩设计值为 770kN·m，框架梁最小截面规格应取下列何项才能满足梁与柱连接的受弯承载力要求？

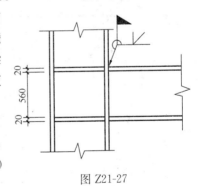

图 Z21-27

提示：① $H600 \times 200 \times 10 \times 20$，$I_e = 7.5 \times 10^8 mm^4$；$H600 \times 200 \times 12 \times 20$，$I_e = 7.7 \times 10^8 mm^4$；$H600 \times 200 \times 14 \times 20$，$I_e = 7.9 \times 10^8 mm^4$；$H600 \times 200 \times 16 \times 20$，$I_e = 8.0 \times 10^8 mm^4$；

② $f = 295N/mm^2$。

(A) H600×200×10×20　　　　　(B) H600×200×12×20

(C) H600×200×14×20　　　　　(D) H600×200×16×20

【题74】 某钢筋混凝土大底盘双塔结构，如图 Z21-28 所示，除竖向体型收进外，其他均规则，4 层裙房均为商场，裙房以上 12 层塔楼为住宅，房屋高度 56m，地下 2 层，抗震设防烈度 7 度（0.10g），设计地震分组为第一组，场地类别为 Ⅱ 类，安全等级为二级。裙房及塔楼的结构布置均符合典型的框架-剪力墙结构要求，裙房与塔楼均具有明显的二道防线，规定水平力作用下，框架承受的倾覆力矩占总倾覆力矩的 30%，地下室顶板（±0.000处）可作为上部结构的嵌固部位，假定，裙房商场营业面积为15000m²，各栋塔楼面积为14000m²。试问，关于构件的抗震等级，下列何项不正确？

（A）第3层的塔楼周边框架柱抗震等级为一级

（B）第6层的塔楼周边剪力墙抗震等级为二级

（C）第10层的塔楼周边框架柱抗震等级为三级

（D）第4层裙房非塔楼相关范围的剪力墙抗震等级为二级

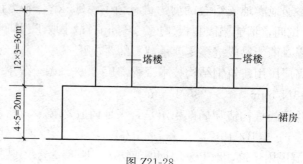

图 Z21-28

【题 75～80】　某高速公路上的立交匝道直线桥梁，为3孔30m跨预制预应力混凝土箱形简支梁组成，如图 Z21-29 所示，该桥梁全宽10m，行车道净宽9m，单向双车道。下部结构包括0号、3号埋置式肋板桥台，1号、2号T形盖梁中墩，中墩下接承台和桩基础。两端桥台处设置伸缩缝，中墩处桥面连续，形成3×30m的一联桥。每片主梁端部设

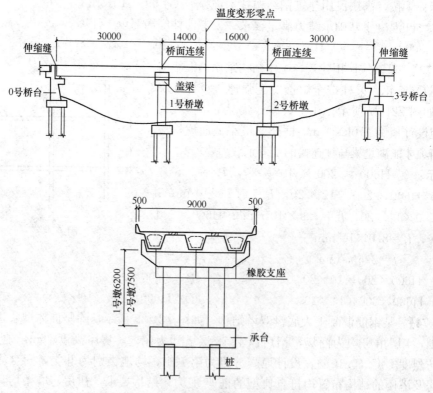

图 Z21-29　中墩横断面图（尺寸单位：mm）

置一个矩形板式橡胶支座，桥台处共 3 个，中墩盖梁顶面处为 6 个。每个橡胶支座规格相同，即 350mm×550mm×84mm（纵桥向长×横桥向长×总厚度），其橡胶层厚度总计 60mm。为简化计算，边、中跨计算跨径均按 30m 计算，图中中墩高度已包含盖梁高度。

已知桥台顶面处的纵向抗推刚度取无穷大，1、2 号中墩盖梁顶面处的纵向抗推刚度分别为：$K_1 = 35000$kN/m，$K_2 = 21000$kN/m，单个橡胶支座的纵桥向抗推刚度 $K_支 = 3850$kN/m。上部结构温度变形零点距 1 号墩中线 14m，混凝土线膨胀系数取 0.00001。

75. 试问，1 号墩承担的汽车荷载制动力标准值（kN），与下列何项数值最为接近？

(A) 58.1   (B) 95.6   (C) 117.0   (D) 125.9

76. 假设桥梁位于寒冷地区，预应力梁安装及桥面连续施工完成时的气温范围为 15～25℃，当地历年最低平均气温为 −10℃，不考虑混凝土的收缩徐变影响。试问，在降温状态下，1 号墩承受的温度作用标准值（kN），与下列何项数值最为接近？

(A) 42.8   (B) 49.0   (C) 68.2   (D) 172.6

77. 已知一片边梁梁端的恒载反力标准值为 949.1kN，计入冲击系数的活载反力标准值为 736.8kN，支座剪变模量 $G_e = 1.2$MPa，支座与混凝土接触面的摩擦系数为 $\mu = 0.3$。假定，支座顶、底面均设置垫石，不计纵横坡产生的支座剪切变形；上部结构由混凝土收缩和徐变及体系整体降温所产生的作用效应，按总计降温 50℃ 作用于 3 号桥台；作用在此处边梁一个支座上的汽车荷载制动力标准值按 27kN 计算，计算时不考虑支座与梁端的距离。试问，验算 3 号桥台处边梁支座抗滑移稳定性的结果，与下列哪种情况相符？

(A) 不计汽车制动力时满足，计入汽车制动力时满足

(B) 不计汽车制动力时满足，计入汽车制动力时不满足

(C) 不计汽车制动力时不满足，计入汽车制动力时满足

(D) 不计汽车制动力时不满足，计入汽车制动力时不满足

78. 在桥台处设置的桥面伸缩缝装置，拟采用模数式单缝，其伸缩范围介于 20～80mm，即总伸缩量为 60mm，最小工作宽度为 20mm。经计算，混凝土收缩、徐变引起的梁体缩短量 $\Delta l_s^- + \Delta l_c^- = 11.5$mm，汽车制动力引起的开口量和闭口量相等，即 $\Delta l_b^- = \Delta l_b^+ = 6.9$mm，伸缩装置的伸缩量增大系数为 $\beta = 1.3$。假定，伸缩装置安装时的温度为 25℃，在经历当地最高、最低有效气温时，温降引起的梁体缩短量最大值 $\Delta l_t^- = 16$mm，温升引起的梁体伸长量最大值 $\Delta l_t^+ = 4.6$mm，且不考虑地震等因素影响。试问，伸缩缝的安装宽度（或出厂宽度）（mm），与下列何项数值最为接近？

(A) 12   (B) 25   (C) 32   (D) 35

79. 桥梁所在地区的抗震设防烈度为 7 度，基本地震动峰值加速度为 0.15g，在 E2 地震作用下，2 号墩支座顶面的纵向水平地震设计力为 945kN，均匀温度作用最不利标准值为 61.3kN，一个支座的最小恒载反力为 838.9kN。假定，支座顶底面设置钢板，永久作用产生的橡胶支座的水平位移及水平力为 0。试问，在进行板式橡胶支座抗震验算时，与下列哪种情况相符？

(A) 支座厚度验算不满足，抗滑稳定性满足

(B) 支座厚度验算不满足，抗滑稳定性不满足

(C) 支座厚度验算满足，抗滑稳定性满足

(D) 支座厚度验算满足，抗滑稳定性不满足

80. 条件同题 79，本桥所有支座中心线均与纵向桥梁中心线正交，中墩处纵桥向梁端间隙为 6cm，假定桥台高度影响不计，且不参与高度计算，1 号墩高取 620cm，2 号墩高取 750cm。试问，1、2 号中墩盖梁沿纵桥向的最小尺寸（即：cm），与下列何项数值最为接近？

(A) 159   (B) 165   (C) 170   (D) 176

规范简称目录

为了解答方便、避免冗长，规范简称如下：

1. 《工程结构通用规范》GB 55001—2021（以下简称《结通规》）
2. 《建筑与市政工程抗震通用规范》GB 55002—2021（以下简称《抗震通规》）
3. 《建筑与市政地基基础通用规范》GB 55003—2021（以下简称《地基通规》）
4. 《组合结构通用规范》GB 55004—2021（以下简称《组合通规》）
5. 《木结构通用规范》GB 55005—2021（以下简称《木通规》）
6. 《钢结构通用规范》GB 55006—2021（以下简称《钢通规》）
7. 《砌体结构通用规范》GB 55007—2021（以下简称《砌通规》）
8. 《混凝土结构通用规范》GB 55008—2021（以下简称《混通规》）
9. 《建筑结构可靠性设计统一标准》GB 50068—2018（简称《可靠性标准》）
10. 《建筑结构荷载规范》GB 50009—2012（简称《荷规》）
11. 《建筑工程抗震设防分类标准》GB 50223—2008（简称《设防分类标准》）
12. 《建筑抗震设计规范》GB 50011—2010（2016 年版）（简称《抗规》）
13. 《建筑地基基础设计规范》GB 50007—2011（简称《地规》）
14. 《建筑桩基技术规范》JGJ 94—2008（简称《桩规》）
15. 《建筑边坡工程技术规范》GB 50330—2013（简称《边坡规范》）
16. 《建筑地基处理技术规范》JGJ 79—2012（简称《地处规》）
17. 《建筑地基基础工程施工质量验收标准》GB 50202—2018（简称《地验标》）
18. 《既有建筑地基基础加固技术规范》JGJ 123—2012（简称《既有地规》）
19. 《建筑基桩检测技术规范》JGJ 106—2014（简称《基桩检规》）
20. 《混凝土结构设计规范》GB 50010—2010（2015 年版）（简称《混规》）
21. 《混凝土结构工程施工质量验收规范》GB 50204—2015（简称《混验规》）
22. 《混凝土异形柱结构技术规程》JGJ 149—2017（简称《异形柱规程》）
23. 《组合结构设计规范》JGJ 138—2016（简称《组合规范》）
24. 《混凝土结构加固设计规范》GB 50367—2013（简称《混加规》）
25. 《门式刚架轻型房屋钢结构技术规范》GB 51022—2015（简称《门规》）
26. 《钢结构设计标准》GB 50017—2017（简称《钢标》）
27. 《冷弯薄壁型钢结构技术规范》GB 50018—2002（简称《薄壁钢规》）
28. 《高层民用建筑钢结构技术规程》JGJ 99—2015（简称《高钢规》）
29. 《空间网格结构技术规程》JGJ 7—2010（简称《网格规程》）
30. 《钢结构焊接规范》GB 50661—2011（简称《焊规》）
31. 《钢结构高强度螺栓连接技术规程》JGJ 82—2011（简称《高强螺栓规程》）
32. 《钢结构工程施工质量验收标准》GB 50205—2020（简称《钢验标》）

33. 《砌体结构设计规范》GB 50003—2011（简称《砌规》）

34. 《砌体结构工程施工质量验收规范》GB 50203—2011（简称《砌验规》）

35. 《木结构设计标准》GB 50005—2017（简称《木标》）

36. 《烟囱工程技术标准》GB/T 50051—2021（简称《烟标》）

37. 《高耸结构设计标准》GB 50135—2019（简称《高耸标准》）

38. 《高层建筑混凝土结构技术规程》JGJ 3—2010（简称《高规》）

39. 《建筑设计防火规范》GB 50016—2014（简称《防火规范》）

40. 《公路桥涵设计通用规范》JTG D60—2015（简称《公桥通规》）

41. 《城市桥梁设计规范》CJJ 11—2011（2019 年局部修订）（简称《城市桥规》）

42. 《城市桥梁抗震设计规范》CJJ 166—2011（简称《城桥抗规》）

43. 《公路钢筋混凝土及预应力混凝土桥涵设计规范》JTG 3362—2018（简称《公桥混规》）

44. 《公路桥梁抗震设计规范》JTG/T 2231-01—2020（简称《公桥抗规》）

45. 《城市人行天桥和人行地道技术规程》CJJ 69—95（简称《城市天桥》）

实战训练试题（十五）解答与评析

（上午卷）

1. 正确答案是 A，解答如下：

(1) 根据《设防分类标准》4.0.3 条第 2 款，①为乙类。

(2) 根据《设防分类标准》6.0.5 条及其条文说明，②为乙类。

(3) 根据《设防分类标准》6.0.8 条，③为乙类。

2. 正确答案是 D，解答如下：

根据提示，只进行 X 方向验算：

第 1 层：$\dfrac{K_1}{(K_2+K_3+K_4)/3}=\dfrac{1.0\times10^7}{(1.1+1.9+1.9)\times10^7/3}=0.612<0.8$

第 2 层：$\dfrac{K_2}{K_3}=\dfrac{1.1\times10^7}{1.9\times10^7}=0.579<0.8$

根据《抗规》表 3.4.3-2 规定，属于竖向不规则的类型，第 1 层，第 2 层为薄弱层。

根据《抗规》3.4.4 条第 2 款规定，第 1 层、第 2 层薄弱层的地震剪力应乘以 1.15 的增大系数。

3. 正确答案是 B，解答如下：

X 方向，最大位移/两端平均位移，均小于 1.2。

Y 方向，第 1 层～第 6 层，最大位移/两端平均位移，依次为：

1.3625，1.3325，1.3025，1.3025，1.3542，1.4286

上述值均大于 1.2，根据《抗规》表 3.4.3-1，属于扭转不规则结构。

4. 正确答案是 D，解答如下：

根据《抗规》5.1.3 条，取 $\psi_c=0.5$

根据《抗规》6.2.4 条，5.4.1 条，及《抗震通规》4.3.2 条：

$$V_{Gb}=1.3\times\frac{1}{2}q_Gl_n$$

$$=1.3\times\frac{1}{2}l_n(g+0.5q)=1.3(V_{gk}+V_{qk})$$

$$=1.3\times(30+0.5\times20)=52$$

$$V=\eta_{vb}\frac{M_b^l+M_b^r}{l_n}+V_{Gb}=1.2\times\frac{850}{6}+52=222\text{kN}$$

5. 正确答案是 C，解答如下：

根据《抗规》5.1.3 条、5.4.1 条，取 $\psi=0.5$，$\gamma_G=1.2$。

根据《抗规》6.2.3 条，6.2.6 条，底层角柱弯矩设计值应分别乘以 1.5，1.1。

由《抗震通规》4.3.2 条：

$$M_c^b=1.5\times1.1\times[1.3\times(1.5+0.5\times0.6)+1.4\times115]$$

$$=269.511\text{kN}\cdot\text{m}$$

根据《抗规》6.2.5条、6.2.6条：

$$V=\frac{\eta_{vc}(M_c^b+M_c^t)}{H_n}=\frac{1.3\times(104.8+269.511)}{4.85}=100.3\text{kN}$$

【2～5题评析】 4题，由本题目所给定的提示条件，计算重力荷载代表值时，可变荷载的组合值系数为0.5。

5题，应注意的是，底层角柱的弯矩设计值应乘以增大系数1.1，其相应的剪力设计值不再乘以1.1。

6. 正确答案是D，解答如下：

将箱形截面等效为I形截面计算受弯承载力。

根据《混规》6.2.10条：

$$f_yA_s=360\times1884=678240\text{N}$$

$\alpha_1f_cb_f'h_f'=1.0\times11.9\times600\times100=714000\text{N}>678240\text{N}$，属于第一类截面

$$x=\frac{f_yA_s}{\alpha_1f_cb_f'}=\frac{678240}{1.0\times11.9\times600}=95\text{mm}\quad\begin{array}{l}>2a_s'=70\text{mm}\\<\xi_bh_0=0.518\times765=396\text{mm}\end{array}$$

$$M=\alpha_1f_cb_f'x\left(h_0-\frac{x}{2}\right)=1.0\times11.9\times600\times95\times\left(765-\frac{95}{2}\right)=486.7\text{kN}\cdot\text{m}$$

7. 正确答案是A，解答如下：

$$V=125\text{kN}<0.7f_tbh_0=0.7\times1.27\times(100+100)\times765\times10^{-3}=136\text{kN}$$

根据《混规》6.3.7条，可不进行斜截面的受剪承载力计算。

按构造要求配筋，根据《混规》9.2.9条规定：

箍筋直径$d\geqslant6\text{mm}$，间距$s\leqslant350\text{mm}$，故取$\Phi6@350$。

8. 正确答案是C，解答如下：

根据《混规》6.4.12条规定：

$$V=60\text{kN}<0.35f_tbh_0=0.35\times1.27\times200\times765\times10^{-3}=68\text{kN}$$

故按纯扭构件计算。

箱形截面，由《混规》6.4.6条，

$$T\leqslant0.35\alpha_hf_tW_t+1.2\sqrt{\xi}f_{yv}\frac{A_{st1}A_{cor}}{s}$$

$$65\times10^6\leqslant0.35\times0.417\times1.27\times7.1\times10^7+1.2\times\sqrt{1.0}\times270\times\frac{A_{st1}}{s}\times4.125\times10^5$$

解之得：

$$\frac{A_{st1}}{s}\geqslant0.388\text{mm}^2/\text{mm}$$

选用$\Phi10@200$，$\dfrac{A_{st1}}{s}=\dfrac{78.5}{200}=0.393\text{mm}^2/\text{mm}>0.388\text{mm}^2/\text{mm}$

复核最小配箍率，由《混规》9.2.10条：

$$\rho_{sv}=\frac{A_{sv}}{bs}=\frac{2\times78.5}{600\times200}=0.131\%$$

$$\rho_{sv,min}=0.28f_t/f_{yv}=0.28\times1.27/270=0.13\%<0.131\%，满足$$

【6～8题评析】 7题，运用《混规》计算时，抗剪计算，b应取箱形截面的两侧壁厚，即$2t_w$。8题，取$b=600\text{mm}$。

9. 正确答案是 A，解答如下：

根据《抗规》3.5.4 条第 5 款规定，应选（A）项。

10. 正确答案是 A，解答如下：

根据《混规》附录 D 的规定，根据表 D.2.1 及注的规定：

$$l_0/b = 3500/200 = 17.5$$

$$\varphi = 0.72 - \frac{17.5 - 16}{18 - 16} \times (0.72 - 0.68) = 0.69$$

由规范式（D.2.1-4），取 $e_0 = 0$，则：

$$N_u = \varphi f_{cc} b(h - 2e_0) = 0.69 \times (0.85 \times 14.3) \times 200 \times (2100 - 2 \times 0) = 3522.519 \text{kN}$$

$$N_u/N = 3522.519/3000 = 1.174$$

11. 正确答案是 B，解答如下：

根据《混规》11.7.2 条和 11.7.4 条，剪力墙抗震三级：

$V_w = 1.2V$，则 $V^c = V_w/1.2 = 180/1.2 = 150 \text{kN}$

$M^c = M_w = 250 \text{kN} \cdot \text{m}$

$\lambda = \dfrac{M^c}{V^c h_0} = \dfrac{250}{150 \times (2.1 - 0.2)} = 0.877 < 1.5$，取 $\lambda = 1.5$

$0.2 f_c bh = 0.2 \times 14.3 \times 200 \times 2100 = 1201.2 \text{kN} < N_w = 2000 \text{kN}$，取 $N = 1201.2 \text{kN}$

由规范式（11.7.4）：

$$V_w = \frac{1}{\gamma_{RE}} \left[\frac{1}{\lambda - 0.5} \left(0.4 f_t bh_0 + 0.1 N \frac{A_w}{A} \right) + 0.8 f_{yv} \frac{A_{sh}}{s} h_0 \right]$$

$$180 \times 10^3 \leqslant \frac{1}{0.85} \times \left[\frac{1}{1.5 - 0.5} \times (0.4 \times 1.43 \times 200 \times 1900 + 0.1 \times 1201.2 \times 10^3 \times 1) \right.$$

$$\left. + 0.8 \times 300 \times \frac{A_{sh}}{s} \times 1900 \right]$$

解之得：$\dfrac{A_{sh}}{s} < 0$，按构造配筋。

根据《混规》11.7.14 条，$\rho_{sh,min} = 0.25\%$，

取 $\Phi 8@200$，则：

$$\rho_{sh} = \frac{A_{sh}}{bs} = \frac{2 \times 50.3}{200 \times 200} = 0.251\% > 0.25\%，满足。$$

【10、11 题评析】 11 题，应注意的是，λ 应按未经调整的组合值 M^c、V^c 进行计算。但是，在《混规》式（11.7.4）中 V_w 应为经内力调整后的剪力设计值。

12. 正确答案是 D，解答如下：

假定大偏压，由《混规》式（6.2.17-1）：

$$x = \frac{N}{\alpha_1 f_c b}$$

$$x = \frac{300 \times 10^3}{1.0 \times 14.3 \times 400} = 52.4 \text{mm} < 2a'_s = 2 \times 40 = 80 \text{mm}$$

$$< \xi_b h_0 = 0.518 \times 360 = 186 \text{mm}$$

故为大偏压。

由规范 6.2.17 条第 2 款、6.2.14 条：

$$M = Ne'_s = f_y A_s (h - a_s - a'_s) = 360 \times 942 \times (400 - 40 - 40)$$

解之得：$e'_s = 361.7\text{mm}$

13. 正确答案是 C，解答如下：

根据《混规》6.2.17 条、6.2.5 条：

$$e_a = \max\left(20, \frac{400}{30}\right) = 20\text{mm}$$

$$e'_s = e_i - \frac{h}{2} + a'_s = e_0 + e_a - \frac{h}{2} + a'_s$$

即：

$$305 = e_0 + 20 - \frac{400}{2} + 40$$

解之得：$e_0 = 445\text{mm} = 0.445\text{m}$

$$M = Ne_0 = 300 \times 0.445 = 133.5\text{kN} \cdot \text{m}$$

【12、13 题评析】 12、13 题为非抗震设计，当为抗震设计时，《混规》公式右端项应乘以 $\frac{1}{\gamma_{RE}}$。

14. 正确答案是 C，解答如下：

根据《设防分类标准》6.0.5 条，为乙类建筑，应提高一度（即 8 度）采取相应的抗震措施；由《混规》表 11.1.3，$H = 24\text{m}$，框架抗震等级为二级。

$f_{yk} = 500\text{N/mm}^2$，由已知钢筋表可得表 15-1-1。

钢 筋 表 表 15-1-1

钢 筋	抗拉强度实测值/屈服强度实测值	屈服强度实测值/屈服强度标准值
Φ20	1.265>1.25（√）	1.308>1.3（×）
Φ25	1.377>1.25（√）	1.104<1.3（√）
Φ20	1.224<1.25（×）	—

由表 15-1-1，根据《混规》11.2.3 条规定，只有 Φ25 满足，即 8Φ25。

15. 正确答案是 A，解答如下：

根据《混规》7.2.3 条第 2 款：

不出现裂缝，跨中、支座截面的 B_s 均为：$B_s = 0.85 E_c I$

由规范 7.2.2 条及 7.2.5 条，取 $\theta = 2$：

$$B = \frac{M_k}{M_q (\theta - 1) + M_k} B_s$$

跨中：$B_{中} = \dfrac{M_{k1}}{M_{q1}(2-1) + M_{k1}} B_s = \dfrac{B_s}{1.8} = \dfrac{0.85 E_c I_0}{1.8} = 0.47 E_c I_0$

左端支座：$B_{左} = \dfrac{M_{k左}}{M_{q左}(2-1) + M_{k左}} = \dfrac{B_s}{1.85} = 0.46 E_c I_0$

右端支座：$B_{右} = \dfrac{M_{k右}}{M_{q右}(2-1) + M_{k右}} = \dfrac{B_s}{1.7} = 0.50 E_c I_0$

又由规范 7.2.1 条规定，可按等刚度构件进行计算，故取 $B = B_{中} = 0.47 E_c I_0$

16. 正确答案是 D，解答如下：

根据《可靠性标准》8.2.4 条：

$$q = 26.8 + 1.3 \times 0.243 = 27.116 \text{kN/m}$$

$$M = \frac{1}{8} q l^2 = \frac{1}{8} \times 27.116 \times 4.5^2 = 68.64 \text{kN} \cdot \text{m}$$

根据《钢标》6.1.1条：

截面等级满足 S3 级，故取 $\gamma_x = 1.05$

$$\frac{M}{\gamma_x W_{nx}} = \frac{68.64 \times 10^6}{1.05 \times 319.06 \times 10^3} = 204.70 \text{N/mm}^2$$

17. 正确答案是 D，解答如下：

$$q_k = 0.243 + 3.0 \times (2.5 + 4.0) = 19.743 \text{kN/m} = 19.743 \text{N/mm}$$

$$\frac{v}{L} = \frac{5 q_k L^3}{384 E I_x} = \frac{5 \times 19.743 \times 4500^3}{384 \times 206 \times 10^3 \times 4785.96 \times 10^4}$$

$$= \frac{1}{420.9} = \frac{1}{421}$$

18. 正确答案是 B，解答如下：

根据《钢标》6.1.5条、6.1.3条：

$$\sigma_2 = \frac{M}{I_n} y_1 = \frac{M}{W_{nx}} \cdot \frac{y_1}{y} = \frac{1100.5 \times 10^6}{5136.6 \times 10^3} \times \frac{434}{450}$$

$$= 206.6 \text{N/mm}^2$$

$$\tau_2 = \frac{VS}{I t_w} = \frac{120.3 \times 10^3 \times 2121.6 \times 10^3}{231147.6 \times 10^4 \times 8} = 13.80 \text{N/mm}^2$$

$$\sigma_c = 0.0$$

$$\sqrt{\sigma_2^2 + \sigma_c^2 - \sigma_2 \sigma_c + 3\tau_2^2} = \sqrt{206.6^2 + 0 - 0 + 3 \times 13.80^2}$$

$$= 207.98 \text{N/mm}^2$$

19. 正确答案是 D，解答如下：

根据《钢标》11.2.7条：

设置支承加劲肋，取 $F = 0.0$

$$\frac{1}{2h_e} \sqrt{\left(\frac{VS_f}{I}\right)^2 + \left(\frac{\psi F}{\beta_f l_z}\right)^2} = \frac{1}{2h_e} \frac{VS_f}{I} = \frac{1}{2 \times 0.7 \times 6} \times \frac{120.3 \times 10^3 \times 2121.6 \times 10^3}{231147.6 \times 10^4}$$

$$= 13.14 \text{N/mm}^2$$

20. 正确答案是 C，解答如下：

由《钢标》11.2.6条：

$$l_w = 900 - 2 \times 16 - 2 \times 40 - 2 \times 6 = 776 \text{mm} > 60 h_f = 60 \times 6 = 360 \text{mm}$$

$$\alpha_f = 1.5 - \frac{776}{120 \times 6} = 0.422 < 0.5，取 \alpha_f = 0.5$$

$$\tau_f = \frac{N}{h_e l_w} = \frac{58.7 \times 10^3}{2 \times 0.7 \times 6 \times 0.5 \times 776} = 18 \text{N/mm}^2$$

21. 正确答案是 B，解答如下：

根据《钢标》11.4.2条：

$$N_v^b = 0.9 k n_f \mu P = 0.9 \times 1 \times 1 \times 0.30 \times 80 = 21.6 \text{kN}$$

$$n = \frac{1.2F}{N_v^b} = \frac{1.2 \times 58.7}{21.6} = 3.26 \text{ 个，故取 } n = 4 \text{ 个}$$

22. 正确答案是 D，解答如下：

$$l_{0x} = l_{0y} = 5500 \text{mm}, \quad \lambda_x = \frac{l_{0x}}{i_x} = \frac{5500}{98.9} = 55.6$$

$$i_y = 56.6, \quad \lambda_y = \frac{l_{0y}}{i_y} = \frac{5500}{56.6} = 97.2$$

焊接 H 形截面，焰切边，查《钢标》表 7.2.1-1，对 x 轴、y 轴均为 b 类截面；取 $\lambda_y = 97.2$，查附录 D.0.2，取 $\varphi_y = 0.573$。

$$\frac{N}{\varphi_y A} = \frac{390 \times 10^3}{0.573 \times 77.6 \times 10^2} = 87.7 \text{N/mm}^2$$

23. 正确答案是 B，解答如下：

根据《钢标》14.3.1 条：

C20，取 $E_c = 2.55 \times 10^4 \text{N/mm}^2$，$f_c = 9.6 \text{N/mm}^2$

$$N_v^c = 0.43 A_s \sqrt{E_c f_c} = 0.43 \times \frac{\pi}{4} \times 19^2 \times \sqrt{2.55 \times 10^4 \times 9.6} = 60.29 \text{kN} <$$

$$0.7 A_s f_u = 0.7 \times \frac{\pi}{4} \times 19^2 \times 360 = 71.4 \text{kN}$$

故取 $N_v^c = 60.29 \text{kN}$

又根据《钢标》14.3.2 条第 2 款规定：

$$N_v^c = \beta_v \times 60.29 = 0.54 \times 60.29 = 32.56 \text{kN}$$

次梁半跨所需连接螺栓数目：$n_0 = \dfrac{V_s}{N_v^c} = \dfrac{537.3}{32.56} = 16.5$，取 $n_0 = 17$

次梁全跨所需连接螺栓数目：$n = 2n_0 = 2 \times 17 = 34$ 个

【16～23 题评析】 18 题，应注意在计算强度 σ_2 时，应采用 W_{nx}，$W_{nx} = I_{nx}/y$。

20 题，根据本题目主次梁连接构造，次梁传来的集中荷载产生的剪应力沿全长非均匀分布。

21 题，连接偏心的不利影响，《钢标》11.4.4 条作了规定。

24. 正确答案是 D，解答如下：

按全截面设计法，梁翼缘所分担的弯矩为：

$$M_f = \frac{M \cdot I_{fx}}{I_x} = \frac{298.7 \times 37480.96 \times 10^4}{46022.9 \times 10^4} = 243.3 \text{kN} \cdot \text{m}$$

翼缘对接焊缝所承受的水平力 N，h 近似取为两翼缘中线间的距离：

$$N = \frac{M_f}{h} = \frac{243.3}{0.5 - 0.016} = 502.686 \text{kN}$$

由《钢标》11.2.1 条：

$$\sigma = \frac{N}{l_w h_e} = \frac{502.686 \times 10^3}{200 \times 16} = 157.09 \text{N/mm}^2$$

25. 正确答案是 B，解答如下：

梁腹板与柱对接连接焊缝承受弯矩和剪力共同作用：

$$M_w = \frac{M \cdot I_{wx}}{I_x} = \frac{298.7 \times 8541.9 \times 10^4}{46022.9 \times 10^4} = 55.4 \text{kN} \cdot \text{m}$$

$$\sigma = \frac{M_w}{W_{焊缝}} = \frac{55.4 \times 10^6}{365.0 \times 10^3} = 151.8 \text{N/mm}^2$$

$$\tau = \frac{V}{l_w h_e} = \frac{169.5 \times 10^3}{(500 - 2 \times 16 - 2 \times 20) \times 10} = 39.6 \text{N/mm}^2$$

$$\sqrt{\sigma^2 + 3\tau^2} = \sqrt{151.8^2 + 3 \times 39.6^2} = 166.6 \text{N/mm}^2$$

26. 正确答案是 A，解答如下：

根据《钢标》12.3.3 条：

$$V_p = h_{b1} h_{c1} t_w$$

$$\tau = \frac{M_{b1} + M_{b2}}{V_p} = \frac{298.7 \times 10^6}{(500 - 16) \times (390 - 16) \times 10} = 165 \text{N/mm}^2$$

【24～26 题评析】 24 题，全截面设计法中，I_{wx}、I_{fx} 的计算如下：

$$I_{wx} = \frac{1}{12} \times 10 \times (500 - 2 \times 16)^3 = 8541.9 \times 10^4 \text{mm}^4$$

$$I_{fx} = 2 \times 200 \times 16 \times (250 - 8)^2 = 37480.96 \times 10^4 \text{mm}^4$$

25 题，对接焊缝的 $W_{焊缝}$ 计算如下：

$$W_{焊缝} = \frac{I_{wx}}{y} = \frac{8541.9 \times 10^4}{500/2 - 16} = 365.0 \times 10^3 \text{mm}^3$$

27. 正确答案是 C，解答如下：

根据《钢标》4.3.3 条、4.3.4 条，应选 (C) 项。

【27 题评析】 本题目也可按《高钢规》4.1.2 条、4.1.5 条，选 (C) 项。

28. 正确答案是 B，解答如下：

根据《钢标》6.3.2 条第 5 款规定，应选 (B) 项。

29. 正确答案是 D，解答如下：

根据《钢标》4.3.7 条规定，应选 (D) 项。

30. 正确答案是 C，解答如下：

根据《砌规》5.2.2 条、5.2.1 条：

$$\gamma = 1 + 0.35 \sqrt{\frac{A_0}{A_l} - 1} = 1 + 0.35 \sqrt{\frac{1200 \times 1200}{370 \times 370} - 1} = 2.08 < 2.5，故取 \gamma = 2.08。$$

$N_l \leqslant \gamma f A_l$，则：

$$f \geqslant \frac{N_l}{\gamma A_l} = \frac{170 \times 10^3}{2.08 \times 370 \times 370} = 0.597 \text{MPa}$$

查《砌规》表 3.2.1-7，应选 M5 水泥砂浆、MU30 毛石（$f = 0.61$MPa）。又由规范表 4.3.5，应取 M7.5 水泥砂浆，所以应选 (C) 项。

31. 正确答案是 A，解答如下：

根据《砌规》表 3.2.1-4 及注 1 的规定，独立柱，应取 $\gamma_a = 0.7$；又 $A = 0.4 \times 0.6 = 0.24\text{m}^2 < 0.3\text{m}^2$，根据规范 3.2.3 条，应取 $\gamma_a = A + 0.7 = 0.94$，则：$f =$

$0.7 \times 0.94 \times 2.5 = 1.645$MPa

根据规范 3.2.1 条第 4 款：

$f_g = f + 0.6\alpha f_c = 1.645 + 0.6 \times 0.4 \times 9.6 = 3.949$MPa $> 2f = 2 \times 1.645 = 3.29$MPa

故取 $f_g = 3.29$MPa

32. 正确答案是 C，解答如下：

根据《砌规》5.1.3 条，构件高度 $H = 5.7 + 0.2 + 0.5 = 6.4$m

弹性方案，查规范表 5.1.3，$H_0 = 1.5H = 1.5 \times 6.4 = 9.6$m

$$\beta = \gamma_\beta \frac{H_0}{h} = 1.0 \times \frac{9.6}{0.6} = 16$$

弹性方案，不计柱本身承受的风荷载，一根柱子柱顶分配的水平力为 $\frac{1}{2}R$，故柱底弯矩为 $\frac{1}{2}RH$。

$$M = \frac{1}{2}RH = \frac{1}{2} \times 3.5 \times 6.4 = 11.2 \text{kN} \cdot \text{m}$$

$$e = \frac{M}{N} = \frac{11.2}{83} = 135 \text{mm}, \quad e/h = 135/600 = 0.225$$

查规范附表 D.0.1-1，取 $\varphi = 0.34$。

33. 正确答案是 D，解答如下：

根据《砌规》5.4.2 条：

$$z = \frac{2}{3}h = \frac{2}{3} \times 600 = 400 \text{mm}, \quad b = 400 \text{mm}$$

由规范式（3.2.2）：

$f_{vg} = 0.2 f_g^{0.55} = 0.2 \times 4.0^{0.55} = 0.429$MPa

故：$V_u = 0.429 \times 400 \times 400 = 68.64$kN

34. 正确答案是 D，解答如下：

根据《砌规》9.2.2 条规定：

$$\beta = \gamma_\beta \frac{H_0}{h} = 1.0 \times \frac{6.4}{0.4} = 16$$

$$\varphi_{0g} = \frac{1}{1 + 0.001\beta^2} = \frac{1}{1 + 0.001 \times 16^2} = 0.796$$

$N_u = \varphi_{0g} (f_g A + 0.8 f_y' A_s')$

$\quad = 0.796 \times (4.0 \times 400 \times 600 + 0.8 \times 300 \times 923) = 940.49$kN

【31～34 题评析】 31 题，单排孔混凝土小型空心砌块砌体的 f_g 值计算，注意《砌规》表 3.2.1-4 注 1、2 的规定。

33 题，由本题目的提示条件，不考虑 f_{vg} 的调整。实际上，本题中 $A = bh = 0.4 \times 0.6 = 0.24\text{m}^2 < 0.3\text{m}^2$，故 $\gamma_a = 0.24 + 0.7 = 0.94$。

35. 正确答案是 A，解答如下：

根据《抗规》7.2.5 条第 2 款规定：

每榀框架分担的倾覆力矩标准值 M_f：$M_f = \dfrac{K_{cf}}{\sum K_{cf} + 0.30 \times \sum K_{cw}} M_l$

$$M_f = \frac{2.5 \times 10^4 \times 3}{2.5 \times 10^4 \times 14 + 0.30 \times 330 \times 10^4 \times 2} \times 3350 = 107.8 \text{kN} \cdot \text{m}$$

KZ1 附加轴力标准值 N_k：

$$N_k = \pm \frac{x_i}{\sum x_i^2} M_f = \pm \frac{5}{5^2 + 5^2} \times 107.8 = \pm 10.78 \text{kN}$$

36. 正确答案是 C，解答如下：

根据《抗规》7.2.5 条第 1 款规定：

一根框架柱分担的地震剪力设计值 V_c：

$$V_c = \frac{K_c \cdot V}{\sum K_{cf} + 0.3 \times \sum K_{cw}}$$

$$= \frac{2.5 \times 10^4 \times 2000}{2.5 \times 10^4 \times 14 + 0.3 \times 2 \times 330 \times 10^4}$$

$$= 21.46 \text{kN}$$

又根据《砌规》10.4.2 条：

柱顶弯矩设计值：$M_c = 0.45 H V_c = 0.45 \times 4.2 \times 21.46 = 40.55 \text{kN} \cdot \text{m}$

【35、36 题评析】 35 题，《抗规》7.2.5 条 2 款规定，地震抗覆力矩按底部抗震墙、框架的有效刚度的比例进行分配。

37. 正确答案是 C，解答如下：

该房屋楼盖为第 1 类，Ⓐ-Ⓓ轴线方向，横墙最大间距 $s = 5.1\text{m} < 32\text{m}$，查《砌规》表 4.2.1，属于刚性方案。

对于底层墙 A，根据规范 5.1.3 条，$H = 3.4 + 0.3 + 0.5 = 4.2\text{m}$

墙 A 的横墙间距 $s = 5.1\text{m}$，并且 $2H = 8.4\text{m} > s = 5.1\text{m} > H = 4.2\text{m}$，查规范表 5.1.3，则：

$$H_0 = 0.4s + 0.2H = 0.4 \times 5.1 + 0.2 \times 4.2 = 2.88\text{m}$$

$\beta = \gamma_\beta \dfrac{H_0}{h} = 1.0 \times \dfrac{2.88}{0.24} = 12$，$e = 0$，查规范附表 D.0.1-1，取 $\varphi = 0.82$。

38. 正确答案是 C，解答如下：

根据《抗规》5.2.6 条、7.2.3 条，则：

底层横墙的高宽比，①、⑩轴为：$h/b = \dfrac{3.4 + 0.3 + 0.5}{5.1 + 5.1 + 2.4 + 0.37} = 0.324 < 1$

其他轴线底层横墙的高宽比为：$h/b = \dfrac{3.4 + 0.3 + 0.5}{5.1 + 0.185 + 0.12} = 0.777 < 1$

则：
$$V_A = \frac{A_{ij}}{\sum\limits_{j=1}^{m} A_{ij}} V_i$$

墙 A 的净截面面积：$A_A = 240 \times (5100 + 185 + 120) = 1297200 \text{mm}^2$

所有横墙的总净截面面积：

$$\sum_{j=1}^{m} A_{ij} = 8 \times 1297200 + 2 \times 370 \times (5100 + 2400 + 5100 + 370)$$

$$= 19975400 \text{mm}^2$$

故：
$$V_A = \frac{1297200}{19975400} \times 3540 = 229.9\text{kN}$$

39. 正确答案是 D，解答如下：

查《砌规》表 3.2.2，取 $f_v = 0.17\text{MPa}$

由《砌规》表 10.2.1，$\sigma_0/f_v = 0.51/0.17 = 3$，故 $\xi_N = 1.25$

$$f_{vE} = \xi_N f_v = 1.25 \times 0.17 = 0.2125\text{MPa}$$

根据《抗规》7.2.9 条：

墙 A 的高宽比：$h/b = \dfrac{4.2}{5.1 + 0.12 + 0.185} = 0.777$，查《抗规》表 7.2.9，取 $\xi_s = 0.138$；墙 A 的截面面积，由上题可知，$A = 1297200\text{mm}^2$。

由《抗规》式（7.2.7-2）：

$$V_u = \frac{1}{\gamma_{RE}}(f_{vE}A + \xi_s f_{yh} A_{sh})$$

$$= \frac{1}{0.9} \times (0.2125 \times 1297200 + 0.138 \times 300 \times 1008)$$

$$= 352.7\text{kN}$$

40. 正确答案是 D，解答如下：

（1）根据《设防分类标准》6.0.8 条，该工程为乙类建筑。

（2）根据《抗规》7.1.2 条表 7.1.2，抗震设防 8 度（0.20g），多孔砖房屋、240 厚墙体，层数为 6 层，高度限值为 18m；又由表 7.1.2 注 3 的规定，该工程的房屋层数应减少 1 层，高度应降低 3m。

（3）本题大开间房间占该层总面积为：$\dfrac{7 \times 6 \times 5.1 + 5.7 \times 5.1}{26.7 \times 12.6} = 72.3\% > 50\%$，为横墙很少的房屋，根据《抗规》7.1.2 条第 2 款及注的规定，该工程的房屋层数还应减少 2 层，高度还应降低 $2 \times 3 = 6\text{m}$。

所以，最终本工程的结构层数为 $n = 6 - 1 - 2 = 3$，$H = 18 - 3 - 6 = 9\text{m}$。

【37~40 题评析】 37 题，应首先判别该房屋的静力计算方案，再确定 H_0 值。

38 题，应判别各轴线上横墙的高宽比，从而计算出其侧向刚度。

40 题，应注意区分横墙较小与横墙很少，《抗规》7.1.2 条第 2 款注的规定作了明确定义。

（下午卷）

41. 正确答案是 B，解答如下：

根据《砌规》4.1.1 条、4.1.2 条的规定，应选（B）项。

42. 正确答案是 C，解答如下：

根据《木标》表 4.3.1-3，TC11A，取 $f_c = 10\text{N/mm}^2$。

25 年，查表 4.3.9-2，取 f_c 的调整系数 1.05；根据 4.3.2 条，原木，取 f_c 的调整系数为 1.15，则：

$$f_c = 1.05 \times 1.15 \times 10 = 12.075\text{N/mm}^2$$

$$\frac{\gamma_0 N}{A_n} \leqslant f_c, \ \ \text{又} \ A_n = \frac{\pi d^2}{4}, \ \text{则:}$$

$$d \geqslant \sqrt{\frac{4\gamma_0 N}{\pi f_c}} = \sqrt{\frac{4 \times 0.95 \times 144 \times 10^3}{\pi \times 12.075}} = 120\text{mm}$$

43. 正确答案是 B，解答如下：

根据《木标》表 4.3.1-3，TC11A，取 $f_c = 10\text{N/mm}^2$，$f_m = 11\text{N/mm}^2$，25 年，查表 4.3.9-2，取强度设计值的调整系数为 1.05，则：

$$f_c = 1.05 \times 10 = 10.5\text{N/mm}^2, \quad f_m = 1.05 \times 11 = 11.55\text{N/mm}^2$$

$$W = \frac{1}{6}bh^2 = \frac{1}{6} \times 120 \times 160^2 = 512000\text{mm}^3$$

由《木标》5.3.2 条：

$$k = \frac{Ne_0 + M_0}{Wf_m\left(1 + \sqrt{\dfrac{N}{Af_c}}\right)} = \frac{100 \times 10^3 \times 8 + 3.1 \times 10^6}{512000 \times 11.55 \times \left(1 + \sqrt{\dfrac{100 \times 10^3}{120 \times 160 \times 10.5}}\right)} = 0.387$$

$$\varphi_m = (1 - k)^2(1 - k_0) = (1 - 0.387)^2 \times (1 - 0.08) = 0.346$$

【42、43 题评析】 42 题，当计算与外部荷载产生的内力值时，应考虑 γ_0 的影响；当仅计算构件自身承载力设计值时，不考虑 γ_0 的影响。

44. 正确答案是 A，解答如下：

根据《桩规》5.3.8 条规定：

$$d_1 = 0.4 - 2 \times 0.095 = 0.21\text{m},$$

$$h_b/d_1 = 2/0.21 = 9.52 > 5, \text{取} \ \lambda_p = 0.8$$

$$A_j = \frac{\pi}{4}(d^2 - d_1^2) = \frac{\pi}{4}(0.4^2 - 0.21^2) = 0.091\text{m}^2$$

$$A_{p1} = \frac{\pi}{4}d_1^2 = \frac{\pi}{4} \times 0.21^2 = 0.035\text{m}^2$$

由规范式 (5.3.8-1)：

$$Q_{uk} = u\sum q_{sik}l_i + q_{pk}(A_j + \lambda_p A_{p1})$$

$$= \pi \times 0.4 \times (50 \times 1.5 + 30 \times 2 + 40 \times 7 + 24 \times 7 + 65 \times 4 + 90 \times 2)$$

$$+ 9400 \times (0.091 + 0.8 \times 0.035)$$

$$= \pi \times 0.4 \times 1023 + 9400 \times 0.119 = 2404\text{kN}$$

由《桩规》5.2.2 条：

$$R_a = \frac{Q_{uk}}{2} = \frac{2404}{2} = 1202\text{kN}$$

45. 正确答案是 B，解答如下：

极差： $\quad 2520 - 2230 = 290\text{kN} < 30\% \times \dfrac{2520 + 2230 + 2390}{3} = 714\text{kN}$

根据《地规》附录 Q 的规定：

$$Q_u = \frac{2520 + 2230 + 2390}{3} = 2380\text{kN}$$

$$R_a = \frac{Q_u}{2} = 1190\text{kN}$$

根据《桩规》5.2.5条：

$$A_c = \frac{A - nA_{ps}}{n} = \frac{2.8 \times 4.8 - 6 \times 3.14 \times \frac{1}{4} \times 0.4^2}{6} = 2.114\text{m}^2$$

承台底宽为2.8m，则$\frac{1}{2} \times 2.8 = 1.4\text{m} < 5\text{m}$，取1.4m高度计算，故取$f_{ak} = 110\text{kPa}$

$$R = R_a + \eta_c f_{ak} A_c = 1190 + 0.20 \times 110 \times 2.114 = 1236.5\text{kN}$$

46. 正确答案是B，解答如下：

根据《抗规》4.3.4条规定，7度（0.15g），查《抗规》表4.3.4，取$N_0 = 10$；设计地震分组为第一组，取$\beta = 0.80$。

$$N_{cr} = N_0 \beta [\ln(0.6d_s + 1.5) - 0.1d_w]\sqrt{3/\rho_c}$$
$$= 10 \times 0.80 \times [\ln(0.6 \times 5 + 1.5) - 0.1 \times 3]\sqrt{3/3} = 9.6$$

根据《桩规》5.3.12条及表5.3.12：

$$\lambda_N = \frac{N}{N_{cr}} = \frac{6}{9.6} = 0.625 \begin{array}{l} > 0.6 \\ < 0.8 \end{array}$$

并且$d_1 = 5\text{m} < 10\text{m}$，故取$\psi_c = 1/3$

47. 正确答案是C，解答如下：

根据《桩规》5.7.2条第2款、第7款的规定：

$$R_{1a} = 34 \times 75\% \times 1.25 = 31.875\text{kN}$$

根据《桩规》5.7.3条：

$$s_a/d = 2/0.4 = 5 < 6$$

$$\eta_i = \frac{(s_a/d)^{0.015n_2 + 0.45}}{0.15n_1 + 0.10n_2 + 1.9} = \frac{5^{0.015 \times 2 + 0.45}}{0.15 \times 3 + 0.10 \times 2 + 1.9} = 0.85$$

$$\eta_h = \eta_i \eta_r + \eta_l = 0.85 \times 2.05 + 1.35 = 3.09$$

$$R_h = \eta_h R_{ha} = 3.09 \times 31.875 = 98.49\text{kN}$$

48. 正确答案是A，解答如下：

根据《地规》8.5.4条和8.5.18条，基桩的最大竖向力（扣除承台及其上填土自重）：

$$N_{max} = \frac{F}{n} + \frac{M_y x_i}{\sum x_i^2} = \frac{4800}{6} + \frac{(704 + 60 \times 1.6) \times 2.0}{4 \times 2.0^2} = 900\text{kN}$$

$$M_{max} = \sum N_{max} x_i = 2 \times 900 \times (2 - 0.4) = 2880\text{kN} \cdot \text{m}$$

【44～48题评析】 44题，根据《桩规》勘误表，规范5.3.8条中，应取h_b/d_1进行计算。

45题，应注意的是f_{ak}的计算。

47题，应注意《桩规》5.7.2条第7款的适用范围。

49. 正确答案是D，解答如下：

根据《地规》5.2.2条，当基底反力呈矩形均匀分布时，由M_k、V_k、F_k、G_k在基底形心处产生的合弯矩$\sum M_k = 0$，则：

$$\sum M_k = M_k + V_k \cdot h - F_k \cdot \left(\frac{b_1 + 1.4}{2} - 1.4\right) + G_k \cdot 0 = 0$$

即： $$141+32\times0.75-1100\times\left(\frac{b_1+1.4}{2}-1.4\right)+0=0$$

解之得： $$b_1=1.7\text{m}$$

50. 正确答案是 B，解答如下：

$e=0.64<0.85$，$I_L=0.5<0.85$，查《地规》表 5.2.4，取 $\eta_b=0.3$，$\eta_d=1.6$。$b=2.0\text{m}<3\text{m}$，故取 $b=3\text{m}$，仅进行深度修正。

$$f_a=f_{ak}+\eta_b\gamma(b-3)+\eta_d\gamma_m(d-0.5)$$
$$=205+0+1.6\times\frac{17.5\times1+19\times0.5}{1.5}\times(1.5-0.5)=233.8\text{kPa}$$

51. 正确答案是 B，解答如下：

根据《地规》5.2.7 条及 5.2.2 条：

$$p_k=\frac{F_k+G_k}{A}=\frac{1120+2\times2.8\times20\times1.5}{2\times2.8}=230\text{kPa}$$

$$p_c=17.5\times1+19\times0.5=27\text{kPa}$$

$E_{s1}/E_{s2}=9/3=3$，$z/b=4.0/2.0=2$，查规范表 5.2.7，取 $\theta=23°$

$$p_z=\frac{lb(p_k-p_c)}{(b+2z\tan\theta)(c+2z\tan\theta)}=\frac{2\times2.8(230-27)}{(2+2\times4\tan23°)\times(2.8+2\times4\tan23°)}$$
$$=\frac{1136.8}{5.396\times6.196}=34.0\text{kPa}$$

52. 正确答案是 A，解答如下：

根据《地规》5.3.5 条，基底划分为 4 个小矩形，$b\times l=1\text{m}\times1.4\text{m}$，$l/b=1.4/1=1.4$，$z/b=4/1=4$，查规范附表 K.0.1-2，则：

$z_{i-1}=0\text{m}$，$\bar\alpha_{i-1}=0.2500$；$z_i=4\text{m}$，$\bar\alpha_i=0.1248$

$p_0=150\text{kPa}<0.75f_{ak}=0.75\times205=153.75\text{kPa}$，查规范表 5.3.5，取

$$\psi_s=0.7-\frac{9-7}{15-7}\times(0.7-0.4)=0.625$$

$$s=\psi_s\sum_{i=1}^{n}\frac{p_0}{E_{si}}(z_i\bar\alpha_i-z_{i-1}\bar\alpha_{i-1})$$

$$=0.625\times\frac{150}{9\times10^3}\times4\times(4\times0.1248-0\times0.2500)=20.8\times10^{-3}\text{m}=20.8\text{mm}$$

【49～52 题评析】 50 题，在进行宽度修正取值时，b 应取基础底面宽度，故 $b=2\text{m}$，而不是 2.8m。

53. 正确答案是 B，解答如下：

根据《地处规》3.0.4 条：

$$f_a=f_{spk}+\eta_d\gamma_m(d-0.5)\geqslant430,\text{即：}$$
$$f_{spk}\geqslant430-1.0\times18\times(7-0.5)=313\text{kPa}$$

根据规范 7.2.2 条、7.1.5 条，可得：

$$m=\frac{f_{spk}-\beta f_{sk}}{\lambda R_a/A_p-\beta f_{sk}}=\frac{313-0.8\times180}{\dfrac{0.9\times450}{3.14\times0.2^2}-0.8\times180}=0.054=5.4\%$$

54. 正确答案是 B，解答如下：

根据《地处规》7.1.5条：

$$m = \frac{d^2}{d_e^2} = \frac{0.4^2}{(1.05s)^2} = 6\%$$

解之得：

$$s = 1.555\text{m}$$

55. 正确答案是 C，解答如下：

根据《地处规》7.7.2条、7.1.7条、7.1.8条：

$\zeta = \frac{f_{spk}}{f_{ak}} = \frac{360}{180} = 2$，则各复合土层的压缩模量 E_{si}：$E_{si复} = \zeta E_{si天} = 2E_{si天}$

由《地规》5.3.5条：

$s = \psi_s s' = \psi_s \sum_{i=1}^{n} \frac{p_0}{E_{si}}(z_i \bar{\alpha}_i - z_{i-1} \bar{\alpha}_{i-1})$，即当 ψ_s 一定时，s' 与 E_{si} 成反比关系。

由已知条件，天然地基与复合地基的经验系数相同，即：$\psi_{s,天} = \psi_{s,复} = \psi_s$

$$s_天 = 150 = \psi_{s,天} s' = \psi_s (s_1' + s_2') = \psi_s s_1' + \psi_s s_2' = 100 + 50$$

则：

$$s_复 = \psi_{s,复} s_复' = \psi_s \left(\frac{s_1'}{2} + s_2' \right) = \psi_s \frac{s_1'}{2} + \psi_s s_2' = \frac{100}{2} + 50 = 100\text{mm}$$

【53～55题评析】 55题，应注意的是，本题目所给条件为：$\psi_{s1天} = \psi_{s1复} = \psi_s$。当 $\psi_{s1天}$ 与 $\psi_{s1复}$ 不相等时，应根据两者的比值进行计算。

56. 正确答案是 D，解答如下：

根据《桩规》4.2.7条，应选（D）项。

57. 正确答案是 C，解答如下：

根据《桩规》4.2.6条，应选（C）项。

【57题评析】 根据《地规》8.5.23第4款，也应选（C）项。

58. 正确答案是 D，解答如下：

根据《抗规》3.8.2条条文说明，（D）项正确，应选（D）项。

【58题评析】 根据《抗规》12.1.3条条文说明，（A）项错误；《抗规》12.2.1条条文说明，（B）项错误；《抗规》12.3.2条条文说明，（C）项错误。

59. 正确答案是 B，解答如下：

(1) 根据《高规》5.1.12条、5.1.13条，可知，（A）、（C）项不正确。

(2) 根据《高规》3.7.3条注的规定，（D）项不正确。

(3) 根据《抗规》3.6.6条第1款，（B）项正确。

60. 正确答案是 D，解答如下：

根据《高规》4.2.2条：

$$H = 90\text{m} > 60\text{m}，取 w_0 = 0.55 \times 1.1 = 0.605$$

B类地面，根据《荷规》8.4.4条：

$$x_1 = \frac{30/1.7}{\sqrt{1.0 \times 0.605}} = 22.688$$

$$R = \sqrt{\frac{\pi}{6 \times 0.05} \cdot \frac{22.688^2}{(1 + 22.688^2)^{4/3}}} = 1.141$$

61. 正确答案是 B，解答如下：

$w_0 = 1.1 \times 0.7 \text{kN/m}^2$，由《高规》4.2.3 条规定，$\mu_s = 0.8 + 1.2/\sqrt{n} = 0.8 + 1.2/\sqrt{6} = 1.29$

《荷规》表 8.2.1，B 类粗糙度，$z = 90\text{m}$，取 $\mu_z = 1.93$；由《结通规》4.6.5 条，$\beta_z = 1.36 > 1.2$，故取 $\beta_z = 1.36$

$$w_k = \beta_z \mu_s \mu_z w_0 = 1.36 \times 1.29 \times 1.93 \times 1.1 \times 0.7 = 2.61 \text{kN/m}^2$$

62. 正确答案是 D，解答如下：

如图 15-1-1 所示风荷载计算示意图。

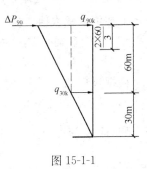
图 15-1-1

高度 90m，$q_{90k} = w_k \cdot B = 2 \times 40 = 80 \text{kN/m}$

高度 30m，$q_{30k} = \dfrac{30}{90} q_{90k} = \dfrac{1 \times 80}{3} = 26.67 \text{kN/m}$

标准值：$M_{30k} = \Delta P_{90} \times 60 + \Delta M_{90} + 26.67 \times 60 \times \dfrac{60}{2}$

$$+ \frac{1}{2} \times (80 - 26.67) \times 60 \times \left(\frac{2}{3} \times 60 \right)$$

$$= 200 \times 60 + 600 + 48006 + 63996 = 124602 \text{kN} \cdot \text{m}$$

由《结通规》3.1.13 条：

设计值：$M_{30} = 1.5 M_{30k} = 186903 \text{kN} \cdot \text{m}$

63. 正确答案是 A，解答如下：

(1) 丙类建筑，Ⅲ类场地，$0.15g$，根据《高规》3.9.2 条，应按 8 度采取相应的抗震构造措施。

(2) A 级高层建筑，查《高规》表 3.9.3，可知，主体结构的抗震构造措施等级为一级。

(3) 根据《抗规》3.9.6 条，裙房框架的抗震构造措施等级应至少为抗震一级。

64. 正确答案是 D，解答如下：

根据《高规》3.9.5 条，可知，本题目的地下一层抗震构造措施等级同上部结构（即抗震一级），地下二层的抗震构造措施等级应按上部结构采用，即抗震一级。

【60～64 题评析】 60 题，关键是确定 w_0 值，本题目 90m 大于 60m，故取 $w_0 = 1.1 \times 0.55 \text{kN/m}^2$。

62 题，计算 q_{90k} 时，按迎风面垂直投影宽度 B 进行计算。

63 题，本题目求抗震构造措施等级，故应按 8 度查《高规》表 3.9.3；若本题目求裙房框架的内力调整的抗震措施所对应的等级，此时，应按丙类建筑、7 度，查《高规》表 3.9.3。

65. 正确答案是 D，解答如下：

9 度，根据《高规》4.3.2 条第 4 款，应考虑竖向地震作用。

根据规程表 4.3.7-1，取 $\alpha_{max} = 0.32$

根据规程 4.3.13 条，取柱子的竖向地震效应增大系数 1.5，则：

$$F_{Evk} = \alpha_{v\,max} \cdot G_{eq} = 0.65 \alpha_{max} \cdot 0.75 G_E$$

$$= 0.65 \times 0.32 \times 0.75 \times (10 \times 6840) = 10670.4 \text{kN}$$

故： $N_{Evk} = 1.5 \times 10670.4 \times \dfrac{1}{20} = 800.28 \text{kN}$

根据《高规》5.6.4条，$H=40\text{m}<60\text{m}$，不考虑风荷载参与组合。

由《抗震通规》4.3.2条：

重力荷载、竖向地震作用组合时：

$$N=1.3\times2800+1.4\times800.28=4760\text{kN}$$

重力荷载、水平地震及竖向地震作用组合时：

$$N=1.3\times2800+1.4\times700+0.5\times800.28=5020\text{kN}$$

上述值取较大值，故 $N=5020\text{kN}$

66. 正确答案是D，解答如下：

根据《高规》表3.9.3，框架抗震等级为一级。

根据规程6.2.5条，抗震一级，则：

9度抗震，单排钢筋，$h_{01}=600-40=560\text{mm}$；双排钢筋，$h_{02}=600-60=540\text{mm}$，则：

顺时针：$M_{\text{bua}}^l=\dfrac{1}{\gamma_{\text{RE}}}f_{\text{yk}}A_s\ (h_{01}-a_s')=\dfrac{1}{0.75}\times400\times1964\times\ (560-40)=544.68\text{kN}\cdot\text{m}$

$M_{\text{bua}}^r=\dfrac{1}{\gamma_{\text{RE}}}f_{\text{yk}}A_s\ (h_{02}-a_s')=\dfrac{1}{0.75}\times400\times2945\times\ (540-60)=753.92\text{kN}\cdot\text{m}$

$M_{\text{bua}}^l+M_{\text{bua}}^r=544.68+753.92=1298.6\text{kN}\cdot\text{m}$

逆时针，上、下对称配筋，故：$M_{\text{bua}}^l+M_{\text{bua}}^r=753.92+544.68=1298.64\text{kN}\cdot\text{m}$

$V_b=\dfrac{1.1\times(M_{\text{bua}}^l+M_{\text{bua}}^r)}{l_n}+V_{\text{Gb}}=\dfrac{1.1\times1298.6}{5.45}+30$

$=292.10\text{kN}\cdot\text{m}$

67. 正确答案是D，解答如下：

连梁跨高比：$l_n/h=2.45/0.4=6.125>5.0$

根据《高规》7.1.3条，按框架梁设计。

梁纵筋配筋率：$\rho=\dfrac{A_s}{bh}=\dfrac{1964}{350\times360}=1.6\%<2\%$

抗震等级一级，查高层规程表6.3.2-2，取加密区箍筋配置为 4 Φ 10@100。

非加密区，由高层规程6.3.5条第5款，$s\leqslant2\times100=200\text{mm}$

由《高规》式（6.3.5-1），采用4肢箍，箍筋直径为10，则：

$\rho_{\text{sv}}=\dfrac{A_{\text{sv}}}{bs}\geqslant\dfrac{0.3f_t}{f_{\text{yv}}}$

即：$s\leqslant\dfrac{A_{\text{sv}}}{b}\cdot\dfrac{f_{\text{yv}}}{0.3f_t}=\dfrac{4\times78.5}{350}\times\dfrac{300}{0.3\times1.71}=525\text{mm}$

故取 $s=200\text{mm}$，4 Φ 10@200，满足。

68. 正确答案是C，解答如下：

根据《抗规》5.2.7条，$H/B=40/15.55=2.6<3$。

查《抗规》表5.2.7，9度、Ⅲ类场地，取 $\Delta T=0.1$

$\psi=\left(\dfrac{T_1}{T_1+\Delta T}\right)^{0.9}=\left(\dfrac{0.8}{0.8+0.1}\right)^{0.9}=0.90$

故：$V=\psi\sum\limits_{i=1}^{10}F_i=0.90\times(1+0.9+0.8+0.7+0.6+0.5+0.4+0.3+0.2+0.1)F$

$=4.95F$

【65～68题评析】 65题，抗震设防烈度9度，应考虑竖向地震作用；构件分配竖向地震作用标准值时应乘以1.5的增大系数。

66题，应注意 h_{01}、h_{02} 的计算，即单排、双排钢筋时 a'_s 值的不同。

67题，连梁应首先判别其跨高比，当其跨宽比大于5.0时，应按框架梁设计，其配筋（纵向钢筋和箍筋）应按框架梁配筋构造要求进行设计。

69. 正确答案是A，解答如下：

根据《高钢规》8.8.3条、7.6.3条，如图15-1-2所示。

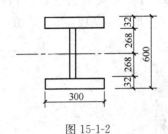

图 15-1-2

$$M_{lp} = fW_{np} = 295 \times 2 \times \left[300 \times 32 \times \left(268 + \frac{32}{2} \right) \right.$$

$$\left. + 268 \times 12 \times \frac{268}{2} \right]$$

$$= 1862.83 \text{kN} \cdot \text{m}$$

$$V_1 = 0.58 A_w f_y$$

$$= 0.58 \times 536 \times 12 \times 335 = 1249.7 \text{kN}$$

由规程式（8.8.3-1）：

$$a \leqslant 1.6 M_{lp}/V_1 = 1.6 \times 1862.83/1249.7 = 2.4 \text{m}$$

复核：$V_1 = 2M_{lp}/a = 2 \times 1862.83/2.4 = 1552.4 \text{kN}$

故取 $V_1 = 1249.7 \text{kN}$ 正确。

$b \geqslant 8.5 - 0.7 - 2 \times 2.4 = 3.0 \text{m}$

70. 正确答案是D，解答如下：

丙类建筑、Ⅱ类场地，8度抗震设防烈度，100m，查《抗规》表8.1.3，其抗震等级为二级。

根据《抗规》8.2.3条第5款，取增大系数为1.3

$$N = N_1 \times \frac{V_c}{V} \times 1.3 = 2000 \times \frac{1105}{860} \times 1.3 = 3340.7 \text{kN}$$

71. 正确答案是A，解答如下：

根据《高规》3.7.5条及表3.7.5：

底层层间弹塑性位移，$\Delta u_p \leqslant [\theta_p] h = \frac{1}{50} \times 3500 = 70 \text{mm}$。罕遇地震，由高层规程

5.5.3条：

$\Delta u_e = \dfrac{\Delta u_p}{\eta_p}$，又 $\xi_y = 0.4$，查规程表5.5.3，取 $\eta_p = 2.0$

故：$\Delta u_e = \dfrac{\Delta u_p}{\eta_p} = \dfrac{70}{2} = 35 \text{mm}$

$V_{罕0} \leqslant \Delta u_e \Sigma D = 35 \times 10^{-3} \times 8 \times 10^5 = 2.8 \times 10^4 \text{kN}$

8度，查《高规》表4.3.7-1，多遇地震，$\alpha_{max,多} = 0.16$，罕遇地震，$\alpha_{max,罕} = 0.90$。Ⅱ类场地，设计地震分组为第一组，查规程表4.3.7-2，$T_{g,多} = 0.35 \text{s}$；罕遇地震时，$T_{g,罕} = 0.35 + 0.05 = 0.40 \text{s}$

$T_{g,多} < T_1 < 5 T_{g,多}$，$T_{g,罕} < T_1 < 5 T_{g,罕}$，则：

$$\frac{V_{\mathscr{S}0}}{V_{\mathscr{P}0}}=\frac{\left(\frac{T_{g,\mathscr{S}}}{T_1}\right)^{\gamma}\eta_2\alpha_{\max,\mathscr{S}}}{\left(\frac{T_{g,\mathscr{P}}}{T_1}\right)^{\gamma}\eta_2\alpha_{\max,\mathscr{P}}}=\left(\frac{T_{g,\mathscr{S}}}{T_{g,\mathscr{P}}}\right)^{\gamma}\cdot\frac{\alpha_{\max,\mathscr{S}}}{\alpha_{\max,\mathscr{P}}}$$

即：$V_{\mathscr{S}0}=V_{\mathscr{P}0}\cdot\left(\frac{0.35}{0.40}\right)^{0.9}\times\frac{0.16}{0.90}=2.8\times10^4\times0.15765=4414\text{kN}$

72. 正确答案是 B，解答如下：

根据《高规》5.4.3 条，首层位移增大系数 F_{11} 为：

$$F_{11}=\frac{1}{1-\dfrac{\sum\limits_{j=1}^{12}G_j}{D_1h_1}}=\frac{1}{1-\dfrac{1\times10^5}{8\times10^5\times3.5}}=1.037$$

$$F_{11}\Delta u_p=[\Delta u_p]，即：$$

$$1.037\Delta u_p=[\Delta u_p]$$

又 $V_0=[\Delta u_p]\cdot\Sigma D$，则考虑重力二阶效应影响的 V 为：

$$V\leqslant\Delta u_p\cdot\Sigma D=\frac{[\Delta u_p]}{1.037}\cdot\Sigma D=\frac{V_0}{1.037}=0.964V_0$$

【71、72 题评析】 71 题，应注意复核 $T_g<T_1<5T_g$，此时，$V_0=\left(\dfrac{T_g}{T_1}\right)^{\gamma}\eta_2\alpha_{\max}$，又 $T_{g,\mathscr{S}}\neq T_{g,\mathscr{P}}$，故 $V_{\mathscr{S}0}$ 与 $V_{\mathscr{P}0}$ 之比应考虑 $(T_{g,\mathscr{S}}/T_{g,\mathscr{P}})^{\gamma}$ 的影响，以及 $\alpha_{\max,\mathscr{S}}/\alpha_{\max,\mathscr{P}}$ 的影响。

73. 正确答案是 A，解答如下：

根据《公桥通规》3.2.9 条及表 3.2.9，采用 1/300，故选 (A) 项。

74. 正确答案是 A，解答如下：

根据《城桥抗规》3.1.1 条，属于丁类桥梁。

丁类、6 度区，由规范 3.1.4 条，按 6 度区采取抗震措施。

由规范 11.2.1 条：

$$B_{\min}\geqslant2\times(40+0.5\times15.5)+8=103.5\text{cm}=1035\text{mm}$$

墩顶最小宽度＝$1035-2\times50=935\text{mm}$。

75. 正确答案是 A，解答如下：

当竖向单位力 $P=1$ 作用于支承点 a、c、d 时，支点 b 左侧的剪力影响线为零；当 P 作用在 b 点附近左侧时，剪力影响线为最大，其绝对值为 1，故 (C)、(D) 项不对；(B) 项是 b 支点右侧剪力影响线，故应选 (A) 项。

76. 正确答案是 D，解答如下：

根据《公桥通规》4.3.5 条：

一条车道上汽车制动力为：$T_1=10\%\times(40\times10.5+340)=76\text{kN}$，公路一 I 级：$T_1\geqslant165\text{kN}$，故取 $T_1=165\text{kN}$

双向六车道，则三车道总汽车制动力为：$T_0=2.34\times165=386.1\text{kN}$

一个桥台分担的制动力为：$\dfrac{T_0}{2}=\dfrac{386.1}{2}=193.05\text{kN}$

77. 正确答案是 B，解答如下：

根据《公桥通规》3.3.5 条规定：

该桥全长：$L = 2 \times \left(\dfrac{120}{2} + 85 + 3 \times 50 + \dfrac{0.16}{2} + 3.5 \right) = 597.16 \text{m}$

78. 正确答案是 B，解答如下：

根据《公桥通规》4.1.5 条：

安全等级为二级，取 $\gamma_0 = 1.0$，则基本组合为：

$$\gamma_0 V_\text{设} = 1.0 \ (1.2V_\text{g} + 1.4V_\text{k})$$

79. 正确答案是 A，解答如下：

$$N = 0.73 f_\text{pk} A_\text{p} = 0.73 \times 1860 \times (140 \times 15) = 2851.38 \text{kN}$$

80. 正确答案是 A，解答如下：

16m 跨、20m 跨作用在桥墩上的恒载设计支座反力对桥墩中心线取矩，当合力矩为零时，桥墩墩身均匀受力。设 16m 跨支座中心距墩中心线的距离为 x，则：

$3000 \cdot x = 3400 \times 0.340$，解之得：$x = 0.385 \text{m}$。

$\Delta x = 385 - 270 = 115 \text{mm}$，即 16m 跨向跨径方向微调 115mm。

此外，由于构造要求受限制，20m 跨箱梁不能向墩中心调偏。

实战训练试题（十六）解答与评析

（上午卷）

1. 正确答案是 C，解答如下：

根据《抗规》附录 A，西藏拉萨市城关区，为 8 度（0.20g）。

根据《设防分类标准》6.0.8 条，中学楼属重点设防类，即乙类。

由《设防分类标准》3.0.3 条，乙类，Ⅱ类场地，地震作用按 8 度计算地震作用；抗震措施应按 9 度确定。

查《抗规》表 6.1.2，9 度，高度 20.85m，框架应按一级抗震等级。

2. 正确答案是 B，解答如下：

根据《抗规》3.6.3 条条文说明：

$$\theta_{1x} = \frac{\Sigma G_i \Delta u_i}{V_i h_i} = \frac{1}{0.075} \times \frac{1}{650} = 0.0205$$

【1、2 题评析】 1 题，中学楼，根据《设防分类标准》6.0.8 条，为乙类建筑。

3. 正确答案是 C，解答如下：

根据《荷规》5.3.1 条，取 $q_k = 0.5 \text{kN/m}^2$，取 $\psi_q = 0.0$；由《混规》7.1.2 条、7.1.3 条：

$$M_q = \frac{1}{2} \times (20 \times 0.15 + 25 \times 0.15) \times 2.1^2 + \frac{1}{2} \times 0.5 \times 2.1^2 \times 0.0 = 14.884 \text{kN} \cdot \text{m/m}$$

$$\sigma_{sq} = \frac{M_q}{0.87 h_0 A_s} = \frac{14.884 \times 10^6}{0.87 \times (150 - 26) \times \frac{1000}{150} \times 113.1} = 182.98 \text{N/mm}^2$$

$$\rho_{te} = \frac{A_s}{A_{te}} = \frac{1000/150 \times 113.1}{0.5 \times 1000 \times 150} = 0.01005 > 0.01$$

$$\psi = 1.1 - 0.65 \frac{f_{tk}}{\rho_{ta} \sigma_{sq}} = 1.1 - 0.65 \times \frac{2.01}{0.01005 \times 182.98} = 0.3895 > 0.2$$

$$w_{max} = \alpha_{cr} \psi \frac{\sigma_{sq}}{E_s} \left(1.9 c_s + 0.08 \frac{d_{eq}}{\rho_{te}} \right)$$

$$= 1.9 \times 0.3895 \times \frac{182.98}{2.0 \times 10^5} \times \left(1.9 \times 20 + 0.08 \times \frac{12}{0.01005} \right)$$

$$= 0.090 \text{mm}$$

4. 正确答案是 D，解答如下：

根据《混规》7.2.2 条：

$$B = \frac{B_s}{\theta} = \frac{2.4 \times 10^{12}}{1.2} = 2.0 \times 10^{12} \text{N} \cdot \text{mm}^2$$

$$f = \frac{ql^4}{8B} = \frac{M_q l^2}{4B} = \frac{16 \times 10^6 \times 2100^2}{4 \times 2.0 \times 10^{12}} = 8.82 \text{mm}$$

5. 正确答案是 D，解答如下：

根据《混规》6.2.10 条：

$$x = h_0 - \sqrt{h_0^2 - \frac{2\gamma_0 M}{\alpha_1 f_c b}}$$

$$= 125 - \sqrt{125^2 - \frac{2 \times 1.0 \times 27 \times 10^6}{1 \times 14.3 \times 1000}} = 16.1\text{mm}$$

$$A_s = \frac{\alpha_1 f_c b x}{f_y} = \frac{1 \times 14.3 \times 1000 \times 16.1}{300} = 640\text{mm}^2$$

复核最小配筋率，由《混通规》4.4.6 条：

$$\rho_{min} = \max(0.2\%, 0.45 f_t / f_y) = \max(0.2\%, 0.45 \times 1.43/300) = 0.2145\%$$

$$A_{s,min} = 0.2145\% \times 1000 \times 150 = 322\text{mm}^2 < A_s = 640\text{mm}^2，满足$$

【3～5 题评析】 3 题，应注意的是，计算系数 ρ_{te}、A_{te}、α_{cr} 的取值。

6. 正确答案是 D，解答如下：

抗震四级、多层，查《混规》表 11.4.12-2：

加密区箍筋间距：$s \leqslant \min(8d, 100) = \min(8 \times 12, 100) = 96\text{mm}$；箍筋直径，$d \geqslant 8\text{mm}$。

由规范 11.4.18 条：

非加密区箍筋间距：$s \leqslant 15d = 15 \times 12 = 180\text{mm}$

故选用 $\phi 8@90/180$。

7. 正确答案是 D，解答如下：

$$\mu_N = \frac{N}{f_c A} = \frac{300 \times 10^3}{14.3 \times 400 \times 400} = 0.131 < 0.15$$

查《混规》表 11.1.6，取 $\gamma_{RE} = 0.75$

假定大偏压：

$$x = \frac{\gamma_{RE} N}{\alpha_1 f_c b} = \frac{0.75 \times 300 \times 10^3}{1 \times 14.3 \times 400} = 39.3\text{mm} < 2a'_s = 80\text{mm}，且 < \xi_b h_0 = 186\text{mm}$$

故假定成立。

由《混规》6.2.17 条、6.2.14 条：

$$M = N e'_s = \frac{1}{\gamma_{RE}} f_y A_s (h - a_s - a'_s)$$

则：

$$e'_s = \frac{1}{0.75 \times 300 \times 10^3} \times 360 \times 741.1 \times (400 - 40 - 40)$$

$$= 379.4\text{mm}$$

8. 正确答案是 C，解答如下：

根据《混规》6.2.17 条、6.2.5 条：

同上题可知，取 $\gamma_{RE} = 0.75$

假定为大偏压：

$$x = \frac{0.75 \times 225 \times 10^3}{1 \times 14.3 \times 400} = 29.5\text{mm} < \xi_b h_0 = 186\text{mm}$$

故假定成立，属于大偏压。

$$e_a = \max\left(20, \frac{400}{30}\right) = 20\text{mm}$$

$$e'_s = e_i - \frac{h}{2} + a'_s = e_0 + e_a - \frac{h}{2} + a'_s$$

$$440 = e_0 + 20 - \frac{400}{2} + 40$$

则：$e_0 = 580\text{mm}$

$$M = N e_0 = 225 \times 0.58 = 130.5 \ (\text{kN} \cdot \text{m})$$

9. 正确答案是 D，解答如下：

根据《混规》11.4.7 条：

$$N = 225\text{kN} < 0.3 f_c A = 0.3 \times 14.3 \times 400 \times 400 = 686.4\text{kN}, \ \text{故取} \ N = 225\text{kN}$$

$$\lambda = \frac{H_n}{2h_0} = \frac{3000}{2 \times (400-40)} = 4.17 > 3, \ \text{取} \ \lambda = 3$$

$$\begin{aligned}
V_u &= \frac{1}{\gamma_{RE}}\left[\frac{1.05}{\lambda+1} f_t b h_0 + f_{yv}\frac{A_{sv}}{s}h_0 + 0.056N\right] \\
&= \frac{1}{0.85} \times \left[\frac{1.05}{3+1} \times 1.43 \times 400 \times 360 + 270 \times \frac{(2 \times 28.3 + 2 \times 28.3\cos45°)}{90}\right. \\
&\quad \left. \times 360 + 0.056 \times 22500\right] \\
&= 201.18\text{kN}
\end{aligned}$$

截面条件复核，由规范 11.4.6 条：

$$V_u = \frac{1}{\gamma_{RE}}(0.2\beta_c f_c b h_0) = \frac{1}{0.85} \times 0.2 \times 1.0 \times 14.3 \times 400 \times 360 = 484.5\text{kN}$$

故取 $V_u = 201.18\text{kN}$

【6～9 题评析】 6 题，底层框架柱柱根，查《混规》表 11.4.12-2，箍筋直径 $d \geq 8\text{mm}$。

7 题，复核轴压比 μ_N 值，从而确定 γ_{RE} 值。此外，在运用《混规》式（6.2.14）时，抗震设计，还应在公式右边乘以 $\frac{1}{\gamma_{RE}}$。

9 题，应注意的是，计算参数 λ、N 的取值。同时，应复核截面条件。

10. 正确答案是 D，解答如下：

根据《混规》6.5.1 条：

$$u_m = 4 \times \left(700 + \frac{h_0}{2} \times 2\right) = 4 \times \left(700 + \frac{140}{2} \times 2\right) = 3360\text{mm}$$

$$\eta_1 = 0.4 + \frac{1.2}{\beta_s} = 0.4 + \frac{1.2}{2.0} = 1.0$$

$$\eta_2 = 0.5 + \frac{\alpha_s h_0}{4u_m} = 0.5 + \frac{40 \times 140}{4 \times 3360} = 0.9167$$

故取 $\eta = 0.9167$；取 $\beta_h = 1.0$

$$F_l - (700 + 2h_0)^2 \times 10^{-6} \times 12.5 \leq 0.7\beta_\mathrm{h} f_\mathrm{t} \eta\, u_\mathrm{m} h_0$$
$$= 0.7 \times 1 \times 1.71 \times 0.9167 \times 3360 \times 140 \times 10^{-3}$$

即： $F_l \leq 0.98^2 \times 12.5 + 516.165 = 528.17\mathrm{kN}$

11. 正确答案是 B，解答如下：

根据《混规》6.5.3 条：

$$F_\mathrm{u} = 0.5 f_\mathrm{t} \eta\, u_\mathrm{m} h_0 + 0.8 f_\mathrm{yv} A_\mathrm{sbu} \sin\alpha$$
$$= 0.5 \times 1.71 \times 0.9167 \times 3360 \times 140 + 0.8 \times 300 \times (3 \times 4 \times 113.1)\sin 30°$$
$$= 531.55\mathrm{kN}$$

截面条件：$F_\mathrm{u} \leq 1.2 f_\mathrm{t} \eta u_\mathrm{m} h_0 = 1.2 \times 1.71 \times 0.9167 \times 3360 \times 140 = 884.85\mathrm{kN}$，满足，

故取 $F_\mathrm{u} = 531.55\mathrm{kN}$

【10、11 题评析】 10 题，u_m 的取值按《混规》图 6.5.1 (b)；同时，中柱，取 $\alpha_\mathrm{s} = 40$。

11 题，计算 A_sbu 时，应取双向弯起钢筋的总截面面积 $4 \times 3 \times 113.1 = 1357.2\mathrm{mm}^2$；同时，复核截面条件是否满足。

12. 正确答案是 A，解答如下：

根据《混规》9.3.8 条：

$$A_\mathrm{s} \leq \frac{0.35\beta_\mathrm{c} f_\mathrm{c} b_\mathrm{b} h_0}{f_\mathrm{y}}$$

则： $\rho = \dfrac{A_\mathrm{s}}{b_\mathrm{b} h_0} \leq \dfrac{0.35\beta_\mathrm{c} f_\mathrm{c}}{f_\mathrm{y}} = \dfrac{0.35 \times 1 \times 14.3}{360} = 1.39\%$

13. 正确答案是 C，解答如下：

根据《可靠性标准》8.2.2 条，应选 (C) 项。

14. 正确答案是 D，解答如下：

根据《可靠性标准》附录 A.5.1 条，应选 (D) 项。

15. 正确答案是 C，解答如下：

根据《抗规》5.1.4 条和 5.1.5 条的条文说明，应选 (C) 项。

16. 正确答案是 C，解答如下：

根据《钢标》16.2.3 条，重级工作制吊车梁应考虑疲劳，取 $\gamma_\mathrm{x} = 1.0$；由《钢标》6.1.1 条、6.1.2 条：

$\dfrac{b}{t} = \dfrac{650 - 18}{2 \times 45} = 7 < 13\sqrt{235/345} = 10.7$，翼缘满足 S3 级

腹板满足 S4 级，故截面等级满足 S4 级，取全截面计算。

$$\frac{M_\mathrm{x}}{\gamma_\mathrm{x} W_\mathrm{nx}} = \frac{14500 \times 10^6}{1.0 \times 5858 \times 10^4} = 247.5\mathrm{N/mm}^2$$

17. 正确答案是 D，解答如下：

根据《钢标》3.3.2 条：

$$H_\mathrm{k} = \alpha P_\mathrm{k,max} = 0.1 \times 360 = 36\mathrm{kN}$$

18. 正确答案是 A，解答如下：

根据《钢标》6.1.4 条：

$$l_\mathrm{z} = a + 5h_\mathrm{y} + 2h_\mathrm{R} = 50 + 5 \times 45 + 2 \times 150 = 575\mathrm{mm}$$

$\psi = 1.35$；由《荷规》6.1.1 条条文说明、6.3.1 条，取动力系数为 1.1。

由《可靠性标准》8.2.4条：

$$\sigma_c = \frac{\psi F}{t_w l_Z} = \frac{1.5 \times 1.35 \times 1.1 \times 360 \times 10^3}{18 \times 575} = 77.5 \text{N/mm}^2$$

19. 正确答案是 B，解答如下：

该角焊缝剪应力为均匀分布，故不考虑超长折减：

$$l_w = 2425 - 2h_f = 2425 - 2 \times 10 = 2405 \text{mm}$$

$$\tau_f = \frac{N}{h_e \Sigma l_w} = \frac{3200 \times 10^3}{2 \times 0.7 \times 10 \times 2405} = 95.04 \text{N/mm}^2$$

20. 正确答案是 B，解答如下：

根据《钢标》表16.2.4，取 $\alpha_f = 0.8$

$$\alpha_f \cdot \Delta\sigma = 0.8 \times \frac{M_{k,\max}}{W_n^F y_1} \cdot y_{腹}$$

$$= 0.8 \times \frac{5600 \times 10^6}{5858 \times 10^4 \times 1444} \times (1444 - 30)$$

$$= 74.89 \text{N/mm}^2$$

21. 正确答案是 A，解答如下：

柱的反力影响线图，见图16-1-1所示。

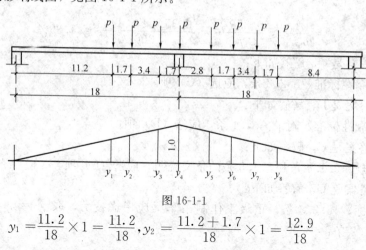

图 16-1-1

$$y_1 = \frac{11.2}{18} \times 1 = \frac{11.2}{18}, y_2 = \frac{11.2 + 1.7}{18} \times 1 = \frac{12.9}{18}$$

$$y_3 = \frac{11.2 + 1.7 + 3.4}{18} \times 1 = \frac{16.3}{18}, y_4 = 1$$

$$y_5 = \frac{18 - 2.8}{18} \times 1 = \frac{15.2}{18}, y_6 = \frac{18 - 2.8 - 1.7}{18} \times 1 = \frac{13.5}{18}$$

$$y_7 = \frac{18 - 2.8 - 2.7 - 3.4}{18} \times 1 = \frac{10.1}{18}, y_8 = \frac{8.4}{18} \times 1 = \frac{8.4}{18}$$

则：$\sum_{i=1}^{8} y_i = 5.8667$

由《荷规》6.2.2条，取折减系数为0.95。

$$R_{\max} = 0.95 \cdot \sum_{i=1}^{8} y_i \cdot P_{k,\max}$$

$$= 0.95 \times 5.8667 \times 360 = 2006.4 \text{kN}$$

【16~21题评析】 18题，重级工作制吊车，根据《荷规》6.1.1条条文说明，属于A6、A7工作级别，故其动力系数为1.1。

19题，突缘支座，角焊缝的剪应力沿腹板呈均匀分布，详细讲述见《一、二级注册结构工程师专业考试应试技巧与题解》。

20题，应注意 $I_{nx} = W_{nx} \cdot y_1$，腹板与下翼缘连接处 $y_{腹} \neq y_1$。

21题，排架分析与计算，当为多台吊车时，竖向荷载和水平荷载应乘以折减系数。

22. 正确答案是 B，解答如下：

根据《钢标》7.2.1条：

$$\lambda_x = \frac{l_{0x}}{i_x} = \frac{6000}{221} = 27.1$$

$$\lambda_y = \frac{l_{0y}}{i_x} = \frac{3000}{102} = 29.4$$

工字形截面、焊接、翼缘为剪切边，查表7.2.1-1，对 x 轴，属 b 类；对 y 轴，属 c 类。查附录表 D.0.2，取 $\varphi_x = 0.946$；附录表 D.0.3，取 $\varphi_y = 0.906$，故取 $\varphi = 0.906$

$$\frac{N}{\varphi A} = \frac{3200 \times 10^3}{0.906 \times 206 \times 10^2} = 171.46 \text{N/mm}^2$$

23. 正确答案是 C，解答如下：

根据《钢标》7.3.3条：

$\frac{b}{t} = \frac{500 - 2 \times 20}{10} = 46 > 42\varepsilon_k = 42$，则：

$$\lambda_{n,p} = \frac{46}{56.2\varepsilon_k} = \frac{46}{56.2 \times 1} = 0.819$$

$$\rho = \frac{1}{0.819}\left(1 - \frac{0.19}{0.819}\right) = 0.938$$

由《钢标》表 11.5.2 注 3：

$$d_c = \max(22 + 4, 24) = 26 \text{mm}$$

$$A_{ne} = 2 \times 400 \times 20 - 4 \times 26 \times 20 + 0.938 \times 460 \times 10$$

$$= 18234.8 \text{mm}^2$$

$$\frac{N}{A_{ne}} = \frac{3200000}{18234.8}$$

$$= 175.5 \text{N/mm}^2$$

【22、23题评析】 22题，本题目 λ_x 与 λ_y 比较接近，各自属于不同类截面，故应分别查《钢标》附录表确定 φ_x、φ_y，再取较小值；同时，稳定性计算，应取毛截面面积 A 进行计算。

24. 正确答案是 C，解答如下：

根据《钢标》表 3.5.1 注的规定：

$$h_0 = 700 - 2 \times 24 - 2 \times 28 = 596 \text{mm}$$

$$h_0/t_w = 596/13 = 45.8$$

25. 正确答案是 A，解答如下：

根据《钢标》11.2.2条：

等边角钢的分配系数：$k_1 = 0.7$

$$l_w \geq \frac{k_1 N}{2h_e f_f^w} + 2h_f = \frac{0.7 \times 680 \times 10^3}{2 \times 0.7 \times 10 \times 160} + 2 \times 10$$

$$=232.5\text{mm}<60h_f+2h_f=620\text{mm},\text{不考虑超长折减}$$
$$>8h_f+2h_f=100\text{mm}$$

26. 正确答案是 B，解答如下：

水平力 $H=680\times\dfrac{3}{5}=408\text{kN}$，垂直力 $V=680\times\dfrac{4}{5}=544\text{kN}$

由《钢标》11.2.1 条：

$$\sqrt{\left(\frac{408000}{\beta_f\times2\times0.7\times8l_w}\right)^2+\left(\frac{544000}{2\times0.7\times8l_w}\right)^2}\leqslant f_f^w=160$$

解之得：$l_w\geqslant356\text{mm}$，$>8h_f=64\text{mm}$，且 $<60h_f=480\text{mm}$

故 $l=356+2\times8=372\text{mm}$

27. 正确答案是 D，解答如下：

对接焊缝二级，查《钢标》表 4.4.5，取 $f_t^w=215\text{N/mm}^2$，$f_v^w=125\text{N/mm}^2$

根据《钢标》11.2.1 条：

受拉计算：$l=\dfrac{N\sin\theta}{h_e f_t^w}+2t=\dfrac{480\times10^3\times0.6}{12\times215}+2\times12=136\text{mm}$

受剪计算：$l=\dfrac{1.5N\cos\theta}{h_e f_v^w}+2t=\dfrac{1.5\times480\times10^3\times0.8}{12\times125}+2\times12=247\text{mm}$

折算应力计算：$\sqrt{\left(\dfrac{480\times10^3\times0.6}{12l_w}\right)^2+3\times\left(\dfrac{1.5\times480\times10^3\times0.8}{12l_w}\right)^2}\leqslant1.1\times215$

解之得：$l_w\geqslant366\text{mm}$，即：$l\geqslant390\text{mm}$

最终取 $l\geqslant390\text{mm}$。

28. 正确答案是 A，解答如下：

根据《钢标》10.1.5 条、3.5.1 条：

$$b/t\leqslant9\varepsilon_k=9\sqrt{235/235}=9$$

29. 正确答案是 C，解答如下：

根据《钢标》4.4.1 条条文说明，应选（C）项。

30. 正确答案是 C，解答如下：

弹性方案、无柱间支撑、考虑吊车作用，根据《砌规》表 5.1.3 及注 2 的规定：

$$H_u=2.5\text{m}$$
$$H_0=1.25\times1.25H_u=1.25\times1.25\times2.5=3.906\text{m}$$
$$H_0/h=3.906/0.49=7.97$$

查规范表 6.1.1 及 6.1.1 条注 3 的规定：

$$[\beta]=1.3\times17=22.1$$

$$\frac{H_0}{h}=7.97<\mu_1\mu_2[\beta]=1\times1\times22.1=22.1$$

31. 正确答案是 A，解答如下：

根据《砌规》表 5.1.3：

$$H_l=5.0\text{m}$$

$$H_0=1.0H_l=5.0\text{m},\frac{H_0}{h}=\frac{5000}{620}=8.06$$

$$\frac{H_0}{h} = 8.06 < \mu_1 \mu_2 [\beta] = 1 \times 1 \times 17 = 17$$

32. 正确答案是 D，解答如下：

$$e/h = 155/620 = 0.25, \beta = 7.0$$

查《砌规》附录表 D.0.1-1，取 $\varphi = \dfrac{0.45 + 0.42}{2} = 0.435$

$A = 0.49 \times 0.62 = 0.3038\text{m}^2 > 0.3\text{m}^2$，则：

$$N_u = \varphi f A = 0.435 \times 2.31 \times 490 \times 620 = 305.3\text{kN}$$

【30～32 题评析】 30 题，应注意排架平面内、平面外，《砌规》表 5.1.3 及注的规定。
32 题，应注意柱截面面积等对 f 的影响。

33. 正确答案是 A，解答如下：

查《砌规》表 3.2.2，取 $f_v = 0.14\text{MPa}$

根据《抗规》表 7.2.6 注的规定：

$$\sigma_0 = 1 \times (200 + 0.5 \times 70)/0.24 = 979.2\text{kN/m}^2 = 0.979\text{N/mm}^2$$

$$\sigma_0/f_v = 0.979/0.14 = 6.99 \approx 7.0，查《抗规》表 7.2.6，取 \zeta_N = 1.65$$

$$f_{vE} = \zeta_N f_v = 1.65 \times 0.14 = 0.231\text{MPa}$$

34. 正确答案是 C，解答如下：

$$f_{vE} = \zeta_N f_v = 1.6 \times 0.14 = 0.224\text{MPa}$$

根据《抗规》7.2.7 条第 3 款：

横墙：$A = 240 \times (3600 + 3300 + 3600 + 240) = 2577600\text{mm}^2$

$$A_c = 2 \times 240 \times 240 = 115200\text{mm}^2$$

$$A_c/A = 115200/2577600 = 0.04 < 0.15，取 A_c = 115200\text{mm}^2$$

取 $\zeta_c = 0.4$；$\eta_c = 1.0$；《抗规》表 5.4.2，取 $\gamma_{RE} = 0.90$；$A_{sh} = 0$

$$V_u = \frac{1}{\gamma_{RE}} [\eta_c f_{vE}(A - A_c) + \zeta_c f_t A_c + 0.08 f_{yc} A_{sc} + \zeta_s f_{yh} A_{sh}]$$

$$= \frac{1}{0.9} \times [1.0 \times 0.224 \times (2577600 - 115200) + 0.4 \times 1.1$$

$$\times 115200 + 0.08 \times 300 \times 904.8 + 0]$$

$$= 693.3\text{kN}$$

35. 正确答案是 B，解答如下：

查《抗规》表 5.4.2，取 $\gamma_{RE} = 1.0$；$f_{vE} = \zeta_N f_v = 1.6 \times 0.14 = 0.224\text{MPa}$

由《抗规》7.2.7 条第 1 款：

$$V_u = \frac{f_{vE} A}{\gamma_{RE}} = \frac{0.224 \times 2577600}{1.0} = 577.38\text{kN}$$

【33～35 题评析】 33 题，在计算 σ_0 时，根据《抗规》表 7.2.6 注的规定，应取对应于重力荷载代表值的砌体截面平均压应力，其分项系数 $\gamma_G = 1.0$。

34、35 题，γ_{RE} 的取值，应按《抗规》表 5.4.2 采用。

36. 正确答案是 D，解答如下：

根据《砌验规》9.3.5 条，(D) 项不妥，应选 (D) 项。

【36 题评析】 根据《砌验规》9.1.2 条，（A）项正确；

根据《砌验规》9.3.2 条，（B）项正确；根据《砌验规》9.3.3 条，（C）项正确。

37. 正确答案是 A，解答如下：

根据《砌规》7.2.2 条：

$h_w = 800mm < l_n = 1500mm$，应计入楼板荷载。

$h_w = 800mm > \dfrac{l_n}{3} = 500mm$，应计入 500mm 墙体载荷。

由《可靠性标准》8.2.4 条：

$$q = 1.3 \times (11 + 18 \times 0.5 \times 0.24) + 1.5 \times 6 = 26.108 kN/m$$

38. 正确答案是 C，解答如下：

根据《砌规》7.2.3 条第 2 款规定：

取 $h_0 = h - a_s = 800 - 20 = 780mm$

$$M_u = 0.85 h_0 f_y A_s = 0.85 \times 780 \times 300 \times (3 \times 78.5) = 46.84 kN \cdot m$$

39. 正确答案是 B，解答如下：

查《砌规》表 3.2.2，取 $f_v = 0.17 MPa$

由提示可知，不考虑 γ_a，取 $f_v = 0.17 MPa$

由《砌规》7.2.3 条第 2 款、5.4.2 条：

$$V_u = f_v b z = f_v b \frac{2}{3} h = 0.17 \times 240 \times \frac{2}{3} \times 800 = 21.76 kN$$

【37～39 题评析】 39 题，当考虑 f_v 的调整时，则：

$$A = bh = 0.24 \times 0.8 = 0.192 m^2, \gamma_a = A + 0.7 = 0.892$$

$$f_v = \gamma_a f_v = 0.892 \times 0.17 = 0.15164 MPa$$

40. 正确答案是 D，解答如下：

对于 Ⅰ：根据《砌规》表 4.3.5，不正确。

对于 Ⅱ：根据《砌规》6.2.5 条，正确。

对于 Ⅲ：根据《砌规》6.5.1 条表 6.5.1 注 1，不正确。

对于 Ⅳ：根据《抗规》7.3.2 条第 3 款，正确。

所以 Ⅱ、Ⅳ 正确，应选（D）项。

（下午卷）

41. 正确答案是 C，解答如下：

根据《木标》4.3.18 条：

跨中截面：$d = 120 + \dfrac{3000}{1000} \times 9 = 147mm$

查《木标》表 4.3.1-3，TC17B，取 $f_m = 17 N/mm^2$，$f_v = 1.6 N/mm^2$

由 4.3.2 条：$f_m = 1.15 \times 17 = 19.55 N/mm^2$

$$M_u = f_m W_n = 19.55 \times \frac{\pi}{32} d^2 = 19.55 \times \frac{\pi}{32} \times 147^3 = 6.09 kN \cdot m$$

42. 正确答案是 A，解答如下：

根据《木标》5.2.4 条，取小头计算：

$$V_u = \frac{Ib}{S}f_v = \frac{\frac{\pi d^4}{64} \cdot d}{\frac{\pi d^2}{8} \cdot \frac{2d}{3\pi}} \cdot f_v = \frac{3}{16}\pi d^2 \cdot f_v = \frac{3}{16}\pi \times 120^2 \times 1.6$$

$$= 13.56\text{kN}$$

【41、42 题评析】 41 题，验算部位未经切削，取 $f_m = 1.15 \times 17 = 19.55\text{N/mm}^2$。

42 题，面积矩 $S = A \cdot y = \frac{\pi d^2}{8} \cdot \frac{2d}{3\pi}$，$I = \frac{\pi d^4}{64}$，$W = \frac{\pi d^3}{32}$，则：

$$\frac{Ib}{S} = \frac{3}{16}\pi d^2 = \frac{3A}{4}$$

43. 正确答案是 A，解答如下：

根据《基桩检规》5.4.5 条：

$$R_{at} = \min(750, 1300 \times 50\%) = 650\text{kN}$$

44. 正确答案是 C，解答如下：

根据《地规》表 8.1.1 注 4 规定，（C）项不妥。

45. 正确答案是 D，解答如下：

根据《地规》表 3.0.3，（D）项不正确，故应选（D）项。

46. 正确答案是 B，解答如下：

根据《抗规》4.1.4 条、4.1.5 条：

$$d_0 = \min\{1.6 + 3.4 + 3 + 7.5, 20\} = 15.5\text{m}$$

$$v_{se} = \frac{d_0}{t} = \frac{15.5}{\frac{1.6}{135} + \frac{3.4}{190} + \frac{3}{210} + \frac{7.5}{165}} = 173.2\text{m/s}$$

查《抗规》表 4.1.6，属于 Ⅱ 类场地。

47. 正确答案是 C，解答如下：

$e = 0.60$，$I_l = 0.72$，查《地规》表 5.2.4，取 $\eta_b = 0.3$，$\eta_d = 1.6$

$$f_a = f_{ak} + \eta_b\gamma(b-3) + \eta_d\gamma_m(d-0.5)$$

$$= 180 + 0.3 \times (18.5 - 10) \times (3.6 - 3) + 1.6$$

$$\times \frac{1.6 \times 18 + 0.6 \times 8.5}{2.2} \times (2.2 - 0.5)$$

$$= 180 + 1.53 + 41.91 = 223.44\text{kPa}$$

由《抗规》4.2.3 条：

$$f_{aE} = \zeta_a f_a = 1.3 \times 223.44 = 290.47\text{kPa}$$

48. 正确答案是 C，解答如下：

由提示条件，$e = \frac{M}{N} = 0.873\text{m}$；当 $e > \frac{y}{6}$ 时，地基反力呈三角形分布，则：

$$y < 6e = 6 \times 0.873 = 5.238\text{m}$$

根据《抗规》4.2.4 条：

$$p_{k,max} = \frac{2(F_k + G_k)}{3la} \leqslant \frac{2 \times (1200 + 560)}{0.85y \times 3.6}$$

$$p_{k,max} \leqslant 1.2f_{aE} = 1.2 \times 245 = 294\text{kPa}$$

$$\frac{2 \times (1200 + 560)}{0.85y \times 3.6} \leqslant 294, \text{即}: y \geqslant 3.91\text{m}$$

$$p_k = \frac{F_k + G_k}{ya} \leqslant f_{aE}$$

则：

$$\frac{1200 + 560}{y \times 3.6} \leqslant 245, \text{即}: y \geqslant 2.0\text{m}$$

$$3a = 3\left(\frac{y}{2} - e\right) \geqslant 0.85y, \text{即}: y \geqslant 4.029\text{m}$$

故最终取

$$y \geqslant 4.029\text{m}。$$

49. 正确答案是 A，解答如下：

根据《地规》8.2.8 条：

$$a_b = a_t + 2h_0 = 1.2 + 2 \times 0.75 = 2.7\text{m} < 3.6\text{m}, \text{取} \ a_b = 2.7\text{m}$$

$$a_m = \frac{a_t + a_b}{2} = \frac{1.2 + 2.7}{2} = 1.95\text{m}; \beta_{hp} = 1.0$$

$$0.7\beta_{hp}f_t a_m h_0 = 0.7 \times 1.0 \times 1.27 \times 1.95 \times 10^3 \times 750 = 1300.16\text{kN}$$

50. 正确答案是 B，解答如下：

根据《地规》8.2.11 条、《可靠性标准》8.2.4 条：

$$G = 1.3G_k = 1.3 \times 710 = 923\text{kN}; a_1 = \frac{4.6}{2} - \frac{1.2}{2} = 1.7\text{m}$$

$$M_1 = \frac{1}{12}a_1^2\left[(2l + a')\left(p_{max} + p - \frac{2G}{A}\right) + (p_{max} - p)l\right]$$

$$= \frac{1}{12} \times 1.7^2 \times \left[(2 \times 3.6 + 1.2) \times \left(250 + 189 - \frac{2 \times 923}{3.6 \times 4.6}\right) + (250 - 189) \times 3.6\right]$$

$$= 715.5\text{kN} \cdot \text{m}$$

【46～50题评析】 47题，本题目中 $y \geqslant 3.6\text{m}$，故基础宽度取 $b = 3.6\text{m}$，《地规》5.2.4 条中，b 应取基础宽度值，所以取 $b = 3.6\text{m}$。

48题，应注意的是，偏心 e 的计算为：

$$e = \frac{M_k}{F_k + G_k} = \frac{1536.48 \times 10^3}{1200 + 560} = 0.873\text{m}$$

由《地规》图 5.2.2，可知，$3a$ 为基底反力三角形分布的长度；由《抗规》4.2.4 条，$3a \geqslant 85\%b$。

49题，首先应复核 a_b 是否小于 3.6m。

51. 正确答案是 C，解答如下：

根据《桩规》5.4.5 条、5.4.6 条：

$$N_k \leqslant \frac{T_{uk}}{2} + G_p; \lambda_i = 0.75$$

$$1200 \leqslant \frac{1}{2} \times 0.75 \times \pi \times 0.8 \times (70 \times 1.2 + 120 \times 4.1 + 240 \times L)$$

$$+ \frac{\pi}{4} \times 0.8^2 \times (25 - 10) \times (1.2 + 4.1 + L)$$

即：
$$1200 \leqslant 0.942 \times (576 + 240L) + 7.536 \times (5.3 + L)$$

解之得：
$$L \geqslant 2.64\text{m}$$

52. 正确答案是 A，解答如下：

根据《桩规》5.3.9 条表 5.3.9 及注的规定：
$$f_{rk} = 7.2\text{MPa} < 15\text{MPa}, h_r/d = 3.2/0.8 = 4$$

查规范表 5.3.9，取 $\zeta_r = 1.48$
$$Q_{uk} = u\Sigma q_{sik}l_i + \zeta_r f_{rk}A_p$$

$$= \pi \times 0.8 \times (70 \times 1.2 + 120 \times 4.1) + 1.48 \times 7.2 \times 10^3 \times \frac{\pi}{4} \times 0.8^2$$

$$= 6800.49\text{kN}$$

根据《桩规》5.2.2 条：
$$R_a = \frac{Q_{uk}}{2} = 3400.245\text{kN}$$

53. 正确答案是 D，解答如下：

根据《桩规》5.8.2 条，桩配筋满足该条第 1 款规定：
$$N_u = \psi_c f_c A_{ps} + 0.9 f'_y A'_s$$

$$= 0.7 \times 14.3 \times \frac{\pi}{4} \times 0.8^2 \times 10^6 + 0.9 \times 360 \times (16 \times 254.5)$$

$$= 6348\text{kN}$$

54. 正确答案是 A，解答如下：

根据《地规》附录 Q.0.11 条的规定：
$$Q_u = 7800\text{kN}; R_a = \frac{Q_u}{2} = 3900\text{kN}$$

【51～54 题评析】 51 题，由于地下水的浮力作用，故桩身自重取 $25 - 10 = 15\text{kN/m}^3$ 进行计算。

52 题，由于 $f_{rk} < 15\text{MPa}$，根据《桩规》表 5.3.9 注的规定，属于极软岩、软岩。ζ_r 为桩嵌岩段侧阻与端阻综合系数，故嵌岩段的侧阻力不重复计入 $u\Sigma q_{sik}l_i$ 中。

55. 正确答案是 B，解答如下：

根据《地处规》7.3.3 条、7.1.5 条：
$$R_a = \eta f_{cu}A_p = 0.25 \times 2400 \times \frac{\pi}{4} \times 0.55^2 = 142.5\text{kN}$$

$$R_a = u_p \sum_{i=1}^{n} q_{si}l_{pi} + \alpha_p q_p A_p$$

$$= \pi \times 0.55 \times (11 \times 5.1 + 14 \times 4.9) + 0.5 \times 120 \times \frac{\pi}{4} \times 0.55^2$$

$$= 229.6\text{kN}$$

故取 $R_a = 142.5\text{kN}$

56. 正确答案是 C，解答如下：

根据《地处规》3.0.4 条：

$$f_{\text{spa}} = f_{\text{spk}} + \eta_d \gamma_m (d-0.5) \geqslant 200\text{kPa}$$

即：$f_{\text{spk}} \geqslant 200 - \eta_d \gamma_m (d-0.5) = 200 - 1.0 \times \dfrac{1.5 \times 18 + 0.7 \times 7.5}{2.2} \times (2.2 - 0.5)$

$= 175.08\text{kPa}$

根据《地处规》7.3.3 条、7.1.5 条：

$$m = \frac{f_{\text{spk}} - \beta f_{\text{sk}}}{\dfrac{\lambda R_a}{A_p} - \beta f_{\text{sk}}}$$

$$= \frac{175.08 - 0.75 \times 100}{\dfrac{1 \times 4 \times 180}{\pi \times 0.55^2} - 0.75 \times 100} = 0.1465$$

正方形布桩：　　$m = \dfrac{d^2}{d_e^2} = \dfrac{d^2}{(1.13s)^2}$，即：

$$s = \frac{d}{1.13\sqrt{m}} = \frac{0.55}{1.13\sqrt{0.1465}} = 1.27\text{m}$$

57. 正确答案是 A，解答如下：

根据分层总和法计算原理：

$$s'_{\text{复}} = \frac{\dfrac{1}{2}(p_z + p_{zl})l}{E_{\text{sp}}} = \frac{\dfrac{1}{2}(180 + 60) \times 10}{20 \times 10^3} = 60\text{mm} = 6\text{cm}$$

$$s_{\text{复}} = \psi_{\text{s1}} \cdot s'_{\text{复}} = 1 \times 6 = 6\text{cm}$$

【55~57 题评析】　56 题，本题目要求 $f_{\text{spa}} \geqslant 200\text{kPa}$，为经过深度修正后的复合地基承载力特征值。正方形布桩，$d_e = 1.13s$；$m = d^2/d_e^2$，《地处规》7.1.5 条作了相应的规定。

58. 正确答案是 C，解答如下：

根据《高规》3.2.2 条、10.2.23 条，应选（C）项。

59. 正确答案是 D，解答如下：

根据《高规》7.2.5 条，应选（D）项。

60. 正确答案是 C，解答如下：

根据《荷规》8.1.2 条条文说明，围护结构，取 $w_0 = 0.6\text{N/mm}^2$

B 类地面，查《荷规》表 8.2.1，$\mu_z = 2.00 + \dfrac{120-100}{150-100} \times (2.25 - 2.00) = 2.10$

由《荷规》8.6.1 条，取 $\beta_{\text{gz}} = 1.488$；由《结通规》4.6.5 条，$\beta_{\text{gz}} \geqslant 1 + 0.7/\sqrt{2.1} = 1.483$，故取 $\beta_{\text{gz}} = 1.488$

由《高规》4.2.8 条，取 $\mu_{\text{sl}} = -2.0$

$$w_k = \beta_{\text{gz}} \mu_{\text{sl}} \mu_z w_0 = 1.488 \times (-2.0) \times 2.10 \times 0.60 = -3.75\text{kN/m}^2$$

61. 正确答案是 C，解答如下：

根据《荷规》8.5.3条：

$$v_{cr} = \frac{D}{T_i S_t} = \frac{30}{2.78 \times 0.2} = 53.957 \text{m/s}$$

B类、$z = 180\text{m}$，查《荷规》表 8.2.1，$\mu_H = 2.376$；取 $w_0 = 1.1 \times 0.60 = 0.66 \text{kN/}$ m^2；$\rho = 1.25 \text{kg/m}^3$

$$v_H = \sqrt{\frac{2000\mu_H w_0}{\rho}} = \sqrt{\frac{2000 \times 2.376 \times 0.66}{1.25}} = 50.090 \text{m/s}$$

由《荷规》附录 H.1.1 条：

起始点高度：$H_1 = H \times \left(\frac{v_{cr}}{1.2 v_H}\right)^{1/\alpha}$

$$= 180 \times \left(\frac{53.957}{1.2 \times 50.090}\right)^{1/0.15} = 87.64\text{m}$$

起始点层数 i：

$$i = \frac{87.64 - 8 \times 5}{4} + 8 = 19.9 \text{ 层}$$

62. 正确答案是 D，解答如下：

根据《荷规》8.3.2条条文说明：

最不利情况：$x = 0\text{m}$，$y = 90\text{m}$

所以应选（D）项。

63. 正确答案是 C，解答如下：

A 方案：已知 $\beta_{zA} = 1.248$

B 方案：B 类地面、$z = 100\text{m}$，查《荷规》表 8.2.1，取 $\mu_{zB} = 2.00$

$\tan\alpha = 50/100 = 0.5 > 0.3$，取 $\tan\alpha = 0.3$

$z = 100\text{m} < 2.5H = 2.5 \times 50 = 125\text{m}$，取 $z = 100\text{m}$

$$\eta_B = \left[1 + K\tan\alpha\left(1 - \frac{z}{2.5H}\right)\right]^2$$

$$= \left[1 + 1.4 \times 0.3 \times \left(1 - \frac{100}{2.5 \times 50}\right)\right]^2 = 1.175$$

$$\mu_{zB} = \eta_B \times 2.00 = 1.175 \times 2.00 = 2.35$$

根据《荷规》8.4.5条、8.4.3条：

$$B_{zB} = kH^{a1}\rho_x\rho_z\frac{\phi_1(z)}{\mu_{zB}} = 1.0 \times \frac{0.42}{2.35} = 0.179$$

$$\beta_{zB} = 1 + 2 \times 2.5 \times 0.14 \times 0.179 \times \sqrt{1 + 1.36^2} = 1.212$$

$$\frac{w_B}{w_A} = \frac{\beta_{zB}\mu_{sB}\mu_{zB}w_0}{\beta_{zA}\mu_{sA}\mu_{zA}w_0} = \frac{\beta_{zB}\mu_{zB}}{\beta_{zA}\mu_{zA}} = \frac{1.212 \times 2.35}{1.248 \times 2.00} = 1.141$$

【60～63题评析】 60题，关键是确定 w_0 取值，围护结构的基本风压按50年重现期的基本风压计算。

61题，本题目，取 $w_0 = 1.1 \times 0.60 = 0.66 \text{kN/m}^2$ 进行计算。

63题，应注意的是，计算参数 $\tan\alpha$、z 的取值。

64. 正确答案是 B，解答如下：

根据《高规》4.3.7条：

Ⅱ类场地，设计地震分组为第一组，取 $T_g = 0.35s$。

取 $\alpha_{max} = 0.32$；$T_g = 0.35s$；$T_g < T_1 = 0.85s < 5T_g = 1.75s$

$$\alpha_1 = \left(\frac{T_g}{T_1}\right)^\gamma \eta_2 \alpha_{max} = \left(\frac{0.35}{0.85}\right)^{0.9} \times 1.0 \times 0.32 = 0.14399$$

$$G_1 = 11500 + 2400 \times 0.5 = 12700kN$$

$$G_{2\sim10} = 11000 + 2400 \times 0.5 = 12200kN$$

$$G_{11} = 10500 + 0 = 10500kN$$

$T_1 = 0.85s > 1.4T_g = 0.49s$，由《高规》附录 C.0.1 条表 C.0.1，取 δ_n 为：

$$\delta_n = 0.08T_1 + 0.07 = 0.08 \times 0.85 + 0.07 = 0.138$$

$$\Delta F_n = F_{Ek}\delta_n = \alpha_1 \cdot 0.85 G_E \delta_n$$

$$= 0.14399 \times 0.85 \times (12700 + 9 \times 12200 + 10500) \times 0.138$$

$$= 2246.37kN$$

65. 正确答案是 A，解答如下：

根据《高规》3.9.1条、3.9.3条：

A 级高度、丙类建筑、Ⅱ类场地，9 度抗震设防，查规程表 3.9.3，剪力墙抗震等级为一级；又由规程 7.2.21 条条文说明，连梁抗震等级为一级。

连梁跨度比：$\frac{l_n}{h} = \frac{3}{0.3} = 10 > 5$，根据规程 7.1.3 条，应按框架梁设计。

由规程 6.2.5 条：

9 度抗震设计，上下对称配筋，则：

$$M_{bua}^l = M_{bua}^r = \frac{1}{\gamma_{RE}} f_{yk} A_s^a (h_0 - a_s')$$

$$= \frac{1}{0.75} \times 400 \times 1520 \times (300 - 35 - 35)$$

$$= 186.45kN \cdot m$$

$$V_b = 1.1 \frac{M_{bua}^l + M_{bua}^r}{l_n} + V_{Gb}$$

$$= 1.1 \times \frac{186.45 + 186.45}{3.0} + 20 = 156.73kN$$

66. 正确答案是 D，解答如下：

根据《高规》表 4.3.12：

9 度，取 $\lambda = 0.064$

由前述计算结果可知，$T_g = 0.35s$，$\alpha_{max} = 0.32$

假定 $T_g \leqslant T_1 \leqslant 5T_g = 5 \times 0.35 = 1.75s$，则：$\alpha_1 = \left(\frac{T_g}{T_1}\right)^\gamma \eta_2 \alpha_{max} = \left(\frac{0.35}{T_1}\right)^{0.9} \times 1 \times 0.32$

由规程式（4.3.12）：

$$\frac{V_{Eki}}{\sum_{i=1}^{n} G_j} \geqslant \lambda; \quad V_{Eki} = F_{Ek} = \alpha_1 G_{eq}$$

即：

$$\dfrac{\alpha_1 G_{eq}}{\displaystyle\sum_{i=1}^{n} G_j}=\dfrac{\left(\dfrac{0.35}{T_1}\right)^{0.9}\times 1\times 0.32\times 0.85\displaystyle\sum_{i=1}^{n} G_j}{\displaystyle\sum_{i=1}^{n} G_j}\geqslant\lambda=0.064$$

解之得：$T_1=1.747s$，故假定成立，所以取 $T_1\leqslant 1.747s$

67. 正确答案是 C，解答如下：

根据《高规》12.1.7 条：

基底反力呈三角形分布的长度 L 为：$L\leqslant 0.85B$；基底反力的合力 $\sum p=G$

外部水平力对基底形心的力矩为 M_{ov}，基底反力的合力对基底形心的力矩为：

$\sum p\cdot e_0=G\cdot e_0=M_{ov}$；又 $e_0=\dfrac{B}{2}-\dfrac{L}{3}=\dfrac{B}{2}-\dfrac{0.85B}{3}$

对于倾覆点，则：

$$\dfrac{M_R}{M_{ov}}=\dfrac{G\cdot\dfrac{B}{2}}{Ge_0}=\dfrac{G\cdot\dfrac{B}{2}}{G\cdot\left(\dfrac{B}{2}-\dfrac{0.85B}{3}\right)}=2.308$$

【64～67 题评析】 64 题，应注意对 T_1 的校核：$T_g<T_1=0.85s<5T_g$；G_{11} 不计入屋面活荷载。

65 题，本题连梁（实质为框架梁）配筋为上、下对称配筋；当非对称配筋，$a_s\neq a'_s$ 时，逆时针（或逆时针）的 $M^l_{bua,逆}\neq M^l_{bua,顺}$，$M^r_{bua,逆}\neq M^r_{bua,顺}$，同时，$M^l_{bua,逆}\neq M^r_{bua,逆}$，$M^l_{bua,顺}\neq M^r_{bua,顺}$。

66 题，应注意的是，F_{Ek} 与 $\displaystyle\sum_{i=1}^{n} G_j$ 之间的关系，以简化计算。

68. 正确答案是 D，解答如下：

7 度（0.15g）、Ⅲ类，根据《高规》3.9.2 条，按 8 度考虑相应的抗震构造措施的抗震等级。

丙类建筑，8 度，37m，查规程表 3.9.3，框架抗震等级一级

由《高规》表 6.4.2 及注 3 的规定：

$$\lambda=\dfrac{H_n}{2h_0}=\dfrac{2.7}{2\times(0.75-0.045)}=1.91^{<2.0}_{>1.5}$$

$$[\mu_N]=0.65-0.05=0.60$$

69. 正确答案是 D，解答如下：

7 度，高度 116m，查《高规》表 3.3.1-1，属于 A 级高度。

丙类建筑、7 度、Ⅱ类场地，116m，查高层规程表 3.9.3 及注 2 的规定：核心筒抗震等级为二级、转换框架抗震等级为一级；外围框架（非转换框架）抗震等级为二级。

转换层在第 3 层，由高层规程 10.2.6 条条文说明，抗震等级不提高，即：第三层核心筒（属于底部加强部，依据高层规程 10.2.2 条规定）抗震等级为二级，转换柱抗震等级为一级。

根据《高规》3.9.5 条条文说明：

无上部结构的地下室地下一层框架属于地下一层相关范围，其抗震等级应按上部结构的外围框架抗震等级，故其抗震等级为二级。

70. 正确答案是C，解答如下：

根据《高规》10.2.11条第3款、6.2.1条：

A节点处：$M_A = 1.5 \times 1800 = 2700 \text{kN} \cdot \text{m}$

B节点处：$\Sigma M_B = 1.4 \Sigma M_b = 1.4 \times 520 = 728 \text{kN} \cdot \text{m}$

又 $\Sigma M_B = 600 + 500 = 1100 \text{kN} \cdot \text{m} > 728 \text{kN} \cdot \text{m}$

故B节点处上、下柱弯矩不调整，取下柱柱顶 $M_B = 500 \text{kN} \cdot \text{m}$

C节点处：$M_c = 400 \times 1.5 = 600 \text{kN} \cdot \text{m}$

71. 正确答案是B，解答如下：

根据《高规》10.2.8条第7款、10.2.7条第2款：

箍筋间距为100mm，抗震一级，$\rho_{sv} = \dfrac{A_{sv}}{bs} \geq 1.2 f_t / f_{yv} = 1.2 \times 1.71/300 = 0.684\%$

采用8肢箍，则：

$$\frac{8 A_{sv1}}{1000 \times 100} \geq 0.684\%$$

即：$A_{sv1} \geq 85.5 \text{mm}^2$，选 $\Phi 12$（113.1mm^2），配置为 $8 \Phi 12@100$。

72. 正确答案是D，解答如下：

根据《高规》9.2.2条：

$$l_c \geq \frac{1}{4} h_w = \frac{1}{4} \times 4200 = 1050 \text{mm}$$

在 l_c 范围内应全部采用箍筋，故 $l_2 = 0$，排除（B）、（C）项。

由69题可知，第4层属于底部加强部位。

根据《抗规》6.7.2条，底部加强部位不宜改变墙厚，取 $b = 400 \text{mm}$，故（A）不正确。

对于（D）项：$l_c = 400 + 650 = 1050 \text{mm} \geq 1050 \text{mm}$，满足，故选（D）项。

【69～72题评析】 69题，应注意的是，《高规》表3.9.3注的规定，《高规》10.2.6条及其条文说明的规定。《高规》3.9.5条及条文说明，以及《抗规》6.1.3条及条文说明，分别对地下室抗震等级的确定进行了"相应范围"的规定。

70题，转换构件相连的柱上端的弯矩调整应增大。

对本题目B节点，由于 $1.4 \Sigma M_b < \Sigma M_c = \Sigma M_B = 1100 \text{kN} \cdot \text{m}$，故不调整柱端弯矩。现假定 $\Sigma M_b = 1000 \text{kN} \cdot \text{m}$，则 $1.4 \Sigma M_b = 1.4 \times 1000 = 1400 \text{kN} \cdot \text{m} > 1100 \text{kN} \cdot \text{m}$，此时B节点处下柱上端弯矩 M_B 为：

$$M_B = \frac{500}{600 + 500} \times 1400 = 636.36 \text{kN} \cdot \text{m}$$

73. 正确答案是A，解答如下：

根据《公桥通规》表3.4.3：

梁底最小高程 $\geq 2.5 + 1.50 = 4.0 \text{m}$

74. 正确答案是B，解答如下：

根据《城桥抗规》3.1.1条，属于丙类桥梁。

丙类、7度，根据规范3.1.4条，按8度区采取抗震措施。

根据规范11.4.1条、11.3.2条：

盖梁宽度 B：$B = 2a + L \geq 2 \times (70 + 0.5 \times 19.5) + 8 = 167.5 \text{cm} = 1675 \text{mm}$

75. 正确答案是 B，解答如下：

单孔最大跨径：$L_k = 75$m，查《公桥通规》表 1.0.5，属于大桥。

多孔跨径最大总长 L：$L = 5 \times 40 = 200$m，查《公桥通规》表 1.0.5，属于大桥。

故最终取为大桥。

76. 正确答案是 C，解答如下：

根据《公桥通规》4.3.5 条：

一个设计车道汽车制动力标准值 T_{0k}：$T_{0k} = (10.5 \times 40 + 340) \times 10\% = 76kN< 165$kN

故取 $T_{0k} = 165$kN

同向行驶，净宽 8 米，查《公桥通规》表 4.3.1-4，取设计车道数为 2。

总汽车制动力：$\Sigma T_{0k} = 2 \times 165 = 330$kN

一侧桥台分担的制动力标准值：$\frac{1}{2} \Sigma T_{0k} = \frac{1}{2} \times 330 = 165$kN

77. 正确答案是 B，解答如下：

根据《公桥通规》3.3.5 条：

桥梁总长 L：$L = 2 \times \left(\frac{60}{2} + 45 + 4 \times 40 + \frac{0.16}{2} + 3.0 \right) = 476.16$m

78. 正确答案是 A，解答如下：

根据《公桥通规》4.1.5 条，安全等级为一级，取 $\gamma_0 = 1.1$：

$$\gamma_0 S = 1.1 \times (1.2 M_g + 1.4 M_K)$$

故应选 A 项。

79. 正确答案是 D，解答如下：

根据《公桥混规》6.1.4 条：

$$N_{max} = 0.8 f_{pK} A_p$$
$$= 0.8 \times 1860 \times 9 \times 140 = 1874.88 \text{kN}$$

80. 正确答案是 B，解答如下：

根据《城市桥规》10.0.5 条：

$$W = \left(4.5 - 2 \times \frac{109 - 20}{80} \right) \times \frac{20 - 3}{20}$$
$$= 1.933 \text{kPa} < 2.4 \text{kPa}$$

故最终取 $W = 2.4$kPa

2011 年真题解答与评析

（上午卷）

1. 正确答案是 C，解答如下：

根据《设防分类标准》3.0.3 条，重点设防类（乙类），按本地区设防烈度确定地震作用。依据《抗规》5.1.4 条，7 度（0.15g）、多遇地震，$\alpha_{max}=0.12$；Ⅱ 类场地、第二组、多遇地震，$T_g=0.4s$。

由于 $T_g=0.4s<T_1=1.08s<5T_g=2s$，则：

$$\alpha_1=\left(\frac{T_g}{T_1}\right)^\gamma\eta_2\alpha_{max}=\left(\frac{0.4}{1.08}\right)^{0.9}\times1.0\times0.12=0.049$$

《抗规》5.2.1 条：

$$G_{eq}=0.85\times4\times12.5\times37.5\times37.5=59765.6kN$$

$$F_{Ek}=\alpha_1 G_{eq}=0.049\times59765.6=2928.5kN$$

2. 正确答案是 B，解答如下：

$$M=\Sigma F_i H_i$$

$$=\frac{G_1 H_1^2}{\Sigma G_i H_i}F_{Ek}(1-\delta_n)+\frac{G_2 H_2^2}{\Sigma G_i H_i}F_{Ek}(1-\delta_n)$$

$$+\frac{G_3 H_3^2}{\Sigma G_i H_i}F_{Ek}(1-\delta_n)+\frac{G_4 H_4^2}{\Sigma G_i H_i}F_{Ek}(1-\delta_n)+F_{Ek}\delta_n\times H_4$$

$$=\frac{6^2+12^2+18^2+24^2}{6+12+18+24}\times3600\times(1-0.118)+3600\times0.118\times24$$

$$=67348.8kN\cdot m$$

3. 正确答案是 D，解答如下：

根据《抗震通规》4.3.2 条：

$$N=1.3\times(7400+0.5\times2000)+1.4\times500=11620kN$$

根据《设防分类标准》3.0.3 条，由于是重点设防类（乙类），抗震构造措施按提高 1 度考虑，按 8 度考虑。

查《抗规》表 6.1.2，大跨度框架、8 度，取抗震等级为一级。

查《抗规》表 6.3.6，一级框架结构，取 $\mu_N=[\mu_N]=0.65$

$$b=h=\sqrt{\frac{N}{f_c\mu_N}}=\sqrt{\frac{11620000}{23.1\times0.65}}=880mm$$

4. 正确答案是 D，解答如下：

混凝土受压区高度：

$$x = \frac{f_y A_s - f'_y A'_s}{\alpha_1 f_c b} = \frac{360 \times 7592 - 360 \times 4418}{1.0 \times 16.7 \times 600} = 114\text{mm} \quad \begin{matrix} < \xi_b h_0 = 580\text{mm} \\ > 2a'_s = 90\text{mm} \end{matrix}$$

故抗震受弯承载力为：

$$M_u = \frac{1}{\gamma_{RE}}\left[\alpha_1 f_c bx\left(h_0 - \frac{x}{2}\right) + f'_y A'_s (h_0 - a'_s)\right]$$

$$= \frac{1}{0.75}\left[1.0 \times 16.7 \times 600 \times 114 \times \left(1120 - \frac{114}{2}\right) + 360 \times 4418 \times (1120 - 45)\right]$$

$$= 3899 \times 10^6 \text{N} \cdot \text{mm}$$

【1～4题评析】 3题，结合题目条件，判别属于大跨度框架，再查规范表确定其抗震等级。

4题，关键是对混凝土受压区高度 x 的判别，同时，求 M_u 时应乘以 $\frac{1}{\gamma_{RE}}$。

5. 正确答案是 B，解答如下：

根据《混规》6.2.4 条：

$$M = G_m \eta_{ns} M_2 = 1.22 \times 616 = 751.52\text{kN} \cdot \text{m}$$

$$e_0 = \frac{M}{N} = \frac{751.52 \times 10^3}{880} = 854\text{mm}, e_a = \max\left(\frac{h}{30}, 20\right) = 20\text{mm}$$

$$e_i = e_0 + e_a = 854 + 20 = 874\text{mm}$$

混凝土受压区高度：

$$x = \frac{\gamma_{RE} N}{\alpha_1 f_c b} = \frac{0.75 \times 880 \times 10^3}{19.1 \times 600} = 58\text{mm} < 2a'_s = 80\text{mm}$$

根据《混规》6.2.17 条、6.2.14 条：

$$A_s = A'_s = \frac{\gamma_{RE} N(e_i - h/2 + a'_s)}{f_y (h_0 - a'_s)} = \frac{0.75 \times 880 \times 10^3 \times (874 - 600/2 + 40)}{360 \times (600 - 40 - 40)} = 2165\text{mm}^2$$

6. 正确答案是 B，解答如下：

根据《抗规》D.1.1 条，及《抗震通规》4.3.2 条：

节点左端梁逆时针弯矩组合值：$1.3 \times 142 + 1.4 \times 317 = 628.4\text{kN} \cdot \text{m}$

节点右端梁逆时针弯矩组合值：$1.3 \times (-31) + 1.4 \times 220 = 267.7\text{kN} \cdot \text{m}$

$$V_j = \frac{1.35 \times (628.4 + 267.7) \times 10^3}{600 - 35 - 35} \times \left(1 - \frac{600 - 35 - 35}{4000 - 600}\right) = 1927\text{kN}$$

7. 正确答案是 D，解答如下：

根据《混规》11.6.4 条：

$$h_{b0} = \frac{700 + 500}{2} - 35 = 565\text{mm}$$

$N = 2300\text{kN} < 0.5 f_c b_c h_c = 0.5 \times 19.1 \times 600 \times 600 = 3438\text{kN}$，取 $N = 2300\text{kN}$。

$$V_u = \frac{1}{\gamma_{RE}}\left[1.1\eta_j f_t b_j h_j + 0.05\eta_j N \frac{b_j}{b_c} + f_{yv} A_{svj} \frac{h_{b0} - a'_s}{s}\right]$$

$$= \frac{1}{0.85} \left[1.1 \times 1.5 \times 1.71 \times 600 \times 600 + 0.05 \times 1.5 \times 2300 \times 10^3 \right.$$

$$\left. \times 1 + 300 \times 452 \times \frac{565 - 35}{100} \right]$$

$$= 2243 \times 10^3 \text{N}$$

8. 正确答案是 C，解答如下：

根据《抗规》6.3.9条第2款，二级框架柱加密区肢距不宜大于250mm，（A）项不满足。

二级角柱，根据《抗规》表6.3.7-1，二级框架结构及纵筋的钢筋强度标准值为400MPa时，柱截面纵向钢筋的最小总配筋率为：$(0.9 + 0.05)\% = 0.95\%$，$A_{\text{smin}} = 0.95\% \times 600 \times 600 = 3420 \text{mm}^2$，对于（D）项，$A_s = 12 \times 254.5 = 3054 \text{mm}^2$，不满足。

根据《抗规》表6.3.9，轴压比为0.6时，$\lambda_v = 0.13$。

$$\rho_v = \lambda_v \frac{f_c}{f_{yv}} = 0.13 \times 19.1/300 = 0.83\%$$

对于（B）项：$\rho_v = \dfrac{2 \times 4 \times (600 - 2 \times 24) \times 50.3}{(600 - 2 \times 28)^2 \times 100} = 0.75\%$，不满足。

对于（C）项：$\rho_v = \dfrac{2 \times 4 \times (600 - 2 \times 25) \times 78.5}{(600 - 2 \times 30)^2 \times 100} = 1.18\%$，满足。

9. 正确答案是 D，解答如下：

根据《抗规》13.2.3条、附录表 M.2.2：

取 $\eta = 1.2$，$\gamma = 1.0$，$\zeta_1 = 2.0$，$\zeta_2 = 2.0$

$$F = \gamma \eta \zeta_1 \zeta_2 \alpha_{\max} G = 1.0 \times 1.2 \times 2 \times 2 \times 0.08 \times 100 = 38.4 \text{kN}$$

【5～9题评析】 6题，对结构构件，对于同一荷载工况，软件计算时，永久荷载（或某一种可变荷载）的分项系数取唯一值。如：本题目的永久荷载，在梁支座左侧取 $\gamma_G = 1.2$，梁支座右侧也应取 $\gamma_G = 1.2$。

7题，关键是 h_{b0} 值的计算，取两侧梁截面有效高度的平均值。

8题，角柱，查《抗规》表6.3.7-1时，应注意其注1、注2、注3的规定。角柱、抗震二级，《抗规》6.3.9条规定，柱的箍筋加密区取全高。

9题，运用《抗规》式（13.2.3）时，正确确定其各项参数的取值。

10. 正确答案是 D，解答如下：

根据《荷规》4.0.1条，土压力为永久荷载。由《可靠性标准》8.2.4条：

$$M_B = \frac{1}{8} \gamma_G g_1 l^2 + \frac{1}{15} \gamma_G g_2 l^2 + \frac{1}{8} \gamma_Q q l^2$$

$$= \frac{1}{8} \times 1.3 \times 10 \times 3.6^2 + \frac{1}{15} \times 1.3 \times 33 \times 3.6^2 + \frac{1}{8} \times 1.5 \times 4 \times 3.6^2$$

$$= 67.85 \text{kN} \cdot \text{m}$$

11. 正确答案是 B，解答如下：

根据《混规》表8.2.1，二 b 类环境，墙的竖向受力钢筋保护层厚度取为25mm，则 $a_s = 25 + 8 = 33 \text{mm}$，$h_0 = h - a_s = 250 - 33 = 217 \text{mm}$。

纵筋直径16mm，间距100mm，每米宽度钢筋截面面积为 2011mm^2。

$$x = \frac{f_y A_s}{\alpha_1 f_c b} = \frac{360 \times 2011}{1.0 \times 14.3 \times 1000} = 51\text{mm} < \xi_b h_0 = 0.518 \times 217 = 112\text{mm}$$

受弯承载力为：

$$M_u = \alpha_1 f_c b x \left(h_0 - \frac{x}{2} \right)$$

$$= 1.0 \times 14.3 \times 1000 \times 51 \times \left(217 - \frac{51}{2} \right)$$

$$= 139.7 \times 10^6 \text{N} \cdot \text{mm}$$

12. 正确答案是 B，解答如下：

根据《混规》表 8.2.1，二 b 类环境，梁，取其箍筋的 $c = 35\text{mm}$。

箍筋直径为 10mm，故纵筋的 $c = c_s = 45\text{mm}$。

根据《混规》7.1.2 条：

$$\rho_{te} = \frac{A_s}{A_{te}} = \frac{12 \times 380.1}{0.5 \times 400 \times 800} = 0.0285 > 0.01$$

$$\sigma_{sq} = \frac{M_q}{0.87 h_0 A_s} = \frac{600 \times 10^6}{0.87 \times (800-70) \times 12 \times 380.1} = 207.1 \text{N/mm}^2$$

$$\psi = 1.1 - 0.65 \frac{f_{tk}}{\rho_{te} \sigma_{sq}} = 1.1 - 0.65 \times \frac{2.01}{0.0285 \times 207.1} = 0.879$$

$$w_{max} = a_{cr} \psi \frac{\sigma_{sq}}{E_s} \left(1.9 c_s + 0.08 \frac{d_{eq}}{\rho_{te}} \right)$$

$$= 1.9 \times 0.879 \times \frac{207.1}{2.0 \times 10^5} \times \left(1.9 \times 45 + 0.08 \times \frac{22}{0.0285} \right) = 0.255\text{mm}$$

13. 正确答案是 C，解答如下：

由于 $e_0 = \frac{M}{N} = \frac{880 \times 10^3}{2200} = 400\text{mm} < h/2 - a_s = 1000/2 - 70 = 430\text{mm}$，为小偏心受拉。

根据《混规》6.2.23 条：

$$A_s = \frac{N(e_0 + h/2 - a'_s)}{f_y(h'_0 - a_s)} = \frac{2200 \times 10^3 \times (400 + 1000/2 - 70)}{360 \times (1000 - 70 - 70)} = 5898\text{mm}^2$$

14. 正确答案是 D，解答如下：

根据《混规》6.3.14 条：

$$V = \frac{1.75}{\lambda + 1} f_t b h_0 + f_{yv} \frac{A_{sv}}{s} h_0 - 0.2N$$

$$\frac{A_{sv}}{s} = \frac{1600 \times 10^3 + 0.2 \times 2200 \times 10^3 - \frac{1.75}{1.5+1} \times 1.43 \times 500 \times (1000-70)}{300 \times (1000-70)}$$

$$= 5.64 \text{mm}^2/\text{mm}$$

选用 4 肢箍 Φ 14@100，则：

$$\frac{A_{sv}}{s} = \frac{4 \times 154}{100} = 6.16 \text{mm}^2/\text{mm} > 5.64 \text{mm}^2/\text{mm}$$

$$f_{yv} \frac{A_{sv}}{s} h_0 = 300 \times 6.16 \times 930 = 1718640N > 0.36 f_t bh_0$$

$$= 0.36 \times 1.43 \times 500 \times 930 = 239382N$$

规范式（6.3.14）右端的计算值：

$$\frac{1.75}{1.5+1} \times 1.43 \times 500 \times 930 + 1718640 - 0.2 \times 2200 \times 10^3 = 1744105N > 1718640N$$

故满足要求。

【10～14题评析】 10题，对于建筑结构，根据《荷规》3.1.1条规定，土压力为永久荷载。

11题，二b类环境，墙体纵向受力钢筋在其外侧，故其 $a_s = c_{纵} + \frac{1}{2} d_{纵}$。

12题，梁 L_1 处于二b类环境，其箍筋的混凝土保护层厚度为35mm。《混规》7.1.2条相关参数的取值，特别是钢筋混凝土结构，按 M_q 计算 σ_{sq}。

14题，《混规》6.3.14条，其中 N 的取值不受限制，同时复核配筋率是否满足最小配筋特征值要求，即：$\geqslant 0.36 f_t bh$。

15. 正确答案是 D，解答如下：

8度、丙类建筑，$H = 90m$，查《抗规》表6.1.2，其抗震等级为一级。

剪力墙为抗震一级，根据《抗规》6.2.7条，应选（D）项。

16. 正确答案是 D，解答如下：

根据《抗规》12.2.5条第3款，（A）项不正确。

根据《抗规》12.2.9条，（B）项不正确。

根据《抗规》12.2.5条，（C）项不正确。

故应选（D）项。

【16题评析】 《抗规》12.2.7条及条文说明，可按7度（0.15g）确定抗震等级，查《抗规》表6.1.2，框架抗震等级为三级；与抵抗竖向地震作用有关的抗震构造措施不应降低，柱轴压比限值仍按二级，查《抗规》表6.3.6，取0.75。所以，（D）项正确。

17. 正确答案是 B，解答如下：

根据《抗规》8.2.2条规定：

由于建筑高度48.7m不大于50m，多遇地震下应取 $\xi = 0.04$。

18. 正确答案是 C，解答如下：

根据《钢标》11.4.2条：

10.9级、M16螺栓，预拉力 $P = 100kN$；Q235钢材、表面抛丸（喷砂），$\mu = 0.40$。

$$N_v^b = 0.9 k n_f \mu P = 0.9 \times 1 \times 1 \times 0.40 \times 100 = 36kN$$

所需螺栓个数为 110.2/36 = 3.1，取4个。

19. 正确答案是 C，解答如下：

根据《钢标》14.1.2条：

$$b_1 = 6000/6 = 1000mm < \frac{3000 - 174}{2} = 1413mm$$

中间梁，取 $b_{1s} = b_2 = 1000mm$，$b_0 = 174mm$，则：

$$b_e = b_0 + b_1 + b_2 = 174 + 1000 + 1000 = 2174mm$$

20. 正确答案是 B，解答如下：

根据《钢标》附录 E.0.1 条：

$$K_1 = \frac{1.5 \times 2.04 \times 10^9 / 12000}{2 \times 1.79 \times 10^9 / 4000} = 0.28$$

$$K_2 = \frac{1.5 \times 2.04 \times 10^9 / 12000}{1.79 \times 10^9 / 4000 + 1.97 \times 10^9 / 4000} = 0.27$$

内插法，由附录表 E.0.1，取 $\mu = 0.9$

21. 正确答案是 A，解答如下：

根据《钢标》8.2.1 条：

c 类、$\lambda_y / \varepsilon_k = 41$，查附录表 D.0.3，取 $\varphi_y = 0.833$。闭口截面，$\eta = 0.7$，$\varphi_b = 1.0$。

$$\beta_{tx} = 0.65 + 0.35 \frac{M_2}{M_1} = 0.65 + 0.35 \times \frac{-291.2}{298.7} = 0.309$$

$$\frac{N}{\varphi_y A} + \eta \frac{\beta_{tx} M_x}{\varphi_b W_{1x}} = \frac{2693.7 \times 10^3}{0.833 \times 4.75 \times 10^4} + 0.7 \times \frac{0.309 \times 298.7 \times 10^6}{1.0 \times 7.16 \times 10^6} = 77 \text{N/mm}^2$$

22. 正确答案是 D，解答如下：

轧制 H 型钢，$b/h = 250/25 = 1 > 0.8$，根据《钢标》表 7.2.1-1，截面对 x 轴，为 b 类；对 y 轴，为 c 类。$\lambda_x = 5000/108.1 = 46.3$，$\lambda_y = 5000/63.2 = 79$，故由 y 轴控制。查附录表 D.0.3，取 $\varphi_y = 0.584$。

根据《抗规》8.2.6 条：

$$\lambda_n = \frac{\lambda}{\pi} \sqrt{\frac{f_{ay}}{E}} = \frac{79}{3.14} \sqrt{\frac{235}{2.06 \times 10^5}} = 0.850$$

$$\psi = \frac{1}{1 + 0.35 \lambda_n} = \frac{1}{1 + 0.35 \times 0.850} = 0.771$$

$$\varphi A_{br} \psi f / \gamma_{RE} = 0.584 \times 91.43 \times 10^2 \times 0.771 \times 215 / 0.80 = 1106.4 \times 10^3 \text{N}$$

23. 正确答案是 B，解答如下：

根据《钢标》6.1.1 条：

截面等级满足 S3 级，查《钢标》表 8.1.1，$\gamma_{x1} = 1.05$，$\gamma_{x2} = 1.2$

$$\frac{M_x}{\gamma_{x1} W_{nx1}} = \frac{4.05 \times 10^6}{1.05 \times 8.81 \times 10^4} = 44 \text{N/mm}^2$$

$$\frac{M_x}{\gamma_{x2} W_{nx2}} = \frac{4.05 \times 10^6}{1.2 \times 2.52 \times 10^4} = 134 \text{N/mm}^2$$

【17～23 题评析】 18 题，本题目次梁为 Q235，主梁为 Q345，故查《钢标》表 11.4.2-1 时，取 $\mu = 0.40$。

20 题，本题目的解答过程为命题专家的解法。

21 题，单向弯矩计算，即有反弯点，故 M_1 和 M_2 异号。

22 题，首先确定 y 轴为弱轴，当 $l_{0x} = l_{0y}$ 时，受压承载力由 y 轴控制。本题目的提示条件，支撑构件采用 Q235 钢，取 $f_{ay}=235\mathrm{N/mm}^2$。

24. 正确答案是 D，解答如下：

CD 杆长度 $l_{cd}=6000\mathrm{mm}$，查《钢标》表 7.4.1-1，平面内计算长度为 3000mm，平面外计算长度为 6000mm。

$$\lambda_x=\frac{3000}{43.4}=69.1; \quad \lambda_y=\frac{6000}{61.2}=98$$

根据《钢标》7.2.2 条规定：

$$\lambda_z=3.9\frac{b}{t}=3.9\times\frac{140}{10}=54.6,\text{则：}$$

$$\lambda_{yz}=98\times\left[1+0.16\times\left(\frac{54.6}{98}\right)^2\right]=102.9$$

对 x 轴和 y 轴均为 b 类，查附录表 D.0.2，取 $\varphi_y=0.536$

$$\frac{N}{\varphi_y A}=\frac{450\times10^3}{0.536\times5475}=153\mathrm{N/mm}^2$$

25. 正确答案是 B，解答如下：

$$N=fA=215\times1083\times10^{-3}=232.8\mathrm{kN}$$

由于采用等强连接，根据《钢标》11.2.2 条：

$$l_w=\frac{0.7N}{2\times0.7h_f f_f^w}=\frac{0.7\times232.8\times10^3}{2\times0.7\times5\times160}=146\mathrm{mm}>8h_f=40\mathrm{mm}$$

焊缝实际长度为：$\qquad l_w+2h_f=146+2\times5=156\mathrm{mm}$

26. 正确答案是 B，解答如下：

根据《钢标》7.4.1 条、7.4.6 条：

$$i_{min}=\frac{0.9\times6000}{200}=27\mathrm{mm}<27.3\mathrm{mm}，\text{故选（B）项。}$$

【24～26 题评析】 24 题，结合屋面上弦平面布置，确定其平面外计算长度。双角钢 〒形截面，应考虑扭转效应，取 λ_{yz} 计算。

25 题，关键复核焊缝长度的构造要求是否满足。

26 题，双角钢十字形截面，其计算长度取斜平面，腹杆（非支座处）的 $l_0=0.9l$。

27. 正确答案是 C，解答如下：

根据《钢标》16.4.1 条、16.4.4 条，应选（C）项。

28. 正确答案是 A，解答如下：

根据《钢标》4.4.1 条，应选（A）项。

29. 正确答案是 C，解答如下：

根据《钢标》3.1.6 条、3.1.7 条，应选（C）项。

30. 正确答案是 C，解答如下：

根据《钢标》11.2.7 条规定：

$$h_e\geqslant\frac{VS_f}{2If_f^w}=\frac{204\times10^3\times7.74\times10^5}{2\times4.43\times10^8\times160}=1.11\mathrm{mm}$$

则：$h_f = h_e / 0.7 = 1.11 / 0.7 = 1.6$ mm。

根据 11.3.5 条：

$$h_{fmin} \geqslant 6mm$$

最终取 $h_{fmin} = 6$ mm。

31. 正确答案是 C，解答如下：

Ⅰ，根据《砌规》4.2.6 条第 2 款及表 4.2.6，论点Ⅰ错误。

Ⅱ，根据《砌规》表 6.1.1，论点Ⅱ错误。

Ⅲ，根据《砌规》表 3.2.1-3，论点Ⅲ正确。

Ⅳ，根据《砌规》6.1.3 条，用内插法，$\mu_1 = 1.2 + \dfrac{1.5 - 1.2}{240 - 90} \times (240 - 180) = 1.32$，

故论点Ⅳ正确。

综上所述，论点Ⅲ、Ⅳ正确，故选择（C）项。

32. 正确答案是 D，解答如下：

Ⅰ，根据《砌规》4.1.6 条，论点Ⅰ错误。

Ⅱ，依据《砌规》表 3.2.5-2，论点Ⅱ正确。

Ⅲ，依据《砌规》3.2.3 条，论点Ⅲ错误。

Ⅳ，依据《砌规》4.1.1~4.1.5 条的条文说明，论点Ⅳ正确。

综上所述，Ⅱ、Ⅳ正确，选择（D）项。

33. 正确答案是 D，解答如下：

根据《砌规》表 3.2.1-3，由 MU15 蒸压粉煤灰普通砖，M10 混合砂浆，取 $f = 2.31$ N/mm^2。

根据 5.1.2 条：

$$\beta = \gamma_\beta \frac{H_0}{h} = 1.2 \times \frac{3.4}{0.24} = 17$$

查附表 D.0.1-1，取 $\varphi = \dfrac{0.72 + 0.67}{2} = 0.695$

$$N = \varphi f A = 0.695 \times 2.31 \times 1000 \times 240 = 385.3 \text{kN/m}$$

34. 正确答案是 B，解答如下：

根据《砌规》表 3.2.2，$f_v = 0.12$ MPa

$$\sigma_0 = \frac{172.8}{240} = 0.72 \text{MPa}$$

根据《抗规》7.2.6 条，$\dfrac{\sigma_0}{f_v} = \dfrac{0.72}{0.12} = 6$，则 $\zeta_N = 1.56$

$$f_{vE} = \zeta_N f_v = 1.56 \times 0.12 = 0.1872 \text{MPa}$$

根据《抗规》表 5.4.2，$\gamma_{RE} = 0.9$

根据《抗规》7.2.7 条，$V \leqslant \dfrac{f_{vE} A}{\gamma_{RE}} = \dfrac{0.1872 \times 240 \times 1000}{0.9} = 49.9 \text{kN}$

35. 正确答案是 B，解答如下：

$f_t = 1.1$ N/mm^2，$A = 240 \times 6540 = 1569600$ mm^2，$A_c = 240 \times 240 = 57600$ mm^2，$A_c / A = 57600 / 1569600 = 0.0367 < 0.15$，故取 $A_c = 57600$ mm^2

$\zeta_c=0.5$；查《砌规》表 10.1.5，$\gamma_{RE}=0.9$

构造柱间距大于 3.0m，取 $\eta_c=1.0$

由《砌规》式（10.2.2-3）：

$$\frac{1}{\gamma_{RE}}\left[\eta_c f_{vE}(A-A_c)+\xi_c f_t A_c+0.08f_{yc}A_s+\xi_s f_{yh}A_{sh}\right]$$

$$=\frac{1}{0.9}\times\left[1.0\times0.22\times(1569600-57600)+0.5\times1.1\times57600\right.$$

$$\left.+0.08\times270\times615+0.0\right]$$

$$=419.56kN$$

36. 正确答案是 D，解答如下：

根据《砌规》5.1.3 条第 1 款：

$H=3.6+0.3+0.5=4.4m$，$s=3.3\times3=9.9m>2H=8.8m$，刚性方案。查表 5.1.3，$H_0=1.0H=4.4m$。

$$i=\sqrt{\frac{I}{A}}=\sqrt{\frac{5.55\times10^9}{4.9\times10^5}}=106.43mm$$

$$h_T=3.5i=3.5\times106.43=372.51mm$$

由 6.1.1 条：

$$\beta=\frac{H_0}{h_T}=\frac{4.4}{372.51}=11.81$$

37. 正确答案是 A，解答如下：

根据《砌规》5.1.2 条：

$$\beta=\gamma_\beta\frac{H_0}{h_T}=1.2\times\frac{3.6}{0.360}=12$$

$$h_T=360mm,e=150-100=50mm,\frac{e}{h_T}=\frac{50}{360}=0.139$$

查附录表 D.0.1-1，可得

$$\varphi=0.55-\frac{0.55-0.51}{0.15-0.125}\times(0.139-0.125)=0.5276$$

$$A=240\times1800+250\times240=0.492\times10^6mm^2>0.3m^2$$

故 $\gamma_a=1.0$

$$N=\varphi f A=0.5276\times2.31\times0.492\times10^6=599.6kN$$

38. 正确答案是 B，解答如下：

不灌孔的混凝土砌块，查《砌规》表 5.1.2，取 $\gamma_\beta=1.1$；由 5.1.2 条，$\beta=\beta_\beta\dfrac{H_0}{h}$

$1.1\times\dfrac{3.0}{0.19}=17.37$。

查规范附录表 D.0.1-1，并用内插法，可得

$$\varphi=0.72-\frac{0.72-0.67}{18-16}\times(17.368-16)=0.6858$$

【33～38 题评析】 33 题，蒸压粉煤灰普通砖，故取 $\gamma_\beta=1.2$。

34 题，墙体两端设有构造柱时，取 $\gamma_{RE}=0.9$。

35 题，组合砖墙，取 $\gamma_{RE}=0.9$，同时，需判别 A_c 与 A 的比值，即：对墙 B 属于内横墙，当 $A_c>0.15A$ 时，取 $A_c=0.15A$。

36 题，墙 A 为 T 形截面，其 $s=3.3\times3=9.9m$，$h_T=3.5i$，$\beta=H_0/h_T$。

37 题，$e=50mm$，$e/h_T=50/360=0.139$，$\beta=H_0/h_T$。此外，墙 A 的截面面积为：$0.24\times1.8+0.25\times0.24=0.492m^2>0.3m^2$，不考虑其对 f 的调整。

38 题，关键是取 $\gamma_\beta=1.1$。

39. 正确答案是 C，解答如下：

根据《砌规》7.4.2 条：

$l_1=3.65m>2.2h_b=2.2\times0.45=0.99m$，故 $x'_0=0.3h_b=0.3\times0.45=0.135m$

有构造柱，故 $x_0=\dfrac{x'_0}{2}=\dfrac{0.135}{2}=0.0675m$

根据 7.4.3 条、《可靠性标准》8.2.4 条：

$M_1=(1.3\times27+1.5\times3.5)\times\dfrac{1}{2}\times(1.8+0.0675)^2=70.4kN\cdot m$

40. 正确答案是 D，解答如下：
$f_{vg}=0.2f_g^{0.55}=0.2\times7.5^{0.55}=0.606N/mm^2$

根据《砌规》10.5.4 条：

$\lambda=\dfrac{M}{Vh_0}=\dfrac{1050}{210\times4.8}=1.04<1.5$，取 $\lambda=1.5$；对于矩形截面 $A_W=A$，

根据规范 10.1.5 条，$\gamma_{RE}=0.85$，

根据规范 10.5.4 条，$0.2f_gbh=0.2\times7.5\times190\times5100=1453.5kN>N=1250kN$

故取 $N=1250kN$

$$\dfrac{1}{\gamma_{RE}}\times\dfrac{1}{\lambda-0.5}\left(0.48f_{vg}bh_0+0.10N\dfrac{A_W}{A}\right)$$

$$=\dfrac{1}{0.85}\times\dfrac{1}{1.5-0.5}\times(0.48\times0.606\times190\times4800+0.10\times1250\times1000\times1)$$

$$=\dfrac{1}{0.85}\times(265283+125000)=459.2kN>V_W=1.4V=1.4\times210=294kN$$

故不需要按计算配置水平钢筋，只需按照构造要求配筋。

根据规范 10.5.9 条，抗震等级为二级的配筋砌块砌体抗震墙，底部加强部位水平分布钢筋的最小配筋率为 0.13%。

故应选 (D) 项。

【39、40 题评析】 40 题，抗震设计时，$\lambda=M/(Vh_0)$，式中 M、V 应取未经内力调整的计算值进行计算。

（下午卷）

41. 正确答案是 B，解答如下：

根据《木标》表 4.3.1-1，红松属于 TC13B。查表 4.3.1-3，$f_c=10N/mm^2$；查

表 4.3.9-1，露天环境，调整系数 0.9；短暂情况，调整系数 1.2；根据 4.3.2 条，原木，验算部位没有切削，强度提高 15%。

故调整后的抗压强度设计值为：
$$f_c = 10 \times 0.9 \times 1.2 \times 1.15 = 12.42 \text{N/mm}^2$$

【41 题评析】 41 题，原木，其 f_c 值调整因素：未经切削，提高 15%；露天环境，需调整，其系数为 0.9；施工属于短暂情况，需调整，其系数 1.2。施工和维修为短暂情况，不属于设计使用年限为 5 年的情况。

42. 正确答案是 C，解答如下：

根据《木标》4.3.3 条，横纹受压强度最低，（C）项错误，选（C）项。

【42 题评析】 根据《木标》3.1.12 条，（A）项正确；

根据《木标》表 3.1.3-1，受弯构件、压弯构件需要等级是 Ⅱa，由附录表 A.1.2 可知，Ⅱa 时对髓心无限制，故（B）项正确；

根据《木标》4.3.18 条，（D）项正确。

43. 正确答案是 A，解答如下：

根据《地规》表 5.2.4，砾砂 $\eta_b = 3.0$，$\eta_d = 4.4$。根据 5.2.4 条，柱 A 基础是地下室中的独立基础，故取 $d = 1.0$m：
$$f_a = f_{ak} + \eta_b \gamma (b - 3) + \eta_d \gamma_m (d - 0.5)$$
$$= 220 + 3.0 \times (19.5 - 10) \times (3.3 - 3) + 4.4 \times 19.5 \times (1 - 0.5)$$
$$= 271.45 \text{kPa}$$

44. 正确答案是 B，解答如下：

根据《地规》8.2.8 条：
$$a_m = (a_t + a_b)/2 = [0.5 + (0.5 + 0.75 \times 2)]/2 = 1.25 \text{m} < 3.3 \text{m}$$
$h = 800$mm，取 $\beta_{hp} = 1.0$。
$$0.7 \beta_{hp} f_t a_m h_0 = 0.7 \times 1.0 \times 1.43 \times 10^3 \times 1.25 \times 0.75 = 938.4 \text{kN}$$

45. 正确答案是 A，解答如下：

根据《地规》8.2.11 条：
$$p = 300 - \frac{300 - 40}{3.3} \times 1.4 = 189.7 \text{kPa}$$
$$M_{\text{I}} = \frac{1}{12} a_1^2 \left[(2l + a')\left(p_{max} + p - \frac{2G}{A}\right) + (p_{max} - p)l \right]$$
$$= \frac{1}{12} \times 1.4^2 \times \left[(2 \times 3.3 + 0.5) \times \left(300 + 189.7 - \frac{2 \times 1.3 \times 1.0 \times 20A}{A}\right) \right.$$
$$\left. + (300 - 189.7) \times 3.3 \right]$$
$$= 567 \text{kN} \cdot \text{m}$$

【43~45 题评析】 43 题，设有地下室，当采用独立基础（或条形基础）时，应从室内地面标高起算，确定 d 值。

46. 正确答案是 C，解答如下：

根据《地规》6.7.3 条：
$\theta = 75° > (45° + \varphi/2) = (45° + 30°/2) = 60°$，则：
$\theta = 75°$，$\alpha = 60°$，$\beta = 0°$，$\delta_r = 10°$，$\delta = 10°$，

$$k_a = \frac{\sin(\alpha+\theta)\sin(\alpha+\beta)\sin(\theta-\delta_r)}{\sin^2\alpha\sin(\theta-\beta)\sin(\alpha-\delta+\theta-\delta_r)}$$

$$= \frac{\sin(60°+75°)\times\sin(60°+0°)\times\sin(75°-10°)}{\sin^260°\times\sin(75°-0°)\times\sin(60°-10°+75°-10)}$$

$$= 0.8453$$

挡土墙高度 5.2m，取 $\psi_a = 1.1$

$$E_a = \psi_a \frac{1}{2}\gamma h^2 k_a = 1.1 \times \frac{1}{2} \times 19 \times (4.4+0.8)^2 \times 0.8453 = 239\text{kPa}$$

47. 正确答案是 C，解答如下：

根据《地规》5.2.2 条：

$$G_k = 220\text{kN/m}$$

$$E_{ax} = E_a\sin(\alpha-\delta) = 250\sin(60°-10°) = 191.5\text{kN/m}$$

$$E_{az} = E_a\cos(\alpha-\delta) = 250\cos(60°-10°) = 160.7\text{kN/m}$$

对基底形心取矩：

$$M_k = 220 \times \left(\frac{0.4+3.2}{2} - 1.426\right) + 191.5 \times \frac{5.2}{3} - 160.7 \times \left(\frac{3.6}{2} - \frac{5.2}{3}\cot60°\right)$$

$$= 285.8\text{kN} \cdot \text{m}$$

$$e = \frac{M_k}{G_k+E_{az}} = \frac{285.8}{220+160.7} = 0.75\text{m} > \frac{b}{6} = \frac{3.6}{6} = 0.6\text{m}$$

故基底反力呈三角形分布。

由《地规》式（5.2.2-4）：

$$a = \frac{b}{2} - e = \frac{3.6}{2} - 0.75 = 1.05\text{m}$$

$$p_{kmax} = \frac{2(G_k+E_{az})}{3l_a} = \frac{2 \times (220+160.7)}{3 \times 1 \times 1.05} = 241.7\text{kPa}$$

【46、47 题评析】 46 题，挡土墙高度为 5.2m>5.0m，故取 $\psi_a = 1.1$。

47 题，挡土墙主动土压力全力 E_a 分解为竖向力和水平力；其次，判别基底反力分布形状，即：e 与 $\frac{b}{6}$ 的比较。

48. 正确答案是 A，解答如下：

Ⅰ，根据《地处规》7.2.2 条，Ⅰ错误。

Ⅱ，根据《地处规》7.5.2 条，Ⅱ错误。

Ⅲ，根据《地处规》7.7.2 条，Ⅲ正确。

Ⅳ，根据《地处规》7.8.4 条，Ⅳ错误。

综上所述，Ⅲ项正确，故选择（A）项。

49. 正确答案是 D，解答如下：

根据《地处规》5.2.7 条：

$$\alpha = \frac{8}{\pi^2} = 0.81, \quad \beta = 0.0244 \ (1/d), \quad \dot{q} = 70/7 = 10\text{kPa/d}, \quad t = 100$$

$$\overline{U}_t = \sum_i^n \frac{\dot{q}}{\Sigma\Delta p}\left[(T_i - T_{i-1}) - \frac{\alpha}{\beta}e^{-\beta t}(e^{\beta T_i} - e^{\beta T_{i-1}})\right]$$

则：$\bar{U}_t = \frac{10}{70} \times \left[(7-0) - \frac{0.81}{0.0244} e^{-2.44} \ (e^{0.0244 \times 7} - e^0) \right] = 0.923$

50. 正确答案是 C，解答如下：

设题目图中 A、D 点处单桩承担的荷载标准值分别为 N_a 和 N_d，则根据题意，由三桩承担的总竖向力为 $N = 745 \times 3 = 2235 \text{kN}$。

对 AC 轴取矩：

$(0.577 + 1.155 + 0.7)N_d - 0.577 \times 2235 = 0$，故 $N_d = 530.3 \text{kN}$

则 $N_a = N_c = (2235 - 530.3)/2 = 852.4 \text{kN} < 1.2 R_a = 1.2 \times 750 = 900 \text{kN}$

故最大竖向压力值为 852.4 kN。

51. 正确答案是 A，解答如下：

根据《桩规》5.9.8 条：

$a_{12} = 1.24 \text{m} > h_0 = 1.05 \text{m}$，取 $a_{12} = 1.05 \text{m}$

$$\lambda_{12} = 1, \beta_{12} = \frac{0.56}{\lambda_{12} + 0.2} = \frac{0.56}{1 + 0.2} = 0.467$$

$$\beta_{hp} = 1.0 - \frac{1.0 - 0.9}{2000 - 800} \times (1100 - 800) = 0.975$$

$$c_2 = 1059 + 183 = 1242 \text{mm}$$

$$\beta_{12}(2c_2 + a_{12})\beta_{hp} \tan \frac{\theta_2}{2} f_t h_0$$

$$= 0.467 \times (2 \times 1242 + 1050) \times 0.975 \times \frac{289}{657} \times 1.57 \times 1050$$

$$= 1167 \text{kN}$$

52. 正确答案是 B，解答如下：

根据《桩规》5.9.2 条：

$$s_a = \sqrt{1000^2 + 2432^2} = 2629.6 \text{mm}, c_1 = 600 \text{mm}, \alpha = \frac{2000}{2629.6} = 0.761$$

$$M_1 = \frac{1100}{3} \times \left(2629.6 - \frac{0.75}{\sqrt{4 - 0.761^2}} \times 600 \right)$$

$$= 875 \text{kN} \cdot \text{m}$$

【50~52 题评析】 50 题，三桩承台，按本题目的解答过程求解是一种快速简便的方法。此外，也可按《桩规》5.1.1 条规定，确定其群桩形心位置后，分别确定各桩距形心位置的距离 x_i，y_i，再按下式计算：

$$N_{ik} = \frac{F_k + G_k}{n} \pm \frac{M_{xk} y_i}{\sum y_j^2} \pm \frac{M_{yk} x_i}{\sum x_j^2}$$

53. 正确答案是 D，解答如下：

桩身配筋率 $\rho_s = \frac{12 \times 314}{3.14 \times 300^2} = 1.33\% > 0.65\%$

根据《桩规》5.7.2 条第 2 款：

$$R_{ha} = 0.75 \times 120 = 90 \text{kN}$$

54. 正确答案是 D，解答如下：

桩身下 $5d$ 范围内的螺旋式箍筋间距不大于100mm，根据《桩规》5.8.2条第1款：

$$N = \psi_c f_c A_{ps} + 0.9 f'_y A'_s$$

$$= 0.7 \times 14.3 \times \pi \times 0.3^2 \times 10^6 + 0.9 \times 360 \times (12 \times 314.2) = 4050.4 \text{kN}$$

【53、54题评析】　54题，根据题目条件，应计入纵向主筋的受压承载力。

55. 正确答案是A，解答如下：

根据《抗规》4.3.3条第2款，粉土的黏粒含量百分率，在8度时不小于13可判为不液化土，因为本题为14＞13，故粉土层不液化。

$d_b = 1.5\text{m} < 2\text{m}$ 取2m，查表4.3.3，$d_0 = 8$，代入《抗规》式（4.3.3-3），则：

$$d_u + d_w = 7.8 + 5 = 12.8\text{m} > 1.5d_0 + 2d_b - 4.5 = 1.5 \times 8 + 2 \times 2 - 4.5 = 11.5\text{m}$$

故砂土层可不考虑液化影响。

56. 正确答案是C，解答如下：

根据《地规》6.6.5条，（C）项正确。

57. 正确答案是A，解答如下：

依据《抗规》3.4.3条、3.4.4条条文说明，位移控制值验算时，采用CQC组合。扭转位移比计算时，不采用位移的CQC组合。

根据《高规》3.7.3条注的规定，位移控制值验算时，位移计算不考虑偶然偏心。

综上，选择（A）项。

58. 正确答案是C，解答如下：

依据《抗规》M.1.1-2，（C）项不正确，此时应取2倍弹性层间位移角限值。

59. 正确答案是A，解答如下：

根据《烟标》5.2.2条：

烟囱坡度 $\dfrac{(7.6 - 3.6)/2}{100} = 2\%$

$$d = 3.6 + 2/3 \times 100 \times 0.02 = 4.933\text{m}$$

$$v = v_{cr,1} = \frac{4.933}{2.5 \times 0.2} = 9.866\text{m/s}$$

查《荷规》表8.2.1：

$$\mu_z = 2.0$$

$$v_H = 40\sqrt{2.0 \times 0.5} = 40\text{m/s} > \frac{9.866}{1.2} = 8.2\text{m/s}$$

故发生涡激共振，根据《烟标》5.2.6条，应选(D)项。

60. 正确答案是C，解答如下：

根据《烟标》3.1.31条，阻尼比取0.04。

根据《抗规》5.1.4条、5.1.5条：

$$T_g = 0.55\text{s}, \alpha_{max} = 0.16, T_g < T < 5T_g = 2.75\text{s}$$

$$\gamma = 0.9 + \frac{0.05 - 0.04}{0.3 + 6 \times 0.04} = 0.918$$

$$\eta_2 = 1 + \frac{0.05 - 0.04}{0.08 + 1.6 \times 0.04} = 1.069$$

$$\alpha_1 = \left(\frac{0.55}{2.5}\right)^{0.918} \times 1.069 \times 0.16 = 0.043$$

61. 正确答案是 B，解答如下：

根据《高规》5.2.2 条及其条文说明：

$$i_{b边} = 2i_{b0边} = 2 \times 2.7 \times 10^{10} = 5.4 \times 10^{10}\,\text{N} \cdot \text{mm}$$

底层边柱　$\overline{K}_{边} = \dfrac{i_{b边}}{i_{c边}}$，$\alpha_{边} = \dfrac{0.5 + \overline{K}_{边}}{2 + \overline{K}_{边}}$

$$\overline{K}_{边} = \frac{5.4 \times 10^{10}}{5.4 \times 10^{10}} = 1，\alpha_{边} = \frac{0.5 + 1}{2 + 1} = 0.5$$

底层中柱　　　　$\overline{K}_{中} = \dfrac{i_{b边} + i_{b中}}{i_{c中}}$，$\alpha_{中} = \dfrac{0.5 + \overline{K}_{中}}{2 + \overline{K}_{中}}$，$i_{b中} = 2i_{b边}$

$$\overline{K}_{中} = 3\overline{K}_{边} = 3 \times 1 = 3，\alpha_{中} = \frac{0.5 + 3}{2 + 3} = 0.7$$

$$V_{中} = \frac{D_{中}}{\Sigma D} \cdot V_0 = \frac{\alpha_{中}\,i_c}{2i_c(\alpha_{边} + \alpha_{中})} \cdot V_0 = \frac{0.7}{2 \times (0.5 + 0.7)} \times 12P = 3.5P$$

62. 正确答案是 B，解答如下：

各层侧移值 $\delta_i = \dfrac{V_i}{\Sigma D_i}$，2～12 层各层 ΣD 相同，则：

$$\Sigma D = \frac{12}{h^2} \times 2i_c(\alpha_{边} + \alpha_{中}) = \frac{12}{4000^2} \times 2 \times 3.91 \times 10^{10} \times (0.56 + 0.76)$$

$$= 7.74 \times 10^4\,\text{N/mm}$$

$$\Delta = \delta_1 + \sum_{i=2}^{12} \delta_i = 2.8 + \frac{10 \times 10^3}{7.74 \times 10^4} \times (11 + 10 + 9 + 8 + 7 + 6 + 5 + 4 + 3 + 2 + 1)$$

$$= 2.8 + 8.5 = 11.3\,\text{mm}$$

63. 正确答案是 C，解答如下：

根据《抗规》5.5.5 条，最大弹塑性层间位移：$\Delta u_p \leqslant [\theta_p]h$

根据《抗规》表 5.5.5，$\Delta u_p = \dfrac{1}{50} \times 6000 = 120\,\text{mm}$

根据公式(5.5.4-1)，$\Delta u_e = \dfrac{\Delta u_p}{\eta_p}$

查《抗规》表 5.5.4，$\eta_p = 2$，$\Delta u_e = \dfrac{120}{2} = 60\,\text{mm}$

$$V_{Ek} = \Sigma D_i \cdot \Delta u_e = 5.2 \times 10^5 \times 60 = 3.12 \times 10^7\,\text{N} = 3.12 \times 10^4\,\text{kN}$$

【61～63 题评析】　61 题、62 题，掌握框架结构的 D 值法。

63 题，由于按弹性分析，故 $V_{Ek} = \Sigma D_i \cdot \Delta u_e$

64. 正确答案是 C，解答如下：

根据《高规》10.6.3 条：

$$e_1 + (18 - e_2) \leqslant 20\% B = 20\% \times (24 + 36) = 12\text{m}$$

对于选项（A），（B）：偏心距均大于 $20\% B$，不满足。

880

对于选项（C）：0.2+18−7.2=11.0<20%B，满足。

对于选项（D）：1.0+18−8.0=11.0<20%B，满足。

偏心距相同时，e_1 对主楼抗震影响更大；当 e_1 越小对主楼抗震越有利。

故最终选（C）项。

65. 正确答案是 D，解答如下：

根据《抗规》3.3.3 条，抗震构造措施按 8 度（0.2g）要求确定。

根据《抗规》6.1.3 条第 2 款，框架抗震等级除按本身确定外不低于主楼抗震等级。

根据《抗规》6.1.2 条，框架本身抗震等级为三级，主楼框架抗震等级为一级，该柱在主楼的相关范围内其抗震等级取一级。

根据《抗规》6.3.6 条，$[\mu_N] \leqslant 0.75$

柱内力调整的抗震等级仍按 7 度要求确定。

根据《抗规》6.1.2 条，框架本身抗震等级为四级，主楼框架抗震等级为二级，该柱在主楼的相关范围内其抗震等级取二级。

根据《抗规》6.2.5 条：

$$V=1.2\times(320+350)/5.2=155\text{kN}>125\text{kN}$$

故取 $V=155\text{kN}$

【64、65 题评析】 64 题，本题也可以按《抗规》3.4.1 条及其条文说明中表 1 的规定进行解答。

65 题，7 度，Ⅲ 类（0.15g），确定内力调整采用的抗震等级时，查《抗规》表 6.1.2 所采用的设防烈度为 7 度；确定抗震构造措施采用的抗震等级时，查《抗规》表 6.1.2 所采用的设防烈度应为 8 度。因此，两者的抗震等级不相同。

66. 正确答案是 B，解答如下：

根据《高规》6.3.3 条第 3 款，中支座梁纵筋直径：

$d \leqslant \dfrac{B}{20} = \dfrac{450}{20} = 22.5$，（C）项不正确。

对于（A）：$\dfrac{x}{h_0} = \dfrac{f_y A_s - f_y' A_s'}{\alpha_1 b h_0 f_c} = \dfrac{360\times(2\times1520-1520)}{1\times300\times440\times14.3} = 0.29 > 0.25$

由《高规》6.3.2 条第 1 款，（A）项不正确。

对于（B）：$\dfrac{x}{h_0} = \dfrac{360\times760}{1\times300\times440\times14.3} = 0.15 < 0.25$，（B）项正确。

67. 正确答案是 B，解答如下：

根据《抗规》6.2.2 条及其条文说明，一级框架结构：

$$M_{\text{bua}} = \frac{1}{\gamma_{RE}} f_{yk} A_s^a (h_0 - a_s')$$

$$= \frac{1}{0.75} \times 400 \times 2281 \times (560-40) = 6.33\times10^8\,\text{N}\cdot\text{mm}$$

$$\Sigma M_c = 1.2\Sigma M_{\text{bua}} = 1.2\times6.33\times10^8 = 7.59\times10^8\,\text{N}\cdot\text{mm}$$

$$M'_{cA\text{下}} = \frac{280}{300+280} \times 759 = 366 \text{kN} \cdot \text{m}$$

由《抗规》6.2.3 条：$M_{cB} = 1.7 \times 320 = 544 \text{kN} \cdot \text{m}$

取较大值，$M = M_{cB} = 544 \text{kN} \cdot \text{m}$，又角柱，由规范 6.2.6 条：

最终取 $M = 1.1 \times 544 = 598.4 \text{kN} \cdot \text{m}$

68. 正确答案是 C，解答如下：

据《高规》10.2.24 条：$V_f = 2V_0$

$$V_f \leqslant \frac{1}{\gamma_{RE}} (0.1\beta_c f_c b_f t_f) = \frac{1}{0.85} \times (0.1 \times 1 \times 16.7 \times 15400 \times t_f)$$

$$t_f \geqslant \frac{0.85 \times 2 \times 3300 \times 10^3}{0.1 \times 1 \times 16.7 \times 15400} = 218 \text{mm}, \text{取 } 220 \text{mm}, \text{并且大于 } 180 \text{mm}$$

根据《高规》10.2.23 条，$\rho \geqslant 0.25\%$。

$t_f = 220 \text{mm}$ 时，间距 200mm 范围内钢筋面积 $A_s \geqslant 220 \times 200 \times 0.25\% = 110 \text{mm}^2$

采用 $\Phi 12$，$A_s = 113.1 \text{mm}^2$

根据《高规》10.2.24 条，$V_f \leqslant \frac{1}{\gamma_{RE}} (f_y A_s)$，$A_s \geqslant \frac{0.85 \times 2 \times 3300 \times 10^3}{360} = 15583 \text{mm}^2$

穿过每片墙处的梁纵筋 $A_{sl} = 10000 \text{mm}^2$

$$A_{sb} = A_s - A_{sl} = 15583 - 10000 = 5583 \text{mm}^2$$

间距 200mm 范围内钢筋面积为 $\frac{5583 \times 200}{10.8 \times 1000} = 103 \text{mm}^2$

上下层相同，每层为 $\frac{1}{2} \times 103 = 52 \text{mm}^2 < 113.1 \text{mm}^2$，满足。

69. 正确答案是 C，解答如下：

根据《高规》10.2.19 条，竖向及水平分布筋最小配筋率均为 0.3%，

$A_{sv} = 0.3\% \times 150 \times 400 = 180 \text{mm}^2$，（A）项不满足。

配 $\Phi 12@150$，$A_s = 2 \times 113.1 = 226 \text{mm}^2$

根据规程 7.2.6 条，$V = \eta_{vw} \cdot V_w = 1.6 \times 4100 = 6560 \text{kN}$

$$\lambda = 1.2 < 2.5$$

根据《高规》式（7.2.7-3），$V = 6560 \text{kN} < \frac{1}{\gamma_{RE}} (0.15\beta_c f_c b_w h_{w0}) = 8090 \text{kN}$

根据《高规》式（7.2.10-2），$\lambda = 1.2 < 1.5$，取 $\lambda = 1.5$

$$0.2 f_c b_w h_w = 9780 \text{kN} < N = 19000 \text{kN}, \text{取 } N = 9780 \text{kN}$$

$$V \leqslant \frac{1}{\gamma_{RE}} \left[\frac{1}{\lambda - 0.5} \times \left(0.4 f_t b_w h_{w0} + 0.1 N \frac{A_w}{A} \right) + 0.8 f_{yh} \cdot \frac{A_{sh}}{s} h_{w0} \right]$$

$$0.85 \times 6560 \times 10^3 \leqslant \frac{1}{1.5 - 0.5} \times (0.4 \times 1.71 \times 400 \times 6000 + 0.1$$

$$\times 9.78 \times 10^6 \times 0.7) + 0.8 \times 360 \times \frac{A_{sh}}{150} \times 6000$$

$$5576 \times 10^3 \leqslant 1641.6 \times 10^3 + 684.6 \times 10^3 + 11520 A_{sh}$$

$A_{sh} \geqslant 282\text{mm}^2$，配 $\oplus 14@150$，$A_{sh} = 2 \times 153.9 = 308\text{mm}^2$，满足。

70. 正确答案是 A，解答如下：

根据《高规》表 3.9.3，剪力墙底部加强部位抗震等级为一级。

根据《高规》10.2.3 条，底部加强区高度 $H_1 = 6 + 2 \times 3 = 12\text{m}$；$H_2 = \frac{1}{10} \times 75.45 =$

7.545m，取大者 12m，第三层为底部加强部位，故抗震等级为一级。

根据规程 7.2.14 条，应设约束边缘构件。

根据规程 7.2.15 条及表 7.2.15，翼墙外伸长度 = 300mm

配纵筋阴影范围面积：$A = (200 + 3 \times 300) \times 200 = 2.2 \times 10^5 \text{mm}^2$

$A_s = 1.2\% A = 2640\text{mm}^2$，取 16 $\oplus 16$，$A_s = 3218\text{mm}^2$；

$\mu_N > 0.3$，取箍筋 $\lambda_v = 0.2$，间距不大于 100mm：

$$\rho_v \geqslant \lambda_v \cdot \frac{f_c}{f_{yv}} = 0.2 \times \frac{16.7}{360} = 0.93\%$$

箍筋直径为 $\oplus 10$ 时，$\rho_v = \frac{(3 \times 160 + 2 \times 800 + 2 \times 470) \times 78.5}{(150 \times 780 + 150 \times 310) \times 100} = 1.45\% > 0.93\%$，

满足

71. 正确答案是 D，解答如下：

转换层在 3 层，依据《高规》10.2.2 条，第四层墙肢属于底部加强部位。依据规程 10.2.6 条以及表 3.9.3，抗震墙等级提高为特一级。

根据《高规》3.10.5 条，约束边缘构件纵筋最小构造配筋率为 1.4%，配箍特征值 λ_v = $1.2 \times 0.2 = 0.24$。

【68～71 题评析】 68 题，根据《高规》10.2.24 条，V_f 取经内力调整后的值，即：$V_f = 2V_0$；楼板的纵向受力钢筋包括上、下两层。

69 题，运用《高规》式（7.2.10-2）时，正确确定 λ、N 的取值。

70 题，首先判别是否位于底部加强部位；本题目需确定翼缘的约束边缘构件沿墙肢的长度，按《高规》表 7.2.15 注 3 进行取值。此时，运用 $\rho_v \geqslant \lambda_v f_c / f_{yv}$ 时，当混凝土强度等级 < C35 时，取 C35 值代入公式计算。f_{yv} 取值不受限制。

72. 正确答案是 C，解答如下：

根据《高规》8.1.5 条，（A）项正确；根据《高规》8.1.7 条，（D）项正确；根据《高规》8.1.8 条第 2 款，（C）项不正确。

所以选（C）项。

73. 正确答案是 B，解答如下：

$L_k = 30\text{m}$，按单孔跨径查《公桥通规》表 1.0.5，属于中桥；查规范表 4.1.5-1，安全等级为一级。

根据规范 4.1.5 条：

取 $\gamma_0 = 1.1$，$\phi_c = 0.75$，故应选（B）项。

74. 正确答案是 B，解答如下：

根据《公桥通规》4.3.2 条：

$$\mu = 0.1767 \ln 4.5 - 0.0157 = 0.25$$

75. 正确答案是 C，解答如下：

根据《公桥混规》8.7.3 条：

$$A_e \geqslant \frac{R_{ck}}{\sigma_c} = \frac{950 \times 10^3}{10} = 95000 \text{mm}^2$$

对于 (A) 项：$A_e = (450-10) \times (200-10) = 83600 \text{mm}^2$，不满足。

对于 (B) 项：$A_e = (400-10) \times (250-10) = 93600 \text{mm}^2$，不满足。

对于 (C) 项：$A_e = (450-10) \times (250-10) = 105600 \text{mm}^2$，满足。

76. 正确答案是 B，解答如下：

根据《公桥混规》4.3.2 条：

(1) $b_f = \frac{1}{3} \times 29000 = 9667 \text{mm}$

(2) $b_f = 2250 \text{mm}$

(3) $h'_f = 160 \text{mm}$；$h_h = 250 - 160 = 90 \text{mm}$，$b_h = 600 \text{mm}$

$$\frac{h_h}{b_h} = \frac{90}{600} = \frac{1}{6.7} < \frac{1}{3}，\text{故取 } b_h = 3h_h = 3 \times 90 = 270 \text{mm}$$

$$b_f = b + 2b_h + 12h'_f = 200 + 2 \times 270 + 12 \times 160 = 2660 \text{mm}$$

上述取较小者，故取 $b_f = 2250 \text{mm}$。

77. 正确答案是 D，解答如下：

查《公桥通规》表 4.3.1-3，取 $a_1 = 200 \text{mm}$，$d = 1400 \text{mm}$。

根据《公桥混规》4.2.3 条：

单个车轮时：

$$a = a_1 + 2h + \frac{l}{3} = 200 + 2 \times 200 + \frac{2250}{3} = 1350 \text{mm} < \frac{2l}{3} = \frac{2 \times 2250}{3} = 1500 \text{mm}$$

故取 $a = 1500 \text{mm}$，又 $a = 1500 \text{mm} > d = 1400 \text{mm}$，故分布宽度有重叠。

由规范式 (4.2.3-3)：

$$a = (a_1 + 2h) + d + \frac{l}{3} = (200 + 2 \times 200) + 1400 + \frac{2250}{3}$$

$$= 2750 \text{mm} < \frac{2}{3}l + d = \frac{2}{3} \times 2250 + 1400 = 2900 \text{mm}$$

最终取 $a = 2900 \text{mm}$。

78. 正确答案是 A，解答如下：

根据《公桥通规》表 1.0.5，属于中桥。

根据《公桥抗规》表 3.1.1，属于 C 类。查《公桥抗规》表 3.1.3-1，其抗震措施等级为二级。

由《公桥抗规》11.3.1 条、11.2.1 条：

简支梁端部至盖梁边缘距离 a 为：

$$a \geqslant 50 + 0.1 \times 30 + 0.8 \times 0 + 0.5 \times 30 = 68 \text{cm}$$

边墩盖梁最小宽度 B：$B = 400 + 60 + 680 = 1140 \text{mm}$

【73～78 题评析】 73 题，查《公桥通规》表 4.1.5-1 时，应注意表 4.1.5-1 注的规定。

76 题，关键是比较 h_h/b_h 值是否大于 1/3，此外，取 $h'_f = 160mm$，偏于安全。

77 题，本题目中，因单车轮距为 1.8m 且与相邻车的轮距为 1.3m，均大于 2250/2 = 1125mm，故横桥向只能布置一个车轮（即：位于车行道板跨中部位）。

78 题，根据《公桥抗规》表 3.1.1，首先确定桥梁抗震设防类别。

79. 正确答案是 A，解答如下：

根据影响线的知识，当单位力 $P = 1$ 作用在 M 点时，M 点支反力为 1.0；本单位力 $P = 1$ 作用在 N 点时，M 点支反力为零，故应选（A）项。

80. 正确答案是 C，解答如下：

根据《城市天桥》2.5.4 条，应选（C）项。

2012 年真题解答与评析

（上午卷）

1. 正确答案是 A，解答如下：

雨篷梁在两端刚接的条件下，梁的扭矩图在雨篷板范围以内为斜线，在雨篷板范围以外为直线，故（A）项正确。

2. 正确答案是 C，解答如下：

根据《混规》6.4.8 条：

抗剪箍筋：

$$\frac{A_{st1}}{s} \geqslant \frac{160 \times 10^3 - (1.5 - 1.0) \times 0.7 \times 1.43 \times 300 \times (650 - 40)}{300 \times (650 - 40)} = 0.374$$

$$\frac{A_{sv}/2}{s} \geqslant \frac{0.374}{2} = 0.187 \text{mm}^2/\text{mm}$$

抗扭箍筋：

$$A_{cor} = (300 - 60) \times (650 - 60) = 141600 \text{mm}^2$$

$$\frac{A_{sv}}{s} \geqslant \frac{36 \times 10^6 - 1.0 \times 0.35 \times 1.43 \times 2.475 \times 10^7}{1.2 \times \sqrt{1} \times 300 \times 141600} = 0.463 \text{mm}^2/\text{mm}$$

$$\frac{A_{sv}/2}{s} + \frac{A_{st1}}{s} \geqslant 0.187 + 0.463 = 0.65 \text{mm}^2/\text{mm}$$

箍筋选用 Φ10，则：$s \leqslant 121$mm，故选 Φ10@120

由规范 9.2.10 条：

$$\rho_{sv} = \frac{A_{sv}}{bs} = \frac{2 \times 78.5}{300 \times 120} = 0.44\% > 0.28 f_t / f_{yv} = 0.28 \times 1.43/300 = 0.13\%$$

故满足。

3. 正确答案是 B，解答如下：

根据《荷规》5.1.1 条，办公楼，取 $\psi_q = 0.4$：

$$M_q = 250 + 0.4 \times 100 = 290 \text{kN} \cdot \text{m}$$

根据《混规》7.1.4 条、7.1.2 条：

$$\sigma_{sq} = \frac{M_q}{0.87 h_0 A_s} = \frac{290 \times 10^6}{0.87 \times 755 \times 1964} = 224.8 \text{N/mm}^2$$

$$\rho_{te} = \frac{A_s}{A_{te}} = \frac{1964}{0.5 \times 300 \times 800} = 0.0164 > 0.01$$

$$\psi = 1.1 - 0.65 \times \frac{f_{tk}}{\rho_{te}\sigma_{sq}} = 1.1 - 0.65 \times \frac{2.01}{0.0164 \times 224.8} = 0.746 \begin{matrix} < 1.0 \\ > 0.2 \end{matrix}$$

$$w_{max} = 1.9 \times 0.746 \times \frac{224.8}{2.0 \times 10^5} \times \left(1.9 \times 30 + 0.08 \times \frac{25}{0.0164}\right) = 0.285 \text{mm}$$

4. 正确答案是 A，解答如下：

同上，办公楼，取 $\psi_q = 0.4$

根据《混规》7.2.3条：

$$\alpha_E = \frac{E_s}{E_c} = \frac{2.0 \times 10^5}{3.0 \times 10^4} = 6.667, \ \rho = \frac{1964}{300 \times 755} \times 100\% = 0.867\%, \ \gamma'_f = 0$$

$$B_s = \frac{2.0 \times 10^5 \times 1964 \times 755^2}{1.15 \times 0.8 + 0.2 + \dfrac{6 \times 6.667 \times 0.00867}{1 + 3.5 \times 0}} = 1.526 \times 10^{14} \text{N} \cdot \text{mm}^2$$

由规范 7.2.2条、7.2.5条、7.2.1条：

$$B = \frac{B_s}{\theta} = \frac{1.526 \times 10^{14}}{2} = 7.63 \times 10^{13} \text{N} \cdot \text{mm}^2$$

$$f = 0.00542 \times \frac{(30 + 0.4 \times 15) \times 9000^4}{7.63 \times 10^{13}} = 16.8 \text{mm}$$

5. 正确答案是 C，解答如下：

根据《可靠性标准》8.2.4条：

$$V = 1.3 \times \left(180 + \frac{1}{2} \times 20 \times 9\right) + 1.5 \times \left(60 + \frac{1}{2} \times 7.5 \times 9\right) = 491.625 \text{kN}$$

按非独立梁考虑，取 $\alpha_{cv} = 0.7$

根据《混规》6.3.4条：

$$\frac{A_{sv}}{s} \geqslant \frac{491.625 \times 10^3 - 0.7 \times 1.43 \times 400 \times 660}{300 \times 660} = 1.15 \text{mm}^2/\text{mm}$$

经比较：选 4 肢箍 $\Phi 8@200$：$\dfrac{A_{sv}}{s} = \dfrac{4 \times 50.3}{200} = 1.01 \text{mm}^2/\text{mm}$，不满足

选 4 肢箍 $\Phi 10@200$：$\dfrac{A_{sv}}{s} = \dfrac{4 \times 78.5}{200} = 1.57 \text{mm}^2/\text{mm}$

$$\rho_{sv} = \frac{A_{sv}}{bs} = \frac{4 \times 78.5}{400 \times 200} = 0.39\%$$

根据规范 9.2.9条：

$$\frac{0.24 f_t}{f_{yv}} = \frac{0.24 \times 1.43}{300} = 0.11\% < 0.39\%，满足。$$

6. 正确答案是 D，解答如下：

由《抗震通规》4.3.2条：

经调幅后的弯矩设计值：

$$M = 1.3 \times 300 \times 0.8 + 1.4 \times 300 = 732 \text{kN} \cdot \text{m}$$

根据《混规》6.2.10条：

$$\alpha_1 f_c bx = f_y A_s - f'_y A'_s$$

$$x = \frac{300 \times 628 + 360 \times 2454 - 360 \times 1964}{1.0 \times 14.3 \times 400}$$

$$= 63.8 \text{mm} < 2a'_s = 2 \times 50 = 100 \text{mm}$$

根据规范 6.2.14条、11.1.6条：

$$M_u = \frac{f_y A_s (h - a_s - a'_s)}{\gamma_{RE}}$$

$$= \frac{(300 \times 628 + 360 \times 2454) \times (700 - 50 - 50)}{0.75}$$

$$= 857 \times 10^6 \text{N} \cdot \text{mm} = 857 \text{kN} \cdot \text{m}$$

【1～6 题评析】 2 题～4 题，其计算题较大，平时训练应熟练掌握。

5 题，由题目平面图，可知，$KL3$ 不是独立梁。

6 题，板纵向受力钢筋 f_y 值，与梁纵向受力钢筋 f_y 值不相等；其次，板、梁的 $a_s(a_s')$ 也不一定相同，本题目中，假定两者的 $a_s(a_s')$ 相同。

7. 正确答案是 B，解答如下：

Ⅰ，根据《混规》3.6.1 条第 5 款及条文说明，正确，排除（C）项。

Ⅱ，根据《混规》3.6.3 条，正确，排除（D）项。

Ⅲ，根据《混规》3.7.2 条第 3、4 款，正确。

Ⅳ，根据《混规》3.7.3 条第 3 款及条文说明，结构后加部分的材料参数应按现行规范的规定取值，故错误。

所以应选（B）项。

8. 正确答案是 A，解答如下：

Ⅰ，根据《抗规》3.10.3 条第 2 款，正确，排除（C）项。

Ⅱ，根据《抗规》3.10.3 条第 3 款，正确。

Ⅲ，根据《抗规》3.10.3 条第 1 款及第 5.1.4 条，正确，排除（D）项。

Ⅳ，根据《抗规》3.10.2 条及条文说明，正确。

所以应选（A）项。

【7、8 题评析】 复习应重视防止连续倒塌设计的内容、建筑抗震性能化设计的内容（特别是在超限高层建筑结构中的运用）。

9. 正确答案是 B，解答如下：

根据《抗规》3.4.3 条的条文说明：

第二层顶的规定水平力＝6150－5370＝780kN

10. 正确答案是 B，解答如下：

Ⅰ，$\dfrac{5}{4500}=\dfrac{1}{900}<\dfrac{1}{800}$，满足《抗规》5.5.1 条；

Ⅱ，重力荷载代表值 $G=5\times18000=90000$kN

根据《抗规》5.2.5 条，$\dfrac{3000}{90000}=0.033<\lambda_{min}=0.048$，不满足；

Ⅲ，根据《抗规》3.4.3 条、3.4.4 条，位移比不宜大于 1.5，当介于 1.2～1.5 之间时，属于一般不规则项，应采用空间结构计算模型进行分析计算，但不属于"不符合规范要求"。

所以应选（B）项。

11. 正确答案是 C，解答如下：

根据《混规》11.4.14 条，二级框架角柱应沿全高加密箍筋，故排除（B）、（D）项。

柱轴压比 $\mu=\dfrac{3603\times10^3}{14.3\times600\times600}=0.7$

查规范表 11.14.17，$\lambda_v=0.15$

$$\rho_v = 0.15 \times \frac{16.7}{300} \times 100\% = 0.84\%$$

（A）项：$\Phi 8@100$：$\rho_v = \dfrac{(600 - 2\times40 + 8)\times8\times50.3}{(600 - 2\times40)^2\times100} = 0.79\%$，不满足。

（C）项：$\Phi 10@100$：$\rho_v = \dfrac{(600 - 2\times40 + 10)\times8\times78.5}{(600 - 2\times40)\times(600 - 2\times40)\times100} = 1.23\%$，满足。

所以应选（C）项。

12. 正确答案是 D，解答如下：

柱轴压比 $\mu = \dfrac{N}{f_c A} = \dfrac{3100\times10^3}{14.3\times700\times700} = 0.44 > 0.15$

根据《混规》6.2.17 条及表 11.1.6，取 $\gamma_{RE} = 0.8$。

由提示大偏压，$x = \dfrac{\gamma_{RE} N}{\alpha_1 f_c b} = \dfrac{0.8\times3100\times10^3}{1.0\times14.3\times700} = 248\text{mm} > 2a'_s = 80\text{mm}$

$e_0 = \dfrac{M}{N} = \dfrac{1250\times10^6}{3100\times10^3} = 403.2\text{mm}$，$e_a = \max(20,\ 700/30) = 23.3\text{mm}$

$e = e_0 + e_a + h/2 - a_s = 403.2 + 23.3 + 700/2 - 40 = 736.5\text{mm}$

$$\gamma_{RE} N e \leqslant \alpha_1 f_c b x \left(h_0 - \dfrac{x}{2}\right) + f'_y A'_s (h_0 - a'_s)$$

$$A'_s = \dfrac{\gamma_{RE} N e - \alpha_1 f_c b x \left(h_0 - \dfrac{x}{2}\right)}{f'_y(h_0 - a'_s)}$$

$$= \dfrac{0.8\times3100\times10^3\times736.5 - 1.0\times14.3\times700\times248\times\left(660 - \dfrac{248}{2}\right)}{360\times(660 - 40)}$$

$= 2222\text{mm}^2$

取 $5\Phi 25$，$A_s = 2454\text{mm}^2$

单侧配筋率 $= \dfrac{2454}{700^2} = 0.5\% > 0.2\%$，满足规范 11.4.12 条。

13. 正确答案是 D，解答如下：

Ⅰ，根据《混规》11.8.3 条，预应力混凝土结构自身的阻尼比可采用 0.03，错误，排除（A）、（C）项。

Ⅱ，根据《抗规》表 5.1.4-2，特征周期为 $0.55 + 0.05 = 0.6s$，错误，故选（D）项。

〔此外，根据《抗规》3.3.3 条，Ⅲ类场地，设防烈度 8 度（0.3g），宜按 9 度要求采取抗震构造措施，但抗震措施中的内力并不要求调整。查《抗规》表 6.1.2，框架应按一级采取构造措施，按二级的要求进行内力调整，故错误。〕

【9～13 题评析】 9 题，"给定水平力"的计算规定，《高规》3.4.5 条的条文说明作了具体规定。

10 题，应具备对结构软件的计算结果的合理性、正确性的分析与判断。

11 题，抗震一、二级，框架角柱箍筋应沿全高加密。

12 题，抗震设计，对于框架柱的受压时 γ_{RE} 取值，应根据其轴压比进行判别。

13 题，预应力混凝土结构的抗震设计，《混规》、《抗规》分析作了相应规定，区分其异同点。

14. 正确答案是 B，解答如下：

$$V_1 = 30 + 20 + 10 = 60\text{kN},\ V_2 = 30 + 20 = 50\text{kN}$$

首层中柱顶节点处柱弯矩之和 $=50\times\dfrac{4}{3+4+3}\times\dfrac{4.0}{2}+60\times\dfrac{5}{4+5+4}\times\dfrac{4.8}{3}=77\mathrm{kN\cdot m}$

$$M_\mathrm{k}=\frac{12}{12+15}\times77=34.2\mathrm{kN\cdot m}$$

15. 正确答案是 A，解答如下：

根据《混规》8.3.1条、8.3.2条：

$$l_\mathrm{a}=\xi_\mathrm{a}l_\mathrm{ab}=\frac{1}{1.2}\times0.14\times\frac{360}{1.43}\times25=734\mathrm{mm}$$

由规范 8.4.3条、8.4.4条：

$$l=1.3l_l=1.3\xi_l l_\mathrm{a}=1.3\times1.2\times734=1145\mathrm{mm}$$

16. 正确答案是 A，解答如下：

按《混规》附录 G.0.2，$\dfrac{l_0}{h}=\dfrac{6000}{3900}=1.54<2.0$

支座截面 $a_\mathrm{s}=0.2h=0.2\times3900=780\mathrm{mm}$，$h_0=h-a_\mathrm{s}=3900-780=3120\mathrm{mm}$
要求不出现斜裂缝，按规范附录式（G.0.5）：

$$V_\mathrm{k.u}=0.5f_\mathrm{tk}bh_0=0.5\times2.39\times300\times3120\times10^{-3}=1118.5\mathrm{kN}$$

【16题评析】 关键是判别本题目连续梁为深受弯构件。

17. 正确答案是 B，解答如下：

根据《钢标》4.3.2条、4.3.3条，Ⅰ正确，故排除（C）、（D）项。

根据《钢标》表 4.4.1，Ⅲ不正确，故排除（A）项。

所以应选（B）项。

【17题解析】 类似题目，用排除法解答。

18. 正确答案是 B，解答如下：

根据《钢标》10.1.1条，不适用Ⅲ，故排除（A）、（C）项。

根据《钢标》10.1.5条、3.5.1条：

图示（d）为超静定梁，按受弯构件考虑，采用 Q235 钢：

$\dfrac{b}{t}=\dfrac{200-8}{2\times12}=8<9\varepsilon_\mathrm{k}=9$，满足

$\dfrac{h_0}{t_\mathrm{w}}=\dfrac{300-2\times12}{8}=34.5<65\varepsilon_\mathrm{k}=65$，满足，故Ⅳ可采用。

图示（a）、（b），按受弯构件、压弯构件考虑，采用 Q345 钢：

$\dfrac{b}{t}=8>9\varepsilon_\mathrm{k}=9\sqrt{235/345}=7.4$，不满足

故选（B）项。

19. 正确答案是 B，解答如下：

$$l_{0x}=l_{0y}=6000,\ \lambda_{0x}\approx\lambda_y=\frac{6000}{86.7}=69.2,\ 取\ \lambda_{\max}=69.2$$

根据《钢标》7.5.2条：

$\lambda_1\leqslant0.5\lambda_{\max}=0.5\times69.2=35<40$，取 $\lambda_1=35$

$$\lambda_{0x} = \sqrt{\lambda_x^2 + \lambda_1^2} = \lambda_y, \quad 则：$$

$$\frac{l_{0x}^2}{i_1^2 + \left(\frac{b_0}{2}\right)^2} + \lambda_1^2 = \lambda_y^2, \quad 即：$$

$$\frac{6000^2}{22.3 + \left(\frac{b_0}{2}\right)^2} + 35^2 = 69.2^2，解之得：b_0 = 196mm$$

$$b = b_0 + 2z_1 = 196 + 2 \times 21 = 238mm$$

20. 正确答案是 A，解答如下：

根据《钢标》7.2.3条：

$$\lambda_y = \frac{l_{0y}}{i_y} = \frac{6000}{86.7} = 69.2$$

b 类截面，查附录表 D.0.2，取 $\varphi_y = 0.756$

$$\frac{N}{\varphi_y A} = \frac{1000 \times 10^3}{0.756 \times 2 \times 3180} = 208N/mm^2$$

21. 正确答案是 A，解答如下：

根据《钢标》12.7.3条，焊脚尺寸应满足 $h_f \geqslant \dfrac{15\% \times 1000 \times 10^3}{0.7 \times 160 \times 1040} = 1.28mm$

题目提示，根据11.3.5条，$h_f \geqslant 6mm$

故取 $h_f \geqslant 6mm$。

【19～21题评析】 19题，2个槽钢组合的格构柱，对于虚轴（x-x 轴）有：

$$i_x^2 = i_1^2 + \left(\frac{b_0}{2}\right)^2, \lambda_{0x} = \sqrt{\lambda_x^2 + \lambda_1^2}，则：$$

$$\lambda_{0x}^2 = \frac{l_{0x}^2}{i_1^2 + \left(\frac{b_0}{2}\right)^2} + \lambda_1^2$$

22. 正确答案是 B，解答如下：

单个螺栓最大拉力：$N_t = \dfrac{M}{n_1 h} = \dfrac{260 \times 10^3}{4 \times 490} = 132.7kN$

根据《钢标》11.4.2条：

$$P \geqslant \frac{132.7}{0.8} = 165.9kN$$

选 M22（$P = 190kN$），满足。

23. 正确答案是 C，解答如下：

$$A_f = (240 \times 2 + 77 \times 4) \times 0.7 \times 8 + 360 \times 2 \times 0.7 \times 6 = 7436.8mm^2$$

$$I_f = 240 \times 0.7 \times 8 \times 250^2 \times 2 + 77 \times 0.7 \times 8 \times 240^2 \times 4 + \frac{1}{12} \times 0.7 \times 6 \times 360^3 \times 2$$

$$= 3 \times 10^8 mm^4$$

$$W_f = \frac{I_f}{250} = 1.2 \times 10^6 mm^3$$

根据《钢标》11.2.2条：

$$\sigma_f = \frac{M}{W_f} + \frac{N}{A_f} = \frac{260 \times 10^6}{1.2 \times 10^6} + \frac{100 \times 10^3}{7436.8} = 216.7 + 13.4$$

$$= 230.1 \text{N/mm}^2 < \beta_f f_f^w = 1.22 \times 200 = 244 \text{N/mm}^2$$

$$\tau_f = \frac{V}{A_f} = \frac{65 \times 10^3}{7436.8} = 8.7 \text{N/mm}^2$$

$$\sqrt{\left(\frac{\sigma_f}{\beta_f}\right)^3 + \tau_f^2} = \sqrt{\left(\frac{230.1}{1.22}\right)^2 + 8.7^2} = 188.8 \text{N/mm}^2 < f_f^w = 200 \text{N/mm}^2$$

【22、23题评析】 22题，端板连接接头的计算，《高强螺栓规程》5.3节作了规定。
23题，本题目未给出计算假定，故本题目的剪力由全部角焊缝平均分担。

24. 正确答案是 D，解答如下：

根据《抗规》9.2.14条第2规定：

柱截面：

翼缘 $\qquad \frac{b}{t} = \frac{194}{18} = 10.8 > 12\sqrt{\frac{235}{345}} = 9.9$

腹板 $\qquad \frac{h_0}{t_w} = \frac{764}{12} = 63.7 > 50\sqrt{\frac{235}{245}} = 41.3$

梁截面：

翼缘 $\qquad \frac{b}{t} = \frac{194}{20} = 9.7 > 11\sqrt{\frac{235}{345}} = 9.1$

腹板 $\qquad \frac{h_0}{t_w} = \frac{1260}{12} = 105 > 72\sqrt{\frac{235}{345}} = 59.4$

塑性耗能区板件宽厚比为 C 类。

根据《抗规》9.2.14条条文说明，板件宽厚比为 C 类，应满足高承载力2倍多遇地震下的要求。

25. 正确答案是 A，解答如下：

框架柱截面面积 $A = 400 \times 18 \times 2 + 764 \times 12 = 23568 \text{mm}^2$

框架柱轴压比为 $\qquad \frac{N}{Af} = \frac{525 \times 10^3}{23568 \times 295} = 0.08 < 0.2$

根据《抗规》9.2.13条，框架柱长细比限值为 150。

26. 正确答案是 C，解答如下：

$$\lambda_y = \frac{6000}{72} = 83$$

根据《钢标》附录 C.0.1 条：

$$\varphi_b = \beta_b \cdot \frac{4320}{\lambda_y^2} \cdot \frac{Ah}{W_x}\left[\sqrt{1 + \left(\frac{\lambda_y t_1}{4.4h}\right)^2} + \eta_b\right] \cdot \varepsilon_k^2$$

$$= 0.696 \times \frac{4320}{83^2} \times \frac{17040 \times 1030}{6.82 \times 10^6}\left[\sqrt{1 + \left(\frac{83 \times 16}{4.4 \times 1030}\right)^2} + 0.631\right] \times \frac{235}{345}$$

$$= 1.28 > 0.6$$

$$\varphi_b' = 1.07 - \frac{0.282}{\varphi_b} = 1.07 - \frac{0.282}{1.28} = 0.85 < 1$$

24题，熟悉抗震设计时，塑性耗能区板件宽厚比限值按A、B、C三类划分。

26题，非对称的截面，其截面的抵抗矩W_x各不相同。

27. 正确答案是B，解答如下：

根据《钢标》6.2.2条及附录C.0.5条：

$$\lambda_y = \frac{l_y}{i_y} = \frac{4000}{71.3} = 56.1$$

$$\varphi_b = 1.07 - \frac{\lambda_y^2}{44000\varepsilon_k^2} = 1.07 - \frac{56.1^2}{44000 \times 1} = 0.998$$

$$\frac{M_x}{\varphi_b W_x} = \frac{486.4 \times 10^6}{0.998 \times 2820 \times 10^3} = 172.8 \text{N/mm}^2$$

28. 正确答案是C，解答如下：

根据题目图示：柱高度取$H = 13750$mm，梁跨度$L = 8000$mm

根据《钢标》8.3.1条及附录E.0.1条：

平板支座，取$K_2 = 0.1$

柱上端，梁远端为铰接：

$$K_1 = \frac{1.5 I_b H}{I_c L} = \frac{1.5 \times 68900 \times 10^4 \times 13750}{21200 \times 10^4 \times 8000} = 8.4$$

查附录表E.0.1，计算长度系数$\mu = 0.73$

29. 正确答案是A，解答如下：

根据《钢标》8.2.1条：

截面等级满足S3级，$\gamma_x = 1.05$。

$$\lambda_x = \frac{l_{0x}}{i_x} = \frac{10100}{146} = 69.2$$

根据《钢标》表7.2.1-1，a类截面，查附录表D.0.1，取$\varphi_x = 0.843$

$$\beta_{mx} = 0.6 + 0.4 \frac{M_2}{M_1} = 0.6$$

$$\frac{N}{\varphi_x A} + \frac{\beta_{mx} M_x}{\gamma_x W_{1x}\left(1 - 0.8\frac{N}{N'_{Ex}}\right)} = \frac{276.6 \times 10^3}{0.843 \times 99.53 \times 10^2} + \frac{0.6 \times 192.5 \times 10^6}{1.05 \times 1250 \times 10^3 \times 0.942}$$

$$= 33 + 93.4 = 126.4 \text{N/mm}^2$$

【27~29题评析】 27题，运用《钢标》附录C.0.5条时，当算出的$\varphi_b > 0.6$时，不需要换算为φ'_b值。

30. 正确答案是C，解答如下：

根据《抗规》9.2.9条，Ⅰ、Ⅱ、Ⅳ正确。

根据《抗规》9.2.10条，Ⅲ错误。

31. 正确答案是B，解答如下：

Ⅰ，根据《砌规》3.2.1条，正确，故排除（C）、（D）项。

Ⅳ，根据《砌规》4.1.5条及其条文说明，错误，故排除(A)项。所以应选(B)项。

【31题评析】 Ⅱ，根据《建筑砂浆基本性能试验方法标准》，正确。Ⅲ，根据《砌规》4.1.5条错误。

32. 正确答案是C，解答如下：

Ⅰ，根据《砌规》3.2.3条，错误，故排除 (A)、(B) 项。

Ⅲ，根据《砌规》10.1.8条，正确，故排除 (D) 项，所以应选 (C) 项。

【32题评析】 Ⅳ，根据《砌规》3.2.5条，错误。

Ⅱ，根据《砌规》3.2.4条，正确。

33. 正确答案是A，解答如下：

楼盖为第1类，Y方向，最大横墙间距为6.6m，根据《砌规》4.2.1条，故属于刚性方案。

根据规范5.1.3条，$H = 3.6 + 0.3 + 0.5 = 4.4m$

刚性方案，$H = 4.4m < s = 5.7m < 2H = 8.8m$，查规范表5.1.3：

$$H_0 = 0.4s + 0.2H = 0.4 \times 5.7 + 0.2 \times 4.4 = 3.16m$$

$$\beta = \frac{H_0}{h} = \frac{3.16}{0.24} = 13.2$$

34. 正确答案是C，解答如下：

根据《抗规》7.2.3条：

门洞：$\frac{2600}{3600} = 0.72 < 0.8$，按门洞考虑；开洞率 $= \frac{1.0}{6.6 + 0.24} = 0.15$

查规范表，取洞口影响系数为：$(0.98 + 0.94)/2 = 0.96$

洞口中线偏心：$\frac{6.6}{2} - \left(0.62 + \frac{1.0}{2}\right) = 2.18m > \frac{(6.6 + 0.24)}{4} = 1.71m$

故考虑折减系数0.9，则：$0.96 \times 0.9 = 0.864$

墙体最大高宽比 $h/b = \frac{3.6}{5.7 + 0.24} = 0.606 < 1.0$，故只考虑剪切变形

又 $K = \frac{EA}{3h}$，E、h 均相同，故 K 与墙体 A 成正比。

$$V_K = \frac{0.864 \times 6.84 \times 0.24}{(0.864 \times 6.84 + 6.84 \times 2 + 5.94 \times 3 + 15.24 \times 2) \times 0.24} \times 2000$$
$$= 174.1kN$$

【33、34题评析】 33题，首先确定砌体房屋的静力计算方案。其次，底层时，构件高度的取值。

34题，《抗规》7.2.3条表7.2.3适用于设置构造柱的小开口墙段，特别是表7.2.3注2的规定。

35. 正确答案是B，解答如下：

根据《砌规》8.1.2条：

$$\rho = \frac{(a + b)A_s}{absn} = \frac{(10 + 60) \times 12.6}{60 \times 60 \times 240} = 0.175\%$$

查规范表，取 $f = 1.69MPa$；取 $f_y = 320MPa$，$e = 0.0$，则：

$$f_n = f + 2\rho f_y = 1.69 + 2 \times 0.175\% \times 320 = 2.81\text{MPa}$$

36. 正确答案是 C，解答如下：

根据《砌规》8.1.1 条、8.1.2 条，

$$\beta = \gamma_\beta \frac{H_0}{h} = 1.0 \times \frac{3600}{240} = 15$$

由 $\rho = 0.3\%$，$e/h = 0$，$\beta = 15$，查规范附录表 D.0.2，取 $\rho_n = 0.61$

$$N_u = \varphi_n f_n A = 0.61 \times 3.5 \times 240 \times 1000 = 512.4\text{kN/m}$$

【35、36 题评析】 35 题，钢筋 f_y 取值，当 $f_y > 320\text{MPa}$，取 $f_y = 320\text{MPa}$。

36 题，计算 β 时，按 $\beta = \gamma_\beta \dfrac{H_0}{h}$；当验算高厚比时，按 $\beta = \dfrac{H_0}{h}$。

37. 正确答案是 B，解答如下：

7 度（0.15g），查《抗规》表 5.1.4-1，取 $\alpha_1 = \alpha_{max} = 0.12$

由规范 5.1.3 条、5.2.1 条：

屋面质点处 $G_5 = 1800 + 0.5 \times 2100 + 0.5 \times 100 + 400 = 3300\text{kN}$

楼层质点处 $G_1 = 1600 + 2100 + 0.5 \times 600 = 4000\text{kN}$

$$G_2 = G_3 = G_4 = 4000\text{kN}$$

$$F_{Ek} = \alpha_1 G_{e2} = 0.12 \times 0.85 \times (4000 \times 4 + 3300) = 1968.6\text{kN}$$

38. 正确答案是 D，解答如下：

根据《抗规》5.2.1 条：

$$\sum_2^5 G_i H_i = 5000 \times (7.2 + 10.8 + 14.4) + 4000 \times 18 = 234000\text{kN} \cdot \text{m}$$

$$\sum_1^5 G_i H_i = 5000 \times (3.6 + 7.2 + 10.8 + 14.4) + 4000 \times 18 = 252000\text{kN} \cdot \text{m}$$

第二层的水平地震剪力标准值 V_{zk} 为：

$$V_{2k} = \frac{F_{Ek} \sum\limits_2^5 G_i H_i}{\sum\limits_1^5 G_i H_i} = \frac{234000 F_{Ek}}{252000} = 0.9286 F_{Ek}(\text{kN})$$

由《抗震通规》4.3.2 条：

$$V_2 = \gamma_{Eh} V_{2k} = 1.4 \times 0.9286 F_{Ek} = 1.3 F_{Ek}(\text{kN})$$

【37、38 题评析】 38 题，应根据题目的选项内容进行楼层水平地震剪力的计算，即本题目不需要计算总水平地震作用标准值 F_{Ek}；其次，注意剪力标准值、剪力设计值的不同。

39. 正确答案是 C，解答如下：

根据《砌规》表 3.2.2，取 $f_v = 0.17\text{MPa}$

取池壁单位长度 1m 考虑，由规范 5.4.2 条：

$$V = \frac{1}{2} \times 1.5 \gamma_w H^2 = \frac{1}{2} \times 1.5 \times 10 \times H^2 = 7.5 H^2 (\text{kN})$$

$$V \leqslant f_v b z = 0.17 \times 10^3 \times \frac{2}{3} \times 740 = 83.867 \times 10^3 \text{N} = 83.867\text{kN}$$

则：
$$7.5H^2 \leqslant 83.867, 故 H \leqslant 3.34\text{m}$$

【39题评析】 本题目为 M10 水泥砂浆，根据《砌规》3.2.3 条，不考虑其强度设计值的调整。

40. 正确答案是 C，解答如下：

根据《砌规》表 3.2.1-3，取 $f = 2.31\text{MPa}$

由规范表 3.2.5-1，$E = 1060f = 2448.6\text{MPa}$

由规范 5.2.6 条、5.2.4 条：

$$h_0 = 2\sqrt[3]{\frac{E_c I_c}{Eh}} = 2 \times \sqrt[3]{\frac{2.55 \times 10^4 \times 1.1664 \times 10^8}{2448.6 \times 240}} = 343.4\text{mm}$$

$$\sigma_0 = \frac{360 \times 10^3}{240 \times 1500} = 1.0\text{MPa}$$

$$N_0 = \frac{\pi b_b h_0 \sigma_0}{2} = \frac{\pi \times 240 \times 343.4 \times 1.0}{2} = 129.4\text{kN}$$

$$N_l + N_0 = 110 + 129.4 = 239.4\text{kN}$$

【40题评析】 本题目中正确确定 E 值，其相应的 f 值不需要进行《砌规》3.2.3 条的调整。

（下午卷）

41. 正确答案是 B，解答如下：

Ⅰ. 根据《木标》3.1.12 条，错误，故排除（A）、（C）项。

Ⅱ. 根据《木标》3.1.3，正确，故排除（D）项，应选（B）项。

【41题评析】 Ⅲ. 根据《木标》4.3.18 条，正确。

Ⅳ. 根据《木标》4.1.7 条和《可靠性标准》8.2.8 条，错误。

42. 正确答案是 D，解答如下：

根据《木标》表 4.3.1-3，北美落叶松 TC13A，顺纹抗压强度设计值 $f_c = 12\text{MPa}$

使用年限 25 年，强度设计调整系数为 1.05，$f = 1.05f_c = 1.05 \times 12 = 12.6\text{MPa}$

$$d = 150 + \frac{3200}{2} \times \frac{9}{1000} = 164.4\text{mm}$$

根据《木标》5.1.2 条～5.1.4 条：

$$i = \frac{d}{4} = \frac{164.4}{4} = 41.1\text{mm}$$

$$\lambda = \frac{l_0}{i} = \frac{3200}{41.1} = 77.9$$

$$\lambda_c = 5.28\sqrt{1 \times 300} = 91.45 > \lambda, 则：$$

$$\varphi = \frac{1}{1 + \frac{77.9^2}{1.43\pi^2 \times 1 \times 300}} = 0.41$$

$$N_u = \varphi A f = 0.41 \times \frac{\pi \times 164.4^2}{4} \times 12.6 = 109.6\text{kN}$$

【42题评析】 本题目求轴心受压承载力设计值，故不考虑重要性系数 γ_0；当验算稳定

时，螺栓孔不做缺口考虑。

43. 正确答案是 B，解答如下：

根据《地规》5.1.7 条：

查表得：$\psi_{zs}=1.2$，$\psi_{zw}=0.90$，$\psi_{ze}=0.95$

由题意有 $z_0=2.4$，故 $z_d=2.4624$m

根据规范 5.1.8 条，规范表 G.0.2 注 4，采用基底平均压力为 $0.9\times144.5=130$kPa

查规范表 G.0.2 得 $h_{max}=0.70$m

故 $d_{min}=2.4624-0.70=1.7624$m

44. 正确答案是 C，解答如下：

根据《地规》5.3.5 条，Ⅰ 正确。

根据《地规》3.0.5 条第 2 款，Ⅱ 错误；由 3.0.5 条第 5 款，Ⅲ 正确。

根据《地处规》5.2.6 条，Ⅳ 正确。

根据《桩规》5.7.5 注 1，Ⅴ 错误。

所以应选（C）项。

45. 正确答案是 C，解答如下：

根据《桩规》5.3.10 条、规范 5.3.6-2，则：

桩身直径为 800mm，故侧阻和端阻尺寸效应系数均为 1.0，桩端后注浆的影响深度应按 12m 取用。

$$Q_{uk}=3.14\times0.8\times12\times14+3.14\times0.8\times(1.0\times1.2\times32\times5+1.0\times1.8\times110\times7)$$
$$+2.4\times3200\times\frac{3.14}{4}\times0.8^2$$
$$=8244.38\text{kN}$$

46. 正确答案是 A，解答如下：

根据《桩规》5.8.2 条、5.8.4 条：

因为 $f_{ak}=24$kPa<25kPa，$l'_0=l_0+(1-\psi_l)d_l=14$m，$h'=26-14=12$m，$h'<\dfrac{4}{\alpha}$

$=25$m

故：$l_c=0.7(l'_0+h')=0.7\times26=18.2$m

$\dfrac{l_c}{\alpha}=\dfrac{18.2}{0.8}=22.75$，查规范表 5.8.4-2，则：

$$\varphi=0.56+\frac{24-22.75}{24-22.5}\times(0.6-0.56)=0.5933$$

则：$N\leqslant0.5933\times(0.7\times19.1\times3.14\times400^2+0.9\times360\times4396)=4830$kN

47. 正确答案是 B，解答如下：

根据《桩规》5.4.6 条、5.4.5 条：

$$T_{uk}=\Sigma\lambda_i q_{sik}u_i l_i=3.14\times0.8\times(0.7\times12\times14+0.7\times32\times5+0.6\times110\times7)=1737.3\text{kN}$$

$$G_P=\frac{\pi}{4}\times0.8^2\times26\times(25-10)=195.9\text{kN}$$

$$N_k\leqslant\frac{1737.3}{2}+195.9=1064\text{kN}$$

【45~47题评析】 45题，正确确定后注浆的影响范围。

46题，本题目关键是 l_c 的取值。

47题，计算 G_p 时应扣除水的浮力。

48. 正确答案是 A，解答如下：

Ⅰ，根据《桩规》7.5.4条，正确，故应选（A）项。

【48题评析】 Ⅱ，根据《桩规》7.5.13条第5款，错误。

Ⅲ，根据《地规》附录 Q.0.2条，正确。

Ⅳ，根据《桩规》3.4.8条，错误。

49. 正确答案是 B，解答如下：

根据《地规》5.2.5条：

$\varphi_k = 15°$ 时，查规范表，则：$M_b = 0.325$，$M_d = 2.30$，$M_c = 4.845$

$$\gamma_m = \frac{13.5 \times 1.2 + 18.5 \times 0.5 + 9.6 \times 0.7}{1.2 + 0.5 + 0.7} = 13.40 \text{kN/m}^3$$

$$f_a = 0.325 \times 9.6 \times 2.7 + 2.30 \times 13.40 \times 2.4 + 4.845 \times 24 = 198.7 \text{kPa}$$

由规范5.2.1条、5.2.2条：

$$\frac{F_k + G_k}{A} \leqslant f_a，即：$$

$$\frac{1350}{2.7L} + 2.4 \times 18 \leqslant 198.7$$

可得：$L \geqslant 3.2 \text{m}$

【49题评析】 本题目的提示内容，加权平均重度按18kN/m³，其实质：加权平均浮重度（或有效重度）按18kN/m³。

50. 正确答案是 B，解答如下：

根据《地规》8.4.7条及附录 P：

$$c_1 = c_2 = 9.4 + h_0 = 11.9 \text{m}, c_{AB} = c_1/2 = 5.95 \text{m}$$

$$F_l = 177500 - (9.4 + 2h_0)^2 p_n = 87111.8 \text{kN}$$

由式（8.4.7-1）有：

$$\tau_{max} = \frac{F_l}{u_m h_0} + \frac{\alpha_s M_{unb} c_{AB}}{I_s} = \frac{87111800}{47.6 \times 10^3 \times 2500} + \frac{0.40 \times 151150 \times 10^6 \times 5.95 \times 10^3}{2839.59 \times 10^{12}}$$

$$= 0.732 + 0.127 = 0.859 \text{N/mm}^2$$

51. 正确答案是 B，解答如下：

(1) 抗剪要求，由《地规》8.4.9条：

$$h_0 = 2500 \text{mm} > 2000 \text{mm}，故 \beta_{hs} = \left(\frac{800}{2000}\right)^{1/4} = 0.795$$

$$0.7 \times 0.795 \times 1.0 \times 2.5 \quad f_t \times 10^3 \geqslant 2400，则：f_t \geqslant 1.73 \text{N/mm}^2$$

(2) 抗冲切要求，由规范8.4.8条：

$$\tau_{max} \leqslant \frac{0.7 \beta_{hp} f_t}{\eta}，即：$$

$$0.90 \leqslant \frac{0.7 \times 0.9 f_t}{1.25}，则：f_t \geqslant 1.79 \text{N/mm}^2$$

最终取 C45（$f_t=1.80\text{N/mm}^2$），并且满足规范 8.4.4 条构造要求。

【50、51 题评析】 50 题，题目条件是荷载的基本组合下的净反力 p_n 和竖向力 177500kN。

51 题，混凝土强度等级不仅应满足抗剪、抗冲切要求，还应满足构造要求，以及耐久性要求。

52. 正确答案是 C，解答如下：

根据《桩规》5.2.1 条：

$$N_{\text{Ekmax}} \leqslant 1.5R = 1.5 \times 700 = 1050\text{kN}$$

由规范式（5.1.1-2）：

$$N_{\text{Ekmax}} = \frac{F_{\text{Ek}}}{4} + \frac{M_{\text{Ek}}x_i}{\sum x_i^2} = \frac{3341}{4} + \frac{920 \times 0.5s}{4 \times (0.5s)^2} = 835.25 + \frac{460}{s} \leqslant 1050$$

$s \geqslant 2.142\text{m}$，故应选 2200mm。

53. 正确答案是 B，解答如下：

根据《桩规》5.9.10 条：

圆桩变为方桩 $400 \times 0.8 = 320\text{mm}$

$$\lambda_x = \frac{a_x}{h_0} = \frac{1200 - 350 - 320/2}{730} = 0.945$$

$$\alpha = \frac{1.75}{\lambda_x + 1} = \frac{1.75}{0.945 + 1} = 0.90$$

$$b_{y0} = \left[1 - 0.5 \times \frac{200}{730} \times \left(1 - \frac{800}{3200}\right)\right] \times 3200 = 2871.2\text{mm}$$

由《抗规》5.4.2 条，取 $\gamma_{\text{RE}} = 0.85$

$$V_u = \frac{\beta_{\text{hs}} \alpha f_t b_{y0} h_0}{\gamma_{\text{RE}}} = \frac{1.0 \times 0.90 \times 1.43 \times 2871.2 \times 730}{0.85}$$

$$= 3174\text{kN}$$

【52、53 题评析】 52 题，也可以按力矩平衡求解 N_{Ekmax}。

53 题，锥形承台斜截面抗剪计算，其截面的有效高度、计算宽度应按《桩规》5.9.10 条第 3 款规定。

54. 正确答案是 A，解答如下：

根据《地规》4.1.10 条：

$$I_L = \frac{w - w_p}{w_L - w_p} = \frac{35 - 23}{52 - 23} = \frac{12}{29} = 0.41$$

$0.25 < I_L < 0.75$ 为可塑。

$0.1\text{MPa}^{-1} < \alpha_{1-2} = 0.12\text{MPa}^{-1} < 0.5\text{MPa}^{-1}$，根据规范 4.1.5 条，为中压缩性土。

55. 正确答案是 C，解答如下：

基底净反力：$p_j = \frac{526.5}{1.2} = 438.75\text{kPa}$

由《地规》8.2.14 条：

砖墙放脚不大于 $\frac{1}{4}$ 砖长，则：$a_1 = b_1 + \frac{1}{4} \times 240 = \frac{1200 - 490}{2} + 60 = 415\text{mm}$

$$M = \frac{1}{2} a_1^2 p_j = \frac{1}{2} \times 0.415^2 \times 438.75 = 37.8 \text{kN} \cdot \text{m/m}$$

56. 正确答案是 B，解答如下：

由上一题，$p_j = 438.75 \text{kPa}$

抗剪截面取为墙边缘处：$a_1 = \dfrac{1.2 - 0.49}{2} = 0.355 \text{m}$

$$V_s = p_j \times 1 \times a_1 = 438.75 \times 1 \times 0.355 = 155.76 \text{kN/m}$$

$$V_s \leqslant 0.366 f_t A = 0.366 \times 1.1 \times 10^3 \times 1 \times h \quad (\text{kN/m})$$

解之得：
$$h \geqslant 0.387 \text{m}$$

【55、56 题评析】 55 题，砌体墙下钢筋混凝土条形基础的抗弯计算，其最不利位置按《地规》8.2.7 条规定。

56 题，砌体墙（包括钢筋混凝土墙）下条形基础的抗剪计算，其最不利位置均为墙体边缘（有放脚时为放脚边缘）截面。

57. 正确答案是 D，解答如下：

根据《抗规》3.4.1 条及条文说明，Ⅰ符合要求。

根据《抗规》3.5.2、3.5.3 条及条文说明，Ⅱ、Ⅲ不符合要求，Ⅳ符合要求。

所以应选（D）项。

58. 正确答案是 C，解答如下：

根据《高规》13.9.6 条第 1 款、13.10.5 条知：Ⅱ、Ⅲ符合要求。

根据《高规》13.5.5 条第 2 款、13.6.9 条第 1 款知：Ⅰ、Ⅳ不符合要求。

所以应选（C）项。

59. 正确答案是 B，解答如下：

根据《高规》7.2.10 条第 2 款：

$$0.2 f_c b_w h_w = 0.2 \times 27.5 \times 800 \times 6000 = 2.64 \times 10^7 \text{N} = 2.64 \times 10^4 \text{kN} < N = 32000 \text{kN}$$

故取 $N = 2.64 \times 10^4 \text{kN}$，$A_w = A$

查规程表 3.8.2，$\gamma_{RE} = 0.85$，则：

$$9260 \times 10^3 \leqslant \frac{1}{0.85} \left[\frac{1}{1.91 - 0.5} (0.4 \times 2.04 \times 800 \times 5400 + 0.1 \times 2.64 \times 10^7) \right.$$
$$\left. + 0.8 \times 360 \frac{A_{sh}}{s} \times 5400 \right]$$

解之得：
$$\frac{A_{sh}}{s} \geqslant 2.25 \text{mm}^2/\text{mm}$$

（A）项：$\dfrac{78.5 \times 4}{200} = 1.57$，不满足

（B）项：$\dfrac{113 \times 4}{200} = 2.26$，满足；同理，故（C）、（D）项也满足。

根据规程 7.2.17 条：

（B）项：$\rho = \dfrac{113 \times 4}{800 \times 200} = 0.283\% > 0.25\%$，满足，故选（B）项。

60. 正确答案是 C，解答如下：

根据《高规》11.1.6 条、9.1.11 条：

$$V_{f,max} = 3828kN > 0.1V_0 = 0.1 \times 29000 = 2900kN$$

$$V_f = 3400kN < 0.2V_0 = 5800kN$$

故该层柱内力需要调整，则：

$$V = \min\{0.2V_0, 1.5V_{f_{1max}}\} = \min\{5800, 1.5 \times 3828\}$$

$$= 5742kN$$

则：$M_k = \dfrac{5742}{3400} \times 596 = 1007.2kN$，$V_k = \dfrac{5742}{3400} \times 156 = 263.6kN$

61. 正确答案是 D，解答如下：

根据《高规》表 11.1.4，该柱抗震等级为一级。

由规程表 11.4.4 及注的规定：

$$[\mu_N] = 0.7 - 0.05 - 0.05 = 0.60$$

$$N \leqslant [\mu_N](f_c A_c + f_a A_a)$$

$$= 0.60 \times [29.7 \times (1100 \times 1100 - 51875) \times 295 \times 51875]$$

$$= 29819.7kN$$

62. 正确答案是 D，解答如下：

根据《高规》10.2.4 条，取增大系数 1.6。

$$M_{Ehk} = 1.6 \times 300 = 480kN \cdot m$$

由规程 5.6.4 条，及《抗震通规》4.3.2 条：

$$M = 1.3 \times (1304 + 0.5 \times 169) + 1.4 \times 480 + 1.5 \times 0.2 \times 135$$

$$= 2518kN$$

63. 正确答案是 A，解答如下：

根据《高规》10.2.10 条第 3 款：

$$\mu_N = \frac{N}{f_c A} = \frac{9350 \times 10^3}{23.1 \times 900 \times 900} = 0.5$$

查规程表 6.4.7，取 $\lambda_v = 0.13$

故：$\lambda_v = 0.13 + 0.02 = 0.15$

$$\rho_v \geqslant \lambda_v \frac{f_c}{f_{yv}} = 0.15 \times \frac{23.1}{300} = 0.0116$$

又由规程 10.2.10 条第 3 款，知：$\rho_v \geqslant 0.015$

最终取 $\rho_v \geqslant 0.015$

64. 正确答案是 A，解答如下：

根据《高规》10.2.11 条第 3 款：

$$M^r = 1.5 \times 580 = 870kN \cdot m$$

节点 A 处： $\quad \Sigma M_c = 1.4\Sigma M_b = 1.4 \times 1100 = 1540kN \cdot m$

$$M^b = 0.5\Sigma M_c = 0.5 \times 1540 = 770kN \cdot m$$

65. 正确答案是 B，解答如下：

根据《高规》9.2.2条，地面第6层核心筒角部宜采用约束边缘构件。

$\mu_N = 0.42$，抗震二级，查规程表7.2.15，取 $\lambda_v = 0.20$。

$$\rho_v \geqslant \lambda_v \frac{f_c}{f_{yv}} = 0.20 \times \frac{16.7}{270} = 0.0124$$

取箍筋直径为10mm，则：

$$A_{cor} = (250 + 300 - 30 - 5 + 300 + 30 - 5) \times (250 - 30 \times 2) = 159600 mm^2$$
$$n_i l_i = (550 - 30 + 5) \times 4 + 4 \times (250 - 2 \times 30 + 10) = 525 \times 4 + 4 \times 200 = 2900mm$$

$$\rho_v = \frac{\sum n_i A_{si} l_i}{A_{cor} s} = \frac{78.5 \times 2900}{159600s} \geqslant 0.0124$$

则：$s \leqslant 115mm$，故选 Φ10@100。

66. 正确答案是 B，解答如下：

由提示，根据《高规》7.2.21条：

$$V_b = \eta_{vb} \frac{M_b^l + M_b^r}{l_n} + V_{Gb} = 1.2 \times \frac{815 + 812}{1.2} + 54 = 1681kN > 1360kN$$

取 $V_b = 1681kN \cdot m$

根据规程9.3.8条：

每根暗撑纵筋的截面积 $A_s \geqslant \dfrac{\gamma_{RE} V_b}{2 f_y \sin\alpha} = \dfrac{0.85 \times 1681 \times 10^3}{2 \times 360 \times \sin 40°} = 3087mm^2$

选 4 Φ 32（$A_s = 3217mm^2$），故选（B）项。

【62~66题评析】 62题，转换构件的水平地震作用计算内力的增大，《高规》10.2.4条有规定。

65题，钢筋混凝土框架-核心筒结构，其核心筒墙体设计要求，《高规》9.2.2条有规定，即：沿全高采用约束边缘构件。

67. 正确答案是 B，解答如下：

根据《高规》6.3.3条：

$\rho = \dfrac{615.8 \times 8}{350 \times 490} = 2.87\% > 2.75\%$ 所以（C）、（D）项均不满足。

$$2.75\% > \rho = \frac{615.8 \times 4 + 490.9 \times 4}{350 \times 490} = 2.58\% > 2.50\%$$

当梁端纵向受拉钢筋配筋率大于2.5%时，受压钢筋的配筋率不应小于受拉钢筋的一半，所以（A）项不满足。

所以应选（B）项。

68. 正确答案是 C，解答如下：

根据《高规》6.4.3条：

角柱最小配筋率为：$(0.9 + 0.05 + 0.1)\% = 1.05\%$

其最小配筋面积为：$1.05\% \times 600 \times 600 = 3780mm^2$，故（D）项不满足。

由规程6.4.4条，小偏拉，则：

$A_s = 1.25 \times 3600 = 4500 \text{mm}^2$，故（B）项不满足。

（A）、（C）项满足，且（C）项最接近。

【67、68题评析】 67题，《高规》6.3.3条规定，$\rho_纵 > 2.5\%$ 时，受压钢筋的配筋率不应小于受拉钢筋的一半。

69. 正确答案是 C，解答如下：

根据《高规》10.2.2条，第三层为底部加强部位。

根据规程3.9.2条，按8度采取抗震构造措施；8度，查规程表3.9.3，底部加强部位剪力墙的抗震构造措施的抗震等级为一级。

由规程7.2.1条第2款，一级，底部加强部位，其剪力墙厚度不应小于200mm。

70. 正确答案是 B，解答如下：

根据《高规》10.2.3条、附录E：

$$C_1 = 2.5 \times \left(\frac{0.9}{6}\right)^2 = 0.056$$

$$A_1 = A_{w1} + C_1 A_{c1} = 10b_w \times 8.2 + 0.056 \times 8 \times 0.8 \times 0.9 = 82b_w + 0.323$$

$$A_{w2} = 0.2 \times 8.2 \times 14 = 22.96 \text{m}^2$$

又

$$\frac{G_1}{G_2} = 1.15, 则：$$

$$\gamma_{e1} = \frac{G_1 A_1 h_2}{G_2 A_2 h_1} = \frac{1.15 \times (82b_w + 0.323) \times 3.2}{22.96 \times 6} \geq 0.5$$

解之得：$b_w \geq 0.224\text{m}$，故取 $b_w = 250\text{mm}$。

71. 正确答案是 D，解答如下：

根据《高规》4.3.12条、3.5.8条：

$$1.25V_{Ek} = 1.25 \times 160000 = 20000\text{kN} > 1.15\lambda\Sigma G_j$$

$$= 1.15 \times 0.024 \times 246000 = 6789.6\text{kN}$$

故取 $V_0 = 20000\text{kN}$

由规程10.2.17条：

每根框支柱承受的地震剪力标准值 $V_{EKc} = 2\% \times 20000 = 400\text{kN}$

【69～71题评析】 71题，有薄弱层的楼层最小地震剪力的取值，按 $1.25V_{Ek}$ 与

$1.15\lambda \sum\limits_{j=1}^{n} G_j$ 进行比较。

72. 正确答案是 D，解答如下：

根据《荷规》附录F.1.2条：

$$d = \frac{1}{2} \times (2.5 + 5.2) = 3.85\text{m}$$

$$T_1 = 0.41 + 0.10 \times 10^{-2} \times \frac{60^2}{3.85} = 1.345\text{s}$$

由《烟标》3.1.31条，阻尼比取0.04。

由《抗规》5.1.4条、5.1.5条，取 $\alpha_{max} = 0.08$，$T_g = 0.55\text{s}$。

$T_g = 0.55\text{s} < T_1 = 1.345\text{s} < 5T_g = 2.75\text{s}$。

$$\gamma = 0.9 + \frac{0.05 - 0.04}{0.3 + 6 \times 0.04} = 0.918$$

$$\eta_2 = 1 + \frac{0.05 - 0.04}{0.08 + 1.6 \times 0.04} = 1.069$$

$$\alpha_1 = \left(\frac{T_g}{T_1}\right)^\gamma \eta_2 \alpha_{\max} = \left(\frac{0.55}{1.345}\right)^{0.918} \times 1.069 \times 0.08 = 0.0376$$

73. 正确答案是 D，解答如下：

根据《公桥通规》3.3.5 条：

桥梁全长为 ΣL 为：

$$\Sigma L = 2(5 \times 40 + 70 + 100/2 + 0.16/2 + 0.4 + 3.5) = 647.96\text{m}$$

74. 正确答案是 B，解答如下：

净宽为 15m，单向（或双向）行驶，查《公桥通规》表 4.3.1-4，取设计车道数为 4。再查规范表 4.3.1-5，取横向车道布载系数为 0.67。

75. 正确答案是 B，解答如下：

根据《公桥通规》4.3.1 条规定：

（A）、（C）、（D）项三种荷载布置都不会使边跨（L_1）的跨中产生最大正弯矩，只有（B）项布置才能使要求截面的弯矩产生最不利效应。

所以应选（B）项。

【73～75 题评析】 75 题，掌握影响线的绘制与具体运用。应注意的是，本题目中跨中弯矩影响线的＋、－符号与一般结构力学书籍中的＋、－符号刚相反，即为图 Z12-1-1 所示。

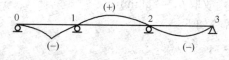

图 Z12-1-1

76. 正确答案是 D，解答如下：

根据《公桥通规》4.1.5 条：

安全等级为一级，故取 $\gamma_0 = 1.1$。

$$\gamma_0 S_{ud} = 1.1 \times (1.2 \times 2700 + 1.4 \times 1670 + 0.75 \times 1.4 \times 140)$$

$$= 6298\text{kN} \cdot \text{m}$$

77. 正确答案是 B，解答如下：

根据《公桥混规》5.2.11 条：

$$650 \leqslant 0.51 \times 10^{-3} \sqrt{30} b \times 1200$$

则：

$$b \geqslant 194\text{m}$$

78. 正确答案是 A，解答如下：

根据《城桥抗规》3.1.1 条，属于丙类桥梁。

丙类、6 度、由规范 3.1.4 条，其抗震措施按 7 度考虑。

7 度，根据规范 11.3.2 条：

盖梁最小宽度 $\geqslant 2a + 80 = 2 \times (70 + 0.5 \times 15.5) \times 10 + 80 = 1635\text{mm}$

79. 正确答案是 D，解答如下：

根据《城市天桥》2.2.2 条：

每侧楼道净宽 b 为：

$$b=\frac{1.2\times 5}{2}=3.0\text{m},\ b\geqslant 1.8\text{m}$$

最终取 $b=3.0$m，故应选（D）项。

80. 正确答案是 C，解答如下：

根据《公桥通规》3.2.1 条，应选（C）项。

2013 年真题解答与评析

（上午卷）

1. 正确答案是 C，解答如下：

轴压比 $\mu_N = \dfrac{13130 \times 1000}{16.7 \times 1100 \times 1100} = 0.65$，查《抗规》表 6.3.9，$\lambda_v = 0.14$

$$\rho_v \geqslant \lambda_v \frac{f_c}{f_{yv}} = 0.14 \times \frac{16.7}{435} = 0.537\%$$

由弯矩示意图可知，剪跨比 $\lambda = \dfrac{H_n}{2h_0} = \dfrac{4000}{2 \times (1100-50)} = 1.905 < 2$

由《抗规》6.3.9 条第 3 款：$\rho_v \geqslant 1.2\%$，故应选（C）项。

【1 题评析】 $\lambda_v f_c / f_{yv}$ 中 f_{yv} 取值不受限制；短柱（$\lambda < 2$）时，体积配箍率应严加控制。

2. 正确答案是 B，解答如下：

根据《混规》7.1.2 条：

$M_{Gk} = 0.071 \times 28 \times 8.5 \times 8.5 = 143.63 \text{kN} \cdot \text{m}$

$M_{Qk} = 0.107 \times 8 \times 8.5 \times 8.5 = 61.85 \text{kN} \cdot \text{m}$

$M_q = 143.63 + 0.4 \times 61.85 = 168.37 \text{kN} \cdot \text{m}$

$A_s = 1232 + 490.9 = 1722.9 \text{mm}^2$，$h_0 = 500 - 45 = 455 \text{mm}$

$\sigma_{sq} = \dfrac{M_q}{0.87 \cdot h_0 \cdot A_s} = \dfrac{168.37 \times 10^6}{0.87 \times 455 \times 1722.9} = 246.87 \text{N/mm}^2$

$d_{eq} = \dfrac{2 \times 28^2 + 25^2}{2 \times 28 + 25} = 27.07 \text{mm}$

$A_{te} = 0.5bh = 0.5 \times 250 \times 500 = 62500 \text{mm}^2$

$\rho_{te} = \dfrac{A_s}{A_{te}} = \dfrac{1722.9}{62500} = 0.02757 > 0.01$

$\psi = 1.1 - 0.65 \times \dfrac{f_{tk}}{\rho_{te} \cdot \sigma_s} = 1.1 - 0.65 \times \dfrac{2.2}{0.02757 \times 246.87} = 0.890 > 0.2$，且 < 1.0

$w_{max} = \alpha_{cr} \psi \dfrac{\sigma_s}{E_s} \left(1.9 c_s + 0.08 \dfrac{d_{eq}}{\rho_{te}} \right)$

$\qquad = 1.9 \times 0.890 \times \dfrac{246.87}{200000} \left(1.9 \times 28 + 0.08 \times \dfrac{27.07}{0.02757} \right) = 0.275 \text{mm}$

故应选（B）项。

3. 正确答案是 B，解答如下：

根据《混规》9.3.8 条：

$$A_s \leqslant \dfrac{0.35 \times 1 \times 16.7 \times 400 \times (750-60)}{360} = 4481 \text{mm}^2$$

故应选（B）项。

4. 正确答案是 B，解答如下：

根据《混规》11.3.2 条，及《抗震通规》4.3.2 条：

$$V_{Gb} = 1.3 \times \frac{(46 + 0.5 \times 12) \times 8.2}{2} = 277.16 \text{kN}$$

由梁端配筋，可知，按顺时针方向计算弯矩时 V_b 最大：

$$M_{bua}^l = \frac{1}{\gamma_{RE}} f_{yk} A_s^{a,l}(h_0 - a_s') = \frac{400 \times 4 \times 490.9 \times (690 - 60)}{0.75} = 659769600 \text{N} \cdot \text{m}$$

$$= 659.8 \text{kN} \cdot \text{m}$$

$$M_{bua}^r = \frac{1}{\gamma_{RE}} f_{yk} A_s^{a,r}(h_0 - a_s') = \frac{400 \times 8 \times 490.9 \times (690 - 60)}{0.75} = 1319539200 \text{N} \cdot \text{m}$$

$$= 1319.5 \text{kN} \cdot \text{m}$$

$$V_b = 1.1 \times \frac{(659.8 + 1319.5)}{8.2} + 277.16 = 543 \text{kN}$$

故应选（B）项。

【3、4 题评析】 掌握结构设计施工图的平法制图规则，本题目中底部纵筋仅 4 根伸入支座。

5. 正确答案是 C，解答如下：

$$\mu = \frac{1.3 \times (3150 + 0.5 \times 750) \times 10^3}{16.7 \times 250 \times 2300}$$

$$= 0.48$$

故应选（C）项。

6. 正确答案是 B，解答如下：

房屋高度 22.3m 小于 24m，根据《抗规》6.1.10 条第 2 款，底部加强部位可取底部一层。

根据《抗规》6.4.5 条第 2 款，三层可设置构造边缘构件。

根据规范图 6.4.5-1（a），暗柱长度不小于 max（b_w，400）=400mm。

故应选（B）项。

7. 正确答案是 B，解答如下：

跨高比=1000/800=1.25<2.5

根据《混规》11.7.9 条：

$$V_{wb} \leqslant \frac{0.15 \times 1 \times 16.7 \times 250 \times 720}{0.85} = 530.5 \text{kN}$$

$$V_{wb} \leqslant \frac{1}{\gamma_{RE}} \left(0.38 f_t b h_0 + 0.9 \frac{A_{sv}}{s} f_{yv} h_0 \right)$$

$$= \frac{1}{0.85} \times \left(0.38 \times 1.57 \times 250 \times 720 + 0.9 \times \frac{2 \times 78.5}{100} \times 360 \times 720 \right)$$

$$= 557221 \text{N} = 557.22 \text{kN}$$

取上述小值，故 V_{wb}=530.5kN，应选（B）项。

【5~7 题评析】 6 题，掌握矮墙（$H<24$m 剪力墙结构）的特点。

7 题，抗剪计算，f_{yv} 取值为 360N/mm²。

8. 正确答案是 B，解答如下：

根据《抗规》3.9.2 条第 2 款，应选（B）项。

9. 正确答案是 B，解答如下：

$$V = \frac{\sqrt{3}}{2}F, \quad N = \frac{1}{2}F, \quad M = \frac{\sqrt{3}}{2}F \times 200$$

根据《混规》9.7.2 条：

$$\alpha_v = (4.0 - 0.08 \times 18)\sqrt{\frac{16.7}{300}} = 0.604 < 0.7$$

$$\alpha_r = 0.9, \quad \alpha_b = 1, \quad f_y = 300\text{N/mm}^2, \quad A_s = 1524\text{mm}^2$$

《混规》式（9.7.2-1）：$\dfrac{(\sqrt{3}/2)F}{\alpha_r \alpha_v f_y} + \dfrac{(1/2)F}{0.8\alpha_b f_y} + \dfrac{(\sqrt{3}/2)F \times 200}{1.3\alpha_r \alpha_b f_y z} \leqslant A_s$

求得：

$$F \leqslant 176.6\text{kN}$$

《混规》式（9.7.2-2）：$\dfrac{(1/2)F}{0.8\alpha_b f_y} + \dfrac{(\sqrt{3}/2)F \times 200}{0.4\alpha_r \alpha_b f_y z} \leqslant A_s$

求得：

$$F \leqslant 250.2\text{kN}$$

故最终取 $F \leqslant 176.6\text{kN}$，应选（B）项。

10. 正确答案是 D，解答如下：

对点 C 取矩，杆 AB 的拉力值：$N = \dfrac{350 \times 6 + 0.5 \times 25 \times 6 \times 6}{6} = 425\text{kN}$

杆 AB 的跨中弯矩值：$M = \dfrac{1}{8} \times 25 \times 6^2 = 112.5\text{kN} \cdot \text{m}$

故杆 AB 为偏拉构件：$e_0 = \dfrac{M}{N} = \dfrac{112.5 \times 10^3}{425} = 264.7\text{mm} > \dfrac{h}{2} - a_s = 155\text{mm}$

故为大偏拉，由《混规》6.2.23 条：

$$e' = e_0 + \frac{h}{2} - a'_s = 264.7 + 200 - 45 = 419.7\text{mm}$$

$$A_s \geqslant \frac{Ne'}{f_y(h'_0 - a_s)} = \frac{425 \times 10^3 \times 419.7}{360 \times (400 - 45 - 45)} = 1598\text{mm}^2$$

故应选（D）项。

【10题评析】 掌握结构静力计算，求出构件的内力值。

11. 正确答案是 B，解答如下：

根据《混规》6.5.1 条：

$h_0 = 250 - 40 = 210\text{mm}, \quad u_m = 4 \times (1600 + 210) = 7240\text{mm}$

$\beta_s = 1 < 2$，取 $\beta_s = 2$，$\eta_1 = 0.4 + \dfrac{1.2}{\beta_s} = 1.0$

$\alpha_s = 40$，$\eta_2 = 0.5 + \dfrac{\alpha_s h_0}{4u_m} = 0.5 + \dfrac{40 \times 210}{4 \times 7240} = 0.79 < 1.0$，取 $\eta = 0.79$

$F_{lu} = 0.7\beta_h f_t \eta u_m h_0 = 0.7 \times 1.0 \times 1.57 \times 0.79 \times 7240 \times 210 = 1320\text{kN}$

$N \leqslant F_{lu} + qA = 1320 + 15 \times \left(\dfrac{1600 + 2 \times 210}{1000}\right)^2 = 1381\text{kN}$

故应选（B）项。

12. 正确答案是 B，解答如下：

根据《设防分类标准》6.0.5 条的条文说明，本商场未达到大型商场的标准，因此划为标准设防类（丙类）。最大跨度 12m，不属于大跨度框架。

根据《抗规》表 6.1.2，抗震等级为三级。根据《抗规》表 6.3.7-1，钢筋强度标准值为 400MPa 时，角柱的最小总配筋率为 0.85%。

故应选（B）项。

13. 正确答案是 C，解答如下：

根据《混规》式（6.4.2-1）：

$$\frac{V}{bh_0} + \frac{T}{W_1} = \frac{150 \times 1000}{400 \times 550} + \frac{10 \times 10^6}{37.333 \times 10^6} = 0.95 < 0.7f_t = 0.7 \times 1.57 = 1.099 \text{N/mm}^2$$

故可不进行构件受剪扭承载力计算，但应按规定配置构造箍筋。

根据《混规》表 9.2.9，$h=600$mm，故 $s \leqslant 350$mm，排除（D）项。

根据《混规》9.2.10 条：

$$\rho_{sv,min} = 0.28f_t/f_{yv} = 0.28 \times 1.57/270 = 0.1628\%$$

$$\Phi 6@200: \frac{A_{sv}}{bs} = \frac{4 \times 28.3}{400 \times 200} = 0.1415\% < \rho_{sv,min}$$

$$\Phi 8@350: \frac{A_{sv}}{bs} = \frac{4 \times 50.3}{400 \times 350} = 0.1437\% < \rho_{sv,min}$$

$$\Phi 10@350: \frac{A_{sv}}{bs} = \frac{4 \times 78.5}{400 \times 350} = 0.2243\% > \rho_{sv,min}$$

故应选（C）项。

14. 正确答案是 B，解答如下：

根据《混规》式（6.4.8-2）：

$$\beta_t = \frac{1.5}{1 + 0.5\frac{VW_t}{Tbh_0}} = \frac{1.5}{1 + 0.5 \times \frac{300 \times 10^3 \times 37.333 \times 10^6}{70 \times 10^6 \times 400 \times 550}} = 1.1 > 1.0$$

故取 $\beta_t = 1.0$

根据《混规》6.4.8 条：

$$A_{cor} = b_{cor}h_{cor} = 320 \times 520 = 166400 \text{mm}^2$$

$$A_{st1} \geqslant \frac{(70 \times 10^6 - 0.35 \times 1.0 \times 1.57 \times 37.333 \times 10^6) \times 100}{1.2 \times \sqrt{1.6} \times 270 \times 166400} = 72.56 \text{mm}^2$$

故外围单肢箍筋面积不应小于 72.56mm²，所以（A）项错误。

根据《混规》6.4.13 条：

总箍筋面积 $\geqslant 1.206 \times 100 + 72.56 \times 2 = 265.72$mm²

选项（B）：总箍筋面积为 $4 \times 78.5 = 314$mm² > 265.72mm²，满足

所以应选（B）项。

【13、14 题评析】 14 题，本题已提示按一般剪扭构件计算，截面为矩形，因此，应按《混规》6.4.8 条第 1 款"一般剪扭构件"中的相关公式进行计算。计算得到的 A_{st1} 为沿截面周边配置的箍筋单肢截面面积，注意是周边单肢的面积，而 A_{sv} 为受剪所需的箍筋截面面积，是抗剪箍筋总面积。因此，受剪扭所需的总箍筋面积为：$2A_{st1} + A_{sv}$。如果配

置的箍筋肢数较多，剪扭构件中还应满足沿截面周边配置的箍筋单肢截面面积不小于 A_{st1}。

15. 正确答案是 B，解答如下：

8度区重点设防类建筑，应按 9 度采取抗震措施。$H=20m<24m$，根据《抗规》表 6.1.2，框架的抗震等级为二级。

由《抗规》6.2.6 条：$M=700\times1.1=770kN\cdot m$

$\mu_N=\dfrac{2500\times10^3}{19.1\times550\times550}=0.433>0.5$，由《抗规》5.4.2 条，取 $\gamma_{RE}=0.8$

根据《混规》6.2.17 条、11.1.6 条：

假定大偏压：$x=\dfrac{0.8\times2500\times10^3}{1\times19.1\times550}=190.39mm<\xi_b h_0=259mm$

$$>2a'_s=100mm$$

故假定正确，取 $x=190.39mm$

因为不需要考虑二阶效应，所以 $e_0=\dfrac{M}{N}=\dfrac{770\times10^6}{2500\times10^3}=308mm$

$e_a=\max(20,550/30)=20mm,\ e_i=e_0+e_n=328mm$

$e=e_i+\dfrac{h}{2}-a_s=328+\dfrac{550}{2}-50=553mm$

《混规》式（6.2.17-2）：

$$A'_s=\dfrac{\gamma_{RE}Ne-\alpha_1 f_c bx(h_0-x/2)}{f'_y(h_0-a'_s)}$$

$$=\dfrac{0.8\times2500\times1000\times553-1\times19.1\times550\times190.39\times(500-190.39/2)}{360\times(500-50)}$$

$$=1829.5mm^2$$

故应选（B）项。

【15题评析】 《抗规》6.7.6 条中，框架的角柱的内力调整。该条中的框架包括：框架结构中的框架；非框架结构中的框架。

16. 正确答案是 A，解答如下：

根据《荷规》表 5.1.1，消防车的准永久值系数为 0，（A）项正确，应选（A）项。

【16题评析】 根据《荷规》5.3.3 条，（B）项错误；根据《荷规》3.2.4 条，（C）项错误；根据《荷规》9.3.1 条，（D）项错误。

17. 正确答案是 A，解答如下：

根据《荷规》5.4.3 条、7.1.5 条，《钢标》3.1.5 条：

$$q_k=(0.18\times3+0.56)+(1.0+0.7\times0.65)\times3=5.465kN/m$$

$$q_k=(0.18\times3+0.56)+(0.65+0.9\times1.0)\times3=5.75kN/m$$

故取 $q_k=5.75kN/m$

$$q_{ky}=5.75\times\dfrac{10}{\sqrt{10^2+1^2}}=5.72kN/m$$

$$f=\dfrac{5}{384}\cdot\dfrac{q_{ky}l^4}{EI_x}=\dfrac{5}{384}\times\dfrac{5.72\times12000^4}{206\times10^3\times18600\times10^4}=40.3mm$$

所以应选（A）项。

18. 正确答案是 D，解答如下：

根据《钢标》6.1.1 条：

截面等级满足 S3 级，取 $\gamma_x=1.05$，$\gamma_y=1.2$。

$$\frac{M_x}{\gamma_x W_{nx}}+\frac{M_y}{\gamma_y W_{ny}}=\frac{133\times10^6}{1.05\times929\times10^3}+\frac{0.3\times10^6}{1.20\times97.8\times10^3}=136.3+2.6=138.9\text{N/mm}^2$$

所以应选（D）项。

19. 正确答案是 C，解答如下：

根据《钢标》附录 C.0.1 条：

$$\lambda_y=\frac{4000}{32.2}=124.2$$

$$\varphi_b=\beta_b\frac{4320}{\lambda_y^2}\cdot\frac{Ah}{W_x}\left[\sqrt{1+\left(\frac{\lambda_y t_1}{4.4h}\right)^2}+\eta_b\right]\varepsilon_k^2$$

$$=1.20\times\frac{4320}{124.2^2}\times\frac{70.37\times10^2\times400}{929\times10^3}\left[\sqrt{1+\left(\frac{124.2\times13}{4.4\times400}\right)^2}+0\right]\times\frac{235}{235}$$

$$=1.20\times0.8485\times1.357=1.38>0.6$$

$$\varphi_b'=1.07-\frac{0.282}{1.38}=0.866<1.0$$

由《钢标》6.2.3 条：

截面等级满足 S3 级，$\gamma_y=1.20$

$$\frac{M_x}{\varphi_b W_x}+\frac{M_y}{\gamma_y W_y}=\frac{133\times10^6}{0.866\times929\times10^3}+\frac{0.3\times10^6}{1.20\times97.8\times10^3}=165.3+2.6=167.9\text{N/mm}^2$$

所以应选（C）项。

【17~19 题评析】 19 题，对屋盖檩条来说，屋面是否能阻止屋盖檩条的扭转和受压翼缘的侧向位移取决于屋面板的安装方式：屋面板采用咬合型连接时，宜将其看成对檩条上翼缘无约束，此时应设置横向水平支撑加以约束；屋面板采用自攻螺钉与屋盖檩条连接时，可视其为檩条上翼缘的约束。

20. 正确答案是 B，解答如下：

从充分利用混凝土的抗压承载力，减少钢结构的用钢量，应选（B）项。

21. 正确答案是 D，解答如下：

根据题目条件，钢梁所有连接均为铰接，钢梁 AB 为非抗震构件，无需按《抗规》进行抗震设计，因此（A）项错误。

腹板高厚比计算：$\frac{600-2\times12}{6}=98>80\varepsilon_k=80$

根据《钢标》6.3.1 条，均应计算腹板稳定性，因此，（B）、（C）项错误；由于钢梁 AB 为次梁，仅承受静力荷载，可考虑腹板屈曲后强度，因此，（D）项正确。

22. 正确答案是 A，解答如下：

侧向支承点应设置在受压翼缘处，由于简支梁的受压翼缘为上翼缘，因此，（B）、（D）项错误，而若让加劲肋作为侧向支撑点，需要满足各种条件，故（C）项错误。

所以应选（A）项。

23. 正确答案是 A，解答如下：

根据《抗规》9.2.16 条：

$$h \geqslant \max\{2.5 \times 1000, 0.5 \times (300+700)\} = 2500 \text{mm}$$

所以应选（A）项。

24. 正确答案是 B，解答如下：

根据《钢标》8.2.1 条：

$$\frac{b}{t} = \frac{700-20}{2 \times 32} = 10.6 < 13\sqrt{235/345} = 10.7$$

$$\frac{h_0}{t_w} = \frac{1200-2 \times 32}{20} = 56.8 < (40+18 \times 1.71^{1.5}) \times \sqrt{235/345} = 66$$

截面等级满足 S3 级，$\gamma_x = 1.05$

$$\lambda_x = \frac{H_{0x}}{i_x} = \frac{30860}{512.3} = 60.24$$

b 类截面，根据 $\lambda_x/\varepsilon_k = 60.24/\sqrt{235/345} = 73$，查附录表 D.0.2，$\varphi_x = 0.732$

$$N'_{Ex} = \frac{\pi^2 EA}{1.1\lambda_x^2} = \frac{\pi^2 \times 206 \times 10^3 \times 675.2 \times 10^2}{1.1 \times 60.24^2} \times 10^{-3} = 34390 \text{kN}$$

$$\frac{N}{\varphi_x A} + \frac{\beta_{mx} M_x}{\gamma_x W_{1x}\left(1-0.8\dfrac{N}{N'_{Ex}}\right)} = \frac{2100 \times 10^3}{0.732 \times 675.2 \times 10^2} + \frac{1.0 \times 5700 \times 10^6}{1.05 \times 29544 \times 10^3 \times \left(1-0.8\dfrac{2100}{34390}\right)}$$

$$= 42.5 + 193.2 = 235.7 \text{N/mm}^2$$

所以应选（B）项。

25. 正确答案是 C，解答如下：

根据《钢标》8.2.1 条规定：

$$\lambda_y = \frac{H_{0y}}{i_y} = \frac{12230}{164.6} = 74.3$$

b 类截面，根据 $\lambda_y/\varepsilon_k = 74.3/\sqrt{235/345} = 90$，查附录表 D.0.2，$\varphi_y = 0.621$

$$\varphi_b = 1.07 - \frac{\lambda_y^2}{44000\varepsilon_k^2} = 1.07 - \frac{74.3^2}{44000 \times 235/345} = 0.886$$

$$\frac{N}{\varphi_y A} + \eta\frac{\beta_{tx} M_x}{\varphi_b W_{1x}} = \frac{2100 \times 10^3}{0.621 \times 675.2 \times 10^2} + 1.0 \times \frac{1.0 \times 5700 \times 10^6}{0.886 \times 29544 \times 10^3}$$

$$= 50 + 217.8 = 267.8 \text{N/mm}^2$$

所以应选（C）项。

【23～25 题评析】当钢材采用 Q345 钢，查《钢标》附录表 D 时，长细比采用 λ/ε_k。

题 24，题目提示 $\alpha_0 = 1.71$，是如下计算得到：

由《钢标》3.5.1 条：

$$\frac{\sigma_{max}}{\sigma_{min}} = \frac{N}{A} \pm \frac{M}{I}y$$

$$= \frac{2100 \times 10^3}{67520} \pm \frac{5700 \times 10^6}{29544 \times 10^3 \times 600} \times 568$$

$$= \frac{+213.74 \text{N/mm}^2}{-151.54 \text{N/mm}^2}$$

$$\alpha_0 = \frac{213.74 - (-151.54)}{213.74} = 1.71$$

26. 正确答案是 A，解答如下：

根据《钢标》11.2.2 条：

$$N_1 = \beta_f f_f^w h_e l_{w1} = 1.22 \times 160 \times 0.7 \times 8 \times 160 = 175 \text{kN}$$

$$L \geqslant \frac{N - N_1}{2h_e f_f^w} + h_f = \frac{360 \times 10^3 - 175 \times 10^3}{2 \times 0.7 \times 8 \times 160} + 8 = 103 + 8 = 111 \text{mm}$$

所以应选（A）项。

27. 正确答案是 C，解答如下：

根据《钢标》11.4.2 条：

$$P \geqslant \frac{N}{n \times 9kn_f\mu} = \frac{360}{6 \times 0.9 \times 1 \times 1 \times 0.45} = 148 \text{kN}$$

选用 $M20$（$P = 155 \text{kN}$），满足，故选（C）项。

28. 正确答案是 B，解答如下：

根据《钢标》7.1.1 条：

$$\sigma = \left(1 - 0.5 \frac{n_1}{n}\right)\frac{N}{A_n} = \left(1 - 0.5 \times \frac{2}{6}\right)\frac{360 \times 10^3}{18.5 \times 10^2} = 162.2 \text{N/mm}^2$$

$$\sigma = \frac{N}{A} = \frac{360 \times 10^3}{160 \times 16} = 140.6 \text{N/mm}^2$$

上述取大值，取 $\sigma = 162.2 \text{N/mm}^2$，故应选（B）项。

【26～28 题评析】 26 题，《钢标》11.3.6 条规定，围焊的转角处必须连续施焊。

29. 正确答案是 D，解答如下：

根据《钢标》7.3.4 条：

腹板 $\quad \dfrac{b}{t} = \dfrac{900 - 2 \times 20}{10} = 86 > 42\varepsilon_k = 42$，则：

$$\lambda_{n,p} = \frac{86}{56.2 \times 1} = 1.53$$

$$\rho = \frac{1}{1.53} \times \left(1 - \frac{0.19}{1.53}\right) = 0.57$$

$$A_{ne} = 2 \times 350 \times 20 + 0.57 \times 860 \times 10$$
$$= 18902$$

30. 正确答案是 D，解答如下：

根据《抗规》8.2.6 条第 2 款，应选（D）项。

31. 正确答案是 C，解答如下：

根据《抗规》7.1.8 条及条文说明，应选（C）项。

32. 正确答案是 C，解答如下：

砌体水平截面计算面积 $A_{w0} = 0.19 \times (10 - 0.5 \times 2) \times 1.25 = 2.1375 \text{m}^2$，

底层框架柱计算高度 $H_0 = (5.2 - 0.6) \times \dfrac{2}{3} = 3.07 \text{m}$，及 $5.2 - 0.6 = 4.6 \text{m}$

由《抗规》式（7.2.9-3）：

$$V_u = \frac{1}{0.8} \times (2 \times 165/3.07 + 4 \times 165/4.6) + \frac{1}{0.9} \times 0.52 \times 2.1375 \times 10^3 = 1548.71 \text{kN}$$

33. 正确答案是 D，解答如下：

根据《抗规》7.1.2 条第 2 款注：

$$\frac{3 \times 6 \times 5.4}{18 \times 12.9} = 41.86\% > 40\%，属于横墙较少$$

根据《抗规》表 7.1.2，7 度设防的普通砖房屋层数为 7 层，总高度限值为 21m；乙类房屋的层数应减少一层且总高度降低 3m。

根据《抗规》7.1.2 条第 2 款，横墙较少的房屋，房屋的层数应比表 7.1.2 的规定减少一层且高度降低 3m。

根据《抗规》7.1.2 条第 4 款，蒸压灰砂砖砌体房屋，当砌体的抗剪强度仅为普通黏土砖砌体的 70% 时，房屋的层数应比表 7.1.2 的规定减少一层且高度降低 3m。

故共减少三层，降低 9m，所以应选（D）项。

34. 正确答案是 D，解答如下：

本工程横墙较少，且房屋总高度和层数达到《抗规》表 7.1.2 规定的限值。

根据《抗规》7.1.2 条第 3 款，当按规定采取加强措施后，其高度和层数应允许按表 7.1.2 的规定采用。

根据《抗规》7.3.1 条构造柱设置部位要求及 7.3.14 条第 5 款加强措施要求，所有纵、横墙中部均应设置构造柱，且间距不宜大于 3.0m，如图 Z13-1-1 所示。

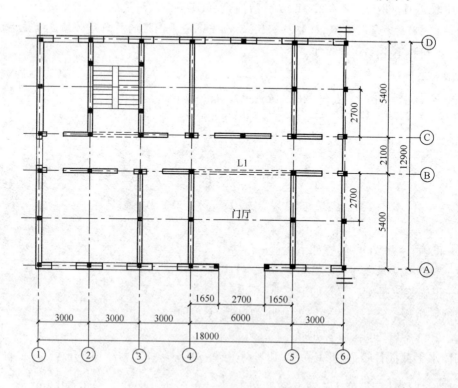

图 Z13-1-1

35. 正确答案是 D，解答如下：

根据《抗规》7.3.8 条，应选（D）项。

36. 正确答案是 C，解答如下：

$s < 32$m，1 类楼盖，查《砌规》表 4.2.1，属于刚性方案。

$H = 3.6 + 0.5 + 0.7 = 4.8$m，4.8m $< s = 5.4$m $< 2H = 9.6$m，刚性方案，查《砌规》表 5.1.3，则：

$$H_0 = 0.4 \times 5.4 + 0.2 \times 4.8 = 3.12\text{m}$$

$\beta = \gamma_\beta \dfrac{H_0}{h} = 1.2 \times \dfrac{3.12}{0.24} = 15.6$，$e = 0$，查《砌规》附录表 D.0.1-1：

$$\varphi = 0.77 - \frac{15.6 - 14}{16 - 14} \times (0.77 - 0.72) = 0.73$$

所以应选（C）项。

37. 正确答案是 B，解答如下：

$H = 3 + 0.5 + 0.7 = 4.2$m，4.2m $< s = 6$m $< 2H = 8.4$m，刚性方案，查《砌规》表 5.1.3：

$$H_0 = 0.4 \times 6 + 0.2 \times 4.2 = 3.24\text{m}$$

由《砌规》6.1.1 条：

$$\mu_c = 1 + \gamma \frac{b}{l} = 1 + 1.5 \times \frac{240}{3000} = 1.12$$

$$\mu_2 = 1 - 0.4 \times \frac{2 \times 1}{6} = 0.867$$

$$\frac{H_0}{h} = \frac{3.24}{0.24} = 13.50 < \mu_1 \mu_c \mu_2 [\beta] = 1 \times 1.12 \times 0.867 \times 26 = 25.24$$

【33~37 题评析】 34 题，根据《抗规》7.3.14 条第 5 款，对横墙较少房屋，当其层数及总高度达到限值时，加强措施之一是所有纵横墙中部应设置构造柱且间距不宜大于 3m。

37 题，应计入构造柱的有利作用。

38. 正确答案是 C，解答如下：

$s = 6 \times 4.2 = 25.2$m > 20m，且 < 48m，轻钢屋盖，查《砌规》表 4.2.1，属于刚弹性方案。

由《砌规》5.1.3 条、5.1.4 条：

$$\frac{H_u}{H} = \frac{2}{6.65} = 0.3 < \frac{1}{3}$$

则：$H_0 = 1.2H = 1.2 \times 6.65 = 7.98$m，故应选（C）项。

39. 正确答案是 B，解答如下：

刚弹性方案，由《砌规》5.1.3：$H_{u0} = 2H_u = 2 \times 2 = 4$m

$$\beta = \gamma_\beta \frac{H_0}{h_T} = 1.0 \times \frac{4000}{3.5 \times 147} = 7.77$$

$$e = \frac{M}{N} = \frac{19000}{85} = 102.7\text{mm}, \quad \frac{e}{h_T} = \frac{102.7}{3.5 \times 147} = 0.2$$

查《砌规》附录表 D.0.1-1，取 $\varphi = 0.50$，故应选（B）项。

40. 正确答案是 B，解答如下：

根据《砌规》8.2.2 条、8.2.4 条、8.2.5 条：

$\xi = \dfrac{x}{h_0} = \dfrac{315}{740-35} = 0.447 > \xi_b = 0.44$，为小偏压

$\sigma_s = 650 - 800 \times 0.447 = 292.4 \text{N/mm}^2 < f_y = 360 \text{N/mm}^2$

$A' = 490 \times 315 - 250 \times 120 = 124350 \text{mm}^2$，$A'_c = 250 \times 120 = 30000 \text{mm}^2$

$N_u = 1.89 \times 124350 + 9.6 \times 30000 + 1.0 \times 360 \times 763 - 292.4 \times 763 = 575 \text{kN}$

所以应选（A）项。

【38~40 题评析】 38、39 题，关键是确定房屋的静力计算方案。

40 题，应复核 σ_s 值是否大于钢筋 f_y 值。

（下午卷）

41. 正确答案是 C，解答如下：

根据《木标》表 4.3.1-3，TC11A，顺纹抗拉强度 $f_t = 7.5 \text{N/mm}^2$；

根据《木标》表 4.3.9-1，露天环境，调整系数为 0.9；

根据《木标》表 4.3.9-2，设计使用年限 5 年，调整系数 1.1；

则调整后的顺纹抗拉强度 $f_t = 0.9 \times 1.1 \times 7.5 = 7.425 \text{N/mm}^2$。

D1 杆承受的轴心拉力 $N = 2 \times 3 \times 16.7/1.5 = 66.8 \text{kN}$

由《木标》式（5.1.1）：$A_n \geqslant \gamma_0 \dfrac{N}{f_t} = 0.9 \times \dfrac{66800}{7.425} = 8096.97 \text{mm}^2$

则：$b \times h \geqslant 90 \text{mm} \times 90 \text{mm}$，应选（C）项。

42. 正确答案是 B，解答如下：

根据《木标》4.3.17 条：

由《木标》5.1.5 条：

$$l_0 = 0.8l = 0.8 \times 3200 = 2560 \text{mm}$$

方木截面为 $a \times a$：$\quad i = \dfrac{a}{\sqrt{12}} = \dfrac{l_0}{[\lambda]} = \dfrac{2560}{120} = 20 \text{mm}$

则：$a = 69.3 \text{mm}$，应选（B）项。

43. 正确答案是 B，解答如下：

根据《地处规》5.3.5 条：$p_0 = 18 \times 2 = 36 \text{kPa}$

$$s' = \dfrac{36}{4.5} \times 2 + \dfrac{36}{2} \times 10 + \dfrac{36}{5.5} \times 3 = 215.6 \text{mm}$$

$$s = \psi_s s' = 1.0 \times 215.6 = 215.6 \text{mm}$$

所以应选（B）项。

44. 正确答案是 A，解答如下：

根据《地处规》7.1.7 条、7.1.5 条：$s = 72 = \dfrac{p_0 \times 10}{E_{psi}} = \dfrac{18 \times 2 \times 10}{E_{psi}}$，则：

$$E_{psi} = 5 \text{MPa}$$

$\xi = \dfrac{f_{spk}}{f_{ak}} = \dfrac{E_{spi}}{E_s}$,则：

$$f_{spk} = \frac{5}{2} \times 100 = 250\text{kPa}$$

由式（7.1.5-2）：$m = \dfrac{f_{spk} - \beta f_{sk}}{\dfrac{\lambda R_a}{A_p} - \beta f_{sk}} = \dfrac{250 - 0.4 \times 60}{\dfrac{1 \times 400}{\pi \times 0.25^2} - 0.4 \times 60} = 11.2\%$

桩中心距 s：$s = \dfrac{d}{\sqrt{m} \times 1.05} = \dfrac{0.5}{\sqrt{0.112} \times 1.05} = 1.42\text{m}$

（由于规范变化了，笔者对原真题进行了改编）

45. 正确答案是 B，解答如下：

根据《桩规》5.4.4 条：

$$q_{si}^n = \xi_{ni}\sigma'_i = 0.15 \times \left(18 \times 2 + 18 \times 2 + \frac{1}{2} \times (17 - 10) \times 10\right) = 16.1\text{kPa} > 12\text{kPa}$$

故取 $q_{si}^n = 12\text{kPa}$，应选（B）项。

46. 正确答案是 C，解答如下：

根据《地规》附录 Q.0.10 条第 6 款，假设该柱下桩数≤3，对桩数为三根及三根以下的柱下承台，取最小值作为单桩竖向极限承载力。考虑长期负摩阻力的影响，只考虑嵌岩段的总极限阻力即 4600kN，中性点以下的单桩竖向承载力特征值为 2300kN。

根据《桩规》5.4.3 条第 2 款及式（5.4.3-2）：

$5500 \le (2300 - 350) \times n$，则：$n \ge 2.8$

取 3 根，与假设相符，故应选（C）。

【43~46 题评析】 43 题、44 题，掌握土力学基本原理中单向分层压缩法原理及其运用。

45 题，负摩阻力计算公式的理解，即：土的有效应力计算，并且其取值不应超过正摩阻力标准值。

47. 正确答案是 C，解答如下：

假定 $b < 3.0\text{m}$，则 $f_a = 145 + 1.6 \times 18 \times 1.0 = 173.8\text{kPa}$

$$p_k = \frac{240}{b} + \frac{1 \times 6 \times 1.5 \times 20}{b} \le 173.8，则：b \ge 1.67\text{m}$$

复核软弱下卧层，由《地规》5.2.7 条：

$\dfrac{E_{s1}}{E_{s2}} = 3$，3 个选项中的 $z/b > 0.5$，故取 $\theta = 23°$

$$\gamma_m = \frac{18 \times 2 + 8 \times 2}{2} = 13\text{kN/m}^3$$

$$f_a = 60 + 1.0 \times 13 \times (4 - 0.5) = 105.5\text{kPa}$$

$$\frac{b \times \left(\dfrac{240}{b} + 30 - 1.5 \times 18\right)}{b + 2 \times 2.5\tan23°} + 18 \times 2 + 8 \times 2 \le 105.5$$

则： $b \ge 2.5\text{m}$

故取 $b \ge 2.6\text{m}$，应选（C）项。

48. 正确答案是 C，解答如下：

$$e_j = \frac{M}{F} = \frac{13.5}{351} = 0.038\text{m} < \frac{1.8}{6} = 0.3\text{m}$$

故地基净反力为梯形分布。

由《地规》8.2.10 条：

$$p_{j,\text{max}} = \frac{F}{6} + \frac{M}{\frac{1}{6}b^2}$$

$$= \frac{351}{1.8} + \frac{13.5}{\frac{1}{6} \times 1.8^2} = 219.92\text{kPa}$$

$$p_{j,\text{min}} = \frac{351}{1.8} - \frac{13.5}{\frac{1}{6} \times 1.8^2} = 169.97\text{kPa}$$

墙与基础交接处的地基净反力 p_1：

$$p_1 = 169.97 + \frac{0.9+0.12}{1.8} \times (219.92 - 169.97)$$

$$= 198.28\text{kPa}$$

单位长度的剪力 V_s：$V_s = \dfrac{219.92+198.28}{2} \times (0.9-0.12) = 163.1\text{kN/m}$

故应选（C）项。

49. 正确答案是 D，解答如下：

由《地规》8.2.10 条：

单位长度的受剪承载力 V_u：$V_u = 0.7 \times 1 \times 1.27 \times 1000 \times 600 = 533.4\text{kN/m}$

故应选（D）项。

50. 正确答案是 D，解答如下：

根据《地规》8.2.12 条：

$$A_s = \frac{M}{0.9f_y h_0} = \frac{140 \times 10^6}{0.9 \times 360 \times 600} = 720\text{mm}^2/\text{m}$$

又由《地规》8.2.1 条第 3 款：

$$A_{s,\text{min}} = 0.15\% \times 1000 \times 650 = 975\text{mm}^2/\text{m}$$

对于（D）项：Φ 14@150（$A_s = 1027\text{mm}^2$）；Φ 8@200，$A_s = 252\text{mm}^2$，并且大于 $15\% \times 975 = 146\text{mm}^2$，满足。

所以应选（D）项。

51. 正确答案是 C，解答如下：

根据《地规》5.3.5 条：

$$p_0 = 100\text{kPa} < 0.75f_{ak} = 0.75 \times 140 = 105\text{kPa}$$

则内插法：$\psi_s = 1.033$

918

$$s = 1.033 \times \left[\frac{100}{6} \times 2.5 \times 0.8 + \frac{100}{2} \times (5 \times 0.6 - 2.5 \times 0.8) \right] = 86.1 \text{mm}$$

由于下部基岩的坡度 $\tan 10° = 17.6\% > 10\%$，且基底下的土层厚度 $h = 5\text{m} > 1.5\text{m}$，需要考虑刚性下卧层的放大效应。

由于地基承载力特征值不满足《地规》6.2.2条第1款规定，根据《地规》6.2.2条式（6.2.2），$\dfrac{h}{b} = \dfrac{5}{2.5} = 2$，查表6.2.2-2，得 $\beta_{gz} = 1.09$

$$s = 1.09 \times 86.1 = 93.8 \text{mm}$$

所以应选（C）项。

【47～51题评析】 49题，《地规》8.2.9条中 A_0 是指：验算截面处基础的有效截面面积；50题，《地规》8.2.1条3款，复核最小配筋率应取全截面面积。

52. 正确答案是B，解答如下：

根据《抗规》第4.3.11条，对①层土，$W_s = 28\% < 0.9W_L = 0.9 \times 35.1\% = 31.6\%$
对③层土，$W_s = 26.4\% < 0.9W_L = 0.9 \times 34.1\% = 30.7\%$

二者均不满足震陷性软土的判别条件，因此选项（A）、（C）不正确。

对②层粉砂中的A点，根据《抗规》式（4.3.4）：

$$N_{cr} = 16 \times 0.8 \times [\ln(0.6 \times 6 + 1.5) - 0.1 \times 2] \times \sqrt{3/3} = 18.3 > N = 16$$

因此，A点处的粉砂可判为液化土，（B）为正确答案。

53. 正确答案是A，解答如下：

将基础顶部的作用换算为作用于基础底部形心的作用：

竖向力 $= 6000 + 10.6 \times 2 \times 20 = 6424 \text{kN}$

力矩 $= 1500 + 800 \times 1.5 - 6000 \times \left[\left(0.8 - \dfrac{1.0}{2} \right) + \dfrac{1}{3} \times 1.2 \tan 60° \right]$

$\qquad = -3256.2 \text{kN} \cdot \text{m}$

根据《桩规》5.1.1条及式（5.1.2-2）：

$$N_1 = \frac{6424}{3} - \frac{3256.2 \times \left(\dfrac{2}{3} \times 1.2 \tan 60° \right)}{\left(\dfrac{2}{3} \times 1.2 \tan 60° \right)^2 + 2 \times \left(\dfrac{1}{3} \times 1.2 \tan 60° \right)^2} = 574.7 \text{kN}$$

所以应选（A）项。

54. 正确答案是A，解答如下：

根据《抗规》4.4.3条，取折减系数为1/3
根据《桩规》5.3.9条：

$$Q_{sk} = 0.8 \times 3.14 \times \left(2 \times 25 + 5 \times 30 \times \frac{1}{3} + 4 \times 30 + 2 \times 40 \right) = 753.6 \text{kN}$$

$$Q_{rk} = 0.95 \times 12 \times \frac{3.14}{4} \times 0.64 \times 10^3 = 5727.4 \text{kN}$$

$$Q_{uk} = Q_{sk} = Q_{rk} = 6481 \text{kN}$$

$$R_a = \frac{1}{2} \times 6481 = 3240.5 \text{kN}$$

$$R_{aE} = 1.25 \times 3240.5 = 4050\text{kN}$$

所以应选（A）项。

【52~54题评析】 52题，也可采用 I_L 值进行判别。

53题，应注意力矩的作用方向。

55. 正确答案是B，解答如下：

根据《桩规》Q.0.4条，应选（B）项。

【55题评析】 （A）项，由《桩规》3.3.2条，正确。

（C）项，由《桩规》7.2.1条，正确。

（D）项，由《桩规》7.2.4条，正确。

56. 正确答案是C，解答如下：

根据《桩规》5.5.9条及条文说明，应选（C）项。

57. 正确答案是A，解答如下：

根据《高规》式（7.2.10-2）：轴压力在一定范围内可提高墙肢的受剪承载力，轴压比过小也不经济，应取适当的轴压比，（A）不符合规程要求，故应选（A）项。

【57题评析】 根据《高规》7.1.6条条文说明，（B）项满足要求。

根据《高规》D.0.4条，对剪力墙的翼缘截面高高小于截面厚度2倍的剪力墙，验算墙体整体稳定时，不按无翼墙考虑，（C）项满足要求。

根据《高规》7.1.8条注1，墙肢厚度大于300mm时，可不作为短肢剪力墙考虑，（D）项满足要求。

58. 正确答案是D，解答如下：

根据《高规》5.4.1条、5.4.4条及条文说明，应选（D）项。

【58题评析】 根据《高规》5.4.1条，重力二阶效应主要与结构的刚重比有关，结构满足规范位移要求时，结构高度较低，并不意味重力二阶效应小，（A）项不准确。

根据《高规》5.4.1、5.4.4条及条文说明，重力二阶效应影响是指水平力作用下的重力二阶效应影响，包括地震作用及风荷载作用，（B）不准确。

根据《抗规》第3.6.3条及条文说明，（C）项不准确。

59. 正确答案是D，解答如下：

根据《高规》9.1.5条，核心筒与外框架中距大于12m，宜采取增设内柱的措施，（A）项不合理。

根据《高规》9.1.5条，室内增设内柱，根据《抗规》6.1.1条条文说明，该结构不属于板柱-剪力墙结构，（B）、（C）、（D）项结构体系合理。

（B）项结构布置合理，室内净高：$3.2 - 0.7 - 0.05 = 2.45\text{m}$，不满足净高2.6m要求，故（B）项不合理。

（C）、（D）项结构体系合理，净高满足要求，比较其混凝土用量。

（D）项电梯厅两侧梁板折算厚度较大，次梁折算厚度约为：

$200 \times (400 - 100) \times (10000 \times 2 + 9000 \times 2) \div (9000 \times 10000) = 25\text{mm}$，电梯厅两侧梁板折算板厚约为：$100 + 25 = 125\text{mm}$。

（C）项楼板厚度约为200mm。

故（D）项相对合理，应选（D）项。

60. 正确答案是 C，解答如下：

该结构为长矩形平面，根据《高规》8.1.8 条第 2 款，X 向剪力墙不宜集中布置在房屋的两尽端，宜减 W_1 或 W_3；

根据《高规》8.1.8 条第 1 款，Y 向剪力墙间距不宜大于 $3B=45m$ 及 40m 之较小者 40m，宜减 W_4 或 W_7；

综上，同时考虑框架-剪力墙结构中剪力墙的布置原则，故应选（C）项。

61. 正确答案是 B，解答如下：

根据《高规》3.4.5 条及条文说明，应考虑偶然偏心，可不考虑双向地震作用的要求；由《抗规》3.4.3 条条文说明：

$$扭转位移比 = \frac{3.4}{(3.4+1.9)/2} = 1.28$$

所以应选（B）项。

62. 正确答案是 B，解答如下：

根据《高规》3.4.5 条及条文说明：

取 $T_1=2.8s$；$T_t=T_4=2.3s$

则：$\dfrac{T_t}{T_1} = \dfrac{2.3}{2.8} = 0.82$，应选（B）项。

63. 正确答案是 D，解答如下：

根据《高规》6.1.8 条及条文说明，梁 L1 与框架柱相连的 A 端按框架梁抗震要求设计，与框架梁相连的 C 端，可按次梁非抗震要求设计，（A）项不合理。

对于（B）项，截面 A：$\rho = \dfrac{3041}{300 \times 440} = 2.30\% > 2.0\%$

根据《高规》6.3.2 条第 4 款，箍筋直径应为：12mm，（B）项不合理。

对于（C）项，截面 A：$\dfrac{A_{s2}}{A_{s1}} = \dfrac{1017}{2644} = 0.38 < 0.50$，

根据《高规》6.3.2 条第 3 款，（C）项不合理。

对于（D）项，截面 A：$\rho = \dfrac{2281}{300 \times 440} = 1.73\% < 2.5\%$

$\dfrac{x}{h_0} = \dfrac{f_y A_s - f'_y A'_s}{\alpha_1 b h_0 f_c} = \dfrac{360 \times (2 \times 380.1)}{1 \times 300 \times 440 \times 14.3} = 0.15 < 0.25$，满足。

$\dfrac{A_{s2}}{A_{s1}} = \dfrac{4}{6} = 0.67 > 0.5$，满足。

所以应选（D）项。

64. 正确答案是 D，解答如下：

根据《高规》附录 F.1.2 条：取 $[\theta] = 1.00$

$$A_s = \frac{1}{4}\pi (D_1^2 - D_2^2) = 0.25 \times \pi \times (1000^2 - 960^2) = 61575 mm^2$$

$$A_c = \frac{1}{4}\pi D_c^2 = 0.25 \times \pi \times 960^2 = 723823 mm^2$$

$$\theta = \frac{A_a \cdot f_a}{A_c \cdot f_c} = \frac{61575 \times 300}{723823 \times 23.1} = 1.105 > [\theta] = 1.0$$

根据《高规》式（F.1.2-3）：

$$N_0 = 0.9 A_c f_c (1 + \sqrt{\theta} + \theta) = 0.9 \times 723823 \times 23.1 \times (1 + \sqrt{1.105} + 1.105)$$

$$= 47495228 \text{N} = 47500 \text{kN}$$

所以应选（D）项。

65. 正确答案是 C，解答如下：

根据《高规》10.2.11 条，$M^t = 1100 \times 1.5 \times 1.1 = 1815 \text{ kN} \cdot \text{m}$

$M^b = 1350 \times 1.5 \times 1.1 = 2228 \text{kN} \cdot \text{m}$，取较大值 $M_2 = 2228 \text{kN} \cdot \text{m}$

$$e_0 = \frac{2228 \times 1000}{25900} = 86 \text{mm} \qquad \frac{e_0}{r_c} = \frac{86}{480} = 0.18 < 1.55$$

按《高规》式（F.1.3-1）：

$$\varphi_e = \frac{1}{1 + 1.85 \times \dfrac{e_0}{r_c}} = \frac{1}{1 + 1.85 \times 0.18} = 0.75$$

所以应选（C）项。

66. 正确答案是 B，解答如下：

按有侧移柱计算，根据《高规》式（F.1.6-3）：$k = 1 - 0.625 \times 0.20 = 0.875$

式（F.1.5）：$L_e = \mu k L = 1.3 \times 0.875 \times 10 = 11.375 \text{m}$

$\dfrac{L_e}{D} = 11.375 > 4$，按规程式（F.1.4-1）：

$$\varphi_l = 1 - 0.115 \sqrt{\frac{L_e}{D} - 4} = 1 - 0.115 \sqrt{\frac{11.375}{1} - 4} = 0.688$$

按轴心受压柱，$L_e = 1.3 \times 10 = 13 \text{m}$

$$\varphi_0 = 1 - 0.115 \sqrt{\frac{L_e}{D} - 4} = 1 - 0.115 \sqrt{\frac{13}{1} - 4} = 0.655$$

$$\varphi_e \cdot \varphi_l = 0.6 \times 0.688 = 0.413 < \varphi_0 = 0.655$$

根据规程 F.1.2 条：

$N_u / N_0 = \varphi_l \cdot \varphi_e = 0.413$，故应选（B）项。

【64～66 题评析】 65 题，本题目为角柱转换柱。

66 题，必须复核 $\varphi_e \cdot \varphi_l < \varphi_0$ 的条件。

67. 正确答案是 C，解答如下：

根据《高规》表 3.3.1-2，该结构为 B 级高层，查表 3.9.4，剪力墙抗震等级为一级；

根据规程 7.1.4 条，底部加强部位高度：

$$H_1 = 2 \times 3.2 = 6.4\text{m}, \quad H_2 = \frac{1}{10} \times 134.4 = 13.44\text{m}$$

取大者 13.44m，1～5 层为底部加强部位，－1～6 层设置约束边缘构件；

根据规程 7.2.14 条，B 级高层宜设过渡层，7 层为过渡层，应设置过渡层边缘构件。

根据规程 7.2.16 条第 4 款及表 7.2.16，阴影范围竖向钢筋：

$$A_c = 300 \times 600 = 1.8 \times 10^5 \text{mm}^2, \quad A_s = 0.9\% A_c = 1620\text{mm}^2$$

8 Φ 18，$A'_s = 2036\text{mm}^2 > A_s$

阴影范围箍筋：

由提示，可知过渡边缘构件的箍筋配置应比构造边缘构件适当加大，配 Φ 10@100：

$$\rho_v \geqslant \lambda_v \frac{f_c}{f_{yv}} = 0.1 \times \frac{19.1}{300} = 0.64\%$$

$$A_{cor} = (600 - 30 - 5) \times (300 - 30 - 30) = 135600\text{mm}^2$$

$$\sum n_i l_i = (300 - 30 - 30 + 10) \times 4 + (600 - 30 + 5) \times 2 = 2150\text{mm}$$

$$\rho_v = \frac{\sum n_i l_i \times A_{si}}{A_{cor} \times s} = \frac{2150 \times 78.5}{135600 \times 100} = 1.24\% > 0.64\%$$

故（C）项满足。

68. 正确答案是 D，解答如下：

墙肢 1 反向地震作用组合时：

$$e_0 = \frac{M}{N} = \frac{3000}{1000} = 3\text{m} > \frac{h_w}{2} - a_s = \frac{2.5}{2} - 0.2 = 1.05\text{m}$$

故为大偏拉，又抗震一级，则：

根据《高规》7.2.4 条及 7.2.6 条：

$$V_w = 1.6 \times 1.25 \times V = 1.6 \times 1.25 \times 1000 = 2000\text{kN}$$

$$M_w = 1.25 \times M = 1.25 \times 5000 = 6250\text{kN} \cdot \text{m}$$

所以应选（D）项。

【67、68 题评析】 67 题，根据《高规》7.2.14 条，B 级高层宜设过渡层。过渡层边缘构件的箍筋配置要求可低于约束边缘构件的要求，但应高于构造边缘构件的要求。对过渡层边缘构件的竖向钢筋配置高层规程未作规定，不低于构造边缘构件的要求。

69. 正确答案是 A，解答如下：

根据《高规》3.11.3 条条文说明，（C）、（D）项不准确。

由规程 4.3.7 条，查表 4.3.7-2：

罕遇地震：$T_g = 0.40 + 0.05 = 0.455$，故（B）项不准确。

所以应选（A）项。

70. 正确答案是 B，解答如下：

根据《高规》E.0.1 条，转换层设置在 3 层时，等效剪切刚度比验算方法不是规范规定的适用于本题的方法，故（A）项不合理。

侧向刚度比验算，根据规程 E.0.2 条，按高层规程式（3.5.2-1）：

第 2、3 层，串联后的侧向刚度为：

$$K_{23}=\cfrac{1}{\cfrac{\Delta_2}{V_2}+\cfrac{\Delta_3}{V_3}}=\cfrac{1}{\cfrac{3.5}{900}+\cfrac{3}{1500}}=170\text{kN/mm}$$

第 4 层侧向刚度为：

$$K_4=\frac{V_4}{\Delta_4}=\frac{900}{2.1}=428.6\text{kN/mm}$$

K_{23} 与 K_4 之比为：

$$K_{23}/K_4=\frac{170}{428.6}=0.4<0.6,\text{ 不满足。}$$

故选（B）项。

【70题评析】 对于（D）项，等效侧向刚度比，按《高规》式（E.0.3）：

$$\gamma_{e2}=\frac{6.2\times18}{7.8\times17.5}=0.82>0.8,\text{ 满足。}$$

等效剪切刚度比、楼层侧向刚度比、考虑层高修正的楼层侧向刚度比及等效侧向刚度比是《高规》要求侧向刚度比验算的主要方法，区分各自适用的对象。

71. 正确答案是 B，解答如下：

根据《高规》4.3.5 条，每条时程曲线计算所得的结构底部剪力最小值为：

$$16000\times65\%=10400\text{kN}$$

P_3、P_6 不能选用，（D）不正确；

选用 7 条加速度时程曲线时，实际地震记录的加速度时程曲线数量不应少于总数量的 2/3，即 5 条，人工加速度时程曲线只能选 2 条，（A）不正确；

各条时程曲线计算所得的剪力的平均值不应小于：$16000\times80\%=12800\text{kN}$

（B）项：$(14000+13000+13500+11000+12000+14500+12000)\times\dfrac{1}{7}=12857\text{kN}>$

12800kN，满足，故应选（B）项。

72. 正确答案是 B，解答如下：

根据《抗规》3.10.4 条条文说明：

同一楼层弹塑性层间位移与小震弹性层间位移之比分别为：

5.8；5.8；5.82；6.0；5.91；5.82；5.8。

平均值为 5.85；最大值为 6.0；

取平均值时：$5.85\times\dfrac{1}{600}=\dfrac{1}{103}$

取最大值时：$6.0\times\dfrac{1}{600}=\dfrac{1}{100}$

所以应选（B）项。

73. 正确答案是 D，解答如下：

根据《城市桥规》10.0.2 条：

$$q_k=10.5\text{kN/m}, \quad P_k=2(L_0+130)=2\times(29.4+130)=318.8\text{kN}$$

$$V=1.25\times2\times\left(1.2\times318.8\times1+\frac{1}{2}\times10.5\times29.7\times\frac{29.7}{29.4}\right)=1350\text{kN}$$

74. 正确答案是 C，解答如下：

根据《公桥通规》4.3.2 条，取 0.3，故应选（C）项。

75. 正确答案是 B，解答如下：

根据《城市桥规》10.0.2 条、3.0.15 条；由《公桥混规》4.2.5 条：

$$a=(a_1+2h)+2l_c$$

由《城市桥规》10.0.2 条及表 10.0.2 知，车辆 4 号轴的车轮的横桥面着地宽度（b_1）为 0.6m，纵桥向着地长度（a_1）为 0.25m。

则：$l_c=1+\dfrac{0.6}{2}+0.15=1.45\text{m}$，如图 Z13-1-2 所示。

对于车辆 4 号轴：

纵桥向荷载分布宽度 $a=(0.25+2\times0.15)+2\times1.45=3.45\text{m}<6\text{m}$ 或 7.2m

所以应选（B）项。

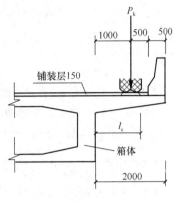

图 Z13-1-2

76. 正确答案是 A，解答如下：

由于各中墩截面及高度完全相同，支座尺寸也完全相同，本段桥纵桥向为对称结构，故温度位移零点必在四跨总长的中心点处，则⑫墩顶距温度位移零点距离 $L=30$m

升温引起的⑫墩顶处水平位移 $\delta_1=L\cdot\alpha\cdot\Delta t=30\times10^{-5}\times25=0.0075$m

墩柱的抗推集成刚度：$\dfrac{1}{K_{集成}}=\dfrac{1}{4\times K_支}+\dfrac{1}{K_柱}$

则：
$$K_{集成}=\frac{4K_支\cdot K_柱}{4K_支+K_柱}=\frac{4\times4500\times20000}{4\times4500+20000}=9474\text{kN/m}$$

⑫墩所承受的水平力：

$$P_1=\delta_1\times K_{集成}=0.0075\times9474=71.05\text{kN}\approx70\text{kN}$$

所以应选（A）项。

77. 正确答案是 A，解答如下：

根据《城桥抗规》3.1.1 条，位于城市快速路上，故属于乙类；查规范表 3.3.3，7 度、乙类，应选用 A 类方法。

78. 正确答案是 D，解答如下：

根据《城桥抗规》8.1.1 条第 1 款：

墩柱高度与弯曲方向边长之比 14/1.8=7.78>2.5

该中墩为墩顶设有支座的单柱墩，在纵桥向或横桥向水平地震力作用下，其潜在塑性铰区域均在墩柱底部，当地震水平力作用于墩柱时，最大弯矩 M_{max} 在柱根截面，相应 $0.8M_{max}$ 的截面在距柱根截面 $0.2H$ 处，即 $h=0.2H=0.2\times14=2.80\text{m}>1.8\text{m}$。

最终取箍筋加密区的最小长度为 2180m，应选（D）项。

【73～78题评析】 76题，若要计算一联桥面连续的多孔简支梁桥（或连续梁桥）的某个桥墩在均匀升温（或降温）作用下承受的温度力，首先要确定该桥墩距本联桥梁结构的温度位移零点的距离，也就是说要先确定该温度位移零点的位置。若本联桥梁各桥墩截面相同，支座类型和尺寸完全相同，各桥墩的高度及各桥墩距本联桥总长的中心点的距离是完全对称的，即各桥墩的纵桥向水平抗推刚度对于本联桥总长的中心点是完全对称的，则本联桥的温度位移零点必在本联桥总长的中心点。若某联桥各桥墩的抗推刚度各不相同，温度位移零点距该联①号墩中心的距离可按下式计算：

$$x = \frac{\sum_{i=0}^{n} l_i k_i}{\sum_{j=0}^{n} k_i}$$

其中：l_i 为各桥墩至①号墩中心线的距离，k_i 为各桥墩的纵桥向水平抗推刚度。

79. 正确答案是C，解答如下：

根据《公桥混规》8.7.3条第2款：

（A）项：$t_e = 29\text{mm} < \dfrac{l_a}{10} = \dfrac{300}{10} = 30\text{mm}$，不满足。

（B）项：$t_e = 45\text{mm} < 2\Delta_l = 2 \times 26 = 52\text{mm}$，不满足。

（C）项：$t_e = 53\text{mm} > 2\Delta_l = 2 \times 26 = 52\text{mm}$

$\dfrac{l_a}{10} = \dfrac{300}{10} = 30\text{mm} < t_e = 53\text{mm} < \dfrac{l_a}{5} = \dfrac{300}{5} = 60\text{mm}$

故（C）项满足。

80. 正确答案是A，解答如下：

根据《公桥通规》4.3.1条、4.3.4条第2款：计算简图，如图 Z13-1-3 所示。

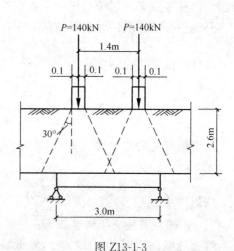

图 Z13-1-3

纵桥向单轴扩散长度：$a_1 = 2.6\tan30° \times 2 + 0.2 = 1.5 \times 2 + 0.2 = 3.2\text{m} > 1.4\text{m}$，两轴压力扩散线重叠，所以应取两轴压力扩散长度：$a = 3.2 + 1.4 = 4.6\text{m}$

双车道车辆，两后轴重引起的压力：$q_{活} = \dfrac{2 \times 2 \times 140}{4.6 \times 8.5} = 14.32\text{kN/m}^2$

双车道车辆，两后轴重在盖板跨中截面每延米产生的活荷载弯矩标准值为：

$M_{活} = \dfrac{1}{8}ql^2 \times 1.0 = \dfrac{1}{8} \times 14.32 \times 3^2 \times 1.0$

$= 16.11\text{kN} \cdot \text{m}$

所以应选（A）项。

2014 年真题解答与评析

（上午卷）

1. 正确答案是 D，解答如下：

根据《抗规》5.1.3 条，《抗震通规》4.3.2 条：

$$N = 1.3(N_{Gk} + 0.5N_{Qk}) + 1.4N_{Ehk} = 1.3 \times (980 + 0.5 \times 220) + 1.4 \times 280 = 1809 \text{kN}$$

$$\mu_N = \frac{N}{f_c A} = \frac{1809 \times 10^3}{16.7 \times (600 \times 600 - 400 \times 400)} = 0.54$$

查《异形柱规》表 6.2.2，二级 T 形框架柱的轴压比限值为：$[\mu_N] = 0.55$

$$\mu_N / [\mu_N] = 0.54/0.55 = 0.98$$

2. 正确答案是 B，解答如下：

查《异形柱规》表 6.2.9，当轴压比为 0.5 时，二级 T 形框架柱 $\lambda_v = 0.20$

根据《异形柱规》公式（6.2.9）：

箍筋均采用 HRB400 级，$f_{yv} = 360 \text{N/mm}^2$

$$\rho_v \geqslant \lambda_v \frac{f_c}{f_{yv}} = 0.20 \times \frac{16.7}{360} = 0.93\% > 0.8\%$$

取 $\Phi 8@100$，则：

$$\rho_v = \frac{4 \times [(600 - 2 \times 30 + 8) + (200 - 2 \times 30 + 8)] \times 50.3}{[(600 - 2 \times 30) \times 140 + 400 \times 140] \times 100} = 1.06\% > 0.93\%$$

箍筋最大间距为：$\min [100\text{mm}, 6 \times 20 = 120\text{mm}] = 100\text{mm}$

满足《异形柱规》表 6.2.10。

3. 正确答案是 C，解答如下：

框架抗震二级，根据《异形柱规》5.1.6 条：

$$M_c^b = \eta_c M_c = 1.5 \times 320 = 480 \text{kN} \cdot \text{m}$$

根据《异形柱规》5.2.3 条：

$$H_n = 3.6 + 1 - 0.45 - 0.05 = 4.1\text{m}$$

$$V_c = 1.3 \frac{M_c^t + M_c^b}{H_n} = 1.3 \times \frac{312 + 480}{4.1} = 251 \text{kN}$$

4. 正确答案是 D，解答如下：

根据《混规》11.6.7 条、11.1.7 条：

$$l_{abE} = 1.15 l_{ab}$$

由《混规》8.3.1 条、8.3.2 条

$$l_{ab} = \alpha \frac{f_y}{f_t} d = 0.14 \times \frac{360}{1.43} \times 20 = 705 \text{mm}$$

故：

$$l_{abE} = 1.15 \times 705 = 811 \text{mm}$$

根据《异形柱规》图 6.3.2（a）：

$$l \geqslant 1.6l_{abE} - (450 - 40) = 1.6 \times 811 - 410 = 888\text{mm}$$
$$l \geqslant 1.5h_b + (600 - 40) = 1.5 \times 450 + 560 = 1235\text{mm}$$

取较大值，选（D）项。

【1～4 题评析】 3题，区分结构高度与建筑高度，柱的结构净高＝3.6＋1－0.45－0.05＝4.1m。

4题，区分 l_{ab} 与 l_a 的不同，l_{abE} 与 l_{ab} 挂钩。

5. 正确答案是C，解答如下：

（1）KL1 中间支座配筋率 $\rho = \dfrac{A_s}{bh_0} = \dfrac{4909}{400 \times 530} \times 100\% = 2.32\% > 2.0\%$，箍筋最小直径应为 10mm，违反《混规》11.3.6。

（2）KL1 上部纵向受力钢筋（即称为"上铁"）中通长钢筋 2Φ25，不满足支座钢筋 10Φ25 的四分之一，不符合《混规》11.3.7 条。

6. 正确答案是C，解答如下：

（1）Q1 水平钢筋配筋率 $\rho = \dfrac{A_s}{bh} = \dfrac{2 \times 78.5}{400 \times 200} = 0.20\% < 0.25\%$，违反《混规》11.7.14 条。

（2）根据《混规》11.7.11 条第 3 款，沿连梁全长箍筋的构造宜按本规范 11.3.6 条和 11.3.8 条框架梁梁端加密区箍筋的构造要求。

LL1 应按一级抗震等级，箍筋最小直径不应小于 10mm，违反《混规》11.3.6 条。

7. 正确答案是C，解答如下：

（1）根据《混规》表 11.4.12-1，抗震等级为二级的 KZ1 的纵筋最小配筋百分率为 0.75%：

$$A_{s,\min} = 800 \times 800 \times 0.75\% = 4800\text{mm}^2$$

实配：$A_s = 4 \times 314.2 + 12 \times 254.5 = 4311\text{mm}^2 < 4800\text{mm}^2$

违反《混规》11.4.12 条规定。

（2）KZ1 非加密区箍筋间距为 200mm $> 10d = 10 \times 18 = 180$mm，违反《混规》11.4.18 条。

8. 正确答案是C，解答如下：

（1）YBZ1 阴影部分纵向钢筋面积：

$A_s = 16 \times 314 = 5024\text{mm}^2 < 0.012A_c = 0.012 \times (800^2 - 400^2) = 5760\text{mm}^2$

不符合《混规》11.7.18 条。

（2）YBZ1 沿长向墙肢长度 1100mm $< 0.15h_w = 0.15 \times (7500 + 400) = 1185$mm

不符合《混规》表 11.7.18。

9. 正确答案是B，解答如下：

根据《混规》6.2.11 条：

$\alpha_1 f_c b'_f h'_f + f'_y A'_s = 1.0 \times 16.7 \times 2000 \times 200 + 360 \times 982 = 7033520\text{N} > f_y A_s = 360 \times 2945 = 1060200\text{N}$

故应按宽度为 b'_f 的矩形截面计算。

按《混规》公式（6.2.10-2）：

$$x = (f_y A_s - f'_y A'_s)/(\alpha_1 f_c b'_f) = (360 \times 2945 - 360 \times 982)/(1.0 \times 16.7 \times 2000) =$$

$21.2mm < 2a'_s = 90mm$

故由《混规》公式（6.2.14）：

$$M_u = f_y A_s (h - a_s - a'_s) = 360 \times 2945 \times (600 - 2 \times 45)$$

$$= 540.7 \times 10^6 N \cdot mm = 541kN \cdot m$$

10. 正确答案是 B，解答如下：

根据《混规》3.4.3 条、7.2.2 条、7.2.5 条：

由图可知，A_s 为 6⊕25，A'_s 为 2⊕25，则：$\dfrac{\rho'}{\rho} = \dfrac{2}{6}$。

$$\theta = 2.0 - (2.0 - 1.6) \times 2/6 = 1.867$$

$$B = \frac{B_s}{\theta} = \frac{1.418 \times 10^{14}}{1.867} = 7.595 \times 10^{13} N \cdot mm^2$$

$$f = 5.5 \times 10^6 \frac{M_q}{B} = 5.5 \times 10^6 \times \frac{300 \times 10^6}{7.595 \times 10^{13}} = 22mm$$

【5～10题评析】 5 题，本题目也可以根据《抗规》进行分析、解答，其结果是相同的。

6 题，框架-剪力墙结构中连梁的抗震等级与剪力墙的抗震等级相同，见《高规》7.2.21 条条文说明。

8 题，阴影面积 $A_{阴}$ 计算：方法一：$A_{阴} = 800^2 - 400^2$；方法二：$A_{阴} = 800 \times 400 + 400 \times 400$。

9 题，由提示可知，A'_s 计算时，不考虑架立钢筋 2⊕12 及板内纵筋。

10 题，从平面表示法获取结构配筋信息。

11. 正确答案是 A，解答如下：

根据《混规》6.5.2 条：

$550mm < 6h_0 = 6 \times 120 = 720mm$，故 u_m 应扣除洞口长度。

$$u_m = 2 \times (520 + 620) - (250 + 120/2) \times 550/800 = 2280 - 213 = 2067mm$$

$$F_u = 0.7\beta_h f_t \eta u_m h_0 = 0.7 \times 1.0 \times 1.43 \times 1.0 \times 2067 \times 120 = 248kN$$

12. 正确答案是 B，解答如下：

洞口每侧补强钢筋面积应不小于孔洞宽度内被切断的受力钢筋面积的一半，550/100 = 5.5 根。

洞口被切断的受力钢筋数量为 6⊕12。

洞边每侧补强钢筋面积为：$A_s \geq 6 \times 113/2 = 339mm^2$

选用 2⊕16，$A_s = 2 \times 201 = 402mm^2 > 339mm^2$，满足。

13. 正确答案是 D，解答如下：

根据《抗规》4.1.6 条及其条文说明：

Ⅱ类场地，$v_{se} = 270m/s$，$\dfrac{270 - 250}{250} = 8\% < 15\%$

位于Ⅱ、Ⅲ类场地分界线附近，T_g 应允许按插值方法确定。

设计地震分组为第一组时，查《抗规》条文说明图 7，特征周期为 0.38s。

罕遇地震作用时，特征周期还应增加 0.05s，即：$T_g = 0.38 + 0.05 = 0.43s$

14. 正确答案是 A，解答如下：

根据《混验规》7.3.4条：

设：水泥=1.0

砂子=1.88/(1-5.3%)=1.985

石子=3.69/(1-1.2%)=3.735

水=0.57-1.985×5.3%-3.735×1.2%=0.42

施工水胶比=水/水泥=0.42/1.0=0.42

15. 正确答案是A，解答如下：

根据《混规》7.1.2条及其计算公式：

Ⅰ. 加大截面高度，可降低σ_s，从而可减少w_{max}，故Ⅰ正确。

Ⅳ. 增加纵向受拉钢筋数量，可提高A_s，从而可减少w_{max}，故Ⅳ正确。

其余措施均不能减少w_{max}。

所以应选(A)项。

16. 正确答案是B，解答如下：

Ⅰ. 根据《抗规》12.3.8条及条文说明，正确，故排除(D)项。

Ⅱ. 根据《抗规》12.2.5条，正确，故排除(C)项。

Ⅳ. 根据《抗规》12.2.7条第2款及其注，按8度确定，框架抗震等级为一级；《抗规》6.3.6条及其注，剪跨比小于2的柱的轴压比限值降低0.05，即：0.65-0.05=0.6，故Ⅳ错误，应选(B)项。

【16题评析】 Ⅲ，根据《抗规》12.2.7条及条文说明和表6.1.2、12.2.5条，正确。

17. 正确答案是B，解答如下：

根据《钢标》8.3.3条及附录E.0.4条：

$$K_1 = \frac{I_1}{I_2} \cdot \frac{H_2}{H_1} = \frac{279000}{0.9 \times 1202083} \times \frac{11.3}{4.7} = 0.62$$

$$\eta_1 = \frac{H_1}{H_2} \cdot \sqrt{\frac{N_1}{N_2} \cdot \frac{I_2}{I_1}} = \frac{4.7}{11.3} \times \sqrt{\frac{610}{2110} \times \frac{0.9 \times 1202083}{279000}} = 0.44$$

查《钢标》附录表E.0.4，故下柱计算长度系数$\mu_2 = 1.72$

根据框架柱平面布置图，查《钢标》表8.3.3，得折减系数为0.9，则：

下柱段的计算长度系数为：0.9×1.72=1.55

上柱段的计算长度系数为：$\mu_1 = \frac{\mu_2}{\eta_1} = \frac{1.55}{0.44} = 3.52$

18. 正确答案是C，解答如下：

根据《钢标》8.4.2条：

$$h_c = \frac{177.54}{177.54 - (-104.66)} \times 972 = 612mm$$

$$k_\sigma = \frac{16}{2 - 1.59 + \sqrt{(2-1.59)^2 + 0.112 \times 1.59^2}} = 14.79$$

$$\lambda_{n,p} = \frac{972/8}{28.1\sqrt{14.79}} = 1.124 > 0.75，则：$$

$$\rho = \frac{1}{1.124} \times \left(1 - \frac{0.19}{1.124}\right) = 0.74$$

$$A_{\text{ne}} = A - (1-\rho)h_{\text{c}}t_{\text{w}}$$
$$= 16740 - (1-0.74) \times 612 \times 8 = 15467 \text{mm}^2$$

（本题目按《钢标》对原真题进行重新编写。）

19. 正确答案是 C，解答如下：

根据《钢标》式（8.2.2-1）：

屋盖肢受压，取图 20-5 中截面 4-4 处：

$$\frac{2110 \times 10^3}{0.916 \times 23640} + \frac{1.0 \times 1070 \times 10^6}{19295 \times 10^3 \times (1-2110/34476)} = 156.5 \text{N/mm}^2$$

吊车肢受压，取图 20-5 中截面 3-3 处：

$$\frac{1880 \times 10^3}{0.916 \times 23640} + \frac{1.0 \times 730 \times 10^6}{13707 \times 10^3 \times (1-1880/34476)} = 143.1 \text{N/mm}^2$$

20. 正确答案是 C，解答如下：

根据《钢标》7.2.7 条

$$V = 180 \text{kN} > \frac{Af}{85\varepsilon_k} = \frac{236.4 \times 10^2 \times 215}{85 \times 1} = 59.8 \text{kN}$$

缀条长度 $l_1 = \sqrt{1050^2 + 1454^2} = 1793 \text{mm}$

$$A_1 = 1063.7 \text{mm}^2, \quad i_{\text{v}} = 18.0 \text{mm}$$

根据《钢标》7.6.1 条：

$$\lambda_{\text{v}} = \frac{0.9 \times 1793}{18} = 90$$

$$\eta = 0.6 + 0.0015 \times 90 = 0.735$$

由《钢标》表 7.2.1-1 及注，为 b 类截面。

查《钢标》附录表 D.0.2，$\varphi = 0.621$

缀条压力：$N = \dfrac{V/2}{\cos\theta} = \dfrac{180/2}{1454/1793} = 111 \text{kN}$

$$\frac{w}{t} = \frac{90 - 2 \times 6}{6} = 13 < 14\varepsilon_k = 14$$

故不考虑《钢标》7.6.3 条。

$$\frac{N}{\eta\varphi A_1 f} = \frac{111 \times 10^3}{0.735 \times 0.621 \times 1063.7 \times 215} = 1.06$$

（本题目对原真题进行重新编写。）

21. 正确答案是 C，解答如下：

根据《抗规》9.2.10 条及附录 K.2 规定：

由提示，交叉支撑按拉杆考虑，其平面内计算长度 l_{0x}：

$$l_{0x} = 0.5 \times \sqrt{(11300-300-70)^2 + 12000^2} = 8116 \text{mm}$$

$$\lambda = \frac{l_{0x}}{i_x} = \frac{8116}{49.8} = 163$$

b 类截面，查《钢标》附录表 D.0.2，取 $\varphi = 0.267$。

由《抗规》附录 K.2.2 条：

单肢轴力 $N_{br} = \dfrac{l_i}{(1+\psi_c\varphi_i)s_c}V_{bi} = \dfrac{1}{1+0.3\times0.267}\times\dfrac{16232}{12000}\times\dfrac{400000}{2} = 2.50\times10^5\text{N}$
$= 250\text{kN}$

$$\frac{N_{br}}{A_n} = \frac{250000}{1569} = 159\text{N/mm}^2$$

22. 正确答案是 B，解答如下：

螺栓中心与构件形心偏差产生的力矩：

$$120\times10^3\times(50-24.4) = 120\times10^3\times25.6 = 3.07\times10^6\text{N}\cdot\text{mm}$$

高强螺栓承受的最大剪力：

$$\sqrt{\left(\frac{3.07\times10^6}{90}\right)^2+\left(\frac{120\times10^3}{2}\right)^2} = 69\text{kN}$$

23. 正确答案是 C，解答如下：

根据《钢标》16.3.2 条，（C）项正确，应选（C）项。

〔此外，（A）项，根据《钢标》16.1.3 条，错误。

（B）项，根据《钢标》6.3.2 条，错误。

（D）项，根据《钢标》3.1.2 条，错误。〕

【17~23 题评析】 18 题，腹板在宽厚比超限后可利用腹板屈曲后强度的规定进行计算。

20 题，应注意的是，本题目的提示是笔者增加的。本题目假定无节板，则：$l_0 = l_1 = 1793\text{mm}$。

21 题，双片支撑，如图 Z14-1-1 所示，其平面见题目条件图 Z14-6 中Ⓐ轴或Ⓑ轴的附近两条虚线，由于连系缀条，支撑平面外的计算长度很小，故不考虑支撑平面外的稳定计算。同时，将单个槽钢强轴 x-x 放在平面内，受力合理，如图 Z14-1(a) 所示。

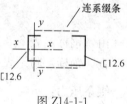

图 Z14-1-1

24. 正确答案是 C，解答如下：

根据《钢标》8.3.1 条，计算长度系数 $\mu=1$，计算长度为 5m。

25. 正确答案是 B，解答如下：

按腹板等强估算连接板厚 $t = \dfrac{11\times(600-2\times17)}{2\times460} = 6.8\text{mm}$，取 $t=7\text{mm}$。

图 Z14-11(a)、(b) 孔中心间距分别为 120mm > 12t = 84mm，90mm > 84mm，均不符合《钢标》表 11.5.2 规定。

26. 正确答案是 D，解答如下：

根据《钢标》14.1.4 条，（A）项错误，（D）项正确，故选（D）项。

〔此外，（B）项，根据《钢标》14.4.1 条，错误。（C）项，根据《钢标》14.1.6 条，错误。〕

27. 正确答案是 C，解答如下：

丙类建筑，8 度，$H=20\text{m}$，根据《抗规》表 8.1.3，框架抗震等级为三级。

柱翼缘板、腹板的宽厚比 $\dfrac{450-40}{20}=20.5<38\sqrt{235/345}=31.4$

梁翼缘板件宽厚比 $\dfrac{(200-8)/2}{12}=8<10\sqrt{235/345}=8.3$

梁腹板板件高厚比 $\dfrac{600-2\times12}{8}=72>70\sqrt{235/345}=57.8$

因此，框架梁板件宽厚比不符合设计要求。

28. 正确答案是 D，解答如下：

单向受弯适合采用强轴承受弯矩的 H 形截面，故选（D）项。

【24～28 题评析】 24 题，区分一阶弹性分析和二阶弹性分析的方法。

27 题，本题目条件：框架梁、柱均采用 Q345 钢。

28 题，一般来说截面双向受弯时，适合采用箱型截面，轴心受压时适合采用圆管截面，单向受弯适合采用强轴承受弯矩的 H 形截面。另外，箱形截面相对于 H 形截面来说，节点构造复杂，加工费用高。

29. 正确答案是 D，解答如下：

翼缘板件宽厚比：$\dfrac{b}{t_f}=\dfrac{(250-8)/2}{12}=10.1<13\varepsilon_k=13$

腹板板件高厚比：$h_0/t_w=700/8=87.5>80\varepsilon_k=80$

根据《钢标》6.3.1 条、6.4.1 条规定，应选（D）项。

30. 正确答案是 A，解答如下：

根据《网格规程》4.3.1 条，应选（A）项。

31. 正确答案是 D，解答如下：

最大弯矩设计值 $M=\dfrac{1}{15}qH^2=\dfrac{1}{15}\times34\times3^2=20.40\,\mathrm{kN\cdot m/m}$

根据《砌规》式（5.4.1）：

根据《砌规》表 3.2.2 取 $f_{tm}=0.17\mathrm{MPa}$。

$$M\leqslant f_{tm}\cdot\dfrac{1}{6}bh^2, \text{则：}$$

$$h\geqslant\sqrt{\dfrac{6M}{f_{tm}b}}=\sqrt{\dfrac{6\times20.4\times10^6}{0.17\times1000}}=848.53\mathrm{mm}$$

32. 正确答案是 B，解答如下：

最大剪力设计值 $V=\dfrac{2}{5}qH=\dfrac{2}{5}\times34\times3=40.80\,\mathrm{kN/m}$

根据《砌规》5.4.2 条：

根据《砌规》表 3.2.2，取 $f_v=0.17\mathrm{MPa}$。

$$V\leqslant f_v b\cdot\dfrac{2}{3}h, \text{则：}$$

$$h\geqslant\dfrac{3V}{2f_v b}=\dfrac{3\times40.8\times1000}{2\times0.17\times1000}=360\mathrm{mm}$$

33. 正确答案是 D，解答如下：

根据《砌规》5.1.2 条、5.1.1 条：

$$\beta = \gamma_\beta \frac{H_0}{h} = 1 \times \frac{3000}{370} = 8.11$$

墙底弯矩 $M = \frac{1}{15}qH^2 = \frac{1}{15} \times 34 \times 3^2 = 20.40 \text{kN} \cdot \text{m}$

偏心距 $e = \frac{M}{N} = \frac{20400}{220} = 92.73 \text{mm}$

$$e/h = 92.73/370 = 0.25$$

根据《砌规》附录表 D.0.1-1，得 $\varphi = 0.42$

$$\varphi f A = 0.42 \times 1.0 \times 1.89 \times 370 \times 1000 = 293.7 \text{kN/m}$$

34. 正确答案是 C，解答如下：

根据《砌规》3.2.2 条、3.2.1 条：

$f_g = f + 0.6\alpha f_c = 2.5 + 0.6 \times 0.175 \times 9.6 = 3.508 \text{MPa} < 2f = 2 \times 2.5 = 5.0 \text{MPa}$

故取 $f_g = 3.508 \text{MPa}$。

$$f_{vg} = 0.2 f_g^{0.55} = 0.2 \times 3.508^{0.55} = 0.40 \text{MPa}$$

35. 正确答案是 A，解答如下：

根据《砌规》9.2.2 条及注的规定：

$$\beta = \gamma_\beta \frac{H_0}{h} = 1 \times \frac{3.0}{0.19} = 15.79$$

$$\varphi_{0g} = \frac{1}{1 + 0.001\beta^2} = \frac{1}{1 + 0.001 \times 15.79^2} = 0.80$$

$$N_u = 0.80 \times (3.6 \times 190 \times 3190 + 0.8 \times 0) = 1745.57 \text{kN}$$

36. 正确答案是 D，解答如下：

根据《抗规》第 7.2.6 条，$\frac{\sigma_0}{f_{vg}} = \frac{2.0}{0.40} = 5$，取 $\xi_N = 2.15$。

$$f_{vE} = \xi_N f_{vg} = 2.15 \times 0.40 = 0.86 \text{MPa}$$

根据《抗规》7.2.8 条：

填孔率 $\rho = 7/16 = 0.4375 < 0.5$，且 > 0.25，故取 $\xi_c = 1.10$

墙体截面面积 $A = 190 \times 3190 = 606100 \text{mm}^2$

根据《抗规》5.4.2 条，$\gamma_{RE} = 0.9$。

$$V_u = \frac{1}{0.9} \times [0.86 \times 606100 + (0.3 \times 1.1 \times 100800 + 0.05 \times 270 \times 565) \times 1.1]$$

$$= 629.14 \text{kN}$$

37. 正确答案是 C，解答如下：

根据《砌规》9.3.1 条：

$$f_{vg} = 0.2 f_g^{0.55} = 0.2 \times 4.8^{0.55} = 0.47 \text{MPa}$$

$$V \leqslant 0.25 f_g b h_0 = 0.25 \times 4.8 \times 190 \times 3100 = 706.8 \text{kN}$$

$$\lambda = \frac{M}{V h_0} = \frac{560}{150 \times 3.1} = 1.20 < 1.5，取 \lambda = 1.5。$$

由规范式 (9.3.1-2)：

$$N = 770 \text{kN} > 0.25 f_g b h = 727.32 \text{kN}，故取 N = 727.32 \text{kN}$$

$$V_u = \frac{1}{1.5 - 0.5} \times (0.6 \times 0.47 \times 190 \times 3100 + 0.12 \times 727.32 \times 10^3)$$

$$+ 0.9 \times 270 \times \frac{2 \times 78.54}{600} \times 3100$$

$$= 450.59 \text{kN} < 706.8 \text{kN}$$

故取 $V_u = 450.59 \text{kN}$。

【34～37题评析】 37题,应复核截面条件,即:$V_u \leqslant 706.8 \text{kN}$。

38. 正确答案是B,解答如下:

根据《砌规》5.1.2条,(B)项错误,应选(B)项。

【38题评析】 (A)项,根据《砌规》5.1.2条,正确。

(C)、(D)项,根据《砌规》5.1.3条表5.1.3,正确。

39. 正确答案是C,解答如下:

取单元长度2100mm进行计算,$A = (2100 - 240) \times 240 = 446400 \text{mm}^2$

根据《砌规》5.1.3条、5.1.2条:

刚性方案,$s = 8.4 \text{m} > 2H = 6 \text{m}$,故:$H_0 = 1.0H = 3 \text{m}$

$$\beta = \gamma_\beta \frac{H_0}{h} = 1 \times \frac{3.0}{0.24} = 12.5, \quad \rho = \frac{615}{240 \times 2100} = 0.12\%$$

查《砌规》表8.2.3:

$$\beta = 12, \quad \rho = 0.12\%, \quad \varphi_{com} = 0.82 + \frac{0.12 - 0}{0.2 - 0} \times (0.85 - 0.82) = 0.838$$

$$\beta = 14, \quad \rho = 0.12\%, \quad \varphi_{com} = 0.77 + \frac{0.12 - 0}{0.2 - 0} \times (0.80 - 0.77) = 0.788$$

$$\beta = 12.5, \quad \rho = 0.12\%, \quad \varphi_{com} = 0.838 - \frac{12.5 - 12}{14 - 12} \times (0.838 - 0.788) = 0.8255$$

由《砌规》8.2.7条:

$$N = 0.8255 \times [1.69 \times 446400 + 0.646 \times (9.6 \times 240^2 + 270 \times 615)]$$

$$= 1006.2 \text{kN}$$

单位长度 N_0:$N_0 = 1006.2 / 2.1 = 479.1 \text{kN/m}$

40. 正确答案是B,解答如下:

根据《砌规》8.2.8条、8.2.5条、8.2.4条:

$$\xi = \frac{x}{h_0} = \frac{120}{240 - 35} = 0.585 > \xi_s = 0.47, \text{属于小偏压。}$$

$$\sigma_s = 650 - 800\xi = 650 - 800 \times 0.585 = 182 \text{N/mm}^2 < 270 \text{N/mm}^2$$

$$A' = (2100 - 240) \times 120 = 223200 \text{mm}^2$$

由规范式(8.2.4-1):

$$A_s = A'_s = \frac{N - fA' - f_c A_c}{\eta_s f'_y - \sigma_s} = \frac{672000 - 1.69 \times 223200 - 9.6 \times 120 \times 240}{1.0 \times 270 - 182}$$

$$= 208 \text{mm}^2$$

总计算值:$A_s + A'_s = 2 \times 208 = 416 \text{mm}^2$

【39、40题评析】 39题,本题目也可以按整体墙($l = 8.64 \text{m}$)进行分析、计算,再转换为单位长度的承载力。

（下午卷）

41. 正确答案是 C，解答如下：

根据《木标》4.3.18条：

$$d=110+1.5\times9=123.5\text{mm}$$

由《木标》4.3.1条、4.3.2条：

$$f_m=1.15\times11=12.65\text{N/mm}^2$$

最大弯矩 $M=\dfrac{1}{8}ql^2=0.125\times1.2\times3^2=1.35\text{kN}\cdot\text{m}$

$$W=\frac{1}{32}\pi d^3=\frac{1}{32}\times\pi\times123.5^3=184833.4\text{mm}^3$$

根据《木标》5.2.3条，$h/b=1<4$，取 $\varphi_l=1.0$，则：

$$\frac{M}{\varphi_l W}=\frac{1.35\times10^6}{1\times184833.4}=7.30\text{N/mm}^2$$

42. 正确答案是 D，解答如下：

根据《木标》7.4.11条，（D）项错误，故应选（D）项。

【42题评析】（A）项，根据《抗规》11.3.10条，正确。

（B）项，根据《木标》7.7.10条，正确。

（C）项，根据《木标》7.7.5条，正确。

43. 正确答案是 B，解答如下：

第①层土的主动土压力系数，$k_a=\tan^2（45^\circ-\varphi_k/2）=\tan^2（45^\circ-13^\circ）=0.39$

根据朗肯土压力公式，水土分算：

$$\sigma_A=\Sigma(\gamma_i h_i)k_a-2c\sqrt{k_a}+\gamma_w h_w$$

$$=(19\times0.5+9\times3.5)\times0.39-2\times4.5\times\sqrt{0.39}+10\times3.5$$

$$=16.0-5.6+35=45.4\text{kPa}$$

44. 正确答案是 B，解答如下：

根据《地规》5.4.3条：

设外挑长度为 x，由 $G_k=1.05N_{w,k}$，则：

$$280+60+2x(0.8\times23+4.2\times9+0.5\times19)=1.05\times(7\times5+2\times0.8x)\times10$$

解之得：$x=0.240\text{m}=240\text{mm}$

45. 正确答案是 B，解答如下：

根据《地处规》7.3.3条：

$$R_a=u_P\sum_{i=1}^{n}q_{si}l_{pi}+a_P q_P A_P$$

$$=3.14\times0.6\times(11\times1+10\times8+15\times2)+0.5\times3.14\times0.3^2\times200$$

$$=256\text{kN}$$

$$R_a = \eta A_p f_{cu} = 0.25 \times 3.14 \times 0.3^2 \times 1900 = 134\text{kN}$$

故取 $R_a = 134\text{kN}$。

46. 正确答案是 C，解答如下：

根据《地处规》3.0.4 条：

$$f_{spk} = 145 - 1 \times 18.5 \times (1.4 - 0.5) = 128.4\text{kPa}$$

根据《地处规》7.1.5 条：

由提示，取 $f_{sk} = 85\text{kPa}$

$$m = \frac{f_{spk} - \beta f_{sk}}{\lambda R_a / A_p - \beta f_{sk}} = \frac{128.4 - 0.8 \times 85}{1 \times 145 / (3.14 \times 0.3^2) - 0.8 \times 85} = 0.136$$

取单元面积（$s \times 2$）考虑其桩截面面积为 2 个桩，则：

$$m = \frac{2 \times \frac{\pi}{4} \times 0.6^2}{s \times 2} = 0.136，解之得：s = 2.078\text{m}$$

【45、46 题评析】 46 题在实际的工程设计中，对大面积的复合地基布桩，应按《地处规》7.1.5 条的规定计算置换率或计算桩间距。对条形基础、独立基础下的复合地基，宜按《地处规》7.9.7 条的规定，应根据基础面积与该面积范围内实际布桩数量计算置换率或计算桩间距。

47. 正确答案是 B，解答如下：

根据《地规》5.2.7 条：

$E_{s1}/E_{s2} = 6.3/2.1 = 3$，$z/b = 1/17.4 = 0.06 < 0.25$，查表 5.2.7 得，$\theta = 0°$。

$$p_z = \frac{lb(p_k - p_c)}{(b + 2z\tan\theta) + (l + 2z\tan\theta)} = \frac{17.4 \times 39.2}{17.4 \times 39.2} \times \left(\frac{45200}{39.2 \times 17.4} - 19 \times 1 \right) = 47.3\text{kPa}$$

$$p_{cz} = 1 \times 19 + 1 \times (19 - 10) = 28\text{kPa}$$

$$p_z + p_{cz} = 47.3 + 28 = 75.3\text{kPa}$$

48. 正确答案是 B，解答如下：

根据《桩规》5.3.8 条、5.2.2 条：

$$\frac{h_b}{d_1} = \frac{2}{0.4 - 2 \times 0.095} = 9.5 > 5，取 \lambda_p = 0.8$$

$$A_j = \frac{3.14}{4}(0.4^2 - 0.21^2) = 0.091\text{m}^2 ; \quad A_{p1} = \frac{3.14}{4} \times 0.21^2 = 0.035\text{m}^2$$

$$Q_{uk} = u\Sigma q_{sik} l_i + q_{pk}(A_j + \lambda_p A_{p1})$$

$$= 3.14 \times 0.4 \times (60 \times 1 + 20 \times 16 + 64 \times 7 + 160 \times 2)$$

$$\quad + 8000 \times (0.091 + 0.8 \times 0.035)$$

$$= 2394\text{kN}$$

$$R_a = Q_{uk}/2 = 1197\text{kN}$$

49. 正确答案是 B，解答如下：

根据《桩规》5.6.2 条：

$$\eta_p = 1.3，F = 43750 - 39.2 \times 17.4 \times 19 = 30790 \text{kN}$$

$$p_0 = \eta_p \frac{F - nR_a}{A_c} = 1.3 \times \frac{30790 - 52 \times 340}{39.2 \times 17.4 - 52 \times 0.25 \times 0.25} = 25.1 \text{kPa}$$

50. 正确答案是 A，解答如下：

根据《桩规》5.6.2 条、5.5.10 条：

方桩：$s_a/d = 0.886 \sqrt{A}(\sqrt{n} \cdot b) = 0.886\sqrt{39.2 \times 17.4}/(\sqrt{52} \times 0.25) = 12.8$

$$\overline{q}_{su} = (60 + 20 \times 16 + 64)/18 = 24.7 \text{kPa}$$

$$\overline{E}_s = (6.3 + 2.1 \times 16 + 10.5)/18 = 2.8 \text{MPa}$$

方桩：$d = 1.27b = 1.27 \times 0.25 = 0.3175$

$$s_{sp} = 280 \frac{\overline{q}_{su}}{\overline{E}_s} \cdot \frac{d}{(s_a/d)^2} = 280 \times \frac{24.7}{2.8} \times \frac{0.3175}{(12.8)^2} = 4.8 \text{mm}$$

51. 正确答案是 C，解答如下：

根据《桩规》5.1.1 条、5.2.1 条：

$$N_k = \frac{F_k + G_k}{n} = \frac{5380 + 4.8 \times 2.8 \times 2.5 \times 20}{5} = 1210 \text{kN}$$

$$N_{kmax} = \frac{F_k + G_k}{n} + \frac{M_{xk}y_i}{\sum y_i^2} = 1210 + \frac{(2900 + 200 \times 1.6) \times 2}{2^2 \times 4}$$

$$= 1210 + 402.5 = 1613 \text{kN}$$

$$R_a \geqslant \frac{N_{kmax}}{1.2} = \frac{1613}{1.2} = 1344 \text{kN}，\text{且} R_a \geqslant N_k = 1210 \text{kN}$$

故取 $R_a \geqslant 1344 \text{kN}$。

52. 正确答案是 B，解答如下：

根据《桩规》5.9.10 条

$$\beta_{hs} = \left(\frac{800}{h_0}\right)^{1/4} = \left(\frac{800}{1500}\right)^{1/4} = 0.855$$

$$b_0 = \left[1 - 0.5 \times \frac{0.75}{1.5} \times \left(1 - \frac{1.0}{2.8}\right)\right] \times 2.8 = 2.35 \text{m};$$

$$\lambda = (2 - 0.4 - 0.2)/1.5 = 0.933 \begin{array}{l} < 3 \\ > 0.25 \end{array}$$

$$\alpha = \frac{1.75}{\lambda + 1} = \frac{1.75}{0.933 + 1} = 0.905$$

$$\beta_{hs}\alpha f_t b_0 h_0 = 0.855 \times 0.905 \times 1.43 \times 2.35 \times 1500 = 3900 \text{kN}$$

53. 正确答案是 A，解答如下：

根据《桩规》5.7.2 条：

$$EI = 0.85 E_c I_0 = 0.85 \times 3.6 \times 10^4 \times 213000 \times 10^{-5} = 65178 \text{kN} \cdot \text{m}^2$$

$$R_{ha} = 0.75\alpha^3 \frac{EI}{\nu_x}\chi_{0a} = 0.75 \times \frac{0.63^3 \times 65178}{2.441} \times 0.010 = 50.1 \text{kN}$$

54. 正确答案是 A，解答如下：

根据《桩规》5.5.7条：

$a/b = 2.4/1.4 = 1.71$，$z/b = 8.4/1.4 = 6$，查附录表 D.0.1-2 得：$\bar{a} = 0.0977$。

$E_s = 17.5MPa$，查规范表 5.5.11，$\psi = (0.9 + 0.65)/2 = 0.775$。

$$s = 4 \cdot \psi \cdot \psi_e \cdot p_0 \sum_{i=1}^{n} \frac{z_i \bar{a}_i - z_{i-1} \bar{a}_{i-1}}{E_{si}} = 4 \times 0.775 \times 0.17 \times 400 \times 8.4 \times 0.0977/17.5$$

$= 9.9mm$

【51~54题评析】 52题，《桩规》图 5.9.10-3 中 b_{x2}、b_{y2} 的标注是错误的，应按《地规》附录图 U.0.2 中规定。

55. 正确答案是 C，解答如下：

Ⅱ. 根据《地规》3.0.1条、9.1.5条，错误，故排除（A）、（D）项。

Ⅲ. 根据《地规》9.3.3条，错误，故排除（B）项，故应选（C）项。

【55题评析】 Ⅰ. 根据《地规》9.1.6条，正确。

Ⅳ. 根据《地规》9.4.7条及附录W，正确。

56. 正确答案是 D，解答如下：

Ⅱ. 根据《地规》4.1.6条、6.7.2条，正确，故排除（B）项。

Ⅲ. 根据《地规》5.3.8条、6.2.2条，正确，故排除（C）项。

Ⅳ. 根据《地规》4.1.4条、5.2.6条，错误，故排除（A）项。

故应选（D）项。

【56题评析】 Ⅰ. 根据《地规》6.4.2条，正确。

57. 正确答案是 D，解答如下：

根据《高规》5.2.1条及条文说明，（D）项错误，应选（D）项。

【57题评析】 （A）、（C）项，根据《高规》5.2.1条及条文说明，正确。

（B）项，根据《高规》3.11.3条条文说明，正确。

58. 正确答案是 C，解答如下：

根据《抗规》5.2.7条及条文说明，（C）项正确，应选（C）项。

【58题评析】 （A）项，根据《高规》12.1.8条及条文说明，错误。

（B）项，根据《高规》7.1.4条及条文说明，错误。

（D）项，根据《高规》12.1.7条及条文说明，错误。

59. 正确答案是 D，解答如下：

根据《高规》3.7.3条：

$$[\Delta u] = \frac{1}{800}h = \frac{1}{800} \times 400 = 5mm$$

层间位移角控制时，按刚性楼板假定，不考虑偶然偏心、应考虑扭转耦联的 Δu，故取 $\Delta u = 2.0mm$

根据《高规》3.4.5条及注：

$$\Delta u = 2.0mm \leqslant 40\%[\Delta u] = 40\% \times 5 = 2mm$$

故最大扭转位移比可取为 1.6。

60. 正确答案是 B，解答如下：

根据《高规》4.3.3 条、4.3.10 条及条文说明：考虑双向地震作用效应计算时，不考虑偶然偏心的影响。

$$N_{Ek}^{双} = \sqrt{7500^2 + (0.85 \times 9000)^2} = 10713kN$$

$$N_{Ek}^{双} = \sqrt{9000^2 + (0.85 \times 7500)^2} = 11029kN > 10713kN$$

取较大值：$N_{Ek}^{双} = 11029kN$

单向地震考虑偶然偏心：$N_{Ek}^{单} = 12000kN$

最终取 $N_{Ek} = \max\{N_{Ek}^{双}, N_{Ek}^{单}\} = \max\{11029, 12000\} = 12000kN$。

61. 正确答案是 B，解答如下：

方案 A：$\dfrac{M_f}{M} = 55\% > 50\%$，根据《高规》8.1.3 条第 3 款，剪力墙较少。

方案 C：$\dfrac{T_t}{T_1} = \dfrac{1.4}{1.52} = 0.92 > 0.9$，根据《高规》3.4.5 条及条文说明，属扭转不规则。

方案 B：$T_t/T_1 = 1.2/1.5 = 0.8$，满足；方案 D：$T_t/T_1 = 1.1/1.3 = 0.85$，满足。方案 D 刚度较大，存在优化空间；方案 B 较合理。

故选（B）项。

62. 正确答案是 C，解答如下：

根据《结通规》3.1.13 条，及《抗震通规》4.3.2 条：

$$M_A = 1.3 \times (-500) + 1.5 \times (-100) = -800kN \cdot m$$

$$M_A = 1.3 \times (-500 - 0.5 \times 100) + 1.4 \times (-260) = -1079kN \cdot m$$

根据《高规》3.8.2 条：$\gamma_{RE} = 0.75$

$$\gamma_{RE} M_A = 0.75 \times 1079 = 809.25 > 800kN \cdot m$$

故最终配筋是由抗震设计控制，即 $M = 809.25kN \cdot m$。

63. 正确答案是 A，解答如下：

根据《高规》6.3.3 条第 3 款：

$$d \leqslant \frac{1}{20}h = \frac{1}{20} \times 600 = 30mm，（D）项不满足要求。$$

根据《高规》6.3.2 条第 3 款，$\dfrac{A_s^b}{A_s^t} \geqslant 0.5$，则：

（C）项不满足；（A）项、（B）项，均满足。

对于（A）项：$\dfrac{x}{h_0} = \dfrac{f_y A_s - f_y' A_s'}{\alpha_1 bh_0 f_c} = \dfrac{360 \times (3927 - 1964)}{1 \times 350 \times 540 \times 16.7} = 0.22 < 0.25$

满足《高规》6.3.2 条第 1 款要求，应选（A）项。

【63 题评析】（B）项：跨中正弯矩钢筋（6 Φ 25）全部锚入柱内，也满足《高规》6.3.2 条第 1 款要求，但是，不经济，也不利于实现"强柱弱梁"，故不合理。

64. 正确答案是 B，解答如下：

（1）当 $b_w = 300mm$，$\dfrac{h_f}{b_w} = \dfrac{750}{300} = 2.5 < 3$，$\dfrac{h_w}{b_w} = \dfrac{2100}{300} = 7$，根据《高规》表 7.2.15 注 2、7.1.8 条注 1，按无翼墙短肢剪力墙（短肢一字形剪力墙）考虑。

根据《高规》7.2.2条第2款，$[\mu_\mathrm{N}] \leqslant 0.45-0.1=0.35$

$N \leqslant 0.35 b_\mathrm{w} h_\mathrm{w} f_\mathrm{c} = 0.35 \times 300 \times 2100 \times 14.3 = 3153150\mathrm{N} = 3153\mathrm{kN} < 3900\mathrm{kN}$，不满足。

（2）当 $b_\mathrm{w} = 350\mathrm{mm}$ 时，$\dfrac{h_\mathrm{f}}{b_\mathrm{w}} = \dfrac{750}{350} = 2.14 < 3$，属于翼墙；但是 $b_\mathrm{w} = 350\mathrm{mm} > 300\mathrm{mm}$，故不属于短肢剪力墙，按普通一字形剪力墙考虑，$[\mu_\mathrm{N}] \leqslant 0.5$

$N \leqslant 0.5 b_\mathrm{w} h_\mathrm{w} f_\mathrm{c} = 0.5 \times 350 \times 2100 \times 14.3 = 5255250\mathrm{N} = 5255.250\mathrm{kN} > 3900\mathrm{kN}$，满足。

65. 正确答案是 B，解答如下：

根据《高规》3.7.7条及附录A：

$$[a_\mathrm{p}] = 0.22 - \frac{3.5-2}{4-2} \times (0.22 - 0.15) = 0.168\mathrm{m/s}^2$$

$$w = \overline{w}BL = 5 \times 28B = 140B(\mathrm{kN})$$

$$a_\mathrm{p} = \frac{F_\mathrm{p}}{\beta w}g = \frac{0.12}{0.02 \times 140B} \times 9.8 \leqslant [a_\mathrm{p}] = 0.168$$

解之得：$B \geqslant 2.50\mathrm{m}$

66. 正确答案是 D，解答如下：

根据《高规》3.3.1条，属于B级高度，查《高规》表3.9.4，筒体墙的抗震等级为一级。

由《高规》7.1.4条：

$$H_\mathrm{底} = \max\left\{5.1+5.1,\ \frac{1}{10} \times 155.4\right\} = 15.54\mathrm{m}$$，故第3层位于底部加强部位。

由《高规》5.6.4条、7.2.6条，及《抗震通规》4.3.2条：

$$V = \eta_\mathrm{vw} V_\mathrm{w} = 1.6 \times (1.4 \times 1900 + 1.5 \times 0.2 \times 1400) = 4928\mathrm{kN}$$

67. 正确答案是 C，解答如下：

根据《高规》6.2.8条：

$N = 7700\mathrm{kN} > 0.3 f_\mathrm{c} A_\mathrm{c} = 4641.3\mathrm{kN}$，取 $N = 4641.3\mathrm{kN}$。

$$1800 \times 10^3 \leqslant \frac{1}{0.85}\left(\frac{1.05}{1.8+1} \times 1.71 \times 900 \times 860 + 360 \times \frac{A_\mathrm{sv}}{s} \times 860 + 0.056 \times 4641300\right)$$

解之得：$A_\mathrm{sv}/s = 2.5\mathrm{mm}^2/\mathrm{mm}$

68. 正确答案是 A，解答如下：

根据《高规》7.2.3条，墙厚大于 400mm、但不大于 700mm 时，宜采用 3 排分布筋，（D）项不满足。

《高规》9.2.2条，约束边缘构件沿墙肢长度取截面高度的 1/4，取 $10000/4 = 2500\mathrm{mm}$，（C）项不满足。

《高规》7.2.15条，筒体墙抗震等级一级，阴影部分配筋面积不小于 $600 \times 1800 \times 1.2\% = 12960\mathrm{mm}^2$，$28 \oplus 25$（$A_\mathrm{s} = 13745\mathrm{mm}^2$）可满足要求，$28 \oplus 22$（$A_\mathrm{s} = 10643\mathrm{mm}^2$）不满足要求。

故选（A）项。

69. 正确答案是 C，解答如下：

根据《高规》7.2.12条：

$$A_\mathrm{s} = 6 \times 380.1 + 6 \times 254.5 + 2 \times 78.5 \times \left(\frac{2000}{200} - 1\right) = 5217\mathrm{mm}^2$$

$$V_{wj} \leqslant \frac{1}{\gamma_{RE}} (0.6 f_y A_s + 0.8N) = \frac{1}{0.85} \left(0.6 \times 360 \times \frac{5217}{1000} + 0.8 \times 3800 \right) = 4902 \text{kN}$$

70. 正确答案是 B，解答如下：

根据《高规》3.11.3 条，按性能水准 2 设计：

$$A_s = \frac{M_b^{l*}}{f_{yk}(h_0 - a_s')} = \frac{1355 \times 10^6}{400 \times (1000 - 40 - 40)} = 3682 \text{mm}^2$$

选 6 Φ 28（$A_s = 3695 \text{mm}^2$），满足

【66~70 题评析】 66 题、68 题，确定结构的抗震等级，首先应判别是否属于 A 级高度，或 B 级高度。

70 题，构件抗震性能化设计时，区分正截面、斜截面的不同性能水准要求。

71. 正确答案是 A，解答如下：

根据《烟标》3.1.8 条、3.1.9 条：

$$R_d \geqslant \gamma_{RE} (\gamma_{GE} S_{GE} + \gamma_{Eh} S_{Ehk} + \psi_{WE} \gamma_W S_{Wk} + \psi_{MaE} S_{MaE})$$
$$= 0.9 \times (1.3 \times 18000 + 0.2 \times 1.6 \times 11000 + 1.0 \times 1800) = 28720 \text{kN} \cdot \text{m}$$

72. 正确答案是 D，解答如下：

根据《烟标》5.5.1 条、5.5.5 条：

8 度（0.2g）、多遇地震，查《抗规》表 5.1.4-1，取 $\alpha_{max} = 0.16$。

$$F_{Ev0} = \pm 0.75 \alpha_{vmax} G_E$$
$$= \pm 0.75 \times 0.16 \times 65\% \times 15000 = 1170 \text{kN}$$

由《烟标》3.1.9 条：

小偏压：$N_1 = 1.2 \times 15000 + 1.3 \times 1170 = 19521 \text{kN}$

大偏压：$N_2 = 1.0 \times 15000 - 1.3 \times 1170 = 13479 \text{kN}$

【71、72 题评析】 72 题，大、小偏压钢筋混凝土结构构件，一般地，小偏压时，N 越大、M 越大，对构件越不利；在大偏压时，N 越小，M 越大，对构件越不利。其中，N 为基本组合值，或地震组合值。

73. 正确答案是 B，解答如下：

根据《公桥通规》4.3.4 条、4.3.1 条：

双向两列车，$W = 12\text{m}$，查表 4.3.1-4，取 2 条设计车道。

$$\Sigma G = 2 \times 2 \times 140 = 560 \text{kN}$$

$$h_B = \frac{560}{18 \times 12 \times 2.31} = 1.1 \text{m}$$

74. 正确答案是 D，解答如下：

根据《公桥混规》5.2.11 条、5.2.12 条：

$$\gamma_0 V_d = 940 \text{kN} < 0.51 \times 10^{-3} \sqrt{f_{cu,k}} bh_0 = 0.51 \times 10^{-3} \times \sqrt{40} \times 540 \times 1360$$
$$= 2369 \text{kN}$$

$$\gamma_0 V_d = 940 \text{kN} > 0.5 \times 10^{-3} \alpha_2 f_{td} bh_0 = 0.5 \times 10^{-3} \times 1.25 \times 1.65 \times 540 \times 1360$$
$$= 757 \text{kN}$$

故选（D）项。

75. 正确答案是 A，解答如下：

室内道路，由《城桥抗规》3.1.1 条，确定为乙类（或丙类）；由 3.1.4 条，按 8 度确定抗震措施。

根据《城桥抗规》11.4.1 条、11.3.2 条：

$$a \geqslant 70 + 0.5L$$

$$B_{\text{中}} = 2a + b_0 \geqslant 2 \times (70 + 0.5L) + b_0 = 2 \times (70 + 0.5 \times 15.5) + 8$$
$$= 163.5\text{cm} = 1635\text{mm}$$

76. 正确答案是 B，解答如下：

根据《公桥混规》4.3.5 条：

$$M_e = M - M'$$

$$M' = \frac{1}{8} \times q \times a^2$$

$$q = R/a = 6600/1.85 = 3567\text{kN/m}$$

$$M' = \frac{1}{8} \times 3567 \times 1.85^2 = 1526\text{kN} \cdot \text{m}$$

$$M_e = 15000 - 1526 = 13474\text{kN} \cdot \text{m} < 0.9 \times 15000 = 13500\text{kN} \cdot \text{m}$$

故取 $M_e = 13500\text{kN} \cdot \text{m}$。

77. 正确答案是 D，解答如下：

公路-Ⅰ级、$L = 25\text{m}$，由《公桥通规》4.3.1 条：

$q_k = 10.5\text{kN/m}$，$P_k = 2 \times (25 + 130) = 310\text{kN}$

重力产生的反力：

$R_q = q(w_1 - w_2 + w_3) = 158 \times (0.433 - 0.05 + 0.017)l = 158 \times 0.40 \times 25 = 1580\text{kN}$

公路-Ⅰ级，均布荷载产生的反力：

$R_{Q1} = q_k(w_1 + w_3) = 10.5 \times (0.433 + 0.017) \times 25 = 10.5 \times 0.45 \times 25 = 118\text{kN}$

公路-Ⅰ级，集中荷载产生的反力：

$R_{Q2} = P_k \times 1.0 = 310 \times 1 = 310\text{kN}$

$R_Q = (1 + 0.15) \times (118 + 310) = 492.2\text{kN}$

1 条车道取 $\xi = 1.2$，$R_Q = 1.2 \times 492.2 = 590.64\text{kN}$

安全等级为一级，取 $\gamma_0 = 1.1$，则：

$R_d = 1.1 \times (1.2 \times 1580 + 1.4 \times 590.64) = 2995.2\text{kN}$

每个支座的平均反力组合值：

$$R_2 = \frac{1}{2} \times 2995.2\text{kN} = 1498\text{kN}$$

78. 正确答案是 C，解答如下：

根据《城桥抗规》表 3.1.1，属于丙类桥梁。

由《城桥抗规》3.1.4 条第 2 款，故按 8 度采用抗震措施。

79. 正确答案是 B，解答如下：

根据《公桥混规》9.8.2 条及条文说明：

不考虑动力系数 1.2，则：

$$N_A = \frac{13.5 \times 15.94}{3} = 71.73\text{kN}$$

80. 正确答案是 A，解答如下：

根据《城市桥规》9.2.3 条：

（A）项：$F = 25 \times 30 \times 100 = 75000\text{mm}^2$

$$n = \frac{75000}{\frac{1}{4}\pi \times 150^2} = 4.24$$

故（A）项基本满足，（B）、（C）、（D）项均不满足。

2016 年真题解答与评析[①]

（上午卷）

1. 正确答案是 D，解答如下：

根据《可靠性标准》8.2.4 条：

由条件求 B 支座反力：

永久荷载：$R_{Gk} = \frac{1}{2} \times 18 \times 9 + \frac{30 \times 6}{9} = 101\text{kN}$

可变荷载：$R_{Qk} = \frac{1}{2} \times 6 \times 9 = 27\text{kN}$

$$R_B = 1.3 \times 101 + 1.5 \times 27 = 171.8\text{kN}$$

故选（D）项。

2. 正确答案是 A，解答如下：

根据《混规》9.2.11 条：

$$A_{sv} \geqslant \frac{F}{f_{yv}\sin\alpha} = \frac{220 \times 10^3}{360\sin60°} = 706\text{mm}^2$$

选用 2 Φ 16（左、右两侧总 $A_s = 804\text{mm}^2$），满足。

3. 正确答案是 C，解答如下：

根据《混规》9.2.6 条第 1 款：

$A_s \geqslant \frac{1}{4} \times 2480 = 620\text{mm}^2$，且不少于 2 根。

选用 2 Φ 20（$A_s = 628\text{mm}^2$），满足。

【1~3 题评析】 2 题，附加吊筋截面面积为左、右两侧弯起段截面面积之和。附加吊筋的 f_y 取值不受 360N/mm^2 的限制。

4. 正确答案是 B，解答如下：

根据《混规》9.7.6 条：

$$A_s \geqslant \frac{6 \times 0.5 \times 0.3 \times 25 \times 10^3}{3 \times 2 \times 65} = 58\text{mm}^2$$

选用 Φ 10（$A_s = 78.5\text{mm}^2$），满足。

5. 正确答案是 A，解答如下：

根据《混验规》5.3.4 条：

$$\Delta = \frac{W_d - W_0}{W_0} \times 100 \geqslant -8, \ W_d \geqslant 0.92W_0$$

---

① 2015 年停考。

$$W_0 = 2 \times 0.222 \times 10^3 = 444 \text{g}$$
$$W_d \geqslant 0.92 \times 444 = 408.5 \text{g}$$

故选（A）项。

6. 正确答案是 C，解答如下：

CD 杆内力计算：$\Sigma M_A = 0$，则：$N_{CD} = \dfrac{160 \times 2}{4} = 80 \text{kN}$（拉力）

CD 杆中点处弯矩：$M_{中} = \dfrac{1}{4}PL = \dfrac{1}{4} \times 160 \times 4 = 160 \text{kN} \cdot \text{m}$

取 CD 杆中点处为最不利截面，则：

$$e_0 = \frac{M}{N} = \frac{160 \times 10^6}{80 \times 10^3} = 2000 \text{mm} > 0.5h - a_s = 200 - 40 = 160 \text{mm}$$

为大偏心受拉。由于对称配筋，故可按《混规》式（6.2.23-2）：

$$e' = e_0 + \frac{h}{2} - a'_s = 2000 + 200 - 40 = 2160 \text{mm}$$

$$h'_0 = h_0 = 400 - 40 = 360 \text{mm}$$

$$A_s \geqslant \frac{Ne'}{f_y(h'_0 - a_s)} = \frac{80 \times 10^3 \times 2160}{360 \times (360 - 40)} = 1500 \text{m}^2$$

因此选（C）项。

7. 正确答案是 C，解答如下：

根据《混规》3.4.5 条，二 a 类，$w_{\lim} = 0.20 \text{mm}$

（1）按裂缝宽度限值计算配筋，由《混规》7.1.2 条：

$$\sigma_s = \frac{N_q}{A_s} = \frac{(400 + 200 \times 0.5) \times 10^3}{A_s} = \frac{500 \times 10^3}{A_s}$$

$\rho_{te} = \dfrac{A_s}{A_{te}} = \dfrac{A_s}{400 \times 400} = \dfrac{A_s}{16 \times 10^4}$，假定，$\rho_{te} > 0.01$，则：

$$2.7 \times 0.6029 \times \frac{500 \times 10^3}{2 \times 10^5 A_s}\left(1.9 \times 40 + 0.08 \times \frac{25 \times 16 \times 10^4}{A_s}\right) = 0.2$$

解之得：$A_s = 3439 \text{mm}^2$；复核 $\rho_{te} = \dfrac{3439}{16 \times 10^4} = 0.0215 > 0.01$，故假定正确。

（2）按承载力要求：配筋由《混规》6.2.22 条：

$$N = 1.3 \times 400 + 1.5 \times 200 = 820 \text{kN}$$

$$A_s = \frac{820 \times 10^3}{360} = 2278 \text{mm}^2$$

故最终取 $A_s = 3439 \text{mm}^2$，选（C）项。

【7 题评析】 本题目也可用验证法，用选项值逐一代入计算。

8. 正确答案是 B，解答如下：

可变荷载仅布置在 AB 跨，则力学计算简图如图 Z16-1-1 所示：

由《可靠性标准》8.2.4 条：

$$q_{设} = 1.3 \times 25 + 1.5 \times 10 = 47.5 \text{kN/m}$$

$$M_B = 1.3 \times \frac{1}{2} \times 25 \times 3^2 = 146.25 \text{kN} \cdot \text{m}$$

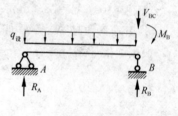

图 Z16-1-1

$$R_A = \frac{1}{2} \times 47.5 \times 6 - \frac{146.25}{6} = 118.125\text{kN}$$

由梁跨中正弯矩最大处剪力为0，即：$x = \frac{118.125}{47.5} = 2.49\text{m}$

$$M_{max} = 118.125 \times 2.49 - \frac{1}{2} \times 47.5 \times 2.49^2 = 146.9\text{kN} \cdot \text{m}$$

9. 正确答案是 A，解答如下：

此时，为倒 T 形梁，由《混规》6.2.10 条，$h_0 = 500 - 60 = 440\text{mm}$，则：

$$x = h_0 - \sqrt{h_0^2 - \frac{2\gamma_0 M}{\alpha_1 f_c b}}$$

$$= 440 - \sqrt{440^2 - \frac{2 \times 1 \times 200 \times 10^6}{1 \times 19.1 \times 200}}$$

$$= 141.9\text{mm} < \xi_b h_0 = 0.518 \times 440 = 228\text{mm}$$

$$A_s = \frac{\alpha_1 f_c b x}{f_y} = \frac{1 \times 19.1 \times 200 \times 141.9}{360} = 1506\text{mm}^2$$

10. 正确答案是 B，解答如下：

根据《混规》6.3.1 条：

$$\frac{h_w}{b} = \frac{500 - 60 - 125}{200} = 1.575 < 4$$

$$V_u = 0.25\beta_c f_c b h_0 = 0.25 \times 1 \times 19.1 \times 200 \times 440$$

$$= 420.2\text{kN} > V_A = 180\text{kN}, 满足$$

由《混规》6.3.4 条，取 $s = 200\text{mm}$，则：

$$A_{sv} \geqslant \frac{V - 0.7f_t b h_0}{f_{yv} h_0} \cdot s = \frac{180 \times 10^3 - 0.7 \times 1.71 \times 200 \times 440}{360 \times 440} \times 200$$

$$= 94.3\text{mm}^2$$

选用 $\Phi 8@200$（$A_{sv} = 100.6\text{mm}^2$）

$$\rho_{sv} = \frac{A_{sv}}{bs} = \frac{100.6}{200 \times 200} = 0.25\% > \frac{0.24f_t}{f_{yv}} = \frac{0.24 \times 1.71}{360} = 0.114\%$$

满足，故选（B）项。

11. 正确答案是 C，解答如下：

根据《混规》3.4.3 条：

$$l_0 = 3 \times 2 = 6\text{m} < 7\text{m}, 则：[f] = \frac{6000}{250} = 24\text{mm}$$

【8～11题评析】 8 题，永久荷载的分项系数按题目提示取值。

9 题，因为计算配筋值较大，故不需要复核最小配筋面积。

12. 正确答案是 D，解答如下：

根据《抗规》6.2.3 条、6.2.6 条：$M = 900 \times 1.5 \times 1.1 = 1485\text{kN} \cdot \text{m}$

$$\mu_N = \frac{3000 \times 10^3}{19.1 \times 700 \times 700} = 0.32 > 0.15, 取 \gamma_{RE} = 0.8$$

假定大偏压，则：

$$x = \frac{\gamma_{RE} N}{\alpha_1 f_c b} = \frac{0.8 \times 3000 \times 10^3}{1 \times 19.1 \times 700} = 179.5 \text{mm} < \xi_b h_0 = 0.518 \times 650 = 337 \text{mm}$$

$$> 2a'_s = 2 \times 50 = 100 \text{mm}$$

假定正确，故为大偏压。

由《混规》6.2.17 条：

$$e_0 = \frac{M}{N} = \frac{1485 \times 10^6}{3000 \times 10^3} = 495 \text{mm}, \quad e_a = \max\left(20, \frac{700}{30}\right) = 23.3 \text{mm}$$

$$e = e_i + \frac{h}{2} - a_s = (495 + 23.3) + \frac{700}{2} - 50 = 818.3 \text{mm}$$

$$A'_s = \frac{\gamma_{RE} Ne - \alpha_1 f_c bx (h_0 - x/2)}{f'_y (h_0 - a'_s)}$$

$$= \frac{0.8 \times 3000 \times 10^3 \times 818.3 - 1 \times 19.1 \times 700 \times 179.5 \times (659 - 179.5/2)}{360 \times (650 - 50)}$$

$$= 2767 \text{mm}^2$$

故选（D）项。

13. 正确答案是 B，解答如下：

根据《抗规》表 6.3.7-1，抗震二级：

$$\rho_{\min} = (0.8 + 0.05)\% = 0.85\%$$

$$A_{s,\min} = 0.85\% \times 900 \times 900 = 6885 \text{mm}^2$$

14. 正确答案是 C，解答如下：

$$\lambda = \frac{H_n}{2h_0} = \frac{3500}{2 \times (650 - 50)} = 2.92 > 2$$

$$\mu_N = \frac{4840 \times 10^3}{19.1 \times 650 \times 650} = 0.6，查《抗规》表 6.3.9，取 \lambda_v = 0.13$$

根据《抗规》6.3.9 条：

$$\rho_{v,\min} = \lambda_v \cdot f_c / f_{yv} = 0.13 \times 19.1 / 360 = 0.69\% > 0.6\%$$

$$\rho_v = \frac{78.5 \times (650 - 27 \times 2 - 10) \times 8}{(650 - 27 \times 2 - 10 \times 2)^2 \times 100} = 1.11\%$$

$$\frac{\rho_v}{\rho_{v,\min}} = \frac{1.11}{0.69} = 1.6$$

故选（C）项。

【12～14 题评析】 13 题、14 题也可按《混规》解答。

15. 正确答案是 C，解答如下：

根据《混规》附录 H.0.2 条，取 1m 宽计算：

由《可靠性标准》8.2.4 条：

$$M_{1G} = 1.3 \times \frac{1}{8} \times (3 + 1.25) \times 1 \times 4^2 = 11.05 \text{kN} \cdot \text{m/m}$$

$$M_{1Q} = 1.5 \times \frac{1}{8} \times 2 \times 1 \times 4^2 = 6 \text{kN} \cdot \text{m/m}$$

$$M = M_{1G} + M_{1Q} = 17.05 \text{kN} \cdot \text{m/m}$$

16. 正确答案是 B，解答如下：

根据《混规》附录 H.0.2 条，取 1m 宽计算：

$$M_{2G} = 1.3 \times 0.1 \times (1.6 \times 1) \times 4^2 = 3.328 \text{kN} \cdot \text{m/m}$$

$$M_{2Q} = 1.5 \times 0.1 \times (4 \times 1) \times 4^2 = 9.6 \text{kN} \cdot \text{m/m}$$

$$M_B = M_{2G} + M_{2Q} = 12.93 \text{kN} \cdot \text{m}$$

【15、16题评析】 叠合板，在第一阶段按简支板计算；第二阶段按连续板计算，并且第一阶段施加的荷载不会产生支座负弯矩。

17. 正确答案是 C，解答如下：

根据《钢标》16.2.4 条，重级工作制吊车梁应进行疲劳验算。

根据《钢标》4.3.3 条，应具有 0℃冲击韧性的合格保证，即质量等级为 C 级。故应选（C）项。

18. 正确答案是 D，解答如下：

三个车轮对 A、C 之间的车轮取力矩，则合力距该车轮的距离为 Δ，则：

$$\Delta = \frac{P \times 0 + P \times 2 \times 0.955 + P(2 \times 0.955 + 4.6)}{3P} = 2.8067 \text{m}$$

则：

$$a = \frac{2.8067 - 2 \times 0.955}{2} = 0.448 \text{m}$$

$$M_{ck} = R_A \times (4.5 - a) - P_{max} \times 2 \times 0.955$$

$$= \frac{3P_{k,max} \times (4.5 - a)}{9} \times (4.5 - a) - P_{k \cdot max} \times 2 \times 0.955$$

$$= \frac{3 \times 178 \times (4.5 - 0.448)}{9} \times (4.5 - 0.448) - 178 \times 2 \times 0.955$$

$$= 634.2 \text{kN} \cdot \text{m}$$

$$V_{ck}^{\text{左}} = R_A - P_{k,max} = \frac{3 \times 178 \times (4.5 - 0.448)}{9} - 178 = 62.4 \text{kN}$$

$$V_{ck}^{\text{右}} = 62.4 - 178 = -115.6 \text{kN}$$

故取 $|V_{ck,max}| = 115.6 \text{kN}$。

19. 正确答案是 C，解答如下：

由 17 题可知，考虑疲劳，由《钢标》6.1.1 条，取 $\gamma_x = 1.0$，$\gamma_y = 1.0$，则：

上翼缘正应力 $\sigma = \dfrac{M_{x,max}}{1 \times W_{nx}^{\text{上}}} + \dfrac{M_{y,max}}{1 \times W_{ny1}^{\text{左}}} = \dfrac{1200 \times 10^6}{1 \times 8085 \times 10^3} + \dfrac{100 \times 10^6}{1 \times 6866 \times 10^3} = 163 \text{N/mm}^2$

下翼缘正应力 $\sigma = \dfrac{M_{x,max}}{1 \times W_{nx}^{\text{下}}} = \dfrac{1200 \times 10^6}{1 \times 5266 \times 10^3} = 228 \text{N/mm}^2$

故选（C）项。

20. 正确答案是 A，解答如下：

根据《钢标》6.3.1、6.3.2 条：

$$\frac{h_0}{t_w} = \frac{900}{10} = 90 > 80\varepsilon_k = 80\sqrt{\frac{235}{345}} = 66$$

$$< 170\varepsilon_k = 170\sqrt{\frac{235}{345}} = 140$$

故选（A）项。

21. 正确答案是 A，解答如下：

根据《抗规》9.2.9 条第 2 款，支撑交叉斜杆可按拉杆设计；查《钢标》表 7.4.7，取 $[\lambda] = 350$。

根据《钢标》7.4.2 条：

单角钢斜平面内：$0.5l = 0.5 \times \sqrt{4.5^2 + 6^2} = 0.5 \times 7.5 = 3.75\text{m}$

$$i_\text{v} \geqslant \frac{3750}{350} = 10.7\text{mm}$$

平面外：$l = 7.5\text{m}$

$$i_\text{x} = i_\text{y} \geqslant \frac{7500}{350} = 21.4\text{mm}$$

故选（A）项。

22. 正确答案是 C，解答如下：

根据《抗规》9.2.11 条第 4 款：

连接承载力 $\geqslant 1.2 \times 2128 \times 235 = 600.096\text{kN}$

肢背：$l_\text{w} \geqslant \dfrac{0.7 \times 600.096 \times 10^3}{2 \times 0.7 \times 8 \times 240} = 156\text{mm}$

肢尖：$l_\text{w} \geqslant \dfrac{0.3 \times 600.096 \times 10^3}{2 \times 0.7 \times 6 \times 240} = 89\text{mm}$

故选（C）项。

23. 正确答案是 D，解答如下：

根据《抗规》9.2.14 条及条文说明表 6，（C）项错误，（D）项正确。

【17～23 题评析】 18 题，注意计算 C 点处左、右两侧剪力值，最后取绝对值较大值。另外，当合力点和题干图中 C 点之间的中点位于跨中中点时，弯矩值最大。

22 题，注意角焊缝极限强度的取值。

24. 正确答案是 B，解答如下：

平面外为无侧移框架，查《钢标》附录 E.0.1：

$$K_1 = K_2 = \frac{\Sigma i_\text{b}}{\Sigma i_c} = \frac{1.29 \times 10^9 / 10000}{2 \times \dfrac{1.61 \times 10^9}{3800}} = 0.15$$

$K_1 = 0.1$，$K_2 = 0.15$，$\mu = \dfrac{1}{2} \times (0.962 + 0.946) = 0.954$

$K_1 = 0.2$，$K_2 = 0.15$，$\mu = \dfrac{1}{2} \times (0.946 + 0.930) = 0.938$

$K_1 = 0.15$，$K_2 = 0.15$，$\mu = \dfrac{1}{2} \times (0.954 + 0.938) = 0.946$

25. 正确答案是 B，解答如下：

根据《钢标》8.2.1 条：

$$\lambda_\text{x} = \frac{2.4 \times 3800}{195} = 47$$

$$N'_\text{Ex} = \frac{\pi^2 EA}{1.1\lambda_\text{x}^2} = \frac{\pi^2 \times 2.06 \times 10^5 \times 42064}{1.1 \times 47^2} = 3.52 \times 10^7\text{N}$$

故选（B）项。

26. 正确答案是 C，解答如下：

查《抗规》表 8.1.3，其抗震等级为三级。

由《抗规》8.2.5 条，取 $\psi=0.6$；

由《钢标》4.4.1 条，取 $f_y=345\text{N/mm}^2$

$$\frac{\psi(M_{p1}+M_{pb2})}{V_p}=\frac{0.6\times(2.21\times10^6\times345+2.21\times10^6\times345)}{1.8\times(500-16)\times(500-22)\times22}$$
$$=99.8\text{N/mm}^2$$

27. 正确答案是 B，解答如下：

根据《钢标》14.7.4 条：

（A）项：$\dfrac{175-a-d}{2}=\dfrac{175-90-13}{2}=36\text{mm}>20\text{mm}$，满足。

（B）项：$\dfrac{175-90-16}{2}=34.5\text{mm}>20\text{mm}$，满足。

（C）项：$\dfrac{175-125-16}{2}=17\text{mm}<20\text{mm}$，不满足。

（D）项：$\dfrac{175-125-19}{2}=15.5\text{mm}<20\text{mm}$，不满足。

根据《钢标》14.7.5 条：

栓钉高度 h_d 为：$76+30=106\text{mm}\leqslant h_d$

（A）项不满足，所以应选（B）项。

28. 正确答案是 A，解答如下：

根据《抗规》8.2.8 条：

连接 1 按式（8.2.8-1），连接 2 按式（8.2.8-4），其相应的连接系数按《抗规》表 8.2.8，可知，连接 1 极限承载力要求比连接 2 极限承载力要求高。

29. 正确答案是 A，解答如下：

根据《抗规》8.2.6 条第 2 款：$l=\sqrt{3.2^2+3.8^2}=4.968\text{m}$

$$\lambda=\frac{4.968}{0.102}=48.7$$

查《钢标》表 7.2.1-1，为 b 类截面；查附表 D.0.2，取 $\varphi=0.862$

由《钢标》4.4.1 条，取 $f_y=235\text{N/mm}^2$。

$$0.3\varphi A f_y\cdot\cos\alpha=0.3\times0.862\times9079\times235\times\frac{3.8}{4.968}=422\text{kN}$$

30. 正确答案是 A，解答如下：

根据《高钢规》8.5.6 条，应选（A）项。

【24～30 题评析】 题 26、题 29，钢材屈服强度值 f_y 与钢材厚度有关，按《钢标》表 4.4.1 采用。

26 题，节点域屈服承载力验算时，参数 ψ，《抗规》与《高钢规》取值是不相同的。

31. 正确答案是 B，解答如下：

根据《砌规》5.2.5 条、5.2.2 条：

$$b + 2h = 740 + 2 \times 370 = 1480\text{mm} > 1350\text{mm}$$

故取 $A_0 = 370 \times 1350$

$$\gamma_1 = 1 + 0.35\sqrt{\frac{A_0}{A_6} - 1} = 1 + 0.35\sqrt{\frac{370 \times 1350}{370 \times 740} - 1} = 1.318 < 2$$

$$0.8\gamma_1 = 0.8 \times 1.318 = 1.054$$

32. 正确答案是 B，解答如下：

根据《砌规》4.2.5 条，9.6m > 9m，则：

$$M = \frac{1}{12}ql^2 = \frac{1}{12} \times 48.9 \times 9.6^2 = 375.6\text{kN} \cdot \text{m}$$

$$\gamma = 0.2\sqrt{\frac{a}{h}} = 0.2\sqrt{\frac{370}{370}} = 0.2$$

$$M_A = \gamma M = 0.2 \times 375.6 = 75.12\text{kN} \cdot \text{m}$$

上、下层墙体线刚度相同，则：

下层墙上端弯矩值 $M_\perp = \frac{1}{2}M_A = 37.6\text{kN} \cdot \text{m}$

33. 正确答案是 C，解答如下：

根据《砌规》5.2.5 条：

$$A = 0.37 \times 1.35 = 0.4995\text{m}^2 > 0.3\text{m}^2$$

$$\sigma_0 = \frac{N_0}{A_0} = \frac{320 \times 10^3}{370 \times 1350} = 0.641\text{MPa}, \quad \frac{\sigma_0}{f} = \frac{0.641}{2.67} = 0.24$$

查表 5.2.5，$\delta_1 = 5.7 + \frac{6.0 - 5.7}{0.4 - 0.2} \times (0.24 - 0.2) = 5.76$

$$a_0 = \delta_1\sqrt{\frac{h_c}{f}} = 5.76 \times \sqrt{\frac{800}{2.67}} = 99.7\text{mm}$$

【31～33 题评析】 31 题，复核计算值 $b + 2h$ 与实际值的大小，避免错误。

33 题，因为 $A = 0.4995\text{m}^2$，故不需要调整 f 值。

34. 正确答案是 C，解答如下：

根据《砌规》4.2.1 条注 3，（C）项错误，应选（C）项。

【34 题评析】 根据《砌规》4.2.1 条、4.2.2 条，（A）、（B）、（D）项均正确。

35. 正确答案是 B，解答如下：

根据《抗规》7.5.2 条第 5 款，门洞两侧应设置 2 个构造柱。

根据《抗规》7.5.2 条第 2 款，底部框架柱对应位置设置 3 个构造柱；墙体内的构造柱间距不宜大于层高，故还应设置 2 个构造柱。

综上，共计 7 个构造柱。

36. 正确答案是 D，解答如下：

根据《砌规》10.2.1 条：

$A = 1.5 \times 0.24 = 0.36\text{m}^2 > 0.3\text{m}^2$

$$\sigma_0 = \frac{518 \times 10^3}{240 \times 1500} = 1.44, \quad \frac{\sigma_0}{f_v} = \frac{1.44}{0.17} = 8.47$$

$$\xi_N = 1.65 + \frac{1.9 - 1.65}{3} \times (8.47 - 7) = 1.773$$

$$f_{vE} = \xi_N f_v = 1.773 \times 0.17 = 0.30 \text{MPa}$$

37. 正确答案是 B，解答如下：

根据《砌规》表 5.1.3：

刚性方案，$H = 3.6\text{m}$，$s = 9\text{m} > 2H = 2 \times 3.6 = 7.2\text{m}$，故 $H_0 = 1.0H = 3.6\text{m}$

$$\beta = \frac{H_0}{h} = \frac{3600}{240} = 15$$

由《砌规》6.1.4 条：

$$\frac{2.1}{3.6} = 0.58 \begin{matrix} < 4/5 \\ > 1/5 \end{matrix}，\text{则：}$$

$$\mu_2 = 1 - 0.4\frac{b_s}{s} = 1 - 0.4 \times \frac{3 \times 2}{9} = 0.733 > 0.7$$

$$\mu_1\mu_2[\beta] = 1 \times 0.733 \times 26 = 19.1 > 15，\text{故选(B)项。}$$

38. 正确答案是 B，解答如下：

根据《砌规》8.1.2 条：

$$A = 1.5 \times 0.24 = 0.36\text{m}^2 > 0.2\text{m}^2$$

$$\rho = \frac{(a+b)A_s}{abs_n} = \frac{(80+80) \times \frac{\pi}{4} \times 4^2}{80 \times 80 \times 180} = 0.174\% \begin{matrix} < 1\% \\ > 0.1\% \end{matrix}$$

$$f_n = f + 2\left(1 - \frac{2e}{y}\right)\rho f_y = 1.89 + 2\left(1 - \frac{70}{120}\right) \times 0.174\% \times 320 = 2.35\text{N/mm}^2$$

【36～38 题评析】 36 题、38 题，注意砌体面积是否对 f_v、f 有影响。

39. 正确答案是 B，解答如下：

根据《砌规》9.2.2 条、5.1.2 条：

$$\beta = \gamma_B \frac{H_0}{h} = 1.0 \times \frac{3000}{190} = 15.79$$

$$\varphi_{0g} = \frac{1}{1 + 0.001\beta^2} = \frac{1}{1 + 0.001 \times 15.79^2} = 0.8$$

40. 正确答案是 B，解答如下：

根据《砌规》9.2.4 条：

$h_0 = 1600 - 100 = 1500\text{mm}$，$x_b = \xi_b h_0 = 0.52 \times 1500 = 780\text{mm}$

由《砌规》9.2.1 条，受拉钢筋的屈服范围为：

$$h_0 - 1.5x_b = 1500 - 780 \times 1.5 = 330\text{mm}$$

距墙端 $100 + 330 = 430\text{mm}$ 范围内有 2 根钢筋屈服。

(下午卷)

41. 正确答案是 D，解答如下：

根据《木标》4.3.1 条，东北落叶松 TC17B，取 $f_c = 15\text{N/mm}^2$

由《木标》4.3.2 条：$f_c = 1.15 \times 15 = 17.25\text{N/mm}^2$

由《木标》5.1.4条、5.1.5条：

$$\lambda = \frac{l_0}{i} = \frac{3900}{45} = 86.7$$

$$\lambda_c = 4.13\sqrt{1 \times 330} = 75 < \lambda，则：$$

$$\varphi = \frac{0.92\pi^2 \times 1 \times 330}{86.7^2} = 0.398$$

$$A_0 = 0.9A$$

$$N_u = \varphi f_c A_0 = 0.398 \times 17.25 \times 0.9 \times \frac{\pi}{4} \times 180^2 = 157.2\text{kN}$$

42. 正确答案是 D，解答如下：

根据《木标》3.1.13 条及条文说明，(D) 项正确，故选 (D) 项。

【42题评析】 根据《木标》3.1.10 条，(A) 项错误；根据《木标》3.1.12 条，(B) 项错误；根据《木标》附录表 A.1.1，(C) 项错误。

43. 正确答案是 B，解答如下：

根据《地规》8.2.11 条：

$$a_1 = \frac{1}{2} \times (4 - 0.5) = 1.75\text{m}$$

$$p_n = \frac{2363}{4 \times 2.5} = 236.3\text{kN/m}^2$$

$$M_{B \cdot B} = \frac{1}{12}a_1^2[(2l - a') \times 2p_n]$$

$$= \frac{1}{12} \times 1.75^2 \times [(2 \times 2.5 + 0.5) \times 2 \times 236.3]$$

$$= 663.4\text{kN} \cdot \text{m}$$

44. 正确答案是 A，解答如下：

$$a_m = \frac{a_t + a_b}{2} = \frac{500 + (500 + 2 \times 700)}{2} = 1200\text{mm}$$

$h_0 = 700\text{mm}$，取 $\beta_{hp} = 1.0$。

$$0.7\beta_{hp}f_t a_m h_0 = 0.7 \times 1 \times 1.43 \times 1200 \times 700 = 840.84\text{kN}$$

45. 正确答案是 C，解答如下：

根据《地规》5.3.5 条：

基底划分为 4 个小矩形，$l = 2\text{m}$，$b = 1.25\text{m}$，$l/b = 1.6$

$z_1 = 2\text{m}$，$z_1/b = 2/1.25 = 1.6$，$\bar{\alpha}_1 = 0.2079$

$z_2 = 6\text{m}$，$z_2/b = 6/1.25 = 4.8$，$\bar{\alpha}_2 = 0.1136$

$$s = 4\psi_s \sum_1^2 \frac{p_0}{E_{si}}(z_i\bar{\alpha}_i - z_{i-1}\bar{\alpha}_{i-1})$$

$$= 4 \times 0.58 \times \left[\frac{160}{8000} \times (2 \times 0.2079 - 0) + \frac{160}{9500} \times (6 \times 0.1136 - 2 \times 0.2079)\right]$$

$$= 0.0297\text{m} = 29.7\text{mm}$$

46. 正确答案是 C，解答如下：

根据《桩规》5.3.6 条：

由提示，取 $d = 1 + 2 \times 0.15 = 1.30\text{m}$，$\psi_{si} = \left(\dfrac{0.8}{1.30}\right)^{1/5} = 0.907$

$$Q_{sk} = u\Sigma\psi_{si}q_{sik}l_i$$
$$= 3.14 \times 1.30 \times 0.907 \times [40 \times 7 + 50 \times 1.7 + 70 \times 3.3 + 80 \times (4.1 - 2 \times 1.3)]$$
$$= 2650.9\text{kN}$$

47. 正确答案是 B，解答如下：

根据《桩规》5.3.6 条：

$$\psi_p = \left(\frac{0.8}{1.6}\right)^{1/4} = 0.841$$

$$Q_{pk} = \psi_p q_{pk} A_p = 0.841 \times 3800 \times \frac{\pi}{4} \times 1.6^2 = 6422.3\text{kN}$$

则：
$$\frac{Q_{pk}}{2} = 3211.15\text{kN}$$

48. 正确答案是 C，解答如下：

根据《桩规》5.5.14 条：

$$\sigma_{zl} = \frac{4000}{15^2}[\alpha_j I_{p\cdot ll} + (1 - \alpha_j)I_{s\cdot ll}] = \frac{4000}{15^2} \times [0.6 \times 15.575 + (1 - 0.6) \times 2.599]$$

$$= 184.6\text{kPa}$$

$$s = \psi \frac{\sigma_{zl}}{E_{sl}}\Delta_{zl} = 0.45 \times \frac{184.6}{16500} \times 3.0 \times 1000 = 15.1\text{mm}$$

【46～48 题评析】 46 题，注意本题目的提示及大直径桩的尺寸效应系数。

47 题，本题目求桩端承载力特征值而不是其承载力标准值。

49. 正确答案是 C，解答如下：

根据《地处规》7.1.7 条、7.1.6 条：

$\xi = \dfrac{f_{spk}}{f_{ak}}$，则：$f_{spk} = \xi f_{ak} = \dfrac{10}{5.4} \times 120 = 222.2\text{kPa}$

由题目条件，则：$R_a = \dfrac{f_{cu}A_p}{4\lambda} = \dfrac{5.6 \times \dfrac{\pi}{4} \times 600^2}{4 \times 1} = 395.64\text{kN}$

由 7.1.5 条：

$$m = \frac{f_{spk} - \beta f_{sk}}{\dfrac{\lambda R_a}{A_p} - \beta f_{sk}} = \frac{222.2 - 0.8 \times 120}{\dfrac{1 \times 395.64}{\dfrac{\pi}{4} \times 0.6^2} - 0.8 \times 120}$$

$$= 0.0968$$

50. 正确答案是 B，解答如下：

根据《地处规》7.1.5 条：

$$R_a = u_p \sum_1^2 q_{si} l_{pi} + \alpha_p q_p A_p$$

$$= \pi \times 0.6 \times (20 \times 4 + 50 \times 2.4) + 0.6 \times 400 \times \frac{\pi}{4} \times 0.6^2$$

$$= 444.6 \text{kN}$$

51. 正确答案是 A，解答如下：

根据《地处规》7.1.5条：

$$m = \frac{d^2}{d_e^2} = \frac{0.8^2}{(1.13 \times 2.4)^2} = 0.087$$

$$f_{spk} = [1 + m(n-1)] f_{sk} = [1 + 0.087 \times (2.8 - 1)] \times 170$$

$$= 196.6 \text{kPa}$$

52. 正确答案是 C，解答如下：

根据《地规》附录J.0.4条：

$$f_{rm} = \frac{10.7 + 11.3 + 14.8 + 10.8 + 12.4 + 14.1}{6} = 12.35 \text{MPa}$$

$$\psi = 1 - \left(\frac{1.704}{\sqrt{n}} + \frac{4.678}{n^2} \right) \delta = 1 - \left(\frac{1.704}{\sqrt{6}} + \frac{4.678}{36} \right) \times 0.142 = 0.883$$

$$f_{rk} = 0.883 \times 12.35 = 10.9 \text{MPa}$$

53. 正确答案是 D，解答如下：

根据《地规》5.2.6条、4.1.4条表4.1.4注：

岩体完整性指数 $= \left(\frac{600}{650} \right)^2 = 0.852 > 0.75$，属于完整。

$$f_a = \psi_r \cdot f_{rk} = 0.5 \times 10000 = 5000 \text{kPa}$$

54. 正确答案是 B，解答如下：

$$G_k = 1.8 \times 1.8 \times 1.5 \times 20 = 97.2 \text{kN}$$

$$e = \frac{M_{xk}}{F_k + G_k} = \frac{500}{10000 + 97.2} = 0.0495 \text{m} < \frac{a}{6} = 0.3 \text{m}$$

由《地规》5.2.2条：

$$p_{kmax} = \frac{10000 + 97.2}{1.8 \times 1.8} + \frac{500}{\frac{1.8}{6} \times 1.8^2} = 3631 \text{kPa}$$

55. 正确答案是 C，解答如下：

根据《既有地规》附录A.0.1条、A.0.2条，(C) 项错误，故应选 (C) 项。

【55题评析】 根据《既有地规》附录B.0.1条和B.0.2条，(A) 项正确。

根据《既有地规》3.0.4条第1、2款，(B) 项正确。

根据《既有地规》11.2.1条，(D) 项正确。

56. 正确答案是 A，解答如下：

根据《桩规》3.5.3条：

由《混规》3.5.2条，桩身处于三 a 类环境。

由《桩规》表3.5.3，采用预应力混凝土桩作为抗拔桩时，其裂缝控制等级应为一级，故（A）项错误，应选（A）项。

57. 正确答案是D，解答如下：

根据《抗规》6.1.15条及其条文说明，（D）项不正确，应选（D）项。

【57题评析】 根据《高规》表3.3.1-1及5.3.3条，（A）项正确。

根据《高规》5.1.9条及条文说明，（B）项正确。

根据《高规》3.1.6条及条文说明，（C）项正确。

58. 正确答案是B，解答如下：

根据《高规》3.11.1条、3.11.3条，（B）项准确，故选（B）项。

【58题评析】 《高规》3.11.3条及条文说明，第3性能水准在中震作用下竖向构件抗剪宜满足弹性设计要求，故（A）项错误。

《高规》3.7.3条第3款，高度在150～250m之间的剪力墙结构，层间位移角限值可在1/1000～1/500之间插值，故（C）项错误。

《高规》3.11.4条条文说明，高度在150～200m的基本自振周期大于4s的房屋，应采用弹塑性时程分析，故（D）项错误。

59. 正确答案是D，解答如下：

根据《高规》4.3.13条：

$$F_{Evk} = \alpha_{vmax} G_{eq} = 0.65\alpha_{max} \times 0.75 G_E$$

$$= 0.65 \times 0.32 \times 0.75 \times 24 \times 27 \times 14.5 \times 10 = 14658kN$$

W_1 墙肢应考虑增大系数1.5：$N_{Evk} = 8.3\% \times 14658 \times 1.5 = 1825kN$

60. 正确答案是D，解答如下：

基本组合时：

由《结通规》3.1.13条，及《抗震通规》4.3.2条：

$$M_{A1} = 1.3 \times (-263) + 1.5 \times (-54) = -422.9kN \cdot m$$

$$M_A = -[1.3 \times (263 + 0.5 \times 54) + 1.4 \times 0.2 \times (263 + 0.5 \times 54)]$$

$$= -464kN \cdot m$$

根据《高规》3.8.2条，仅考虑竖向地震作用组合时，$\gamma_{RE} = 1.0$

$$\gamma_{RE} M_A = 1.0 \times 464 = 464kN \cdot m > M_{A1} = 422.9kN \cdot m$$

故最终取464kN·m控制配筋。

61. 正确答案是C，解答如下：

查《高规》表3.9.3，剪力墙抗震一级。

由《高规》7.1.4条，$H_底 = \max\left\{4+4, \frac{1}{10} \times 40.3\right\} = 8m$，故第3层非底部加强部位；

由《高规》7.2.5条，剪力增大系数取1.3。

又由《高规》7.2.4条，取增大系数1.25。

$H < 60m$，不计入风荷载，由题目提示，《抗震通规》4.3.2条：

$$V = 1.3 \times 1.25 \times (0 + 1.4 \times 1400) = 3185kN$$

62. 正确答案是 A，解答如下：

根据《高规》7.2.21 条：

连梁纵筋顶、底面对称，则：

$$M_{bua} = f_{yk}A_s^a(h_0 - a_s')/\gamma_{RE} = 400 \times 1256 \times (965 - 35)/0.75 = 623\text{kN} \cdot \text{m}$$

$$V = \frac{1.1 \times (623 \times 2)}{2} + 60 = 745\text{kN}$$

63. 正确答案是 C，解答如下：

根据《高规》4.3.6 条：$\sum_{j=1}^{n} G_j = 600000 + 0.5 \times 80000 = 640000\text{kN}$

根据《高规》4.3.12 条：

Y 向：$\qquad \lambda = 0.016 - \dfrac{4 - 3.5}{5 - 3.5} \times (0.016 - 0.012) = 0.0147$

$$V_{Ek} \geq \lambda \sum_{j=1}^{n} G_j = 0.0147 \times 640000 = 9408\text{kN}$$

64. 正确答案是 C，解答如下：

根据《高规》3.3.1 条，为 B 级高度。查《高规》表 3.9.4，框架柱为抗震一级。
由《高规》表 6.4.2 及注 3、4，则：

$$[\mu_N] = 0.75 - 0.05 + 0.10 = 0.8$$

65. 正确答案是 B，解答如下：

由提示，根据《高规》3.11.3 条，及《抗震通规》4.3.2 条：

$$V = 0 + 1.4 \times 1115 = 1561\text{kN}$$

$\dfrac{l_n}{h_b} = 2.2$，根据《高规》7.2.23 条：

$$V \leq \frac{1}{\gamma_{RE}}\left(0.38f_t b_h h_{b0} + 0.9f_{yv}\frac{A_{sv}}{s}h_{b0}\right)$$

$$1561 \times 10^3 \leq \frac{1}{0.85}\left(0.38 \times 1.71 \times 500 \times 850 + 0.9 \times 360 \times \frac{A_{sv}}{100} \times 850\right)$$

解之得：$A_{sv} \geq 382\text{mm}$

选用 Φ 12@100（4）（$A_{sv} = 452\text{mm}^2$），满足。

66. 正确答案是 B，解答如下：

根据《高规》附录 J.1.2 条：
由《荷规》式（8.4.4-2）：

$$x_1 = \frac{30f_1}{\sqrt{k_w w_0}} = \frac{30 \times \dfrac{1}{4.7}}{\sqrt{1.28 \times 0.65}} = 7 > 5$$

由 $\xi_1 = 0.04$，$x_1 = 7$，查表 J.1.2，取 $\eta_a = 1.90$

67. 正确答案是 B，解答如下：

根据《荷规》8.2.2 条：

$\tan\alpha = \tan30° = 0.58 > 0.3$，取 $\tan\alpha = 0.3$

$$z = 150\text{m} < 2.5H = 2.5 \times 200 = 500\text{m}$$

$$\eta = \left[1 + K\tan\alpha\left(1 - \frac{z}{2.5H}\right)\right]^2 = \left[1 + 1.4 \times 0.3 \times \left(1 - \frac{150}{2.5 \times 200}\right)\right]^2 = 1.67$$

查《荷规》表 8.2.1，取 $\mu_z = 2.46$，则：

$$\mu_z = 1.67 \times 2.46 = 4.11$$

68. 正确答案是 B，解答如下：

根据《高规》3.5.2 条：

$$\gamma = \frac{V_i\Delta_{i+1}}{V_{i+1}\Delta_i}\frac{h_i}{h_{i+1}} = \frac{4300 \times 3.32}{4000 \times 5.48} \times \frac{6000}{3900} = 1.0 < 1.1，故不满足。$$

根据《高规》3.5.3 条：

A 级高度：
$$\frac{132000}{16000} = 82.5\% > 80\%，满足。$$

故选（B）项。

69. 正确答案是 A，解答如下：

（1）轴压比：查《高规》表 11.4.4 及注 2，取 $[\mu_N] = 0.70 - 0.05 = 0.65$

$$\mu_N = \frac{N}{f_cA_c + f_aA_a} = \frac{30000 \times 10^3}{23.1 \times (1100 \times 1100 - 61500) + 61500 \times 295}$$
$$= 0.67 > 0.65，不满足$$

（2）型钢含钢率 $= \dfrac{61500}{1100 \times 1100} = 5.08\%$；

纵筋配筋率 $= \dfrac{25 \times 490.9}{1100 \times 1100} = 1.01\%$

均满足《高规》11.4.5 条。

（3）ρ_v，根据《高规》11.4.6 条：

由上述，$\mu_N = 0.67 \approx 0.7$，查表 6.4.7，取 $\lambda_v = 0.17$

$$\rho_v \geqslant 0.85\lambda_v\frac{f_c}{f_y} = 0.85 \times 0.17 \times \frac{23.1}{360} = 0.93\%$$
$$\lambda < 2，故\ \rho_v \geqslant 1\%。$$

最终取 $\rho_v \geqslant 1\%$。

箍筋长度 $l_1 = 1100 - 2 \times (20 + 14) + 2 \times \dfrac{14}{2} = 1032 + 14 = 1046\text{mm}$

$$l_2 = \frac{1046}{2} \times \sqrt{2} = 740\text{mm}$$

$$\rho_v = \frac{(1046 \times 8 + 740 \times 4) \times 153.9}{1032 \times 1032 \times 100} = 1.65\% > 1\%，满足。$$

故选（A）项。

70. 正确答案是 C，解答如下：

$\dfrac{1900}{250} = 7.6 \begin{matrix} < 8 \\ > 4 \end{matrix}$，由《高规》7.1.8 条，属于短肢剪力墙。

由《高规》3.9.2 条，按 8 度确定抗震构造措施的抗震等级，查《高规》表 3.9.3，其抗震等级为二级。

由《高规》7.1.4 条，$H_{底} = \max\left\{3+3, \dfrac{75.3}{10}\right\} = 7.53\text{m}$，故第 5 层为其他部位。由《高规》7.2.2 条：

$$\rho_{全} = \frac{2A_s + \left(\dfrac{800}{200} - 1\right) \times 2 \times 78.5}{(1900 + 300 + 300) \times 250} \geqslant 1\%$$

解之得： $A_s \geqslant 2890\text{mm}^2$

选 12 ⊈ 18 （$A_s = 3048\text{mm}^2$），满足。

71. 正确答案是 C，解答如下：

抗震一级，查《高规》表 6.4.3-2，箍筋直径≥10，（A）项错误。

根据《高规》3.5.9 条及条文说明，（B）项错误。

$\Delta u_p = 120\text{mm}$，$[\Delta u_p] = [\theta_p]h = \dfrac{1}{50} \times 5000 = 100\text{mm}$

$\dfrac{120-100}{100} = 20\% < 25\%$，故可通过提高柱的箍筋配置来满足要求。

查《高规》表 6.4.7，$\mu_N = 0.20$，取 $\lambda_v = 0.10$；现提高 λ_v 值 1.3 倍，即：$\lambda_v = 1.3 \times 0.10 = 0.13$

$$\rho_v = \lambda_v \frac{f_c}{f_{yv}} = 0.13 \times \frac{16.7}{360} = 0.60\%$$

由《高规》6.4.7 条，抗震一级的框架柱：$\rho_v \geqslant 0.8\%$

最终取 $\rho_v \geqslant 0.80\%$

（C）项：4 ⊈ 10@100

$$\rho_v = \frac{(500 - 2 \times 20 - 10) \times 8 \times 78.5}{(500 - 2 \times 30)^2 \times 100} = 1.46\% > 0.8\%，满足$$

故选（C）项。

72. 正确答案是 A，解答如下：

根据《高规》3.12.6 条及条文说明，（A）项正确，应选（A）项。

【72 题评析】 根据《高规》3.12.4 条，（B）、（C）项错误。

根据《高规》3.12.1 条，（D）项错误。

73. 正确答案是 B，解答如下：

根据《公桥混规》4.4.7 条：

$$0.36 L_a = 0.36 \times 115 = 41.4\text{m}$$

74. 正确答案是 D，解答如下：

根据《公桥混规》附录 C 条文说明表 C-2 及注：

$$\phi(t_u, t_0) = 1.25 \sqrt{\frac{32.4}{32.4}} = 1.25$$

取 $l = 100 + 70 = 170\text{m}$

$$\Delta l_c^- = \frac{\sigma_{pc}}{E_c} \phi(t_u, t_0) l = \frac{9}{3.45 \times 10^4} \times 1.25 \times 170 \times 10^3 = 55.4\text{mm}$$

75. 正确答案是 A，解答如下：

根据《公桥通规》3.5.4 条：

$$l = (200 + 2000 + 200) \times 1.5 - 450 + 750 = 3900\text{mm}$$

76. 正确答案是 C，解答如下：

W＝13m，单向行驶，查《公桥通规》表 4.3.1-4，为 3 条设计车道；双向行驶，为 2 条设计车道，故取 3 条设计车道计算。

根据《公桥通规》4.3.4 条：

$$h_0 = \frac{\Sigma G}{\gamma B L_0} = \frac{3 \times 2 \times 140}{18 \times 13 \times 3} = 1.197\text{m}$$

77. 正确答案是 A，解答如下：

根据《公桥混规》6.5.3 条、6.5.5 条：

$f_p = 150\text{mm} > \eta_\theta f_s = 1.45 \times 80 = 116\text{mm}$，故可不设预拱度。

78. 正确答案是 B，解答如下：

根据《公桥混规》6.1.1 条，应选（B）项。

另：根据《公桥通规》4.1.6 条，也应选（B）项。

79. 正确答案是 B，解答如下：

根据《公桥通规》4.3.2 条，应选（B）项。

80. 正确答案是 B，解答如下：

根据《公桥通规》4.3.1 条，应选（B）项。

2017 年真题解答与评析

（上午卷）

1. 正确答案是 B，解答如下：

阻尼比，正确，排除（C）项。

由《抗规》表 6.1.1，框架抗震一级，排除（A）项。

由《抗规》表 5.1.4-1，排除（D）项，故选（B）项。

2. 正确答案是 A，解答如下：

根据《抗规》5.1.3 条、5.2.1 条：

$$G = 3000 + 0.5 \times 760 + 3 \times (3000 + 0.5 \times 680) + 3200 = 17200kN$$

$$G_{eq} = 0.85 \times 17200 = 14620kN$$

3. 正确答案是 C，解答如下：

根据《抗规》5.2.5 条，$\lambda = 0.032$

各层剪重比：$\lambda_5 = \dfrac{140}{3200} = 0.044, \lambda_4 = \dfrac{240}{6500} = 0.037$

$$\lambda_3 = \dfrac{320}{9800} = 0.033, \lambda_2 = \dfrac{390}{13100} = 0.03 < 0.032$$

$$\lambda_1 = \dfrac{450}{17000} = 0.026 < 0.032$$

故选（C）项。

4. 正确答案是 C，解答如下：

$\delta_i = \dfrac{V_i}{K_i}$，则：

$$\Delta = \Sigma \delta_i = \left(\dfrac{450}{6.5} + \dfrac{390}{7.0} + \dfrac{320}{7.5} + \dfrac{240}{7.5} + \dfrac{140}{7.5} \right) \times \dfrac{1}{10^4} \times 10^3$$

$$= 21.8mm$$

5. 正确答案是 C，解答如下：

根据《抗规》5.1.2 条条文说明，应选（C）项。

6. 正确答案是 C，解答如下：

根据《混规》6.2.11 条 1 款：

$$f_y A_s = 360 \times 10 \times 491 = 1767600N$$

$$\alpha_1 f_c b'_f h'_f + f'_y A'_s = 1.0 \times 14.3 \times 650 \times 120 + 4 \times 360 \times 314 = 1567560N$$

故属于第 2 类 T 形，应按《混规》6.2.11 条第 2 款：

$$1.0 \times 14.3 \times (350x + 300 \times 120) = 360 \times (10 \times 491 - 4 \times 314)$$

解之得：$x = 160mm > a'_s = 2 \times 40 = 80mm$，且 $< \xi_b h_0 = 0.518 \times 530 = 275mm$

根据《混规》公式 (6.2.11-2)：

$$M \leqslant 1.0 \times 14.3 \times 350 \times 160 \times \left(600 - 70 - \frac{160}{2}\right) + 1.0 \times 14.3 \times 300$$

$$\times 120 \times \left(600 - 70 - \frac{120}{2}\right) + 360 \times 4 \times 314 \times (600 - 70 - 40)$$

$$= 823.9 \times 10^6 \, \text{N} \cdot \text{mm} = 823.9 \text{kN} \cdot \text{m}$$

7. 正确答案是 B，解答如下：

根据《可靠性标准》8.2.4 条：

$$V = 1.3 \times \frac{70 \times 3}{2} + 1.3 \times \frac{7 \times 8}{2} + 1.5 \times \left(\frac{70 \times 3}{2} + \frac{7 \times 8}{2}\right)$$

$$= 372.4 \text{kN}$$

由《混规》6.3.4 条：

独立梁，$\lambda = \dfrac{2000}{600 - 70} = 3.77 > 3$，取 $\lambda = 3$，$h_0 = 530 \text{mm}$

$$372.4 \times 10^3 \leqslant \frac{1.75}{3+1} \times 1.43 \times 350 \times 530 + 270 \times \frac{A_{sv}}{150} \times 530$$

解之得：$\qquad\qquad\qquad A_{sv} \geqslant 269 \text{mm}^2$

即：$\qquad\qquad\qquad A_{sv1} \geqslant 269/4 = 67 \text{mm}^2$

8. 正确答案是 C，解答如下：

支座处，故按 $b \times h = 350\text{mm} \times 600\text{mm}$ 矩形截面计算，$h_0 = 530 \text{mm}$，由《混规》6.2.10 条：

$$x = h_0 - \sqrt{h_0^2 - \frac{2\gamma_0 M}{\alpha_1 f_c b}}$$

$$= 530 - \sqrt{530^2 - \frac{2 \times 1 \times 490 \times 10^6}{1 \times 14.3 \times 350}}$$

$$= 238.3 \text{mm} < \xi_b h_0 = 0.518 \times 530 = 275 \text{mm}$$

$$A_s = \frac{\alpha_1 f_c bx}{f_y} = \frac{1 \times 14.3 \times 350 \times 238.3}{360} = 3313 \text{mm}^2$$

9. 正确答案是 B，解答如下：

根据《混规》7.1.2 条：

$$A_{te} = 0.5 \times 350 \times 600 + (650 - 350) \times 120 = 141000 \text{mm}^2$$

$$\rho_{te} = \frac{3927}{141000} = 0.0279 > 0.01$$

$$\psi = 1.1 - 0.65 \frac{f_{tk}}{\rho_{te}\sigma_s} = 1.1 - 0.65 \times \frac{2.01}{0.0279 \times 220} = 0.887 > 0.01$$

$$w_{max} = \alpha_{cr}\psi \frac{\sigma_s}{E_s}\left(1.9c_s + 0.08\frac{d_{eq}}{\rho_{te}}\right)$$

$$= 1.9 \times 0.887 \times \frac{220}{2.0 \times 10^5} \times \left(1.9 \times 30 + 0.08 \times \frac{25}{0.0279}\right) = 0.24 \text{mm}$$

10. 正确答案是 C，解答如下：

根据《混规》6.5.1 条：

$$h_0 = 400 - 45 = 355 \text{m}$$

$$F_u = [8.4 \times 8.4 - (0.6 + 2 \times 0.355)] \times 15 = 1033kN$$

11. 正确答案是 C，解答如下：

根据《混规》6.5.1 条：

$$u_m = 4 \times (600 + 355) = 3820mm$$

$$\beta_s = 1 < 2, 取 \beta_s = 2, \eta_1 = 0.4 + \frac{1.2}{\beta_s} = 1.0$$

$$\eta_2 = 0.5 + \frac{a_s h_0}{4 u_m} = 0.5 + \frac{40 \times 355}{4 \times 3820} = 1.43, 故取 \eta = 1.0$$

$$F_u = 0.7 \beta_h f_t \eta u_m h_0 = 0.7 \times 1.0 \times 1.57 \times 1.0 \times 3820 \times 355 = 1490kN$$

12. 正确答案是 C，解答如下：

根据《混规》11.9.2 条：

$$d \leqslant \frac{h}{16} = \frac{400}{16} = 25mm$$

【10～12题评析】 12题，也可按《抗规》6.6.2条解答。

13. 正确答案是 B，解答如下：

根据《混规》8.2.1条及其条文说明，钢筋的保护层厚度不小于受力钢筋直径的要求，是为了保证握裹层混凝土对受力钢筋的锚固。它适用于永久建筑、临时建筑，因此，(B) 项错误，故选 (B) 项。

【13题评析】 (A) 项正确，见《可靠性标准》3.3.2 条、3.2.1 条及条文说明；(C) 项正确，见《设防分类标准》2.0.3 条及其条文说明，临时性建筑通常可不设防。

14. 正确答案是 C，解答如下：

根据《混规》11.3.2条，及《抗震通规》4.3.2条：

$$V_{Gb} = 1.3 \times (83 + 0.5 \times 55) \times 8.4 \times \frac{1}{2} = 603.33kN$$

地震作用由左至右：

$$M_b^l = -1.3 \times (468 + 0.5 \times 312) + 1.4 \times 430 = -209.2kN \cdot m (\uparrow)$$

$$M_b^r = -1.3 \times (387 + 0.5 \times 258) - 1.4 \times 470 = -1328.8kN \cdot m (\downarrow)$$

$$M_b^l + M_b^r = -1328.8 - (-209.2) = -1119.6kN \cdot m(\downarrow)$$

地震作用由右至左：

$$M_b^l = -1.3 \times (468 + 0.5 \times 312) - 1.4 \times 430 = -1413.2kN \cdot m (\uparrow)$$

$$M_b^r = -1.3 \times (387 + 0.5 \times 258) + 1.4 \times 470 = -12.8kN \cdot m (\downarrow)$$

$$M_b^l + M_b^r = -1413.2 - (-12.8) = -1400.4kN \cdot m(\uparrow)$$

最终取 $M_b^l + M_b^r = -1400.4kN \cdot m$

$$V = 1.2 \times \frac{1400.4}{8.4} + 603.33 = 803.4kN$$

15. 正确答案是 C，解答如下：

根据《混规》11.3.3条：

$$\frac{A_{sv}}{s} \geqslant \frac{\gamma_{RE}V - 0.6\alpha_{cv}f_t bh_0}{f_{yv}h_0}$$

$$= \frac{0.85 \times 320 \times 10^3 - 0.6 \times 0.7 \times 1.57 \times 400 \times 830}{360 \times 830}$$

$$= 0.18mm^2/min$$

按构造要求配筋即可，根据《混规》11.3.6 条、11.3.8 条，

二级框架，且纵筋配筋率小于 2%，箍筋最小直径取 8mm，

箍筋间距取 $s = \min\{900/4, 8 \times 25, 100\} = 100mm$，

箍筋肢距不宜大于 250mm，取四肢箍，选用 $\Phi 8@100$ (4)。

16. 正确答案是 D，解答如下：

根据《混规》11.4.1 条、11.4.2 条，及《抗震通规》4.3.2 条：

$$M_b = 1.3 \times (387 + 0.5 \times 258) + 1.4 \times 470 = 1328.8kN \cdot m$$

$$M_c = \left(\frac{1}{2} \times 1328.8\right) \times 1.5 \times 1.1 = 1096.3kN \cdot m$$

17. 正确答案是 C，解答如下：

$$R_A = 4 \times (55 + 15) \times \frac{1}{2} = 140kN$$

$$M_{max} = 140 \times 2.4 - (55 + 15) \times 1.2 = 252kN \cdot m$$

（注意，跨中中点处的弯矩值也为 252kN·m）

根据《钢标》6.1.1 条、6.1.2 条：

截面等级满足 S3 级，故取 $\gamma_x = 1.05$

$$\frac{M}{\gamma_x W_x} = \frac{252 \times 10^6}{1.05 \times 1260 \times 10^3} = 190.5N/mm^2$$

18. 正确答案是 C，解答如下：

根据《钢标》7.2.1 条：

$\frac{b}{h} = \frac{199}{446} = 0.446 < 0.8$，$x$ 轴为 a 类；y 轴为 b 类。

$\lambda_x = \frac{15000}{184} = 82$，查附录表 D.0.1，取 $\varphi_x = 0.77$

$\lambda_y = \frac{5000}{43.6} = 115$，查附录表 D.0.2，取 $\varphi_y = 0.464$，故取 φ_y 计算。

$$\frac{N}{\varphi_y A} = \frac{330 \times 10^3}{0.464 \times 8297} = 85.7N/mm^2$$

19. 正确答案是 A，解答如下：

根据《钢标》8.2.1 条：

$$\frac{b}{t} \approx \frac{199 - 8}{2 \times 12} = 8 < 13\varepsilon_k \approx 13$$

$$\frac{h_0}{t_w} \approx \frac{446 - 2 \times 12}{8} = 52.8 < (40 + 18 \times 1.22^{1.5})\varepsilon_k \approx 66$$

截面等级满足 S3 级，取 $\gamma_x = 1.05$

$$\frac{\beta_{mx}M_x}{\gamma_x W_x\left(1 - 0.8\frac{N}{N'_{EX}}\right)} = \frac{1.0 \times 88 \times 10^6}{1.05 \times 1260 \times 10^3(1 - 0.8 \times 0.135)} = 74.6N/mm^2$$

20. 正确答案是 B，解答如下：

根据《钢标》8.2.1 条：

$$\lambda_y = \frac{5000}{43.6} = 115$$

由附录 C.0.5 条：

$$\varphi_b = 1.07 - \frac{\lambda_y^2}{44000\varepsilon_k^2} = 1.07 - \frac{115^2}{44000 \times 1} = 0.769$$

$$\eta \frac{\beta_{tx} M_x}{\varphi_b W_{1x}} = 1.0 \times \frac{1.0 \times 88 \times 10^6}{0.769 \times 1260 \times 10^3} = 90.8 \text{N/mm}^2$$

21. 正确答案是 C，解答如下：

根据《钢标》7.4.6 条：

$$i \geqslant \frac{6000}{200} = 30 \text{mm}$$

故选（C）项。

22. 正确答案是 A，解答如下：

根据《钢标》11.4.2 条：

$$N_v^b = 0.9 k n_f \mu P = 0.9 \times 1 \times 1 \times 0.40 \times 80 = 28.8 \text{kN}$$

$$n = \frac{44}{28.8} = 1.53，取 2 个$$

23. 正确答案是 A，解答如下：

根据《钢标》附录 C.0.1 条：

$$\lambda_y = \frac{6000}{43.6} = 138$$

$$\varphi_b = \beta_b \frac{4320}{\lambda_y^2} \cdot \frac{Ah}{W_x} \left[\sqrt{1 + \left(\frac{\lambda_y t_1}{4.4h} \right)^2} + \eta_b \right] \varepsilon_k^2$$

$$= 0.83 \times \frac{4320}{138^2} \times \frac{8297 \times 446}{1260 \times 10^3} \times \left[\sqrt{1 + \left(\frac{138 \times 12}{4.4 \times 446} \right)^2} + 0 \right] \times \frac{235}{235}$$

$$= 0.83 \times 0.227 \times 2.937 \times 1.308 = 0.72 > 0.6$$

$$\varphi_b' = 1.07 - \frac{0.282}{0.72} = 0.68$$

根据《钢标》式（6.2.2）：

$$M_x \leqslant \varphi_b W_x f = 0.68 \times 1260 \times 10^3 \times 215 \times 10^{-6} = 184 \text{kN} \cdot \text{m}$$

【题 17～23 评析】 19 题，题目中 α_0（为笔者增加）由以下得到：H 型钢 H446×199 ×8×12 的内圆弧半径 $r = 13$mm。

由《钢标》3.5.1 条：

$$\frac{\sigma_{max}}{\sigma_{min}} = \frac{N}{A_n} \pm \frac{M}{I_n} \cdot y$$

$$= \frac{330 \times 10^3}{8297} \pm \frac{88 \times 10^6}{28100 \times 10^4} \times \left(\frac{446}{2} - 12 - 13 \right)$$

$$= 39.77 \pm 62.01$$

$$= \begin{matrix} +101.78 \text{N/mm}^2 \\ -22.24 \text{N/mm}^2 \end{matrix}$$

$$\alpha_0 = \frac{101.78 - (-22.24)}{101.78} = 1.22$$

24. 正确答案是 A，解答如下：

根据《钢标》7.1.1 条、表 11.5.2 注 3：

$$d_c = \max(20 + 4, 21.5) = 24\text{mm}$$

$$N = \frac{M}{h_b} = \frac{210 \times 10^6}{450 - 12} = 479.5\text{kN}$$

$$A_n = (200 - 2 \times 24) \times 12 = 1824\text{mm}^2$$

$$\sigma = \left(1 - 0.5 \times \frac{2}{6}\right) \times \frac{479.5 \times 10^3}{1824} = 219\text{N/mm}^2$$

$$\sigma = \frac{N}{A} = \frac{479.5 \times 10^3}{200 \times 12} = 199.8\text{N/mm}^2$$

25. 正确答案是 D，解答如下：

根据《钢标》表 4.4.1 及注，应选 （D） 项。

26. 正确答案是 B，解答如下：

根据《钢标》13.3.3 条第 2 款，空间 KK 形，由 13.3.2 条第 4 款：

$$\beta = \frac{89}{140} = 0.636, \gamma = \frac{D}{2t} = \frac{140}{2 \times 6} = 11.67$$

$$\tau = \frac{4.5}{6} = 0.75, \eta_{ov} = 0.45(\text{已知})$$

$$\psi_q = 0.636^{0.45} \times 11.67 \times 0.75^{0.8-0.45} = 8.61$$

$$N_{tk} = \left(\frac{29}{8.61 + 25.2} - 0.074\right) \times \frac{\pi}{4}(89^2 - 80^2) \times 215 = 201.2\text{kN}$$

$$N_{ttk} = 0.9 \times 201.2 = 181.1\text{kN}$$

27. 正确答案是 A，解答如下：

根据《钢标》13.3.9 条：

$D_i/D = 89/140 = 0.64 < 0.65$，$\theta_i = 90°$，则：

由《钢标》式 （13.3.9-2）：

$$l_w = (3.25 \times 89 - 0.025 \times 140) \times \left(\frac{0.534}{\sin 90°} + 0.466\right)$$

$$= 286\text{mm}$$

$$N_f = 0.7h_f l_w f_f^w = 0.7 \times 6 \times 286 \times 160 = 192\text{kN}$$

【26、27 题评析】 《钢标》对空间 KK 形进一步细分为：支管为非全搭接型；支管为全搭接型。题 26、题 27 对真题进行了改编。此外，《钢标》式 （13.3.9-2）中 0.446 应为 0.466。

28. 正确答案是 D，解答如下：

根据《钢标》14.1.2 条、14.2.1 条：

$$b_2 = \min\left(\frac{7800}{6}, \frac{2500-200}{2}\right) = \min(1300, 1150)$$

$$= 1150mm$$

$$b_e = b_0 + 2b_2 = 200 + 2 \times 1150 = 2500mm$$

由提示，则：

$$x = \frac{Af}{b_e f_c} = \frac{8337 \times 215}{2500 \times 14.3} = 50.1mm$$

$$y = 200 + 150 - \frac{x}{2} = 350 - \frac{50.1}{2} = 325mm$$

$$M_u = b_e x f_c y = 2500 \times 50.1 \times 14.3 \times 325 = 582kN \cdot m$$

29. 正确答案是 C，解答如下：

根据《钢标》14.3.1 条：

$$0.43A_s\sqrt{E_c f_c} = 0.43 \times 190 \times \sqrt{3 \times 10^4 \times 14.3} = 53.5kN$$

$$0.7A_s f_u = 0.7 \times 190 \times 360 = 47.88kN, 故取 N_v^c = 47.88kN$$

由《钢标》14.3.4 条，及提示：

$$V_s = Af = 8337 \times 215 = 1792kN$$

$$n_f = 2 \times V_s / N_v^c = 2 \times \frac{1792}{47.88} = 75 个, 取 n_f = 76 个$$

30. 正确答案是 D，解答如下：

根据《钢标》6.1.1 条及其公式，应选（D）项。

31. 正确答案是 B，解答如下：

Ⅰ. 根据《砌规》5.1.1 条、3.2.1 条，正确，排除（C）、（D）项。

Ⅱ. 根据《砌规》6.1.1 条，错误，故选（B）项。

【31题评析】 Ⅲ. 根据《砌规》3.2.1 条，正确。

Ⅳ. 根据《砌规》3.2.4 条，错误。

32. 正确答案是 C，解答如下：

查《砌规》表 3.2.1-4 及注 2，$f = 4.02 \times 0.85$

根据《砌规》5.1.2 条：

$$h_T = 3.5i = 3.5\sqrt{\frac{I}{A}} = 3.5 \times \sqrt{3.16 \times 10^9 / 3.06 \times 10^5} = 355.7mm$$

$$\beta = \gamma_\beta \frac{H_0}{h_T} = 1.1 \times \frac{3300}{355.7} = 10.2$$

$\frac{e}{h_T} = \frac{44.46}{355.7} = 0.125$, 查附录表 D.0.1-1，$\varphi = 0.595$

$$\varphi f A = 0.595 \times 4.02 \times 0.85 \times 3.06 \times 10^5 = 622kN$$

33. 正确答案是 D，解答如下：

根据《抗规》表 7.1.2 及注 2，7 层，$H < 21 + 1 = 22m$。

根据《抗规》表 7.1.2 注 3，乙类，其层数应减少一层且总高度降低 3m。

楼层建筑面积 $A = 17.7 \times 8 = 141.6m^2$

开间大于 4.2m 的房间总面积为 $A_1 = (6.6 + 4.5) \times 8 = 88.8m^2$

$\dfrac{A_1}{A} = \dfrac{88.8}{141.6} = 62.7\% > 40\%$，属于横墙较少的多层砌体房屋，

根据《抗规》7.1.2 条第 2 款，层数还应再减少一层，总高度还应再降低 3m。

因此，房屋层数为：7－1－1＝5 层

房屋高度：$H < 22 - 3 - 3 = 16\text{m}$

当为 5 层时，$H = 3.6 + 4 \times 3.3 + 0.6 = 17.4\text{m} > 16\text{m}$，不满足

当为 4 层时，$H = 3.6 + 3 \times 3.3 + 0.6 = 14.1\text{m} < 16\text{m}$，满足

34. 正确答案是 B，解答如下：

横墙较少，应根据房屋增加一层的层数，即四层房屋，按《抗规》7.3.1 条设置构造柱，如图 Z17-1-1 所示，应至少设 16 根。

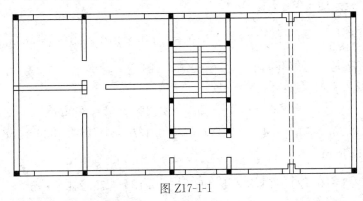

图 Z17-1-1

（命题专家指出，本题按规范规定最少需要设置的构造柱为 16 根，考虑实际工程设计时在大跨梁下设置构造柱也具有一定的合理性，所以将正确答案设计成 18 根，这样答案能包容 16 根和 18 根。）

35. 正确答案是 C，解答如下：

根据《砌规》5.1.3 条：

$H = 3.6 + 0.3 + 0.5 = 4.4\text{m}$

$H = 4.4\text{m} < s = 8.0\text{m} < 2H = 8.8\text{m}$

$H_0 = 0.4s + 0.2H = 0.4 \times 8.0 + 0.2 \times 4.4 = 4.08\text{m}$

$$\beta = \frac{H_0}{h} = \frac{4.08}{0.19} = 21.5$$

36. 正确答案是 C，解答如下：

根据《砌规》6.4.3 条：

有效面积 $= 0.190 \times 1 = 0.19\text{m}^2/\text{m}$

有效厚度 $= \sqrt{190^2 + 90^2} = 210\text{mm}$

37. 正确答案是 D，解答如下：

查《砌规》表 3.2.1-4 及注，$f = 4.61 \times 0.85$

根据《砌规》5.2.5 条：

$\gamma = 1.0$，$\gamma_1 = 0.8\gamma = 0.8 < 1$，取 $\gamma_1 = 1.0$

$e/h_T = 0.075$，$\beta \leqslant 3$，查附录表 D.0.1-1，取 $\varphi = 0.94$

$$\varphi\gamma_1 fA_b = 0.94 \times 1.0 \times (4.61 \times 0.85) \times 390 \times 390 = 560\text{kN}$$

38. 正确答案是 A，解答如下：

根据《砌规》10.2.2 条：

查表 3.2.2 及注，取 $f_v = 0.17\text{MPa}$

$\sigma_0/f_v = 0.84/0.17 = 4.94$，由表 10.2.1，取 $\xi_N = 1.463$

$$f_{vE} = \xi_N f_v = 1.463 \times 0.17 = 0.249\text{MPa}$$

$h/b = 3.3/3.6 = 0.92$，查表 10.2.2，$\zeta_s = 0.146$

$$\rho_{sh} = \frac{691}{3300 \times 240} = 0.087\% \begin{matrix} < 0.17\% \\ > 0.07\% \end{matrix}$$

$$V_u = \frac{1}{\gamma_{RE}}(f_{vE}A + \xi_s f_{yh}A_{sh})$$

$$= \frac{1}{0.9} \times (0.249 \times 3600 \times 240 + 0.146 \times 270 \times 691) = 269.3\text{kN}$$

39. 正确答案是 A，解答如下：

根据《砌规》7.4.2 条：

$$l_1 = 4500\text{mm} > 2.2h_b = 2.2 \times 400 = 800\text{mm}$$

$$x_0 = 0.3h_b = 0.3 \times 400 = 120\text{mm} < 0.13l_1 = 0.13 \times 4500 = 585\text{mm}$$

故取 $x_0 = 120\text{mm}$

$$M_{0v} = 12 \times (2.1 + 0.12) + 21 \times 2.1 \times \left(\frac{2.1}{2} + 0.12\right) = 78.24\text{kN} \cdot \text{m}$$

$$M_r = 0.8G_r(l_2 - x_0)$$

$$= 0.8 \times \left[5.36 \times (3 - 0.4) \times 3.9 \times \left(\frac{3.9}{2} - 0.12\right) + 11.2 \times 4.5 \times \left(\frac{4.5}{2} - 0.12\right)\right]$$

$$= 165.45\text{kN} \cdot \text{m}$$

40. 正确答案是 D，解答如下：

根据《砌规》表 6.5.1，Ⅱ正确，排除（A）、（B）项。

根据《砌规》9.4.8 条，Ⅲ错误，故选（D）项。

【40 题评析】 Ⅰ. 根据《砌验规》5.1.3 条，错误。

Ⅳ. 根据《砌规》6.5.2 条，正确。

（下午卷）

41. 正确答案是 C，解答如下：

对称性，左边支座反力 $R = \frac{5P}{2}$；过屋架中央处取截面，对屋架上弦 C 点取力矩平衡，则：

$$\left(\frac{5P}{2} - P\right) \times 6 = P \times 3 + N_{D1} \times 1.5，即：P = \frac{N_{D1}}{4}$$

查《木标》表 4.3.1-3，$f_t = 9.5\text{MPa}$；查表 4.3.9-1，调整系数为 0.8，即：$f_t = 0.8 \times 9.5$

由《木标》5.1.1 条：

$$N_{D1} = \frac{f_t A_n}{\gamma_0} = \frac{0.8 \times 9.5 \times \frac{\pi}{4} \times 120^2}{1.0} = 85.91 \text{kN}$$

则：$P = \dfrac{N_{D1}}{4} = 21.48 \text{kN}$

42. 正确答案是 D，解答如下：

查《木标》表 4.3.1-3，$f_c = 15 \text{MPa}$；由 4.3.2 条，提高 1.15，$f_c = 1.15 \times 15$

由《木标》5.1.2 条：

$$\gamma_0 N \leqslant f_c A_n，即：$$

$$N \leqslant \frac{f_c A_n}{\gamma_0} = \frac{1.15 \times 15 \times \frac{\pi}{4} \times 100^2}{1.0} = 135.4 \text{kN}$$

43. 正确答案是 B，解答如下：

(1) 按持力层确定基础宽度

根据《地规》5.2.4 条：

$e = 0.86$，故 $\eta_b = 0$，$\eta_d = 1$

$f_a = f_{ak} + \eta_b \gamma (b-3) + \eta_d \gamma_m (d-0.5) = 130 + 1 \times 18 \times (1.2-0.5) = 142.6 \text{kPa}$

$$b = 300/142.6 = 2.10 \text{m}$$

(2) 按软弱下卧层确定基础宽度

根据《地规》5.2.7 条：

$$\gamma_m = (18 \times 1.2 + 8 \times 1.8)/3 = 12 \text{kN/m}^3$$

$$f_{az} = 80 + 1 \times 12 \times (3-0.5) = 110 \text{kPa}$$

$$p_k = 300/b，p_c = 18 \times 1.2 = 21.6 \text{kPa}，p_{cz} = 18 \times 1.2 + 8 \times 1.8 = 36 \text{kPa}$$

$$\frac{b(p_k - p_c)}{b + 2z\tan\theta} \leqslant f_{az} - p_{cz}，则：$$

$$b\left(\frac{300}{b} - 21.6\right) \leqslant (110-36) \times (b + 2 \times 1.8 \times \tan 14°)$$

解之得：$b \geqslant 2.44 \text{m}$

最终取 $b \geqslant 2.44 \text{m}$。

44. 正确答案是 C，解答如下：

$$p_j = \frac{364}{2.8} = 130 \text{kPa}$$

由《地规》8.2.14 条，取 $a_1 = 1.4 - 0.12 = 1.28 \text{m}$

$$M = \frac{1}{2} p_j \times 1 \times a_1^2 = \frac{1}{2} \times 130 \times 1 \times 1.28^2 = 106.5 \text{kN} \cdot \text{m/m}$$

$$A_s = \frac{M}{0.9 f_y h_0} = \frac{106.54 \times 10^6}{0.9 \times 270 \times 550} = 797 \text{mm}^2/\text{m}$$

由《地规》8.2.1 条：$A_s \geqslant 0.15\% \times 1000 \times 600 = 900 \text{mm}^2/\text{m}$

选 $\Phi 14@150$（$A_s = 1026 \text{mm}^2$），满足。

45. 正确答案是 C，解答如下：

根据《抗规》4.1.4 条、4.1.5 条：

场地覆盖层厚度为：$3+3+12+4=22\text{m}>20\text{m}$ 取 $d_0=20\text{m}$

$$t=\sum_{i=1}^{n}(d_i/v_{si})=3/150+3/75+12/180+2/250=0.135\text{s}$$

$$v_{se}=\frac{d_0}{t}=\frac{20}{0.135}=148\text{m/s}<150\text{m/s}，覆盖层厚度22\text{m}$$

查《抗规》表4.1.6，Ⅲ类场地。

46. 正确答案是B，解答如下：

根据《抗规》4.3.4条：

$$N_{cr}=10\times1.05\times\left[\ln(0.6\times6+1.5)-0.1\times3\right]\sqrt{3/3}=13.96\text{kN}$$

根据《桩规》5.3.12条：

$$\lambda_N=\frac{N}{N_{cr}}=\frac{11}{13.96}=0.79\begin{array}{l}<0.8\\>0.6\end{array}，d_L\leqslant10\text{m}，取\ \psi_l=\frac{1}{3}$$

$$Q_{uk}=u\Sigma q_{sik}l_i+q_{pk}A_p$$

$$=4\times0.4\times(50\times1.5+1/3\times39\times4+18\times3+55\times8+90\times1)+9200\times0.4\times0.4$$

$$=1.6\times711+9200\times0.16=1138+1472=2610\text{kN}$$

$$1.25R_a=1.25\times\frac{Q_{uk}}{2}=1.25\times\frac{2610}{2}=1631\text{kN}$$

47. 正确答案是C，解答如下：

根据《桩规》5.7.2条：

$$R_{ha}=32\times0.75\times1.25=30\text{kN}$$

由《桩规》5.7.3条及提示，$s_a/d=2/0.4=5<6$：

$$\eta_i=\frac{(s_a/d)^{0.015n_2+0.45}}{0.15n_1+0.10n_2+1.9}=\frac{(2/0.4)^{0.015\times2+0.45}}{0.15\times3+0.10\times2+1.9}=\frac{2.165}{2.55}=0.85$$

$$\eta_h=\eta_i\eta_r+\eta_l=0.85\times2.05+1.27=3.01$$

$$R_h=\eta_h R_{ha}=3.01\times30=90\text{kN}$$

48. 正确答案是B，解答如下：

$$F=3915+5400=9315\text{kN}$$

承台底面形心：$M=276.75+486+(67.5+108)\times1.5+3915\times2-5400\times1$

$$=3456\text{kN}\cdot\text{m}$$

角桩1的净反力：$N_1=\dfrac{9315}{6}-\dfrac{3456\times2}{4\times2^2}=1120.5\text{kN}$

$$M_{A-A}=1120.5\times2\times1.3-5400\times0.3+486+108\times1.5$$

$$=1941\text{kN}\cdot\text{m}$$

49. 正确答案是A，解答如下：

根据《桩规》5.9.8条：

$$\alpha_{1x}=\alpha_{1y}=1-0.3-0.2=0.5\text{m}，\lambda_{1y}=\lambda_{1x}=\frac{0.5}{1.4}=0.357\begin{array}{l}<1.0\\>0.25\end{array}$$

$$\lambda_{1x}=\lambda_{1y}=\frac{0.56}{0.357+0.2}=1.0$$

$$\beta_{hp} = 0.94$$

$$[\beta_{1x}(c_2 + a_{1y}/2) + \beta_{1y}(c_1 + a_{1x}/2)]\beta_{hp}f_t h_0$$

$$= 2 \times 1.0 \times (0.6 + 0.5/2) \times 0.94 \times 1.43 \times 1400$$

$$= 3199 \text{kN}$$

50. 正确答案是 C，解答如下：

根据《地规》5.3.4 条：

A—B 跨：$\Delta s/l = (90-50)/12000 = 0.0033 > 0.003$，不满足

B—C 跨：$\Delta s/l = (120-90)/18000 = 0.0017 < 0.003$，满足

C—D 跨：$\Delta s/l = (120-85)/15000 = 0.0023 < 0.003$，满足

51. 正确答案是 C，解答如下：

根据《地规》5.3.5 条：

$$l/b = 12/12 = 1, z_1/b = 7.2/12 = 0.6, z_2/b = (7.2+4.8)/12 = 1$$

查《地规》附录 K 表 K.0.1-2，$\overline{a}_1 = 0.2423$，$\overline{a}_2 = 0.2252$

$$s_M = \psi_s \sum_{i=1}^{2} \frac{p_0}{E_{si}}(z_i \overline{a}_i - z_{i-1}\overline{a}_{i-1})$$

$$= 1 \times \left[\frac{2 \times 45}{4800} \times (7200 \times 0.2423 - 0) + \frac{2 \times 45}{7500} \times (12000 \times 0.2252 - 7200 \times 0.2423)\right]$$

$$= 44.2 \text{mm}$$

52. 正确答案是 B，解答如下：

根据《桩规》5.4.4 条：

$$\sigma'_1 = p + \sigma'_{r1} = 45 + 17.5 \times 2 + 0.5 \times 8 \times 8 = 112 \text{kPa};$$

$$q_{sl}^n = \xi_1 \sigma'_1 = 112 \times 0.27 = 30 \text{kPa} < q_{slk} = 38 \text{kPa}$$

故取 $q_{sl}^n = 30 \text{kPa}$

53. 正确答案是 C，解答如下：

根据《地处规》3.0.4 条

$$f_{spk} \geq 300 - 1 \times 17 \times (4 - 0.5) = 240.5 \text{kPa}$$

由《地处规》7.9.6 条：

$$A_{p1} = A_{p2} = \frac{\pi}{4} \times 0.5^2 = 0.1963 \text{m}^2, m_1 = \frac{A_{p1}}{(2s)^2}, m_2 = \frac{4A_{p2}}{(2s)^2}$$

$$240.5 = \frac{0.9 \times 680}{4s^2} + \frac{4 \times 1 \times 90}{4s^2} + 0.9 \times \left(1 - \frac{0.1963}{4s^2} - \frac{4 \times 0.1963}{4s^2}\right) \times 70$$

解之得：
$$s = 1.13 \text{m}$$

54. 正确答案是 A，解答如下：

根据《地处规》7.9.8 条、7.1.7 条：

$$\xi = f_{spk}/f_{ak} = 252/70 = 3.6$$

$$E_s = 3 \times 3.6 = 10.8 \text{MPa}$$

55. 正确答案是 C，解答如下：

图 C 斜裂缝的原因是右端沉降大，左端小，故选（C）项。

此外，图 A 正八字缝的产生原因是沉降中部大，两端小。

图 B 倒八字缝的产生原因是沉降中部小，两端大。

图 D 斜裂缝的原因是左端沉降大，右端小。

56. 正确答案是 B，解答如下：

Ⅱ，根据《边坡规范》3.3.2 条，错误，故应选（B）项。

【56 题评析】 Ⅰ，根据《边坡规范》3.1.12 条，正确。

Ⅲ，根据《边坡规范》5.3.2 条，错误。

Ⅳ，根据《边坡规范》11.1.2 条，正确。

57. 正确答案是 B，解答如下：

Ⅳ，根据《高规》4.3.12 条，$\lambda \geqslant 1.15 \times 0.036 = 0.0414$，正确，排除（A）、（C）项。

Ⅱ，根据《高规》3.4.5 条及注，正确，故选（B）项。

【57 题评析】 Ⅰ，根据《高规》10.2.3 条及条文说明，错误。

Ⅲ，根据《高规》3.7.3 条：

$$\frac{\Delta u}{h} = \left(\frac{1}{800} + \frac{1}{500}\right) \times \frac{1}{2} = \frac{1}{615}，错误。$$

58. 正确答案是 D，解答如下：

根据《高规》12.2.1 条，（D）项正确，应选（D）项。

【58 题评析】 （A）项根据《高规》5.3.7 条及条文说明，错误。

（B）项，根据《高规》3.5.2 条，错误。

（C）项，根据《高规》3.9.5 条，错误。

59. 正确答案是 D，解答如下：

根据《高规》4.2.2 条及条文说明，取 $w_0 = 1.1 \times 0.6 = 0.66 \text{N/mm}^2$

根据《荷规》表 8.2.1，$\mu_z = 2.0$

根据《高规》附录 B，Y 轴正方向：

$$W_k = 1.5 \times (0.8 \times 80 + 0.6 \times 20 + 0.5 \times 60) \times 2.0 \times 0.66 = 210.0 \text{kN/m}$$

Y 轴负方向：

$$W_k = 1.5 \times (0.8 \times 20 + 0.9 \times 60 + 0.5 \times 80) \times 2.0 \times 0.66 = 217.8 \text{kN/m}$$

根据《高规》5.1.10 条，$W_k = 217.8 \text{kN/m}$

$$M_{0k} = \frac{1}{2} \times 217.8 \times 100 \times \frac{2}{3} \times 100 = 726000 \text{kN} \cdot \text{m}$$

60. 正确答案是 B，解答如下：

根据《高规》6.3.2 条，$x = 0.25 h_0 = 0.25 \times 540 = 135 \text{mm}$

由条件，$A_s = 0.5 A'_s$

$$\frac{x}{h_0} = \frac{f_y A_s - f'_y A'_s}{\alpha_1 b h_0 f_c} = \frac{360 \times 0.5 A_s}{1 \times 350 \times 540 \times 14.3} = 0.25$$

$$A_s = 3754 \text{mm}^2，A'_s = 1877 \text{mm}^2$$

截面抗震抗弯承载力为：

$$M = \frac{1}{\gamma_{RE}}\left[\alpha_1 f_c bx\left(h_0 - \frac{x}{2}\right) + f'_y A'_s(h_0 - a'_s)\right]$$

$$= \frac{1}{0.75}\left[1 \times 14.3 \times 350 \times 135 \times \left(540 - \frac{135}{2}\right) + 360 \times 1877 \times (540 - 40)\right]$$

$$= \frac{1}{0.75} \times 657 \times 10^6 \, \text{N} \cdot \text{mm}$$

由《高规》5.2.3 条、5.6.4 条，及《抗震通规》4.3.2 条，调幅系数 β 为：

$$1.3 \times \beta(440 + 0.5 \times 200) + 1.4 \times 205 = M = \frac{1}{0.75} \times 657$$

可得：$\beta = 0.84$

61. 正确答案是 D，解答如下：

根据《高规》3.5.9 条及条文说明，再由《高规》4.3.5 条：

内力放大系数 $\eta = \frac{2400}{1200} = 1.2$

根据《高规》6.2.1 条，顶层柱弯矩不调整，但须乘以放大系数 η

$$M_c = 350 \times 1.2 = 420 \text{kN} \cdot \text{m}$$

柱剪力设计值，须通过 M_{cua} 乘以放大系数 η

$$M'^b_{cua} = M'^t_{cua} = 450 \times 1.2 = 540 \text{kN} \cdot \text{m}$$

抗震等级一级，根据《高规》式（6.2.3-1）：

$$V = 1.2(M'^b_{cua} + M'^t_{cua})/H_n = 1.2 \times (540 + 540)/4.4 = 295 \text{kN}$$

（本题目上述解答过程为命题专家的解法。）

62. 正确答案是 D，解答如下：

根据《高规》10.2.2 条，框支梁上部一层墙体位于底部加强部位。

由《高规》10.2.19 条：

$$A_{sh} = A_{sv} \geqslant 0.3\% b_w h_w = 0.3\% \times 250 \times 1200 = 900 \text{mm}^2$$

由《高规》10.2.22 条第 3 款：

$$A_{sw} = 0.2 l_n b_w (\gamma_{RE}\sigma_{02} - f_c)/f_{yw}$$

$$= 0.2 \times 6000 \times 250 \times (0.85 \times 25 - 19.1)/360 = 1792 \text{mm}^2 > 900 \text{mm}^2$$

配 2 Φ 14@200 $A_s = 2 \times \frac{1200}{200} \times 153.9 = 1847 \text{mm}^2$，满足。

$$A_{sh} = 0.2 l_n b_w \gamma_{RE}\sigma_{xmax}/f_{yh}$$

$$= 0.2 \times 600 \times 250 \times 0.85 \times 2.5/360 = 1771 \text{mm}^2 > 900 \text{mm}^2$$

配 2 Φ 14@200 $A_s = 2 \times \frac{1200}{200} \times 153.9 = 1847 \text{mm}^2$，满足。

63. 正确答案是 C，解答如下：

根据《高规》10.2.22 条 3 款：

$$A_s = h_c b_w (\gamma_{RE}\sigma_{01} - f_c)/f_y$$

$$= 1000 \times 250 \times (0.85 \times 32 - 19.1)/360 = 5625 \text{mm}^2 > 1.2\% A = 1.2\% \times 250 \times 1000$$

$$= 3000 \text{mm}^2$$

根据《高规》10.2.11 条 9 款：

已配置 6 Φ 28，$A_s = 3695 \text{mm}^2$

剩余钢筋面积：$A_s=5625-3695=1930mm^2$

配置 8 Φ 18，$A_s=2036mm^2$

故选（C）项。

64. 正确答案是 B，解答如下：

6 度，$H=96+4.7\times5=119.5m$，由《高规》3.3.1 条，为 A 级高度。

由《高规》10.2.2 条，$119.5\times\dfrac{1}{10}=11.95m$，故 1～7 层为底部加强部位。

（1）大底盘（1～5 层）为乙类，由《高规》表 3.9.3、10.2.6 条及条文说明：剪力墙的抗震构造措施提高一级，为特一级，排除（C）项。

（2）由《高规》3.9.5 条：地下一层抗震等级同地上一层；地下二层不计算地震作用，抗震构造措施比地下一层降低一级，排除（A）项。

（3）第 7 层，丙类，由《高规》表 3.9.3、10.2.6 条及条文说明：剪力墙的抗震构造措施提高一级，为一级，排除（D）项，选（B）项。

65. 正确答案是 B，解答如下：

主楼 1～5 层为乙类，查《高规》表 3.9.3：框支框架（框支梁、框支柱）的抗震措施为一级，其抗震构造措施为一级，故排除（A）、（C）项。

又由《高规》10.2.6 条及条文说明：框支柱的抗震构造措施提高一级，为特一级，排除（D）项，选（B）项。

【65 题评析】 裙楼、乙类，查《高规》表 3.9.3：裙楼自身框架的抗震措施为二级，其抗震构造措施为二级。

主楼相关范围内框架、乙类，按框架-剪力墙结构，$H=119.5m$，查《高规》表 3.9.3，框架（抗震措施、抗震构造措施）为二级。

由《高规》3.9.6 条，最终取：主楼相关范围内框架的抗震措施为二级，其抗震构造措施为二级。

66. 正确答案是 B，解答如下：

根据《高规》10.6.3 条、5.1.14 条，取最不利值：

由《高规》3.4.5 条条文说明，周期比计算时，不必附加偶然偏心。

分塔模型：$T_y=2.1s$，$T_t=1.7s$

$$\frac{T_t}{T_1}=\frac{1.7}{2.1}=0.81$$

多塔模型：$T_1=1.7s$，$T_t=1.2s$

$$\frac{T_t}{T_1}=\frac{1.2}{1.7}=0.7$$

最终取较大值为 0.81。

67. 正确答案是 A，解答如下：

裙楼与塔楼设缝脱开后，不再属于大底盘多塔楼复杂结构，在进行控制扭转位移比计算分析时，不能按《高规》10.6.3 条第 4 款要求建模。

整体模型 4 不再适用，C、D 不准确。

非大底盘多塔楼复杂结构，裙楼的"相关范围"亦不适用，模型 2 不再适用，B 不准确。

68. 正确答案是 B，解答如下：

根据《高规》3.7.3 条，$H=160m$ 的 $[\Delta u]$ 为：

$$\left[\frac{\Delta u}{h}\right]=\frac{1}{800}+\frac{160-150}{250-150}\times\left(\frac{1}{500}-\frac{1}{800}\right)=0.001325$$

$$[\Delta u]=0.001325\times4000=5.3mm$$

考虑 $P\text{-}\Delta$ 的位移增大系数：$\dfrac{5.3}{5}=1.6$

由《高规》5.4.3 条：

$$F_1=\frac{1}{1-0.14H^2\sum\limits_{i=1}^{n}G_i/(EJ_d)}\leqslant1.06，则：$$

$$\frac{EJ_d}{H^2\sum\limits_{i=1}^{n}G_i}\geqslant2.473$$

69. 正确答案是 B，解答如下：

根据《高规》4.3.12 条：

$$\lambda\geqslant0.016-\frac{4.3-3.5}{5-3.5}\times(0.016-0.012)=0.0139$$

$$\lambda=\frac{V_{Eki}}{\sum\limits_{j=1}^{n}G_j}=\frac{12500}{1\times10^6}=0.0125<0.0139$$

故增大系数：$\eta=\dfrac{0.0139}{0.0125}=1.112$

由题目图示，由《高规》9.1.11 条：

$$V=\min(20\%\times12500\times1.112,1.5\times2000\times1.112)$$

$$=\min(2780,3336)=2780kN$$

70. 正确答案是 A，解答如下：

根据《高规》9.1.11 条：

由题目图示，及提示，由《抗震通规》4.3.2 条：

$$V_w=1.4\times(1.1\times2200)+0.2\times1.5\times1600=3868kN$$

查《高规》表 3.3.1-1，属于 B 级高级；查表 3.9.4，筒体的抗震等级为一级，又由《高规》9.1.11 条，筒体的内力调整的抗震等级为一级。

由《高规》7.1.4 条、7.2.6 条：

$$V=\eta_{vw}V_w=1.6\times3868=6189kN$$

71. 正确答案是 D，解答如下：

由 70 题可知，查《高规》表 3.9.4，筒体的抗震等级为一级，框架抗震等级为一级；由《高规》9.1.11 条，筒体的抗震构造措施的抗震等级应提高一级，故为特一级。

根据《高规》3.10.5 条，(A)、(B) 项正确。

根据《高规》6.4.3 条，(C) 项正确，故选 (D) 项。

【71 题评析】 (D) 项，由《高规》3.10.5 条、7.2.15 条：

$$\lambda_v=0.20\times1.2=0.24$$

$$\rho_v\geqslant\lambda_v\frac{f_c}{f_{yv}}=0.24\times\frac{27.5}{360}=1.83\%$$

故（D）项错误。

72. 正确答案是 B，解答如下：

性能目标 C 级，由《高规》3.11.1 条，设防烈度地震（"中震"），其对应的性能水准为 3。

根据《高规》3.11.2 条及条文说明：

底部加强部位：核心筒墙肢为关键构件。

一般楼层：核心筒墙肢为普通竖向构件。

核心筒连梁、外框梁为"耗能构件"。

根据《高规》3.11.3 要第 3 款：

部分"耗能构件"，允许进入屈服阶段，即"塑性阶段"，故排除（C）、（D）项。

关键构件受剪承载力宜符合式（3.11.3-1），即"中震弹性"，故选（B）项。

73. 正确答案是 C，解答如下：

根据《公桥通规》1.0.5 条，属于中桥。

由《公桥通规》1.0.4 条，中桥，设计使用年限为 100 年。

74. 正确答案是 B，解答如下：

根据《公桥通规》1.0.5 条，属于特大桥。

查《公桥通规》表 3.2.9，取 1/100。

75. 正确答案是 D，解答如下：

根据《公桥通规》4.3.1 条：

$$q_k = 10.5\text{kN/m}, P_k = 2 \times (25 + 130) = 310\text{kN}$$

查《公桥通规》表 4.3.1-4，设计车道数为 2。查表 4.1.5-1，安全等级为一级，取 $\gamma_0 = 1.10$

$$M_{Gk} = \frac{1}{8} q l_0^2 = \frac{1}{8} \times 154.3 \times 25^2 = 12055\text{kN} \cdot \text{m}$$

$$M_{qk} = (1+\mu) \cdot 2 \cdot \left(\frac{1}{8} q_k l_0^2 + \frac{1}{4} P_k l_0 \right)$$

$$= (1+0.222) \times 2 \times \left(\frac{1}{8} \times 10.5 \times 25^2 + \frac{1}{4} \times 310 \times 25 \right)$$

$$= 6740\text{kN} \cdot \text{m}$$

$$\gamma_0 M = 1.1 \times (1.2 \times 12055 + 1.4 \times 6740) = 26292\text{kN} \cdot \text{m}$$

76. 正确答案是 C，解答如下：

根据《公桥混规》8.7.3 条及条文说明，取 $E_b = 2000\text{MPa}$：

$$\delta_{c,m} = \frac{2500 \times 89}{0.3036 \times 677.4 \times 10^3} + \frac{2500 \times 89}{0.3036 \times 2000 \times 10^3} = 1.448\text{mm}$$

$$\theta \cdot \frac{l_a}{2} = 0.003 \times \frac{0.45 \times 10^3}{2} = 0.675\text{mm} < \delta_{c,m}$$

$$0.07 t_e = 0.07 \times 89 = 6.23\text{mm} > \delta_{c,m}$$

满足要求。

77. 正确答案是 C，解答如下：

根据《公桥混规》6.2.2 条条文说明：

$$\alpha_v = 0.0873 + 4 \times 0.2094 = 0.9249$$

$$\alpha_h = 0.2964$$

$$\theta = \sqrt{0.9249^2 + 0.2964^2} = 0.971\ \text{rad}$$

$$x = 36.442\text{m}$$

$$\sigma_{l1} = 1302 \times \left[1 - e^{-(0.17 \times 0.971 + 0.0015 \times 36.442)}\right] = 256.84\text{MPa}$$

78. 正确答案是 A，解答如下：

根据《公桥混规》7.1.6条：

$$\sigma_{tp} = 1.5\text{MPa} > 0.5f_{tk} = 0.5 \times 2.65 = 1.325\text{MPa}$$

故按式（7.1.6-2）考虑。

当 $s_v = 100\text{mm}$ 时，$A_{sv} = \dfrac{100 \times 1.5 \times 500}{180} = 420\text{mm}^2$

（A）项：$A_{sv} = 4 \times 113.1 = 452.4\text{mm}^2$，满足。

（C）项：$A_{sv} = 2 \times 201 = 402\text{mm}^2$，不满足。

当 $s_v = 150\text{mm}$ 时，$A_{sv} = \dfrac{150 \times 1.5 \times 500}{180} = 625\text{mm}^2$

（B）项：$A_{sv} = 4 \times 153.9 = 615.6\text{mm}^2$，不满足。

（D）项 $A_{sv} = 6 \times 153.9 = 923.4\text{mm}^2$，满足，由《公桥混规》9.3.12条，布置不合理。

故选（A）项。

【78题评析】 梁箍筋的构造要求，《公桥混规》9.3.12条作了规定。

79. 正确答案是 C，解答如下：

根据《公桥抗规》8.2.2条：

$$\eta_k = \frac{P}{Af_{cd}} = \frac{9000}{\dfrac{\pi}{4} \times 1.5^2 \times 18.4 \times 10^3} = 0.277$$

$$\rho_{s,\min} = (0.14 \times 0.277 + 0 + 0.028) \times 31.6/330 = 0.0064$$

80. 正确答案是 D，解答如下：

根据《公桥通规》3.1.3条、3.1.4条及其条文说明，应选（D）项。

2018 年真题解答与评析

（上午卷）

1. 正确答案是 B，解答如下：

根据《混规》表 3.4.3，$[\Delta] = 10500/400 = 26.25\text{mm}$

$$q_q = 7 \times 2.5 + 2 \times 2.5 \times 0.6 = 20.5\text{kN/m}$$

$$\frac{5 \times 20.5 \times (10.5 \times 10^3)^4}{384B} = [\Delta] = 26.25$$

故：$B = 1.236 \times 10^{14}\text{N} \cdot \text{mm}^2$

由 7.2.2 条、7.2.5 条：$\theta = 2.0$

$$B_s = B\theta = 2.472 \times 10^{14}\text{N} \cdot \text{mm}^2$$

2. 正确答案是 D，解答如下：

取 $x = \xi_b h_0 = 0.518 \times (650 - 80) = 295.3\text{mm}$ 计算：

$$M_{max} = f'_y A'_s (h_0 - a'_s) + \alpha_1 f_c bx \left(h_0 - \frac{x}{2}\right)$$

$$= 360 \times 3 \times 490.9 \times (570 - 40) + 1.0 \times 16.7 \times 300 \times 295.3 \times \left(570 - \frac{295.3}{2}\right)$$

$$= 905.8 \times 10^6 \text{N} \cdot \text{mm} = 905.8\text{kN} \cdot \text{m}$$

$$q_设 = \frac{8M}{l^2} = \frac{8 \times 905.8}{10.5^2} = 65.727\text{kN/m}$$

$$q = 65.727/2.5 = 26.29\text{kN/m}^2$$

由《可靠性标准》8.2.4 条：

$$q = 1.3 \times 7 + 1.5 q_{QK}，则：$$

$$q_{QK} = \frac{26.29 - 1.3 \times 7}{1.5} = 11.46\text{kN/m}^2$$

3. 正确答案是 C，解答如下：

（1）根据《混规》4.2.7 条及条文说明：

$$d_{eq} = 1.41 \times 28 = 39.5\text{mm}$$

由 8.2.1 条第 1 款，等效钢筋中心至构件边的距离为：$\frac{39.5}{2} + 39.5 = 59.25\text{mm}$

梁侧面箍筋保护层厚度为：$c = 59.25 - \frac{28}{2} - 12 = 33.25\text{mm} > 20\text{mm}$

（2）由《混规》8.3.1 条：

$$l_{ab} = \alpha \frac{f_y}{f_t} d = 0.14 \times \frac{360}{1.57} \times 39.5 = 1268\text{mm}$$

由《混规》11.6.7 条、11.1.7 条，取 $\xi_{aE} = 1.15$；

$$l \geqslant 0.4 l_{abE} = 0.4 \times 1.15 \times 1268 = 583\text{mm}$$

4. 正确答案是 D，解答如下：

根据《荷规》7.1.2条及条文说明,采用100年重现期雪压:

查《荷规》附表 E.5,$s_0 = 1.0 \text{kN/m}^2$

查《荷规》表7.2.1第8款:

$$\mu_{r,m} = (b_1 + b_2)/h = (21.5 + 6)/(2 \times 4) = 3.44 < 4.0, \text{且} > 2.0$$

$$s_k = \mu_r s_0 = 3.44 \times 1.0 = 3.44 \text{kN/m}^2$$

5. 正确答案是 D,解答如下:

根据《荷规》8.2.1条:

A 类,$H = 15\text{m}$,$\mu_z = 1.42$

查《荷规》表8.3.3第1项:

$$E = \min(2H, B) = \min(40, 50) = 40\text{m}, \frac{E}{5} = 8\text{m} > 6\text{m}$$

故 P 点外表面处 $\mu_{sl} = -1.4$

由 8.3.5 条:P 点内表面处 0.2。

查《荷规》表8.6.1,$\beta_{gz} = 1.57$;由《结通规》4.6.5条,$\beta_{gz} \geq 1 + \dfrac{0.7}{\sqrt{1.42}} = 1.587$

故取 $\beta_{gz} = 1.587$

$$| w_k | = | \beta_{gz} \mu_{sl} \mu_z w_0 | = 1.587 \times (1.4 + 0.2) \times 1.42 \times 1.3 = 4.69 \text{kN/m}^2$$

6. 正确答案是 C,解答如下:

根据《混规》6.2.16条:

$$d_{cor} = 600 - 2 \times 22 - 2 \times 8 = 540\text{mm}$$

$$A_{ss0} = \frac{\pi d_{cor} A_{ss1}}{s} = \frac{3.14 \times 540 \times 50.3}{70} = 1218\text{mm}^2$$

$$\frac{A_{ss0}}{A'_s} = \frac{1218}{14 \times 380} = 0.23 < 0.25$$

由 6.2.16 条注 2,故按 6.2.15 条计算。

$l_0/d = 7.15 \times 1000/600 = 11.92 \approx 12$,查表 6.2.15,$\varphi = 0.92$。

$A = \dfrac{1}{4} \times 3.14 \times 600^2 = 282600\text{mm}^2$,$\dfrac{A'_s}{A} = 1.88\% < 3\%$

$N_u = 0.9\varphi(f_c A + f'_y A'_s) = 0.0 \times 0.92 \times (16.7 \times 282600 + 360 \times 5320)$
$= 5493\text{kN}$

7. 正确答案是 A,解答如下:

根据《混验规》5.5.3条,应选(A)项。

【7题评析】根据《混验规》3.0.8条,(B)项错误。

根据《混验规》4.1.1条,(C)项错误。

根据《混验规》6.3.4条,(D)项错误。

8. 正确答案是 A,解答如下:

$\Sigma M_C = 0$,则:$N_{AB} = 70 \times 5 \times \left(\dfrac{1}{2} \times 5\right)/2.8 = 312.5\text{kN}(压力)$

A 支座处,$V_A = \dfrac{1}{2} \times 70 \times 5 = 175\text{kN}$

故按偏压构件计算受剪，由《混规》6.3.12条：

$$h_0 = 400 - 40 = 360\text{mm}, \lambda = 1.5$$

$$0.3f_cA = 0.3 \times 16.7 \times 300 \times 400 = 601.2\text{kN} > N_{AB} = 312.5\text{kN}$$

故 $N = N_{AB} = 312.5\text{kN}$

$$\frac{A_{sv}}{s} \geqslant \frac{175 \times 10^3 - \dfrac{1.75}{1.5+1} \times 1.57 \times 300 \times 360 - 0.07 \times 312.5 \times 10^3}{360 \times 360} = 0.2657$$

单肢箍筋面积 $A_{sv1} = 0.2657 \times 200/2 = 26.57\text{mm}^2$

单肢 $\Phi 6$ （$A_{sv1} = 28.3\text{mm}^2$），满足。

9. 正确答案是 D，解答如下：

悬挑斜梁根部内力：

由《可靠性标准》8.2.4条：

弯矩：$M = (1.3 \times 80 + 1.5 \times 70) \times 3 = 627\text{kN} \cdot \text{m}$

拉力：$N = (1.3 \times 80 + 1.5 \times 70)\cos30° = 181\text{kN}$

故按偏拉构件计算，由《混规》6.2.23条：

$$e_0 = \frac{M}{N} = \frac{627}{181} = 3.464\text{m} > 0.5h - a_s = 0.5 \times 600 - 70 = 230\text{mm}$$

为大偏拉。

$$h_0 = 600 - 70 = 530\text{mm}$$

$$e = e_0 - \frac{h}{2} + a_s = 3464 - \frac{600}{2} + 70 = 3234\text{mm}$$

$$\alpha_1 f_c bx \left(h_0 - \frac{x}{2}\right) = Ne - f'_y A'_s (h_0 - a'_s)$$

$$= 181000 \times 3234 - 360 \times 615 \times (530 - 40)$$

$$= 476.868 \times 10^6$$

$$x = 530 - \sqrt{530^2 - \frac{2 \times 476.868 \times 10^6}{1 \times 167.7 \times 400}} = 158.3\text{mm} > 2a'_s = 80\text{mm}$$

$$< \xi_b h_0 = 275\text{mm}$$

$$A_s = \frac{N + \alpha_1 f_c bx + f'_y A'_s}{f_y}$$

$$= \frac{181000 + 1 \times 16.7 \times 400 \times 158.3 + 360 \times 615}{360} = 4055\text{mm}^2$$

10. 正确答案是 D，解答如下：

$$M_q = (80 + 0.7 \times 70) \times 3 = 387\text{kN} \cdot \text{m}$$

$$N_q = (80 + 0.7 \times 70) \times \cos30° = 111.72\text{kN}$$

$$e_0 = \frac{M_q}{N_q} = \frac{387 \times 10^6}{111.72 \times 10^3} = 3464\text{mm} > 0.5h - a_s = 230\text{mm}，为大偏拉$$

$$e' = e_0 + \frac{h}{2} - a'_s = 3464 + 300 - 40 = 3724\text{mm}$$

由《混规》公式（7.1.4-2）：

$$\sigma_s = \sigma_{sq} = \frac{N_q e'}{A_s(h_0 - a'_s)} = \frac{111.72 \times 10^3 \times 3724}{8 \times 615.8 \times (600 - 70) - 40} = 172.35\text{N/mm}^2$$

11. 正确答案是 A，解答如下：

根据《抗规》表 6.3.6 及注 3：

$$[\mu_N] = 0.85 + 0.1 = 0.95$$

复核 λ_v 相应的柱轴压比：

$$\rho_v = \frac{113.1 \times (600 - 2 \times 22 - 12) \times 8}{(600 - 2 \times 22 - 2 \times 12)^2 \times 100} = 1.739\%$$

根据《抗规》公式（6.3.9）：

$$\lambda_v \leqslant \frac{\rho_v f_{yv}}{f_c} = \frac{0.01739 \times 270}{27.5} = 0.1707$$

查《抗规》表 6.3.9，当 $\lambda_v = 0.17$ 时，柱轴压比为 0.8。

$$[\mu_N] = \min (0.95, 0.8) = 0.8$$
$$N = 0.8 \times 27.5 \times 600 \times 600 = 7920 \text{kN}$$

12. 正确答案是 C，解答如下：

求竖杆 CD 的 C 端内力，并且压力为正，拉力为负：

由《可靠性标准》8.2.4 条：

重力荷载：$N_{k1} = \frac{1}{2} \times 145 \times 6 = 435 \text{kN}$，$M_{k1} = 0$；

左风：$N_{k2} = 90 \times 8/6 = 120 \text{kN}$，$M_{k2} = 90 \times 8 = 720 \text{kN} \cdot \text{m}$；

右风：$N_{k3} = -90 \times 8/6 = -120 \text{kN}$，$M_{k3} = 90 \times 8 = 720 \text{kN} \cdot \text{m}$。

由《可靠性标准》8.2.4 条：

重力荷载＋左风组合：

$N_1 = 1.3 \times 435 + 1.5 \times 120 = 745.5 \text{kN}$，$M_1 = 1.5 \times 720 = 1080 \text{kN} \cdot \text{m}$。

重力荷载＋右风组合：

$N_2 = 1.3 \times 435 - 1.5 \times 120 = 385.5 \text{kN}$，$M_2 = 1.5 \times 720 = 1080 \text{kN} \cdot \text{m}$。

$$x = \frac{745.5 \times 10^3}{1 \times 16.7 \times 600} = 74.4 \text{mm} < \xi_b h_0 = 0.518 \times (600 - 80) = 269.36 \text{mm}$$

两种组合均为大偏压。大偏压时，弯矩相同时，轴压力越小，其配筋越大。

故取 $N = 385.5 \text{kN}$、$M = 1080 \text{kN} \cdot \text{m}$。

13. 正确答案是 D，解答如下：

假定大偏压，由《混规》6.2.17 条：

$$x = \frac{260 \times 10^3}{1 \times 16.7 \times 600} = 25.95 \text{mm} < 2a'_s = 2 \times 80 = 160 \text{mm}$$

$$< \xi_b h_0 = 269 \text{mm}$$

故假定成立。

$$e_0 = \frac{M}{N} = \frac{800}{260} = 3.077 \text{m}$$

$$e_a = \max(20, 600/30) = 20 \text{mm}, e_i = e_0 + e_a = 3097 \text{mm}$$

$$e'_s = e_i - \frac{h}{2} + a'_s = 3097 - 300 + 80 = 2877 \text{mm}$$

$$A_s = \frac{Ne'_s}{f_y(h - a_s - a'_s)} = \frac{260 \times 10^3 \times 2877}{360 \times (600 - 80 - 80)} = 4722 \text{mm}^2$$

14. 正确答案是 A，解答如下：

由题目图示，$V=F\cos20°=0.94F$，$N=F\sin20°=0.342F$

$M=0.94F\times500+0.342F\times300=572.6F$

故为压、弯、剪预埋件，由《混规》9.7.2 条第 2 款：

$A_s=678mm^2$，$z=300mm$

$$\alpha_v=(4.0-0.08d)\sqrt{\frac{f_c}{f_y}}=(4.0-0.08\times12)\sqrt{\frac{16.7}{300}}=0.717>0.7$$

故取 $\alpha_v=0.7$

$$M=572.6F>0.4Nz=0.4\times0.342F\times300=41.04F$$

故取 $M=572.6F$

$$678=A_s\geqslant\frac{0.94F-0.3\times0.342F}{0.9\times0.7\times300}+\frac{572.6F-41.04F}{1.3\times0.9\times1\times300\times300}$$

解之得：

$$F\leqslant71528N=71.5kN$$

$$678=A_s\geqslant\frac{572.6F-41.04F}{0.4\times0.9\times1\times300\times300}$$

解之得：

$$F\leqslant41326N=41.3kN$$

故最终取

$$F\leqslant41.3kN$$

15. 正确答案是 C，解答如下：

根据《混规》表 11.4.12-1：

$$A_{s,min}=800\times800\times0.75\%=4800mm^2$$

实配：$A_s=4\times314.2+12\times254.5=4311mm^2<4800mm^2$，违反《混规》11.4.12 条。

非加密区箍筋间距为 $200mm>10\times18=180mm$，违反《混规》11.4.18 条。

16. 正确答案是 C，解答如下：

剪力墙抗震等级为一级，由《混规》11.7.18 条：

$A_s\geqslant1.2\%A_阴=1.2\%\times(400\times800+400\times400)=5760mm^2$

实配：$A_s=16\times314.2=5027.2mm^2$，违反规定。

沿墙肢长度$=1000mm<0.15h_w=0.15\times7900=1185mm$，违反《混规》表 11.7.18。

17. 正确答案是 D，解答如下：

由《可靠性标准》8.2.4 条：

集中力：$F=(1.3\times1+1.5\times4)\times1\times6=43.8kN$

主梁跨中：$M=43.8\times\frac{3}{2}\times2-43.8\times1=87.6kN\cdot m$

$$\frac{b}{t}\approx\frac{150-6.5}{2\times9}=7.97<13\varepsilon_k=13$$

$$\frac{h_0}{t_w}\approx\frac{300-2\times9}{6.5}=43<93\varepsilon_k=93$$

截面等级满足 S3 级。

由《钢标》6.1.1 条，6.1.2 条，取 $\gamma_x=1.05$：

$$\frac{M}{\gamma_xW_{nx}}=\frac{87.6\times10^6}{1.05\times481\times10^3}=173N/mm^2$$

18. 正确答案是 C，解答如下：

有侧移框架，由《钢标》附录 E.0.2 条：

$$K_2 = 0$$

$$K_1 = \frac{\Sigma I_b/l_b}{\Sigma I_c/l_c} = \frac{2 \times 7210/600}{10700/400} = 0.9$$

$$\mu = 2.64 - \frac{2.64 - 2.33}{1 - 0.5} \times (0.9 - 0.5) = 2.39$$

19. 正确答案是 B，解答如下：

根据《钢标》8.2.1 条：

$$\lambda_y = \frac{4000}{63.1} = 63.4$$

轧制 H 形，$b/h = 250/250 = 1$，查《钢标》表 7.2.1-1 及注 1，对 y 轴，为 c 类。

$\lambda_y/\varepsilon_k = 63.4$，查附表 D.0.3，$\varphi_y = 0.686$

$$\varphi_b = 1.07 - \frac{\lambda_y^2}{44000\varepsilon_k^2} = 1.07 - \frac{63.4^2}{44000 \times 1} = 0.98$$

$$\beta_{tx} = 0.65 + 0.35 \times \frac{0}{M_1} = 0.65$$

$$\frac{N}{\varphi_y A} + \eta \frac{\beta_{tx} M_x}{\varphi_b W_{1x}} = \frac{163.2 \times 1000}{0.686 \times 91.43 \times 100} + 1.0 \times \frac{0.65 \times 20.4 \times 10^6}{0.98 \times 860 \times 10^3}$$

$$= 26.0 + 15.7 = 41.7 \text{N/mm}^2$$

20. 正确答案是 D，解答如下：

根据《钢标》12.7.4 条：

$162.3 \times 0.4 = 64.92 \text{kN} > 30 \text{kN}$，故选 (D) 项。

21. 正确答案是 A，解答如下：

根据《钢标》8.3.1 条：

X 方向，按整层考虑：$\eta = \sqrt{1 + \frac{200 + 2 \times 100}{486.9 + 2 \times 243.5}} = 1.19$

故选 (A) 项。

【21 题评析】仅考虑 X 方向某一轴线Ⓐ（或Ⓑ、或Ⓒ）时：

对Ⓐ轴：

$$\eta = \sqrt{1 + \frac{100}{243.5}} = 1.19$$

也应选 (A) 项。

22. 正确答案是 B，解答如下：

铰接轴心受压柱，$l_{0x} = l_{0y}$，从用钢量考虑，$i_x \approx i_y$ 最为合理，故选 (B) 项。

23. 正确答案是 D，解答如下：

根据《钢标》16.2.2 条及表 16.2.1-1，应选 (D) 项。

24. 正确答案是 A，解答如下：

X 方向，有侧移框架柱，由《钢标》附录 E.0.2 条，可知，$l_{0x} > 5\text{m}$。

Y 方向，无侧移框架柱，由附录 E.0.1 条，可知，$l_{0y} \leq 5\text{m}$。

25. 正确答案是 C，解答如下：

根据《抗规》8.3.6 条，(C) 项正确，<u>应选 (C) 项</u>。

【25 题评析】根据《抗规》8.3.4 条，(A) 项错误。

根据《抗规》8.2.8 条，(B) 项错误。

根据《抗规》8.2.5 条，(D) 项错误。

26. 正确答案是 D，解答如下：

根据《钢标》14.1.6 条、10.1.5 条：

由 3.5.1 条，$\dfrac{b}{t} \leqslant 9\varepsilon_k = 9\sqrt{235/345} = 7.4$

27. 正确答案是 C，解答如下：

根据《钢标》7.4.2 条，(C) 项错误，<u>应选 (C) 项</u>。

【27 题评析】对于 (B) 项：$\dfrac{N_0}{N} \geqslant 0$

$$l_0 = l\sqrt{\frac{1}{2}\left(1 - \frac{3}{4} \times \frac{N_0}{N}\right)} \leqslant \sqrt{0.5}l$$

28. 正确答案是 A，解答如下：

根据《钢标》13.3.8 条、13.4.5 条，<u>应选 (A) 项</u>。

29. 正确答案是 B，解答如下：

按拉杆设计，查《钢标》表 7.4.7，$[\lambda] = 400$

由《钢标》7.4.2 条：

$l_{0外} - 6\sqrt{2} = 8.484\text{m}$，且单角钢长细比由平面外控制。

$$i_x \geqslant \frac{8484}{400} = 21.21\text{mm}$$

选 L70×5，$i_x = 21.6\text{mm}$，满足。

30. 正确答案是 C，解答如下：

根据《钢标》8.4.1 条、8.4.2 条及 3.5.1 条：

$\dfrac{b}{t} = \dfrac{350-10}{2 \times 20} = 8.5 < 15\varepsilon_k = 15$，翼缘满足 S4 级

腹板：
$$k_\sigma = \frac{16}{2-1+\sqrt{(2-1)^2 + 0.11^2 \times 1^2}} = 7.79$$

$$\lambda_{n,p} = \frac{860/10}{28.1 \times \sqrt{7.79}} \times \frac{1}{1} = 1.1 > 0.75$$

$\rho = \dfrac{1}{1.1}\left(1 - \dfrac{0.19}{1.1}\right) = 0.752$；$\alpha_0 = 1$，故 $h_c = h_w = 860\text{mm}$

$$A_{ne} = A_e = 350 \times 20 \times 2 + 0.752 \times 860 \times 10 = 20467.2\text{mm}^2$$

31. 正确答案是 B，解答如下：

根据《砌规》7.3.3 条及表 7.3.3：

$$l_0 = \min[1.1 \times (4500-240), 4500] = \min[4686, 4500] = 4500\text{mm}$$

$\dfrac{b}{l_0} \leqslant 0.3$，则：$b \leqslant 0.3 \times 4500 = 1350\text{mm}$

$$h \leqslant \frac{5}{6}h_w = \frac{5}{6} \times 2800 = 2333\text{mm}, \text{且 } h \leqslant h_w - 0.4 = 2.4\text{m}$$

故选（B）项。

32. 正确答案是 C，解答如下：

根据《砌规》7.3.6 条：

由上一题可知，$l_0 = 4.5$m

$$a_1 = \frac{1}{2} \times (4.5 - 1) = 1.75\text{m} > 0.35 l_0 = 0.35 \times 4.5 = 1.575\text{m}$$

取 $a_1 = 1.575$m

$$\psi_M = 3.8 - 8.0 \times \frac{1.575}{4.5} = 1.0$$

$$\alpha_M = 1.0 \times \left(2.7 \times \frac{0.5}{4.5} - 0.08 \right) = 0.22$$

33. 正确答案是 B，解答如下：

根据《砌规》7.3.6 条：

由 31 题可知，$l_0 = 4.5$m

由 7.3.3 条：$H_0 = h_w + 0.5 h_b = 2800 + 0.5 \times 500 = 3050$mm

$$M_2 = 0.07 Q_2 l_0^2 = 0.07 \times 90 \times 4.5^2 = 127.575\text{kN} \cdot \text{m}$$

$$\eta_N = 0.8 + 2.6 \times \frac{2.8}{4.5} = 2.42$$

$$N_{bt} = 2.42 \times \frac{127.575}{3.05} = 101.22\text{kN}$$

34. 正确答案是 B，解答如下：

根据《砌规》7.3.12 条，Ⅱ错误，应选（B）项。

【34 题评析】根据《砌规》7.3.9 条、7.3.10 条，Ⅰ正确。

根据《砌规》7.3.12 条，Ⅲ正确；Ⅳ错误。

35. 正确答案是 D，解答如下：

根据《砌规》5.2.1 条、5.2.2 条：

$$\gamma = 1 + 0.35 \sqrt{\frac{770 \times 890}{490 \times 310} - 1} = 1.58 < 2.5$$

$N_l \leqslant \gamma f A_l$，则：

$$f \geqslant \frac{N_l}{\gamma A_l} = \frac{270 \times 10^3}{1.58 \times 490 \times 370} = 0.94\text{MPa}$$

查《砌规》表 3.2.1-7，取 M7.5。

36. 正确答案是 D，解答如下：

根据《砌规》4.3.5 条第 2 款，Ⅰ错误，应选（D）项。

37. 正确答案是 B，解答如下：

根据《砌规》8.2.3 条：

$$\rho = \frac{A'_s}{bh} = \frac{730 \times 2}{490 \times 740} = 0.40\%$$

$$\beta = \gamma_\beta \frac{H_0}{h} = 1 \times \frac{6400}{490} = 13.06$$

$$\varphi_{com} = 0.88 - \frac{13.06 - 12}{14 - 12} \times (0.88 - 0.83) = 0.8535$$

$$A = 490 \times 740 - 120 \times 250 \times 2 = 302600 \text{mm}^2$$

$$f = 2.31 \text{MPa}$$

$$N_u = 0.8535 \times (2.31 \times 302600 + 9.6 \times 120 \times 250 \times 2 + 1.0 \times 270 \times 730 \times 2)$$
$$= 1424.7 \text{kN}$$

38. 正确答案是 C，解答如下：

根据《砌规》9.2.2条：

$$\beta = \gamma_\beta \frac{H_0}{h} = 1 \times \frac{6400}{400} = 16, A'_s = 923 \text{mm}^2$$

$$\varphi_{0g} = \frac{1}{1 + 0.001 \times 16^2} = 0.796$$

$$N_u = 0.796 \times (4.0 \times 400 \times 600 + 0.8 \times 270 \times 923) = 922.9 \text{kN}$$

39. 正确答案是 B，解答如下：

根据《木标》4.3.1条、4.3.2条：

$$f_m = 1.1 \times 17 = 18.7 \text{N/mm}^2, f_c = 1.1 \times 15 = 16.5 \text{N/mm}^2$$

由 5.3.2条：

$$M_0 = \frac{1}{8} \times 1.2 \times 3^2 = 1.35 \text{kN} \cdot \text{m}$$

$$e_0 = 0.05h = 0.05 \times 200 = 10 \text{mm}, W = \frac{1}{6} \times 200 \times 200^2 = \frac{4}{3} \times 10^6 \text{mm}^3$$

$$\frac{N}{A_n f_c} + \frac{M_0 + Ne_0}{W_n f_m} \leqslant 1, 则：$$

$$\frac{N}{200 \times 200 \times 16.5} + \frac{1.35 \times 10^6 + N \times 10}{\frac{4}{3} \times 10^6 \times 18.7} \leqslant 1$$

解之得：$N \leqslant 493.6 \text{kN}$

40. 正确答案是 A，解答如下：

由上一题，$f_c = 16.5 \text{N/mm}^2$

根据《木标》5.1.2条、5.1.4条：

$$\lambda = \frac{l_0}{i} = \frac{3000}{\frac{200}{\sqrt{12}}} = 51.96$$

$$\lambda_c = 4.13 \times \sqrt{1 \times 330} = 75.0 > \lambda$$

$$\varphi = \frac{1}{1 + \frac{51.96^2}{1.96\pi^2 \times 1 \times 330}} = 0.70$$

$$N \leqslant \varphi A_0 f_c = 0.70 \times 200 \times 200 \times 16.5 = 462 \text{kN}$$

（下午卷）

41. 正确答案是 C，解答如下：

根据《地规》9.1.6 条第 2 款：

取 $c=10$ kPa，$\varphi=15°$

$$k_a = \tan^2\left(45° - \frac{15°}{2}\right) = 0.589$$

$$p_a = (20 + 17 \times 8.9 + 18 \times 3) \times 0.589 - 2 \times 10 \times \sqrt{0.589} = 117\text{kPa}$$

42. 正确答案是 B，解答如下：

根据《地规》5.3.10 条：

$$p_c = 17 \times 5.9 - 10 \times 4.4 = 56.3\text{kPa}$$

小矩形 $b \times l = 3 \times 6$，$l/b = 6/3 = 2$，$z_1/b = 3/3 = 1$

查附表 K.0.1-2，$\bar{x}_1 = 0.2340$

$$s_c = 4 \times 1.0 \times \frac{56.3}{10 \times 10^3} \times (3000 \times 0.2340 - 0) = 15.8\text{mm}$$

43. 正确答案是 C，解答如下：

根据《桩规》5.4.5 条、5.4.6 条：

$$T_{uk} = \Sigma\lambda_i q_{sik} u_i l_i = 3.14 \times 0.6 \times (0.7 \times 26 \times 3.1 + 0.7 \times 54 \times 5) = 462.4\text{kN}$$

$$G_p = 3.14 \times 0.3^2 \times 8.1 \times (25 - 10) = 34.3\text{kN}$$

单桩抗拔承载力 $= 462.4/2 + 34.3 = 265.5$kN。

地下水池的浮力 $= 6 \times 12 \times 4.3 \times 10 = 3096$kN。

根据《地规》5.4.3 条：

$$265n + 1600 \geqslant 1.5 \times 3096$$

$n \geqslant 6.2$，取 7 根。

44. 正确答案是 D，解答如下：

根据《地规》9.4.1 条：

$M_d = 1.25 \times 260 = 325$kN·m

$N_d = 1.35 \times 2500 = 3375$kN

故选（D）项。

45. 正确答案是 D，解答如下：

根据《地规》附录 W.0.1 条，取不透水层底面分析：

$$K = \frac{17 \times 3 + 18 \times 7}{(15.9 - 4) \times 10} = 1.49$$

46. 正确答案是 C，解答如下：

由题目条件，由《地规》4.1.7 条、4.1.11 条判别，可知，填土为粉土。

查《地处规》表 6.3.3-1，加固深度 7.2m，粉土，则 E 为 5000kN·m。

47. 正确答案是 D，解答如下：

根据《抗规》4.3.4 条：

$$N_{cr} = 10 \times 1.05 \times [\ln(0.6 \times 3.6 + 1.5) - 0.1 \times 1.5] \cdot \sqrt{3/3} = 12.0 > 5$$

故为液化土。

由《地处规》6.3.3 条第 6 款：

超过基础外缘的处理宽度 $\geqslant \left(\frac{1}{3} \sim \frac{1}{2}\right) \times 7.2 = 2.4 \sim 3.6$m，$\geqslant 3$m，且 >5m，最终取

$>5m$。

48. 正确答案是 D，解答如下：

根据《地处规》6.3.14 条，为 14～28d；

根据《地处规》附录 A.0.2 条，压板面积$\geqslant 2m^2$。

故选（D）项。

49. 正确答案是 C，解答如下：

根据《桩规》5.3.7 条：

$h_b/d = 4000/250 = 16 > 5$，取 $\lambda_p = 0.8$

$$Q_{uk} = u\Sigma q_{sik}l_i + \lambda_p q_{pk}A_p$$
$$= 3.14 \times 0.25 \times (60 \times 2.5 + 28 \times 5 + 70 \times 4) + 0.8 \times 2200 \times 3.14 \times 0.25^2/4$$
$$= 447.5 + 86.4 = 534kN$$

50. 正确答案是 B，解答如下：

根据《既有地规》11.4.3 条第 7 款：

设计最终压桩力为 $300 \times 2 \times 2 = 1200kN$；

根据《既有地规》11.4.2 条第 2 款：

施工时，压桩力不得大于该加固部分的结构自重荷载，根据题目条件，4 层施工结束后，加固部位结构自重荷载为 1300kN，大于 1200kN，满足。

51. 正确答案是 C，解答如下：

根据《地规》8.5.4 条，8.5.5 条：

$$Q_k = \frac{F_k + G_k}{n} = \frac{6000 + 4 \times 4 \times 3 \times 20}{9} = 773kN$$

$$Q_{1k} = \frac{F_k + G_k}{n} + \frac{M_{xk}y_1}{\Sigma y_i^2} + \frac{M_{yk}x_1}{\Sigma x_i^2} = 773 + \frac{1000 \times 1.6}{1.6^2 \times 6} + \frac{1000 \times 1.6}{1.6^2 \times 6} = 981kN$$

$$R_a \geqslant Q_k = 773kN$$

$$R_a \geqslant \frac{Q_{1k}}{1.2} = \frac{981}{1.2} = 817kN$$

最终取 $R_a \geqslant 817kN$。

52. 正确答案是 B，解答如下：

根据《地规》8.5.19 条：

$$F_l = 8100 - 1 \times \frac{8100}{9} = 7200kN$$

53. 正确答案是 D，解答如下：

根据《地规》8.5.19 条：

$$h_0 = 1100 - 65 = 1035mm, a_{1x} = a_{1y} = 1.6 - 0.2 - \frac{0.7}{2} = 1.05m, c_1 = c_2 = 600mm$$

$$\lambda_{1x} = \lambda_{1y} = \frac{1050}{1035} = 1.01 > 1.0, 取 \lambda_{1x} = \lambda_{1y} = 1.0$$

$$a_{1x} = a_{1y} = \frac{0.56}{1 + 0.2} = 0.467$$

$$\beta_{hp} = 1 - 0.1 \times \frac{1100 - 800}{2000 - 800} = 0.975$$

$$\left[a_{1x}\left(c_2+\frac{a_{1y}}{2}\right)+a_{1y}\left(c_1+\frac{a_{1x}}{2}\right)\right]\beta_{hp} \cdot f_t \cdot h_0$$

$$= 2\times 0.467\times\left(600+\frac{1035}{2}\right)\times 0.975\times 1.71\times 1035 = 1801kN$$

54. 正确答案是 A，解答如下：

根据《桩规》表 3.1.2，桩基为甲级。

由《桩规》3.2.2 条：

四个角柱间距为：40m、36m，勘探孔≥9 个。

甲级桩基，控制性孔≥3 个，不少于 $\left(\frac{1}{3}\sim\frac{1}{2}\right)$ 勘探孔，故取 3 个。

故选（A）项。

55. 正确答案是 C，解答如下：

$f_{rk}=10MPa$，查《地规》表 4.1.3，为软岩，属于软质岩。

根据《桩规》附录表 A.0.1，应选（C）项。

56. 正确答案是 A，解答如下：

根据《地规》附录 Q.0.10 条：

试桩 1：缓变型，$s=40mm$ 对应的荷载 3900kN 作为 Q_{uk1}。

试桩 2：缓变型，$s=40mm$ 对应的荷载 4000kN 作为 Q_{uk2}。

试桩 3：陡降型，$Q_{uk3}=3500kN$

两桩或三桩承台，$Q_{uk}=\min(3900,4000,3500)=3500kN$

$R_a=\dfrac{Q_{uk}}{2}=1750kN$

57. 正确答案是 B，解答如下：

根据《设防分类标准》6.0.5 条条文说明，大型商场为乙类，故按 8 度确定抗震措施，按常规设计，框架抗震等级为一级。

原结构为仓库（丙类），其框架抗震等级为二级。

Ⅱ，由《高规》8.1.3 条第 3 款，框架部分抗震等级按框架结构，其抗震等级为一级，而原结构抗震等级为二级，故Ⅱ不可行，应选（B）项。

【57 题评析】Ⅰ，《抗规》表 M.1.1-3，当构件承载力高于多遇地震提高一度的要求，构造抗震等级可降低一度，即维持二级，方案Ⅰ可行。

Ⅲ，《抗规》12.3.8 条及条文说明，当消能减震结构的地震影响系数小于原结构地震影响系数的 50% 时，构造抗震等级可降低一度，即维持二级，方案Ⅲ可行。

58. 正确答案是 A，解答如下：

Ⅰ，根据《组合规范》4.3.4 条，正确，排除（B）、（D）项。

Ⅱ，根据《组合规范》4.3.6 条，错误。因此，应选（A）项。

【58 题评析】Ⅲ，根据《组合规范》6.5.1 条，错误。

Ⅳ，根据《组合规范》4.3.5 条，正确。

59. 正确答案是 B，解答如下：

根据《荷规》8.1.2 条条文说明，取 $w_0=0.80kN/m^2$

查《荷规》表 8.2.1，$\mu_z=1.50$；表 8.6.1，$\beta_{gz}=1.69$；由《结通规》4.6.5 条：

$$\beta_{gz} \geqslant 1 + \frac{0.7}{\sqrt{1.50}} = 1.57$$

故取 $\beta_{gz} = 1.69$

查《荷规》表 8.3.3 项次 1，外表面 $\mu_{sl} = 1.0$

由 8.3.5 条，由表面 $\mu_{sl} = 0.2$

由 8.3.4 条，取折减系数 0.8

$$w_k = 1.69 \times (0.8 \times 1.0 + 0.2) \times 1.5 \times 0.80 = 2.028 \text{kN/m}^2$$

【59题评析】本题目仅对 1.0 乘以 0.8，参见金新阳主编《建筑结构荷载规范理解与运用》。

命题专家解答：$w_k = 1.69 \times 0.8 \times (1.0 + 0.2) \times 1.5 \times 0.80 = 1.95 \text{kN/m}^2$

60. 正确答案是 D，解答如下：

框架-核心筒结构，发挥核心筒抗侧移刚度，筒体四周墙体增厚更有效；Y 向抗侧移刚度不足，平面类似箱形或工字形，W_1 增厚即翼缘增厚，对 EI 刚度贡献较大，排除 (A)、(B) 项。

Y 向层受剪承载力，由《高规》7.2.10 条式（7.2.10-2），可知，W_3 增厚更有效，选 (D) 项。

61. 正确答案是 C，解答如下：

根据《高规》7.2.26 条条文说明，及《抗震通规》4.3.2 条：

8 度地震组合，调幅系数为 50%：

$$M = -(1.4 \times 660 + 0.2 \times 1.5 \times 400) \times 50\% = -522 \text{kN} \cdot \text{m}$$

7 度地震组合：

$$M = -(1.4 \times 330 + 0.2 \times 1.5 \times 400) = -582 \text{kN} \cdot \text{m}$$

仅风荷载作用下：

由《结通规》3.1.13 条：

$$M = -1.5 \times 400 = -600 \text{kN} \cdot \text{m}$$

故最终取 $M = -600 \text{kN} \cdot \text{m}$

62. 正确答案是 B，解答如下：

$H = 120\text{m}$，根据《高规》3.3.1 条，为 B 级高度；查表 3.9.4，核心筒为特一级，故连梁为特一级。

由 3.10.5 条，特一级连梁的要求同一级。

$l_n/h_b = 3000/750 = 4 > 2.5$

由《高规》7.2.25 条，纵筋的 ρ_{max} 按框架梁，即 6.3.3 条：

$$A_s \leqslant \rho_{max} b h_0 = 2.5\% \times 350 \times (750 - 60) = 6038 \text{mm}^2$$

由 7.2.24 条，纵筋的 ρ_{min} 按框架梁，即 6.3.2 条：

$$\rho_{min} = \max\left(0.40\%, 0.80 \times \frac{1.8}{360}\right) = 0.40\%$$

$$A_s \geqslant 0.4\% \times 350 \times 750 = 1050 \text{mm}^2$$

6 Φ 25($A_s = 2945\text{mm}^2$)，满足；由 7.2.7 条及 6.3.2 条，Φ10@100(4)，满足。

故选 (B) 项。

63. 正确答案是 C，解答如下：

根据《异形柱规》表 3.3.1，异形柱抗震等级二级。

由表 6.2.2 及注 1、注 2：

L 形柱：$[\mu_N]=0.55-0.05+0.05=0.55$

T 形柱：$[\mu_N]=0.60-0.05+0.1=0.65$

十字形柱：$[\mu_N]=0.65-0.05+0.1=0.70$

上述 3 种柱截面面积均为：

$$A = 200 \times (500+500+200) = 240000 \text{mm}^2$$

$$\mu_N = \frac{N}{f_c A} = \frac{2700 \times 10^3}{16.7 \times 240000} = 0.67$$

故仅十字形柱满足。

64. 正确答案是 A，解答如下：

根据《异形柱规》5.2.1 条：

$$V_c \leqslant \frac{1}{\gamma_{RE}}(0.2f_c b_c h_{c0}) = \frac{1}{0.85}(0.2 \times 16.7 \times 200 \times 565) = 444000 \text{N} = 444 \text{kN}$$

根据《异形柱规》5.2.2 条：

$$\frac{N}{f_c A} = 0.4，故 N > 0.3 f_c A = 0.3 \times 16.7 \times 2.2 \times 10^5 = 11.022 \times 10^5 \text{N}$$

取 $N = 11.022 \times 10^5 \text{N}$

$$V_u = \gamma_{RE}\left(\frac{1.05}{\lambda+1.0}f_t b_c h_{c0} + f_{yv}\frac{A_{sv}}{s}h_{c0} + 0.056N\right)$$

$$= \frac{1}{0.85}\left(\frac{1.05}{2.2+1.0} \times 1.57 \times 200 \times 565 + 360 \times \frac{2 \times 78}{100} \times 565 + 0.056 \times 1102200\right)$$

$$= 514 \text{kN}$$

故最终取 $V_u = 444 \text{kN}$

65. 正确答案是 C，解答如下：

根据《高钢规》6.1.7 条：

$$D_i \geqslant 5 \times [10 \times (1.2 \times 5300 + 1.4 \times 800)]/4 = 93500 \text{kN/m}$$

$$V_1 = F_{Ek} = 0.038 \times 0.85 \times [9 \times (5300 + 0.5 \times 800) + 5700]$$

$$= 1841 \text{kN}$$

$$\Delta_1 = \frac{V_1}{D_1} \leqslant \frac{1841}{93500} = 19.7 \text{mm}$$

66. 正确答案是 B，解答如下：

根据《高钢规》3.7.2 条，由《抗规》表 8.1.3，框架抗震等级为四级。

由《高钢规》7.3.8 条：

$$M_{pb1} = M_{pb2} = W_p f_y = 2.6 \times 10^6 \times 345，\psi = 0.75$$

$$\frac{0.75 \times 2 \times 2.6 \times 10^6 \times 345}{(500-16) \times 580 t_p} \leqslant \frac{4}{3} f_{yv} = \frac{4}{3} \times 0.58 \times 345$$

解之得：$t_p \geqslant 18 \text{mm}$

67. 正确答案是 B，解答如下：

根据《高钢规》8.8.3 条、7.6.3 条：

$$\frac{N}{Af} = \frac{100 \times 10^3}{13808 \times 305} = 0.024 < 0.16,\ \text{则：}$$

$$M_{lp} = fW_{\mathrm{np}} = 305 \times 2.6 \times 10^6 = 793 \times 10^6 \mathrm{N \cdot mm}$$

$$V_l = 0.58 A_\mathrm{w} f_\mathrm{y} = 0.58 \times (500 - 2 \times 16) \times 12 \times 345$$
$$= 1123762\mathrm{N} = 1124\mathrm{kN}$$

$$a \leqslant 1.6 M_{lp}/V_l = 1.6 \times 793 \times 10^6 / 1123762 = 11291\mathrm{mm}$$

复核：取 $a=1129\mathrm{mm}$，$V_l = 2M_{lp}/a = 2 \times 793 \times 10^6 / 1129 = 1404\mathrm{kN} > 1124\mathrm{kN}$

故取 $V_l = 1124\mathrm{kN}$ 成立。

最终取 $a \leqslant 1129\mathrm{mm}$。

68. 正确答案是 B，解答如下：

$H=80\mathrm{m}$，根据《高规》3.3.1 条，为 A 级高度；查表 3.9.3，底部加强区剪力墙抗震等级一级。

由 10.2.18 条、7.2.6 条：

$$V = 1.6 \times 2300 = 3680\mathrm{kN}$$

由 7.2.7 条：

$$\lambda = \frac{1500}{2300 \times 4.2} = 1.55 < 2.5,\ \text{则：}$$

$$3680 \times 10^3 \leqslant \frac{1}{0.85} \times (0.15 \times 1 \times 16.7 \times b_\mathrm{w} \times 4200)$$

可得：$b_\mathrm{w} \geqslant 297.3\mathrm{mm}$

69. 正确答案是 B，解答如下：

根据《高规》10.2.2 条，第 5 层为底部加强部位相邻上一层。由《高规》7.2.14 条，应设置约束边缘构件。

查表 3.9.3，非底部加强部位剪力墙为抗震二级。由表 7.2.14：

$\mu_\mathrm{w} > 0.4$，$l_\mathrm{c} = 0.2 h_\mathrm{w} = 0.2 \times 6500 = 1300\mathrm{mm}$

$$\text{暗柱长度} = \max\left(300,\ 400,\ \frac{1300}{2}\right) = 650\mathrm{mm}$$

$$A_\mathrm{s} \geqslant 1.0\% A_{\text{阴}} = 1.0\% \times 650 \times 300 = 1950\mathrm{mm}^2$$

选 10Φ16（$A_\mathrm{s} = 2011\mathrm{mm}^2$），满足。

70. 正确答案是 C，解答如下：

查《高规》表 3.9.3，框支框架为抗震一级；由 6.2.3 条：

$$V = 1.4 \times \frac{1200 + 1070}{5.5 - 2} = 908\mathrm{kN}$$

地震组合，由《抗震通规》4.3.2 条：

$$V = 1.4 \times 620 + 0.2 \times 1.5 \times 150 = 913\mathrm{kN}$$

最终取 $V = 913\mathrm{N}$

71. 正确答案是 B，解答如下：

根据《设防分类标准》6.0.11 条：

连体结构双塔楼为同一结构单元，其经常使用人数：$3700 + 3900 = 7600$ 人 < 8000 人，为丙类。

$H=130\text{m}$，由《高规》3.3.1条，为 A 级高度；查表3.9.3，框架抗震三级。

由《高规》10.5.6条，KZ1 抗震等级为二级。

72. 正确答案是 C，解答如下：

根据《高规》11.4.9条：

$$D/t \leqslant 100\sqrt{235/f_y} = 100\sqrt{235/345} = 82.5$$

(A) 项：$D/t = 950/8 \approx 119$，不满足。

(B) 项：$D/t = 950/10 = 95$，不满足。

由《高规》附录 F.1.1条、F.1.2条：

(C) 项：$D=950\text{mm}$，$t=12\text{mm}$，$d=950-2 \times 12=926\text{mm}$

$$\theta = \frac{A_a f_a}{A_c f_c} = \frac{(950^2 - 926^2) \times 310}{926^2 \times 27.5} = 0.59 < [\theta] = 1.56$$

由《高规》表 11.1.2-1，$\gamma_{RE} = 0.8$

$0.9 A_c f_c (1+a\theta) \cdot \varphi_l \varphi_e / \gamma_{RE}$

$\quad = 0.9 \times \frac{\pi}{4} \times 926^2 \times 27.5 \times (1+1.80 \times 0.59) \times 1 \times 0.83/0.8$

$\quad = 35640\text{kN} > 34000\text{kN}$

故 (C) 项满足。

73. 正确答案是 C，解答如下：

①：根据《城市桥规》3.0.8条，正确，排除 (A) 项。

②：根据《城市桥规》10.0.3条，正确，排除 (B)、(D) 项。故选 (C) 项。

【73题评析】③：根据《城市桥规》3.0.2条，为大桥；由3.0.9条，其设计使用年限为 100 年，错误。

④：根据《城桥震规》1.0.3条，错误。

⑤：根据《城市桥规》3.0.19条，错误。

注意，依据《城市桥规》（2019 年局部修订），对原真题进行修正。

74. 正确答案是 B，解答如下：

根据《公桥通规》4.3.1条：

高速公路：公路-Ⅰ级，$q_k = 10.5\text{kN/m}$

$$q_k = 2 \times (19.4+130) = 298.8\text{kN}$$

查表 4.3.1-5，$\qquad\qquad\qquad \xi_{\text{横}} = 1.0$

$$V_{Qk} = 2 \times 1.0 \times \left(\frac{1}{2} \times 10.5 \times 19.4 + 1.2 \times 298.8\right) = 920.8\text{kN}$$

75. 正确答案是 C，解答如下：

根据《公桥通规》4.3.3条，表 4.3.1-5，取 $\xi_{\text{横}} = 1.2$：

汽车荷载离心力标准值 $= 1.2 \times 550 \times \dfrac{40^2}{127 \times 65} = 128\text{kN}$

76. 正确答案是 B，解答如下：

根据《公桥混规》4.5.2条，为Ⅲ类环境。

①：由《公桥混规》9.4.1条，正确。

②：由《公桥混规》6.4.2条，正确。

③：由《公桥混规》6.4.2条，错误。

④：由《公桥混规》4.5.3条，错误。

应选（B）项。

77. 正确答案是 B，解答如下：

根据《公桥通规》4.1.5条：

$$M_{ud} = 1.1 \times (1.2 \times 2500 + 1.4 \times 1800 + 0.75 \times 1.4 \times 200) = 6303 \text{kN} \cdot \text{m}$$

78. 正确答案是 B，解答如下：

Ⅰ. 根据《公桥混规》4.1.7条条文说明，正确。

Ⅱ. 根据《公桥混规》4.1.8条，作用标准值进行组合，错误。

Ⅲ. 根据《公桥混规》表6.1.3，正确。

Ⅳ. 根据《公桥混规》9.4.1条，错误。

应选（B）项。

【78题评析】原真题对应的规范被删除了，本题目为笔者编写的。

79. 正确答案是 D，解答如下：

根据《公桥混规》6.4.3条：

$$M_s = 1500 + 0.7 \times 1000 = 2200 \text{kN} \cdot \text{m}$$

$$M_l = 1500 + 0.4 \times 1000 = 1900 \text{kN} \cdot \text{m}$$

$$C_2 = 1 + 0.5 \frac{M_l}{M_s} = 1 + 0.5 \times \frac{1900}{2200} = 1.432$$

$$C_1 = 1.0, C_3 = 1.0$$

$$\sigma_{ss} = \frac{M_s}{0.87 A_s h_0} = \frac{2200 \times 10^6}{0.87 \times 16 \times 615.8 \times (1800 - 60)} = 147.5 \text{N/mm}^2$$

由 6.4.5 条：

$$\rho_{te} = \frac{A_s}{A_{te}} = \frac{16 \times 615.8}{2 \times 60 \times 1600} = 0.0513 < 0.1$$

$$> 0.01$$

$$C = 60 - \frac{28}{2} = 46 \text{mm}$$

$$W_{cr} = 1 \times 1.432 \times 1 \times \frac{147.5}{2 \times 10^5} \times \frac{46 + 28}{0.36 + 1.7 \times 0.0513} = 0.175 \text{mm}$$

【79题评析】真题采用 HRB335 钢筋，笔者改为：HRB400 钢筋。

80. 正确答案是 D，解答如下：

查《公桥通规》表1.0.5，为大桥。

根据《公桥抗规》5.2.2条：

由《公桥抗规》表3.1.1，为B类。查表3.1.3-2及注，取 $C_i = 0.5$。

查表5.2.2-1，取 $C_s = 1.25$，由5.2.4条，$C_d = 1.0$

$$S_{max} = 2.5 C_i C_s C_d A = 2.5 \times 0.5 \times 1.25 \times 1.0 \times 0.10g$$

$$= 0.156g$$

【80题评析】真题选项中无 g，笔者在 4 个选项中分别乘以 g。

2019 年真题解答与评析

（上午卷）

1. 正确答案是 C，解答如下：

根据《分类标准》6.0.8 条，为乙类，按 8 度考虑。

$H=7\text{m}$，查《抗规》表 6.1.2，框架抗震等级为三级；

抗震墙抗震等级为二级，故选（C）项。

2. 正确答案是 D，解答如下：

由《荷规》表 5.3.1，取 $q=3\text{kN/m}^2$。

$$(7+18\times0.6)\times8.1\times12+3\times8.1\times12=2021\text{kN}$$

故选（D）项。

3. 正确答案是 C，解答如下：

$$M_{\text{中}}=670\times15\%\times\frac{1}{2}+335=385.25\text{kN}\cdot\text{m}$$

故选（C）项。

【3 题评析】本题目的所求对象针对梁 AB（或梁 BC）的跨中弯矩值。

4. 正确答案是 C，解答如下：

根据《混规》6.2.15 条。

$$\rho=\frac{A_s}{bh}=\frac{12\times314.2}{500\times500}=1.5\%<3\%$$

$$l_0/b=8000/500=16，取\ \varphi=0.87$$

$$N_u=0.9\times0.87\times(19.1\times500\times500+400\times12\times314.2)$$
$$=4919.7\text{kN}$$

5. 正确答案是 B，解答如下：

根据《混规》0.5.1 条、6.6.1 条：

$$\beta_c=\sqrt{\frac{(450\times2+500)^2}{500\times500}}=2.8$$

$$\omega\beta_c f_{cc}A_l=1\times2.8\times0.85\times14.3\times500\times500=8508.5\text{kN}$$

6. 正确答案是 B，解答如下：

根据《混规》6.3.4 条：

$$V_u=0.7\times1.71\times400\times930+360\times\frac{50.3\times4}{100}\times930$$

$$=1118.9\text{kN}$$

由 6.3.1 条：

$$h_w/b=930/400=2.3<4$$

$$V_u=0.25\times1\times19.1\times400\times930=1776.3\text{kN}$$

故取 $V_u = 1118.9$kN

7. 正确答案是 A，解答如下：

根据《混规》9.2.11条：

$$A_{sv} \geqslant \frac{850 \times 10^3 - 8 \times 50.3 \times 4 \times 360}{360\sin 60°} = 868\text{mm}^2$$

$A_{sv,单侧} \geqslant 868/2 = 434\text{mm}^2$

选 2 ⚫ 18，$A_{sv} = 509\text{mm}^2$，满足。

8. 正确答案是 D，解答如下：

$$\Sigma M_A = 0，则：$$

$$R_B = \frac{40 \times 8 \times 4 + 400 \times 2}{8} = 260\text{kN}$$

$$M_{中} = 260 \times 4 - 40 \times 4 \times 2 = 720\text{kN·m}$$

9. 正确答案是 B，解答如下：

支座B点处：$V_B = 428\sin 60° = 370.7\text{kN}$

$$N_B = 428\cos 60° = 214\text{kN（拉力）}$$

为偏拉构件，由《混规》6.3.14条，按6.3.12条确定 λ：

$\frac{160}{428} = 37\%$，故取 $\lambda = 1.5$

$$370.7 \times 10^3 \leqslant \frac{1.75}{1.5+1} \times 1.43 \times 300 \times 630 + 360\frac{A_{sv}}{s} \times 630 - 0.2 \times 214000$$

可得：$A_{sv}/s \geqslant 0.99\text{mm}^2/\text{mm}$

（A）项：$A_{sv}/s = 2 \times 50.3/150 = 0.67$，不满足。

（B）项：$A_{sv}/s = 2 \times 78.5/150 = 1.05$，满足，选（B）项。

10. 正确答案是 D，解答如下：

压力 $N = 224\text{kN}$，$M = 224 \times 2 = 448\text{kN·m}$，为偏压构件

由《混规》6.2.17条，假定为大偏压：

$$x = \frac{224 \times 10^3}{1 \times 19.1 \times 400} = 29.3\text{mm} < 2a'_s = 100\text{mm}$$

$$e_a = \max\left(20, \frac{600}{30}\right) = 20\text{mm}$$

$$e'_s = e_0 + e_a - \frac{h}{2} + a'_s = 2000 + 20 - \frac{600}{2} + 50$$

$$= 1770\text{mm}$$

$$A_s \geqslant \frac{224 \times 10^3 \times 1770}{360 \times (600 - 50 - 50)} = 2203\text{mm}^2$$

故选（D）项。

11. 正确答案是 D，解答如下：

根据《混验规》5.2.2条及条文说明，（D）项不正确。

【11题评析】由《混验规》3.0.8条，（A）项正确；由4.1.2条，（B）项正确；由5.4.6条，（C）项正确。

12. 正确答案是 C，解答如下：

根据《混加规》15.2.4 条：

$$s_1 = 150\text{mm} > 7d = 7 \times 18 = 126\text{mm}$$
$$s_2 = 100\text{mm} > 3.5d = 3.5 \times 18 = 630\text{mm}$$

查表 15.2.4，$f_{bd} = 0.8 \times 5 = 4\text{MPa}$

由 15.2.3 条、15.2.2 条：

$$l_s = 0.2 \times 1 \times 18 \times 360/4 = 324\text{mm}$$
$$l_d \geqslant 1.265 \times 1.0 \times 324 = 410\text{mm}$$

13. 正确答案是 A，解答如下：

根据《荷规》10.3.3 条：

$$p_k = 3\sqrt{3215} = 170\text{kN}$$

由 10.1.3 条：$p = p_k = 170\text{kN}$

14. 正确答案是 C，解答如下：

根据《混规》7.1.1 条、7.1.5 条：

$$A_0 = A_n + \alpha_E A_p = 203889 - 1781 + \frac{2.05 \times 10^5}{3.6 \times 10^4} \times 1781$$
$$= 212250\text{mm}^2$$

$$\sigma_{ck} = \frac{N_k}{A_0} \leqslant \sigma_{pc}$$

$$N_k \leqslant 212250 \times 6.84 = 1451\text{kN}$$

15. 正确答案是 B，解答如下：

$$m_0 = 1 \times 6 \times 1.5 \times \left(\frac{1.5}{2} + \frac{0.35}{2}\right) = 8.325\text{kN} \cdot \text{m/m}$$

$T = m_0 \times 3 = 24.975\text{kN} \cdot \text{m}$，扭矩图呈直线分布

故选（B）项。

16. 正确答案是 C，解答如下：

根据《混规》6.4.12 条：

$$V = 100\text{kN} < 0.35 \times 1.57 \times 350 \times 600 = 115.4\text{kN}$$

由 6.4.4 条：

$$85 \times 10^6 \leqslant 0.35 \times 1.57 \times 32.67 \times 10^6 + 1.2\sqrt{1.7} \times 270\frac{A_{st1}}{s} \times 162.4 \times 10^3$$

可得：$A_{st1}/s \geqslant 0.98\text{mm}$

取 $s = 100$，$A_{st1} \geqslant 98\text{mm}^2$

（C）项：$\Phi 12$，$A_{st1} = 113.1\text{mm}^2$，满足。

17. 正确答案是 C，解答如下：

$$\frac{b}{t} = \frac{300 - 10}{2 \times 20} = 7.25 < 13\varepsilon_k = 13$$

$$\frac{h_0}{t_w} = \frac{1200}{10} = 120 < 124\varepsilon_k = 124$$

查《钢标》表 3.5.1，截面等级为 S4 级，取 $\gamma_x = 1.0$

$$\sigma = \frac{\frac{1}{8} \times 95 \times 12^2 \times 10^6}{1.0 \times 590560 \times 10^4 / 620} = 179.5\text{N/mm}^2$$

18. 正确答案是 A，解答如下：

根据《钢标》11.2.7 条：

$$V = \frac{1}{2}qL = \frac{1}{2} \times 95 \times 6 = 570\text{kN}$$

$$\frac{\tau}{f_f^w} = \frac{\frac{570 \times 10^3 \times 3660 \times 10^3}{2 \times 0.7 \times 8 \times 590560 \times 10^4}}{160} = 0.197$$

19. 正确答案是 D，解答如下：

取 $l_0 = \frac{1}{2} \times 12 = 6\text{m}$，$\lambda_y = \frac{6000}{61} = 98.4$

由《钢标》附录 C：

$$\varphi_b = 1.2 \times \frac{4320}{98.4^2} \times \frac{24000 \times 1240}{\frac{590560 \times 10^4}{620}} \left[\sqrt{1 + \left(\frac{98.4 \times 20}{4.4 \times 1240}\right)^2} + 0\right] \times 1$$

$$= 1.78 > 0.6$$

$$\varphi_b' = 1.07 - \frac{0.282}{1.78} = 0.91$$

20. 正确答案是 C，解答如下：

根据《钢标》6.1.5 条，6.1.3 条：

$$\sigma = \frac{1282 \times 10^6}{590560 \times 10^4} \times 600 = 130.2\text{N/mm}^2$$

$$\tau = \frac{1296 \times 10^3 \times 3660 \times 10^3}{590560 \times 10^4 \times 10} = 80.3\text{N/mm}^2$$

$$\sigma_{折} = \sqrt{130.2^2 + 3 \times 80.3^2} = 190.5\text{N/mm}^2$$

21. 正确答案是 D，解答如下：

$$\frac{f}{l} = \frac{\frac{5 \times 90 \times 12^4 \times 10^{12}}{384 \times 206 \times 10^3 \times 590560 \times 10^4}}{12000} = 1/600$$

22. 正确答案是 B，解答如下：

根据《钢标》10.3.4 条：

由提示知：

$$M_u = 0.9W_{npx}f = 0.9 \times 2 \times [16 \times 250 \times 242 + 234 \times 12 \times 117] \times 215$$
$$= 501.75\text{kN} \cdot \text{m}$$

23. 正确答案是 A，解答如下：

根据《钢标》10.3.2 条：

$$\frac{\tau}{f_v} = \frac{\frac{650000}{468 \times 12}}{125} = 0.93$$

24. 正确答案是 B，解答如下：

根据《钢标》10.4.3条：

最大间距≤2×500＝1000mm，选（B）项。

25. 正确答案是 B，解答如下：

根据《钢标》10.4.5条：

$$M \geqslant 1.1 \times 250 = 275 \text{kN} \cdot \text{m}$$

$$M \geqslant 0.5 \times 1.05 \times 2285 \times 215 = 258 \text{kN} \cdot \text{m}$$

故取 $M \geqslant 275 \text{kN} \cdot \text{m}$，选（B）项。

26. 正确答案是 C，解答如下：

根据《钢标》17.1.5条及条文说明：

（A）项：符合；（B）项：符合；（C）项：不符合，故选（C）项。

［此外，（D）项：符合。］

27. 正确答案是 D，解答如下：

根据《钢标》17.2.9条，及表17.2.9，取 $1.2M_{pc}$，选（D）项。

28. 正确答案是 A，解答如下：

根据《钢标》17.3.9条及条文说明，Ⅰ、Ⅱ、Ⅲ均符合，选（A）项。

29. 正确答案是 C，解答如下：

$$\frac{b}{t} = \frac{400 - 12}{2 \times 24} = 8.08 < 11\varepsilon_k = 9.08$$

$$\frac{h_0}{t_w} = \frac{700 - 2 \times 24}{12} = 54.3 < 72\varepsilon_k = 59.4$$

查《钢标》表3.5.1，截面等级满足 S2 级。

查《钢标》表17.2.2-2，取 $W_E = W_p$

30. 正确答案是 A，解答如下：

丙类、$H = 54$m、8度（0.20g），查《钢标》表17.1.4-1，采用性能7；

查表17.1.4-2，最低延性等级为Ⅰ级；

Ⅰ级，查表17.3.4-1，截面板件宽厚比最低等级为S1级，故选（A）项。

31. 正确答案是 B，解答如下：

根据《抗规》7.1.7条：

Ⅰ. 错误；Ⅱ. 正确；Ⅲ. 错误；Ⅳ. 正确。

故选（B）项。

32. 正确答案是 D，解答如下：

根据《抗规》5.2.1条、5.1.4条：

$$F_{EK} = 0.16 \times 0.85 \times (5200 + 2 \times 6000 + 4500)$$

$$= 2915.2 \text{kN}$$

由《抗规》7.2.4条、《抗震通规》4.3.2条：

$$V_1 = 1.5 \times 2915.2 \times 1.4 = 6122 \text{kN}$$

33. 正确答案是 C，解答如下：

根据《抗规》7.2.4条：

$$V_{w1} = \frac{0.18K_1}{0.72K_1} \times 6000 = 1500\text{kN}$$

34. 正确答案是 A，解答如下：

根据《抗规》7.2.5 条：

$$\Sigma V_c = \frac{0.28K_1}{0.72K_1 \times 0.3 + 0.28K_1} \times 6000 = 3387\text{kN}$$

35. 正确答案是 B，解答如下：

$s = 4.5 \times 10 = 45\text{m}$，查《砌规》表 4.2.1，为刚弹性方案。

查表 5.1.3，取 $H_0 = 1.2H$

$$\beta = \frac{1.2 \times 5600}{3.5 \times 147} = 13.06$$

36. 正确答案是 C，解答如下：

根据《砌规》5.1.1 条、5.1.2 条及 5.1.3 条：

$$\beta = \gamma_\beta \frac{H_0}{h_T} = 1.1 \times \frac{1.5 \times 5600}{3.5 \times 147} = 17.96 \approx 18$$

$$e = \frac{M}{N} = \frac{52}{404} = 0.1287\text{m} = 128.7\text{mm}$$

$$e/h_T = \frac{128.7}{3.5 \times 147} = 0.25$$

查表 D.0.1-1，取 $\varphi = 0.29$

$A = 0.9365 \times 10^6\text{mm}^2 > 0.3\text{m}^2$，$f$ 不调整。

$$\varphi fA = 0.29 \times 2.67 \times 0.9365 \times 10^6 = 725.13\text{kN}$$

37. 正确答案是 A，解答如下：

根据《砌规》5.2.4 条：

$$a_0 = 10\sqrt{\frac{500}{2.31}} = 147\text{mm} < 250\text{mm}，故取 } a_0 = 147\text{mm}$$

由 5.2.2 条：

$$\gamma = 1 + 0.35\sqrt{\frac{(370 \times 2 + 250) \times 370}{147 \times 250} - 1} = 2.04 > 2$$

取 $\gamma = 2$。

$$N_u = \eta \gamma fA_l = 0.7 \times 2 \times 2.31 \times 147 \times 250 = 118.8\text{kN}$$

38. 正确答案是 B，解答如下：

根据《砌规》10.2.1 条：

$$\frac{\sigma_0}{f_v} = \frac{\dfrac{604000}{1600 \times 370}}{0.17} = 6$$

取 $\xi_N = (1.47 + 1.65)/2 = 1.56\text{MPa}$，$f_{VE} = 0.17 \times 1.56 = 0.2652\text{MPa}$

$$f_{VE}A/\gamma_{RE} = \frac{0.2652 \times 1600 \times 370}{1.0} = 157\text{kN}$$

39. 正确答案是 B，解答如下：

支座反力均为：$2P = 2 \times 20 = 40\text{kN}$

截面法，过中点处取截面，对上弦中点处节点对力矩平衡：

$$N_{D1} = (2P \times 6 - \frac{P}{2} \times 6 - P \times 3)/2 = 3P = 60\text{kN（拉力）}$$

由《木标》4.3.9 条，取 $f_t = 8.5 \times 0.9 \times 1.1$

由《木标》5.1.1 条：

$$A_n \geqslant \frac{\gamma_0 N}{f_t} = \frac{1.0 \times 60 \times 10^3}{8.5 \times 0.9 \times 1.1} = 7130\text{mm}^2$$

方木：$a \geqslant 84.4\text{mm}$

40. 正确答案是 A，解答如下：

由受力分析可知，D2 杆为压杆。

由《木标》4.3.17 条：

$$\lambda = \frac{3000}{\dfrac{a}{\sqrt{12}}} \leqslant 120$$

可得：$a \geqslant 86.6\text{mm}$

（下午卷）

41. 正确答案是 C，解答如下：

根据《地规》6.7.5 条，6.7.3 条：

$$E_a = \frac{1}{2} \times 1.1 \times 20 \times 6.5^2 \times 0.22 = 102.245\text{kN/m}$$

$$G = \gamma A = 24 \times \frac{1}{2} \times 6.5 \times (1.5 + 3) = 351\text{kN/m}$$

$$K = \frac{351 \times 0.45}{102.245} = 1.545$$

42. 正确答案是 D，解答如下：

如图 Z19-1-1 所示，由《地规》6.7.5 条：

$$G_1 = \frac{1}{2} \times 1.5 \times 6.5 \times 24 = 117\text{kN/m}$$

$$G_2 = 1.5 \times 6.5 \times 24 = 234\text{kN/m}$$

$$G = G_1 + G_2 = 351\text{kN/m}$$

$$e = \frac{M}{\Sigma N} = \frac{112 \times \dfrac{6.5}{3} + 117 \times 0.5 - 234 \times 0.75}{351}$$

$$= 0.358\text{m} < \frac{3}{6} = 0.5\text{m}$$

$$p_{max} = \frac{G}{A}\left(1 + \frac{6e}{b}\right)$$

$$= \frac{351}{3 \times 1}\left(1 + \frac{6 \times 0.358}{3}\right)$$

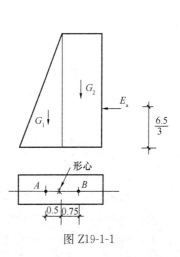

图 Z19-1-1

$$= 200.8\text{kPa}$$

43. 正确答案是 B，解答如下：

根据《地处规》5.2.3 条~5.2.5 条：

$$n = 20 = \frac{1.05l}{d_{\text{p}}} = \frac{1.05l}{\dfrac{2 \times (100 + 6)}{\pi}}$$

可得：$l = 1286\text{mm}$

44. 正确答案是 D，解答如下：

由提示，$F = \ln(20) - \dfrac{3}{4} = 2.25$

$$60d = 60 \times 24 \times 60 \times 60s$$

$$\overline{U}_{\text{r}} = 1 - e^{-\frac{8 \times 3.6 \times 10^{-3}}{2.25 \times 147^2} \times 60 \times 24 \times 60 \times 60}$$

$$= 0.954$$

45. 正确答案是 C，解答如下：

由提示，及《地处规》5.2.12 条：

$$s_{\text{f}} = 1.2 \times \frac{(20 \times 1 + 90) \times 1.8 \times 10^{-7} \times 10^{-2}}{3.6 \times 10^{-3} \times 10^{-4} \times 10} \times 20$$

$$= 1320 \times 10^{-3}\text{m} = 1320\text{mm}$$

46. 正确答案是 B，解答如下：

根据《桩规》5.3.8 条：

$$A_j = \frac{z}{4} \times (500^2 - 300^2) = 125600\text{mm}^2, A_{\text{p1}} = \frac{z}{4} \times 300^2 = 70650\text{mm}^2$$

$$h_{\text{b}}/d_1 = 1950/300 = 6.5 > 5, \text{取} \lambda_{\text{p}} = 0.8$$

$$Q_{\text{uk}} = \pi \times 0.5 \times (2.6 \times 52 + 1.5 \times 60 + 6 \times 45 + 1.95 \times 70)$$

$$+ 6000 \times (0.1256 + 0.8 \times 0.07065)$$

$$= 991.77 + 1092.72 = 2084.5\text{kN}$$

$$R_{\text{a}} = Q_{\text{uk}}/2 = 1042\text{kN}$$

47. 正确答案是 A，解答如下：

根据《桩规》5.9.10 条，及 5.1.1 条：

$$N_i = \frac{7020}{6} + \frac{756 \times 2}{4 \times 2^2} = 1264.5\text{kN}$$

$$V = 2N_i = 2529\text{kN}$$

48. 正确答案是 B，解答如下：

根据《桩规》5.9.2 条：

$$N_i = 1180 - \frac{1.3 \times 5 \times 2.8 \times 2 \times 22}{6} = 1046.53\text{kN}$$

$$M_{\text{x}} = 2 \times 1046.53 \times (2 - 0.35) = 3453.549\text{kN} \cdot \text{m}$$

$$A_{\text{s}} = \frac{M_{\text{x}}}{0.9h_0f_{\text{y}}} = \frac{3453.549 \times 10^6}{0.9 \times 1000 \times 360} = 10659.1\text{mm}^2$$

每米配筋 $A_{\text{s},1} = A_{\text{s}}/2.8 = 3807\text{mm}^2$

$\oplus 22@100$，$A_{\text{s},1} = 10 \times 380.1 = 3801\text{mm}^2$，基本满足，选（B）项。

49. 正确答案是 D，解答如下：

根据《桩规》5.8.6条：

$$t \geqslant \frac{305}{0.388 \times 206000} \times 950 = 3.6 \text{mm}$$

$$t \geqslant \sqrt{\frac{305}{14.5 \times 206000}} \times 950 = 9.6 \text{mm}$$

故取 $t \geqslant 9.6$mm

故选（D）项。

50. 正确答案是 C，解答如下：

根据《桩规》5.7.2条、5.7.5条：

$$\alpha = \sqrt[5]{\frac{4 \times 10^3 \times 0.9 \times (1.5 \times 0.8 + 0.5)}{4.33 \times 10^5}} = 0.427 \text{m}^{-1}$$

$\alpha h = 0.427 \times 30 = 12.8 > 4$，取 $\nu_x = 0.94$

$$R_{ha} = 0.75 \times \frac{0.427^3 \times 4.33 \times 10^5}{0.94} \times 10 \times 10^{-3} = 270 \text{kN}$$

由 5.7.5 条第 7 款：

$$R_{ha} = 270 \text{kN}$$

51. 正确答案是 D，解答如下：

（1）根据《地规》8.5.3条第8款，应通长配筋，图示有误。

（2）根据《地规》8.5.3条第11款，主筋保护层厚度 $\geqslant 55$mm，图示有误。

（3）根据《桩规》4.1.1条第4款，桩顶下 $5d$ 范围内箍筋加密，图示有误；加劲箍筋要求，图示有误。

故选（D）项。

52. 正确答案是 D，解答如下：

（1）《桩规》4.1.1条：$\rho = \dfrac{14 \times 113.1}{\dfrac{\pi \times 600^2}{4}} = 0.56\% < 0.65\%$，不满足。

（2）《桩规》4.2.3条：

$l_{\text{锚}} = 600 + 0.8 \times 600 \times \dfrac{1}{2} = 840 \text{mm} < 35 d_g = 35 \times 25 = 875 \text{mm}$，不满足

取 1m：$A_{s,\min} = 0.15\% \times 1000 \times 1500 = 2250 \text{mm}^2$

$\Phi 16@100$，$A_s = 10 \times 201.1 = 2011 \text{mm}^2$，不满足。

（3）《桩规》4.2.5条：

$l_{\text{锚,柱}} = 1.15 \times 35 \times 25 = 1006.25 \text{mm} > 950 \text{mm}$，中部柱筋，不满足。

（4）《地规》8.5.3条第10款：

$l_{\text{锚,桩}} = 35 \times 12 = 420 \text{mm} > 360 \text{mm}$，不满足。

53. 正确答案是 B，解答如下：

根据《地规》8.4.7条、附录P：

$c_1 = 0.9 + 1.34 = 2.24 \text{m}$， $c_2 = 0.9 + 1.34 = 2.24 \text{m}$

$$c_{AB} = \frac{2.24}{2} = 1.12 \text{m}$$

$$u_m = 2 \times 2.24 + 2 \times 2.24 = 8.96 \text{m}$$

$$\tau_{max} = \frac{12150 - (0.9 + 2 \times 1.34)^2 \times 182.25}{8.96 \times 1.34} + 0.4 \times \frac{202.5 \times 1.12}{11.17}$$

$$= 825.5 \text{kPa}$$

54. 正确答案是 D，解答如下：

根据《地规》8.4.7 条、附录 P：

$$l_{挑} = 1250 - 450 = 800 \text{mm} < h_0 + 0.5 b_c = 1340 + 0.5 \times 900 = 1790 \text{mm}$$

$$c_1 = 800 + 900 + \frac{1340}{2} = 2370 \text{mm}$$

$$c_2 = 900 + 1340 = 2240 \text{mm}$$

$$F_l = 1.1 \times (9450 - 2.37 \times 2.24 \times 182.25)$$

$$= 9330.7 \text{kN}$$

55. 正确答案是 C，解答如下：

根据《地规》8.4.2 条：

将筏板划分为 4 块，如图 Z19-1-2 所示，各块对形心绕 y 方向的 I_y，由平行移轴公式：

$$I_y = \frac{1}{3} \times 36.8 \times 23.57^3 + 2 \times \frac{1}{3} \times 8.45 \times 19.53^3 + \frac{1}{3} \times 19.9 \times 26.53^3$$

$$= 326449 \text{m}^4$$

$$A = 36.8 \times 50.1 - 2 \times 8.45 \times 7 = 1725 \text{m}^2$$

偏离形心左侧的限值：

$$e \leqslant \frac{0.1W}{A} = \frac{0.1 \times 326449 / 23.57}{1725} = 0.803 \text{m}$$

偏离形心右侧的限值：

$$e \leqslant \frac{0.1 \times 326449 / 26.53}{1725} = 0.713 \text{m}$$

故应选（C）项。

【55 题评析】根据惯性矩的平行移轴公式，如图 Z19-1-3 所示，$I_x = \frac{1}{12} bh^3$，可得：$I_{x'} = \frac{1}{12} bh^3 + bh \times \left(\frac{h}{2}\right)^2 = \frac{1}{3} bh^3$。

56. 正确答案是 C，解答如下：

根据《地处规》10.1.1 条条文说明表 29，应选（C）项。

57. 正确答案是 B，解答如下：

根据《抗规》8.2.3 条第 3 款，（B）项不正确，选（B）项。

【57 题评析】根据《高规》8.2.2 条，（A）项符合；《高规》3.4.3 条、3.7.3 条，（C）项符合；《设防分类标准》3.0.3 条，（D）项符合。

58. 正确答案是 A，解答如下：

根据《荷规》9.3.2 条条文说明，（A）项正确，应选（A）项。

59. 正确答案是 D，解答如下：

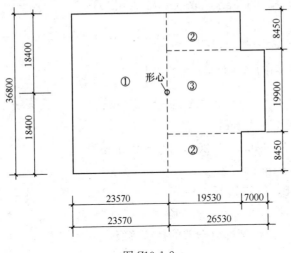

图 Z19-1-2

根据《高规》3.7.3 条：

180m 框架-核心筒：$[\Delta u / h] = \dfrac{1}{800} + \dfrac{180-150}{250-150} \times$

$\left(\dfrac{1}{500} - \dfrac{1}{800}\right) = 0.001475$

框架结构：$[\Delta u / h] = 1/550$

钢框架-支撑，由《高钢规》3.5.2 条：$[\Delta u / h] = 1/250$

$0.001475 : 1/550 : 1/250 = 1 : 1.23 : 2.71$

60. 正确答案是 B，解答如下：

根据《高规》10.2.24 条：

$$2 \times 1400 \times 10^3 \leqslant \dfrac{1}{0.85} \times (0.1 \times 1 \times 19.1 \times 6300 t_f)$$

可得：$t_f \geqslant 198$mm，排除（A）项。

$$2 \times 1400 \times 10^3 \leqslant \dfrac{1}{0.85} \times (360 \times 4200 + 360 \cdot A_{s板})$$

可得：$A_{s板} \geqslant 2411$mm^2

$A_{s板底} \geqslant 2411/2 = 1205.5$mm^2

由 10.2.23 条：$\rho = \dfrac{1205.5}{200 \times 5600} = 0.108\% < 0.25\%$

故取 $\rho = 0.25\%$

（B）项：$\rho = \dfrac{113.1}{200 \times 200} = 0.283\% > 0.25\%$，满足。

故选（B）项。

61. 正确答案是 D，解答如下：

根据《高规》7.2.6 条：

$V = 1.6 \times 3.2 \times 10^3 = 5.12 \times 10^3$kN $< 6.37 \times 10^3$kN

由 7.2.10 条：

$N = 1.6 \times 10^4 \text{kN} > 7563.6 \text{kN}$，取 $N = 7563.6 \text{kN}$

$$5.12 \times 10^3 \times 10^3 \leqslant \frac{1}{0.85} \times \left[\frac{1}{1.9 - 0.5}(0.4 \times 1.71 \times 300 \times 6300 + 0.1 \times 7563600 \times 1) \right.$$

$$\left. + 0.8 \times 360 \frac{A_{sh}}{s} \times 6300 \right]$$

可得： $\qquad\qquad\qquad A_{sh}/s \geqslant 1.59 \text{mm}$

取 $s = 200 \text{mm}$，$A_{sh} \geqslant 318 \text{mm}^2$

由 10.2.19 条：$A_{sh} \geqslant 0.3\% \times 200 \times 300 = 180 \text{mm}^2$

(D) 项：$A_{sh} = 402 \text{mm}^2$，满足。

62. 正确答案是 B，解答如下：

根据《抗规》附录 G.1.3 条，故排除（A）、（C）项。

由 6.1.2 条：钢支撑框架部分框架的抗震等级为一级。

由《抗规》表 6.3.6，$[\mu_N] = 0.65$

(D) 项：$\mu_N = \dfrac{N_G}{f_c A} = \dfrac{7600 \times 10^3}{23.1 \times 700 \times 700} = 0.67 > 0.65$，不满足。

故选（B）项。

63. 正确答案是 C，解答如下：

根据《高规》附录 C：

由《高规》4.3.8 条，假定 $T_x = 0.85$

$$\alpha = \left(\frac{0.45}{0.85} \right)^{0.9} \times 1 \times 0.16 = 0.090$$

假定 $T_x = 0.86$，$\alpha = \left(\dfrac{0.45}{0.86} \right)^{0.9} \times 1 \times 0.16 = 0.089$

$$F_{EK} = 0.09 \times 0.85 \times (146000 \sim 166000)$$
$$= 11169 \sim 12699 \text{kN}$$

或 $F_{EK} = 0.089 \times 0.85 \times (146000 \sim 166000)$

$$= 11045 \sim 12558 \text{kN}$$

故选（C）项。

64. 正确答案是 B，解答如下：

由提示，及《高规》6.3.2 条：

$$x = \frac{435 \times 4920 - 435 \times 4920/2}{1 \times 19.1 \times 350} = 160.0 \text{mm} = 0.25 h_0 = 160 \text{mm}$$

$$M = \frac{1}{0.75} \times [1 \times 19.1 \times 350 \times 160 \times (640 - 80) + 435 \times (640 - 40) \times 4920/2]$$
$$= 1654.7 \text{kN} \cdot \text{m}$$

65. 正确答案是 A，解答如下：

根据《高规》3.7.4 条及注：

$$\xi_y = \frac{14 \times 780 + 14 \times 950}{50000} = 0.4844 < 0.5，\text{I. 错误。}$$

增加 5% 时：

$$\xi_y = \frac{14 \times 780 \times 1.05 + 14 \times 950 \times 1.05}{50000} = 0.509 > 0.5, \quad \text{Ⅱ. 正确。}$$

故选（A）项。

66. 正确答案是 B，解答如下：

查《高规》表 11.1.4：

地上核心筒的抗震等级为一级，排除（D）项。

由《高规》3.9.5 条及条文说明：

地下二层：不计算地震作用，其抗震构造措施的抗震等级可取二级（地下一层为抗震一级）。

故选（B）项。

67. 正确答案是 A，解答如下：

由《高规》表 11.1.4 注，钢框架抗震等级为三级。

根据《抗规》附录 G.2.2 条，查表 8.1.3，钢框架抗震等级为三级。

最终取钢框架的抗震等级为三级，故选（A）项。

68. 正确答案是 C，解答如下：

根据《高规》4.3.12 条：

$$\lambda = 0.016 - \frac{4 - 3.5}{5 - 3.5} \times (0.016 - 0.012) = 0.0147$$

$$V_{0k} = 12800\text{kN} < \lambda \Sigma G_j = 0.0147 \times 1 \times 10^6 = 14700\text{kN}$$

故取 $V_{0k} = 14700\text{kN}$

$$V_f = \frac{14700}{12800} \times 2000 = 2297\text{kN}$$

由《高规》11.1.6 条、9.1.11 条：

$V_{f,max} = 2297\text{kN} > 10\% V_{0k} = 1470\text{kN}$，故按 9.1.11 条第 3 款：

$$V_{min} = (20\% V_{0k}, 1.5 V_{f,max})$$
$$= \min(20\% \times 14700, 1.5 \times 2297)$$
$$= \min(2940, 3446) = 2940\text{kN}$$

故选（C）项。

69. 正确答案是 A，解答如下：

根据《抗规》表 8.1.3：

乙类，按 9 度考虑：由表 8.1.3 注 2，可按 8 度考虑，故框架抗震等级为三级。

根据《高钢规》7.3.2 条：

$$K_1 = \frac{\Sigma i_b}{i_c} = 1, \quad K_2 = 10$$

$$\mu = \sqrt{\frac{7.5 \times 1 \times 10 + 4 \times (1 + 10) + 1.6}{7.5 \times 1 \times 10 + 1 + 10}} = 1.18$$

由《高钢规》7.3.9 条：

$$\lambda = \frac{\mu H}{\gamma_c} \leqslant 80\sqrt{235/345}$$

$$\frac{1.18 \times 33000}{\gamma_c} \leqslant 80\sqrt{235/345}$$

可得：$\gamma_c \geqslant 590\text{mm}$

故选（A）项。

70. 正确答案是 D，解答如下：

根据《高钢规》7.6.5条：

由式（7.6.3-1）计算 V_l；

$V_l = 0.58A_w f_y = 0.58 \times (600 - 2 \times 12) \times 12 \times 345 = 1345\text{kN}$

$V_l = \dfrac{2M_{lp}}{a} = \dfrac{2 \times 305 \times 4.42 \times 10^6}{1700} = 1586\text{kN}$

故取 $V_l = 1586\text{kN}$

$$N_{br} \geqslant 1.3 \times \frac{1586}{1190} \times 2000 = 3465\text{kN}$$

故选（D）项。

71. 正确答案是 B，解答如下：

根据《高钢规》7.3.3条：

（A）项：$2 \times 9.97 \times 10^6 \times \left(345 - \dfrac{8500 \times 10^3}{50496}\right) = 3523 \times 10^6\,\text{N} \cdot \text{mm}$

$\Sigma(\eta f_{yb} W_{pb}) = 2 \times 1.15 \times 345 \times 5.21 \times 10^6 = 4134 \times 10^6\,\text{N} \cdot \text{mm}$
不满足。

（B）项：$2 \times 1.15 \times 10^7 \times \left(345 - \dfrac{8500 \times 10^3}{58464}\right) = 4591 \times 10^6\,\text{N} \cdot \text{mm}$

满足，故选（B）项。

72. 正确答案是 D，解答如下：

根据《高钢规》8.8.5条：

中间加劲肋：$\dfrac{b_f}{2} - t_w = \dfrac{300}{2} - 12 = 138\text{mm}$

$$\max(t_w, 10) = \max(12, 10) = 12\text{mm}$$

故（A）项错误。

$$a = 1700\text{mm} > \frac{1.6M_p}{V_l} = \frac{1.6 \times 305 \times 4.42 \times 10^6}{1345 \times 10^3} = 1604\text{mm}$$

$$< \frac{2.6M_p}{V_l} = \frac{2.6 \times 305 \times 4.42 \times 10^6}{1345 \times 10^3} = 2606\text{mm}$$

$$30t_w - \frac{h}{5} = 30 \times 12 - \frac{600}{5} = 240\text{mm}$$

$$52t_w - \frac{h}{5} = 52 \times 12 - \frac{600}{5} = 504\text{mm}$$

内插法：$s = 240 + \dfrac{1700 - 1604}{2606 - 1604} \times (504 - 240) = 266\text{mm}$

每侧个数 $= \dfrac{1700}{266} - 1 = 5.4$，故取 6 个。

故选（D）项。

73. 正确答案是 C，解答如下：

根据《城桥抗规》3.1.1条，为丙类。

1010

由 3.1.2 条，①错误。

由 3.1.4 条，②错误。

由 3.2.2 条，③错误。

由 3.3.2 条、3.3.3 条，④正确。

故选（C）项。

74. 正确答案是 C，解答如下：

根据《公桥通规》4.3.12 条及条文说明：

钢桥：温升＝46℃－15℃＝31℃

温降＝－21℃－20℃＝－41℃

故选（C）项。

75. 正确答案是 C，解答如下：

根据《公桥混规》9.1.1 条，9.4.9 条：

管道净距≥40mm，≥0.6×90＝54mm，取≥54mm

腹板宽度≥$\frac{1}{2}$×90＋90＋54＋90＋$\frac{1}{2}$×90＝324mm

76. 正确答案是 B，解答如下：

根据《天桥规范》2.2.2 条：

每端：1.8＋1.8＋0.4×2＝4.4m

桥面净宽≤$\frac{4.4}{1.2}$＝3.67m，且≥3m

故桥面最大净宽为 3.67m。

77. 正确答案是 D，解答如下：

根据《公桥混规》4.2.5 条：

$$a = a_1 + 2h + 2l_c = 200 + 2 \times 150 + 2 \times 1250 = 3000\text{mm} > 1400\text{mm}$$

故车轮分布重叠，则：

$$a = a_1 + 2h + l_c + d = 3000 + 1400 = 4400\text{mm}$$

78. 正确答案是 D，解答如下：

根据《公桥通数》4.1.5 条及表 4.1.5-1，取 $\gamma_0 = 1.1$。

$$M_d = 1.1 \times (1.2 \times 45 + 1.0 \times 1.8 \times 32 + 0.75 \times 1 \times 1.1 \times 30)$$
$$= 150\text{kN} \cdot \text{m}$$

79. 正确答案是 C，解答如下：

根据《公桥通规》4.1.5 条：

$$M_d = 45 + 126 + 0.7 \times 32 + 0.75 \times 30 = 215.9\text{kN} \cdot \text{m}$$

80. 正确答案是 A，解答如下：

根据《公桥混规》6.4.4 条：

$$\sigma_{ss} = \frac{200 \times 10^6}{0.87 \times 4022 \times (350 - 40)} = 184.4\text{N/mm}^2$$

2020 年真题解答与评析

（上午卷）

1. 正确答案是 D，解答如下：

以 BCD 为对象，$\sum M_B = 0$，则：$Y_D = 150 \times 2/2 = 150\text{kN}$（↑）（压力）

以整体为对象，对 1-1 处分析：

$$N_{1-1} = Y_D = 150\text{kN}(\downarrow)(\text{拉力}), \quad M_{1-1} = 150 \times 1 + 150 \times 2 = 450\text{kN} \cdot \text{m}$$

故 AB 为偏拉。由《混规》6.2.23 条：

$$e_0 = \frac{M_{1-1}}{N_{1-1}} = \frac{450}{150} = 3\text{m} > \frac{h}{2} - a_s = \frac{800}{2} - 70 = 330\text{mm} = 0.33\text{m}$$

为大偏拉，则由式（6.2.23-2）：

$$e' = 3000 + \frac{800}{2} - 70 = 3330\text{mm}$$

$$A_s = \frac{150 \times 10^3 \times 3330}{360 \times (800 - 70 - 70)} = 2102\text{mm}^2$$

【1题评析】由本题目的条件，对称配筋，判别为偏拉，故直接用公式（6.2.23-2）进行解答，不用判别是否为大、小偏拉构件，以提高解题速度。

2. 正确答案是 B，解答如下：

根据《混规》6.3.21 条，$h_0 = 1800 - 40 = 1760\text{mm}$

$\lambda = \dfrac{1710 \times 10^6}{690 \times 10^3 \times 1760} = 1.41 < 1.5$，取 $\lambda = 1.5$

$$N = 1800\text{kN} > 0.2 f_c bh = 0.2 \times 14.3 \times 200 \times 1800 = 1029.6\text{kN}$$

故取 $N = 1029.6\text{kN}$

$$690 \times 10^3 \leqslant \frac{1}{1.5 - 0.5} \times (0.5 \times 1.43 \times 200 \times 1760 + 0.13 \times 1029600 \times 1)$$

$$+ 360 \frac{A_{sh}}{s_v} \times 1760$$

可得：$A_{sh}/s_v \geqslant 0.481\text{mm}^2/\text{mm}$

3. 正确答案是 B，解答如下：

根据《混规》G.0.2 条：

$l_0/h = 3.3/1.8 = 1.83 < 2$，支座截面 $a_s = 0.2h = 0.2 \times 1.8 = 0.36\text{m}$

$$h_0 = h - a_s = 1.8 - 0.36 = 1.44\text{m}$$

由 G.0.3 条：$h_w/b = 1.44/0.2 = 7.2 > 6$

$l_0 = 3.3\text{m} < 2 \times 1.8 = 3.6\text{m}$，取 $l_0 = 3.6\text{m}$

$$V_u = \frac{1}{60} \times \left(7 + \frac{3.6}{1.8}\right) \times 1 \times 14.3 \times 200 \times 1440 = 617.76\text{kN}$$

4. 正确答案是 C，解答如下：

根据《混规》9.3.11 条及 9.3.10 条：

$$a = 400 + 450 - 600 + 20 = 270\text{mm} > 0.3h_0 = 0.3 \times (600 - 40) = 168\text{mm}$$

$$A_s \geqslant \frac{420 \times 10^3 \times 270}{0.85 \times 360 \times 560} + 1.2 \times \frac{115 \times 10^3}{360} = 662 + 383 = 1045\text{mm}^2$$

$$\rho_{\min} = \max(0.20\%, 0.45 \times 1.43/360) = 0.20\%$$

$$0.20\% \times 400 \times 600 = 480\text{mm}^2 < 662\text{mm}^2; 4\phi12(A_s = 452\text{mm}^2)$$

故最终取 $A_s \geqslant 1045\text{mm}^2$

5. 正确答案是 A，解答如下：

由提示，根据《混规》8.5.3 条，及 8.5.1 条：

$$\rho_{\min} = \max(0.20\%, 0.45 \times 1.43/270) = 0.238\%$$

$$h_{cr} = 1.05\sqrt{\frac{0.2 \times 10^6}{0.238\% \times 270 \times 1000}} = 18.5\text{mm} < \frac{h}{2} = 100\text{mm}$$

取 $h_{cr} = \dfrac{h}{2} = 100\text{mm}$

$$\rho_s \geqslant \frac{100}{200} \times 0.238\% = 0.119\%，故选（A）项。$$

6. 正确答案是 B，解答如下：

根据《混加规》9.2.2 条、9.2.3 条，$h_0 = 600 - 60 = 540\text{mm}$：

$$x = \xi_{b,sp}h_0 = (0.85 \times 0.518) \times 540 = 237.8\text{mm}$$

$$M_u = 1.0 \times 16.7 \times 300 \times 237.8 \times \left(600 - \frac{237.8}{2}\right) - 360 \times 2454 \times 60$$

$$= 520.2\text{kN} \cdot \text{m}$$

由 9.2.11 条：

$520.2\text{kN} \cdot \text{m} < 1.4 \times 399 = 558.6\text{kN} \cdot \text{m}$，取 $M_u = 520.2\text{kN} \cdot \text{m}$

7. 正确答案是 B，解答如下：

根据《混规》10.3.8 条：

$$F = 1.2\sigma_{con}A_p = 1.2 \times 0.7 \times 1860 \times (2 \times 6 \times 140) = 2624.8\text{kN}$$

8. 正确答案是 A，解答如下：

根据《混规》7.2.3 条，及 7.2.2 条：

$$B_s = 0.85 \times 3.25 \times 10^4 \times 4.115 \times 10^{10} = 11.368 \times 10^{14}\text{N} \cdot \text{mm}^2$$

$$B = \frac{860}{810 \times (2-1) + 860} \times 11.368 \times 10^{14} = 5.85 \times 10^{14}\text{N} \cdot \text{mm}^2$$

$$f = \frac{860 \times 10^6 \times 8000^2}{4 \times 5.85 \times 10^{14}} = 23.5\text{mm}$$

9. 正确答案是 C，解答如下：

根据《混规》6.4.12 条：

$$V = 27\text{kN} < 0.35f_tbh_0 = 0.35 \times 1.43 \times 200 \times 360 = 36\text{kN}$$

$$T = 11\text{kN} \cdot \text{m} > 0.175f_tW_t = 0.175 \times 1.43 \times 6.667 \times 10^6 = 1.67\text{kN} \cdot \text{m}$$

故箍筋按纯扭计算，由 6.4.4 条：

$$11 \times 10^6 \leqslant 0.35 \times 1.43 \times 6.667 \times 10^6 + 1.2 \times \sqrt{1.2} \times 270 \frac{A_{\text{st1}} \times 47600}{s}$$

可得：
$$A_{\text{st1}}/s \geqslant 0.454 \text{mm}^2/\text{mm}$$

即：
$$A_{\text{st1}} \geqslant 0.454 \times 150 = 68.1 \text{mm}^2，选 \Phi 10 (A_s = 78.5 \text{mm}^2)，满足$$

10. 正确答案是 B，解答如下：

过杆件 CF、CD 取割线，左边为对象，$\sum M_A = 0$，则：
$$N_{\text{CD,y}} = P \times 3/6 = \frac{P}{2}（压力）$$

由对称性，$N_{\text{DE,y}} = \frac{P}{2}$（压力）；由 D 节点，$\sum Y = 0$，则：
$$N_1 = \frac{P}{2} + \frac{P}{2} = P（拉力）$$

由《混规》6.2.22 条：
$$A_s = \frac{P}{f_y} = \frac{128 \times 10^3}{360} = 356 \text{mm}^2$$

11. 正确答案是 C，解答如下：

取 CD 为对象，$Y_C = Y_D = \frac{1}{2} \times 48 \times 2.5 = 60 \text{kN}(\uparrow)$

取 ABC 为对象，$Y'_C = 60 \text{kN}(\downarrow)$，对 $\sum M_B = 0$，则：
$$Y_A \times 10 + 60 \times 2.5 + 48 \times 2.5 \times 1.25 = 600 \times 5 + 48 \times 10 \times 5$$

可得：
$$Y_A = 510 \text{kN}$$
$$V_{1\text{-}1} = 600 + 48 \times 10 - 510 = 570 \text{kN}$$

由《混规》6.3.4 条，非独立梁，$h_0 = 650 - 40 = 610 \text{mm}$：
$$570 \times 10^3 \leqslant 0.7 \times 1.57 \times 300 \times 610 + 360 \frac{A_{\text{sv}}}{s} \times 610$$

可得：
$$A_{\text{sv}}/s \geqslant 1.68 \text{mm}^2/\text{mm}$$

12. 正确答案是 D，解答如下：

(1) KL1：右端 5 Φ 25，由提示，纵筋的 $c = 25 + 10 = 35 \text{mm}$
$$s_{\text{水}} = \max(30, 1.5 \times 25) = 37.5 \text{mm}$$
$$5 \times 25 + 4 \times 37.5 + 2 \times 35 = 345 \text{mm} > 300 \text{mm}，不满足《混规》9.2.1 条。$$

(2) KL1，抗震三级：7 Φ 25 ($A_s = 3436 \text{mm}^2$)，3 Φ 20 ($A_s = 942 \text{mm}^2$)

$942/3436 = 0.27 < 0.3$，不满足《混规》11.3.6 条。

(3) KL1 的悬挑部分，箍筋主要受集中力作用，故箍筋间距通常相同，不满足。

(4) KL2：由《混规》11.6.7 条第 1 款（或《抗规》6.3.4 条第 2 款）：
$$d = 25 \text{m} > \frac{450}{20} = 22.5 \text{m}，不满足。$$

(5) KL2：2 Φ 16 + 2 Φ 25，$A_s = 1384 \text{mm}^2$，$\rho_{\text{纵}} = \frac{1384}{300 \times 520} = 0.89\% < 2\%$，箍筋最小直径取 $\phi 8$，不满足《混规》表 11.3.6-2。

13. 正确答案是 D，解答如下：

Ⅰ，根据《混验规》5.4.8 条，正确，排除（B）、（C）项。

Ⅱ，根据《混验规》3.0.6条，错误，故选（D）项。

【13题评析】Ⅲ，根据《混验规》D.0.7条，错误。

Ⅳ，根据《混验规》7.2.5条，正确。

14. 正确答案是D，解答如下：

根据《混验规》9.2.6条，（D）项正确，应选（D）项。

【14题评析】（A）项：根据《混规》9.6.3条，错误。

（B）项：根据《混规》9.6.4条，错误。

（C）项：根据《混规》9.6.8条，错误。

15. 正确答案是C，解答如下：

查《结通规》表4.2.2，取$q=2.5kN/m^2$；由4.2.5条第2款，楼面梁从属面积$=7.8\times9=70.2m^2>50m^2$，取折减系数为0.9，则：

$$N_k = \frac{1}{2}\times9\times7.8\times2.5\times3\times0.9 = 237kN$$

16. 正确答案是B，解答如下：

根据《抗规》6.1.4条：

甲乙之间：$\delta\geq100+\dfrac{35-15}{4}\times20=200mm$

乙丙之间：$\delta\geq\left[100+\dfrac{43-15}{4}\times20\right]\times70\%=168mm$，且$\delta\geq100mm$

最终$\delta\geq168mm$

17. 正确答案是B，解答如下：

根据《钢标》7.4.2条：

$$l=\sqrt{6^2+4.5^2}=7.5m$$

$$l_0=7.5\times\sqrt{\frac{1}{2}\times\left(1-\frac{3}{4}\times\frac{1233}{1138}\right)}=2.30m<0.5l=3.75m$$

故取$l_0=3.75m$

【17题评析】本题目的N_0、N的取值按最不利情况考虑，取其他内力值，最终结果仍取l_0为3.75m。

18. 正确答案是C，解答如下：

根据《钢标》8.2.1条：

$\lambda_x=\dfrac{3750}{150}=25$，查表7.2.1-1，$b/h=348/344=1.01>0.8$，轧制，对$x$轴为$a$类，$\lambda_x/\varepsilon_k=30.3$查附表D.0.1，$\varphi_x=0.962$

（1）取D与交叉点计算：

$$\beta_{mx}=0.6-0.4\times\frac{45}{66}=0.33$$

$$\frac{1739\times10^3}{0.962\times14400}+\frac{0.33\times66\times10^6}{1.05\times1892\times10^3\times\left(1-0.8\times\frac{1739}{42600}\right)}=125.53+11.33=136.9N/mm^2$$

（2）取G与交叉点计算：

$$\beta_{mx} = 0.6 - 0.4 \times \frac{18}{66} = 0.49$$

$$\frac{1701 \times 10^3}{0.962 \times 14400} + \frac{0.49 \times 66 \times 10^6}{1.05 \times 1892 \times 10^3 \times \left(1 - 0.8 \times \frac{1701}{42600}\right)} = 122.79 + 16.82 = 139.6 \text{N/mm}^2$$

故选（C）项。

19. 正确答案是 B，解答如下：

根据《钢标》8.5.2 条：

$$\varepsilon = \frac{MA}{NW} = \frac{90 \times 10^6 \times 14400}{2990 \times 10^3 \times 1892 \times 10^3} = 0.229 > 0.2$$

由式（8.5.2-2）：

$$\left(\frac{2990 \times 10^3}{14400} + 0.85 \times \frac{90 \times 10^6}{2070 \times 10^3}\right) \times \frac{1}{1.15 \times 305} = 0.697$$

20. 正确答案是 B，解答如下：

根据《钢标》13.3.2 条第 1 款：

$$\beta = 1.0, \quad \psi_n = 1, \quad \theta = 2\arctan\frac{4.5}{6} = 73.74°$$

$$N_{AB} = \frac{5.45}{(1 - 0.81 \times 1)\sin 73.74°} \times 1 \times 14^2 \times 305 = 1786.2 \text{kN}$$

21. 正确答案是 C，解答如下：

根据《钢标》13.3.9 条：

$D_i/D = 1.0$，则：

$$l_w = (3.81 \times 350 - 0.389 \times 350) \times \left(\frac{0.534}{\sin 73.74°} + 0.466\right)$$

$$= 1224 \text{mm}$$

【21 题评析】《钢标》公式（13.3.9-2）中 0.446 应为：0.466。

22. 正确答案是 B，解答如下：

根据《钢标》6.2.5 条，仅腹板相连：

$$l_1 = 1.2 \times (6 - 2 \times 0.06) = 7.056 \text{m}, \quad \lambda_y = \frac{7056}{46.9} = 150.4$$

由附录 C.0.1 条：

$$\eta_b = 0, \quad \xi = \frac{l_1 t_1}{b_1 h} = \frac{7056 \times 12}{200 \times 294} = 1.44 < 2.0$$

$$\beta_b = 0.69 + 0.13 \times 1.44 = 0.877$$

$$\varphi_b = 0.877 \times \frac{4320}{150.4^2} \times \frac{7303 \times 294}{779000} \times \left[\sqrt{1 + \left(\frac{150.4 \times 12}{4.4 \times 294}\right)^2} + 0\right] \times 1$$

$$= 0.792 > 0.6$$

$$\varphi_b' = 1.07 - \frac{0.282}{0.792} = 0.714$$

【22 题评析】本题目不考虑 60mm，则 $l_1 = 7.2$m，相应的 $\varphi_b' = 0.706$。

23. 正确答案是 B，解答如下：

根据《钢标》11.4.2 条：

最顶层（或最低层）螺栓受力为：$N_{v,y} = \dfrac{100.8}{3} = 33.6$kN

$$N_{v,x} = \frac{100.8 \times 0.06}{0.07 + 0.07} = 43.2 \text{kN}$$

$$N_v = \sqrt{33.6^2 + 43.22} = 54.73 \text{kN}$$

$$P \geqslant \frac{54.73}{0.9 \times 1 \times 1 \times 0.4} = 152 \text{kN}, \text{选 M20}(P = 155 \text{kN})$$

24. 正确答案是 D，解答如下：

根据《钢标》6.3.1 条，由 6.4.2 条第 4 款，应选（D）项。

25. 正确答案是 D，解答如下：

根据《钢标》8.3.1 条，Y 向为无支撑框架。

由附录 E.0.2 条：$K_2 = 10$

$$K_1 = \frac{\dfrac{EI}{6} \times 2}{\dfrac{EI}{4} \times 2} = 0.667$$

$$\mu = 1.30 - \frac{0.667 - 0.5}{1 - 0.5} \times (1.30 - 1.17) = 1.257$$

由式（8.3.1-2）：

$$\eta = \sqrt{1 + \frac{(391 + 391)/4}{(192 \times 4 + 374 \times 4 + 423 \times 2)/4}} = 1.12$$

$$l_{0y} = 1.12 \times 1.257 \times 4000 = 5631 \text{mm}$$

26. 正确答案是 B，解答如下：

$l_{0x} = l_{0y} = 4000$mm，根据《钢标》表 7.2.1-1，$b/h = 200/294 = 0.68$，轧制，Q345，x 轴为 a 类，y 轴为 b 类。

$$\lambda_x = \frac{4000}{125} = 32, \quad \lambda_y = \frac{4000}{46.9} = 85.3, \text{故取} \lambda_y = 85.3 \text{ 计算 } \varphi$$

$\lambda_y / \varepsilon_k = 103.4$，查附表 D.0.2，$\varphi_y = 0.533$

$N_u = \varphi A f = 0.533 \times 7303 \times 305 = 1187$kN

27. 正确答案是 D，解答如下：

根据《钢标》3.5.1 条：

$$\frac{b}{t} = \frac{200 - 8 - 2 \times (0.5 \times 12)}{2 \times 12} = 7.5 < 9\varepsilon_k = 9$$

$$\frac{h_0}{t_w} = \frac{294 - 2 \times 12 - 2 \times (0.5 \times 12)}{8} = 32.25 < 65\varepsilon_k = 65$$

为 S1 级。

由《钢标》10.1.3 条、10.1.1 条及 10.2.2 条：

当调幅为 20% 时，$\dfrac{1}{571} \times 1.05 = \dfrac{1}{544} < \dfrac{1}{250} \times 50\% = \dfrac{1}{500}$，满足

梁：$M_b = 139 \times 80\% + 54 = 165.2$kN·m

柱：$M_c = 91 + 21 = 112$kN·m

选（D）项。

28. 正确答案是 D，解答如下：

根据《钢标》17.1.4 条及条文说明，Ⅰ、Ⅱ，均错误。

根据《钢标》17.3.4 条，S3 级，其延性为Ⅲ级，由 17.2.10 条，正确。

故选（D）项。

【28 题评析】节点域抗震承载力计算不按《抗规》式（8.2.5-3），应按《钢标》17.2.10 条。

29. 正确答案是 B，解答如下：

根据《钢标》14.3.1 条：

$$N_v^c = 0.43 \times \frac{\pi}{4} \times 19^2 \times \sqrt{3 \times 10^4 \times 14.3} = 79.8\text{kN}$$

$$0.7A_s f_u = 0.7 \times \frac{\pi}{4} \times 19^2 \times 360 = 71.4\text{kN}，故取 N_v^c = 71.4\text{kN}$$

由《钢标》14.2.2 条，$A = 200 \times 12 \times 2 + 276 \times 8 = 7008\text{mm}^2$

$238.6 \times 10^6 \leqslant n_r \times 71.4 \times 10^3 \times 364 + 0.5 \times (7008 \times 215 - n_r \times 71.4 \times 10^3) \times 238$

可得：$n_r \geqslant 3.4$ 个，取 4 个

简支梁，故取 $n_{r总} \geqslant 2 \times 4 = 8$ 个

由《钢标》14.7.4 条：

$s \leqslant \min(3 \times 120, 300) = 300\text{mm}$，当沿梁横向布置 1 个焊钉时，$n_{r总} \geqslant \frac{6000}{300} = 20$ 个

最终取 $n_{r总} \geqslant 20$ 个。

【29 题评析】焊钉的 f_u 为设计值，取 360N/mm²。当沿梁横向布置 2 个焊钉时，$n_{r总} \geqslant 40$ 个。

30. 正确答案是 A，解答如下：

根据《钢标》5.1.6 条：

$0.1 < \theta_{i,\max}^{II} = 0.21 < 0.25$，故选（A）项。

31. 正确答案是 B，解答如下：

查《钢标》表 7.2.1-1，焊接 H 形，对 x 轴为 b 类。

查表 5.2.2，$\frac{e_0}{l} = \frac{1}{350}$

32. 正确答案是 C，解答如下：

根据《钢标》4.3.9 条及 4.3.4 条，M16，应选 Q235C，选（C）项。

33. 正确答案是 C，解答如下：

根据《砌规》5.1.3 条：

$H = 3600 + 300 + 300 = 4200\text{mm}$

$s = 3200 \times 3 = 9600\text{mm} > 2H = 8400\text{mm}$，刚性方案，取 $H_0 = 1.0H = 4200\text{mm}$

由 6.1.1 条，$A = 1400 \times 200 + 400 \times 400 = 440000\text{mm}^2$，$i = \sqrt{I/A} = 165\text{mm}$

$$\beta = \frac{H_0}{h_T} = \frac{4200}{3.5 \times 165} = 7.27$$

34. 正确答案是 C，解答如下：

根据《砌规》5.1.1 条、5.1.2 条，同上一题，$i = 165\text{mm}$；

$H = 3600\text{mm}$，$s = 9600\text{mm} > 2H = 7200\text{mm}$，由 5.1.3 条，取 $H_0 = 1.0H = 3600\text{mm}$

$$\beta = \gamma_\beta \frac{H_D}{h_T} = 1.1 \times \frac{3600}{3.5 \times 165} = 6.86$$

查附表 D.0.1-1，$\varphi = 0.95 - \frac{6.86-6}{8-6} \times (0.95 - 0.91) = 0.933$

$$A = 440000 \text{mm}^2 > 0.3 \text{m}^2$$

$$N_u = \varphi f A = 0.933 \times 440000 \times 2.39 = 981 \text{kN}$$

35. 正确答案是 B，解答如下：

根据《砌规》6.1.1 条、6.1.4 条：

门洞：$2100 \text{mm} < \frac{4}{5} \times 3600 = 2880 \text{mm}$，则：

$s = 9600 \text{mm} > 2H = 2 \times 3600 = 7200 \text{mm}$，由表 5.1.3，$H_0 = 1.0H = 3600 \text{mm}$

$$\frac{H_0}{h} = \frac{3600}{200} = 18$$

$$\mu_2 = 1 - 0.4 \times \frac{1200 \times 2}{9600} = 0.9 > 0.7，\mu_1 = 1.0$$

$18 < \mu_1 \mu_2 [\beta] = 1 \times 0.9 \times 26 = 23.4$，选（B）项。

36. 正确答案是 D，解答如下：

根据《抗规》7.2.6 条：

$$\sigma_0 = \frac{200 + 0.5 \times 70}{0.24} = 979.17 \text{kN/m}^2，\frac{\sigma_0}{f_v} = \frac{979.17 \times 10^{-3}}{0.14} = 7.0$$

查表，$\xi_N = 1.65$，$f_{vE} = 1.65 \times 0.14 = 0.231 \text{MPa}$

37. 正确答案是 A，解答如下：

根据《抗规》7.2.6 条，$f_{vE} = 1.5 \times 0.14 = 0.21 \text{MPa}$

由 7.2.7 条：

$A_c = 2 \times 240 \times 240 = 115200 \text{mm}^2 < 0.15A = 0.15 \times 11240 \times 240 = 404640 \text{mm}^2$

查表 5.4.2，取 $\gamma_{RE} = 0.9$；$\rho = \frac{452}{240 \times 240} = 0.78\% < 1.4\%$，且 $> 0.6\%$

$$V_u = \frac{1}{0.9} \times [1 \times 0.21 \times (11240 \times 240 - 115200) + 0.4 \times 1.1 \times 115200$$
$$+ 0.08 \times 270 \times 2 \times 452 + 0]$$
$$= 680.6 \text{kN}$$

38. 正确答案是 B，解答如下：

根据《抗规》7.2.6 条：

查表 5.4.2，取 $\gamma_{RE} = 1.0$；$f_{vE} = 1.5 \times 0.14 = 0.21 \text{MPa}$

$$V_u = \frac{0.21 \times 11240 \times 240}{1.0} = 566.5 \text{kN}$$

39. 正确答案是 B，解答如下：

根据《砌规》4.1.5 条，（B）项错误，选（B）项。

【39 题评析】（A）项：根据《砌规》表 6.1.1 注，正确。

（C）项：根据《砌规》4.3.5 条，正确。

（D）项：根据《砌规》4.2.1 条，正确。

40. 正确答案是 D，解答如下：

根据《抗规》11.3.2条，（D）项错误，应选（D）项。

【40题评析】（A）项：由《木标》3.1.1条，正确。

（B）项：由《木标》4.3.18条，正确。

（C）项：由《抗规》11.3.3条，正确。

（下午卷）

41. 正确答案是 B，解答如下：

根据《边坡规范》3.2.3条：

$$\theta = \frac{45° + 20°}{2} 32.5°$$

$$L = \frac{5}{\tan 32.5°} = 7.85m$$

$$s = 7.85 - \frac{5}{\tan 45°} = 2.85m$$

42. 正确答案是 C，解答如下：

根据《地规》4.1.10条，硬塑，$0 < I_L \leqslant 0.25$，$e = 0.8$

查表5.2.4，$\eta_b = 0.3$，$\eta_d = 1.6$

$$f_a = 150 + 0 + 1.6 \times 19.6 \times (1.5 - 0.5) = 181.36kPa$$

由5.2.1条、5.2.2条：

$$b \geqslant \sqrt{\frac{F_k + G_k}{f_a}} = \sqrt{\frac{1000}{181.36}} = 2.35m$$

由5.4.2条：

$$a \geqslant 2.5 \times 2.35 - \frac{1.5}{\tan 45°} = 4.375m，且 a \geqslant 2.5m$$

取 $a \geqslant 4.375m$

43. 正确答案是 C，解答如下：

根据《地规》5.2.1条、5.2.2条：

$$p_k = \frac{1000}{b^2} + 20 \times 1.5 \leqslant 192，则：b \geqslant 2.48m，排除（A）、（B）项。$$

假定，取 $b = 2.5m$

$$e = \frac{80}{1000 + 20 \times 1.5 \times 2.5 \times 2.5} = 0.067m < \frac{2.5}{6} = 0.42m，地基反力呈梯形分布$$

$$p_{k,max} = \frac{1000}{2.5 \times 2.5} + 20 \times 1.5 + \frac{80}{\frac{1}{6} \times 2.5 \times 2.5^2} = 220.72kPa < 1.2 f_a = 230.4kPa$$

满足，故取 $b = 2.5m$。

44. 正确答案是 B，解答如下：

$$e = \frac{M_x}{F} = \frac{120}{1500} = 0.08m < \frac{2.5}{6} = 0.42m，地基反力呈梯形分布$$

$$p_{jmax} = \frac{1500}{2.5 \times 2.5} + \frac{120}{\frac{1}{6} \times 2.5 \times 2.5^2} = 286.08\text{kPa}$$

由《地规》8.2.8条：

$$F_l = p_{jmax}A_l = 286.08 \times [2.5^2 - (0.5 + 2 \times 0.545)^2] \times \frac{1}{4} = 266.19\text{kN}$$

$$F_u = 0.7\beta_{hp}f_t a_m h_0 = 0.7 \times 1 \times 1.43 \times \frac{(0.5 + 0.5 + 2 \times 0.545)}{2} \times 0.545 = 570.09\text{kN}$$

$$\frac{F_u}{F_l} = \frac{570.09}{266.19} = 2.142$$

【44题评析】本题目 A_l 的计算利用了正方形的特点，也可按一般情况进行计算，即：

$$A_l = A_{梯形} = \frac{1}{2} \times (0.5 + 2 \times 0.545 + 2.5) \times \left(\frac{2.5}{2} - \frac{0.5}{2} - 0.545\right)$$
$$= 0.930475\text{m}^2$$

45. 正确答案是 C，解答如下：

$$p_{max} = \frac{F+G}{A} + \frac{M_x}{W} \qquad \text{①}$$

$$p_{min} = \frac{F+G}{A} - \frac{M_x}{W} = 230\text{kPa} \qquad \text{②}$$

由①+②，则：$p_{max} + 230 = \frac{2F}{A} = \frac{2 \times (1600 + 1.35 \times 20 \times 1.5 \times 2.5^2)}{2.5 \times 2.5}$

即：$p_{max} = 363\text{kPa}$

由《地规》8.2.11条，$a = 1\text{m}$：

$$p = 230 + (363 - 230) \times \frac{2.5 - 1}{2.5} = 309.8\text{kPa}$$

$$M_I = \frac{1}{12} \times 1^2 \times [(2 \times 2.5 + 0.5) \times (363 + 309.8 - 2 \times 1.35 \times 20 \times 1.5)$$
$$+ (363 - 309.8) \times 2.5]$$
$$= 282.325\text{kN} \cdot \text{m}$$

46. 正确答案是 B，解答如下：

根据《地规》8.2.12条：

$$A_s = \frac{\gamma_0 M}{0.9 f_y h_0} = \frac{1.1 \times 180 \times 10^6}{0.9 \times 360 \times 545} = 1121\text{mm}^2$$

由附录 U.0.2条：

$$b_{y0} = \left[1 - 0.5 \times \frac{400}{545} \times \left(1 - \frac{600}{2500}\right)\right] \times 2500 = 1803\text{mm}$$

$$A_s \geqslant 0.15\% \times 1803 \times 600 = 1623\text{mm}^2，最终取 A_s \geqslant 1623\text{mm}^2$$

(A) 项：$A_s = 113.1 \times \frac{2500}{210} = 1346\text{mm}^2$，不满足

(B) 项：$A_s = 113.1 \times \frac{2500}{170} = 1663\text{mm}^2$，满足

(D) 项：$A_s = 153.9 \times \frac{2500}{200} = 1924\text{mm}^2$，满足

故选（B）项，且经济合理。

【46题评析】最小配筋的截面，面积也按下式计算：

$$A_s \geqslant 0.15\% \times \left(2500 \times 600 - 2 \times \frac{1}{2} \times 950 \times 400\right) = 1680mm^2$$

47. 正确答案是C，解答如下：

根据《地规》5.3.5条：

取小矩形 $b \times l = 1.25m \times 1.25m$；$z_1 = 5 + 1.25 - 1.5 = 4.75m$

$l/b = 1.0$，$z_1/b = \dfrac{4.75}{1.25} = 3.8$，查附表 K.0.1-2，$\bar{\alpha}_1 = 0.1158$

查表 5.3-5，取 $\psi_s = 1.0$

$$s = 1.0 \times \frac{150 \times 4}{7000} \times (0.1158 \times 4750 - 0) = 47.1mm$$

由 6.2.2 条及条文说明：

$$h/b = 4.75/2.5 = 1.9, \ \beta_{gz} = 1.12 - \frac{1.9 - 1.5}{2 - 1.5} \times (1.12 - 1.09) = 1.096$$

$$s_{gz} = 1.096 \times 47.1 = 51.6mm$$

48. 正确答案是C，解答如下：

根据《地规》附录 W.0.1 条：

$$K_{安} = \frac{19 \times 2}{10 \times (8 - 5)} = 1.27$$

49. 正确答案是B，解答如下：

根据《桩规》5.3.12 条：

$$-8m \sim -10m, \ 取 \ \psi_l = 0; \ -10m \sim -16m, \ 取 \ \psi_l = 1/3$$

由 5.3.8 条：

$$d_1 = 400 - 2 \times 95 = 210mm, \ h_b/d_1 = \frac{2000}{210} = 9.5 > 5, \ 取 \ \lambda_p = 0.8$$

$$Q_{uk} = \pi \times 0.4 \times \left(30 \times 2 + 40 \times \frac{1}{3} \times 6 + 40 \times 12 + 80 \times 2\right)$$

$$+ 4000 \times \left[\frac{\pi}{4} \times (0.4^2 - 0.21^2) + 0.8 \times \frac{\pi}{4} \times 0.21^2\right]$$

$$= 1454.4kN$$

50. 正确答案是B，解答如下：

根据《桩规》5.4.5 条、5.4.4 条，桩长 $= 2 + 8 + 12 + 2 = 24m$

$$T_{uk} = 0.7 \times 3.14 \times 0.4 \times (30 \times 2 + 40 \times 8 + 40 \times 12 + 80 \times 2) = 896.8kN$$

$$G_p = \left[2.49 - 10 \times \frac{\pi}{4} \times (0.4^2 - 0.21^2)\right] \times 24 = 37.9kN$$

$$N_k \leqslant \frac{896.8}{2} + 37.9 = 486.3kN$$

查表 3.5.3，三类，裂缝控制等级为一级；由 5.8.8 条：

$$\sigma_{ck} - \sigma_{pc} \leqslant 0, \ 取桩顶处最不利位置，则：$$

$$\frac{N_k}{\frac{\pi}{4} \times (0.4^2 - 0.21^2)} - 4.9 \times 10^3 \leqslant 0, \ 可得：N_k \leqslant 445.8kN$$

最终取 $N_k \leqslant 445.8kN$。

51. 正确答案是 A，解答如下：

根据《地处规》B.0.11条，取210kPa，选（A）项。

52. 正确答案是 A，解答如下：

根据《地处规》7.1.5条：

$$\gamma_m = \frac{18.6 \times 1 + 8.9 \times 0.8}{1.8} = 14.29 kN/m^3$$

$$f_{spk} = f_{spa} - \eta_d \gamma_m (d - 0.5) = 250 - 1 \times 14.29 \times (1.8 - 0.5) = 231.4kPa$$

由式（7.1.5-2），取 $f_{sk} = 80kPa$：

$$m = \frac{231.4 - 1 \times 80}{0.9 \times \frac{680}{\frac{3.14}{4} \times 0.4^2} - 1 \times 80} = 0.0316$$

取长度 s 为对象：$m = \dfrac{\frac{\pi}{4} \times 0.4^2}{25}$，则：$s = 1.99m$

【52题评析】对 f_{sk} 取加权值，即：

$$f_{sk} = \frac{5 \times 70}{17} + \frac{12 \times 80}{17} = 77kPa$$

同理，$m = 0.0322$，$s = 1.95m$，也应选（A）项。

53. 正确答案是 D，解答如下：

根据《地处规》7.1.6条：

$$\gamma_m = \frac{18.6 \times 1 + 18.9 \times 0.8}{1.8} = 18.73kPa$$

$$f_{cu} \geqslant \frac{4 \times 0.9 \times 680}{\frac{\pi}{4} \times 0.4^2} \times \left[1 + \frac{18.73 \times (1.8 - 0.5)}{250}\right] = 21389kPa = 21.4MPa$$

54. 正确答案是 C，解答如下：

Ⅰ，根据《桩规》6.3.9条、6.3.25条，正确，排除（A）项。

Ⅱ，根据《桩规》6.4.11条，错误；排除（D）项。

Ⅲ，根据《桩规》6.7.4条、6.7.5条，错误，故选（C）项。

【54题评析】Ⅳ，根据《桩规》7.5.7条，正确。

55. 正确答案是 B，解答如下：

Ⅰ，根据《地处规》3.0.4条，错误，排除（A）、（C）项。

Ⅲ，根据《地处规》7.3.1条条文说明，错误，故选（B）项。

【55题评析】Ⅱ，根据《地处规》7.2.2条第10款、3.0.7条，正确。

Ⅳ，根据《地处规》8.2.3条及条文说明，正确。

56. 正确答案是 B，解答如下：

Ⅰ，根据《地规》3.0.4条（或10.2.1条），正确，排除（C）、（D）项。

Ⅱ，根据《抗规》4.1.3条，错误，故选（B）项。

【56题评析】Ⅲ，根据《地规》4.1.6条，正确。

Ⅳ，根据《抗规》4.3.1条，错误。

57. 正确答案是 A，解答如下：

根据《地规》C.0.6条、C.0.7条：

$p_u = 350\text{kPa}$；由实测数据：$\dfrac{25}{0.80} = 31.25$，$\dfrac{175}{5.60} = 31.25$，$\dfrac{200}{6.40} = 31.25$，

$\dfrac{225}{7.85} = 28.7$，故 $p_{cr} = 200\text{kPa}$

$f_{ak} = \min\left(200, \dfrac{1}{2} \times 350\right) = 175\text{kPa}$

58. 正确答案是 C，解答如下：

根据《高规》5.1.8条，（C）项正确，选（C）项。

【58题评析】（A）项：根据《高规》4.3.17条，不正确。

（B）项：根据《高规》5.2.3条，不正确。

（D）项：根据《高规》4.3.7条，$T_g = 0.605$，不正确。

59. 正确答案是 D，解答如下：

根据《高规》5.4.1条、5.4.3条，（C）项错误，（D）项正确，选（D）项。

【59题评析】（A）项：根据《高规》9.2.1条，不正确。

（B）项：根据《高规》5.4.4条，不正确。

60. 正确答案是 B，解答如下：

根据《高规》5.1.8条条文说明，取 $12 \sim 14\text{kN/m}^2$。

$$\sum_{j=1}^{18} G_j = 0.9 \times 18 \times (12 \sim 14) \times 2100 = 408240 \sim 476280$$

由 4.3.12条：

$V_{Ek1} \geqslant \lambda \sum G_j = 0.032 \times (408240 \sim 476280) = 13064 \sim 15241\text{kN}$

61. 正确答案是 C，解答如下：

根据《高规》4.3.5条：

$$\eta = \frac{3500}{2500} = 1.4$$

$$M_k = 1.4 \times 500 = 700\text{kN} \cdot \text{m}$$

62. 正确答案是 A，解答如下：

根据《高规》4.3.7条：

小震，$T_g = 0.45\text{s}$，$\alpha_{max} = 0.16$

方案一：$T_1 = 1.50$，$\psi_{折} = 0.8$，$1.50 \times 0.8 = 1.20\text{s} < 5T_g = 2.25\text{s}$

$$V_{Ek1} = \alpha_1 \cdot 0.85 G_E = \alpha_1 \times 0.85 \sum_{j=1}^{16} G_j$$

$$\lambda_{v1} = \frac{V_{Ek1}}{\sum\limits_{j=1}^{16} G_j} = \alpha_1 \times 0.85 = \left(\frac{0.45}{1.20}\right)^{0.9} \times 1 \times 0.16 \times 0.85 = 0.056$$

与已知 $\lambda_v = 0.055$，一致，可信。

同理方案二：

$$\lambda_{\mathrm{v1}} = \alpha_1 \times 0.85 = \left(\frac{0.45}{1.30 \times 0.8}\right)^{0.9} \times 1 \times 0.16 \times 0.85 = 0.064$$

与已知 $\lambda_{\mathrm{v}}=0.05$，不一致，不可信。

63. 正确答案是 B，解答如下：

(1) 根据《高规》3.9.5 条条文说明，地下二层仅考虑抗震构造措施的抗震等级，排除（A）、（C）项。

(2) 由《高规》3.3.1 条，为 A 级高度。

由 3.9.3 条，按 8 度确定抗震构造措施抗震等级；

查表 3.9.3，1～2 层剪力墙的抗震构造措施为一级；由 10.2.6 条，最终为特一级，排除（D）项，选（B）项。

64. 正确答案是 D，解答如下：

根据《高规》E.0.2 条：

$$\gamma_1 = \frac{12000 \times 2.5}{10500 \times 4.2} = 0.68 > 0.6, 满足$$

根据《高规》E.0.3 条：

$$\gamma_{\mathrm{e2}} = \frac{5.8 \times (5 + 4.5 + 4.5)}{8.1 \times (3.2 \times 4)} = 0.78 < 0.8, 不满足$$

65. 正确答案是 C，解答如下：

A 级高度，7 度（0.15g）、丙类，查《高规》表 3.9.3，框支柱抗震等级为二级；由 10.2.6 条，且 7 度（0.15g）、Ⅳ类场地，故抗震措施也提高一级，为一级。

由 10.2.11 条，柱上端，$M_{\mathrm{c}}^{\mathrm{t}} = 1.5 \times 615 = 922.5 \mathrm{kN \cdot m}$

由 6.2.11 条，柱下端 $M_{\mathrm{c}}^{\mathrm{b}} = 1.4 \times 1050 \times \frac{1}{2} = 735 \mathrm{kN \cdot m} > 450 \mathrm{kN \cdot m}$，取 735kN·m

66. 正确答案是 D，解答如下：

根据《高规》10.2.24 条：

$$V_{\mathrm{fu1}} = \frac{1}{0.85} \times (0.1 \times 1 \times 19.1 \times 16400 \times 180) = 6633.3 \mathrm{kN}$$

$$V_{\mathrm{fu2}} = \frac{1}{0.85} \times \left(360 \times \frac{16400}{150} \times 2 \times 78.5\right) = 7270.0 \mathrm{kN}$$

故取 V_{fu1} 计算 V：$V \leqslant \frac{6633.3}{1.5} = 4422 \mathrm{kN}$

67. 正确答案是 D，解答如下：

根据《高规》3.10.5 条，$\eta_{\mathrm{vw}} = 1.9$；$\rho_{\mathrm{sh}} \geqslant 0.40\%$，$\rho_{\mathrm{sv}} \geqslant 0.40\%$

由 7.2.10 条：

$N = 21000 \mathrm{kN} > 0.2 f_{\mathrm{c}} b_{\mathrm{w}} h_{\mathrm{w}} = 15154 \mathrm{kN}$，取 $N = 15154 \mathrm{kN}$

取 $\lambda = 2.2$

$$1.9 \times 4600 \times 10^3 \leqslant \frac{1}{0.85} \times \left[\frac{1}{2.2 - 0.5} (0.4 \times 1.89 \times 400 \times 7800 + \right.$$

$$\left. 0.1 \times 15154000 \times 0.7) + 0.8 \times 360 \frac{A_{\mathrm{sh}}}{s} \times 7800\right]$$

可得：$A_{\mathrm{sh}}/s \geqslant 2.412 \mathrm{mm}^2/\mathrm{mm}$

即：$A_{sh} \geqslant 2.412 \times 150/2 = 181mm^2$，选$\Phi 16$（$A_s = 201mm^2$）

故选（D）项。

68. 正确答案是D，解答如下：

根据《高规》3.5.3条，$\frac{15000}{20000} = 0.75 < 0.8$，首层为薄弱层；

由3.5.8条、4.3.12条：

$1.25 \times 11500 = 14375kN > 1.15\lambda \sum G_i = 1.15 \times 0.024 \times 324100 = 8945kN$

故取$V_0 = 14375kN$

由10.2.17条：

$$V_{C, 总} = 14375 \times 2\text{‰} \times 8 = 2300kN$$

69. 正确答案是D，解答如下：

根据《高规》6.4.2条：

$$\mu_N = \frac{10810 \times 10^3}{23.1 \times 800 \times 900} = 0.65$$

查表6.4.7，$\lambda_v = 0.16$

10.2.10条：$\lambda_v = 0.16 + 0.02 = 0.18$，同时，$\rho_v \geqslant 1.5\%$

$\rho_v = \lambda_v \frac{f_c}{f_{yv}} = \lambda_v \frac{23.1}{360} \geqslant 1.5\%$，则：$\lambda_v \geqslant 0.234$

最终取$\lambda_v \geqslant 0.234$

70. 正确答案是C，解答如下：

根据《高钢规》8.2.4条：

$$M_{uf}^j = 250 \times 18 \times (600 - 18) \times 470 = 1230.93kN \cdot m$$

$$M_{uw}^j = 0.9 \times \frac{1}{4} \times (600 - 2 \times 18 - 2 \times 65)^2 \times 12 \times 345 = 175.45kN \cdot m$$

$$M_u^j = 1230.93 + 175.45 = 1406.38kN$$

71. 正确答案是C，解答如下：

根据《高钢规》7.3.5条、7.3.6条：

$$V_p = \frac{16}{9} \times (600 - 18) \times (500 - 20) \times 20 = 9932800mm^3$$

抗震，$\frac{M+M}{V_p} \leqslant \frac{4}{3} f_v \cdot \frac{1}{\gamma_{RE}}$，则：

$$M \leqslant \frac{4}{3} \times 170 \times \frac{1}{0.75} \times 9932800 \times \frac{1}{2} = 1500.96kN \cdot m$$

72. 正确答案是C，解答如下：

根据《高规》8.1.4条：

$$V_f = 3000kN < 0.2 \times 25000 = 5000kN，应调整$$

$$V_f = \min(0.2V_0, 1.5V_{fmax}) = \min(5000, 1.5 \times 3200) = 4800kN$$

$$\eta = 4800/3000 = 1.6$$

$$M = 280 \times 1.6 = 448kN \cdot m，V = 70 \times 1.6 = 112kN$$

73. 正确答案是D，解答如下：

查《高规》表3.11.1，设防地震，性能水准3；由3.11.3条第3款，及3.11.2条条文说明，关键构件、普通竖向构件均为：抗弯不屈服，抗剪弹性，应选（D）项。

74. 正确答案是C，解答如下：

由《高规》3.11.3条第2款：

$$A_s = \frac{1520 \times 10^6}{400 \times (1200 - 40 - 40)} = 3393\,\text{mm}^2$$

选 7 Φ 25 （$A_s = 3436\,\text{mm}^2$），满足

75. 正确答案是D，解答如下：

根据《公桥混规》5.1.1条：

①、③：属于承载力设计，排除（B）项。

由《公桥混规》6.1.1条，②、④，不属于承载力极限设计，故选（D）项。

【75题评析】⑤：由《公桥通规》4.1.1条、4.1.5条，属于承载力极限设计。

76. 正确答案是C，解答如下：

查《公桥通规》表4.3.1-1，汽车荷载等级为公路-Ⅰ级。

$$q_k = 10.5\,\text{kN/m}, \quad P_k = 2 \times (28.9 + 130) = 317.8\,\text{kN}$$

由表4.3.1-5：$3 \times 0.78 = 2.34 > 2 \times 1.0 = 2$

$$M_{qk} = 3 \times 0.78 \times \left(10.5 \times \frac{1}{2} \times 28.9 \times 5.43 + 317.8 \times 5.43 \right) = 5966\,\text{kN} \cdot \text{m}$$

$$V_{qk} = 3 \times 0.78 \times \left(10.5 \times \frac{1}{2} \times 21.65 \times 0.75 + 1.2 \times 317.8 \times 0.75 \right) = 869\,\text{kN}$$

77. 正确答案是B，解答如下：

根据《城桥抗规》3.1.1条，丙类。

由5.2.1条及3.2.2条：

$$S_{\max} = 2.25A = 2.25 \times 2.05 \times 0.15g = 0.692g$$

$$T_g = 0.55\text{s} < T_1 = 1.1\text{s} < 5T_g = 2.75\text{s}$$

$$s = 1 \times 0.692g \times \left(\frac{0.55}{1.1} \right)^{0.9} = 0.371g$$

78. 正确答案是C，解答如下：

根据《公桥通规》4.3.2条及条文说明：

$$f_1 = \frac{\pi}{2 \times 15.5^2} \sqrt{\frac{3 \times 10^{10} \times 0.08}{80000/10}} = 3.58\,\text{Hz}$$

$$\mu = 0.1767\ln 3.58 - 0.0157 = 0.21$$

由1.0.5条，为小桥；由4.1.5条，取 $\gamma_0 = 1.1$，则：

$$M = 1.1 \times [1.2 \times 2500 + 1.4 \times (1 + 0.21) \times 1300 + 0.75 \times 1.4 \times 200]$$
$$= 5953.4\,\text{kN}$$

79. 正确答案是C，解答如下：

根据《公桥通规》4.3.12条及条文说明：

正温差：$T_1 = 20 - \frac{90 - 50}{100 - 50} \times (20 - 14) = 15.2℃$

$$T_2 = 6.7 - \frac{90 - 50}{100 - 50} \times (6.7 - 5.5) = 5.74℃$$

$h_b = 2500\text{mm} > 400\text{mm}$，由规范图 4.3.12，取 $A = 300$

$$\frac{T_{1\text{-}1}}{T_2} = \frac{300 + 100 - (160 + 90)}{300}，\text{则：} T_{1\text{-}1} = \frac{T_2}{2} = 2.87℃$$

80. 正确答案是 C，解答如下：

根据《公桥混规》6.5.3 条、6.5.4 条：

$$\eta_\theta = 1.45 - \frac{50 - 40}{80 - 40} \times (1.45 - 1.35) = 1.425$$

由《公桥通规》4.1.6 条，$\psi_{f1} = 0.7$

$$f = (25.04 + 0.7 \times 6.01) \times 1.425 - 31.05 \times 2 = -20.4\text{mm}$$

2021 年真题解答与评析

（上午卷）

1. 正确答案是 B，解答如下：

$H=11\text{m}$，查《荷规》表 8.2.1，$\mu_z=0.65$

由 8.3.3 条，查表 8.3.1 项次 15：$\mu_{sl}=1.3\times1.25=1.625$

查表 8.6.1，$\beta_{gz}=2.05$；由《结通规》4.6.5 条：

$\beta_{gz}\geqslant1+\dfrac{0.7}{\sqrt{0.65}}=1.87$，故取 $\beta_{gz}=2.05$

$$w_k=2.05\times1.625\times0.65\times0.5=1.08$$

2. 正确答案是 D，解答如下：

根据《混加规》10.5.2 条，及表 4.3.4-2：

$f_f=800\times0.5$；查表 10.5.2，$\psi_w=\dfrac{1}{2}\times(0.72+0.62)=0.67$

$$V_{cf}=0.67\times(800\times0.5)\times120\times\dfrac{600}{150}=128.6\text{kN}$$

3. 正确答案是 C，解答如下：

根据《异形柱规》5.3.2 条：

$\alpha=1.0$，查表 5.3.2-1，$\xi_N=0.90$，查表 5.3.2-2，$\xi_h=\dfrac{1}{2}\times(0.9+0.85)=0.875$

$b_f-b_c=750-250=500$，查表 5.3.4-1，$\xi_v=1.5$

$$V_j\leqslant\dfrac{0.21}{0.85}\times(1\times0.90\times1.5\times0.875\times1.43\times250\times750)=782\text{kN}$$

4. 正确答案是 D，解答如下：
$$A=1000\times200\times2+200\times800=560000\text{mm}^2$$

弱轴：$I_y=\dfrac{1}{12}\times200\times1000^3\times2+\dfrac{1}{12}\times800\times200^3=3.3867\times10^{10}\,\text{mm}^4$

$$i_y=\sqrt{I_y/A}=246\text{mm}，10/i_y=10000/246=76$$

查《混规》表 6.2.15，取 $\varphi=0.70$
$$N_u=0.90\times0.70\times(14.3\times560000+360\times40\times201.1)=6869\text{kN}$$

5. 正确答案是 B，解答如下：
$$M_{AB}=\dfrac{1}{2}\times60\times6^2+\dfrac{1}{2}\times240\times6\times\dfrac{6}{3}=2520\text{kN}\cdot\text{m}$$

$$h_0=1200-70=1130\text{mm}$$

根据《混规》6.2.10 条，$\gamma_0=1.0$，则：

$$M_1 = 1 \times 2520 \times 10^6 - 360 \times 1964 \times (1130 - 40) = 1749326400 \text{N} \cdot \text{mm}$$

$$x = 1130 - \sqrt{1130^2 - \frac{2 \times 1749326400}{1 \times 14.3 \times 500}} = 242.5 \text{mm} < \xi_b h_0 = 0.518 \times 1130$$
$$= 585 \text{mm}$$

$$A_s = \frac{1 \times 14.3 \times 500 \times 242.5 + 360 \times 1964}{360} = 6780 \text{mm}^2$$

6. 正确答案是 C，解答如下：

$$M_{AC} = M_{BC} = 2520 \text{kN} \cdot \text{m}, \quad V_C = \frac{2520}{4} = 630 \text{kN}$$

根据《混规》6.3.4 条：

$$630 \times 10^3 \leqslant 0.7 \times 1.43 \times 500 \times (800 - 70) + 360 \times \frac{A_{sv}}{s} \times (800 - 70)$$

可得：$A_{sv}/s \geqslant 1.007 \text{mm}^2/\text{mm}$

7. 正确答案是 D，解答如下：

根据《混规》7.1.2 条：

$$\rho_{te} = \frac{7856}{0.5 \times 500 \times 1200} = 0.026 > 0.01$$

$$\psi = 1.1 - 0.65 \times \frac{2.01}{0.026 \times 220} = 0.872$$

8. 正确答案是 B，解答如下：

解法一：$\sum M_B = 0$，则：$F_{Ax} \cdot 6 = 20 \times 8 \times 2$，$F_{Ax} = 53.3 \text{kN}$

$$x = 53.3/20 = 2.67 \text{m}$$

解法二：$\sum M_A = 0$，则：$F\cos 45° \times 6 = 20 \times 8 \times 4$，$F\cos 45° = 106.7$

M 为最大值处，$V = 0$，则：$(8 - x) \times 20 = F\cos 45° = 106.7$

$$x = 2.67 \text{m}$$

9. 正确答案是 C，解答如下：

(1) 偏压时，根据《混规》6.2.17 条：

假定大偏压，$x = \dfrac{126000}{1 \times 14.3 \times 300} = 29.4 \text{mm} < 2a'_s = 80 \text{mm}$

故由 6.2.14 条：

$$A_s = \frac{84 \times 10^6}{360 \times (400 - 40 - 40)} = 729 \text{mm}^2$$

(2) 偏拉时，由式（6.2.32-2）：

$$e' = e_0 + \frac{h}{2} - a'_s = \frac{84 \times 10^3}{126} + \frac{400}{2} - 40 = 826.7 \text{mm}$$

$$A_s = \frac{126000 \times 826.7}{360 \times (400 - 40 - 40)} = 904 \text{mm}^2$$

故取 $A_s = 904 \text{mm}^2$。

10. 正确答案是 A，解答如下：

根据《混规》9.7.2 条：

$$\alpha_r = 0.85, \quad \alpha_v = (4 - 0.08 \times 14) \times \sqrt{\frac{14.3}{300}} = 0.629 < 0.7$$

$$\alpha_b = 0.6 + 0.25 \times \frac{20}{14} = 0.957$$

$$1231 \geqslant \frac{F\cos 45°}{0.85 \times 0.629 \times 300} + \frac{F\sin 45°}{0.8 \times 0.957 \times 300}$$

可得：$F \leqslant 164.4$kN，故选（A）项。

11. 正确答案是 A，解答如下：

$$Y_A = Y_B = \frac{1}{2} \times 80 \times 18 = 720\text{kN}$$

构件 AB 的弯矩图，见图 Z21-1-1。

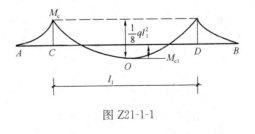

图 Z21-1-1

$$|M_c| = \frac{1}{2} \times \frac{1}{8}ql_1^2 = \frac{1}{2} \times \frac{1}{8} \times 80 \times 10^2$$

$$= 500\text{kN} \cdot \text{m}$$

$$N_{EF} \times 3 + 80 \times 4 \times 2 - 720 \times 4 = 500$$

可得：$N_{EF} = 913.3$kN

12. 正确答案是 B，解答如下：

根据《混规》7.1.2 条：

$$\rho_{te} = \frac{2513}{300 \times 300} = 0.0279 > 0.01$$

$$\sigma_{sq} = \frac{510000}{2513} = 202.9\text{N/mm}^2$$

$$w_{max} = 2.7 \times 0.869 \times \frac{202.9}{2 \times 10^5} \times \left(1.9 \times 35 + 0.08 \times \frac{20}{0.0279}\right)$$

$$= 0.295\text{mm}$$

13. 正确答案是 B，解答如下：

过 CD、EF 作割线，研究 ACE 部分：$\sum Y = 0$，则：$V_c = 720 - 80 \times 4 = 400$kN

$$\sum X = 0，N_c = 560\text{kN（压力）}$$

根据《混规》6.3.12 条：

$$N = 560\text{kN} < 0.3f_cA = 0.3 \times 14.3 \times 300 \times 900 = 1158.3\text{kN，取 } N = 560\text{kN}$$

$$400 \times 10^3 \leqslant \frac{1.75}{1.5 + 1} \times 1.43 \times 300 \times 800 + 360 \times \frac{A_{sv}}{s} \times 800 + 0.07 \times 560 \times 10^3$$

可得：$A_{sv}/s \geqslant 0.419\text{mm}^2/\text{mm}$

14. 正确答案是 C，解答如下：

根据《异形柱规》6.3.5 条第 1 款，（C）项正确，应选（C）项。

【14 题评析】（A）项：根据《异形柱规》3.1.2 条，错误。

（B）项：根据《异形柱规》6.1.2 条，错误。

（D）项：根据设计基本原理，错误。

15. 正确答案是 C，解答如下：

根据《混加规》8.3.5 条，不是"必须"，（C）项错误，应选（C）项。

【15 题评析】（A）项：根据《混加规》6.3.1 条，正确。

（B）项：根据《混加规》15.3.6 条，正确。

（D）项：根据《混加规》16.2.4 条，正确。

16. 正确答案是 D，解答如下：

根据《混规》6.2.5 条，(D) 项正确，应选 (D) 项。

【16题评析】(A) 项：根据《混规》6.2.7 条注，错误。

(B) 项：根据《混规》3.5.5 条，错误。

(D) 项：根据《混规》8.3.3 条，错误。

17. 正确答案是 A，解答如下：

根据《钢标》12.7.9 条，$V=0$，则：

$$\frac{2M}{b_{\mathrm{f}}d^2}+\frac{2M}{b_{\mathrm{f}}d^2}\leqslant f_{\mathrm{c}}$$

$\dfrac{4\times 2500\times 10^6}{400\times d^2}\leqslant 14.3$，可得：$d\geqslant 1322\mathrm{mm}$

18. 正确答案是 D，解答如下：

根据《钢标》8.3.3 条：

取 $H_1=5\mathrm{m}$，$\eta_1=\dfrac{5}{10}\sqrt{\dfrac{425}{850}\times\dfrac{1}{0.2}}=0.79$

$$K_1=0.2\times\frac{10}{2}=0.4$$

查附录表 E.0.3，$\mu_2'^{\text{铰}}=2.70$；查附录表 E.0.4，$\mu_2'^{\text{桁架梁}}=1.90$

$\mu_2'=\dfrac{0.79^2}{2\times(0.79+1)}\times\sqrt[3]{\dfrac{0.79-0.21}{0.21}}+(0.79-0.5)\times 0.4+2=2.36\begin{array}{l}<2.70\\>1.90\end{array}$

故取 $\mu_2'=2.36$，查表 8.3.3，$\mu_2=0.7\times 2.36$

上段柱：$\mu_1=\dfrac{0.7\times 2.36}{0.79}=2.09$

19. 正确答案是 C，解答如下：

根据《钢标》12.3.3 条：

根据选项，令 $t_{\mathrm{w}}<16\mathrm{mm}$，又 $\lambda_{\mathrm{n,s}}=0.520$，则：$f_{\mathrm{ps}}=\dfrac{4}{3}\times 175$

$\dfrac{900\times 10^6}{(560+20)^2\times t_{\mathrm{w}}}\leqslant\dfrac{4}{3}\times 175$，可得：$t_{\mathrm{w}}\geqslant 11.5\mathrm{mm}$

20. 正确答案是 B，解答如下：

由《钢标》11.2.2 条：

肢背：$L_{1\mathrm{w}}=\dfrac{0.7\times 280\times 10^3}{2\times 0.7\times 8\times 160}=109.4\mathrm{mm}$

肢尖：$L_{1\mathrm{w}}=\dfrac{0.3\times 280\times 10^3}{2\times 0.7\times 6\times 160}=62.5\mathrm{mm}$

故取 $L_{1\mathrm{w}}=109.4\mathrm{mm}$，$>8h_{\mathrm{f}}=64\mathrm{mm}$，且 $<60h_{\mathrm{f}}=480\mathrm{mm}$

$$L_1=109.4+2\times 8=125.4\mathrm{mm}$$

21. 正确答案是 C，解答如下：

由《钢标》11.2.1 条：

水平力：$280\times\dfrac{3}{\sqrt{13}}=233\mathrm{kN}$；竖向力：$280\times\dfrac{2}{\sqrt{13}}=155.32\mathrm{kN}$

(1) $L_{2w} = \dfrac{233 \times 10^3}{215 \times 10} = 108.4\text{mm}$

(2) $L_{2w} = \dfrac{1.5 \times 155.32 \times 10^3}{125 \times 10} = 186.4\text{mm}$

(3) $\sqrt{\left(\dfrac{233000}{10L_{2w}}\right)^2 + 3 \times \left(\dfrac{1.5 \times 155320}{10L_{2w}}\right)^2} \leqslant 1.1 \times 215$

可得：$L_{2w} \geqslant 197\text{mm}$

故取 $L_{2w} \geqslant 197\text{mm}$，$L_2 \geqslant 197 + 2 \times 10 = 217\text{mm}$

22. 正确答案是 B，解答如下：

根据《钢标》7.2.3 条：

$$i_x = \sqrt{I_x / A} = \sqrt{\dfrac{13955.8 \times 10^4}{2 \times 4002}} = 132\text{mm}, \quad i_y = \sqrt{I_y / A} = 109\text{mm}$$

$$\lambda_x = \dfrac{10000}{132} = 75.8, \quad \lambda_y = \dfrac{10000}{109} = 92$$

$$\lambda_{0x} = \sqrt{75.8^2 + 27 \times \dfrac{2 \times 4002}{2 \times 348}} = 77.8 \approx 78$$

查表 7.2.1-1，均为 b 类，故取 $\lambda_y / \varepsilon_k = 92$，查附表 D.0.2，取 $\varphi_y = 0.607$

$$N \leqslant \varphi A f = 0.607 \times 2 \times 4002 \times 215 = 1044.6\text{kN}$$

23. 正确答案是 A，解答如下：

根据《钢标》7.2.7 条：

$$V = \dfrac{2 \times 4002 \times 215}{85 \times 1} = 20.24\text{kN}$$

$$N_{级} = \dfrac{\dfrac{V}{2}}{\cos\theta} = \dfrac{\dfrac{20.24}{2}}{\cos 45°} = 14.3\text{kN}$$

由《钢标》7.1.3 条：

$$N_{危} = 0.85 \times 348 \times 215 = 63.6\text{kN}$$

24. 正确答案是 A，解答如下：

根据《钢标》8.2.2 条：

$$W_{1x} = \dfrac{I_x}{y_0} = \dfrac{13955.8 \times 10^4}{150} = 93.04 \times 10^4 \text{mm}^3$$

$$\dfrac{500 \times 10^3}{0.704 \times 2 \times 4002 \times 215} + \dfrac{1 \times M_x}{93.04 \times 10^4 \times \left(1 - \dfrac{500}{2495}\right) \times 215} \leqslant 1.0$$

可得：$M_x \leqslant 93.9 \times 10^6 \text{N} \cdot \text{mm} = 93.9\text{kN} \cdot \text{m}$

25. 正确答案是 B，解答如下：

根据《钢标》7.2.5 条：

由 7.2.3 条，$\lambda_1 = \dfrac{L}{i_{y1}} \leqslant 40\varepsilon = 40$，且 $\leqslant 0.5\lambda_{max} = 0.5 \times 91.7 = 45.85$，则：

$\lambda_1 \leqslant 40i_{y1} = 40 \times 23.3 = 932\text{mm}$

26. 正确答案是 A，解答如下：

根据《钢标》11.4.1 条：

查表 4.4.6，$f_v^b=140\text{N/mm}^2$，$f_c^b=305\text{N/mm}^2$

$$N_v^b=2\times\frac{\pi\times20^2}{4}\times140=87.92\text{kN}$$

$$N_c^b=20\times8\times305=48.8\text{kN}$$

取 $N_c^b=48.8\text{kN}$

$$N=4\times48.8=195.2\text{kN}$$

构件承受的 N：

由 7.1.1 条，及表 11.5.2 注 3，取 $d_{计}=20+4=24\text{mm}$

$N\leqslant180\times8\times215=309.6\text{kN}$

$N\leqslant(180\times8-2\times24\times8)\times0.7\times370=273.5\text{kN}$

最终取 $N\leqslant195.2\text{kN}$

27. 正确答案是 B，解答如下：

根据《钢标》11.4.3 条、11.4.1 条：

查表 4.4.6，$f_v^b=250\text{N/mm}$，$f_c^b=470\text{N/mm}^2$

$$N_v^b=2\times\frac{\pi\times20^2}{4}\times250=157\text{kN}$$

$$N_c^b=20\times8\times470=75.2\text{kN}$$

取 $N_c^b=75.2\text{kN}$

$$N=4\times75.2=300.8\text{kN}$$

构件承受的 N：

由 7.1.1 条，及表 11.5.2 注 3，取 $d_{计}=24\text{mm}$

$$N\leqslant180\times8\times215=309.6\text{kN}$$

$$N\leqslant(180\times8-2\times24\times8)\times0.7\times370=273.5\text{kN}$$

最终取 $N\leqslant273.5\text{kN}$

28. 正确答案是 C，解答如下：

根据《钢标》11.4.2 条：

$$N_v^b=0.9\times1\times2\times0.40\times125=90\text{kN}$$

$$N=4\times90=360\text{kN}$$

由 7.1.1 条，及取 $d_{计}=24\text{mm}$

$$N\leqslant180\times8\times215=309.6\text{kN}$$

$$N\leqslant\frac{(180\times8-2\times24\times8)\times0.7\times370}{1-0.5\times\frac{2}{4}}=364.7\text{kN}$$

最终取 $N\leqslant309.6\text{kN}$。

29. 正确答案是 A，解答如下：

查《钢标》表 11.5.1，$d_0=22\text{mm}$

由 11.5.2 条：

$$L=(2d_0+3d_0+2d_0)\times2+10=14d_0+10=14\times22+10=318\text{mm}$$

$$B=1.5d_0+1.5d_0+3d_0=6d_0=132\text{mm}$$

30. 正确答案是 C，解答如下：

根据《抗规》表9.2.12-2，由9.2.15条：

$L=150$m，故下柱支撑设置2道，所以上弦横向支撑应设置4道。

31. 正确答案是C，解答如下：

根据《抗规》9.2.5条第5款，$[\lambda]=350$，选（C）项。

32. 正确答案是B，解答如下：

根据《钢标》6.2.2条，可知，与φ_b有关。

由附录C.0.1条及表C.0.1，q_2作用下的β_{b1}小于q_2作用下的β_{b2}，则：$\varphi_{b1}<\varphi_{b2}<1.0$，可知，$q_1/q_2<1.0$。

33. 正确答案是A，解答如下：

根据《砌规》4.2.5条：

$$M=\frac{1}{12}\times40\times11.85^2=468\text{kN}\cdot\text{m}$$

$$\gamma=0.2\times\sqrt{\frac{360}{400}}=0.19$$

$$\gamma M=0.19\times468=88.9\text{kN}\cdot\text{m}$$

34. 正确答案是C，解答如下：

根据《砌规》5.2.5条：

$A=1.8\times0.48+0.24\times0.72=1.04\text{m}^2>0.3\text{m}^2$，$\dfrac{\sigma_0}{f}=\dfrac{0.756}{1.89}=0.4$，查表5.2.5，取$\delta_1=6$

$$a_0=6\times\sqrt{\frac{800}{1.89}}=123.4\text{mm}$$

35. 正确答案是B，解答如下：

根据《砌规》5.2.5条：

$$e_l=\frac{480}{2}-0.4\times140=184\text{mm}$$

$$N_0=\sigma_0 A_b=1\times480\times360=172.8\text{mm}$$

$$e=\frac{240\times184}{172.8+240}=107\text{mm}$$

$e/h=107/480=0.223$，$\beta\leqslant3$，查附录表D.0.1-1，$\varphi\approx0.62$

36. 正确答案是D，解答如下：

根据《砌规》5.2.5条：

$$\gamma=1+0.35\times\sqrt{\frac{480\times720}{480\times360}-1}=1.35<2$$

$$\gamma_1=0.8\gamma=0.8\times1.35=1.08>1，取\gamma_1=1.08$$

37. 正确答案是B，解答如下：

根据《砌规》5.2.5条：

$\gamma_1=0.8\times1.5=1.2>1$，取$\gamma_1=1.2$

$e/h=96/480=0.2$，$\beta\leqslant3$，查附录表D.0.1-1，$\varphi=0.68$

$$\varphi\gamma_1 fA_b=0.68\times1.2\times1.89\times480\times360=266.5\text{kN}$$

38. 正确答案是A，解答如下：

根据《抗规》表 7.3.1，及 7.3.2 条第 5 款，构造柱设置如图 Z21-1-2 所示，至少 32 个。

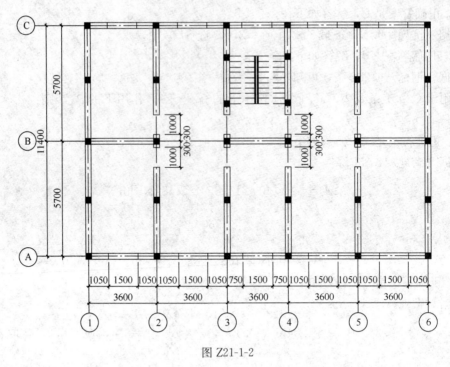

图 Z21-1-2

39. 正确答案是 D，解答如下：

根据《抗规》7.3.2 条，应选（D）项。

40. 正确答案是 D，解答如下：

根据《木标》7.1.6 条，（D）项错误，应选（D）项。

【40 题评析】（A）项：根据《木标》7.5.8 条，正确。

（B）项：根据《木标》7.5.1 条，正确。

（C）项：根据《木标》7.5.4 条，正确。

（下午卷）

41. 正确答案是 B，解答如下：

根据《既有地规》5.2.2 条、5.2.1 条：

$$G_k = 3.6 \times 3 \times 2.2 \times 20 = 475.2\text{kN}$$

$$e = \frac{\sum M_k}{F_k + G_k} = \frac{300 + 60 \times 0.8}{1620 + 475.2} = 0.166\text{m} < \frac{3.6}{6} = 0.6\text{m}$$

故基底反力为梯形分布。

$$p_{kmax} = \frac{1620 + 475.2}{3.6 \times 3} + \frac{300 + 60 \times 0.8}{\frac{1}{6} \times 3 \times 3.6^2} = 247.7\text{kPa}$$

由《地规》表 5.2.6，取 $\eta_d = 1.6$

$$f_a = f_{ak} + 0 + 1.6 \times 18 \times (2.2 - 0.5) = f_{ak} + 48.96$$

$$247.7 = 1.2 f_a = 1.2 f_{ak} + 1.2 \times 48.96$$

可得：$f_{ak} = 157.5 \text{kPa}$

42. 正确答案是 A，解答如下：

根据《地规》8.2.11 条：

A-A 处的 p_j 为：

$$a_1 = 0.6\text{m}, \quad p_j = 120 + (160 - 120) \times \frac{4.8 - 0.6}{4.8} = 155\text{kPa}$$

$$M_A = \frac{1}{12} \times 0.6^2 \times [(2 \times 4 + 3) \times (160 + 155) + (160 - 155) \times 4]$$

$$= 104.6 \text{kN} \cdot \text{m}$$

43. 正确答案是 B，解答如下：

根据《地规》8.2.12 条：

$$A_s = \frac{4000}{125} \times 201.1 = 6435.2 \text{mm}^2$$

$$h_0 = \frac{1820 \times 10^6}{0.9 \times 300 \times 6435.2} = 1047 \text{mm}$$

$$h = 1047 + 55 = 1102 \text{mm}$$

44. 正确答案是 B，解答如下：

根据《既有地规》5.3.4 条，及《地规》5.3.5 条：

$$p_0 = \frac{2136 - 1080}{4.8 \times 4} = 55\text{kPa}$$

$z_1 = 0$，$l/b = 2.4/2 = 1.2$，$z_1/b = 0$，查表 K.0.1-2，$\bar{\alpha}_1 = 0.2500$

$z_2 = 4\text{m}$，$l/b = 1.2$，$z_2/b = 4/2 = 2$，查表 K.0.1-2，$\bar{\alpha}_2 = 0.1822$

$z_3 = 7.6\text{m}$，$l/b = 1.2$，$z_3/b = 7.6/2 = 3.8$，查表 K.0.1-2，$\bar{\alpha}_3 = 0.1234$

$$\psi = 0.69 \times (4 \times 5.5) \times \left[\frac{0.1822 \times 4000 - 0}{8000} + \frac{0.1234 \times 7600 - 0.1822 \times 4000}{10000} \right]$$

$$= 17.0 \text{mm}$$

45. 正确答案是 B，解答如下：

取纵向长度 1m 计算：

$$A = 7 \times 3.7 - 3 \times 2.95 \times 2 = 8.2\text{m}^2, \quad 0.35 + 2.95 + 0.4 = 3.7\text{m}$$

$$p_{自重} = \frac{23 \times 8.2}{7} = 26.94\text{kPa}$$

施工阶段：

$$\frac{10h + (18.2 - 10)h + 26.94}{(3.7 + h) \times 10} \geqslant 1.1$$

可得：$h \geqslant 1.91\text{m}$

46. 正确答案是 D，解答如下：

水土分算：

A 点：$\sigma_{\pm} = 0.45 \times (10 + 18.2 \times 1.5 + 8.2 \times 3) = 27.855\text{kPa}$

$$\sigma_{水} = 10 \times 3 = 30\text{kPa}$$

$$\sigma_k = 27.855 + 30 = 57.855\text{kPa}$$

底板处：$p_{自重} = \dfrac{25 \times 8.2}{7} = 29.29\text{kPa}$

$$p_{底} = q_1 + q_2 + p_{自重} + p_{土重} + p_{水}$$
$$= 10 + 14 + 29.29 + (18.2 \times 1.5 + 8.2 \times 1) + 10 \times 1$$
$$= 98.79\text{kPa}$$

47. 正确答案是 C，解答如下：

Ⅰ，根据《抗规》4.3.3 条第 2 款，正确。

Ⅱ，根据《抗规》4.3.3 条：

$$d_b = 2.5 + 0.35 + 2.95 + 0.4 = 6.2\text{m}, \quad d_0 = 7\text{m}, \quad d_u = 10\text{m}$$

$$d_u = 10\text{m} < 7 + 6.2 - 2 = 11.2\text{m}$$

$$d_w = 7\text{m} < 7 + 6.2 - 3 = 10.2\text{m}$$

$$d_u + d_w = 17\text{m} < 1.5 \times 7 + 2 \times 6.2 - 4.5 = 18.4\text{m}$$

是否液化，需进一步判别。故Ⅱ错误。

Ⅲ、Ⅳ：根据《抗规》14.3.3 条，正确。

故选（C）项。

48. 正确答案是 A，解答如下：

根据《地处规》6.2.2 条：

$$\rho_{dmax} = \frac{0.96 \times 1 \times 2.71}{1 + 0.01 \times 20 \times 2.71} = 1.687\text{t/m}^3$$

$$\lambda_c = \frac{1.52}{1.687} = 0.90$$

49. 正确答案是 D，解答如下：

根据《地处规》6.3.3 条，强夯后场地标高尽量接近 ± 0.000，则：

有效加固深度 $\geqslant 7 + 1.2 = 8.3\text{m}$

故选 $E = 8000\text{kN} \cdot \text{m}$。

50. 正确答案是 C，解答如下：

根据《桩规》5.3.9 条：

$h_r/d = 1.2/0.8 = 1.5$，查表 5.3.9，$\xi_r = \dfrac{1}{2} \times (0.95 + 1.18) = 1.065$

后注浆，$1.2 \times 1.065 = 1.278$

$$Q_{rk} = 1.278 \times 8 \times 10^3 \times \frac{\pi}{4} \times 0.8^2 = 5137\text{kN}$$

51. 正确答案是 C，解答如下：

根据《桩规》5.4.4 条：

填土层：$\sigma'_j = 20 + 18 \times 2 + \dfrac{1}{2} \times 18 \times 5 = 101\text{kPa}$

$q_{si}^n = 0.35 \times 101 = 35.35\text{kPa} < 40\text{kPa}$，取 $q_{si}^n = 35.35\text{kPa}$

$$Q_g^n = \pi \times 0.8 \times 35.35 \times 5 = 444\text{kPa}$$

52. 正确答案是 B，解答如下：

根据《地规》Q.0.10 条：

$$\overline{Q}_{uk}=\frac{3400+3700+3800}{3}=3633\text{kN}$$

$$3800-3400=400\text{kN}<3633\times30\%=1090\text{kN}$$

则：$R_a=\dfrac{\overline{Q}_{uk}}{2}=1816.5\text{kN}$

由《桩规》5.2.5 条：

$$R=1816.5+0.13\times130\times\frac{6.72\times6-8\times\frac{\pi}{4}\times0.6^2}{8}=1897\text{kN}$$

53. 正确答案是 B，解答如下：

根据《桩规》5.5.9 条：

$$\eta_b=\sqrt{8\times\frac{6}{6.72}}=2.67$$

$$\psi_e=0.041+\frac{2.67-1}{1.66\times(2.67-1)+10.14}=0.170$$

$$s_a/d=\sqrt{6.72\times6}\times\frac{1}{\sqrt{8}\times0.6}=3.74$$

54. 正确答案是 B，解答如下：

根据《桩规》5.1.1 条：

按 7 桩设计时，如图 Z21-1-3 所示，确定新的形心轴位置：

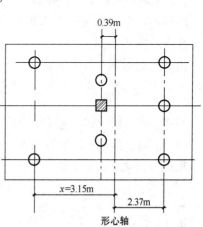

图 Z21-1-3

$$x=\frac{2A_1\times2.76+3A_1\times5.52}{7A_1}=3.15\text{m}。$$

其他位置见图。

$$N_{kmax}=\frac{10500+6.72\times6\times3\times20}{7}+\frac{(360+60\times2.2+10500\times0.39)\times3.15}{2\times3.15^2+2\times0.39^2+3\times2.37^2}$$

$$=1845.6+\frac{4587\times3.15}{36.9999}=2236\text{kN}$$

55. 正确答案是 C，解答如下：

根据《桩规》3.3.3 条：

PHC 桩，饱和黏土，最小中心距为 $3.5d=3.5\times0.6=2.1\text{m}$

(C) 项，补桩距中心轴上的桩的距离 s 为：

$s=\sqrt{1.3^2+1.2^2}=1.77\text{m}<2.1\text{m}$，不满足，选 (C) 项。

56. 正确答案是 A，解答如下：

Ⅰ，根据《抗规》4.1.7 条，正确，排除 (C) 项。

Ⅱ，根据《抗规》4.2.1 条，错误，排除 (B) 项。

Ⅳ，根据《桩规》3.3.2 条，错误，应选 (A) 项。

57. 正确答案是 B，解答如下：

Ⅰ，根据《桩规》5.5.4 条，错误，排除 (A)、(C) 项。

Ⅳ，根据《地规》8.4.22条，错误，应选（B）项。

58. 正确答案是C，解答如下：

Ⅰ，根据《抗规》3.4.4条，正确，排除（B）、（D）项。

Ⅱ，根据《高规》4.2.6条条文说明，错误，故选（C）项。

59. 正确答案是B，解答如下：

Ⅰ，根据《高钢规》5.4.6条，错误，排除（A）、（C）项。

Ⅱ，根据《高钢规》7.6.1条，正确，应选（B）项。

【59题评析】Ⅲ，根据《高钢规》3.4.2条，正确。

Ⅳ，无相应的规定，错误。

60. 正确答案是B，解答如下：

由提示，查《高规》表3.9.3，转换柱为抗震二级。

查表6.4.2，$[\mu_N]=0.70$

由《抗震通规》4.3.2条：

$$\frac{[1.3 \times (6900 + 0.5 \times 1500) + 1.4 \times 310 + 0.5 \times 50] \times 10^3}{19.1 \times b^2} \leqslant 0.70$$

可得：$b \geqslant 882mm$，选（B）项。

61. 正确答案是C，解答如下：

根据《高规》6.2.5条：

$$V = 1.2 \times \frac{(10500 - 3000)}{15.8} + 3200 = 3769.6kN$$

由10.2.8条：

$$3769.6 \times 10^3 \leqslant \frac{1}{0.85} \times (0.15 \times 1 \times 19.1 \times 750h_0)$$

可得：$h_0 \geqslant 1491mm$，$h \geqslant 1491 + 100 = 1591mm$

故取 $h = 1600mm$，选（C）项。

62. 正确答案是C，解答如下：

Ⅰ类，按8度，查《高规》表3.9.3，转换梁为抗震一级。

根据《高规》10.2.7条：

箍筋：$1.2f_t/f_{yv} = 1.2 \times 1.71/360 = 0.57\%$

$\frac{A_{sv}}{bs} \geqslant 0.57\%$，取 $s = 100mm$，$b = 850mm$，6肢，则：

$A_{sv1} \geqslant 0.57\% \times 850 \times 100/6 = 80.75mm^2$，选$\oplus 12$（$A_s = 113.1mm^2$）

由10.2.8条条文说明图12，$1.5h = 1.5 \times 1650 = 2475mm$，$2 \times 1.5h = 4950mm < 8500mm$

故排除（A）、（B）项。

$A_{s,纵} \geqslant 0.5\% \times 850 \times 1650 = 7013mm^2$

$10 \oplus 32$，$A_s = 10 \times 804.2 = 8042mm^2 > 7013mm^2$，满足，选（C）项。

63. 正确答案是B，解答如下：

根据《高规》5.4.3条、3.7.3条：

$$8.5 \times \frac{1}{1 - \frac{2 \times 105}{D_3 \times 5}} = \frac{1}{550} \times 5000$$

可得：$D_3 = 6.15 \times 10^5 \, \mathrm{kN/m}$

64. 正确答案是 C，解答如下：

根据《高规》3.7.3 条、3.4.5 条及注：

$$\frac{2.49}{5000} = 0.000498 < \frac{1}{800} \times 40\% = 0.0005$$

故扭转位移此限值可取 1.6。

$\delta_2 \leqslant 1.6 \times \dfrac{\delta_1 + \delta_2}{2}$，即：$\delta_2 \leqslant 4\delta_1$

考虑偶然偏心：$\delta_2 \leqslant 4 \times 1.14 = 4.56\mathrm{mm}$

不考虑偶然偏心：$\delta_2 \leqslant 4 \times 1.28 = 5.12\mathrm{mm}$

取上述较小值，$\delta_2 \leqslant 4.56\mathrm{mm}$，应选（C）项。

65. 正确答案是 B，解答如下：

根据《高规》3.11.1 条、3.11.3 条：

中震，按式（3.11.3-2），由 7.2.23 条式（7.2.23-2）：

$V = 150 + 1350 = 1500\mathrm{kN}$，$f_{tk} = 2.39\mathrm{N/mm^2}$

$$1500 \times 10^3 \leqslant 0.38 \times 2.39 \times 400 \times 940 + 0.9 \times 400 \times \frac{A_{sv}}{s} \times 940$$

可得：$\dfrac{A_{sv}}{s} \geqslant 3.42$

选 $s = 100\mathrm{mm}$，4 肢：$A_{sv1} \geqslant 3.42 \times 100/4 = 85.5\mathrm{mm^2}$，选 $\Phi 12$（$A_s = 113.1\mathrm{mm^2}$）

故配置 $\Phi 12@100(4)$，选（B）项。

66. 正确答案是 B，解答如下：

查《高规》表 3.9.3，抗震等级为一级。

由 7.2.14 条，$\mu_N = 0.35 > 0.2$，设置约束边缘构件；由 7.2.15 条：

$A_s \geqslant 1.2\% \times (350 \times 800 + 450 \times 450) = 5790\mathrm{mm^2}$

$A_{s1} \geqslant 5790/16 = 362\mathrm{mm^2}$，选 $\Phi 22$（$A_s = 380.1\mathrm{mm^2}$），排除（A）、（C）项。

由表 7.2.15，取 $\lambda_v = 0.20$

$$\rho_v \geqslant 0.20 \times \frac{27.5}{360} = 1.53\%$$

（D）项：

$\sum A_{s1} l_i = 113.1 \times [(800 - 2 \times 15 - 12) \times 6 + (350 - 2 \times 15 - 12) + (450 - 2 \times 15 - 12)]$

$\qquad = 595358\mathrm{mm}$

$A_{cor} = (800 - 2 \times 27) \times (350 - 2 \times 27) + (450 - 2 \times 27) \times (450 - 27 + 27)$

$\qquad = 399016\mathrm{mm^2}$

$\rho_v = \dfrac{595358}{399016 \times 100} = 1.49\% < 1.53\%$，（D）项不满足。

故选（B）项。

67. 正确答案是 C，解答如下：

$H=150\text{m}$，B类，查《荷规》表8.2.1，取$\mu_z=2.25$

$$w_k=1.57\times1.4\times2.25\times(1.1\times0.8)=4.352\text{kN/m}^2$$

$$q_k=48\times4.352=208.9\text{kN/m}$$

$$M_k=\frac{1}{2}\times208.9\times150\times\left(\frac{2}{3}\times150\right)+500\times150+2000$$

$$=1.64\times10^6\text{kN}\cdot\text{m}$$

68. 正确答案是 D，解答如下：

根据《荷规》J.1.1条：

$$x_1=\frac{30/4.25}{\sqrt{1\times0.8}}=7.89\approx8，\text{由提示，查表J.1.2，取}\eta_a=2.55$$

$$a_{D,Z}=\frac{2\times2.5\times0.14\times0.5\times1.4\times2.25\times0.45\times2.55\times48}{330}=0.184\text{m/s}^2$$

【68题评析】计算x_1，即$w_0=0.8\text{kN/m}^2$进行计算，见金新阳主编《建筑结构荷载规范理解与运用》一书。

69. 正确答案是 C，解答如下：

根据《高规》7.2.15条：

查表7.2.15，$l_c=0.20\times5000=1000\text{mm}$，暗柱长度$=\max\left(250,400,\dfrac{1000}{2}\right)=500\text{mm}$

$A_s\geqslant1.0\%\times250\times500=1250\text{mm}^2$，排除(A)项。

由7.2.8条：

$$e_0=\frac{M}{N}=\frac{10500}{2500}=4.2\text{m}$$

$$e_0+h_{w0}-\frac{h_w}{2}=4200+4800-\frac{5000}{2}=6500\text{mm}$$

$$2500\times10^3\times6500=\frac{1}{0.85}\times\left[A'_s\times360\times(4800-200)-1570\times10^6+13200\times10^6\right]$$

可得：$A'_s=A_s=1318\text{mm}^2>1250\text{mm}^2$

故最终取$A_s=A'_s=1318\text{mm}^2$，选(C)项。

70. 正确答案是 A，解答如下：

根据《烟标》5.5.4条：

由《抗规》5.1.4条，$\alpha_{max}=0.16$；$\alpha_{vmax}=65\%\times0.16$

$$F_{EV0}=\pm0.75\times65\%\times0.16\times(5800+6600+7500+8800)=2238.6\text{kN}$$

$$G_E=5800+6600+7500\times8800=28700\text{kN}，$$

$$G_{1E}=28700-8800=19900\text{kN}$$

$$F_{EV1}=\pm4\times(1+0.7)\times0.13\times\left(19900-\frac{19900^2}{28700}\right)=\pm5394\text{kN}$$

$$\frac{F_{EV1}}{F_{EV0}}=\frac{5394}{2238.6}=2.4$$

71. 正确答案是 C，解答如下：

根据《高钢规》7.6.2条、7.6.3条：

$$V_l=0.58\times(500-16\times2)t_w\times235=63788.4t_w$$

$$V_l = \frac{2M_{lp}}{a} = \frac{2 \times 215 \times 2.2 \times 10^6}{700} = 1351\text{kN}$$

$$V \leqslant \frac{\phi V_l}{\gamma_{RE}}$$

$905 \times 10^3 \leqslant \frac{0.9}{0.75} \times 63788.4 t_w$，可得：$t_w \geqslant 11.8\text{mm}$，取 $t_w = 12\text{mm}$

复核：$V_l = 63788.4 \times 12 = 765.5\text{kN} < 1351\text{kN}$，故原计算 V_l 取较小值正确，应选(C)项。

72. 正确答案是 C，解答如下：

根据《高钢规》8.6.1 条第 3 款：

$h_B \geqslant 2 \times 600 = 1200\text{mm}$，排除(A)、(B)项。

由 8.6.4 条，$l = \frac{2}{3} \times 5.1 = 3.4\text{m}$

(C)项，当取 $l = 3.4\text{m}$ 时：

$$M_u = 20.1 \times 400 \times 3400 \times \left[\sqrt{(2 \times 1400 + 1200)^2 + 1200^2} - (2 \times 3400 + 1200)\right]$$
$$= 2446\text{kN} \cdot \text{m} > \alpha_{M_{Pc}} = 1.2 \times 1186 = 1423.2\text{kN} \cdot \text{m}$$

满足，(C)项满足，故选(C)项。

73. 正确答案是 C，解答如下：

根据《高钢规》8.2.2 条：

$$M \leqslant M_j$$

$$770 \times 10^6 \leqslant \frac{2I_e}{600} \times 295，可得：I_e \geqslant 7.83 \times 10^8 \text{mm}^4$$

H600×200×14×20，$I_e = 7.9 \times 10^8 \text{mm}^4$，满足，故选(C)项，

74. 正确答案是 A，解答如下：

根据《设防分类标准》6.0.5 条条文说明，裙房为乙类。由 6.0.11 条条文说明，塔楼为丙类。

塔楼，按 7 度，$H = 56\text{m}$，查《高规》表 3.9.3，框架为三级，剪力墙为二级。

裙房，按 8 度，$H = 20\text{m}$，查《抗规》表 6.1.2，框架为三级，剪力墙为二级。

由《高规》10.6.5 条，塔楼 1、2 层周边提高一级；裙房 3、4 层周边提高一级。

可知，第 3 层的塔楼周边框架柱的抗震等级为二级，(A)项错误，选(A)项。

75. 正确答案是 B，解答如下：

根据《公桥通规》4.3.1 条：

公路-Ⅰ级，$q_k = 10.5\text{kN/m}$，$P_k = 2 \times (30 + 130) = 320\text{kN}$

1 条车道：$T_{制0} = (10.5 \times 90 + 320) \times 10\% = 126.5\text{kN} < 165\text{kN}$

故取 $T_{制0} = 165\text{kN}$，$T_{制.总} = 2 \times 165 = 330\text{kN}$

0、3 号桥台：$K_0 = K_3 = 3 \times 3850 = 11550\text{kN/m}$

1 号中墩：$K_1 = \frac{35000 \times (6 \times 3850)}{35000 + 6 \times 3850} = 13916\text{kN/m}$

2 号中墩：$K_2 = \frac{21000 \times (6 \times 3850)}{21000 + 6 \times 3850} = 11000\text{kN/m}$

$$1 号中墩分担的汽车制动力 = \frac{13916}{11550 \times 2 + 13916 + 11000} \times 330 = 95.6 \text{kN}$$

76. 正确答案是 C，解答如下：

$$\Delta t = 25 - (-10) = 35℃，\quad \Delta t = \alpha \Delta l \cdot l$$
$$F_{1T} = 13916 \times 0.00001 \times 35 \times 14 = 68.2 \text{kN}$$

77. 正确答案是 A，解答如下：

根据《公桥混规》8.7.4 条：

$$\mu R_{GK} = 0.3 \times 949.1 = 284.73 \text{kN}$$
$$\Delta_l = 0.00001 \times 50 \times 46 = 0.023$$
$$1.4 G_e A_g \frac{\Delta_l}{t_e} = 1.4 \times 1.2 \times 10^3 \times (0.55 \times 0.35) \times \frac{0.023}{60 \times 10^{-3}}$$
$$= 123.97 \text{kN} < 2484.73 \text{kN}$$

满足。

$$\mu R_{ck} = 0.3 \times (949.1 + 0.5 \times 736.8) = 395.25 \text{kN}$$
$$1.4 G_e A_g \frac{\Delta_l}{t_e} + F_{bk} = 123.97 + 27 = 150.97 \text{kN} < 395.25 \text{kN}$$

满足，故选（A）项。

78. 正确答案是 D，解答如下：

根据《公桥混规》8.8.2 条：

$C^{+} = 1.3 \times (4.6 + 6.9) = 14.95 \text{mm}$

$C^{-} = 1.3 \times (16 + 11.5 + 6.9) = 44.72 \text{mm}$

$C \geqslant C^{+} + C^{-} = 59.67 \text{mm}$，取 $C = 60 \text{mm}$

由 8.8.3 条：

$$20 + 60 - 44.72 = 35.28 \text{mm}，\quad 20 + 14.95 = 34.95 \text{mm}$$

故取安装宽度为 35mm。

79. 正确答案是 C，解答如下：

根据《公桥抗规》7.5.1 条：

$$X_B = \frac{945 + 0.5 \times 61.3}{6 \times 3850} = 0.042 \text{m} < \Sigma t = 0.06 \text{m}，满足$$

$$\mu_d R_b = 0.20 \times 838.9 = 167.78 \text{kN}$$

$$E_{hzh} = \frac{945 + 0 + 0.5 \times 61.3}{6} = 162.6 \text{kN} < 167.78 \text{kN}，满足$$

故选（C）项。

80. 正确答案是 B，解答如下：

根据《公桥抗规》11.2.1 条：

$$a \geqslant 50 + 0.1 \times (3 \times 30) + 0.8 \times \frac{1}{2} \times (6.2 + 7.5) + 0.5 \times 30$$
$$= 79.48 \text{cm}$$

盖梁纵桥向尺寸 $\geqslant 2 \times 79.48 + 6 = 164.96 \text{cm}$

第二篇 二级真题及解答与评析

2020 年二级真题

（上午卷）

【题 1~3】 某钢筋混凝土等截面连续梁，其计算简图和支座 B 左侧边缘 1-1 截面处的配筋示意图如图 Z20-1 所示。混凝土强度等级为 C35，钢筋采用 HRB400，梁截面尺寸 $b×h＝300mm×650mm$。结构设计使用年限为 50 年，安全等级为二级。

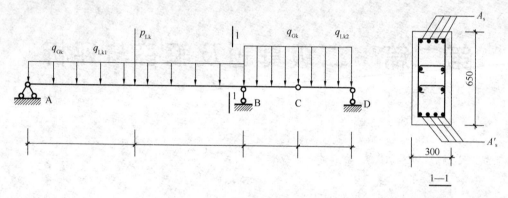

图 Z20-1

1. 假定，作用在梁上的永久均布荷载标准值 $q_{Gk}＝15kN/m$（包括自重），AB 跨可变均布荷载标准值 $q_{Lk1}＝18kN/m$，可变集中荷载标准值 $P_{Lk}＝200kN$，BD 跨可变均布荷载标准值 $q_{Lk2}＝25kN/m$。试问，支座 B 处梁的最大弯矩设计值 M_B（kN·m），与下列何项数值最接近？

提示： 荷载的基本组合按《建筑结构可靠性设计统一标准》GB 50068—2018 作答。

(A) 360   (B) 380   (C) 400   (D) 420

2. 假定，该连续梁为非独立梁，作用在梁上的均布荷载设计值均为 $q＝48kN/m$（包括自重），可变集中荷载设计值 $P＝600kN$，$a_s＝40mm$，梁中未配置弯起钢筋。试问，按斜截面受剪承载力计算，支座 B 左侧边缘 1-1 截面处的最小抗剪箍筋配置 A_{sv}/s（mm^2/mm），与下列何项数值最接近？

提示： 不考虑可变荷载不利布置。

(A) 1.2   (B) 1.5   (C) 1.7   (D) 2.0

3. 假定，AB 跨内某截面承受正弯矩作用（梁底纵向钢筋受拉），梁顶纵向钢筋 4⚈22，梁底纵向钢筋可按需要配置，不考虑梁侧向构造钢筋的作用，$a'_s＝40mm$、$a_s＝70mm$。试问，考虑受压钢筋充分利用的情况下，该截面通过调整受拉纵筋可获得的最大正截面受弯承载力设计值（kN·m），与下列何项数值最接近？

提示： $\xi_b＝0.518$。

(A) 860   (B) 940   (C) 1020   (D) 1100

【题4】 某普通办公楼为钢筋混凝土框架结构，楼盖为梁板承重体系，其楼层平面、剖面如图 Z20-2 所示。屋面为不上人屋面，隔墙均为固定隔墙，假定二次装修荷载作为永久荷载考虑。试问，当设计柱 KZ1 时，考虑活荷载折减，在第三层柱顶 1-1 截面处楼面活荷载产生的柱轴力标准值 $N_k(kN)$ 的最小值，与下列何项数值最接近？

提示： ①柱轴力仅按柱网尺寸对应的负荷面积计算；

②按《工程结构通用规范》GB 55001—2021 作答。

(A) 140   (B) 150   (C) 180   (D) 235

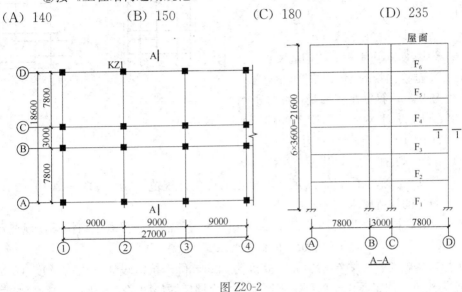

图 Z20-2

【题5】 位于平原地区的某建筑物的现浇钢筋混凝土板式雨篷，如图 Z20-3 所示，挑出长度为 2.0m，宽度为 3.6m。假定基本雪压 $s_0=0.95kN/m^2$。试问，在雨篷根部由雪荷载产生的弯矩标准值 $M(kN \cdot m/m)$，与下列何项数值最接近？

(A) 2   (B) 4   (C) 6   (D) 8

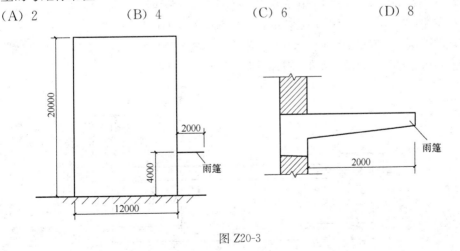

图 Z20-3

【题6】 某六层钢筋混凝土框架结构，抗震等级为三级，结构层高为 3.9m，所有框架梁顶均与楼板顶面平齐。假定，某一根框架柱的混凝土强度等级为 C40，轴压比为 0.7，箍筋的混凝土保护层厚度 $c=20mm$，截面及配筋如图 Z20-4 所示，与该柱顶相连的框架梁的截面高度为 850mm，框架柱在地震组合下的反弯点在柱净高中部。试问，下列何项叙述是正确的？

提示：按《混凝土结构设计规范》GB 50010—2010（2015 年版）作答，体积配筋率计算时不考虑重叠部分箍筋。

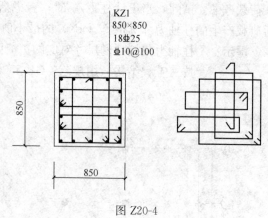

图 Z20-4

（A）该框架柱的体积配筋率为 0.96%，箍筋配置满足《混凝土结构设计规范》GB 50010—2010（2015 年版）的构造要求

（B）该框架柱的体积配筋率为 1.11%，箍筋配置满足《混凝土结构设计规范》GB 50010—2010（2015 年版）的构造要求

（C）该框架柱的体积配筋率为 0.96%，箍筋配置不满足《混凝土结构设计规范》GB 50010—2010（2015 年版）的构造要求

（D）该框架柱的体积配筋率为 1.11%，箍筋配置不满足《混凝土结构设计规范》GB 50010—2010（2015 年版）的构造要求

【题 7】 某规则剪力墙结构房屋，高度为 22m，位于抗震设防烈度为 7 度（0.10g）地区，乙类建筑。假定，位于底部加强区的某剪力墙墙肢如图 Z20-5 所示，其底部重力荷载代表值作用下的轴压比为 0.35。试问，该剪力墙墙肢左、右两端约束边缘构件长度 l_c（mm）及阴影部分尺寸 a（mm）、b（mm）的最小取值，与下列何项数值最接近？

提示：按《建筑抗震设计规范》GB 50011—2010（2016 年版）作答。

（A）左端：$l_c=650$，$a=400$；右端：$l_c=550$，$b=550$

（B）左端：$l_c=700$，$a=700$；右端：$l_c=550$，$b=550$

（C）左端：$l_c=650$，$a=400$；右端：$l_c=500$，$b=500$

（D）左端：$l_c=700$，$a=700$；右端：$l_c=500$，$b=500$

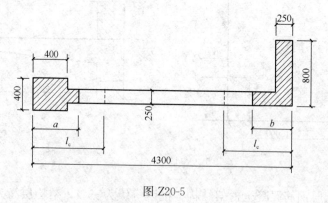

图 Z20-5

【题 8】 某五层现浇钢筋混凝土框架结构房屋，双向柱距均为 8.1m，高度为 18.3m。抗震设防烈度为 7 度（0.10g），设计地震分组为第二组，建筑场地为Ⅲ类，抗震设防类

别为标准设防类。假定，某正方形框架柱的混凝土强度等级为 C40，剪跨比为 1.6，该柱考虑地震作用组合下的轴压力设计值为 10750kN。试问，当未采取有利于提高柱轴压比限值的构造措施时，该柱满足轴压比限值要求的最小截面边长（mm），与下列何项数值最接近？

  (A) 750   (B) 800   (C) 850   (D) 900

  【题 9】 假定，某钢筋混凝土框架-剪力墙结构，框架的抗震等级为三级，剪力墙的抗震等级为二级。试问，该结构中下列何项构件的纵向受力普通钢筋，强制性要求其在最大拉力作用下的总伸长率实测值不应小于 9％？

  ①框架梁柱；②剪力墙中的连梁；③剪力墙的约束边缘构件

  (A) ①   (B) ①+②   (C) ①+③   (D) ①+②+③

  【题 10】 位于抗震设防烈度为 7 度（0.10g）地区的甲、乙、丙三栋建筑，如图 Z20-6 所示，抗震设防类别为标准设防类。试问，根据《建筑抗震设计规范》GB 50011—2010（2016 年版）的要求，甲乙两栋楼间、乙丙两栋楼间的最小防震缝宽度，应为下列何项？

  (A) 140mm；120mm   (B) 200mm；170mm

  (C) 200mm；120mm   (D) 240mm；240mm

  【题 11】 某钢筋混凝土等截面简支梁，其截面为矩形，全跨承受竖向均布荷载作用，计算跨度 $l_0=6.5$m。假定，按荷载标准组合计算的跨中最大弯矩 $M_k=160$kN·m，按荷载准永久组合计算的跨中最大弯矩 $M_q=140$kN·m，梁短期刚度 $B_s=5.713×10^{13}$N·mm²，不考虑受压区钢筋的作用。试问，该简支梁由竖向荷载使用引起的最大竖向位移的计算值（mm），与下列何项数值最接近？

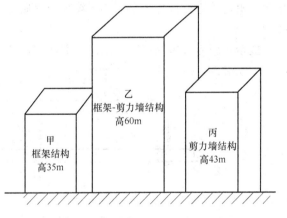

图 Z20-6

  (A) 11   (B) 15

  (C) 22   (D) 25

  【题 12～17】 某钢结构厂房设有三台抓斗式起重机，工作级别为 A7，最大轮压标准值 $P_{k,max}=342$kN，最大轮压设计值 $P_{max}=564$kN（已考虑动力系数）。吊车梁计算跨度为 15m，采用 Q345 钢焊接制作，焊后未经热处理，$\varepsilon_k=0.825$。起重机轮压分布图及吊车梁截面如图 Z20-7 所示。

  吊车梁截面特性：$I_x=2672278$cm⁴，$W_{x上}=31797$cm³，$W_{x下}=23045$cm³，$I_{nx}=2477118$cm⁴，$W_{nx上}=27813$cm³，$W_{nx下}=22328$cm³。

  12. 计算重级工作制吊车梁及其制动结构的强度、稳定性以及连接强度时，应考虑由起重机摆动引起的横向水平力。试问，作用于每个轮压处由起重机摆动引起的横向水平力标准值 H_k（kN），与下列何项数值最接近？

  (A) 17   (B) 34   (C) 51   (D) 68

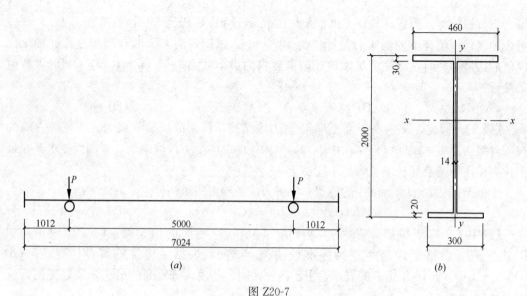

图 Z20-7

(a) 起重机轮压分布；(b) 吊车梁截面

13. 假定，按两台起重机同时作用进行吊车梁强度计算，如图 Z20-8 所示。试问，仅按起重机荷载进行计算，吊车梁下翼缘受弯强度的计算值（N/mm²），与下列何项数值最接近？

提示： 腹板设置加劲肋，满足局部稳定要求。

(A) 223　　　　(B) 203　　　　(C) 183　　　　(D) 163

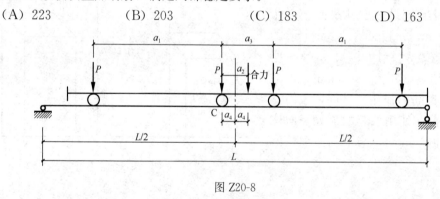

图 Z20-8

14. 假定，起重机钢轨型号为 QU80，轨道高度 $h_R=130mm$，试问，在起重机最大轮压作用下，该吊车梁腹板计算高度上边缘的局部承压强度计算值（N/mm²），与下列何项数值最接近？

(A) 53　　　　(B) 72　　　　(C) 88　　　　(D) 118

15. 下列关于吊车梁疲劳计算的叙述，何项是正确的？

(A) 吊车梁在应力循环出现拉应力的部位可不计算疲劳强度

(B) 计算吊车梁疲劳时，吊车荷载应采用设计值

(C) 计算吊车梁疲劳时，吊车荷载应采用标准值，且应乘以动力系数

(D) 计算吊车梁疲劳时，吊车荷载应采用标准值，不乘以动力系数

16. 假定，吊车梁下翼缘与腹板的连接角焊缝为自动焊，焊缝外观质量标准符合二

级。试问，当计算吊车梁跨中截面正应力幅的疲劳时，下翼缘与腹板连接类别应为下列何项？

A. Z2　　　　　　(B) Z3　　　　　　(C) Z4　　　　　　(D) Z5

17. 假定，吊车梁腹板局部稳定计算要求配置横向加劲肋，如图 Z20-9(a) 所示。试问，当考虑为软钩吊车，对应于循环次数为 2×10^6 次时，图 Z20-9(b) 所示 A 点的横向加劲肋下端处吊车梁腹板应力循环中最大的正应力幅计算值（N/mm²），与下列何项数值最接近？

提示：按净截面计算。

(A) 60　　　　　　(B) 65　　　　　　(C) 70　　　　　　(D) 75

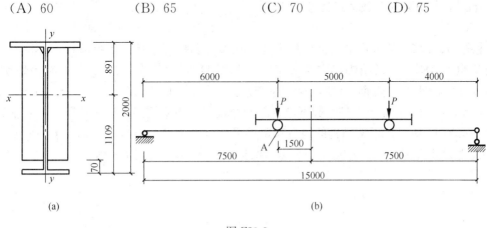

图 Z20-9

【题 18～20】 某钢结构上、下弦杆采用双角钢组合 T 形截面，腹杆均采用轧制等边单角钢，如图 Z20-10 所示。钢材 Q235 钢，不考虑抗震。

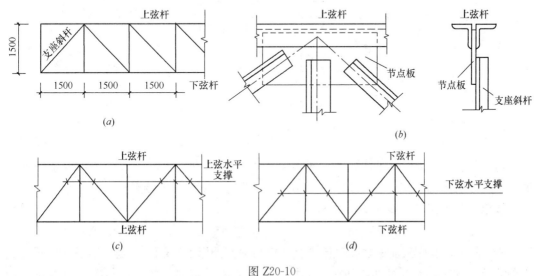

图 Z20-10

(a) 桁架立面示意图；(b) 支座斜杆与上弦杆连接节点图；

(c) 上弦平面示意图；(d) 下弦平面示意图

18. 试问，图 Z20-10(b) 所示支座斜杆在节点处危险截面的有效截面系数 η，与下列何项数值最接近？

　　(A) 0.70　　　　　(B) 0.85　　　　　(C) 0.90　　　　　(D) 1.0

　　19. 假定，图 Z20-10(b) 所示支座斜杆采用 L140×12，其截面特性：$A=32.51\text{cm}^2$，最小回转半径 $i_{y0}=2.76\text{cm}$，轴心压力设计值 $N=235\text{kN}$，节点板构造满足《钢结构设计标准》GB 50017—2017 的要求。试问，支座斜杆进行受压稳定性计算时，其计算应力与抗压强度设计值的比值，与下列何项数值最接近？

　　(A) 0.48　　　　　(B) 0.59　　　　　(C) 0.66　　　　　(D) 0.78

　　20. 设计条件同题 19，试问，图 Z20-10(b) 所示节点板按构造要求宜采用的最小厚度（mm），与下列何项数值最接近？

　　(A) 18　　　　　(B) 16　　　　　(C) 14　　　　　(D) 12

　　【题 21、22】　某多跨单层钢厂房中柱（视为有侧移框架柱）为单阶柱，上柱（其上端与实腹钢梁刚接）采用焊接实腹式工字形截面 H900×400×12×25，翼缘为焰切边，截面无栓孔削弱，截面特性：$A=302\text{cm}^2$，$I_x=444329\text{cm}^4$，$W_x=9874\text{cm}^3$，$i_x=38.35\text{cm}$，$i_y=9.39\text{cm}$。下柱（其下端与基础刚接）采用格构式钢柱。计算简图及上柱截面如图 Z20-11 所示。框架结构的内力和位移采用一阶弹性分析进行计算，上柱的基本组合的内力设计值为：$N=970\text{kN}$，$M_x=1706\text{kN·m}$。钢材为 Q345 钢，$\varepsilon_k=0.825$，不考虑抗震。

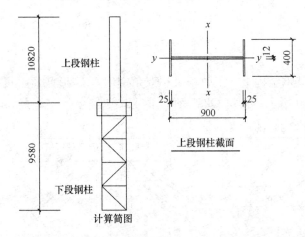

图 Z20-11

　　21. 假定，上柱平面内计算长度系数 $\mu_x=1.71$。试问，上柱进行平面内稳定性计算时，以应力表达的稳定性计算值（N/mm²），与下列何项数值最接近？

　　提示：截面板件宽厚比等级为 S4 级。

　　(A) 165　　　　　(B) 195　　　　　(C) 215　　　　　(D) 245

　　22. 假定，上柱截面板件宽厚比符合《钢结构设计标准》GB 50017—2017 中 S4 级截面的要求。试问，不设置加劲肋时，上柱截面腹板板件宽厚比限值，与下列何项数值最接近？

　　提示：腹板计算边缘的最大压应力 $\sigma_{max}=195\text{N/mm}^2$，腹板计算高度另一边缘相应的拉应力 $\sigma_{min}=131\text{N/mm}^2$。

(A) 53   (B) 71   (C) 85   (D) 104

【题 23～25】 某三层砌体结构房屋的局部平面、剖面如图 Z20-12 所示,各层平面布置相同,各层层高均为 3.4m,楼屋盖均为现浇钢筋混凝土板,底层设置刚性地坪,静力计算方案为刚性方案。纵横墙厚均为 240mm,采用 MU10 级烧结普通砖,M7.5 级混合砂浆砌筑,砌体施工质量控制等级为 B 级。

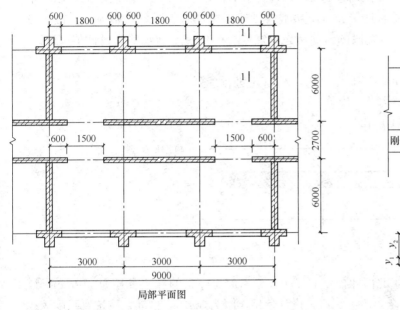
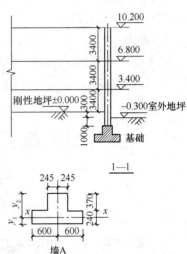

图 Z20-12

23. x 轴通过带壁柱墙 A 的截面形心。试问,带壁柱墙 A 对截面形心 x 轴的惯性矩 I_x（mm⁴），与下列何项数值最接近?

(A) 8280×10^6 (B) 9260×10^6 (C) 12600×10^6 (D) 13800×10^6

24. 假定,带壁柱墙 A 对截面形心 x 轴的回转半径 $i=160$mm。试问,确定影响系数 φ 时,底层带壁柱墙 A 的高厚比 β 的最小取值,与下列何项数值最接近?

(A) 6.6   (B) 7.5   (C) 7.9   (D) 8.9

25. 假定,二层带壁柱墙 A 的 T 形截面尺寸发生变化,截面折算厚度 $h_T=566.7$mm,截面面积 $A=5 \times 10^5$mm²,安全等级为二级。试问,当按轴心受压构件计算时,二层带壁柱墙 A 的最大受压承载力设计值（kN），与下列何项数值最接近?

(A) 770   (B) 800   (C) 840   (D) 880

（下午卷）

【题 26】 关于砌体结构有下列观点:

Ⅰ. 多孔砖砌体的抗压承载力设计值按砌体的毛截面面积进行计算

Ⅱ. 石材的强度等级应以边长为 150mm 的立方体试块抗压强度表示

Ⅲ. 一般情况下,提高砖或砌块的强度等级对增大砌体抗剪强度作用不大

Ⅳ. 当砌体施工质量控制等级为 C 级时，其强度设计值应乘以 0.95 的调整系数

试问，针对上述说法的正确性的判断，下列何项是正确的？

(A) Ⅰ、Ⅲ   (B) Ⅱ、Ⅲ   (C) Ⅰ、Ⅳ   (D) Ⅱ、Ⅳ

【题 27】 某多层砌体结构承重墙，如图 Z20-13 所示，墙厚 240mm，总长度为 5040mm，墙两端及墙段的中部均设置构造柱，其截面尺寸均为 240mm×240mm，构造柱的混凝土强度等级为 C20，每根构造柱全部纵筋截面面积为 615mm²，采用 HPB300 钢筋。墙体采用 MU10 级烧结普通砖、M10 级混合砂浆砌筑，施工质量控制等级 B 级，符合组合砖墙的要求。试问，该墙段的截面考虑地震组合的抗震受剪承载力设计值（kN），与下列何项数值最接近？

提示：①$f_t = 1.1 \text{ N/mm}^2$，取 $f_{vE} = 0.3 \text{ N/mm}^2$ 进行计算；

②根据《砌体结构设计规范》GB 50003—2011 作答。

(A) 370   (B) 420   (C) 470   (D) 520

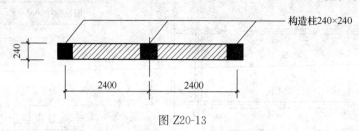

图 Z20-13

【题 28】 未经切削的东北落叶松（TC17B）原木简支檩条的标注直径为 120mm，计算跨度为 3.6m，该檩条安全等级为二级，设计使用年限为 50 年。试问，按抗弯强度承载力控制时，该檩条所能承担的最大均布荷载设计值（kN/m），与下列何项数值最接近？

提示：①不考虑檩条的自重；

②圆形截面抵抗矩 $W_n = \dfrac{\pi d^3}{32}$。

(A) 2.2   (B) 2.6   (C) 3.0   (D) 3.6

【题 29～31】 某拟建地下水池临近一栋既有砌体结构建筑，该既有建筑基础为墙下条形基础，结构状况良好。拟建水池采用钢筋混凝土平板式筏形基础，水池顶板覆土 0.5m，基坑支护采用坡率法结合降水措施，施工期间地下水位保持在坑底下 1m，如图 Z20-14 所示。

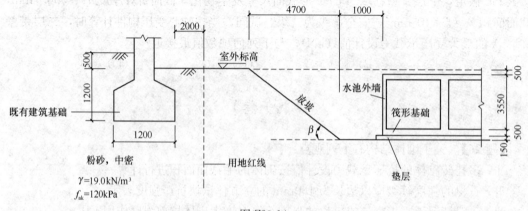

图 Z20-14

29. 假定，基坑边坡坡角 $\beta=45°$，不考虑坡上既有建筑时，边坡的稳定性安全系数经计算为 1.3，考虑到既有建筑的重要性，现拟按永久边坡从严控制。试问，按《建筑地基基础设计规范》GB 50007—2011，位于稳定边坡顶部的建筑物距离要求控制时，拟建地下水池外墙与用地红线的净距最小值（m），与下列何项数值最接近？

(A) 6.2　　　　(B) 6.7　　　　(C) 7.2　　　　(D) 7.7

30. 坡顶上的既有建筑由于基坑开挖而产生沉降，建筑沉降监测数据表明，距离基坑越近，沉降数值越大。试问，排除其他原因，上述不均匀沉降引起的裂缝分布形态与下列何项图形显示的墙体裂缝分布形态最为接近？

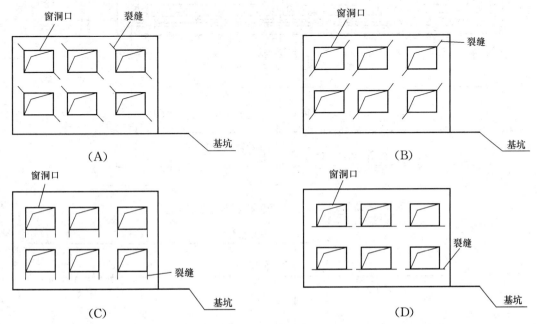

31. 假定，地下水池筏板基础平面形状为方形，基础底面平面尺寸为 10m×10m，地下水池肥槽及顶板覆土完成后停止降水，地下水位从坑底以下 1m 处逐渐回升至室外底面以下 0.5m，并保持稳定。试问，地下水位回升过程中，水池基础底面经修正的地基承载力特征值变化幅度最大值（kPa），与下列何项数值最接近？

提示： 降水之后土的重度可取天然重度，肥槽填土的重度 $\gamma=19kN/m^3$。

(A) 60　　　　(B) 120　　　　(C) 170　　　　(D) 220

【题 32～35】 某房屋采用墙下条形基础，建筑东端的地基浅层存在最大厚度 4.3m 的淤泥质黏土，方案设计时，采用换填垫层对浅层淤泥质黏土进行地基处理，地下水位在地面以下 1.5m，基础及其上的土体加权平均重度为 20kN/m³，基础平面、剖面及地基土层分布如图 Z20-15 所示。

32. 假定，该房屋为钢筋混凝土剪力墙结构，相应于作用的标准组合时，作用于基础 A 顶面中心的竖向力 $F_k=90kN/m$，力矩 $M_k=18kN·m/m$，忽略水平剪力。当基础 A 宽度为 1.2m 时，试问，作用于基础底面的最大压力值 $p_{k,max}$（kPa），与下列何项数值最接近？

(A) 120　　　　(B) 150　　　　(C) 180　　　　(D) 210

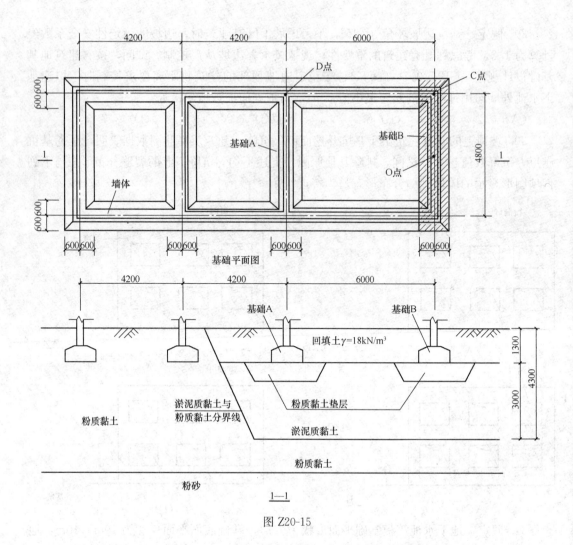

基础平面图

1—1

图 Z20-15

33. 假定，该房屋为砌体结构，相应于作用的标准组合时，作用于基础 A 顶面中心的竖向力 $F_k=90\text{kN/m}$，力矩 $M_k=0$，垫层厚度为 0.6m，基础 A 宽度为 1.2m，试问，根据《建筑地基处理技术规范》JGJ 79—2012，相应于作用的标准组合时，基础 A 垫层底面处的附加压力值 p_z（kPa），与下列何项数值最接近？

(A) 55   (B) 65   (C) 80   (D) 100

34. 假定，垫层厚度为 0.6m，宽度符合规范要求，相应于作用的准永久组合时，基础 B 的基底附加压力 p_0 均为 90kPa，沉降经验系数取 1.0，沉降计算深度取至淤泥质黏土层底部。试问，图中阴影部分基础 B 底部中心 O 点的最终沉降量（mm），与下列何项数值最接近？

提示： ①粉质黏土垫层的压缩模量取 6MPa，淤泥质黏土的压缩模量取 2MPa；
②不考虑阴影区以外基础对 O 点沉降的影响。

(A) 14   (B) 55   (C) 75   (D) 85

35. 假定，该房屋为砌体结构，CD 段基础由于地基条件差异产生倾斜。试问，按《建筑地基基础设计规范》GB 50007—2011 局部倾斜要求控制时，CD 段的实际沉降差最大允许值（mm），与下列何项数值最接近？

提示： 地基土按高压缩性土考虑。

(A) 6 　　　　(B) 9 　　　　(C) 12 　　　　(D) 18

【题36、37】 某钢筋混凝土框架结构办公楼的边柱截面尺寸为 800mm×800mm，采用泥浆护壁钻孔灌注桩，两桩承台基础。相应于作用的标准组合时，作用在承台顶面的竖向力 $F_k=5000kN$，水平力 $H_k=250kN$，力矩 $M_k=350kN \cdot m$，基础及其以上土的加权平均重度为 20kN/m³，承台及柱的混凝土强度等级均为 C35。钻孔灌注桩直径为 800mm，承台高为 1600mm，桩基础立面、岩土条件及对应的泥浆护壁钻孔灌注桩的极限侧阻力及极限端阻力标准值，如图 Z20-16 所示。

提示： 按《建筑桩基技术规范》JGJ 94—2008 作答。

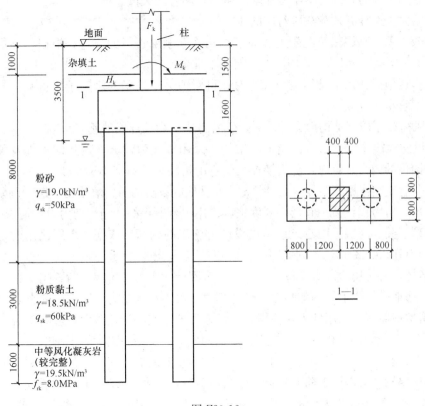

图 Z20-16

36. 试问，根据岩土物理指标，初步确定的单桩竖向承载力特征值 R_a(kN)，与下列何项数值最接近？

(A) 2900 　　　　(B) 3500 　　　　(C) 6000 　　　　(D) 7000

37. 假定，结构安全等级为二级，作用的分项系数取 1.35。试问，承台正截面基本组合的最大弯矩设计值（kN·m），与下列何项数值最接近？

(A) 2000 　　　　(B) 2500 　　　　(C) 3100 　　　　(D) 3500

【题38】 某工程场地进行地基土浅层平板载荷试验，采用方形承压板，面积为 0.5m²，加载至 375kPa 时，承压板周围土体明显侧向挤出，实测数据见表 Z20-1。

p(kPa)	25	50	75	100	125	150	175	200	225	250	275	300	325	350	375
s(mm)	0.80	1.60	2.41	3.20	4.00	4.80	5.60	6.40	7.85	9.80	12.1	16.4	21.5	26.6	43.5

试问，由该试验点确定的地基承载力特征值 f_{ak}（kPa），与下列何项数值最接近？

(A) 175　　　　　(B) 188　　　　　(C) 200　　　　　(D) 225

【题 39】 通过室内固结试验获得压缩模量用于沉降验算时，关于某深度土的室内固结试验最大加载压力值，下列何项是正确的？

(A) 高压固结试验的最高压力值应大于土的有效自重压力和附加压力之和的 2 倍

(B) 应大于土的有效自重压力和附加压力之和

(C) 应大于土的有效自重压力和附加压力，两者之大值

(D) 应大于设计有效荷载所对应的压力值

【题 40】 关于高层建筑混凝土剪力墙结构连梁刚度折减的叙述，根据《高层建筑混凝土结构技术规程》JGJ 3—2010，下列何项不准确？

(A) 多遇地震作用下结构内力计算时，可对剪力墙连梁的刚度予以折减，折减系数不宜小于 0.5

(B) 风荷载作用下结构内力计算时，不宜考虑剪力墙连梁的刚度折减

(C) 设防地震作用下第 3 性能水准结构，采用等效弹性方法对竖向构件及关键部位构件的内力计算时，剪力墙连梁的刚度折减系数不宜小于 0.3

(D) 多遇地震作用下结构内力计算时，8 度抗震设防的剪力墙结构，连梁调幅后的弯矩、剪力设计值不宜低于 6 度地震作用组合所得的弯矩、剪力设计值

【题 41】 关于高层民用建筑钢结构设计与施工的判断，依据《高层民用建筑钢结构技术规程》JGJ 99—2015，下列何项是正确的？

Ⅰ. 结构正常使用阶段水平位移验算时，可不计入重力二阶效应的影响

Ⅱ. 罕遇地震作用下结构弹塑性变形计算时，可不计入重力二阶效应的影响

Ⅲ. 箱型截面钢柱采用埋入式柱脚时，埋入深度不应小于柱截面长边的 1 倍

Ⅳ. 需预热施焊的钢构件，焊前应在焊道两侧 100mm 范围内均匀预热

(A) Ⅰ、Ⅱ　　　(B) Ⅱ、Ⅲ　　　(C) Ⅰ、Ⅲ　　　(D) Ⅱ、Ⅳ

【题 42、43】 某六层钢筋混凝土框架结构房屋，高度为 27.45m，丙类建筑，抗震设防烈度为 7 度（0.15g），设计地震分组为第一组，建筑场地为Ⅱ类。结构自振周期 T_1 = 1.0s，底层层高为 6m，楼层屈服强度系数 ξ_y = 0.45，柱轴压比在 0.5～0.65 之间。

42. 假定，当采用等效弹性方法计算罕遇地震作用时，阻尼比取 0.07，衰减指数取 0.87。试问，该结构在罕遇地震作用下对应于第一周期的水平地震影响系数 α，与下列何项数值最接近？

(A) 0.26　　　　　(B) 0.29　　　　　(C) 0.34　　　　　(D) 0.39

43. 假定，该框架结构底层为薄弱层，底层屈服强度系数是二层的 0.65 倍，其他各层比较接近。试问，为满足《高层建筑混凝土结构技术规程》JGJ 3—2010 对结构薄弱层罕遇地震下层间弹塑性位移的要求，罕遇地震作用下按弹性计算时的底层层间位移 Δu_e（mm），最大不应超过下列何项数值？

提示：①不考虑柱延性提高措施；
②结构薄弱层的弹塑性层间位移可采取规程规定的简化方法计算。

(A) 50   (B) 60   (C) 70   (D) 80

【题 44】 某 10 层钢筋混凝土框架结构，高度为 36m，抗震设防烈度为 7 度 (0.10g)，丙类建筑，受场地所限高宽比较大，需考虑重力二阶效应。方案比较时，假定该框架结构首层的等效侧向刚度 $D_1 = 16\sum_{j=1}^{10} G_j/h_1$。试问，近似考虑重力二阶效应的不利影响，其首层的位移增大系数，与下列何项数值最接近？

(A) 1.00   (B) 1.03   (C) 1.07   (D) 1.11

【题 45～47】 某钢筋混凝土剪力墙结构底部加强部位墙肢局部如图 Z20-17 所示，抗震等级为二级，墙肢总长度为 5600mm，混凝土采用 C40，其轴压比为 0.45。端柱的纵向钢筋、箍筋和墙分布筋均采用 HRB400。

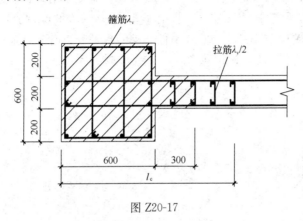

图 Z20-17

45. 该剪力墙端柱位置约束边缘构件沿墙肢方向的长度 l_c (mm)，与下列何项数值最接近？

(A) 1200   (B) 900   (C) 840   (D) 600

46. 该剪力墙端柱位置约束边缘构件的阴影部分如图 Z20-17 所示。试问，阴影范围内满足规范构造要求的纵向钢筋最小配筋截面面积（mm²），与下列何项数值最接近？

(A) 1300   (B) 3600   (C) 4200   (D) 5100

47. 该剪力墙端柱位置约束边缘构件的阴影部分如图 Z20-17 所示。试问，阴影范围内箍筋的最小体积配箍率，与下列何项数值最接近？

(A) 1.30%   (B) 1.10%   (C) 0.90%   (D) 0.70%

【题 48～50】 某较规则的钢筋混凝土部分框支剪力墙结构房屋，高度为 60m，安全等级为二级，丙类建筑，抗震设防烈度为 7 度 (0.10g)，建筑场地为 Ⅱ 类，地基条件较好。转换层设置在首层，纵横向均有落地剪力墙，地下室顶板作为上部结构的嵌固部位。

提示：按《建筑与市政工程抗震通用规范》GB 55002—2021 作答。

48. 首层某剪力墙墙肢 W1，墙肢底部考虑地震作用组合的内力计算值为：弯矩 $M_c = 2700$ kN·m，剪力 $V_c = 700$ kN。试问，W1 墙肢底部截面的内力设计值，与下列何项数值最接近？

提示：地震作用已考虑竖向不规则的剪力增大，且满足楼层最小剪力系数。

(A) $M=4050kN \cdot m$，$V=1120kN$

(B) $M=3510kN \cdot m$，$V=980kN$

(C) $M=4050kN \cdot m$，$V=980kN$

(D) $M=3510kN \cdot m$，$V=1120kN$

49. 假定，首层某框支柱 KZZ1，水平地震作用产生的其柱底轴压力标准值 $N_{Ek}=1000kN$，重力荷载代表值产生的柱底轴压力标准值 $N_{Gk}=1850kN$，忽略风荷载及竖向地震作用效应。试问，柱底轴力起不利作用的配筋设计时，该框支柱 KZZ1 地震组合的柱底最大轴压力设计值 $N(kN)$，与下列何项数值最接近？

(A) 4100   (B) 3500   (C) 3400   (D) 3200

50. 某框支梁净跨为 8000mm，该框支梁上剪力墙 W2 的厚度为 200mm，钢筋采用 HRB400，框支梁与剪力墙 W2 交界面处考虑风荷载、地震作用组合引起的水平拉应力设计值 $\sigma_{xmax}=1.36MPa$。试问，W2 墙肢在框支梁上 $0.2l_n=1600mm$ 高度范围内满足《高层建筑混凝土结构技术规程》JGJ 3—2010 最低要求的水平分布筋（双排），应为下列何项？

(A) ⏀8@200   (B) ⏀10@200   (C) ⏀10@150   (D) ⏀12@200

2021 年二级真题

（上午卷）

【题 1】 某 5 层二级医院门诊楼，房屋高度 20m，采用现浇钢筋混凝土框架-抗震墙结构。该医院所在地区抗震设防烈度为 8 度，设计基本地震加速度值为 0.20g，设计地震分组为第一组，建筑场地类别为 II 类，结构安全等级为二级。假定，在规定的 X 方向水平力作用下，各楼层结构总的地震倾覆力矩和框架部分承担的地震倾覆力矩见表 Z21-1。

表 Z21-1

楼层	框架部分承担的地震倾覆力矩（kN·m）	结构总的地震倾覆力矩（kN·m）
5	3365	3485
4	6660	10105
3	10255	19305
2	13870	29555
1	16200	46765

试问，根据以上信息，该结构的抗震等级应为下列何项？

(A) 抗震墙二级，框架三级　　　　(B) 抗震墙一级，框架二级

(C) 抗震墙二级，框架二级　　　　(D) 抗震墙一级，框架一级

【题 2~5】 某房屋采用现浇钢筋混凝土框架-抗震墙结构，上部各层平面及剖面图如图 Z21-1 所示。该房屋所在地区抗震设防烈度为 7 度，设计基本地震加速度值为 0.10g，设计地震分组为第二组，建筑场地类别为 IV 类，结构安全等级为二级。假定，抗震墙抗震等级为二级，框架抗震等级为三级，地下室顶板作为上部嵌固端，结构侧面刚度沿竖向均匀，混凝土强度等级为 C40。

2. 假定在 X 方向水平地震作用下，各楼层地震总剪力标准值及框架部分分配的地震剪力标准值见表 Z21-2。

表 Z21-2

楼层	楼层地震总剪力标准值 （kN）	框架部分分配的地震剪力标准值 （kN）
5	870	630
4	1655	845
3	2230	940
2	2630	950
1	2870	420

试问，首层和第二层框架应承担的 X 方向地震总剪力标准值（kN）的最小值，与下

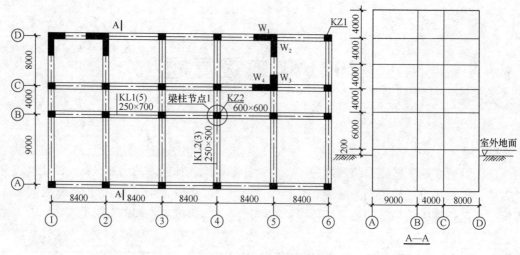

图 Z21-1

列何项数值最为接近？

    (A) 420,950   (B) 575,950   (C) 575,1300   (D) 1425,950

3. 底层抗震墙肢 W2，截面尺寸 $b \times h_w = 350mm \times 2500mm$，假定该墙肢按矩形截面剪力墙计算。考虑地震组合且经内力调整后的墙肢轴向拉力设计值、弯矩设计值、剪力设计值分别为 $N = 2090kN$、$M = 3470kN \cdot m$、$V = 1350kN$，抗震墙水平分布钢筋采用 HRB400 钢筋。试问，墙肢 W2 的水平分布筋的最小配置采用下列何项最为合理经济？

    提示：① $h_0 = 2250mm$；

           ② 假定剪力墙计算截面处剪跨比 $\lambda = 1.1$。

    (A) Φ 10@200(2)   (B) Φ 10@150(2)

    (C) Φ 12@200(2)   (D) Φ 12@150(2)

4. 假定，框架部分分担的剪力已符合二道防线要求，底层角柱 KZ1 柱净高 5.3m，考虑地震作用组合且经强柱弱梁内力调整后的上端截面弯矩设计值为 $M_c^t = 175kN \cdot m$，考虑地震作用组合的下端截面弯矩设计值 $M_c^b = 225kN \cdot m$，柱上下端弯矩均为同向（顺时针或逆时针）。试问，该柱的最小剪力设计值（kN），与下列何项数值最为接近？

    (A) 116   (B) 99   (C) 92   (D) 83

5. 假定，图 Z21-1 中梁柱节点 1，梁中线与柱中线重合，采用现浇混凝土楼板。试问，梁柱节点 1 的核心区截面控制的最大抗震受剪承载力设计值（kN），与下列何项数值最为接近？

    (A) 2200   (B) 2420   (C) 3300   (D) 3650

【题 6~8】 某钢筋混凝土框架结构办公楼，其局部结构平面图如图 Z21-2 所示。混凝土强度等级为 C30，梁柱均采用 HRB400 钢筋，框架抗震等级为三级，结构安全等级为二级。

6. 假定，现浇板厚 120mm，次梁 L1 的截面尺寸 $b \times h = 250mm \times 600mm$。试问，当考虑楼板作为翼缘对梁承载力的影响时，L1 受压区有效翼缘计算宽度 b_f'（mm），与下列何项数值最为接近？

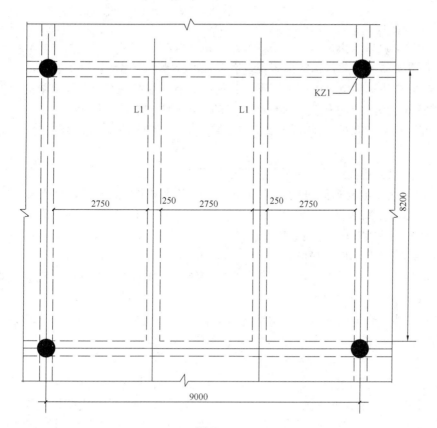

图 Z21-2

提示： ① L1 的计算跨度 $L_0 = 8200$mm；

② $h_0 = 560$mm。

(A) 2700 　　　 (B) 3000 　　　 (C) 1690 　　　 (D) 970

7. 假定，次梁 L1 的截面尺寸同上，次梁 L1 的跨中截面基本组合的弯矩设计值 $M = 350$kN·m、$a_s = 40$mm，受压区有效翼缘计算宽度和高度分别为 $b_f' = 2000$mm、$h_f' = 120$mm。试问，次梁 L1 跨中截面按正截面受弯承载力计算所需的底部纵向受力钢筋截面面积 A_s（mm²），与下列何项数值最为接近？

提示： ① 不考虑受压钢筋的作用；

② 不需要验算最小配筋率。

(A) 2080 　　　 (B) 1970 　　　 (C) 1870 　　　 (D) 1770

8. 假定，底层圆形框架中柱 KZ1，如图 Z21-3 所示，考虑地震组合的柱轴压力设计值 $N = 2900$kN，该柱剪跨比 $\lambda = 5.5$，箍筋形式采用螺旋箍筋，柱纵向受力钢筋的混凝土保护层厚度 $c = 35$mm，若仅从抗震构造措施方面考虑。试问，该柱箍筋加密区的箍筋，按下列何项配置时最为合理且经济？

(A) $\Phi 14@100$ 　　　　　　 (B) $\Phi 12@100$

(C) $\Phi 10@100$ 　　　　　　 (D) $\Phi 8@100$

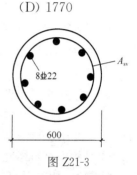

图 Z21-3

【题 9】 进行混凝土结构子分部工程验收时，针对混凝土结构施工质量不符合要求时，有以下规定：

Ⅰ. 经返工返修或更换构件、部件的，应重新验收

Ⅱ. 经有资质的检测机构按国家现行有关标准检测鉴定达到设计要求的，应予以验收

Ⅲ. 经有资质的检测机构按国家现行有关标准检测鉴定达不到设计要求的，但经原设计单位核算并确认满足结构安全和使用要求的，不可予以验收

Ⅳ. 经返修或加固处理能满足结构可靠性的，可根据技术处理方案和协商文件进行验收

试问，针对上述规定进行判断，下列何项正确？

(A) Ⅰ、Ⅱ、Ⅳ正确，Ⅲ错误　　　　(B) Ⅰ、Ⅱ、Ⅲ正确，Ⅳ错误

(C) Ⅰ、Ⅲ、Ⅳ正确，Ⅱ错误　　　　(D) Ⅰ、Ⅱ、Ⅲ、Ⅳ都正确

【题 10】 关于钢筋连接的下述观点：

Ⅰ. 轴心受拉及小偏心受拉杆件的纵向受力钢筋不得采用绑扎搭接

Ⅱ. 有抗震要求时，纵筋连接的位置宜避开梁端、柱端箍筋加密区，如必须在此处连接时，应采用机械连接或焊接

Ⅲ. 构件中的纵向受压钢筋采用绑扎搭接时，其受压搭接长度不应小于规范规定的纵向受拉钢筋搭接长度最小容许值的 50%，且不应小于 200mm

对上述观点，下列何项正确？

(A) Ⅰ正确，Ⅱ、Ⅲ错误　　　　(B) Ⅰ、Ⅱ正确，Ⅲ错误

(C) Ⅱ正确，Ⅰ、Ⅲ错误　　　　(D) Ⅱ、Ⅲ正确，Ⅰ错误

【题 11～13】 某单层多跨钢结构厂房，跨度 33m，设有重级工作制的软钩桥式吊车，工作温度不高于 $-20℃$，安全等级为二级。

11. 屋架采用桁架式结构，屋架受压杆件和受拉杆件的长细比容许值分别为下列何项？

(A) 150，350　　　　(B) 150，250

(C) 200，350　　　　(D) 200，250

12. 假定，厂房构件按抗震设防烈度为 8 度（0.20g）进行设计。试问，下列何项与《建筑抗震设计规范》GB 50011—2010（2016 年版）不一致？

(A) 屋盖竖向支撑的腹杆应能承受和传递屋盖的水平地震作用

(B) 屋盖横向水平支撑的交叉斜杆可按拉杆设计

(C) 柱间交叉支撑可采用单角钢截面，其端部连接可采用单面偏心连接

(D) 支承跨度大于 24m 的屋盖横梁的托架，应计算其竖向地震作用

13. 假定，厂房构件按抗震设防烈度为 8 度（0.20g）进行钢结构抗震性能化设计。试问，钢结构承重构件受拉板件选材时，下列何项符合《钢结构设计标准》GB 50017—2017 的要求？

(A) 所用钢材厚度 30mm，材质 Q235C

(B) 所用钢材厚度 40mm，材质 Q235C

(C) 所用钢材厚度 30mm，材质 Q390C

(D) 所用钢材厚度 40mm，材质 Q390C

【题 14～18】 某车间设备钢平台改造，横向增加一跨。新增加部分跨度为 7m，柱距

为 6m，采用柱下端铰接、梁柱刚接，梁与原有平台柱铰接的刚架结构，纵向设柱间支撑保持稳定，平台铺板为钢格栅板，Q235 钢，E43 型焊条。不考虑抗震。安全等级为二级。刚架示意图及弯矩包络图如图 Z21-4 所示。梁、柱截面特性见表 Z21-3。

表 Z21-3

| 构件 | 截面 | 面积 A (mm^2) | 惯性矩 I_x (mm^3) | 回转半径（mm） | | 截面模量 (mm^3) | 截面宽厚比等级 |
				i_x	i_y		
柱	HM340×250×9×14	99.53×10²	21200×10⁴	146	60.5	1250×10³	S1
梁	HM488×300×16×18	159.2×10²	68900×10⁴	208	71.3	2820×10³	S1

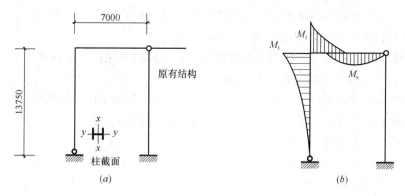

图 Z21-4
（a）横向刚架示意图；（b）弯矩包络图

14. 假定，刚架无侧移，梁跨中无侧向支撑，不考虑平台板作用，梁计算跨度 $L_0 = 7m$，刚架梁的最大弯矩设计值 $M_{max} = 486.5 kN \cdot m$，刚架梁整体稳定验算时，其以应力表达的稳定性最大计算值（N/mm^2），与下列何项数值最接近？

提示： 整体稳定系数按简支梁计算，$\varphi_b = 1.41$。

(A) 163　　　　(B) 173　　　　(C) 188　　　　(D) 198

15. 假定，柱下端采用平板支座，其他条件同题 14。试问，刚架平面内柱的计算长度系数，与下列何项数值最接近？

提示： 忽略横梁所受轴心压力。

(A) 0.79　　　　(B) 0.76　　　　(C) 0.73　　　　(D) 0.69

16. 假定，刚架无侧移，刚架柱上端 $M_1 = 192.5 kN \cdot m$、$N_1 = 276.5 kN$，柱下端 $M_2 = 0$、$N_2 = 292 kN$，柱弯矩作用平面内的计算长度 $l_{0x} = 10m$，柱截面无削弱，且无横向荷载，柱截面强度验算时，截面最大压应力设计值（N/mm^2），与下列何项数值最接近？

(A) 128　　　　(B) 142　　　　(C) 158　　　　(D) 175

17. 设计条件同题 16，进行刚架柱弯矩作用平面内稳定性验算时，其以应力表达的稳定性最大计算值（N/mm^2），与下列何项数值最为接近？

提示： $1 - 0.8N/N'_{EX} = 0.94$。

(A) 128　　　　(B) 142　　　　(C) 158　　　　(D) 175

18. 设计条件变化：抗震设防烈度为 7 度（0.15g），构件延性等级为Ⅲ级，柱设防地震内力性能组合的柱轴力 $N_P = 376 \times 10^3 \, \text{N}$。试问，柱长细比限值，与下列何项数值最为接近？

(A) 180   (B) 150   (C) 120   (D) 105

【题 19】 钢结构构件高空安装角焊缝连接，施工条件较差，计算连接时，焊缝强度设计值的折减系数，与下列何项数值最为接近？

(A) 0.9   (B) 0.85   (C) 0.765   (D) 0.7

【题 20】 塑性及弯矩调幅设计钢结构构件，最后形成塑性铰的截面，其板件宽厚比等级不应低于下列何项？

(A) S1   (B) S2   (C) S3   (D) S4

【题 21】 木结构设计的下述观点：

Ⅰ. 正交胶合木结构各层木板之间的纤维方向应互相叠层正交，截面层板层数不应低于 3 层并且不宜大于 9 层，厚度不大于 500mm

Ⅱ. 在结构的同一节点或接头中有两种或多种不同的连接方式，计算应只考虑一种连接传递内力，不应考虑几种连接共同作用

Ⅲ. 矩形木柱截面不宜小于 150mm×150mm，且不应小于柱支承的构件截面宽度

Ⅳ. 风或多遇地震，木结构水平层间位移不宜超层高 1/100

上述观点，下列何项正确？

(A) Ⅰ、Ⅱ正确，Ⅲ、Ⅳ错误   (B) Ⅱ、Ⅲ正确，Ⅰ、Ⅳ错误

(C) Ⅱ、Ⅳ正确，Ⅰ、Ⅲ错误   (D) Ⅰ、Ⅳ正确，Ⅱ、Ⅲ错误

【题 22~24】 某多层砌体结构房屋中的钢筋混凝土挑梁置于丁字形截面（带翼墙）墙体中，墙端部设有 240mm×240mm 构造柱，局部截面如图 Z21-5 所示。挑梁截面 $b \times h_b = 240\text{mm} \times 400\text{mm}$，墙厚 240mm。挑梁自重标准值为 2.4kN/m，作用于挑梁上的永久荷载标准值为：$F_k = 35\text{kN}$，$g_{1k} = 15.6\text{kN/m}$，$g_{2k} = 17\text{kN/m}$，可变荷载标准值为：$q_{1k} = 9\text{kN/m}$，$q_{2k} = 7\text{kN/m}$。墙体自重标准值为 5.24kN/m²。砌体采用 MU10 烧结普通砖、M5 混和砂浆，施工质量控制等级为 B 级，安全等级为二级。

　　提示：① 构造柱重度按砌体重度采用

　　　　　② 按《建筑结构可靠性设计统一标准》GB 50068—2018 作答。

22. 试问，二层挑梁的倾覆力矩设计值（kN·m），与下列何项数值最为接近？

(A) 100   (B) 105   (C) 110   (D) 120

23. 试问，二层挑梁的抗倾覆力矩设计值（kN·m），与下列何项数值最为接近？

(A) 90   (B) 105   (C) 120   (D) 145

24. 假定，挑梁根部未设构造柱，但仍有翼墙。试问，二层挑梁下砌体的局部受压承载力设计值（kN），与下列何项数值最为接近？

(A) 150   (B) 180   (C) 200   (D) 260

【题 25】 抗震等级为二级的配筋砌块砌体剪力墙房屋，首层某矩形截面剪力墙墙体厚度为 190mm，长度为 5400mm，剪力墙截面的有效高度 $h_0 = 5100\text{mm}$，为单排孔混凝土砌块对孔砌筑，砌体施工质量控制等级为 B 级，水平分布钢筋采用 HPB300。若该段砌体剪力墙考虑地震作用组合的截面剪力设计值 $V = 220\text{kN}$，轴压力设计值 $N = 1300\text{kN}$，弯矩设计值 $M = 1100\text{kN·m}$，灌孔砌体的抗压强度设计值 $f_g = 5.8\text{N/mm}^2$。试问，底部加强部位剪力墙的水平分布钢筋配置，下列何种说法合理？

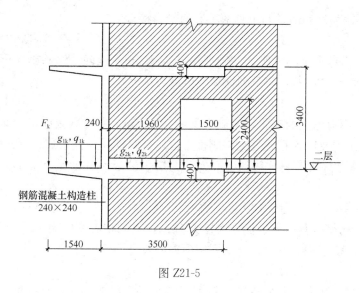

图 Z21-5

提示：按《砌体结构设计规范》GB 50003—2011 作答。

（A）按计算配筋

（B）按构造，最小配筋率取 0.10%

（C）按构造，最小配筋率取 0.11%

（D）按构造，最小配筋率取 0.13%

（下午卷）

【题 26～29】 某新建 7 层圆形框架结构建筑，地处北方季节性冻土地区，场地平坦，旷野环境。采用柱下圆形筏板基础，基础边线与场地红线的最近距离为 4m，红线范围外将开发。整个场地红线范围内填土 2.9m 至设计±0.000，填土采用黏粒含量大于 10% 的粉土，压实系数大于 0.95。基础平、剖面及土层分布如图 Z21-6 所示。基础及其上土的加权平均重度为 $20kN/m^3$。

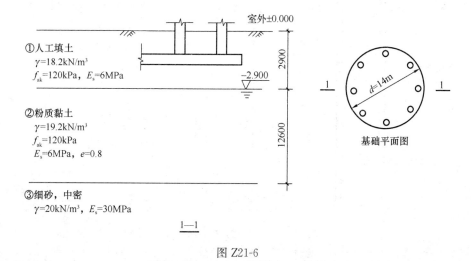

图 Z21-6

26. 假定，标准冻结深度为 2m，该压实填土属于强冻胀土。试问，确定基础的埋深时，场地冻结深度 Z_d（m），与下列何项数值最为接近？

(A) 1.9   (B) 2.1   (C) 2.3   (D) 2.5

27. 假定，不考虑土的冻胀，基础埋深 d 为 1.5m。试问，该基础底面下修正后的地基承载力特征值 f_a（kPa），与下列何项数值最为接近？

(A) 125   (B) 135   (C) 145   (D) 155

28. 假定，不考虑土的冻胀，基础埋深 d 为 1.5m，在荷载效应准永久组合下，基底平均附加应力为 100kPa，筏板按无限刚性考虑，沉降计算经验系数 $\psi_s=1.0$。试问，不考虑相邻荷载及填土荷载影响，基础中心处第②层土的最终变形量（mm），与下列何项数值最为接近？

(A) 100   (B) 130   (C) 150   (D) 180

29. 假定，测得压实填土最优含水量为 16%，土粒相对密度为 2.7。试问，估算该压实填土的最大干密度（kg/m³），与下列何项数值最为接近？

(A) 1720   (B) 1780   (C) 1830   (D) 1900

【题 30～32】 某多层办公建筑，采用钢筋混凝土框架结构及钻孔灌注桩基础，工程桩直径为 600mm，桩长为 24m。其中一个 4 桩承台基础的平、剖面及土层分布如图 Z21-7 所示。

提示：根据《建筑桩基技术规范》JGJ 94—2008 作答。

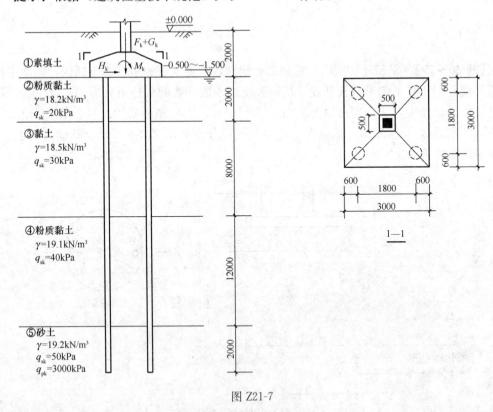

图 Z21-7

30. 试问，初步设计时，根据土的物理指标与承载力之间的经验关系，估算得到的单桩竖向抗压极限承载力标准值 Q_{uk}（kN），与下列何项数值最为接近？

(A) 1230 (B) 1850 (C) 2460 (D) 2800

31. 假定，桩基设计等级为乙级，钻孔灌注桩桩身纵向钢筋配筋率为 0.71%，配筋构造符合《建筑桩基技术规范》JGJ 94—2008 的有关要求。建筑物对水平位移敏感，依据《建筑基桩检测技术规范》JGJ 10—2014 进行桩水平静载试验，试验统计结果如下：试桩地面处的水平位移为 6mm 时，所对应的单桩水平荷载为 75kN；试桩地面处的水平位移为 10mm 时，所对应的单桩水平荷载为 120kN。试问，当验算地震作用组合桩基的水平承载力时，单桩水平向抗震承载力特征值（kN），与下列何项数值最为接近？

(A) 55 (B) 70 (C) 90 (D) 110

32. 假定，承台受到单向偏心荷载作用，相应于荷载效应标准组合时，作用于承台底面标高处的竖向压力 $F_k+G_k=4000kN$，弯矩 $M_k=1200kN \cdot m$，水平力 $H_k=300kN$，承台高度为 800mm。试问，基桩所承受最大竖向力标准值（kN），与下列何项数值最为接近？

(A) 960 (B) 1080 (C) 1350 (D) 1400

【题 33~35】 某冶金厂改扩建工程地基处理，采用水泥粉煤灰碎石桩（CFG）复合地基，CFG 桩采用长螺旋钻中心压灌工艺成桩，正方形布桩，双向间距均为 2m，桩长 17m，桩径 400mm。其中一组单桩复合地基载荷试验的桩，其载荷板布置及土层分布如图 Z21-8 所示。

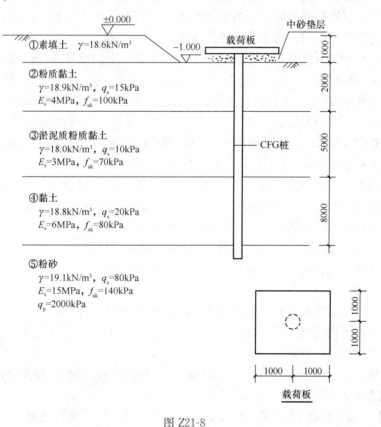

图 Z21-8

33. 假定，计算的单桩承载力特征值与实测的单桩承载力特征值相等，测得该组 CFG 桩复合地基承载力特征值为 230kPa，相应的单桩分担的荷载为 570kN。试问，根据该组试验反推的单桩承载力发挥系数 λ，与下列何项数值最为接近？

(A) 0.7   (B) 0.8   (C) 0.9   (D) 1.0

34. 条件同题 33，试问，根据该组试验反推的桩间土承载力发挥系数 β，与下列何项数值最为接近？

(A) 0.75   (B) 0.85   (C) 0.9   (D) 0.95

35. 假定，复合地基承载力特征值经统计分析并结合试验确定为 220kPa。试问，当对基础进行地基变形计算时，第③层淤泥质粉质黏土层复合土层的压缩模量（MPa），与下列何项数值最为接近？

(A) 6   (B) 6.6   (C) 7.2   (D) 8.2

【题 36】 根据《建筑抗震设计规范》GB 50011—2010（2016 年版）的规定，关于地基液化，下列何项主张是错误？

(A) 选择建筑场地时，对存在液化土层的场地应提出避开要求，当无法避开时，应采取有效措施

(B) 对于可不进行天然地基及基础抗震承载力验算的各类建筑，液化判别深度为地面下 15m 范围内

(C) 对于抗震设防烈度为 6 度的地区不需要进行土的液化判别和处理

(D) 丙类，整体类好的建筑，当液化砂土层、粉土层较为平坦且均匀，若地基的液化等级为轻微级，可不采取液化措施

【题 37】 关于建筑桩基岩土工程详细勘察的主张，下列何项不符合《建筑桩基技术规范》JGJ 94—2008？

(A) 宜布置 1/3~1/2 的探勘孔为控制性孔，对于设计等级为乙级的建筑桩基，至少应布置 3 个控制性孔

(B) 对非嵌岩桩基，一般性勘探孔应深入预计桩端标高以下 3~5 倍桩身设计直径，且不得小于 3m，对于大直径桩，不得小于 5m

(C) 在勘探深度范围内的每一地层均应采取不扰动试样进行室内试验，或根据土层情况选用有效的原位测试方法进行原位测试，提供设计所需参数

(D) 复杂地质条件下的柱下单桩基础宜每桩设一勘探点

【题 38】 关于高层建筑抗风、抗震的观点，正确的是何项？

(A) 考虑横向风振时，应验算顺风向，横风向的层间侧向位移的矢量和是否满足规范限值

(B) 高层民用钢结构的薄弱层，在罕遇地震下弹塑性层间位移不应大于层高的 1/50

(C) 高层民用钢结构房屋，弹性分析的楼层层间最大水平位移与层高之比的限值应根据结构体系确定

(D) 钢筋混凝土框架-剪力墙结构的转换层的弹性层间位移角、弹塑性层间位移角分别为 1/1000、1/50

【题 39】 高层建筑结构荷载效应组合，下列何项符合规范规程规定？

(A) 高层钢筋混凝土结构，竖向抗侧力构件轴压比计算应考虑地震作用组合

(B) 高层民用钢结构抗火验算时，可不计入风荷载

(C) 高层钢筋混凝土结构，在采用拆除构件法进行抗连续倒塌设计时，应考虑永久

和可变荷载组合效应，地震作用和风荷载可忽略

(D) 高层民用钢结构在考虑使用阶段温度作用时，温度作用的组合值系数为 0.6

【题 40～42】 某 8 层民用钢框架结构房屋，平面规则，首层层高为 7.2m，2 层及以上均为 4.2m，如图 Z21-9 所示。丙类建筑，抗震设防烈度为 7 度（0.10g），设计地震分组为第二组，建筑场地为 Ⅲ 类。安全等级为二级。

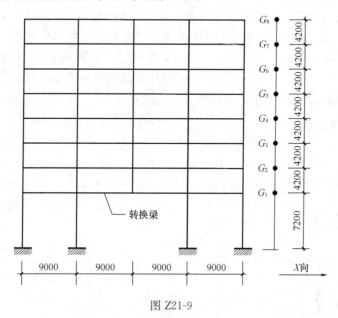

图 Z21-9

40. 假定，房屋集中在楼盖和屋面处的重力荷载代表值为：$G_1 = 11500$kN、$G_{2\sim7} = 11000$kN、$G_8 = 10800$kN，考虑非承重墙体刚度影响后，结构基本自振周期为 2.0s（X 向），结构阻尼比为 0.04。方案设计时，采用底部剪力法估算，X 向多遇地震作用下结构总水平地震作用标准 F_{Ek}（kN），与下列何值最为接近？

(A) 2500　　　　(B) 1950　　　　(C) 1850　　　　(D) 1650

41. 假定，方案调整后，各楼层重力荷载代表值为：$G_1 = 15500$kN、$G_{2\sim7} = 14900$kN、$G_8 = 14500$kN，首层抗侧刚度控制结构的整体稳定性，多遇地震作用下，首层 X 向水平地震剪力标准值为 2350kN。试问，整体稳定性验算时，X 向按弹性方法计算的首层层间位移最大值(mm)不超过下列何项才能满足规范规程对楼层抗侧刚度的要求？

(A) 34　　　　(B) 32　　　　(C) 30　　　　(D) 28

42. 假定，该结构转换梁为箱型截面，采用 Q345 钢，多遇地震作用组合下，截面承载力无余量，无轴压力。试问，梁截面腹板最大宽厚比不超过下列何项才能满足规范对宽厚比的要求？

提示： 按《高层民用建筑钢结构技术规程》JGJ 99—2015 作答。

(A) 85　　　　(B) 80　　　　(C) 70　　　　(D) 66

【题 43、44】 某 12 层钢筋混凝土框架-核心筒结构，平面和竖向均规则，首层层高 4.5m，2 层及以上层高均为 4.2m。丙类建筑，安全等级为二级。在规定水平力作用下，底层框架承担的地震倾覆力矩占 45%。

43. 假定，抗震设防烈度为7度（0.15g），设计地震分组为第一组，Ⅲ类场地。试问，根据《高层建筑混凝土结构技术规程》JGJ 3—2010 的相关规定，该结构抗震构造措施的抗震等级为下列何项？

（A）框架抗震一级，核心筒抗震一级　　（B）框架抗震二级，核心筒抗震一级
（C）框架抗震二级，核心筒抗震二级　　（D）框架抗震三级，核心筒抗震二级

44. 假定，底层框架某边柱抗震等级为三级，混凝土强度等级为C40，考虑地震作用组合的轴压力设计值为 10500kN，剪跨比大于 2。按轴压比估算柱截面，对混凝土方柱（边长 a_1）与型钢混凝土方柱（边长 a_2）两种方案比较，型钢混凝土方柱的含钢率为5%。试问，a_1（mm）、a_2（mm）最小取值为下列何项才能满足规范规程要求？

提示：不考虑提高轴压比限值的措施；$f=205N/mm^2$。

（A）$a_1=800$，$a_2=650$　　（B）$a_1=800$，$a_2=700$
（C）$a_1=850$，$a_2=650$　　（D）$a_1=850$，$a_2=700$

【题 45～47】　某公寓由 A 区与 B 区组成，地下 2 层，其层高均为 4m。地上 A 区 4 层、B 区 18 层，层高均为 3.2m。A 区、B 区结构连为整体，采用钢筋混凝土剪力墙结构，如图 Z21-10 所示。抗震设防烈度为 8 度（0.20g），设计地震分组为第一组，建筑场地为 Ⅱ 类，丙类建筑，安全等级为二级。

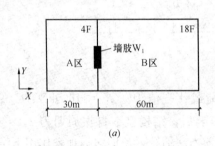 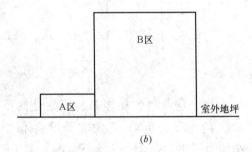

图 Z21-10
(a) 平面示意图；(b) 立面示意图

45. 该结构用弹性时程分析法进行多遇地震下的补充计算时，振型分解反应谱法，人工模拟加速度时程曲线 RP，实际强震记录加速度时程曲线 P_1～P_5 的计算结果见表 Z21-4。试问，根据上述信息拟选 3 条波复核反应谱结果，下述何项相对合适？

表 Z21-4

分析方法	结构底部剪力（kN）	分析方法	结构底部剪力（kN）
振型分解反应谱法	5600	$P_3 T_g=0.40s$	3800
$RP T_g=0.35s$	5500	$P_4 T_g=0.35s$	8500
$P_1 T_g=0.35s$	3580	$P_5 T_g=0.35s$	7200
$P_2 T_g=0.35s$	5000		

（A）RP、P_4、P_5　　（B）RP、P_1、P_4　　（C）RP、P_2、P_5　　（D）RP、P_3、P_5

46. 首层墙肢 W_1 为一字形截面墙肢，厚200mm，肢长 2500mm，轴压比为 0.35。钢筋采用 HRB400。试问，该墙肢边缘构件阴影部分竖向钢筋构造配置至少应为下述何项？

（A）6 ⌀ 12　　（B）6 ⌀ 14　　（C）6 ⌀ 16　　（D）8 ⌀ 16

47. 多遇地震作用下 Y 向抗震分析初算结果显示，第 4 层和第 5 层的位移角分别为 1/1300、1/1100，再考虑偶然偏心，Y 向规定水平地震力作用下位移比分别为 1.55、1.35。试问，根据上述信息进行 Y 向结构布置调整时，采用下列何项方案相对合理且经济？

Ⅰ. 增大周边刚度，满足位移比限制

Ⅱ. 减小第 4 层 Y 向侧向刚度

Ⅲ. 增大第 4 层 Y 向侧向刚度

Ⅳ. 增大第 5 层 Y 向侧向刚度

(A) Ⅰ、Ⅱ   (B) Ⅰ、Ⅳ   (C) Ⅱ、Ⅳ   (D) Ⅲ、Ⅳ

【题 48、49】 某电梯试验塔，顶部兼城市观光厅，采用钢筋混凝土剪力墙结构，共 11 层，1~10 层层高均为 5.0m，顶层 8.0m，塔高 58m，如图 Z21-11 所示。丙类建筑，抗震设防烈度为 8 度（0.20g），设计地震分组为第一组，Ⅱ类场地，安全等级为二级。

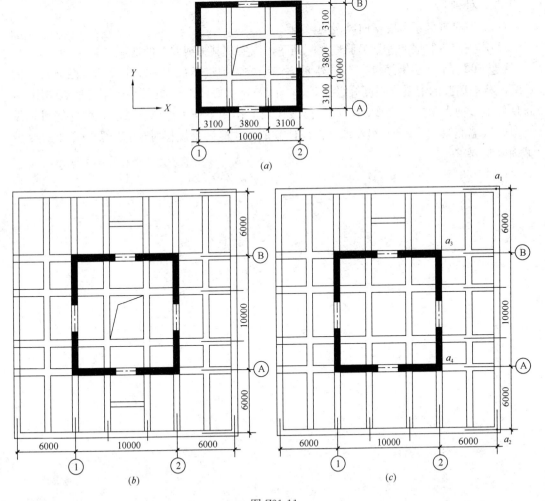

图 Z21-11

（a）标准层平面图；（b）11 层平面图；（c）屋面平面图

48. 假定，按刚性楼板计算，在考虑偶然偏心影响的 X 向规定水平力作用下，屋面层水平位移（X 向）计算值，见表 Z21-5。试问，判断结构扭转规则时，屋面层弹性水平位移的最大值与平均值的比值，与下列何项数值最为接近？

表 Z21-5

点位	a_1	a_2	a_3	a_4
X 向位移（mm）	26	56	30	48

(A) 1.10   (B) 1.23   (C) 1.37   (D) 1.45

49. 该结构按民用建筑标准进行抗震、抗风设计时，下列何项观点不符合规范规程规定？

(A) 该结构可不进行罕遇地震下薄弱层弹塑性变形验算

(B) 在 Y 向地震作用下，①轴双肢墙当其中一墙肢出现大偏拉时，应将另一墙肢弯矩及剪力设计值乘以 1.25 系数。同时，考虑地震往复作用，双墙肢内力同样处理

(C) 该建筑可不考虑横向风振的影响

(D) 控制双肢墙的连梁纵筋最大配筋率，以实现其强剪弱弯的性能

【题 50】 某高层钢筋混凝土框架-剪力墙结构，拟进行抗震性能化设计，性能目标为 C 级，某一墙肢的混凝土强度等级为 C35，墙肢 $h_0 = 3100$mm，在预估的罕遇地震作用下，该墙肢地震剪力 $V_{EK}^* = 3200$kN，重力荷载代表值作用下剪力忽略。试问，按性能目标设计时，该墙肢厚度（mm）最小取下列何项数值，才能满足规程对罕遇地震作用下梁受剪截面限制要求？

(A) 350   (B) 300   (C) 250   (D) 200

2020 年二级真题解答与评析

（上午卷）

1. 正确答案是 A，解答如下：

取 CD 为研究对象，由力平衡，可得：

$$Y_C = Y_D = \frac{1}{2} \times (1.3 \times 15 \times 2.5 + 1.5 \times 25 \times 2.5) = 71.25\text{kN}$$

Y'_C 作用在 C 点，$Y'_C = Y_C = 71.25\text{kN}$，取 BC 为研究对象，则：

$$M_B = 71.25 \times 2.5 + 1.3 \times 15 \times 2.5 \times 1.25 + 1.5 \times 25 \times 2.5 \times 1.25$$
$$= 356.25\text{kN} \cdot \text{m}$$

2. 正确答案是 C，解答如下：

取 CD 为研究对象，$Y_C = Y_D = \frac{1}{2} \times 48 \times 2.5 = 60\text{kN}$

Y'_C 作用在 C 点，$Y'_C = Y_C = 60\text{kN}$，取 ABC 为对象，$\Sigma M_B = 0$，则：

$$F_A \times 10 + 60 \times 2.5 + 48 \times 2.5 \times 1.25 = 48 \times 10 \times 5 + 600 \times 5$$

可得：$F_A = 510\text{kN}$

$$V_{1-1} = 48 \times 10 + 600 - 510 = 570\text{kN}$$

非独立梁，由《混规》6.3.4 条，$h_0 = 610\text{mm}$：

$$570 \times 10^3 \leqslant 0.7 \times 1.57 \times 300 \times 610 + 360 \frac{A_{sv}}{s} \times 610$$

可得：$\dfrac{A_{sv}}{s} \geqslant 1.68\text{mm}^2/\text{mm}$

3. 正确答案是 B，解答如下：

根据《混规》6.2.10 条，取 $x = \xi_b h_0 = 0.518 \times (650 - 70) = 300\text{mm}$

$$M_u = 1.0 \times 16.7 \times 300 \times 300 \times \left(580 - \frac{300}{2}\right) + 360 \times 1520 \times (580 - 40)$$

$$= 941.8\text{kN} \cdot \text{m}$$

4. 正确答案是 D，解答如下：

查《结构通规》表 4.2.2，取 $q_k = 2.5\text{kN/m}^2$；由 4.2.5 条第 2 款，楼面梁从属面积 $= 7.8 \times 9 = 70.2\text{m}^2 > 50\text{m}^2$，取折减系数为 0.9，则：

$$N_k = \left(2.5 \times 9 \times 7.8 \times \frac{1}{2}\right) \times 3 \times 0.9 = 237\text{kN}$$

5. 正确答案是 B，解答如下：

查《荷规》表 7.2.1 项次 8：

情况 1：$\mu_{r,m} = \dfrac{12+2}{2 \times 16} = 0.4375$

情况2：$\mu_r = 2.0$，故取 $\mu_r = 2.0$

$$M_k = \frac{1}{2} \times (2.0 \times 0.95) \times 2^2 = 3.8 \text{kN} \cdot \text{m/m}$$

6. 正确答案是 D，解答如下：

$$\lambda = \frac{Hn}{2h_0} = \frac{3900 - 850}{2 \times \left(850 - 20 - 10 - \frac{25}{2}\right)} = 1.89 < 2，为短柱$$

根据《混规》11.4.17 条第 4 款，$\rho_v \geqslant 1.2\%$

$$\rho_v = \frac{\left[850 - 2 \times \left(20 + \frac{10}{2}\right)\right] \times 11 \times 78.5}{[850 - 2 \times (20 + 10)]^2 \times 100} = 1.11\% < 1.2\%，不满足$$

7. 正确答案是 A，解答如下：

乙类，按 8 度确定抗震构造措施的抗震等级，$H = 22\text{m}$，查《抗规》表 6.1.2，抗震三级。

查《抗规》表 6.4.5-3 及注 1、2：

左端：按无端柱查表，$\lambda = 0.35$，$l_c = \max(0.15h_w，250，400) = \max(0.15 \times 4300，250，400) = 645\text{mm}$，$a = \max\left(250，\frac{645}{2}，400\right) = 400\text{mm}$

右端：$800\text{mm} > 3b_w = 750\text{mm}$，

$$l_c = \max(0.10 \times 4300，250 + 300) = 550\text{mm}$$
$$b = \max(250 + 250，250 + 300) = 550\text{mm}$$

8. 正确答案是 C，解答如下：

查《抗规》表 6.1.2，抗震等级为三级。

查《抗规》表 6.3.6 及注 2：$[\mu_N] = 0.85 - 0.05 = 0.80$

$$\frac{10750 \times 10^3}{19.1 \times b^2} \leqslant 0.80，则：b \geqslant 839\text{mm}$$

9. 正确答案是 A，解答如下：

根据《抗规》3.9.2 条：

抗震等级三级的框架应满足 $\delta \geqslant 9\%$，剪力墙及连梁不要求。

10. 正确答案是 B，解答如下：

根据《抗规》6.1.4 条：

甲乙之间：取 $H = 35\text{m}$，$\delta = 100 + \frac{35 - 15}{4} \times 20 = 200\text{mm}$

乙丙之间：取 $H = 43\text{m}$，$\delta = \left[100 + \frac{43 - 15}{4} \times 20\right] \times 70\% = 168\text{mm}$，且 $> 100\text{mm}$

故 $\delta = 168\text{mm}$，选 (B) 项。

11. 正确答案是 C，解答如下：

根据《混规》7.2.2 条，取 M_q 计算：

由 7.2.5 条，$B = \frac{B_s}{2} = 2.8565 \times 10^{13} \text{N} \cdot \text{mm}^2$

$$f = \frac{5M_q l_0^2}{48B} = \frac{5 \times 140 \times 10^6 \times 6500^2}{48 \times 2.8565 \times 10^{13}} = 21.6\text{mm}$$

12. 正确答案是 C，解答如下：

根据《钢标》3.3.2 条：

$$H_k = 0.15 \times 342 = 51.3\text{kN}$$

13. 正确答案是 B，解答如下：

$a_2 = 1.012\text{m}$，则：

$$a_4 = \frac{1.012}{2} = 0.506\text{m}$$

对右支座取力矩平衡，左支座反力 $F_左$ 为：$15F_左 = 4 \times 564 \times (7.5 - 0.506)$

可得：$F_左 = 1051.9\text{kN}$

跨内最大弯矩：$M = 1051.9 \times (7.5 - 0.506) - 564 \times 5 = 4537\text{kN} \cdot \text{m}$

由《钢标》16.2.4 条，重级工作制吊车梁考虑疲劳；由《钢标》6.1.1 条、6.1.2 条：

$$\frac{M}{\gamma_x M_{nx_F}} = \frac{4537 \times 10^6}{1.0 \times 22328 \times 10^3} = 203.2\text{N/mm}^2$$

14. 正确答案是 D，解答如下：

根据《钢标》6.1.4 条：

A7 级，由《荷规》6.1.1 条条文说明，为重级，取 $\psi = 1.35$

$$l_z = 50 + 5 \times 30 + 2 \times 130 = 460\text{mm}$$

$$\sigma_c = \frac{1.35 \times 564 \times 10^3}{14 \times 460} = 118\text{N/mm}^2$$

15. 正确答案是 D，解答如下：

根据《钢标》3.1.6 条、3.1.7 条，应选(D)项。

【15 题评析】(A)项：根据《钢标》16.1.3 条及条文说明，不正确。

16. 正确答案是 C，解答如下：

查《钢标》附录表 K.0.2，连接类别为 Z4。

17. 正确答案是 A，解答如下：

根据《钢标》3.1.7 条，取 342kN 计算：

吊车梁左支座反力：$F_左 = \frac{1}{15} \times (342 \times 9 + 342 \times 4) = 296.4\text{kN}$

$$M_A = 296.4 \times 6 = 1778.4\text{kN} \cdot \text{m}$$

$$\Delta\sigma = \frac{M_A}{I_{nx}} y_1 = \frac{1778.4 \times 10^6}{2477118 \times 10^4} \times (1109 - 70) = 74.59\text{N/mm}^2$$

由《钢标》16.2.4 条，取 $\alpha_f = 0.8$

$$\alpha_f \Delta\sigma = 0.8 \times 74.59 = 59.7\text{N/mm}^2$$

18. 正确答案是 B，解答如下：

查《钢标》表 7.1.3，取 $\eta = 0.85$。

19. 正确答案是 C，解答如下：

根据《钢标》7.6.1 条：

查《钢标》表 7.4.1-1，取 $l_0 = l = 1.5\sqrt{2}$

$$\lambda = \frac{l_0}{i_{min}} = \frac{1.5\sqrt{2} \times 10^3}{27.6} = 76.9 > 20$$

$$\eta = 0.6 + 0.0015 \times 76.9 = 0.715 < 1.0$$

查《钢标》表 7.2.1-1，均为 b 类；$\lambda/\varepsilon_k = 76.9 \approx 77$，查附表 D.0.2，取 $\varphi = 0.707$

$w/t = 140/12 = 11.7 < 14\varepsilon_k = 14$，不考虑 7.6.3 条。

$$\frac{N}{\eta\varphi A f} = \frac{235000}{0.715 \times 0.707 \times 3251 \times 215} = 0.665$$

20. 正确答案是 A，解答如下：

根据《钢标》7.6.1 条第 2 款：

$t \geq 140/8 = 17.5\text{mm}$，应选（A）项。

21. 正确答案是 C，解答如下：

根据《钢标》8.2.1 条：

$$l_{0x} = \mu_x l = 1.71 \times 10820 = 18502.2\text{mm}$$

$$\lambda_x = \frac{l_{0x}}{i_x} = \frac{18502.2}{383.5} = 48.2$$

$$N'_{Ex} = \frac{\pi^2 \times 206 \times 10^3 \times 30200}{1.1 \times 48.2^2} = 24002\text{kN}$$

$N_{cr} = 1.1 N'_{Ex} = 26402.2\text{kN}$，由式（8.2.1-10）：

$$\beta_{mx} = 1 - 0.36 \times \frac{970}{26402.2} = 0.987$$

查《钢标》表 7.2.1-1，均为 b 类；$\lambda_x/\varepsilon_k = 58.4$，查附表 D.0.2，取 $\varphi = 0.816$

$$\frac{970000}{0.816 \times 30200} + \frac{0.987 \times 1706 \times 10^6}{1.0 \times 9874 \times 10^3 \times \left(1 - 0.8 \times \frac{970}{24002}\right)} = 39.36 + 176.23$$

$$= 215.6\text{N/mm}^2$$

22. 正确答案是 C，解答如下：

根据《钢标》3.5.1 条：

$$\alpha_0 = \frac{195 - (-131)}{195} = 1.67$$

$$\frac{h_0}{t_w} \leq (45 + 25 \times 1.67^{1.66}) \times 0.825 = 85.4$$

【22 题评析】σ_{max}、σ_{min} 计算过程如下：

$$\frac{\sigma_{max}}{\sigma_{min}} = \frac{N}{A_n} \pm \frac{M}{I_n} \cdot y = \frac{970000}{30200} \pm \frac{1706 \times 10^6}{444329 \times 10^4} \times (450 - 25)$$

$$= 32.12 \pm 163.18 = \begin{array}{l} +195.3\text{N/mm}^2 \\ -131.1\text{N/mm}^2 \end{array}$$

23. 正确答案是 D，解答如下：

$$y_1 = \frac{490 \times 370 \times \left(240 + \frac{370}{2}\right) + 1200 \times 240 \times 120}{490 \times 370 + 1200 \times 240} = 237.8\text{mm}$$

$$y_2 = 370 + 240 - y_1 = 372.2\text{mm}$$

$$I_x = \frac{1}{3} \times 1200 \times 237.8^3 + 2 \times \frac{1}{3} \times (600 - 245) \times (240 - 237.8)^3 +$$

$$\frac{1}{3} \times 490 \times 372.2^3$$

$$= 1.38 \times 10^{10}\text{mm}^4$$

24. 正确答案是 B，解答如下：

根据《砌规》5.1.3 条及表 5.1.3：

$H = 3.4 + 0.3 + 0.5 = 4.2\text{m}$，刚性方案，$s = 9\text{m} > 2H = 8.4\text{m}$

故取 $H_0 = 1.0H = 4.2\text{m}$

由 5.1.2 条：

$$\beta = \gamma_\beta \frac{H_0}{h_T} = 1.0 \times \frac{4200}{3.5 \times 160} = 7.5$$

25. 正确答案是 B，解答如下：

根据《砌规》5.1.3 条：

$H = 3.4\text{m}$，刚性方案，$s = 9\text{m} > 2H = 6.8\text{m}$，取 $H_0 = 1.0H = 3.4\text{m}$

$$\beta = 1 \times \frac{3400}{566.7} = 6.0$$

$e = 0$，查附表 D.0.1-1，$\varphi = 0.95$；$A = 5 \times 10^5\text{mm}^2 > 0.3\text{m}^2$，故取 $f = 1.69\text{MPa}$

$$N_u = \varphi f A = 0.95 \times 1.69 \times 5 \times 10^5 = 802.75\text{kN}$$

(下午卷)

26. 正确答案是 A，解答如下：

Ⅰ，根据《砌规》5.1.1 条、3.2.1 条，正确，排除(B)、(D)项。

Ⅲ，根据《砌规》表 3.2.2，正确，应选(A)项。

【26 题评析】Ⅱ，据《砌规》A.0.2 条，错误。

Ⅳ，根据《砌规》4.1.5 条条文说明，错误。

27. 正确答案是 C，解答如下：

根据《砌规》10.2.2 条：

$A_{sc} = 615\text{mm}^2$，$\rho = \frac{615}{240 \times 240} = 1.07\% < 1.4\%$，且 $> 0.6\%$

$A_c = 240 \times 240 = 57600\text{mm}^2 < 0.15A = 0.15 \times 240 \times 5040 = 181440\text{mm}^2$

查表 10.1.5，取 $\gamma_{RE} = 0.9$

$$V_u = \frac{1}{0.9} \times [1.1 \times 0.3 \times (5040 \times 240 - 240 \times 240) + 0.5 \times 1.1 \times 240 \times 240$$

$$+ 0.08 \times 270 \times 615 + 0]$$

$$= 472.36\text{kN}$$

28. 正确答案是 C，解答如下：

根据《木标》4.3.1 条、4.3.2 条，取 $f_m = 1.1 \times 17$

由 4.3.18 条，$d=120+\dfrac{3.6}{2}\times 9=136.2\text{mm}$

由 5.2.1 条：

$$\gamma_0 M\leqslant f_m W_n \quad \text{即：} 1\times\frac{1}{8}q\times 3600^2\leqslant 1.1\times 17\times\frac{\pi\times 136.2^3}{32}$$

可得：$q\leqslant 2.99\text{N/mm}=2.99\text{kN/m}$

29. 正确答案是 B，解答如下：

根据《地规》5.4.2 条：

$a\geqslant 3.5\times 1.2-\dfrac{1.2}{\tan 45°}=3\text{m}$，且$>2.5\text{m}$

最小净距 L：$L=3+4.7+1.0-2.0=6.7\text{m}$

30. 正确答案是 B，解答如下：

距基坑越近，即东侧沉降大，沿沉降曲线的切线方向产生拉应力，故与拉应力垂直的方向发生裂缝，即(B)项所示。

31. 正确答案是 C，解答如下：

根据《地规》5.2.4 条：

查表 5.2.4，取 $\eta_b=2$，$\eta_d=3$；又 $10\text{m}>6\text{m}$，取 $b=6\text{m}$

水回升前：$f_{a1}=120+2\times 19\times(6-3)+3\times 19\times(4.55-0.5)=464.85\text{kPa}$

水回升至 0.5m：$f_{a2}=120+2\times(19-10)\times(6-3)+3\times\dfrac{19\times 0.5+9\times 4.05}{4.55}$

$$\times(4.55-0.5)$$

$$=296.70\text{kPa}$$

$$\Delta f_a=464.85-296.70=168.15\text{kPa}$$

32. 正确答案是 C，解答如下：

根据《地规》5.2.2 条：

$e=\dfrac{18}{90+20\times 1.2\times 1.3}=0.1485\text{m}<\dfrac{1.2}{6}=0.2\text{m}$，地基反力呈梯形分布

$p_{k,max}=\dfrac{90+20\times 1.2\times 1.3}{1.2}+\dfrac{18}{\frac{1}{6}\times 1\times 1.2^2}=101+75=176\text{kPa}$

33. 正确答案是 A，解答如下：

根据《地处规》4.2.2 条：

$z/b=0.6/1.2=0.5$，查表 4.2.2，取 $\theta=23°$

$$p_z=\dfrac{1.2\times\left(\dfrac{90}{1.2}+20\times 1.3-18\times 1.3\right)}{1.2+2\times 0.6\times\tan 23°}=54.48\text{kPa}$$

34. 正确答案是 B，解答如下：

根据《地处规》4.2.7 条，及《地规》5.3.5 条：

取 4 个小矩形，$b\times l=0.6\text{m}\times 3\text{m}$

$l/b=3/0.6=5$，$z_1/b=0.6/0.6=1$，查附表 K.0.1-2，取 $\bar{\alpha}_1=0.2353$

$l/b=3/0.6=5$，$z_2/b=3/0.6=5$，查附表 K.0.1-2，取 $\bar{\alpha}_2=0.1325$

$$s = 1.0 \times 90 \times 4 \times \left[\frac{600 \times 0.2353 - 0}{6000} + \frac{3000 \times 0.1325 - 600 \times 0.2353}{2000} \right]$$

$$= 1.0 \times 360 \times [0.02353 + 0.12816] = 54.6\text{mm}$$

35. 正确答案是 D，解答如下：

根据《地规》表 5.3.4：

$$\Delta s_{CD} = 0.003 \times 6000 = 18\text{mm}$$

36. 正确答案是 A，解答如下：

根据《桩规》5.3.9 条：

$h_r/d = 1.6/0.8 = 2$，$f_{rk} = 8\text{MPa}$，查表 5.3.9，取 $\xi_r = 1.18$

$$Q_{uk} = 3.14 \times 0.8 \times [50 \times (8 + 1 - 1.6 - 1.5) + 60 \times 3] + 1.18 \times 8 \times 10^3 \times \frac{\pi}{4} \times 0.8^2$$

$$= 5935.9\text{kN}$$

$$R_a = 5935.9/2 = 2968\text{kN}$$

37. 正确答案是 C，解答如下：

根据《桩规》5.9.2 条：

$$N_i = \frac{1.35 \times 5000}{2} + \frac{1.35 \times (350 + 250 \times 1.6) \times 1.2}{2 \times 1.2^2} = 3796.875\text{kN}$$

$$M = 3796.875 \times (1.2 - 0.4) = 3037.5\text{kN} \cdot \text{m}$$

38. 正确答案是 A，解答如下：

根据《地规》C.0.5 条、C.0.7 条：

极限荷载 $p_u = 350\text{kPa}$

由已知数据：$\dfrac{25}{0.80} = 31.25$，$\dfrac{200}{6.40} = 31.25$，$\dfrac{225}{7.85} = 28.66$

故比例界限荷载：$p_{cr} = 200\text{kPa}$

$$f_{ak} = \min\left(200, \frac{1}{2} \times 350\right) = 175\text{kPa}$$

39. 正确答案是 B，解答如下：

根据《地规》4.2.5 条，应选（B）项。

40. 正确答案是 D，解答如下：

根据《高规》7.2.26 条条文说明，（D）项错误。

【40 题评析】(A)、(B) 项：根据《高规》5.2.1 条条文说明，正确。

(C) 项：根据《高规》3.11.3 条条文说明，正确。

41. 正确答案是 D，解答如下：

Ⅰ，根据《高钢规》6.2.2 条，错误，排除 (A)、(C) 项。

Ⅲ，根据《高钢规》8.6.1 条第 3 款，错误，故选 (D) 项。

【41 题评析】Ⅱ，根据《高钢规》6.3.3 条第 5 款，正确。

Ⅳ，根据《高钢规》9.6.11 条，正确。

42. 正确答案是 B，解答如下：

查《高规》表 4.3.7-1、表 4.3.7-2，取 $\alpha_{max} = 0.72$，$T_g = 0.35 + 0.05 = 0.40\text{s}$

$T_g < T_1 = 1.0s < 5T_g$，由4.3.8条：

$$\eta_2 = 1 + \frac{0.05 - 0.07}{0.08 + 1.6 \times 0.07} = 0.896 > 0.55$$

$$\alpha = \left(\frac{0.40}{1.0}\right)^{0.87} \times 0.896 \times 0.72 = 0.29$$

43. 正确答案是A，解答如下：

根据《高规》5.5.3条：

内插法，$\eta_p = 1.9 + \frac{0.8 - 0.65}{0.8 - 0.5} \times (1.9 \times 1.5 - 1.9) = 2.375$

$\eta_p \Delta u_e \leqslant \frac{1}{50} \times 6000$，可得：$\Delta u_e \leqslant 50.5$mm

44. 正确答案是C，解答如下：

根据《高规》5.4.3条：

$$F_{11} = \frac{1}{1 - \frac{1}{16}} = 1.067$$

45. 正确答案是B，解答如下：

根据《高规》表7.2.15及注2、3：

$600 > 2 \times 200 = 400$mm，有端柱，$\mu_N = 0.45$，二级，则：

$l_c = \max(0.15h_w, 600 + 300) = \max(0.15 \times 5600, 900) = \max(840, 900)$
$\quad\quad = 900$mm

46. 正确答案是C，解答如下：

根据《高规》7.2.15条：

$$A_{阴} = 600 \times 600 + 200 \times 300 = 420000\text{mm}^2$$

$$A_s \geqslant 1\% \times 420000 = 4200\text{mm}^2，且 \geqslant 6\phi16(A_s = 1206\text{mm}^2)$$

故取$A_s \geqslant 4200$mm^2

47. 正确答案是B，解答如下：

根据《高规》7.2.15条：

查表7.2.15，取$\lambda_v = 0.20$

$$\rho_{v, \min} = \lambda_v \frac{f_c}{f_{yv}} = 0.20 \times \frac{19.1}{360} = 1.061\%$$

48. 正确答案是B，解答如下：

由《高规》3.3.1条，为A级高度，查表3.9.3，首层剪力墙为抗震二级。

由10.2.18条：$M = 1.3 \times 2700 = 3510$kN·m

由7.2.6条：$V = 1.4 \times 700 = 98$kN

故选(B)项。

49. 正确答案是A，解答如下：

查《高规》表3.9.3，框支框架为抗震二级。

根据《高规》10.2.11条，取增大系数1.2。由《抗震通规》4.3.2条：

$$N = 1.3 \times 1850 + 1.4 \times 1.2 \times 1000 = 4085\text{kN}$$

50. 正确答案是 B，解答如下：

根据《高规》10.2.22 条：

$$A_{sh} = 0.2 \times 8000 \times 200 \times 0.85 \times 1.36/360 = 1027 \text{mm}^2$$

$$\rho_{sh} = \frac{1027}{200 \times 1600} = 0.32\% > 0.3\% \text{（《高规》10.2.19 条）}$$

（A）项：$\rho = \dfrac{2 \times 50.3}{200 \times 200} = 0.25\%$，不满足；

（B）项：$\rho = \dfrac{2 \times 78.5}{200 \times 200} = 0.39\%$，满足，故选（B）项。

2021 年二级真题解答与评析

（上午卷）

1. 正确答案是 B，解答如下：

根据《设防分类标准》4.0.3 条，为乙类，按 9 度。

$H = 20\text{m}$，9 度，多层，$\dfrac{M_f}{M} = \dfrac{16200}{46765} = 35\% < 50\%$，由《抗规》6.1.3 条，按框架-剪

力墙结构。查《抗规》表 6.1.2，抗震墙为一级，框架为二级，应选（B）项。

2. 正确答案是 B，解答如下：

$H = 4 \times 4 + 6 + 0.2 = 22.2\text{m}$，多层，根据《抗规》6.2.13 条：

$\min(0.2V_0，1.5V_{f,max}) = \min(0.2 \times 2870，1.5 \times 950) = 574\text{kN}$

首层：$V_{1f} = 420\text{kN} < 574\text{kN}$，故取 $V_{1f} = 574\text{kN}$

二层：$V_{2f} = 950\text{kN} > 574\text{kN}$，故取 $V_{2f} = 950\text{kN}$

故选（B）项。

3. 正确答案是 D，解答如下：

根据《混规》11.7.5 条：

$\lambda = 1.1 < 1.5$，取 $\lambda = 1.5$

$$1350 \times 10^3 \leqslant \dfrac{1}{0.85} \times \left[\dfrac{1}{1.5 - 0.5} \times (0.4 \times 1.71 \times 350 \times 2250 - 0.1 \times 2090 \times 10^3 \times 1) \right.$$

$$\left. + 0.8 \times 360 \times \dfrac{A_{sv}}{s} \times 2250 \right]$$

$$= \dfrac{1}{0.85} \times \left[(538650 - 209000) + 0.8 \times 360 \times \dfrac{A_{sv}}{s} \times 2250 \right]$$

可得：$A_{sv}/s \geqslant 1.26\text{mm}^2/\text{mm}$

（A）项：$\dfrac{A_{sv}}{s} = \dfrac{2 \times 78.5}{200} = 0.785$，不满足。

（B）项：$\dfrac{A_{sv}}{s} = \dfrac{2 \times 78.5}{150} = 1.05$，不满足。

（C）项：$\dfrac{A_{sv}}{s} = \dfrac{2 \times 113.1}{200} = 1.13$，不满足。

故选（D）项。

4. 正确答案是 C，解答如下：

已知框架抗震三级，根据《混规》11.4.3 条、11.4.5 条：

$$V_c = 1.1 \times \dfrac{175 + 225}{5.3} \times 1.1 = 91.3\text{kN}$$

故选（C）项。

5. 正确答案是 A，解答如下：

根据《混规》11.6.3条：

X 方向（水平向）：$250\text{mm} < \frac{1}{2} \times 600 = 300\text{mm}$，取 $\eta_j = 1.0$

$b_j = \min(250 + 0.5 \times 600, 600) = 550\text{mm}$

$V_{ux} = \frac{1}{0.85} \times (0.3 \times 1 \times 1 \times 19.1 \times 550 \times 600) = 2224.6\text{kN}$

Y 方向，同理，$V_{uy} = 2224.6\text{kN}$，故取 $V_u = 2224.6\text{kN}$，选（A）项。

6. 正确答案是 A，解答如下：

根据《混规》5.2.4条：

$b'_f = \frac{8200}{3} = 2733\text{mm}$，$b'_f = b + s_n = 250 + 2750 = 3000\text{mm}$

$h'_f / h_0 = 120/560 = 0.21 > 0.1$，故选（A）项。

7. 正确答案是 D，解答如下：

根据《混规》6.2.11条：

$$h_0 = 600 - 40 = 560\text{mm}$$

$$x = 560 - \sqrt{560^2 - \frac{2 \times 1 \times 350 \times 10^6}{1 \times 14.3 \times 2000}} = 22.3\text{mm} < 120\text{mm}$$

故按 $b'_f = 2000$ 矩形截面计算：

$$A_s = \frac{1 \times 14.3 \times 2000 \times 22.3}{360} = 1772\text{mm}^2$$

8. 正确答案是 C，解答如下：

$$\mu_N = \frac{2900 \times 10^3}{14.3 \times \frac{\pi}{4} \times 600^2} = 0.72$$

由《混规》表11.4.17：

抗震三级，螺旋筋，$\lambda_v = 0.11 + \frac{0.72 - 0.7}{0.8 - 0.7} \times (0.13 - 0.11) = 0.114$

由选项可知，取 $s = 100\text{mm}$：

$$\rho_v = \frac{4A_{ss1}}{(600 - 2 \times 35) \times 100} \geq 0.114 \times \frac{16.7}{360} = 0.53\% > 0.4\%$$

可得：$A_{ss1} \geq 70.2\text{mm}^2$，选 $\Phi 10(A_s = 78.5\text{mm}^2)$，满足。

9. 正确答案是 A，解答如下：

根据《混验规》10.2.2条，Ⅲ错误，应选（A）项。

10. 正确答案是 B，解答如下：

Ⅰ，根据《混规》8.4.2条，正确。

Ⅱ，根据《混规》11.1.7条，正确。

Ⅲ，根据《混规》8.4.5条，错误。

故选（B）项。

11. 正确答案是 B，解答如下：

受压，查《钢标》表7.4.6，$[\lambda] = 150$

受拉，查《钢标》表 7.4.7，$[\lambda]=250$

故选（B）项。

12. 正确答案是 C，解答如下：

根据《抗规》9.2.10 条，（C）项错误，应选（C）项。

13. 正确答案是 A，解答如下：

根据《钢标》17.1.6 条，排除（C）、（D）项。

由《钢标》4.3.4 条，应选（A）项。

14. 正确答案是 D，解答如下：

根据《钢标》6.2.2 条：

由附录 C.0.1 条，$\varphi'_b=1.07-\dfrac{0.282}{1.41}=0.87$

S1 级，则：

$$\frac{486.5\times10^6}{0.87\times2820\times10^3}=198.3\text{N/mm}^2$$

15. 正确答案是 C，解答如下：

根据《钢标》附录 E.0.1 条：

$$K_2=0.1,\quad K_1=\frac{1.5\times\dfrac{68900\times10^4}{7}}{\dfrac{21200\times10^4}{13.75}}=9.6$$

$$\mu=0.748-\frac{9.6-5}{10-5}\times(0.748-0.721)=0.723$$

16. 正确答案是 B，解答如下：

上端最不利，由《钢标》8.1.1 条：

$$\frac{276.5\times10^3}{9953}+\frac{192.5\times10^6}{1.05\times1250\times10^3}=174.4\text{N/mm}^2$$

17. 正确答案是 A，解答如下：

根据《钢标》8.2.1 条：

$\lambda_x=\dfrac{10000}{146}=68.5$，$b/h=250/340=0.74<0.8$，查表 7.2.1-1，对 x 轴为 a 类。

$\lambda_x/\varepsilon_x=68.5$，查附录表 D.0.1，$\varphi_x=\dfrac{1}{2}\times(0.849+0.844)=0.847$

$$\beta_{mx}=0.6+0.4\times0=0.6$$

$$\frac{276.5\times10^3}{0.847\times9953}+\frac{0.6\times192.5\times10^6}{1.05\times1250\times10^3\times0.94}=126.4\text{N/mm}^2$$

18. 正确答案是 D，解答如下：

根据《钢标》17.3.5 条：

$$\frac{N_p}{Af_y}=\frac{376\times10^3}{9953\times235}=0.161>0.15$$

$$\lambda\leqslant125\times(1-0.161)\times1=105$$

19. 正确答案是 A，解答如下：

根据《钢标》4.4.5 条第 4 款，取 0.9，应选（A）项。

20. 正确答案是 B，解答如下：

根据《钢标》10.1.5 条，≥S2 级，选（B）项。

21. 正确答案是 A，解答如下：

Ⅰ，根据《木标》8.0.3 条，正确，排除（B）、（C）项。

Ⅱ，根据《木标》7.1.6 条，正确，应选（A）项。

【21题评析】Ⅲ，根据《木标》7.2.2 条，错误。

Ⅳ. 根据《木标》4.1.10 条，错误。

22. 正确答案是 D，解答如下：

根据《砌规》7.4.2 条：

$$x_0 = 0.3 \times 400 = 120\text{mm} < 0.13 \times 3500 = 455\text{mm}$$

故取 $0.5x_0 = 60\text{mm}$

$$M_{0v} = 1.3 \times 35 \times (1.54 + 0.06) + 1.3 \times (15.6 + 2.4) \times 1.54 \times \left(\frac{1.54}{2} + 0.06\right)$$

$$+ 1.5 \times 9 \times 1.54 \times \left(\frac{1.54}{2} + 0.06\right)$$

$$= 120\text{kN} \cdot \text{m}$$

23. 正确答案是 C，解答如下：

根据《砌规》7.4.3 条：

$$l_2 = \frac{1.96 + 0.24}{2} = 1.1\text{m}$$

$$M_r = 0.8 \times 5.24 \times 2.2 \times (3.4 - 0.4) \times (1.1 - 0.06) + 0.8 \times (17 + 2.4)$$

$$\times 3.5 \times \left(\frac{3.5}{2} - 0.06\right)$$

$$= 120.57\text{kN}$$

24. 正确答案是 B，解答如下：

查表 3.2.1-1，$f = 1.50\text{MPa}$

由《砌规》7.4.4 条：

$$N_u = \eta r f A_l = 0.7 \times 1.5 \times 1.5 \times (1.2 \times 240 \times 400) = 181.4\text{kN}$$

25. 正确答案是 D，解答如下：

根据《砌规》10.5.2 条、10.5.4 条：

抗震二级，$V_w = 1.4 \times 220 = 308\text{kN}$

$$f_{vg} = 0.2 \times 5.8^{0.55} = 0.53\text{MPa}$$

$$\lambda = \frac{1100}{220 \times 5.1} = 0.98 < 1.5，取 \lambda = 1.5$$

$$N = 1300\text{kN} > 0.2 f_g bh = 0.2 \times 5.8 \times 190 \times 5400 = 1190.16\text{kN}$$

取 $N = 1190.16\text{kN}$

$$308 \times 10^3 \leqslant \frac{1}{0.85} \times \left[\frac{1}{1.5 - 0.5} \times (0.48 \times 0.53 \times 190 \times 5100 + 0.10 \times 1190160 \times 1)\right.$$

$$\left. + 0.72 \times 270 \times \frac{A_{sh}}{s} \times 5100\right]$$

可得：$A_{sh}/s \leqslant 0$，按构造，查表 10.5.9-1，最小配筋率为 0.13%。

26. 正确答案是 B，解答如下：

根据《地规》5.1.7 条：

填土为粉土，$\psi_{zs}=1.20$，$\psi_{zw}=0.85$，$\psi_{zc}=1.0$

$z_d=2\times1.20\times0.85\times1.0=2.04$m

27. 正确答案是 B，解答如下：

根据《地规》表 5.2.4 注 4：圆形筏板基础等效为方形时，$b=\sqrt{\dfrac{\pi}{4}\times14^2}=12.4$m，$14+2\times4=22m<2\times12.4=24.8$m，不属于大面积压实填土。

由《地处规》3.0.4 条：

$$f_a=f_{ak}+\eta_d\gamma_m(d-0.5)=120+1.0\times18.2\times(1.5-0.5)=138.2\text{kPa}$$

28. 正确答案是 B，解答如下：

根据《地规》5.3.5 条，查附录表 K.0.3：

$z_1=2.9-1.5=1.4$m，$z_1/\gamma=1.4/7=0.2$，$\overline{\alpha}_1=0.998$

$z_2=12.6+2.9-1.5=14$m，$z_2/\gamma=14/7=2$，$\overline{\alpha}_2=0.658$

$$s=1.0\times\frac{100}{6000}\times(0.658\times14\times10^3-0.998\times1.4\times10^3)=130\text{mm}$$

29. 正确答案是 C，解答如下：

根据《地规》6.3.8 条：

$$\rho_{dmax}=0.97\times\frac{1\times10^3\times2.7}{1+0.01\times16\times2.7}=1829\text{kg/m}^3$$

30. 正确答案是 C，解答如下：

根据《桩规》5.3.5 条：

$$Q_{uk}=3.14\times0.6\times(2\times20+8\times30+12\times40+2\times50)+\frac{\pi}{4}\times0.6^2\times3000$$
$$=2468.04\text{kN}$$

31. 正确答案是 B，解答如下：

根据《基桩检规》6.4.7 条，取 $R_{ha}=0.75\times75$

由《抗规》4.4.2 条：

$$R_{Eha}=1.25\times0.75\times75=70.3\text{kN}$$

32. 正确答案是 C，解答如下：

根据《桩规》5.1.1 条：

$$N_{imax}=\frac{4000}{4}+\frac{1200\times0.9}{4\times0.9^2}=1333.3\text{kN}$$

33. 正确答案是 B，解答如下：

根据《地处规》7.1.5 条：由 7.7.2 条，$\alpha_p=1.0$

$$R_a=\pi\times0.4\times(2\times15+5\times10+8\times20+2\times80)+1\times\frac{\pi}{4}\times0.4^2\times2000$$

$$=753.6\text{kN}$$

$$m=\frac{0.4^2}{(1.13\times2)^2}=0.031$$

$$\lambda\times0.031\times\frac{753.6}{\frac{\pi}{4}\times0.4^2}\times(2\times2)=570$$

可得：$\lambda=0.77$

34. 正确答案是 C，解答如下：

根据《地处规》7.1.5 条：

当取 $f_{sk}=100\text{kPa}$ 时：

$$\beta\times(1-0.031)\times100\times(2\times2)=230\times2\times2-570$$

可得：$\beta=0.90$

35. 正确答案是 B，解答如下：

根据《地处规》7.1.7 条：

$$\xi=\frac{220}{100}=2.2$$

$$E_{sp}=2.2\times3=6.6\text{MPa}$$

36. 正确答案是 C，解答如下：

根据《抗规》4.3.1 条，（C）项错误，应选（C）项。

【36 题评析】（A）项：根据《抗规》3.3.1 条、4.1.1 条，正确。

（B）项：根据《抗规》4.3.4 条，正确。

（D）项：根据《抗规》4.3.6 条，正确。

37. 正确答案是 A，解答如下：

根据《桩规》3.2.2 条，（A）项错误，应选（A）项。

【37 题评析】根据《桩规》3.2.2 条，（B）、（C）、（D）项均正确。

38. 正确答案是 B，解答如下：

根据《高钢规》3.5.4 条，（B）项正确，应选（B）项。

【38 题评析】（A）项：根据《高规》4.2.6 条条文说明，错误。

（C）项：根据《高钢规》3.5.2 条，错误。

（D）项：根据《高规》3.7.5 条，错误。

39. 正确答案是 D，解答如下：

根据《荷规》9.1.3 条，（D）项正确，应选（D）项。

【39 题评析】（A）项：根据《高规》7.2.13 条，错误。

（B）项：根据《高钢规》11.1.7 条，错误。

（C）项：根据《高规》3.12.4 条，错误。

40. 正确答案是 B，解答如下：

根据《高钢规》5.3.5 条，$T_g=0.55\text{s}$，则：

$$T_g=0.55\text{s}<T_1=2.0\text{s}<5T_g=2.75\text{s}$$

$$\gamma=0.9+\frac{0.05-0.04}{0.3+6\times0.04}=0.9185$$

$$\eta_2 = 1 + \frac{0.05 - 0.04}{0.08 + 1.0 \times 0.04} = 1.069$$

$$\alpha = \left(\frac{0.55}{2}\right)^{0.9185} \times 1.069 \times 0.08 = 0.0261$$

$$F_{Ek} = 0.0261 \times 0.85 \times (11500 + 6 \times 11000 + 10800) = 1959 kN$$

41. 正确答案是 D，解答如下：

根据《高钢规》6.1.7 条：

$$\frac{V_1}{\Delta u_1} = \frac{2350}{\Delta u_1} \geqslant 5 \times \frac{15500 + 6 \times 14900 + 14500}{7200}$$

可得：$\Delta u_1 \leqslant 28.3 mm$

42. 正确答案是 D，解答如下：

根据《抗规》8.1.3 条，抗震等级为四级。

根据《高钢规》表 7.4.1 及注：

$$\frac{h_0}{t_w} \leqslant (85 - 120 \times 0)\varepsilon_k = 70, \quad \frac{h_0}{t_w} \leqslant 75\varepsilon_k = 62$$

故 $\frac{h_0}{t_w} \leqslant 62$。

43. 正确答案是 B，解答如下：

$H = 4.5 + 11 \times 4.2 = 50.7 m < 60 m$，由《高规》3.9.3 条，按框架-剪力墙结构。

$M_f/M = 45\% < 50\%$，由 8.1.3 条，按框架-剪力墙结构。

7 度 (0.15g)，Ⅲ类场地，按 8 度确定抗震构造措施，查表 3.9.3：

框架为抗震二级，剪力墙（核心筒）为抗震一级，选 (B) 项。

44. 正确答案是 A，解答如下：

根据《高规》6.4.2 条，$[\mu_N] = 0.90$

$\frac{10500 \times 10^3}{19.1 \times a_1^2} \leqslant 0.90$，可得：$a_1 \geqslant 782 mm$

由《高规》11.4.4 条：

$\frac{10500 \times 10^3}{19.1 \times a_2^2 \times 95\% + 205 \times a_2^2 \times 5\%} \leqslant 0.90$，可得：$a_2 \geqslant 641 mm$

故选 (A) 项。

45. 正确答案是 C，解答如下：

根据《高规》4.3.7 条，$T_g = 0.35 s$，由《高规》4.3.5 条，P_3 不满足，排除 (D) 项。

$5600 \times 65\% = 3640 kN$，故 P_1 不满足，排除 (B) 项。

由 4.3.5 条条文说明：

P_4：$8500/5600 = 1.52 > 1.35$，故排除 P_4，应选 (C) 项。

46. 正确答案是 C，解答如下：

$H = 18 \times 3.2 = 57.6 m$，查《高规》表 3.9.3，抗震二级。

$2500/200 = 12.5 > 8$，不属于短肢剪力墙。

由 7.2.14 条、7.2.15 条：

$l_c=0.15×2500=375\text{mm}$，暗柱长度$=\max\left(250,\dfrac{375}{2},400\right)=400\text{mm}$

阴影部分竖向钢筋面积$≥1\%×400×200=800\text{mm}^2$，$≥1206\text{mm}^2(6 \Phi 16)$

故选（C）项。

47. 正确答案是 A，解答如下：

根据《高规》3.5.5条：

$H_1=4×3.2=12.8\text{m}$，$H=18×3.2=57.6\text{m}$，$\dfrac{H_1}{H}=0.22>0.2$，满足。

$B_1=60\text{m}<75\%×(30+60)=67.5\text{m}$，不满足。

由 10.6.1 条，属于竖向体型收进。

由 3.4.5 条，$\mu_{扭}≤1.4$，第 4 层的 $\mu_{扭}=1.55$ 不满足，故 I 正确。

由 3.7.3 条，$\dfrac{1}{1300}$、$\dfrac{1}{11000}$ 均满足；由 10.6.5 条：

$\dfrac{\theta_5}{\theta_4}=\dfrac{1/1100}{1/1300}=1.18>1.15$，故 II 正确，应选（A）项。

48. 正确答案是 B，解答如下：

根据《高规》3.4.5条：

取竖向抗侧力构件计算，故取 a_3、a_4 计算 $\mu_{扭}$：

$$\mu_{扭}=\dfrac{48}{\dfrac{30+48}{2}}=1.23$$

应选（B）项。

49. 正确答案是 C，解答如下：

根据《荷规》8.5.1条及条文说明：

$H/B=58/10=5.8>5$，宜考虑横风向风振，（C）项错误，选（C）项。

【49题评析】（A）项：根据《高规》3.7.4 条，正确。

（B）项：根据《高规》7.2.4 条，正确。

（D）项：根据《高规》7.2.24 条及条文说明，正确。

50. 正确答案是 B，解答如下：

根据《高规》3.11.1条、3.11.3条第4款：

$$3200×10^3≤0.15×23.4×b×3100$$

可得：$b≥294\text{mm}$，应选（B）项。

第三篇 专题精讲

第一章 结 构 力 学

第一节 静 定 梁

静定梁可分为单跨静定梁和多跨静定梁。其中,单跨静定梁可分为简支梁(包括杆轴水平简支梁和简支斜梁)、悬臂梁、伸臂梁,如图 1.1.1$(a)\sim(d)$ 所示。简支斜梁如楼梯梁。在结构分析中,还有如图 1.1.1(e) 所示的单跨静定梁。

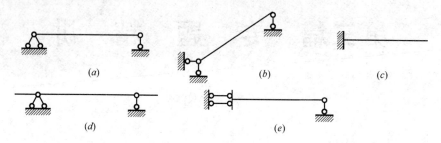

图 1.1.1 单跨静定梁

(a) 水平简支梁;(b) 简支斜梁;(c) 悬臂梁;(d) 伸臂梁;(e) 带滑动支座的梁

一、单跨静定梁

1. 单跨静定梁的变形特点和内力特点

当单跨静定梁为水平直梁时,在外力作用下发生平面弯曲时,梁的轴线在其纵向对称平面内由原来的直线变为一条光滑曲线。

单跨静定梁和多跨静定梁,其内力一般有弯矩 M、剪力 F_Q(或 V 或 Q 表示)和轴力 F_N;当梁的杆轴水平,外力(荷载)与杆轴垂直时,梁的轴力为零。

2. 单跨静定梁的内力和内力图

单跨静定梁的内力计算仍采用截面法。如图 1.1.2(a) 所示简支梁在均布线荷载 q(kN/m)作用下,其内力计算如下:

(1)计算支座反力。由对称性可知,$F_A = F_B = \dfrac{ql}{2}$(方向向上)。

(2)取脱离体。作 m-m 截面将梁截开,取左部分为研究对象,如图 1.1.2(b) 所示,先画外力,再画内力,即:弯矩 $M(x)$ 和剪力 $F_Q(x)$。

(3)列平衡方程。

$\sum F_y = 0$,$F_A - qx - F_Q(x) = 0$,即:$F_Q(x) = F_A - qx = \dfrac{ql}{2} - qx$

$\sum M_O = 0$,$M(x) + qx \cdot \dfrac{x}{2} - F_A x = 0$,即:$M(x) = F_A x - qx \cdot \dfrac{x}{2}$

当取右部分为研究对象,其弯矩 $M(x)$ 和剪力 $F_Q(x)$ 与上述结果相同。

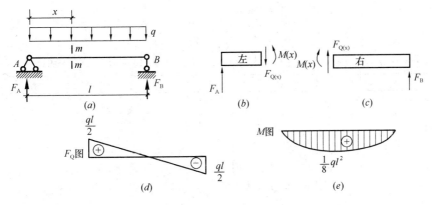

图 1.1.2　简支梁内力分析

注意：剪力的正负号规定（图 1.1.3）：使脱离体发生顺时针转动的剪力 F_Q 为正，反之为负。

弯矩的正负号规定（图 1.1.3）：使脱离体发生下侧受拉、上侧受压的弯矩 M 为正，反之为负。

通常将剪力、弯矩沿杆件轴线的变化情况用图形表示，这种表示剪力和弯矩变化规律的图形分别称为剪力图、弯矩图。在剪力图、弯矩图中，其横坐标表示梁的横截面位置，纵坐标表示相应横截面的剪力值（剪力值为正，画在横坐标上方，反之画在横坐标下方），弯矩值（弯矩为正，画在横坐标下方，反之画在横坐标上方）。

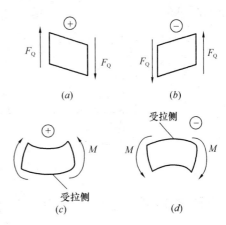

图 1.1.3　剪力 F_Q 和弯矩 M 的正负号规定

图 1.1.2(a) 简支梁，根据其剪力 $F_Q(x)$，取 $x=0$，$F_Q(x)=\dfrac{ql}{2}$；$x=l$，$F_Q(x)=-\dfrac{ql}{2}$，即可画出剪力图，如图 1.1.2(d) 所示。

根据其弯矩 $M(x)$，取 $x=0$，$M(x)=0$；$x=\dfrac{l}{2}$，$M(x)=\dfrac{ql^2}{8}$；$x=l$，$M(x)=0$，即可画出弯矩图如图 1.1.2 (e) 所示。

小结：通过观察剪力 $F_Q(x)$ 和弯矩 $M(x)$ 的计算公式，可得：

(1) 剪力：剪力等于脱离体上所有外力（集中力、分布力）在平行横截面方向投影的代数和。其中，外力（包括支座反力）按"左上右下取正"（左脱离体上的向上外力为正，右脱离体上的向下外力为正），反之为负，如图 1.1.4(a)、(b) 所示。

(2) 弯矩：弯矩等于脱离体上所有集中力、分布力、外力偶对横截面形心的力矩的代数和。同时规定：在脱离体上的向上集中力（包括支座反力）、分布力产生的力矩为正，与向上集中力（包括支座反力）、分布力产生的力矩相同转向的外力偶矩也为正，反之为负，如图 1.1.4(c)、(d) 所示。

利用上述结论，可以不画脱离体，直接得到任意横截面的剪力和弯矩，该方法称为**直接法**。

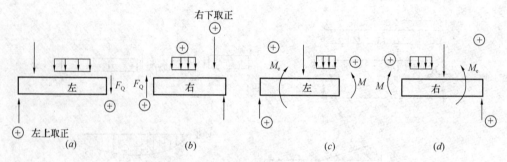

图 1.1.4　直接法时剪力和弯矩的正负号规定

(a)、(b) 产生正号剪力 F_Q 的规定；(c)、(d) 产生正号弯矩 M 的规定

【例 1.1.1】如图 1.1.5 所示简支梁在两种受力状态下，跨中 Ⅰ、Ⅱ 点的剪力关系为下列何项？

(A) $V_I = \dfrac{1}{2} V_{II}$ (B) $V_I = V_{II}$

(C) $V_I = 2 V_{II}$ (D) $V_I = V_{II}$

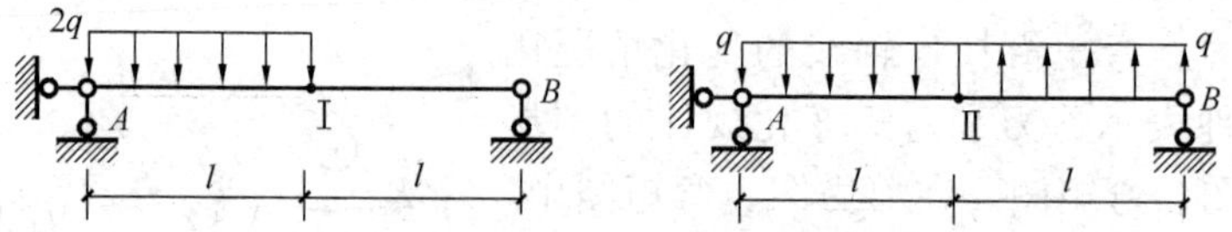

图 1.1.5

【解答】　求图示 Ⅰ 中的剪力：先求出支座 B 的反力 F_B，对 A 点取矩，则：

$$F_B \cdot 2l = 2ql \cdot \frac{l}{2}, \text{即：} F_B = \frac{ql}{2} \text{（方向向上）}$$

直接法，$V_I = - F_B = -\dfrac{ql}{2}$

求图示 Ⅱ 中的剪力：先求出左支座的反力 F_A，对 B 点取矩，则：

$$F_A \cdot 2l = ql \cdot \frac{3l}{2} - ql \cdot \frac{l}{2}, \text{即：} F_A = \frac{ql}{2}$$

直接法，$V_{II} = F_A - ql = \dfrac{ql}{2} - ql = -\dfrac{ql}{2}$

故 $V_I = V_{II}$，选择（B）项。

思考：通过观察图 1.1.5 右侧简支梁，外荷载为一对力偶，故支座反力也构成一对力偶，则 $F_A \cdot 2l = ql \cdot l$，即 $F_A = \dfrac{ql}{2}$，其他同上。

3. 梁段的剪力图和弯矩图的特征

常见单跨静定梁的内力图如图 1.1.6 所示。

观察图 1.1.6 中弯矩图和剪力图的规律，可得：梁段在荷载作用下的剪力图与弯矩图的特征，如图 1.1.7 所示。此外，根据弯矩、剪力与荷载的微分关系也可得到图 1.1.7。

注意：上述剪力图与弯矩图的特征也适用于刚架、组合结构中的梁式直杆。

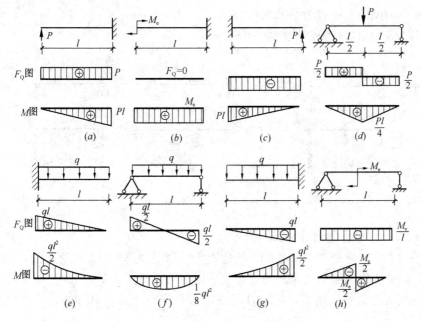

图 1.1.6 单跨静定梁的剪力图和弯矩图

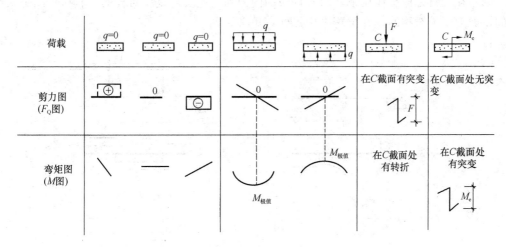

图 1.1.7 梁上荷载与对应的剪力图和弯矩图的特征

4. 根据内力图特征简化梁的内力图绘制

根据内力图特征，结合直接法确定内力，可以简化梁的内力图绘制。其基本步骤如下：

（1）求出支座反力。

（2）根据梁上的外力情况将梁分段。

（3）根据各梁段上的外力，确定各梁段的剪力图、弯矩图的几何形状。

（4）由直接法计算各梁段起点、终点及极值点等截面的剪力、弯矩，逐段画出剪力图和弯矩图。

5. 叠加法作弯矩图

运用叠加原理，将多个荷载作用下的梁的弯矩等于各个荷载单独作用下的弯矩之和。

这种绘制梁内力图的方法称为叠加法。

如图 1.1.8 所示，按叠加法画弯矩图。

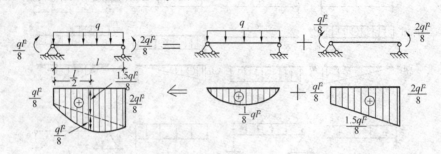

图 1.1.8　叠加法画弯矩图

6. 利用对称性进行内力分析和内力图

在梁的内力中，弯矩是对称性的，故弯矩为对称内力；剪力是反对称的，故剪力为反对称内力。因此，简支梁的支座反力、内力和内力图的特点（图 1.1.9）如下：

（1）在正对称荷载作用下，对称杆段的内力和支座反力是对称的，其弯矩图是对称的，剪力图为反对称的。在梁跨中中点处剪力必为零。

（2）在反对称荷载作用下，对称杆段的内力和支座反力是反对称的，其弯矩图是反对称的，剪力图为对称的。在梁跨中中点处弯矩必为零。

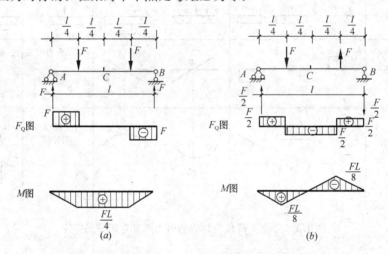

图 1.1.9　对称结构、支座反力、内力和内力图

(a) 正对称荷载；(b) 反对称荷载

二、简支斜梁

如图 1.1.10(a) 所示简支斜梁，受到楼面均布活荷载 q 的作用，计算其内力。

首先求出支座 B 的反力：$F_{yB} = \dfrac{1}{2}ql$

取脱离体，如图 1.1.10(b) 所示，梁有轴力 F_N，根据平衡方程，可得：

$$F_N = F_{yB}\sin\alpha - qx\sin\alpha = \frac{1}{2}ql\sin\alpha - qx\sin\alpha$$

取 $x=0$，$F_N=\dfrac{1}{2}ql\sin\alpha$（轴拉力）；$x=l$，$F_N=-\dfrac{1}{2}ql\sin\alpha$（轴压力），画轴力图如图 1.1.10($c$) 所示。

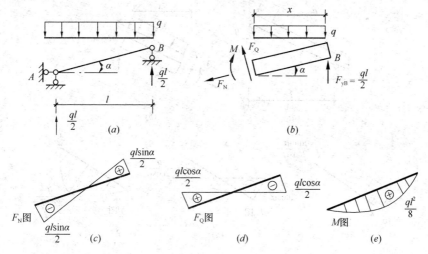

图 1.1.10　简支斜梁的受力分析和内力图

剪力 F_Q：$\qquad F_Q=-F_{yB}\cos\alpha+qx\cos\alpha=-\dfrac{1}{2}ql\cos\alpha+qx\cos\alpha$

取 $x=0$，$F_Q=-\dfrac{1}{2}ql\cos\alpha$；$x=l$，$F_Q=\dfrac{1}{2}ql\cos\alpha$，画剪力图，如图 1.1.10 ($d$) 所示。

弯矩 M：$\qquad M=F_{yB}x-qx\cdot\dfrac{x}{2}=\dfrac{1}{2}qlx-qx\cdot\dfrac{x}{2}$

取 $x=0$，$M=0$；取 $x=\dfrac{l}{2}$，$M=\dfrac{1}{8}ql^2$；$x=l$，$M=0$，画弯矩图，如图 1.1.10 (e) 所示。

可知，简支斜梁的剪力图和轴力图绘制，只需要左右支座处的剪力值和轴力值，再将其连为直线即可得到。弯矩图绘制，需要左右支座处、跨中点处的弯矩值即可。

当简支斜梁受到自重荷载 q 的作用 ［图 1.1.11 (a)］、受到风荷载 q 的作用 ［图

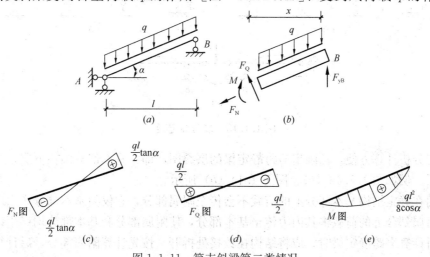

图 1.1.11　简支斜梁第二类情况

1.1.12（a）]，其内力的计算也是按上述简支斜梁方法，其脱离体分别如图1.1.11（b）、图1.1.12（b）所示，其轴力图、剪力图、弯矩图分别如图1.1.11、图1.1.12所示。

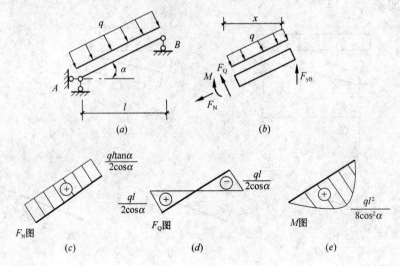

图1.1.12　简支斜梁第三类情况

三、多跨静定梁

多跨静定梁是由若干根梁用铰相连，并通过若干支座与地基（或结构）相连而成的静定结构。多跨静定梁的组成包括基本部分和附属部分，基本部分是指不依靠其他部分而能独立承受荷载的部分，例如图1.1.13（a）中AB和EF，图1.1.14（a）中AC。附属部分则需要依靠基本部分的支承才能承受荷载的部分，如图1.1.13（a）中CD，图1.1.14（a）中CD。在荷载作用下，多跨静定梁的变形为连续光滑的曲线，如图1.1.13（c）中的虚线。

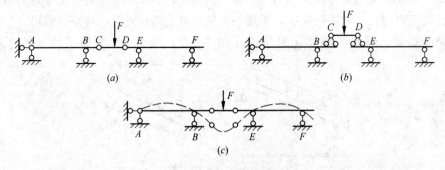

图1.1.13　多跨静定梁

为使分析计算方便，常画出多跨静定梁的层叠图，即：基本部分画在下层，附属部分画在上层。例如图1.1.13（b）、图1.1.14（b）所示。

作用在静定结构基本部分上的荷载不会传至附属部分，它仅使基本部分产生内力；而作用在附属部分上的荷载将其内力传至基本部分，使附属部分和基本部分均产生内力。因此，分析计算多跨静定梁时，应将结构在铰接处拆开，按先计算附属部分，后计算基本部

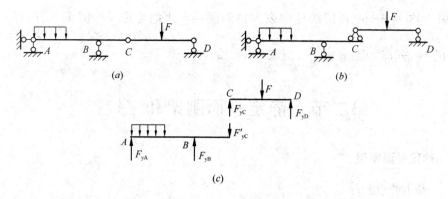

(a)　　　　　　　　　　　　　(b)

(c)

图 1.1.14　多跨静定梁

分的原则，例如图 1.1.14（c）所示，C 处的水平约束力为零，故未标注。该原则也适用于多跨静定刚架、组合结构等。

【例 1.1.2】 如图 1.1.15（a）所示多跨静定梁 B 点弯矩为下列何项？

(A) -40kN·m

(B) -50kN·m

(C) -60kN·m

(D) -90kN·m

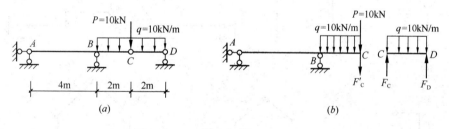

(a)　　　　　　　　　　　　　(b)

图 1.1.15

【解答】 从铰 C 处拆开，如图 1.1.15（b），分析 CD 段梁，由力平衡可知，$F_C = 10 \times 2/2 = 10$kN。

对 B 点取矩：$M_B = -10 \times 2 - 10 \times 2 - (10 \times 2) \times 1 = -60$kN·m，应选(C)项。

思考： 多跨静定梁的计算原则是"先附属、后基本"。

【例 1.1.3】 若使图 1.1.16（a）梁弯矩图上下最大值相等，应满足下列何项？

(A) $a = \dfrac{b}{4}$

(B) $a = \dfrac{b}{2}$

(C) $a = b$

(D) $a = 2b$

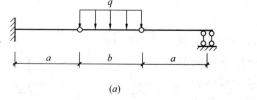

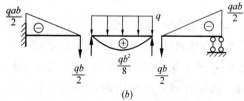

(a)　　　　　　　　　　　　　(b)

图 1.1.16

【解答】 先分析中间跨梁的内力，其跨中最大弯矩为 $\dfrac{1}{8}qb^2$，利用对称性，其两端铰

链的约束力均为 $\frac{1}{2}qb$；铰链的反约束力对两侧梁产生的弯矩，如图 1.1.16（b）所示，

则：$\frac{1}{8}qb^2 = \frac{1}{2}qab$，即：$a = \frac{b}{4}$，应选（A）项。

第二节 静定平面刚架和三铰拱

一、静定平面刚架

（一）基本特点和规定

1. 静定平面刚架的分类和变形特点

刚架是由梁和柱组成且具有刚节点的结构。刚节点能传递轴力、剪力和弯矩。当刚架的各杆的轴线都在同一平面内且外力（荷载）也作用于该平面内时称为平面刚架。静定平面刚架的基本类型有悬臂刚架、简支刚架、三铰刚架，以及多跨刚架，如图 1.2.1 所示。此外，刚架还可分为等高刚架和不等高刚架。

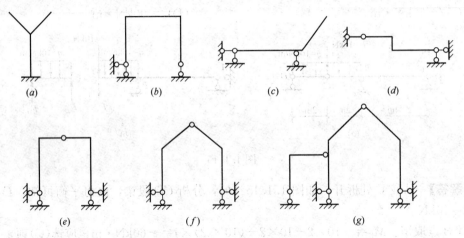

图 1.2.1 静定平面刚架

（a）悬臂刚架；（b）、（c）、（d）简支刚架；（e）Ⅱ形三铰刚架；

（f）门式三铰刚架；（g）多跨刚架

刚架的变形特点：连接于刚节点的所有杆件在受力前后的杆端夹角不变，如图 1.2.2 所示。

2. 静定平面刚架的受力特点和基本规定

平面刚架的杆件的内力一般包括轴力 F_N、剪力 F_Q 和弯矩 M，其正负号规定与梁相同。为了表明各杆端截面的内力，规定在内力符号后面引用两个脚标：第一脚标表示内力所在杆件近端截面，第二脚标表示远端截面。例如图 1.2.3（b），杆端弯矩 M_{BA} 和剪力 F_{QBA} 分别表示 AB 杆 B 截面的弯矩、剪力。一般地，平面刚架的轴力图和剪力图可绘在杆件的任一侧，并注明正负，如图 1.2.3（d）、（e）所示。弯矩图绘在杆件受拉

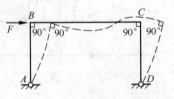

图 1.2.2 刚架变形图

侧，不需要注明正负，如图 1.2.3 （c）所示。

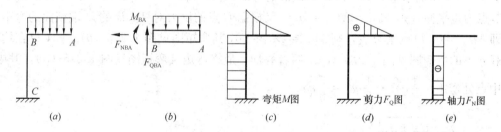

图 1.2.3　刚架的内力符号

刚架的刚节点的内力特点是：满足静力平衡方程（两个力平衡方程和一个力矩平衡方程）。如图 1.2.4 所示，当节点处无外力偶时，刚节点处的弯矩满足力矩平衡。

三铰刚架在竖向荷载作用下会产生水平推力，由支座水平反力与之平衡。

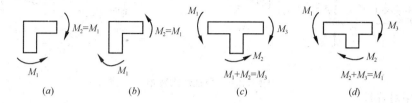

图 1.2.4　无外力偶时刚节点满足弯矩平衡

3. 内力计算和内力图绘制

静定平面刚架的内力计算仍采用截面法。其基本步骤是：首先求出支座反力，然后将刚架拆分为单个杆件，逐个求解各杆件的内力图。在求支座反力时，可利用整体或部分隔离体的平衡条件，即灵活运用，使计算简便。内力计算完成后，需根据刚节点或部分隔离体的平衡条件，校核内力计算值是否正确。

根据各杆的内力分别作各杆的内力图，再将各杆的内力图合在一起就是刚架的内力图。在画弯矩图时，应注意的是：

（1）刚节点处的弯矩应满足力矩平衡；

（2）铰节点处，当无成对的外力偶（ ↑↑ ）时，弯矩必为零；

（3）弯矩图的特征应满足前面梁的弯矩图的特征；

（4）在多个荷载作用的杆段，仍可采用叠加法绘制弯矩图；

（5）利用对称性，见本节后面内容。

充分利用上述知识点，有些静定平面刚架可以不求内力而直接画出弯矩图，也可以判别题目给出的弯矩图是否正确。

（二）悬臂刚架

悬臂刚架的各杆段的内力直接采用截面法，由静力平衡条件求解得到。当计算柱脚处的弯矩时，取整体悬臂刚架分析即可得到。

（三）简支刚架和三铰刚架

1. 叠加法绘制弯矩图

在多个荷载作用的刚架杆段，仍可采用叠加法绘制弯矩图。欲求图 1.2.5 （a）所示

刚架的 CD 杆端的弯矩和弯矩图，首先求出支座 A 的水平反力，由水平方向力平衡，可得 $F_{xA} = P$，从而求解到 AC 杆 C 端截面的弯矩 $M_{CA} = qa \cdot 2a - qa \cdot a = qa^2$，再根据 C 点刚节点力矩平衡，则 $M_{CD} = M_{CA} = qa^2$。又根据 B 点的反力对杆 DB 的 D 端截面的弯矩为零即 $M_{DB} = 0$，D 点刚节点，则 $M_{DC} = M_{DB} = 0$，其弯矩图见图 1.2.5 (b)。杆 CD 在均布荷载 q 下的弯矩图见图 1.2.5 (c)。两者叠加，最终弯矩及弯矩图见图 1.2.5 (d)，其中，跨中点处弯矩 $= \dfrac{1}{2}qa^2 + \dfrac{1}{8}qa^2 = \dfrac{5}{8}qa^2$。

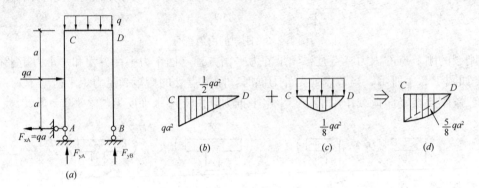

图 1.2.5 叠加法求弯矩

2. 利用对称性

将刚架任一杆段截开，见图 1.2.6 (c)、(d)，可知，轴力和弯矩均为对称内力，剪力为反对称内力。因此，轴力和弯矩称为对称内力，剪力称为反对称内力。

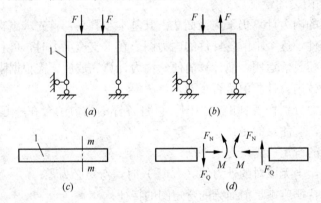

图 1.2.6

对称三铰刚架的内力图见图 1.2.7、图 1.2.8。

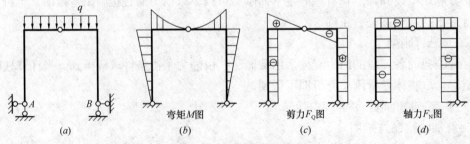

图 1.2.7 正对称荷载作用

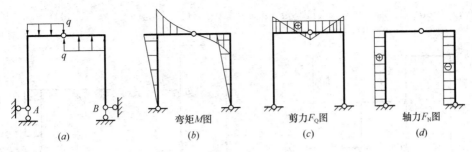

弯矩M图   剪力F_Q图   轴力F_N图

(a)   (b)   (c)   (d)

图 1.2.8 反对称荷载作用

观察图 1.2.7、图 1.2.8，对称结构的内力图及变形的特点如下：

（1）在正对称荷载作用下，对称杆件的内力（弯矩、轴力和剪力）和支座反力、变形是对称的，其弯矩图和轴力图是对称的，而剪力图是反对称的。在对称轴位置上的杆件的剪力必为零（若剪力不为零，则不能满足静力平衡方程）。

（2）在反对称荷载作用下，对称杆件的内力（弯矩、轴力和剪力）和支座反力、变形是反对称的，其弯矩图和轴力图是反对称的，但剪力图是对称的。在对称轴位置上的杆件的弯矩和轴力均为零（若弯矩、轴力不为零，则不能满足静力平衡方程）。

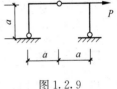

图 1.2.9

此外，前面图 1.2.6（a）、（b），由于支座的水平反力为零，分别属于对称结构、正对称荷载；对称结构、反对称荷载。

【例 1.2.1】 如图 1.2.9 所示刚架的弯矩图，下列何项是正确的？

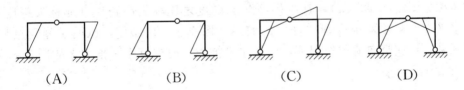

（A）   （B）   （C）   （D）

【解答】 刚节点满足力矩平衡，故排除 A、B 项。

图示刚架可视为图 1.2.10（a）和（b）的叠加，即图 1.2.10（b）为对称结构、正对称荷载，其弯矩图为零；图 1.2.10（a）为对称结构、反对称荷载，其弯矩图为反对称，故最终叠加的弯矩图为反对称，故选（C）项。

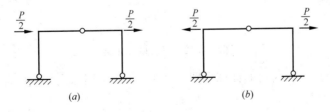

(a)   (b)

图 1.2.10

（四）多跨刚架

多跨刚架的计算，同样遵循"先附属、后基本"的原则。

【例 1.2.2】 如图 1.2.11（a）所示刚架，z 点处的弯矩应为下列何项？

(A) $\frac{1}{2}qa^2$ (B) qa^2 (C) $\frac{3}{2}qa^2$ (D) $2qa^2$

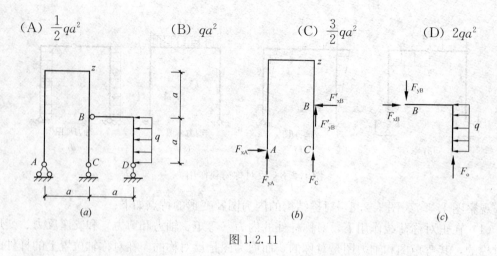

图 1.2.11

【解答】 欲求 z 点弯矩，分析 zBC 杆，仅 B 点处的铰链支座的水平约束力对其产生弯矩，见图 1.2.11 (b)，故取附属部分 BD 为研究对象，见图 1.2.11 (c)，取水平方向力平衡，则 $F_{xB}=qa$（方向向右），故其约束反力 $F'_{xB}=qa$（方向向左），因此在 z 点处弯矩 $=qa\times a=qa^2$，应选 (B) 项。

二、三铰拱

拱是指杆件轴线为曲线，在竖向荷载作用下，拱的支座将产生水平推力的结构。拱分为三铰拱、两铰拱和无铰拱。三铰拱属于静定结构，其他两种属于超静定结构。三铰拱的名称见图 1.2.12 (a)，其中拱高 f 与跨度之比称为高跨比（亦称矢跨比）。为了平衡水平推力，常采用设置拉杆的三铰拱 [图 1.2.12 (b)]，也属于静定结构。拱与梁的区别是：在竖向荷载作用下，梁无水平推力，而拱有水平推力，故图 1.2.12 (c) 称为曲梁。

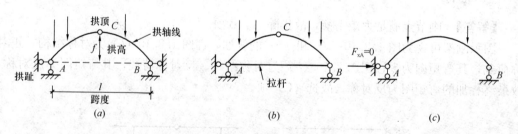

图 1.2.12 三铰拱和曲梁

三铰拱的支座反力和内力的计算（图 1.2.13），常采用与之相应的简支梁（简称"相当梁"）作比较。

A 支座竖向反力 F_{yA}，取整体为研究对象，对 B 点取力矩平衡，由于水平推力不参与计算，故 A 支座反力 F_{yA} 的计算与相当梁的支座反力 F_{yA}^0 的计算完全相同，其方向也相同；同理，B 支座反力 F_{yB} 与相当梁的支座反力 F_{yB}^0 也完全相同，可得：

$$F_{yA} = F_{yA}^0, \quad F_{yB} = F_{yB}^0$$

求拱的水平推力 F_H，取 AC 端为研究对象，对 C 点铰取力矩平衡，A 支座竖向反力

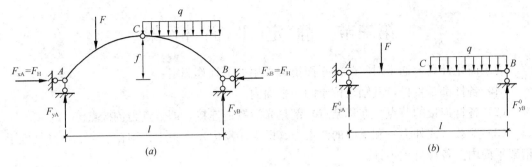

图 1.2.13 三铰拱的内力分析

和外力对 C 点铰的力矩的代数之和，与相当梁的 A 支座竖向反力和外力对 C 点处的力矩的代数之和（记为：M_C^0）两者相等，因此，水平推力 F_H 为：

$$F_H = \frac{M_C^0}{f}$$

从上述分析计算结果可知：

（1）在某一荷载作用下，三铰拱的支座反力（包括水平推力）仅与三个铰的位置有关，而与拱的轴线无关。

（2）仅有竖向荷载作用下，三铰拱的支座竖向反力与相当梁的支座竖向反力相同，而水平推力与拱高（或称矢高）f 成反比。拱的高跨比（矢高比）越大，则水平推力越小，反之，水平推力越大。

对于带拉杆的三铰拱，在竖向荷载作用下拉杆的内力的确定，如图 1.2.12（b）所示，以整体为研究对象，求出三个约束反力；用截面法，过顶铰 C 和拉杆 AB 取截面，取右半部分，对顶铰 C 取力矩平衡，即可得到拉杆的轴力。

拱的内力计算仍采用截面法，一般地，拱的内力有轴力、剪力和弯矩。

在给定的荷载作用下，当拱轴线上所有截面的弯矩为零，只承受轴压力，这样的拱轴线称之为合理拱轴线。三铰拱在竖向均布荷载作用下的合理拱轴线为二次抛物线；在填土自重作用下的合理拱轴线为悬链线，在受拱轴线法向方向的均布荷载作用下的合理拱轴线为圆弧线。

【例 1.2.3】 如图 1.2.14 所示带拉杆的三铰拱，杆 AB 中的轴力应为下列何项？

（A）10kN   （B）15kN

（C）20kN   （D）30kN

【解答】 整体为研究对象，水平方向力平衡，则 A 支座的水平反力为零。

对 B 点取力矩平衡，则：$F_{yA} \times 12 = （10 \times 6）$ $\times 3$，则：$F_{yA} = 15\text{kN}$。

截面法，过 C 点、杆 AB，取左部分分析，对 C 点取力矩平衡，则杆 AB 的轴力 F_N 为 $F_N \times 3 = 15 \times 6$，可得：$F_N = 30\text{kN}$，应选（D）项。

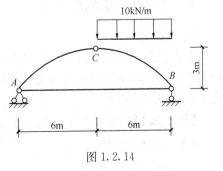

图 1.2.14

第三节 静定平面桁架

为了简化计算，通常对实际的平面桁架采用如下计算假定：

（1）各杆都是直杆，其轴线位于同一平面内。

（2）各杆连接的节点（亦称结点）都是光滑铰链连接，即节点为铰接点。

（3）荷载（或外力）和支座的约束力（即支座反力）都集中作用在节点上，并且位于桁架平面内。各杆自重不计。

根据上述假定，这样的桁架称为理想桁架，见图1.3.1。各杆都视为只有两端受力的二力杆，因此，杆件的内力只有轴力（轴向拉力或轴向压力），单位为 N 或 kN。杆件的截面上的应力是均匀分布的，其单位为 N/mm^2，见图1.3.2，可知，杆件截面上的应力是由外力引起的分布力系，该分布力系在截面形心处合成为一个内力（即轴力）。此外，同一杆件的所有截面的内力（即轴力）都相同。

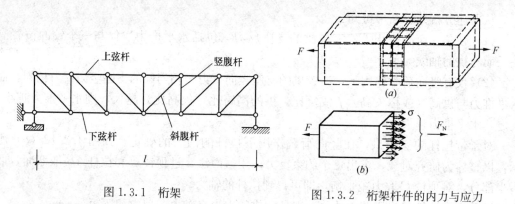

图 1.3.1　桁架

图 1.3.2　桁架杆件的内力与应力

桁架杆件的内力以拉力为正。计算时，一般先假定所有杆件均为拉力，在受力图中画成离开节点，计算结果若为正值，则杆件受拉力；若为负值，则杆件受压力。

静定平面桁架杆件的内力计算方法有节点法、截面法，以及这两种方法的联合应用。

一、节点法和截面法

1. 节点法

节点法就是取桁架的节点为隔离体，用平面汇交力系的两个静力平衡方程来计算杆件内力的方法。由于平面汇交力系只能利用两个静力平衡方程，故每次截取的节点上的未知力个数不应多余两个。

【例 1.3.1】　如图1.3.3（a）所示桁架，杆1的内力应为下列何项？

(A) $\sqrt{2}P$（压力）

(B) $\sqrt{2}P$（拉力）

(C) $\dfrac{\sqrt{2}}{2}P$（压力）

(D) $\dfrac{\sqrt{2}}{2}P$（拉力）

【解答】　取整体为研究对象，对 B 点取矩，A 点反力 F_{yA}：

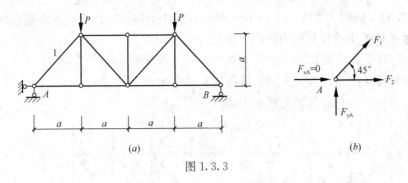

图 1.3.3

$F_{yA} \times 4a = Pa + P \times 3a$，可得：$F_{yA} = P$，方向向上。

取节点 A 为研究对象，其受力图见图 1.3.3 (b)，由铅垂方向（y 方向）平衡方程：

$F_1 \cos 45° + F = 0$，可得：$F_1 = -\sqrt{2}P$（负号表明为压力），应选（A）项。

思考：本题目结构为对称结构，荷载为对称荷载(相关内容见后面)，故直接可得 $F_{yA} = P$。

2. 截面法

截面法是用一个适当的截面（平面或曲面），截取桁架的某一部分为隔离体，然后利用平面任意力系的三个平衡方程计算杆件的未知内力。一般地，所取的隔离体上未知内力的杆件数不多于 3 根，且它们即不全部汇交于一点也不全部平行，可以直接求出所有未知内力。

【**例 1.3.2**】 如图 1.3.4 (a) 所示桁架，杆 a 的内力应为下列何项？

（A）60kN （B）40kN （C）20kN （D）0kN

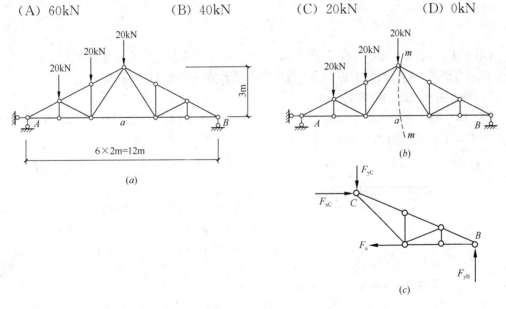

图 1.3.4

【**解答**】 取整体为研究对象，对左端支座取矩，右端支座 B 点反力 F_{yB}：

$F_{yB} \times 12 = 20 \times 2 + 20 \times 4 + 20 \times 6$，可得：$F_{yB} = 20$kN，方向向上。

作截面 m-m，见图 1.3.4 (b)，取右半部分为研究对象，其受力图见图 1.3.4 (c)，对 C 点取矩：

$F_a \times 3 = F_{yB} \times 6 = 20 \times 6$，可得：$F_a = 40\text{kN}$，应选（B）项。

【例 1.3.3】 如图 1.3.5（a）所示桁架杆件的内力规律，以下何项是错误的?

(A) 上弦杆受压并且其轴力随桁架高度 h 增大而减小

(B) 下弦杆受拉并且其轴力随桁架高度 h 增大而减小

(C) 斜腹杆受拉并且其轴力随桁架高度 h 增大而减小

(D) 竖腹杆受压并且其轴力随桁架高度 h 增大而减小

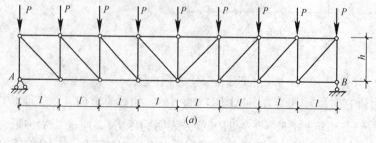

(a)

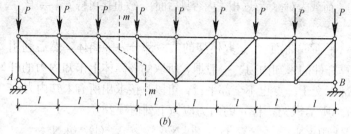 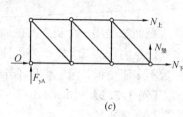

(b)   (c)

图 1.3.5

【解答】 作任意截面 m-m，见图 1.3.5（b），取左半部分为研究对象，见图 1.3.5（c），铅垂方向力平衡，则竖腹杆的内力 $N_{竖}$ 与桁架高度无关，应选（D）项。

3. 节点法和截面法的联合应用

【例 1.3.4】 如图 1.3.6（a）所示桁架，AF、BE、CG 杆均铅直，DE、FG 杆均水平，试确定 DE 杆的内力应为下列何项?

(A) P (B) $-P$ (C) $\sqrt{2}P$ (D) $-\sqrt{2}P$

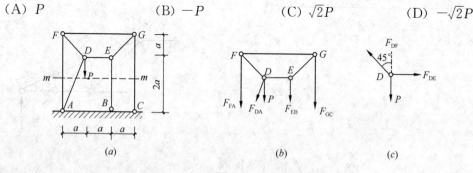

(a)   (b)   (c)

图 1.3.6

【解答】 作截面 m-m，取上半部分为研究对象，见图 1.3.6（b），$\sum F_{ix} = 0$，则 AD 杆的内力为零。

取节点 D 为研究对象，见图 1.3.6（c），由力的平衡，则：

$F_{DE} = P$，应选（A）项。

二、零杆及其运用

1. 零杆

内力为零的杆称为零杆。零杆不能取消，因为理想桁架有计算假定，而实际桁架对应的杆件的内力并不等于零，只是内力很小而已。

判别零杆的方法是：

（1）不共线的两杆相交的节点上无荷载（或无外力）时，该两杆的内力均为零即零杆，见图 1.3.7（a）。

（2）三杆汇交的节点上无荷载（或无外力），且其中两杆共线时，则第三杆为零杆 [图 1.3.7（b）]，而在同一直线上的两杆的内力必定相等，受力性质相同。

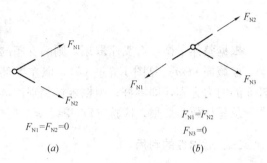

图 1.3.7　零杆

（3）利用对称形判别零杆，见后面内容。

其他判别零杆的方法，均可采用受力分析和力平衡方程得到。

2. 等力杆

判别等力杆的方法如下：

（1）X 形节点（四杆节点）。直线交叉形的四杆节点上无荷载（或无外力）时，则在同一直线上两杆的内力值相等，且受力性质相同，见图 1.3.8（a）。

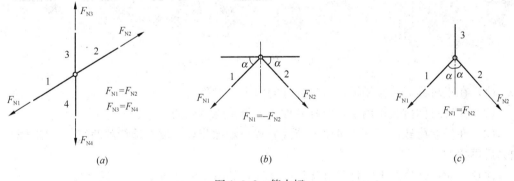

图 1.3.8　等力杆

（2）K 形节点（四杆节点）。侧杆倾角相等的 K 形节点上无荷载（或无外力）时，则两侧杆的内力值相等，且受力性质相同，见图 1.3.8（b）。

（3）Y 形节点（三杆节点）。三杆汇交的节点上无荷载（或无外力）时，见图 1.3.8（c），对称两杆的内力值相等（$F_{N1} = F_{N2}$），且受力性质相同。

（4）利用对称性判别等力杆，见后面内容。

【例 1.3.5】 如图 1.3.9（a）所示结构在外力 P 作用下的零杆数应为下列何项？

（A）无零杆　　　　　（B）1 根　　　　　（C）2 根　　　　　（D）3 根

【解答】 根据零杆判别法，左边竖腹杆（杆 1）为零杆；

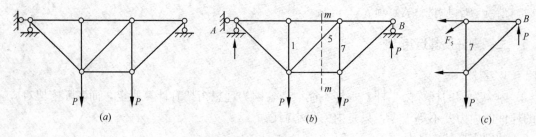

图 1.3.9

根据整体平衡，对支座取矩，则两支座的约束力均为 P，方向向上。

作截面 m-m，见图 1.3.9（b），取左半部分，见图 1.3.9（c），铅垂方向力平衡，则杆 5 的内力为零，即零杆；根据零杆判别法，杆 7 为零杆。

总零杆数为 3 根，应选（D）项。

三、对称性的利用

如图 1.3.10 所示，桁架的各杆件的轴力是对称的，因此杆件的轴力为对称内力。对称桁架是指桁架的几何形状、支承条件和杆件材料都关于某一轴对称，该轴称为对称轴，见图 1.3.10（a）。对称桁架的特点如下：

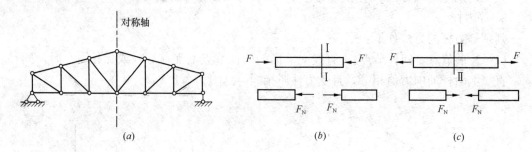

图 1.3.10 对称桁架和对称内力

（1）在正对称荷载作用下，对称杆件的内力是对称的。

（2）在反对称荷载作用下，对称杆件的内力是反对称的。

（3）在任意荷载作用下，可将该荷载分解为对称荷载、反对称荷载两组，分别计算出内力后再叠加。

注意，对称轴位置上的杆件（竖杆或横杆）的内力的特点。

【例 1.3.6】 如图 1.3.11 所示桁架在竖向外力 P 作用下的零杆数为下列何项？

（A）1 根　　　　　（B）3 根

（C）5 根　　　　　（D）7 根

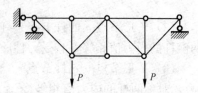

图 1.3.11

【解答】 根据零杆判别法，三根竖腹杆为零杆。

结构对称，荷载对称，故杆件的内力对称，在其相交的节点处，沿铅垂方向力平衡，则两斜腹杆的内力必定为零，因此两斜腹杆均为零杆。

总零杆数为 5 根，应选（C）项。

【例 1.3.7】 如图 1.3.12（a）所示桁架在竖向外力 P 作用下的零杆数？为下列何项？

（A）2 根　　　　　　（B）3 根　　　　　　（C）4 根　　　　　　（D）5 根

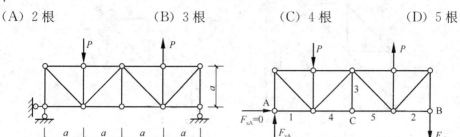

图 1.3.12

【解答】 整体分析，左边支座的水平反力为零。如图 1.3.12（b）所示，根据支座节点受力分析，杆 1、杆 2 为零杆。根据零杆判别法，杆 3 为零杆。

结构对称、荷载反对称，其杆的内力反对称，杆 4、杆 5 的内力为反对称，其相交节点处的水平方向力平衡，因此杆 4、杆 5 的内力必定为零，因此杆 4、杆 5 均为零杆。

总零杆数为 5 根，应选（D）项。

小结：静定平面桁架受力分析与计算的一般原则如下：

（1）首先根据零杆判别法进行零杆的判别。

（2）利用对称性进行零杆的判别、杆件的内力分析。

（3）采用截面法、节点法进行杆件内力的计算，及截面法与节点法的联合应用。

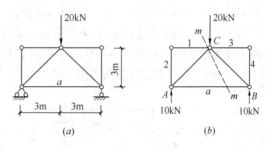

图 1.3.13

【例 1.3.8】 如图 1.3.13（a）所示结构中杆 a 的内力 N_a（kN）应为下列何项？

（A）0　　　　　　　　　　　　　　　　（B）10（拉力）

（C）10（压力）　　　　　　　　　　　　（D）$10\sqrt{2}$（拉力）

【解答】 根据零杆判别法，见图 1.3.13（b），杆 1、杆 2、杆 3、杆 4 均为零杆。

利用对称性，支座反力均为 10kN。

作截面 $m\text{-}m$，取左半部分，对 C 点取矩，则：$N_a\times 3=10\times 3$，可知：$N_a=10\text{kN}$（拉力），应选（B）项。

【例 1.3.9】 如图 1.3.14（a）所示结构中杆 b 的内力 N_b 应为下列何项？

（A）0　　　　　　（B）$\dfrac{P}{2}$　　　　　　（C）P　　　　　　（D）$2P$

【解答】 如图 1.3.14（b）所示，取整体为研究对象，对 A 点取矩，则：$F_{yB}=0$，故杆 1 为零杆，从而可知杆 2、杆 3 为零杆；其次，可以判别杆 b、杆 4 均为零杆。应选（A）项。

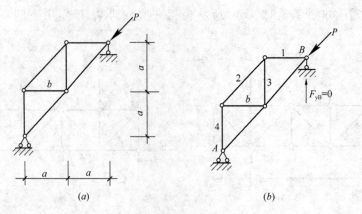

图 1.3.14

第四节 静定结构位移计算和一般性质

一、静定结构位移计算的一般公式

1. 位移计算的一般公式——单位荷载法

如图 1.4.1 (a) 所示静定结构在荷载（如外力 F_P）、非荷载（如温度变化、支座移动等）作用下发生的实际状态的变形，欲求 B 点的水平位移 Δ。现虚拟单位荷载作用在结构 B 点，见图 1.4.1 (b)，求出其相应的内力值（轴力 $\overline{F}_N$、剪力 $\overline{F}_Q$、弯矩 $\overline{M}$）和支座 C 的反力 $\overline{R}$。

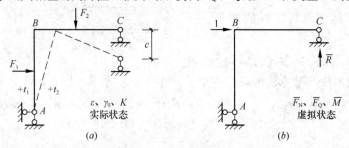

图 1.4.1 单位荷载法原理

根据虚功原理，结构的虚拟外力（即：虚拟单位荷载和虚拟单位荷载下的支座反力 $\overline{R}$）在实际状态的位移上所做的虚功（$1 \times \Delta + \Sigma \overline{R}_i \times c_i$），与虚拟单位荷载下的内力在实际状态的变形上所做的虚功相等，即：

$$1 \times \Delta + \Sigma \overline{R} \times c = \Sigma \int \overline{F}_N \varepsilon \, ds + \Sigma \int \overline{F}_Q \gamma_0 \, ds + \Sigma \int \overline{M} K \, ds \qquad (1.4.1a)$$

或

$$\Delta = \Sigma \int \overline{F}_N \varepsilon \, ds + \Sigma \int \overline{F}_Q \gamma_0 \, ds + \Sigma \int \overline{M} K \, ds - \Sigma \overline{R}_i c_i \qquad (1.4.1b)$$

式中，ε、K 和 γ_0 分别为实际状态杆件的轴向应变、曲率和平均剪切变形。

2. 广义位移与单位荷载

结构杆件的位移有线位移、角位移，还有相对线位移，相对角位移，统称为广义位移。虚拟单位荷载应与拟求的广义位移要一致，典型的情况见图 1.4.2。

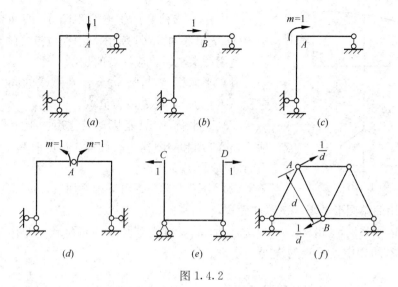

图 1.4.2

(*a*) 求 *A* 点的竖向位移; (*b*) 求 *B* 点的水平位移; (*c*) 求截面 *A* 的转角;

(*d*) 求铰 *A* 的两侧截面的相对转角; (*e*) 求 *CD* 两点的水平相对线位移; (*f*) 求 *AB* 杆的转角

虚拟单位荷载的方向可以任意假定，若计算出的结果为正，表明所求的广义位移方向与虚拟单位荷载的方向相同，反之，则相反。

二、荷载作用下的静定结构位移计算

1. 静定平面桁架的位移

在桁架中，各杆只承受轴力，不考虑弯曲变形和剪切变形。杆件轴向应变 $\varepsilon = \sigma/E = (F_N/A)/E = F_N/(EA)$，因此公式（1.4.1b）可简化为：

$$\Delta = \Sigma \frac{\overline{F}_{Ni} F_{Ni} l_i}{EA_i} \tag{1.4.2}$$

式中，F_{Ni} 为外荷载产生的各杆轴力（轴拉力或轴压力）；$\overline{F}_{Ni}$ 为虚拟单位荷载产生的各杆轴力；l_i 为各杆的长度；EA_i 为各杆的截面抗拉（抗压）强度。

2. 静定梁和刚架的位移

计算方法——图乘法。

在荷载作用下梁和刚架的位移计算，可以不考虑轴向变形和剪切变形，仅考虑弯曲变形的影响。曲率 $\kappa = M_P/(EI)$，因此公式（1.4.1b）可简化为：

$$\Delta = \Sigma \int \frac{\overline{M} M_P}{EI} \mathrm{d}s \tag{1.4.3}$$

为了简化计算，可采用图乘法代替上述公式（1.4.3）中的积分运算。采用图乘法的前提条件是：等截面直杆（即 EI 为常数的直杆）；两个弯矩图 M_P（由外部的荷载产生的弯矩图）与 $\overline{M}$（由虚拟单位荷载产生的弯矩图）中至少有一个是直线图形。

采用图乘法时（图 1.4.3），梁和刚架的位移计算为：

$$\Delta = \Sigma \int \frac{\overline{M} M_P}{EI} \mathrm{d}s = \Sigma \int \frac{1}{EI} A_P y_c \tag{1.4.4}$$

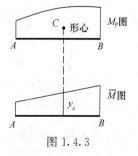

图 1.4.3

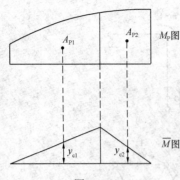

式中，A_P 为荷载产生的弯矩图 M_P 的面积；y_c 为弯矩图 M_P 的形心对应于弯矩图 $\overline{M}$ 中相应位置的竖坐标。

运用图乘法时，应注意的是：

（1）当面积 A_P 与竖坐标 y_c 在基线的同一侧时，其乘积 $A_P y_c$ 为正，反之，为负。

（2）竖坐标 y_c 只能从直线弯矩图形上取得。特殊地，当 M_P 图和 $\overline{M}$ 图均为直线时，y_c 可取其中任一图形，但 A_P 应取自另一图形。

（3）分段图乘时，可采用叠加法，见图 1.4.4。

图 1.4.4

（4）常用简单图形的形心位置和面积，见图 1.4.5。

图乘法运用举例，如图 1.4.6（a）所示简支梁受到竖向均布荷载 q 的作用，现求 A 端的转角 θ_A 和跨中中点 C 点的挠度 f_C。

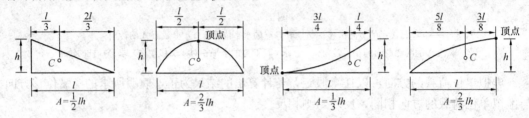

图 1.4.5

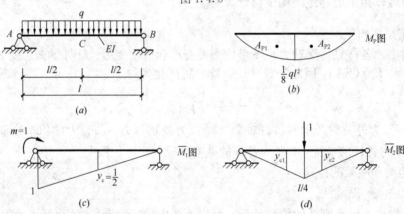

图 1.4.6

首先，画出在荷载 q 作用下的简支梁弯矩图 M_P，见图 1.4.6（b）。

求转角 θ_A 时，在 A 点施加虚拟单位荷载（$m=1$），画出虚拟单位荷载下弯矩图 $\overline{M_1}$，见图 1.4.6（c）。根据图乘法，转角 θ_A 为：

$$\theta_A = \frac{1}{EI} A_P y_c = \frac{1}{EI}\left(\frac{2}{3} l \cdot \frac{ql^2}{8}\right) \times \frac{1}{2} = \frac{ql}{24EI} \ (\circlearrowleft)$$

求 C 点挠度 f_C，在 C 点施加虚拟单位荷载，画出虚拟单位荷载下弯矩图 $\overline{M_2}$，见图 1.4.6（d）。分段图乘，并利用对称性，挠度 f_C 为：

$$f_C = \frac{1}{EI}(A_{P1} y_{c1} + A_{P2} y_{c2}) = \frac{2}{EI} A_{P1} y_{c1} = \frac{2}{EI} \cdot \left(\frac{2}{3} \cdot \frac{l}{2} \cdot \frac{ql^2}{8}\right) \times \left(\frac{5}{8} \cdot \frac{l}{4}\right) = \frac{5ql^4}{384EI} (\downarrow)$$

【例 1.4.1】 如图 1.4.7（a）所示结构中，1 点处的水平位移为下列何项？

(A) 0   (B) $\dfrac{Pa^3}{3EI}$ (C) $\dfrac{2Pa^3}{3EI}$ (D) $\dfrac{Pa^3}{EI}$

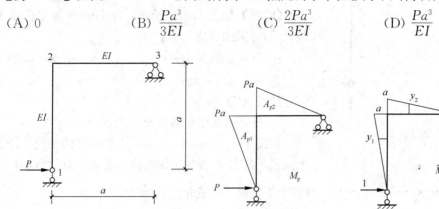

图 1.4.7

【解答】 首先画出 P 产生的弯矩图 M_P，见图 1.4.7（b）；在 1 点处施加虚拟单位荷载，方向向右，画出其弯矩图 $\overline{M}$，见图 1.4.7（c）。

解法一：A_P 取 M_P 图，y_c 取自 $\overline{M}$ 图，利用对称性，则：

$$\Delta_1 = \frac{1}{EI}(A_{P1}y_{c1} + A_{P2}y_{c2}) = \frac{2}{EI} \times \left(\frac{1}{2} \times a_1 \times Pa\right) \times \frac{2}{3}a = \frac{2Pa^3}{3EI}$$

解法二：A_P 取 $\overline{M}$ 图，y_c 取自 M_P 图，利用对称性，则：

$$\Delta_1 = \frac{1}{EI}(A_{P1}y_{c1} + A_{P2}y_{c2}) = \frac{2}{EI} \times \left(\frac{1}{2} \times a_1 \times a\right) \times \frac{2}{3}Pa = \frac{2Pa^3}{3EI}$$

故两者结果一致，应选（C）项。

三、非荷载因素作用下的静定结构位移计算

在非荷载因素（如温度变化、材料收缩、制造误差、支座移动或称支座位移）作用下静定结构不会产生内力，但是会产生位移。

1. 只有支座移动的情况

此时，公式（1.4.1b）简化为：

$$\Delta = -\sum \overline{R}_i c_i \tag{1.4.5}$$

式中，$\overline{R}_i$ 为虚拟单位荷载产生的各支座反力，c_i 为结构实际状态中的各支座位移。

此外，对于简单的静定结构，支座移动引起的位移可直接通过几何方法确定。

【例 1.4.2】 如图 1.4.8 所示刚架，由于支座 A 向右水平位移 $a = 0.1\text{m}$ 和顺时针转角 θ（rad），支座 B 有竖直向下位移 $b = 0.2\text{m}$。确定支座 B 的水平位移 Δ_{xB}，应为下列何项？

(A) $-0.1 + 6\theta$ (B) $0.1 - 6\theta$

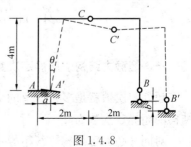

图 1.4.8

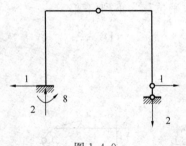

图 1.4.9

(C) $-0.3+8\theta$ (D) $0.3-8\theta$

【解答】如图 1.4.9 所示，在 B 点施加单位水平力（$x_1=1$），求出支座反力。

$$\Delta_{xB}=-\sum \overline{R}_i C_i =-(-1\times 0.1-8\theta+2\times 0.2)$$
$$=-0.3+8\theta$$

故选（C）项。

2. 只有温度变化的情况

如图 1.4.10 所示，t_1 表示上侧温度的变化（即温度上高或下降），t_2 表示下侧温度的变化，对称截面杆件轴线温度的变化 $t_0 = \frac{1}{2}(t_1+t_2)$，杆件上下侧温度的变化之差 $\Delta t = t_2 - t_1$。

杆件轴线温度的变化 t_0 产生轴向变形 $\Delta_{轴向}$，杆件上下侧温度的变化之差 $\Delta t = t_2 - t_1$ 产生弯曲变形 $\Delta_{弯曲}$，因此杆件变形（或位移）Δ 应为两者之和，即：

$$\Delta = \Delta_{轴向} + \Delta_{弯曲} = \sum \alpha t_0 A_{F_N} + \sum \alpha \frac{\Delta t}{h} A_M$$

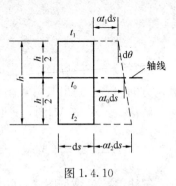

图 1.4.10

式中，α 为材料的线膨胀系数；t_0 为杆件轴线温度的变化；A_{F_N} 表示虚拟单位荷载产生的轴力图 F_N 的面积，Δt 为杆件上下侧温度变化之差，h 为杆件横截面的高度；A_M 表示虚拟单位荷载产生的弯矩图 M 的面积。

轴力 F_N 以受拉为正，t_0 以温度升高为正；弯矩 M 和温差 Δt 引起的弯曲为同一方向时，其乘积取正值（即：弯矩 M 和温差 Δt 使杆件的同一侧产生拉伸变形时，其乘积取正值），反之，其乘积取负值。

四、静定结构的一般性质

静定结构的支座反力和内力可由静力平衡方程确定，且得到的解答是唯一的。

静定结构的支座反力和内力仅与荷载、结构整体几何尺寸和形状有关，而与结构的材料、杆件截面形状与截面几何尺寸、杆件截面的刚度（EI、EA 等）无关。

非荷载因素（如温度变化、支座移动等）在静定结构中只产生变形（或位移），不引起支座反力和内力。

从几何构造分析的角度，静定结构是无多余约束的几何不变体系。

第五节　超静定结构的力法

一、超静力结构的超静定次数

超静定次数就是多余约束的个数。超静定结构在去掉 n 个约束后变为静定结构，则该结构的超静定次数为 n。

对同一超静定结构，其超静定的次数是唯一的，但是去掉多余约束的方法（或途径）

不是唯一的，故得到的静定结构也不相同。

常用的去掉多余约束的方法有如下四种：

（1）去掉（或切断）一根链杆，或撤掉一个支座链杆，相当于去掉一个约束，见图 1.5.1～图 1.5.4。

（2）去掉一个单铰（后面的"铰"均指单铰），或撤掉一个固定铰支座，相当于去掉两个约束，见图 1.5.5、图 1.5.6。

（3）切断一根梁式杆（或称刚架式杆），或撤掉一个固定支座，相当于去掉三个约束，见图 1.5.7。

（4）将一根梁式杆的某一截面改为铰连接，或将一固定支座改为固定铰支座，相当于去掉一约束，见图 1.5.8。

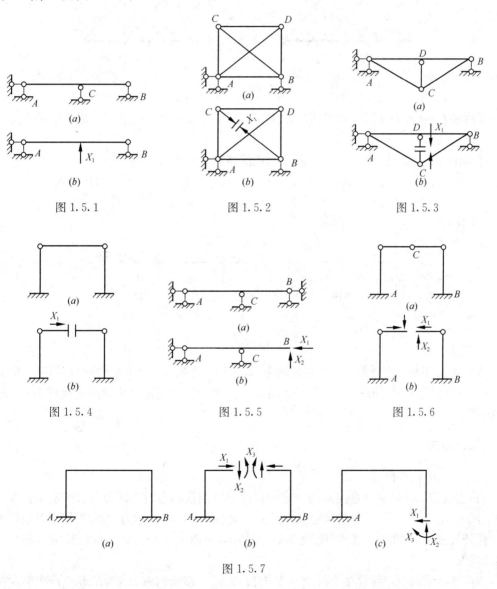

图 1.5.1

图 1.5.2

图 1.5.3

图 1.5.4

图 1.5.5

图 1.5.6

图 1.5.7

【例 1.5.1】 如图 1.5.9（a）所示结构的超静定次数为下列何项？

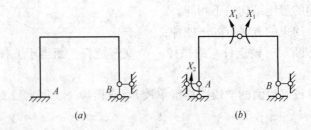

图 1.5.8

(A) 0 次   (B) 1 次   (C) 2 次   (D) 3 次

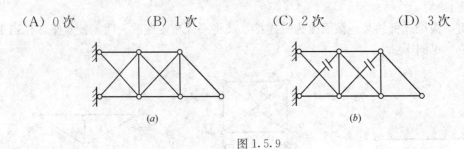

图 1.5.9

【解答】 切断两根链杆（2 个多余约束），如图 1.5.9（b）所示，铰接三角形结构联成静定桁架，故选（C）项。

【例 1.5.2】 如图 1.5.10（a）所示结构的超静定次数为下列何项？

(A) 5 次   (B) 6 次   (C) 7 次   (D) 8 次

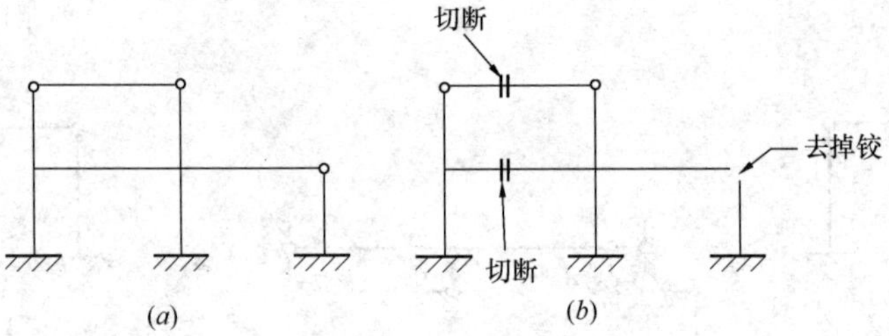

图 1.5.10

【解答】 切断一根链杆（1 个多余约束），去掉一个铰（2 个多余约束），切断一根梁式杆（3 个多余约束），如图 1.5.10（b）所示，为 3 个静定刚架，故超静定次数为 6，故选（B）项。

二、力法

1. 力法的基本概念

将超静定结构转化为静定结构并求解出超静定结构的内力，即为力法的基本原理。

图 1.5.11（a）所示为超静定结构且为 1 次超静定，将其称为"原结构"。多余约束力 X_1 代替支座 B 的约束，原结构转化为静定结构，见图 1.5.11（b），称该静定结构为"基本结构"。

在基本结构中，荷载在 B 点产生竖向位移 Δ_{1P}，多余约束力 X_1 在 B 点产生竖向位移 Δ_{11}（见图 1.5.12），而荷载和多余约束力 X_1 在原结构 B 支座处共同作用的位移 Δ 为零，

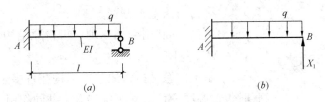

图 1.5.11

（a）原结构；（b）基本结构

因此基本结构应满足：$\Delta_{11} + \Delta_{1P} = \Delta = 0$，称为变形协调条件。

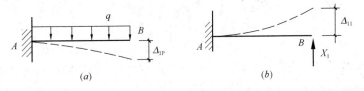

图 1.5.12

　　荷载产生的 Δ_{1P} 的确定，由于基本结构为静定结构，由静定结构的位移计算法——图乘法，即画出荷载产生的弯矩图 M_P，见图 1.5.13（a），施加虚拟单位荷载在 B 点并画出单位荷载下的弯矩图 $\overline{M}_1$，见图 1.5.13（b），可得 Δ_{1P} 为：

$$\Delta_{1P} = -\frac{1}{EI} \cdot \frac{l}{3} \times \frac{ql^2}{2} \times \frac{3l}{4} = -\frac{ql^4}{8EI}$$

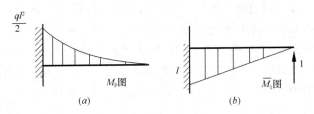

图 1.5.13

　　多余约束力 X_1 的 Δ_{11} 的确定，为简化计算，先求出 $X_1 = 1$ 时的位移 δ_{11}，则 $\Delta_{11} = \delta_{11} X_1$。为了求位移 δ_{11}，同理，$X_1 = 1$ 施加在 B 点并画出其弯矩图 $\overline{M}_1$，该弯矩图与虚拟单位荷载下的弯矩图 $\overline{M}_1$ 即图 1.5.13（b）相同（故不用重复画出），采用图乘法时为弯矩图 $\overline{M}_1$ 与弯矩图 $\overline{M}_1$ 的图乘（简称"自身图乘"），δ_{11} 为：

$$\delta_{11} = \int \frac{\overline{M}_1 \overline{M}_1}{EI} \mathrm{d}s = \frac{1}{EI} \cdot \frac{1}{2} \times l \times l \times \frac{2}{3} l = \frac{l^3}{3EI}$$

由变形协调条件 $\Delta_{11} + \Delta_{1P} = 0$，即：

$$\delta_{11} X_1 + \Delta_{1P} = 0 \qquad\qquad (1.5.1)$$

$$\frac{l^3}{3EI} \cdot X_1 - \frac{ql^4}{8EI} = 0, 可得：X_1 = \frac{3ql}{8}$$

　　所得为正值，表明其实际方向与假定的方向相同，若为负值，则方向相反。公式

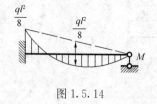

图 1.5.14

（1.5.1）称为力法基本方程。

求出 X_1 后，利用叠加原理，可得原结构弯矩 M 为：$M = \overline{M}_1 X_1 + M_P$，见图 1.5.14。

力学基本体系是指力法基本结构在各多余约束力、外荷载（有时包括温度变化、支座位移等）共同作用下的体系。

2. 力法的典型方程

n 次超静定结构的力法典型方程为：

$$\delta_{11} X_1 + \delta_{12} X_2 + \cdots + \delta_{1n} X_n + \Delta_{1p} + \Delta_{1t} + \Delta_{1c} = \Delta_1$$
$$\delta_{21} X_1 + \delta_{22} X_2 + \cdots + \delta_{2n} X_n + \Delta_{2p} + \Delta_{2t} + \Delta_{2c} = \Delta_2$$
$$\cdots\cdots$$
$$\delta_{n1} X_1 + \delta_{n2} X_2 + \cdots + \delta_{3n} X_n + \Delta_{np} + \Delta_{nt} + \Delta_{nc} = \Delta_n$$

式中，X_i 为多余未知力（$i = 1, 2, \cdots, n$）；δ_{ij} 为基本结构仅由 $X_j = 1$（$j = 1, 2, \cdots, n$）产生的沿 X_i 方向的位移，为基本结构的柔度系数；Δ_{ip}、Δ_{it}、Δ_{ic} 分别为基本结构仅由荷载、温度变化、支座位移产生的沿 X_i 方向的位移，为力法典型方程的自由项；Δ_i 为原超静定结构在荷载、温度变化、支座位移作用下的已知位移。

在力法典型方程中，第一个方程表示：基本结构在 n 个多余未知力、荷载、温度变化、支座位移等共同作用下，在多余未知力 X_1 作用点沿 X_1 作用方向产生的位移，等于原超定结构的已知相应位移 Δ_1。其余各式的意义可按此类推。可见，力法典型方程也可称为变形协调方程。

同一超静定结构，可以选取不同的基本体系，其相应的力法典型方程的表达式也就不同。但不管选取哪种基本体系，求得的最后内力应是相同的。

力法典型方程中的系数 δ_{ii} 称为主系数，恒为正值；系数 δ_{ij}（$i \neq j$）称为副系数，可为正值、负值，或零，并且 $\delta_{ij} = \delta_{ji}$；各自由项 Δ_{ip}、Δ_{it}、Δ_{ic} 可为正值、负值或零。

上述系数、自由项都是力法基本结构（为静定结构）仅由单位力、荷载、温度变化、支座位移产生的位移，故按其定义，用相应的位移计算公式计算。当采用图乘法时，则为自身图乘。

3. 超静定结构的内力

求出各多余未知力 X_i 后，将 X_i 和原荷载作用在基本结构上，再根据求作静定结构内力图的方法，作出基本结构的内力图即为超静定结构的内力图，或采用如下叠加法，计算结构的最后内力：

$$M = \overline{M}_1 X_1 + \overline{M}_2 X_2 + \cdots + \overline{M}_n X_n + M_p$$
$$V = \overline{V}_1 X_1 + \overline{V}_2 X_2 + \cdots + \overline{V}_n X_n + V_p$$
$$N = \overline{N}_1 X_1 + \overline{N}_2 X_2 + \cdots + \overline{N}_n X_n + N_p$$

式中，$\overline{M}_i$、$\overline{V}_i$、$\overline{N}_i$ 分别为 $X_i = 1$ 引起的基本结构的弯矩、剪力、轴力（$i = 1, 2, \cdots, n$）；M_p、V_p、N_p 分别为荷载引起的基本结构的弯矩、剪力、轴力。

4. 超静定结构的位移计算

超静定结构的位移计算仍应用虚功原理和单位荷载法，并结合图乘法进行。为简化计算，其虚设状态（即单位力状态）可采用原超静定结构的任意一个力法基本结构（为静定结构）。

荷载作用引起的位移计算公式：

$$\Delta_{ip} = \Sigma \int \frac{\overline{M}_i M \mathrm{d}s}{EI} + \Sigma \int \frac{\overline{N}_i N \mathrm{d}s}{EA} + \Sigma \int \frac{k \overline{V}_i V \mathrm{d}s}{GA}$$

温度变化引起的位移计算公式：

$$\Delta_{it} = \Sigma \int \frac{\overline{M}_i M_t \mathrm{d}s}{EI} + \Sigma \int \frac{\overline{N}_i N_t \mathrm{d}s}{EA} + \Sigma \int \frac{k \overline{V}_i V_t \mathrm{d}s}{GA} +$$

$$\Sigma \int \frac{\alpha \Delta t}{h} \overline{M}_i \mathrm{d}s + \Sigma \int \alpha t_0 \overline{N}_i \mathrm{d}s$$

支座位移引起的位移计算公式：

$$\Delta_{ic} = \Sigma \int \frac{\overline{M}_i M_c \mathrm{d}s}{EI} + \Sigma \int \frac{\overline{N}_i N_c \mathrm{d}s}{EA} + \Sigma \int \frac{k \overline{V}_i V_c \mathrm{d}s}{GA} - \Sigma \overline{R}_i C$$

式中，$\overline{M}_i$、$\overline{N}_i$、$\overline{V}_i$ 和 $\overline{R}_i$ 为虚拟状态（原超静定结构的力法基本结构）的弯矩、轴力、剪力和支座反力；M、N、V、M_t、N_t、V_t、M_c、N_c、V_c 分别为原超静定结构在荷载、温度变化、支座位移作用下产生的弯矩、轴力、剪力。

在符合一定的条件下，上述超静定结构的位移计算可采用简化计算。

5. 超静定结构内力图的校核

超静定结构的内力图必须同时满足静力平衡条件和原超静定结构的变形条件。

【例 1.5.3】图 1.5.15 所示刚架，k 截面的弯矩为下列何项？

(A) $\dfrac{ql^2}{20}$（左拉）　　(B) $\dfrac{3ql^2}{20}$（左拉）　　(C) $\dfrac{ql^2}{20}$（右拉）　　(D) $\dfrac{3ql^2}{20}$（右拉）

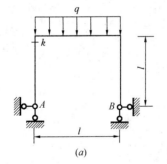

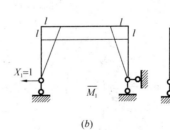

图 1.5.15

【解答】取力法基本体系如图 1.5.15 (b) 所示，作出 $\overline{M}_1$、M_p 图，见图 1.5.15 (b)、(c)。

$$\delta_{11} = \frac{1}{EI} \left(2 \times \frac{1}{2} l \cdot l \cdot \frac{2}{3} l + l \cdot l \cdot l \right) = \frac{5l^3}{3EI}$$

$$\Delta_{1p} = \frac{1}{EI} \cdot \frac{2}{3} \cdot \frac{ql^2}{8} \cdot l \cdot l = \frac{ql^4}{12EI}$$

$$\delta_{11} X_1 + \Delta_{1p} = 0$$

δ_{11}、Δ_{1p} 代入上式，解之得：$X_1 = -\dfrac{ql}{20}$（方向向右）

$M_k = \dfrac{ql^2}{20}$（左侧受拉），所以应选（A）项。

【例 1.5.4】 图 1.5.16 所示刚架，k 截面的弯矩为下列何项？

(A) $\dfrac{20}{7}$（左拉）　　(B) $\dfrac{20}{7}$（右拉）

(C) $\dfrac{40}{7}$（左拉）　　(D) $\dfrac{40}{7}$（右拉）

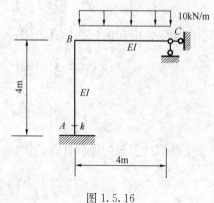

图 1.5.16

【解答】 取力法基本体系如图 1.5.17（a）所示，作出 $\overline{M}_1$、$\overline{M}_2$、M_P 图，见图 1.5.17（b）、（c）、（d）。

力法方程为：

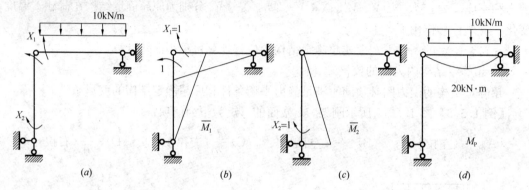

(a)　　　　(b)　　　　(c)　　　　(d)

图 1.5.17

$$\delta_{11} X_1 + \delta_{12} X_2 + \Delta_{1P} = 0$$
$$\delta_{21} X_1 + \delta_{22} X_2 + \Delta_{2P} = 0$$

$$\delta_{11} = \frac{1}{EI}\left(2 \times \frac{1}{2} \times 1 \times 4 \times \frac{2 \times 1}{3}\right) = \frac{8}{3EI}$$

$$\delta_{22} = \frac{1}{EI}\left(\frac{1}{2} \times 1 \times 4 \times \frac{2 \times 1}{3}\right) = \frac{4}{3EI}$$

$$\delta_{12} = \delta_{21} = \frac{1}{EI} \cdot \left(\frac{1}{2} \times 1 \times 4 \times \frac{1 \times 1}{3}\right) = \frac{2}{3EI}$$

$$\Delta_{1P} = \frac{1}{EI}\left(\frac{2}{3} \times 4 \times 20 \times \frac{1 \times 1}{2}\right) = \frac{80}{3EI}$$

$$\Delta_{2P} = 0$$

则：
$$\frac{8}{3}X_1 + \frac{2}{3}X_2 + \frac{80}{3} = 0$$

$$\frac{2}{3}X_1 + \frac{4}{3}X_2 + 0 = 0$$

解之得：$X_1 = -\dfrac{80}{7}$kN·m，$X_2 = \dfrac{40}{7}$kN·m

$$M_k = \overline{M}_1 X_1 + \overline{M}_2 X_2 + M_P = 0 + 1 \times \frac{40}{7} + 0 = \frac{40}{7} \text{kN} \cdot \text{m}$$

故选（D）项。

【**例 1.5.5**】如图 1.5.18 所示，等截面梁，A 支座发生顺时针转动，其角度为 θ，B 支座竖直向下位移 a，确定 A 支座处弯矩为下列何项？

(A) $\dfrac{3EI}{l}\left(\theta - \dfrac{a}{l}\right)(\uparrow)$

(B) $\dfrac{6EI}{l}\left(\theta - \dfrac{a}{l}\right)(\uparrow)$

(C) $\dfrac{3EI}{l^2}\left(\theta - \dfrac{a}{l}\right)(\uparrow)$

(D) $\dfrac{6EI}{l^2}\left(\theta - \dfrac{a}{l}\right)(\uparrow)$

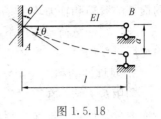

图 1.5.18

【**解答**】取力法基本体系如图 1.5.19（a）所示，作出 $\overline{M}_1$ 图，见图 1.5.19（b）。

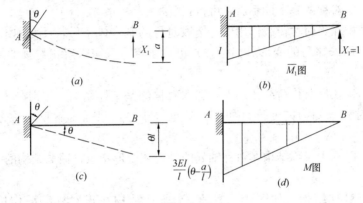

图 1.5.19

$$\delta_{11} = \frac{1}{EI}\left(\frac{1}{2} \times l \times l \times \frac{2l}{3}\right) = \frac{l^3}{3EI}$$

由图 1.5.19（c），可知，$\Delta_{1c} = -\theta l$

$$\delta_{11} X_1 + \Delta_{1c} = \Delta_1 = -a，则：$$

$$\frac{l^3}{3EI}X_1 - \theta l = -a，即：X_1 = \frac{3EI}{l^3}(\theta l - a)$$

$$M_A = \overline{M}_1 X_1 = l \cdot \frac{3EI}{l^3}(\theta l - a) = \frac{3EI}{l^2}(\theta l - a)$$

$$= \frac{3EI}{l}\left(\theta - \frac{a}{l}\right)$$

故选（A）项。

此外，弯矩图见图 1.5.19（d）。

三、对称性的利用

1. 对称结构的特点

对称结构的超静定结构具有如下特点：

（1）在正对称荷载下，对称杆件的变形（或位移）、内力（弯矩、轴力、剪力）和支座反力是对称的，同时，弯矩图和轴力图是对称的，剪力图是反对称的。位于对称轴上的横杆的剪力为零（否则，铅垂方向的力不平衡）。

（2）在反对称荷载下，对称杆件的变形（或位移）、内力（弯矩、轴力、剪力）和支座反力是反对称的，同时，弯矩图和轴力图是反对称的，剪力图是对称的。位于对称轴上的横杆的弯矩和轴力均为零（否则，水平方向的力不平衡）。

（3）在任意荷载作用下，可将该荷载分解为对称荷载、反对称荷载两组，分别计算出内力后再叠加。

2. 对称性的利用与半结构法

利用对称结构在正对称荷载和反对称荷载的作用下的受力特点，可以先取半边结构进行内力分析计算，即减少超静定的次数，简化计算。然后，再根据对称性得到整个结构的内力。

对称结构在任意荷载作用下，有时可将荷载分解成正对称和反对称两种进行计算。

对称结构选取对称的基本体系后，可得：

（1）对称结构在正对称荷载作用下，选取对称的基本体系后，反对称未知力等于零，并且对应于反对称未知力的变形（如位移）也等于零，只需求解正对称的未知力。如图1.5.20 所示，$X_3 = X_4 = 0$。

（2）对称结构在反对称荷载作用下，选取对称的基本体系后，正对称未知力等于零，并且对应于正对称未知力的变形（如位移）也等于零，只需求解反对称未知力。如图1.5.21 所示，$X_1 = X_2 = 0$。

半结构法，即利用对称结构在对称轴处的受力和变形特点，截取结构的一半，进行简化计算。

（1）奇数跨对称结构。如图1.5.22（a）所示结构在正对称荷载作用下，可取图1.5.22（b）所示的半结构进行计算；如图1.5.23（a）所示结构在反对称荷载作用下，可取图1.5.23（b）所示的半结构进行计算。

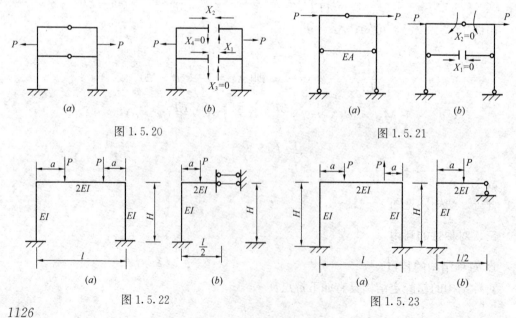

图 1.5.20   图 1.5.21

图 1.5.22   图 1.5.23

（2）偶数跨对称结构。如图 1.5.24（a）所示结构在正对称荷载作用下；若不计杆件的轴向变形，可取图 1.5.24（b）所示的半结构进行计算。如图 1.5.25（a）所示结构在反对称荷载下，可取图 1.5.25（b）所示的半结构进行计算，需注意中轴的抗弯刚度为原来的 $\frac{1}{2}$。

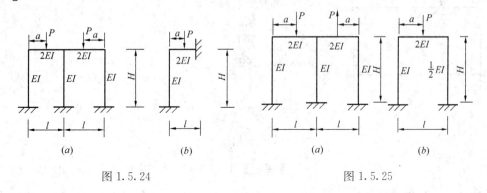

图 1.5.24 图 1.5.25

【例 1.5.6】 如图 1.5.26 所示刚架，各杆的 EI 为常数，K 截面的弯矩应为下列何项？

（A）24kN·m（外侧受拉）

（B）24kN·m（内侧受拉）

（C）48kN·m（外侧受拉）

（D）48kN·m（内侧受拉）

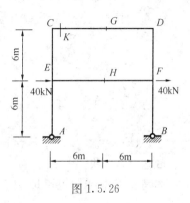

图 1.5.26

【解答】 对称结构、反对称荷载，取基本结构，见图 1.5.27（a），除 G 处的 $X_1 \neq 0$，其他多余约束力均为零（$X_2 = X_3 = X_4 = 0$）。作 $\overline{M}_1$、M_P 图，见图 1.5.27（b）、（c）。

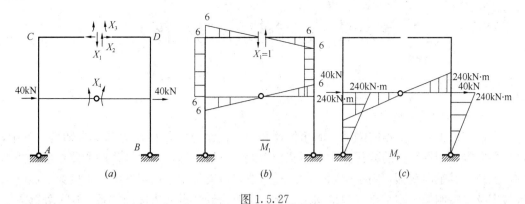

图 1.5.27

$$\delta_{11} = \frac{1}{EI} \times 2 \times \left(\frac{1}{2} \times 6 \times 6 \times \frac{2 \times 6}{3} \times 2 + 6 \times 6 \times 6 \right) = \frac{720}{EI}$$

$$\Delta_{1P} = \frac{1}{EI} \times 2 \times \left(\frac{1}{2} \times 6 \times 6 \times \frac{2 \times 240}{3} \right) = \frac{5760}{EI}$$

$$\delta_{11} X_1 + \Delta_{1P} = 0, \text{则：} X_1 = -8kN$$

$$M_K = \overline{M}_1 X_1 + M_P = 6 \times (-8) = -48 \text{kN} \cdot \text{m}(\text{内侧受拉})$$

故选（D）项。

【例 1.5.7】 如图 1.5.28 (*a*) 所示等截面梁，其弯矩图见图 1.5.28 (*b*)，确定其跨中中点 *C* 处的竖向挠度 Δ_c，应为下列何项？

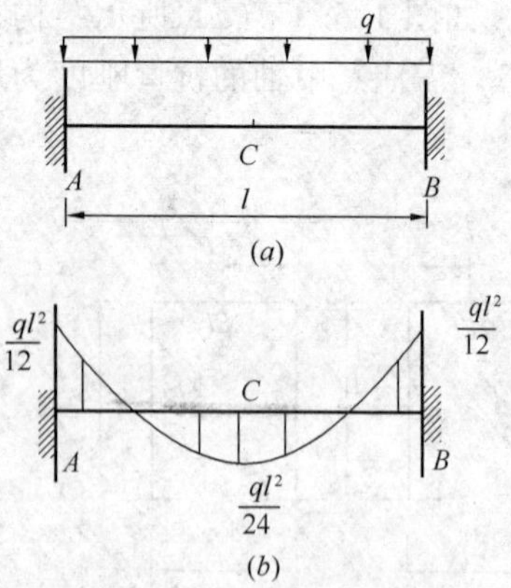

(A) $\dfrac{ql^4}{384EI}$

(B) $\dfrac{2ql^4}{384EI}$

(C) $\dfrac{3ql^4}{384EI}$

(D) $\dfrac{4ql^4}{384EI}$

图 1.5.28

【解答】 取基本结构，见图 1.5.29，作 $\overline{M}_1$ 图。由位移计算公式，按叠加原理计算 Δ_c：

$$y_1 = \frac{1}{2} \times \frac{l}{2} = \frac{l}{4}, \quad y_2 = \frac{3}{8} \times \frac{l}{2} = \frac{3l}{16}$$

$$\Delta_c = \frac{1}{EI}(A_1 y_1 - A_2 y_2)$$

$$= \frac{1}{EI}\left(\frac{l}{2} \times \frac{ql^2}{12} \times \frac{l}{4} - \frac{2}{3} \times \frac{l}{2} \times \frac{ql^2}{8} \times \frac{3l}{16} \right)$$

$$= \frac{ql^4}{384EI}$$

故选（A）项。

思考： 基本结构也可取图 1.5.30，其计算结果不变。

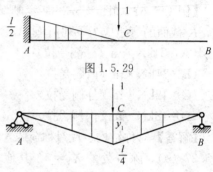

图 1.5.29

图 1.5.30

第六节　超静定结构的位移法

一、位移法

1. 位移法的基本概念

在位移法中，将结构的刚结点的角位移和独立的结点线位移作为基本未知量。其中，角位移数等于刚性结点的数目。对于刚架独立的结点线位移，如果杆件的弯曲变形是微小的，且忽略其轴向变形，则刚架独立的结点线位移数就是刚架铰接图的自由度数。而刚架铰接图就是将刚架的刚结点（包括固定支座）都改为铰结点后形成的体系。这种处理方法也称为"铰代结点，增设链杆"法。

在结构的结点角位移和独立的结点线位移处增设控制转角和线位移的附加约束，使结构的各杆成为互不相关的单杆体系，称为原结构的位移法基本结构。

位移法基本体系，指位移法基本结构在各结点位线（角位移、结点线位移）、外荷载（有时还有温度变化、支座位移等）作用下的体系。

在位移法中，用附加刚臂约束结点角位移，用附加链杆约束结点线位移，原结构就成为三类基本的超静定杆件所组成的体系。这三类基本的超静定杆件是指：

（1）两端固定的等截面直杆；

（2）一端固定一端铰支的等截面直杆；

（3）一端固定一端滑动的等截面直杆。

2. 等截面直杆刚度方程

杆件的转角位移方程（刚度方程）表示杆件两端的杆端力与杆端位移之间的关系式。

如图 1.6.1 所示，设线刚度 $i = EI/l$，杆端截面转角 θ_A、θ_B，弦转角 $\beta = \Delta_{AB}/l$，杆端弯矩 M_{AB}、M_{BA}，固端弯矩 M_{AB}^F、M_{BA}^F 均以顺时针（$\downarrow$）转动为正。杆端剪力 V_{AB}、V_{BA}，固端剪力 V_{AB}^F、V_{BA}^F 均以绕隔离体顺时针（$\downarrow$）转动为正。

（1）两端固定的平面等截面直杆 [图 1.6.1（a）]

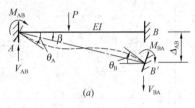

$$M_{AB} = 4i\theta_A + 2i\theta_B - 6i\frac{\Delta_{AB}}{l} + M_{AB}^F$$

$$M_{BA} = 2i\theta_A + 4i\theta_B - 6i\frac{\Delta_{AB}}{l} + M_{BA}^F$$

$$V_{AB} = -\frac{6i}{l}\theta_A - \frac{6i}{l}\theta_B + \frac{12i}{l^2}\Delta_{AB} + V_{AB}^F$$

$$V_{BA} = -\frac{6i}{l}\theta_A - \frac{6i}{l}\theta_B + \frac{12i}{l^2}\Delta_{AB} + V_{BA}^F$$

（2）一端固定另一端铰支的平面等截面直杆 [图 1.6.1（b）]

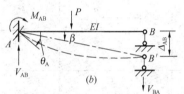

$$M_{AB} = 3i\theta_A - 3i\frac{\Delta_{AB}}{l} + M_{AB}^F$$

$$M_{BA} = 0$$

$$V_{AB} = -\frac{3i}{l}\theta_A + \frac{3i}{l^2}\Delta_{AB} + V_{AB}^F$$

$$V_{BA} = -\frac{3i}{l}\theta_A + \frac{3i}{l^2}\Delta_{AB} + V_{BA}^F$$

（3）一端固定另一端定向（滑动）支座的平面等截面直杆 [图 1.6.1（c）]

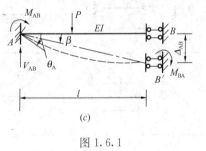

图 1.6.1

$$M_{AB} = i\theta_A + M_{AB}^F$$

$$M_{BA} = -i\theta_A + M_{BA}^F$$

$$V_{AB} = V_{AB}^F$$

$$V_{BA} = 0$$

上述式子中，含有 θ_A、θ_B、Δ_{AB} 的各项分别代表该项杆端位移引起的杆端弯矩和杆端剪力，其前面的系数 $4i$、$3i$、$2i$、$\frac{6i}{l}$、$\frac{12i}{l^2}$ 等称为杆件的刚度系数，它们只与杆件的长度、支座形式和抗弯刚度 EI 有关。

固端弯矩、固端剪力为由位移、荷载产生的杆端弯矩、杆端剪力。常见位移、荷载产生的固端弯矩和固端剪力，见表 1.6.1。

等截面单跨超静定梁固端弯矩和剪力 表1.6.1

图号	简图	弯矩图（绘在受拉边缘）	杆端弯矩		杆端剪力	
			M_{ab}	M_{ba}	V_{ab}	V_{ba}
1			$4i_{ab}=S_{ab}$	$2i_{ab}$	$-\dfrac{6i_{ab}}{l}$	$-\dfrac{6i_{ab}}{l}$
2			$-\dfrac{6i_{ab}}{l}$	$-\dfrac{6i_{ab}}{l}$	$\dfrac{12i_{ab}}{l^2}$	$\dfrac{12i_{ab}}{l^2}$
3			$3i_{ab}=S_{ab}$	0	$-\dfrac{3i_{ab}}{l^2}$	$-\dfrac{3i_{ab}}{l^2}$
4			$-\dfrac{3i_{ab}}{l}$	0	$\dfrac{3i_{ab}}{l^2}$	$\dfrac{3i_{ab}}{l^2}$
5			$i_{ab}=S_{ab}$	$-i_{ab}$	0	0
6			$-\dfrac{Pab^2}{l^2}$ 当 $a=b$ $-\dfrac{Pl}{8}$	$+\dfrac{Pa^2b}{l^2}$ $\dfrac{Pl}{8}$	$\dfrac{Pb^2}{l^2}\left(1+\dfrac{2a}{l}\right)$ 当 $a=b$ $\dfrac{P}{2}$	$-\dfrac{Pa^2}{l^2}\left(1+\dfrac{2b}{l}\right)$ $-\dfrac{P}{2}$
7			$-\dfrac{ql^2}{12}$	$\dfrac{ql^2}{12}$	$\dfrac{ql}{2}$	$-\dfrac{ql}{2}$
8			$-\dfrac{q_0l^2}{30}$	$\dfrac{q_0l^2}{20}$	$\dfrac{3q_0l}{20}$	$-\dfrac{7q_0l}{20}$
9			$\dfrac{mb}{l^2}\times$ $(2l-3b)$	$\dfrac{ma}{l^2}\times$ $(2l-3a)$	$-\dfrac{6ab}{l^3}m$	$-\dfrac{6ab}{l^3}m$

图号	简图	弯矩图 （绘在受拉边缘）	杆端弯矩		杆端剪力	
			M_{ab}	M_{ba}	V_{ab}	V_{ba}
10			$-\dfrac{Pb(l^2-b^2)}{2l^2}$ 当 $a=b$ $-\dfrac{3PL}{16}$	0	$-\dfrac{Pb(3l^2-b^2)}{2l^3}$ 当 $a=b$ $\dfrac{11P}{16}$	$-\dfrac{Pa^2(3l-a)}{2l^3}$ $-\dfrac{5P}{16}$
11			$-\dfrac{ql^2}{8}$	0	$\dfrac{5ql}{8}$	$-\dfrac{3ql}{8}$
12			$-\dfrac{q_0l^2}{15}$	0	$\dfrac{2q_0l}{5}$	$-\dfrac{q_0l}{10}$
13			$\dfrac{m(l^2-3b^2)}{2l^2}$	0	$-\dfrac{3m(l^2-b^2)}{2l^3}$	$-\dfrac{3m(l^2-b^2)}{2l^3}$
14			$\dfrac{m}{2}$	m	$-\dfrac{3m}{2l}$	$-\dfrac{3m}{2l}$
15			$-\dfrac{ql^2}{3}$	$-\dfrac{ql^2}{6}$	ql	0
16			$-\dfrac{Pl}{2}$	$-\dfrac{Pl}{2}$	P	P

注：杆端弯矩栏中的符号是根据以顺时针为正的规定而加上去的；剪力符号规定同前。

3. 位移法典型方程

对有 n 个未知量的结构，位移法典型方程为：

$$K_{11}\Delta_1 + K_{12}\Delta_2 + \cdots + K_{1n}\Delta_n + R_{1p} + R_{1t} + R_{1c} = 0$$

$$K_{21}\Delta_1 + K_{22}\Delta_2 + \cdots + K_{2n}\Delta_n + R_{2p} + R_{2t} + R_{2c} = 0$$

$$\cdots\cdots$$

$$K_{n1}\Delta_1 + K_{n2}\Delta_2 + \cdots + K_{nn}\Delta_n + R_{np} + R_{nt} + R_{nc} = 0$$

式中，Δ_i 为结点位移未知量（$i = 1, 2, \cdots, n$）；K_{ij} 为基本结构仅由于 $\Delta_j = 1$（$j = 1, 2, \cdots, n$）在附加约束之中产生的约束力，为基本结构的刚度系数；R_{ip}、R_{it}、R_{ic} 分别为基本结构仅由荷载、温度变化、支座位移作用，在附加约束之中产生的约束力，为位移法典型方程的自由项。

位移法典型方程中，第一个方程表示：基本结构在 n 个未知结点位移、荷载、温度变化、支座位移等共同作用下，第一个附加约束中的约束力等于零。其余各式的意义可按此类推。可见，位移法典型方程表示静力平衡方程。

位移法不仅可以计算超静定结构的内力，也可以计算静定结构的内力。

位移法典型方程中的系数 K_{ii} 称为主系数，恒为正值。系数 $K_{ij}（i \neq j）$ 称为副系数，可为正值、负值，或为零，并且 $K_{ij} = K_{ji}$；各自由项的值可为正、负或零。

系数和自由项都是附加约束中的反力，都可按上述各自的定义利用各杆的刚度系数、固端弯矩、固端剪力由平衡条件求出。

4. 结构的最后内力计算

求出各未知结点位移 Δ_i 后，由叠加原理可得：

$$M = \overline{M}_1 \Delta_1 + \overline{M}_2 \Delta_2 + \cdots + \overline{M}_n \Delta_n + M_p + M_t + M_c$$
$$V = \overline{V}_1 \Delta_1 + \overline{V}_2 \Delta_2 + \cdots + \overline{V}_n \Delta_n + V_p + V_t + V_c$$
$$N = \overline{N}_1 \Delta_1 + \overline{N}_2 \Delta_2 + \cdots + \overline{N}_n \Delta_n + N_p + N_t + N_c$$

式中，$\overline{M}_i$、$\overline{V}_i$、$\overline{N}_i$ 分别为由 $\Delta_i = 1$ 引起的基本结构的弯矩、剪力、轴力；M_p、M_t、M_c、V_p、V_t、V_c、N_p、N_t、N_c 分别为基本结构由荷载、温度变化、支座位移引起的弯矩、剪力、轴力。

二、超静定结构的特性

超静定结构的特性如下：

（1）同时满足超静定结构的平衡条件、变形协调条件和物理条件的超静定结构内力的解是唯一真实的解。

（2）超静定结构在荷载作用下的内力与各杆 EA、EI 的相对比值有关，而与各杆 EA、EI 的绝对值无关，但在非荷载（如温度变化、杆件制造误差、支座位移等）作用下会产生内力，这种内力与各杆 EA、EI 的绝对值有关，并且成正比。

（3）超静定结构的内力分布比静定结构均匀，刚度和稳定性都有所提高。

【**例 1.6.1**】如图 1.6.2 所示连续梁，各杆 EI 为常数，确定 k 截面的弯矩（kN·m）为下列何项？

(A) 8　　　　　　　(B) 10

(C) 12　　　　　　(D) 16

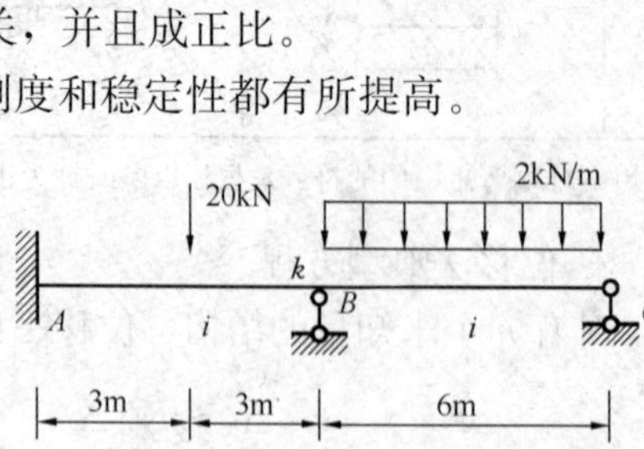

【**解答**】用位移法计算，取基本结构，见图 1.6.3（a），作出 $\overline{M}_1$、M_{1p} 弯矩图，分别见图 1.6.3（b）、（c）。

图 1.6.2

$$K_{11} = 4i + 3i = 7i, \quad R_{1p} = \frac{1}{8} \times 20 \times 6 + \left(-\frac{1}{8} \times 2 \times 6^2\right) = 15 + (-9) = 6\text{kN·m}$$

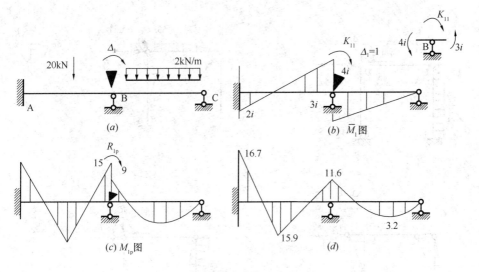

(a)

(b) $\overline{M}_1$图

(c) $M_{1\mathrm{p}}$图

(d)

图 1.6.3

$$K_{11}\Delta_1 + R_{1\mathrm{p}} = 0$$

$$7i\Delta_1 + 6 = 0, \; 则: \Delta_1 = -\frac{6}{7i}$$

$$M_{\mathrm{K}} = \overline{M}_1\Delta_1 + M_{1\mathrm{p}} = 4i \cdot \left(-\frac{6}{7i}\right) + 15 = 11.57\mathrm{kN \cdot m}$$

故选（C）项。

思考：该连续梁的弯矩图，见图 1.6.3（d）。

【例 1.6.2】如图 1.6.4 所示刚架，各杆 EI 为常数，确定 K 截面的弯矩为下列何项？

(A) -80（↑）

(B) -70（↑）

(C) -60（↑）

(D) -50（↑）

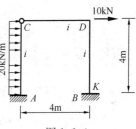

图 1.6.4

【解答】用位移法计算，取基本结构，见图 1.6.5（a），作出 $\overline{M}_1$、$\overline{M}_2$、M_p 弯矩图，分别见图 1.6.5（b）、（c）、（d）。

位移法方程为：

$$K_{11}\Delta_1 + K_{12}\Delta_2 + R_{1\mathrm{p}} = 0$$
$$K_{21}\Delta_1 + K_{22}\Delta_2 + R_{2\mathrm{p}} = 0$$

由图 1.6.4，可得：

$$K_{11} = 4i + 3i = 7i, \quad K_{12} = K_{21} = -\frac{4i + 2i}{4} = -\frac{3i}{2}$$

$$K_{22} = \frac{\dfrac{3i}{4}}{4} + \frac{\dfrac{3i}{2} + \dfrac{3i}{2}}{4} = \frac{15i}{16}$$

$$R_{1\mathrm{p}} = 0, \quad R_{2\mathrm{p}} = -\frac{3}{8} \times 20 \times 4 - 10 = -40\mathrm{kN}$$

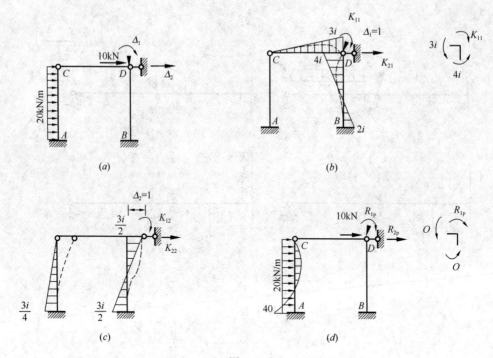

图 1.6.5

(a) 基本结构；(b) $\overline{M}_1$ 图；(c) $\overline{M}_2$ 图；(d) M_p 图

$$7i\Delta_1 + \left(-\frac{3i}{2}\Delta_2\right) + 0 = 0$$

$$-\frac{3i}{2}\Delta_1 + \frac{15i}{16}\Delta_2 - 40 = 0$$

可得：$\Delta_1 = \dfrac{320}{23i}$，$\Delta_2 = \dfrac{4480}{69i}$

$$M_\mathrm{K} = \overline{M}_1\Delta_1 + \overline{M}_2\Delta_2 + M_\mathrm{p} = 2i \cdot \frac{320}{23i} + \left(-\frac{3i}{2}\right) \cdot \frac{4480}{69i} + 0$$

$$= -69.57\mathrm{kN} \cdot \mathrm{m}(\uparrow)$$

故选（B）项。

第七节 习 题 与 解 答

一、静定结构内力计算习题

1. 图 1.7.1-1 所示桁架中，FH 杆的轴力 N_FH 值为（   ）。

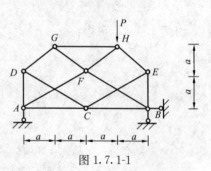

图 1.7.1-1

(A) $-\dfrac{3\sqrt{2}P}{4}$ (B) $\dfrac{3\sqrt{2}P}{2}$

(C) $-\dfrac{5\sqrt{2}P}{4}$ (D) $-\dfrac{\sqrt{2}P}{8}$

2. 图 1.7.1-2 所示刚架，CH 杆 H 截面的弯矩 M_{HC} 值为（　　）。

(A) $3qa^2$（右边受拉）　　　　　　(B) $2qa^2$（右边受拉）

(C) $1.5qa^2$（左边受拉）　　　　　(D) $5qa^2$（左边受拉）

3. 图 1.7.1-3 所示刚架，M_{AC} 值为（　　）。

(A) $2kN \cdot m$（右边受拉）　　　　(B) $2kN \cdot m$（左边受拉）

(C) $4kN \cdot m$（右边受拉）　　　　(D) $4kN \cdot m$（左边受拉）

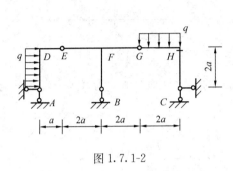

图 1.7.1-2

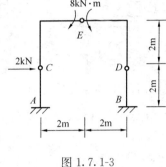

图 1.7.1-3

4. 图 1.7.1-4 所示结构，M_{AC} 和 M_{BD} 值分别为（　　）。

(A) $M_{AC}=Ph$（左边受拉），$M_{BD}=Ph$（左边受拉）

(B) $M_{AC}=Ph$（左边受拉），$M_{BD}=0$

(C) $M_{AC}=0$，$M_{BD}=Ph$（左边受拉）

(D) $M_{AC}=Ph$（左边受拉），$M_{BD}=\dfrac{2Ph}{3}$（左边受拉）

5. 图 1.7.1-5 所示桁架，1 杆的内力为（　　）。

(A) $-1.732P$（压力）　　　　　　(B) $1.732P$（拉力）

(C) $-2.732P$（压力）　　　　　　(D) $-2.0P$（压力）

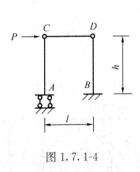

图 1.7.1-4

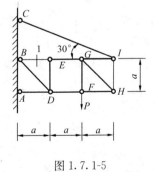

图 1.7.1-5

6. 图 1.7.1-6 所示刚架，截面 D 处的弯矩值为（　　）。

(A) 0　　　　　　　　　　　　　　(B) $\dfrac{Fl}{8}$（左边受拉）

(C) $\dfrac{Fl}{4}$（右边受拉）　　　　　(D) $\dfrac{Fl}{8}$（右边受拉）

7. 图 1.7.1-7 所示结构，1 杆的轴力大小为（　　）。

(A) 0　　　　　　　(B) $-\dfrac{qa}{2}$　　　　　　(C) $-qa$　　　　　　(D) $-2qa$

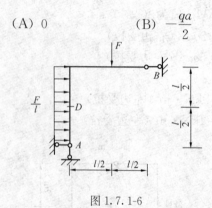

图 1.7.1-6

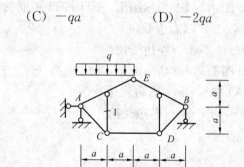

图 1.7.1-7

8. 图 1.7.1-8 所示组合结构中，A 点右截面的内力（绝对值）为（　　）。

(A) $M_A=Pa$, $V_A=\dfrac{P}{2}$, $N_A\neq0$　　　　　(B) $M_A=\dfrac{Pa}{2}$, $V_A=\dfrac{P}{2}$, $N_A=0$

(C) $M_A=Pa$, $V_A=\dfrac{P}{2}$, $N_A=0$　　　　　(D) $M_A=\dfrac{Pa}{2}$, $V_A=\dfrac{P}{2}$, $N_A\neq0$

9. 图 1.7.1-9 所示组合结构中，B 点右截面的剪力值为（　　）。

(A) $\dfrac{qa}{4}$　　　　　　(B) $\dfrac{qa}{2}$　　　　　　(C) qa　　　　　　(D) $\dfrac{3qa}{2}$

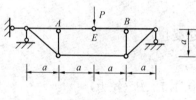

图 1.7.1-8

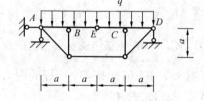

图 1.7.1-9

10. 图 1.7.1-10 所示组合结构，1 杆的轴力为（　　）。

(A) P　　　　　　(B) $2P$　　　　　　(C) 0　　　　　　(D) $3P$

11. 图 1.7.1-11 所示桁架，1 杆的轴力为（　　）。

(A) $-\dfrac{P}{2}$　　　　　　(B) P　　　　　　(C) $\dfrac{P}{2}$　　　　　　(D) $2P$

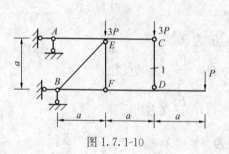

图 1.7.1-10

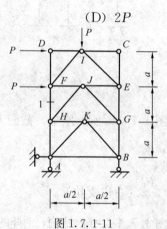

图 1.7.1-11

12. 图 1.7.1-12 所示桁架，1 杆的轴力为（　　）。

(A) $-\dfrac{P}{2}$　　　　(B) $-P$　　　　(C) $-\dfrac{3P}{2}$　　　　(D) $-2P$

13. 图 1.7.1-13 所示桁架，1 杆和 2 杆的内力为（　　）。

(A) N_1、N_2 均为压杆　　　　　　　　(B) $N_1 = -N_2$

(C) N_1、N_2 均为拉杆　　　　　　　　(D) $N_1 = 0$，$N_2 = 0$

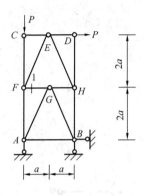

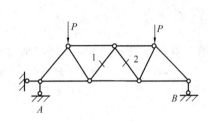

图 1.7.1-12　　　　　　　　　　　　　　图 1.7.1-13

14. 图 1.7.1-14 所示组合结构，CF 轴的轴力 N_{CF} 值为（　　）。

(A) $\dfrac{\sqrt{2}P}{2}$　　　　(B) P　　　　(C) $\sqrt{2}P$　　　　(D) $2P$

15. 图 1.7.1-15 所示结构，1 杆的轴力为（　　）。

(A) 0　　　　(B) $2F$　　　　(C) $3F$　　　　(D) $4F$

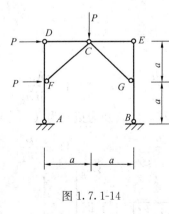

图 1.7.1-14　　　　　　　　　　　　　　图 1.7.1-15

16. 图 1.7.1-16 所示桁架，1 杆的轴力为（　　）。

(A) $-\dfrac{\sqrt{3}P}{2}$　　　(B) $-\dfrac{P}{2}$　　　(C) $-\dfrac{\sqrt{5}}{2}P$　　　(D) $-\sqrt{3}P$

17. 图 1.7.1-17 所示桁架，1 杆的轴力为（　　）。

(A) $\dfrac{P}{3}$　　　　(B) $\dfrac{2P}{3}$　　　　(C) $\dfrac{P}{2}$　　　　(D) P

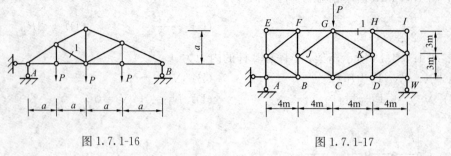

图 1.7.1-16   图 1.7.1-17

18. 图 1.7.1-18 所示桁架，1 杆的轴力为（   ）。

(A) $\dfrac{\sqrt{2}}{2}P$ (B) $\sqrt{2}P$ (C) $\dfrac{P}{2}$ (D) P

19. 图 1.7.1-19 所示桁架，1 杆的轴力为（   ）。

(A) $-P$ (B) $-\dfrac{P}{2}$ (C) $\dfrac{P}{4}$ (D) $\dfrac{P}{2}$

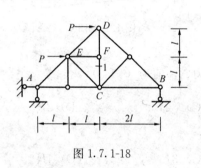

图 1.7.1-18

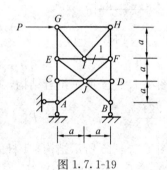

图 1.7.1-19

二、静定结构位移计算习题

1. 图 1.7.2-1 所示刚架，C 截面的转角为（   ）。

(A) $\dfrac{Ml}{12EI}$（↑）   (B) $\dfrac{Ml}{6EI}$（↑）   (C) $\dfrac{Ml}{12EI}$（↓）   (D) $\dfrac{Ml}{6EI}$（↓）

2. 图 1.7.2-2 所示结构 A、B 两点的相对水平位移（以离开为正）为（   ）。

(A) $-\dfrac{2qa^4}{3EI}$ (B) $-\dfrac{qa^4}{6EI}$ (C) $-\dfrac{qa^4}{3EI}$ (D) $-\dfrac{qa^4}{EI}$

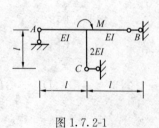

图 1.7.2-1

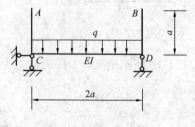

图 1.7.2-2

3. 图 1.7.2-3 所示刚梁 C 点的竖向位移 Δ_{CV} 值为（   ）。

(A) $\dfrac{5Pl^3}{24EI}$ ($\downarrow$)   (B) $\dfrac{7Pl^3}{24EI}$ ($\downarrow$)   (C) $\dfrac{5Pl^3}{48EI}$ ($\downarrow$)   (D) $\dfrac{7Pl^3}{48EI}$ ($\downarrow$)

4. 图 1.7.2-4 所示刚架 A 点的水平位移 Δ_{AH} 值为（   ）。

(A) $\dfrac{M_0 a^2}{6EI}$ ($\leftarrow$)   (B) $\dfrac{2M_0 a^2}{3EI}$ ($\rightarrow$)   (C) $\dfrac{2M_0 a^2}{3EI}$ ($\leftarrow$)   (D) $\dfrac{M_0 a^2}{3EI}$ ($\rightarrow$)

5. 图 1.7.2-5 所示刚架，结点 B 的水平位移 Δ_{BH} 值为（   ）。

(A) $\dfrac{3ql^4}{16EI}$ ($\rightarrow$)   (B) $\dfrac{3ql^4}{8EI}$ ($\rightarrow$)   (C) $\dfrac{5ql^4}{16EI}$ ($\rightarrow$)   (D) $\dfrac{5ql^4}{8EI}$ ($\rightarrow$)

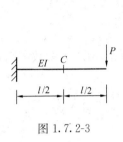
图 1.7.2-3

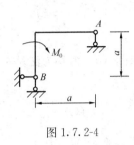
图 1.7.2-4

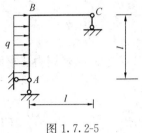
图 1.7.2-5

6. 图 1.7.2-6 所示桁架的支座 A 向左移动了 b，向下移动了 c，则 DB 杆的角位移 θ_{BD} 值为（   ）。

(A) $\dfrac{c+b}{4a}$ ($\downarrow$)   (B) $\dfrac{c}{4a}$ ($\uparrow$)   (C) $\dfrac{c+\sqrt{2}b}{4a}$ ($\downarrow$)   (D) $\dfrac{c-\sqrt{2}b}{4a}$ ($\uparrow$)

7. 图 1.7.2-7 所示三铰刚架，支座 B 向右移动 Δ_1，向下滑动 Δ_2，则结点 D 的转角 θ_D 为（   ）。

(A) $\dfrac{\Delta_2+\Delta_1}{2a}$ ($\downarrow$)   (B) $\dfrac{\Delta_2+\Delta_1}{a}$ ($\downarrow$)   (C) $\dfrac{2\Delta_2+\Delta_1}{2a}$ ($\downarrow$)   (D) $\dfrac{2\Delta_2+\Delta_1}{a}$ ($\downarrow$)

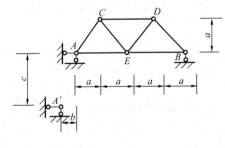
图 1.7.2-6

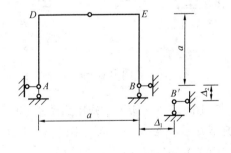
图 1.7.2-7

三、超静定结构力法习题

1. 图 1.7.3-1 所示结构中 A 支座反力为力法的基本未知量 X_1，方向向上为正，则 X_1 为（   ）。

(A) $\dfrac{3P}{16}$ (B) $\dfrac{4P}{16}$ (C) $\dfrac{5P}{16}$ (D) $\dfrac{7P}{16}$

2. 图 1.7.3-2 所示为超静定桁架的基本体系及 EA 为常数，则 δ_{11} 为（   ）。

(A) $\dfrac{\sqrt{2}a}{2EA}$

(B) $\dfrac{(\sqrt{2}+1)a}{2EA}$

(C) $\dfrac{2a}{EA}$

(D) $\dfrac{(2\sqrt{2}+1)a}{2EA}$

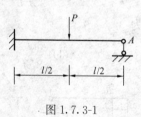

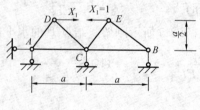

图 1.7.3-1

图 1.7.3-2

3. 图 1.7.3-3 (a) 用力法求解时取图 (b) 为其力法基本体系，EI 为常数，则 δ_{22} 为（　　）。

(A) $\dfrac{l^3}{3EI}$　　　　(B) $\dfrac{2l^3}{3EI}$　　　　(C) $\dfrac{4l^3}{3EI}$　　　　(D) $\dfrac{5l^3}{3EI}$

4. 图 1.7.3-4 所示结构，EI 为常数，弯矩 M_{CA} 为（　　）。

(A) $\dfrac{Pl}{2}$（左侧受拉）

(B) $\dfrac{Pl}{4}$（左侧受拉）

(C) $\dfrac{Pl}{2}$（右侧受拉）

(D) $\dfrac{Pl}{4}$（右侧受拉）

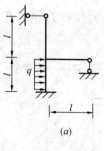
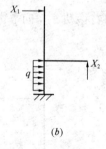

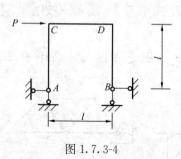

图 1.7.3-3

图 1.7.3-4

5. 图 1.7.3-5 所示结构用力法求解时图 1.7.3-5 (b) 为力法基本体系，向上为正，力法典型方程 $\delta_{11}X_1 + \Delta_{1c} = 0$ 中的 Δ_{1c} 为（　　）。

(A) $\Delta_1 + 2\Delta_2 - \Delta_3$

(B) $\Delta_1 - 2\Delta_2$

(C) $\Delta_1 - 2\Delta_2 + \Delta_3$

(D) $-\Delta_1 + 2\Delta_2$

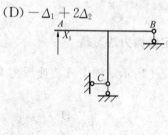

图 1.7.3-5

6. 图 1.7.3-6 所示结构，EI 为常数，B 截面处的弯矩 M_{BA} 值为（　　）。

(A) $\dfrac{Pl}{2}$（上部受拉）

(B) $\dfrac{PL}{4}$（上部受拉）

(C) 0

(D) $\dfrac{PL}{4}$（下部受拉）

7. 如图 1.7.3-7 所示结构 $EI=$ 常数，在给定荷载作用下，水平反力 H_A 为（　　）。

(A) P　　　　(B) $2P$　　　　(C) $3P$　　　　(D) $4P$

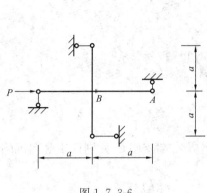

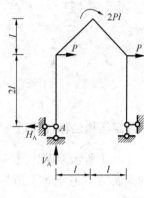

图 1.7.3-6　　　　　　　　　　　　　图 1.7.3-7

8. 如图 1.7.3-8 所示梁的抗弯刚度为 EI，长度为 l，欲使梁中点 C 弯矩为零，则弹性支座刚度 k 的取值应为（　　）。

(A) $3EI/l^3$　　　　(B) $6EI/l^3$　　　　(C) $9EI/l^3$　　　　(D) $12EI/l^3$

9. 如图 1.7.3-9 所示结构 $EI=$ 常数，不考虑轴向变形，M_{BA} 为（以下侧受拉为正）（　　）。

(A) $\dfrac{Pl}{4}$　　　　(B) $-\dfrac{Pl}{4}$　　　　(C) $\dfrac{Pl}{2}$　　　　(D) $-\dfrac{Pl}{2}$

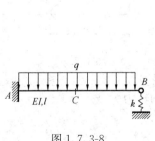

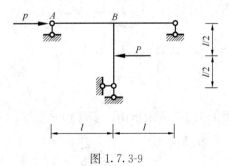

图 1.7.3-8　　　　　　　　　　　　　图 1.7.3-9

10. 用力法求解如图 1.7.3-10（a）所示结构（$EI=$ 常数）。基本体系及基本未知量如图 1.7.3-10（b）所示，力法方程中的系数 Δ_{1p} 为（　　）。

(A) $-\dfrac{5qL^4}{36EI}$　　　　(B) $\dfrac{5qL^4}{36EI}$　　　　(C) $-\dfrac{qL^4}{24EI}$　　　　(D) $\dfrac{5qL^5}{24EI}$

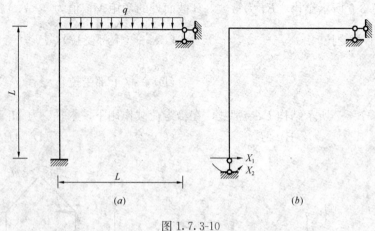

图 1. 7. 3-10
(a) 原结构；(b) 基本体系

四、超静定结构位移法习题

1. 图 1.7.4-1 所示两跨连梁的中间支座 B 及右端支座 C 分别产生竖向沉陷 2Δ 及 Δ，由此引起的截面 A 的弯矩 M_{AB} 值为（　　）。

(A) $\dfrac{17EI\Delta}{4l^2}$（上拉）　　　　　　　　(B) $\dfrac{66EI\Delta}{7l^2}$（上拉）

(C) $\dfrac{9EI\Delta}{8l^2}$（上拉）　　　　　　　　(D) $\dfrac{10EI\Delta}{l^2}$（上拉）

2. 图 1.7.4-2 所示超静定结构，不计轴向变形，BC 杆的轴力为（　　）。

(A) $-P$（压力）　　　(B) P（拉力）　　　(C) $-\sqrt{2}P$（压力）　　　(D) $\sqrt{2}P$（拉力）

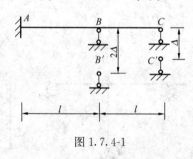

图 1.7.4-1

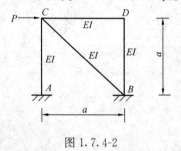

图 1.7.4-2

3. 图 1.7.4-3 所示结构，不计轴向变形，AC 杆的轴力为（　　）。

(A) $\dfrac{3\sqrt{2}ql}{8}$　　　　(B) $\dfrac{5\sqrt{2}ql}{8}$　　　　(C) $\dfrac{5\sqrt{2}ql}{16}$　　　　(D) $\dfrac{3\sqrt{2}ql}{16}$

4. 图 1.7.4-4 所示结构，M_{BD}、M_{AC} 值分别为（　　）。

(A) $M_{BD} = \dfrac{Ph}{4}, M_{AC} = \dfrac{Ph}{4}$　　　　　　(B) $M_{BD} = \dfrac{Ph}{4}, M_{AC} = \dfrac{Ph}{2}$

(C) $M_{BD} = \dfrac{Ph}{2}, M_{AC} = \dfrac{Ph}{4}$　　　　　　(D) $M_{BD} = \dfrac{Ph}{2}, M_{AC} = \dfrac{Ph}{2}$

1142

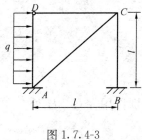

图 1.7.4-3

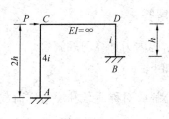

图 1.7.4-4

5. 用位移法计算图 1.7.4-5 所示梁的 K_{11}，其中 EI 为常数，则 K_{11} 值为（　　）。

(A) $\dfrac{7EI}{l}$ 　　　　(B) $\dfrac{9EI}{l}$ 　　　　(C) $\dfrac{10EI}{l}$ 　　　　(D) $\dfrac{11EI}{l}$

6. 图 1.7.4-6 所示连续梁，EI 为常数，已知 B 处梁截面转角为 $-\dfrac{7Pl^2}{240}(\curvearrowright)$，则 C 处梁截面转角应为（　　）。

(A) $\dfrac{Pl^2}{60EI}$ 　　　　(B) $\dfrac{Pl^2}{120EI}$ 　　　　(C) $\dfrac{Pl^2}{180EI}$ 　　　　(D) $\dfrac{Pl^2}{240EI}$

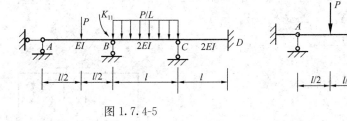

图 1.7.4-5

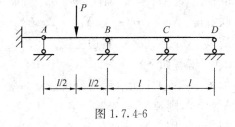

图 1.7.4-6

7. 图 1.7.4-7 所示结构，EI 为常数，已知结点 C 的水平线位移为 $\Delta_{CH} = \dfrac{7Pl^4}{36EI}(\rightarrow)$，则结点 C 的角位移 θ_c 应为（　　）。

(A) $\dfrac{7Pl^2}{6EI}(\searrow)$ 　　(B) $\dfrac{Pl^3}{6EI}(\searrow)$ 　　(C) $\dfrac{5Pl^2}{6EI}(\nwarrow)$ 　　(D) $\dfrac{5Pl^3}{6EI}(\searrow)$

8. 如图 1.7.4-8 所示结构 B 处弹性支座的弹簧刚度 $k = 12EI/L^3$，B 截面的弯矩为（　　）。

(A) $\dfrac{Pl}{2}$ 　　　　(B) $\dfrac{Pl}{3}$ 　　　　(C) $\dfrac{Pl}{4}$ 　　　　(D) $\dfrac{Pl}{6}$

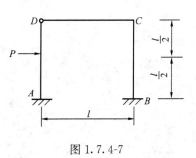

图 1.7.4-7

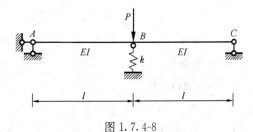

图 1.7.4-8

五、习题的解答

(一)静定结构内力计算习题解答

1.A. 解答如下:

将 H 处力分解成对称荷载和反对称荷载,分别作用在 G、H 处。在 $\dfrac{P}{2}$、$\dfrac{P}{2}$ 的反对称荷载作用下,有:$N_{GH} = 0$,则:$N_{FH} = -\dfrac{\sqrt{2}}{4}P$;在对称荷载作用下,有:$N_{CE} = 0$,则:$N_{BE} = N_{HE} = 0$,故 $N_{FH} = -\dfrac{\sqrt{2}}{2}P$,所以

$$N_{FH} = -\frac{\sqrt{2}}{4}P + \left(-\frac{\sqrt{2}}{2}P\right) = -\frac{3\sqrt{2}P}{4}$$

2.B. 解答如下:

取 GHC 部分,$\sum M_G = 0$,则:$2qa^2 + 2a \cdot X_C = 2a \cdot Y_C$

取 EBC 部分,$\sum M_E = 0$,则:$2aq \cdot 5a + 2a \cdot X_C = 6a \cdot Y_C + 2a \cdot Y_B$

取整体,$\sum M_A = 0$,则:$2aq \cdot 6a + 2aq \cdot a = 3a \cdot Y_B + 7a \cdot Y_C$

联解得:$X_C = qa(\leftarrow)$,$Y_C = 2qa(\uparrow)$,$Y_B = 0$

所以,$M_{HC} = 2qa^2$,右边受拉。

3.C. 解答如下:

如图 1.7.5-1-1 所示受力分析,

$M_C = 0$,则:$2X_E + 2V_E = 8$

$M_D = 0$,则:$2X_E - 2V_E = 8$

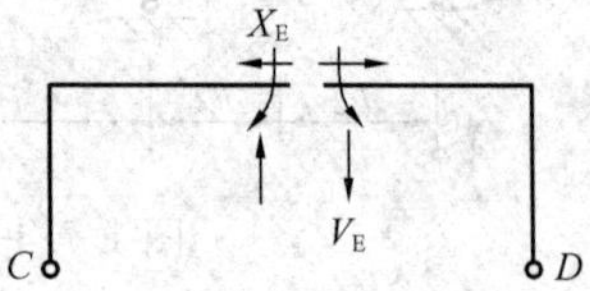

图 1.7.5-1-1

解之得:$X_E = 4\text{kN}$,$V_E = 0$,取 ECA 为脱离体,$\sum M_A = 0$,则:$M_{AC} = 4 \times 4 - 2 \times 2 - 8 = 4\text{kN} \cdot \text{m}(\downarrow)$

4.C. 解答如下:

取 AC 部分分析,$V_{CA} = 0$

取 CD 部分分析,可知:$V_{DB} = P(\rightarrow)$,所以 $M_{AC} = 0$,$M_{BD} = V_{DB} \cdot h = P \cdot h(\downarrow)$

5.C. 解答如下:

过 CI、EG、DF 作截面,取右边脱离体,$\sum Y = 0$,则:$Y_{CI} = P$(受拉),$X_{CI} = \sqrt{3}P$(受拉)。

过 BE、AD 作截面,取右边脱离体,$\sum M_D = 0$,则:

$$N_1 \cdot a + \sqrt{3}P \cdot a + P \cdot 2a = P \cdot a$$

$$N_1 = -(1+\sqrt{3})P = -2.732P$$

6.B. 解答如下:

$\sum Y = 0$,则:$Y_A = F$

$$\sum M_B = 0,\text{则}:X_A = \frac{F \cdot \dfrac{l}{2} + \dfrac{F}{l} \cdot l \cdot \dfrac{l}{2} - F \cdot l}{l} = 0$$

所以　$M_{DA} = \dfrac{F}{l} \cdot \dfrac{l}{2} \cdot \dfrac{l}{4} = \dfrac{Fl}{8}$，左边受拉。

7. B. 解答如下：

解法一：求支座 A 的反力，用截面法，过 E 铰、CD 取截面，对 E 取矩求出 N_{CD}，再用铰 C 的结点平衡求出 N_1。

解法二：利用对称结构，将荷载分成 $\dfrac{q}{2}$ 的对称荷载和 $\dfrac{q}{2}$ 的反对称荷载，即：

在反对称荷载 $\left(\dfrac{q}{2}\right)$ 作用下，$N_{CD} = 0$，则：$N_1 = 0$

在对称荷载 $\left(\dfrac{q}{2}\right)$ 作用下，$Y_A = \dfrac{\dfrac{q}{2} \cdot 2a}{2}$，则：$Y_A = N_{AC} \cdot \cos 45°$，$N_1 = -N_{AC} \cos 45°$，

故 $N_1 = -Y_A = -\dfrac{qa}{2}$

8. D. 解答如下：

对称结构，在铰 E 处剪力为零，将 P 视为两个 $\dfrac{P}{2}$，则：

$M_A = \dfrac{P}{2} \cdot a$，$V_A = \dfrac{P}{2}$，$N_A \neq 0$。

9. C. 解答如下：

对称结构、对称荷载，在铰 E 处剪力为零，则：$V_{B右} = qa$

10. B. 解答如下：

取 FD 部分为脱离体，$\sum M_F = 0$，$N_1 = \dfrac{2Pa}{a} = 2P$

11. C. 解答如下：

先判别出铰 C 处 IC、EC 杆为零杆。

过 IE、FJ、FH 取截面，$\sum M_E = 0$，则：$N_1 = \dfrac{Pa - P \cdot \dfrac{a}{2}}{a} = \dfrac{P}{2}$

12. A. 解答如下：

先判定出零杆，DH 杆、CE 杆为零杆。

对铰 E 分析：$N_{ED} = P$，$N_{CE} = 0$，$X_{EF} = -X_{EH} = \dfrac{P}{2}$

对铰 F 分析：$N_1 = -X_{EF} = \dfrac{-P}{2}$

13. D. 解答如下：

对称结构，对称荷载，则 $N_1 = N_2$，又据结点平衡条件，知 $N_1 = N_2 = 0$。

14. C. 解答如下：

$$\sum M_B = 0, \quad Y_A = \dfrac{P \cdot 2a + P \cdot a - Pa}{2a} = P(\downarrow)$$

过 DC、FC 取截面，取左部为脱离体，$\Sigma Y=0$，则：

$$N_{CF} \cdot \cos 45° = P,\ N_{CF}=\sqrt{2}P$$

15. D. 解答如下：

$$\Sigma M_A = 0,\ 则：X_B = \frac{2F \cdot 3a + F \cdot 2a}{2a} = 4F(\leftarrow)$$

过 CD、EF、BA 取截面，取上部为脱离体，$\Sigma X=0$，则：

$$N_1 = X_B = 4F(受拉)$$

16. C. 解答如下：

取截面如图 1.7.5-1-2 所示。

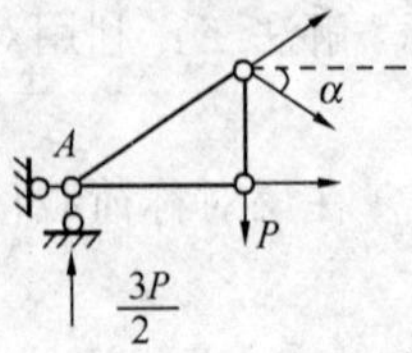

$$\cos\alpha = \frac{2}{\sqrt{5}},\ \sin\alpha = \frac{1}{\sqrt{5}}$$

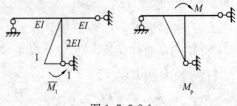

图 1.7.5-1-2

$$\Sigma M_A = 0,\ 则：Pa + N_1\cos\alpha \cdot \frac{a}{2} + N_1\sin\alpha \cdot a = 0$$

$$Pa + N_1 \cdot \frac{2}{\sqrt{5}} \cdot \frac{a}{2} + N_1 \cdot \frac{1}{\sqrt{5}} \cdot a = 0$$

$$解之得：N_1 = -\frac{\sqrt{5}P}{2}$$

17. A. 解答如下：

求出支座反力　$Y_A = Y_W = \frac{P}{2}$

过 GH、HK、DW 取截面，左边为脱离体，$\Sigma M_D=0$，则

$$P \cdot 4 + N_1 \cdot 6 = \frac{P}{2} \cdot 12$$

$$解之得：N_1 = \frac{P}{3}$$

18. C. 解答如下：

首先判定零杆，再过 ED、EF、FC、CB 取截面，取左边为脱离体，$\Sigma M_A=0$，则：

$N_1 \cdot 2l = P \cdot l,\ 得\ N_1 = \frac{P}{2}$

19. A. 解答如下：

首先判定零杆，JC、JD 为零杆；JB、JE 为零杆；

过 EC、EJ、IF、HF 取截面，取上部为脱离体，

$$\Sigma X = 0,\ 则\ N_1 = -P$$

（二）静定结构位移计算习题解答

1. A. 解答如下：

作出 $\overline{M}_1$、M_p 图，见图 1.7.5-2-1。

$$\theta_c = \frac{1}{2EI}\left(\frac{1}{2}M \cdot l\right) \cdot \frac{1}{3} = \frac{Ml}{12EI}(\curvearrowright)$$

2. A. 解答如下：

图 1.7.5-2-1

作出$\overline{M}_1$、M_p图，见图1.7.5-2-2。

$$\Delta = -\frac{1}{EI} \cdot \left(\frac{2}{3} \cdot \frac{1}{2} qa^2 \cdot 2a \right) \cdot a = -\frac{2qa^4}{3EI}$$

3. C. 解答如下：

作出$\overline{M}_1$、M_p图，见图1.7.5-2-3。

$$\Delta_{CV} = \frac{1}{EI} \left(\frac{1}{2} \cdot \frac{L}{2} \cdot \frac{L}{2} \cdot \frac{5PL}{6} \right) = \frac{5}{48} \frac{PL^3}{EI} (\downarrow)$$

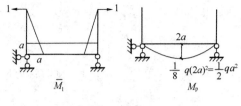

图1.7.5-2-2

4. D. 解答如下：

作出$\overline{M}_1$、M_p图，见图1.7.5-2-4。

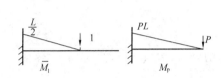

图1.7.5-2-3

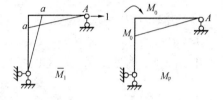

图1.7.5-2-4

$$\Delta_{AH} = \frac{1}{EI} \cdot \left(\frac{1}{2} \cdot M_0 \cdot a \cdot \frac{2}{3}a \right) = \frac{M_0 a^2}{3EI} (\rightarrow)$$

5. B. 解答如下：

作出$\overline{M}_1$、M_p图，见图1.7.5-2-5。

$$\Delta_{BH} = \frac{1}{EI} \left[\left(\frac{1}{2} \cdot l \cdot l \right) \cdot \frac{2}{3} \cdot \frac{ql^2}{2} + \left(\frac{1}{2} \cdot l \cdot l \cdot \frac{2}{3} \right) \frac{ql^2}{2} + \left(\frac{2}{3} \cdot \frac{ql^2}{8} \cdot l \right) \cdot \frac{l}{2} \right]$$

$$= \frac{3ql^4}{8EI} (\rightarrow)$$

6. B. 解答如下：

在D、B点加集中力$P = \dfrac{1}{\sqrt{2}a}$，方向见图1.7.5-2-6，因外部为力偶，故A反力与B反力形成一个力偶，则：

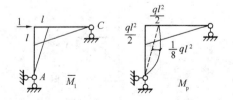

图1.7.5-2-5

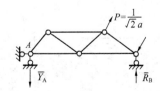

图1.7.5-2-6

$$\overline{R}_A = -\overline{R}_B = \frac{1}{4a}，即：$$

$$\overline{Y}_A = \frac{1}{4a}，\overline{X}_A = 0$$

所以 $\theta_{BD} = -\Sigma \overline{R}_i \cdot C = -\left[0 \times b + \dfrac{1}{4a} \times c\right] = -\dfrac{c}{4a}$，逆时针方向。

7. C. 解答如下：

在 D 点施加单位力 $m=1$，顺时针方向，支座反力：$Y_B = \dfrac{1}{a}$（↑），$X_B = \dfrac{1}{2a}$

$$\theta_D = -\Sigma \overline{R}_i \cdot C = -\left[\dfrac{1}{a} \times (-\Delta_2) + \dfrac{1}{2a} \cdot (-\Delta_1)\right]$$

$$= \dfrac{1}{2a}(2\Delta_2 + \Delta_1)(\downarrow)$$

（三）超静定结构力法习题解答

1. C. 解答如下：

作出 $\overline{M}_1$、M_p 图见图 1.7.5-3-1。

$$\delta_{11} = \dfrac{l^3}{3EI}, \Delta_{1p} = -\dfrac{5Pl^3}{48EI}$$

$$\delta_{11}X_1 + \Delta_{1p} = 0$$

所以　$X_1 = \dfrac{5P}{16}$（↑）

2. D. 解答如下：

求出 $X_1=1$ 时，各杆的轴力 $N_{AC} = -\dfrac{1}{2}$，$N_{BC} = -\dfrac{1}{2}$，$N_{AD} = N_{BE} = \dfrac{\sqrt{2}}{2}$，

$$N_{DC} = N_{CE} = -\dfrac{\sqrt{2}}{2}$$

$$\delta_{11} = \dfrac{1}{EA}\left[\left(\dfrac{\sqrt{2}}{2}\right)^2 \cdot \dfrac{\sqrt{2}}{2}a \cdot 4 + \left(-\dfrac{1}{2}\right)^2 \cdot a \cdot 2\right]$$

$$= \dfrac{a}{EA} \cdot \left(\sqrt{2} + \dfrac{1}{2}\right) = \dfrac{(2\sqrt{2}+1)a}{2EA}$$

3. C. 解答如下：

作出 $\overline{M}_2$ 图，见图 1.7.5-3-2。

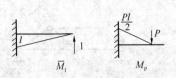

图 1.7.5-3-1

图 1.7.5-3-2

$$\delta_{22} = \dfrac{1}{EI}\left(\dfrac{1}{2} \cdot l \cdot l \cdot \dfrac{2}{3}l + l \cdot l \cdot l\right) = \dfrac{4l^3}{3EI}$$

4. C. 解答如下：

利用对称结构，将荷载变为对称荷载，反对称荷载。

在对称荷载作用下，$M_{CA} = 0$，

在反对称荷载作用下，内力反对称，则 $X_A = \dfrac{P}{2}$ （←）

所以 $M_{CA} = X_A \cdot l = \dfrac{Pl}{2}$，右侧受拉。

5. B. 解答如下：

$X_1 = 1$ 时，求出基本体系中 B、C 支座反力：$Y_B = 1$，$X_C = 0$，$Y_C = -2$

$$\Delta_{1c} = -\sum \overline{R_i} \cdot C = -[1 \times (-\Delta_1) + 0 + (-2) \cdot (-\Delta_2)] = \Delta_1 - 2\Delta_2$$

6. C. 解答如下：

取 A 支座反力 X_1 为力法方程基本未知量，方向向下为正，则作出 $\overline{M}_1$、M_p 图，故 $\Delta_{1p} = 0$

由 $\delta_{11} X_1 + \Delta_{1p} = 0$，则：$X_1 = 0$

所以 $M_{BA} = 0$。

7. A. 解答如下：

结构对称、反对称荷载，支座的反力为反对称，由水平方向力平衡，$H_A = P$。

8. B. 解答如下：

用力法，支座 B 的弹簧力设为 X，由力法方程：

$$\frac{Xl^3}{3EI} - \frac{ql^4}{8EI} = -\frac{X}{k}$$

又 $M_{CB} = 0$，则：$X = \dfrac{ql}{4}$，代入上式，则：

$$k = \frac{6EI}{l^3}$$

9. B. 解答如下：

整体分析，水平方向力平衡，支座的水平反力为零，故结构为对称结构。将荷载分解为对称、反对称荷载，如图 1.7.5-3-3 所示。

可知，$M_{BA} = \dfrac{Pl}{4}$

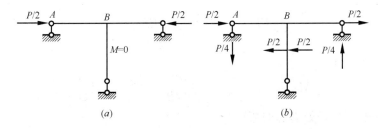

图 1.7.5-3-3

10. C. 解答如下：

作 $\overline{M}_1$、M_p 图，见图 1.7.5-3-4。

$$\Delta_{1p} = -\frac{1}{EI}\left(\frac{2}{3} \times \frac{qL^2}{8} \times L\right) \times \frac{L}{2} = -\frac{qL^4}{24EI}$$

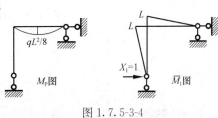

图 1.7.5-3-4

（四）超静定结构位移法习题解答

1. B. 解答如下：

作出 $\overline{M}_1$、M_c 图，见图 1.7.5-4-1。

$$K_{11} = 7i = 7\frac{EI}{l}$$

$$R_{1c} = -\frac{9i}{l}\Delta = -\frac{9EI\Delta}{l^2}$$

又 $K_{11} \cdot \Delta_1 + R_{1c} = 0$，则：$\Delta_1 = \frac{9\Delta}{7l}$

$$M = \overline{M}_1 \cdot \Delta_1 + M_c = \frac{2EI}{l} \cdot \frac{9\Delta}{7l} - \frac{12EI\Delta}{l^2} = -\frac{66EI\Delta}{7l^2}（上拉）$$

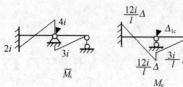

图 1.7.5-4-1

2. C. 解答如下：

位移法求解，图中 C、D 有两个角位移，因为 M_p 图为零，则 C、D 转角为零，最终弯矩图为零，即结构无弯矩，也无剪力，但杆件轴力存在，所以，把结点当作铰结点，解之得杆 BC 的轴力为 $\sqrt{2}P$，压力。

3. A. 解答如下：

位移法求解时，图中 C 有 1 个角位移，但 Δ_{1p} 为零，又由 $K_{11}\Delta_1 + \Delta_{1p} = 0$，可知角位移为零，$AC$ 杆、BC 杆、DC 杆的结点当作铰结点，只受轴力，按铰接桁架计算。

4. B. 解答如下：

当 P 方向产生 $\Delta = 1$ 时，求出 AC、BD 构件的剪力，见图 1.7.5-4-2，则：

$$K_{11} = \frac{12i}{h^2} + \frac{12i}{h^2} = \frac{24i}{h^2}$$

$$\Delta_H = \frac{P}{K_{11}} = \frac{Ph^2}{24i}$$

所以 $M_{AC} = \frac{12i}{h} \cdot \Delta_H = \frac{Ph}{2}$，$M_{BD} = \frac{6i}{h}\Delta_H = \frac{Ph}{4}$

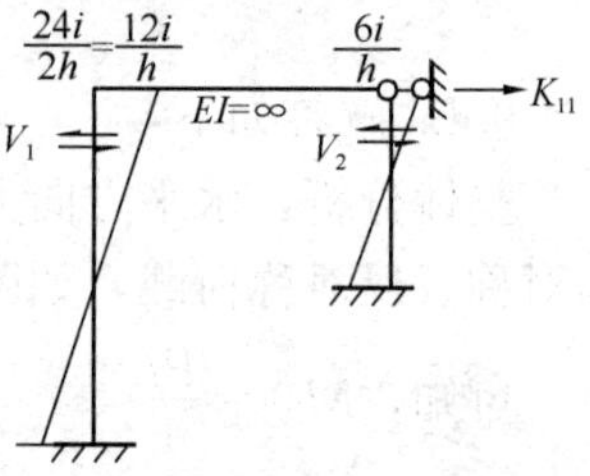

图 1.7.5-4-2

5. D. 解答如下：

$$K_{11} = 3i_{BA} + 4i_{BC} = 3 \cdot \frac{EI}{l} + 4 \cdot \frac{2EI}{l} = \frac{11EI}{l}$$

6. B. 解答如下：

$$M_{CB} = 2i \cdot \theta_B = -\frac{7Pl^2}{240EI} \cdot \frac{2EI}{l} = -\frac{7Pl}{120}$$

C 处的转角 θ_C 在 C 处引起的弯矩：

$$M_{CD} = (4i + 3i)\theta_C = 7\frac{EI}{l} \cdot \theta_C$$

又 $|M_{CB}| = |M_{CD}|$，即：$\frac{7Pl}{120} = \frac{7EI}{l} \cdot \theta_C$

所以 $\theta_C = \frac{Pl^2}{120EI}$

7. B. 解答如下：

由转角引起的弯矩：$M_{C(\theta)} = (3i + 4i) \cdot \theta_C = 7i\theta_C = \dfrac{7EI\theta_C}{l}$

由水平位移引起的弯矩：$M_{C(H)} = -\dfrac{6i}{l}\Delta = -\dfrac{6i}{l} \cdot \dfrac{7Pl^4}{36EI} = -\dfrac{7Pl^2}{6}$

$|M_{C(\theta)}| = |M_{C(H)}|$，解之得：$\theta_C = \dfrac{Pl^3}{6EI}(\circlearrowleft)$

8. D. 解答如下：

用位移法，B 点向下有位移 Δ，则：

$$\left(\frac{3EI}{l^3} + \frac{3EI}{l^3}\right)\Delta + k\Delta = P$$

可得：

$$\Delta = \frac{Pl^3}{18EI}$$

$$M_{BC} = -3i_{BC}\theta_{BC} = -3i_{BC} \cdot \left(\frac{-\Delta}{l}\right) = 3\frac{EI}{l} \cdot \frac{Pl^3}{18EI \cdot l} = \frac{Pl}{6}$$

第二章 《钢标》抗震性能化设计

【例 2.1】 某钢框架结构办公楼，丙类建筑，位于抗震设防烈度 7 度（0.15g）地区，场地Ⅱ类。首层层高 5.1m，其他层层高均为 4.2m，总高度 $H=42.9$m。框架柱采用箱形截面□500×16，选用 Q390 钢，框架梁采用焊接 H 形截面 H700×200×12×22，钢材用 Q345 钢，其截面特性见表 2.1。

梁、柱截面特性 表 2.1

截面	A (mm^2)	I_x (mm^4)	i_x (mm)	弹性截面模量 W_x (mm^3)	塑性截面模量 W_{px} (mm^3)
H700×200×12×22	16672	$1.29×10^9$	279	$3.70×10^6$	$4.27×10^6$
□500×16	30976	$1.21×10^9$	198	$4.84×10^6$	$5.62×10^6$

该结构的立面、平面如图 2.1 所示，框架梁、柱连接均采用刚接，框架梁绕其强轴（x-x 轴）弯曲。采用钢结构抗震性能化设计。

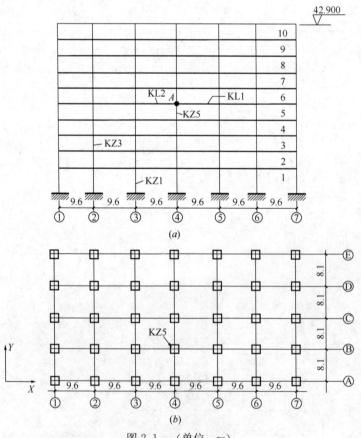

图 2.1 （单位：m）
(a) 立面图；(b) 平面图

提示：按《钢结构设计标准》GB 50017—2017 作答。

试问：

（1）抗震性能化设计时，塑性耗能区的性能等级采用性能5，框架梁的截面板件宽厚比等级的选择，下列何项满足要求？

（A）S1、S2 　　　（B）S1、S2、S3 　　　（C）S3、S4 　　　（D）S3、S4、S5

（2）假定框架梁选用性能5，延性等级选用Ⅲ级，取$\Omega_i = \Omega_{i,min} = 0.45$，框架梁 KL1 的左端在多遇地震、设防地震下的内力标准值见表2.2。

KL1 的左端内力标准值　　　　　　　　　　　　　表 2.2

荷载工况	剪力 V_k（kN）	轴力 N_k（kN）	弯矩 M_K（kN·m）
恒载	200	150	500
楼面活荷载	100	80	200
多遇地震下水平地震作用	450	250	750
设防地震下水平地震作用	1100	600	1750

注：楼面活荷载的组合值系数取0.5。

KL1 的塑性耗能区实际性能系数 Ω_0^a，与下列何项数值最接近？

提示：$f_y = 335 \text{N/mm}^2$。

（A）0.43 　　　（B）0.45 　　　（C）0.47 　　　（D）0.50

（3）KL1 未设置纵向加劲肋，其左端进行设防地震下抗震承载力验算，其剪力值 V_{pb}（kN），与下列何项数值最接近？

提示：$f_y = 335 \text{N/mm}^2$。

（A）530 　　　（B）550 　　　（C）565 　　　（D）575

（4）题目条件同题（3），其左端的剪力限值（kN），与下列何项数值最接近？

（A）790 　　　（B）710 　　　（C）690 　　　（D）610

（5）KL1 的左端进行设防地震下抗震承载力验算，其最大轴力 N_{E2}（kN）与其轴力限值的比值，与下列何项数值最接近？

提示：$f = 295 \text{N/mm}^2$，$f_y = 335 \text{N/mm}^2$。

（A）0.55 　　　（B）0.62 　　　（C）0.70 　　　（D）0.76

【解答】（1）根据《钢标》17.3.4条表17.3.4-1：

Ⅲ级，框架梁可选用 S3、S2、S1。

应选（B）项。

（2）根据《钢标》17.2.2条：

KL1： $\dfrac{b}{t} = \dfrac{200-12}{2 \times 22} = 4.27 < 9\varepsilon_k = 9\sqrt{235/345} = 7.43$

$\dfrac{h_0}{t_w} = \dfrac{700 - 2 \times 22}{12} = 54.6$ 　　 $\begin{array}{l} < 72\varepsilon_k = 59.4 \\ > 65\varepsilon_k = 53.6 \end{array}$

故其截面板件宽厚比等级为 S2 级。

由表17.2.2-2，取 $W_E = W_{px} = 4.27 \times 10^6$

由式（17.2.2-2）：

$$\Omega_0^a = \frac{W_E f_y - M_{GE} - 0.4 M_{EVK2}}{M_{EhK2}}$$

$$= \frac{4.27 \times 10^6 \times 335 - (500 + 0.5 \times 200) \times 10^6 - 0}{1750 \times 10^6}$$

$$= 0.4745$$

应选（C）项。

（3）根据《钢标》17.2.4条：

$$V_{pb} = V_{Gb} + \frac{W_{Eb,A} f_y + W_{Eb,B} f_y}{l_n}$$

$$= (200 + 0.5 \times 100) + \frac{4.27 \times 10^6 \times 335 \times 2}{(9.6 - 0.5) \times 10^3} \times 10^{-3}$$

$$= 564.4 \text{kN}$$

应选（C）项。

（4）根据《钢标》17.3.4条：

$$0.5 h_w t_w f_{vy} = 0.5 \times (700 - 2 \times 22) \times 12 \times (0.58 \times 345)$$

$$= 788 \text{kN}$$

应选（A）项。

（5）根据《钢标》17.2.3条：

$$N_{E2} = (150 + 0.5 \times 80) + 0.45 \times 600 + 0 = 460 \text{kN}$$

由表17.3.4-1：

$$0.15 A f_y = 0.15 \times 16672 \times 335 = 838 \text{kN}$$

$$\frac{N_{E2}}{0.15 A f_y} = \frac{460}{838} = 0.55，应选（A）项。$$

【例2.2】题目条件同［例2.1］。已知框架梁的性能系数 $\Omega_i = 0.45$，框架梁截面为 S2 级，取 $f_{yb} = 335 \text{N/mm}^2$。

试问：

（1）框架柱 KZ5 的性能系数 Ω_i，下列何项满足规范要求且经济合理？

(A) 0.60　　　　(B) 0.55　　　　(C) 0.50　　　　(D) 0.45

（2）假定框架柱 KZ5 的性能系数 $\Omega_i = 0.58$，其在多遇地震、设防地震下的内力标准值见表2.3。

KZ5 的内力标准值　　　　　　　　　表 2.3

荷载工况	剪力 V_{xk} (kN)	轴力 N_k (kN)	弯矩 M_{xk} (kN·m)	弯矩 M_{yk} (kN·m)
恒载	350	600	100	200
楼面活荷载	150	200	60	100
多遇地震下水平地震作用	450	640	200	300
设防地震下水平地震作用	1100	1650	550	750

注：楼面活荷载的组合值系数取 0.5。

对 KZ5 柱顶 A 处沿 X 方向进行设防地震下抗震承载力验算，柱端截面的强度与梁端强度（$1.1\eta_y\Sigma W_{Eb}f_{yb}$）的比值，应为下列何项？

(A) 1.3　　　　　　　　　　　　　(B) 1.1

(C) 0.9　　　　　　　　　　　　　(D) A、B、C 均不对

(3) 假定，题目条件同（2），$N_p=5075$kN，KZ5 柱顶 A 处沿 X 方向柱端强度与梁端强度（$1.1\eta_y\Sigma W_{Eb}f_{yb}$）的比值，应为下列何项？

(A) 0.66　　　(B) 0.73　　　(C) 0.80　　　(D) 0.84

(4) 题目条件同（2），KZ5 进行设防地震下抗震承载力验算，其剪力值（kN）与下列何项数值最接近？

(A) 1680　　　(B) 1550　　　(C) 1450　　　(D) 1370

(5) 题目条件同（2），KZ5 进行设防地震下抗震承载力验算，按双向压弯进行强度计算，其应力值 σ（N/mm²），与下列何项数值最接近？

提示： $A_n=0.85A$，$W_n=0.85W$。

(A) 290　　　(B) 310　　　(C) 325　　　(D) 360

(6) 假定，框架柱 KZ5 的延性为 Ⅲ 级，其他条件同（2），KZ5 的长细比限值，与下列何项数值最接近？

(A) 120　　　(B) 99　　　(C) 93　　　(D) 89

【解答】（1）根据《钢标》17.1.5 条及条文说明：第 5 层 KZ5 不属于关键构件。

根据《钢标》17.2.2 条：

$$\Omega_i \geqslant \beta_e \times 0.45 = 1.1\eta_y \times 0.45$$

查表 17.2.2-3，取 $\eta_y=1.1$，则：

$$\Omega_i \geqslant 1.1 \times 1.1 \times 0.45 = 0.5445$$

故选（B）项。

（2）根据《钢标》17.2.5 条：

$$\Omega_i = 0.58$$

由 17.2.3 条：$N_p = (600 + 0.5 \times 200) + 0.58 \times 1650 = 1657$kN

$$\frac{N_p}{N_y} = \frac{N_p}{A_c f_y} = \frac{1657 \times 10^3}{30976 \times 390} = 0.14 < 0.4$$

Q390、柱 KZ5：　$\dfrac{b_0}{t} = \dfrac{500 - 2 \times 16}{16} = 29.25$　$\begin{array}{l} <40\varepsilon_k = 31 \\ >35\varepsilon_k = 27 \end{array}$

截面为 S3 级。

故不需要验算 KZ5 柱端截面强度，选（D）项。

（3）条件 $N_p=5075$kN，由《钢标》17.2.5 条：

$$\frac{N_p}{N_y} = \frac{5075000}{30976 \times 390} = 0.42 > 0.4$$

由题目（2）计算可知，KZ5 截面为 S3 级，由表 17.2.2-2：

$$W_{Ec} = 1.05W_x = 1.05 \times 4.84 \times 10^6$$

由式（17.2.5-1）：

$$\frac{\Sigma W_{Ec}(f_{yc} - N_p/A_c)}{1.1\eta_y\Sigma W_{Eb}f_{yb}} = \frac{2 \times 1.05 \times 4.84 \times 10^6 \times (390 - 5075000/30976)}{1.1 \times 1.1 \times 2 \times 4.27 \times 10^6 \times 335}$$

$$=0.66$$

故选（A）项。

（4）根据《钢标》17.2.5条：

$$V_{pc} = (350 + 0.5 \times 150) + \frac{1.05 \times 4.84 \times 10^6 \times 390 \times 2}{4200 - 700} \times 10^{-3}$$

$$= 1557.6\text{kN}$$

故选（B）项。

（5）$N = (600 + 0.5 \times 200) + 0.58 \times 1650 = 1657\text{kN}$

$M_x = (100 + 0.5 \times 60) + 0.58 \times 550 = 449\text{kN} \cdot \text{m}$

$M_y = (200 + 0.5 \times 100) + 0.58 \times 750 = 685\text{kN} \cdot \text{m}$

$$\sigma = \frac{N}{A_n} + \frac{M_x}{\gamma_x W_{nx}} + \frac{M_y}{\gamma_y W_{ny}}$$

$$= \frac{1657000}{0.85 \times 30976} + \frac{449 \times 10^6}{1.05 \times 0.85 \times 4.84 \times 10^6} + \frac{685 \times 10^6}{1.05 \times 0.85 \times 4.84 \times 10^6}$$

$$= 325.5\text{N/mm}^2$$

故选（C）项。

（6）根据《钢标》17.3.5条：

$$N_p = 600 + 0.5 \times 200 + 0.58 \times 1650 = 1657\text{kN}$$

$$\frac{N_p}{A f_y} = \frac{1657000}{30976 \times 390} = 0.137 < 0.15$$

KZ5 为延性Ⅲ级，则：$[\lambda] = 120\varepsilon_k = 120\sqrt{235/390} = 93.2$

故选（C）项。

【例 2.3】 题目条件同例 2.1。已知框架梁的性能系数 $\Omega_i = 0.45$。

试问：

（1）第三层 KZ3 的性能系数 Ω_i，下列何项满足规范要求且经济合理？

(A) 0.50　　　　(B) 0.54　　　　(C) 0.56　　　　(D) 0.60

（2）首层 KZ1 的柱顶受弯承载力验算，其弯矩性能系数 Ω_i，下列何项满足规范要求且经济合理？

(A) 0.65　　　　(B) 0.61　　　　(C) 0.55　　　　(D) 0.50

（3）首层 KZ1 的柱脚受弯、受剪承载力验算，其弯矩性能系数 $\Omega_{i,M}$、剪力性能系数 $\Omega_{i,V}$，下列何项满足规范要求且经济合理？

(A) $\Omega_{i,M} = 0.62$，$\Omega_{i,V} = 1.0$　　　　(B) $\Omega_{i,M} = 0.62$，$\Omega_{i,V} = 0.62$

(C) $\Omega_{i,M} = 0.55$，$\Omega_{i,V} = 1.0$　　　　(D) $\Omega_{i,M} = 0.55$，$\Omega_{i,V} = 0.62$

【解答】（1）根据《钢标》17.1.5条及条文说明：

第三层：$5.1 + 4.2 + 4.2 = 13.5\text{m} < \dfrac{H}{3} = \dfrac{42.9}{3} = 14.3\text{m}$

故 KZ3 为关键构件，$\Omega_i \geq 0.55$

由 17.2.2 条及表 17.2.2-3（或 17.2.5 条第 3 款、表 17.2.2-3）：

KZ3：$\Omega_i \geq 1.1\eta_y \times 0.45 = 1.1 \times 1.1 \times 0.45 = 0.5445$

最终取 $\Omega_i \geq 0.55$，选（C）项。

（2）根据《钢标》17.1.5 条及条文说明：

KZ1 为关键构件，$\Omega_i \geqslant 0.55$

由 17.2.5 条第 3 款：$\Omega_i \geqslant 1.35 \times 0.45 = 0.6075$

最终取 $\Omega_i \geqslant 0.6075$，选（B）项。

（3）根据《钢标》17.1.5 条及条文说明：

KZ1 为关键构件，$\Omega_i \geqslant 0.55$

由 17.2.5 条第 3 款：$\Omega_{i,\mathrm{M}} \geqslant 1.35 \times 0.45 = 0.6075$

故取 $\Omega_{i,\mathrm{M}} \geqslant 0.6075$

由 17.2.12 条：$\Omega_{i,\mathrm{V}} \geqslant 1.0$

故取 $\Omega_{i,\mathrm{V}} \geqslant 1.0$

应选（A）项。

附录一：

一级注册结构工程师专业考试
各科题量、分值与时间分配

（一）一级注册结构工程师专业考试各科题量、分值（附表1）

考试科目		2020 年度题量	2020 年度以前题量
上午	钢筋混凝土结构	16	16
	钢结构	16	14
	砌体结构	7	8
	木结构	1	2
下午	地基与基础	17	16
	高层建筑与高耸结构	17	16
	桥梁结构	6	8

每题 1 分，满分 80 分。

（二）考试时间分配

考试时间为上、下午各 4 小时，但不确定各科在上、下午的配题数量。

附录二：

一级注册结构工程师专业考试所用的规范、标准

1. 《工程结构通用规范》GB 55001—2021
2. 《建筑与市政工程抗震通用规范》GB 55002—2021
3. 《建筑与市政地基基础通用规范》GB 55003—2021
4. 《组合结构通用规范》GB 55004—2021
5. 《木结构通用规范》GB 55005—2021
6. 《钢结构通用规范》GB 55006—2021
7. 《砌体结构通用规范》GB 55007—2021
8. 《混凝土结构通用规范》GB 55008—2021
9. 《建筑结构可靠性设计统一标准》GB 50068—2018
10. 《建筑结构荷载规范》GB 50009—2012
11. 《建筑工程抗震设防分类标准》GB 50223—2008
12. 《建筑抗震设计规范》GB 50011—2010（2016 年版）
13. 《建筑地基基础设计规范》GB 50007—2011
14. 《建筑桩基技术规范》JGJ 94—2008
15. 《建筑边坡工程技术规范》GB 50330—2013
16. 《建筑地基处理技术规范》JGJ 79—2012
17. 《建筑地基基础工程施工质量验收规范》GB 50202—2018
18. 《既有建筑地基基础加固技术规范》JGJ 123—2012
19. 《建筑基桩检测技术规范》JGJ 106—2014（简称《基桩检规》）
20. 《混凝土结构设计规范》GB 50010—2010（2015 年版）
21. 《混凝土结构工程施工质量验收规范》GB 50204—2015
22. 《组合结构设计规范》JGJ 138—2016
23. 《混凝土异形柱结构技术规程》JGJ 149—2017
24. 《混凝土结构加固设计规范》GB 50367—2013
25. 《钢结构设计标准》GB 50017—2017
26. 《门式刚架轻型房屋钢结构技术规范》GB 51022—2015
27. 《冷弯薄壁型钢结构技术规范》GB 50018—2002
28. 《钢结构工程施工质量验收标准》GB 50205—2020
29. 《钢结构焊接规范》GB 50661—2011
30. 《高层民用建筑钢结构技术规程》JGJ 99—2015
31. 《砌体结构设计规范》GB 50003—2011
32. 《钢结构高强度螺栓连接技术规程》JGJ 82—2011
33. 《砌体工程施工质量验收规范》GB 50203—2011
34. 《木结构设计标准》GB 50005—2017
35. 《烟囱工程技术标准》GB/T 50051—2021

36. 《高耸结构设计标准》GB 50135—2019

37. 《高层建筑混凝土结构技术规程》JGJ 3—2010

38. 《建筑设计防火规范》GB 50016—2014（2018 年版）

39. 《空间网格结构技术规程》JGJ 7—2010

40. 《建筑工程施工质量验收统一标准》GB 50300—2013

41. 《建筑地基基础工程施工规范》GB 51004—2015

42. 《混凝土结构工程施工规范》GB 50666—2011

43. 《钢结构工程施工规范》GB 50755—2012

44. 《砌体结构工程施工规范》GB 50924—2014

45. 《木结构施工规范》GB/T 50772—2012

46. 《公路桥涵设计通用规范》JTG D60—2015

47. 《公路钢筋混凝土及预应力混凝土桥涵设计规范》JTG 3362—2018

48. 《城市桥梁设计规范》（2019 年局部修订）CJJ 11—2011

49. 《城市桥梁抗震设计规范》CJJ 166—2011

50. 《公路桥梁抗震设计规范》JTG/T 2231—01—2020

51. 《城市人行天桥和人行地道技术规程》CJJ69—95（含 1998 年局部修订）

附录三：

常用截面的几何特性

常用截面的几何特性 附表3

截面简图	截面积 A	图示形心轴至边缘距离（x，y）	对图示轴线的惯性矩 I、回转半径 i
矩形截面	bh	$y=\dfrac{h}{2}$	$I_x=\dfrac{bh^3}{12}$，$i_x=\dfrac{\sqrt{3}}{6}h=0.289h$ $I_{x_1}=\dfrac{bh^3}{3}$，$i_{x_1}=\dfrac{\sqrt{3}}{3}h=0.577h$
箱形截面	$b_1t_1+2h_wt_w+b_2t_2$	$y_1=\dfrac{1}{2}\times\left[\dfrac{2h^2t_w+(b_1-2t_w)t_1^2}{b_1t_1+2h_wt_w+b_2t_2}\right.$ $\left.+\dfrac{(b_2-2t_w)(2h-t_2)t_2}{b_1t_1+2h_wt_w+b_2t_2}\right]$ $y_2=h-y_1$	$I_x=\dfrac{1}{3}\big[b_1y_1^3+b_2y_2^3-(b_1-2t_w)$ $\times(y_1-t_1)^3-(b_2-2t_w)(y_2-t_2)^3\big]$ $I_y=\dfrac{1}{12}\{t_1b_1^3+h_w[(b_0+2t_w)^3$ $-b_0^3]+t_2b_2^3\}$
等腰梯形截面[①]	$\dfrac{(b_1+b)h}{2}$	$y_1=\dfrac{h}{3}\left(\dfrac{b_1+2b}{b_1+b}\right)$ $y_2=\dfrac{h}{3}\left(\dfrac{2b_1+b}{b_1+b}\right)$	$I_x=\dfrac{(b_1^2+4b_1b+b^2)h^3}{36(b_1+b)}$， $I_{x_1}=\dfrac{(b+3b_1)h^3}{12}$ $I_y=\dfrac{\tan\alpha}{96}\cdot(b^4-b_1^4)$； 式中 $\tan\alpha=\dfrac{2h}{b-b_1}$
工字形截面	h_wt_w+2bt 或 $bh-(b-t_w)h_w$	$y=\dfrac{h}{2}$	$I_x=\dfrac{1}{12}[bh^3-(b-t_w)h_w^3]$ $I_y=\dfrac{1}{12}(2tb^3-h_wt_w^3)$
T形截面	$bt+h_wt_w$	$y_1=\dfrac{h^2t_w+(b-t_w)t^2}{2(bt+h_wt_w)}$ $y_2=h-y_1$	$I_x=\dfrac{1}{3}\big[by_1^3+t_wy_2^3-(b-t_w)$ $\times(y_1-t)^3\big]$ $I_y=\dfrac{1}{12}(tb^3+h_wt_w^3)$

截面简图	截面积 A	图示形心轴至边缘距离 (x, y)	对图示轴线的惯性矩 I、回转半径 i
槽形截面 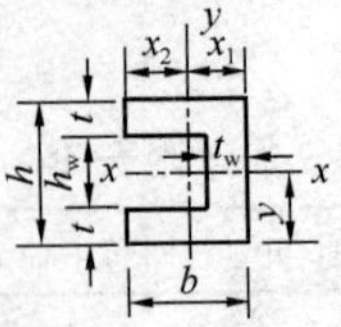	$bh - (b-t_w)h_w$	$x_1 = \frac{1}{2}\left[\frac{2b^2t + h_w t_w^2}{bh - (b-t_w)h_w}\right]$ $x_2 = b - x_1$ $y = h/2$	$I_x = \frac{1}{12}[bh^3 - (b-t_w)h_w^3]$ $I_y = \frac{1}{3}(2tb^3 + h_w t_w^3)$ $-[bh - (b-t_w)h_w]x_1^2$
圆形截面 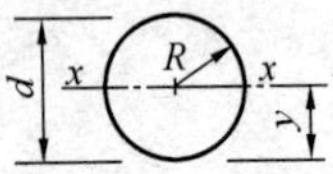	$\frac{\pi d^2}{4} = \pi R^2$	$y = \frac{d}{2} = R$	$I_x = \frac{\pi d^4}{64} = \frac{\pi R^4}{4}; i_x = \frac{1}{4}d = \frac{R}{2}$
圆环／管截面 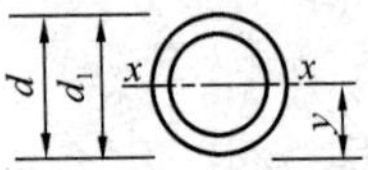	$\frac{\pi(d^2 - d_1^2)}{4}$	$y = \frac{d}{2}$	$I_x = \frac{\pi(d^4 - d_1^4)}{64}; i_x = \frac{1}{4}\sqrt{d^2 + d_1^2}$
半圆形截面 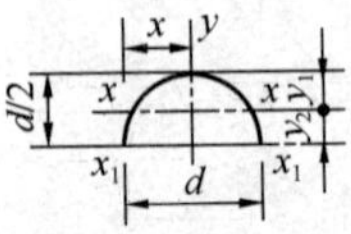	$\frac{\pi d^2}{8}$	$y_1 = \frac{(3\pi-4)d}{6\pi}, y_2 = \frac{2d}{3\pi}$ $x = \frac{d}{2}$	$I_x = \frac{(9\pi^2 - 64)d^4}{1152\pi}; I_y = \frac{\pi d^4}{128};$ $I_{x_1} = \frac{\pi d^4}{128}$
半圆环截面 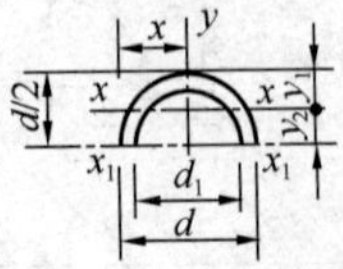	$\frac{\pi(d^2 - d_1^2)}{8}$	$y_1 = \frac{d}{2} - y_2$ $y_2 = \frac{2}{3\pi}\left(\frac{d^3 - d_1^3}{d^2 - d_1^2}\right)$ $x = \frac{d}{2}$	$I_x = \frac{\pi(d^4 - d_1^4)}{128} - \frac{(d^3 - d_1^3)^2}{18\pi(d^2 - d_1^2)}$ $I_y = \frac{\pi(d^4 - d_1^4)}{128}; I_{x_1} = \frac{\pi(d^4 - d_1^4)}{128}$

注：表中①，当取 $b_1 = 0$ 或 $b = 0$ 即得等腰三角形或倒等腰三角形截面的几何特性计算公式；取 $b_1 = b$ 则可得矩形截面的几何特性计算公式。

1162

附录四:

梁的内力与变形

悬臂梁	$\alpha=a/l,\ \beta=b/l$

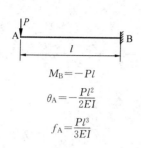

$$M_B=-Pl$$

$$\theta_A=-\frac{Pl^2}{2EI}$$

$$f_A=\frac{Pl^3}{3EI}$$

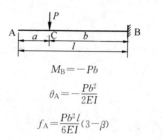

$$M_B=-Pb$$

$$\theta_A=-\frac{Pb^2}{2EI}$$

$$f_A=\frac{Pb^2 l}{6EI}(3-\beta)$$

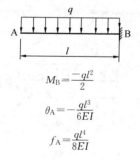

$$M_B=\frac{-ql^2}{2}$$

$$\theta_A=-\frac{ql^3}{6EI}$$

$$f_A=\frac{ql^4}{8EI}$$

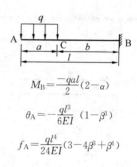

$$M_B=\frac{-qal}{2}(2-\alpha)$$

$$\theta_A=-\frac{ql^3}{6EI}\ (1-\beta^3)$$

$$f_A=\frac{ql^4}{24EI}(3-4\beta^3+\beta^4)$$

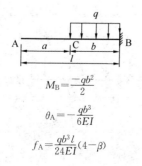

$$M_B=\frac{-qb^2}{2}$$

$$\theta_A=-\frac{qb^3}{6EI}$$

$$f_A=\frac{qb^3 l}{24EI}(4-\beta)$$

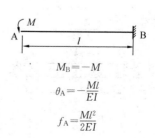

$$M_B=-M$$

$$\theta_A=-\frac{Ml}{EI}$$

$$f_A=\frac{Ml^2}{2EI}$$

简支梁

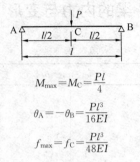

$$M_{max}=M_C=\frac{Pl}{4}$$

$$\theta_A=-\theta_B=\frac{Pl^3}{16EI}$$

$$f_{max}=f_C=\frac{Pl^3}{48EI}$$

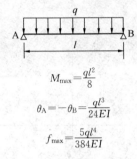

$$M_{max}=\frac{ql^2}{8}$$

$$\theta_A=-\theta_B=\frac{ql^3}{24EI}$$

$$f_{max}=\frac{5ql^4}{384EI}$$

一端简支、一端固定梁

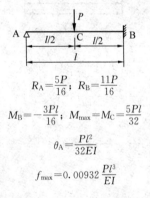

$$R_A=\frac{5P}{16};\ R_B=\frac{11P}{16}$$

$$M_B=-\frac{3Pl}{16};\ M_{max}=M_C=\frac{5Pl}{32}$$

$$\theta_A=\frac{Pl^2}{32EI}$$

$$f_{max}=0.00932\frac{Pl^3}{EI}$$

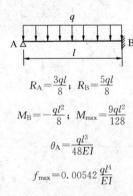

$$R_A=\frac{3ql}{8};\ R_B=\frac{5ql}{8}$$

$$M_B=-\frac{ql^2}{8};\ M_{max}=\frac{9ql^2}{128}$$

$$\theta_A=\frac{ql^3}{48EI}$$

$$f_{max}=0.00542\frac{ql^4}{EI}$$

两端固定梁

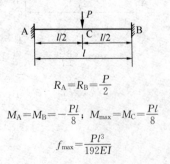

$$R_A=R_B=\frac{P}{2}$$

$$M_A=M_B=-\frac{Pl}{8};\ M_{max}=M_C=\frac{Pl}{8}$$

$$f_{max}=\frac{Pl^3}{192EI}$$

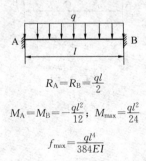

$$R_A=R_B=\frac{ql}{2}$$

$$M_A=M_B=-\frac{ql^2}{12};\ M_{max}=\frac{ql^2}{24}$$

$$f_{max}=\frac{ql^4}{384EI}$$

荷　载　图	跨内最大弯矩		支座弯矩	剪　　力			跨度中点挠度	
	M_1	M_2	M_B	V_A	$V_{B左}$ $V_{B右}$	V_C	f_1	f_2
	0.070	0.070	−0.125	0.375	−0.625 0.625	−0.375	0.521	0.521
	0.096	—	−0.063	0.437	−0.563 0.063	0.063	0.912	−0.391
	0.048	0.048	−0.078	0.172	−0.328 0.328	−0.172	0.345	0.345
	0.064	—	−0.039	0.211	−0.289 0.039	0.039	0.589	−0.244
	0.156	0.156	−0.188	0.312	−0.688 0.688	−0.312	0.911	0.911
	0.203	—	−0.094	0.406	−0.594 0.094	0.094	1.497	−0.586
	0.222	0.222	−0.333	0.667	−1.333 1.333	−0.667	1.466	1.466
	0.278	—	−0.167	0.833	−1.167 0.167	0.167	2.508	−1.042

三 跨 梁

荷 载 图	跨内最大弯矩		支座弯矩		V_A	剪 力	力	V_D	跨度中点挠度		
	M_1	M_2	M_B	M_C		$V_{B左}$ / $V_{B右}$	$V_{C左}$ / $V_{C右}$		f_1	f_2	f_3
	0.080	0.025	-0.100	-0.100	0.400	-0.600 / 0.500	-0.500 / 0.600	-0.400	0.677	0.052	0.677
	0.101	—	-0.050	-0.050	0.450	-0.550 / 0	0 / 0.550	-0.450	0.990	-0.625	0.990
	—	0.075	-0.050	-0.050	0.050	-0.050 / 0.500	-0.500 / 0.050	0.050	-0.313	0.677	-0.313
	0.073	0.054	-0.117	-0.033	0.383	-0.617 / 0.583	-0.417 / 0.033	0.033	0.573	0.365	-0.208
	0.094	0.021	-0.067	0.017	0.433	-0.567 / 0.083	0.083 / -0.017	-0.017	0.885	-0.313	0.104
	0.054	—	-0.063	-0.063	0.183	-0.313 / 0.250	-0.250 / 0.313	-0.188	0.443	0.052	0.443
	0.068	—	-0.031	-0.031	0.219	-0.281 / 0	0 / 0.281	-0.219	0.638	-0.391	0.638
	—	0.052	-0.031	-0.031	-0.031	-0.031 / 0.250	-0.250 / 0.031	0.031	-0.195	0.443	-0.195

荷载图	跨内最大弯矩		支座弯矩		剪力				跨度中点挠度		
	M_1	M_2	M_B	M_C	V_A	$V_{B左}$ / $V_{B右}$	$V_{C左}$ / $V_{C右}$	V_D	f_1	f_2	f_3
	0.050	0.038	−0.073	−0.021	0.177	−0.323 / 0.302	−0.198 / 0.021	0.021	0.378	0.248	−0.130
	0.063	—	−0.042	0.010	0.208	−0.292 / 0.052	0.052 / −0.010	−0.010	0.573	−0.195	0.065
	0.175	0.100	−0.150	−0.150	0.350	−0.650 / 0.500	−0.500 / 0.650	−0.350	1.146	0.208	1.146
	0.213	—	−0.075	−0.075	0.425	−0.575 / 0	0 / 0.575	−0.425	1.615	−0.937	1.615
	—	0.175	−0.075	−0.075	−0.075	−0.075 / 0.500	−0.500 / 0.075	0.075	−0.469	1.146	−0.469
	0.162	0.137	−0.175	−0.050	0.325	−0.675 / 0.625	−0.375 / 0.050	0.050	0.990	0.677	−0.312
	0.200	—	−0.100	−0.025	0.400	−0.600 / 0.125	0.125 / −0.025	−0.025	1.458	−0.469	0.156

荷载图	跨内最大弯矩		支座弯矩		剪力				跨度中点挠度		
	M_1	M_2	M_B	M_C	V_A	$V_{B左}$ / $V_{B右}$	$V_{C左}$ / $V_{C右}$	V_D	f_1	f_2	f_3
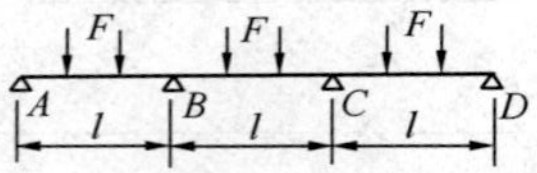 (荷载图 1)	0.244	0.067	−0.267	−0.267	0.733	−1.267 / 1.000	−1.000 / 1.267	−0.733	1.883	0.216	1.883
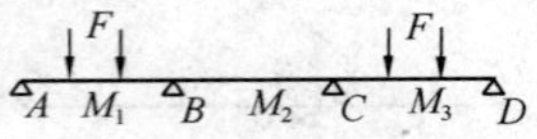 (荷载图 2)	0.289	—	−0.133	−0.133	0.866	−1.134 / 0	0 / 1.134	−0.866	2.716	−1.667	2.716
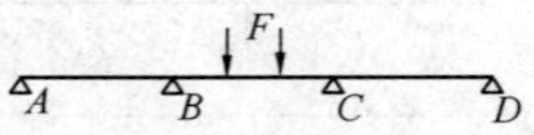 (荷载图 3)	—	0.200	−0.133	−0.133	−0.133	−0.133 / 1.000	−1.000 / 0.133	0.133	−0.833	1.883	−0.833
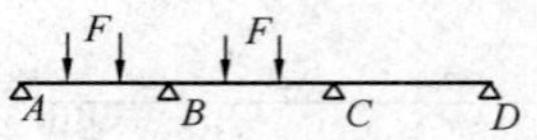 (荷载图 4)	0.229	0.170	−0.311	−0.089	0.689	−1.311 / 1.222	−0.778 / 0.089	0.089	1.605	1.049	−0.556
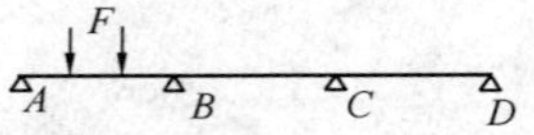 (荷载图 5)	0.274	—	−0.178	0.044	0.822	−1.178 / 0.222	0.222 / −0.044	−0.044	2.438	−0.833	0.278

四 跨 梁

荷载图	跨内最大弯矩				支座弯矩			剪 力					跨度中点挠度			
	M_1	M_2	M_3	M_4	M_B	M_C	M_D	V_A	$V_{B左}$ / $V_{B右}$	$V_{C左}$ / $V_{C右}$	$V_{D左}$ / $V_{D右}$	V_E	f_1	f_2	f_3	f_4
	0.077	0.036	0.036	0.077	−0.107	−0.071	−0.107	0.393	−0.607 / 0.536	0.464 / 0.464	−0.536 / 0.607	−0.393	0.632	0.186	0.186	0.632
	0.100	—	0.081	0.098	−0.054	−0.036	−0.054	0.446	−0.554 / 0.018	0.018 / 0.482	0.518 / 0.054	0.054	0.967	−0.558	0.744	−0.335
	0.072	0.061	0.056	—	−0.121	−0.018	−0.058	0.380	−0.620 / 0.603	−0.397 / −0.040	0.040 / 0.558	−0.442	0.549	0.437	−0.474	0.939
	—	0.056	—	—	−0.036	−0.107	−0.036	−0.036	−0.036 / 0.429	−0.571 / 0.571	−0.429 / 0.036	0.036	−0.023	0.409	0.409	−0.223
	0.094	—	—	0.052	−0.067	0.018	−0.004	0.433	−0.567 / 0.085	0.085 / −0.022	−0.022 / 0.004	0.004	0.884	−0.307	0.084	−0.028
	—	0.074	—	0.052	−0.049	−0.054	0.013	−0.049	−0.049 / 0.496	−0.504 / 0.067	0.067 / −0.013	−0.013	−0.307	0.660	−0.251	0.084
	0.052	0.028	0.028	0.052	−0.067	−0.045	−0.067	0.183	−0.317 / 0.272	−0.228 / 0.228	−0.272 / 0.317	−0.183	0.415	0.136	0.136	0.415
	0.067	—	0.055	—	−0.034	−0.022	−0.034	0.217	−0.284 / 0.011	0.011 / 0.239	−0.261 / 0.034	0.034	0.624	−0.349	0.485	−0.209

荷载图	跨内最大弯矩				支座弯矩			剪力					跨度中点挠度			
	M_1	M_2	M_3	M_4	M_B	M_C	M_D	V_A	$V_{B左}$ / $V_{B右}$	$V_{C左}$ / $V_{C右}$	$V_{D左}$ / $V_{D右}$	V_E	f_1	f_2	f_3	f_4
	0.049	0.042	—	0.066	-0.075	-0.011	-0.036	0.175	-0.325 / 0.314	-0.186 / -0.025	-0.025 / 0.286	-0.214	0.363	0.233	-0.296	0.607
	—	0.040	0.040	—	-0.022	-0.067	0.022	-0.022	-0.022 / 0.205	-0.295 / 0.295	-0.205 / 0.022	0.022	-0.140	0.275	0.275	-0.140
	0.063	—	—	—	-0.042	0.011	-0.003	0.208	-0.292 / 0.063	0.053 / -0.014	-0.014 / 0.003	0.003	0.572	-0.192	0.062	-0.017
	—	0.051	—	—	-0.031	-0.034	0.008	-0.031	-0.031 / 0.247	-0.253 / 0.042	0.042 / -0.008	-0.008	-0.192	0.432	-0.157	0.052
	0.169	0.116	0.116	0.169	-0.161	-0.107	-0.161	0.339	-0.661 / 0.554	-0.446 / 0.446	-0.554 / 0.661	-0.339	1.079	0.409	0.409	1.079
	0.210	—	0.183	0.206	-0.080	-0.054	-0.080	0.420	-0.580 / 0.027	0.027 / 0.473	-0.527 / 0.080	0.080	1.581	-0.837	1.246	-0.502
	0.159	0.146	—	—	-0.181	-0.027	-0.087	0.319	-0.681 / 0.654	-0.346 / -0.060	-0.060 / 0.587	-0.413	0.953	0.786	-0.711	1.539
	—	0.142	0.142	—	-0.054	-0.161	-0.054	0.054	-0.054 / 0.393	-0.607 / 0.607	-0.393 / 0.054	0.054	-0.335	0.744	0.744	-0.335

荷载图	跨内最大弯矩				支座弯矩			剪　力					跨度中点挠度			
	M_1	M_2	M_3	M_4	M_B	M_C	M_D	V_A	$V_{B左}$ $V_{B右}$	$V_{C左}$ $V_{C右}$	$V_{D左}$ $V_{D右}$	V_E	f_1	f_2	f_3	f_4
五跨连续梁 A B C D E，F 于第一跨	0.200	—	—	—	−0.100	0.027	−0.007	0.400	−0.600 / 0.127	0.127 / −0.033	−0.033 / 0.007	0.007	1.456	−0.460	0.126	−0.042
F 于第二跨	—	0.173	—	—	−0.074	−0.080	0.020	−0.074	−0.074 / 0.493	−0.507 / 0.100	0.100 / −0.020	−0.020	−0.460	1.121	−0.377	0.126
各跨均布 F（l 标注）	0.238	0.111	0.111	0.238	−0.286	−0.191	−0.286	0.714	1.286 / 1.095	−0.905 / 0.905	−1.095 / 1.286	−0.714	1.764	0.573	0.573	1.764
F（M_1 M_2 M_3 M_4 标注）	0.286	—	0.222	—	−0.143	−0.095	−0.143	0.857	−1.143 / 0.048	0.048 / 0.952	−1.048 / 0.143	0.143	2.657	−1.488	2.061	−0.892
F 于各跨	0.226	0.194	—	0.282	−0.321	−0.048	−0.155	0.679	−1.312 / 1.274	−0.726 / −0.107	−0.107 / 1.155	−0.345	1.541	1.243	−1.265	2.582
F 于第二、三跨	—	0.175	0.175	—	−0.095	−0.286	−0.095	−0.095	−0.095 / 0.810	−1.190 / 1.190	−0.810 / 0.095	0.095	−0.595	1.168	1.168	−0.595
F 于第一、二跨	0.274	—	—	—	−0.178	0.048	−0.012	0.822	−1.178 / 0.226	0.226 / −0.060	−0.060 / 0.012	0.012	2.433	−0.819	0.223	−0.074
F 于第二跨（另）	—	0.198	—	—	−0.131	−0.143	0.036	−0.131	−0.131 / 0.988	−1.012 / 0.178	0.178 / −0.036	−0.036	−0.819	1.838	−0.670	0.223

五 跨 梁

荷 载 图	跨内最大弯矩			支座弯矩				剪 力						跨度中点挠度				
	M_1	M_2	M_3	M_B	M_C	M_D	M_E	V_A	$V_{B左}$ / $V_{B右}$	$V_{C左}$ / $V_{C右}$	$V_{D左}$ / $V_{D右}$	$V_{E左}$ / $V_{E右}$	V_F	f_1	f_2	f_3	f_4	f_5
	0.078	0.033	0.046	−0.105	−0.079	−0.079	−0.105	0.394	−0.606 / 0.526	−0.474 / 0.500	−0.500 / 0.474	−0.526 / 0.606	−0.394	0.644	0.151	0.315	0.151	0.644
	0.100	—	0.085	−0.053	−0.040	−0.040	−0.053	0.447	−0.553 / 0.013	0.013 / 0.500	−0.500 / −0.013	−0.013 / 0.553	−0.447	0.973	−0.576	0.809	−0.576	0.973
	—	0.079	—	−0.053	−0.040	−0.040	−0.053	−0.053	−0.053 / 0.513	−0.487 / 0	0 / 0.487	−0.513 / 0.053	0.053	−0.329	0.727	−0.493	0.727	−0.329
	0.073	❷0.059 / 0.078	0.064	−0.119	−0.022	−0.044	−0.051	0.380	−0.620 / 0.598	−0.402 / −0.023	−0.023 / 0.493	−0.507 / 0.052	0.052	0.555	0.420	−0.411	0.704	−0.321
	❶0.098	0.055	—	−0.035	−0.111	−0.020	0.001	−0.035	−0.035 / 0.424	−0.576 / 0.591	−0.409 / −0.037	−0.037 / 0.557	−0.443	−0.217	0.390	0.480	−0.486	0.943
	0.094	—	—	−0.067	0.018	−0.005	0.001	−0.433	−0.567 / 0.085	0.085 / −0.023	−0.023 / 0.006	0.006 / −0.001	−0.001	0.883	−0.307	0.082	−0.022	0.008
	—	0.074	—	−0.049	−0.054	0.014	−0.004	−0.049	−0.049 / 0.495	−0.505 / 0.068	0.068 / −0.018	−0.018 / 0.004	0.004	−0.307	0.659	−0.247	0.067	−0.022
	—	—	0.072	0.013	−0.053	−0.053	0.013	0.013	0.013 / −0.066	−0.066 / 0.500	−0.500 / 0.066	0.066 / −0.013	−0.013	0.082	−0.247	0.644	−0.247	0.082

荷载图	跨内最大弯矩			支座弯矩				剪 力						跨度中点挠度				
	M_1	M_2	M_3	M_B	M_C	M_D	M_E	V_A	$V_{B左}$ / $V_{B右}$	$V_{C左}$ / $V_{C右}$	$V_{D左}$ / $V_{D右}$	$V_{E左}$ / $V_{E右}$	V_F	f_1	f_2	f_3	f_4	f_5
(六跨满布三角形荷载)	0.053	0.026	0.034	−0.066	−0.049	−0.049	−0.066	0.184	−0.316 / 0.266	−0.234 / 0.250	−0.250 / 0.234	−0.266 / 0.316	−0.184	0.422	0.114	0.217	0.114	0.422
	0.067	—	0.059	−0.033	−0.025	−0.025	−0.033	0.217	−0.283 / 0.008	0.008 / 0.250	−0.250 / −0.008	−0.008 / 0.283	−0.217	0.628	−0.360	0.525	−0.360	0.628
	—	0.055	—	−0.033	−0.025	−0.025	−0.033	−0.033	−0.033 / 0.258	−0.242 / 0	0 / 0.242	−0.258 / 0.033	0.033	−0.205	0.474	−0.308	0.474	−0.205
	0.049	❷0.041 / 0.053	0.044	−0.075	−0.014	−0.028	−0.032	0.175	−0.325 / 0.311	−0.189 / −0.014	−0.014 / 0.246	−0.255 / 0.032	0.032	0.366	0.282	−0.257	0.460	−0.201
	❶ $\overline{0.066}$	0.039	—	−0.022	−0.070	−0.013	−0.036	−0.022	−0.022 / 0.202	−0.298 / 0.307	−0.193 / −0.023	−0.023 / 0.286	−0.214	−0.136	0.263	0.319	−0.304	0.609
	0.063	—	—	−0.042	0.011	−0.003	0.001	0.208	−0.292 / 0.053	0.053 / −0.014	−0.014 / 0.004	0.004 / −0.001	−0.001	0.572	−0.192	0.051	−0.014	0.005
	—	0.051	—	−0.031	−0.034	0.009	−0.002	−0.031	−0.031 / 0.247	−0.253 / 0.043	0.043 / −0.011	−0.011 / 0.002	0.002	−0.192	0.432	−0.154	0.042	−0.014
	—	—	0.050	0.008	−0.033	−0.033	0.008	0.008	0.008 / −0.041	−0.041 / 0.250	−0.250 / 0.041	0.041 / −0.008	−0.008	0.051	−0.154	0.422	−0.154	0.051

1173

荷载图	跨内最大弯矩			支座弯矩				剪力						跨度中点挠度				
	M_1	M_2	M_3	M_B	M_C	M_D	M_E	V_A	$V_{B左}/V_{B右}$	$V_{C左}/V_{C右}$	$V_{D左}/V_{D右}$	$V_{E左}/V_{E右}$	V_F	f_1	f_2	f_3	f_4	f_5
	0.171	0.112	0.132	−0.158	−0.118	0.118	−0.158	0.342	−0.658 / 0.540	−0.460 / 0.500	−0.500 / 0.460	−0.540 / 0.658	−0.342	1.097	0.356	0.603	0.356	1.097
$A\ M_1\ B\ M_2\ C\ M_3\ D\ M_4\ E\ M_5\ F$	0.211	—	0.191	−0.079	−0.059	−0.059	−0.079	0.421	−0.579 / 0.020	0.020 / 0.500	−0.500 / −0.020	−0.020 / 0.579	−0.421	1.590	−0.863	1.343	−0.863	1.590
	—	0.181	—	−0.079	−0.059	−0.059	−0.079	−0.079	−0.079 / 0.520	−0.480 / 0	0 / 0.480	−0.520 / 0.079	0.079	−0.493	1.220	−0.740	1.220	−0.493
	0.160	②0.144 / 0.178	0.151	−0.179	−0.032	−0.066	−0.077	0.321	−0.679 / 0.647	−0.353 / −0.034	−0.034 / 0.489	−0.511 / 0.077	0.077	0.962	0.760	−0.617	1.186	−0.482
	①— / 0.207	0.140	—	−0.052	−0.167	−0.031	−0.086	−0.052	−0.052 / 0.385	−0.615 / 0.637	−0.363 / −0.056	−0.056 / 0.586	−0.414	−0.325	0.715	0.850	−0.729	1.545
	0.200	—	—	−0.100	0.027	−0.007	0.002	0.400	−0.600 / 0.127	0.127 / −0.034	−0.034 / 0.009	0.009 / −0.002	−0.002	1.455	−0.460	0.123	−0.034	0.011
	—	0.173	—	−0.073	−0.081	0.022	−0.005	−0.073	−0.073 / 0.493	−0.507 / 0.102	0.102 / −0.027	−0.027 / 0.005	0.005	−0.460	1.119	−0.370	0.101	−0.034
	—	—	0.171	0.020	−0.079	−0.079	0.020	0.020	0.020 / −0.099	−0.099 / 0.500	−0.500 / 0.099	0.099 / −0.020	−0.020	0.123	−0.370	1.097	−0.370	0.123

荷载图	跨内最大弯矩			支座弯矩				剪力						跨度中点挠度				
	M_1	M_2	M_3	M_B	M_C	M_D	M_E	V_A	$V_{B左}/V_{B右}$	$V_{C左}/V_{C右}$	$V_{D左}/V_{D右}$	$V_{E左}/V_{E右}$	V_F	f_1	f_2	f_3	f_4	f_5
$A\,M_1\,B\,l\,C\,l\,D\,l\,E\,l\,F$ (满跨 F_1)	0.240	0.100	0.122	-0.281	-0.211	-0.211	-0.281	0.719	-1.281 / 1.070	-0.930 / 1.000	-1.000 / 0.930	-1.070 / 1.281	-0.719	1.795	0.479	0.918	0.479	1.795
$A\,M_1\,B\,M_2\,C\,M_3\,D\,M_4\,E\,M_5\,F$	0.287	—	0.228	-0.140	-0.105	-0.105	-0.140	0.860	-1.140 / 0.035	0.035 / 1.000	1.000 / -0.035	-0.035 / 1.140	-0.860	2.672	-1.535	2.234	-1.535	2.672
$A\,B\,C\,D\,E\,F$	—	0.216	—	-0.140	-0.105	-0.105	-0.140	-0.140	-0.140 / 1.035	-0.965 / 0	0.000 / 0.965	-1.035 / 0.140	0.140	-0.877	2.014	-1.316	2.014	-0.877
$A\,B\,C\,D\,E\,F$	❶ 0.282	❷ 0.189 / 0.209	0.198	-0.319	-0.057	-0.118	-0.137	0.681	-1.319 / 1.262	-0.738 / -0.061	-0.061 / 0.981	-1.019 / 0.137	0.137	1.556	1.197	-1.096	1.955	-0.857
$A\,B\,C\,D\,E\,F$	0.227	0.172	—	-0.093	-0.297	-0.054	-0.153	-0.093	-0.093 / 0.796	-1.204 / 1.243	-0.757 / -0.099	-0.099 / 1.153	-0.847	-0.578	1.117	1.356	-1.296	2.592
$A\,B\,C\,D\,E\,F$	0.274	—	—	-0.179	0.048	-0.013	0.003	0.821	-1.179 / 0.227	0.227 / -0.061	-0.061 / 0.016	0.016 / -0.003	-0.003	2.433	-0.817	0.219	-0.060	0.020
$A\,B\,C\,D\,E\,F$	—	0.198	—	-0.131	-0.144	0.038	-0.010	-0.131	-0.131 / 0.987	-1.013 / 0.182	0.182 / -0.048	-0.048 / 0.010	0.010	-0.817	1.835	-0.658	0.179	-0.060
$A\,B\,C\,D\,E\,F$	—	—	0.193	0.035	-0.140	-0.140	0.035	0.035	0.035 / -0.175	-0.175 / 1.000	-1.000 / 0.175	0.175 / -0.035	-0.035	0.219	-0.658	1.795	-0.658	0.219

注：表中，❶分子及分母分别为 M_1 及 M_5 的弯矩系数；❷分子及分母分别为 M_2 及 M_4 的弯矩系数。

附录五：

活荷载在梁上最不利的布置方法

考虑活荷载在梁上最不利的布置方法 附表 5

活荷载布置图	最大值	
	弯 矩	剪 力
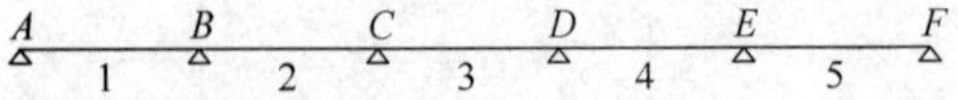		
	M_1、M_3、M_5	V_A、V_F
	M_2、M_4	
	M_B	$V_{B左}$、$V_{B右}$
	M_C	$V_{C左}$、$V_{C右}$
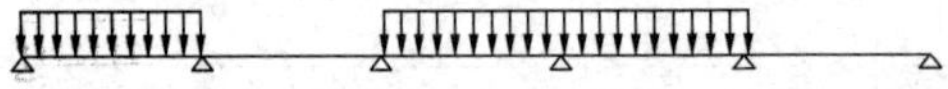	M_D	$V_{D左}$、$V_{D右}$
	M_E	$V_{E左}$、$V_{E右}$

由附表 5 可知：当计算某跨的最大正弯矩时，该跨应布满活荷载，其余每隔一跨布满活荷载；当计算某支座的最大负弯矩及支座剪力时，该支座相邻两跨应布满活荷载，其余每隔一跨布满活荷载。

附录六：

实战训练试题与历年
真题的对应关系

实战训练试题（九）——2003 年一级真题
实战训练试题（十）——2004 年一级真题
实战训练试题（十一）——2005 年一级真题
实战训练试题（十二）——2006 年一级真题
实战训练试题（十三）——2007 年一级真题
实战训练试题（十四）——2008 年一级真题
实战训练试题（十五）——2009 年一级真题
实战训练试题（十六）——2010 年一级真题

注：历年真题，笔者依据新规范、标准进行了部分题目的重新编写，并按新规范、标准对历年真题进行解答。

附录七：

常 用 表 格

《混规》（2015 年版）规定：

4.1.3 混凝土轴心抗压强度的标准值 f_{ck} 应按表 4.1.3-1 采用；轴心抗拉强度的标准值 f_{tk} 应按表 4.1.3-2 采用。

表 4.1.3-1　混凝土轴心抗压强度标准值（N/mm²）

强度	混凝土强度等级													
	C15	C20	C25	C30	C35	C40	C45	C50	C55	C60	C65	C70	C75	C80
f_{ck}	10.0	13.4	16.7	20.1	23.4	26.8	29.6	32.4	35.5	38.5	41.5	44.5	47.4	50.2

表 4.1.3-2　混凝土轴心抗拉强度标准值（N/mm²）

强度	混凝土强度等级													
	C15	C20	C25	C30	C35	C40	C45	C50	C55	C60	C65	C70	C75	C80
f_{tk}	1.27	1.54	1.78	2.01	2.20	2.39	2.51	2.64	2.74	2.85	2.93	2.99	3.05	3.11

4.1.4 混凝土轴心抗压强度的设计值 f_c 应按表 4.1.4-1 采用；轴心抗拉强度的设计值 f_t 应按表 4.1.4-2 采用。

表 4.1.4-1　混凝土轴心抗压强度设计值（N/mm²）

强度	混凝土强度等级													
	C15	C20	C25	C30	C35	C40	C45	C50	C55	C60	C65	C70	C75	C80
f_c	7.2	9.6	11.9	14.3	16.7	19.1	21.1	23.1	25.3	27.5	29.7	31.8	33.8	35.9

表 4.1.4-2　混凝土轴心抗拉强度设计值（N/mm²）

强度	混凝土强度等级													
	C15	C20	C25	C30	C35	C40	C45	C50	C55	C60	C65	C70	C75	C80
f_t	0.91	1.10	1.27	1.43	1.57	1.71	1.80	1.89	1.96	2.04	2.09	2.14	2.18	2.22

4.1.5 混凝土受压和受拉的弹性模量 E_c 宜按表 4.1.5 采用。

混凝土的剪切变形模量 G_c 可按相应弹性模量值的 40% 采用。

混凝土泊松比 v_c 可按 0.2 采用。

表 4.1.5　混凝土的弹性模量（×10⁴ N/mm²）

混凝土强度等级	C15	C20	C25	C30	C35	C40	C45	C50	C55	C60	C65	C70	C75	C80
E_c	2.20	2.55	2.80	3.00	3.15	3.25	3.35	3.45	3.55	3.60	3.65	3.70	3.75	3.80

注：1. 当有可靠试验依据时，弹性模量可根据实测数据确定；
　　2. 当混凝土中掺有大量矿物掺合料时，弹性模量可按规定龄期根据实测数据确定。

4.2.3 普通钢筋的抗拉强度设计值 f_y、抗压强度设计值 f'_y 应按表 4.2.3-1 采用；预应力筋的抗拉强度设计值 f_{py}、抗压强度设计值 f'_{py} 应按表 4.2.3-2 采用。

当构件中配有不同种类的钢筋时，每种钢筋应采用各自的强度设计值。

对轴心受压构件，当采用 HRB500、HRBF500 钢筋时，钢筋的抗压强度设计值 f'_y 应取 400 N/mm²。横向钢筋的抗拉强度设计值 f_{yv} 应按表中 f_y 的数值采用；但用作受剪、受扭、受冲切承载力计算时，其数值大于 360N/mm² 时应取 360N/mm²。

表 4.2.3-1　普通钢筋强度设计值（N/mm²）

牌　　号	抗拉强度设计值 f_y	抗压强度设计值 f'_y
HPB300	270	270
HRB335	300	300
HRB400、HRBF400、RRB400	360	360
HRB500、HRBF500	435	435

表 4.2.3-2　预应力筋强度设计值（N/mm²）

种类	极限强度标准值 f_{ptk}	抗拉强度设计值 f_{py}	抗压强度设计值 f'_{py}
中强度预应力钢丝	800	510	410
	970	650	
	1270	810	
消除应力钢丝	1470	1040	410
	1570	1110	
	1860	1320	
钢绞线	1570	1110	390
	1720	1220	
	1860	1320	
	1960	1390	
预应力螺纹钢筋	980	650	400
	1080	770	
	1230	900	

注：当预应力筋的强度标准值不符合表 4.2.3-2 的规定时，其强度设计值应进行相应的比例换算。

4.2.5 普通钢筋和预应力筋的弹性模量 E_s 可按表 4.2.5 采用。

表 4.2.5　钢筋的弹性模量（×10⁵ N/mm²）

牌号或种类	弹性模量 E_s
HPB300	2.10
HRB335、HRB400、HRB500 HRBF400、HRBF500、RRB400 预应力螺纹钢筋	2.00
消除应力钢丝、中强度预应力钢丝	2.05
钢绞线	1.95

表 A. 0. 1　钢筋的公称直径、公称截面面积及理论重量

公称直径 (mm)	不同根数钢筋的公称截面面积（mm²）									单根钢筋理论重量 (kg/m)
	1	2	3	4	5	6	7	8	9	
6	28.3	57	85	113	142	170	198	226	255	0.222
8	50.3	101	151	201	252	302	352	402	453	0.395
10	78.5	157	236	314	393	471	550	628	707	0.617
12	113.1	226	339	452	565	678	791	904	1017	0.888
14	153.9	308	461	615	769	923	1077	1231	1385	1.21
16	201.1	402	603	804	1005	1206	1407	1608	1809	1.58
18	254.5	509	763	1017	1272	1527	1781	2036	2290	2.00(2.11)
20	314.2	628	942	1256	1570	1884	2199	2513	2827	2.47
22	380.1	760	1140	1520	1900	2281	2661	3041	3421	2.98
25	490.9	982	1473	1964	2454	2945	3436	3927	4418	3.85(4.10)
28	615.8	1232	1847	2463	3079	3695	4310	4926	5542	4.83
32	804.2	1609	2413	3217	4021	4826	5630	6434	7238	6.31(6.65)
36	1017.9	2036	3054	4072	5089	6107	7125	8143	9161	7.99
40	1256.6	2513	3770	5027	6283	7540	8796	10053	11310	9.87(10.34)
50	1963.5	3928	5892	7856	9820	11784	13748	15712	17676	15.42(16.28)

注：括号内为预应力螺纹钢筋的数值。

钢筋混凝土构件的相对界限受压区高度 ξ_b 值，见附表 7-1。

相对界限受压区高度 ξ_b　　　　　　　　　　附表 7-1

钢筋牌号	混凝土强度等级						
	≤C50	C55	C60	C65	C70	C75	C80
HPB300	0.576	0.566	0.556	0.547	0.537	0.528	0.518
HRB335	0.550	0.541	0.531	0.522	0.512	0.503	0.493
HRB400 HRBF400	0.518	0.508	0.499	0.490	0.481	0.472	0.463
HRB500 HRBF500	0.482	0.473	0.464	0.455	0.447	0.438	0.429

板一侧的受拉钢筋的最小配筋百分率（%），依据《混通规》表 4.4.6，见附表 7-2。

板一侧的受拉钢筋的最小配筋百分率（%）　　　　　　　附表 7-2

钢筋牌号	混凝土强度等级						备注
	C25	C30	C35	C40	C45	C50	
HPB300	0.21	0.24	0.26	0.29	0.30	0.32	包括悬臂板
HRB335	0.20	0.21	0.24	0.26	0.27	0.28	
HRB400	0.20	0.20	0.20	0.21	0.23	0.24	
HRB500	0.20	0.20	0.20	0.20	0.20	0.20	不包括悬臂板

梁、偏心受拉、轴心受拉构件一侧的受拉钢筋的最小配筋百分率（％），依据《混规》表8.5.1，见附表7-3。

梁、偏心受拉、轴心受拉构件一侧的受拉钢筋的最小配筋百分率（％）　　附表7-3

钢筋牌号	混凝土强度等级					
	C25	C30	C35	C40	C45	C50
HPB300	0.21	0.24	0.26	0.29	0.30	0.32
HRB335	0.20	0.21	0.24	0.26	0.27	0.28
HRB400	0.16	0.18	0.20	0.21	0.23	0.24
HRB500	0.15	0.15	0.16	0.18	0.19	0.20

框架梁纵向受拉钢筋的最小配筋百分率（％），见《混规》表11.3.6-1，或者见附表7-4。

框架梁纵向受拉钢筋的最小配筋百分率（％）　　表11.3.6-1

抗震等级	梁 中 位 置	
	支 座	跨 中
一级	0.40 和 80 f_t/f_y 中的较大值	0.3 和 65 f_t/f_y 中的较大值
二级	0.30 和 65 f_t/f_y 中的较大值	0.25 和 55 f_t/f_y 中的较大值
三、四级	0.25 和 55 f_t/f_y 中的较大值	0.20 和 45 f_t/f_y 中的较大值

框架梁纵向受拉钢筋的最小配筋百分率（％）　　附表7-4

抗震等级	钢筋牌号	梁中位置	混凝土强度等级					
			C25	C30	C35	C40	C45	C50
一级	HRB400	支座	—	0.400	0.400	0.400	0.400	0.420
		跨中	—	0.300	0.300	0.309	0.325	0.341
	HRB500	支座	—	0.400	0.400	0.400	0.400	0.400
		跨中	—	0.300	0.300	0.300	0.300	0.300
二级	HRB400	支座	0.300	0.300	0.300	0.309	0.325	0.341
		跨中	0.250	0.250	0.250	0.261	0.275	0.289
	HRB500	支座	0.300	0.300	0.300	0.300	0.300	0.300
		跨中	0.250	0.250	0.250	0.250	0.250	0.250
三、四级	HRB400	支座	0.250	0.250	0.250	0.261	0.275	0.289
		跨中	0.200	0.200	0.200	0.214	0.225	0.236
	HRB500	支座	0.250	0.250	0.250	0.250	0.250	0.250
		跨中	0.200	0.200	0.200	0.200	0.200	0.200

注：非抗震设计，框架梁的纵向受拉钢筋的最小配筋百分率，按附表7-3。

沿梁全长箍筋的最小面积配筋率 $\rho_{sv,min}$，依据《混规》11.3.9条、9.2.9条第3款，见附表 7-5。面积配筋率 $\rho_{sv} = A_{sv}/(bs)$。

沿梁全长箍筋的最小面积配筋百分率（%） 附表 7-5

抗震等级	钢筋牌号	混凝土强度等级					
		C25	C30	C35	C40	C45	C50
一级	HPB300	—	0.159	0.174	0.190	0.200	0.210
	HRB335	—	0.143	0.157	0.171	0.180	0.189
	HRB400	—	0.119	0.131	0.143	0.150	0.158
二级	HPB300	0.132	0.148	0.163	0.177	0.187	0.196
	HRB335	0.119	0.133	0.147	0.160	0.168	0.176
	HRB400	0.099	0.111	0.122	0.133	0.140	0.147
三、四级	HPB300	0.122	0.138	0.151	0.165	0.173	0.182
	HRB335	0.110	0.124	0.136	0.148	0.156	0.164
	HRB400	0.092	0.103	0.113	0.124	0.130	0.137
非抗震	HPB300	0.113	0.127	0.140	0.152	0.160	0.168
	HRB335	0.102	0.114	0.126	0.137	0.144	0.151
	HRB400	0.085	0.095	0.105	0.114	0.120	0.126

注：1. 表中一级按 $0.30 f_t/f_{yv}$，二级按 $0.28 f_t/f_{yv}$，三、四级按 $0.26 f_t/f_{yv}$。非抗震，按 $0.24 f_t/f_{yv}$；
2. HRB500 按表中 HRB400 采用。

梁箍筋的配筋 A_{sv}/s（mm²/mm）的选用表，见附表 7-6。

梁箍筋的配筋 A_{sv}/s（mm²/mm）的选用表 附表 7-6

箍筋直径与配置		箍筋间距 s（mm）					
		100	125	150	200	250	300
6 (28.3)	双肢箍	0.566	0.453	0.377	0.283	0.226	0.189
	四肢箍	1.132	0.906	0.755	0.566	0.453	0.377
8 (50.3)	双肢箍	1.006	0.805	0.671	0.503	0.402	0.335
	四肢箍	2.012	1.610	1.341	1.006	0.805	0.671
10 (78.5)	双肢箍	1.57	1.256	1.047	0.785	0.628	0.523
	四肢箍	3.14	2.512	2.093	1.570	1.256	1.047
12 (113.1)	双肢箍	2.262	1.810	1.508	1.131	0.905	0.754
	四肢箍	4.524	3.619	3.016	2.262	1.810	1.508
14 (153.9)	双肢箍	3.078	2.462	2.052	1.539	1.231	1.026
	四肢箍	6.156	4.925	4.104	3.078	2.462	2.052

每米板宽内的普通钢筋截面面积表，见附表 7-7。

每米板宽内的普通钢筋截面面积表

钢筋间距 (mm)	钢筋直径（mm）											
	6	6/8	8	8/10	10	10/12	12	12/14	14	16	18	20
70	404	561	719	920	1121	1369	1616	1908	2199	2872	3636	4489
75	377	524	671	859	1047	1277	1508	1780	2053	2681	3393	4189
80	354	491	629	805	981	1198	1414	1669	1924	2513	3181	3928
85	333	462	592	758	924	1127	1331	1571	1811	2365	2994	3696
90	314	437	559	716	872	1064	1257	1484	1710	2234	2828	3491
95	298	414	529	678	826	1008	1190	1405	1620	2116	2679	3307
100	283	393	503	644	785	958	1131	1335	1539	2011	2545	3142
110	257	357	457	585	714	871	1028	1214	1399	1828	2314	2856
120	236	327	419	537	654	798	942	1112	1283	1676	2121	2618
125	226	314	402	515	628	766	905	1068	1232	1608	2036	2514
130	218	302	387	495	604	737	870	1027	1184	1547	1958	2417
140	202	281	359	460	561	684	808	954	1100	1436	1818	2244
150	189	262	335	429	523	639	754	890	1026	1340	1697	2095
160	177	246	314	403	491	599	707	834	962	1257	1591	1964
170	166	231	296	379	462	564	665	786	906	1183	1497	1848
180	157	218	279	358	436	532	628	742	855	1117	1414	1746
190	149	207	265	339	413	504	595	702	810	1058	1339	1654
200	141	196	251	322	393	479	565	668	770	1005	1273	1571
220	129	178	228	292	357	436	514	607	700	914	1157	1428
240	118	164	209	268	327	399	471	556	641	838	1060	1309
250	113	157	201	258	314	385	452	534	616	804	1018	1257

注：表中 6/8，8/10 等是指两种直径的钢筋间隔放置。

附录八：

《钢标》的见解与勘误

根据笔者对《钢准》的学习与理解，《钢标》第一次印刷本（正文部分）存在瑕疵或不足，笔者将其整理为《钢标》第一次印刷本（正方部分）的见解与勘误，见附表8。此外，《钢标》条文说明不具备与正方同等的效力，故不列出。

特别注意： 考试时，以命题专家的定义为准。

《钢结构设计标准》第一次印刷本（正文部分）的见解与勘误　　　附表8

页码	条目	原　文	见解与勘误
15	3.5.1	σ_{max}——腹板计算边缘的最大压应力（N/mm²）	σ_{max}——腹板计算高度边缘的最大压应力（N/mm²）
36	5.5.9	应按不小于1/1000的出厂加工精度	应按 e_0/l 不小于 1/1000 的出厂加工精度
37	6.1.1	……为 S5 级时，应取有效截面模量	……为 S5 级时，应取有效净截面模量
37	6.1.1	均匀受压翼缘有效外伸宽度可取 $15\varepsilon_k$	均匀受压翼缘有效外伸宽度可取 $15\varepsilon_k$ 倍受压翼缘厚度
40	6.2.2	均匀受压翼缘有效外伸宽度可取 $15\varepsilon_k$	均匀受压翼缘有效外伸宽度可取 $15\varepsilon_k$ 倍受压翼缘厚度
47	式 6.3.6-1	$b_s=h_0/30+40$	$b_s \geqslant h_0/30+40$
48	6.3.7-1	$15h_w\varepsilon_k$	$15t_w\varepsilon_k$
53	6.5.2	图 6.5.2 的标准与正文不一致	正文为准
57	7.2.1	除可考虑屈服后强度	除可考虑屈曲后强度
62	7.2.2	x_s，y_s——截面剪心的坐标（mm）；	x_s，y_s——截面形心至剪心的距离（mm）
75	7.4.4条第4款	……确定系数 φ	……确定系数 ρ
77	7.5.1条	N——被撑构件的最大轴心压力（N）	N——被撑构件的最大轴心压力设计值（N）
79	7.6.2	所有 λ_u，μ_u	均变为：λ_x，μ_x
		或者：λ_x	变为：λ_u，其他 λ_u 不变
81	8.1.1	N——同一截面处轴心压力设计值（N）	N——同一截面处轴心力设计值（N）
83	式 8.2.1-2	N'_{Fx}	N'_{Ex}
83	倒数第 10 行	N'_{Ex}—— （mm）	N'_{Ex}—— （N）

页码	条目	原　文	见解与勘误
84	倒数第5行、第4行	M_{qx}——定义有误； M_1——定义有误	M_{qx}——横向荷载产生的弯矩最大值； M_1——按公式（8.2.1-5）中 M_1 采用
86	式（8.2.4-1）	N'_{Ex}	N'_E
91	式8.3.2-1	k_b	K_b
102	式（10.3.4-5）	W_x	W_{nx}
104	式10.3.4-3	ω_x	W_{nx}
104	式（10.3.4-5）	W_x	W_{nx}
105	倒数第3行	γ'_x	γ_x
110	11.2.3	所有 15mm	1.5mm
113	11.3.3	1∶25	1∶2.5
114	11.3.4条第4款	加强焊脚尺寸不应大于……	加强焊脚尺寸不应小于
126	式（11.6.4-3）	15	1.5
131	图12.2.5 (b)	$0.5b_{ef}$	$0.5b_e$
132	12.3.3	当 $h_c/h_b \geqslant 10$ 时	当 $h_c/h_b \geqslant 1.0$ 时
133	12.3.3	当 $h_c/h_b < 10$ 时	当 $h_c/h_b < 1.0$ 时
133	正数第15行	h_{c1}——柱翼缘中心线之间的宽度和梁腹板高度	h_{c1}——柱翼缘中心线之间的宽度
136	12.4.1	采取焊接、螺纹	采取焊接、螺栓
138	12.6.2	l——弧形表面或滚轴	l——弧形表面或辊轴
141	图12.2.7	L_r 标注有误	按图12.7.7中 L_r 定义进行标注
150	图13.3.2-1	D_1	D_i
156	图13.3.2-7； 图13.3.2-8	D_1 管的壁厚 t_1、t_2； D_2 管的壁厚 t_1、t_2	D_1 管的壁厚均为：t_1 D_2 管的壁厚均为：t_2
161	图13.3.4-2	X形为空间节点——有误	X形平面节点
165	式（13.3.9-2）	0.446	0.466
196	式（16.2.1-1）	$\Delta\sigma < \gamma_t[\Delta\sigma_L]1 \times 10^8$	$\Delta\sigma \leqslant \gamma_t[\Delta\sigma_L]1 \times 10^8$
197	式（16.2.1-4）	$\Delta\sigma < [\Delta\tau_L]1 \times 10^8$	$\Delta\tau \leqslant [\Delta\tau_L]1 \times 10^8$
197	式（16.2.1-5）	$\Delta\tau < \tau_{max} - \tau_{min}$	$\Delta\tau = \tau_{max} - \tau_{min}$
197	式（16.2.1-6）	$\Delta\tau < \tau_{max} - 0.7\tau_{min}$	$\Delta\tau = \tau_{max} - 0.7\tau_{min}$
199	式（16.2.2-3）	$([\Delta\sigma]_{5\times10^6})$	$([\Delta\sigma]_{5\times10^6})^2$
200	16.2.3	$\Delta\sigma_i$，n_i——定义有误	$\Delta\sigma_i$，n_i——应力谱中循环次数 $n \leqslant 5 \times 10^6$ 范围内的正应力幅及其频次

页码	条目	原　文	见解与勘误
200	16.2.3	$\Delta\sigma_j$，n_j——定义有误	$\Delta\sigma_j$，n_j——应力谱中循环次数 $5\times10^6<n\leqslant1\times10^8$ 范围内的正应力幅及其频次
200	16.2.3	$\Delta\tau_i$，n_i——定义有误	$\Delta\tau_i$，n_i——应力谱中循环次数 $n\leqslant1\times10^8$ 范围内的剪应力幅及其频次
212	式（17.2.2-2）	M_{Ehk2}、M_{Evk2}	M_{Ekh2}、M_{Evk2}位置交换
212	倒数第 3 行	本标准第 17.2.2-3 采用	本标准表 17.2.2-3 采用
215	17.2.3	R_k 的量纲：N/mm^2	N/mm^2，或 N
219	式（17.2.9-1）	W_E	W_{Eb}
	式（17.2.9-2）	W_E	W_{Eb}
	式（17.2.9-3）	W_{EC}	W_{Eb}
229	17.3.14 条第 1 款	不宜小于节点板的 2 倍	不宜小于节点板厚度的 2 倍
243	式 C.0.1-1	ε_k	ε_k^2
267	式 F.1.1-9	n_y	η_y
276	H.0.1-1	Nmm^2/mm	$N\cdot mm^2/mm$

参 考 文 献

[1] 中华人民共和国国家标准. 建筑结构可靠性设计统一标准(GB 50068—2018). 北京：中国建筑工业出版社，2019.

[2] 中华人民共和国国家标准. 钢结构设计标准(GB 50017—2017). 北京：中国建筑工业出版社，2018.

[3] 中华人民共和国国家标准：木结构设计标准(GB 50005—2017). 北京：中国建筑工业出版社，2018.

[4] 中华人民共和国行业标准. 建筑地基处理技术规范(JGJ 79—2012). 北京：中国建筑工业出版社，2013.

[5] 中华人民共和国国家标准. 建筑结构荷载规范(GB 50009—2012). 北京：中国建筑工业出版社，2012.

[6] 中华人民共和国国家标准. 砌体结构设计规范(GB 50003—2011). 北京：中国建筑工业出版社，2012.

[7] 中华人民共和国国家标准. 建筑地基基础设计规范(GB 50007—2011). 北京：中国建筑工业出版社，2012.

[8] 中华人民共和国国家标准. 混凝土结构设计规范(GB 50010—2010)(2015 年版). 北京：中国建筑工业出版社，2016.

[9] 中华人民共和国行业标准. 高层建筑混凝土结构技术规程(JGJ 3—2010). 北京：中国建筑工业出版社，2011.

[10] 陈绍蕃，顾强主编. 钢结构基础. 北京：中国建筑工业出版社，2003.

[11] 沈祖炎，陈扬骥，陈以一编著. 钢结构基本原理. 北京：中国建筑工业出版社，2005.

[12] 刘金砺等编著. 建筑桩基技术规范应用手册. 北京：中国建筑工业出版社，2010.

[13] 施楚贤，施宇江编著. 砌体结构疑难释义附解题指导. 北京：中国建筑工业出版社，2004.

[14] 东南大学、同济大学、天津大学合编. 混凝土结构(上、中、下册). 北京：中国建筑工业出版社，2008.

[15] 滕智明，朱金铨编著. 混凝土结构与砌体结构设计(上册). 北京：中国建筑工业出版社，2003.

[16] 华南理工大学，浙江大学，湖南大学编. 基础工程. 北京：中国建筑工业出版社，2003.

[17] 浙江大学编. 建筑结构静力计算实用手册. 北京：中国建筑工业出版社，2009.

[18] 范立础主编. 桥梁工程. 北京：人民交通出版社，2012.

[19] 姚玲森主编. 桥梁工程. 北京：人民交通出版社，2012.

[20] 本书编委会编著. 全国注册结构工程师专业考试试题解答与分析. 北京：中国建筑工业出版社，2019.

[21] 龙驭球等编著. 结构力学 I (第 3 版). 北京：高等教育出版社，2012.

[22] 朱慈勉等编著. 结构力学(上册)(第 3 版). 北京：高等教育出版社，2016.

增值服务说明

读者在阅读过程中，如果碰到什么疑难问题或对书中有任何建议，可直接与作者联系，联系方式：LanDJ2020@163.com,我们将按时回答您的问题。

本书的勘误，请见网页：兰定筠博士网（www.LanDingJun.com）；微博：兰定筠微博。